Física que inspira

McGraw Hill

Fenómeno: Las luces del norte

Las luces del norte, denominadas auroras boreales, suelen observarse en el Ártico. Comúnmente son de color verde, pero también pueden ser rojas, azules, moradas, amarillas o rosadas. Las auroras también se producen en la región Antártica, donde se las llama luces del sur o auroras australes.

Dato interesante

Aunque este fenómeno se conoce desde hace al menos dos milenios, no se logró un entendimiento científico más amplio hasta el siglo XX.

FRONT COVER: Frank Olsen, Norway/Moment/Getty Images
BACK COVER: Frank Olsen, Norway/Moment/Getty Images

mheducation.com/prek-12

McGraw Hill

Send all inquiries to:
McGraw-Hill Education
STEM Learning Solutions Center
8787 Orion Place
Columbus, OH 43240

ISBN: 978-0-07-903539-4
MHID: 0-07-903539-6

Printed in the United States of America.

3 4 5 6 7 LKV 27 26 25 24 23

STEM

McGraw-Hill is committed to providing instructional materials in Science, Technology, Engineering, and Mathematics (STEM) that give all students a solid foundation, one that prepares them for college and careers in the 21st century.

Bienvenido a

Física que inspira

Explora nuestro mundo fenomenal

La serie de Inspira para la escuela secundaria le otorga a los fenómenos la mayor importancia en el aprendizaje e inspira a los estudiantes a investigar conceptos científicos clave a través de una experiencia de aprendizaje tridimensional.

¡Comienza a explorar ahora!

Inspira curiosidad • Inspira investigación • Inspira innovación

Explora tu conocimiento

1 Encuentra el fenómeno

Todos los días, estás rodeado de fenómenos naturales que te hacen pensar.

Introducción a la unidad

Introducción al módulo

Video del fenómeno

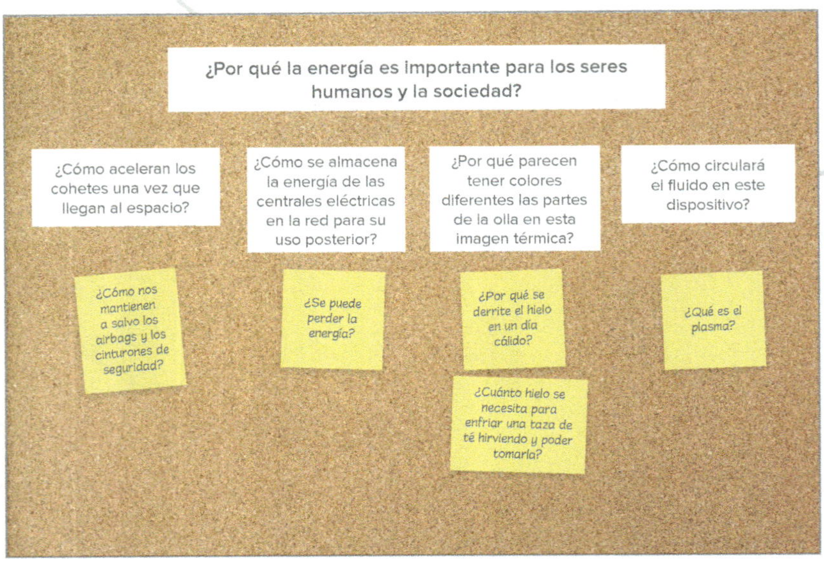

2 Hacer preguntas

Al comienzo de cada unidad y de cada módulo, haz una lista de las preguntas que tengas acerca del fenómeno. Conversa y comparte las preguntas con tus compañeros.

3 Afirmación, evidencia, razonamiento

Mientras investigas cada fenómeno, escribirás tu afirmación, realizarás actividades en el laboratorio, completarás lecturas para reunir evidencia y explicarás tu razonamiento para responder los fenómenos de la unidad y del módulo.

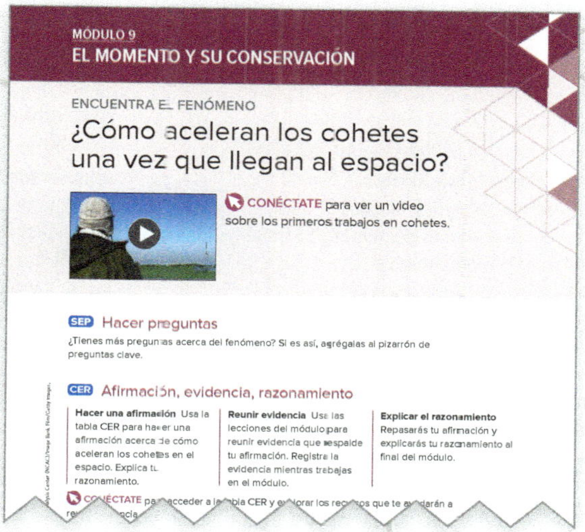
MÓDULO 9
EL MOMENTO Y SU CONSERVACIÓN

ENCUENTRA EL FENÓMENO
¿Cómo aceleran los cohetes una vez que llegan al espacio?

CONÉCTATE para ver un video sobre los primeros trabajos en cohetes.

SEP Hacer preguntas
¿Tienes más preguntas acerca del fenómeno? Si es así, agrégalas al pizarrón de preguntas clave.

CER Afirmación, evidencia, razonamiento
Hacer una afirmación Usa la tabla CER para hacer una afirmación acerca de cómo aceleran los cohetes en el espacio. Explica tu razonamiento.
Reunir evidencia Usa las lecciones del módulo para reunir evidencia que respalde tu afirmación. Registra la evidencia mientras trabajas en el módulo.
Explicar el razonamiento Repasarás tu afirmación y explicarás tu razonamiento al final del módulo.

TABLA DE RESUMEN					
Modelo de actividad	Evidencia de la observación	Razonamiento de la explicación	Conexión con el fenómeno	Preguntas respondidas	Nuevas preguntas
Poner en práctica: Calorimetría de una taza de café	*Con el tiempo, el metal se enfría y el agua se calienta ligeramente hasta que están a la misma temperatura.*	*El calorímetro es un sistema aislado, por lo que la energía térmica perdida por el metal es igual a la energía térmica ganada el agua.*	*Unidad: La energía térmica y el calor son parte de la vida cotidiana. Modulo: Diferentes materiales se calientan a velocidades diferentes porque su calor específico varía.*	*¿Cuánto hielo se necesita para enfriar una taza de té hirviendo y poder tomarla?*	*¿Cómo se puede medir la energía de los alimentos con un calorímetro?*

4 Resumir el trabajo

Al reunir evidencia, puedes registrar la información en una tabla de resumen y usarla para colaborar con otros y responder las preguntas que tenías.

5 Aplicar la evidencia y el razonamiento

Al final de la unidad, los módulos y las lecciones, podrás usar toda la información que reuniste para completar el Proyecto de la unidad STEM.

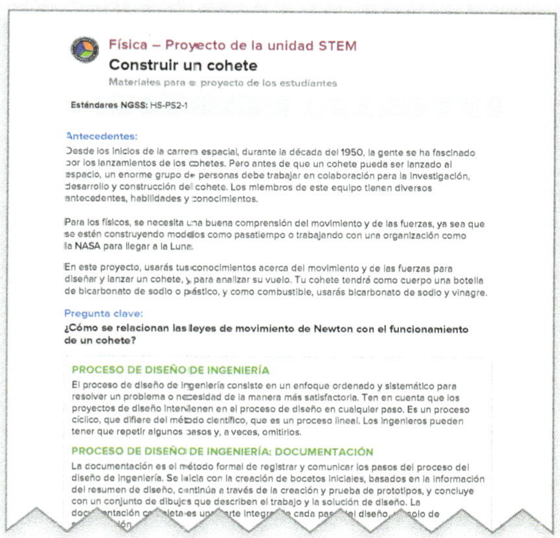
Física – Proyecto de la unidad STEM
Construir un cohete
Materiales para el proyecto de los estudiantes

Estándares NGSS: HS-PS2-1

Antecedentes:
Desde los inicios de la carrera espacial, durante la década del 1950, la gente se ha fascinado por los lanzamientos de los cohetes. Pero antes de que un cohete pueda ser lanzado al espacio, un enorme grupo de personas debe trabajar en colaboración para la investigación, desarrollo y construcción del cohete. Los miembros de este equipo tienen diversos antecedentes, habilidades y conocimientos.

Para los físicos, se necesita una buena comprensión del movimiento y de las fuerzas, ya sea que se estén construyendo modelos como pasatiempo o trabajando con una organización como la NASA para llegar a la Luna.

En este proyecto, usarás tus conocimientos acerca del movimiento y de las fuerzas para diseñar y lanzar un cohete, y para analizar su vuelo. Tu cohete tendrá como cuerpo una botella de bicarbonato de sodio o plástico, y como combustible, usarás bicarbonato de sodio y vinagre.

Pregunta clave:
¿Cómo se relacionan las leyes de movimiento de Newton con el funcionamiento de un cohete?

PROCESO DE DISEÑO DE INGENIERÍA
El proceso de diseño de ingeniería consiste en un enfoque ordenado y sistemático para resolver un problema o necesidad de la manera más satisfactoria. Ten en cuenta que los proyectos de diseño intervienen en el proceso de diseño en cualquier paso. Es un proceso cíclico, que difiere del método científico, que es un proceso lineal. Los ingenieros pueden tener que repetir algunos pasos y, a veces, omitirlos.

PROCESO DE DISEÑO DE INGENIERÍA: DOCUMENTACIÓN
La documentación es el método formal de registrar y comunicar los pasos del proceso del diseño de ingeniería. Se inicia con la creación de bocetos iniciales, basados en la información del resumen de diseño, continúa a través de la creación y prueba de prototipos, y concluye con un conjunto de dibujos que describen el trabajo y la solución de diseño. La

AUTORES Y ASESORES

Consejo asesor de maestros

Cada asesor brindó comentarios y sugerencias valiosos para una enseñanza eficaz de las ciencias. Agradecemos su colaboración.

Janet Adams
Physics Teacher
Mars Area High School
Mars, PA

Craig Dowler
Physics Teacher
West Genesee High School
Camillus, NY

Chris Foust, M.S.
Physics Teacher
Hermitage High School
Richmond, VA

Ryan Hall
Physics Teacher
Palatine High School
Palatine, IL

Stan Hutto
Physics Teacher
Alamo Heights High School
San Antonio, TX

Richard A. Lines, Jr.
Physics Teacher
Garland High School
Garland, TX

Nikki Malatin
Physics Teacher
West Caldwell High School
Lenoir, NC

Jennifer McDonnell
Coordinator of Math and Science
School District U-46
Elgin, IL

Jeremy Paschke
Physics Teacher
York High School
Elmhurst, IL

Don Pata
Physics Teacher
Grosse Pointe North High School
Grosse Pointe Woods, MI

Charles Payne
Physics Teacher
Northern High School
Durham, NC

Asesores de contenido

Cada uno de los asesores de contenido revisó determinados módulos de ***Física que inspira*** para que su contenido sea claro y preciso.

Dr. Solomon Bililign, PhD
Professor of Physics
Director: NOAA-ISET Center
North Carolina A&T State University
Greensboro, NC

Ruth Howes
Professor Emerita of Physics and Astronomy
Ball State University
Muncie, IN

Dr. Keith H. Jackson
Professor and Chair of Department of Physics
Morgan State University
Baltimore, MD

Kathleen Johnston
Associate Professor of Physics
Louisiana Tech University
Ruston, LA

Dr. Monika Kress
Associate Professor
Department of Physics & Astronomy
San Jose State University
San Jose, CA

Jorge Lopez
Professor
University of Texas at El Paso
El Paso, TX

Dr. Ramon E. Lopez
Department of Physics
University of Texas at Arlington
Arlington, TX

Albert J. Osei
Professor of Physics
Oakwood University
Huntsville, AL

Charles Ruggiero
Visiting Assistant Professor
Allegheny College
Meadeville, PA

Toni Sauncy
Associate Professor of Physics
Angelo State University
San Angelo, TX

Sally Seidel
Professor of Physics
University of New Mexico
Albuquerque, NM

Autores que colaboraron

Otros autores de ciencias agregaron contenido, materiales para el maestro, investigaciones de laboratorio y evaluaciones.

Molly Wetterschneider
Austin, TX

Steve Whitt
Columbus, OH

Asesores de seguridad

Los asesores de seguridad verificaron que los materiales y el laboratorio sean seguros para usar.

Kenneth Russell Roy, PhD
Director of Science and Safety
Glastonbury Public Schools
Glastonbury, CT

Autores

Paul W. Zitzewitz, PhD
Lead Author, *In Memorium*
Formerly Professor Emeritus of Physics and of Science Education
The University of Michigan-Dearborn
Dearborn, MI

David G. Haase, PhD
Professor Emeritus of Physics
North Carolina State University
Raleigh, NC

Kathleen A. Harper, PhD
Senior Lecturer, Engineering Education Innovation Center
The Ohio State University
Columbus, OH

SOCIOS CLAVE

Smithsonian

Smithsonian

La misión de su fundador, James Smithson, era crear un establecimiento para ampliar y difundir el conocimiento. Hoy en día, el **Instituto Smithsoniano** es el centro de investigación, educación y complejo de museos más importante del mundo. Para expandir la idea de dar forma al futuro, hay una gran cantidad de recursos en línea del Instituto Smithsoniano integrados en este programa.

SPONGELAB

SpongeLab Interactives

SpongeLab Interactives es una compañía de tecnología educativa que alienta el aprendizaje y la participación a través de entornos lúdicos, propios de los juegos, que animan a los estudiantes a interactuar con las experiencias de aprendizaje digital.

Los estudiantes participan en actividades de consulta y resolución de problemas para explorar distintos temas a través de juegos, actividades interactivas y videos. Los maestros, a su vez, aprovechan la información reunida por el sistema de gestión de aprendizaje, basada en evaluaciones de formación, sumativas o de rendimiento.

PhET INTERACTIVE SIMULATIONS
University of Colorado Boulder

PhET Interactive Simulations

El proyecto PhET Interactive Simulations de la Universidad de Colorado en Boulder proporciona simulaciones interactivas de ciencias y matemáticas para maestros y estudiantes. Basadas en una extensa investigación sobre la educación, las simulaciones PhET captan la atención de los estudiantes al ofrecer un entorno intuitivo, similar al de un juego, en el que el aprendizaje se logra a través de la exploración y el descubrimiento.

UNIDAD 1

MECÁNICA EN UNA DIMENSIÓN

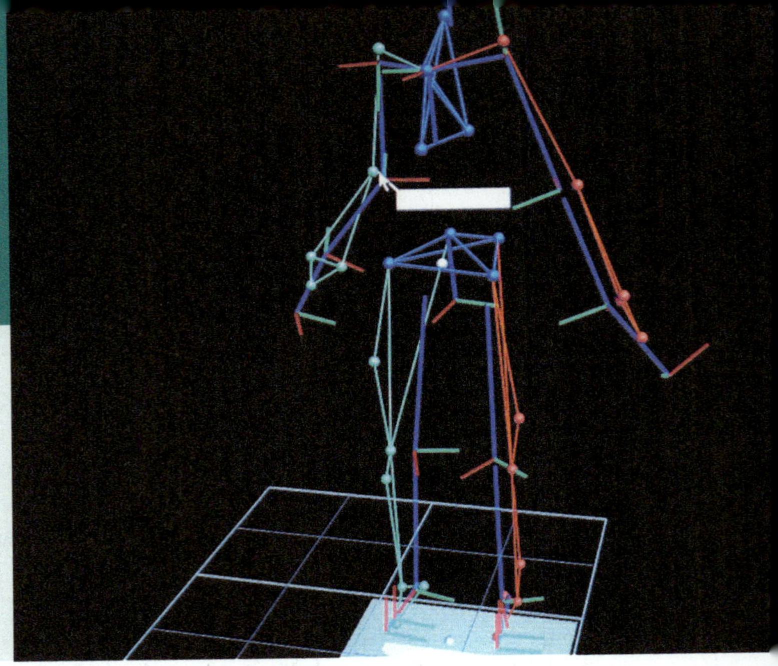

ENCUENTRA EL FENÓMENO

¿Cómo representar movimiento y fuerzas?

PROYECTO DE LA UNIDAD STEM 1 29

INTRODUCCIÓN A LA FÍSICA

Este módulo presenta la naturaleza de la ciencia, qué es la Física y brinda herramientas para su estudio.

MÓDULO 1: HERRAMIENTAS DE UN FÍSICO

ENCUENTRA EL FENÓMENO

CER Afirmación, evidencia, razonamiento 3
- **Lección 1** Métodos de la ciencia 4
- **Lección 2** Matemáticas y Física 10
- **Lección 3** Medición 14
- **Lección 4** Representar gráficamente los datos 18

INGENIERÍA Y TECNOLOGÍA

Un paso en la dirección correcta 24

STEM EN EL TRABAJO

¿A qué se dedican los físicos? 25

Conclusión del módulo 27

SEP **PROFUNDIZA** Laboratorio de análisis de datos 27

MÓDULO 2: REPRESENTAR EL MOVIMIENTO

ENCUENTRA EL FENÓMENO

CER Afirmación, evidencia, razonamiento 31
- **Lección 1** Visualizar el movimiento 32
- **Lección 2** ¿Dónde y cuándo? 35
- **Lección 3** Gráficas de posición-tiempo 40
- **Lección 4** ¿Qué tan rápido? 45

DESCUBRIMIENTOS CIENTÍFICOS

Justo a tiempo 52

Conclusión del módulo 54

SEP **PROFUNDIZA** Laboratorio de análisis de datos 54

MÓDULO 3: MOVIMIENTO ACELERADO

ENCUENTRA EL FENÓMENO

CER Afirmación, evidencia, razonamiento 56
- **Lección 1** Aceleración 57
- **Lección 2** Movimiento con aceleración constante 66
- **Lección 3** Caída libre 74

STEM EN EL TRABAJO

Diseñar la diversión 80

Conclusión del módulo 82

SEP **PROFUNDIZA** Laboratorio de análisis de datos 82

MÓDULO 4: FUERZAS EN UNA DIMENSIÓN

ENCUENTRA EL FENÓMENO

CER Afirmación, evidencia, razonamiento 84
- **Lección 1** Fuerza y movimiento 85
- **Lección 2** Peso y fuerza de rozamiento 95
- **Lección 3** Tercera ley de Newton 101

NATURALEZA DE LA CIENCIA

Hallar el origen de la fuerza 107

Conclusión del módulo 109

SEP **PROFUNDIZA** Laboratorio de análisis de datos 109

UNIDAD 2

MECÁNICA EN DOS DIMENSIONES

ENCUENTRA EL FENÓMENO

¿Cómo producen las fuerzas tantos movimientos distintos?

PROYECTO DE LA UNIDAD STEM 2 111

MÓDULO 5: DESPLAZAMIENTO Y FUERZA EN DOS DIMENSIONES

ENCUENTRA EL FENÓMENO

CER Afirmación, evidencia, razonamiento 113

Lección 1 Vectores 114

Lección 2 Fricción 122

Lección 3 Fuerzas en dos dimensiones 128

INGENIERÍA Y TECNOLOGÍA

Controlar la fricción con la biomimética 134

Conclusión del módulo 136

SEP **PROFUNDIZA** Laboratorio de análisis de datos 136

MÓDULO 6: MOVIMIENTO EN DOS DIMENSIONES

ENCUENTRA EL FENÓMENO

CER Afirmación, evidencia, razonamiento 138

Lección 1 Movimiento de proyectiles 139

Lección 2 Movimiento circular 147

Lección 3 Velocidad relativa 152

STEM EN EL TRABAJO

Combatir incendios 157

Conclusión del módulo 159

SEP **PROFUNDIZA** Laboratorio de análisis de datos 159

MÓDULO 7: GRAVITACIÓN

ENCUENTRA EL FENÓMENO

CER Afirmación, evidencia, razonamiento 161

Lección 1 Movimiento planetario y gravitación 162

Lección 2 Usar la ley de gravitación universal 171

DESCUBRIMIENTOS CIENTÍFICOS

Hacer ondas 180

Conclusión del módulo 182

SEP **PROFUNDIZA** Laboratorio de análisis de datos 182

MÓDULO 8: MOVIMIENTO DE ROTACIÓN

ENCUENTRA EL FENÓMENO

CER Afirmación, evidencia, razonamiento 184

Lección 1 Describir el movimiento de rotación 185

Lección 2 Dinámicas de la rotación 189

Lección 3 Equilibrio 200

CIENCIA Y SOCIEDAD

Salto cuántico 207

Conclusión del módulo 209

SEP **PROFUNDIZA** Laboratorio de análisis de datos 209

NASA

UNIDAD 3

MOMENTO Y ENERGÍA

ENCUENTRA EL FENÓMENO

¿Por qué la energía es importante para los seres humanos y la sociedad?

PROYECTO DE LA UNIDAD STEM 3 211

MÓDULO 9: EL MOMENTO Y SU CONSERVACIÓN

ENCUENTRA EL FENÓMENO

CER Afirmación, evidencia, razonamiento 213

Lección 1 Impulso y momento 214

Lección 2 Conservación del momento 222

INGENIERÍA Y TECNOLOGÍA

Más allá de nuestro sistema solar 232

Conclusión del módulo 234

SEP **PROFUNDIZA** Laboratorio de análisis de datos 234

MÓDULO 10: LA ENERGÍA Y SU CONSERVACIÓN

ENCUENTRA EL FENÓMENO

CER Afirmación, evidencia, razonamiento 236

Lección 1 Trabajo y energía 237

Lección 2 Distintas formas de energía 248

Lección 3 Conservación de la energía 257

Lección 4 Máquinas 267

INGENIERÍA Y TECNOLOGÍA

Eficiencia en la emisión de gases: de estiércol a energía 275

Conclusión del módulo 277

SEP **PROFUNDIZA** Laboratorio de análisis de datos 277

MÓDULO 11: ENERGÍA TÉRMICA

ENCUENTRA EL FENÓMENO

CER Afirmación, evidencia, razonamiento 279

Lección 1 Temperatura, calor y energía térmica 280

Lección 2 Cambios de estado y termodinámica 291

INGENIERÍA Y TECNOLOGÍA

Bajo presión 301

Conclusión del módulo 303

SEP **PROFUNDIZA** Laboratorio de análisis de datos 303

MÓDULO 12: ESTADOS DE LA MATERIA

ENCUENTRA EL FENÓMENO

CER Afirmación, evidencia, razonamiento 305

Lección 1 Propiedades de los fluidos 306

Lección 2 Fuerzas en los líquidos 314

Lección 3 Fluidos en reposo y en movimiento 318

Lección 4 Sólidos 326

DESCUBRIMIENTOS CIENTÍFICOS

Un sólido que fluye 331

Conclusión del módulo 333

SEP **PROFUNDIZA** Laboratorio de análisis de datos 333

Martin Sterba/ZUMA Press/Newscom

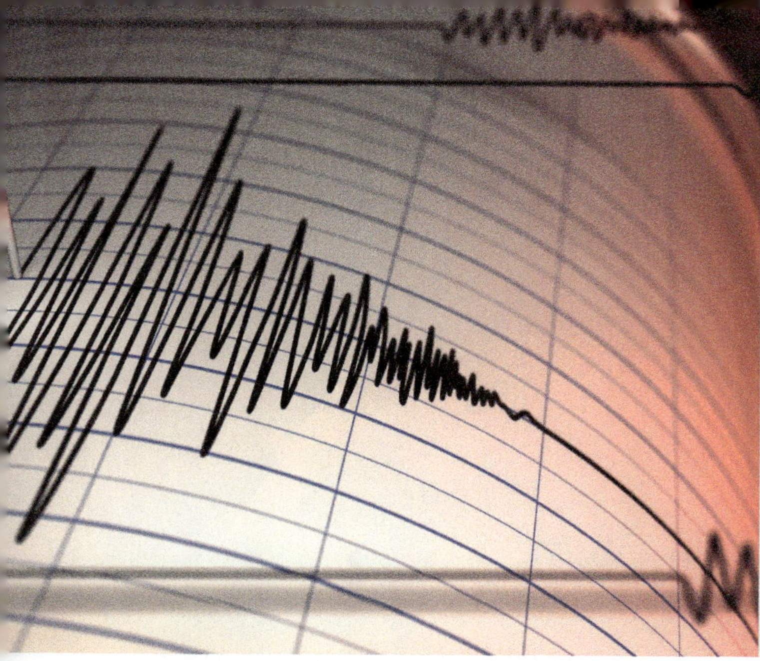

UNIDAD 4

ONDAS Y LUZ

ENCUENTRA EL FENÓMENO

¿Cómo afectan las ondas nuestra vida diaria?

PROYECTO DE LA UNIDAD STEM 4 335

MÓDULO 13: VIBRACIONES Y ONDAS

ENCUENTRA EL FENÓMENO

CER Afirmación, evidencia, razonamiento 337

Lección 1 Movimiento periódico 338

Lección 2 Propiedades de las ondas 344

Lección 3 Comportamiento de las ondas 350

INGENIERÍA Y TECNOLOGÍA

Aprovechar el movimiento del océano 356

Conclusión del módulo 358

SEP **PROFUNDIZA** Laboratorio de análisis de datos 358

MÓDULO 14: SONIDO

ENCUENTRA EL FENÓMENO

CER Afirmación, evidencia, razonamiento 360

Lección 1 Propiedades y detección de sonido 361

Lección 2 Física de la música 369

CIENCIA Y SOCIEDAD

Invisible a los ojos: detección por sonar 380

Conclusión del módulo 382

SEP **PROFUNDIZA** Laboratorio de análisis de datos 382

MÓDULO 15: PRINCIPIOS BÁSICOS DE LA LUZ

ENCUENTRA EL FENÓMENO

CER Afirmación, evidencia, razonamiento 384

Lección 1 Iluminación 385

Lección 2 Naturaleza ondulatoria de la luz 394

DESCUBRIMIENTOS CIENTÍFICOS

Celdas solares muy eficientes 404

Conclusión del módulo 406

SEP **PROFUNDIZA** Laboratorio de análisis de datos 406

MÓDULO 16: REFLEXIÓN Y REFRACCIÓN

ENCUENTRA EL FENÓMENO

CER Afirmación, evidencia, razonamiento 408

Lección 1 Reflexión de la luz 409

Lección 2 Espejos curvos 415

Lección 3 Refracción de la luz 425

Lección 4 Lentes convexas y cóncavas 432

INGENIERÍA Y TECNOLOGÍA

Los científicos esperan que el telescopio espacial James Webb los ayude a ver la luz 442

Conclusión del módulo 444

SEP **PROFUNDIZA** Laboratorio de análisis de datos 444

MÓDULO 17: INTERFERENCIA Y DIFRACCIÓN

ENCUENTRA EL FENÓMENO

CER Afirmación, evidencia, razonamiento 446

Lección 1 Interferencia 447

Lección 2 Difracción 456

DESCUBRIMIENTOS CIENTÍFICOS

Atraer abejas con halos azules 465

Conclusión del módulo 467

SEP **PROFUNDIZA** Laboratorio de análisis de datos 467

UNIDAD 5

ELECTRICIDAD Y MAGNETISMO

ENCUENTRA EL FENÓMENO

¿Qué rol tienen la electricidad y el magnetismo en la vida diaria?

PROYECTO DE LA UNIDAD STEM 5 469

MÓDULO 18: ELECTROSTÁTICA

ENCUENTRA EL FENÓMENO
CER Afirmación, evidencia, razonamiento 471
Lección 1 Carga eléctrica 472
Lección 2 Fuerza electrostática 477
Lección 3 Medición de campos eléctricos 486
Lección 4 Aplicaciones de los campos eléctricos .. 493
DESCUBRIMIENTOS CIENTÍFICOS
Nube en el horizonte 504
Conclusión del módulo 506
SEP PROFUNDIZA Laboratorio de análisis de datos 506

MÓDULO 19: CORRIENTE ELÉCTRICA Y CIRCUITOS

ENCUENTRA EL FENÓMENO
CER Afirmación, evidencia, razonamiento 508
Lección 1 Corriente y circuitos 509
Lección 2 Usar la energía eléctrica 520
Lección 3 Circuitos simples 525
Lección 4 Usar los circuitos. 536
INGENIERÍA Y TECNOLOGÍA
Liderar la carga 542
Conclusión del módulo 544
SEP PROFUNDIZA Laboratorio de análisis de datos 544

MÓDULO 20: MAGNETISMO

ENCUENTRA EL FENÓMENO
CER Afirmación, evidencia, razonamiento 546
Lección 1 Entender el magnetismo 547
Lección 2 Usar las fuerzas magnéticas 556
INGENIERÍA Y TECNOLOGÍA
Acelerar la solución 565
Conclusión del módulo 567
SEP PROFUNDIZA Laboratorio de análisis de datos 567

MÓDULO 21: ELECTROMAGNETISMO

ENCUENTRA EL FENÓMENO
CER Afirmación, evidencia, razonamiento 569
Lección 1 Corrientes inductoras 570
Lección 2 Usos de las corrientes inductoras 578
Lección 3 Fuerzas eléctricas y magnéticas sobre partículas 586
Lección 4 Campos eléctricos y magnéticos 594
CIENCIA Y SOCIEDAD
Contestar la llamada 604
CIENCIA Y SOCIEDAD
Más que un espectáculo de luces 605
Conclusión del módulo 607
SEP PROFUNDIZA Laboratorio de análisis de datos 607

Anton Gvozdikov/Shutterstock

UNIDAD 6

FÍSICA DE PARTÍCULAS

ENCUENTRA EL FENÓMENO

¿De qué esta hecho el universo?

PROYECTO DE LA UNIDAD STEM 6 609

MÓDULO 22: TEORÍA CUÁNTICA Y ÁTOMOS

ENCUENTRA EL FENÓMENO

CER Afirmación, evidencia, razonamiento 611

Lección 1 Modelo de partículas de ondas 612

Lección 2 Ondas de la materia 625

Lección 3 Modelo atómico de Bohr 628

Lección 4 Modelo cuántico del átomo 641

CIENCIA Y SOCIEDAD

Detectar caries con láser 646

Conclusión del módulo 648

SEP PROFUNDIZA Laboratorio de análisis de datos 648

MÓDULO 23: ELECTRÓNICA DE ESTADO SÓLIDO

ENCUENTRA EL FENÓMENO

CER Afirmación, evidencia, razonamiento 650

Lección 1 Conducción en sólidos 651

Lección 2 Componentes electrónicos 660

INGENIERÍA Y TECNOLOGÍA

Transistores pequeños 667

Conclusión del módulo 669

SEP PROFUNDIZA Laboratorio de análisis de datos 669

MÓDULO 24: FÍSICA NUCLEAR Y DE PARTÍCULAS

ENCUENTRA EL FENÓMENO

CER Afirmación, evidencia, razonamiento 671

Lección 1 Núcleo 672

Lección 2 Desintegración y reacciones nucleares 679

Lección 3 Bloques de la materia 690

INGENIERÍA Y TECNOLOGÍA

Fusión: ¿una fuente de energía en el futuro? 701

Conclusión del módulo 703

SEP PROFUNDIZA Laboratorio de análisis de datos 703

FatCamera/E+/Getty Images

MÓDULO 1
HERRAMIENTAS DE UN FÍSICO

ENCUENTRA EL FENÓMENO

¿Qué herramientas y destrezas usan los físicos?

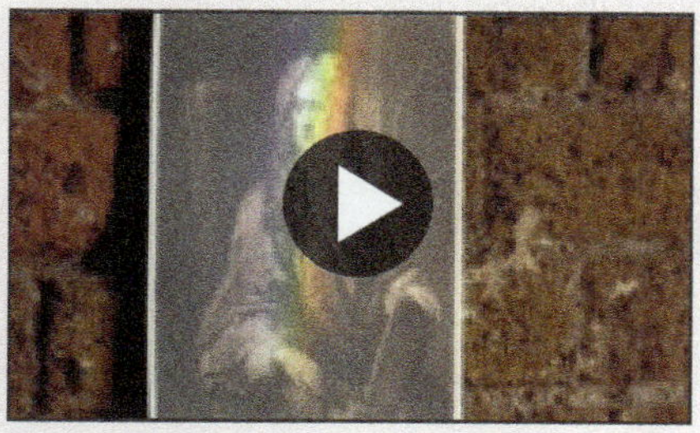

CONÉCTATE para ver un video acerca de cómo Newton estudió la luz.

SEP Hacer preguntas

¿Tienes más preguntas acerca del fenómeno? Si es así, agrégalas al pizarrón de preguntas clave.

CER Afirmación, evidencia, razonamiento

Hacer una afirmación Usa la tabla CER para hacer una afirmación acerca de las herramientas y destrezas que usan los físicos. Explica tu razonamiento.

Reunir evidencia Usa las lecciones del módulo para reunir evidencia que respalde tu afirmación. Registra la evidencia mientras trabajas en el módulo.

Explicar el razonamiento Repasarás tu afirmación y explicarás tu razonamiento al final del módulo.

CONÉCTATE para acceder a la tabla CER y explorar los recursos que te ayudarán a reunir evidencia.

LECCIÓN 1: Explorar y explicar: ¿Qué es la Física?

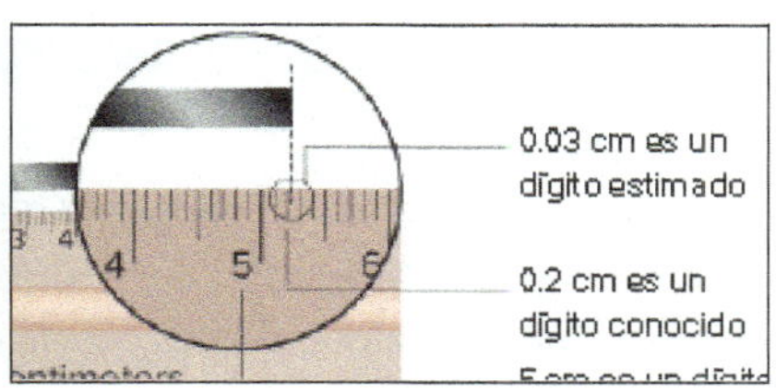

LECCIÓN 2: Explorar y explicar: Incertidumbre en los datos: Cifras significativas

Smithsonian

Recursos adicionales

(t)Video Supplied by BBC Worldwide Learning, (b)Dusit/Shutterstock

LECCIÓN 1

MÉTODOS DE LA CIENCIA

PREGUNTA DE ENFOQUE

¿A qué se dedican los físicos?

¿Qué es la Física?

La ciencia no es solo una materia de la escuela. Es un proceso basado en la investigación que desarrolla explicaciones sobre los sucesos de la naturaleza. La **Física** es una rama de la ciencia que estudia el mundo físico: la energía, la materia y sus relaciones.

Al ver la palabra *Física* quizás te imagines un pizarrón con fórmulas matemáticas: $E = mc^2$, $I = \frac{V}{R}$, $x = \left(\frac{1}{2}\right)at^2 + v_0t + x_0$. Tal vez imagines a científicos vestidos con guardapolvos blancos o figuras famosas como Marie Curie y Albert Einstein. O podrías pensar en muchas tecnologías modernas creadas mediante la Física, como los satélites meteorológicos, las computadoras portátiles y los láseres.

Los físicos investigan el movimiento de los electrones y los cohetes, la energía de las ondas sonoras y los circuitos eléctricos y la estructura del protón y del universo. Este curso te ayudará a comprender mejor el mundo físico.

Los que estudian Física tienen diferentes especializaciones. Algunos son científicos en universidades, industrias o institutos de investigación. Otros hacen carrera en campos relacionados como la ingeniería, la ciencia informática, la enseñanza, la medicina o la astronomía, como ilustra la **Imagen 1.** Y otros utilizan las habilidades de resolución de problemas de la Física para trabajar en finanzas, construcción y otras disciplinas. En los últimos 50 años, la investigación en Física llevó a muchas tecnologías nuevas, como las comunicaciones satelitales y los micro escáneres de alta velocidad que se usan para detectar enfermedades.

inga spence/Alamy Stock Photo

Imagen 1 Los físicos pueden elegir distintas especializaciones.

PENSAMIENTO 3D DCI Ideas centrales disciplinarias CCC Conceptos interdisciplinarios SEP Prácticas de ciencia e ingeniería

REUNIR EVIDENCIA

Usa el Cuaderno de ciencias para registrar la evidencia que reúnas mientras completas las lecturas y las actividades de la lección.

INVESTIGAR

CONÉCTATE para hallar estas actividades y más recursos.

Investigación rápida: Medición del cambio
Analiza datos para hallar **patrones** útiles para la extrapolación.

Repasar las noticias
Obtén información de una noticia actual sobre una investigación de Física. **Evalúa** la fuente y **comunica** tus descubrimientos a la clase.

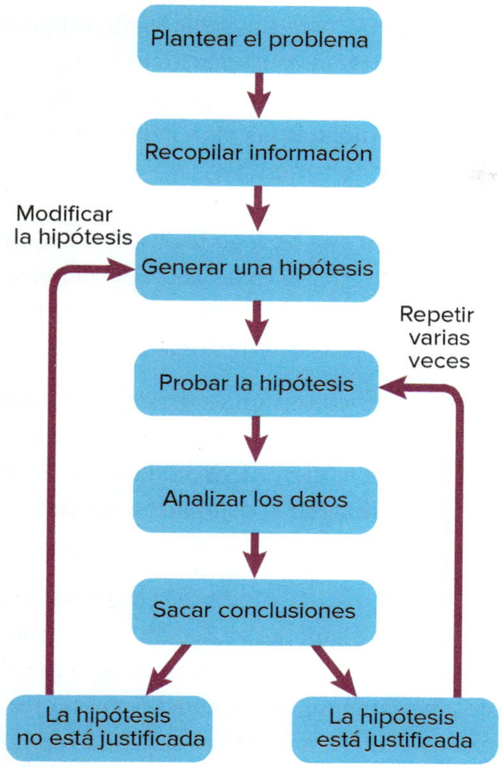

Imagen 2 Esta serie de procedimientos representa una forma de utilizar los métodos científicos para resolver un problema.

Métodos científicos

Aunque los físicos no siempre cumplen con una serie estricta de pasos, las investigaciones a menudo siguen patrones similares, llamados **métodos científicos,** como muestra la **Imagen 2.** De acuerdo con la investigación específica, un científico puede agregar pasos nuevos, repetir algunos pasos u omitir pasos por completo.

Plantear el problema Las investigaciones comienzan cuando alguien observa un suceso de la naturaleza y se pregunta por qué o cómo ocurre. Esta pregunta es el problema que se plantea.

En ocasiones durante la investigación se plantea una nueva pregunta que lleva a un nuevo enunciado del problema. En la década de 1940, el investigador Percy Spencer intentaba responder la pregunta de cómo producir los tubos magnetrón que se utilizan en los sistemas de radar. Cuando se detuvo frente a un magnetrón en funcionamiento, que generaba microondas, el chocolate que llevaba en el bolsillo se derritió. Entonces, se planteó una nueva pregunta: ¿Cómo cocina los alimentos el magnetrón?

Investigar y reunir información Es útil que antes de comenzar una investigación se haga una búsqueda de la información que ya se conoce acerca del problema. La elaboración y examinación de observaciones e interpretaciones de fuentes confiables ayudan a adaptar la pregunta y convertirla en una hipótesis.

ORIGEN DE LAS PALABRAS

Ciencia

viene del vocablo en latín *scientia* que significa *conocimiento*

Conexión con carreras STEM

Técnico de encuestas topográficas o topógrafo

¿Te gusta el aire libre? Los técnicos de encuestas topográficas pasan mucho tiempo al aire libre en diversos climas para recopilar información geográfica, como la elevación y el contorno. Los técnicos topógrafos usan la información y un *software* sofisticado para crear mapas de la superficie de la Tierra.

Formular y probar una hipótesis Una **hipótesis** es una explicación posible para un problema a partir de la información que ya conoces y lo que has observado. Una hipótesis científica puede demostrarse mediante la experimentación y la observación. En ocasiones, los científicos deben esperar a que surjan nuevas tecnologías antes de poder demostrar una hipótesis. Por ejemplo, las primeras hipótesis sobre la existencia de los átomos se desarrollaron hace más de 2300 años, pero las tecnologías para demostrar estas hipótesis no existieron sino hasta varios siglos después.

Algunas hipótesis pueden demostrarse con observaciones. Otras pueden demostrarse al construir un modelo y relacionarlo con situaciones de la vida real. Una manera común de demostrar una hipótesis es hacer un experimento. Los experimentos ponen a prueba el efecto de una cosa sobre otra utilizando un control. En ocasiones no es posible hacer experimentos; en estos casos, las investigaciones son descriptivas. Por ejemplo, los físicos no pueden realizar experimentos en el espacio profundo. Sin embargo, pueden recopilar y analizar información valiosa que nos ayuda a conocer más sobre lo que ocurre allí.

Analizar los datos En todas las investigaciones es importante registrar las observaciones y es importante organizar los datos en tablas y gráficas fáciles de leer. Más adelante, estudiarás las maneras de representar los datos. Al hacer y registrar observaciones debes incluir todos los resultados, incluso los inesperados. La inferencia científica se basa en la observación científica. Deben tenerse en cuenta todas las explicaciones posibles. Si los datos no están organizados de manera lógica, se puede llegar a conclusiones incorrectas.

Cuando un científico comunica y comparte información, otros científicos la examinarán y la compararán con el trabajo de otros. Los científicos, como el científico planetario de la **Imagen 3,** comparten sus datos y análisis a través de informes, publicaciones y conferencias.

Sacar conclusiones Sobre la base del análisis de los datos, el paso siguiente es decidir si la hipótesis está justificada. Para que la hipótesis se considere válida y se la acepte ampliamente, los resultados deben ser idénticos cada vez que el experimento se repita. La hipótesis deberá reconsiderarse si el experimento no la justifica. Quizás sea necesario revisar la hipótesis o refinar el procedimiento del experimentador.

FREDERIC J BROWN/AFB/Getty Images

Imagen 3 Una parte importante de los métodos científicos es compartir los datos y resultados con otros científicos. Este científico está compartiendo con sus colegas la predicción de datos orbitales planetarios.

Revisión de colegas Antes de su publicación, la información científica se somete a la revisión de colegas, es decir, científicos que pertenecen al mismo campo de estudio. La revisión es un proceso por el cual los científicos colegas de quienes realizaron la investigación evalúan los procedimientos y resultados de un experimento. La revisión del trabajo de otros científicos es una de las responsabilidades de muchos científicos.

Ser objetivos También debe tenerse cuidado para disminuir el sesgo en las investigaciones. Puede haber sesgo cuando las expectativas del científico afectan el modo en que se analizan los resultados y se sacan conclusiones. Esto puede hacer que un científico seleccione un resultado de un ensayo por sobre los de otros ensayos. También puede haber sesgo si se utilizan las ventajas de probar un producto en una promoción y las desventajas se omiten. Los científicos pueden reducir el sesgo al realizar tantos ensayos como sea posible y registrar todas las observaciones.

Modelos

A veces los científicos no pueden ver todo lo que investigan. Pueden observar un objeto demasiado grande o pequeño, un proceso muy largo como para analizarlo en su totalidad o un material peligroso. En estos casos, los científicos utilizan modelos. Un **modelo** es una representación de una idea, evento, estructura u objeto que ayuda a comprenderlo mejor.

Modelos en la historia Los modelos se han utilizado a lo largo de la historia. A comienzos del siglo XX, el físico británico J. J. Thomson creó un modelo de un átomo que consistía en electrones integrados a una pelota de carga positiva. Muchos años después, el físico Ernest Rutherford creó un modelo del átomo sobre la base de una nueva investigación. Más tarde, los científicos descubrieron que el núcleo no es una pelota sólida, sino que está conformado por protones y neutrones. El modelo actual del átomo es un núcleo de protones y neutrones rodeado por una nube de electrones. Los tres modelos se ilustran en la **Imagen 4.** Los científicos usan los modelos de los átomos para representar su entendimiento actual por el tamaño reducido del átomo.

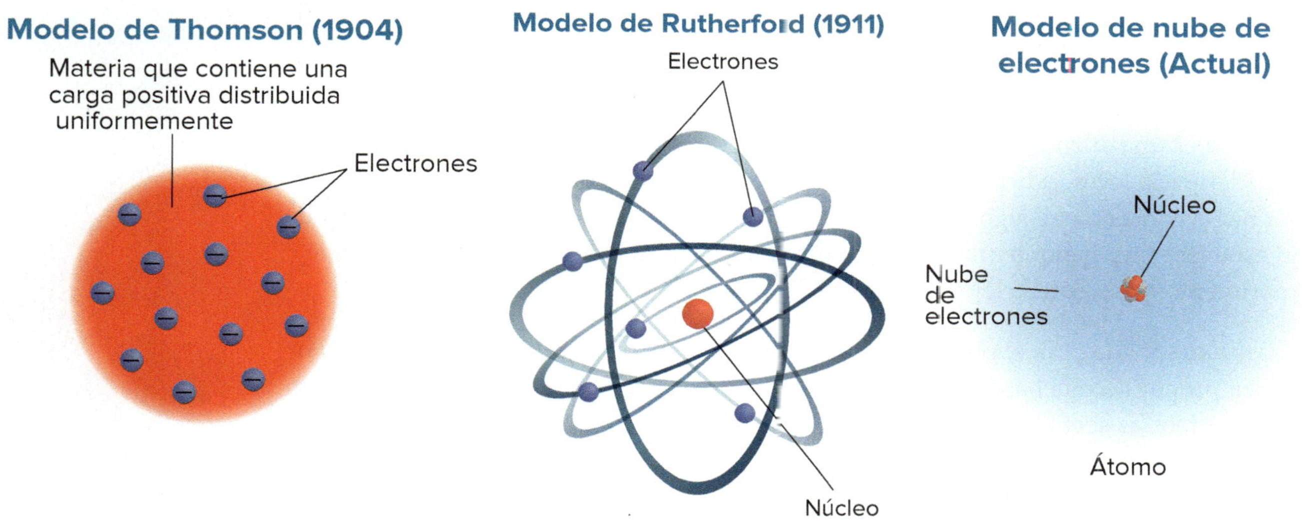

Imagen 4 A lo largo de la historia, los científicos crearon modelos del átomo.

Inferir *¿Por qué los modelos del átomo cambiaron con los años?*

¿Lo comprendes?

Explica de qué manera es útil el modelo al principio del módulo.

Modelos de alta tecnología Los modelos físicos y las computadoras pueden usarse de distintas maneras para asistir en el proceso del diseño de ingeniería. Las computadoras son útiles para varios fines, como hacer simulaciones o probar diferentes maneras de resolver un problema. También son útiles para determinar cuál es la solución más eficaz o económica y para mostrarle a un cliente si un diseño es adecuado para sus necesidades. El software informático está diseñado para replicar los procesos en estudio.

Por ejemplo, los simuladores computarizados, como el de la **Imagen 5,** ayudan a los pilotos a practicar todos los aspectos del vuelo sin dejar tierra firme. Además, las simulaciones computarizadas pueden simular condiciones climáticas adversas y otras dificultades posiblemente peligrosas durante el vuelo.

Imagen 5 Este es un simulador de vuelo que ayuda a capacitar a los pilotos. La imagen replica lo que vería el piloto en un avión real.
Identifica *otros modelos en tu salón de clases.*

¿Lo comprendes?

Comenta cómo pueden usarse las simulaciones por computadora para desarrollar posibles soluciones para un problema.

Teorías y leyes científicas

Una **teoría científica** es una explicación de cosas o sucesos sobre la base del conocimiento obtenido a partir de observaciones e investigaciones.

Una teoría no es una conjetura. Una hipótesis se puede considerar teoría si los científicos repiten una investigación y los resultados siempre la justifican. Que una teoría científica tenga datos que la respalden no significa que nunca cambiará. A medida que surgen datos nuevos, las teorías pueden redefinirse o modificarse como muestra la **Imagen 6** en la siguiente página.

Una **ley científica** es una afirmación sobre lo que ocurre en la naturaleza y que parece ser siempre verdadera. Las leyes indican qué ocurrirá en determinadas condiciones, pero no explican por qué o cómo ocurre algo. La gravedad es un ejemplo de una ley científica. La ley de la gravedad establece que cualquier masa atrae a otra masa. Hasta la fecha, no se ha realizado ningún experimento que refute la ley de gravedad.

Puede utilizarse una teoría para explicar una ley, pero las teorías no se convierten en leyes. Por ejemplo, se han propuesto muchas teorías para explicar cómo funciona la ley de gravedad. Aun así, existen pocas teorías aceptadas en la ciencia y muchas menos leyes.

CCC CONCEPTOS INTERDISCIPLINARIOS

Sistemas y modelos de sistemas Pueden utilizarse modelos para simular sistemas. Selecciona un modelo que no se haya mencionado en la lección. Recuerda que un modelo no es necesariamente un modelo físico, algo que pueda construirse y tocarse, aunque podría serlo. Realiza una lámina que ilustre de qué manera tu modelo puede ayudar a probar un proceso o un procedimiento. ¿Qué tipo de modelo utilizarías? ¿Qué pruebas respaldan tu explicación?

Los filósofos griegos proponían que los objetos caen porque buscan su lugar natural. Cuanto mayor es la masa, más rápido cae un objeto.

↓

Revisión

Galileo demostró que la velocidad a la que cae un objeto depende de la duración de la caída y no de la masa del objeto.

↓

Revisión

Newton brindó una explicación de por qué caen los objetos. Propuso que caen porque los objetos y la Tierra se atraen por una fuerza. También estableció que existe una fuerza de atracción entre dos objetos con masa.

↓

Revisión

Einstein sugirió que la fuerza de atracción entre dos objetos se debe a que la masa hace que el espacio que lo rodea se curve.

Imagen 6 Si los experimentos proporcionan nuevas percepciones y pruebas sobre una teoría, como la teoría que describe la conducta de los objetos que caen, la teoría se modifica.

Los límites de la ciencia

La ciencia puede ayudarte a explicar muchas cosas del mundo, pero no puede explicar ni resolver todo. Los científicos hacen conjeturas que deben probarse y verificarse. Las preguntas sobre opiniones, valores y emociones no son científicas porque no pueden probarse. Por ejemplo, algunas personas pueden considerar que una obra de arte es hermosa mientras que otras no. Pueden considerar que algunos alimentos, como la pizza, son deliciosos, mientras que otros no. Puedes hacer una encuesta para recopilar opiniones sobre estas preguntas, pero eso no demostrará si las opiniones son verdaderas para todos.

Verifica tu progreso

1. **Resume** los pasos que puedes utilizar para realizar una investigación utilizando métodos científicos.
2. **Define** el término *hipótesis*. Identifica tres maneras de probar una hipótesis.
3. **Describe** por qué es importante que los científicos eviten el sesgo.
4. **Explica** por qué los científicos utilizan modelos. Da un ejemplo de un modelo científico no mencionado en esta lección y explica su utilidad.
5. **Analizar** Tu amiga descubre que al 90 por ciento de los estudiantes en la cafetería les gusta la pizza. Dice que esto demuestra científicamente que a todos les gusta la pizza. ¿Cómo responderías?
6. **Pensamiento crítico** Un valor aceptado para la aceleración de caída libre es de 9.8 m/s^2. En un experimento con péndulos, calculas un valor de 9.4 m/s^2. ¿Debe descartarse el valor aceptado por tu resultado? Explícalo.

LECCIÓN 2

MATEMÁTICAS Y FÍSICA

PREGUNTA DE ENFOQUE

¿Cómo ayudan las matemáticas a los físicos?

Las matemáticas en la Física

Los físicos suelen utilizar el lenguaje de las matemáticas. En la Física, las ecuaciones son una herramienta importante para demostrar las observaciones y hacer predicciones. Las ecuaciones son una manera de representar las relaciones entre medidas. Los físicos se basan en teorías y experimentos con resultados numéricos para respaldar sus conclusiones. Por ejemplo, puedes predecir que una moneda se caerá si la dejas caer, pero ¿puedes predecir su velocidad al golpear el suelo? Los distintos modelos de objetos en caída proporcionan diferentes respuestas sobre cómo cambia la velocidad del objeto mientras cae o de qué depende la velocidad. Al medir cómo cae un objeto, puedes comparar los datos experimentales con los resultados que predijeron los diferentes modelos. Así se prueban los modelos y puedes seleccionar el mejor o desarrollar un modelo nuevo.

Unidades SI

Para comunicar los resultados, es útil utilizar unidades que todos comprendan. La comunidad científica mundial utiliza una adaptación del sistema métrico para las mediciones. La **Tabla 1** ilustra que el Sistema Internacional de Unidades, o SI, utiliza siete cantidades base. Otras unidades, denominadas unidades derivadas, se forman al combinar las unidades base de diversas maneras. La velocidad se mide en metros por segundo (m/s). A menudo, las unidades derivadas tienen su propio nombre. Por ejemplo, la carga eléctrica se mide en amperios-segundo (A·s), que también se denominan culombios (C).

El SI está regulado por la Oficina Internacional de Pesos y Medidas de Sèvres, Francia. En el pasado, esta oficina y el Instituto Nacional de Ciencia y Tecnología (NIST) de Gaithersburg, Maryland, conservaban muestras Físicas sobre las que se basaban las normas.

Tabla 1 Unidades base SI

Cantidad base	Unidad base	Símbolo
Longitud	metro	m
Masa	kilogramo	kg
Tiempo	segundo	s
Temperatura	kelvin	K
Cantidad de una sustancia	mol	mol
Corriente eléctrica	amperio	A
Intensidad lumínica	candela	cd

PENSAMIENTO 3D DCI Ideas centrales disciplinarias CCC Conceptos interdisciplinarios SEP Prácticas de ciencia e ingeniería

REUNIR EVIDENCIA

Usa el Cuaderno de ciencias para registrar la evidencia que reúnas mientras completas las lecturas y las actividades de la lección.

INVESTIGAR

CONÉCTATE para hallar estas actividades y más recursos.

CCC **Identificar conceptos interdisciplinarios**

Haz una tabla de los conceptos interdisciplinarios con ejemplos que encuentres en la lectura.

Repasar la pregunta de Encuentra el fenómeno

¿Qué información de la lección te ayuda a responder las preguntas de la unidad y del módulo?

Sin embargo, las normas se están redefiniendo como fenómenos. Por ejemplo, el metro, como muestra la **Imagen 7,** ahora se define como $\frac{1}{299{,}792{,}458}$, la distancia que recorre la luz en $\frac{1}{299{,}792{,}458}$ por segundo.

La facilidad para pasar de una unidad a otra es una característica práctica del SI. Para convertir entre unidades, multiplica o divide por la potencia de 10 más adecuada. Se utilizan prefijos para cambiar las unidades base de SI por las potencias de 10 como muestra la **Tabla 2.** Sueles encontrar estos prefijos en la vida diaria como, por ejemplo, miligramos y centímetros.

Imagen 7 Utilizarás la regla de un metro como medida estándar, pero la definición oficial de un metro es $\frac{1}{299{,}792{,}458}$, la distancia que recorre la luz en $\frac{1}{299{,}792{,}458}$ por segundo.

Describir *¿Por qué es importante contar con estándares para las mediciones?*

Análisis dimensional

A menudo deberás manipular una fórmula o utilizar una serie de fórmulas para resolver un problema de Física. Una manera de verificar si planteaste un problema correctamente es escribir la ecuación o el conjunto de ecuaciones que planeas usar. Antes de hacer cálculos, verifica que la respuesta esté en las unidades esperadas. Por ejemplo, si buscas la velocidad de un automóvil y ves que la respuesta será en s/m o m/s^2, cometiste un error en el planteo. Este método de tratar las unidades como cantidades algebraicas se denomina **análisis dimensional.** Saber que tu respuesta estará expresada en las unidades correctas no garantiza que tu respuesta sea correcta, pero si hallas que tu respuesta está expresada en las unidades incorrectas, cometiste un error. El análisis dimensional también se utiliza para seleccionar los factores de conversión. Un factor de conversión es un multiplicador igual a 1.

Tabla 2 Prefijos utilizados con unidades SI

Prefijo	Símbolo	Multiplicador	Notación científica	Ejemplo
femto–	f	0.000000000000001	10^{-15}	femtosegundos (fs)
pico–	p	0.000000000001	10^{-12}	picometro (pm)
nano–	n	0.000000001	10^{-9}	nanometro (nm)
micro–	μ	0.000001	10^{-6}	microgramo (μg)
mili–	m	0.001	10^{-3}	miliamperio (mA)
centi–	c	0.01	10^{-2}	centímetro (cm)
deci–	d	0.1	10^{-1}	decilitro (dL)
kilo–	k	1000	10^{3}	kilómetro (km)
mega–	M	1,000,000	10^{6}	megagramo (Mg)
giga–	G	1,000,000,000	10^{9}	gigámetro (Gm)
tera–	T	1,000,000,000,000	10^{12}	terahercio (THz)

¿Lo comprendes?

Identifica el prefijo que se utilizaría para expresar 2,000,000,000 bytes de memoria en una computadora.

Por ejemplo, como 1 kg = 1000 g, puedes construir los siguientes factores de conversión:

$$1 = \frac{1\,\text{kg}}{1000\,\text{g}} \quad \text{y} \quad 1 = \frac{1000\,\text{g}}{1\,\text{kg}}$$

Selecciona un factor de conversión por el que las unidades iniciales se cancelen y dejen la respuesta en las unidades deseadas. Por ejemplo, para convertir una masa de 1.34 kg a gramos, plantea esta conversión.

$$1.34\,\cancel{\text{kg}}\left(\frac{1000\,\text{g}}{1\,\cancel{\text{kg}}}\right) = 1340\,\text{g}$$

También es posible que debas hacer una serie de conversiones. Para convertir 43 km/h a m/s, haz lo siguiente:

$$\left(\frac{43\,\cancel{\text{km}}}{1\,\cancel{\text{h}}}\right)\left(\frac{1000\,\text{m}}{1\,\cancel{\text{km}}}\right)\left(\frac{1\,\cancel{\text{h}}}{60\,\cancel{\text{min}}}\right)\left(\frac{1\,\cancel{\text{min}}}{60\,\text{s}}\right) = 12\,\text{m/s}$$

Cifras significativas

Supón que mides un bolígrafo y hallas que su extremo apenas pasa los 138 mm, como muestra la **Imagen 8.** Estimas que el bolígrafo pasa la última marca de la regla por una décima de milímetro y registras que mide 138.1 mm. Esta medición tiene cuatro dígitos válidos: los primeros tres dígitos son ciertos y el último es incierto. Los dígitos válidos de una medición se denominan **cifras significativas.** El último dígito en cualquier medición es el dígito incierto. Todos los números distintos a cero de una medición son significativos.

¿Son significativos todos los ceros?

No. Por ejemplo, en la medición 0.0860 m, los dos primeros ceros sirven únicamente para ubicar el punto decimal y no son significativos. Sin embargo, el último cero es el dígito estimado y es significativo. La medición de 172,000 m pueden tener 3, 4, 5 o 6 cifras significativas. Esta ambigüedad es un motivo para usar la notación científica. Es claro que la medición 1.7200×10^5 m tiene cinco cifras significativas.

Aritmética con cifras significativas

Cuando hagas una operación aritmética, recuerda que el resultado nunca puede ser más preciso que la medición menos precisa.

Para sumar o restar mediciones, primero realiza la operación, luego redondea el resultado para que se corresponda con el valor menos preciso implicado. Por ejemplo, 3.86 m + 2.4 m = 6.3 m, no 6.26 m, porque la medida menos precisa es de una décima de metro.

Para multiplicar o dividir mediciones, primero haz el cálculo y, luego, redondea a las mismas cifras significativas que la medición menos precisa. Por ejemplo, $\frac{409.2\,\text{km}}{11.4\,\text{L}} = \frac{35.9\,\text{km}}{\text{L}}$, porque la medición menos precisa tiene tres cifras significativas. Algunas calculadoras muestran varios dígitos adicionales, mientras que otras redondean en puntos distintos. Asegúrate de anotar tus respuestas con la cantidad correcta de dígitos.

Resolver problemas

La mayoría de los problemas de práctica de este curso serán complejos y requerirán de una estrategia para resolverlos. Este libro incluye muchos ejemplos de problemas que se resuelven con un proceso de tres pasos. El Ejemplo Problema 1 de la próxima página sigue los pasos para calcular la velocidad promedio de un automóvil utilizando la distancia y el tiempo.

Imagen 8 Anotaste la longitud del bolígrafo como 138.1 mm.
Inferir *¿Por qué el último dígito es incierto?*

EJEMPLO Problema 1

UTILIZAR LA DISTANCIA Y EL TIEMPO PARA HALLAR LA VELOCIDAD Cuando un automóvil se desplaza a 434 km en 4.5 h, ¿cuál es su velocidad promedio?

1 ANALIZAR Y PLANTEAR EL PROBLEMA

La velocidad del automóvil es desconocida. Los valores conocidos incluyen la distancia que recorrió el automóvil y el tiempo. Utiliza la relación entre la velocidad, la distancia y el tiempo para hallar la velocidad del automóvil.

Datos conocidos	**Incógnita**
distancia = 434 km	velocidad = ?
tiempo = 4.5 h	

2 HALLAR LA INCÓGNITA

distancia = **velocidad** × tiempo — Expresa la relación como una ecuación.

$\textbf{velocidad} = \frac{\text{distancia}}{\text{tiempo}}$ — Resuelve la ecuación para hallar la velocidad.

$\textbf{velocidad} = \frac{434\text{ km}}{4.5\text{ h}}$ — Sustituye la distancia = 434 km y el tiempo = 4.5 h.

velocidad = 96.4 km/h — Calcula y especifica las unidades.

3 EVALUAR LA RESPUESTA

Verifica tu respuesta utilizándola para calcula la distancia que recorrió el automóvil.

distancia = velocidad × tiempo = $96.4\text{ km}/\cancel{\text{h}} \times 4.5\ \cancel{\text{h}} = 434\text{ km}$

La distancia calculada coincide con la distancia indicada en el problema. Esto significa que la velocidad promedio calculada es correcta.

EL PROBLEMA

1. Lee el problema detenidamente.
2. Asegúrate de comprender qué se pregunta.

ANALIZAR Y PLANTEAR EL PROBLEMA

1. Lee el problema nuevamente.
2. Identifica los datos dados y haz una lista. Si es necesario, reúne información de gráficas, tablas o imágenes.
3. Identifica y elabora una lista de las incógnitas.
4. Determina si necesitas un esquema para ayudarte a resolver el problema.
5. Planifica los pasos que seguirás para hallar la respuesta.

HALLAR LA INCÓGNITA

1. Si la solución es matemática, escribe la ecuación y aísla el factor desconocido.
2. Sustituye las cantidades conocidas en la ecuación.
3. Resuelve la ecuación.
4. Continúa el proceso de resolución hasta resolver el problema.

EVALUAR LA RESPUESTA

1. Vuelve a leer el problema. ¿Es razonable la respuesta?
2. Verifica tus cálculos. ¿Son correctas las unidades y las cifras significativas?

Verifica tu progreso

7. **Demostración** ¿Por qué se describen con fórmulas los conceptos en la Física?
8. **Cifras significativas** Resuelve los siguientes problemas usando la cantidad correcta de cifras significativas cada vez.
   a. 10.8 g – 8.264 g
   b. 4.75 m – 0.4168 m
   c. 139 cm × 2.3 cm
   d. 13.78 g / 11.3 mL
   e. 1.6 km + 1.62 m + 1200 cm
9. **Análisis dimensional** ¿Cuántos segundos hay en un año bisiesto?
10. **Resolver problemas** Vuelve a escribir $F = Bqv$ para hallar v en términos de F, q y B.
11. **Pensamiento crítico** Con los valores dados en un problema y la ecuación para calcular la distancia, distancia = velocidad × tiempo, calculas que la velocidad de un automóvil es de 290 km/h. ¿Es razonable la respuesta? Explícalo. ¿En qué circunstancias puede ser razonable esta respuesta?

LEARNSMART® Conéctate para cumplir tu plan de aprendizaje personalizado para repasar, practicar y reforzar tu comprensión.

LECCIÓN 3

MEDICIÓN

PREGUNTA DE ENFOQUE

¿Por qué es importante medir cuidadosamente?

¿Qué es una medición?

Una **medición** es la comparación entre una cantidad desconocida y un estándar. Por ejemplo, si mides la masa de un carrito usado en un experimento, la cantidad desconocida es la masa del carrito y el estándar es el gramo. Si haces un experimento con un resorte de una longitud desconocida, el centímetro es el estándar que puedes utilizar para la longitud. Las mediciones cuantifican nuestras observaciones. Por ejemplo, la presión sanguínea de una persona no está "bastante bien", sino que es de $\frac{110}{60}$, es decir, el límite inferior del rango aceptable.

Comparar los resultados

Como aprendiste en la lección 1, los científicos comparten sus resultados. Antes de que los datos nuevos se acepten completamente, otros científicos examinan el experimento, buscan posibles fuentes de error e intentan reproducir los resultados. Los resultados a menudo se informan con una incertidumbre. Una nueva medición que está dentro del rango de incertidumbre concuerda con la medición anterior.

Por ejemplo, los arqueólogos usan la datación por radiocarbono para determinar la antigüedad de pinturas como las de la caverna de Niaux de la **Imagen 9,** y la cueva de Chauvet, las dos en Francia. Todas estas dataciones se informan con una incertidumbre. Tres dataciones por radiocarbono de un panel de la caverna de Cauvet son 30,940 ± 610 años, 30,790 ± 600 años y 30,230 ± 530 años. Aunque las mediciones no coinciden, las incertidumbres de las tres se superponen y las mediciones están de acuerdo entre sí.

Imagen 9 Estos son dibujos de la caverna de Niaux en Francia. Los científicos estiman que fueron realizados hace 17,000 años.

PENSAMIENTO 3D DCI Ideas centrales disciplinarias CCC Conceptos interdisciplinarios SEP Prácticas de ciencia e ingeniería

REUNIR EVIDENCIA

Usa el Cuaderno de ciencias para registrar la evidencia que reúnas mientras completas las lecturas y las actividades de la lección.

INVESTIGAR

CONÉCTATE para hallar estas actividades y más recursos.

Laboratorio de Física: Masa y volumen
Realiza una investigación para determinar la relación entre masa, volumen y densidad.

Repasar la pregunta de Encuentra el fenómeno
¿Qué información de la lección te ayuda a responder las preguntas de la unidad y del módulo?

Tres estudiantes hicieron un experimento varias veces con resortes de la misma longitud. Con dos arandelas en el resorte, el estudiante 1 tomó mediciones repetidas, que fueron de 14.4 cm a 14.8 cm. El promedio de sus mediciones fue 14.6 cm, como se ve en la **Imagen 10.** Este resultado se informó como (14.6 ± 0.2) cm. El estudiante 2 informó que la longitud del resorte era de (14.8 ± 0.3) cm. El estudiante 3 informó una longitud de (14.0 ± 0.1) cm.

¿Podrías llegar a la conclusión de que las tres mediciones concuerdan? ¿Se puede reproducir el resultado del estudiante 1? Los rangos de los resultados de los estudiantes 1 y 2 de superponen entre 14.5 cm y 14.8 cm. Sin embargo, no se superponen y, por lo tanto, no concuerdan, con los del estudiante 3.

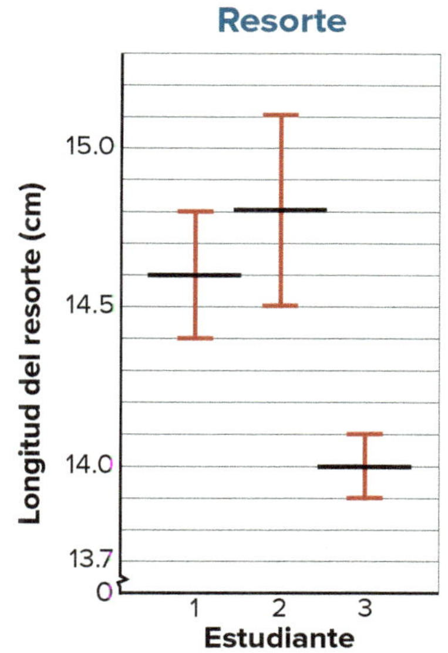

Imagen 10 Tres estudiantes tomaron múltiples mediciones. Las barras rojas representan la incertidumbre de la medida de cada estudiante.

¿Lo comprendes?
Explicar ¿El resultado del estudiante 3 es reproducible? ¿Por qué?

Precisión contra exactitud

Tanto la precisión como la exactitud son características de los valores medidos, como muestra la **Imagen 11.** ¿Son precisas y exactas las mediciones de los tres estudiantes? El nivel de exactitud de una medición se denomina **precisión.** En el ejemplo anterior, las mediciones del estudiante 3 son las más precisas, dentro de ± 0.1 cm. Las mediciones de los estudiantes 1 y 2 son menos precisas porque tienen una incertidumbre mayor (estudiante 1 = ± 0.2 cm, estudiante 2 = ± 0.3 cm).

La precisión depende del instrumento y la técnica utilizados para realizar la medición. En general, el dispositivo que tiene la división más fina en su escala brinda la medición más precisa. La precisión de una medición es la mitad de la división más pequeña del instrumento.

Por ejemplo, imagina una probeta graduada con divisiones de 1 mL. Puedes medir un objeto dentro de 0.5 mL con este dispositivo. Sin embargo, si la división más pequeña del vaso de precipitado es 50 mL, ¿serán precisas tus mediciones comparadas con las que se hicieron en el vaso de precipitado?

Las cifras significativas muestran la precisión de una respuesta. Una medición de 67.100 g es precisa a la milésima de gramo más cercana. Supón que agregas 1.2 mL de ácido a un vaso de precipitado con 2.4×10^2 mL de agua. No puedes decir que tienes 2.412×10^2 mL de líquido porque el volumen del agua no se midió a la décima de mililitro más cercana, sino a los 10 mL más cercanos.

La **exactitud** describe cuánto concuerdan los resultados de una medición con el valor "real", es decir, el valor aceptado medido por experimentadores competentes. La **Imagen 11** muestra la exactitud y la precisión.

Si la longitud del resorte que los tres estudiantes midieron era de 14.8 cm, entonces el estudiante 2 fue más exacto y el estudiante 3 el menos exacto. ¿Qué pudo haber causado que tomen mediciones inexactas? ¿Cómo puedes verificar la exactitud de las mediciones?

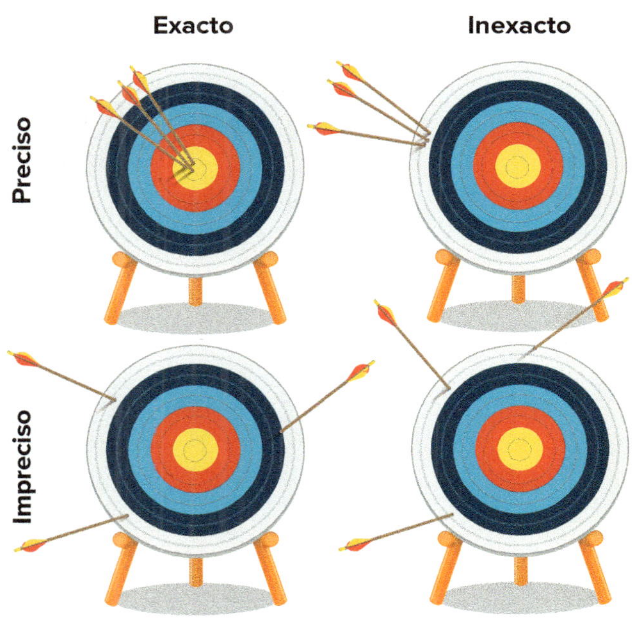

Imagen 11 El área amarilla en el centro de cada blanco representa un valor aceptado para una medición en particular. Las flechas representan las medidas que toman los científicos durante un experimento.

Un método común para verificar la exactitud de un instrumento es la calibración de dos puntos. En primer lugar: ¿lee cero el instrumento cuando debe, como muestra la **Imagen 12?** En segundo lugar: ¿brinda una lectura correcta cuando mide un estándar aceptado? Los instrumentos se someten a verificaciones regulares de exactitud, como las máquinas que se usan para tratar el cáncer.

¿Lo comprendes?

Compara y contrasta precisión y exactitud.

Imagen 12 La exactitud se verifica al llevar el instrumento a cero antes de la medición.

Inferir *¿Es exacto este instrumento? ¿Por qué?*

Técnicas de buena medición

Para garantizar la exactitud y la precisión, los instrumentos deben utilizarse correctamente. Las mediciones deben realizarse con cuidado para ser tan precisas como el instrumento lo permita. Un error común se origina a partir del ángulo utilizado para leer un instrumento. Las balanzas deben leerse con los ojos directamente frente a la medición, como muestra la izquierda de la **Imagen 13.** Si la balanza se lee en ángulo, como en la derecha de la **Imagen 13,** se obtiene un valor diferente y menos exacto. La diferencia en las lecturas se genera por el paralaje, que es el cambio de posición aparente de un objeto cuando se lo mira desde diferentes ángulos. Para experimentar con el paralaje, coloca tu bolígrafo sobre una regla y lee la escala con los ojos directamente sobre la punta, luego lee la escala con la cabeza inclinada hacia un lado.

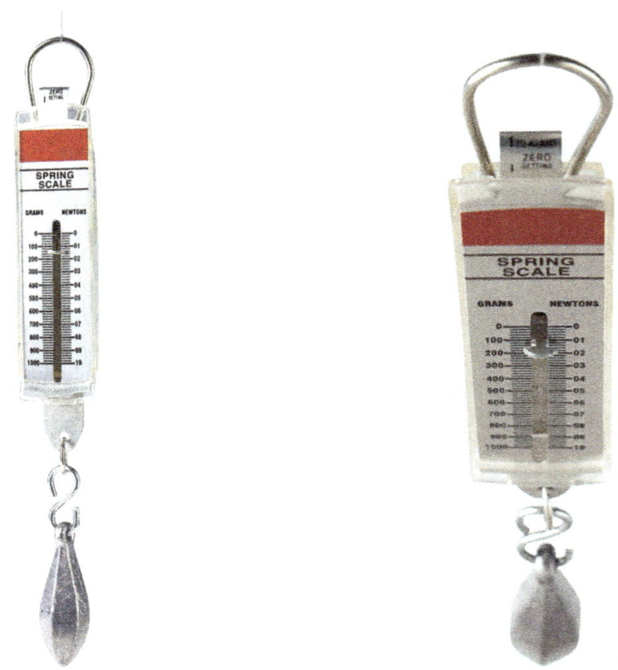

Imagen 13 Al colocar la balanza de frente (izquierda), los resultados serán más exactos que si los lees en ángulo (derecha).

Identificar *¿Cuánto modificó el paralaje la medición de la derecha?*

GPS

El Sistema de Posicionamiento Global, o GPS, ofrece una ilustración de la exactitud y precisión de una medición. El GPS consta de 24 satélites con transmisores en órbita y varios receptores en la Tierra. Los satélites envían señales con el tiempo, medido con relojes atómicos de gran exactitud.

El receptor utiliza la información de al menos cuatro satélites para determinar la latitud, longitud y elevación. (Los relojes de los receptores no son tan exactos como los de los satélites).

Los receptores tienen diferentes niveles de precisión. Un dispositivo de un automóvil puede indicar tu posición con un rango de pocos metros. Los dispositivos que utilizan los geofísicos y geólogos, como muestra la **Imagen 14,** pueden medir movimientos de milímetros en la corteza terrestre.

El GPS fue desarrollado por el Departamento de Defensa de Estados Unidos. Utiliza relojes atómicos, que se desarrollaron para probar las teorías de la relatividad y la gravedad de Einstein. Luego, el GPS se puso a disposición para el uso civil.

Las señales de GPS se utilizan a nivel mundial sin cargo en la navegación en tierra, en el mar y en el aire, para realizar mapas y encuestas topográficas, en redes de telecomunicaciones y satélites, y para la investigación científica de terremotos y placas tectónicas.

Imagen 14 Este geólogo en el Desierto de Malí usa un GPS de gran exactitud para registrar y analizar los movimientos de las placas continentales. Sus resultados ayudarán a buscar yacimientos petrolíferos.

Verifica tu progreso

12. **Precisión y exactitud** Tu micrómetro (herramienta para medir objetos al 0.001 mm más cercano) se dobló. ¿Cómo se comparan su precisión y exactitud con las de una regla nueva de alta calidad?
13. **Exactitud** Algunas reglas de madera no empiezan con un 0 en el borde, sino que aparece a unos milímetros. ¿Cómo puede afectar la exactitud de la regla?
14. **Paralaje** ¿Afecta el paralaje la precisión de una medición que tomas? Explícalo.
15. **Incertidumbre** Tu amigo te dice que su altura es de 182 cm. Explica con tus palabras el rango de alturas de este enunciado.
16. **Precisión** Una caja mide 19.2 cm de ancho, 18.1 cm de longitud y 20.3 cm de altura.
    a. ¿Cuál es su volumen?
    b. ¿Es precisa la medición de la longitud? ¿Y la medición del volumen?
    c. ¿Cuánto mide una pila de 12 cajas?
    d. ¿Es precisa la medición de la altura de una caja? ¿Y de 12 cajas?
17. **Pensamiento crítico** Tu amigo afirma en un informe que el tiempo promedio para que un automóvil recorra una pista de 2.4 km es de 65.414 s. Cronometró 7 vueltas con un reloj con una precisión de 0.1 s. ¿Confías en los resultados del informe? Explícalo.

LEARNSMART® Conéctate para cumplir tu plan de aprendizaje personalizado para repasar, practicar y reforzar tu comprensión.

LECCIÓN 4

REPRESENTAR GRÁFICAMENTE LOS DATOS

PREGUNTA DE ENFOQUE

¿Cómo ayudan las gráficas a los científicos a analizar datos?

Identificar las variables

Cuando haces un experimento, es importante cambiar únicamente un factor por vez. Por ejemplo, la **Tabla 3** muestra la longitud de un resorte con diferentes masas colgadas. Varía únicamente la masa; si se colgaran diferentes masas de distintos tipos de resortes, no sabrías qué proporción de la diferencia entre los dos pares de datos se debe a las masas y cuánto se debe a los resortes.

Variables independientes y dependientes Una variable es un factor que puede afectar el comportamiento de un planteo experimental. El factor que se manipula durante una investigación es la **variable independiente.** En el experimento que proporcionó los datos de la **Tabla 3,** la masa era la variable independiente. El factor que depende de la variable independiente es la **variable dependiente.** En esta investigación, la medida en la que se estira el resorte depende de la masa, de modo que la medida en que se estira es la variable dependiente.

Línea de mejor ajuste Una gráfica lineal muestra cómo cambia la variable dependiente con la variable independiente. Los datos de la **Tabla 3** se representan gráficamente en la **Imagen 15** de la página siguiente. La línea azul, que está trazada lo más cerca posible de los datos, se denomina **línea de mejor ajuste.** Esta línea es el mejor modelo para las predicciones que cualquier punto de la línea. La **Imagen 15** da instrucciones detalladas sobre cómo hacer una gráfica, representar datos y esquematizar una línea de mejor ajuste.

Una gráfica bien diseñada permite que los patrones que no son evidentes de inmediato en una lista de números puedan verse en forma rápida y sencilla. La gráfica de la **Imagen 15** indica que la longitud del resorte aumenta en la medida en que aumenta la masa suspendida.

Tabla 3 Longitud de un resorte para diferentes masas

Masa suspendida del resorte (g)	Longitud del resorte (cm)
0	13.7
5	14.1
10	14.5
15	14.9
20	15.3
25	15.7
30	16.0
35	16.4

PENSAMIENTO 3D DCI Ideas centrales disciplinarias CCC Conceptos interdisciplinarios SEP Prácticas de ciencia e ingeniería

REUNIR EVIDENCIA

Usa el Cuaderno de ciencias para registrar la evidencia que reúnas mientras completas las lecturas y las actividades de la lección.

INVESTIGAR

CONÉCTATE para hallar estas actividades y más recursos.

Laboratorio forense: Está en la sangre
Analiza e interpreta datos para determinar causa y efecto en una escena del crimen.

Repasar las noticias
Obtén información de una noticia actual en la que se usen gráficas para presentar datos. Evalúa la fuente y comunica tus descubrimientos a la clase.

Imagen 15 Utiliza estos pasos para hacer gráficas lineales a partir de las tablas de datos.

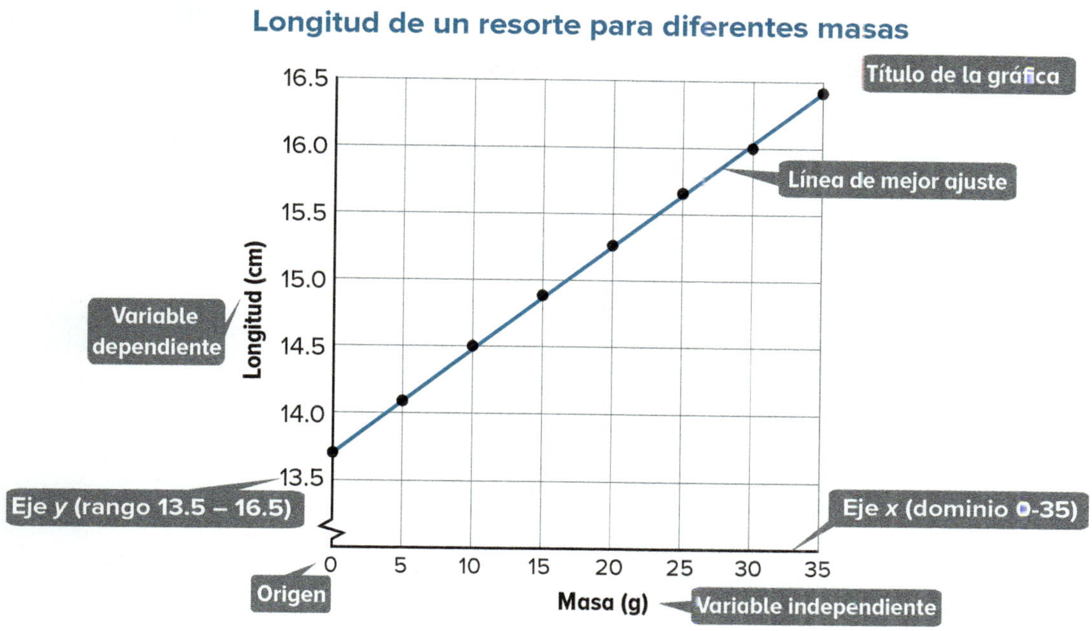

1. Identifica la variable independiente y la variable dependiente en tus datos. En este ejemplo, la variable independiente es la masa (g) y la variable dependiente es la longitud (cm). La variable independiente está representada en el eje horizontal, el eje *x*. La variable dependiente está representada en el eje vertical, el eje *y*.
2. Determina el rango de la variable independiente que se representará. En este caso, el rango es 0–35.
3. Decide si el origen (0, 0) es un punto válido.
4. Dispersa los datos tanto como sea posible. Haz que todas las divisiones del papel cuadriculado representen una unidad conveniente. Es decir, que las unidades son múltiplos de 2, 5 o 10.
5. Numera y rotula el eje horizontal. El rótulo debe incluir el nombre de la variable y sus unidades, por ejemplo, Masa (g).
6. Repite los pasos 2 a 5 para la variable dependiente.
7. Marca los valores en la gráfica.
8. Traza la línea recta de mejor ajuste o curva suave que atraviese tantos valores como sea posible. Este procedimiento a menudo se denomina *calcular a ojo*. No utilices una serie de segmentos de recta que conecten los puntos. La que parezca ajustarse mejor puede no ser exactamente igual a la de otra persona. Hay un procedimiento formal que utilizan muchas calculadoras gráficas, llamada técnica de mínimos cuadrados, que genera una línea de mejor ajuste única, pero está fuera del alcance de este libro de texto.
9. Incluye un título que indique claramente qué representa la gráfica.

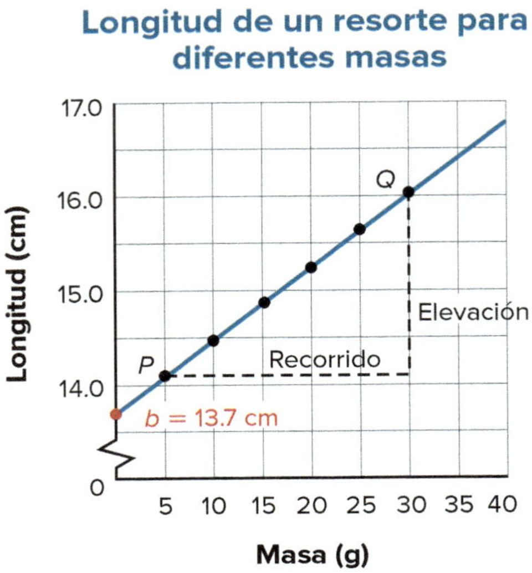

Imagen 16 En una relación lineal, la variable dependiente, que en este caso es la longitud, varía linealmente con la variable independiente. La variable independiente de este caso es la masa.

Describir *¿Qué ocurre con la longitud del resorte cuando la masa disminuye?*

Relaciones lineales

Los diagramas de dispersión de datos tienen diferentes formas y sugieren distintas relaciones. Tres de las relaciones más comunes son las relaciones lineales, las relaciones cuadráticas y las relaciones inversas. Probablemente las conozcas de la clase de matemáticas.

Cuando la línea de mejor ajuste es una recta, como en la **Imagen 15,** existe una relación lineal entre las variables. En una **relación lineal,** la variable dependiente varía linealmente con la variable independiente. La relación puede expresarse con la siguiente ecuación.

Relación lineal entre dos variables

$$y = mx + b$$

Aquí, m es la pendiente de la recta o la relación del cambio vertical con respecto al cambio horizontal y b es el intercepto en y, el punto en el que la recta cruza el eje vertical. Para hallar la pendiente, selecciona dos puntos, P y Q, alejados sobre la recta (pueden ser o no valores). El cambio vertical o elevación (Δy) es la diferencia entre los valores verticales de P y Q, como se muestra en la **Imagen 16.** El cambio horizontal o recorrido (Δx) es la diferencia entre los valores horizontales de P y Q.

Pendiente

La pendiente de una recta es igual a la elevación dividida por el recorrido, que también puede expresarse como el cambio vertical dividido el cambio horizontal.

$$m = \frac{elevación}{recorrido} = \frac{\Delta y}{\Delta x}$$

En la **Imagen 16:** $m = \frac{(16.0 \text{ cm} - 14.1 \text{ cm})}{(30 \text{ g} - 5 \text{ g})} = 0.08 \text{ cm/g}$

Si y disminuye y x aumenta, entonces $\frac{\Delta y}{\Delta x}$ es negativo y la pendiente de la recta va de izquierda a derecha. El intercepto en y o el valor de y cuando el valor de x es cero, en este ejemplo es $b = 13.7$ cm (**Imagen 16**). Entonces, cuando no hay una masa suspendida del resorte, tiene una longitud de 13.7 cm. Cuando $b = 0$ o $y = mx$, se dice que y varía directamente con x. En Física, la pendiente de la recta y el intercepto en y siempre contienen información sobre el sistema físico descrito en la gráfica.

Relaciones no lineales

La **Imagen 17** representa gráficamente la distancia a la que cae un bola de bronce y el tiempo. Observa que la gráfica no es una línea recta, es decir, que la relación es no lineal. En la ciencia existen muchos tipos de relaciones no lineales. Dos de las más comunes son las relaciones cuadráticas e inversas.

Relaciones cuadráticas

La **Imagen 17** muestra una relación cuadrática, representada por la siguiente ecuación. Existe una **relación cuadrática** cuando una variable depende del cuadrado de otra.

Relación cuadrática entre dos variables

$$y = ax^2 + bx + c$$

Un programa informático o una calculadora gráfica pueden hallar los valores de las constantes *a*, *b* y *c* en la ecuación anterior. En la **Imagen 17,** la ecuación es $d = 5t^2$. Consulta el Libro de destrezas matemáticas al final de este libro o en línea para obtener más información sobre cómo hacer y usar las gráficas.

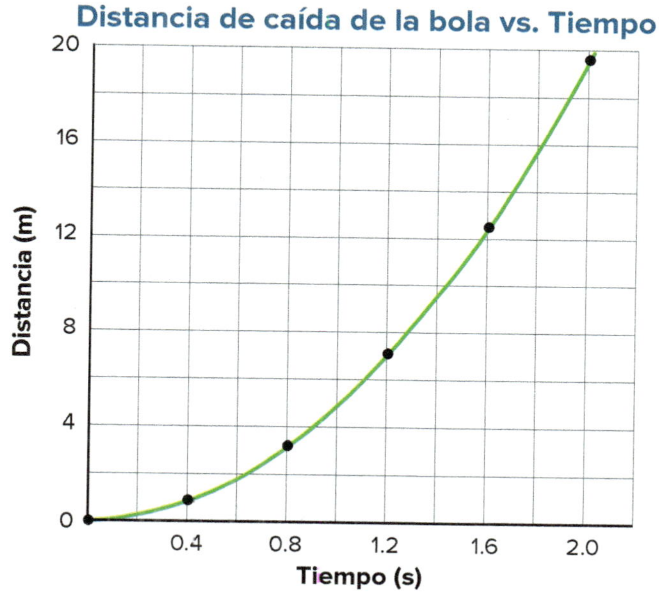

Imagen 17 La relación cuadrática o parabólica que se ilustra es un ejemplo de una relación no lineal.

¿Lo comprendes?

Explica cómo dos variables se relacionan entre sí en una relación cuadrática.

FÍSICA Desafío

Un objeto está suspendido del resorte 1 y la elongación del resorte (la distancia que se estira) es x_1. Luego, el mismo objeto se retira del primer resorte y se suspende del segundo resorte. La elongación del resorte 2 es x_2. x_2 es mayor que x_1.

1. Sobre los mismos ejes, dibuja las gráficas de la masa versus la elongación de los dos resortes.
2. ¿Debe incluirse el origen en la gráfica? ¿Por qué?
3. ¿Cuál pendiente es más pronunciada?
4. En una masa dada, $x_2 = 1.6\ x_1$, si $x_2 = 5.3$ cm, ¿cuánto mide x_1?

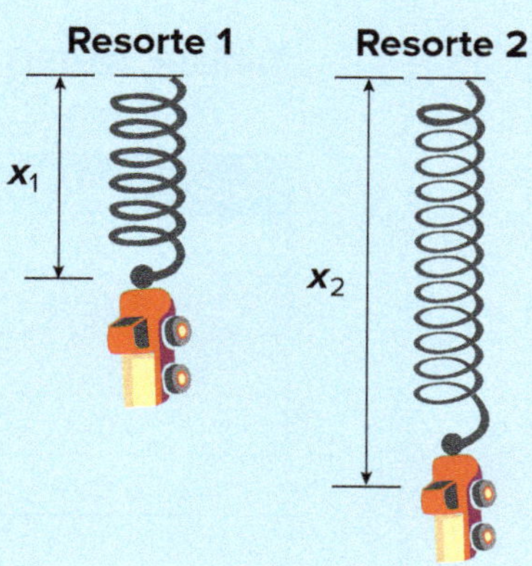

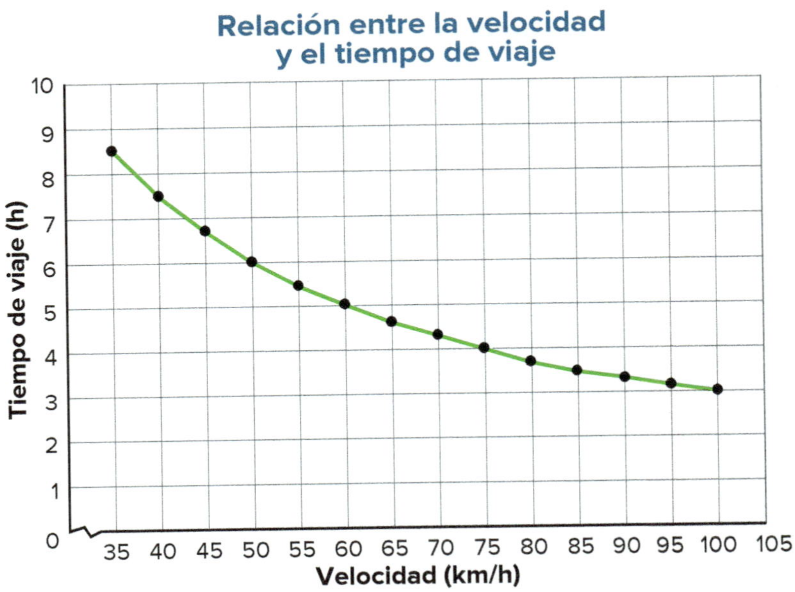

Imagen 18 Esta gráfica representa la relación inversa entre la velocidad contra el tiempo de viaje.

Describir *¿Cómo cambia el tiempo de viaje al aumentar la velocidad?*

Relaciones inversas La gráfica de la **Imagen 18** muestra cómo el tiempo que un automóvil demora en recorrer 300 km varía a medida que su velocidad aumenta. Es un ejemplo de una relación inversa, representada por la siguiente ecuación. Una **relación inversa** es una relación hiperbólica en la que una variable depende de la inversa de la otra variable.

Relación inversa entre dos variables

$$y = \frac{a}{x}$$

Las tres relaciones que aprendiste son una muestra de las relaciones que probablemente investigues en este curso. Se utilizan muchos otros modelos matemáticos. Algunos ejemplos importantes incluyen los sinusoidales, utilizados para representar los fenómenos cíclicos y el crecimiento y caída exponenciales para estudiar la relatividad. Las combinaciones de diferentes modelos matemáticos representan fenómenos más complejos.

¿Lo comprendes?

Explica cómo dos variables se relacionan entre sí en una relación inversa.

PRÁCTICA Problemas

PRÁCTICA ADICIONAL

18. Consulta los datos que figuran en la **Tabla 4.**
   a. Representa gráficamente masa en relación con el volumen y traza la curva que mejor se ajuste a todos los puntos. Describe la curva.
   b. ¿Qué tipo de relación existe entre la masa de las pepitas de oro y su volumen?
   c. ¿Cuál es el valor de la pendiente en esta gráfica? Incluye las unidades adecuadas.
   d. Escribe la ecuación que muestre la masa como una función del volumen del oro.
   e. Escribe una interpretación de la pendiente de la línea.

Tabla 4 Masa de pepitas de oro puro

Volumen (cm^3)	Masa (g)
1.0	19.4
2.0	38.6
3.0	58.1
4.0	77.4
5.0	96.5

Predicción de valores

Cuando los científicos descubren relaciones como las que muestran las gráficas de esta lección, las utilizan para hacer predicciones. Por ejemplo, la ecuación para la gráfica lineal de la **Imagen 16** es la siguiente:

$$y = (0.08\ \text{cm/g})x + 13.7\ \text{cm}$$

Las relaciones aprendidas como fórmulas o desarrolladas a partir de gráficas pueden utilizarse para predecir valores que no mediste directamente. ¿Hasta dónde se estiraría el resorte de la **Tabla 3** con 49 g de masa?

$$y = (0.08\ \text{cm/g})(49\ \text{g}) + 13.7\ \text{cm}$$
$$= 18\ \text{cm}$$

Es importante decidir hasta dónde puedes extrapolar los datos que tienes. Por ejemplo, 90 g es un valor muy alejado de los medidos y registrados en la **Tabla 3** y el resorte puede romperse en vez de estirarse tanto.

Los físicos usan modelos para predecir cómo se comportan los sistemas: qué circunstancias pueden llevar a una erupción solar (una explosión inmensa de material de la superficie solar hacia el espacio) o cómo los cambios en el péndulo modifican la capacidad de un reloj de dar la hora. Las personas de todos los orígenes usan los modelos de muchas maneras. La **Imagen 19** es un ejemplo. Con las herramientas que aprendiste en este módulo, puedes responder preguntas y generar modelos para las preguntas de Física que aparecerán en el libro.

Imagen 19 Con el fin de hacer un modelo realista, los animadores por computadora usan modelos matemáticos del mundo real para ayudar a visualizar las condiciones atmosféricas mundiales.

Verifica tu progreso

19. **Hacer una gráfica** Representa estos datos. El tiempo es la variable independiente.

Tiempo (s)	0	5	10	15	20	25	30	35
Velocidad (m/s)	12	10	8	6	4	2	2	2

20. **Interpretar una gráfica** ¿Cuál sería el significado del intercepto en *y* distinto de cero en una gráfica de masa total contra el volumen?

21. **Predecir** Usa la relación de la **Imagen 16** para determinar la masa requerida para estirar el resorte 15 cm.

22. **Predecir** Usa la relación de la **Imagen 18** para predecir el tiempo de viaje cuando la velocidad es de 110 km/h.

23. **Pensamiento crítico** Observa la gráfica de la **Imagen 16.** Explica cómo se diferenciaría el resorte si la línea de la gráfica fuera menos pronunciada o tuviera una pendiente menor.

LEARNSMART® Conéctate para cumplir tu plan de aprendizaje personalizado para repasar, practicar y reforzar tu comprensión.

Un paso en la dirección correcta

Las prótesis, o miembros artificiales, se usan desde la Grecia antigua. Sin embargo, la mayoría de las prótesis del pasado eran más decorativas que funcionales. Estaban hechas principalmente de metal y madera y se ajustaban al cuerpo con correas o arneses de cuero. Las prótesis evolucionaron mucho durante las últimas décadas. Las prótesis actuales pueden transformar la vida de las personas.

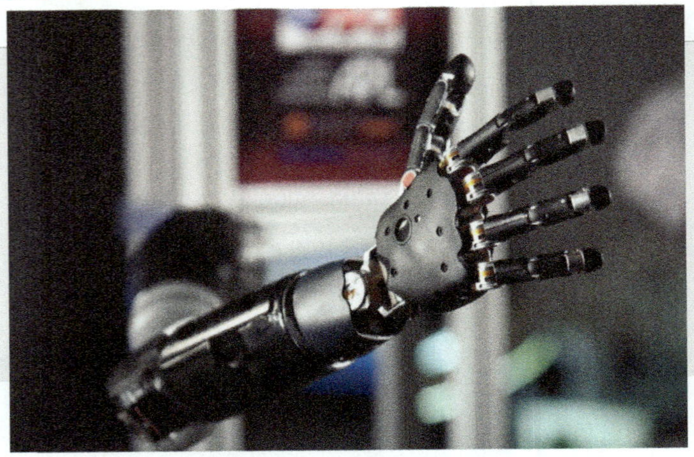

Algunas prótesis pueden ajustarse directamente al cuerpo del paciente en lugar de sujetarse con correas o arneses.

Nuevos materiales, nuevo aspecto

Las prótesis de hoy lucen y funcionan como miembros biológicos. La estructura interna de la prótesis, llamada pilón, se suele fabricar con compuestos de fibra de carbono y nuevos tipos de plástico. Estos materiales hacen que las prótesis sean más sólidas que las de metal o madera.

Los componentes electrónicos brindan a los usuarios un mayor control de las prótesis. Por ejemplo, las prótesis mioeléctricas utilizan las señales eléctricas generadas por los músculos para controlar la prótesis. Una persona con una mano protésica mioeléctrica puede mover los músculos del brazo para indicarle a la mano que se mueva o tome cosas de diferentes maneras con distintos niveles de fuerza.

La reinervación muscular selectiva (TMR) es otro método nuevo para brindarles a las personas más control sobre las prótesis de avanzada, en especial, los brazos. Los nervios del miembro residual que controlan el miembro amputado se "reasignan" quirúrgicamente para controlar la prótesis.

Otro avance innovador de la tecnología de las prótesis es un cambio en la cuenca, es decir, la parte de la prótesis que se conecta al miembro residual de la persona. Cuando las prótesis se sujetan con correas o arneses, la cuenca suele ser incómoda. Puede provocar llagas, ampollas y dolor e, incluso, dañar el tejido debajo de la piel. Para combatir este problema, algunas prótesis nuevas se apoyan directamente en la médula ósea del miembro residual de la persona. Este método de sujeción aumenta la comodidad y el control de la prótesis.

Algunos avances en prótesis todavía están pasando de la fase de prototipo a la de uso del paciente. Pero los científicos quieren llevar estas nuevas tecnologías a la vida diaria de sus pacientes.

COMUNICAR INFORMACIÓN TÉCNICA

Utiliza fuentes impresas o en línea para investigar un avance en las prótesis que no se trató en esta nota. Comparte los resultados con la clase.

¿A qué se dedican los físicos?

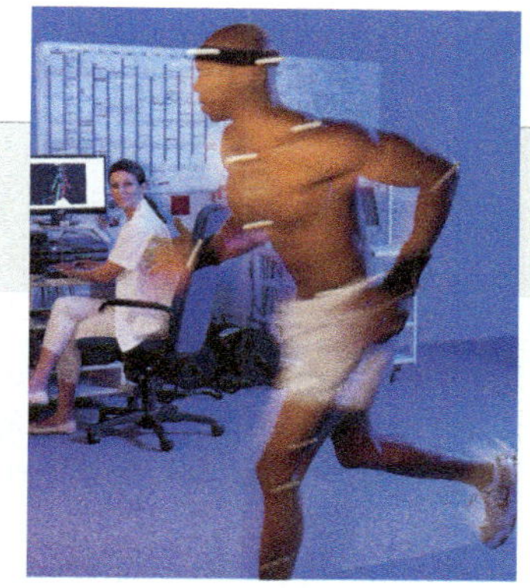

Los físicos estudian muchísimos temas, que pueden ser desde las partículas más pequeñas hasta las estrellas, galaxias y el universo.

La mecánica es la rama de la Física que estudia el movimiento y las fuerzas.

Los físicos suelen utilizar otras ramas de la ciencia para trabajar. Por ejemplo, la geofísica estudia las propiedades y procesos físicos de la Tierra. La biomecánica estudia el movimiento de los seres vivos. La investigadora de la fotografía de la derecha está reuniendo información sobre el movimiento de un atleta.

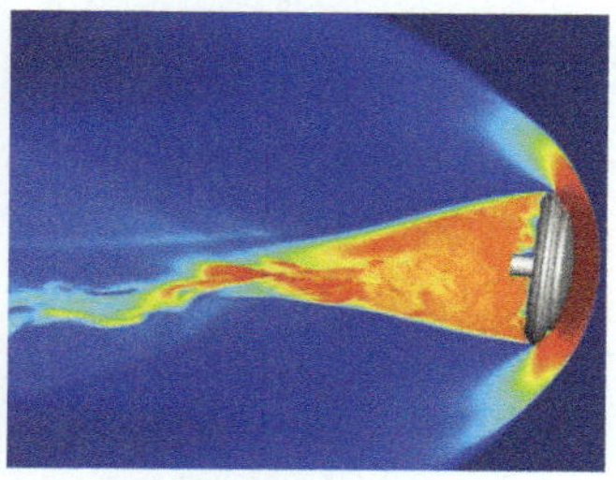

La termodinámica estudia la energía de las partículas de un sistema. Incluye la temperatura, el calor y la relación entre las características de las partículas y las características macroscópicas del sistema. Como los sistemas contienen muchas partículas, la Física suele usar modelos computarizados para estudiar la termodinámica. El modelo de la NASA de la izquierda ayuda a los científicos a predecir cómo se comportan las protecciones térmicas en la atmósfera.

El electromagnetismo estudia la electricidad, el magnetismo y su relación. Al comprender cómo las corrientes generan campos magnéticos, los físicos e ingenieros pueden diseñar y construir electroimanes, como el de la derecha.

La Física nuclear y de partículas Los físicos nucleares estudian el núcleo atómico. Los físicos de partículas utilizan este electroimán superconductor de un acelerador de partículas para estudiar estructuras todavía más pequeñas, las partículas elementales que componen en universo.

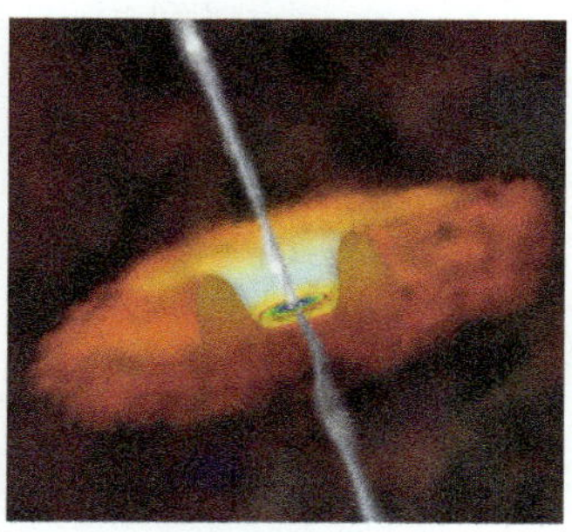

La óptica es el estudio de la generación, transmisión y detección de radiación visible, infrarroja, ultravioleta y de microondas.

La astrofísica y la cosmología son, respectivamente, el estudio de la propiedades físicas de los cuerpos celestes, como el núcleo galáctico activo de la izquierda, y el desarrollo y estructura general del universo.

OBTENER Y COMUNICAR INFORMACIÓN

Elige un campo de la Física. Investiga ese campo e identifica una carrera relacionada, qué trabajos se hacen en esa carrera y la capacitación y educación necesarias. Haz una presentación en la que busques candidatos de esa carrera para un puesto de trabajo.

(t to b, l to r)Science Photo Library/Alamy Stock Photo; Joe Brock, NASA Ames Research Center; Cultura Creative(RF)/Alamy Stock Photo; NASA/CXC/M.Weiss

MÓDULO 1

GUÍA DE ESTUDIO

CONÉCTATE para estudiar con el Libro de ciencias.

Lección 1 MÉTODOS DE LA CIENCIA

- Los métodos científicos incluyen hacer observaciones y preguntas sobre el mundo natural.
- Los científicos usan modelos para representar cosas que pueden ser demasiado pequeñas o grandes, procesos que demoran demasiado tiempo en poder observarse en su totalidad o materiales peligrosos.
- Una teoría científica es una explicación de la cosas o sucesos basada en el conocimiento obtenido mediante la observación y la investigación. Una ley científica es una afirmación sobre lo que ocurre en la naturaleza, que parece ser cierta en todo momento.
- La ciencia no puede explicar ni resolver todo. Las preguntas sobre opiniones y valores no pueden probarse.

- Física
- métodos científicos
- hipótesis
- modelo
- teoría científica
- ley científica

Lección 2 MATEMÁTICAS Y FÍSICA

- El uso del SI, una adaptación del sistema métrico, ayuda a los científicos a comunicarse más fácilmente.
- El análisis dimensional se utiliza para verificar que una respuesta está en las unidades correctas.
- Las cifras significativas son los dígitos válidos de una medición.

- análisis dimensional
- cifras significativas

Lección 3 MEDICIÓN

- Las mediciones se informan con incertidumbre porque una medida nueva dentro del margen de incertidumbre confirma la medición anterior.
- La precisión es el nivel de exactitud con la que se mide una cantidad. La exactitud es la medida en la que una medición coincide con el valor verdadero.
- Un error común que ocurre al tomar medidas es el ángulo con el que se lee el instrumento. Si la escala de un instrumento se lee en ángulo y no al nivel de la vista, la medida será menos exacta.

- medición
- precisión
- exactitud

Lección 4 REPRESENTAR GRÁFICAMENTE LOS DATOS

- Las gráficas contienen información sobre las relaciones entre las variables. Los patrones que no son evidentes en una lista de números se ven más fácilmente al representar los datos.
- Las relaciones comunes representadas en gráficas son las relaciones lineales, las relaciones cuadráticas y las relaciones inversas. En una relación lineal, la variable dependiente varía en forma lineal con la variable independiente. Una relación cuadrática ocurre cuando una variable depende del cuadrado de la otra. En una relación inversa, una variable depende de la inversa de la otra variable.
- Los científicos utilizan modelos y relaciones entre las variables para hacer predicciones.

- variable independiente
- variable dependiente
- línea de mejor ajuste
- relación lineal
- relación cuadrática
- relación inversa

PENSAMIENTO TRIDIMENSIONAL

Conclusión del módulo

REPASA EL FENÓMENO

¿Qué herramientas y destrezas usan los físicos?

CER Afirmación, evidencia, razonamiento

Explicar el razonamiento Repasa la afirmación que hiciste cuando hallaste el fenómeno. Resume la evidencia que reuniste en tus investigaciones y completa la tabla de resumen. ¿Respalda la evidencia tu afirmación? Si no lo hace, repasa tu afirmación. Explica por qué la evidencia respalda tu afirmación.

PROFUNDIZA

SEP Laboratorio de análisis de datos

¿Cómo se relacionan la longitud de la cuerda y el cuadrado del período de un péndulo?

Un grupo de estudiantes planificó y realizó una investigación de la relación entre la resistencia de la cuerda *L* y el tiempo que demoró una oscilación completa del péndulo (su período) *T*.

Datos y observaciones Las mediciones se registran en la tabla.

Resistencia de la cuerda *L* (m)	Período *T* (s)
0.07	0.53
0.10	0.63
0.20	0.90
0.40	1.27
0.55	1.49
0.70	1.68
0.90	1.90

CER Analizar e interpretar datos

Uno de los estudiantes utilizó los datos para investigar la relación entre la resistencia de la cuerda *L* y el cuadrado del período T^2.

1. **Calcula y registra** los valores de T^2.
2. **Construir un modelo** Representa los valores de *L* y T^2 y traza la curva de mejor ajuste. Escribe una ecuación que describa la curva.
3. **Afirmación** ¿Cuál es la relación entre el cuadrado del período de un péndulo y la longitud de la cuerda?
4. **Evidencia y razonamiento** Utiliza tu gráfica como prueba y explica tu razonamiento para justificar tu afirmación

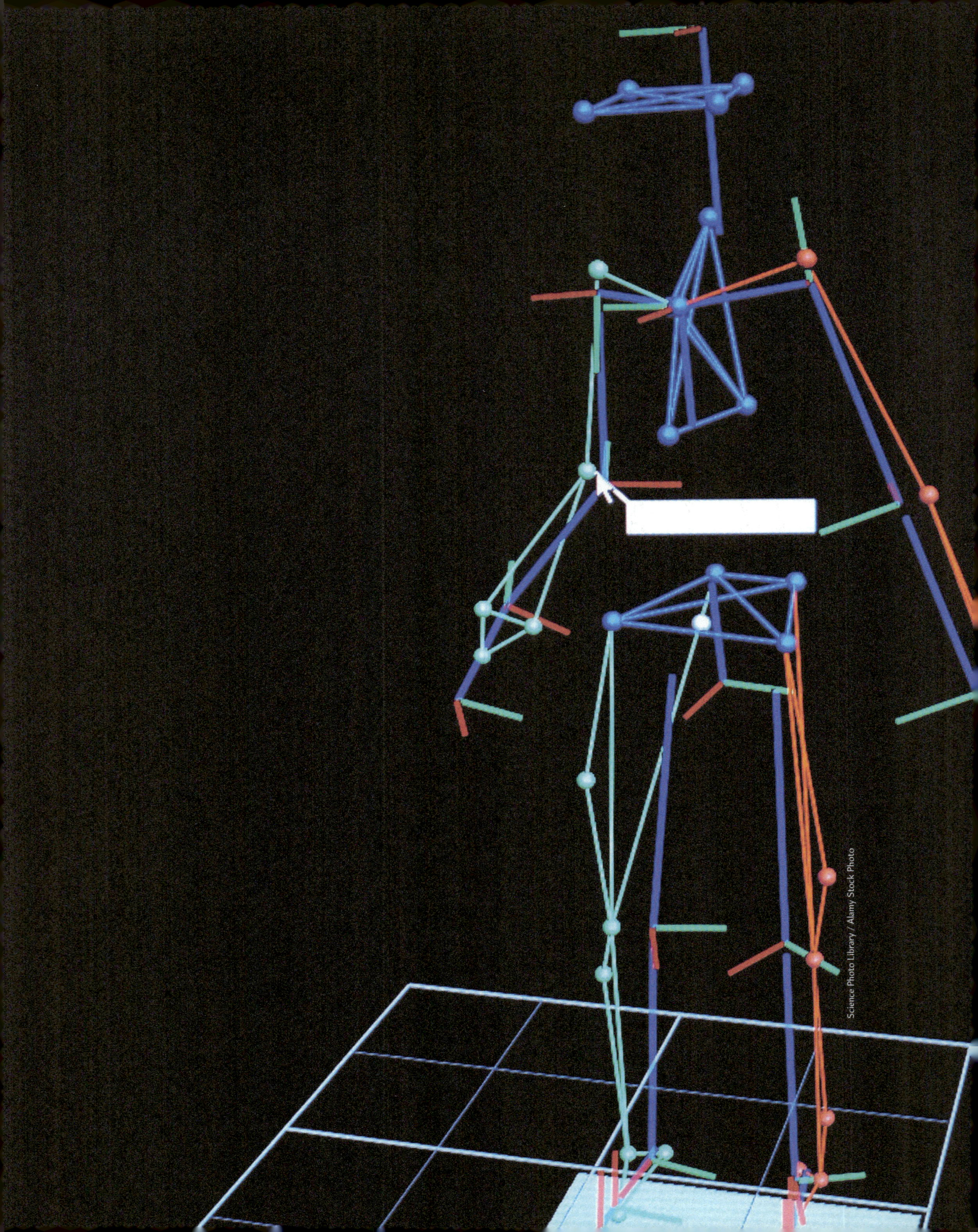
Science Photo Library / Alamy Stock Photo

UNIDAD 1

MECÁNICA EN UNA DIMENSIÓN

ENCUENTRA EL FENÓMENO

¿Cómo representar movimiento y fuerzas?

SEP Hacer preguntas

¿Qué preguntas tienes acerca del fenómeno? Escribe tus preguntas en notas adhesivas y pégalas en el pizarrón de preguntas clave de esta unidad.

Buscar evidencia

Mientras avanzas en la unidad, responde la pregunta del fenómeno y tus propias preguntas con la información suministrada y tu experiencia. Para cada actividad, registra tus observaciones en una tabla de resumen, incluye una explicación e identifica cómo se relacionan con las preguntas del fenómeno de la unidad y del módulo.

Resolver un problema

PROYECTO DE LA UNIDAD STEM

Construir un cohete Para la ingeniería espacial es necesario comprender el movimiento y las fuerzas, ya sea para construir modelos como pasatiempo o para trabajar en una organización como la NASA. Investiga las fuerzas que participan en un lanzamiento de cohetes. Usa los resultados de las investigaciones y la evidencia que reuniste en la unidad para construir y probar un modelo de cohete.

CONÉCTATE Además de leer la información en el Libro del estudiante, puedes hallar el Proyecto de la unidad STEM y otros recursos útiles en línea.

Aurora Photos/Alamy Stock Photo

MÓDULO 2

REPRESENTAR EL MOVIMIENTO

ENCUENTRA EL FENÓMENO

¿Cómo sabe un dispositivo GPS dónde estás?

CONÉCTATE para ver un video sobre cómo funciona un GPS.

SEP Hacer preguntas

¿Tienes más preguntas acerca del fenómeno? Si es así, agrégalas al pizarrón de preguntas clave.

CER Afirmación, evidencia, razonamiento

Hacer una afirmación Usa la tabla CER para hacer una afirmación acerca de cómo sabe un dispositivo GPS dónde estás. Explica tu razonamiento.

Reunir evidencia Usa las lecciones del módulo para reunir evidencia que respalde tu afirmación. Registra la evidencia mientras trabajas en el módulo.

Explicar el razonamiento Repasarás tu afirmación y explicarás tu razonamiento al final del módulo.

CONÉCTATE para acceder a la tabla CER y explorar los recursos que te ayudarán a reunir evidencia.

LECCIÓN 2: Explorar y explicar: Coordenadas y vectores

Posición vs. tiempo	
Tiempo (s)	Posición (m)
0.0	0.0
1.0	5.0
2.0	10.0
3.0	15.0
4.0	20.0
5.0	25.0

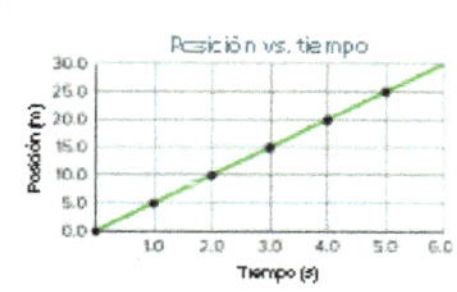

LECCIÓN 3: Explorar y explicar: Velocidad y rapidez

Smithsonian

Recursos adicionales

LECCIÓN 1

VISUALIZAR EL MOVIMIENTO

PREGUNTA DE ENFOQUE

¿Cómo sabes que algo se mueve?

Todos los tipos de movimiento

Aprendiste sobre los procesos científicos que serán útiles en tu estudio de la Física. Ahora comenzarás a usar estas herramientas para analizar el movimiento. En los siguientes módulos, aplicarás estos procesos a muchos tipos de movimiento. Usarás palabras, bocetos, diagramas, gráficas y ecuaciones.

Cambios en la posición ¿Qué piensas cuando oyes la palabra movimiento? ¿Un parque de diversiones? ¿Una pelota de béisbol que sale del campo? El movimiento está en todos lados, desde trenes y esquiadores veloces hasta brisas lentas y nubes que parecen inmóviles. Los objetos se mueven de diferentes maneras, como el recorrido recto de una bola de bolos, el recorrido curvo de un vehículo al doblar, la espiral de una cometa que cae y los remolinos de agua en un desagüe. Cuando un objeto está en movimiento, como el tren de la **Imagen 1,** su posición cambia.

Algunos tipos de movimiento son más complicados. Cuando se inicia una nueva área de estudio, por lo general, es una buena idea comenzar con la situación menos complicada, aprender tanto como sea posible y agregar más complejidad en forma gradual. En el caso del movimiento, comenzarás con el movimiento en línea recta.

Ingram Publishing

Imagen 1 El tren parece borroso en la fotografía porque su posición cambió mientras el obturador de la cámara estaba abierto.

¿Lo comprendes?

Describe de qué manera sería diferente la **Imagen 1** si el tren estuviera quieto.

PENSAMIENTO 3D DCI Ideas centrales disciplinarias CCC Conceptos interdisciplinarios SEP Prácticas de ciencia e ingeniería

REUNIR EVIDENCIA

Usa el Cuaderno de ciencias para registrar la evidencia que reúnas mientras completas las lecturas y las actividades de la lección.

INVESTIGAR

CONÉCTATE para hallar estas actividades y más recursos.

Laboratorio de Física: Diagramas de movimiento
Usa un modelo para identificar patrones de movimiento.

Repasar las noticias
Obtén información de una noticia actual sobre tecnología de captura de movimiento. Evalúa la fuente y comunica tus descubrimientos a la clase.

Movimiento en línea recta En general, un objeto se mueve en muchos recorridos diferentes, pero el movimiento en línea recta sigue un recorrido directo entre dos puntos sin girar a izquierda o derecha. Por ejemplo, el movimiento de un objeto puede ser hacia adelante o hacia atrás, hacia arriba o hacia abajo, hacia al norte o hacia el sur. En cada caso, el objeto se mueve en línea recta.

Supón que estás leyendo este libro en tu casa. Cuando comienzas a leer, echas un vistazo a tu hámster y ves que está sentado en una esquina de la jaula. Un rato más tarde ves que está sentado junto al plato de comida en la esquina opuesta. Puedes inferir que tu hámster se movió en el tiempo que transcurrió entre una observación y otra. ¿Qué factores te ayudaron a hacer esta inferencia sobre el movimiento del hámster?

La descripción de movimiento incluye lugar y tiempo. Debes responder las preguntas sobre dónde se ubica un objeto y cuándo está en cierta posición para describir su movimiento.

¿Lo comprendes?
Identifica dos factores que debas conocer para describir el movimiento de un objeto en línea recta.

Diagramas de movimiento

Considera el siguiente ejemplo de movimiento en línea recta: una corredora avanza despacio en línea recta. Una manera de representar el movimiento de la corredora es crear una serie de imágenes que muestren su posición en intervalos de tiempo iguales. Puedes hacer esto al fotografiarla en movimiento para obtener una secuencia de imágenes. Cada fotografía la mostrará en un punto más alejado de la línea recta.

Imágenes consecutivas Supón que apuntas la cámara en una dirección y una corredora cruza el campo de visión. Luego tomas una serie de fotografías en intervalos de tiempo iguales, sin mover la cámara. La **Imagen 2** muestra cómo podría verse una serie de imágenes consecutivas de una corredora. Observa que la corredora está en una posición diferente en cada imagen, pero todo lo que está en el fondo queda en la misma posición. Esto indica que, en relación con la cámara y el suelo, solo la corredora está en movimiento.

Imagen 2 Puedes decir que la corredora está en movimiento porque su posición cambia en relación con el árbol y el suelo.

Combinar imágenes Supón que ordenas las cuatro partes de la **Imagen 2** en capas, como en la **Imagen 3**. Una serie de imágenes que muestra las posiciones de un objeto en movimiento en intervalos de tiempo iguales se llama **diagrama de movimiento.**

Modelos de partículas

Seguir el movimiento de la corredora es más fácil si ignoras los brazos y las piernas y te concentras en un único punto en el centro del cuerpo. En un **modelo de partículas,** reemplazas los objetos por puntos únicos.

Para usar el modelo de partículas, el tamaño del objeto debe ser mucho menor que la distancia que recorre. En el diagrama de movimiento fotográfico, puedes identificar un punto central en la línea de la cintura y dibujar un punto que represente la posición en diferentes momentos. La parte inferior de la **Imagen 3** muestra el modelo de partículas para el movimiento de la corredora.

¿Lo comprendes?

Describe cómo representarías el movimiento de un senderista al comienzo de este módulo.

Imagen 3 Combinar las partes de la **Imagen 2** produce este diagrama de movimiento del desplazamiento de la corredora. La serie de puntos de la parte inferior de la imagen es un modelo de partículas que se corresponde con el diagrama de movimiento.

Explica *de qué manera el modelo de partículas muestra que la velocidad de la corredora no cambia.*

Verifica tu progreso

1. **Representar el movimiento** ¿Cómo muestra un diagrama el movimiento de un objeto?
2. **Diagrama de movimiento de una bicicleta** Dibuja un diagrama de movimiento de un modelo de partículas de un ciclista que se mueve a un ritmo constante en línea recta.
3. **Diagrama de movimiento de un automóvil** Dibuja un diagrama de movimiento de un modelo de partículas que corresponda al movimiento de un automóvil que se detiene en una señal de detención. ¿Qué punto usaste para representar el automóvil?

Imagen 4

4. **Diagrama de movimiento de un ave** Dibuja un diagrama de movimiento de un modelo de partículas que corresponda a la **Imagen 5**. ¿Qué punto del ave elegiste para representarla?

Imagen 5

5. **Pensamiento crítico** Dibuja diagramas de movimiento de un modelo de partículas para dos corredores en una carrera en la que el primer corredor cruza la línea de llegada cuando el otro está a tres cuartos de camino.

LEARNSMART® Conéctate para cumplir tu plan de aprendizaje personalizado para repasar, practicar y reforzar tu comprensión.

LECCIÓN 2

¿DÓNDE Y CUÁNDO?

PREGUNTA DE ENFOQUE

¿De qué maneras podemos describir y representar el movimiento?

Sistemas de coordenadas

¿Es posible medir la distancia y el tiempo en un diagrama de movimiento? Antes de tomar las fotos, puedes colocar una cinta métrica larga sobre el suelo para mostrar dónde está la corredora en cada imagen. Un cronómetro en el visor de la cámara puede mostrar el tiempo. Pero, ¿dónde debes colocar el final de la cinta métrica? ¿Cuándo debes iniciar el cronómetro?

Posición y distancia Es útil identificar un sistema en el que estableces dónde colocar el punto cero de la cinta métrica y cuándo iniciar el cronómetro. Un **sistema de coordenadas** brinda la ubicación del punto cero de la variable que estás estudiando y la dirección en la que aumentan los valores de la variable, como se muestra en el diagrama de la **Imagen 6.**

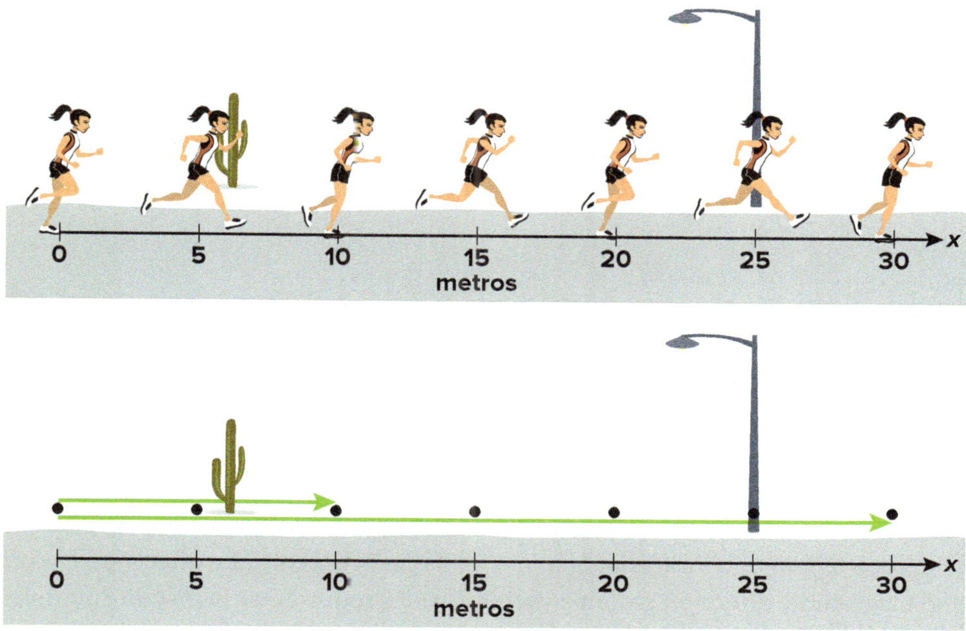

Imagen 6 Un diagrama de movimiento simplificado usa puntos para representar un objeto en movimiento y flechas para indicar las posiciones.

PENSAMIENTO 3D DCI Ideas centrales disciplinarias CCC Conceptos interdisciplinarios SEP Prácticas de ciencia e ingeniería

REUNIR EVIDENCIA

Usa el Cuaderno de ciencias para registrar la evidencia que reúnas mientras completas las lecturas y las actividades de la lección.

INVESTIGAR

CONÉCTATE para hallar estas actividades y más recursos.

Investigación rápida: Modelos de vectores
Desarrolla y usa un modelo para visualizar el resultado de sumar cantidades vectoriales en una dimensión.

Repasar la pregunta de Encuentra el fenómeno
¿Qué información de la lección te ayuda a responder las preguntas de la unidad y del módulo?

El **origen** es el punto en el que todas las variables de un sistema de coordenadas tienen el valor cero. En el ejemplo de la corredora de la **Imagen 6,** el origen, que es el punto cero de la cinta métrica, puede ser 6 m a la izquierda del cactus. Como el movimiento es en línea recta, tu cinta métrica debe colocarse sobre esta línea. La línea recta es un eje del sistema de coordenadas.

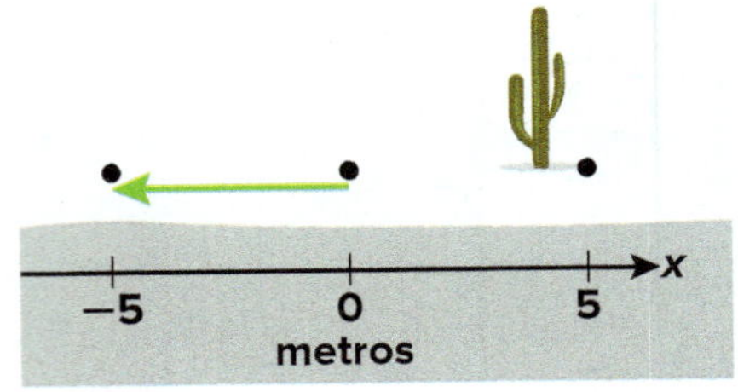

Imagen 7 La flecha verde indica una posición negativa de -5 m, si la dirección a la derecha del origen se selecciona como positiva.

Inferir *¿Qué posición indicaría la flecha si eliges la dirección a la izquierda del origen como positiva?*

Puedes indicar a qué distancia está la corredora del origen en un momento determinado con una flecha desde el origen hasta el punto que representa a la corredora, en la parte inferior de la **Imagen 6**. Esta flecha representa la **posición** de la corredora, la distancia y la dirección desde el origen hasta el objeto. En general, la **distancia** es la longitud completa del recorrido, incluso si el objeto se mueve en muchas direcciones. Como el movimiento de la **Imagen 6** es en una dirección, las longitudes de la flecha representan la distancia.

Posición negativa ¿Puede existir una posición negativa? Supón que eliges el sistema que se acaba de describir, pero esta vez el origen se ubica 4 m a la izquierda del cactus con el eje de las x que se extiende en dirección positiva hacia la derecha. Una posición de 9 m a la izquierda del cactus, o 5 m a la izquierda del origen, sería una posición negativa, como muestra la **Imagen 7.**

¿Lo comprendes?
Explica cómo se determinan las posiciones positivas y negativas.

Vectores y escalares

Como puedes imaginar, existen muchos tipos de mediciones y cantidades para representar o describir el movimiento. Si necesitas describir qué tan lejos corriste, podrías decir que corriste 1.6 km. Si necesitas correr a un lugar específico, podrías decir que corriste 1.6 km hacia el norte. Muchas cantidades en Física tienen tamaño, llamado **magnitud** y dirección. Una cantidad que tiene magnitud y dirección se llama **vector.** Puedes representar un vector con una flecha. La longitud de la flecha representa la magnitud del vector y la dirección de la flecha representa la dirección del vector. Una cantidad que es solo un número sin ninguna dirección, como distancia, tiempo o temperatura, se denomina **escalar.** En este manual, usaremos letra negrilla para cantidades vectoriales y letra regular para escalares.

¿Lo comprendes?
Describe la diferencia entre un vector y un escalar.

USO CIENTÍFICO VS. USO COMÚN

Magnitud
Uso científico: medida de tamaño
Cuando dibujas vectores, la magnitud del vector es proporcional a la longitud del vector.
Uso común: gran tamaño o alcance
La magnitud del Gran Cañón es difícil de captar en las fotografías.

CCC CONCEPTOS INTERDISCIPLINARIOS

Sistemas y modelos de sistemas Los vectores se utilizan para hacer representaciones. Con un compañero, dibuja un vector que represente el movimiento de un lugar a otro. Agrega explicaciones a tu dibujo que describan cómo se representó el movimiento.

Imagen 8 Puedes usar los relojes de la imagen para calcular el intervalo de tiempo (Δt) para el movimiento de la corredora de una posición a otra.

Los intervalos de tiempo son escalares

Cuando analizas el movimiento de la corredora de la **Imagen 8,** quieres saber cuánto demoró en desplazarse desde el cactus hasta el poste de luz. Puedes obtener este valor al hallar la diferencia entre el resultado del cronómetro en el cactus y el resultado del cronómetro en el poste de luz. La **Imagen 8** muestra estos resultados del cronómetro. La diferencia entre los dos tiempos se llama **intervalo de tiempo.**

Un símbolo común para un intervalo de tiempo es Δt, en el que la legra griega delta (Δ) se usa para representar un cambio en una cantidad. Digamos que t_i representa el tiempo inicial (inicio), cuando la corredora estaba en el cactus. Digamos que t_f representa el tiempo final (finalización), cuando la corredora estaba en el poste de luz. En matemáticas, un intervalo de tiempo se define de la siguiente manera.

Intervalo de tiempo

El intervalo de tiempo es igual al cambio en el tiempo desde el momento inicial hasta el momento final.

$$\Delta t = t_f - t_i$$

Los subíndices i y f representan los tiempos inicial y final, pero pueden ser los tiempos inicial y final de cualquier intervalo de tiempo que elijas. En el ejemplo de la corredora, el tiempo que le toma desplazarse desde el cactus hasta el poste de luz es $t_f - t_i = 5.0 \text{ s} - 1.0 \text{ s} = 4.0 \text{ s}$. Podrías, en cambio, describir el intervalo de tiempo para que la corredora se desplace del origen al poste de luz. En este caso, el intervalo de tiempo sería $t_f - t_i = 5.0 \text{ s} - 0.0 \text{ s} = 5.0 \text{ s}$. El intervalo de tiempo es un escalar porque no tiene dirección. ¿Es la posición de la corredora un escalar?

Las posiciones y los desplazamientos son vectores

Ya viste que una posición puede ser negativa o positiva si indica que está a la izquierda o a la derecha del origen de un sistema de coordenadas. Esto sugiere que la posición es un vector porque tiene dirección, ya sea a la derecha o a la izquierda en este caso.

Conexión con carreras STEM

Administrador de Sistemas de Información Geográfica (SIG)

¿Te gustaría trabajar con computadoras, mapas y logística? Administración de SIG podría ser tu carrera. Los administradores de SIG trabajan con equipos que crean sistemas de información geográfica que se usan en la gestión del tráfico, la prestación sanitaria, la planificación de la defensa, la investigación de mercado y los servicios comunitarios, como la recolección de residuos y la distribución de servicios públicos.

Imagen 9 Los vectores $\boldsymbol{x}_i$ y $\boldsymbol{x}_f$ representan posiciones. El vector $\Delta \boldsymbol{x}$ representa el desplazamiento de $\boldsymbol{x}_i$ a $\boldsymbol{x}_f$.

Describe *el desplazamiento desde el poste de luz hasta el cactus.*

La **Imagen 9** muestra la posición de la corredora en relación con el cactus y el poste de luz. Observa que puedes dibujar una flecha desde el origen hasta la ubicación de la corredora. Estas flechas tienen magnitud y dirección. En el habla cotidiana, posición se refiere a un determinado lugar, pero en Física, la definición de posición es más precisa. Es un vector con la cola de la flecha en el origen de un sistema de coordenadas y la punta de la flecha en el lugar.

Puedes usar el símbolo x para representar la posición de los vectores matemáticamente. En la **Imagen 9**, el símbolo x_i representa la posición en el cactus y el símbolo x_f, representa la posición en el poste de luz. El símbolo Δx representa el cambio en la posición del cactus al poste de luz. Debido a que en Física un cambio en la posición se describe y se analiza con mucha frecuencia, tiene un nombre especial. En Física, se llama **desplazamiento.** Como el desplazamiento tiene magnitud y dirección, es un vector.

¿Cuál fue el desplazamiento de la corredora cuando corrió desde el cactus hasta el poste de luz? En la **Imagen 9**, puedes ver que este desplazamiento es de 20 m a la derecha. Observa también que el desplazamiento desde el cactus hasta el poste de luz (Δx) es igual a la posición en el poste de luz (x_f) menos la posición en el cactus (x_i). En general esto es cierto; el desplazamiento es igual a la posición final menos la posición inicial.

Desplazamiento

El desplazamiento es el cambio en la posición desde la posición inicial hasta la posición final.

$$\Delta x = x_f - x_i$$

Recuerda que las posiciones inicial y final son el inicio y la finalización de cualquier intervalo que elijas. Si bien la posición es un vector, algunas veces la magnitud de una posición se escribe sin negrilla. En este caso, se puede usar el signo más o el signo menos para indicar la dirección.

Suma y resta de vectores Aprenderás muchos tipos diferentes de vectores en Física, que incluyen velocidad, aceleración y momento (cantidad de movimiento). Por lo general, necesitarás hallar la suma de dos vectores o la diferencia entre dos vectores. Un vector que representa la suma de otros dos vectores se llama **resultante**. La **Imagen 10** de la página siguiente muestra cómo sumar y restar vectores en una dimensión. En un módulo posterior, aprenderás cómo sumar y restar vectores en dos dimensiones.

Imagen 10 Puedes usar un diagrama o una ecuación para combinar vectores.
Analizar *¿Cuál es la suma de un vector de 12 m al norte y otro de 8 m al norte?*

CONVENCIÓN DE COLORES
Desplazamiento (x) ⟷ verde

Ejemplo de suma de vectores

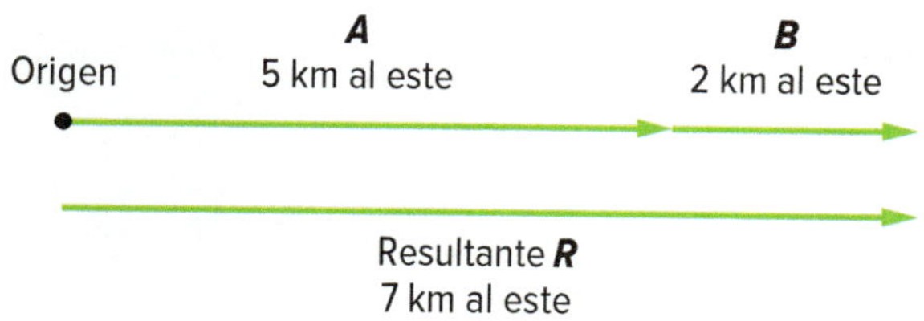

$R = A + B$
$= 5\text{ km} + 2\text{ km}$
$= 7\text{ km}$

$\mathbf{R} = \mathbf{A} + \mathbf{B}$
$= 7\text{ km al este}$

Ejemplo de resta de vectores

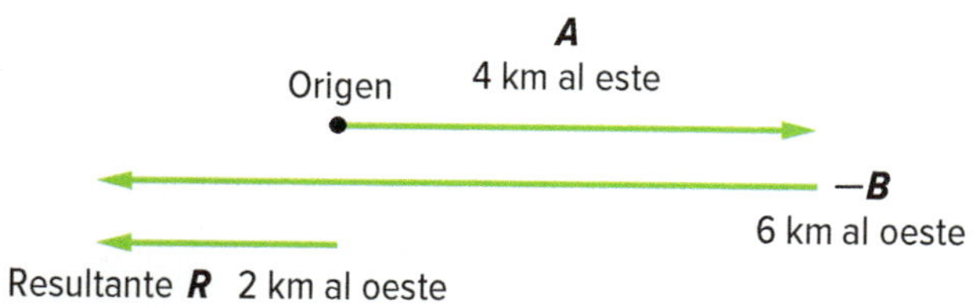

$R = A - B$
$= 4\text{ km} - 6\text{ km}$
$= -2\text{ km}$

$\mathbf{R} = \mathbf{A} - \mathbf{B}$
$= \mathbf{A} + (-\mathbf{B})$
$= 2\text{ km al oeste}$

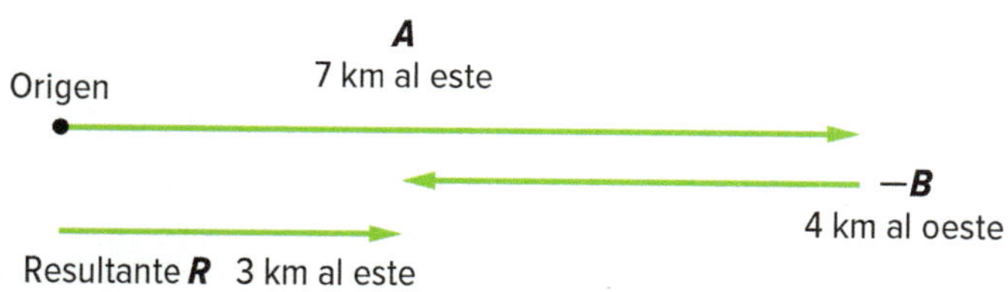

$R = A - B$
$= 7\text{ km} - 4\text{ km}$
$= 3\text{ km}$

$\mathbf{R} = \mathbf{A} - \mathbf{B}$
$= \mathbf{A} + (-\mathbf{B})$
$= 3\text{ km al oeste}$

Verifica tu progreso

6. **Sistema de coordenadas** Identifica un sistema de coordenadas que podrías usar para describir el movimiento de una niña que nada en una piscina rectangular.

7. **Desplazamiento** A continuación, se describe el diagrama de movimiento para un automóvil en una carretera interestatal. Se indican los puntos de inicio y finalización.

   Inicio • • • • • • Fin

   Haz una copia del diagrama. Dibuja un vector para representar el desplazamiento del automóvil desde el tiempo de inicio hasta el final de tercer intervalo de tiempo.

8. **Posición** Dos estudiantes sumaron un vector para la posición de un objeto en movimiento en $t = 2$ s en un diagrama de movimiento. Cuando compararon sus diagramas, hallaron que sus vectores no señalaban en la misma dirección. Explica.

9. **Desplazamiento** A continuación, se describe el diagrama de movimiento para un niño que camina hacia la escuela.

   Casa • • • • • • • • • • Escuela

   Copia este diagrama de movimiento y dibuja vectores para representar el desplazamiento entre cada par de puntos.

LEARNSMART® Conéctate para cumplir tu plan de aprendizaje personalizado para repasar, practicar y reforzar tu comprensión.

LECCIÓN 3
GRÁFICAS DE POSICIÓN-TIEMPO

PREGUNTA DE ENFOQUE

¿Qué puedes aprender de las gráficas de posición-tiempo?

Hallar posiciones

Cuando analizas un movimiento complejo, es útil representarlo de varias maneras. Un diagrama de movimiento tiene información sobre la posición de un objeto en varios tiempos. Las tablas y las gráficas también pueden mostrar esta información. Repasa los diagramas de movimiento de la **Imagen 8** y de la **Imagen 9**. Puedes usar estos diagramas para organizar los tiempos y las correspondientes posiciones de la corredora, como en la **Tabla 1.**

Trazar los datos Los datos que se muestran en la **Tabla 1** se pueden representar en una **gráfica de posición-tiempo,** en la que los datos del tiempo se trazan en el eje horizontal y los datos de posición, en el eje vertical. La gráfica del movimiento de la corredora se muestra en la **Imagen 11**. Para dibujar esta gráfica, primero traza las posiciones de la corredora. Luego, dibuja una recta que mejor se ajuste a los puntos.

Tabla 1 Posición vs. Tiempo

Tiempo (s)	Posición (m)
0.0	0.0
1.0	5.0
2.0	10.0
3.0	15.0
4.0	20.0
5.0	25.0

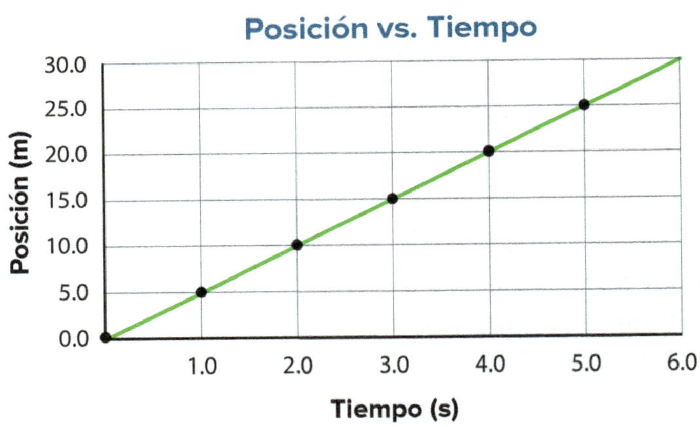

Imagen 11 Puedes hacer una gráfica de posición-tiempo al trazar las posiciones y los tiempos de la tabla. Al dibujar una línea de mejor ajuste, puedes calcular otros tiempos y posiciones.

PENSAMIENTO 3D DCI Ideas centrales disciplinarias CCC Conceptos interdisciplinarios SEP Prácticas de ciencia e ingeniería

REUNIR EVIDENCIA

Usa el Cuaderno de ciencias para registrar la evidencia que reúnas mientras completas las lecturas y las actividades de la lección.

INVESTIGAR

CONÉCTATE para hallar estas actividades y más recursos.

CCC **Identificar conceptos interdisciplinarios**
Haz una tabla de los conceptos interdisciplinarios con ejemplos que encuentres en la lectura.

? **Repasar la pregunta de Encuentra el fenómeno**
¿Qué información de la lección te ayuda a responder las preguntas de la unidad y del módulo?

Calcular tiempo y posición

Observa que la gráfica no es una imagen del recorrido de la corredora (la recta representada es una pendiente, pero el recorrido de la corredora fue horizontal). En cambio, la recta representa las posiciones más probables de la corredora en los tiempos entre los puntos de datos registrados. Aunque no hay ningún punto de datos exactos cuando la corredora estaba 12.0 m más allá del punto de inicio o cuando estaba en el $t = 4.5$ s, puedes usar la gráfica para calcular el tiempo o la posición. El problema de ejemplo de la siguiente página muestra cómo.

Posición instantánea

¿Cuánto tiempo estuvo la corredora en una ubicación determinada? Cada posición se relacionó con un tiempo, pero ¿cuánto duró ese tiempo? Podrías decir que "un instante", pero ¿cuánto es eso? Si un instante dura cualquier cantidad de tiempo finita, entonces la corredora estuvo en la misma posición durante ese tiempo sin moverse. Sin embargo, un instante no es finito. Tiene una duración de cero segundos. El símbolo x representa la **posición instantánea** de la corredora, es decir, la posición en un instante determinado. La posición instantánea se llama, simplemente, posición.

Representaciones equivalentes

Como muestra la **Imagen 12**, ahora conoces diferentes maneras de describir el movimiento. Podrías describir el movimiento con palabras, imágenes (o representaciones pictóricas), diagramas de movimiento, tablas de datos o gráficas de posición-tiempo. Todas estas representaciones tienen la misma información del movimiento de la corredora. Sin embargo, según lo que quieras aprender sobre el movimiento de un objeto, algunos tipos de representaciones serán más útiles que otros.

Tabla 1 Posición vs. Tiempo

Tiempo (s)	Posición (m)
0.0	0.0
1.0	5.0
2.0	10.0
3.0	15.0
4.0	20.0
5.0	25.0

Posición vs. Tiempo

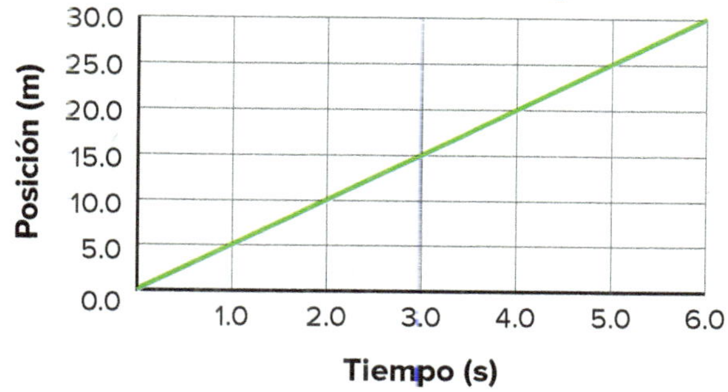

Diagrama de movimiento

Imagen 12 Puedes describir el movimiento de la corredora con la tabla de datos, la gráfica y el diagrama de movimiento.

Identifica *una ventaja que tenga la tabla sobre la gráfica.*

FÍSICA Desafío

GRÁFICAS DE POSICIÓN-TIEMPO Natana, Olivia y Phil disfrutan de hacer ejercicio y suelen hacer un recorrido a lo largo del río. Natana anda en bicicleta a una velocidad constante de 40.25 km/h, Olivia corre hacia al sur a una velocidad constante de 16.0 km/h y Phil camina hacia el sur a un paso ligero de 6.5 km/h. Natana inicia el recorrido en bicicleta hacia al norte al mediodía desde la cascada. Olivia y Phil comienzan a las 11:30 A. M. en el muelle de canoas, 20.0 km al norte de la cascada.

1. Dibuja las gráficas de posición-tiempo para cada persona.
2. ¿A qué hora estarán las tres personas dentro del intervalo de distancia más pequeño entre sí?
3. ¿Cuál es la longitud de ese intervalo de distancia?

EJEMPLO Problema 1

ANALIZA UNA GRÁFICA DE POSICIÓN TIEMPO ¿Cuándo la corredora de la **Imagen 11** alcanzó 12.0 m más allá del punto de inicio? ¿Dónde estaba después de 4.5 s?

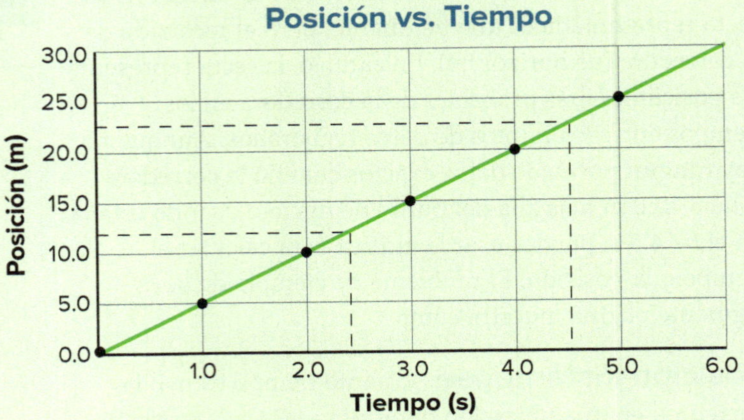

1 ANALIZAR EL PROBLEMA

Vuelve a plantear las preguntas.

Pregunta 1: ¿A qué hora la magnitud de la posición de la corredora (x) era igual a 12.0 m?

Pregunta 2: ¿Cuál era la posición de la corredora en el tiempo $t = 4.5$ s?

2 HALLAR LA INCÓGNITA

Pregunta 1

Examina la gráfica para hallar la intersección de la línea de mejor ajuste con una horizontal en 12.0 m. Luego, encuentra dónde cruza el eje del tiempo una vertical desde ese punto. El valor de t es 2.4 s.

Pregunta 2

Halla la intersección de la gráfica con una recta vertical a los 4.5 s (a medio camino entre 4.0 s y 5.0 s). Luego, halla dónde cruza el eje de posición la recta horizontal desde ese punto. El valor de x es 22.5 m.

PRÁCTICA Problemas

PRÁCTICA ADICIONAL

Para los problemas 10 a 12, consulta la ***Imagen 13.***

10. La gráfica de la **Imagen 13** representa el movimiento de un automóvil en una carretera recta. Describe con palabras el movimiento del automóvil.

11. Dibuja un diagrama de movimiento del modelo de partículas que se corresponda con la gráfica.

12. Responde las siguientes preguntas sobre el automóvil. Supón que la dirección x positiva es al este del origen y la dirección x negativa es al oeste del origen.

a. ¿En qué tiempo la posición del automóvil estaba 25.0 m al este del origen?

b. ¿Dónde estaba el automóvil en el tiempo $t = 1.0$ s?

c. ¿Cuál fue el desplazamiento del automóvil entre los tiempos $t = 1.0$ s y $t = 3.0$ s?

13. La **Imagen 14** representa el movimiento de dos peatones en una acera recta. Describe con palabras el movimiento de los peatones. Supón que la dirección positiva es al este del origen.

14. DESAFÍO Ari caminó por el pasillo 100.0 m desde la cafetería de la escuela hasta la sala de música. Una clase de estudiantes de Física registró y representó su posición cada 2.0 s, y observó que se movió 2.6 m cada 2.0 s. ¿Cuándo estaba Ari en estas posiciones?

a. 25.0 m de la cafetería

b. 25.0 m de la sala de música

c. Haz una gráfica que muestre el movimiento de Ari.

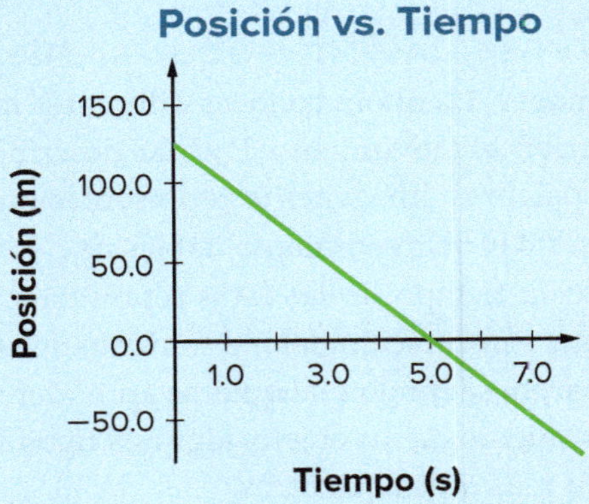

Imagen 13

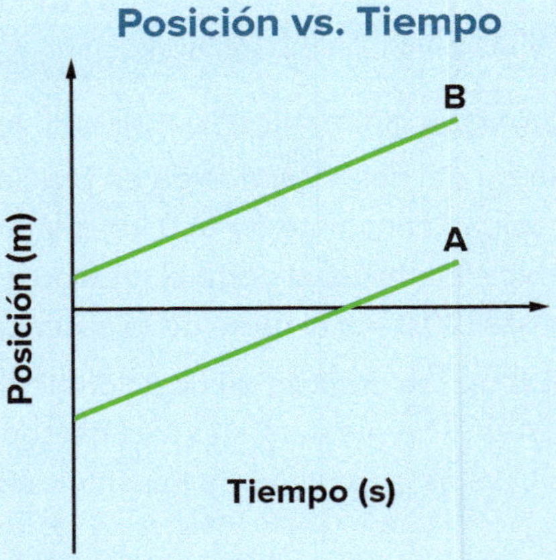

Imagen 14

Múltiples objetos en una gráfica de posición-tiempo

El Ejemplo Problema 2 muestra una gráfica de posición-tiempo para dos corredores. Observa que el corredor A está adelante del corredor B en el tiempo $t = 0$, pero el movimiento de cada corredor es diferente. ¿Cuándo y dónde pasa un corredor al otro? Primero, debes volver a plantear esta pregunta en términos físicos: ¿en qué tiempo están los dos corredores en la misma posición? ¿Cuál es su posición en ese tiempo? Puedes evaluar estas preguntas al identificar el punto de la gráfica en el que las rectas que representan los movimientos de los corredores se intersecan.

La intersección de dos rectas en una gráfica de posición-tiempo indica cuándo los objetos tienen la misma posición, pero ¿significa esto que chocan? No necesariamente. Por ejemplo, si los dos objetos son corredores y si están en diferentes carriles, no se chocarán, aunque podrían estar a la misma distancia del punto de partida.

¿Lo comprendes?

Explica qué significa la intersección de dos rectas en una gráfica de posición-tiempo.

¿Qué más puedes aprender de la gráfica de posición-tiempo? Observa que en el Ejemplo Problema 2 las rectas de la gráfica tienen diferentes pendientes. ¿Qué dice la pendiente de la recta de la gráfica de posición-tiempo? En la siguiente lección, usarás la pendiente de una recta de una gráfica de posición-tiempo para determinar la velocidad de un objeto. Al estudiar el movimiento acelerado, dibujarás otras gráficas de movimiento y aprenderás a interpretar las áreas debajo de las rectas trazadas. En estudios posteriores, perfeccionarás tus habilidades al hacer e interpretar diferentes tipos de gráficas de movimiento.

EJEMPLO Problema 2

INTERPRETAR UNA GRÁFICA La gráfica de la derecha describe el movimiento de dos corredores en un recorrido recto. Las rectas que representan su movimiento se rotulan A y B. ¿Cuándo y dónde pasa el corredor B al corredor A?

Posición vs. Tiempo

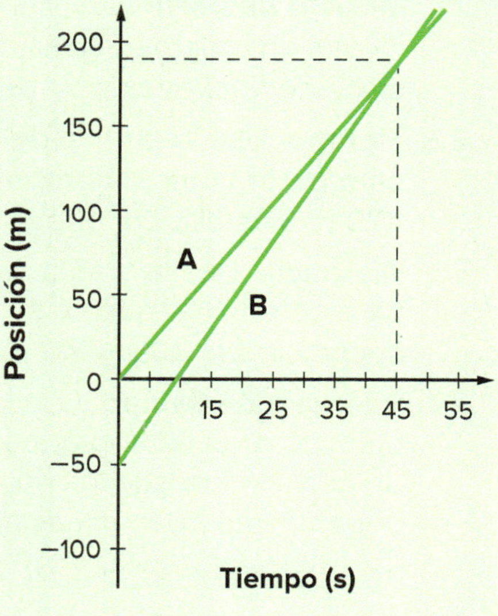

1 ANALIZAR EL PROBLEMA

Vuelve a plantear las preguntas.

Pregunta 1: ¿En qué tiempo el corredor A y el B están en la misma posición?

Pregunta 2: ¿Cuál es la posición del corredor A y del corredor B en ese tiempo?

2 HALLAR LA INCÓGNITA

Pregunta 1

Examina la gráfica para hallar la intersección de la recta que representa el movimiento del corredor A con la recta que representa el movimiento del corredor B. Estas rectas se intersecan en el tiempo 45 s.

Pregunta 2

Examina la gráfica para determinar la posición cuando las rectas que representan el movimiento de los corredores se intersecan. La posición de los dos corredores es aproximadamente 190 m del origen.

El corredor B pasa al corredor B aproximadamente 190 m más allá del origen, 45 s después de que A pasó el origen.

PRÁCTICA Problemas

PRÁCTICA ADICIONAL

Para los problemas 15 a 18, consulta la imagen del Ejemplo Problema 2.

15. ¿Dónde estaba ubicado el corredor A en $t = 0$ s?

16. ¿Qué corredor estaba adelante en $t = 48.0$ s?

17. Cuando A estaba en 0.0 m, ¿dónde estaba B?

18. ¿A qué distancia estaban A y B en $t = 20.0$ s?

19. DESAFÍO Juanita camina hacia el norte. Luego, Heather comienza a caminar tras ella. La gráfica de la **Imagen 15** muestra sus movimientos.

a. ¿Cuánto había caminado Juanita cuando Heather comenzó a caminar?

b. ¿Alcanzará Heather a Juanita? Demuéstralo.

c. ¿Cuál era la posición de Juanita en $t = 0.2$ h?

d. ¿En qué tiempo estaba Heather a 5.0 km del inicio?

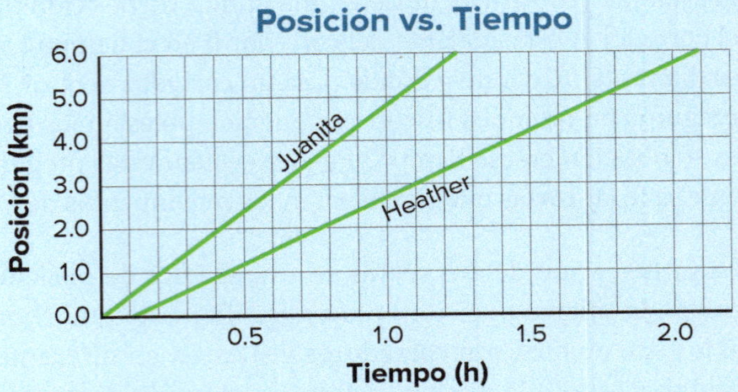

Imagen 15

Verifica tu progreso

20. **Diagrama de partículas** Con el diagrama de la **Imagen 16** de un bebé que gatea por la cocina, traza una gráfica de posición-tiempo para representar el movimiento. El intervalo de tiempo entre los puntos es 1 s.

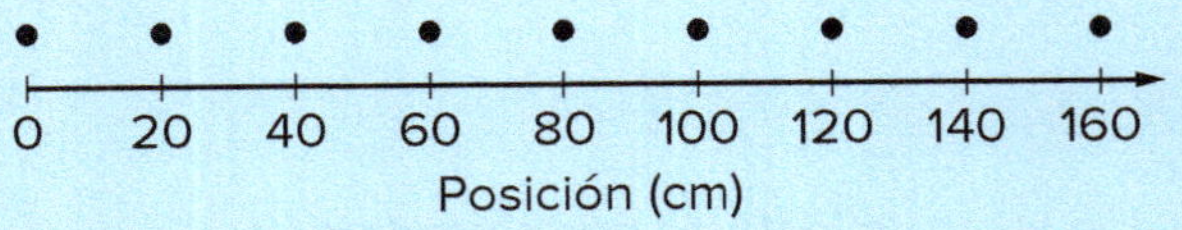

Imagen 16

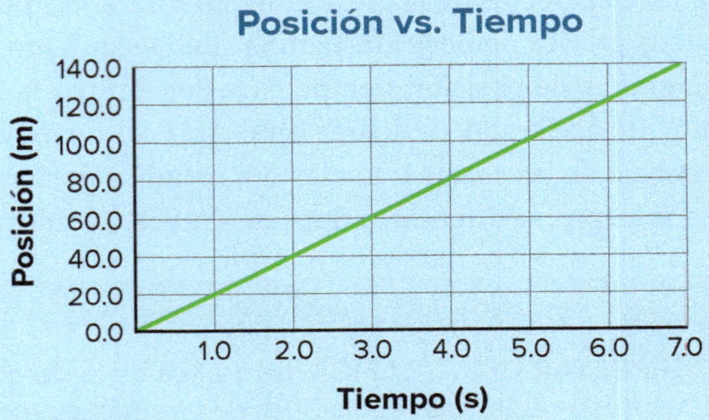

Imagen 17

Para los problemas 21 y 22, consulta la ***Imagen 17.***

21. **Modelo de partículas** Haz un diagrama de movimiento de partículas de la gráfica de un disco de *hockey* que se desliza en el hielo.

22. **Tiempo** Usa la gráfica del disco de *hockey* para determinar el tiempo en que estaba 10.0 m más allá del origen.

23. **Distancia** Usa la gráfica de posición-tiempo para determinar cuánto se movió el disco de *hockey* entre 0.0 s y 5.0 s.

24. **Intervalo de tiempo** Usa la gráfica para determinar el tiempo que le tomó al disco de *hockey* ir desde los 40.0 m más allá del origen hasta 80.0 m más allá del origen.

25. **Pensamiento crítico** Mira el diagrama y la gráfica de la **Imagen 18.** ¿Describen el mismo movimiento? Explica. Los intervalos de tiempo en el diagrama son de 2 s.

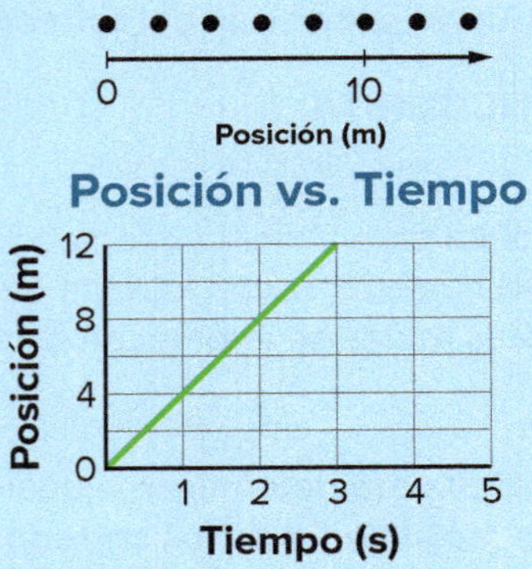

Imagen 18

LEARNSMART® Conéctate para cumplir tu plan de aprendizaje personalizado para repasar, practicar y reforzar tu comprensión.

LECCIÓN 4

¿QUÉ TAN RÁPIDO?

PREGUNTA DE ENFOQUE

¿Cómo describirías qué tan rápido se mueve algo?

Velocidades media y promedio

Supón que registraste el movimiento de dos corredores en un diagrama, como muestra la gráfica de la **Imagen 19.** La posición de la corredora de rojo cambia más que la del corredor de azul. Para un intervalo de tiempo mixto, la magnitud del desplazamiento (Δx) es mayor para la corredora porque se mueve más rápido. Ahora, supón que cada corredor corre 100 m. El intervalo de tiempo (Δt) para los 100 m sería más pequeño para la corredora de rojo que para el corredor de azul.

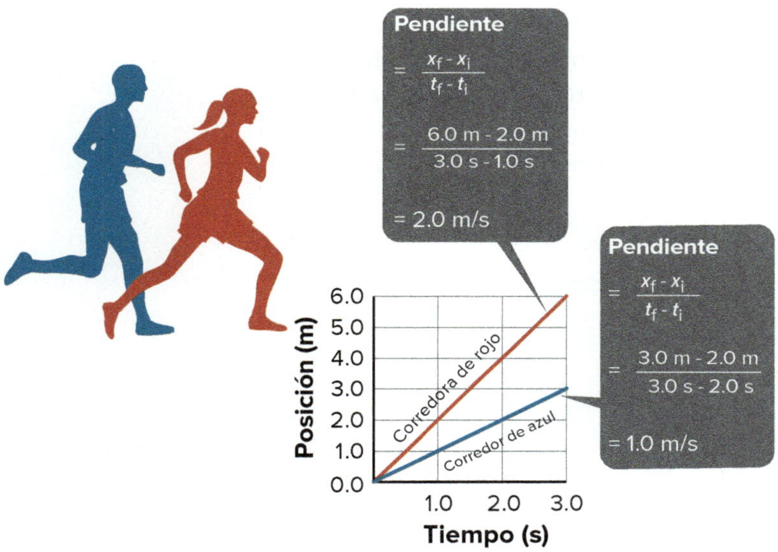

Imagen 19 Una mayor pendiente muestra que la corredora de rojo corrió más rápido.

Analizar *¿Cuánto más corrió la corredora de rojo que el de azul en el intervalo de 3 s que se indica en la gráfica?*

PENSAMIENTO 3D DCI Ideas centrales disciplinarias CCC Conceptos interdisciplinarios SEP Prácticas de ciencia e ingeniería

REUNIR EVIDENCIA

Usa el Cuaderno de ciencias para registrar la evidencia que reúnas mientras completas las lecturas y las actividades de la lección.

INVESTIGAR

CONÉCTATE para hallar estas actividades y más recursos.

Laboratorio de Física: Velocidad constante

Planifica y realiza una investigación para relacionar distancia, velocidad e intervalo de tiempo.

Repasar las noticias

Obtén información de una noticia actual sobre velocidad media o velocidad promedio. Evalúa la fuente y comunica tus descubrimientos a la clase.

Pendiente en una gráfica de posición-tiempo Compara las rectas que representan a los corredores de la gráfica de la **Imagen 19.** La pendiente de la recta de la corredora de rojo es más pronunciada, lo que indica un mayor cambio en la posición durante cada intervalo de tiempo. Recuerda que hallaste la pendiente de una recta al elegir primero dos puntos de la recta. Luego, restas la coordenada vertical (x en este caso) del primer punto de la coordenada vertical del segundo punto para obtener la elevación de la recta. Después, restas la coordenada horizontal (t en este caso) del primer punto de la coordenada horizontal del segundo punto para obtener el recorrido. La elevación dividida por el recorrido es la pendiente.

¿Lo comprendes?

Explicar En la gráfica de la **Imagen 19**, cada corredor comienza en las coordenadas (0, 0). Explica qué significa esto en términos de posición.

Velocidad promedio Observa que la pendiente de la recta de la corredora más rápida en la **Imagen 19** es un número mayor. Una pendiente mayor indica una mayor velocidad. Las unidades de la pendiente son metros por segundo. Al observar cómo se calcula la pendiente, puedes ver que la pendiente es el cambio en la magnitud de la posición dividido por el intervalo de tiempo durante el cual ocurrió ese cambio: $\frac{x_f - x_i}{t_f - t_i}$ o $\frac{\Delta x}{\Delta t}$. Cuando Δx es mayor, la pendiente es mayor; cuando Δt es mayor, la pendiente es menor. Esto coincide con la interpretación de la velocidad de la corredora de rojo y del corredor de azul en la página anterior. La **velocidad promedio** es la relación de un cambio de un objeto en la posición con respecto al intervalo de tiempo durante el que ocurrió el cambio. Si el objeto está en movimiento uniforme y su velocidad no cambia, la velocidad es la pendiente de su gráfica de posición-tiempo.

Velocidad promedio

La velocidad promedio se define como el cambio en la posición dividido por el tiempo durante el cual ocurrió el cambio.

$$\bar{v} \equiv \frac{\Delta x}{\Delta t} = \frac{x_f - x_i}{t_f - t_i}$$

El símbolo ≡ significa que el lado izquierdo de la ecuación se define por el lado derecho.

Interpretar la pendiente La pendiente de la gráfica de posición-tiempo de la **Imagen 20** es −5.0 m/s. La pendiente indica magnitud y dirección. Al calcular la pendiente de la elevación dividida por el recorrido entre dos puntos, hallas que el objeto cuyo movimiento se representa en la gráfica tiene una velocidad promedio de −5.0 m/s. El objeto comenzó en una posición positiva y se mueve hacia el origen. Después de 4 s, pasa por el origen y sigue moviéndose en dirección negativa a razón de 5.0 m/s.

¿Lo comprendes?

Explica el significado de una pendiente ascendente y una descendente de una gráfica de posición-tiempo abajo y debajo del eje de las x.

Imagen 20 La pendiente descendente de esta gráfica de posición-tiempo muestra que el movimiento está en dirección negativa.

Analizar *¿Cómo se vería la gráfica si el movimiento hubiera sido con la misma velocidad, pero en dirección positiva?*

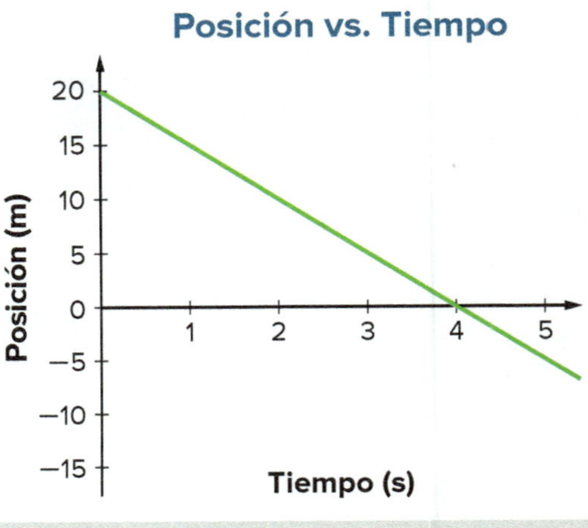

Velocidad media El valor absoluto de la pendiente es la **velocidad media** del objeto, 5.0 m/s, que es la distancia recorrida dividida por el tiempo que toma recorrer esa distancia. Para un movimiento uniforme, la velocidad media es el valor absoluto de la pendiente de la gráfica de posición-tiempo del objeto. La combinación de la velocidad media de un objeto ($\overline{v}$) y la dirección en la que se mueve es la velocidad ($\overline{v}$). Recuerda que si un objeto se mueve en dirección negativa, su cambio en la posición es negativo. El desplazamiento y la velocidad de un objeto siempre son en la misma dirección.

Velocidad instantánea ¿Por qué llamamos a la cantidad $\frac{\Delta x}{\Delta t}$ velocidad promedio? ¿Por qué no la llamamos simplemente velocidad? Un diagrama de movimiento muestra la posición de un objeto en movimiento al comienzo y al final del intervalo de tiempo. Sin embargo, no indica qué pasó durante ese intervalo. Durante el intervalo de tiempo, la velocidad del objeto podría permanecer igual, aumentar o disminuir. El objeto puede detenerse o hasta cambiar de dirección. Puedes hallar la velocidad promedio para cada intervalo de tiempo en el diagrama de movimiento, pero no puedes hallar la velocidad y la dirección de un objeto en ningún instante específico. La velocidad y la dirección de un objeto en un instante en particular se llama **velocidad instantánea.** En este manual, el término velocidad se referirá a la velocidad instantánea, y se representa con el símbolo *v*.

¿Lo comprendes?

Explica en qué se diferencia la velocidad promedio de la velocidad.

Física en la vida diaria

RÉCORDS DE VELOCIDAD El récord mundial de hombres en una carrera de 100 m es 9.58 s y lo hizo Usain Bolt en 2009. El récord mundial de mujeres en carrera de 100 m es 10.49 s y lo hizo Florence Griffith-Joyner en 1988.

Velocidad promedio en diagramas de movimiento Cuando un objeto se mueve entre dos puntos, su velocidad promedio está en la misma dirección que su desplazamiento. Las dos cantidades también son proporcionales: cuando el desplazamiento es mayor durante un intervalo de tiempo dado, también lo es la velocidad promedio. Un diagrama de movimiento indica la dirección y la magnitud de la velocidad promedio.

Imagina dos automóviles que circulan por la ruta a diferente velocidad. Una cámara de video registra el movimiento a razón de un cuadro por segundo. Imagina que cada automóvil tiene un pincel que desciende automáticamente y pinta una línea roja en el pavimento por medio segundo cada segundo. El automóvil más rápido pintaría una línea más larga. Los vectores que dibujas en un diagrama de movimiento para representar la velocidad son parecidos a las líneas que hace el pincel sobre el suelo. En este manual, usamos el rojo para indicar vectores de velocidad en diagramas de movimiento. La **Imagen 21** muestra diagramas de movimiento con vectores de velocidad para dos automóviles. Uno se mueve hacia la derecha y el otro, hacia la izquierda.

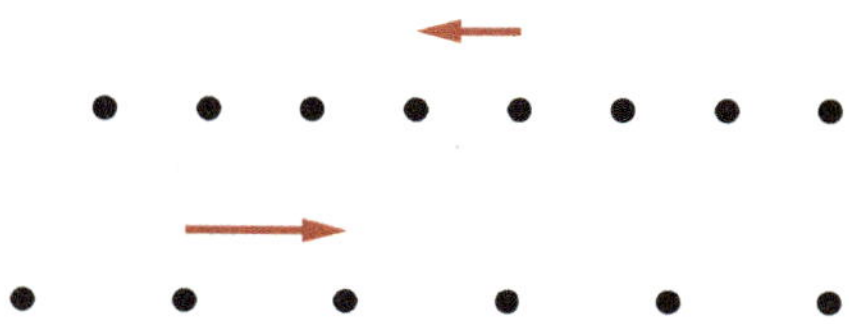

Imagen 21 La longitud de cada vector de velocidad es proporcional a la magnitud de la velocidad que representa.

¿Lo comprendes?

Identifica qué significan las longitudes de los vectores de velocidad.

EJEMPLO Problema 3

VELOCIDAD PROMEDIO La gráfica describe el movimiento en línea recta de una estudiante que monta su patineta en una acera sin peatones. ¿Cuál es su velocidad promedio? ¿Cuál es su velocidad media?

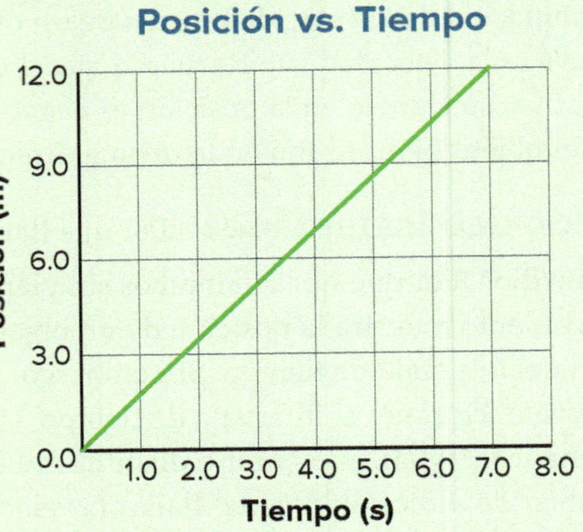

1 ANALIZAR Y PLANTEAR EL PROBLEMA

Identifica los sistemas de coordenadas de la gráfica.

INCÓGNITAS

$\overline{v} = ?$ $\quad\quad$ $\bar{v} = ?$

2 HALLAR LA INCÓGNITA

Usa dos puntos de la recta para hallar la velocidad promedio.

$$\overline{v} = \frac{\Delta x}{\Delta t}$$

$$= \frac{x_f - x_i}{t_f - t_i}$$

$$= \frac{12.0\ \text{m} - 0.0\ \text{m}}{7.0\ \text{s} - 0.0\ \text{s}}$$

Sustituye $x_f = 12.0$ m, $x_i = 0.0$ m, $t_f = 7.0$ s, $t_i = 0.0$ s.

$\overline{v} = 1.7$ m/s en dirección positiva

La velocidad media ($\bar{v}$) es el valor absoluto de la velocidad promedio, o 1.7 m/s.

3 EVALUAR LA RESPUESTA

- **¿Son correctas las unidades?** Las unidades para velocidad y velocidad media son metros por segundo.
- **¿Tienen sentido los signos?** El signo positivo para la velocidad es consistente con el sistema de coordenadas. No se asocia dirección con velocidad media.

PRÁCTICA Problemas

26. La gráfica de la **Imagen 22** describe el movimiento de un crucero que va a la deriva en aguas calmas. La dirección *x* positiva (junto al eje vertical) se define como el sur.

a. ¿Cuál es la velocidad media del crucero?

b. ¿Cuál es la velocidad promedio?

27. Describe, en palabras, el movimiento del crucero del problema anterior.

28. ¿Cuál es la velocidad promedio de un objeto que se mueve desde los 6.5 cm hasta los 3.7 cm en relación con el origen en 2.3 s?

29. La gráfica de la **Imagen 23** representa el movimiento de una bicicleta.

a. ¿Cuál es la velocidad media de la bicicleta?

b. ¿Cuál es la velocidad promedio?

30. Describe, en palabras, el movimiento de la bicicleta del problema anterior.

31. **DESAFÍO** Cuando Marshall lleva a su perro a pasear, el perro camina a un ritmo muy uniforme de 0.55 m/s. Dibuja un diagrama de movimiento y una gráfica de posición-tiempo que represente al perro de Marshall que camina una distancia de 19.8 m desde el frente de su casa hasta la señal de detención más cercana.

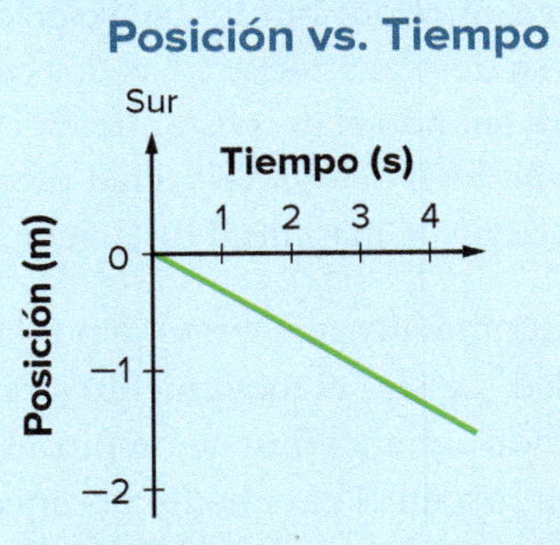

Imagen 22

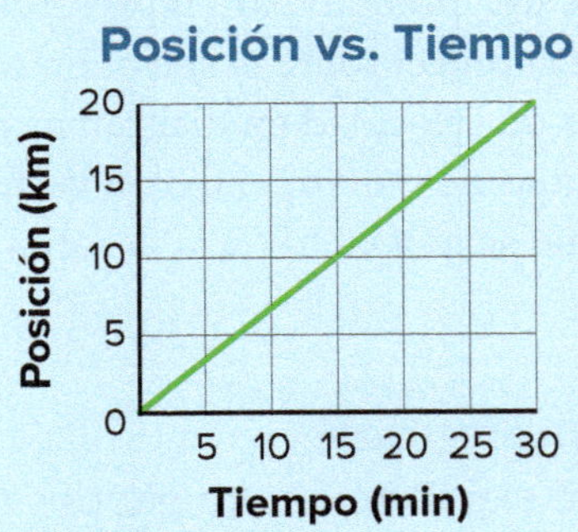

Imagen 23

Ecuación de movimiento

A menudo es más eficaz usar una ecuación en vez de una gráfica. Cuando representas una línea recta, puedes encontrar una ecuación para describirla. Observa la gráfica de la **Imagen 20** para el objeto que se mueve a una velocidad constante de −5.0 m/s. Puedes representar cualquier línea recta con la ecuación $y = mx + b$, en la que y es la cantidad trazada en el eje vertical, m es la pendiente, x es la cantidad trazada en el eje horizontal y b es el intercepto en y de la recta.

Para la gráfica de la **Imagen 20**, la cantidad trazada en el eje vertical es la posición, representada por la variable $\mathbf{x}$. La pendiente de la recta es −5.0 m/s, que es la velocidad promedio del objeto ($\bar{\mathbf{v}}$). La cantidad trazada en el eje horizontal es el tiempo (t). El intercepto en y es 20.0 m. ¿Qué representan estos 20.0 m? Muestra que el objeto estaba en una posición de 20.0 m cuando $t = 0.0$ s. Esto se denomina posición inicial del objeto y se designa $\mathbf{x}_i$.

A continuación, se presenta un resumen de cómo cambian las variables generales en la fórmula de línea recta en las variables específicas que usaste para describir el movimiento. La tabla también muestra los valores numéricos para la velocidad promedio y la posición inicial. Considera la gráfica de la **Imagen 20.** La ecuación matemática para la línea que se representó es la siguiente:

$$y = (-5.0 \text{ m/s})x + 20.0 \text{ m}$$

Puedes reescribir esta ecuación, usando $\mathbf{x}$ para la posición y t para el tiempo.

$$\mathbf{x} = (-5.0 \text{ m/s})t + 20.0 \text{ m}$$

Podría resultar confuso utilizar y y t en matemáticas, pero no en Física. Esto es así porque hay muchos tipos de gráficas en Física, incluso gráficas de posición vs. tiempo, gráficas de velocidad vs. tiempo y gráficas de fuerza vs. posición. Para una gráfica de posición vs. tiempo, la ecuación matemática $y = mx + b$ se puede volver a escribir así:

Posición

La posición de un objeto es igual a la velocidad promedio multiplicada por el tiempo más la posición inicial.

$$\mathbf{x} = \bar{\mathbf{v}}t + \mathbf{x}_i$$

Esta ecuación ofrece otra manera de representar el movimiento. Observa que una gráfica de x vs. t sería una línea recta.

RELACIONAR LAS MATEMÁTICAS con la Física

Rectas y gráficas Los símbolos usados en la ecuación de punto-pendiente de una recta se relacionan con los de las variables de movimiento en una gráfica de posición-tiempo.

Variable general	Variable de movimiento específico	Valor en la Imagen 20
y	$\mathbf{x}$	
m	$\bar{\mathbf{v}}$	−5.0 m/s
x	t	
b	$\mathbf{x}_i$	20.0 m

EJEMPLO Problema 4

POSICIÓN La imagen muestra a un motociclista que viaja hacia el este por una ruta recta. Después de pasar por el punto ***B***, el motociclista sigue a una velocidad promedio de 12 m/s hacia el este y llega al punto **C** 3.0 s más tarde. ¿Cuál es la posición del punto **C**?

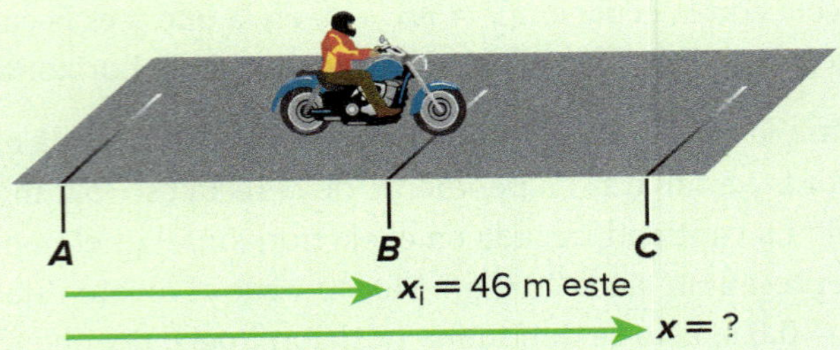

1 ANALIZAR EL PROBLEMA

Elige un sistema de coordenadas con el origen en ***A***.

DATOS CONOCIDOS

$\bar{\mathbf{v}} = 12$ m/s este

$\mathbf{x}_i = 46$ m este

$t = 3.0$ s

INCÓGNITA

$\mathbf{x} = ?$

2 HALLAR LA INCÓGNITA

$x = \bar{v}t + x_i$ — Usa magnitudes para los cálculos.

$= (12\text{ m/s})(3.0\text{ s}) + 46\text{ m}$ — Sustituye $\bar{v} = 12$ m/s, $t = 3.0$ s, y $x_i = 46$ m.

$= 82$ m

$\mathbf{x} = 82$ m este

3 EVALUAR LA RESPUESTA

- **¿Son correctas las unidades?** La posición se mide en metros.
- **¿Tiene sentido la dirección?** El motociclista viaja hacia el este todo el tiempo.

PRÁCTICA Problemas

*Para los problemas 32 a 35, consulta la **Imagen 24**.*

32. El diagrama de la derecha muestra el recorrido de un barco que navega a una velocidad constante de 42 km/h hacia el este. ¿Cuál es la posición del barco cuando alcanza el punto **C**, en relación con el punto inicial, ***A***, si navega desde el punto ***B*** hasta el punto **C** en 1.5 h exactas?

33. Otro barco parte a la misma hora desde el punto ***B***, pero su velocidad promedio es 58 km/h hacia el este. ¿Cuál es su posición, en relación con ***A***, después de 1.5 h?

34. ¿Cuál sería la posición de un barco si partió del punto ***B*** y navegó a una velocidad promedio de 35 km/h al oeste hasta el punto ***D*** en un período de tiempo de 1.2 h?

35. **DESAFÍO** Dos barcos parten del punto ***B*** y navegan hacia el oeste. Un barco viaja a una velocidad promedio de 35 km/h durante 2.2 h. Otro va a una velocidad promedio de 26 km/h durante 2.5 h. ¿Cuál es la posición final de cada barco?

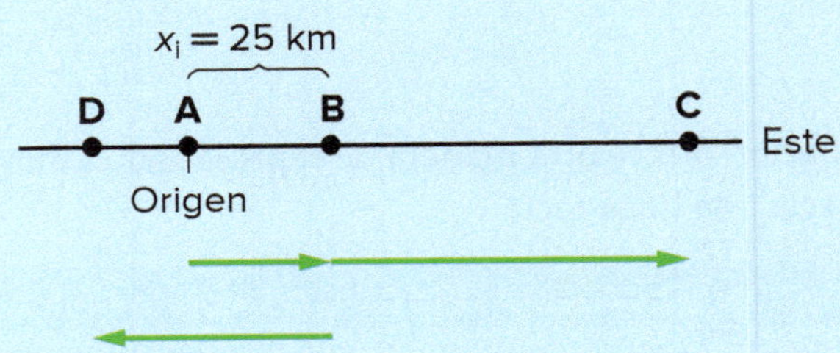

Imagen 24

Después de estudiar esta lección, es probable que te des cuenta de la fuerte relación entre la Física y las matemáticas. El pensamiento algebraico se usa para examinar los datos científicos y predecir el efecto de un cambio de una variable en otra. Por ejemplo, puedes predecir el cambio en la velocidad promedio de un objeto al examinar el cambio en la posición con el tiempo. Usar las matemáticas para representar el movimiento es una herramienta útil para físicos y estudiantes de Física.

Verifica tu progreso

36. **Velocidad y posición** ¿Cómo se relaciona la velocidad de un objeto con su posición?

*Para los problemas 37 a 39, consulta la **Imagen 25.***

37. **Tarea de clasificación** Clasifica las gráficas de posición-tiempo según la velocidad media, desde la mayor hasta la menor. Especifica todos los resultados iguales.
38. **Contrastar velocidades promedios** Describe las diferencias en las velocidades que se muestran en la gráfica para los objetos A y B. Describe las diferencias en las velocidades que se muestran en la gráfica para los objetos C y D.
39. **Tarea de clasificación** Clasifica las gráficas de la **Imagen 25** de acuerdo con la posición inicial de cada objeto, desde la posición más positiva hasta la más negativa. Especifica todo resultado igual. ¿Sería tu clasificación diferente si la clasificas de acuerdo con la distancia inicial desde el origen?

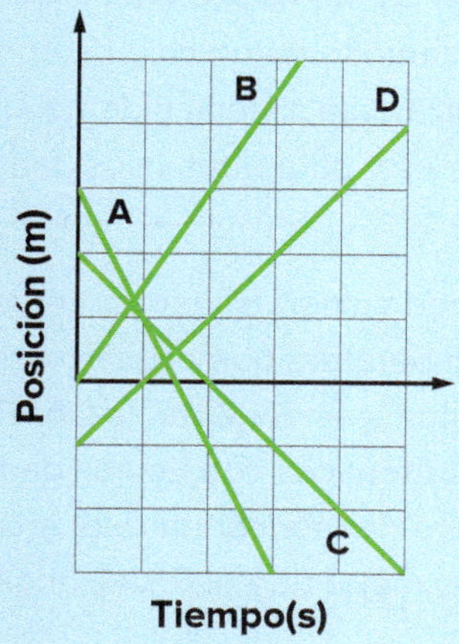

Imagen 25

40. **Velocidad promedio y velocidad media** Explica cómo se relacionan la velocidad promedio y la velocidad media para un objeto en movimiento uniforme.
41. **Posición** Dos automóviles viajan por una ruta recta, como se muestra en la **Imagen 26.** Se pasan uno a otro en el punto B y, luego, siguen en direcciones opuestas. El automóvil naranja viaja durante 0.25 h desde el punto B hasta el punto C a una velocidad constante de 32 km/h al este. El azul viaja durante 0.25 h desde B hasta D a una velocidad constante de 48 km/h al oeste. ¿Cuánto viajó cada automóvil desde el punto B? ¿Cuál es la posición de cada automóvil en relación al origen, que es el punto A?

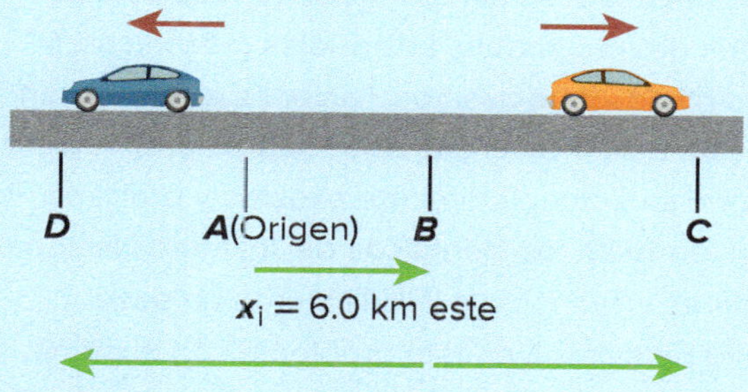

Imagen 26

42. **Posición** Un automóvil viaja hacia el norte por una autopista recta a una velocidad promedio de 85 km/h. Después de recorrer 2.0 km, pasa por una estación de servicio y sigue por la autopista. ¿Cuál es la posición del automóvil en relación con el inicio de su viaje 0.25 h después de que pasa por la estación de servicio?
43. **Pensamiento crítico** Al resolver un problema de Física, ¿por qué es importante hacer modelos pictóricos y físicos antes de intentar resolver una ecuación?

LEARNSMART® Conéctate para cumplir tu plan de aprendizaje personalizado para repasar, practicar y reforzar tu comprensión.

DESCUBRIMIENTOS CIENTÍFICOS

Justo a tiempo

El sistema de posicionamiento global (GPS) y otros sistemas de navegación confían en satélites con relojes atómicos sumamente precisos para llevar la cuenta del tiempo. No obstante, algunos sistemas de navegación deben operar en entornos donde las señales de radio de los satélites no llegan, como interiores de edificios, profundidades de cañones o de océanos. Los sistemas de navegación que confían en satélites también son susceptibles a la interferencia intencional debido a la piratería. Para abordar este problema, se desarrollaron diminutos relojes atómicos lo suficientemente pequeños como para que una persona los pueda transportar.

Los relojes atómicos en miniatura (CSAC) permiten una medición del tiempo exacta y precisa en un paquete muy pequeño.

Relojes atómicos en miniatura

Los relojes anticuados cuentan los segundos con las oscilaciones de un péndulo. Los relojes mecánicos, y hasta los digitales, que usan oscilaciones eléctricas en líneas de potencia o de cristales de cuarzo para registrar el tiempo, no son completamente exactos y precisos. Por esta razón, en 1949, los científicos del Instituto Nacional de Estándares y Tecnología (NIST) dieron un paso significativo para resolver este problema con el primer reloj atómico.

Los relojes atómicos cuentan los segundos con oscilaciones entre estados de energía atómica de elementos como el cesio, el rubidio y el estroncio. Con los años y los avances en la tecnología, se crearon relojes atómicos que son cada vez más exactos y precisos. Los modelos más actuales pueden tomar el tiempo perfecto por los próximos 15 mil millones de años.

A principios del siglo XXI, el NIST comenzó a trabajar con la Agencia de Proyectos de Investigación Avanzados de Defensa (DARPA) del Departamento de Defensa de los EE. UU. para fabricar relojes atómicos tan pequeños que funcionen en sistemas de navegación portátiles. En 2004, introdujeron el primer reloj atómico en miniatura (CSAC) que tiene el tamaño de un chip de computadora. Hoy, el CSAC se utiliza para sistemas de navegación y de telecomunicaciones y para otros usos, tanto civiles como militares.

Hasta los CSAC tienen vulnerabilidades, como fluctuaciones de temperatura que causan variaciones en las frecuencias atómicas. En 2016, la DARPA lanzó el proyecto de Relojes Atómicos con Estabilidad Mejorada (ACES) con el objetivo de fabricar un reloj atómico que funcione 1000 veces mejor que el CSAC original.

USAR UN MODELO COMO EJEMPLO

Usa los recursos impresos o en línea para hallar un diagrama de un reloj atómico o un CSAC. Estudia el diagrama y luego úsalo para escribir un breve texto que explique cómo funciona el dispositivo.

NIST

MÓDULO 2
GUÍA DE ESTUDIO

CONÉCTATE para estudiar con el Libro de ciencias.

Lección 1 VISUALIZAR EL MOVIMIENTO

- Un diagrama de movimiento muestra la posición de un objeto en intervalos de tiempo iguales y sucesivos.
- En un diagrama de movimiento de modelos de partículas, la posición de un objeto en tiempos sucesivos se representa con una serie de puntos. El espacio entre los puntos indica si el objeto se mueve más rápido o más lento.

- diagrama de movimiento
- modelo de partículas

Lección 2 ¿DÓNDE Y CUÁNDO?

- Un sistema de coordenadas presenta la ubicación del punto cero de la variable que estás estudiando y la dirección en la que aumentan los valores de la variable.
- Un vector dibujado desde el origen de un sistema de coordenadas hacia un objeto indica la posición del objeto en dicho sistema de coordenadas. Las direcciones seleccionadas como positivas y negativas en el sistema de coordenadas determinan si las posiciones de los objetos son positivas o negativas en ese sistema.
- Un intervalo de tiempo es la diferencia entre dos tiempos.

$$\Delta t = t_f - t_i$$

- El cambio en la posición es el desplazamiento, que tiene magnitud y dirección.

$$\Delta x = x_f - x_i$$

- En un diagrama de movimiento, la longitud del vector de desplazamiento representa la distancia que se desplazó el objeto. El vector señala la dirección del desplazamiento, de x_i a x_f

- sistema de coordenadas
- origen
- posición
- distancia
- magnitud
- vector
- escalar
- intervalo de tiempo
- desplazamiento
- resultante

Lección 3 GRÁFICAS DE POSICIÓN-TIEMPO

- Las gráficas de posición-tiempo brindan información sobre el movimiento de los objetos. También indican dónde y cuándo se encuentran dos objetos.
- La recta en una gráfica de posición-tiempo describe la posición de un objeto en cada tiempo.
- El movimiento se puede describir con palabras, diagramas de movimiento, tablas de datos o gráficas.

- gráfica de posición-tiempo
- posición instantánea

Lección 4 ¿QUÉ TAN RÁPIDO?

- La velocidad de un objeto dice qué tan rápido se mueve y en qué dirección.
- La rapidez es la magnitud de la velocidad.
- La pendiente en una gráfica de posición-tiempo describe la velocidad promedio del objeto.

$$\bar{v} \equiv \frac{\Delta x}{\Delta t} = \frac{x_f - x_i}{t_f - t_i}$$

- Una sencilla ecuación relaciona la posición inicial de un objeto (x_i), su velocidad media constante ($\bar{v}$), su posición (x) y el tiempo (t) desde que el objeto estaba en su posición inicial.

$$x = \bar{v}t + x_i$$

- velocidad promedio
- velocidad media
- velocidad instantánea

PENSAMIENTO TRIDIMENSIONAL

Conclusión del módulo

REPASA EL FENÓMENO

¿Cómo sabe un dispositivo GPS dónde estás?

CER Afirmación, evidencia, razonamiento

Explicar el razonamiento Repasa la afirmación que hiciste cuando hallaste el fenómeno. Resume la evidencia que reuniste en tus investigaciones y completa la tabla de resumen. ¿Respalda la evidencia tu afirmación? Si no lo hace, repasa tu afirmación. Explica por qué la evidencia respalda tu afirmación.

PROYECTO DE LA UNIDAD STEM

Ahora que completaste el módulo, repasa tu proyecto de la unidad STEM. Resumirás tu evidencia y la aplicarás al proyecto.

PROFUNDIZA

SEP Laboratorio de análisis de datos

¿Cómo puedes clasificar la velocidad a partir de una gráfica?

Cuatro vacas caminaban de regreso al establo al final del día. La gráfica de posición-tiempo muestra el movimiento de las cuatro vacas.

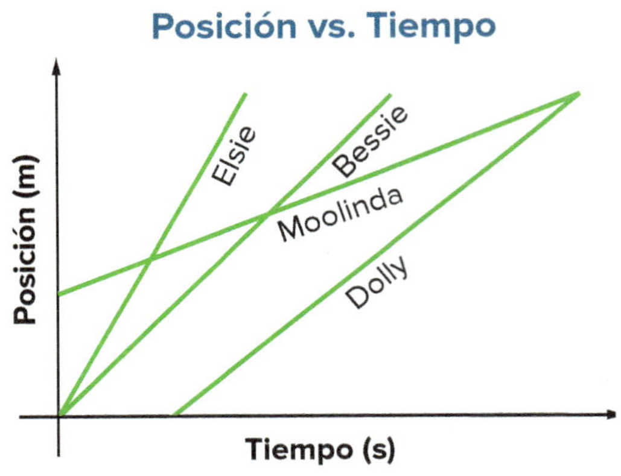

CER Analizar e interpretar datos

1. **Compara y contrasta las velocidades medias de las vacas.**
2. **Afirmación** Clasifica las vacas de acuerdo con sus velocidades medias.
3. **Evidencia y razonamiento** Explica la evidencia que obtuviste de la gráfica de posición-tiempo y tu razonamiento para justificar tu clasificación.

MÓDULO 3
MOVIMIENTO ACELERADO

Steve Whittington/Moment/Getty Images

MÓDULO 3
MOVIMIENTO ACELERADO

ENCUENTRA EL FENÓMENO

¿Por qué los cambios repentinos de dirección o velocidad en los *jets* afectan a los pilotos?

CONÉCTATE para ver un video acerca de los efectos de la aceleración en los pilotos.

SEP Hacer preguntas

¿Tienes más preguntas acerca del fenómeno? Si es así, agrégalas al pizarrón de preguntas clave.

CER Afirmación, evidencia, razonamiento

Hacer una afirmación Usa la tabla CER para hacer una afirmación sobre cómo los cambios de dirección o velocidad en los *jets* afectan a los pilotos. Explica.

Reunir evidencia Usa las lecciones del módulo para reunir evidencia que respalde tu afirmación. Registra la evidencia mientras trabajas en el módulo.

Explicar el razonamiento Repasarás tu afirmación y explicarás tu razonamiento al final del módulo.

CONÉCTATE para acceder a la tabla CER y explorar los recursos que te ayudarán a reunir evidencia.

LECCIÓN 1: Explorar y explicar: Calcular la aceleración

LECCIÓN 3: Explorar y explicar: Descubrimiento de Galileo

Smithsonian

Recursos adicionales

LECCIÓN 1
ACELERACIÓN

PREGUNTA DE ENFOQUE

¿De qué dos formas puede cambiar la velocidad?

Diagramas de movimiento no uniforme

En el movimiento uniforme, un objeto se desplaza por una línea recta a una velocidad constante, pero pocos objetos se mueven de esta forma todo el tiempo. El movimiento más común es el no uniforme, en el que la velocidad cambia. En este módulo, estudiarás el movimiento no uniforme por una línea recta, por ejemplo, pelotas que ruedan colina abajo, automóviles que se detienen y objetos que se caen. En módulos posteriores, analizarás el movimiento no uniforme y no recto, como el movimiento en recorrido circular y el lanzamiento de objetos, como bolas de béisbol.

Describir el movimiento no uniforme El movimiento uniforme es suave. Si cierras los ojos, no lo sientes. En cambio, cuando te mueves por una curva, o subes y bajas en una montaña rusa, sientes que te empujan o jalan.

En el primer diagrama de la **Imagen 1**, la imagen indica que la persona está inmóvil, como una corredora que espera la señal de largada. En los otros, las distancias entre las posiciones sucesivas cambian de distintas maneras. En el segundo diagrama, las distancias son iguales, lo que indica que la corredora presenta un movimiento uniforme a una velocidad constante. En el tercero, la distancia aumenta porque la corredora acelera su marcha. En el cuarto, la distancia disminuye porque la corredora aminora su marcha.

Imagen 1 La distancia que la corredora se desplaza en cada intervalo de tiempo indica el tipo de movimiento.

PENSAMIENTO 3D **DCI** Ideas centrales disciplinarias **CCC** Conceptos interdisciplinarios **SEP** Prácticas de ciencia e ingeniería

REUNIR EVIDENCIA

Usa el Cuaderno de ciencias para registrar la evidencia que reúnas mientras completas las lecturas y las actividades de la lección.

INVESTIGAR

CONÉCTATE para hallar estas actividades y más recursos.

Investigación virtual: Movimiento acelerado
Usa un modelo informático para relacionar la aceleración, el cambio de velocidad y el tiempo.

Laboratorio Probeware: Movimiento de lanzamiento de pelota
Realiza una investigación para determinar cómo cambian con el tiempo la posición, la velocidad y la aceleración de una pelota lanzada.

Diagrama del modelo de partículas

¿Cómo luce un diagrama de movimiento del modelo de partículas para un objeto con velocidad variable? La **Imagen 2** muestra diagramas de movimiento del modelo de partículas debajo de los diagramas de la corredora cuando acelera y aminora su marcha. Hay dos indicadores principales del cambio de velocidad. El espacio entre puntos y las diferencias de longitud de los vectores de velocidad indican los cambios en la velocidad. Si un objeto se acelera, cada vector siguiente es más largo y el espacio entre los puntos aumenta. Si un objeto aminora su marcha, cada vector es más corto que el anterior y el espacio entre los puntos disminuye. Los dos tipos de diagramas de movimiento indican cómo cambia la velocidad de un objeto.

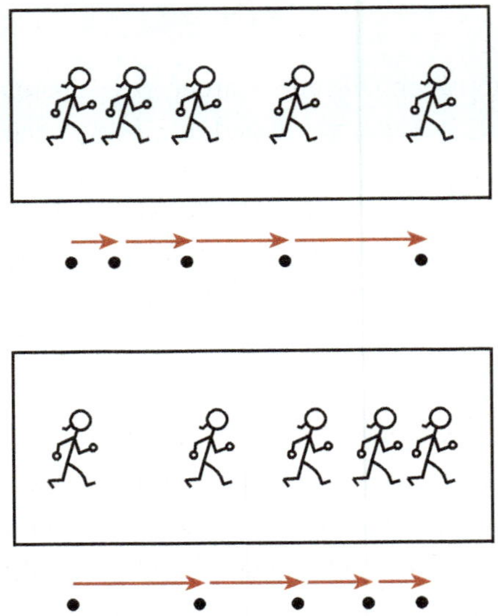

Imagen 2 El cambio en la longitud de los vectores de velocidad en estos diagramas de movimiento indican si la corredora está acelerando o aminorando su marcha.

¿Lo comprendes?

Analizar ¿Qué indican las longitudes de los vectores de velocidad crecientes y decrecientes en el diagrama?

Mostrar la aceleración en un diagrama de movimiento

Para que un diagrama de movimiento dé un panorama completo del movimiento de un objeto, debe contener información sobre la razón en que la velocidad del objeto cambia. La razón en que la velocidad cambia se conoce como **aceleración** de un objeto. La razón de cambio se puede representar en un diagrama de movimiento mediante vectores de aceleración.

La **Imagen 3** muestra un diagrama de movimiento de partículas de un objeto con velocidad creciente. Las longitudes de los vectores de velocidad rojos se hacen más largas de izquierda a derecha. La imagen describe cómo usar un diagrama para dibujar un vector de aceleración para el movimiento. El vector de aceleración que describe la velocidad creciente se muestra en violeta.

Si la aceleración del objeto es constante, puedes determinar la longitud y la dirección del vector de aceleración al restar los dos vectores de velocidad consecutivos y dividir por el intervalo de tiempo. Primero, halla el cambio de velocidad, $\Delta v = v_f - v_i = v_f + (-v_i)$, donde v_i y v_f son las velocidades al comienzo y al final del intervalo de tiempo elegido. Luego, divide por el intervalo de tiempo (Δt). El intervalo entre cada punto en la **Imagen 3** es 1 s. El vector de aceleración se puede dibujar desde el extremo trasero del vector de velocidad final hasta la punta del vector de velocidad inicial.

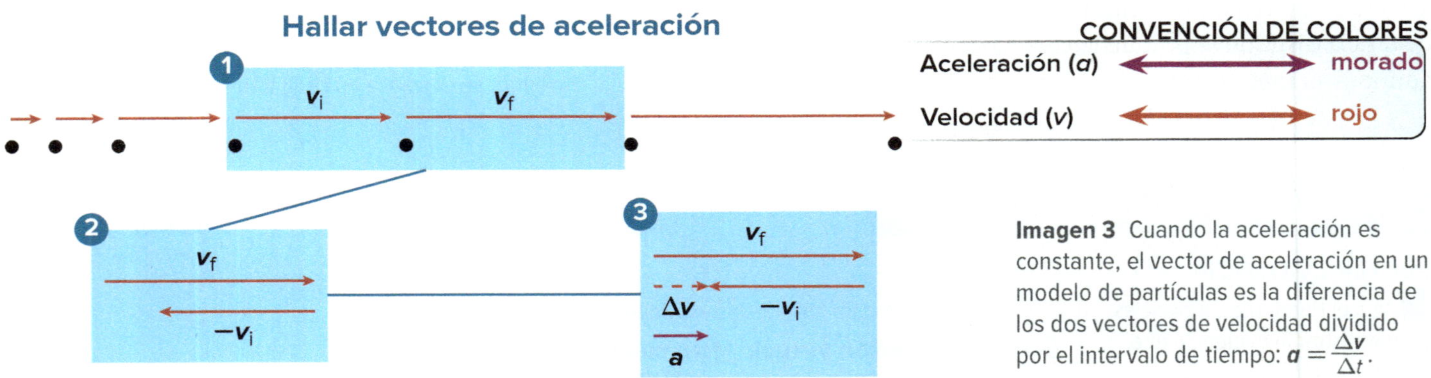

Primero, dibuja la v_f. Debajo, dibuja la v_i con el extremo trasero alineado con la punta delantera de la v_f.

Luego, dibuja el vector Δv desde el extremo trasero de v_f hasta la punta delantera de v_i. El vector de aceleración a es igual a Δv dividido por el intervalo de tiempo.

Imagen 3 Cuando la aceleración es constante, el vector de aceleración en un modelo de partículas es la diferencia de los dos vectores de velocidad dividido por el intervalo de tiempo: $a = \frac{\Delta v}{\Delta t}$.

Analizar *¿Puedes dibujar un vector de aceleración para dos vectores de velocidad sucesivos de igual longitud y dirección? Explica.*

Dirección de aceleración

Piensa en las cuatro situaciones representadas en la **Imagen 4**, en la que un objeto puede acelerar al cambiar la velocidad. El primer diagrama de movimiento muestra el automóvil moviéndose en dirección positiva y acelerando. El segundo, muestra el automóvil moviéndose en dirección positiva y aminorando la marcha. El tercero lo muestra acelerando en dirección negativa y el cuarto, aminorando la marcha en dirección negativa. La imagen también muestra los vectores de velocidad del segundo intervalo de tiempo de cada diagrama, junto a los correspondientes vectores de aceleración. Observa que Δt es igual a 1 s.

En la primera y tercera situación, cuando el automóvil está acelerando, los vectores de velocidad y aceleración apuntan en la misma dirección. En las otras dos situaciones, cuando el vector de aceleración está en dirección opuesta a los vectores de velocidad, el automóvil está aminorando su marcha. Es decir, cuando la aceleración presenta la misma dirección que su velocidad, la velocidad aumenta, pero cuando están en direcciones opuestas, la velocidad disminuye.

Se necesita la dirección de la velocidad de un objeto y su dirección de aceleración para determinar si está acelerando o aminorando su marcha. Un objeto tiene una aceleración positiva cuando el vector de aceleración apunta en la dirección positiva y una aceleración negativa cuando el vector de aceleración apunta en la dirección negativa. Es necesario señalar que el signo de aceleración no indica por sí solo si un objeto está acelerando o aminorando su marcha.

¿Lo comprendes?

Describe el movimiento de un objeto si los vectores de velocidad y aceleración tienen signos opuestos.

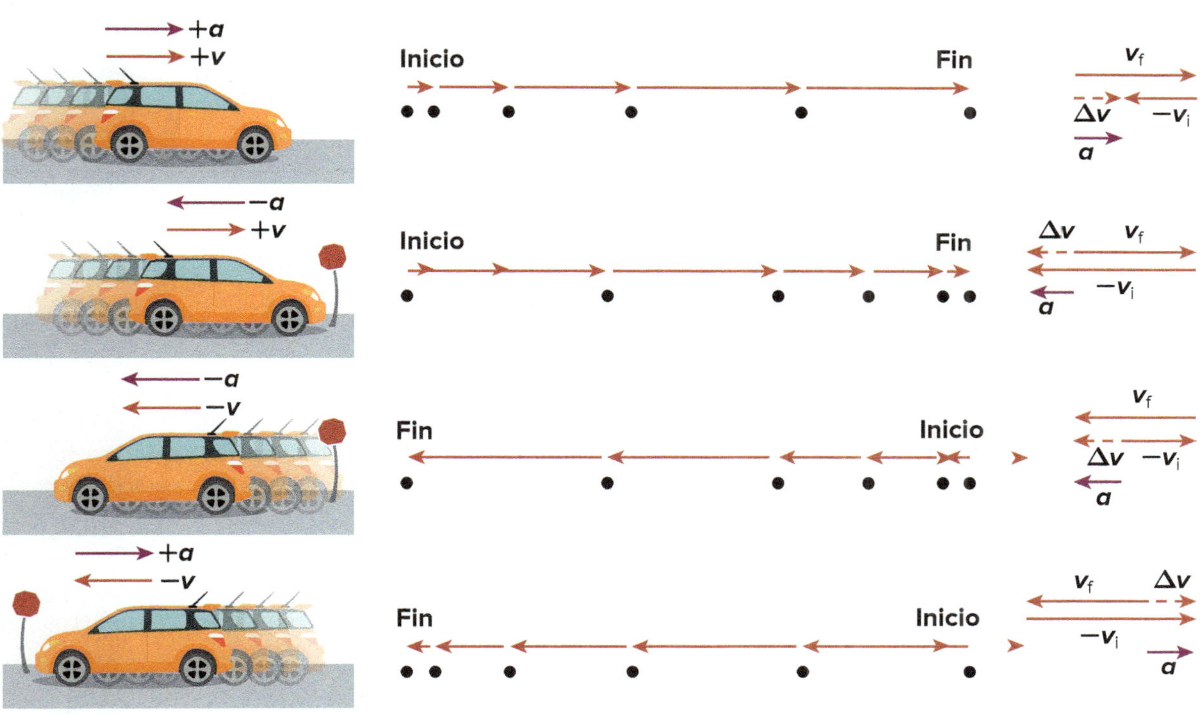

Imagen 4 Es necesario saber la dirección de los vectores de velocidad y aceleración para determinar si un objeto está acelerando o aminorando su marcha.

Gráficas de velocidad-tiempo

Así como representar la posición en relación con el tiempo fue útil para analizar el movimiento de un objeto, también lo es representar la velocidad en relación con el tiempo. En una **gráfica de velocidad-tiempo,** o gráfica *v-t*, la velocidad se grafica en el eje vertical y el tiempo, en el eje horizontal.

Pendiente La **Imagen 5** muestra la gráfica de velocidad-tiempo de un auto que estaba en reposo y aceleró por un tramo recto. Se eligió que la dirección positiva sea igual a la del movimiento del auto. La gráfica es una línea recta, es decir, el auto aceleró a una tasa constante. La tasa de cambio de la velocidad del automóvil se puede hallar al calcular la pendiente de la gráfica de velocidad-tiempo.

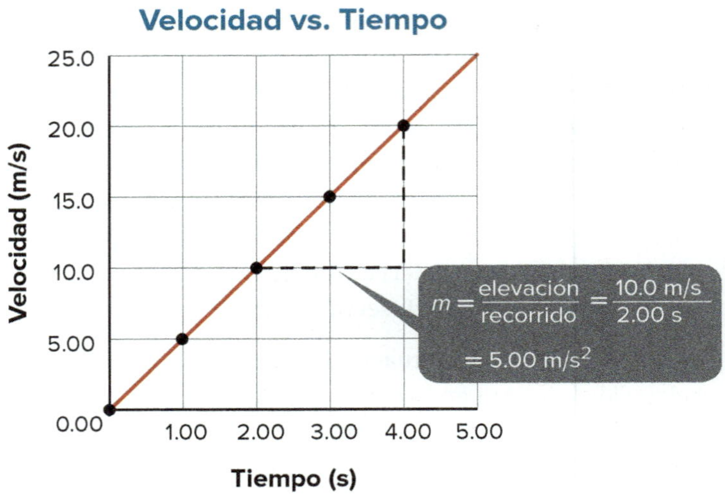

Imagen 5 La aceleración se puede establecer a partir de una gráfica de velocidad-tiempo al calcular la pendiente de los datos. La pendiente es la elevación dividida por el recorrido al usar dos puntos cualquiera de la recta.

¿Lo comprendes?

Identificar ¿Qué conclusión puedes sacar sobre la aceleración de un objeto si la gráfica de su movimiento es una línea recta?

La gráfica muestra que la pendiente es 5.00 (m/s)/s, que suele escribirse como 5.00 m/s^2. Piensa en el intervalo de tiempo entre 4.00 s y 5.00 s. En 4.00 s, la velocidad del auto era de 20.0 m/s en dirección positiva. En 5.00 s, el auto viajaba a 25.0 m/s en la misma dirección. Entonces, en 1.00 s, la velocidad del auto aumentaba 5.0 m/s en dirección positiva. Cuando la velocidad de un auto cambia a una tasa constante, tiene una aceleración constante.

Lectura de gráficas La **Imagen 6** muestra los movimientos de cinco corredores. Imagina que la dirección positiva es el este. Las pendientes de las gráficas A y E son iguales a cero. Las dos muestran un movimiento a una velocidad constante: la gráfica A hacia el este y la E, hacia el oeste. La gráfica B muestra un movimiento con una velocidad positiva hacia el este. Su pendiente indica una aceleración positiva constante. Se puede inferir que la velocidad aumenta porque la velocidad y la aceleración son positivas. La gráfica C tiene una pendiente negativa. Muestra un movimiento que comienza con una velocidad positiva, aminora la marcha y, luego, se detiene. Es decir, la aceleración y la velocidad están en direcciones opuestas. El punto en el que las gráficas C y B se intersecan muestra que las velocidades de los corredores eran iguales en ese momento, si bien no identifica sus posiciones.

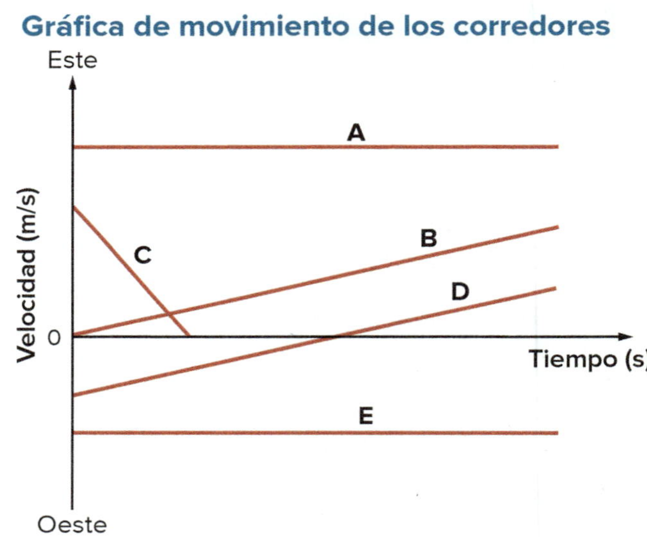

Imagen 6 Como la dirección positiva elegida en la gráfica es el este, la velocidad es positiva si la recta está por encima del eje horizontal y negativa si está por debajo. La aceleración es positiva si la recta está inclinada hacia arriba en la gráfica y negativa si está inclinada hacia abajo. Una recta horizontal indica que la velocidad es constante y la aceleración es igual a cero.

La gráfica D representa un movimiento que comienza hacia el oeste, aminora su marcha, tiene una velocidad igual a cero por un instante y se mueve hacia el este aumentando la velocidad. La pendiente es positiva. Como la velocidad y la aceleración están en direcciones opuestas al comienzo, la velocidad disminuye hasta cero en el momento en que la gráfica cruza el eje de las *x*. Después de esto, la velocidad y la aceleración están en la misma dirección y la velocidad aumenta.

¿Lo comprendes?
Describe qué significa una recta que cruza el eje *x* en una gráfica *v-t*.

Aceleración instantánea y promedio

¿Cuál es la diferencia entre un automóvil que acelera poco y uno que acelera mucho? ¿Cómo te sientes en cada caso? La aceleración de la mayoría de los objetos en movimiento, al igual que la velocidad, cambia continuamente. Para describir la aceleración de un objeto, suele ser más práctico describir el cambio global de velocidad durante un intervalo de tiempo específico más que el cambio continuo.

La **aceleración promedio** de un objeto es su cambio de velocidad durante un intervalo de tiempo medible dividido por ese intervalo de tiempo. La aceleración promedio se mide en metros por segundo por segundo (m/s/s), o simplemente en metros por segundo cuadrado (m/s^2). Un automóvil puede acelerar rápidamente o más lentamente en ocasiones. Como la velocidad promedio depende solo del desplazamiento inicial y final, la aceleración promedio depende solo de la velocidad inicial y final durante un intervalo de tiempo.

La **Imagen 7** muestra una gráfica de movimiento en la que la aceleración cambia. La aceleración promedio durante un intervalo de tiempo específico para una aceleración constante se determina igual que en la **Imagen 5**. Sin embargo, observa que, como la línea es curva, la aceleración promedio en esta gráfica varía según el intervalo de tiempo seleccionado.

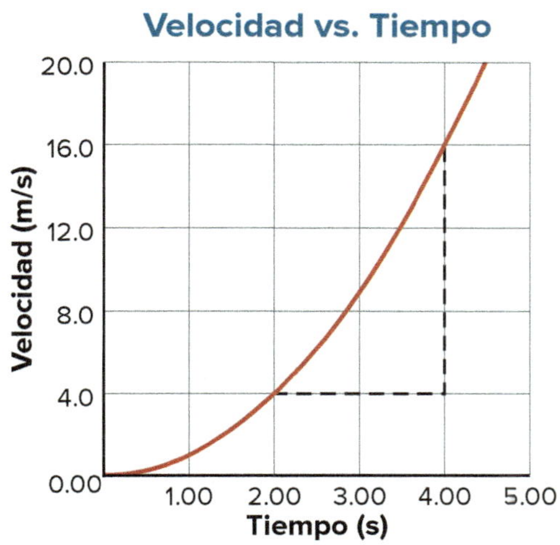

Imagen 7 Una línea curva en una gráfica de velocidad-tiempo muestra que la aceleración cambia. La pendiente indica la aceleración promedio durante el intervalo de tiempo seleccionado.

Calcular *¿Qué tan grande es la aceleración promedio entre 0.00 s y 2.00 s?*

El cambio de velocidad de un objeto en un instante se conoce como **aceleración instantánea.** Puedes determinar la aceleración instantánea de un objeto al dibujar una recta tangente en la gráfica de velocidad-tiempo en el punto del tiempo que te interesa. Una recta tangente es una recta que interseca la gráfica en un solo punto. La pendiente de esta recta es igual a la aceleración instantánea. La mayoría de las situaciones incluidas en este manual suponen un caso ideal de aceleración constante. Cuando la aceleración es igual en todos los puntos durante un intervalo de tiempo, la aceleración promedio y las aceleraciones instantáneas son iguales.

¿Lo comprendes?

Contrastar ¿En qué se diferencia la aceleración instantánea de la promedio?

Cómo calcular la aceleración

¿Cómo describirías la aceleración de un objeto matemáticamente? Recuerda que la aceleración de un objeto es la pendiente de la gráfica de velocidad en relación con el tiempo de ese objeto. En una gráfica de velocidad-tiempo, la pendiente es igual a $\frac{\Delta v}{\Delta t}$.

Aceleración promedio

La aceleración promedio se define como el cambio de velocidad dividido por el tiempo que demora en producirse ese cambio.

$$\bar{a} \equiv \frac{\Delta v}{\Delta t} = \frac{v_f - v_i}{t_f - t_i}$$

Imagina que practicas carreras cortas de un lado al otro del gimnasio. Corres hacia una pared, giras, luego corres hacia la pared opuesta. Primero, corres a una velocidad de 4.0 m/s hacia la pared. Luego, 10.0 s más tarde, tu velocidad al alejarte de la pared es de 4.0 m/s. ¿Cuál es tu aceleración promedio si la dirección positiva es hacia la pared?

$$\bar{a} = \frac{\Delta v}{\Delta t} = \frac{v_f - v_i}{t_f - t_i}$$

$$= \frac{-4.0\ \text{m/s} - 4.0\ \text{m/s}}{10.0\ \text{s}} = -0.80\ \text{m/s}^2$$

¿Lo comprendes?

Explica por qué la velocidad final utilizada en la ecuación es de −4.0 m/s.

Conexión con carreras STEM

Conductor de camión de reparto

Debido al aumento de las ventas en línea, las compañías deben asegurarse de que sus productos lleguen a tu puerta. Los conductores recogen los productos en un centro de distribución y los transportan a negocios y residencias. La aceleración, la velocidad y el tiempo son importantes para ellos ya que deben intentar cumplir un horario ajustado.

EJEMPLO Problema 1

VELOCIDAD Y ACELERACIÓN ¿Cómo describirías la velocidad y la aceleración del velocista según la gráfica?

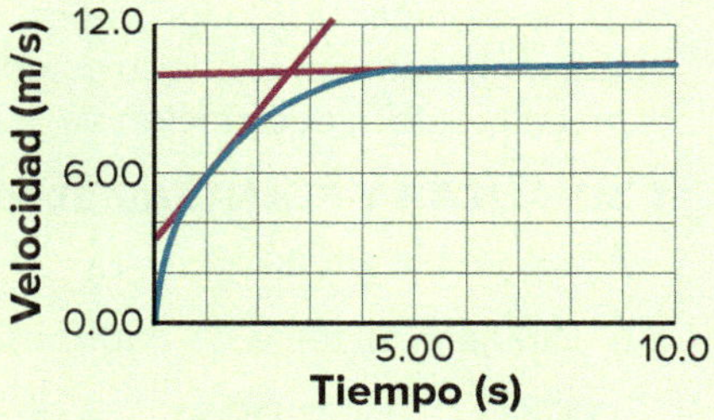

1 ANALIZAR Y PLANTEAR EL PROBLEMA

A partir de la gráfica, observa que la magnitud de la velocidad del velocista comienza en cero, aumenta rápidamente durante los primeros segundos y, luego, después de alcanzar alrededor de 10.0 m/s, queda casi constante.

DATOS CONOCIDOS
v = varía

INCÓGNITA
a = ?

2 HALLAR LA INCÓGNITA

Dibuja las tangentes a la curva en dos puntos. Selecciona t = 1.00 s y t = 5.00 s. Halla la magnitud de la aceleración instantánea a 1.00 s:

$$a = \frac{\text{elevación}}{\text{recorrido}}$$

La pendiente de la recta a 1.00 s es igual a la aceleración en ese momento.

$$= \frac{10.0\text{ m/s} - 6.00\text{ m/s}}{2.4\text{ s} - 1.00\text{ s}}$$

$$= 2.9\text{ m/s/s} = 2.9\text{ m/s}^2$$

Halla la magnitud de la aceleración instantánea a los 5.00 s:

$$a = \frac{\text{elevación}}{\text{recorrido}}$$

La pendiente de la recta a 5.00 s es igual a la aceleración en ese momento.

$$= \frac{10.3\text{ m/s} - 10.0\text{ m/s}}{10.0\text{ s} - 0.00\text{ s}}$$

$$= 0.030\text{ m/s/s} = 0.030\text{ m/s}^2$$

La aceleración no es constante porque la magnitud de 2.9 m/s^2 a 1.00 s cambia a 0.030 m/s^2 a los 5.00 s.

La aceleración está en la dirección seleccionada como positiva porque los dos valores son positivos.

3 EVALUAR LA RESPUESTA

- **¿Son correctas las unidades?** La aceleración se mide en m/s^2.

PRÁCTICA Problemas

PRÁCTICA ADICIONAL

1. La gráfica de velocidad-tiempo de la **Imagen 8** describe el movimiento de Steven mientras camina por un pasillo central. Dibuja el diagrama de movimiento correspondiente, incluidos los vectores de velocidad.
2. Usa la gráfica v-t del tren de juguete en la **Imagen 9** para responder estas preguntas.
   - **a.** ¿Cuándo es constante la velocidad del tren?
   - **b.** ¿Durante qué intervalo de tiempo es positiva la aceleración?
   - **c.** ¿Cuándo es más negativa la aceleración del tren?
3. Consulta la **Imagen 9** para hallar la aceleración promedio del tren durante los siguientes intervalos de tiempo.
   a. 0.0 s a 5.0 s **b.** 15.0 s a 20.0 s **c.** 0.0 s a 40.0 s
4. **DESAFÍO** Haz una gráfica v-t que represente el siguiente movimiento: Un ascensor se encuentra en reposo en la planta baja de un centro comercial de tres pisos. Acelera hacia arriba por 2.0 s a una tasa de 0.5 m/s^2, sigue subiendo a una velocidad constante de 1.0 m/s por 12.0 s y, luego, aminora su marcha a una aceleración decreciente constante de 0.25 m/s^2 por 4.0 s a medida que llega al tercer piso.

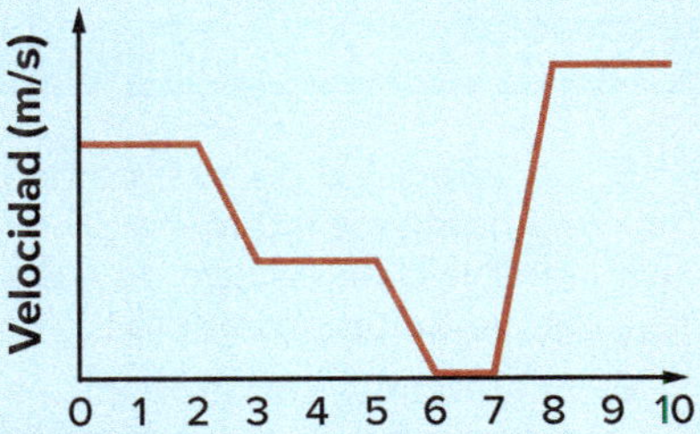

Imagen 8

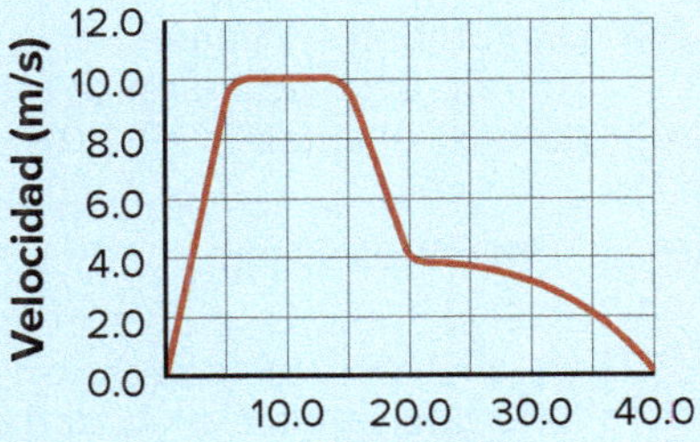

Imagen 9

EJEMPLO Problema 2

ACELERACIÓN Describe el movimiento de una pelota que rueda hacia arriba en una entrada con pendiente. Comienza a 2.50 m/s, aminora su marcha por 5.00 s, se detiene un instante y, luego, rueda hacia abajo. La dirección positiva elegida es hacia arriba de la entrada. El origen es donde comienza el movimiento. ¿Cuál es el signo y la magnitud de la aceleración de la pelota mientras rueda hacia arriba?

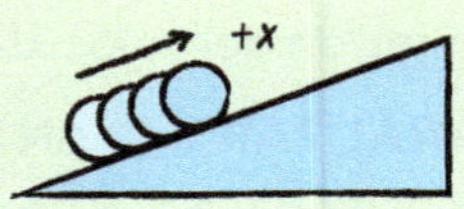

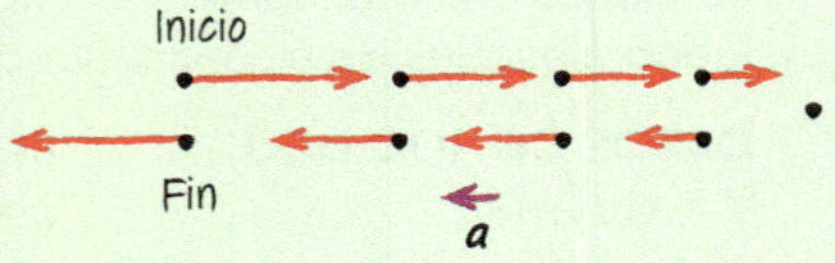

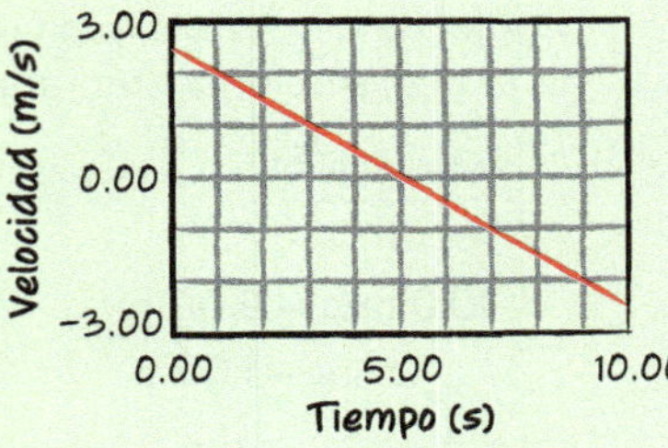

1 ANALIZAR Y PLANTEAR EL PROBLEMA

- Plantea la situación.
- Dibuja el sistema de coordenadas según el diagrama de movimiento.

DATOS CONOCIDOS

$v_i = +2.50$ m/s

$v_f = 0.00$ m/s a los $t = 5.00$ s

INCÓGNITA

$a = ?$

2 HALLAR LA INCÓGNITA

Halla la aceleración a partir de la pendiente de la gráfica.

Halla el cambio de velocidad y el tiempo que demora en producirse ese cambio.

$\Delta v = v_f - v_i$

$= 0.00 \text{ m/s} - 2.50 \text{ m/s} = -2.50 \text{ m/s}$ — Sustituye $v_f = 0.00$ m/s a los $t_f = 5.00$ s, $v_i = 2.50$ m/s a los $t_i = 0.00$ s.

$\Delta t = t_f - t_i$

$= 5.00 \text{ s} - 0.00 \text{ s} = 5.00 \text{ s}$ — Sustituye $t_f = 5.00$ s, $t_i = 0.00$ s.

Resuelve la aceleración.

$\bar{a} \equiv \frac{\Delta v}{\Delta t} = (-2.50 \text{ m/s}) / 5.00 \text{ s}$ — Sustituye $\Delta v = -2.50$ m/s, $\Delta t = 5.00$ s.

$= -0.500 \text{ m/s}^2$ o 0.500 m/s^2 en descenso por la entrada

3 EVALUAR LA RESPUESTA

- **¿Son correctas las unidades?** La aceleración se mide en m/s^2.
- **¿Tienen sentido las direcciones?** Mientras la pelota aminora su marcha, la dirección de aceleración es opuesta a la de la velocidad.

PRÁCTICA Problemas

PRÁCTICA ADICIONAL

5. La velocidad de avance de un automóvil aumenta de 4.0 m/s a 36 m/s durante un intervalo de tiempo de 4.0 s. ¿Cuál es la aceleración promedio?

6. El automóvil del problema anterior aminora su marcha de 36 m/s a 15 m/s por 3.0 s. ¿Cuál es la aceleración promedio?

7. Un autobús se mueve hacia el oeste a 25 m/s cuando el conductor pisa los frenos y hace detener al autobús en 3.0 s.

  a. ¿Cuál es la aceleración promedio del autobús mientras frena?

  b. Si el autobús tardara el doble en detenerse, ¿cuál sería la aceleración en comparación con lo que hallaste en la parte **a**?

8. Un automóvil se desliza en bajada a una velocidad de 3.0 m/s cuando el conductor enciende el motor. Luego de 2.5 s, el automóvil se mueve en subida a 4.5 m/s. Si la dirección positiva seleccionada es en subida, ¿cuál es la aceleración promedio del automóvil?

9. Rohith trotaba en dirección este hacia la parada a 3.5 m/s cuando miró su reloj y vio que tenía mucho tiempo hasta que llegara el autobús. Durante los siguientes 10.0 s, aminoró su marcha a 0.75 m/s. ¿Cuál fue su aceleración promedio durante estos 10.0 s?

10. DESAFÍO Si la tasa de la deriva continental se ralentizara abruptamente de 1.0 cm/a a 0.5 cm/a durante el intervalo de tiempo de un año, ¿cuál sería la aceleración promedio?

Aceleración con velocidad constante

Piensa otra vez en hacer carreras cortas de un lado a otro del gimnasio. Primero corres a una velocidad de 4.0 m/s hacia la pared. Luego, 10.0 s más tarde, te alejas de la pared y tu velocidad es de 4.0 m/s. Observa que la velocidad cuando te acercas y te alejas de la pared del gimnasio es la misma. En los dos casos, corres a una velocidad de 4.0 m/s. ¿Cómo es posible que aceleres?

La aceleración puede producirse aun cuando la velocidad es constante. La aceleración promedio completa de ida y vuelta a la pared del gimnasio es de $-0.80\ m/s^2$. Como la dirección positiva seleccionada fue hacia la pared, el signo negativo indica que la dirección de tu aceleración es en la dirección opuesta. La velocidad cambia de positiva o negativa cuando cambia la dirección del movimiento. El cambio de velocidad produce aceleración. Entonces, la aceleración también se puede relacionar con el cambio de dirección del movimiento.

¿Lo comprendes?

Describe la evidencia de que los aviones al comienzo de este módulo aceleran incluso si se desplazan a una velocidad constante.

Verifica tu progreso

11. **Describir el movimiento** ¿De qué tres maneras puede acelerar un objeto?
12. **Gráficas de posición-tiempo y velocidad-tiempo** Dos corredores se desplazan a una velocidad constante de 7.5 m/s este. La **Imagen 10** muestra las posiciones de los dos corredores a $t = 0$.
    a. ¿Cuáles serían las diferencias en las gráficas de posición-tiempo de su movimiento?
    b. ¿Cuáles serían las diferencias en sus gráficas de velocidad-tiempo?

Imagen 10

13. **Gráfica de velocidad-tiempo** Haz una gráfica de velocidad-tiempo para un automóvil que se dirige al este a 25 m/s por 100 s y, luego, al oeste por otros 100 s.
14. **Velocidad promedio y aceleración promedio** Un piragüista rema río arriba a una velocidad de 2.0 m/s por 4.0 s y, luego, flota río abajo a 4.0 m/s por 4.0 s.
    a. ¿Cuál es la velocidad media de la canoa durante el intervalo de tiempo de 8.0 s?
    b. ¿Cuál es la aceleración promedio de la canoa durante el intervalo de tiempo de 8.0 s?
15. **Pensamiento crítico** Un policía multó a un conductor que se desplazaba 32 km/h por encima del límite de velocidad justo cuando sobrepasó a un automóvil más lento. Cuando el policía lo detuvo, el conductor argumentó que el otro conductor también debería ser multado porque los dos automóviles alcanzaron la misma velocidad ya que fueron observados uno junto al otro. ¿Tiene razón el conductor? Explica con un dibujo y un diagrama de movimiento.

LEARNSMART® Conéctate para cumplir tu plan de aprendizaje personalizado para repasar, practicar y reforzar tu comprensión.

LECCIÓN 2

MOVIMIENTO CON ACELERACIÓN CONSTANTE

PREGUNTA DE ENFOQUE

¿Cómo se relacionan posición, velocidad, aceleración y tiempo?

Posición con aceleración constante

La velocidad de un objeto con aceleración constante cambia a una razón constante. ¿Cómo cambia su posición? La **Imagen 11** muestra las posiciones de un automóvil con aceleración constante en distintos momentos. La gráfica muestra que el movimiento del automóvil no es uniforme. Los desplazamientos para intervalos de tiempo iguales se hacen cada vez más largos. Entonces, con el tiempo, la pendiente de la recta en la **Imagen 11** se hace más pronunciada. Para un objeto con aceleración constante, la gráfica de posición-tiempo es una parábola.

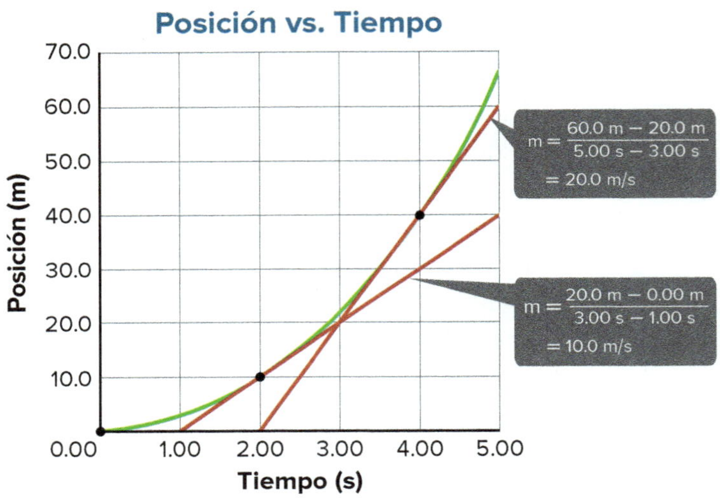

Imagen 11 Para un objeto con aceleración constante, la pendiente de una gráfica de posición-tiempo cambia con el tiempo.

PENSAMIENTO 3D **DCI** Ideas centrales disciplinarias **CCC** Conceptos interdisciplinarios **SEP** Prácticas de ciencia e ingeniería

REUNIR EVIDENCIA

Usa el Cuaderno de ciencias para registrar la evidencia que reúnas mientras completas las lecturas y las actividades de la lección.

INVESTIGAR

CONÉCTATE para hallar estas actividades y más recursos.

Laboratorio Probeware: Medir la aceleración

Analiza datos para determinar cómo cambian con el tiempo el desplazamiento, la velocidad y la aceleración de un objeto.

CCC Identificar conceptos interdisciplinarios

Haz una tabla de los conceptos interdisciplinarios con ejemplos que encuentres en la lectura.

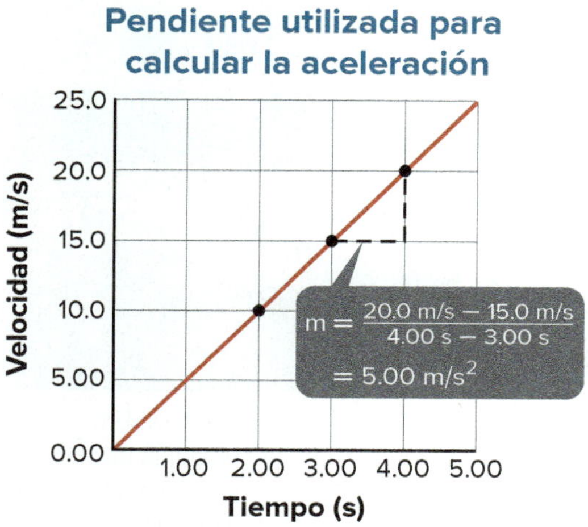

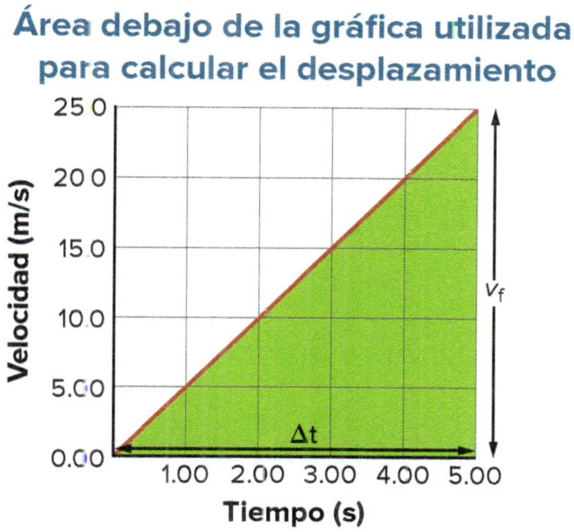

Imagen 12 En estas gráficas de velocidad-tiempo, se muestran las pendientes de la gráfica de posición-tiempo de la **Imagen 11**. A la izquierda, la elevación dividida por el recorrido da la aceleración. A la derecha, el área debajo de la curva da el desplazamiento.

Calcular *¿Cuál es la pendiente de la gráfica de velocidad-tiempo de la izquierda entre t = 2.00 s y t = 5.00 s?*

Las pendientes de la gráfica de posición-tiempo en la **Imagen 11** se usaron para hacer la gráfica de velocidad-tiempo de la izquierda en la **Imagen 12.** Para un objeto con aceleración constante, la gráfica de velocidad-tiempo es una línea recta.

¿Lo comprendes?

Identificar ¿Qué forma tiene una gráfica de posición-tiempo para un objeto que se desplaza con aceleración constante?

No se puede hacer una gráfica de posición-tiempo con una gráfica de velocidad-tiempo porque no contiene información sobre la posición, aunque sí sobre el desplazamiento. Recuerda que la velocidad de un objeto, si es constante, es el desplazamiento dividido por el intervalo de tiempo. Entonces, el desplazamiento es el producto de la velocidad y el intervalo de tiempo. En la gráfica de la derecha de la **Imagen 12**, v es la altura de la recta marcada sobre el eje horizontal, y Δt es el ancho del triángulo coloreado. El área es $\left(\frac{1}{2}\right)v\Delta t$, o Δx. Por lo tanto, el área debajo de la gráfica de v-t es igual al desplazamiento.

¿Lo comprendes?

Identificar ¿Qué forma tiene una gráfica de velocidad-tiempo para un objeto que se desplaza con aceleración constante?

Velocidad con aceleración promedio

Leíste que la ecuación para la velocidad promedio puede reacomodarse algebraicamente para representar la nueva posición luego de un período, dada la posición inicial y la velocidad promedio. Puede hacerse lo mismo con la definición de la aceleración promedio para representar la nueva velocidad luego de un período, dada la velocidad inicial y la aceleración promedio.

Si conoces la aceleración promedio de un objeto durante un intervalo de tiempo, puedes usarla para determinar cuánto cambió la velocidad durante ese tiempo.

Puedes volver a escribir la definición de aceleración promedio $\left(\bar{a} \equiv \frac{\Delta v}{\Delta t}\right)$ de la siguiente manera:

$$\Delta v = \bar{a}\Delta t$$

$$v_f - v_i = \bar{a}\Delta t$$

La ecuación de velocidad final con aceleración promedio puede escribirse:

Velocidad final con aceleración promedio

La velocidad final es igual a la velocidad inicial más el producto de la aceleración promedio y el intervalo de tiempo.

$$v_f = v_i + \bar{a}\,\Delta t$$

En casos en los que la aceleración es constante, la aceleración promedio ($\bar{a}$) es igual a la aceleración instantánea (a) en cualquier punto del intervalo de tiempo. Esta ecuación puede reacomodarse para hallar el tiempo en el cual un objeto con aceleración constante tiene una velocidad dada. También se puede utilizar para calcular la velocidad inicial de un objeto cuando se conoce la velocidad y el tiempo en el que ocurrió.

Física en la vida diaria

CARRERA DE ACELERACIÓN Un conductor intenta obtener la máxima aceleración en la pista. El tiempo récord registrado por la *National Hot Rod Association* de EE. UU. para una pista de 402 m es de 3.771 s. El récord de velocidad final es de 145.3 m/s (324.98 mph).

PRÁCTICA Problemas

PRÁCTICA ADICIONAL

16. Una pelota de golf rueda en subida hacia un hoyo de minigolf. Imagina que la dirección hacia el hoyo es positiva.

a. Si la pelota de golf comienza con una velocidad de 2.0 m/s y aminora su marcha a una razón constante de 0.50 m/s^2, ¿cuál es su velocidad después de 2.0 s?

b. ¿Cuál es la velocidad de la pelota si la aceleración se mantiene constante por 6.0 s?

c. Describe el movimiento de la pelota de golf con palabras y con un diagrama de movimiento.

17. Un autobús se desplaza al este a 30.0 km/h con un aumento constante de velocidad de 1.5 m/s^2. ¿Cuál es su velocidad tras 6.8 s?

18. Si un automóvil acelera desde el reposo a una velocidad constante de 5.5 m/s^2 con dirección norte, ¿cuánto demorará en alcanzar 28 m/s con la misma dirección?

19. DESAFÍO Un automóvil aminora su marcha de 22 m/s a 3.0 m/s a una razón constante de 2.1 m/s^2. ¿Cuántos minutos tardará en desplazarse a una velocidad de avance de 3.0 m/s?

CCC CONCEPTOS INTERDISCIPLINARIOS

Escala, proporción y cantidad Con razonamiento algebraico, saca una conclusión acerca de cómo la velocidad inicial de un objeto afecta su posición final. Haz una tabla con evidencia que respalde tus conclusiones.

EJEMPLO Problema 3

HALLAR EL DESPLAZAMIENTO A PARTIR DE UNA GRÁFICA DE VELOCIDAD-TIEMPO La gráfica de velocidad-tiempo de la derecha muestra el movimiento de un avión. Halla el movimiento del avión teniendo en cuenta que $\Delta t = 1.0$ s y $\Delta t = 2.0$ s. La dirección positiva seleccionada es hacia adelante.

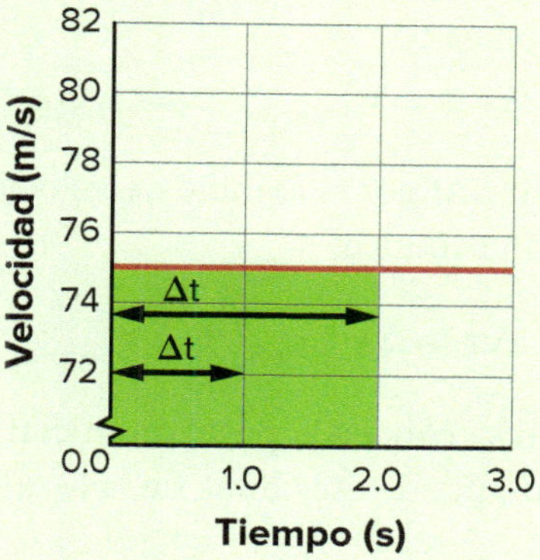

1 ANALIZAR Y PLANTEAR EL PROBLEMA

- El desplazamiento es el área debajo de la gráfica *v-t*.
- El intervalo de tiempo comienza en $t = 0.0$ s.

DATOS CONOCIDOS	**INCÓGNITA**
$v = +75$ m/s	$\Delta x = ?$
$\Delta t = 1.0$ s	
$\Delta t = 2.0$ s	

2 HALLAR LA INCÓGNITA

Usa la relación entre desplazamiento, velocidad e intervalo de tiempo para hallar Δx durante $\Delta t = 1.0$ s.

$\Delta x = v\Delta t$

$= (+75 \text{ m/s})(1.0 \text{ s})$ Sustituye $v = +75$ m/s, $\Delta t = 1.0$ s.

$= +75$ m

Usa la misma relación para hallar Δx durante $\Delta t = 2.0$ s.

$\Delta x = v\Delta t$

$= (+75 \text{ m/s})(2.0 \text{ s})$ Sustituye $v = +75$ m/s, $\Delta t = 2.0$ s.

$= +150$ m

3 EVALUAR LA RESPUESTA

- **¿Son correctas las unidades?** El desplazamiento se mide en metros.
- **¿Tienen sentido los signos?** El signo positivo concuerda con la gráfica.
- **¿Es razonable la magnitud?** Desplazarse una distancia de alrededor de un campo de fútbol americano por segundo es razonable para un avión.

PRÁCTICA Problemas

PRÁCTICA ADICIONAL

20. La gráfica de la **Imagen 13** describe el movimiento de dos ciclistas, Akiko y Brian, que comienza desde el reposo y viajan hacia el norte, aumentando su velocidad con una aceleración constante. ¿Cuál fue el desplazamiento total de cada ciclista en el tiempo mostrado?

Pista: Usa el área de un triángulo: área = $\left(\frac{1}{2}\right)$*(base)(altura).*

21. La gráfica de la **Imagen 14** describe el movimiento de Carlos y Diana, que se desplazan hacia el sur por un camino recto. ¿Cuál es el desplazamiento total de cada uno durante el primer intervalo de 4.0 s de la gráfica?

22. DESAFÍO Un automóvil se desplaza por un tramo recto de carretera con una aceleración constante de 0 m/s a 25 m/s en 12 s con dirección oeste.

a. Haz una gráfica de *v-t* del movimiento del automóvil.

b. Usa la gráfica para determinar el desplazamiento del automóvil durante el intervalo de 12.0 s.

c. Otro automóvil circula por el mismo tramo de carretera. Recorre la misma distancia en el mismo tiempo que el primero, pero su velocidad es constante. Haz una gráfica de *v-t* del movimiento de este automóvil.

d. Explica cómo averiguaste la velocidad de este automóvil.

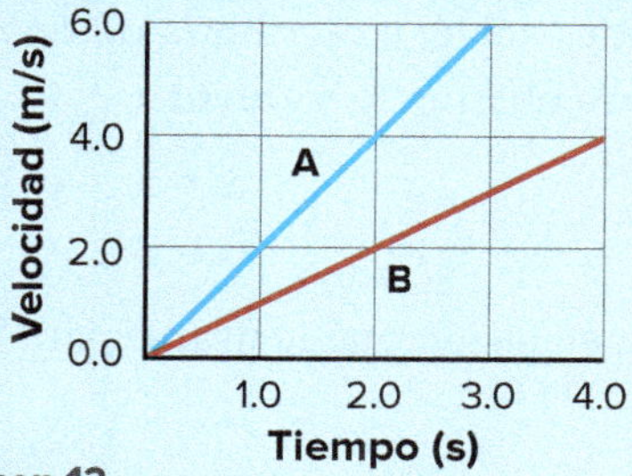

Imagen 13

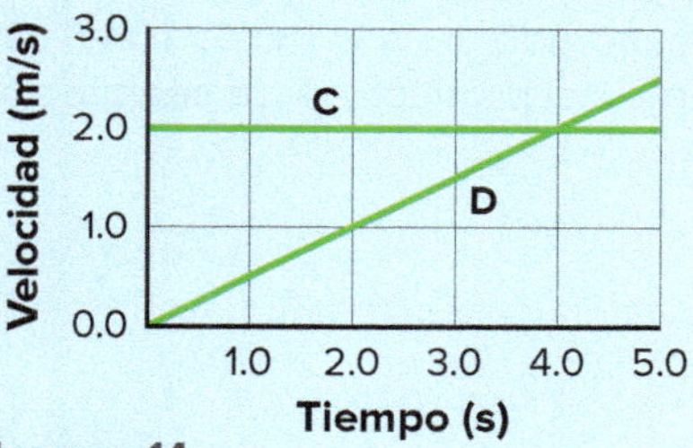

Imagen 14

Movimiento con una velocidad inicial distinta de cero

La gráfica de la **Imagen 15** describe la aceleración constante que comenzó con una velocidad inicial de v_i. Para determinar el desplazamiento, puedes dividir el área debajo de la gráfica en un rectángulo y un triángulo. Entonces, el área total es de:

$$\Delta x = \Delta x_{\text{rectángulo}} + \Delta x_{\text{triángulo}} = v_i(\Delta t) + \left(\frac{1}{2}\right)\Delta v \Delta t$$

Sustituir $a\Delta t$ por el cambio de velocidad en la ecuación produce:

$$\Delta x = \Delta x_{\text{rectángulo}} + \Delta x_{\text{triángulo}} = v_i(\Delta t) + \left(\frac{1}{2}\right)a(\Delta t)^2$$

Cuando se conoce la posición inicial o final del objeto, la ecuación puede escribirse de la siguiente forma:

$$x_f - x_i = v_i(\Delta t) + \left(\frac{1}{2}\right)a(\Delta t)^2 \text{ o } x_f = x_i + v_i(\Delta t) + \left(\frac{1}{2}\right)a(\Delta t)^2$$

Si el tiempo inicial es $t_i = 0$, entonces, la ecuación es la siguiente.

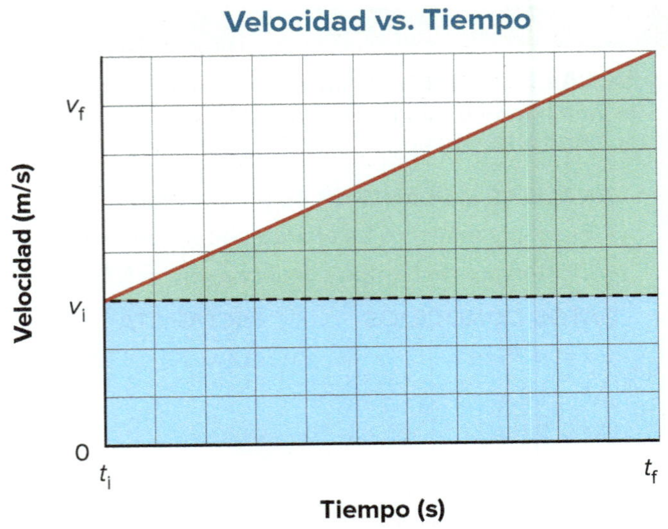

Imagen 15 En el movimiento con aceleración constante, si la velocidad inicial en una gráfica de velocidad-tiempo no es cero, el área debajo de la gráfica es la suma de un área rectangular y un área triangular.

Posición con aceleración promedio

La posición de un objeto final es igual a la suma de su posición inicial, el producto de la velocidad inicial y el tiempo final, y la mitad del producto de la aceleración y el cuadrado del tiempo final.

$$x_f = x_i + v_i t_f + \left(\frac{1}{2}\right)a t_f^2$$

Una ecuación alternativa

Suele ser útil relacionar la posición, la velocidad y la aceleración constante, sin incluir el tiempo.

Reorganiza la ecuación $v_f = v_i + at_f$ para hallar el tiempo: $t_f = t_f = \frac{v_f - v_i}{a}$.

Puedes volver a escribir la posición con la ecuación de la aceleración promedio al sustituir t_f para obtener lo siguiente:

$$x_f = x_i + v_i\left(\frac{v_f - v_i}{a}\right) + \left(\frac{1}{2}\right)a\left(\frac{v_f - v_i}{a}\right)^2$$

Esta ecuación puede usarse para hallar la velocidad (v_f) en cualquier posición (x_f).

Velocidad con aceleración constante

El cuadrado de la velocidad final es igual a la suma del cuadrado de la velocidad inicial y el doble del producto de la aceleración y el desplazamiento desde el tiempo inicial.

$$v_f^2 = v_i^2 + 2a(x_f - x_i)$$

EJEMPLO Problema 4

DESPLAZAMIENTO Un automóvil comienza desde el reposo y acelera a 3.5 m/s² luego de que la luz del semáforo se pone en verde. ¿Qué tan lejos habrá llegado si se desplaza a 25 m/s?

1 ANALIZAR Y PLANTEAR EL PROBLEMA

- Plantea la situación.
- Establece los ejes de coordenadas. La dirección positiva será hacia la derecha.
- Haz un diagrama de movimiento.

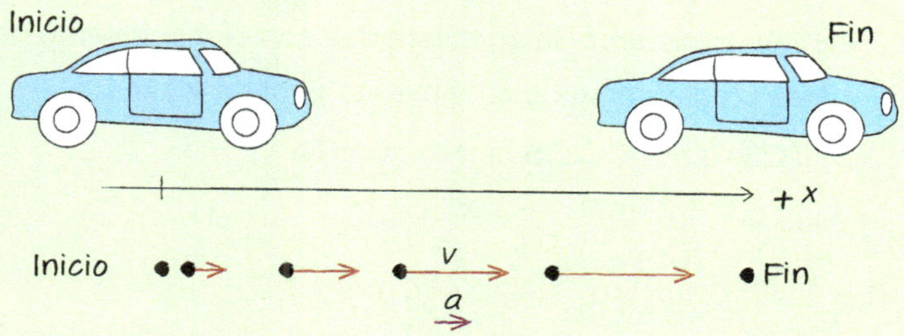

DATOS CONOCIDOS	INCÓGNITA
$x_i = 0.00$ m	$x_f = ?$
$v_i = 0.00$ m/s	
$v_f = +25$ m/s	
$\bar{a} = a = +3.5$ m/s²	

2 HALLAR LA INCÓGNITA

Usa la relación entre velocidad, aceleración y desplazamiento para hallar x_f.

$$v_f^2 = v_i^2 + 2a(x_f - x_i)$$

$$x_f = x_i + \frac{v_f^2 - v_i^2}{2a}$$

$$= 0.00\text{ m} + \frac{(+25\text{ m/s})^2 - (0.00\text{ m/s})^2}{2(+3.5\text{ m/s}^2)}$$

Sustituye $x_i = 0.00$ m, $v_f = +25$ m/s, $v_i = 0.00$ m/s, $a = +3.5$ m/s².

$$= +89\text{ m}$$

3 EVALUAR LA RESPUESTA

- **¿Son correctas las unidades?** La posición se mide en metros.
- **¿Tienen sentido los signos?** El signo positivo concuerda con los modelos pictóricos y físicos.
- **¿Es razonable la magnitud?** La longitud del desplazamiento es casi como la de un campo de fútbol americano. El resultado es razonable porque 25 m/s (unas 55 mph) es rápido.

PRÁCTICA Problemas

PRÁCTICA ADICIONAL

23. Una patinadora se desplaza a una velocidad constante de 1.75 m/s cuando comienza a subir una pendiente que hace que aminore su marcha con una aceleración constante de −0.20 m/s². ¿Cuánto tiempo pasa entre que comienza a aminorar su marcha y empieza a bajar nuevamente la pendiente?

24. Un auto de carrera se desplaza por una pista recta a una velocidad de avance de 44 m/s y aminora su marcha a una tasa constante de 22 m/s durante 11 s. ¿Cuánto se movió durante este tiempo?

25. Un automóvil acelera a una tasa constante de 15 m/s a 25 m/s mientras se desplaza una distancia de 125 m. ¿Cuánto demora en lograr la velocidad final?

26. Un ciclista pedalea con una aceleración constante para alcanzar una velocidad de 7.5 m/s en dirección norte durante 4.5 s. Durante el período de aceleración, la bicicleta se desplaza 19 m al norte. ¿Cuál era la velocidad inicial de la bicicleta?

27. DESAFÍO El automóvil de la **Imagen 16** se desplaza hacia el oeste con una aceleración de avance de 0.22 m/s². ¿Cuál era su velocidad ($\mathbf{v}_i$) en el punto $\mathbf{x}_i$ si se desplaza una distancia de 350 m en 18.4 s?

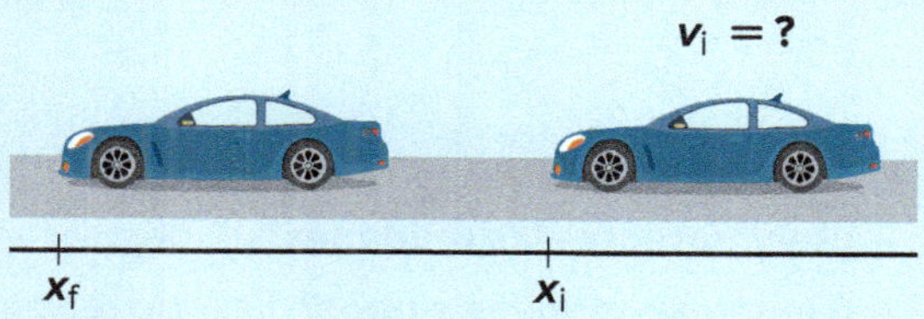

Imagen 16

EJEMPLO Problema 5

MOVIMIENTO EN DOS PARTES Manejas un automóvil a una velocidad constante de 25 m/s por un camino recto, cuando de repente un niño se cruza. Demoras 0.45 s en reaccionar y presionar los frenos. Como resultado, el automóvil aminora su marcha con una aceleración constante de 8.5 m/s² en dirección opuesta al movimiento y se detiene. ¿Cuál es el desplazamiento total del automóvil hasta que se detiene?

1 ANALIZAR Y PLANTEAR EL PROBLEMA

- Plantea la situación.
- Elige un sistema de coordenadas con el movimiento del automóvil en la dirección positiva.
- Haz un diagrama de movimiento y rotula $\boldsymbol{v}$ y $\boldsymbol{a}$.

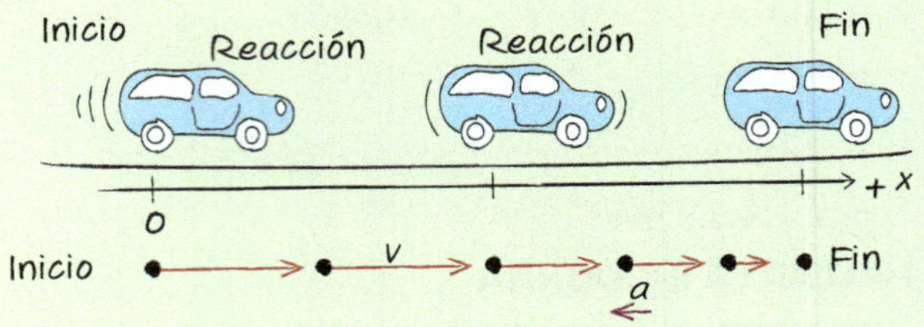

DATOS CONOCIDOS	INCÓGNITA
$\boldsymbol{v}_{\text{reacción}} = +25$ m/s	$\boldsymbol{x}_{\text{reacción}} = ?$
$t_{\text{reacción}} = 0.45$ s	$\boldsymbol{x}_{\text{frenado}} = ?$
$\boldsymbol{a}_{\text{frenado}} = -8.5$ m/s²	$\boldsymbol{x}_{\text{total}} = ?$
$\boldsymbol{v}_{\text{i, frenado}} = +25$ m/s	
$\boldsymbol{v}_{\text{f, frenado}} = 0.00$ m/s	

2 HALLAR LA INCÓGNITA

Reacción:

Usa la relación entre desplazamiento, velocidad e intervalo de tiempo para hallar el desplazamiento del automóvil mientras circula a una velocidad constante.

$$\boldsymbol{x}_{\text{reacción}} = \boldsymbol{v}_{\text{reacción}}\, t_{\text{reacción}}$$

$$\boldsymbol{x}_{\text{reacción}} = (+25 \text{ m/s})(0.45 \text{ s})$$ Sustituye $\boldsymbol{v}_{\text{reacción}} = +25$ m/s, $t_{\text{reacción}} = 0.45$ s.

$$= +11 \text{ m}$$

Frenado:

Usa la relación entre velocidad, aceleración y desplazamiento para hallar el desplazamiento del automóvil mientras frena.

$$v_{\text{f, frenado}}{}^2 = v_{\text{reacción}}{}^2 + 2a_{\text{frenado}}(x_{\text{frenado}})$$

Halla el valor de x_{frenado}.

$$x_{\text{frenado}} = \frac{v_{\text{f, frenado}}{}^2 - v_{\text{reacción}}{}^2}{2a_{\text{frenado}}}$$

$$= \frac{(0.00 \text{ m/s})^2 - (+25 \text{ m/s})^2}{2(-8.5 \text{ m/s}^2)}$$ Sustituye $v_{\text{f, frenado}} = 0.00$ m/s, $v_{\text{reacción}} = +25$ m/s, $a_{\text{frenado}} = -8.5$ m/s².

$$= +37 \text{ m}$$

El desplazamiento total es la suma del desplazamiento hasta la reacción y el de frenado.

Halla el valor de $\boldsymbol{x}_{\text{total}}$.

$$\boldsymbol{x}_{\text{total}} = \boldsymbol{x}_{\text{reacción}} + \boldsymbol{x}_{\text{frenado}}$$

$$= +11 \text{ m} + 37 \text{ m}$$ Sustituye $\boldsymbol{x}_{\text{reacción}} = +11$ m, $\boldsymbol{x}_{\text{frenado}} = +37$ m.

$$= +48 \text{ m}$$

3 EVALUAR LA RESPUESTA

- **¿Son correctas las unidades?** El desplazamiento se mide en metros.
- **¿Tienen sentido los signos?** La x de reacción y la de frenado son positivas, como deben ser.
- **¿Es razonable la magnitud?** El desplazamiento de frenado es pequeño porque la magnitud de aceleración es grande.

PRÁCTICA Problemas — PRÁCTICA ADICIONAL

28. Un automóvil con una velocidad inicial de 24.5 m/s al este tiene una aceleración de 4.2 m/s² hacia el oeste. ¿Cuál es su desplazamiento en el momento en que su velocidad es de 18.3 m/s al este?

29. Un hombre corre por el camino que se muestra en la **Imagen 17.** Corre desde el punto A hasta el punto B a una velocidad constante de 4.5 m/s por 15.0 min. Desde el punto B hasta el punto C, corre en subida. Aminora su marcha a una tasa constante de 0.050 m/s² por 90.0 s y se detiene en el punto C. ¿Cuál es la distancia total recorrida?

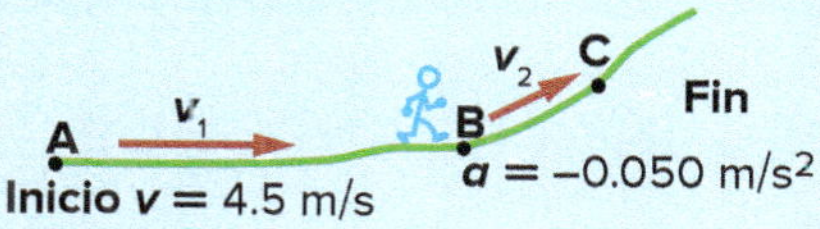

Imagen 17

30. Comienzas a andar en bicicleta en lo alto de una colina. Te deslizas colina abajo con una aceleración constante de 2.00 m/s². Al llegar al pie de la colina, te mueves a 18.0 m/s y pedaleas para mantener esa velocidad. Si sigues con esa velocidad por 1.00 min, ¿cuánto habrás recorrido desde el momento en que saliste de lo alto de la colina?

31. Sunee entrena para una carrera de 5.0 km. Comienza su vuelta de entrenamiento moviéndose a una razón constante de 4.3 m/s por 19 min. Luego, acelera a una tasa constante hasta cruzar la meta 19.4 s más tarde. ¿Cuál es su aceleración durante el último tramo de su vuelta de entrenamiento?

32. DESAFÍO Sekazi está aprendiendo a andar en bicicleta. Su padre lo empuja con una aceleración constante de 0.50 m/s² en dirección este por 6.0 s. Sekazi se desplaza 3.0 m/s al este durante otros 6.0 s sin caerse. ¿Cuál es su desplazamiento? Resuelve este problema al hacer una gráfica de velocidad-tiempo para el movimiento de Sekazi y calcular el área debajo de la recta graficada.

Verifica tu progreso

33. **Desplazamiento** Si conoces la velocidad inicial y final, y la aceleración constante de un objeto, ¿qué relación matemática usarías para hallar el desplazamiento?

34. **Aceleración** Una mujer maneja hacia el oeste por un camino recto con una velocidad de 23 m/s cuando ve un ciervo más adelante en el camino. A 210 m del ciervo, presiona los frenos. Si el ciervo no se mueve y el automóvil se detiene justo antes de embestirlo, ¿cuál es la aceleración dada por los frenos del automóvil?

35. **Distancia** El avión de la **Imagen 18** carretea desde el reposo y acelera al este en forma constante a 3.00 m/s² por 30.0 s antes de despegar.
    a. ¿Cuál es el desplazamiento del avión (Δx)?
    b. ¿Cuál era la velocidad del avión al despegar?

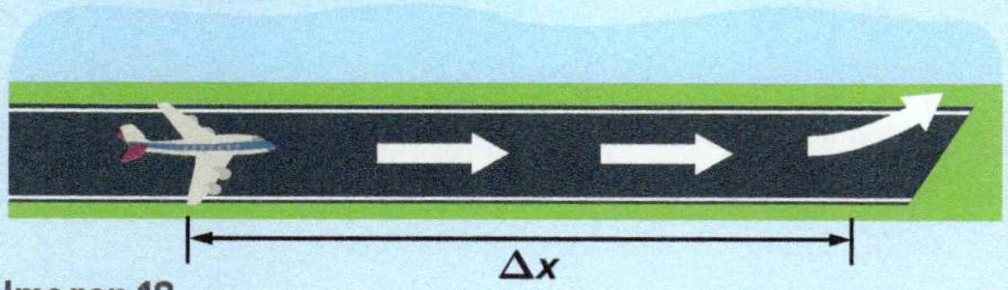

Imagen 18

36. **Distancia** Un patinador acelera de 0.0 m/s a 5.0 m/s en 4.5 s, y sigue a esta velocidad constante por otros 4.5 s. ¿Qué distancia recorrió?

37. **Velocidad final** Un avión se desplaza 5.0×10^2 m al norte mientras acelera de manera uniforme desde el reposo a 5.0 m/s². ¿Qué velocidad final alcanza?

38. **Velocidad final** Un avión aceleró de manera uniforme desde el reposo a una tasa de 5.0 m/s² al sur por 14 s. ¿Qué velocidad final alcanzó?

39. **Gráficas** Una velocista camina hacia los tacos de salida a una velocidad constante, luego espera. Cuando suena la pistola de largada, acelera rápidamente hasta alcanzar una velocidad constante, que mantiene hasta cruzar la meta. Luego, baja la velocidad hasta caminar, lo que le lleva más tiempo que acelerar al comienzo de la carrera. Haz una gráfica de velocidad-tiempo y otra de posición-tiempo para representar su movimiento. Dibújalas una sobre la otra con la misma escala de tiempo. Indica en tu gráfica de posición-tiempo dónde están los tacos de salida y la meta.

LEARNSMART® Conéctate para cumplir tu plan de aprendizaje personalizado para repasar, practicar y reforzar tu comprensión.

LECCIÓN 3

CAÍDA LIBRE

PREGUNTA DE ENFOQUE

¿Cómo cambia la velocidad de un objeto mientras cae?

El descubrimiento de Galileo

¿Aceleran más los objetos más pesados mientras caen? Si dejas caer un papel y un libro, el libro toca primero el suelo, pero si colocas el papel sobre el libro, caen juntos. La colisión con partículas de aire tiene un mayor impacto sobre el papel. Para entender la caída de los objetos, primero piensa en qué caso el aire no tiene un impacto apreciable sobre el movimiento. Recuerda que la gravedad es una atracción entre objetos. Cuando la gravedad actúa como única fuerza significativa sobre el movimiento de un objeto, esto se conoce como **caída libre**.

Hace alrededor de 400 años, Galileo Galilei descubrió que, si se omite el efecto del aire, todos los objetos en caída libre tienen la misma aceleración, sin importar de qué estén hechos o cuánto pesen. La aceleración de un objeto solo por efecto de la gravedad se conoce como **aceleración de caída libre.** La **Imagen 19** muestra los resultados de un experimento de caída libre en la Luna realizado en 1971 donde unos astronautas verificaron los resultados de Galileo.

Imagen 19 En 1971, el astronauta David Scott dejó caer un martillo y una pluma al mismo tiempo desde la misma altura sobre la superficie de la Luna. Si bien la masa del martillo era mayor, los dos objetos tocaron el suelo al mismo tiempo porque en la Luna hay gravedad, pero no aire.

PENSAMIENTO 3D DCI Ideas centrales disciplinarias CCC Conceptos interdisciplinarios SEP Prácticas de ciencia e ingeniería

REUNIR EVIDENCIA

Usa el Cuaderno de ciencias para registrar la evidencia que reúnas mientras completas las lecturas y las actividades de la lección.

INVESTIGAR

CONÉCTATE para hallar estas actividades y más recursos.

Laboratorio de Física: Aceleración de caída libre
Calcula la aceleración debida a la gravedad para un sistema en caída libre.

Repasar la pregunta de Encuentra el fenómeno
¿Qué información de la lección te ayuda a responder las preguntas de la unidad y del módulo?

Cerca de la superficie de la Tierra, la aceleración de caída libre es de unos 9.8 m/s^2 hacia abajo (unas 22 mph/s hacia abajo). Piensa en los paracaidistas. Durante cada segundo de la caída, su velocidad de descenso aumenta a 9.8 m/s. Al analizar la caída libre, la aceleración puede tratarse de forma positiva o negativa según el sistema de coordenadas seleccionado. Si la dirección positiva seleccionada es hacia arriba, entonces la aceleración de caída libre es negativa. Si la dirección positiva seleccionada es hacia abajo, entonces la aceleración de caída libre es positiva.

¿Lo comprendes?

Identificar ¿Por qué es importante definir claramente el sistema de coordenadas que deseas usar para analizar objetos en caída libre?

Aceleración de caída libre

El descubrimiento de Galileo demuestra por qué los paracaidistas pueden formar un aro en el aire. Todos caen con la misma aceleración, sin importar sus masas. Para entender la aceleración de caída libre, observa la fotosecuencia de la caída de una pelota en la **Imagen 20.**

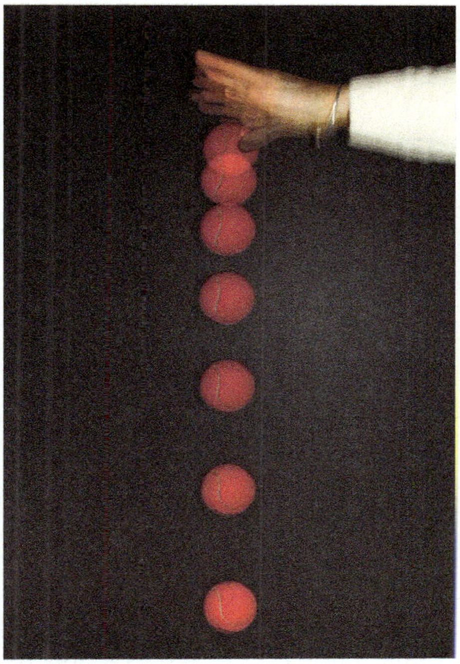

Imagen 20 La velocidad de caída de esta pelota aumenta 9.8 m/s por segundo por la aceleración de caída libre.

El intervalo de tiempo entre *flashes* se configuró en 0.06 s al momento de tomar la fotografía. Por tanto, entre una imagen de la pelota y la siguiente transcurrió el mismo tiempo. Observa la distancia que recorre en cada intervalo de tiempo. La distancia entre cada par de imágenes aumenta a medida que la pelota cae, es decir que la velocidad aumenta. Si la dirección hacia arriba es positiva, entonces, la velocidad es cada vez más negativa.

Lanzamiento hacia arriba de la pelota ¿Podría esta foto haber ilustrado el lanzamiento hacia arriba en vez de ilustrar la caída de una pelota? Imagina que lanzas una pelota hacia arriba con una velocidad de 20.0 m/s. Si seleccionas la dirección hacia arriba como positiva, entonces la pelota comienza desde la parte inferior de la foto con una velocidad positiva. La aceleración es $\boldsymbol{a} = -9.8$ m/s^2. Como las direcciones de la velocidad y la aceleración son opuestas, la velocidad de la pelota disminuye. Si piensas en la parte inferior de la foto como el inicio, esto concuerda con la fotosecuencia.

Movimiento ascendente y descendente Después de 1 s, la velocidad de la pelota se redujo 9.8 m/s, por lo que ahora se mueve a +10.2 m/s. Después de 2 s, la velocidad es de +0.4 m/s, y la pelota sigue moviéndose hacia arriba. ¿Qué sucede durante el siguiente segundo? La velocidad se reduce otros 9.8 m/s y es igual a −9.4 m/s. Ahora la pelota se mueve hacia abajo. Después de 4 s, la velocidad es de −19.2 m/s, es decir que la pelota cae aún más rápido.

¿Lo comprendes?

Analizar ¿Durante qué segundo la pelota que sube se detiene e invierte su dirección? ¿Cómo lo sabes?

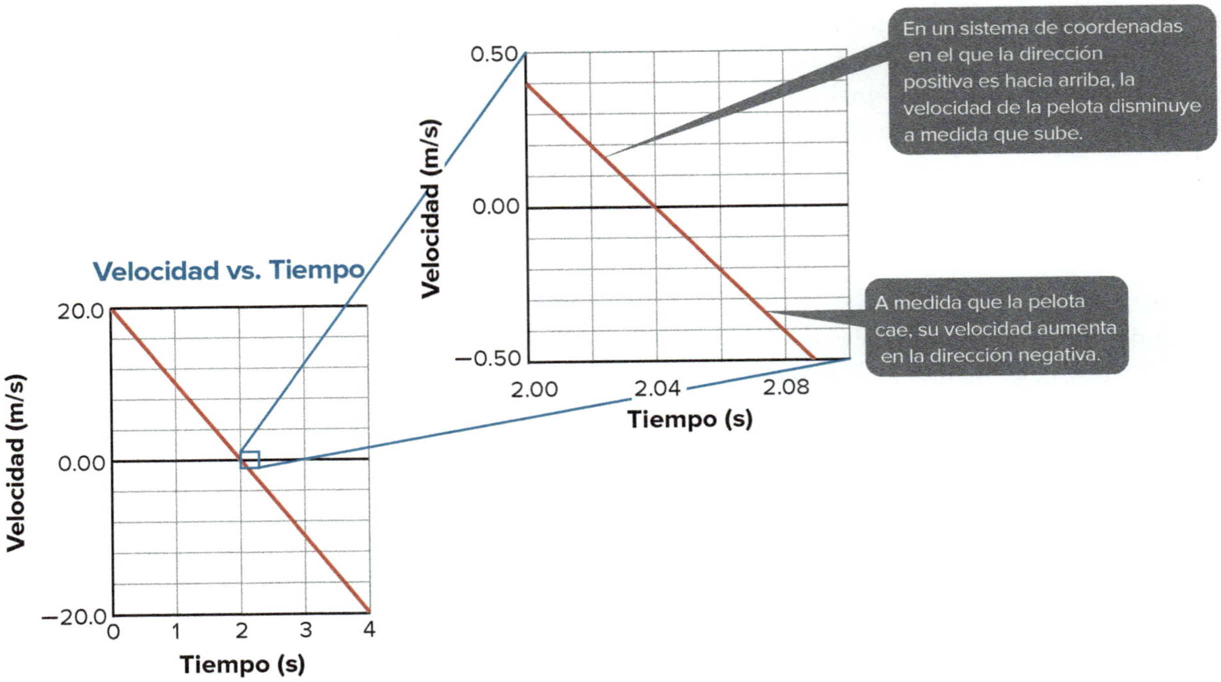

Imagen 21 La gráfica de velocidad-tiempo describe el cambio en la velocidad de la pelota mientras sube y cae. La gráfica de la derecha muestra en primer plano del cambio de velocidad en la cima de la trayectoria de la pelota.

Analizar *¿Cómo se vería la gráfica si se seleccionara la dirección hacia abajo como la dirección positiva?*

Gráfica de velocidad-tiempo La **Imagen 21** muestra la gráfica de *v-t* para la trayectoria de ascenso y descenso de la pelota. La línea recta con pendiente hacia abajo no significa que la velocidad siempre es decreciente. La velocidad disminuye a medida que la pelota sube y aumenta cuando cae. A los 2 s, la velocidad cambia suavemente de positiva a negativa. A medida que la pelota cae, su velocidad aumenta en dirección negativa. La imagen también muestra una visión más cercana de la gráfica de *v-t*. En un instante, cerca de los 2.04 s, la velocidad es cero.

Gráfica de posición-tiempo Observa las gráficas de posición-tiempo de la **Imagen 22**. Estas gráficas muestran cómo cambia la altura de la pelota a medida que sube y cae. Si un objeto se mueve con aceleración constante, su gráfica de posición-tiempo forma una parábola. Como la pelota sube y cae, su gráfica es una parábola invertida. La forma de la gráfica muestra la progresión del tiempo. No significa que el recorrido de la pelota haya tenido forma de parábola. La gráfica en primer plano de la derecha muestra que a los 2.04 s aproximadamente, la pelota alcanza su altura máxima.

¿Lo comprendes?

Describir Si lanzas una pelota en línea recta hacia arriba, ¿cómo se vería la forma de su gráfica de posición-tiempo?

Altura máxima Compara las gráficas en primer plano de la **Imagen 21** y la **Imagen 22.** Justo antes de que la pelota alcance su altura máxima, su velocidad está en descenso en la dirección negativa. En el instante en que alcanza su altura máxima, su velocidad es cero. Justo después de que alcanza su altura máxima, la velocidad de la pelota aumenta en la dirección negativa.

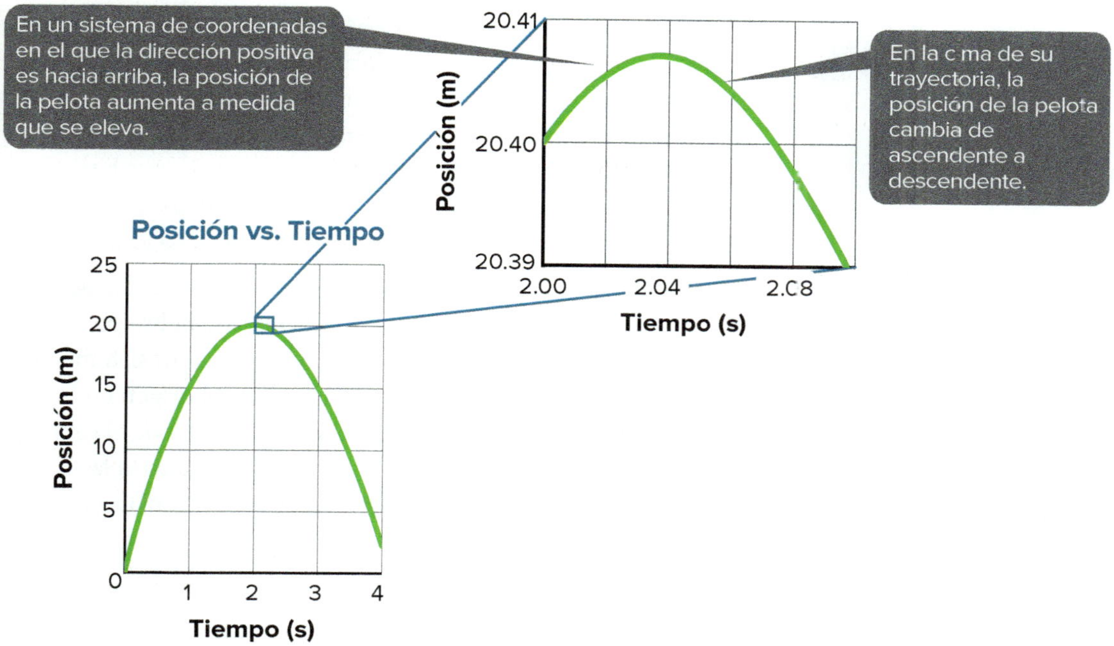

Imagen 22 La gráfica de posición-tiempo muestra cómo cambia la posición de la pelota mientras sube y cae. La gráfica de la derecha muestra en primer plano del cambio de posición en la cima de la trayectoria de la pelota.

Aceleración La pendiente de la recta de la gráfica de velocidad-tiempo de la **Imagen 21** es constante a $-9.8\ m/s^2$. Esto demuestra que la aceleración de caída libre de la pelota es $9.8\ m/s^2$ en dirección descendente durante todo el tiempo que la pelota sube y cae.

Puede parecer que la aceleración en la cima de la trayectoria es cero, pero no es así. En la cima de la trayectoria, la velocidad de la pelota es 0 m/s. Si su aceleración también fuese cero, la velocidad no cambiaría y se mantendría en 0 m/s. La pelota no adquiriría velocidad de descenso y simplemente flotaría en el aire. ¿Alguna vez viste algo así? Siempre que se arroja un objeto al aire en la Tierra cae, por tanto, sabes que la aceleración de un objeto en la cima de la trayectoria no debe ser cero. Además, como el objeto cae, sabes que su aceleración debe ser hacia abajo.

¿Lo comprendes?

Analizar Si lanzas una pelota en línea recta hacia arriba, ¿cuál es su velocidad y aceleración en el punto más alto de su recorrido?

USO CIENTÍFICO VS. USO COMÚN

Caída libre

Uso científico: movimiento de un cuerpo cuya aceleración se produce solo por la gravedad, sin considerar la resistencia del aire.
La aceleración durante la caída libre es $9.8\ m/s^2$ hacia abajo.

Uso común: caída o descenso rápido y continuo
La caída libre del mercado de valores en 1929 marcó el inicio de la Gran Depresión.

Imagen 23 Las personas en esta atracción experimentan la aceleración de caída libre.

Atracciones mecánicas de caída libre Los parques de diversiones usan el concepto de aceleración para diseñar atracciones que generan la sensación de caída libre. Suelen consistir de tres momentos: el ascenso hasta la cima, la suspensión momentánea y la caída. Los motores mueven los carros hasta la cima. Cuando los carros están en caída libre, el usuario de mayor masa y el de menor masa caen con la misma aceleración.

Imagina que la atracción mecánica de caída libre de la **Imagen 23** arranca en la cima desde el reposo y está en caída libre por 1.5 s. ¿Cuál será su velocidad luego de 1.5 s? Selecciona un sistema de coordenadas con un eje positivo hacia arriba y el origen en la posición inicial del carro. Como el carro arranca desde el reposo, v_i es igual a 0.0 m/s. Para calcular la velocidad final, usa la ecuación para la velocidad inicial con aceleración constante.

$$\begin{aligned} v_f &= v_i + \bar{a}t_f \\ &= 0.0\ \text{m/s} + (-9.8\ \text{m/s}^2)(1.5\ \text{s}) \\ &= -15\ \text{m/s} \end{aligned}$$

¿Qué distancia cae el carro durante este tiempo? Usa la ecuación de desplazamiento si conoces el tiempo y la aceleración constante.

$$\begin{aligned} x_f &= x_i + v_i t_f + \left(\tfrac{1}{2}\right)\bar{a}t_f^2 \\ &= 0.0\ \text{m} + (0.0\ \text{m/s})(1.5\text{s}) + \left(\tfrac{1}{2}\right)(-9.8\ \text{m/s}^2)(1.5\ \text{s})^2 \\ &= -11\ \text{m} \end{aligned}$$

PRÁCTICA Problemas

PRÁCTICA ADICIONAL

40. Un trabajador de la construcción tira un ladrillo desde un andamio por accidente.

a. ¿Cuál es la velocidad del ladrillo luego de 4.0 s?

b. ¿Qué distancia cae el ladrillo durante este tiempo?

41. Imagina que eliges un sistema de coordenadas con una dirección positiva opuesta a la del problema anterior.

a. ¿Cuál es la velocidad del ladrillo luego de 4.0 s?

b. ¿Qué distancia cae el ladrillo durante este tiempo?

42. Un estudiante deja caer una pelota desde una ventana a 3.5 m sobre la acera. ¿Cuál es su velocidad al tocar la acera?

43. Se lanza una pelota de tenis en línea recta hacia arriba con una velocidad inicial de 22.5 m/s y se atrapa a la misma distancia sobre el suelo.

a. ¿Cuánto se eleva la pelota?

b. ¿Cuánto tiempo está la pelota en al aire?

Pista: El tiempo que demora la pelota en elevarse es el mismo tiempo que demora en caer.

44. Decides lanzar una moneda para determinar si haces primero tu tarea de Física o de inglés. La moneda se lanza en línea recta hacia arriba.

a. ¿Cuál es su velocidad y aceleración en el punto más alto de su trayectoria?

b. Si la moneda alcanza el punto más alto a 0.25 m por sobre donde la soltaste, ¿cuál era su velocidad inicial?

c. Si la atrapaste a la misma altura a la que la soltaste, ¿cuánto tiempo estuvo en el aire?

45. DESAFÍO Una basquetbolista sostiene una pelota a 1.5 m sobre el suelo, la deja caer y rebota varias veces. Luego del primer rebote, la pelota solo alcanza una altura de 0.75 m. Luego del tercer rebote, solo alcanza una altura de 0.25 m.

a. Imagina que la dirección positiva es hacia abajo. ¿Cuál sería la forma de una gráfica de velocidad-tiempo para los primeros dos rebotes?

b. ¿Cuál sería la forma de una gráfica de posición-tiempo para los primeros dos rebotes?

Variaciones en caída libre

Cuando el astronauta David Scott realizó su experimento de caída libre en la Luna, la magnitud de aceleración de la caída del martillo y de la pluma no fue 9.8 m/s². Ese valor corresponde a la aceleración de caída libre solo cerca de la superficie de la Tierra. La magnitud de aceleración de caída libre en la Luna es de alrededor 1.6 m/s², es decir, un sexto de su valor en la Tierra.

Cuando estudies la fuerza y el movimiento, aprenderás sobre los factores que afectan el valor de la aceleración de caída libre. Un factor es la masa del objeto, como la Tierra o la Luna, que es responsable de la aceleración. La aceleración de caída libre no es tan grande cerca de la Luna como de la Tierra porque la Luna tiene mucha menos masa.

La aceleración de caída libre también depende de la distancia del objeto. Los aros alrededor de la Tierra en la **Imagen 24** muestran cómo disminuye la aceleración de caída libre por la distancia de la Tierra. Las variaciones en esta aceleración en distintas ubicaciones en la superficie terrestre son muy pequeñas, aun con variaciones importantes en la elevación. Por ejemplo, en la ciudad de Nueva York, la magnitud de aceleración de caída libre es de alrededor de 9.81 m/s². En Denver, Colorado, es de 9.79 m/s², a pesar de un cambio en la elevación de casi 1600 m más. En este libro, se utilizará para los cálculos un valor de 9.8 m/s² para la aceleración de caída libre.

Imagen 24 A mayor distancia de la Tierra, menor efecto de la aceleración de caída libre.

Analizar *Según el diagrama, ¿cuál es la magnitud de la aceleración de caída libre a una distancia sobre la superficie de la Tierra igual a su radio?*

Verifica tu progreso

46. **Caída libre** Sostienes un libro en una mano y una hoja plana de papel en la otra. Los sueltas y caen al suelo. Explica por qué el libro es un buen ejemplo de caída libre y el papel no.

47. **Velocidad final** Tu hermana te arroja las llaves de casa desde la ventana del segundo piso, como se muestra en la **Imagen 25.** ¿Cuál es la velocidad de las llaves al atraparlas?

48. **Atracciones de caída libre** Imagina que una atracción en un parque de diversiones arranca desde el reposo y está en caída libre. ¿Cuál es la velocidad de la atracción luego de 2.3 s? ¿Qué distancia recorre durante la caída de 2.3 s?

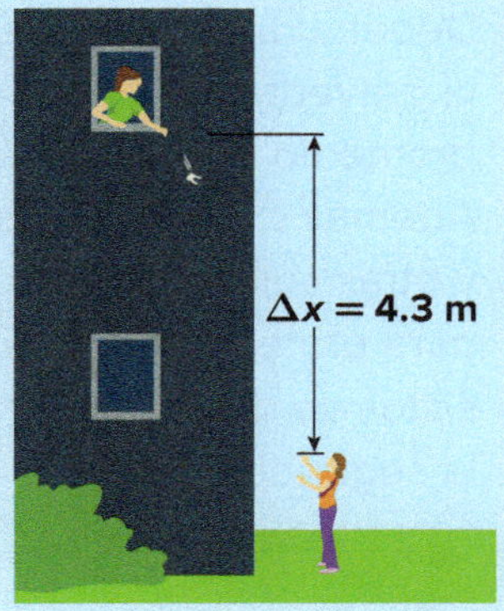

Imagen 25

49. **Altura máxima y tiempo de trayectoria** La aceleración de caída libre en Marte es alrededor de un tercio de la de la Tierra. Imagina que lanzas una pelota hacia arriba con igual velocidad en los dos lugares.
    a. Compara la altura máxima de la pelota con la de la Tierra.
    b. Compara el tiempo de trayectoria.

50. **Velocidad y aceleración** Imagina que lanzas una pelota en línea recta hacia arriba. Describe los cambios en la velocidad y en la aceleración de la pelota.

51. **Pensamiento crítico** Una pelota que se lanza verticalmente hacia arriba sigue subiendo hasta que alcanza cierta posición y luego cae. En ese punto más alto, la velocidad de la pelota es cero instantáneamente. ¿Acelera la pelota en ese punto? Haz un experimento para probar o rechazar tu respuesta.

LEARNSMART® Conéctate para cumplir tu plan de aprendizaje personalizado para repasar, practicar y reforzar tu comprensión.

STEM EN EL TRABAJO

Diseñar la diversión

Piensa en una atracción de un parque de diversiones que te haya acelerado el pulso. Quizás fue una montaña rusa o una casa encantada. ¿Alguna vez te preguntaste cómo se hacen las atracciones mecánicas de los parques temáticos? Quienes se ocupan de diseñar las atracciones tienen títulos diferentes: diseñador de parques temáticos, ingeniero en diseño creativo, diseñador industrial, gerente de modelado de información para la edificación, etc. Cualquiera sea el título, todos se dedican a crear atracciones para los visitantes.

Las montañas rusas son solo una de las atracciones creadas por los diseñadores de parques temáticos.

Herramientas del oficio

La mayoría de los diseñadores de parques temáticos saben sobre Física, ingeniería y matemáticas. Algunos son diseñadores gráficos o escritores. Con distintas herramientas crean atracciones muy entretenidas.

Por ejemplo, el *software* de dibujo CAD (diseño asistido por computadora) permite a los diseñadores hacer planos en 2D y 3D. También utilizan los sistemas BIM (modelado de información para la edificación) para hacer modelos 3D que pueden visualizarse a distintos niveles de complejidad. Incluso hay otros programas de modelado que les permiten trabajar en 3D. Los diseñadores de parques temáticos también utilizan software de diseño gráfico para crear gráficas y animaciones, y programas informáticos para modificar imágenes.

Las fuerzas y la seguridad

Los diseñadores de parques temáticos usan la aceleración y la fuerza de la gravedad para estremecer a los usuarios. Por ejemplo, en las montañas rusas hay cambios de velocidad (como un ascenso lento y un descenso brusco) y de dirección (curvas abruptas a la izquierda o derecha). Las atracciones que hacen que los visitantes caigan desde lo alto y aminoren su descenso antes de llegar al suelo usan la aceleración de caída libre.

Los diseñadores deben contemplar los efectos de las atracciones sobre el oído interno, el corazón y otros sistemas del cuerpo humano. Deben brindar experiencias excitantes y garantizar la seguridad. Deben considerar que, por ejemplo, la fuerza de la gravedad no puede superar lo que una persona promedio tolera sin sentir efectos adversos. Además crean sistemas elaborados de cinturones y otras sujeciones, apoyacabezas y almohadillas para proteger a los visitantes de lesiones. Diseñan sistemas de frenado mejorados para maximizar la seguridad.

SEP DCI CCC

DESARROLLAR Y USAR MODELOS PARA ILUSTRAR

En parejas, usen la aceleración y la fuerza de la gravedad para pensar, diseñar y construir un modelo de un juego mecánico. Si es posible, usen un *software* de modelado.

MÓDULO 3

GUÍA DE ESTUDIO

CONÉCTATE para estudiar con el Libro de ciencias.

Lección 1 ACELERACIÓN

- aceleración
- gráfica de velocidad-tiempo
- aceleración promedio
- aceleración instantánea

- La aceleración es la razón de variación de la velocidad de un objeto.
- No es lo mismo la velocidad que la aceleración. Un objeto que se mueve a una velocidad constante tiene una aceleración de cero. Cuando la velocidad y la aceleración de un objeto tienen la misma dirección, el objeto se acelera; cuando tienen direcciones opuestas, se ralentiza.
- Puedes usar una gráfica de velocidad-tiempo para hallar la velocidad y la aceleración de un objeto. La aceleración promedio de un objeto es la pendiente de su gráfica de velocidad-tiempo.

$$\bar{a} \equiv \frac{\Delta v}{\Delta t} = \frac{v_f - v_i}{t_f - t_i}$$

Lección 2 MOVIMIENTO CON ACELERACIÓN CONSTANTE

- Si un objeto se mueve con aceleración constante, su gráfica de posición-tiempo es una parábola y su gráfica de velocidad-tiempo es una línea recta.
- El área debajo de la gráfica v-t de un objeto es su desplazamiento.
- En el movimiento con aceleración constante, la posición, velocidad, aceleración y tiempo se relacionan:

$$v_f = v_i + \bar{a}\Delta t$$
$$x_f = x_i + v_i t_f + \frac{1}{2}\bar{a}t_f^2$$
$$v_f^2 = v_i^2 + 2\bar{a}(x_f - x_i)$$

Lección 3 CAÍDA LIBRE

- caída libre
- aceleración de caída libre

- La aceleración de caída libre en la Tierra es de unos 9.8 m/s^2 hacia abajo. El signo de esta aceleración en las ecuaciones depende del sistema de coordenadas elegido.
- Cuando un objeto está en caída libre, la gravedad es la única fuerza que actúa sobre él. Las ecuaciones de movimiento con aceleración constante se pueden usar para resolver problemas con objetos en caída libre.

PENSAMIENTO TRIDIMENSIONAL

Conclusión del módulo

REPASA EL FENÓMENO

¿Por qué los cambios repentinos de dirección o velocidad en los *jets* afectan a los pilotos?

CER Afirmación, evidencia, razonamiento

Explicar el razonamiento Repasa la afirmación que hiciste cuando hallaste el fenómeno. Resume la evidencia que reuniste en tus investigaciones y completa la tabla de resumen. ¿Respalda la evidencia tu afirmación? Si no lo hace, repasa tu afirmación. Explica por qué la evidencia respalda tu afirmación.

PROYECTO DE LA UNIDAD STEM

Ahora que completaste el módulo, repasa el proyecto de la unidad STEM. Resume la evidencia y aplícala al proyecto.

PROFUNDIZA

SEP Laboratorio de análisis de datos

¿Cómo se compara el movimiento de caída libre en la Tierra y en Júpiter?

Imagina que se pudiera arrojar una pelota verticalmente hacia arriba con la misma velocidad inicial en la Tierra que en Júpiter.

Datos y observaciones La aceleración de un objeto en Júpiter es tres veces la aceleración de caída libre en la Tierra. Omite los efectos de la resistencia atmosférica y supón que la gravedad es la única fuerza que actúa sobre la pelota.

CER Analizar e interpretar datos

1. **Afirmación** ¿Cómo se compara la altura máxima alcanzada por la pelota en Júpiter con la altura máxima en la Tierra?
2. **Evidencia y razonamiento** Usa dibujos y cálculos para explicar tu enfoque sobre este problema y tu razonamiento para justificar tu afirmación.
3. ¿Cómo cambiaría tu afirmación si la velocidad inicial de la pelota en Júpiter fuera tres veces mayor? Explica tu razonamiento.

MÓDULO 4
FUERZAS EN UNA DIMENSIÓN

Oliver Furrer/Cultura/Getty Images

MÓDULO 4
FUERZAS EN UNA DIMENSIÓN

ENCUENTRA EL FENÓMENO

¿Cómo controla la velocidad un saltador BASE con traje aéreo?

CONÉCTATE para ver un video acerca del paracaídas de Da Vinci.

SEP Hacer preguntas

¿Tienes más preguntas acerca del fenómeno? Si es así, agrégalas al pizarrón de preguntas clave.

CER Afirmación, evidencia, razonamiento

Hacer una afirmación Usa la tabla CER para hacer una afirmación sobre cómo un saltador BASE controla su velocidad con un traje aéreo. Explica tu razonamiento.

Reunir evidencia Usa las lecciones del módulo para reunir evidencia que respalde tu afirmación. Registra la evidencia mientras trabajas en el módulo.

Explicar el razonamiento Repasarás tu afirmación y explicarás tu razonamiento al final del módulo.

CONÉCTATE para acceder a la tabla CER y explorar los recursos que te ayudarán a reunir evidencia.

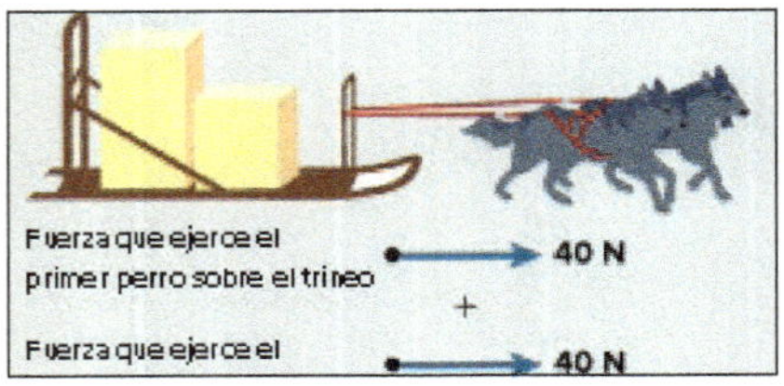

LECCIÓN 1: Explorar y explicar: Segunda ley de Newton

LECCIÓN 2: Explorar y explicar: Fuerza de arrastre

Smithsonian

Recursos adicionales

LECCIÓN 1

FUERZA Y MOVIMIENTO

PREGUNTA DE ENFOQUE

¿Qué genera un cambio en el movimiento?

Fuerza

Piensa en un libro sobre una mesa. Para hacer que se mueva, podrías empujarlo o jalarlo. En Física, un empuje o un jalón se denomina una **fuerza.** Si empujas o jalas más fuerte un objeto, ejerces una fuerza mayor. En otras palabras, aumentas la magnitud de fuerza aplicada. La dirección en la que se ejerce la fuerza también es importante: si empujas el libro hacia la derecha, se moverá hacia la derecha. Si lo empujas hacia la izquierda, se moverá a la izquierda. Como las fuerzas tienen magnitud y dirección, son vectores. El símbolo $\mathbf{F}$ es la notación del vector que representa la magnitud y la dirección de una fuerza, mientras que F solo representa la magnitud. La magnitud de una fuerza se mide en unidades llamadas newtons (N).

Fuerzas no equilibradas y movimiento Recuerda que los diagramas de movimiento describen las posiciones de un objeto en intervalos de tiempo iguales. Por ejemplo, el diagrama para el libro en la **Imagen 1** muestra que la distancia entre los puntos se alarga. Esto significa que la velocidad del libro aumenta. En $t = 0$, está en reposo, pero tras 2 s, se mueve a 1.5 m/s. Este cambio de velocidad significa que se acelera. ¿Qué genera esta aceleración? El libro estaba en reposo hasta que lo empujaste, entonces la causa de aceleración es la fuerza que ejerce tu mano. De hecho, toda aceleración es resultado de una fuerza no equilibrada que actúa sobre un objeto.

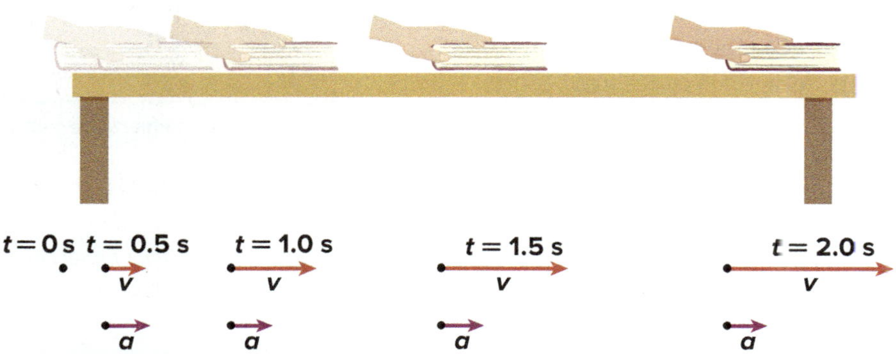

Imagen 1 La mano que empuja el libro ejerce una fuerza que hace que el libro se acelere en dirección de la fuerza no equilibrada.

PENSAMIENTO 3D **DCI** Ideas centrales disciplinarias **CCC** Conceptos interdisciplinarios **SEP** Prácticas de ciencia e ingeniería

REUNIR EVIDENCIA

Usa el Cuaderno de ciencias para registrar la evidencia que reúnas mientras completas las lecturas y las actividades de la lección.

INVESTIGAR

CONÉCTATE para hallar estas actividades y más recursos.

Aplicar prácticas: Segunda ley de Newton

HS-PS2-1. Analiza datos para respaldar la afirmación de que la segunda ley de Newton describe la relación matemática entre la fuerza neta en un objeto macroscópico, su masa y su aceleración.

Sistemas y mundo exterior Cuando consideras cómo afecta una fuerza al movimiento, es importante identificar el o los objetos de interés, llamados el **sistema.** Todo lo que esté alrededor y con lo que el sistema pueda interactuar se denomina mundo exterior. En la **Imagen 2**, el libro es el sistema. Tu mano, la Tierra, la cuerda y la mesa son partes del mundo exterior que pueden interactuar con el libro al empujarlo o jalarlo.

Fuerzas de contacto Piensa otra vez en las diferentes maneras en las que puedes mover un libro. Puedes empujarlo o jalarlo directamente al tocarlo o puedes atar una cuerda a su alrededor y jalar. Estos son ejemplos de fuerzas de contacto. Una fuerza de contacto existe cuando un objeto del mundo exterior entra en contacto con un sistema y ejerce una fuerza sobre él. Si ahora sostienes este libro de Física, tus manos ejercen una fuerza de contacto sobre él. Si lo colocas sobre una mesa, ya no ejerces una fuerza de contacto sobre el libro. Sin embargo, la mesa ejerce una fuerza de contacto porque está en contacto con el libro.

Fuerzas de campo Existen otras maneras en las que puede cambiar el movimiento del libro. Puedes arrojarlo y, como aprendiste en el capítulo anterior, se aceleraría al caer al suelo. La fuerza gravitatoria de la Tierra que actúa sobre el libro genera esta aceleración. Esta fuerza afecta el libro, sin importar si la Tierra lo toca o no. La fuerza gravitatoria es un ejemplo de fuerza de campo. Las fuerzas de campo se ejercen sin contacto. ¿Puedes pensar en otros tipos de fuerzas de campo? Si alguna vez investigaste los imanes, sabes que ejercen fuerzas a distancia. Investigarás el magnetismo y otras fuerzas de campo en los próximos capítulos. Por ahora, la única fuerza de campo que necesitas considerar es la gravitatoria.

Agentes Las fuerzas son el resultado de interacciones; toda fuerza de contacto y de campo tiene una causa específica e identificable, llamada agente. Deberías poder nombrar el agente que ejerce cada fuerza, así como al sistema sobre el que se ejerce. Por ejemplo, tu mano (el agente) ejerce una fuerza sobre el libro (el sistema) cuando lo empujas. Si no existe ni un agente ni un sistema, no existe una fuerza. ¿Qué ocurre con la fuerza gravitatoria? El agente es la masa de la Tierra que ejerce una fuerza de campo sobre el libro. Los rótulos de las fuerzas en la **Imagen 2** son buenos ejemplos de cómo identificar el agente de una fuerza y el sistema sobre el que actúa.

¿Lo comprendes?

Explica en qué se diferencian las fuerzas de contacto y de campo.

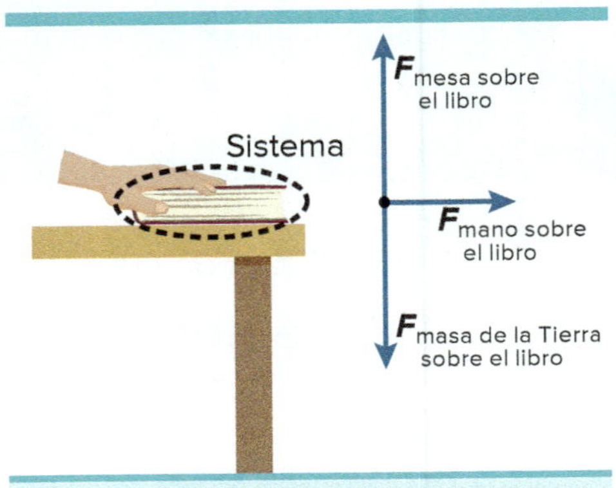

Identifica el sistema

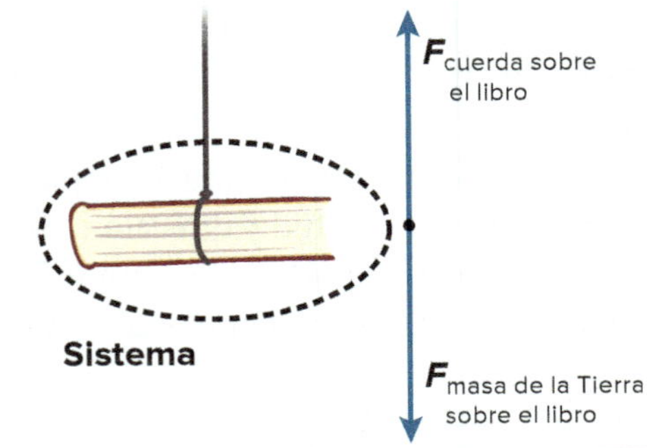

La cuerda ejerce una fuerza de contacto

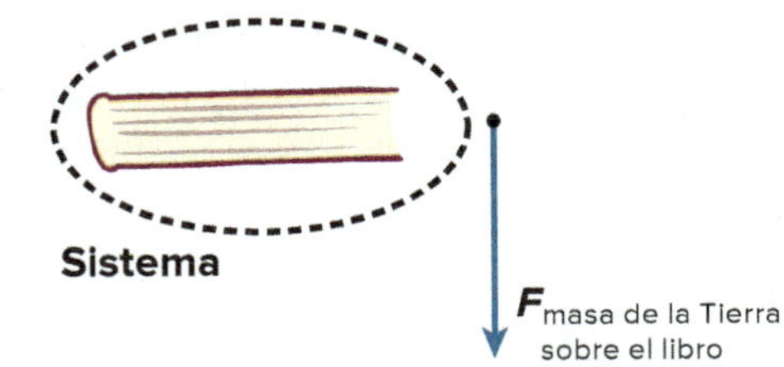

La masa de la Tierra ejerce una fuerza de campo

Imagen 2 En estas situaciones, el libro es el sistema.

Clasifica *cada fuerza en el primer panel como de fuerza de contacto o de campo.*

USO CIENTÍFICO VS. USO COMÚN

Fuerza

Uso científico: empuje o jalón que se ejerce sobre un objeto
La fuerza de gravedad que ejerce el Sol sobre la Tierra hace que el planeta orbite alrededor del Sol.

Uso común: obligación física, moral o intelectual
Emi forzó a su hermano menor a lavar los platos.

Conexión con carreras STEM

Astronauta

En la Tierra, estamos acostumbrados a la fuerza que ejerce su campo gravitatorio. Para prepararse para las misiones en el espacio, los astronautas deben acostumbrarse a los efectos de las fuerzas sobre los objetos en un ambiente de gravedad cero.

Imagen 3 Los dibujos de la pelota en la mano y la pelota que cuelga de la cuerda son modelos pictóricos. Junto a cada modelo se muestra el diagrama de cuerpo libre para cada situación.

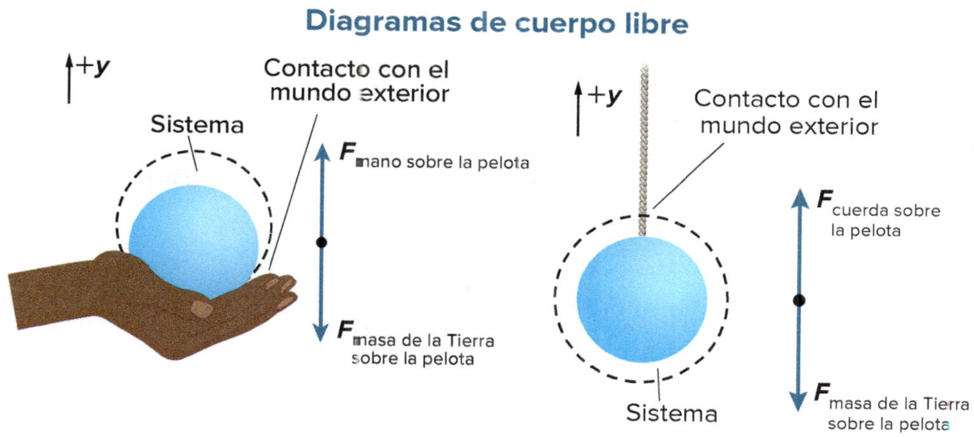

COLORES POR CONVENCIÓN
Fuerza (F) ⟷ azul

Diagramas de cuerpo libre

Así como las representaciones pictóricas y los diagramas de movimiento son útiles para resolver problemas sobre el movimiento, otras representaciones te ayudarán a analizar cómo afectan las fuerzas al movimiento. El primer paso es diagramar la situación, como en la **Imagen 3**. Encierra en un círculo el sistema e identifica los lugares donde toca el mundo exterior. En estos lugares, un agente ejerce una fuerza de contacto. Luego, identifica cualquier fuerza de contacto sobre el sistema. Esto te dará la representación pictórica.

Un **diagrama de cuerpo libre** es una representación física que muestra las fuerzas que actúan sobre un sistema. Sigue estas instrucciones al dibujar un diagrama de cuerpo libre:

- El diagrama de cuerpo libre se dibuja por separado del esquema de la situación.
- Aplica el modelo de partículas y representa el objeto con un punto.
- Representa cada fuerza con una flecha que apunte en la dirección en que se aplica. Siempre dibuja los vectores de fuerza apuntando hacia afuera de la partícula, aunque la fuerza sea un empuje.
- La longitud de las flechsa debe ser proporcional a la magnitud de la fuerza. Por lo general, dibujarás estos diagramas sin conocer las magnitudes de todas las fuerzas, así que haz tu mejor estimación.
- Rotula cada fuerza. Utiliza el símbolo *F* con un subíndice para identificar el agente y el objeto sobre el que se ejerce la fuerza.
- Elige una dirección como positiva e indícalo en el diagrama.

Usar diagramas de cuerpo libre y diagramas de movimiento

Recuerda que todas las aceleraciones son resultado de fuerzas no equilibradas. Si un diagrama de movimiento muestra que un objeto se acelera, un diagrama de cuerpo libre de ese objeto debe tener una fuerza no equilibrada en la misma dirección que la aceleración. La pelota en caída en la **Imagen 3** muestra una fuerza no equilibrada hacia abajo, en dirección de la aceleración.

¿Lo comprendes?

Compara la dirección de la aceleración de un objeto con la dirección de la fuerza no equilibrada ejercida sobre el objeto.

CCC CONCEPTOS INTERDISCIPLINARIOS

Causa y efecto Estudia la **Imagen 3**. Con un compañero, planifica una demostración de la relación de causa y efecto específica entre el movimiento de un objeto y las magnitudes de las dos fuerzas que actúan sobre él en direcciones opuestas. Varía las fuerzas para mostrar los efectos diferentes cuando las fuerzas son no equilibradas. Busca evidencia empírica para demostrar que la aceleración (o su falta) es resultado directo del desequilibrio (o equilibrio) de las fuerzas y no una simple correlación.

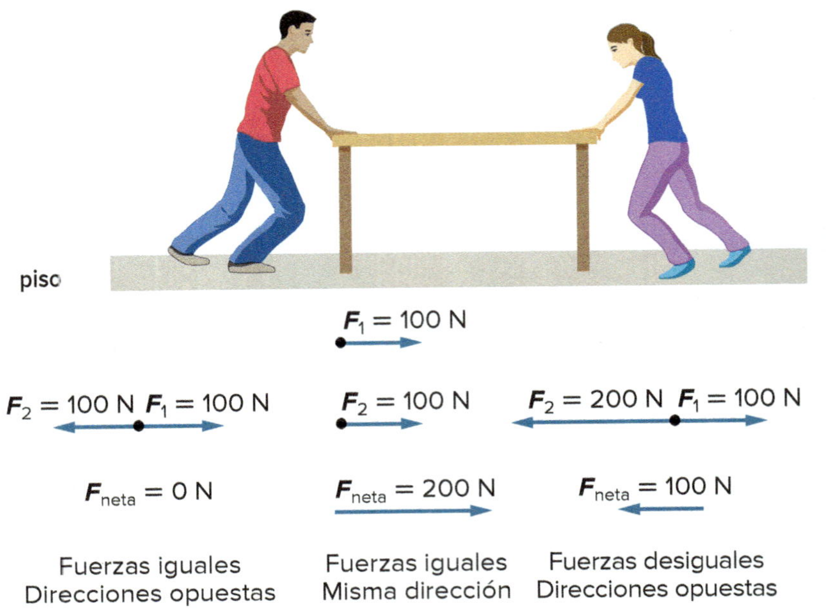

Imagen 4 La fuerza neta es la suma vectorial de todas las fuerzas que actúan sobre la mesa. Este caso solo considera las fuerzas horizontales que actúan sobre la mesa.

Combinar fuerzas

¿Qué ocurre si tú y un amigo empujan una mesa y ejercen 100 N de fuerza? Cuando empujan juntos en la misma dirección, le dan a la mesa el doble de aceleración que si uno solo de ustedes aplicara 100 N de fuerza. Al empujarla en direcciones opuestas con la misma cantidad de fuerza, como en la **Imagen 4,** no hay desequilibrio de fuerzas y la mesa no se acelera, sino que queda en reposo.

Fuerza neta La parte inferior de la **Imagen 4** muestra diagramas de cuerpo libre para estas dos situaciones. El tercer diagrama muestra una situación en la que tu amigo empuja la mesa con el doble de fuerza que tú y en dirección opuesta. Debajo de cada diagrama hay un vector con la resultante de las dos fuerzas. Cuando los vectores de fuerza están en la misma dirección, pueden reemplazarse por un vector cuya longitud sea igual a su longitud combinada. Cuando las fuerzas están en direcciones opuestas, la longitud de la resultante es la diferencia entre los dos vectores. Otra expresión para la suma vectorial de todas las fuerzas sobre un objeto es **fuerza neta.**

También se puede analizar la situación matemáticamente. Considera como dirección positiva la dirección en la que empujas la mesa con 100 N de fuerza. En el primer caso, tu amigo empuja con una fuerza negativa de 100 N. Al sumarlas, se obtiene una fuerza total de 0 N, es decir, no hay aceleración. En el segundo caso, la fuerza de tu amigo es de 100 N, entonces la fuerza total es de 200 N en la dirección positiva y la mesa se acelera en esa dirección. En el tercer caso, la fuerza de tu amigo es −200 N, entonces la fuerza total es −100 N y la mesa se acelera en dirección negativa.

PRÁCTICA Problemas PRÁCTICA ADICIONAL

En las siguientes situaciones, especifica el sistema y dibuja un diagrama de movimiento y un diagrama de cuerpo libre. Rotula todas las fuerzas con sus agentes e indica la dirección de la aceleración y de la fuerza neta. Dibuja vectores de la longitud apropiada. Ignora la resistencia del aire a menos que se indique lo contrario.

1. Un paracaidista cae a través del aire a velocidad constante. (El aire ejerce una fuerza hacia arriba sobre la persona).
2. Sostienes una pelota de sóftbol en la palma de la mano y la arrojas hacia arriba. Dibuja los diagramas mientras la pelota aún toca tu mano.
3. Luego de abandonar tu mano, la pelota se eleva y se desacelera.
4. Cuando la pelota alcanza su altura máxima, cae y se acelera.
5. **DESAFÍO** Atrapas la bola con la mano y la pones en reposo.

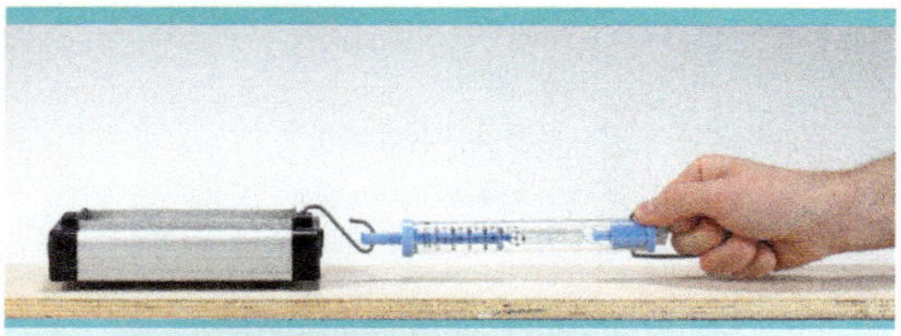

Aplicar una fuerza constante

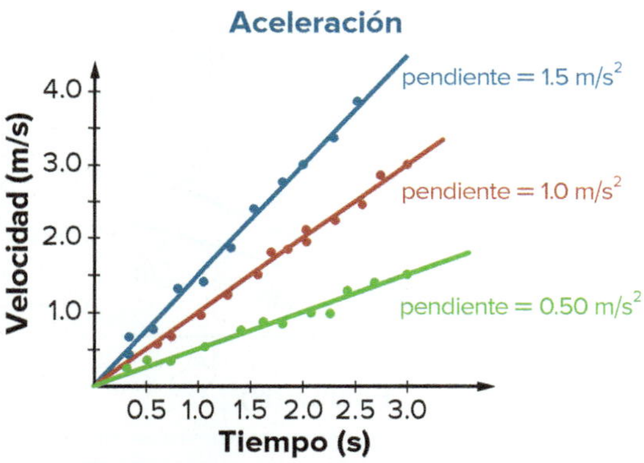

Gráficas velocidad-tiempo para fuerzas constantes

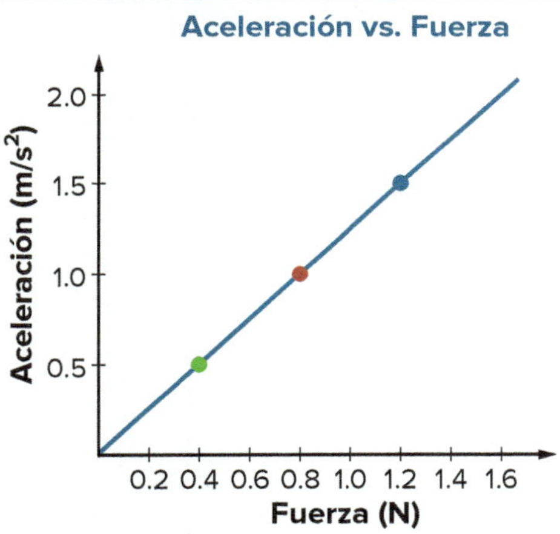

Diversas fuerzas sobre la misma masa

Imagen 5 Una balanza de resorte ejerce una fuerza no constante sobre el carrito. Al repetir la investigación con diferentes fuerzas se producen gráficas velocidad-tiempo con diferentes pendientes.

Aceleración y fuerza

Para explorar cómo afectan las fuerzas al movimiento de un objeto, piensa en hacer una serie de investigaciones. Considera la situación simple que se muestra en la fotografía superior de la **Imagen 5**, en la que ejercemos una fuerza horizontal sobre un objeto. Comenzar por la dirección horizontal es útil porque la gravedad no actúa horizontalmente. Para evitar que el objeto roce contra la superficie, las investigaciones deben hacerse sobre una superficie lisa, como una mesa bien pulida. También utilizaremos un carrito con ruedas que giran con facilidad.

Aplicar fuerza constante ¿Cómo puedes ejercer una fuerza no equilibrada constante? Puedes usar un dispositivo llamado balanza de resorte. La balanza tiene un resorte que se estira proporcionalmente a la magnitud de la fuerza aplicada. El frente de la balanza está calibrado para mostrar la fuerza en newtons. Si jalas la balanza y lo que se muestra se mantiene constante, la fuerza aplicada es constante. La fotografía superior en la **Imagen 5** muestra una balanza que jala un carrito de baja resistencia con una fuerza no equilibrada constante.

Si mides la velocidad del carrito durante un período en la investigación, puedes hacer una gráfica como la recta verde que se muestra en las gráficas de velocidad-tiempo para las fuerzas constantes en la parte central de la **Imagen 5**. La pendiente constante de la recta en la gráfica de velocidad-tiempo indica que el aumento de velocidad del carrito es constante. La razón de cambio constante de la velocidad significa que la aceleración es constante. Esta aceleración constante es resultado de la fuerza no equilibrada constante del resorte sobre el carrito.

¿Cómo depende la aceleración de la fuerza? Repite la investigación con una fuerza constante mayor. Vuelve a repetirla con una fuerza aún mayor. Para cada fuerza, haz una gráfica de velocidad-tiempo como las rectas roja y azul en la parte central de la **Imagen 5.** Recuerda que la pendiente de la recta es la aceleración del carrito. Calcula la pendiente de cada recta y representa los resultados por cada fuerza para hacer una gráfica aceleración-fuerza, como se muestra en la parte inferior de la **Imagen 5**.

La gráfica muestra que la relación entre la fuerza y la aceleración es lineal. Como la relación es lineal, se puede aplicar la ecuación para una recta:

$$y = kx + b$$

El intercepto en y es 0, la ecuación lineal se simplifica a $y = kx$. La variable y es la aceleración. La variable x es la fuerza. Por lo tanto, la aceleración es igual a la pendiente de la recta multiplicada por la fuerza neta ejercida.

¿Lo comprendes?

Describe la relación entre la fuerza neta aplicada y la aceleración.

Interpretar la pendiente ¿Cuál es el significado físico de la pendiente en la gráfica de aceleración-fuerza? ¿Describe algo sobre el objeto que se acelera? Para saberlo, cambia el objeto. Imagina que se colocara un segundo carrito idéntico sobre el primero y que luego se colocara un tercero, como en la **Imagen 6.** La balanza de resorte jalaría dos carritos y, luego, tres. Se puede observar una representación de la fuerza y la aceleración para uno, dos y tres carritos en la gráfica de la **Imagen 6.**

La gráfica muestra que si se aplica la misma fuerza en cada caso, la aceleración de los dos carritos es $\frac{1}{2}$ la aceleración de un carrito y que la aceleración de tres carritos es $\frac{1}{3}$ la aceleración de un carrito. Esto significa que a medida que aumenta la cantidad de carritos, la aceleración disminuye. En otras palabras, se necesita una fuerza mayor para producir la misma aceleración. Las pendientes de las rectas en la **Imagen 6** dependen de la cantidad de carritos, es decir, la pendiente depende de la masa total de los carritos. De hecho, la pendiente es el recíproco de la masa (pendiente $= \frac{1}{\text{masa}}$). Con este valor para la pendiente, la ecuación matemática $y = kx$ se convierte en la ecuación física: $a = \frac{F_{\text{neta}}}{m}$.

¿Qué información contiene la ecuación $a = \frac{F_{\text{neta}}}{m}$? Indica que una fuerza neta aplicada hace que el objeto experimente un cambio de movimiento: la fuerza hace que se acelere. También indica que, para el mismo objeto, si duplicas la fuerza, duplicarás su aceleración. Por último, si aplicas la misma fuerza a objetos con diferentes masas, el que tenga la mayor masa tendrá la menor aceleración y el que tenga la menor masa tendrá la mayor aceleración.

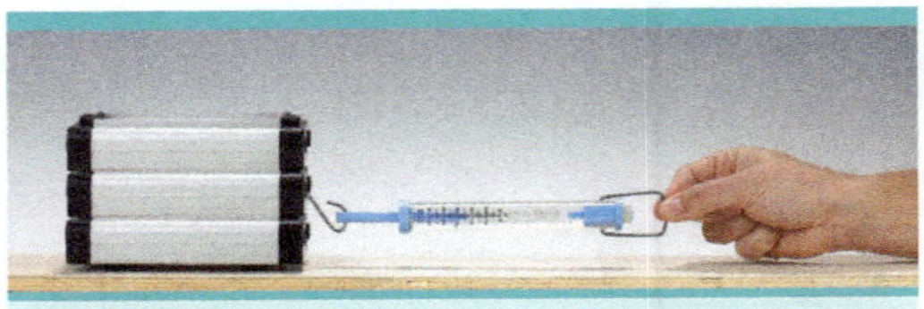

Cambiar la masa del sistema

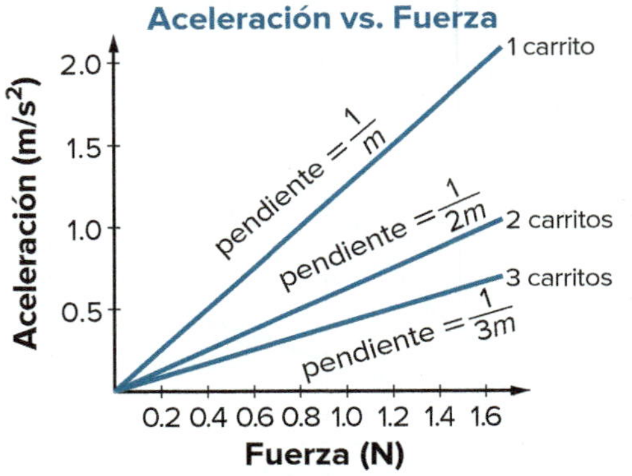

Misma fuerza sobre diferentes masas

Imagen 6 Cambiar la masa de un objeto afecta su aceleración.

Compara *la aceleración de un carrito con la aceleración de dos carritos para una fuerza aplicada de 1 N.*

¿Lo comprendes?

Determina cómo se debe modificar la fuerza ejercida sobre un objeto para reducir su aceleración a la mitad.

Recuerda que las fuerzas se miden en unidades llamadas newtons. Como $F_{\text{neta}} = ma$, un newton tiene las unidades de masa por las unidades de aceleración. Entonces, un newton es igual a un kg·m/s^2. Para darte una idea de la magnitud de 1 N, piensa en la fuerza hacia abajo que sientes cuando sostienes una manzana con la mano. La fuerza que ejerce la manzana sobre la mano es aproximadamente un newton. La **Tabla 1** muestra las magnitudes de algunas otras fuerzas comunes.

Tabla 1 Fuerzas comunes

Descripción	*F*(N)
Fuerza de gravedad sobre una moneda	0.05
Fuerza de gravedad sobre una bolsa de azúcar de 0.45 kg	4.5
Fuerza de gravedad sobre una persona de 70 kg	686
Fuerza ejercida por la carretera sobre un automóvil en aceleración	3000
Fuerza del motor de un cohete	5,000,000

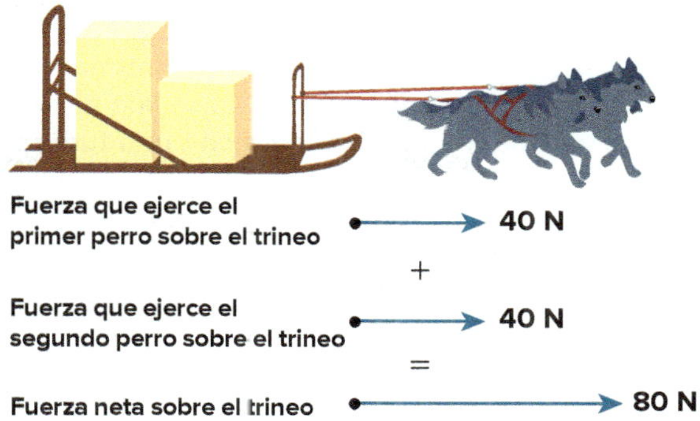

Imagen 7 La fuerza neta que actúa sobre un objeto es la suma vectorial de todas las fuerzas que actúan sobre él.

Segunda ley de Newton

La **Imagen 7** muestra dos perros que jalan un trineo. Cada perro jala con una fuerza de 40 N. A partir de las investigaciones, sabes que el trineo se acelera como resultado de una fuerza no equilibrada que actúa sobre él. ¿Cambiaría la aceleración si en vez de dos perros con 40 N de fuerza cada uno hubiera un perro más grande que ejerciera 80 N sobre el trineo? Al analizar las fuerzas y la aceleración, es importante hallar la suma de todas las fuerzas, es decir, la fuerza neta, que actúa sobre un sistema.

La **segunda ley de Newton** determina que la aceleración de un objeto es proporcional a la fuerza neta e inversamente proporcional a la masa del objeto que se acelera. Esta ley se basa en observaciones de cómo las fuerzas afectan las masas y se representa con la siguiente ecuación. La segunda ley de Newton predice con exactitud los cambios en el movimiento de los objetos macroscópicos.

Segunda ley de Newton
La aceleración de un objeto es igual a la suma de las fuerzas que actúan sobre el objeto dividida por la masa del objeto.

$$a = \frac{F_{\text{neta}}}{m}$$

Resolver problemas con la segunda ley de Newton Un paso muy importante para aplicar correctamente la segunda ley de Newton es determinar la fuerza neta que actúa sobre el objeto. Por lo general, sobre el objeto actúa más de una fuerza, entonces, se deben sumar los vectores de fuerza para obtener la fuerza neta. Dibuja un diagrama de cuerpo libre que muestre la dirección y la magnitud relativa de cada fuerza que actúa sobre el sistema. Luego, suma los vectores de fuerza para hallar la fuerza neta. Después, usa la segunda ley de Newton para calcular la aceleración. Si es necesario, puedes usar lo que sabes sobre movimiento acelerado para hallar la velocidad o posición.

PRÁCTICA Problemas PRÁCTICA ADICIONAL

6. Dos fuerzas horizontales, de 225 N y 165 N, se ejercen sobre una canoa. Si estas fuerzas se aplican en la misma dirección, halla la fuerza horizontal neta.
7. Si las mismas fuerzas del problema anterior se ejercen sobre la canoa en direcciones opuestas, ¿cuál será la fuerza horizontal neta sobre la canoa? Asegúrate de indicar la dirección de la fuerza neta.
8. **DESAFÍO** Tres perros confundidos intentan jalar un trineo por la nieve de Alaska. Alutia jala hacia el este con una fuerza de 35 N, Seward también jala hacia al este, pero con 42 N de fuerza y Kodalik jala hacia el oeste con una fuerza de 53 N. ¿Cuál es la fuerza neta sobre el trineo? Explica cómo la segunda ley de Newton predice con certeza el cambio de movimiento del trineo.

EJEMPLO Problema 1

PELEA POR UNA ALMOHADA **Anudja sostiene una almohada con una masa de 0.30 kg cuando Sarah dice que la quiere y trata de quitársela. Si Sarah jala horizontalmente sobre la almohada con una fuerza de 10.0 N y Anudja hace lo mismo con una fuerza de 11.0 N, ¿cuál es la aceleración horizontal de la almohada?**

1 ANALIZAR Y PLANTEAR EL PROBLEMA

- Plantea la situación.
- Identifica la almohada como el sistema y la dirección en la que Anudja jala como positiva.
- Dibuja el diagrama de cuerpo libre. Rotula las fuerzas.

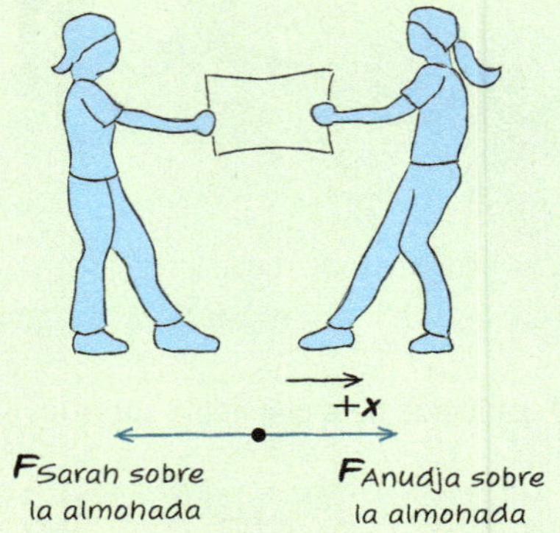

DATOS CONOCIDOS	INCÓGNITAS
$m = 0.30$ kg	$a = ?$
$F_{\text{Anudja sobre la almohada}} = 11.0$ N	
$F_{\text{Sarah sobre la almohada}} = 10.0$ N	

2 HALLAR LA INCÓGNITA

$$F_{\text{neta}} = F_{\text{Anudja sobre la almohada}} + (-F_{\text{Sarah sobre la almohada}})$$

Usa la segunda ley de Newton.

$$a = \frac{F_{\text{neta}}}{m}$$

$$= \frac{F_{\text{Anudja sobre la almohada}} + (-F_{\text{Sarah sobre la almohada}})}{m}$$

$$= \frac{11.0\text{ N} - 10.0\text{ N}}{0.30\text{ kg}}$$ Sustituye $F_{\text{Anudja sobre la almohada}} = 11.0$ N, $F_{\text{Sarah sobre la almohada}} = 10.0$ N, $m = 0.30$ kg.

$$= 3.3\text{ m/s}^2$$

$\boldsymbol{a} = 3.3\text{ m/s}^2$ hacia Anudja

3 EVALUAR LA RESPUESTA

- **¿Son correctas las unidades?** m/s^2 es la unidad correcta para la aceleración.
- **¿Tiene sentido el signo?** La aceleración es hacia Anudja porque jala hacia sí misma con una fuerza mayor que Sarah, que jala en la dirección contraria.
- **¿Es la magnitud realista?** La fuerza neta es 1 N y la masa es 0.3 kg, entonces la aceleración es realista.

PRÁCTICA Problemas

PRÁCTICA ADICIONAL

9. Se utiliza una balanza de resorte para ejercer una fuerza neta de 2.7 N sobre un carrito. Si la masa del carrito es de 0.64 kg, ¿cuál es su aceleración?

10. Kamaria aprende a esquiar sobre hielo. Quiere que su madre la jale para obtener una aceleración de 0.80 m/s^2. Si la masa de Kamaria es de 27.2 kg, ¿con qué fuerza debe jalarla su madre? (Ignora cualquier resistencia entre el hielo y los esquís de Kamaria).

11. **DESAFÍO** Se ejercen dos fuerzas horizontales sobre una caja grande. La primera fuerza es de 317 N hacia la derecha. La segunda fuerza es de 173 N hacia la izquierda.

a. Dibuja un diagrama de fuerza para las fuerzas horizontales que actúan sobre la caja.

b. ¿Cuál es la fuerza neta que actúa sobre la caja?

c. La caja está en reposo. Cinco segundos después, su velocidad es de 6.5 m/s hacia la derecha. ¿Cuál es la masa de la caja?

Primera ley de Newton

¿Cuál es el movimiento de un objeto cuando la fuerza neta que actúa sobre él es cero? La segunda ley de Newton dice que si $F_{neta} = 0$, la aceleración es igual a cero. Recuerda que si la aceleración es igual a cero, la velocidad no cambia. Así, un objeto inmóvil sin fuerza neta que actúe sobre él quedará en reposo. ¿Qué ocurre con un objeto en movimiento, como una pelota que rueda sobre una superficie? ¿Cuánto tiempo estará rodando? La respuesta depende de la superficie sobre la que rueda. Si la pelota rodara sobre una alfombra gruesa que ejerce una fuerza sobre ella, volverá pronto al reposo. Si lo hace sobre una superficie dura y lisa que ejerce poca fuerza, como una pista de boliche, la pelota rodará durante mucho tiempo, con poca variación de velocidad.

Galileo hizo muchos experimentos y concluyó que si lograba quitar todas las fuerzas contrarias al movimiento, el movimiento horizontal jamás se detendría. Galileo enunció que los principios generales del movimiento se pueden hallar al extrapolar resultados experimentales a un caso ideal.

En ausencia de una fuerza neta, la velocidad de la pelota en movimiento y la falta de movimiento del objeto inmóvil no cambian. Newton reconoció esto y generalizó los resultados de Galileo en una sola afirmación. La afirmación de Newton, "un objeto en reposo permanecerá en reposo y un objeto en movimiento seguirá moviéndose en línea recta a una velocidad constante, en tanto que la fuerza neta que actúe sobre ese objeto sea cero" se denomina **primera ley de Newton**.

Inercia

La primera ley de Newton se suele denominar ley de inercia porque la **inercia** es la tendencia de un objeto a resistir los cambios de velocidad. El automóvil y el bloque rojo de la **Imagen 8** demuestran la ley de inercia. En el panel izquierdo, los dos objetos se mueven hacia la derecha. En el panel derecho, la caja de madera ejerce una fuerza sobre el automóvil y hace que se detenga. El bloque rojo no experimenta la fuerza que ejerce la caja de madera. Sigue moviéndose a la derecha con la misma velocidad, como en el panel izquierdo.

¿La inercia es una fuerza? No. Las fuerzas son resultado de las interacciones entre dos objetos; no son propiedades de los objetos individuales, por lo que la inercia no puede ser una fuerza. Recuerda que como la velocidad incluye tanto la rapidez como la dirección del movimiento, se requiere una fuerza neta para cambiar la rapidez o la dirección del movimiento. Si la fuerza neta es cero, la primera ley de Newton establece que el objeto se mantendrá con la misma rapidez y dirección.

Imagen 8 El automóvil y el bloque se aproximan a la caja de madera a la misma velocidad. Tras la colisión, el bloque continúa con la misma velocidad horizontal.

Identifica *las fuerzas que harán que el bloque detenga su movimiento.*

Imagen 9 Un objeto está en equilibrio si su velocidad no se modifica. En esos casos, la fuerza neta debe ser cero.

Equilibrio Según la primera ley de Newton, una fuerza neta hace que la velocidad de un objeto cambie. Si la fuerza neta sobre un objeto es cero, entonces el objeto está en **equilibrio.** Un objeto está en equilibrio si se mueve a una velocidad constante. El reposo es un estado de velocidad constante, $v = 0$. La primera ley de Newton identifica una fuerza neta como algo que perturba un estado de equilibrio. Así, si no existe ninguna fuerza neta que actúe sobre un objeto, el objeto no experimenta un cambio de velocidad o dirección y permanece en equilibrio. La **Imagen 9** indica, al menos en términos de fuerzas netas, que no hay diferencia entre estar acostado en un sofá y caer a una velocidad constante con un paracaídas: la velocidad no cambia, entonces, la fuerza neta es cero.

Ten en cuenta que en la vida diaria hay muchas fuerzas que se resisten al movimiento. El mundo ideal y sin fricción de Newton no es fácil de lograr. Si analizas una situación y hallas que el resultado es diferente a tu propia experiencia, pregúntate si se debe a la presencia de fuerzas de fricción.

Verifica tu progreso

12. **Fuerzas** Identifica cada fuerza como *a*, *b* o *c*: masa, inercia, empuje de una mano, fricción, resistencia del aire, fuerza de resorte, gravedad y aceleración.
    a. fuerza de contacto
    b. una fuerza de campo
    c. no es una fuerza
13. **Diagrama de cuerpo libre** Dibuja un diagrama de cuerpo libre de una bolsa de azúcar que levantas con la mano a una velocidad en aumento. Identifica el sistema. Usa subíndices para rotular todas las fuerzas con sus agentes. Haz las flechas con las longitudes adecuadas.
14. **Diagrama de cuerpo libre** Dibuja un diagrama de cuerpo libre de una cuerda que eleva un balde con agua a una velocidad decreciente. Identifica el sistema. Rotula con subíndices todas las fuerzas con sus agentes y haz las flechas con las longitudes adecuadas.
15. **Pensamiento crítico** Una fuerza de 1 N es la única fuerza horizontal que se ejerce sobre un bloque y se mide la aceleración horizontal del bloque. Si la misma fuerza horizontal es la única que se ejerce sobre otro bloque, la aceleración horizontal es tres veces mayor. ¿Qué puedes concluir sobre las masas de los dos bloques?

LEARNSMART® Conéctate para cumplir tu plan de aprendizaje personalizado para repasar, practicar y reforzar tu comprensión.

LECCIÓN 2

PESO Y FUERZA DE ROZAMIENTO

PREGUNTA DE ENFOQUE

¿Cómo cambia la fuerza de rozamiento luego de que un paracaidista despliega el paracaídas?

Peso

Por la segunda ley de Newton, si la pelota de la **Imagen 10** se acelera es porque una fuerza no equilibrada actúa sobre ella. La única fuerza que actúa sobre la pelota es la fuerza gravitatoria, por la masa de la Tierra. El **peso** de un objeto es la fuerza gravitatoria que experimenta. Esta fuerza es una fuerza de campo cuya magnitud es directamente proporcional a la masa del objeto que experimenta la fuerza. La fuerza gravitatoria, que equivale al peso, se escribe con la ecuación $\boldsymbol{F}_g = m\boldsymbol{g}$. La masa del objeto es m, y $\boldsymbol{g}$, llamado **campo gravitatorio,** es un vector que relaciona la masa de un objeto con la fuerza gravitatoria que experimenta en un lugar determinado.

Cerca de la superficie de la Tierra, $\boldsymbol{g}$ es 9.8 N/kg hacia el centro. Los objetos cerca de la superficie experimentan 9.8 N de fuerza por cada kilogramo de masa.

Balanzas Cuando te paras sobre una balanza, como se muestra en el panel derecho de la **Imagen 10**, la balanza ejerce una fuerza hacia arriba sobre ti. Como no estás en aceleración, la fuerza neta que actúa sobre ti debe ser cero. Por lo tanto, la magnitud de la fuerza que ejerce la balanza ($\boldsymbol{F}_{\text{balanza sobre ti}}$) hacia arriba debe ser igual a la magnitud de $\boldsymbol{F}_g$ que jala hacia abajo. Dentro de la balanza, los resortes aportan la fuerza hacia arriba necesaria para hacer que la fuerza neta sea cero. La balanza está calibrada para convertir la expansión de los resortes a un peso. Si estuvieras en un planeta con una $\boldsymbol{g}$ distinta, la balanza ejercería una fuerza diferente para mantenerte en equilibrio y, por lo tanto, el número sería distinto. Como el peso es una fuerza, la unidad de medida apropiada es el newton.

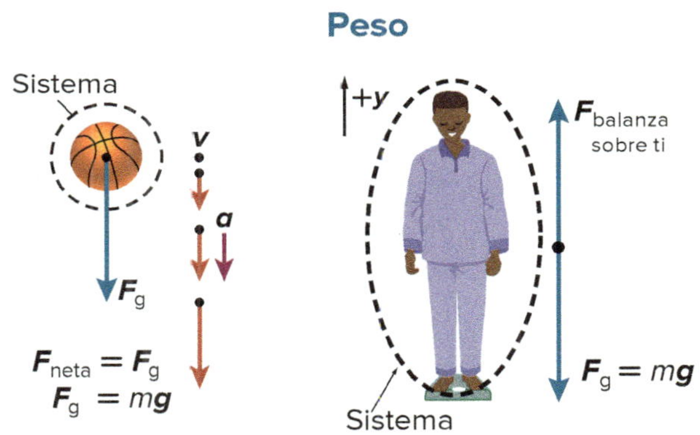

Imagen 10 La fuerza gravitatoria que ejerce la masa de la Tierra sobre un objeto equivale a la masa del objeto por el campo gravitatorio, $\boldsymbol{F}_g = m\boldsymbol{g}$.

Identifica *las fuerzas que actúan sobre ti cuando estás en equilibrio sobre una balanza.*

PENSAMIENTO 3D **DCI** Ideas centrales disciplinarias **CCC** Conceptos interdisciplinarios **SEP** Prácticas de ciencia e ingeniería

REUNIR EVIDENCIA

Usa el Cuaderno de ciencias para registrar la evidencia que reúnas mientras completas las lecturas y las actividades de la lección.

INVESTIGAR

CONÉCTATE para hallar estas actividades y más recursos.

Laboratorio Probeware: Velocidad terminal
Analiza e interpreta datos para determinar qué factores afectan la magnitud de la fuerza de rozamiento sobre un objeto en caída.

Repasar la pregunta de Encuentra el fenómeno
¿Qué información de la lección te ayuda a responder las preguntas de la unidad y del módulo?

EJEMPLO Problema 2

COMPARAR PESOS Kiran sostiene un cilindro de latón con cada mano. El cilindro A tiene una masa de 100.0 g y el cilindro B tiene una masa de 300.0 g. ¿Qué fuerzas ascendentes ejercen las manos para mantener los cilindros en reposo? Si suelta los dos, ¿con qué aceleración caerán? (Ignora la resistencia del aire).

1 ANALIZAR Y PLANTEAR EL PROBLEMA

- Plantea la situación.
- Identifica los dos cilindros como los sistemas y elige la dirección hacia arriba como positiva.
- Dibuja los diagramas de cuerpo libre. Rotula las fuerzas.

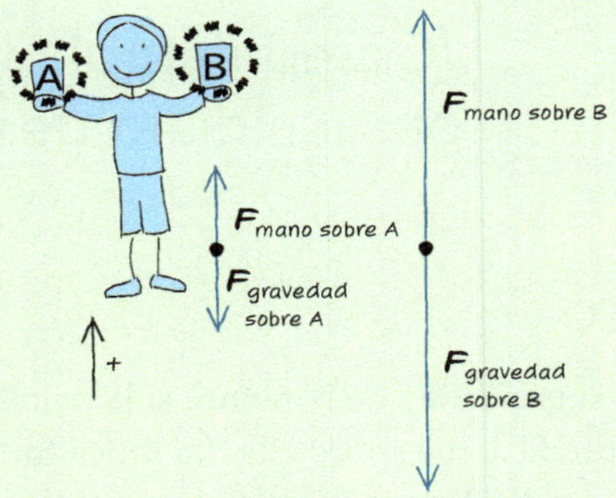

DATOS CONOCIDOS	INCÓGNITAS
$m_A = 0.1000$ kg	$F_{\text{Mano sobre A}} = ?$
$m_B = 0.3000$ kg	$F_{\text{Mano sobre B}} = ?$
$g = -9.8$ N/kg	$a_A = ?$ $a_B = ?$

2 HALLAR LAS INCÓGNITAS

Para el cilindro A:

$$F_{\text{Neta sobre A}} = F_{\text{Mano sobre A}} + F_{\text{Gravedad sobre A}}$$
$$0 = F_{\text{Mano sobre A}} + F_{\text{Gravedad sobre A}}$$
$$F_{\text{Mano sobre A}} = -F_{\text{Gravedad sobre A}}$$
$$F_{\text{Mano sobre A}} = -m_A g$$
$$= -(0.1000\text{ kg})(-9.8\text{ N/kg})$$
$$= 0.98\text{ N hacia arriba}$$

Para el cilindro B:

$$F_{\text{Neta sobre B}} = F_{\text{Mano sobre B}} + F_{\text{Gravedad sobre B}}$$
$$= F_{\text{Mano sobre B}} + F_{\text{Gravedad sobre B}}$$
$$F_{\text{Mano sobre B}} = -F_{\text{Gravedad sobre B}}$$
$$F_{\text{Mano sobre B}} = -m_B g$$
$$= -(0.3000\text{ kg})(-9.8\text{ N/Kg})$$
$$= 2.9\text{ N hacia arriba}$$

Luego de soltar los cilindros, la única fuerza sobre cada una es la de la gravedad. Utiliza la segunda ley de Newton.

$$a_A = \frac{F_{\text{Neta sobre A}}}{m_A} \qquad a_B = \frac{F_{\text{Neta sobre B}}}{m_B}$$

$$a_A = \frac{m_A g}{m_A} = g \qquad a_B = \frac{m_B g}{m_B} = g$$

Sustituye $F_{\text{Neta sobre A}} = m_A g$ y $F_{\text{Neta sobre B}} = m_B g$

$$= -9.8\text{ m/s}^2 \qquad = -9.8\text{ m/s}^2$$

Sustituye $g = -9.8$ N/kg $= -9.8$ m/s^2.

3 EVALUAR LA RESPUESTA

- **¿Son correctas las unidades?** N es la unidad de fuerza correcta; m/s^2 es la unidad correcta para la aceleración.
- **¿Tiene sentido el signo?** La dirección de la caída es hacia abajo, la dirección es negativa y el objeto se acelera, entonces, la aceleración debe ser negativa.
- **¿Es realista la magnitud?** Las fuerzas son 1–5 N, típica de objetos con una masa de un kg o menos. Las aceleraciones son iguales a la aceleración de caída libre.

PRÁCTICA Problemas

PRÁCTICA ADICIONAL

16. Colocas una sandía de 4.0 kg sobre una balanza de resorte que mide en newtons. ¿Qué número indica la balanza?

17. Colocas un televisor de 22.50 kg sobre una balanza de resorte. Si la balanza marca 235.2 N, ¿cuál es el campo gravitatorio?

18. Se levanta del suelo a un cobayo de 0.50 kg. ¿Cuál es la fuerza mínima necesaria para levantarlo? Describe el movimiento particular resultante de esta fuerza mínima.

19. **DESAFÍO** Una bolsa puede soportar un máximo de 230 N antes de romperse. ¿Podrá soportar una bolsa que contiene 15 kg de comestibles y se levanta del mostrador con una aceleración de 7.0 m/s^2?

Peso aparente ¿Qué es el peso? Como la fuerza del peso se define como $F_g = mg$, F_g cambia cuando g varía. Sobre o cerca de la superficie de la Tierra, g es aproximadamente constante, por lo que el peso de un objeto no sufre cambios significativos al moverse alrededor de la superficie de la Tierra. Si una balanza de baño ejerce la única fuerza hacia arriba sobre ti, marca tu peso. ¿Qué marcaría si colocaras un pie sobre la balanza y uno sobre el piso? ¿Qué pasaría si un amigo ejerciera fuerza sobre tus hombros o te levantara los codos? Habría otras fuerzas de contacto sobre ti y la balanza no marcaría tu peso.

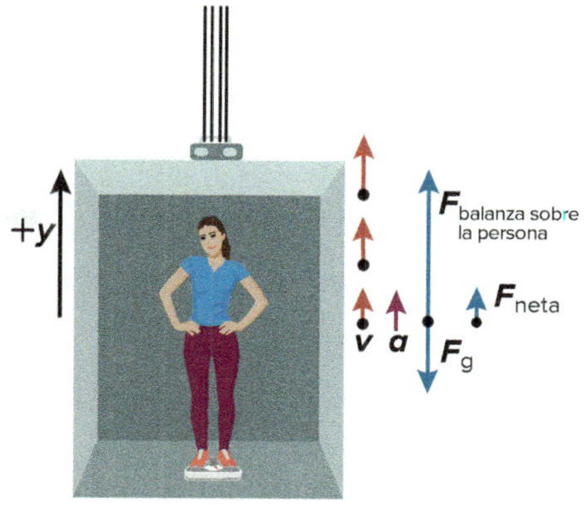

Imagen 11 Si aceleras hacia arriba, la fuerza neta que actúa sobre ti debe ser hacia arriba. La balanza debe ejercer una fuerza hacia arriba mayor que la fuerza de tu peso hacia abajo.

¿Qué ocurre si te paras sobre una balanza en un ascensor? Si no estás en aceleración, la balanza marcará tu peso. ¿Qué marcaría la balanza si el ascensor se acelerara hacia arriba? La **Imagen 11** muestra las representaciones pictórica y física de esta situación. Tú eres el sistema y la dirección positiva es hacia arriba. Como la aceleración del sistema es hacia arriba, la fuerza neta debe ser hacia arriba. La fuerza hacia arriba de la balanza debe ser mayor que la fuerza hacia abajo de la balanza. Por lo tanto, lo que marca la balanza es mayor que tu peso.

¿Lo comprendes?

Describe lo que marca la balanza a medida que el ascensor acelera hacia arriba desde el reposo, alcanza una velocidad constante y, luego, se detiene.

Si estás en un ascensor que acelera hacia arriba, te sientes más pesado porque el piso ejerce mayor presión sobre tus pies. Por otro lado, si la aceleración es hacia abajo, te sientes más liviano y la balanza marca menos que tu peso. La fuerza que ejerce la balanza es un ejemplo de **peso aparente,** que es la fuerza de apoyo que se ejerce sobre un objeto.

Imagina que el cable que sostiene al ascensor se rompe. ¿Qué marcaría entonces la balanza? Tanto la balanza como tú se acelerarían a $a = g$. Según esta fórmula, la balanza marcaría cero y tu peso aparente sería cero. Es decir, serías ingrávido. Sin embargo, la **ingravidez** no significa que el peso de un objeto sea en realidad cero, sino que no existen fuerzas de contacto que sostengan al objeto y el *peso aparente* del objeto es cero. Al igual que con el ascensor en caída, los astronautas experimentan la ingravidez en órbita porque tanto ellos como la nave están en caída libre.

ESTRATEGIA PARA RESOLVER PROBLEMAS

Fuerza y movimiento

Al resolver problemas de fuerza y movimiento, utiliza las siguientes estrategias.

1. Lee el problema con atención y plantea un modelo pictórico.
2. Encierra el sistema con un círculo y elige un sistema de coordenadas.
3. Determina qué datos conoces y cuáles son incógnitas.
4. Crea un modelo físico al dibujar un diagrama de movimiento que muestre la dirección de la aceleración.
5. Crea un diagrama de cuerpo libre que muestre todas las fuerzas que actúan sobre el objeto.
6. Utiliza las leyes de Newton para vincular la aceleración y la fuerza neta.
7. Vuelve a organizar la ecuación para hallar la incógnita.
8. Sustituye los datos conocidos con sus unidades en la ecuación y resuelve.
9. Comprueba tus resultados para saber si son razonables.

EJEMPLO Problema 3

PESO REAL Y APARENTE Tu masa es de 75.0 kg y estás sobre una balanza de baño en un ascensor. Desde el reposo, el ascensor acelera hacia arriba a 2.00 m/s² durante 2.00 s y, luego, se mantiene a velocidad constante. Lo que marca la balanza durante la aceleración ¿es mayor, igual o menor que lo que marca cuando el ascensor está en reposo?

1 ANALIZAR Y PLANTEAR EL PROBLEMA

- Plantea la situación.
- Elige un sistema de coordenadas con dirección positiva hacia arriba.
- Elige el diagrama de movimiento. Rotula *v* y *a*.
- Dibuja el diagrama de cuerpo libre. La fuerza neta tiene la misma dirección que la aceleración, entonces, la fuerza hacia arriba es mayor que la fuerza hacia abajo.

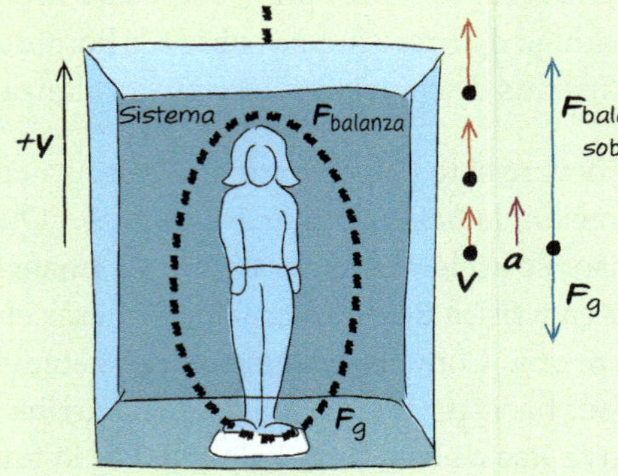

DATOS CONOCIDOS

$m = 75.0$ kg

$a = 2.00$ m/s²

$t = 2.00$ s

$g = 9.8$ N/kg

INCÓGNITA

$F_{balanza} = ?$

2 HALLAR LA INCÓGNITA

$F_{neta} = ma$

$F_{neta} = F_{balanza} + (-F_g)$ — F_g es negativa porque está en la dirección negativa definida en el sistema de coordenadas.

Resuelve para $F_{balanza}$.

$F_{balanza} = F_{neta} + F_g$

Ascensor en reposo:

$F_{balanza} = F_{neta} + F_g$ — El ascensor no se acelera. Entonces, $F_{neta} = 0.00$ N.

$= F_g$ — Sustituye $F_{neta} = 0.00$ N.

$= mg$ — Sustituye $F_g = mg$.

$= (75.0 \text{ kg})(9.8 \text{ N/kg})$ — Sustituye $m = 75.0$ kg, $g = 9.8$ N/kg.

$= 735$ N

Elevador en aceleración hacia arriba:

$F_{balanza} = F_{neta} + F_g$

$= ma + mg$ — Sustituye $F_{neta} = ma$, $F_g = mg$

$= (75.0 \text{ kg})(2.00 \text{ m/s}^2) + (75.0 \text{ kg})(9.8 \text{ N/kg})$ — Sustituye $m = 75.0$ kg, $a = 2.00$ m/s², $g = 9.8$ N/kg

$= 885$ N

Lo que marca la balanza cuando el ascensor se acelera (885 N) es más que cuando está en reposo (735 N).

3 EVALUAR LA RESPUESTA

- **¿Son correctas las unidades?** kg•m/s² es la unidad de fuerza, N.
- **¿Tiene sentido el signo?** El signo positivo concuerda con el sistema de coordenadas.
- **¿Es la magnitud realista?** $F_{Balanza} = 885$ N es mayor que lo que sería en reposo cuando $F_{balanza}$ sería 735 N. El aumento es de 150 N, que es alrededor de 20% del peso en reposo. La aceleración ascendente es de alrededor del 20% debido a la gravedad, por lo que la magnitud es razonable.

PRÁCTICA Problemas

PRÁCTICA ADICIONAL

20. En la Tierra, una balanza marca que pesas 585 N.

a. ¿Cuál es tu masa?

b. ¿Qué marcaría la balanza en la Luna (g = 1.60 N/kg)?

21. DESAFÍO Utiliza los resultados del Ejemplo Problema 3 para responder preguntas sobre una balanza en un ascensor en la Tierra. ¿Qué fuerza ejercería la balanza sobre una persona en las siguientes situaciones?

a. El ascensor asciende a una velocidad constante.

b. Se desacelera 2.0 m/s^2 al moverse hacia abajo.

c. Se acelera 2.0 m/s^2 al moverse hacia abajo.

d. Desciende a una velocidad constante.

e. ¿En qué dirección está la fuerza neta mientras el ascensor desciende y se desacelera hasta detenerse?

Fuerza de rozamiento

Las partículas en el aire alrededor de un objeto ejercen fuerzas sobre él. De hecho, el aire ejerce fuerzas enormes, pero en la mayoría de los casos, ejerce fuerzas equilibradas hacia todas partes y, por lo tanto, no tiene un efecto neto. Hasta ahora, desestimaste la fuerza del aire sobre un objeto que se mueve a través de él. En realidad, cuando un objeto se mueve a través de cualquier fluido, como el aire o el agua, el fluido ejerce una fuerza sobre el objeto en movimiento en dirección opuesta a su movimiento. Una **fuerza de rozamiento** es la fuerza que ejerce un fluido sobre un objeto que se opone al movimiento a través del fluido. Esta fuerza depende del movimiento del objeto, las propiedades del objeto y las propiedades del fluido a través del que se mueve el objeto. Por ejemplo, a medida que aumenta la velocidad del objeto, también aumenta la magnitud de la fuerza de rozamiento. El tamaño y la forma del objeto también afectan esta fuerza, así como las propiedades del fluido, como su densidad y viscosidad.

¿Lo comprendes?

Describe cómo los trajes aéreos que se muestran en la fotografía al comienzo del módulo afectan la fuerza de rozamiento que experimentan los paracaidistas.

FÍSICA Desafío

Un contenedor de agua y alimento de 415 kg se cae de un avión a una altura de 300 m. Considera la situación sin tener en cuenta la resistencia del aire. Luego, calcula la situación más realista con una fuerza de rozamiento de un paracaídas.

1. Si ignoras la resistencia del aire, ¿cuánto tardará el contenedor en caer 300 m hasta el suelo?
2. Sin tener en cuenta la resistencia del aire, ¿cuál es la velocidad del contenedor justo antes de llegar al suelo?
3. El contenedor está adherido a un paracaídas diseñado para producir una fuerza de rozamiento que le permite alcanzar una velocidad constante de 6 m/s. ¿Cuál es la magnitud de la fuerza de rozamiento cuando el contenedor cae a 6 m/s constantes?

Velocidad terminal

Si dejas caer una pelota de tenis, como en la **Imagen 12,** al principio tiene poca velocidad y, por lo tanto, una fuerza de rozamiento pequeña. La fuerza descendente de la gravedad es mayor que la fuerza de rozamiento ascendente, por lo que la aceleración es descendente. La velocidad de la pelota aumenta junto al rozamiento. Pronto, el rozamiento iguala la fuerza de gravedad. Entonces, no hay fuerza neta ni aceleración. La velocidad constante cuando la fuerza de rozamiento se equipara con la gravedad se llama **velocidad terminal.**

Cuando caen objetos livianos con mucha superficie, la fuerza de rozamiento tiene un gran efecto sobre su movimiento y pronto alcanzan la velocidad terminal. El rozamiento afecta poco a un objeto pesado y compacto. La velocidad terminal de una pelota de tenis de mesa en el aire es 9 m/s y la de una pelota de béisbol es 42 m/s. Un paracaidista puede aumentar o disminuir su velocidad terminal al cambiar la orientación y la forma de su cuerpo. Una forma horizontal de águila explayada produce la menor velocidad terminal, unos 60 m/s. Una vez que se abre el paracaídas, el paracaidista se vuelve parte de un objeto grande con una fuerza de rozamiento mayor y una velocidad terminal de 5 m/s.

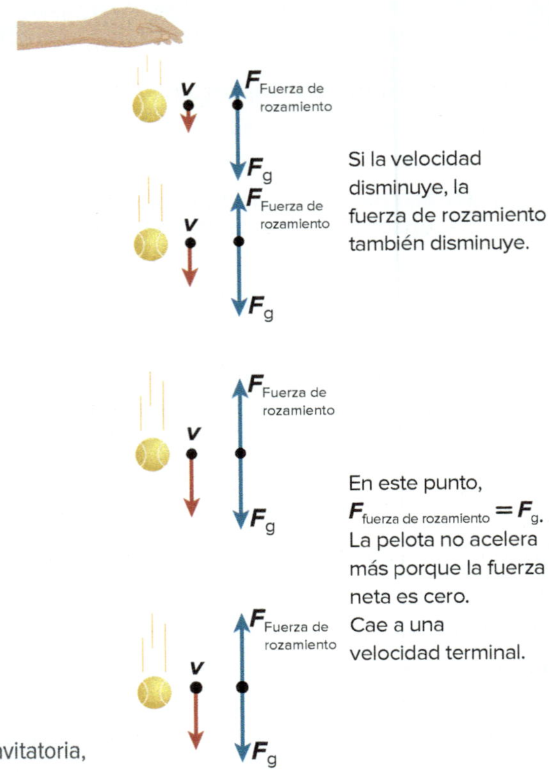

Imagen 12 La fuerza de rozamiento sobre un objeto aumenta a medida que aumenta su velocidad. Cuando la fuerza de rozamiento es igual a la fuerza gravitatoria, el objeto está en equilibrio.

Verifica tu progreso

22. **Velocidad terminal** El paracaidista de la **Imagen 13** cae a una velocidad constante en posición de águila explayada. Inmediatamente después de abrir el paracaídas, ¿el paracaidista se acelera? Si es así, ¿en qué dirección? Explica tu respuesta.

Imagen 13

23. **Gravedad lunar** Compara la fuerza que sostiene una roca de 10.0 kg en la Tierra y en la Luna. El campo gravitatorio de la Luna es 1.6 N/kg.
24. **Movimiento de un ascensor** Estás en un ascensor y sostienes una balanza de resorte con una masa de 1 kg que pende de ella. Ves la balanza y observas que marca 9.3 N. ¿Qué te dice sobre el movimiento del ascensor?
25. **Peso aparente** Subes en un ascensor rápido hasta la parte más alta de un edificio y vuelves a bajar. Compara tus pesos aparente y real en cada parte del viaje. Plantea diagramas de cuerpo libre para respaldar tus respuestas.
26. **Aceleración** Tecle, con una masa de 65.0 kg, está quieto sobre una pista de patinaje sobre hielo. Su amigo ejerce una fuerza de 9.0 N sobre él. ¿Cuál es la aceleración resultante de Tecle?
27. **Pensamiento crítico** Debes cargar mercaderías en camiones en un frigorífico. Cada camión tiene un peso límite de 10,000 N de carga. Empujas cada caja de carne por una cinta transportadora de baja resistencia hacia una balanza y la pesas antes de colocarla en el camión. Una noche, justo después de pesar una caja de 1000 N, la balanza se rompe. Describe una manera en la que podrías aplicas las leyes de Newton para aproximar las masas de las cajas restantes.

LEARNSMART®

Conéctate para cumplir tu plan de aprendizaje personalizado para repasar, practicar y reforzar tu comprensión.

LECCIÓN 3

TERCERA LEY DE NEWTON

PREGUNTA DE ENFOQUE

Si empujas una pared, ¿qué fuerza ejerce la pared sobre ti?

Pares de interacción

La **Imagen 14** muestra las fuerzas como pares de interacción. Existe una fuerza de la mujer sobre el juguete del perro y existe una fuerza del juguete del perro sobre la mujer. Las fuerzas siempre están en pares similares a este ejemplo. La mujer (A) es un sistema y el juguete (B) es otro. ¿Qué fuerzas actúan sobre cada sistema? Los diagramas de fuerza de la **Imagen 14** muestran que cada sistema ejerce una fuerza sobre el otro. $F_{\text{A sobre B}}$ y $F_{\text{B sobre A}}$ son un **par de interacción,** que es un conjunto de dos fuerzas en direcciones opuestas, con magnitudes equivalentes y que actúan sobre diferentes objetos. A veces, un par de interacción se denomina un par de acción-reacción. Esto podría sugerir que una causa la otra, pero no es así. Por ejemplo, la fuerza de la mujer que jala del juguete no hace que el juguete jale a la mujer. Las dos fuerzas existen en conjunto o no existen.

Definición de la tercera ley de Newton En la **Imagen 14**, la fuerza que ejerce la mujer sobre el juguete es igual en magnitud y opuesta en dirección a la fuerza que ejerce el juguete sobre la mujer. Este par de interacción es un ejemplo de la **tercera ley de Newton,** que determina que todas las fuerzas ocurren en pares. Las dos fuerzas en un par actúan sobre diferentes objetos y son iguales en fuerzas y opuestas en dirección.

FatCamera/E+/Getty Images

Imagen 14 La fuerza que ejerce el juguete sobre la mujer y la fuerza que ejerce la mujer sobre el juguete son un par de interacción.

PENSAMIENTO 3D DCI Ideas centrales disciplinarias CCC Conceptos interdisciplinarios SEP Prácticas de ciencia e ingeniería

REUNIR EVIDENCIA

Usa el Cuaderno de ciencias para registrar la evidencia que reúnas mientras completas las lecturas y las actividades de la lección.

INVESTIGAR

CONÉCTATE para hallar estas actividades y más recursos.

Laboratorio de Física: Tercera ley de Newton
Planifica y haz una investigación que aplique las leyes de movimiento de Newton a diferentes sistemas.

Repasar las noticias
Obtén información de un artículo periodístico actual sobre fuerzas y movimiento. Evalúa la fuente y comunica tus descubrimientos a la clase.

Tercera ley de Newton

La fuerza de A sobre B es igual en magnitud y opuesta en dirección a la fuerza de B sobre A.

$$F_{\text{A sobre B}} = -F_{\text{B sobre A}}$$

Utilizar la tercera ley de Newton Tienes un libro en la mano. Puedes dibujar un diagrama de cuerpo libre para ti y uno para el libro. ¿Existe algún par de interacción? Estos siempre ocurren en dos diagramas de cuerpo libre diferentes y los subíndices que aparecen en la página anterior siempre serán simétricos. En este caso, el par de interacción es $F_{\text{libro sobre la mano}}$ y $F_{\text{mano sobre el libro}}$.

La pelota en la **Imagen 15** interactúa con la mesa y con la Tierra. Primero, analiza las fuerzas que actúan sobre un sistema, la pelota. La mesa ejerce una fuerza ascendente sobre la pelota y la masa de la Tierra ejerce una fuerza gravitatoria descendente sobre la pelota. Aunque estas fuerzas tienen direcciones opuestas, no son un par de interacción porque actúan sobre el mismo objeto. Ahora, considera la pelota y la mesa en conjunto. Además de la fuerza ascendente que ejerce la mesa sobre la pelota, la pelota ejerce una fuerza descendente sobre la mesa. Este es un par de interacción. Observa también que la pelota tiene peso. Si la pelota experimenta una fuerza a causa de la masa de la Tierra, entonces debe haber una fuerza sobre la masa de la Tierra a causa de la pelota. En otras palabras, son un par de interacción.

$$F_{\text{masa de la Tierra sobre la pelota}} = -F_{\text{masa de la pelota sobre la Tierra}}$$

Una fuerza no equilibrada aceleraría la Tierra. Pero la aceleración es inversamente proporcional a la masa. Como la masa de la Tierra es tan enorme en comparación con las masas de otros objetos que solemos considerar, la aceleración de la Tierra es tan pequeña que se puede desestimar. En otras palabras, la Tierra suele considerarse parte del mundo externo, más que como un segundo sistema. Las siguientes estrategias de resolución de problemas resumen cómo tratar los pares de interacción.

¿Lo comprendes?

Explica por qué la aceleración de la Tierra suele ser tan pequeña en comparación con la aceleración del objeto con el que interactúa la Tierra.

ESTRATEGIA PARA RESOLVER PROBLEMAS

Pares de interacción

Utiliza estas estrategias para resolver problemas en los que existe una interacción entre objetos en dos sistemas diferentes.

1. Separa el sistema o los sistemas del mundo exterior.
2. Dibuja un modelo pictórico con sistemas de coordenadas para cada sistema.
3. Dibuja un modelo físico con diagramas de cuerpo libre para cada sistema.
4. Conecta los pares de interacción con líneas punteadas.
5. Para calcular tu respuesta, usa la segunda ley de Newton para relacionar la fuerza neta y la aceleración en cada sistema.
6. Usa la tercera ley de Newton para equiparar las magnitudes de los pares de interacción y marca la dirección relativa de cada fuerza.
7. Resuelve el problema y verifica la razonabilidad de las unidades, los signos y las magnitudes de las respuestas.

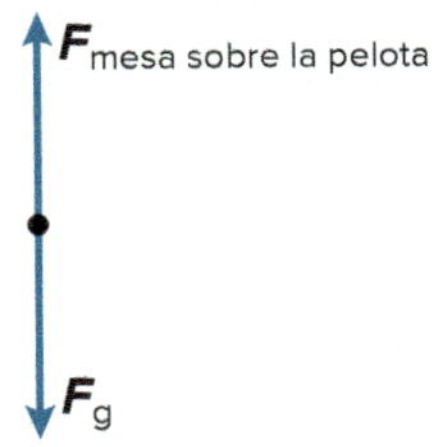

Las dos fuerzas que actúan son $F_{\text{mesa sobre la pelota}}$ y $F_{\text{Tierra sobre la pelota}}$. Estas fuerzas no son un par de interacción.

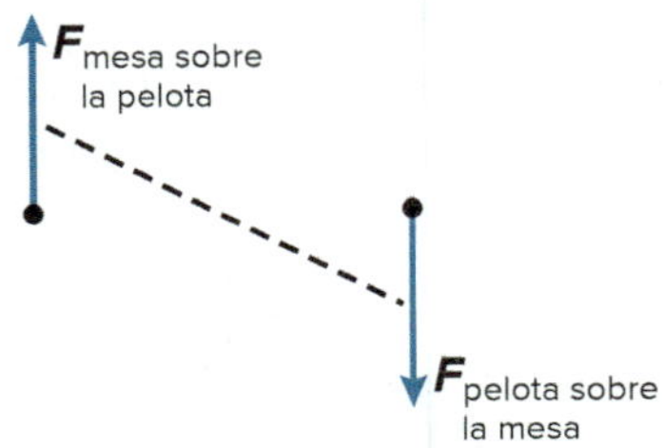

Par de interacción de fuerzas entre la pelota y la mesa.

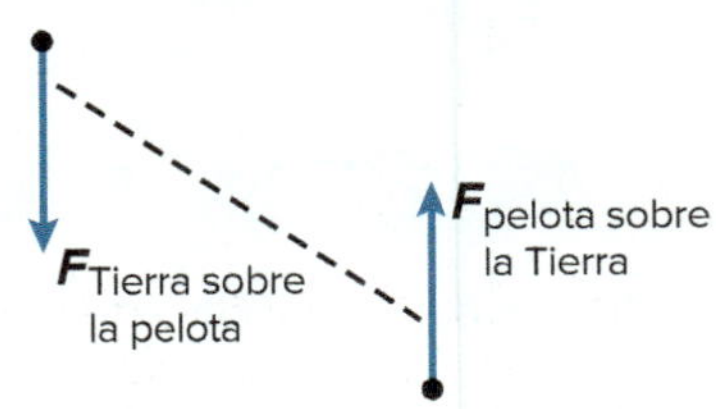

Par de interacción de fuerzas entre la pelota y la Tierra.

Imagen 15 Una pelota que reposa sobre una mesa es parte de dos pares de interacción.

EJEMPLO Problema 4

ACELERACIÓN DE LA TIERRA Una pelota de sóftbol tiene una masa de 0.18 kg. ¿Cuál es la fuerza gravitatoria sobre la Tierra a causa de la pelota y cuál es la aceleración resultante? La masa de la Tierra es 6.0×10^{24} kg.

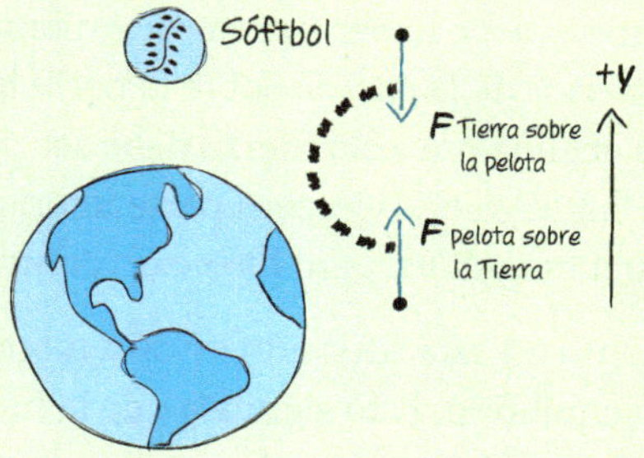

1 ANALIZAR Y PLANTEAR EL PROBLEMA

- Dibuja diagramas de cuerpo libre para los dos sistemas: la pelota y la Tierra.
- Conecta el par de interacción con líneas punteadas.

DATOS CONOCIDOS

$m_{pelota} = 0.18$ kg

$m_{Tierra} = 6.0\times10^{24}$ kg $g = 9.8$ N/kg

INCÓGNITA

$F_{\text{Tierra sobre la pelota}} = ?$

$a_{Tierra} = ?$

2 HALLAR LA INCÓGNITA

Usa la segunda ley de Newton para hallar el peso de la pelota.

$F_{\text{Tierra sobre la pelota}} = m_{pelota}g = (0.18 \text{ kg})(-9.8 \text{ N/kg}) = -1.8 \text{ N}$ Sustituye $m_{pelota} = 0.18$ kg.$g = -9.8$ N/kg.

Usa la tercera ley de Newton para hallar $F_{\text{pelota sobre la Tierra}}$.

$F_{\text{Pelota sobre la Tierra}} = -F_{\text{Tierra sobre la pelota}} = -(-1.8 \text{ N}) = +1.8 \text{ N}$ Sustituye $F_{\text{Tierra sobre la pelota}} = -1.8$ N.

Usa la tercera ley de Newton para hallar la de la Tierra.

$$a_{Tierra} = \frac{F_{neta}}{m_{Tierra}} = \frac{1.8 \text{ N}}{6.0\times10^{24} \text{ kg}} = 2.9\times10^{-25} \text{ m/s}^2 \text{ hacia la pelota}$$

Sustituye $F_{neta} = 1.8$ N, $m_{Tierra} = 6.0\times10^{24}$ kg.

3 EVALUAR LA RESPUESTA

- **¿Son correctas las unidades?** La fuerza está en N y la aceleración está en m/s².
- **¿Tienen sentido los signos?** La fuerza y la aceleración deben ser positivas.
- **¿Es realista la magnitud?** Tiene sentido que la aceleración de la Tierra sea pequeña; la masa de la Tierra es grande.

PRÁCTICA Problemas

PRÁCTICA ADICIONAL

28. Levantas una bola de bolos relativamente liviana con la mano y la aceleras hacia arriba. ¿Cuáles son las fuerzas sobre la bola? ¿Qué fuerzas ejerce la bola? ¿Sobre qué objetos se ejercen estas fuerzas?

29. Se cae un ladrillo de un andamio de construcción. Identifica cualquier fuerza que actúe sobre el ladrillo. Identifica también las fuerzas que ejerce el ladrillo y los objetos que las experimentan. (Se puede ignorar la resistencia del aire).

30. Una maleta se encuentra en un carrito para equipaje inmóvil, como se muestra en la **Imagen 16.** Dibuja un diagrama de cuerpo libre por cada objeto e indica cualquier par de interacción entre los dos.

Imagen 16

31. DESAFÍO Lanzas una bola al aire. Dibuja un diagrama de cuerpo libre para la bola luego de que pierde contacto con la mano, pero mientras aún se mueve hacia arriba. Identifica cualquier fuerza que actúa sobre la bola. También identifica las fuerzas que ejerce la bola y los objetos que las experimentan. Considera que la resistencia del aire es despreciable.

Tensión

La **tensión** es un nombre específico para la fuerza que ejerce una cuerda. Para simplificar, en este libro se asume que las cuerdas no tienen masa. En la **Imagen 17**, la cuerda está a punto de romperse por la mitad. Si la cuerda se rompe, el balde caerá; antes de que se rompa, debe haber fuerzas que mantengan unida la cuerda. La fuerza que ejerce la parte superior de la cuerda sobre la parte inferior es $\boldsymbol{F}_{\text{superior sobre inferior}}$. La tercera ley de Newton determina que esta fuerza debe ser parte del par de interacción. El otro miembro del par es la fuerza que ejerce la parte inferior sobre la superior, $\boldsymbol{F}_{\text{inferior sobre superior}}$. Estas fuerzas de igual magnitud, pero dirección contraria, también se ven en la **Imagen 17**.

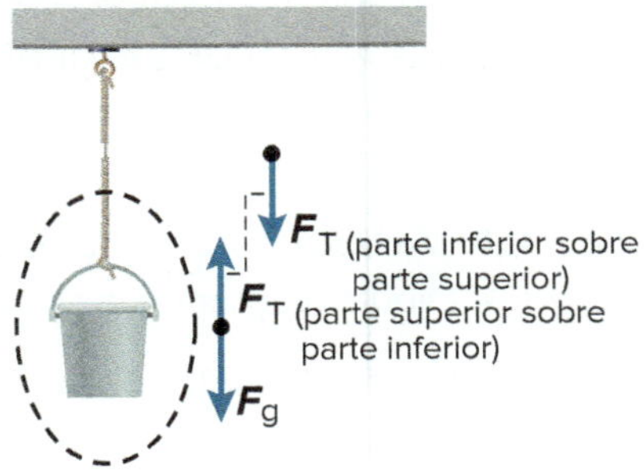

Imagen 17 La tensión en la cuerda es igual al peso de todos los objetos que cuelgan de ella.

Piensa en esta situación de otra manera. Antes de que se rompa la cuerda, el balde está en equilibrio. Esto significa que la fuerza de su peso hacia abajo debe ser igual en magnitud, pero opuesta en dirección a la tensión en la cuerda hacia arriba. Del mismo modo, si observas en la cuerda el punto justo por encima del balde, también está en equilibrio. Por lo tanto, la tensión de la cuerda debajo de él que jala hacia abajo debe ser igual a la tensión de la cuerda sobre él que jala hacia arriba. Es posible subir por la cuerda, considerar cualquier punto en ella y observar que las fuerzas de tensión en cualquier punto jalan por igual en ambas direcciones. Así, la tensión de la cuerda equivale al peso de los objetos debajo de ella.

Examina las fuerzas de tensión que se muestran en la **Imagen 18**. Si el equipo A ejerce una fuerza de 500 N y la cuerda no se acelera, entonces el equipo B también debe estar jalando con una fuerza de 500 N. ¿Cuál es la tensión en la cuerda? Si cada equipo jala con 500 N de fuerza, ¿la tensión es 1000 N? Para saberlo, piensa en la cuerda dividida en dos mitades. El lado izquierdo no se acelera, entonces la fuerza neta sobre él es cero. Así, $F_{\text{A sobre izquierda}} = F_{\text{derecha sobre izquierda}} = 500\ \text{N}$. Asimismo, $F_{\text{B sobre derecha}} = F_{\text{lado izquierdo sobre lado derecho}} = 500\ \text{N}$. Pero las dos tensiones, $\boldsymbol{F}_{\text{derecha sobre izquierda}}$ y $\boldsymbol{F}_{\text{izquierda sobre derecha,}}$ son un par de interacción, entonces son iguales y opuestas. Así, la tensión en la cuerda equivale a la fuerza con la que cada equipo jala, 500 N. Para verificarlo, podrías cortar la cuerda por la mitad y atar las mitades a una balanza de resorte. La balanza marcaría 500 N.

Imagen 18 La cuerda no se acelera, entonces la tensión equivale a la fuerza con la que cada equipo jala.

EJEMPLO Problema 5

LEVANTAR UN BALDE Se levanta un balde de 50.0 kg con una cuerda. La cuerda no se romperá si la tensión es de 525 N o menor. El balde comenzó en reposo y, tras levantarse 3.0 m, se mueve a 3.0 m/s. Si la aceleración es constante, ¿hay peligro de que se rompa la cuerda?

1 ANALIZAR Y PLANTEAR EL PROBLEMA

- Dibuja la situación e identifica las fuerzas en el sistema.
- Establece un sistema de coordenadas con eje positivo hacia arriba.
- Dibuja un diagrama de movimiento; incluye ***v*** y ***a***.
- Dibuja el diagrama de cuerpo libre y rotula las fuerzas.

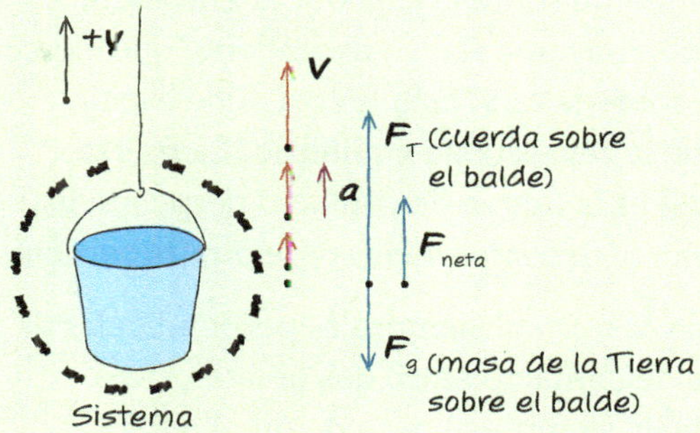

DATOS CONOCIDOS

$m = 50.0$ kg $\quad v_t = 3.0$ m/s

$v_i = 0.0$ m/s $\quad d = 3.0$ m

INCÓGNITA

$F_T = ?$

2 HALLAR LA INCÓGNITA

F_{neta} es la suma de la fuerza positiva de la cuerda que jala hacia arriba (T_F) y el peso negativo de la fuerza ($-F_g$) que jala hacia abajo, como se define en el sistema de coordenadas.

$$F_{neta} = F_T + (-F_g)$$

$$F_T = F_{net} + F_g = ma + mg$$ Sustituye $F_{neta} = ma$, $F_g = mg$

v_i, v_f y d son datos conocidos.

$$v_f^2 = v_i + 2ad$$

$$a = \frac{v_f^2 - v_i^2}{2d} = \frac{v_f^2}{2d}$$ Sustituye $v_i = 0.0$ m/s

$$F_T = ma + mg$$ Sustituye $a = v_f^2 / (2d)$.

$$= m\left(\frac{v_f^2}{2d}\right) + mg$$

$$= (50.0\text{ kg})\left(\frac{(3.0\text{ m/s}^2)}{2(3.0\text{ m})}\right) + (50.0\text{ kg})(9.8\text{ N/kg})$$ Sustituye $m = 50.0$ kg, $v_f = 3.0$ *m/s*, $d = 3.0$ *m*, g = 9.8 N/Kg.

$$= 560\text{ N}$$

La cuerda corre peligro de romperse porque la tensión excede los 525 N.

3 EVALUAR LA RESPUESTA

- **¿Son correctas las unidades?** El análisis dimensional verifica kg•m/s², que es N.
- **¿Tienen sentido los signos?** La fuerza ascendente debe ser positiva.
- **¿Es realista la magnitud?** La magnitud es un poco mayor que 490 N, que es el peso del balde.
  $F_g = mg = (50.0\text{ kg})(9.8\text{ N/kg}) = 490\text{ N}$

PRÁCTICA Problemas

PRÁCTICA ADICIONAL

32. Diego y Mika intentan quitar una llanta del automóvil de Diego. Cuando jalan juntos en la misma dirección, Mika con una fuerza de 23 N y Diego con una fuerza de 31 N, apenas alcanzan a separar la llanta de la rueda. ¿Cuál es la magnitud de la fuerza entre la llanta y la rueda?

33. DESAFÍO Cargas material en un balde que unos techadores elevarán hasta la terraza. Si la cuerda no se rompe en tanto que la tensión no exceda los 450 N y llenas el balde hasta que alcanza una masa de 42 kg, ¿cuál es la máxima aceleración que le pueden dar los trabajadores al balde mientras lo elevan?

Fuerza normal

Cuando dos objetos están en contacto, se ejercen fuerza mutuamente. Considera una caja en reposo sobre una mesa. Hay una fuerza descendente sobre la caja por la gravedad. También hay una fuerza ascendente que ejerce la mesa sobre la caja. Esta fuerza debe existir porque la caja está en equilibrio. La **fuerza normal** es la fuerza de contacto perpendicular que ejerce una superficie sobre otra superficie.

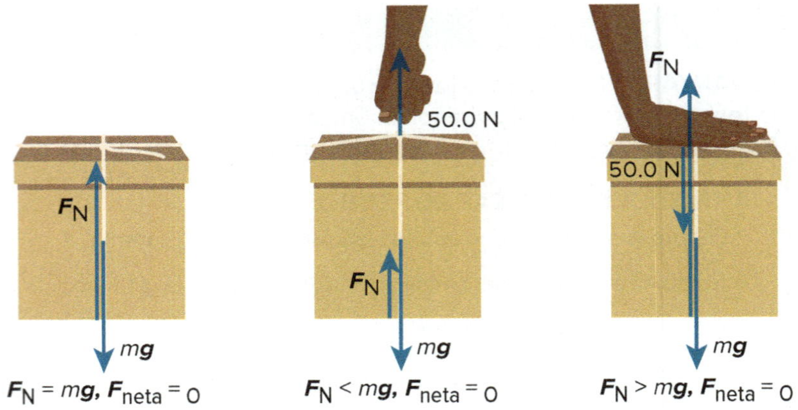

Imagen 19 La fuerza normal no siempre equivale al peso del objeto.

La fuerza normal siempre es perpendicular al plano de contacto entre dos objetos, pero ¿equivale siempre al peso de un objeto? La **Imagen 19** muestra tres situaciones que incluyen una caja con el mismo peso. ¿Qué ocurriría si ataras una cuerda a la caja y la levantas un poquito, pero no lo suficiente para acelerar la caja, como se muestra en el panel central de la **Imagen 19**? Cuando aplicas la segunda ley de Newton a la caja y las fuerzas que actúan sobre ella, observas que $F_N + F_{\text{cuerda sobre la caja}} - F_g = ma = 0$ N, que se puede redistribuir para mostrar $F_N = F_g - F$ cuerda sobre la caja.

Puedes observar que en este caso la fuerza normal que ejerce la mesa sobre la caja es menor al peso de la caja (F_g). Del mismo modo, si empujaras la caja sobre la mesa, como se muestra en el último panel de la **Imagen 19**, la fuerza normal sería mayor que el peso de la caja. Hallar la fuerza normal será importante cuando estudies la fricción en detalle.

Verifica tu progreso

34. **Par de interacción** Identifica cada fuerza que actúa sobre la pelota y su par de interacción en la **Imagen 20.**

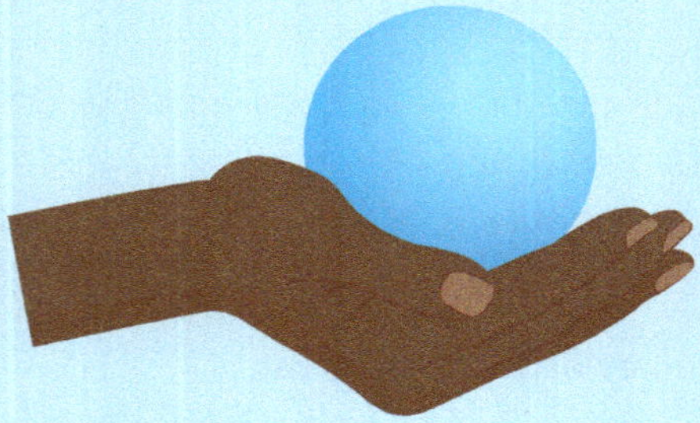

Imagen 20

35. **Fuerza** Imagina que bajas la pelota de la **Imagen 20** a velocidad creciente. Dibuja diagramas de cuerpo libre distintos para las fuerzas que actúan sobre la pelota y para cada par de interacción.

36. **Tensión** Un bloque cuelga del techo por una cuerda sin masa. Otro bloque cuelga debajo del primero de otra parte de cuerda sin masa. Si cada bloque tiene una masa de 5.0 kg, ¿cuál es la tensión en la cuerda?

37. **Tensión** Un bloque cuelga del techo por una cuerda sin masa. Se añade un bloque de 3.0 kg al primero y cuelga debajo de él de otra parte de cuerda sin masa. La tensión en la cuerda superior es 63.0 N. Halla la tensión en la cuerda inferior y la masa del bloque superior.

38. **Pensamiento crítico** Una cortina evita que dos equipos de cinchada se vean el uno al otro. Un equipo ata su extremo de la cuerda a un árbol. Si el otro equipo jala con una fuerza de 500 N, ¿cuál es la tensión de la cuerda? Explica.

LEARNSMART® Conéctate para cumplir tu plan de aprendizaje personalizado para repasar, practicar y reforzar tu comprensión.

Hallar el origen de la fuerza

Racetrack Playa en Death Valley, CA, es una llanura con rocas de distintos tamaños. Las rocas se mueven ocasionalmente y dejan rastros en el barro que muestran su recorrido. Durante mucho tiempo, nadie sabía qué generaba ese movimiento. Este misterio científico se resolvió durante una investigación que reunió datos con el uso de tecnología avanzada.

Durante muchos años, los científicos intentaron determinar el origen de las fuerzas que hacían que estas rocas se movieran.

Rocas errantes

Las rocas de Racetrack Playa recibieron muchos nombres a lo largo de los años. Se las llamó rocas errantes, rocas deslizantes, piedras resbaladizas y piedras navegantes. Las rocas varían mucho en tamaño: las más grandes tienen una masa de 300 kg o más. Su movimiento jamás se había podido observar.

Hipótesis

Muchos científicos formularon hipótesis para explicar el movimiento de las rocas. Algunos pensaron que la fuerza de gravedad jalaba las rocas poco a poco por una pendiente muy leve. Otros pensaron que los fuertes vientos empujaban las rocas con la fuerza suficiente para hacer que se movieran. Sin embargo, la evidencia no respaldaba estas hipótesis. Se descartó la gravedad porque los datos mostraban que las rocas ascendían por una pendiente leve, no descendían. También se descartaron los vientos, porque los datos demostraban que las rocas más grandes solían moverse más lejos que las rocas más pequeñas.

Resolución del misterio

Para resolver el misterio, se colocaron GPS en quince rocas para seguir su movimiento. Montaron una estación meteorológica para llevar registro de la velocidad y la dirección del viento. También colocaron una cámara para registrar el movimiento de las rocas.

Luego de analizar los datos, se concluyó que el movimiento de las rocas ocurría por la formación de un estanque poco profundo en la superficie de Racetrack Playa que se congelaba. Cuando comenzaba a derretirse la capa de hielo superior, la suave brisa movía las delgadas láminas de hielo. Estas láminas de hielo empujaban las rocas y las movían de la misma manera que una vela mueve un bote por el agua. Los datos que aportaron la evidencia de que las láminas de hielo y las brisas generaban la fuerza suficiente para mover las rocas brindaron una respuesta inesperada a este misterio científico.

DESARROLLAR UN MODELO COMO EJEMPLO

En equipo, dibujen un diagrama de cuerpo libre de las fuerzas que actúan sobre una roca en Racetrack Playa. Indiquen la dirección de la aceleración y de la fuerza neta. Hagan una ilustración con un círculo para designar el sistema junto al diagrama.

MÓDULO 4

GUÍA DE ESTUDIO

CONÉCTATE para estudiar con el Libro de ciencias.

Lección 1 FUERZA Y MOVIMIENTO

- Una fuerza es un empuje o un jalón. Las fuerzas tienen dirección y magnitud. Una fuerza puede ser de contacto o de campo.
- La segunda ley de Newton determina que la aceleración de un sistema equivale a la fuerza neta que actúa sobre él dividida por su masa.

$$a = \frac{F_{\text{neta}}}{m}$$

- La primera ley de Newton determina que un objeto que está en reposo permanecerá en reposo y que un objeto en movimiento seguirá en movimiento en línea recta y a velocidad constante solo si la fuerza neta que actúa sobre el objeto es cero. Un objeto sin una fuerza neta que actúe sobre él está en equilibrio.

- fuerza
- sistema
- diagrama de cuerpo libre
- fuerza neta
- segunda ley de Newton
- primera ley de Newton
- inercia
- equilibrio

Lección 2 PESO Y FUERZA DE ROZAMIENTO

- El peso del objeto (F_g) depende de su masa y del campo gravitatorio en su ubicación.

$$F_g = mg$$

- El peso aparente de un objeto es la magnitud de la fuerza de soporte que se ejerce sobre él. Un objeto sin peso aparente experimenta ingravidez.
- Un objeto en caída alcanza una velocidad constante cuando la fuerza de rozamiento es igual al peso del objeto. La velocidad constante se denomina velocidad terminal. La fuerza de rozamiento sobre un objeto está determinada por el peso, el tamaño y la forma del objeto, así como por el fluido por el que se mueve.

- peso
- campo gravitatorio
- peso aparente
- ingravidez
- fuerza de rozamiento
- velocidad terminal

Lección 3 TERCERA LEY DE NEWTON

- La tercera ley de Newton determina que las dos fuerzas que constituyen un par de interacción de fuerzas son iguales en magnitud, pero opuestas en dirección y actúan sobre objetos diferentes. En un par de interacción, $\mathbf{F}_{\text{A sobre B}}$ no causa $\mathbf{F}_{\text{B sobre A}}$. Las dos fuerzas existen en conjunto o no existen.

$$\mathbf{F}_{\text{A sobre B}} = -\mathbf{F}_{\text{B sobre A}}$$

- La fuerza normal es una fuerza de apoyo que resulta del contacto entre dos objetos. Siempre es perpendicular al plano de contacto entre los dos objetos.

- par de interacción
- tercera ley de Newton
- tensión
- fuerza normal

PENSAMIENTO TRIDIMENSIONAL

Conclusión del módulo

REPASA EL FENÓMENO

¿Cómo controla la velocidad un saltador BASE con traje aéreo?

CER Afirmación, evidencia, razonamiento

Explicar el razonamiento Repasa la afirmación que hiciste cuando hallaste el fenómeno. Resume la evidencia que reuniste en tus investigaciones y completa la tabla de resumen. ¿Respalda la evidencia tu afirmación? Si no lo hace, repasa tu afirmación. Explica por qué la evidencia respalda tu afirmación.

PROYECTO DE LA UNIDAD STEM

Ahora que completaste el módulo, repasa el proyecto de la unidad STEM. Resume la evidencia y aplícala al proyecto.

PROFUNDIZA

SEP Laboratorio de análisis de datos

¿Cómo cambia el peso durante el lanzamiento de un cohete?

Un cohete se lanza verticalmente. Cuando alcanza su altura máxima, se despliega un paracaídas y el cohete desciende hasta el suelo.

CER Analizar e interpretar datos

1. **Dibuja y rotula** un diagrama de cuerpo libre para el cohete en los siguientes intervalos:
   a. cuando se enciende el motor
   b. cuando el motor se apaga, pero antes de desplegarse el paracaídas
   c. al desplegarse el paracaídas
2. **Afirmación** Imagina que el cohete es de tamaño real y que en su interior una persona se coloca sobre una balanza. Para los siguientes intervalos, ¿es menor, igual o mayor lo que marca la balanza en comparación con lo que marca cuando el cohete está en reposo?
   a. cuando se enciende el motor
   b. cuando el motor se apaga pero antes de desplegarse el paracaídas
   c. al desplegarse el paracaídas
3. **Evidencia y razonamiento** Justifica tus respuestas con tus diagramas y explica tu razonamiento.

NASA

UNIDAD 2

MECÁNICA EN DOS DIMENSIONES

ENCUENTRA EL FENÓMENO

¿Cómo producen las fuerzas tantos movimientos distintos?

SEP Hacer preguntas

¿Qué preguntas tienes acerca del fenómeno? Escribe tus preguntas en notas adhesivas y pégalas en la pizarra de preguntas clave de esta unidad.

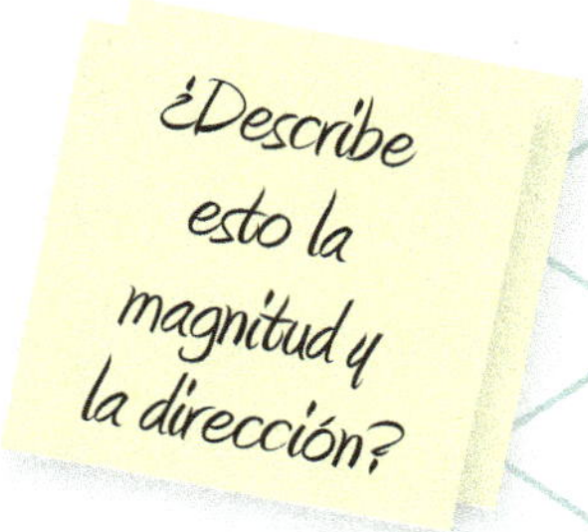

Buscar evidencia

Mientras avanzas en la unidad, responde la pregunta del fenómeno y tus propias preguntas con la información suministrada y tu experiencia. Para cada actividad, registra tus observaciones en una tabla de resumen, incluye una explicación e identifica cómo se relacionan con las preguntas del fenómeno de la unidad y del módulo.

Resolver un problema

PROYECTO DE LA UNIDAD STEM

En órbita Comprender el movimiento orbital ha sido clave para entender la dinámica de nuestro sistema solar. En los últimos años, los astrónomos detectaron planetas que orbitan otras estrellas. Los exoplanetas siguen las mismas leyes de la física que rigen a nuestro sistema solar. Investiga el movimiento orbital, la gravedad y los exoplanetas. Usa los resultados de estas investigaciones y la evidencia que reuniste durante la unidad para predecir el movimiento de objetos orbitantes en un sistema solar.

CONÉCTATE Además de leer la información en el Libro del estudiante, puedes hallar el Proyecto de la unidad STEM y otros recursos útiles en línea.

robert france/Alamy Stock Photo

DESPLAZAMIENTO Y FUERZA EN DOS DIMENSIONES

ENCUENTRA EL FENÓMENO

¿Por qué este tren especializado limpia las vías?

CONÉCTATE para ver un video acerca de la importancia de limpiar las vías de trenes

SEP Hacer preguntas

¿Tienes más preguntas acerca del fenómeno? Si es así, agrégalas a la pizarra de preguntas clave.

CER Afirmación, evidencia, razonamiento

Hacer una afirmación Usa la tabla CER para hacer una afirmación acerca de por qué el tren limpia las vías. Explica tu razonamiento.

Reunir evidencia Usa las lecciones del módulo para reunir evidencia que respalde tu afirmación. Registra la evidencia mientras trabajas en el módulo.

Explicar el razonamiento Repasarás tu afirmación y explicarás tu razonamiento al final del módulo.

CONÉCTATE para acceder a la tabla CER y explorar los recursos que te ayudarán a reunir evidencia.

LECCIÓN 2: Explorar y explicar: Fricción cinética y estática

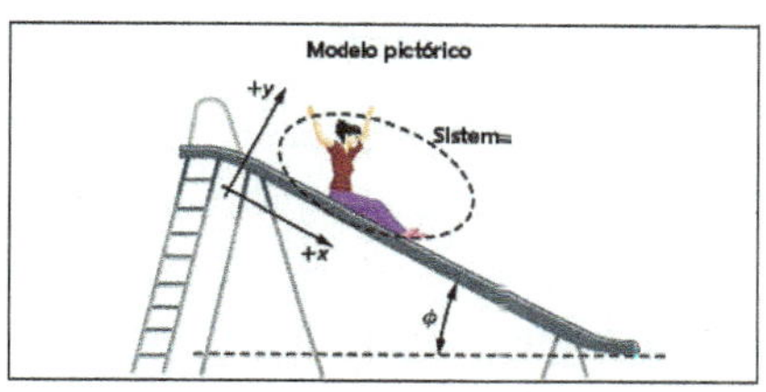

LECCIÓN 3: Explorar y explicar: Planos inclinados

Smithsonian

Recursos adicionales

VECTORES

PREGUNTA DE ENFOQUE

¿Cómo sumas fuerzas en dos dimensiones?

Vectores en dos dimensiones

¿Cómo se aferran los escaladores a un muro de piedra? Por lo general, el escalador tiene más de un punto de apoyo. Esto significa que hay múltiples fuerzas que actúan sobre él. La roca ejerce una fuerza sobre él porque se sujeta de las grietas. Además, la soga lo asegura a la roca, por lo que hay dos fuerzas de contacto que actúan sobre él. Como la fuerza de gravedad lo atrae, entonces hay tres fuerzas sobre el escalador.

Esta situación tiene un aspecto distinto de otras que ya estudiaste, como que las fuerzas que ejerce la cara de la roca sobre el escalador no empujan o jalan solo en dirección horizontal o vertical. En otras lecciones viste que puedes elegir el sistema de coordenadas y orientarlo para que sea más útil para analizar una situación. Pero ¿cómo puedes establecer un sistema de coordenadas para una fuerza neta cuando tienes más de una dimensión? ¿Y qué ocurre cuando las fuerzas no están en ángulos rectos entre sí?

$$\boldsymbol{F}_{\text{A sobre la mesa}} + \boldsymbol{F}_{\text{B sobre la mesa}} = \boldsymbol{F}_{\text{A y B sobre la mesa}}$$

$$40\ \text{N} \rightarrow + \ 40\ \text{N} \rightarrow = \ 80\ \text{N} \rightarrow$$

Repaso de vectores Comencemos repasando los vectores de fuerza en una dimensión. Considera el caso de la **Imagen 1**, donde tú y un amigo empujan una mesa. Imagina que cada uno ejerce una fuerza de 40 N hacia la derecha. La suma de las fuerzas es 80 N a la derecha, lo que probablemente esperabas. Pero ¿cómo hallas la suma de estos vectores de fuerza?

Ya aprendiste sobre la suma de vectores en línea recta, donde el vector resultante siempre señala desde el origen del primer vector hacia el extremo del vector final. ¿Aplica esta regla cuando los vectores no están en línea recta?

Imagen 1 La suma de las dos fuerzas aplicadas es de 80 N a la derecha.

PENSAMIENTO 3D DCI Ideas centrales disciplinarias CCC Conceptos interdisciplinarios SEP Prácticas de ciencia e ingeniería

REUNIR EVIDENCIA

Usa el Cuaderno de ciencias para registrar la evidencia que reúnas mientras completas las lecturas y las actividades de la lección.

INVESTIGAR

CONÉCTATE para hallar estas actividades y más recursos.

Introducción al laboratorio: Agregar vectores
Realiza una investigación para determinar la fuerza neta sobre un sistema cuando las fuerzas se ejercen en dos dimensiones.

CCC Identificar conceptos interdisciplinarios
Haz una tabla de los conceptos interdisciplinarios con ejemplos que encuentres en la lectura.

Agregar vectores en dos dimensiones

Incluso cuando los vectores no están en línea recta, el vector resultante siempre va desde el origen del primer vector hasta el extremo del vector final. Puedes usar un transportador y una regla para dibujar los vectores en los ángulos correctos y para medir la magnitud y dirección del vector resultante.

La **Imagen 2** muestra cómo agregar vectores gráficamente en dos dimensiones. Observa que cuando el vector ***B*** se mueve, su magnitud y dirección no cambian. Esto siempre es así: cuando un vector se mueve, su longitud y su dirección no se alteran.

Vectores perpendiculares

Si agregas dos vectores juntos en ángulos rectos, como el vector *A* que apunta hacia el este y el vector ***B*** que apunta hacia el norte en la **Imagen 2,** puedes usar el Teorema de Pitágoras para hallar la magnitud (R) del vector resultante.

$$R^2 = A^2 + B^2$$

Ángulos diferentes a 90°

Si agregas dos vectores que están en un ángulo diferente a 90°, como en la **Imagen 3,** entonces puedes usar trigonometría, como la ley de senos o la ley de cosenos. Es mejor usar la ley de senos cuando tienes dos mediciones de ángulos y solo una magnitud de vector. La ley de cosenos es muy útil cuando tienes dos vectores y el ángulo entre ellos.

Ley de senos: $\frac{R}{\text{seno}\,\theta} = \frac{A}{\text{seno}\,a} = \frac{B}{\text{seno}\,b}$

Ley de cosenos: $R^2 = A^2 + B^2 - 2AB\cos\theta$

¿Qué sucede si aplicas la ley de cosenos a un triángulo en el que $\theta = 90°$? Observa que los tres primeros términos en la ley de cosenos son los mismos tres términos del teorema de Pitágoras. El último término en esta ley, $-2AB\cos\theta$, es igual a cero si $\theta = 90°$ porque $\cos 90° = 0$.

$$R^2 = A^2 + B^2 - 2AB\cos 90°$$

$$R^2 = A^2 + B^2 - 2AB\,(0)$$

$$R^2 = A^2 + B^2$$

Si $\theta = 90°$, el triángulo es un triángulo rectángulo y la ley de cosenos se simplifica al teorema de Pitágoras.

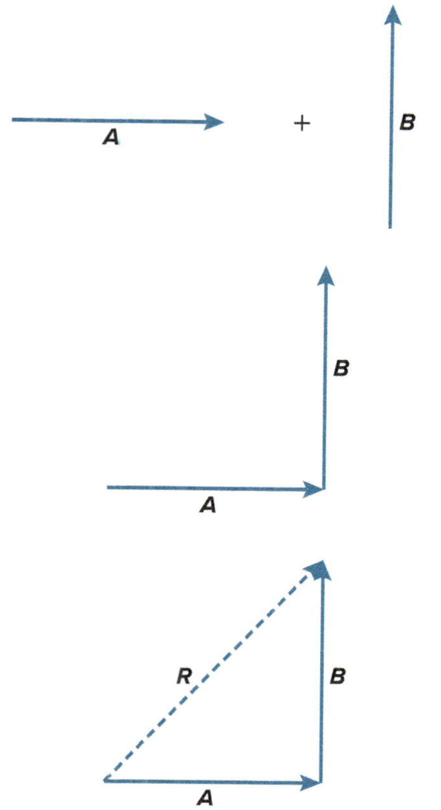

Imagen 2 Cuando se agregan vectores en dos dimensiones, el proceso es el mismo que al agregar vectores en una dimensión: coloca los vectores de origen a extremo, luego conecta el extremo del primer vector con el origen del segundo vector (o el vector final si hay más de dos) para hallar el resultante.

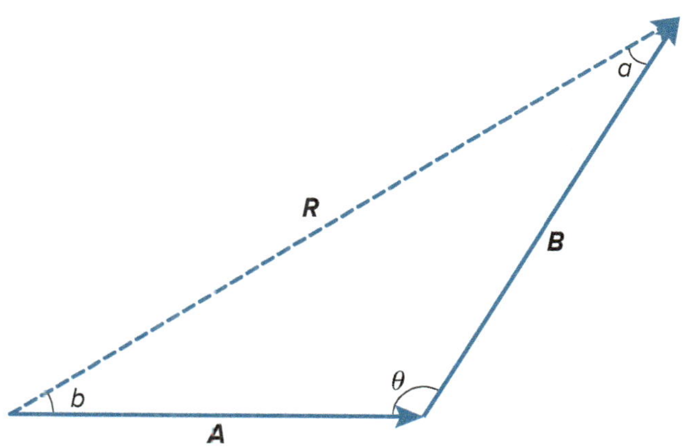

Imagen 3 Si los vectores no son ángulos rectos, el teorema de Pitágoras no aplica. Usa la ley de cosenos o la ley de senos con las variables que se muestran aquí.

EJEMPLO Problema 1

HALLAR LA MAGNITUD DE LA SUMA DE DOS VECTORES Halla la magnitud del total de un desplazamiento de 15 km y un desplazamiento de 25 km cuando el ángulo θ entre ellos es de 90° y cuando el ángulo θ entre ellos es de 135°.

1 ANALIZAR Y PLANTEAR EL PROBLEMA

- Dibuja los dos vectores de desplazamiento, A y B, y el ángulo entre ellos.

Datos conocidos

$A = 25$ km $\quad \theta = 90°$ o $\theta_2 = 135°$

$B = 15$ km

Incógnita

$R = ?$

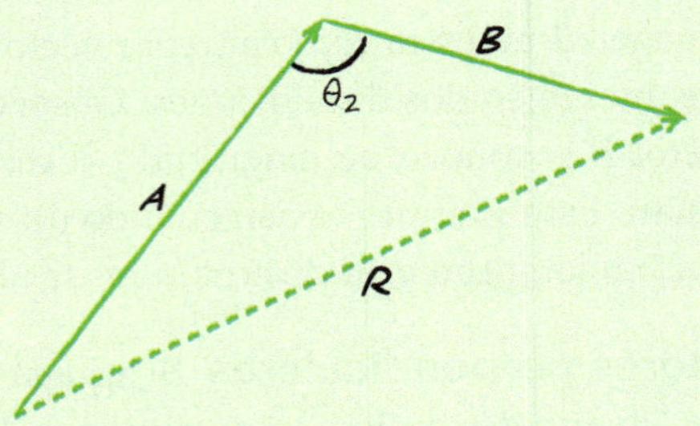

2 HALLAR LA INCÓGNITA

Cuando θ es 90°, usa el Teorema de Pitágoras para hallar la magnitud del vector resultante.

$$R^2 = A^2 + B^2$$

$$R = \sqrt{A^2 + B^2}$$

$$= \sqrt{(25\ \text{km})^2 + (15\ \text{km})^2}$$ Sustituye $A = 25$ km, $B = 15$ km

$$= 29\ \text{km}$$

Cuando θ no es igual a 90°, usa la ley de cosenos para hallar la magnitud del vector resultante.

$$R^2 = A^2 + B^2 - 2AB(\cos\theta_2)$$

$$R = \sqrt{A^2 + B^2 - 2AB(\cos\theta_2)}$$

$$= \sqrt{(25\ \text{km})^2 + (15\ \text{km})^2 - 2(25\ \text{km})(15\ \text{km})(\cos 135°)}$$ Sustituye $A = 25$ km, $B = 15$ km, $\theta_2 = 135°$

$$= 37\ \text{km}$$

3 EVALUAR LA RESPUESTA

- **¿Son correctas las unidades?** Cada respuesta es una longitud medida en kilómetros.
- **¿Son coherentes los signos?** Las sumas son positivas.
- **¿Son realistas las magnitudes?** A partir del planteo, se observa que el resultante debería ser más largo que cualquiera de los vectores.

PRÁCTICA Problemas

PRÁCTICA ADICIONAL

1. Tú y tu familia salen de paseo una tarde. Conducen 125.0 km rumbo oeste, luego doblan rumbo sur y conducen otros 65.0 km. ¿Cuál es la magnitud de tu desplazamiento? Resuelve el problema gráfica y matemáticamente y verifica las respuestas entre sí.
2. En un día soleado, sales a caminar con tus hermanos. Caminan 4.5 km en una dirección, luego hacen un giro de 45° hacia la derecha y caminan otros 6.4 km. ¿Cuál es la magnitud de su desplazamiento?
3. Luego de comprar útiles escolares, caminas con tu acompañante desde la puerta del centro comercial hasta el automóvil. Primero caminan 250.0 m por un carril de automóviles y luego giran 90° hacia la derecha y caminan 60.0 m adicionales. ¿A qué distancia está el automóvil de la puerta del centro comercial? Resuelve el problema gráfica y matemáticamente y luego verifica las respuestas entre sí.
4. **DESAFÍO** Una hormiga camina en la acera. Primero se mueve una distancia de 5.0 cm hacia el sur. Luego gira al sudoeste y continúa unos 4.0 cm. ¿Cuál es la magnitud de su desplazamiento?

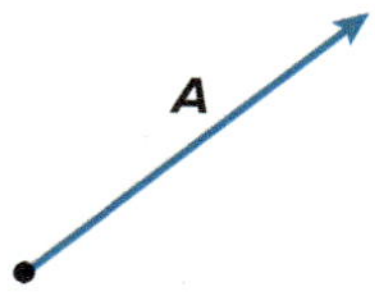

Puedes colocar el vector en cualquier sistema de coordenadas siempre que la magnitud y dirección del vector se mantengan sin cambios.

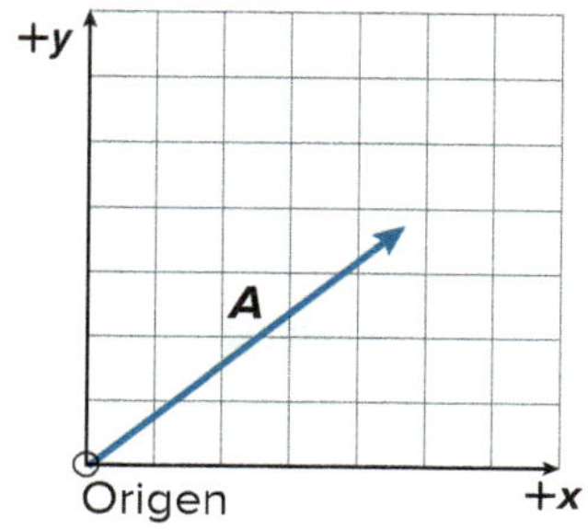

El sistema de coordenadas puede orientarse para que sea más fácil resolver el problema.

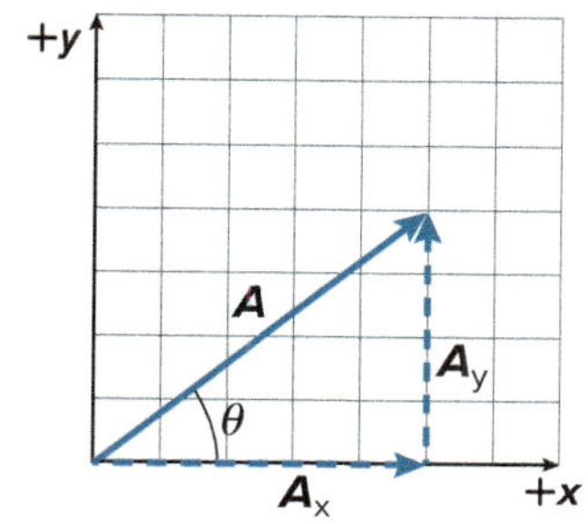

Si los componentes de un vector se agregan juntos, el resultado es el vector original.

Imagen 4 El vector ***A*** se coloca en un sistema de coordenadas. Observa en la derecha que la dirección de ***A*** se mide en sentido contrario a las manecillas del reloj desde el eje positivo de las *x*. $\boldsymbol{A}_x$ es paralela al eje de las *x* y $\boldsymbol{A}_y$ es paralela al eje de las *y*.

Describe *un vector cuyo componente y sea cero.*

Componentes de los vectores

¿Cuál es la dirección del vector que se muestra a la izquierda en la **Imagen 4?** Para determinar la dirección exacta, se necesita elegir un sistema de coordenadas. Este sistema de coordenadas, como el del centro de la **Imagen 4,** es similar a colocar una cuadrícula dibujada en un plástico transparente sobre un problema de vectores. Seleccionas dónde ubicar el centro de la cuadrícula (el origen) y estableces las direcciones a las que apuntan los ejes. El eje de las *x* se dibuja atravesando el origen con una flecha que apunta en la dirección positiva. El eje de las *y* se ubica a 90° del eje positivo de las *x* y atraviesa *ese eje* en el origen.

¿Cómo se elige la dirección del eje de las *x*? No existe una única respuesta correcta, pero algunas elecciones hacen más fácil resolver el problema que otras. Cuando el movimiento que se describe está limitado a la superficie de la Tierra, el punto del eje de las *x* está al este y el punto del eje de las *y*, al norte. Si el movimiento está en una inclinación, coloca el eje positivo de las *x* en la dirección del movimiento paralelo a la superficie de la inclinación.

Componentes Ahora puedes describir un vector de forma útil. El vector ***A***, que se muestra a la derecha en la **Imagen 4,** puede describirse como 5 unidades en la dirección positiva *x* ($\boldsymbol{A}_x$) y 4 unidades en la dirección positiva *y* ($\boldsymbol{A}_y$). Si agregas $\boldsymbol{A}_x$ y $\boldsymbol{A}_y$, el resultante es el vector original, ***A***. Un vector puede descomponerse en **componentes,** que son un vector paralelo al eje de las *x* y otro vector paralelo al eje de las *y*: $\boldsymbol{A} = \boldsymbol{A}_x + \boldsymbol{A}_y$.

El proceso de descomponer un vector en sus componentes se suele denominar **resolución vectorial.** El vector de origen es la hipotenusa de un triángulo rectángulo. Esto significa que la magnitud del vector de origen siempre será mayor que o igual a la magnitud de cualquier vector componente.

USO CIENTÍFICO VS. USO COMÚN

Componentes

Uso científico: proyecciones de un vector paralelo a los ejes de las *x* e *y*
Un vector es la suma algebraica de sus componentes.

Uso común: partes o ingredientes constitutivos
Los componentes electrónicos de la computadora fallaron durante una sobrecarga.

Conexión con carreras STEM

Ingeniería civil

En un automóvil en movimiento sobre una superficie mojada, ¿observas la diferencia de fricción entre las llantas y la ruta mojada? Un objetivo para un ingeniero civil es diseñar caminos y pavimentos teniendo en cuenta la fricción entre las llantas y la ruta en diferentes condiciones de manejo.

Dirección en los sistema de coordenadas

En un problema de dos dimensiones sobre fuerzas, debes elegir cuidadosamente tu sistema de coordenadas porque la dirección de cualquier vector se especificará en relación con esas coordenadas. Definimos la dirección de un vector como el ángulo que marca el vector con el eje de las x, medido en sentido contrario a las manecillas del reloj a partir del eje positivo de las x. En la **Imagen 5,** el ángulo θ representa la dirección del vector **A.** Todos los cálculos algebraicos incluyen solo los componentes del vector, no los vectores en sí.

Además de medir longitudes de los componentes gráficamente, puedes hallarlos usando trigonometría del siguiente modo:

$$\cos\theta = \frac{\text{lado adyacente}}{\text{hipotenusa}} = \frac{A_x}{A};\ \text{entonces, } A_x = A\cos\theta$$

$$\text{sen}\,\theta = \frac{\text{lado opuesto}}{\text{hipotenusa}} = \frac{A_y}{A};\ \text{entonces, } A_y = A\,\text{sen}\,\theta$$

Si el ángulo que forma un vector con el eje x es mayor que 90°, el signo de uno o más componentes es negativo, como en la parte superior del sistema de coordenadas de la **Imagen 5.**

¿Lo comprendes?

Explica cómo debe medirse la dirección de un vector.

Sistema de coordenadas

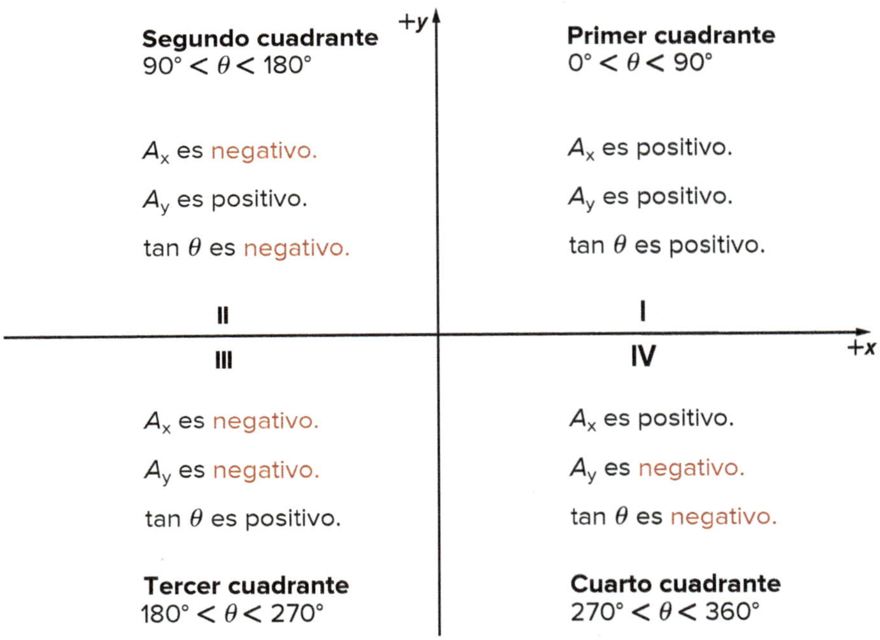

Ejemplo:

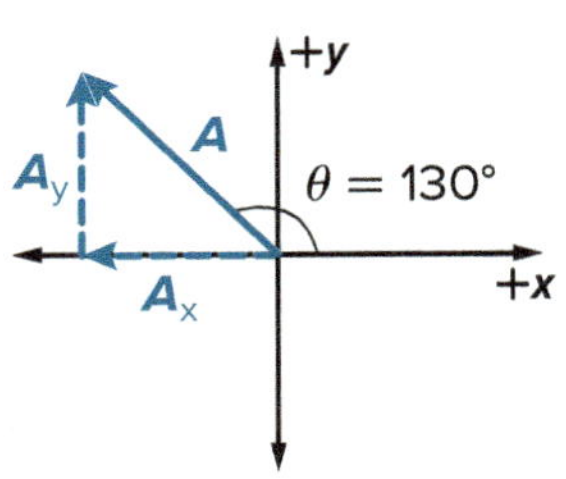

- ***A*** está en el segundo cuadrante.
- Espera que A_x sea negativo:

  $A_x = A\cos\theta = (5.0\ \text{N})\cos 130° = -3.2\ \text{N}$
- Espera que A_y sea positivo:

  $A_y = A\,\text{sen}\,\theta = (5.0\ \text{N})\,\text{sen}\,130° = 3.8\ \text{N}$

Imagen 5 El plano de coordenadas está dividido en cuatro cuadrantes. Los componentes de un vector serán positivos o negativos según el cuadrante del vector.

Clasifica *como positivo o negativo los componentes de un vector cuyo ángulo es de 280°. ¿En qué cuadrante está el vector?*

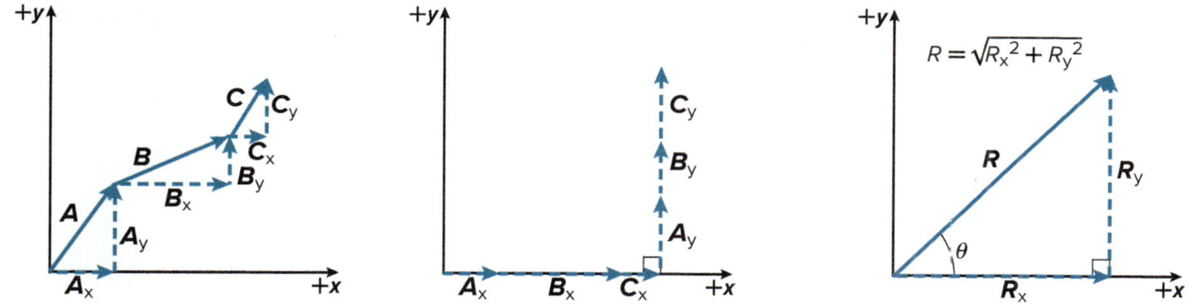

Agrega los vectores gráficamente al colocarlos de origen a extremo.

Agrega los componentes de *x* juntos y los de *y* juntos.

La magnitud de ***R*** puede calcularse con el teorema de Pitágoras.

Imagen 6 La suma del vector ***A***, ***B*** y ***C*** es la misma que la suma del vector $\boldsymbol{R}_x$ y $\boldsymbol{R}_y$.

Suma algebraica de vectores

La **Imagen** 6 muestra cómo resolver vectores en componentes hace más simple su suma. Primero, descompone cada vector en sus componentes en *x* e *y*. Suma los componentes de *x* para formar el componente de *x* del resultante:

$$\boldsymbol{R}_x = \boldsymbol{A}_x + \boldsymbol{B}_x + \boldsymbol{C}_x.$$

De modo similar, suma los componentes de *y* para formar el componente de *y* del resultante:

$$\boldsymbol{R}_y = \boldsymbol{A}_y + \boldsymbol{B}_y + \boldsymbol{C}_y.$$

Dado que $\boldsymbol{R}_x$ y $\boldsymbol{R}_y$ son un ángulo recto (90°), puedes calcular la magnitud del vector resultante con el teorema de Pitágoras:

$$R^2 = R_x^{\,2} + R_y^{\,2}$$

Recuerda que el ángulo del vector con el eje de las *x* se obtiene con la siguiente ecuación.

$$\theta = \tan^{-1}\left(\frac{R_y}{R_x}\right)$$

Puedes hallar el ángulo, o la dirección del vector, usando la tecla $\tan^{-1}$ en la calculadora. Cuando $\tan\theta > 0$, la mayoría de las calculadoras dan el ángulo entre 0° y 90°. Cuando $\tan\theta < 0$, el ángulo estará entre 0° y −90°.

ESTRATEGIA PARA RESOLVER PROBLEMAS

Suma de vectores

Usa la siguiente técnica para resolver problemas en los que necesites sumar o restar vectores.

1. Elige un sistema de coordenadas.
2. Descompón los vectores en sus componentes de *x* con $A_x = A\cos\theta$ y sus componentes *y* con $A_y = A \text{ sen } \theta$, donde θ es el ángulo medido en sentido contrario a las manecillas del reloj desde el eje positivo de las *x*.
3. Suma o resta los componentes en dirección de *x*.
4. Suma o resta los componentes en la dirección de *y*.
5. Usa el teorema de Pitágoras, $R = \sqrt{R_x^{\,2} + R_y^{\,2}}$, para hallar la magnitud del vector resultante.
6. Usa $\theta = \tan^{-1}\left(\frac{R_y}{R_x}\right)$ para hallar el ángulo del vector resultante.

EJEMPLO Problema 2

HALLAR EL CAMINO DE REGRESO Estás en una excursión. Tu campamento está a 15.0 km, en la dirección 40.0° oeste-noroeste. El único camino a través del bosque conduce directamente al norte. Si sigues el camino 5.0 km antes de que se abra a un campo, ¿cuánto y en qué dirección deberías caminar para llegar a tu campamento?

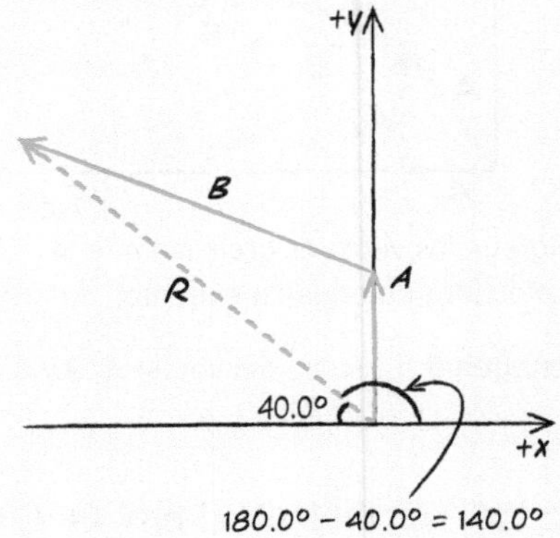

1 ANALIZAR Y PLANTEAR EL PROBLEMA

- Dibuja el vector resultante, ***R***, desde tu ubicación de origen hasta el campamento.
- Dibuja ***A***, el vector conocido y dibuja ***B***, el vector incógnita.

Datos conocidos

A = 5.0 km, rumbo norte

R = 15.0 km, 40.0° oeste-noroeste

$\theta = 140.0°$

Incógnita

B = ?

2 HALLAR LA INCÓGNITA

Halla los componentes de ***R***.

$R_x = R \cos \theta$

$= (15.0 \text{ km}) \cos 140.0°$ — Sustituye $R = 15.0$ km, $\theta = 140.0°$.

$= -11.5$ km

$R_y = R \operatorname{sen} \theta$

$= (15.0 \text{ km}) \operatorname{sen} 140.0°$ — Sustituye $R = 15.0$ km, $\theta = 140.0°$.

$= 9.64$ km

Dado que ***A*** está rumbo norte, $A_x = 0.0$ km y $A_y = 5.0$ km.

Usa los componentes de ***R*** y ***A*** para hallar los componentes de ***B***.

$B_x = R_x - A_x$

$= -11.5 \text{ km} - 0.0 \text{ km}$ — Sustituye $R_x = -11.5$ km, $A_x = 0.0$ km.

$= -11.5$ km — El signo negativo significa que el componente apunta al oeste.

$B_y = R_y - A_y$

$= 9.64 \text{ km} - 5.0 \text{ km}$ — Sustituye $R_y = 9.64$ km, $A_y = 5.0$ km.

$= 4.6$ km — Este componente apunta al norte.

Usa los componentes del vector ***B*** para hallar la magnitud del vector ***B***.

$B = \sqrt{B_x^2 + B_y^2}$

$= \sqrt{(-11.5 \text{ km})^2 + (4.6 \text{ km})^2}$ — Sustituye $B_x = -11.5$ km, $B_y = 4.6$ km.

$= 12.4$ km

Ubica el extremo del vector ***B*** en el origen de un sistema de coordenadas y dibuja los componentes B_x y B_y. El vector ***B*** está en el segundo cuadrante. Usa la tangente para hallar la dirección del vector ***B***.

$\theta = \tan^{-1}\left(\frac{B_y}{B_x}\right)$

$\theta = \tan^{-1}\left(\frac{4.6 \text{ km}}{-11.5 \text{ km}}\right)$ — Sustituye $B_y = 4.6$ km, $B_x = -11.5$ km.

$= -22° \text{ o } 158°$ — La tangente de un ángulo es negativa en los cuadrantes II y IV, entonces hay dos respuestas posibles.

Dado que ***B*** está en el segundo cuadrante, θ, medido desde el eje positivo de las x, debe ser 158°. Esta dirección también puede brindarse como 22° oeste-noroeste. Entonces, ***B*** = 12.4 km en 22° oeste-noroeste.

3 EVALUAR LA RESPUESTA

- **¿Son correctas las unidades?** Los kilómetros y los grados son correctos.
- **¿Son coherentes los signos?** Concuerdan con el diagrama.
- **¿Es realista la magnitud?** La longitud de ***B*** debería ser más larga que R_x porque el ángulo entre ***A*** y ***B*** es mayor que 90°.

PRÁCTICA Problemas

PRÁCTICA ADICIONAL

Resuelve los problemas de manera algebraica. Luego, gráficamente para comprobar las respuestas.

5. Sudhir camina 0.40 km en una dirección 60.0° nor-noroeste, luego 0.50 km rumbo oeste. ¿Cuál es su desplazamiento?
6. Caminas 8.0 km norte desde tu hogar, luego hacia el este hasta que el desplazamiento de tu hogar es de 10.0 km. ¿Cuánto caminaste hacia el este?
7. En un sistema de coordenadas en el que el eje positivo de las *x* es este, ¿para qué rango de ángulos es positivo el componente de *x*? ¿Para qué rango es negativo?
8. ¿Puede un vector ser más corto que uno de sus componentes? ¿Puede un vector ser igual en longitud a uno de sus componentes? Explícalo.
9. Dos sogas atadas a la rama de un árbol sostienen un columpio como en la **Imagen 7.** La tensión en cada soga es 2.28 N. ¿Cuál es la fuerza combinada (magnitud y dirección) de las dos sogas en el columpio?
10. **DESAFÍO** Afua y Chrissy usan sogas para subir una caja de 3.20 kg. a la casita del árbol. Están en ramas diferentes, como muestra la **Imagen 8,** y jalan en los ángulos con las fuerzas indicadas. Halla los componentes de *x* e *y* de la fuerza neta inicial sobre la caja. *Pista: Dibuja un diagrama de cuerpo libre para no olvidar ninguna fuerza.*

Imagen 7

Imagen 8

Verifica tu progreso

11. **Vectores** Usa la **Imagen 9** para estas preguntas.
    a. Halla los componentes de los vectores ***K***, ***L*** y ***M***.
    b. Halla la suma de los tres vectores.
    c. Resta el vector ***K*** al vector ***L***.

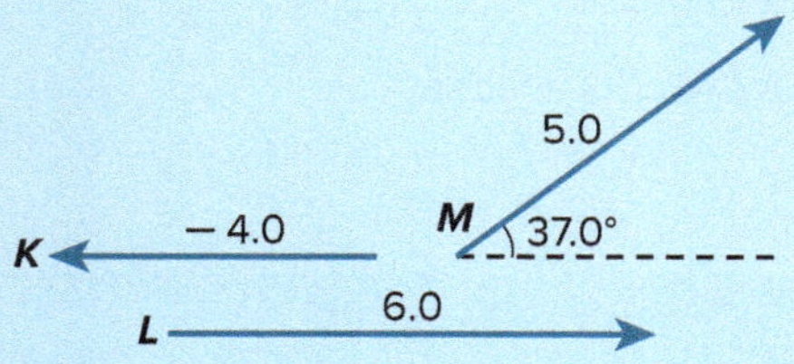

Imagen 9

12. **Distancia vs. desplazamiento** ¿Son siempre iguales la distancia y el desplazamiento? Brinda un ejemplo que respalde tu conclusión.
13. **Operaciones conmutativas** La suma de vectores es conmutativa porque el orden en que se agregan los vectores no es relevante.
    a. Usa los vectores de la **Imagen 9** para mostrar gráficamente que ***M*** + ***L*** = ***L*** + ***M***.
    b. ¿Son conmutativas la suma, la resta, la multiplicación y la división? Brinda un ejemplo de cada operación para respaldar tu conclusión.
14. **Pensamiento crítico** Mueves una caja por dos desplazamientos desiguales. ¿Pueden los desplazamientos tener direcciones de modo que el desplazamiento resultante sea cero? Imagina ahora que mueves la caja por tres desplazamientos de magnitudes desiguales. ¿Puede el desplazamiento ser cero? Respalda tu conclusión con un diagrama.

LEARNSMART® Conéctate para cumplir tu plan de aprendizaje personalizado para repasar, practicar y reforzar tu comprensión.

LECCIÓN 2
FRICCIÓN

PREGUNTA DE ENFOQUE

¿Qué fuerza hace que un tren se detenga?

Fricción cinética y estática

Empujas un libro sobre una mesa. Cuando dejas de empujar, el libro se detiene debido a la fricción.

Tipos de fricción Cuando lo empujaste sobre la mesa, el libro experimentó un tipo de fricción que actúa sobre objetos en movimiento. Una superficie ejerce **fricción cinética** sobre otra cuando las dos superficies se frotan entre sí porque una o ambas se mueven.

Ahora imagina que empujas un sofá por el piso, como se muestra a la izquierda de la **Imagen 10**. Lo empujas con poca fuerza, pero no se mueve. Las leyes de Newton establecen que la fuerza neta sobre el sofá debe ser cero. Tiene que haber una segunda fuerza horizontal actuando sobre el sofá opuesta a tu fuerza y de igual tamaño. Esta fuerza es la **fricción estática,** que es la fuerza que ejerce una superficie sobre otra cuando no hay movimiento entre las dos.

Empujas con más fuerza, y el sofá no se mueve. La fuerza de fricción estática aumenta en respuesta a la fuerza aplicada. Cuando empujas lo suficiente, el sofá comienza a moverse, como se ve a la derecha de la **Imagen 10**. Hay un límite para la fuerza de fricción estática. Cuando tu fuerza supera este máximo de fricción estática, el sofá se mueve y la fricción cinética actúa sobre él.

Imagen 10 Una fuerza aplicada está equilibrada por la fricción estática hasta un límite máximo. Cuando se supera este límite, el objeto comienza a moverse.

Identifica *el tipo de fuerza de fricción que actúa sobre el sofá cuando comienza a moverse.*

PENSAMIENTO 3D DCI Ideas centrales disciplinarias CCC Conceptos interdisciplinarios SEP Prácticas de ciencia e ingeniería

REUNIR EVIDENCIA

Usa el Cuaderno de ciencias para registrar la evidencia que reúnas mientras completas las lecturas y las actividades de la lección.

INVESTIGAR

CONÉCTATE para hallar estas actividades y más recursos.

Laboratorio forense: Conductor que atropella y huye
Analiza los datos acerca de las fuerzas de fricción para determinar causa y efecto en la escena del crimen.

Repasar la pregunta de Encuentra el fenómeno
¿Qué información de la lección te ayuda a responder las preguntas de la unidad y del módulo?

Modelos matemáticos para fuerzas de fricción

Los materiales con los que están fabricadas las superficies afectan la fuerza de fricción. Por ejemplo, hay más fricción entre tus zapatos y el suelo que entre tus soquetes y un piso de madera pulido. Puede parecer razonable que la fuerza de fricción dependa del área total en contacto o de la velocidad a la que las superficies se desplazan entre sí. Los experimentos mostraron que esto no es verdadero. No obstante, la fuerza normal entre los dos objetos sí importa. Cuanto más fuerte se empuje un objeto contra el otro, mayor será la fuerza de fricción.

¿Lo comprendes?

Identifica los dos factores que afectan a las fuerzas de fricción.

Fricción cinética Imagina que jalas un bloque por una superficie a velocidad constante, como en la **Imagen 11.** Dado que el bloque no acelera, según las leyes de Newton, la fuerza de fricción debe ser igual y opuesta a la fuerza con la que jalas. La balanza de resorte en la **Imagen 11** indica la fuerza ejercida sobre el bloque. Luego puedes apilar más bloques sobre el primero para aumentar la fuerza normal y repetir la medición. La **Tabla 1** muestra los resultados del experimento.

Tabla 1 Fricción cinética vs. fricción normal (papel de lija)

Cantidad de bloques	Fuerza normal (N)	Fricción cinética (N)
1	0.98	0.53
2	1.96	0.95
3	2.94	1.4
4	3.92	1.8
5	4.90	2.3
6	5.88	3.1
7	6.86	3.3
8	7.84	4.0

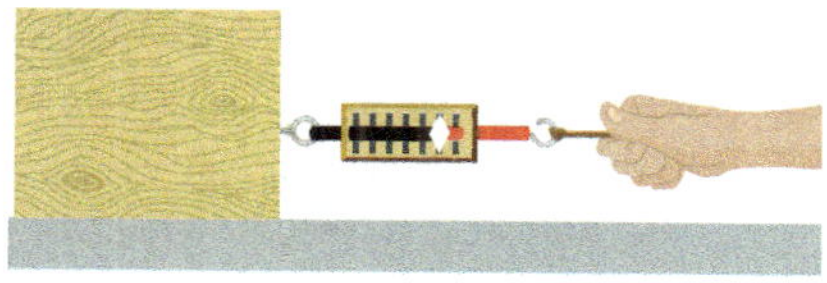

Imagen 11 La balanza de resorte aplica una fuerza constante sobre el bloque.

Al trazar los datos se obtendrá una gráfica como la de la **Imagen 12.** Existe una relación lineal entre la fuerza de fricción cinética y la fuerza normal. Las rectas de la gráfica muestran distintas superficies por las que se arrrastró el bloque. Observa que la recta para la superficie de papel de lija tiene una pendiente más inclinada que la recta para la mesa muy pulida. Es mucho más difícil jalar el bloque por un papel de lija que por una mesa pulida, entonces la pendiente debe estar relacionada con la magnitud de la fuerza de fricción resultante. La pendiente de la línea en una gráfica fuerza de fricción cinética vs. fuerza normal, designada μ_k, se llama **coeficiente de fricción cinética** y relaciona la fuerza de fricción con la fuerza normal.

Fuerza de fricción cinética

La fuerza de fricción cinética iguala el producto del coeficiente de fricción cinética y la fuerza normal.

$$F_{\text{f, cinética}} = \mu_k F_N$$

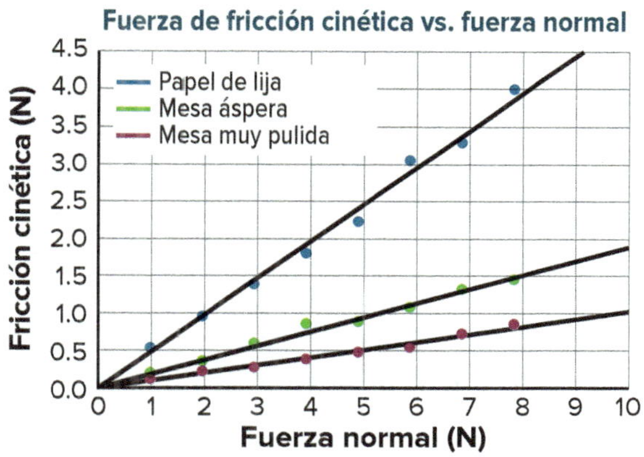

Imagen 12 El trazado de la fricción cinética vs. fuerza normal para un bloque jalado en diferentes superficies muestra una relación lineal entre las dos fuerzas para cada superficie. La pendiente de la recta es μ_k.

Compara *el coeficiente de fricción cinética para las tres superficies que se muestran en la gráfica.*

¿Lo comprendes?

Describe, en términos de fricción, por qué el mantenimiento de las vías de tren mencionado al comienzo del módulo debería incluir también la limpieza de las ruedas.

Fricción estática La fricción estática máxima se relaciona con la fuerza normal como la fuerza de fricción cinética. La fuerza de fricción estática actúa en respuesta a una fuerza que intenta hacer que un objeto en reposo se mueva. Si sobre un objeto no actúa ninguna fuerza, la fuerza de fricción estática es cero. Si una fuerza intenta causar movimiento, la fuerza de fricción estática aumentará hacia un valor máximo antes de que sea superada y comience el movimiento.

Fuerza de fricción estática

La fuerza de fricción estática es menor que o igual al producto del coeficiente de fricción estática y la fuerza normal.

$$F_{\text{f, estática}} \leq \mu_s F_N$$

En la ecuación, μs es el **coeficiente de fricción estática** entre las dos superficies. La fuerza máxima de fricción estática que debe superarse antes de que comience el movimiento es $\mu s FN$. En el ejemplo de la **Imagen 10,** la fuerza máxima de fricción estática iguala la fuerza de la persona que empuja el sofá en el momento anterior a que comience a moverse.

Física en la vida diaria

Todas las superficies, incluso las que parecen lisas, son ásperas a nivel microscópico. Si miras una fotografía ampliada de un cristal de grafito, verás las irregularidades de la superficie a nivel atómico del cristal. Cuando dos superficies se tocan, los puntos altos de cada una están en contacto y se unen temporalmente. Este es el origen de las fricciones estática y cinética. Los detalles del proceso se desconocen y son objeto de investigación en Física e ingeniería.

Las ecuaciones para las fuerzas cinéticas y máximas de fricción estáticas solo incluyen las magnitudes de las fuerzas. Además, las fuerzas de fricción (F_f) son siempre perpendiculares a la fuerza normal (F_N).

Medición de coeficientes de fricción

La **Tabla 2** muestra coeficientes de fricción entre superficies distintas. Son estimaciones para cada combinación de superficies. Las mediciones de coeficientes de fricción son bastante sensibles. Las impurezas de las superficies o pequeñas cantidades de aceite de las manos de los experimentadores, pueden afectar de forma significativa los resultados de las mediciones.

Tabla 2 Coeficientes típicos de fricción*

Superficies	Coeficiente de fricción estática (μ_s)	Coeficiente de fricción cinética (μ_s)
Hierro fundido sobre hierro fundido	1.1	0.15
Vidrio sobre vidrio	0.94	0.4
Cuero sobre madera de roble	0.61	0.52
Revestimiento antiadherente sobre acero	0.04	0.04
Madera de roble sobre madera de roble	0.62	0.48
Acero sobre acero	0.78	0.42
Acero sobre acero (con aceite de ricino)	0.15	0.08

*Todas las mediciones son para superficies secas excepto que se detalle lo contrario. Todos los problemas del texto suponen superficies secas.

CCC CONCEPTOS INTERDISCIPLINARIOS

Causa y efecto Los sistemas pueden diseñarse para causar el efecto deseado. Al diseñar y construir vehículos como automóviles y aviones, los fabricantes usan acero para muchos componentes. ¿Crees que alguno de estos componentes de acero está en contacto directo entre sí en un vehículo? ¿Cuál sería el efecto si lo estuvieran? Explica tu respuesta, usando la evidencia de la **Tabla 2.**

EJEMPLO Problema 3

FUERZAS DE FRICCIÓN EQUILIBRADAS Empujas una caja de madera de 25.0 kg por un piso de madera a una velocidad constante de 1.0 m/s. El coeficiente de fricción cinética es 0.20. ¿Cuánta fuerza ejerces sobre la caja?

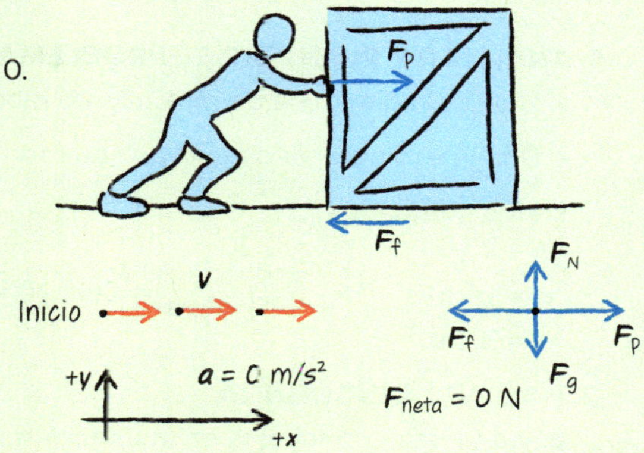

1 ANALIZAR Y PLANTEAR EL PROBLEMA

- Identifica las fuerzas y establece un sistema de coordenadas
- Dibuja un diagrama de movimiento indicando la constante v y $a = 0$.
- Dibuja un diagrama de cuerpo libre.

Datos conocidos

$m = 25.0$ kg $v = 1.0$ m/s

$a = 0.0$ m/s^2 $\mu_k = 0.20$

Incógnita

$\boldsymbol{F}_{\text{persona sobre la caja}} = ?$

2 HALLAR LA INCÓGNITA

La fuerza normal está en la dirección de y, y la caja no acelera en esa dirección.

$\boldsymbol{F}_N = -\boldsymbol{F}_g$

$= -mg$ Sustituye $F_g = -mg$

$= -(25.0 \text{ kg})(-9.8 \text{ N/kg})$ Sustituye $m = 25.0$ kg, $g = -9.8$ N/kg

$= +245$ N

La fuerza de empuje está en la dirección de x; v es constante; entonces la caja no acelera.

$F_{\text{persona sobre la caja}} = \mu_k F_N$

$= (0.20)(245 \text{ N})$ Sustituye $\mu_k = 0.20$, $F_N = 245$ N

$= 49$ N

$\boldsymbol{F}_{\text{persona sobre la caja}} = 49$ N, a la derecha

3 EVALUAR LA RESPUESTA

- **¿Son correctas las unidades?** La fuerza se mide en newtons.
- **¿Son coherentes los signos?** El signo positivo concuerda con el dibujo.
- **¿Es realista la magnitud?** La fuerza de empuje es $\frac{1}{5}$ del peso de la caja. Esto se corresponde con $\mu_k = 0.20 = \frac{1}{5}$.

PRÁCTICA Problemas

PRÁCTICA ADICIONAL

15. Gwen ejerce una fuerza horizontal de 36 N mientras jala un trineo por una acera de cemento a velocidad constante. ¿Cuál es el coeficiente de fricción cinética entre la acera y los corredores de metal del trineo? Ignora la resistencia del aire.

16. El Sr. Ames arrastra una caja llena de libros desde su oficina hasta el automóvil. La caja y los libros juntos tienen un peso combinado de 134 N. Si el coeficiente de fricción estática entre la acera y la caja es de 0.55, ¿con cuánta fuerza debe el Sr. Ames empujar horizontalmente la caja para que comience a moverse?

17. Thomas se sienta en una alfombra pequeña sobre un piso de madera pulido. El coeficiente de fricción cinética entre la alfombra y el piso de madera resbaloso es 0.12. Si Thomas pesa 650 N, ¿qué fuerza horizontal se necesita para jalar la alfombra y a Thomas por el piso a una velocidad constante?

18. **DESAFÍO** Necesitas mover un sofá de 105 kg a una ubicación diferente en el cuarto. Se requiere una fuerza de 403 N para comenzar a moverlo. ¿Cuál es el coeficiente de fricción estática entre el sofá y la alfombra?

EJEMPLO Problema 4

FUERZAS DE FRICCIÓN DESEQUILIBRADAS Imagina que la fuerza que ejerces sobre la caja de 25.0 kg en el Ejemplo Problema 3 se duplica.

a. ¿Cuál es la aceleración resultante de la caja?

b. ¿A qué distancia moverías la caja si la empujas por 3 s?

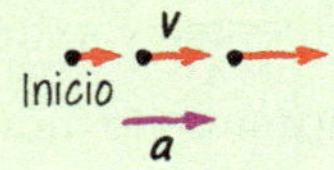

1 ANALIZAR Y PLANTEAR EL PROBLEMA

- Dibuja un diagrama de movimiento mostrando v y a.
- Dibuja el diagrama de cuerpo libre con una $F_{\text{persona sobre la caja}}$ duplicada.

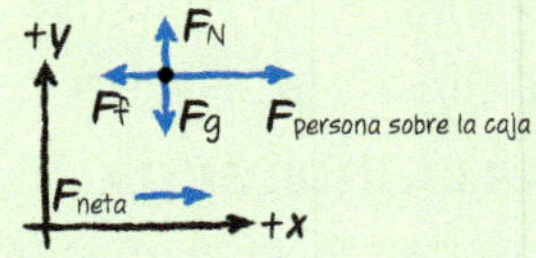

Datos conocidos

$m = 25.0$ kg $\mu_k = 0.20$

$v = 1.0$ m/s $F_{\text{persona sobre la caja}} = 2(49 \text{ N}) = 98$ N

$t = 3.0$ s

Incógnita

$a = ?$

2 HALLAR LA INCÓGNITA

a. La fuerza normal está en la dirección de y. La caja no acelera en esa dirección.

$$\boldsymbol{F}_N = -\boldsymbol{F}_g$$
$$= -mg$$

La caja acelera en la dirección de x. Por lo tanto, las fuerzas deben ser desiguales.

$$F_{\text{neta}} = F_{\text{persona sobre la caja}} - F_f$$

$$ma = F_{\text{persona sobre la caja}} - F_f \qquad \text{Sustituye } F_{\text{neta}} = ma.$$

$$a = \frac{F_{\text{persona sobre la caja}} - F_f}{m}$$

Halla F_f y sustitúyelo en la expresión para a.

$$F_f = \mu_k F_N$$

$$= \mu_k mg \qquad \text{Sustituye } F_N = mg.$$

$$a = \frac{F_{\text{persona sobre la caja}} - \mu_k mg}{m} \qquad \text{Sustituye } F_f = \mu_k mg.$$

$$= \frac{98 \text{ N} - (0.20)(25.0 \text{ kg})(9.8 \text{ N/kg})}{25.0 \text{ kg}} \qquad \text{Sustituye } F_{\text{persona sobre la caja}} = 98 \text{ N}, \mu_k = 0.20, m = 25.0 \text{ kg}, g = 9.8 \text{ N/kg}.$$

$$= 2.0 \text{ m/s}^2$$

b. Usa la relación entre distancia, tiempo y aceleración constante.

$$x_f = x_i + v_i t_f + \left(\tfrac{1}{2}\right) a t_f^2$$

$$x_f = 0 \text{ m} + v_i t + \left(\tfrac{1}{2}\right) a t^2 \qquad \text{Sustituye } x_i = 0 \text{ m}.$$

$$= (1.0 \text{ m/s})(3.0 \text{ s}) + \left(\tfrac{1}{2}\right)(2.0 \text{ m/s}^2)(3.0 \text{ s})^2 \qquad \text{Sustituye } v_i = 1.0 \text{ m/s}, t = 3.0 \text{ s}, a = 2.0 \text{ m/s}^2.$$

$$= 12 \text{ m}$$

3 EVALUAR LA RESPUESTA

- **¿Son correctas las unidades?** a se mide en m/s². x_f se mide en metros.
- **¿Son coherentes los signos?** En este sistema de coordenadas, el signo debería ser positivo.
- **¿Es realista la magnitud?** 12 m es casi la longitud de dos automóviles completos. Es realista empujar una caja esta distancia en 3 s.

PRÁCTICA Problemas

PRÁCTICA ADICIONAL

19. Quieres mover un librero de 41 kg a una ubicación distinta en la sala. Si lo empujas con una fuerza de 65 N y el librero acelera a 0.12 m/s², ¿cuál es el coeficiente de fricción cinética entre el librero y la alfombra?

20. Considera la fuerza que empuja la caja en el Ejemplo Problema 4. ¿Cuánto tardará la velocidad de la caja en duplicarse a 2.0 m/s?

21. Ke Min conduce a 53 m/s. Ve una rama de árbol en el medio del camino. Presiona los frenos cuando la rama está a 60.0 m. Si el coeficiente de fricción cinética entre las llantas trabadas de automóvil y el camino es 0.41, ¿se detendrá el automóvil antes de chocar la rama? El automóvil tiene una masa de 1200 kg.

22. DESAFÍO Isabel empuja un disco de *shuffleboard*, acelerándolo a una velocidad de 6.5 m/s antes de soltarlo como se indica en la **Imagen 13.** Si el coeficiente de fricción cinética entre el disco y la cancha de cemento es 0.31, ¿a qué distancia se desplaza el disco antes de detenerse? ¿Se detendrá el tiro de Isabel en la sección de 10 puntos del tablero?

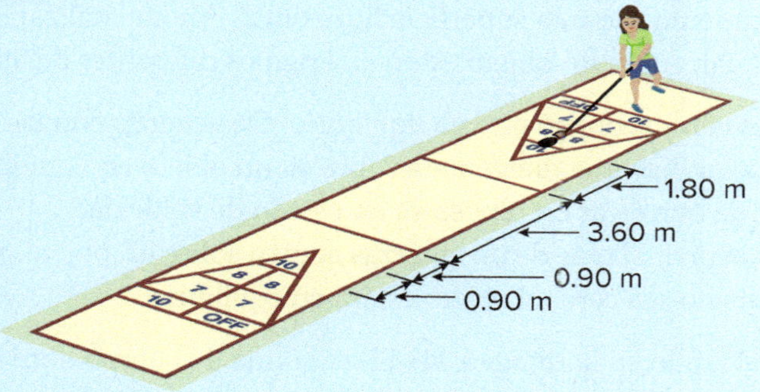

Imagen 13

Verifica tu progreso

23. **Analizar** Compara la fricción estática y la fricción cinética. ¿En qué se parecen y se diferencian las fuerzas de fricción?

24. **Fricción** Un niño con una masa de 25 kg corre y luego se desliza sobre las rodillas hasta detenerse. Si el coeficiente de fricción cinética entre los pantalones del niño y el piso es 0.15, ¿cuál es la fuerza de fricción que actúa sobre él mientras se desliza?

25. **Velocidad** Una carta con una masa de 2.3 g se desliza 0.35 m por la mesa antes de detenerse. Si el coeficiente de fricción cinética entre la carta y la mesa es 0.24, ¿cuál era la velocidad inicial de la carta cuando la persona que reparte la suelta?

26. **Fuerza** El coeficiente de fricción estática entre una mesa de picnic de 40.0 kg y el suelo es 0.43. Halla la mayor fuerza horizontal que puede ejercerse sobre la mesa sin moverla.

27. **Aceleración** Empujas una mesa de 13 kg con una fuerza horizontal de 20 N, pero la mesa no se mueve. Luego la empujas con una fuerza horizontal de 25 N y acelera a 0.26 m/s². ¿Qué concluyes acerca de los coeficientes de fricción estática y cinética?

28. **Pensamiento crítico** Rachel coloca un tocador en el fondo de su camioneta. Cuando la camioneta acelera hacia adelante, ¿qué fuerza acelera al tocador? ¿En qué circunstancias podría deslizarse el tocador? ¿En qué dirección?

LEARNSMART® Conéctate para cumplir tu plan de aprendizaje personalizado para repasar, practicar y reforzar tu comprensión.

LECCIÓN 3

FUERZAS EN DOS DIMENSIONES

PREGUNTA DE ENFOQUE

¿Cómo analizas las fuerzas sobre un tren a medida que sube una colina?

Repaso del equilibrio

Hasta el momento, consideraste el movimiento por una superficie horizontal. Ahora analizarás las situaciones en las que las fuerzas que actúan sobre un objeto están en ángulos diferentes de 90°.

Cuando la fuerza neta sobre un objeto es cero, el objeto está en equilibrio. De acuerdo con las leyes de Newton, el objeto no acelerará porque no hay una fuerza neta sobre él; un objeto en equilibrio se mueve con velocidad constante. (Recuerda que estar en reposo es un estado de velocidad constante). El equilibrio también puede ocurrir si más de dos fuerzas actúan sobre un objeto. En la medida en que la fuerza neta sobre un objeto sea cero, el objeto estará en equilibrio.

¿Cuál es la fuerza neta que actúa sobre el anillo en la **Imagen 14?** El diagrama de cuerpo libre en la imagen muestra tres fuerzas actuando sobre el anillo. El anillo no acelera, por lo que la fuerza neta es cero. Sin embargo, el diagrama de cuerpo libre no indica inmediatamente que la fuerza neta es cero. Para hallar la fuerza neta, debes agregar todos los vectores juntos. La **Imagen 15,** en la página siguiente, muestra el proceso de agregar los vectores de fuerza para descubrir la fuerza neta.

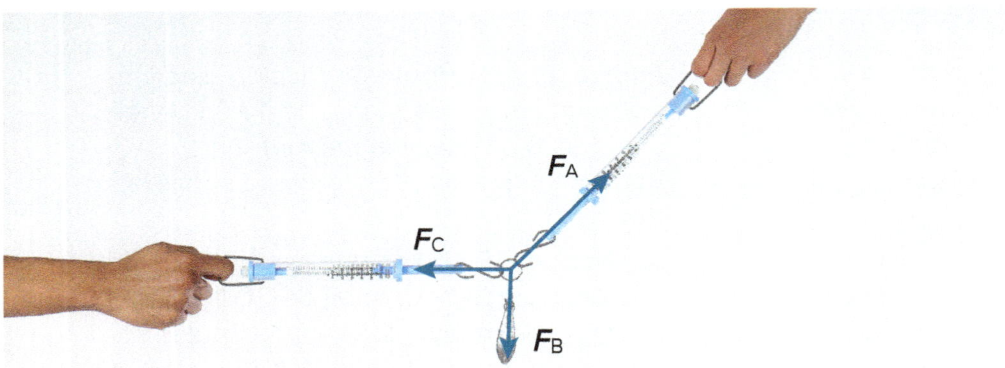

Richard Hutchings/Digital Light Source

Imagen 14 El anillo no acelera, por lo que la fuerza neta que actúa sobre él debe ser cero.
Compara *el componente vertical de la fuerza que tira hacia arriba y hacia la derecha con el peso de la masa que cuelga del anillo.*

PENSAMIENTO 3D DCI Ideas centrales disciplinarias CCC Conceptos interdisciplinarios SEP Prácticas de ciencia e ingeniería

REUNIR EVIDENCIA

Usa el Cuaderno de ciencias para registrar la evidencia que reúnas mientras completas las lecturas y las actividades de la lección.

INVESTIGAR

CONÉCTATE para hallar estas actividades y más recursos.

Laboratorio de Física: Deslizarse por una pendiente
Usa las matemáticas para aplicar la segunda ley de Newton del movimiento a un sistema en un plano inclinado.

Investigación rápida: Equilibrio
Realiza una investigación de las fuerzas en un sistema en equilibrio.

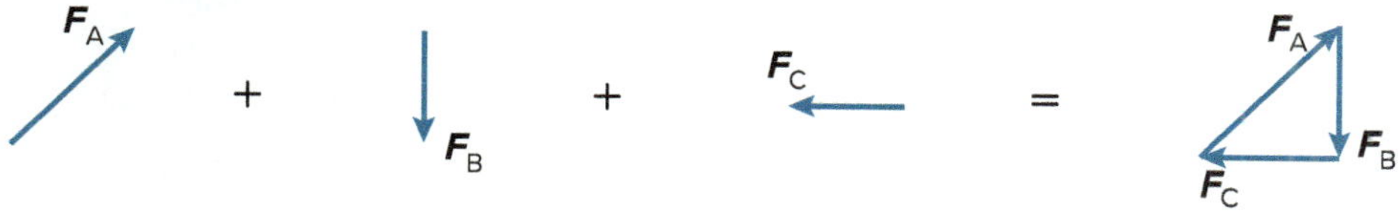

Imagen 15 Estas fuerzas actúan sobre la suma del anillo para una fuerza neta cero.

Equilibrante La **Imagen 15** muestra la suma de tres fuerzas, F_A, F_B y F_C, que actúan sobre el anillo. Observa que los tres vectores forman un triángulo cerrado. La suma $F_A + F_B + F_C$ es cero. Ahora imagina que se ejercen dos fuerzas sobre un objeto y que la suma no es cero, como muestra el diagrama de cuerpo libre de la **Imagen 16.** Queremos hallar una tercera fuerza que, cuando se sume a las otras dos, se sume a cero y ponga el objeto en equilibrio. Primero, suma las fuerzas ya ejercidas sobre el objeto. Esta única fuerza que produce el mismo efecto que las dos o más fuerzas individuales juntas se denomina la fuerza resultante. Para colocar el objeto en equilibrio, se suma otra fuerza, denominada **equilibrante,** que tiene la misma magnitud que la fuerza resultante, pero en la dirección opuesta. Observa que en la **Imagen 15** la fuerza F_C es el equilibrante de $F_A + F_B$. La **Imagen 16** ilustra el procedimiento para hallar el equilibrante para dos vectores.

¿Lo comprendes?

Identifica la relación entre el equilibrante y el vector resultante.

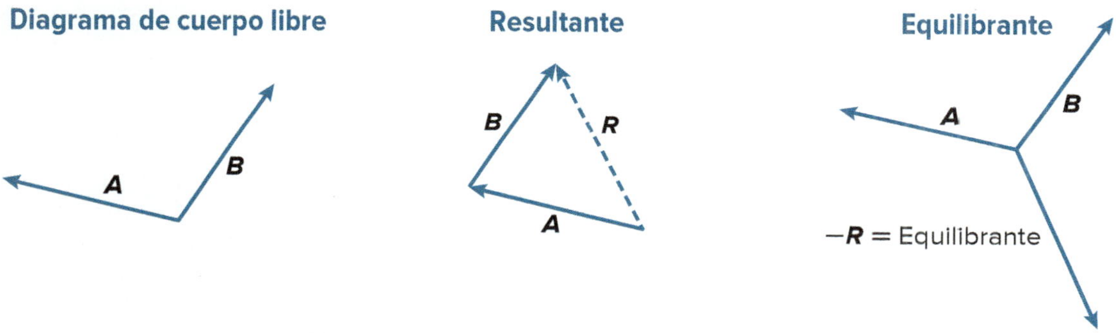

Imagen 16 El equilibrante es la fuerza requerida para colocar un objeto en equilibrio. Este procedimiento general para hallar el equilibrante aplica para cualquier cantidad de vectores.

FÍSICA Desafío

Halla el equilibrante para todo el conjunto de fuerzas detallado a continuación. que también se muestra en la imagen.

F_1 = 61.0 N a 17.0° este-noroeste

F_2 = 38.0 N a 64.0° este-noroeste

F_3 = 54.0 N a 8.0° nor-noroeste

F_4 = 93.0 N a 53.0° nor-noroeste

F_5 = 65.0 N a 21.0° oeste-sudoeste

F_6 = 102.0 N a 15.0° sur-sudoeste

F_7 = 26.0 N sur

F_8 = 77.0 N a 22.0° sur-sudeste

F_9 = 51.0 N a 33.0° sur-sudeste

F_{10} = 82.0 N a 5.0° este-sudeste

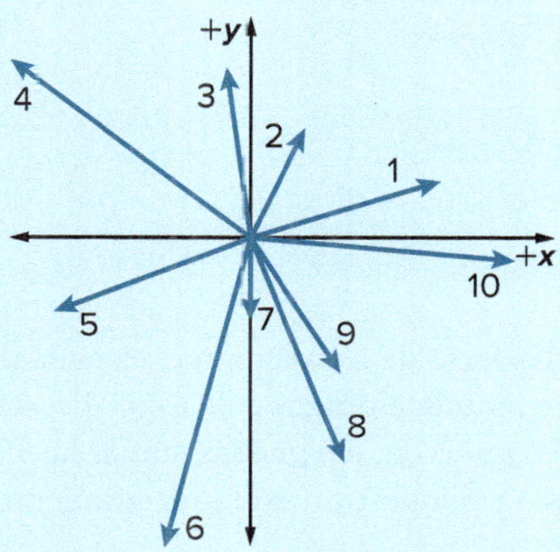

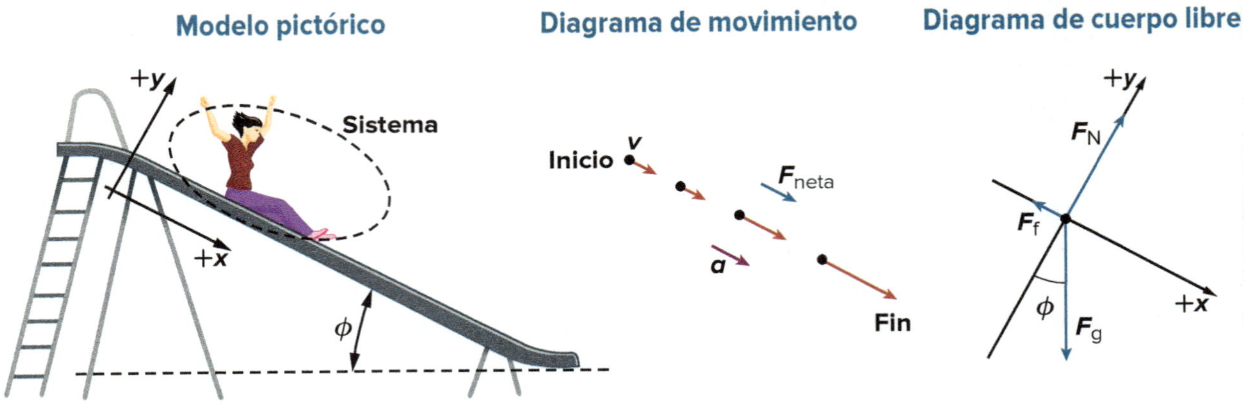

Imagen 17 El peso de la niña hace que acelere al bajar por el tobogán.

Describe *cómo el componente del peso de la niña paralelo a la inclinación cambia cuando el ángulo entre el tobogán y el horizontal aumenta.*

Planos inclinados

Has aplicado las leyes de Newton a una variedad de situaciones, pero solo a movimientos horizontales o verticales. ¿Cómo aplicarías las leyes de Newton en una situación como la de la **Imagen 17**, en la que quieres hallar la fuerza neta sobre la niña?

Primero, identifica las fuerzas que actúan sobre el sistema. En este caso, la niña es el sistema. La fuerza de la gravedad sobre la niña es hacia abajo, hacia el centro de la Tierra. La fuerza normal actúa perpendicular al tobogán, y la fuerza de fricción cinética actúa paralela al tobogán. Puedes ver el diagrama de cuerpo libre resultante a la derecha en la **Imagen 17.** Sabes por experiencia que la aceleración de la niña será por el tobogán.

Elegir un sistema de coordenadas Segundo, debes elegir con cuidado tu sistema de coordenadas. Dado que la aceleración de la niña es paralela a la inclinación, un eje, el eje de las x, debería estar en esa dirección. El eje de las y es perpendicular al de las x y perpendicular a la superficie de inclinación. Con este sistema de coordenadas tienes dos fuerzas, la fuerza normal y la fuerza de fricción, en las direcciones de los ejes de coordenadas. Sin embargo, el peso tiene componentes en las direcciones de x e y. Esto significa que cuando colocas un objeto sobre un plano inclinado, la magnitud de la fuerza normal entre el objeto y el plano, por lo general, no igualarán el peso del objeto.

¿Lo comprendes?

Explica por qué elegirías la dirección de x para que sea paralela a la pendiente de un plano inclinado.

Necesitarás aplicar las leyes de Newton una vez en la dirección de x y otra en la dirección de y. Dado que su peso no apunta a ninguna de estas direcciones, tendrás que romper el vector en sus componentes de x e y antes de que puedas sumar las fuerzas en estas dos direcciones. Los Ejemplos Problemas 5 y 6 muestran este procedimiento.

EJEMPLO Problema 5

LOS COMPONENTES DE PESO PARA UN OBJETO SOBRE UN INCLINADO Una caja de 562 N está en reposo sobre un plano inclinado 30.0° sobre el horizontal. Halla los componentes del peso de la caja que son paralelos y perpendiculares al plano.

1 ANALIZAR Y PLANTEAR EL PROBLEMA

- Incluye un sistema de coordenadas con el eje positivo de las x apuntando hacia arriba.
- Dibuja un diagrama de cuerpo libre que muestre $\boldsymbol{F}_g$, los componentes F_{gx} y F_{gy}, y los ángulos θ y ϕ.

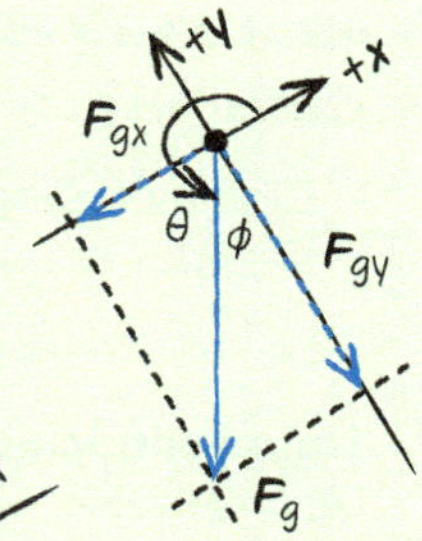

Datos conocidos

$\boldsymbol{F}_g$ = 562 N hacia abajo

$\phi = 30.0°$

Incógnita

$F_{gx} = ?$

$F_{gy} = ?$

$\theta = ?$

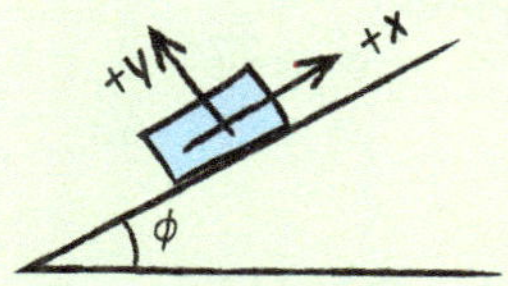

2 HALLAR LA INCÓGNITA

$\theta + \phi = 270°$ — El ángulo desde el eje positivo de las x hasta el eje negativo de las y es 270°.

$\theta = 270° - 30°$ — Reorganiza, sustituye $\phi = 30°$, y resuelve θ.

$= 240°$

$F_{gx} = F_g(\cos\theta)$

$= (562\text{ N})(\cos 240.0°)$ — Sustituye $F_g = 562$ N, $\theta = 240.0°$.

$= -281\text{ N}$

$F_{gy} = F_g(\text{sen}\,\theta)$

$= (562\text{ N})(\text{sen } 240.0°)$ — Sustituye $F_g = 562$ N, $\theta = 240.0°$.

$= -487\text{ N}$

3 EVALUAR LA RESPUESTA

- **¿Son correctas las unidades?** La fuerza se mide en newtons.
- **¿Son coherentes los signos?** Los componentes señalan en direcciones opuestas a los ejes positivos.
- **¿Son realistas las magnitudes?** Los valores son menores que F_g, como se esperaba.

PRÁCTICA Problemas

PRÁCTICA ADICIONAL

29. Una hormiga trepa a una velocidad constante por el costado de su hormiguero, que está inclinado 30.0° de la vertical. Dibuja un diagrama de cuerpo libre para la hormiga.

30. Ryan y Becca mueven una mesa plegable fuera de la luz solar. Una taza de limonada, con una masa de 0.44 kg, está sobre ella. Becca levanta el extremo de la mesa antes que Ryan, y como consecuencia, la mesa hace un ángulo de 15.0° con el horizontal. Halla los componentes del peso de la taza que son paralelos y perpendiculares al plano de la mesa.

31. Fernando, con una masa de 43.0 kg, se desliza por la barandilla en la casa de sus abuelos. Si la barandilla crea un ángulo de 35.0° con el horizontal, ¿cuál es la fuerza normal entre Fernando y la barandilla?

32. DESAFÍO Una valija está en un plano inclinado como en la **Imagen 18.** ¿A qué ángulo θ el componente del peso de la valija paralelo al plano será igual a la mitad del componente de su peso perpendicular al plano?

Imagen 18

EJEMPLO Problema 6

TOBOGÁN Ichiko, con una masa de 45 kg, se desliza por un tobogán inclinado a 27°. El coeficiente de fricción cinética es 0.23. ¿Cuán rápido se desliza 1.0 s luego de comenzar a partir del estado en reposo?

1 ANALIZAR Y PLANTEAR EL PROBLEMA

- Establece un sistema de coordenadas.
- Dibuja un diagrama de cuerpo libre que muestre las fuerzas que actúan sobre la niña mientras baja por el tobogán.
- Las tres fuerzas que actúan sobre la niña son la fuerza normal, la fricción cinética y el peso de la niña.

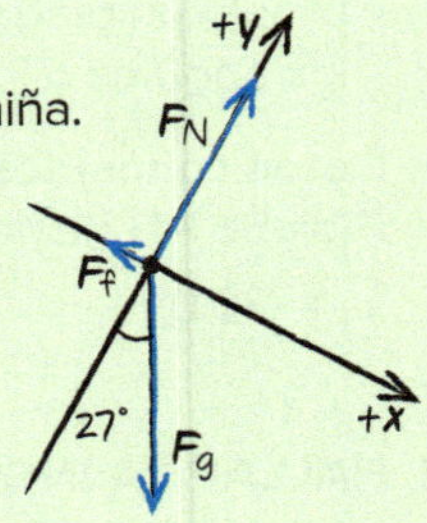

Datos conocidos		Incógnita
$m = 45$ kg	$\phi = 27°$	$a = ?$
$\mu_k = 0.23$	$v_i = 0.0$ m/s	$v_f = ?$
$t = 1.0$ s		$\theta = ?$

2 HALLAR LA INCÓGNITA

$\theta = 270° + \phi$ — El ángulo desde el eje positivo de las x hasta el eje negativo y es 270°.

$= 270° + 27°$ — Sustituye $\phi = 27°$ y resuelve θ.

$= 297°$

Dirección de y:

$F_{neta,\,y} = ma_y$ — No hay aceleración en la dirección de y, entonces $a_y = 0.0$ m/s².

$= 0.0$ N

Suma las fuerzas en la dirección de y para hallar F_N.

$F_N + F_{gy} = F_{neta,\,y}$

$F_N = -F_{gy}$ — Sustituye $F_{neta,\,y} = 0.0$ N, reorganiza y resuelve F_N.

$= -mg(\text{sen } \theta)$ — Sustituye $F_{gy} = mg\ (\sin \theta)$.

Dirección de x:

Usa la fuerza neta en la dirección de x y la segunda ley de Newton para resolver a.

$F_{neta,\,x} = F_{gx} - F_f$ — F_f es negativa porque está en la dirección negativa de x.

$ma_x = mg(\cos \theta) - \mu_k F_N$ — Sustituye $F_{neta,\,x} = ma_x$, $F_{gx} = mg\ (\cos \theta)$, $F_f = \mu_k F_N$.

$ma = mg(\cos \theta) + \mu_k mg(\text{sen } \theta)$ — Sustituye $a_x = a$ (toda aceleración está en la dirección de x), $F_N = -mg$ (sen θ).

$a = g(\cos \theta + \mu_k \text{ sen } \theta)$

$= (9.8 \text{ m/s}^2)(\cos 297° + (0.23)(\text{sen } 297°))$ — Sustituye $g = 9.8$ m/s², $\theta = 297°$, $\mu_k = 0.23$.

$= 2.4 \text{ m/s}^2$

Dado que v_i, a y t son conocidos, usa la relación entre velocidad, aceleración y tiempo.

$v_f = v_i + at$

$= 0.0 \text{ m/s} + (2.4 \text{ m/s}^2)(1.0 \text{ s})$ — Sustituye $v_i = 0.0$ m/s, $a = 2.4$ m/s², $t = 1.0$ s.

$= 2.4$ m/s

3 EVALUAR LA RESPUESTA

- **¿Son correctas las unidades?** Al realizar el análisis dimensional sobre las unidades, se verifica que v_f está en m/s y a está en m/s².
- **¿Son coherentes los signos?** Dado que v_f y a están la direción de $+x$, los signos son coherentes.
- **¿Son realistas las magnitudes?** La velocidad es similar a la velocidad de carrera, o rapidez, de una persona, lo que es realista para un tobogán pronunciando y un bajo coeficiente de fricción cinética.

PRÁCTICA Problemas

PRÁCTICA ADICIONAL

33. Considera la caja sobre el inclinado en el Ejemplo Problema 5. Calcula la magnitud de la aceleración. Luego de 4.0 s, ¿cuán rápido se estará moviendo la caja?

34. Jorge decide probar el tobogán comentado en el Ejemplo Problema 6. El descenso de Jorge por el tobogán es muy diferente al de Ichiko. Luego de empujarse a sí mismo para empezar, Jorge se desliza a una velocidad constante. ¿Cuál es el coeficiente de fricción cinética entre los pantalones de Jorge y el tobogán?

35. Stacie, con una masa de 45 kg, comienza a bajar por un tobogán inclinado a un ángulo de 45° con el horizontal. Si el coeficiente de fricción cinética entre los pantalones cortos de Stacie y el tobogán es 0.25, ¿cuál es su aceleración?

36. **DESAFÍO** Apila dos libros de Física uno encima del otro como en la **Imagen 19.** Inclina la parte inferior del libro hasta que el libro superior comience a deslizarse. Realiza cinco pruebas y mide los ángulos obtenidos en la **Tabla 3.**

a. ¿Cuál es el ϕ promedio medido durante las cinco pruebas?

b. ¿Cuál es el coeficiente de fricción estática entre las tapas de los dos libros? Usa el ϕ promedio obtenido en la parte **a.**

c. Mides la aceleración del libro superior por el inclinado a 1.3 m/s^2. ¿Cuál es el coeficiente de fricción cinética? Imagina que ϕ es el valor promedio obtenido en la parte **a.**

Imagen 19

Tabla 3 Número de prueba y ángulo de inclinación

Prueba	ϕ
1	21°
2	17°
3	21°
4	18°
5	19°

Verifica tu progreso

37. **Aceleración** Una soga jala a un esquiador acuático de 63 kg hacia arriba a una inclinación de 14.0° con una tensión de 512 N. El coeficiente de fricción cinética entre el esquiador y la rampa es 0.27. ¿Cuáles son la magnitud y dirección de la aceleración del esquiador?

38. **Fuerzas** Una forma de liberar un automóvil es atar un extremo de una cuerda resistente al automóvil y el otro extremo a un árbol, luego jalar la cuerda en su punto medio a ángulos rectos a la cuerda. Dibuja un diagrama de cuerpo libre. Explica cómo una fuerza pequeña puede ejercer una gran fuerza sobre el automóvil.

39. **Masa** Un gran marcador está suspendido del techo de un estadio por diez cables. Seis de ellos forman un ángulo de 8.0° con las verticales y los otros cuatro forman un ángulo de 10.0°. Si la tensión en cada cable es 1300 N, ¿cuál es la masa del marcador?

40. **Equilibrio** Cuelgas un cuadro usando dos medidas de cable. Los cables se romperán si la fuerza es muy grande. ¿Deberías colgar el cuadro como se muestra a la izquierda o a la derecha de la **Imagen 20?** Explícalo.

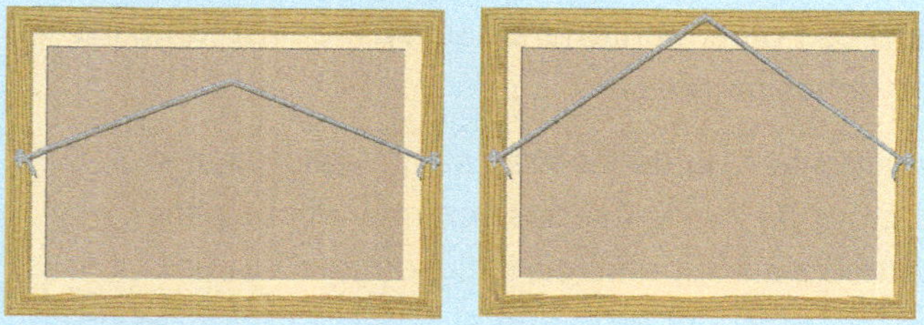

Imagen 20

41. **Pensamiento crítico** ¿Puede el coeficiente de fricción alguna vez tener un valor tal que un niño pueda deslizarse hacia arriba por un tobogán a una velocidad constante? Explícalo. Imagina que nadie empuja o jala al niño.

LEARNSMART® Conéctate para cumplir tu plan de aprendizaje personalizado para repasar, practicar y reforzar tu comprensión.

INGENIERÍA Y TECNOLOGÍA

Controlar la fricción con la biomimética

Como las soluciones se diseñan para enfrentar los desafíos de ingeniería, se debe considerar la fuerza de fricción. En algunas aplicaciones, la fricción entre las superficies debe maximizarse. En otras, es necesario minimizarla. Las estructuras de los seres vivos proporcionaron conocimientos acerca de cómo alcanzar estos objetivos.

Esta imagen SEM muestra la estructura de la piel del tiburón. Los científicos e ingenieros aplican propiedades de esta estructura para reducir la fricción en todo, desde botes hasta aeroplanos.

Biomimética

La biomimética es la aplicación de ideas de la naturaleza o de los seres vivos para resolver problemas de diseño. Por ejemplo, las semillas de bardana se adhieren a los seres vivos para moverse de un lugar a otro. Los científicos imitaron la estructura de estas semillas para desarrollar la cinta de velcro.

Usar la biomimética para aumentar la fricción

Los pejesapos viven cerca de la costa, por lo que están sujetos a las mareas. Estos peces tienen un disco en forma de ventosa con una capacidad asombrosa para mantenerlos en su lugar durante los ciclos de las mareas.

La fricción es una de las fuerzas que hace que la estructura de los pejesapos sea muy eficaz para adherirse a las superficies, incluso mojadas. Los científicos descubrieron que el borde exterior del disco está hecho de estructuras similares al cabello, tan pequeñas que se necesita un microscopio para verlas.

Cuando dos superficies se tocan, los puntos altos en cada una se unen temporalmente. Las pequeñas estructuras con forma de cabello aumentan la cantidad de puntos de contacto entre el pez y la superficie a la que se adhieren. Los ingenieros pueden aplicar esta información para maximizar la fricción entre dos superficies, como en el desarrollo de adhesivos.

Usar la biomimética para disminuir la fricción

La fricción puede afectar negativamente el movimiento de los vehículos o la función de las máquinas, por lo que los ingenieros buscan modos de reducirla. La piel del tiburón está formada por estructuras llamadas dentículos. Los dentículos tienen varias propiedades que interesan a los ingenieros, incluida la reducción de la fricción entre el animal y el agua por la que se mueve. Aplicar esta tecnología a los vehículos y otras máquinas podría disminuir la fricción, reducir el uso de combustible y el consumo energético.

USAR UN MODELO PARA DESCRIBIR

Dibuja un diagrama rotulado para describir cómo la fricción puede aumentarse o disminuirse con la biomimética. Puedes realizar investigaciones adicionales para recolectar detalles para agregar a tu modelo.

MÓDULO 5
GUÍA DE ESTUDIO

CONÉCTATE para estudiar con el Libro de ciencias.

Lección 1 VECTORES

- componentes
- resolución vectorial

- Los vectores se suman gráficamente al colocar el extremo del segundo vector sobre el origen del primer vector. El vector resultante señala desde el extremo del primer vector hacia el origen del vector final.
- Los componentes de un vector son proyecciones de los vectores de componente en los ejes. Los vectores pueden sumarse al sumar por separado los componentes de x e y.

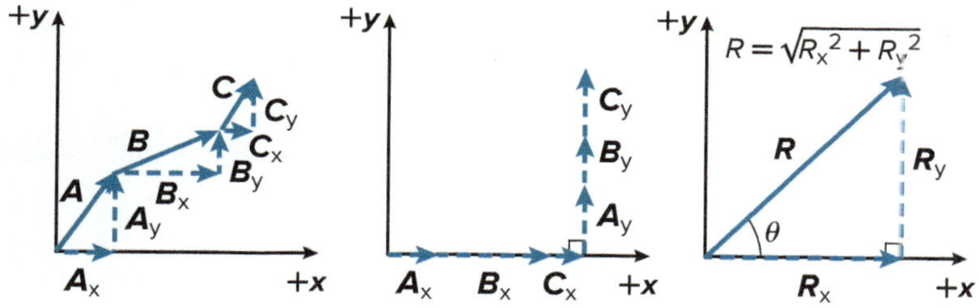

- Cuando dos vectores están en ángulo recto, puedes usar el teorema de Pitágoras para determinar la magnitud del vector resultante. La ley de los senos y la ley de los cosenos puede usarse para hallar el resultante de dos vectores.

$$R^2 = A^2 + B^2$$

$$\text{Ley de senos: } \frac{R}{\text{sen } \theta} = \frac{A}{\text{sen } a} = \frac{B}{\text{sen } b}$$

$$\text{Ley de cosenos: } R^2 = A^2 + B^2 - 2AB \cos \theta$$

Lección 2 FRICCIÓN

- fricción cinética
- fricción estática
- coeficiente de fricción cinética
- coeficiente de fricción estática

- La fricción es una fuerza que actúa paralela a las superficies cuando dos superficies se tocan.
- La fuerza de fricción cinética iguala el coeficiente de fricción cinética veces la fuerza normal.

$$F_{\text{f, cinética}} = \mu_k F_N$$

- La fuerza de fricción estática es menor que o igual al coeficiente de fricción estática y la fuerza normal.

$$F_{\text{f, estática}} \leq \mu_s F_N$$

Lección 3 FUERZAS EN DOS DIMENSIONES

- equilibrante

- El equilibrante es una fuerza de la misma magnitud, pero en dirección opuesta a la fuerza resultante, que es la suma de todas las otras fuerzas que actúan sobre un objeto.
- Las fuerzas de fricción son paralelas a un plano inclinado, pero apuntan hacia arriba del plano si el movimiento de un objeto es hacia abajo del plano. Un objeto sobre un plano inclinado tiene un componente de fuerza de gravedad paralelo al plano; este componente puede acelerar el objeto hacia abajo del plano.

PENSAMIENTO TRIDIMENSIONAL

Conclusión del módulo

REPASA EL FENÓMENO

¿Por qué este tren especializado limpia las vías?

CER Afirmación, evidencia, razonamiento

Explica el razonamiento Repasa la afirmación que hiciste cuando hallaste el fenómeno. Resume la evidencia que reuniste en tus investigaciones y completa la tabla de resumen. ¿Respalda la evidencia tu afirmación? Si no lo hace, repasa tu afirmación. Explica por qué la evidencia respalda tu afirmación.

PROYECTO DE LA UNIDAD STEM

Ahora que completaste el módulo, repasa el proyecto de la unidad STEM. Resume la evidencia y aplícala al proyecto.

PROFUNDIZA

SEP Laboratorio de análisis de datos

¿Quién se baja más rápido?

Margaret Mary, Doug y Kako están en un parque de diversiones. Ven la atracción llamada el Tobogán gigante, que es un plano inclinado muy largo y alto. Los visitantes del parque suben una escalera larga hasta la cima del plano inclinado a 27° y reciben sacos de tela. Se sientan sobre ellos y se deslizan 70 m hacia abajo por el plano. Cuando los tres amigos ya se deslizaron por el tobogán, ven que un hombre de 135 kg y un niño de 20 kg están en la cima, listos para descender. "Me pregunto en cuánto menos tiempo descenderá el hombre", dice Margaret Mary. "Pienso que el niño tardará menos", dice Doug. "Ambos están equivocados", dice Kako. "Llegarán abajo al mismo tiempo".

CER Analizar e interpretar datos

1. **Dibuja la situación.**
2. **Afirmación** ¿Quién tiene razón?
3. **Evidencia y razonamiento** Justifica tu afirmación.

MÓDULO 6

MOVIMIENTO EN DOS DIMENSIONES

Thomas Barwick/Iconica/Getty Images

MÓDULO 6

MOVIMIENTO EN DOS DIMENSIONES

ENCUENTRA EL FENÓMENO

¿Por qué se forman arcos al lanzar balones de básquetbol?

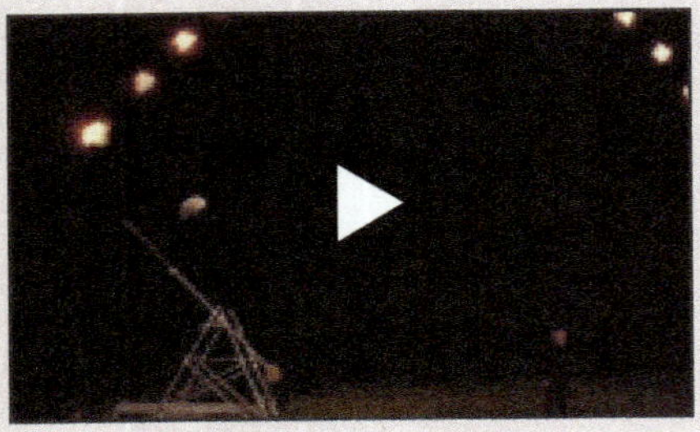

CONÉCTATE para ver un video sobre el recorrido de un proyectil.

SEP Hacer preguntas

¿Qué preguntas tienes acerca del fenómeno? Escribe tus preguntas en notas adhesivas y pégalas en el pizarrón de preguntas clave.

CER Afirmación, evidencia, razonamiento

Hacer una afirmación Usa la tabla CER para hacer una afirmación acerca de por qué se forman arcos al lanzar un balón de básquetbol. Explica tu razonamiento.

Reunir evidencia Usa las lecciones del módulo para reunir evidencia que respalde tu afirmación. Registra la evidencia mientras trabajas en el módulo.

Explicar el razonamiento Repasarás tu afirmación y explicarás tu razonamiento al final del módulo.

CONÉCTATE para acceder a la tabla CER y explorar los recursos que te ayudarán a reunir evidencia.

LECCIÓN 1: Explorar y explicar: Lanzamientos en ángulo

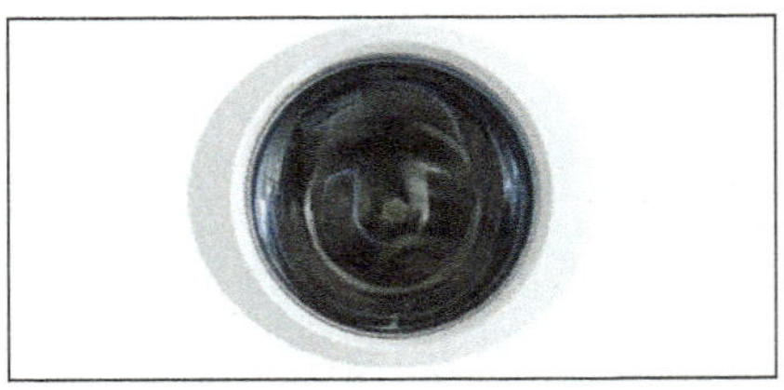

LECCIÓN 2: Explorar y explicar: Aceleración centrípeta

Smithsonian

Recursos adicionales

(t)Video Supplied by BBC Worldwide Learning, (bl)David Madison/Digital Vision/Getty Images, (br)Exroy/Shutterstock

LECCIÓN 1

MOVIMIENTO DE PROYECTILES

PREGUNTA DE ENFOQUE

¿Qué fuerzas afectan la trayectoria de un balón de básquetbol?

Recorrido de un proyectil

Una rana que salta, el lanzamiento de una bola de nieve y una flecha disparada con un arco tienen recorridos semejantes. Todos suben y luego caen, siempre siguiendo una curva descendente a lo largo de un recorrido parabólico. Un objeto lanzado por el aire se llama **proyectil.** Su recorrido en el espacio se llama **trayectoria.**

Puedes determinar la trayectoria de un proyectil si conoces su velocidad inicial. En la **Imagen 1** se muestra agua que se lanza como un proyectil horizontalmente y en ángulo. En los dos casos, la gravedad produce una curva descendente a lo largo de un recorrido parabólico.

Puedes hacer un diagrama de cuerpo libre de un proyectil e identificar las fuerzas que actúan sobre él. Si ignoras la resistencia del aire después de que una fuerza inicial lanza el proyectil, la única fuerza que actúa sobre él mientras se mueve por el aire es la gravedad. La gravedad hace que el objeto descienda en una curva.

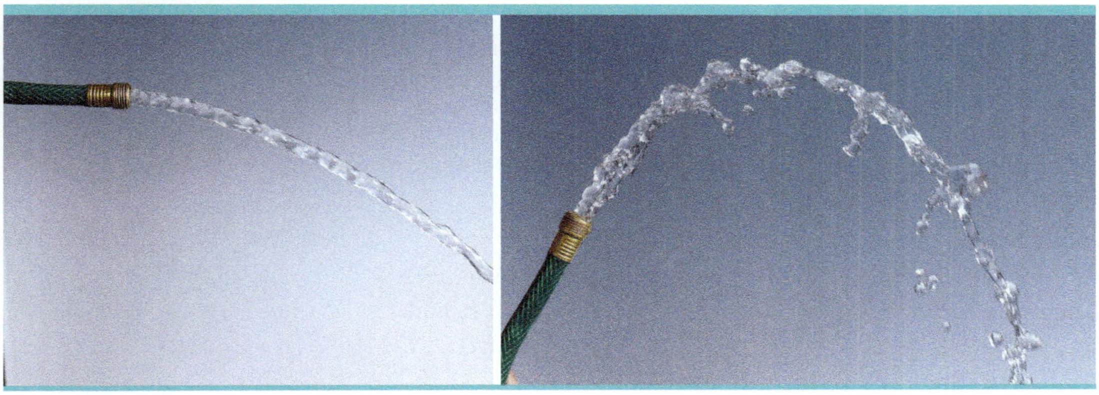

Hutchings Photography/Digital Light Source

Imagen 1 Un proyectil lanzado en sentido horizontal desciende inmediatamente en una curva. No obstante, si se lo lanza hacia arriba en ángulo, se eleva y luego cae, y forma siempre una curva descendente.

PENSAMIENTO 3D — DCI Ideas centrales disciplinarias — CCC Conceptos interdisciplinarios — SEP Prácticas de ciencia e ingeniería

REUNIR EVIDENCIA

Usa el Cuaderno de ciencias para registrar la evidencia que reúnas mientras completas las lecturas y las actividades de la lección.

INVESTIGAR

CONÉCTATE para hallar estas actividades y más recursos.

Laboratorio de Física: En el blanco
Planifica y realiza una investigación para determinar los factores que afectan el movimiento de un proyectil.

Repasar la pregunta de Encuentra el fenómeno
¿Qué información de la lección te ayuda a responder las preguntas de la unidad y del módulo?

Independencia del movimiento en dos dimensiones

Piensa en dos jugadores de sóftbol que entran en calor para un partido y lanzan balones altos de un lado a otro. ¿Cómo se ve el recorrido del balón por el aire? Como el balón es un proyectil, sigue un recorrido parabólico.

Imagina que estás parado justo detrás de uno de los jugadores observando el balón. ¿Cómo se vería el movimiento del balón? Verías que el balón se mueve de arriba abajo, como cualquier otro objeto que se lanza hacia arriba en línea recta.

Si observaras el balón de sóftbol desde un globo aerostático a una gran distancia del campo, ¿qué movimiento verías? El balón se movería de un jugador a otro a una velocidad constante, al igual que cualquier otro objeto con una velocidad horizontal inicial, como un disco de *hockey* que se desliza sobre hielo. El movimiento de un proyectil es una combinación de estos dos movimientos.

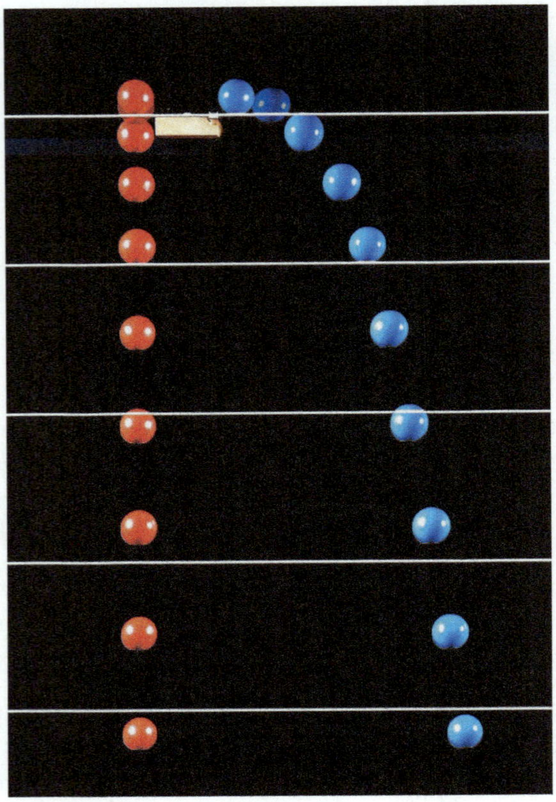

Imagen 2 Se dejó caer el balón de la izquierda sin velocidad inicial. Se le dio al balón de la derecha una velocidad horizontal inicial. Ambos hacen el mismo movimiento vertical al caer.

Identificar *¿Cuál es la velocidad vertical de los balones después de caer durante 1 s?*

¿Lo comprendes?

Ilustrar Dibuja bocetos de la persona que lanza un balón de básquetbol al comienzo del módulo desde el punto de vista de un dron. Los dibujos deberían representar las vistas desde detrás de la persona, por encima de la cancha y desde un lateral.

¿Por qué los proyectiles se comportan de esta manera? Después de que un jugador lanza un balón de sóftbol, ¿qué fuerzas actúan sobre el balón? Si ignoras la resistencia del aire, ninguna fuerza de contacto actúa sobre él; solo la fuerza de gravedad en el movimiento descendente. ¿Cómo afecta esto el movimiento del balón? La gravedad hace que el balón tenga una aceleración hacia abajo.

Comparar diagramas de movimiento En la **Imagen 2**, se pueden ver las trayectorias de dos balones. Se dejó caer el balón rojo y al balón azul se le dio una velocidad horizontal inicial de 2.0 m/s. ¿En qué se parecen los dos recorridos?

Observa sus posiciones verticales. Las líneas horizontales indican distancias verticales iguales. En cada momento en que se tomó la fotografía, la altura de los dos balones coincidía. Como el cambio de posición vertical fue el mismo en los dos casos, la velocidad vertical promedio de ambos balones durante cada intervalo también fue la misma. La distancia cada vez mayor que los balones recorrieron en sentido vertical, de un intervalo de tiempo a otro, demuestra que aceleraban hacia abajo debido a la fuerza de gravedad.

Observa que el movimiento horizontal del balón lanzado no afecta su movimiento vertical. Un proyectil lanzado en sentido horizontal tiene una velocidad horizontal inicial, pero no tiene una velocidad vertical inicial. Por lo tanto, su movimiento vertical es igual al de un objeto en reposo que se deja caer. Al igual que el balón rojo, el balón azul tiene una velocidad hacia abajo que aumenta de manera gradual como consecuencia de la aceleración generada por la gravedad.

¿Lo comprendes?
Explica por qué un objeto que se deja caer tiene la misma velocidad vertical que un objeto que se lanza en sentido horizontal.

Proyectiles lanzados en sentido horizontal

Imagina que una persona parada cerca del borde de un acantilado patea un guijarro en sentido horizontal. Al igual que un proyectil lanzado en sentido horizontal, el guijarro tendrá una velocidad horizontal inicial, pero no una velocidad vertical inicial. ¿Qué le sucederá al guijarro al caer por el acantilado?

Diagramas de movimiento independientes Recuerda que el movimiento horizontal de un proyectil no afecta su movimiento vertical. Por lo tanto, es más fácil analizar ambos movimientos por separado. Los diagramas de movimiento para los componentes *x* y los componentes *y* de un proyectil lanzado en sentido horizontal, como el guijarro por el acantilado, aparecen en el lado izquierdo de la **Imagen 3.**

Movimiento horizontal Observa los vectores horizontales en el diagrama de la izquierda. Todos los vectores de velocidad tienen la misma longitud, lo que indica que la velocidad horizontal del objeto no cambia. El guijarro no acelera en sentido horizontal. Esta velocidad constante en dirección horizontal es exactamente lo que debería esperarse, porque después de la patada inicial, ninguna fuerza horizontal actúa sobre el guijarro. (En realidad, la velocidad del guijarro disminuiría un poco debido a la resistencia del aire, pero recuerda que la ignoramos en este módulo).

¿Lo comprendes?
Explica por qué el movimiento horizontal de un proyectil es constante.

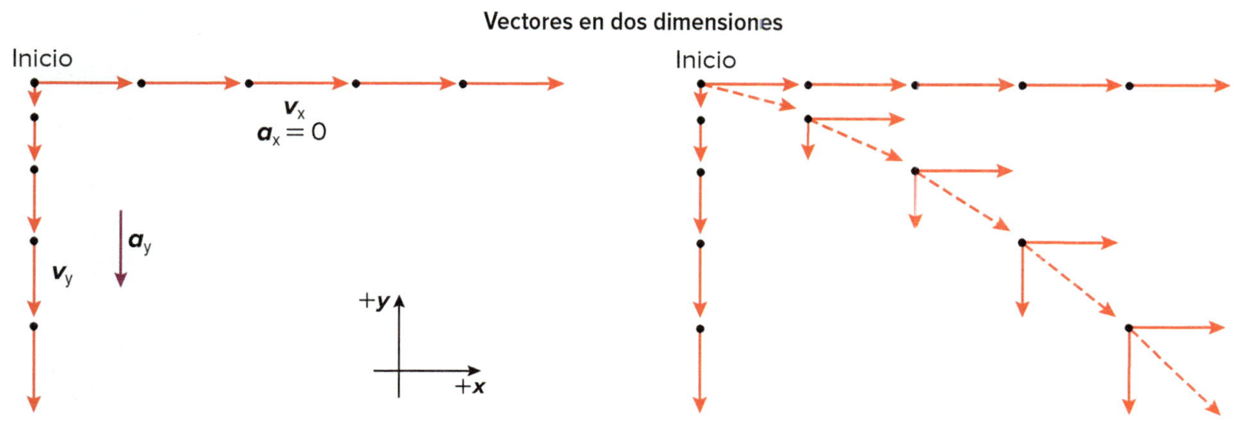

Imagen 3 Para describir el movimiento de un proyectil lanzado en sentido horizontal, los componentes *x* e *y* pueden tratarse por separado. Los vectores del proyectil resultantes son tangentes a una parábola.

Decidir *¿Cuál es el valor de a_y?*

Movimiento vertical Ahora observa los vectores de velocidad vertical en el diagrama de la izquierda. Cada uno tiene una longitud un poco más larga que el anterior. Este cambio de longitud indica que la velocidad vertical del objeto aumenta y que el objeto tiene una aceleración hacia abajo. Esto también es lo que debería esperarse porque, en este caso, la fuerza de gravedad actúa sobre el guijarro.

¿Lo comprendes?

Describe por qué los vectores de velocidad vertical de un proyectil cambian de longitud, mientras que los de velocidad horizontal no cambian.

Recorrido parabólico Cuando los componentes x e y del movimiento de un objeto se tratan individualmente, cada recorrido es una recta. En el diagrama del lado derecho de la **Imagen 3** se muestra el recorrido parabólico real. Los componentes horizontales y verticales en cada momento se suman para formar el vector de velocidad total. Puedes ver cómo la combinación de la velocidad horizontal constante y la aceleración vertical uniforme produce una trayectoria con forma de parábola.

ESTRATEGIAS PARA RESOLVER PROBLEMAS

Movimiento en dos dimensiones

Usa las siguientes estrategias para resolver problemas sobre proyectiles.

1. Haz un diagrama de movimiento con vectores para el proyectil en posición inicial y final. Si se lo lanza en ángulo, muestra también su altura máxima y el ángulo inicial.
2. Considera el movimiento vertical y el movimiento horizontal por separado. Haz una lista con las variables conocidas y desconocidas.
3. Para el movimiento horizontal, la aceleración es $a_x = 0.0\ m/s^2$. Si se lanza el proyectil en ángulo, la velocidad vertical inicial y la velocidad vertical cuando el proyectil caiga y regrese a la misma altura tendrán la misma magnitud, pero direcciones diferentes: $v_{yi} = -v_{yf}$.
4. Para el movimiento vertical, $a_y = -9.8\ m/s^2$ (si decides que hacia arriba es positivo). Si se lanza el proyectil en ángulo, la velocidad vertical en su punto más alto es cero: $v_{y,\ máx} = 0.0\ m/s$.
5. Elige las ecuaciones de movimiento que te permitirán hallar las variables desconocidas. Aplícalas al movimiento vertical y al movimiento horizontal por separado. Recuerda que el tiempo es el mismo para los dos movimientos. Si calculas el tiempo en una de las dimensiones, también lo calculas para la otra.
6. A veces, es útil aplicar las ecuaciones de movimiento para una parte del recorrido del proyectil. Puedes elegir cualquier punto de inicio y fin para la ecuación.

Ecuaciones de movimiento

Horizontal (velocidad constante)

$$\boldsymbol{x}_f = \boldsymbol{v}t_f + \boldsymbol{x}_i$$

Vertical (aceleración constante)

$$\boldsymbol{v}_f = \boldsymbol{v}_i + \boldsymbol{a}t_f$$

$$\boldsymbol{x}_f = \boldsymbol{x}_i + \boldsymbol{v}_i t_f + \frac{1}{2}\boldsymbol{a}t_f^2$$

$$v_f^2 = v_i^2 + 2a(x_f - x_i)$$

CCC CONCEPTOS INTERDISCIPLINARIOS

Patrones Reúne evidencia empírica para identificar los patrones de movimiento que siguen los proyectiles. Lanza un objeto en diferentes ángulos y registra los movimientos. Haz una presentación que ilustre tus hallazgos.

EJEMPLO Problema 1

DESLIZAR UN PLATO Estás preparando el desayuno y deslizas un plato sobre la encimera. Desafortunadamente, lo deslizas demasiado rápido y sale volando. Si la encimera tiene 1.05 m de alto y el plato deja la encimera a 0.74 m/s, ¿cuánto tiempo tardará en caer y a qué distancia del borde de la encimera caerá?

1 ANALIZAR Y PLANTEAR EL PROBLEMA

Haz diagramas de movimiento vertical y horizontal. Elige el sistema de coordenadas para que el origen sea la parte superior de la encimera. Elige la dirección *x* positiva en la dirección de la velocidad horizontal y la dirección *y* positiva hacia arriba.

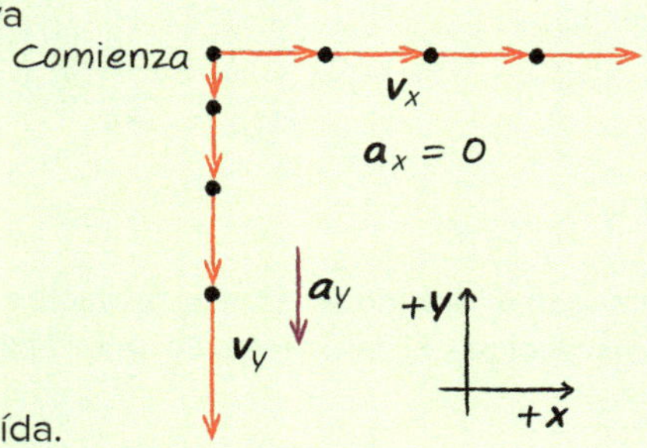

Datos conocidos

$x_i = y_i = 0$ m
$v_{xi} = 0.74$ m/s
$v_{yi} = 0$ m/s
$a_x = 0$ m/s²
$a_y = -9.8$ m/s²
$y_f = -1.05$ m

Incógnita

$t = ?$
$x_f = ?$

2 HALLAR LA INCÓGNITA

Usa la ecuación de movimiento en la dirección *y* para calcular la duración de la caída.

$$y_f = y_i + \frac{1}{2}a_y t^2$$

$$t = \sqrt{\frac{2(y_f - y_i)}{a_y}}$$ Reorganiza la ecuación para calcular la duración.

$$= \sqrt{\frac{2(-1.05\text{ m} - 0\text{ m})}{-9.8\text{ m/s}^2}} = 0.46\text{ s}$$ Sustituye $y_f = -1.05$ m, $y_i = 0$ m, $a_y = -9.8$ m/s².

Usa la ecuación de movimiento en la dirección *x* para calcular dónde caerá el plato.

$\mathbf{x}_f = \mathbf{v}_x t =$ (0.74 m/s a la derecha)(0.46 s) = 0.34 m a la derecha de la encimera

3 EVALUAR LA RESPUESTA

- **¿Son correctas las unidades?** El tiempo se mide en segundos. La posición se mide en metros.
- **¿Tienen sentido los signos?** Los dos son positivos. Los signos de posición concuerdan con la elección de las coordenadas.
- **¿Son realistas las magnitudes?** Una caída de un metro dura cerca de 0.5 s. Durante este tiempo, el desplazamiento horizontal del plato sería de aproximadamente 0.5 s × 0.74 m/s.

PRÁCTICA Problemas

PRÁCTICA ADICIONAL

1. Lanzas una roca en sentido horizontal a una velocidad de 5.0 m/s desde la cima de un acantilado que mide 78.4 m de alto.

a. ¿Cuánto tarda la roca en llegar al suelo?

b. ¿A qué distancia de la base del acantilado cae la roca?

c. ¿Cuáles son los componentes horizontales y verticales de la velocidad de la roca antes de que toque el suelo?

2. Lucy y su amiga trabajan en una planta de ensamblaje fabricando jirafas de madera. Al final de la línea, las jirafas se mueven horizontalmente por el borde de la cinta transportadora y caen en una caja que está debajo. Si la caja está 0.60 m por debajo de la cinta transportadora y a 0.40 m de distancia de la cinta, ¿a qué velocidad horizontal abandonan la cinta transportadora las jirafas?

3. DESAFÍO Visitas a un amigo de la escuela primaria que ahora vive en un pequeño pueblo. Una atracción local es la heladería, donde Stan, el cocinero, desliza las copas de helado terminadas por el mostrador a una velocidad constante de 2.0 m/s (el mostrador siempre está bien pulido para esto). Si los clientes atrapan las copas de helado a 7.0 cm del borde del mostrador, ¿a qué distancia del borde del mostrador se deslizan las copas respecto del lugar donde las atrapan los clientes?

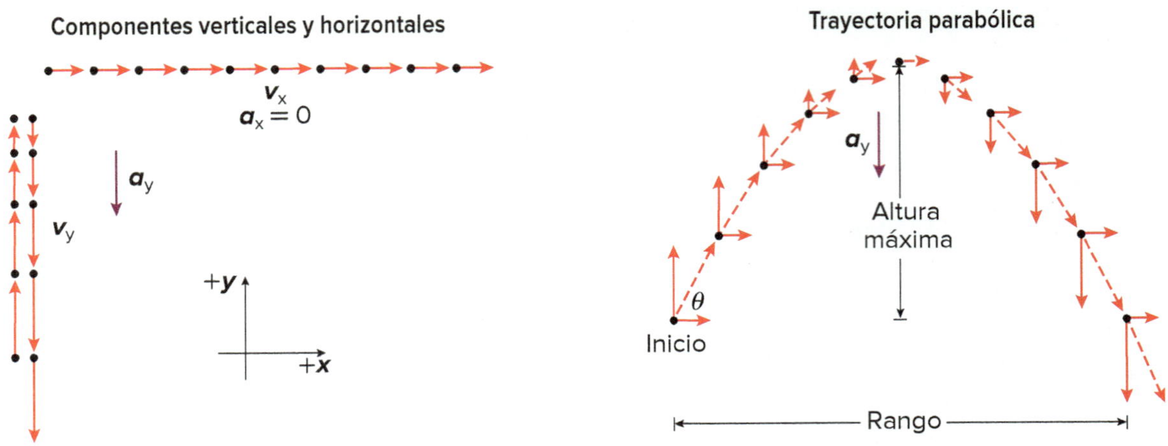

Imagen 4 Cuando se lanza un proyectil en un ángulo ascendente, el recorrido parabólico es ascendente y, luego, descendente. El movimiento de arriba abajo está representado en el componente vertical del diagrama de vectores.

Lanzamientos en ángulo

Cuando se lanza un proyectil en ángulo, la velocidad inicial tiene un componente vertical y uno horizontal. Si se lanza el objeto hacia arriba, como cuando lanzas un balón al aire, el objeto se eleva con una velocidad decreciente, alcanza el punto máximo de su recorrido, donde la velocidad es momentáneamente cero, y desciende con una velocidad creciente.

Diagramas de movimiento independientes A la izquierda de la **Imagen 4** se muestran los diagramas independientes de movimiento vertical y horizontal para la trayectoria. En el sistema de coordenadas, el eje x es horizontal, y el eje y es vertical. Observa la simetría. En cada punto de la dirección vertical, la velocidad del objeto cuando se mueve hacia arriba tiene la misma magnitud que cuando se mueve hacia abajo. La única diferencia es que los sentidos de las velocidades son opuestas. Al resolver problemas, a veces, resulta útil considerar la simetría para determinar cantidades desconocidas.

¿Lo comprendes?

Analizar Al patear un balón en el suelo, el balón se mueve hacia arriba con una velocidad vertical inicial de 1.2 m/s. Cuando el balón toque el suelo, ¿cuál será su velocidad vertical? Explica tu razonamiento.

Recorrido parabólico En el diagrama del lado derecho de la **Imagen 4** se definen dos cantidades asociadas con la trayectoria. Una es la altura máxima, que es la altura del proyectil cuando la velocidad vertical es cero y el proyectil solo presenta el componente de velocidad vertical. La otra cantidad que se muestra es el rango (R), que es la distancia horizontal que recorre el proyectil cuando la altura inicial y la altura final son iguales. Lo que no se muestra es el tiempo de vuelo, que es el tiempo que el proyectil pasa en el aire.

¿Lo comprendes?

Describir ¿En qué momento de la trayectoria de un proyectil su velocidad vertical es cero?

EJEMPLO Problema 2

EL VUELO DE UN BALÓN Se lanza un balón a 4.5 m/s a 66° sobre la línea horizontal. Se lanza y cae a la misma altura del suelo. ¿Cuál es la altura máxima sobre el nivel de lanzamiento y cuál es el tiempo de vuelo del balón?

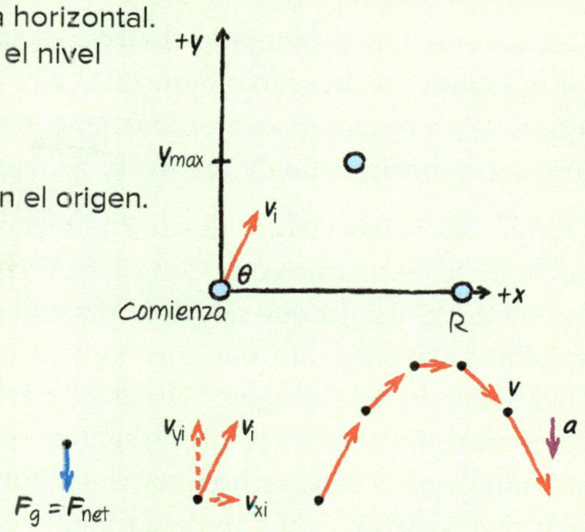

1 ANALIZAR Y PLANTEAR EL PROBLEMA

- Establece un sistema de coordenadas con la posición inicial del balón en el origen.
- Muestra las posiciones del balón al comienzo, en la altura máxima y al final del vuelo. Muestra la dirección de $\boldsymbol{F}_{neta}$.
- Haz un diagrama de movimiento con **v** y **a**.

Datos conocidos

$y_i = 0.0$ m $\theta_i = 66°$ $v_{y,\,máx} = 0.0$ m/s

$v_i = 4.5$ m/s $a_y = -9.8$ m/s²

Incógnita

$y_{máx} = ?$

$t = ?$

2 HALLAR LA INCÓGNITA

Halla el componente y de v_i.

$$v_{yi} = v_i(\text{sen } \theta_i)$$
$$= (4.5 \text{ m/s})(\text{sen } 66°) = 4.1 \text{ m/s}$$

Sustituye $v_i = 4.5$ m/s, $\theta_i = 66°$.

Usa la simetría para hallar el componente y de v_f.

$$v_{yf} = -v_{yi} = -4.1 \text{ m/s}$$

Calcula la altura máxima.

$$v_{y,\,máx}{}^2 = v_{yi}{}^2 + 2a_y(y_{máx} - y_i)$$
$$(0.0 \text{ m/s})^2 = v_{yi}{}^2 + 2a_y(y_{máx} - 0.0 \text{ m})$$
$$y_{máx} = -\frac{v_{yi}{}^2}{2a_y}$$
$$= -\frac{(4.1 \text{ m/s})^2}{2(-9.8 \text{ m/s}^2)} = 0.86 \text{ m}$$

Sustituye $v_{yi} = -4.1$ m/s; $a_y = -9.8$ m/s².

Calcula el tiempo que tarda en volver a la altura de lanzamiento.

$$v_{yf} = v_{yi} + a_y t$$
$$t = \frac{v_{yf} - v_{yi}}{a_y}$$
$$= \frac{-4.1 \text{ m/s} - 4.1 \text{ m/s}}{-9.8 \text{ m/s}^2} = 0.84 \text{ s}$$

Sustituye $v_{yf} = -4.1$ m/s; $v_{yi} = 4.1$ m/s; $a_y = -9.8$ m/s².

3 EVALUAR LA RESPUESTA

- **¿Son realistas las magnitudes?** Para un objeto que se eleva menos de 1 m, una duración de 1 s es razonable.

PRÁCTICA Problemas

PRÁCTICA ADICIONAL

4. Un jugador patea un balón de fútbol americano desde el suelo con una velocidad inicial de 27.0 m/s, 30.0° sobre la línea horizontal, como se muestra en la **Imagen 5.** Calcula los siguientes elementos. Ignora las fuerzas del aire que actúan sobre el balón.

a. el tiempo de vuelo del balón

b. la altura máxima del balón

c. la distancia horizontal que el balón recorre antes de tocar el suelo

5. El jugador del problema anterior patea el balón con la misma velocidad, pero a 60.0° de la línea horizontal. ¿Cuál es el tiempo de vuelo del balón, la distancia horizontal que recorre y su altura máxima?

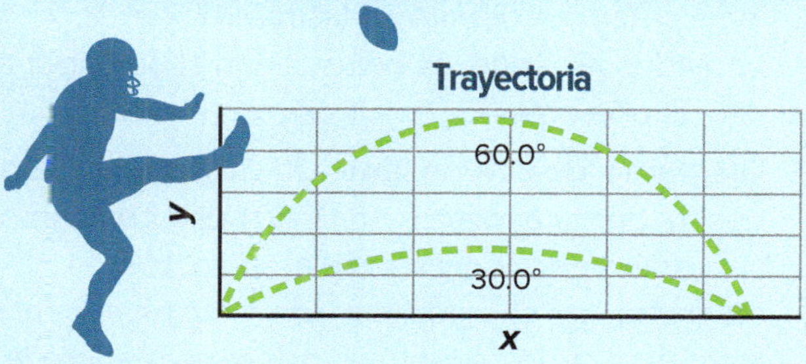

Imagen 5

6. DESAFÍO Se lanza una roca desde un acantilado de 50.0 m de alto con una velocidad inicial de 7.0 m/s en un ángulo de 53.0° sobre la horizontal. Calcula con qué velocidad tocará el suelo.

Fuerzas del aire

Hasta ahora, hemos ignorado el efecto de las fuerzas del aire, pero piensa por qué una cometa se mantiene en el aire o por qué un paracaídas le permite a un paracaidista aterrizar sano y salvo. Las fuerzas del aire pueden cambiar el movimiento de un objeto de manera considerable.

¿Qué sucede si hay viento? El aire en movimiento puede cambiar el movimiento de un proyectil. Considera los tres casos de la **Imagen 6.** En la foto superior, el agua que sale de la manguera casi no se ve afectada por el aire. En la foto siguiente, el viento sopla en el mismo sentido que el movimiento inicial del agua. El recorrido del agua cambia porque el aire ejerce una fuerza sobre ella en el mismo sentido que su movimiento. La distancia horizontal que el agua recorre aumenta, porque la fuerza aumenta su velocidad horizontal. El sentido del viento cambia en la última foto. La distancia horizontal que el agua recorre disminuye, porque el aire ejerce una fuerza en sentido opuesto al del movimiento del agua.

¿Qué sucedería si la dirección del viento estuviera en un ángulo relativo a un objeto en movimiento? El componente horizontal del viento afectaría solo el movimiento horizontal de un objeto. El componente vertical afectaría solo el movimiento vertical. En el caso del agua, por ejemplo, un viento ascendente fuerte podría disminuir la velocidad descendente del agua.

Los efectos en la **Imagen 6** ocurren porque el aire se mueve lo suficiente como para cambiar el movimiento del agua. Hasta el aire que no se mueve puede afectar algunos objetos en movimiento. Si se sostiene un papel en sentido horizontal y se lo deja caer, por ejemplo, caerá lentamente por la resistencia del aire. Esta resistencia aumenta a medida que aumenta el área de superficie del objeto que se enfrenta al aire en movimiento.

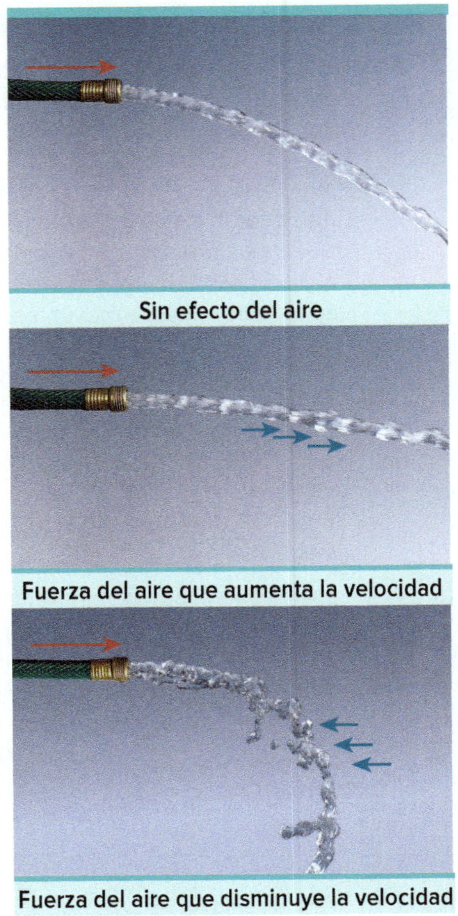

Imagen 6 Las fuerzas del aire pueden aumentar o disminuir la velocidad de un objeto en movimiento.

Verifica tu progreso

7. **Velocidad inicial** Se lanzan dos bolas de béisbol en sentido horizontal desde la misma altura, pero a velocidades diferentes. La más rápida cruza el plato de *home* dentro de la zona de *strike*. La más lenta cruza por debajo de las rodillas del bateador. ¿Por qué las bolas pasan al bateador a alturas diferentes?

8. **Diagrama de cuerpo libre** Un cubo de hielo se desliza por una mesa a una velocidad constante sin generar fricción y se cae al suelo. Haz diagramas de cuerpo libre y de movimiento para mostrar el cubo de hielo en dos puntos sobre la mesa y en dos puntos en el aire.

9. **Movimiento de un proyectil** Se lanza un balón a 28 m de altura, a 15.0 m/s y 20.0° debajo de la línea horizontal. ¿Cuán lejos viaja el balón en sentido horizontal antes de tocar el suelo?

10. **Movimiento de un proyectil** ¿Cuál es la altura máxima que alcanza un balón si se lo lanza a 11.0 m/s y a 50.0° sobre la línea horizontal?

11. **Pensamiento crítico** Se lanza un objeto con la misma velocidad inicial y dirección en la Tierra y en la Luna, donde la aceleración generada por la gravedad es un sexto del valor en la Tierra. ¿Cómo cambian la velocidad vertical, el tiempo de vuelo, la altura máxima y la distancia horizontal?

LEARNSMART® Conéctate para cumplir tu plan de aprendizaje personalizado para repasar, practicar y reforzar tu comprensión.

LECCIÓN 2

MOVIMIENTO CIRCULAR

PREGUNTA DE ENFOQUE

¿Qué fuerza hace que un objeto se mueva en un círculo?

Describir el movimiento circular

¿Tienen aceleración los objetos que se mueven en un círculo a una velocidad constante, como un caballo fijo en un carrusel? En principio, podrías creer que no, porque sus velocidades no cambian. No obstante, recuerda que la aceleración se relaciona con un cambio de velocidad vectorial, y no solo con un cambio de velocidad escalar. Como sus direcciones cambian, los objetos deben tener aceleración.

El **movimiento circular uniforme** es el movimiento de un objeto a una velocidad constante alrededor de un círculo con un radio fijo. La posición de un objeto en el movimiento circular uniforme con respecto al centro del círculo se obtiene a partir del vector de posición r. Recuerda que un vector de posición es un vector de desplazamiento que se extiende desde el origen. En la **Imagen 7** aparecen dos vectores posibles, r_1 y r_2, al comienzo y al final de un intervalo de tiempo.

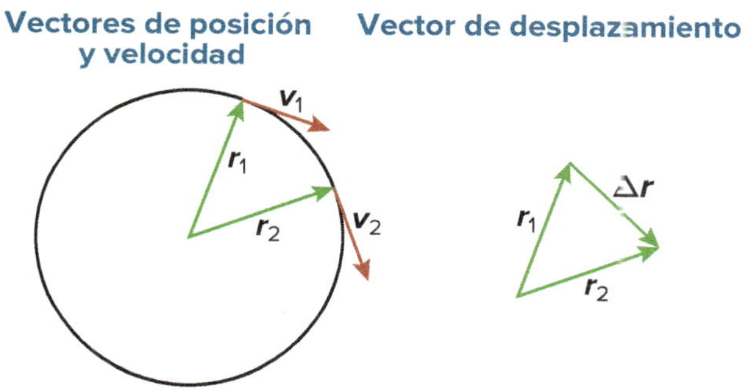

Imagen 7 Para un objeto con un movimiento circular uniforme, la velocidad es tangente al círculo. Tiene la misma dirección que el desplazamiento.

Analizar *¿Cómo puedes deducir a partir del diagrama que el movimiento es uniforme?*

PENSAMIENTO 3D DCI Ideas centrales disciplinarias CCC Conceptos interdisciplinarios SEP Prácticas de ciencia e ingeniería

REUNIR EVIDENCIA

Usa el Cuaderno de ciencias para registrar la evidencia que reúnas mientras completas las lecturas y las actividades de la lección.

INVESTIGAR

CONÉCTATE para hallar estas actividades y más recursos.

Laboratorio de Física: Fuerza centrípeta

Analiza información sobre la relación entre la fuerza centrípeta y la aceleración centrípeta.

Repasar las noticias

Obtén información de una noticia actual acerca del movimiento circular. Evalúa la fuente y comunica tus hallazgos a la clase.

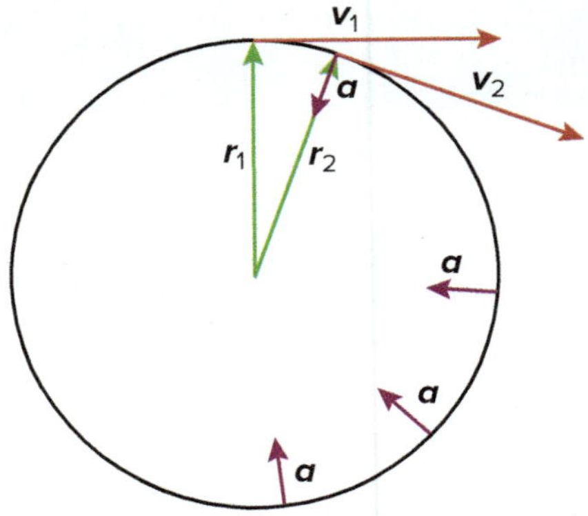

A medida que el objeto se mueve alrededor del círculo, la longitud del vector de posición no cambia, pero sí la dirección. En el diagrama también se muestran dos vectores de velocidad instantánea. Observa que cada vector es tangente al recorrido circular y forma un ángulo recto con el vector de posición correspondiente. Para determinar la velocidad promedio del objeto, debes hallar su vector de desplazamiento en un intervalo de tiempo. Sabes que la velocidad promedio de un objeto en movimiento se define como $\frac{\Delta x}{\Delta t}$. Para un objeto con un movimiento circular, se define como $\bar{v} = \frac{\Delta r}{\Delta t}$. En el lado derecho de la **Imagen 7** se muestra Δr como el desplazamiento desde r_1 hacia r_2 en un intervalo de tiempo. La velocidad para este intervalo tiene la misma dirección que el desplazamiento, pero su longitud es diferente porque se divide por Δt.

Aceleración centrípeta

El vector de velocidad de un objeto con un movimiento circular uniforme es tangente al círculo. ¿Cuál es la dirección de la aceleración? En la **Imagen 8** se muestran los vectores de velocidad v_1 y v_2 al comienzo y al final de un intervalo de tiempo. La diferencia entre los dos vectores (Δv) se halla al restar los vectores, como se muestra al final de la imagen. La aceleración promedio $\left(\bar{a} = \frac{\Delta v}{\Delta t}\right)$ para este intervalo de tiempo tiene la misma dirección que Δv. Para un intervalo muy corto, Δv es tan corto que a apunta al centro del círculo. A medida que el objeto se mueve alrededor del círculo, la dirección del vector de aceleración cambia, pero siempre apunta al centro del círculo. Por esta razón, la aceleración de un objeto con un movimiento circular uniforme se llama **aceleración centrípeta.**

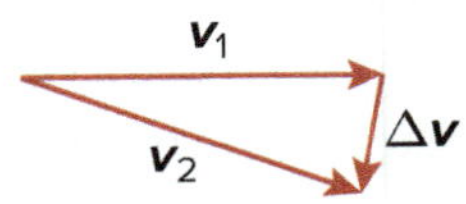

Imagen 8 La aceleración de un objeto con un movimiento circular uniforme es el cambio de velocidad dividido por el intervalo de tiempo. La dirección de la aceleración centrípeta es siempre hacia el centro del círculo.

Magnitud de la aceleración

¿Cuál es la magnitud de la aceleración centrípeta de un objeto? Mira los puntos de inicio de los vectores de velocidad en la parte superior de la **Imagen 8.** Observa el triángulo que forman los vectores de posición en esos puntos con el centro del círculo. Los vectores de velocidad forman un triángulo idéntico en la parte inferior de la **Imagen 8.** El ángulo entre r_1 y r_2 es el mismo que entre v_1 y v_2. Por lo tanto, se forman triángulos similares al restar los dos conjuntos de vectores, y las proporciones de la longitud de los dos lados correspondientes son iguales.

Entonces, $\frac{\Delta r}{r} = \frac{\Delta v}{v}$. La ecuación no cambia si los dos lados se dividen por Δt.

$$\frac{\Delta r}{r\Delta t} = \frac{\Delta v}{v\Delta t}$$

No obstante, $v = \frac{\Delta r}{\Delta t}$ y $a = \frac{\Delta v}{\Delta t}$.

$$\left(\frac{1}{r}\right)\left(\frac{\Delta r}{\Delta t}\right) = \left(\frac{1}{v}\right)\left(\frac{\Delta v}{\Delta t}\right)$$

Al sustituir $v = \frac{\Delta r}{\Delta t}$ en el lado izquierdo y $a = \frac{\Delta v}{\Delta t}$ en el lado derecho, se obtiene esta ecuación:

$$\frac{v}{r} = \frac{a}{v}$$

Calcula la aceleración y usa el símbolo a_c para la aceleración centrípeta.

Aceleración centrípeta

La aceleración centrípeta siempre señala el centro del círculo. Su magnitud es igual al cuadrado de la velocidad dividido por el radio de movimiento.

$$a_c = \frac{v^2}{r}$$

Período de revolución Una manera de describir la velocidad de un objeto que se mueve en un círculo consiste en medir su período (T), es decir, el tiempo que el objeto necesita para completar una revolución. Durante este tiempo, el objeto recorre una distancia equivalente a la circunferencia del círculo ($2\pi r$).

La velocidad, entonces, está representada por $v = \frac{2\pi r}{T}$. Si sustituyes v en la ecuación para la aceleración centrípeta, obtienes la siguiente ecuación:

$$a_c = \frac{(2\pi r/T)^2}{r} = \frac{4\pi^2 r}{T^2}$$

Fuerza centrípeta Como la aceleración de un objeto que se mueve en un círculo siempre sigue la dirección de la fuerza neta que actúa sobre el objeto, debe haber una fuerza neta hacia el centro del círculo. Esta fuerza puede provenir de varios agentes. En el caso de la Tierra, que gira alrededor del Sol, la fuerza es la fuerza de gravedad que el Sol ejerce sobre la Tierra. Cuando un lanzador gira un martillo, como en el caso de la lanzadora de la **Imagen 9**, la fuerza es la tensión de la cadena unida a la bola. Cuando un objeto se mueve en un círculo, la fuerza neta hacia el centro del círculo se llama **fuerza centrípeta.** Para analizar correctamente las situaciones de aceleración centrípeta, debes identificar el agente de la fuerza que causa la aceleración. Luego, puedes aplicar la segunda ley de Newton para el componente que sigue la dirección de la aceleración de la siguiente manera.

Segunda ley de Newton para el movimiento circular

La fuerza centrípeta neta de un objeto que se mueve en un círculo es igual a la masa del objeto por la aceleración centrípeta.

$$\boldsymbol{F}_{\text{neta}} = m\boldsymbol{a}_c$$

Dirección de la aceleración Al resolver problemas, te ha resultado útil elegir un sistema de coordenadas con un eje en la dirección de la aceleración. Para el movimiento circular, la dirección de la aceleración es siempre hacia el centro del círculo. En vez de rotular a este eje x o y, llámalo c, por la aceleración centrípeta. El otro eje sigue la dirección de la velocidad, tangente al círculo. Se lo denomina *tang* por tangencial. Aplica la segunda ley de Newton en estas direcciones, como en los problemas de dos dimensiones que ya has resuelto. Recuerda que la fuerza centrípeta es otro nombre para la fuerza neta en la dirección centrípeta. Es la suma de todas las fuerzas reales, aquellas en las que puedes identificar agentes que actúan a lo largo del eje centrípeto.

Imagen 9 A medida que la lanzadora gira la bola, la tensión de la cadena es la fuerza que hace que la bola tenga una aceleración ascendente.

Predecir *Si se ignora la resistencia del aire, ¿cómo cambiarían la aceleración horizontal y la velocidad del martillo si la lanzadora soltara la cadena?*

En el caso de la lanzadora de la **Imagen 9**, ¿en qué dirección vuela el martillo cuando suelta la cadena? Una vez que la fuerza de contacto de la cadena desaparece, no hay fuerza que acelere el martillo hacia el centro del círculo, por lo que el martillo vuela en la dirección de su velocidad, que es tangente al círculo. Si no puedes identificar el agente de una fuerza, entonces, esa fuerza no existe.

CCC CONCEPTOS INTERDISCIPLINARIOS

Sistemas y modelos de sistemas Brinda evidencia para ayudar a superar el concepto previo que muchas personas tienen sobre la "fuerza" centrífuga. Para eso, elabora un modelo para demostrar lo que ocurre cuando un auto da un giro.

EJEMPLO Problema 3

MOVIMIENTO CIRCULAR UNIFORME Un tapón de caucho de 13 g está unido a una cuerda de 0.93 m. El tapón gira en un círculo horizontal, a una revolución cada 1.18 s. Halla la magnitud de la fuerza de tensión que ejerce la cuerda sobre el tapón.

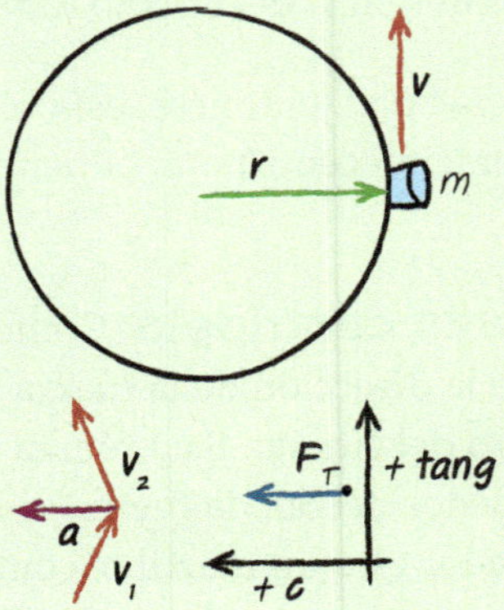

1 ANALIZAR Y PLANTEAR EL PROBLEMA

- Haz un diagrama de cuerpo libre del tapón que gira.
- Incluye el radio y la dirección del movimiento.
- Establece un sistema de coordenadas rotulado *tang* y *c*. Las direcciones de a_c y F_T son paralelas a *c*.

Datos conocidos	Incógnita
$m = 13$ g	$F_T = ?$
$r = 0.93$ m	
$T = 1.18$ s	

2 HALLAR LA INCÓGNITA

Halla la magnitud de la aceleración centrípeta.

$$a_c = \frac{4\pi^2 r}{T^2}$$

$$= \frac{4\pi^2(0.93\text{ m})}{(1.18\text{ s})^2}$$ Sustituye $r = 0.93$ m, $T = 1.18$ s.

$$= 26\text{ m/s}^2$$

Usa la segunda ley de Newton para hallar la magnitud de la tensión de la cuerda.

$$F_T = ma_c$$

$$= (0.013\text{ kg})(26\text{ m/s}^2)$$ Sustituye $m = 0.013$ kg, $a_c = 26$ m/s^2.

$$= 0.34\text{ N}$$

3 EVALUAR LA RESPUESTA

- **¿Son correctas las unidades?** El análisis dimensional verifica que a_c está en metros por segundo al cuadrado, y F_T está en newtons.
- **¿Tienen sentido los signos?** Todos los signos deberían ser positivos.
- **¿Son realistas las magnitudes?** La fuerza es tres veces el peso del tapón, y la aceleración es casi tres veces la de la gravedad, que es algo razonable para un objeto tan liviano.

PRÁCTICA Problemas

PRÁCTICA ADICIONAL

12. Un corredor se mueve a una velocidad de 8.8 m/s y da una vuelta en una esquina con un radio de 25 m. ¿Cuál es la aceleración centrípeta del corredor y qué agentes ejercen la fuerza centrípeta sobre él?

13. Un avión que viaja a 201 m/s da un giro. ¿Cuál es el radio más pequeño del recorrido circular (en km) que el piloto puede hacer si quiere mantener la aceleración centrípeta debajo de los 5.0 m/s^2?

14. La empleada de un carrusel, que pesa 45 kg, está parada sobre la plataforma del juego a 6.3 m del centro, como se muestra en la **Imagen 10.** Si su velocidad ($v_{empleada}$) mientras da la vuelta al círculo es de 4.1 m/s, ¿cuál es la fuerza de fricción (F_f) necesaria para evitar que se caiga de la plataforma?

15. Una bola de 16 g al final de una cuerda de 1.4 m se mueve en un círculo horizontal. Da una vuelta cada 1.09 s. ¿Cuál es la magnitud de la tensión de la cuerda?

16. DESAFÍO Un automóvil que recorre una pista plana a 22 m/s da un giro en una curva con un radio de 56 m. Halla la aceleración centrípeta del automóvil. ¿Qué coeficiente mínimo de fricción estática se necesita entre las llantas y la pista para que el auto dé el giro sin deslizarse?

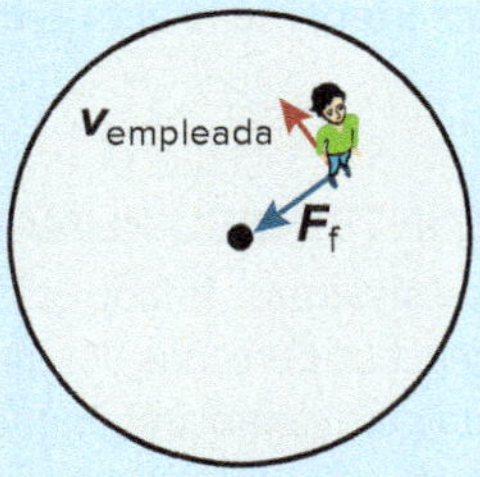

Imagen 10

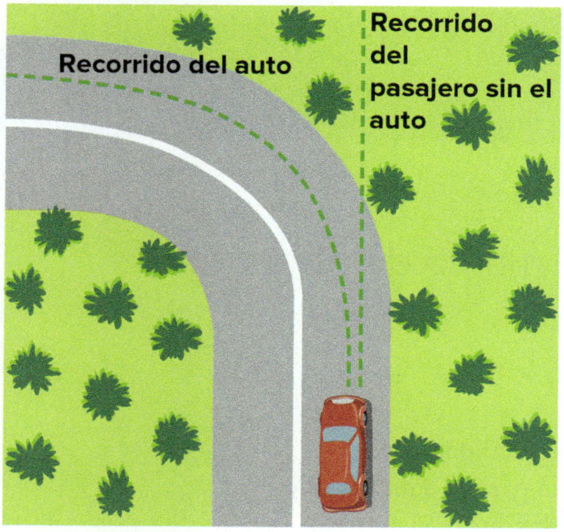

Imagen 11 Si un automóvil toma una curva, el pasajero siente una fuerza centrífuga ficticia hacia afuera. Es la fuerza centrípeta, que se dirige hacia el centro del círculo y es ejercida por el asiento en el que la persona está sentada.

"Fuerza" centrífuga

Si el automóvil en el que estás frena de repente, te mueves hacia adelante contra el cinturón de seguridad. ¿Hay alguna fuerza empujándote? No, porque según la primera ley de Newton, continuarás moviéndote a la misma velocidad a menos que una fuerza neta actúe sobre ti. El cinturón ejerce esa fuerza.

En la **Imagen 11** se muestra un automóvil que gira hacia la izquierda, visto desde arriba. Un pasajero continuaría moviéndose hacia adelante si no fuera por la fuerza de la puerta que actúa en la dirección de la aceleración. A medida que el automóvil da el giro, el automóvil y el pasajero tienen un movimiento circular, y el pasajero experimenta la aceleración centrípeta. La aceleración centrípeta se dirige siempre hacia el centro del círculo. Sientes como si te estuvieran empujando solo porque estás acelerando respecto de tu entorno. La llamada fuerza centrífuga, o hacia el exterior, es una fuerza ficticia, no existente. No hay una fuerza real porque ningún agente la ejerce.

Verifica tu progreso

17. **Movimiento circular** ¿Es una bola en una cuerda que se gira en un círculo a una velocidad constante sobre tu cabeza un movimiento circular uniforme? ¿En qué dirección acelera? ¿Qué fuerza lo provoca?
18. **Movimiento circular** ¿Cuál es la dirección de la fuerza que actúa sobre la ropa que gira en un lavarropas? ¿Qué ejerce la fuerza?
19. **Aceleración centrípeta** En un artículo se menciona que, al girar en una esquina, un conductor debe procurar equilibrar las fuerzas centrípetas y centrífugas para no derrapar. Escribe una carta al editor en la que le expliques los errores de Física de este artículo.
20. **Diagrama de cuerpo libre**. Vas en el asiento trasero de un automóvil que está tomando una curva a la derecha. Haz diagramas de movimiento y de cuerpo libre y responde:
    a. ¿Cuál es la dirección de tu aceleración?
    b. ¿Cuál es la dirección de la fuerza neta que actúa sobre ti?
    c. ¿Qué ejerce esta fuerza?
21. **Aceleración centrípeta** Un objeto gira en un círculo horizontal, sostenido por una cuerda de 1.8 m. Completa una revolución en 2.2 s. ¿Cuál es la velocidad centrípeta inicial del objeto?
22. **Fuerza centrípeta** La roca de 40.0 g de la **Imagen 12** gira en sentido horizontal a 2.2 m/s. ¿Cuál es la tensión de la cuerda?

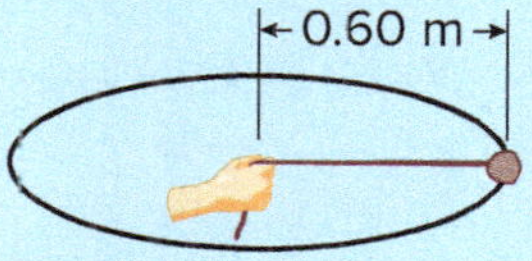

Imagen 12

23. **Juego en un parque** Para un juego, debes apoyarte contra una pared alrededor de un círculo con un radio de 4.0 m. Luego, este gira con un período de revolución de 1.7 s. ¿Qué aceleración centrípeta y qué velocidad tienes?
24. **Pensamiento crítico** Estás en un movimiento circular uniforme debido a la rotación de la Tierra. ¿Qué agente ejerce la fuerza? Si estás en una balanza, ¿cómo se ve afectado tu peso por el movimiento?

LEARNSMART® Conéctate para cumplir tu plan de aprendizaje personalizado para repasar, practicar y reforzar tu comprensión.

LECCIÓN 3

VELOCIDAD RELATIVA

PREGUNTA DE ENFOQUE

¿Depende la descripción de un movimiento del marco de referencia?

Movimiento relativo en una dimensión

Imagina que vas en un autobús que viaja a una velocidad de 8 m/s en un sentido positivo. Caminas a una velocidad de 1 m/s hacia la parte delantera. Si un amigo está parado a un costado del camino y mira el autobús pasar, ¿a qué velocidad diría que te estás moviendo? Si el autobús viaja a 8 m/s, su velocidad medida por tu amigo en un sistema de coordenadas fijo a la calle es de 8 m/s. Cuando estás quieto en el autobús, tu velocidad con respecto a la calle también es de 8 m/s, pero tu velocidad con respecto al autobús es cero. ¿Cómo puede ser que sea diferente?

Diferentes marcos de referencia El sistema de coordenadas desde el cual se observa un movimiento es el **marco de referencia.** Caminar a 1 m/s hacia la parte delantera del autobús significa que tu velocidad se mide en el marco de referencia del autobús. Tu velocidad en el marco de referencia de la calle es otra. Según la velocidad del autobús con respecto a la calle y según tu velocidad con respecto al autobús, ¿cuál es tu velocidad con respecto a la calle? La **Imagen 13** es una representación vectorial de este problema. Si a la derecha es positivo, tu velocidad con respecto al camino es de 9 m/s, es decir, la suma de 8 m/s y 1 m/s.

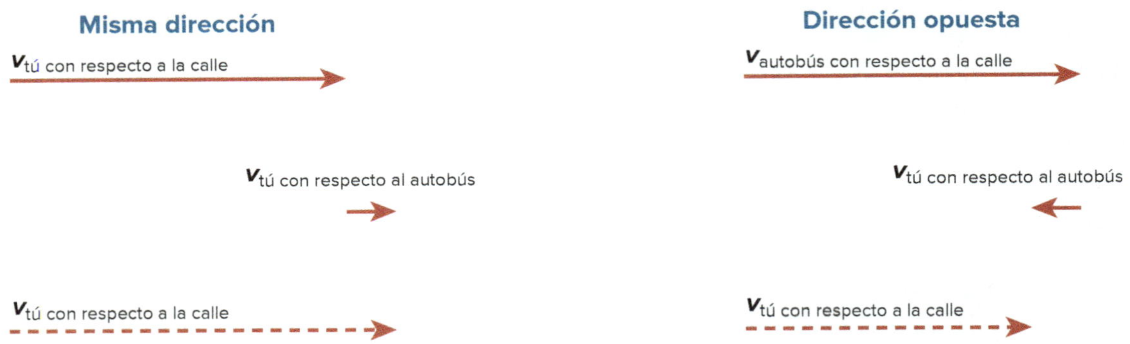

Imagen 13 Cuando un objeto se mueve en un marco de referencia en movimiento, sumas las velocidades que tienen el mismo sentido. Si tienen sentidos opuestos, las restas.

Recordar *¿Qué indican las longitudes de los vectores de velocidad?*

PENSAMIENTO 3D DCI Ideas centrales disciplinarias CCC Conceptos interdisciplinarios SEP Prácticas de ciencia e ingeniería

REUNIR EVIDENCIA

Usa el Cuaderno de ciencias para registrar la evidencia que reúnas mientras completas las lecturas y las actividades de la lección.

INVESTIGAR

CONÉCTATE para hallar estas actividades y más recursos.

Laboratorio de Física: Marco de referencia en movimiento
Realiza una investigación para examinar el movimiento de un sistema en diferentes marcos de referencia.

CCC **Identificar conceptos interdisciplinarios**
Haz una tabla de los conceptos interdisciplinarios con ejemplos que encuentres en la lectura.

Imagina que caminas a la misma velocidad hacia la parte trasera del autobús. ¿Cuál sería tu velocidad con respecto a la calle? En la **Imagen 13** se muestra que, como las velocidades están en direcciones opuestas, la velocidad resultante es de 7 m/s, la diferencia entre 8 m/s y 1 m/s. Puedes ver que, cuando las velocidades son parecidas, se puede simplemente sumar o restar para determinar la velocidad relativa.

¿Lo comprendes?

Identificar ¿Cuándo harías una resta para determinar la velocidad relativa?

FÍSICA Desafío

TENSIÓN DE UNA SOGA Phillipe hace girar una roca con una masa *m* unida a una soga en un círculo horizontal arriba de su cabeza, y la roca queda a una altura *h* del suelo. El círculo tiene un radio de *r*, y la magnitud de la tensión de la soga es *T*. De repente, la soga se corta, y la roca cae al suelo. La roca recorre una distancia horizontal *x* desde que la soga se rompe hasta que choca contra el suelo. Halla una expresión matemática para *x* en términos de *T*, *r*, *m*, y *h*. ¿Cambia tu expresión si Phillipe camina a 0.50 m/s con respecto al suelo?

Combinar vectores de velocidad Observa con más detalle cómo se obtuvieron las velocidades relativas de la **Imagen 13**. ¿Puedes hallar una regla matemática para describir cómo se combinan las velocidades cuando el movimiento está en un marco de referencia en movimiento? Si estás caminando en un autobús, puedes rotular la velocidad del autobús con respecto a la calle como $\boldsymbol{v}_{\mathrm{b/r}}$. Puedes rotular tu velocidad con respecto al autobús como $\boldsymbol{v}_{\mathrm{y/b}}$ y tu velocidad con respecto a la calle como $\boldsymbol{v}_{\mathrm{y/r}}$. Para hallar tu velocidad con respecto a la calle en los dos casos, sumaste los vectores de tu velocidad con respecto al autobús y, luego, la del autobús con respecto a la calle. Matemáticamente, esto se representa como $\boldsymbol{v}_{\mathrm{y/b}} + \boldsymbol{v}_{\mathrm{b/r}} = \boldsymbol{v}_{\mathrm{y/r}}$. La expresión más general de esta ecuación es la siguiente.

Velocidad relativa

La velocidad relativa del objeto a con respecto al objeto c es la suma de los vectores de la velocidad del objeto a con respecto al objeto b y la velocidad de b con respecto al objeto c.

$$\boldsymbol{v}_{\mathrm{a/b}} + \boldsymbol{v}_{\mathrm{b/c}} = \boldsymbol{v}_{\mathrm{a/c}}$$

¿Lo comprendes?

Explicar Una pulga corre sobre el lomo de un perro que camina por la calle. Escribe una ecuación para determinar la velocidad de la pulga con respecto a la calle.

Conexión con carreras STEM

Piloto comercial

Una persona que quiere ser piloto comercial debe comprender el movimiento relativo para lograr que el avión o el helicóptero lleguen a destino. Los pilotos comerciales que lanzan geles retardantes para combatir los incendios forestales también deben comprender el movimiento del proyectil para alcanzar sus objetivos.

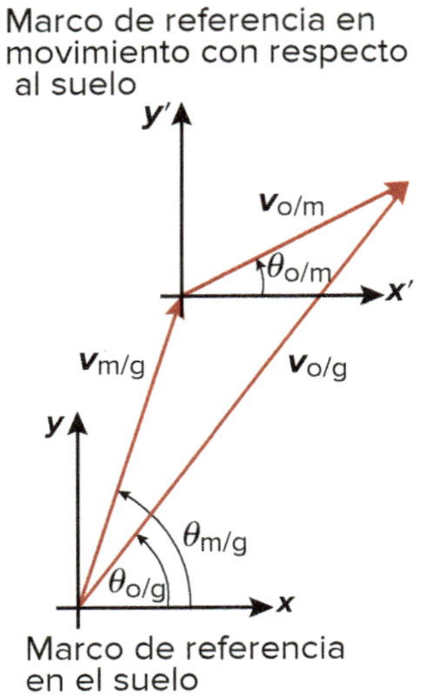

Imagen 14 Se colocan los vectores uniendo el origen de uno al extremo del otro para hallar el vector de velocidad relativa para el movimiento en dos dimensiones. El subíndice o/g se refiere a un objeto con respecto al suelo; o/m, a otro con respecto a un marco de referencia en movimiento, y m/g, al marco en movimiento con respecto al suelo.

Analizar *¿Cómo cambiaría el vector resultante si el suelo fuera considerado el marco de referencia en movimiento?*

Movimiento relativo en dos dimensiones

Sumar las velocidades relativas también se aplica al movimiento en dos dimensiones. Al igual que con el movimiento en una dimensión, primero haces un diagrama de vectores para describir el movimiento, y luego resuelves el problema matemáticamente.

Diagramas de vectores En la **Imagen 14** se muestra cómo hacer diagramas de vectores para el movimiento en dos dimensiones. Se dibujan los vectores uniendo el origen de uno al extremo del otro. El marco de referencia desde el que observas el movimiento, a menudo llamado marco de referencia en el suelo, se considera en estado de reposo. Uno de los vectores describe la velocidad del segundo marco de referencia con respecto al suelo. El segundo describe el movimiento en el marco de referencia en movimiento. El vector resultante indica la velocidad relativa, que es la velocidad con respecto al marco de referencia en el suelo.

¿Lo comprendes?

Decidir ¿Puede un automóvil en movimiento ser un marco de referencia?

Un ejemplo es el movimiento relativo de un avión. Los pilotos no pueden esperar llegar a destino siguiendo los puntos cardinales. Deben tener en cuenta la velocidad relativa del avión con respecto al aire, que es representada por los indicadores de velocidad aérea, y su dirección de vuelo con respecto al aire. También deben considerar la velocidad del viento en la altitud a la que vuelan con respecto al suelo. Estos dos vectores deben combinarse para obtener la velocidad del avión con respecto al suelo. El vector resultante le indica al piloto a qué velocidad y en qué dirección debe volar con respecto al suelo para llegar a destino. Algo similar ocurre con los botes que navegan en agua en movimiento.

¿Lo comprendes?

Describir ¿Cómo podría un bote permanecer en un mismo lugar con respecto a la costa en un río que fluye?

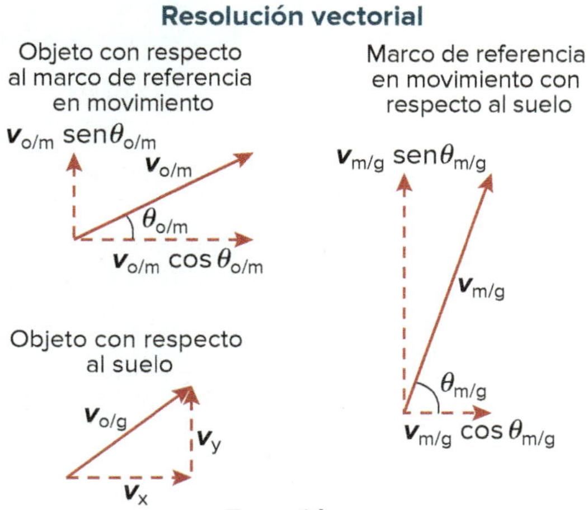

Ecuación

$$v_{o/g}{}^2 = v_x{}^2 + v_y{}^2$$

donde $v_x = v_{o/m} \cos\theta_{o/m} + v_{m/g} \cos\theta_{m/g}$

$$v_y = v_{o/m}\, \text{sen}\theta_{o/m} + v_{m/g}\, \text{sen}\theta_{m/g}$$

Imagen 15 Para hallar la velocidad de un objeto en un marco de referencia en movimiento, descompone los vectores en los componentes *x* e *y*.

Combinar velocidades La velocidad de un marco de referencia en movimiento con respecto al suelo se rotula $v_{m/g}$. La velocidad de un objeto en un marco de referencia en movimiento se rotula $v_{o/m}$. La ecuación de velocidad relativa nos permite hallar la velocidad del objeto con respecto al suelo: $v_{o/g} = v_{o/m} + v_{m/g}$.

Para determinar la magnitud de la velocidad del objeto con respecto al suelo ($v_{o/g}$), expresa los vectores de velocidad del objeto y el marco de referencia en movimiento en componentes *x* e *y*. Luego, aplica el teorema de Pitágoras. La ecuación general aparece en la **Imagen 15**, pero para muchos problemas la ecuación es más sencilla porque los vectores están en un eje. Como en el problema del ejemplo, puedes hallar el ángulo de la velocidad de un objeto con respecto al suelo observando el diagrama de vectores y aplicando una relación trigonométrica.

¿Lo comprendes?

Explicar ¿Cómo se usan los vectores para describir el movimiento relativo en dos dimensiones?

EJEMPLO Problema 4

LA VELOCIDAD RELATIVA DE UNA CANICA Ana está en un transbordador que viaja hacia el este a 4.0 m/s. Rueda una canica a una velocidad de 0.75 m/s hacia el norte, en línea recta hacia el otro lado de la cubierta. ¿Cuál es la velocidad de la canica con respecto al agua?

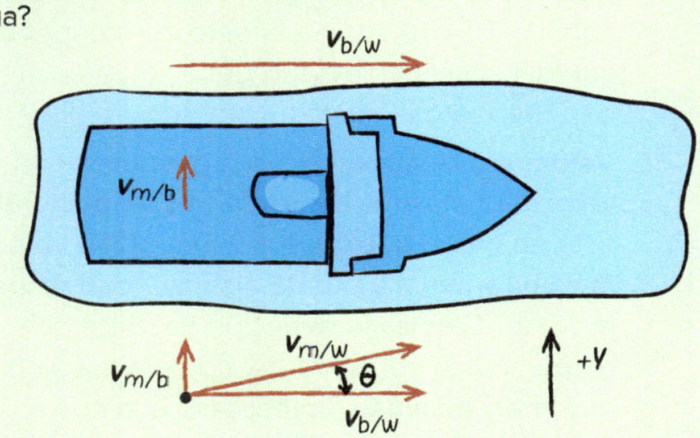

1 ANALIZAR Y PLANTEAR EL PROBLEMA

Establece un sistema de coordenadas. Dibuja vectores para las velocidades.

Datos conocidos		**Incógnita**
$v_{b/w} = 4.0$ m/s	$v_{m/b} = 0.75$ m/s	$v_{m/w} = ?$

2 HALLAR LA INCÓGNITA

Las velocidades son perpendiculares; entonces, podemos aplicar el teorema de Pitágoras.

$$v_{m/w}{}^2 = v_{b/w}{}^2 + v_{m/b}{}^2$$

$$v_{m/w} = \sqrt{v_{b/w}{}^2 + v_{m/b}{}^2}$$

$$= \sqrt{(4.0\text{ m/s})^2 + (0.75\text{ m/s})^2} = 4.1\text{ m/s}$$

Sustituye $v_{b/w} = 4.0$ m/s, $v_{m/b} = 0.75$ m/s.

Halla el ángulo de la velocidad de la canica.

$$\theta = \tan^{-1}\left(\frac{v_{m/b}}{v_{b/w}}\right)$$

$$= \tan^{-1}\left(\frac{0.75\text{ m/s}}{4.0\text{ m/s}}\right) = 11° \text{ al norte del este.}$$

La canica viaja a 4.1 m/s a 11° al norte del este.

3 EVALUAR LA RESPUESTA

- **¿Son correctas las unidades?** El análisis verifica las unidades de metros por segundo para la velocidad.
- **¿Tienen sentido los signos?** Todos los signos deberían ser positivos.
- **¿Son realistas las magnitudes?** La velocidad resultante es del mismo orden de magnitud que las velocidades del problema y un poco mayor que la mayor de las dos.

PRÁCTICA Problemas

PRÁCTICA ADICIONAL

25. Estás en un autobús que se mueve lento, a 2.0 m/s, porque hay mucho tránsito. Te acercas rápidamente a la parte delantera del autobús a 4.0 m/s con respecto al autobús. ¿Cuál es tu velocidad con respecto a la calle?

26. Rafi lleva un carro de juguete por el vecindario a una velocidad de 0.75 m/s. Una oruga dentro del carro se arrastra hasta la parte trasera a 2.0 m/s. ¿Cuál es la velocidad de la oruga con respecto al suelo?

27. Un bote se mueve río arriba a 2.5 m/s con respecto al agua. Los observadores en la costa ven que el bote se mueve a solo 0.5 m/s con respecto a la costa. ¿Cuál es la velocidad del río? ¿Fluye en la misma dirección del bote o en dirección opuesta?

28. Un bote viaja hacia el este a una velocidad de 3.8 m/s. Una persona camina sobre el bote a una velocidad de 1.3 m/s hacia el sur.

a. ¿Cuál es la velocidad de la persona con respecto al agua?

b. ¿En qué dirección, con respecto al suelo, camina la persona?

29. Un avión viaja hacia el norte a 150 km/h con respecto al aire. El viento sopla a 75 km/h hacia el este con respecto al suelo. ¿Cuál es la velocidad del avión con respecto al suelo?

30. DESAFÍO El avión de la **Imagen 16** vuela a 200.0 km/h con respecto al aire. ¿Cuál es la velocidad del avión con respecto al suelo si vuela con las siguientes condiciones de viento?

a. un viento de cola de 50.0 km/h

b. un viento de frente de 50.0 km/h

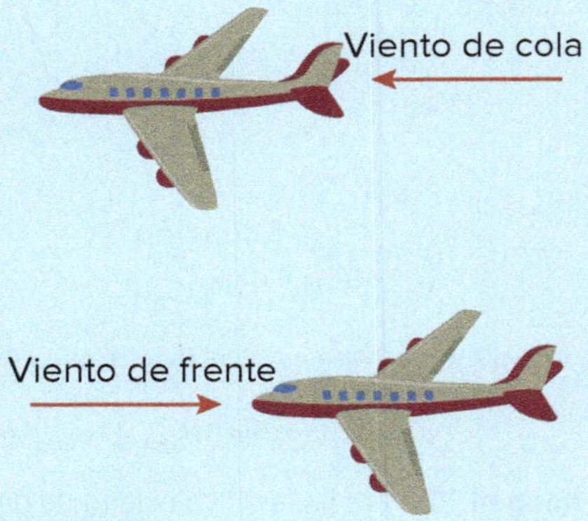

Imagen 16

Verifica tu progreso

31. **Velocidad relativa** Un avión viaja a 285 km/h hacia el oeste con respecto al aire. El viento sopla a 25 km/h hacia el este con respecto al suelo. Halla la velocidad del avión y la dirección con respecto al suelo.

32. **Velocidad relativa** Un bote pesquero con una velocidad máxima de 3 m/s con respecto al agua está en un río que fluye a 2 m/s. ¿Qué velocidad máxima y mínima puede alcanzar con respecto a la costa? Calcula la dirección del bote con respecto a la corriente del río para la velocidad máxima y mínima con respecto a la costa.

33. **Velocidad relativa de un bote** Una lancha viaja hacia el oeste a 13 m/s con respecto al río que fluye hacia el norte a 5.0 m/s. ¿Cuál es la velocidad (en magnitud y dirección) de la lancha con respecto a la costa?

34. **Paseo en bote** Martin viaja hacia el este a 3.8 m/s en un transbordador. Camina hacia el norte sobre la cubierta del bote a 0.62 m/s. ¿Cuál es la velocidad de Martin con respecto al agua?

35. **Velocidad relativa** Un avión viaja hacia el sur a 175 km/h con respecto al aire. El viento sopla a 85 km/h hacia el este con respecto al suelo. ¿Cuáles son la velocidad y la dirección del avión con respecto al suelo?

36. **La velocidad relativa de un avión** Un avión viaja hacia el norte a 235 km/h con respecto al aire. El viento sopla a 65 km/h en dirección noreste con respecto al suelo. ¿Cuáles son la velocidad y la dirección del avión con respecto al suelo?

37. **Pensamiento crítico** Estás piloteando un bote en un río de corriente rápida. Quieres llegar al muelle que se encuentra justo frente a tu punto de partida. Describe cómo pilotearías el bote en función de los componentes de tu velocidad con respecto al agua.

LEARNSMART®

Conéctate para cumplir tu plan de aprendizaje personalizado para repasar, practicar y reforzar tu comprensión.

Combatir incendios

Los bomberos paracaidistas son profesionales que saltan con paracaídas en zonas aisladas para controlar y extinguir incendios forestales. Su trabajo es extremadamente peligroso. Saltan desde aviones a 450 metros de altura hacia el fuego abrasador. ¿Cómo aterrizan a salvo? Saltar con un paracaídas desde un avión requiere mucho entrenamiento y conocer muy bien el concepto de movimiento parabólico en dos dimensiones.

Este salto desde un avión es un ejemplo clásico del recorrido parabólico de un proyectil que se mueve en dos dimensiones.

Bomberos paracaidistas y trayectoria parabólica

Los bomberos que logran entrar al programa de bomberos paracaidistas deben tener años de experiencia combatiendo incendios. Aun así, los postulantes deben realizar entrenamiento riguroso antes de estar preparados para el trabajo. Aprenden a saltar del avión, abrir su paracaídas y aterrizar a salvo. También reciben entrenamiento en primeros auxilios y practican cómo escalar árboles y cavar líneas de fuego.

Cuando los bomberos paracaidistas saltan de los aviones para aterrizar en el lugar del incendio, se mueven en dos dimensiones al mismo tiempo (en los ejes de la x y de la y). Están sujetos tanto a la fuerza inicial que los lanza como a la fuerza de la gravedad. La gravedad hace que su recorrido se curve hacia abajo. Deben planificar sus trayectorias parabólicas para aterrizar en un lugar seguro.

En cada misión, están acompañados por un observador. Los observadores consideran la velocidad y la dirección del viento al planificar la trayectoria tanto del bombero como del paquete de suministros. Los paquetes (que contienen agua, alimentos, un botiquín de primeros auxilios y equipamiento para incendios) permiten que los bomberos trabajen 48 horas o más sin otro tipo de asistencia exterior. Los observadores también envían información sobre cómo y hacia dónde avanza el incendio.

Trabajo en tierra y en aire

En tierra, los bomberos paracaidistas arman barreras y usan agua y retardantes de fuego para contener los incendios. Inician fuegos de contención, que queman en la dirección del incendio existente, para eliminar cualquier combustible posible. Desde los aviones, lanzan agua y retardantes. Así, protegen grandes extensiones de áreas silvestres e impiden su destrucción todos los años.

USAR REPRESENTACIONES MATEMÁTICAS

Escribe un problema sobre la trayectoria parabólica de un bombero paracaidista. Intercambia problemas con un compañero. Resuelve su problema.

MÓDULO 6

GUÍA DE ESTUDIO

CONÉCTATE para estudiar con el Libro de ciencias.

Lección 1 MOVIMIENTO DE PROYECTILES

- proyectil
- trayectoria

- El movimiento horizontal y el movimiento vertical de un proyectil son independientes. Cuando no hay resistencia del aire, el movimiento horizontal no experimenta aceleración y tiene una velocidad constante; el movimiento vertical de un proyectil experimenta una aceleración constante en las mismas condiciones.
- El recorrido curvo de un proyectil recibe el nombre de trayectoria y es una parábola. La altura, el tiempo de vuelo, la velocidad inicial y la distancia horizontal de este recorrido se relacionan mediante las ecuaciones de movimiento. La distancia horizontal que recorre un proyectil antes de regresar a su altura inicial depende de la aceleración causada por la gravedad y de los dos componentes de la velocidad inicial.

Lección 2 MOVIMIENTO CIRCULAR

- movimiento circular uniforme
- aceleración centrípeta
- fuerza centrípeta

- Un objeto que se mueve en un círculo a una velocidad constante tiene una aceleración hacia el centro del círculo, porque la dirección de la velocidad cambia constantemente.
- La aceleración hacia el centro del círculo se llama aceleración centrípeta. Depende directamente del cuadrado de la velocidad del objeto y depende inversamente del radio del círculo.

$$a_c = \frac{v^2}{r}$$

- Un agente externo debe ejercer una fuerza neta hacia el centro del círculo para generar aceleración centrípeta.

$$\boldsymbol{F}_{\text{neta}} = m\boldsymbol{a}_c$$

Lección 3 VELOCIDAD RELATIVA

- marco de referencia

- El sistema de coordenadas desde el que observas el movimiento se llama marco de referencia. La velocidad relativa de un objeto es la que se observa en otro marco de referencia en movimiento.
- Puedes sumar los vectores para resolver los problemas de movimiento de un objeto en un marco de referencia en movimiento.

PENSAMIENTO TRIDIMENSIONAL

Conclusión del módulo

REPASA EL FENÓMENO

¿Por qué se forman arcos al lanzar balones de básquetbol?

CER Afirmación, evidencia, razonamiento

Explicar el razonamiento Repasa la afirmación que hiciste cuando hallaste el fenómeno. Resume la evidencia que reuniste en tus investigaciones y completa la tabla de resumen. ¿Respalda la evidencia tu afirmación? Si no lo hace, repasa tu afirmación. Explica por qué la evidencia respalda tu afirmación.

PROYECTO DE LA UNIDAD STEM

Ahora que completaste el módulo, repasa el proyecto de la unidad STEM. Resume la evidencia y aplícala al proyecto.

PROFUNDIZA

SEP Laboratorio de análisis de datos

¿Pasa la pared el balón de básquetbol?

Un jugador de béisbol batea una pelota rápida alta (1.0 m) en la dirección de la línea del campo izquierdo. Batea la pelota con una velocidad inicial de 42.0 m/s en un ángulo de 26° sobre la horizontal. La pared del campo izquierdo está a 96.0 m del plato de *home* en el poste de *faul* y mide 14 m.

CER Analizar e interpretar datos

1. Escribe la ecuación para la altura de la pelota (y) como una función de la distancia entre ella y el plato de *home* (x).
2. Usa una computadora o una calculadora graficadora para trazar el recorrido de la pelota. Rastrea el recorrido para averiguar la altura de la pelota cuando está en la pared.
3. **Afirmación** ¿Es el bateo un jonrón?
4. **Evidencia y razonamiento** Justifica tu afirmación.

Thomas Barwick/Iconica/Getty Images

NASA/Johns Hopkins University Applied Physics Laboratory/Southwest Research Institute/Goddard Space Flight Center

GRAVITACIÓN

ENCUENTRA EL FENÓMENO

¿Cómo hace la gravedad para mantener las lunas en la órbita de los planetas y que los objetos caigan?

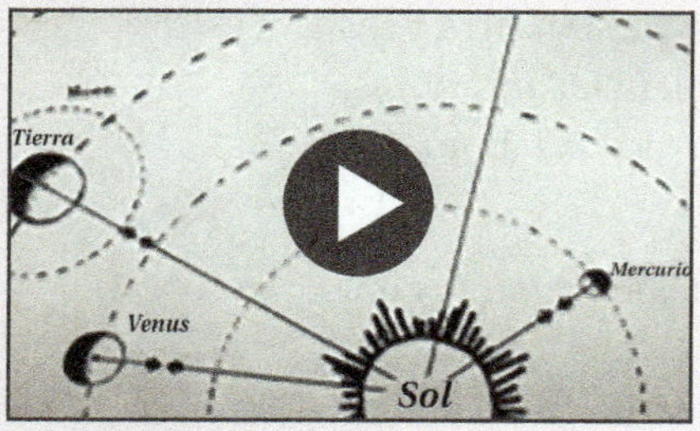

CONÉCTATE para ver un video acerca del trabajo de Newton sobre la gravedad.

SEP Hacer preguntas

¿Tienes más preguntas acerca del fenómeno? Si es así, agrégalas al pizarrón de preguntas clave.

CER Afirmación, evidencia, razonamiento

Hacer una afirmación Usa la tabla CER para hacer una afirmación acerca de cómo la gravedad mantiene las lunas en órbita y hace que los objetos caigan. Explica tu razonamiento.

Reunir evidencia Usa las lecciones del módulo para reunir evidencia que respalde tu afirmación. Registra la evidencia mientras trabajas en el módulo.

Explicar el razonamiento Repasarás tu afirmación y explicarás tu razonamiento al final del módulo.

CONÉCTATE para acceder a la tabla CER y explorar los recursos que te ayudarán a reunir evidencia.

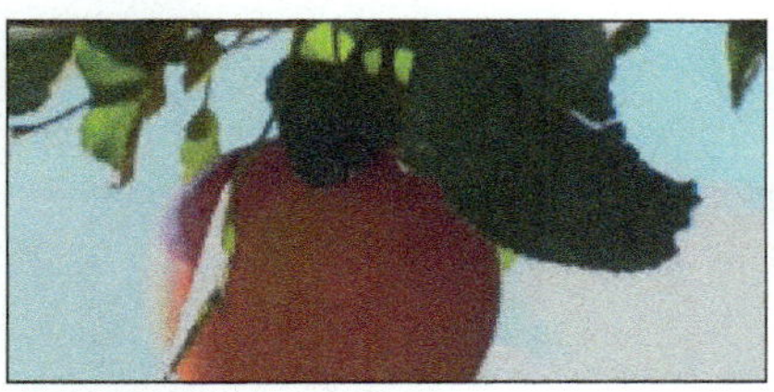

LECCIÓN 1: Explorar y explicar: Gravitación universal

LECCIÓN 2: Explorar y explicar: Gravedad y aceleración de caída libre

Smithsonian

Recursos adicionales

(t)Video Supplied by BBC Worldwide Learning, (bl)momanuma/Shutterstock, (bc)NASA/Goddard/Conceptual Image Lab

LECCIÓN 1

MOVIMIENTO PLANETARIO Y GRAVITACIÓN

PREGUNTA DE ENFOQUE

¿Qué función cumple la gravedad en el movimiento planetario?

Primeras observaciones

En la Antigüedad se suponía que el Sol, la Luna, los planetas y las estrellas giraban alrededor de la Tierra. Nicolás Copérnico, un astrónomo polaco, observó que los movimientos de los planetas no concordaban completamente con el modelo geocéntrico. Los resultados de muchos años de trabajo se publicaron en 1543, cuando Copérnico yacía en su lecho de muerte. Su libro expuso que el movimiento de los planetas se comprende mucho más fácilmente si suponemos que la Tierra y los otros planetas giran alrededor del Sol. Su modelo ayudó a explicar por qué los planetas interiores, como Mercurio y Venus, están siempre cerca del Sol. El punto de vista de Copérnico colaboró con nuestra comprensión del movimiento planetario.

Tycho Brahe nació unos años después de la muerte de Copérnico. Tycho estudió astronomía con instrumentos como los que se muestran en la **Imagen 1.**

Imagen 1 Tycho Brahe utilizó instrumentos como los que se muestran a la izquierda para medir la posición de los planetas.

DeAgostini/Getty Images

PENSAMIENTO 3D DCI Ideas centrales disciplinarias CCC Conceptos interdisciplinarios SEP Prácticas de ciencia e ingeniería

REUNIR EVIDENCIA

Usa el Cuaderno de ciencias para registrar la evidencia que reúnas mientras completas las lecturas y las actividades de la lección.

INVESTIGAR

CONÉCTATE para hallar estas actividades y más recursos.

Laboratorio de Física: Representar órbitas
Haz una representación de las órbitas de diversos objetos en el sistema solar para respaldar las leyes de Kepler.

Investigación virtual: Gravitación universal
Realiza una investigación sobre la relación entre las variables de la ley de Newton sobre gravitación universal.

Tycho Brahe observó que las tablas de tiempo no predecían con precisión hechos astronómicos. Se dio cuenta de que se necesitaban mediciones de un sitio durante un largo período. Le otorgaron una propiedad en Hven, una isla danesa, y la financiación para construir un instituto de investigación. Aún no se habían inventado los telescopios. Para hacer mediciones, Tycho utilizaba enormes instrumentos que había diseñado y fabricado en su propio taller, como los que se muestran en la **Imagen 1.** A Tycho se le atribuyen las mediciones de tiempo más precisas.

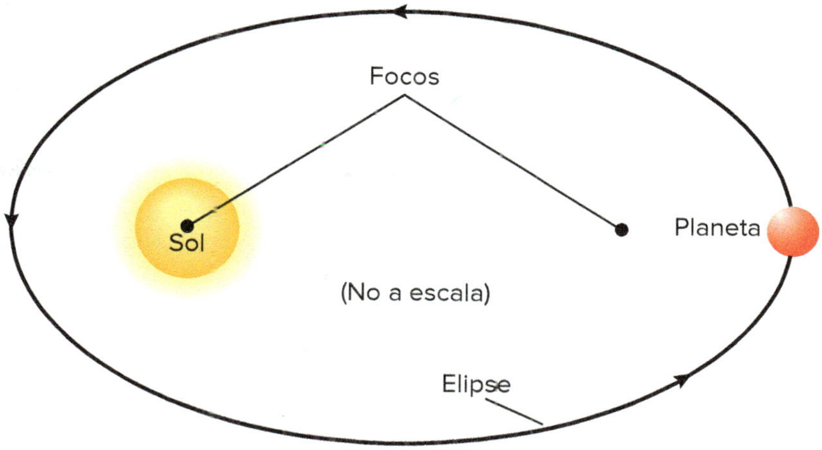

Imagen 2 La órbita de cada planeta es una elipse y el Sol es uno de sus focos.

Leyes de Kepler

En 1600, Tycho se mudó a Praga, donde Johannes Kepler, un alemán de 29 años, se convirtió en uno de sus asistentes. Kepler analizó las observaciones de Tycho. Después de la muerte de Tycho, Kepler siguió estudiando sus datos y usó la geometría y las matemáticas para explicar el movimiento de los planetas. Después de siete años de cuidadoso análisis de los datos de Tycho sobre Marte, Kepler descubrió las leyes que describen el movimiento de todos los planetas y satélites, naturales o artificiales. A continuación, se presentan las leyes sobre los planetas.

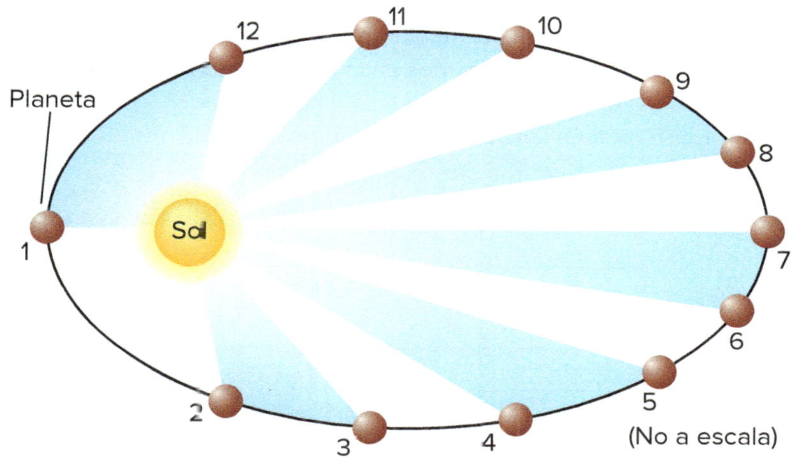

Imagen 3 Kepler descubrió que las órbitas elípticas barren áreas iguales en períodos iguales.

Explica *por qué las áreas de tiempo iguales tienen formas diferentes.*

La primera ley de Kepler establece que las trayectorias de los planetas son elipses y el Sol es uno de sus focos. Una elipse tiene dos focos, como se muestra en la **Imagen 2**. Aunque se utilizan elipses exageradas en los diagramas, la órbita real de la Tierra es casi circular. A simple vista, no podrías diferenciarla de un círculo.

Kepler descubrió que las órbitas pueden cambiar debido a los efectos gravitatorios de otros objetos del sistema solar, o a la colisión con ellos. También descubrió que los planetas se mueven más rápido cuando están más cerca del Sol y disminuyen la velocidad cuando están más alejados del Sol. **La segunda ley de Kepler** establece que una línea imaginaria desde el Sol hacia un planeta barre áreas iguales en intervalos de tiempo iguales, como se ilustra en la **Imagen 3.**

Un período es el tiempo que tarda una revolución de un cuerpo que orbita. Kepler también descubrió una proporción matemática entre los períodos de los planetas y su distancia promedio del Sol.

¿Lo comprendes?

Describe la característica común que estableció la primera ley de Kepler sobre las trayectorias de objetos en órbita alrededor del Sol.

La tercera ley de Kepler establece que el cuadrado de la razón de los períodos de dos planetas que giran alrededor del Sol es igual al cubo de la razón de sus distancias promedio desde el Sol. Por lo tanto, si los períodos de los planetas son T_A y T_B y las distancias promedio desde el Sol son r_A y r_B, la tercera ley de Kepler puede expresarse de la siguiente manera.

Tercera ley de Kepler

El cuadrado de la razón del período del planeta A y el período del planeta B es igual al cubo de la razón de la distancia entre los centros del planeta A y el Sol, y la distancia entre los centros del planeta B y el Sol.

$$\left(\frac{T_A}{T_B}\right)^2 = \left(\frac{r_A}{r_B}\right)^3$$

Observa que las dos primeras leyes de Kepler se aplican a planetas, lunas y satélites de manera individual. La tercera ley, sin embargo, se relaciona con el movimiento de dos objetos alrededor de un único cuerpo. Por ejemplo, puede utilizarse para comparar la distancia entre los planetas y el Sol con sus períodos alrededor del Sol, como se muestra en la **Tabla 1**. También puede utilizarse para comparar distancias y períodos de la Luna y satélites artificiales que orbitan la Tierra.

Tabla 1 Datos del Sistema Solar

Nombre	Radio promedio (m)	Masa (kg)	Distancia media desde el Sol (m)
Sol	6.96×10^{8}	1.99×10^{30}	—
Mercurio	2.44×10^{6}	3.30×10^{23}	5.79×10^{10}
Venus	6.05×10^{6}	4.87×10^{24}	1.08×10^{11}
Tierra	6.38×10^{6}	5.97×10^{24}	1.50×10^{11}
Marte	3.40×10^{6}	6.42×10^{23}	2.28×10^{11}
Júpiter	7.15×10^{7}	1.90×10^{27}	7.79×10^{11}
Saturno	6.03×10^{7}	5.68×10^{26}	1.43×10^{12}
Urano	2.56×10^{7}	8.68×10^{25}	2.87×10^{12}
Neptuno	2.48×10^{7}	1.02×10^{26}	4.50×10^{12}

Imagen 4 El cometa McNaught es un cometa de período largo, con un período de alrededor de 92,000 años. Esta fotografía se tomó en 2007, cuando el cometa McNaught se vio con claridad.

Períodos de los cometas Los cometas se clasifican como de período largo o de período corto, según sus períodos orbitales. Los cometas de período largo tienen períodos orbitales de más de 200 años y los cometas de período corto tienen períodos orbitales de menos de 200 años. El cometa McNaught, también conocido como C/2006 P1, que se muestra en la **Imagen 4,** tiene un período de alrededor de 92,000 años y es un ejemplo de cometa de período largo. El cometa Halley, con un período de 76 años, es un ejemplo de cometa de período corto. Los cometas también se rigen por las leyes de Kepler. Sin embargo, a diferencia de los planetas, los cometas tienen órbitas muy elípticas.

EJEMPLO Problema 1

DISTANCIA ENTRE CALISTO Y JÚPITER Galileo midió los radios orbitales de las lunas de Júpiter utilizando el diámetro de Júpiter como unidad de medida. Descubrió que Ío, la luna más cercana a Júpiter, tiene un período de 1.8 días y está a 4.2 unidades del centro de Júpiter. Calisto, la cuarta luna de Júpiter, tiene un período de 16.7 días. Con las mismas medidas que utilizó Galileo, predice la distancia entre Calisto y Júpiter.

1 ANALIZAR Y PLANTEAR EL PROBLEMA

- Representa gráficamente las órbitas de Ío y Calisto.
- Rotula los radios.

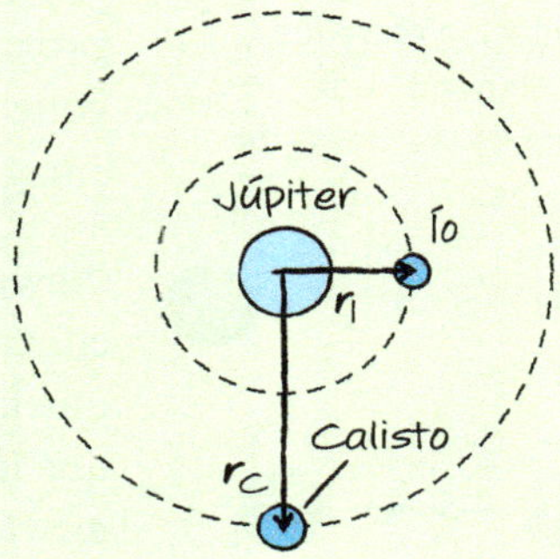

Datos conocidos	**Incógnita**
$T_c = 16.7$ días	$r_c = ?$
$T_I = 1.8$ días	
$r_I = 4.2$ unidades	

2 HALLAR LA DISTANCIA ENTRE CALISTO Y JÚPITER

Resuelve la tercera ley de Kepler para r_c.

$$\left(\frac{T_c}{T_I}\right)^2 = \left(\frac{r_c}{r_I}\right)^3$$

$$r_c^3 = r_I^3\left(\frac{T_c}{T_I}\right)^2$$

$$r_c = \sqrt[3]{r_I^3\left(\frac{T_c}{T_I}\right)^2}$$

$$= \sqrt[3]{(4.2\text{ unidades})^3\left(\frac{16.7\text{ días}}{1.8\text{ días}}\right)^2}$$

Sustituye $r_I = 4.2$ unidades, $T_c = 16.7$ días, $T_I = 1.8$ días.

$$= \sqrt[3]{6.4\times10^3\text{ unidades}^3}$$

$$= 19\text{ unidades}$$

3 EVALUAR LA RESPUESTA

- **¿Son correctas las unidades?** r_C debería estar en unidades de Galileo, como r_I.
- **¿Es realista la magnitud?** El período es mayor, por lo tanto, el radio debería ser mayor.

PRÁCTICA Problemas

PRÁCTICA ADICIONAL

1. Si Ganímedes, una de las lunas de Júpiter, tiene un período de 32 días, ¿de cuántas unidades es su radio orbital? Usa la información del Ejemplo Problema 1.
2. Un asteroide gira alrededor del Sol con un radio orbital promedio del doble del de la Tierra. Predice el período del asteroide en años de la Tierra.
3. Venus tiene un período de revolución de 225 días de la Tierra. Encuentra la distancia entre el Sol y Venus como múltiplo de la distancia media entre la Tierra y el Sol.
4. Urano tarda 84 años en dar una vuelta alrededor del Sol. Encuentra la distancia media entre Urano y el Sol como múltiplo de la distancia media entre la Tierra y el Sol.
5. A partir de la **Tabla 1** puedes descubrir que, en promedio, Marte está 1.52 veces más lejos del Sol que la Tierra. Predice el tiempo que tarda Marte en orbitar el Sol en días de la Tierra.
6. La Luna tiene un período de 27.3 días y una distancia media de 3.9×10^5 km entre su centro y el de la Tierra.
   a. Usa las leyes de Kepler para encontrar el período de un satélite en órbita a 6.70×10^3 km del centro de la Tierra.
   b. ¿A qué distancia de la superficie de la Tierra está este satélite?
7. **DESAFÍO** Con los datos del problema anterior para el período y radio de la revolución de la Luna, predice cuál sería la distancia media entre el centro de la Tierra y un satélite artificial que tiene un período de exactamente 1.00 días.

Ley de gravitación universal de Newton

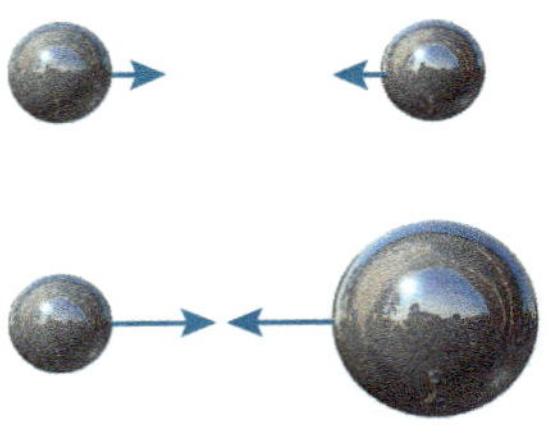

La gravitación entre los objetos depende del producto de las masas de los objetos.

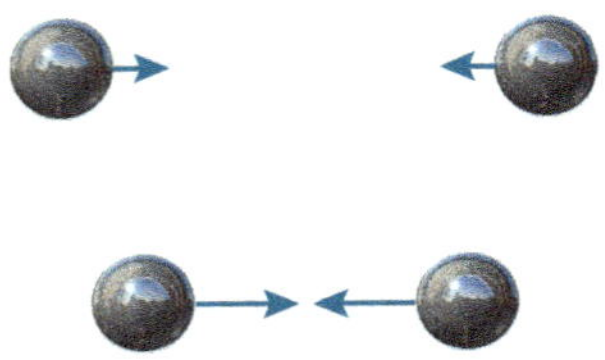

La fuerza de gravedad entre los objetos es inversamente proporcional al cuadrado de la distancia entre los objetos.

Imagen 5 La masa y la distancia afectan la magnitud de la fuerza de gravedad entre los objetos.

En 1666, Isaac Newton comenzó sus estudios sobre el movimiento planetario. Se dijo que ver caer una manzana hizo que se preguntara si la fuerza que causó que cayera podía extenderse a la Luna o incluso más allá. Descubrió que, debido al Sol, la magnitud de la fuerza (F_g) en un planeta varía de manera inversa al cuadrado de la distancia (r) entre los centros del planeta y del Sol. Es decir, F_g es proporcional a $\frac{1}{r^2}$. La fuerza ($\boldsymbol{F}_g$) actúa en la dirección de la línea que conecta los centros de los dos objetos, como se muestra en la **Imagen 5.**

Newton descubrió que las aceleraciones de la manzana y de la Luna concuerdan con la razón $\frac{1}{r^2}$. De acuerdo con su tercera ley, la fuerza que la Tierra ejerce sobre la manzana es exactamente la misma que la que la manzana ejerce sobre la Tierra. Aunque estas fuerzas son exactamente iguales, puedes observar fácilmente el efecto de la fuerza sobre la manzana porque tiene mucha menos masa que la Tierra. La fuerza de atracción entre dos objetos es proporcional a las masas de los objetos y se la conoce como **fuerza de gravedad.**

Newton estaba seguro de que la misma fuerza de atracción actuaría entre dos objetos en cualquier parte del universo. En consecuencia, propuso la **tercera ley de gravitación universal,** que establece que los objetos atraen otros objetos con una fuerza proporcional al producto de sus masas e inversamente proporcional al cuadrado de la distancia entre ellos. La ley de gravitación universal de Newton brinda representaciones matemáticas para describir y predecir el efecto de las fuerzas de gravedad entre objetos distantes.

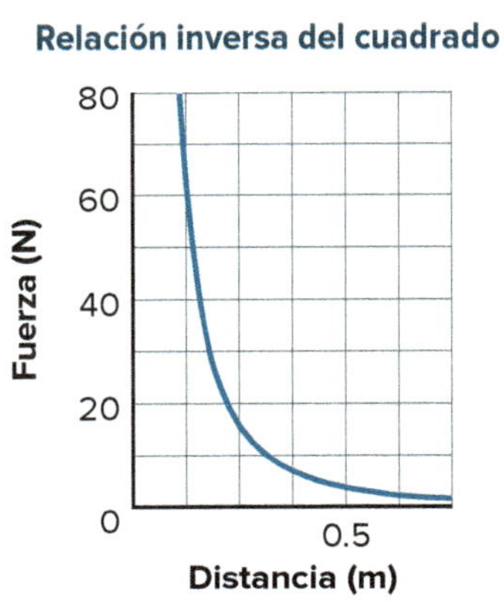

Imagen 6 Esta es una representación gráfica de la relación inversa del cuadrado.

Ley de gravitación universal

La fuerza de la gravedad es igual a la constante de la gravitación universal, por la masa del objeto 1, por la masa del objeto 2, dividida por la distancia entre los centros de los objetos, al cuadrado.

$$F_g = \frac{Gm_1m_2}{r^2}$$

Según la ecuación de Newton, F es directamente proporcional a m_1 y m_2. Si la masa de un planeta cercano al Sol se duplica, la fuerza de atracción se duplica. Usa la herramienta de Conectar las Matemáticas y la Física de la página siguiente para examinar cómo el cambio de una variable afecta a la otra. La **Imagen 6** representa gráficamente la relación inversa del cuadrado. El término G es la constante de gravitación universal y se comentará en las páginas siguientes.

CONECTAR LAS MATEMÁTICAS Y LA FÍSICA

Relaciones directas e inversas La ley de gravitación universal de Newton tiene relaciones directas e inversas.

$F_g \propto m_1m_2$		$F_g \propto \frac{1}{r^2}$	
Cambio	Resultado	Cambio	Resultado
$(2m_1)m_2$	$2F_g$	$2r$	$\frac{1}{4}F_g$
$(3m_1)m_2$	$3F_g$	$3r$	$\frac{1}{9}F_g$
$(2m_1)(3m_2)$	$6F_g$	$\frac{1}{2}r$	$4F_g$
$\left(\frac{1}{2}\right)m_1m_2$	$\frac{1}{2}F_g$	$\frac{1}{3}r$	$9F_g$

Gravitación universal y tercera ley de Kepler

Newton estableció la ley de gravitación universal en términos que se aplicaban al movimiento de los planetas alrededor del Sol. Esto concordaba con la tercera ley de Kepler y confirmaba que la ley de Newton estaba de acuerdo con las mejores observaciones de la época.

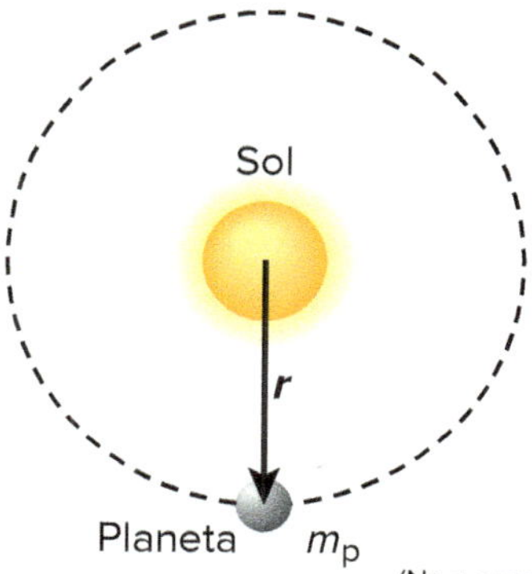

Imagen 7 Un planeta con una masa m_p y una distancia promedio desde el Sol r orbita el Sol. La masa del Sol es m_s.

Considera un planeta que orbita el Sol, como se muestra en la **Imagen 7.** La segunda ley de movimiento de Newton, $F_{neta} = ma$, puede escribirse como $F_{neta} = m_pa_c$, donde F_{neta} es la magnitud de la fuerza de la gravedad, m_p es la masa del planeta y a_c es la aceleración centrípeta del planeta. Para simplificar, supón que las órbitas son circulares. Recuerda que, según el movimiento circular uniforme, para una órbita circular $a_c = \frac{4\pi^2 r}{T^2}$. Entonces, $F_{neta} = m_pa_c$ puede escribirse como $F_{neta} = \frac{m_p4\pi^2 r}{T^2}$. En esta ecuación, T es el tiempo en segundos que tarda el planeta en realizar una revolución completa alrededor del Sol. Si estableces que el lado derecho de la ecuación es igual al lado derecho de la ley de gravitación universal, llegas al siguiente resultado:

$$\frac{Gm_sm_p}{r^2} = \frac{m_p4\pi^2 r}{T^2}$$

$$T^2 = \left(\frac{4\pi^2}{Gm_s}\right)r^3$$

$$T = \sqrt{\left(\frac{4\pi^2}{Gm_s}\right)r^3}$$

¿Lo comprendes?

Resume cómo la fuerza de la gravedad puede usarse para explicar por qué un planeta orbita el Sol.

El período de un planeta que orbita el Sol puede expresarse de la siguiente manera.

Período de un planeta que orbita el Sol

El período de un planeta que orbita el Sol es igual a 2π por la raíz cuadrada de la distancia promedio desde el Sol al cubo, dividida por el producto de la constante de la gravitación universal y la masa del Sol.

$$T = 2\pi\sqrt{\frac{r^3}{Gm_s}}$$

Elevar al cuadrado ambos lados muestra que esta ecuación cumple la tercera ley de Kepler sobre el movimiento planetario: el cuadrado del período es proporcional al cubo de la distancia que separa las masas. El factor $\frac{4\pi^2}{Gm_s}$ depende de la masa del Sol y de la constante de la gravitación universal. Newton descubrió que este factor también se aplicaba a las órbitas elípticas.

FÍSICA Desafío

Los astrónomos detectaron tres planetas que orbitan la estrella Upsilon Andromedae. El planeta B tiene un radio orbital promedio de 0.0595 UA y un período de 4.6171 días. El planeta C tiene un radio orbital promedio de 0.832 UA y un período de 241.33 días. El planeta D tiene un radio orbital promedio de 2.53 UA y un período de 1278.1 días. (Las distancias se dan en unidades astronómicas (UA): distancia promedio entre la Tierra y el Sol. La distancia entre la Tierra y el Sol es 1.00 UA)

1. ¿Cumplen estos planetas la tercera ley de Kepler?
2. Halla la masa de la estrella Upsilon Andromedae en unidades de la masa del Sol. *Pista: compara* $\frac{r^3}{T^2}$ *de estos planetas con la de la Tierra en las mismas unidades (UA y días).*

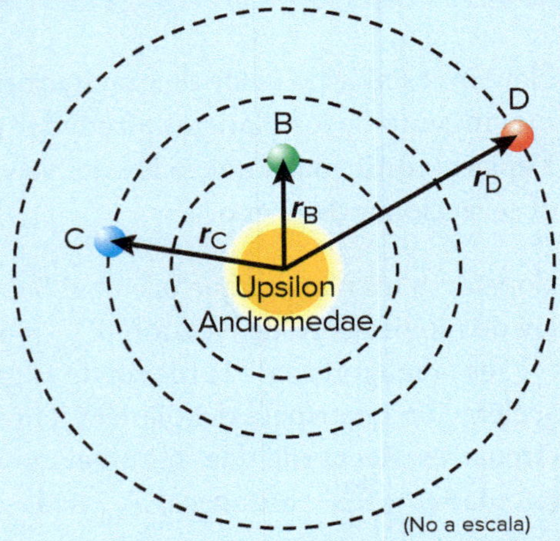

Medir la constante de la gravitación universal

¿Cuál es la magnitud de la constante G? Como sabes, la fuerza de atracción gravitatoria entre dos objetos en la Tierra es relativamente pequeña. La menor atracción, incluso entre dos enormes bolas de bolos, es casi imposible de detectar. De hecho, los científicos tardaron más de 100 años desde el trabajo de Newton en desarrollar un instrumento que fuera lo suficientemente sensible para medir la fuerza de atracción gravitatoria.

Conexión con carreras STEM

Astrónomo

¿Te gustaría estudiar los objetos del firmamento o el origen del universo? Los astrónomos estudian el universo: estrellas, planetas y otros objetos. Los astrónomos trabajan en el ámbito académico, en laboratorios y en observatorios.

Instrumento de Cavendish En 1798, el científico inglés Henry Cavendish utilizó equipos similares al instrumento que se muestra en la **Imagen 8** para medir la fuerza gravitatoria entre dos objetos. El instrumento tiene una varilla horizontal con pequeñas esferas de plomo unidas a cada extremo. La varilla está suspendida en su punto medio para que pueda rotar. Debido a que la varilla pende de un fino alambre, la varilla y las esferas son muy sensibles a fuerzas horizontales.

Para medir G, se colocan dos grandes esferas en una posición fija cerca de las dos esferas pequeñas, como se muestra en la **Imagen 8.** La fuerza de atracción entre las esferas grandes y las pequeñas hace que la varilla rote. Cuando la fuerza necesaria para girar el alambre es igual a la fuerza gravitatoria entre las esferas, la varilla deja de rotar. Al medir el ángulo en el que gira la varilla, se puede calcular la fuerza de atracción entre los objetos.

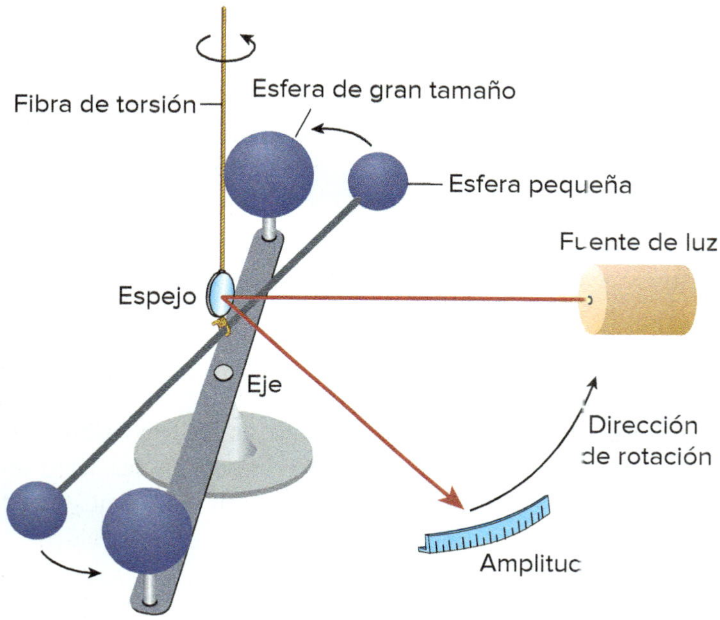

Imagen 8 Una balanza Cavendish utiliza una fuente de luz y un espejo para medir el movimiento de las esferas.

El ángulo en el que gira la varilla se mide utilizando un haz de luz que se refleja en el espejo. Pueden medirse las distancias entre los centros de la esfera y la fuerza. Las masas de las esferas son conocidas. Al reemplazar los valores de la fuerza, la masa y la distancia en la ley de gravitación universal de Newton, se encuentra un valor experimental de G: cuando m_1 y m_2 se miden en kilogramos, r en metros y F en newtons, $G = 6.67 \times 10^{-11}\ N{\cdot}m^2/kg^2$.

CCC CONCEPTOS INTERDISCIPLINARIOS

Patrones Crea una presentación que explique cómo los patrones que observó Cavendish a menor escala en su experimento proporcionan evidencia para explicar fenómenos a mayor escala, como las interacciones dentro del sistema solar.

La importancia de G La investigación de Cavendish con frecuencia se denomina "pesar el mundo" porque ayudó a determinar la masa de la Tierra. Una vez que se conoce el valor de G, no solo se puede determinar la masa de la Tierra, sino también la del Sol. Además, la fuerza de la gravedad entre dos objetos cualquiera se puede calcular con la ley de gravitación universal de Newton. Por ejemplo, la fuerza de atracción gravitatoria (F_g) entre dos bolas de bolos de masa 7.26 kg, cuyos centros están separados por 0.30 m, puede calcularse de la siguiente manera:

$$F_g = \frac{(6.67\times10^{-11}\ \text{N•m}^2/\text{kg}^2)(7.26\ \text{kg})(7.26\ \text{kg})}{(0.30\ \text{m})^2} = 3.9\times10^{-8}\ \text{N}$$

Sobre la superficie de la Tierra, el peso de un objeto de masa m es una medida de la atracción gravitatoria de la Tierra: $F_g = mg$. Si la masa de la Tierra está representada por m_E y el radio de la Tierra está representado por r_E, la siguiente afirmación es verdadera: $F_g = \frac{Gm_Em}{{r_E}^2}$, entonces $g = \frac{Gm_E}{{r_E}^2}$

Esta ecuación puede reordenarse para resolver m_E. $m_E = \frac{g{r_E}^2}{G}$

Con $g = m_E = \frac{(9.8\ \text{N/kg})(6.38\times10^6\ \text{m})^2}{6.67\times10^{-11}\ \text{N•m}^2/\text{kg}^2} = 5.98\times10^{24}$ kg, se obtiene el siguiente resultado para la masa de la Tierra: $m_E = \frac{(9.8\ \text{N/kg})(6.38\times10^6\ \text{m})^2}{6.67\times10^{-11}\ \text{N•m}^2/\text{kg}^2} = 5.98\times10^{24}$ kg

La investigación de Cavendish determinó el valor de G, confirmó la predicción de Newton de que existe una fuerza entre dos objetos cualquiera y ayudó a calcular la masa de la Tierra.

Verifica tu progreso

8. **Período orbital de Neptuno** Neptuno orbita el Sol a la distancia promedio que muestra la **Imagen 9,** que permite que los gases, como el metano, se condensen y formen una atmósfera. Si la masa del Sol es de 1.99×10^{30} kg, calcula el período orbital de Neptuno.

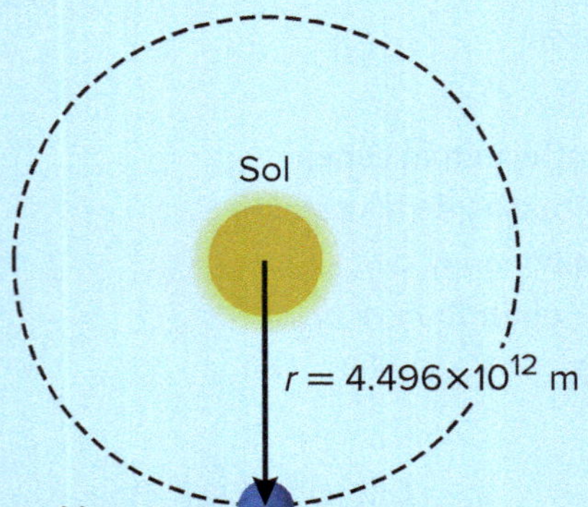

Imagen 9

9. **Representaciones matemáticas** Predice la fuerza gravitatoria entre dos balones de 15 kg cuyos centros están a 35 cm. ¿Qué fracción representa del peso de un balón?
10. **Gravedad** Si la Tierra se encogiera, pero su masa se mantuviera igual, ¿qué sucedería con el valor de *g* en la superficie de la Tierra?
11. **El valor de G** Cavendish realizó su investigación con esferas de plomo. ¿Sería su valor de G igual o diferente si hubiera utilizado esferas de cobre de igual masa? Explícalo.
12. **¿Leyes o teorías?** Los enunciados de Kepler y la ecuación de atracción gravitatoria de Newton se denominan leyes. ¿Fueron alguna vez teorías? ¿Se convertirán alguna vez en teorías?
13. **Pensamiento crítico** Levantar una roca requiere menos esfuerzo en la Luna que en la Tierra. ¿Cómo afectará la fuerza gravitatoria de la Luna la trayectoria de la roca si se la arroja horizontalmente?

LEARNSMART® Conéctate para cumplir tu plan de aprendizaje personalizado para repasar, practicar y reforzar tu comprensión.

LECCIÓN 2

USAR LA LEY DE GRAVITACIÓN UNIVERSAL

PREGUNTA DE ENFOQUE

¿Cómo afecta la gravedad a objetos que no se tocan?

Órbitas de planetas y satélites

En 1781, William Herschel descubrió el planeta Urano con un telescopio que construyó él mismo. Para 1830, era claro que la ley de gravedad no predecía correctamente su órbita. Dos astrónomos propusieron que Urano experimentaba la atracción del Sol y la de un planeta todavía no descubierto. Calcularon la órbita de ese planeta en 1845 y, un año más tarde, los astrónomos del observatorio de Berlín descubrieron el planeta Neptuno. ¿Cómo es posible que los planetas, como Neptuno y Urano, se mantengan en órbita alrededor del Sol?

Sir Isaac Newton utilizó un dibujo similar al que se muestra en la **Imagen 10** para ilustrar un experimento teórico sobre el movimiento de los satélites. Imagina un cañón en lo alto de una montaña que dispara una bala horizontalmente con una determinada velocidad horizontal. La bala de cañón es un proyectil y su movimiento tiene componentes verticales y horizontales. Como todos los proyectiles, bajo la influencia de la gravedad de la Tierra seguiría una trayectoria parabólica y caería al suelo.

Si la velocidad horizontal de la bala de cañón aumentara, viajaría más lejos sobre la superficie de la Tierra, pero aun así caería al suelo. Si se usara un poderoso cañón, la bala viajaría alrededor de toda la Tierra y seguiría. Caería hacia la Tierra a la misma velocidad en que la superficie de la Tierra se curva. En otras palabras, la curvatura del proyectil seguiría hasta igualar la curvatura de la Tierra para que la bala de cañón nunca se acerque ni se aleje de la superficie curva de la Tierra. Por lo tanto, la bala de cañón estaría en órbita.

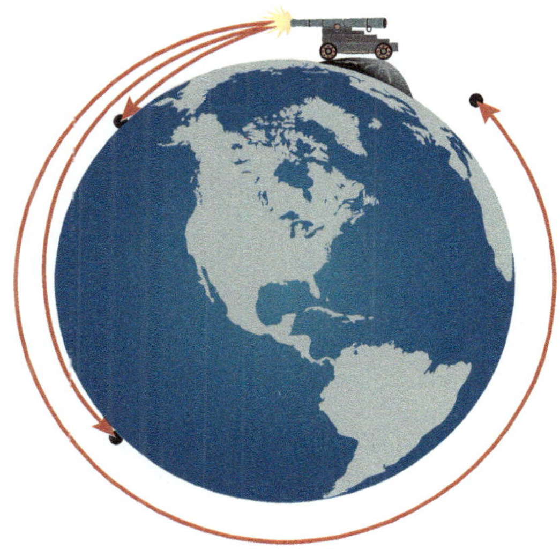

Imagen 10 Newton imaginó el lanzamiento de un proyectil paralelo a la Tierra. Si tiene suficiente velocidad, caerá hacia la Tierra con una curvatura igual a la curvatura de la Tierra.

PENSAMIENTO 3D **DCI** Ideas centrales disciplinarias **CCC** Conceptos interdisciplinarios **SEP** Prácticas de ciencia e ingeniería

REUNIR EVIDENCIA

Usa el Cuaderno de ciencias para registrar la evidencia que reúnas mientras completas las lecturas y las actividades de la lección.

INVESTIGAR

CONÉCTATE para hallar estas actividades y más recursos.

Poner en práctica: Órbitas planetarias

HS-ESS1-4. Usa representaciones matemáticas o de cálculo para predecir el movimiento de objetos en órbita en el sistema solar.

Repasar la pregunta de Encuentra el fenómeno

¿Qué información de la lección te ayuda a responder las preguntas de la unidad y del módulo?

El experimento teórico de Newton ignoraba la resistencia del aire. Para que la bala de cañón no tuviera resistencia del aire, la cima de la montaña tendría que estar a más de 150 km sobre la superficie de la Tierra. A modo de comparación, la montaña tendría que ser mucho más alta que la cima del monte Everest, la montaña más alta del mundo, que solo tiene 8.85 km de altura. Una bala de cañón lanzada desde una montaña a 150 km de la superficie de la Tierra tendría poca o ninguna resistencia del aire a una altitud de 150 km, ya que la montaña estaría por encima de casi toda la atmósfera. De esta manera, una bala de cañón, o cualquier objeto o satélite a igual o mayor altitud, podría orbitar la Tierra con poca o ninguna resistencia del aire.

Velocidad de un satélite Un satélite en una órbita que siempre está a la misma altura de la Tierra tiene un movimiento circular uniforme. Recuerda que su aceleración centrípeta está dada por $a_c = \frac{v^2}{r}$. Entonces, la segunda ley de Newton, $F_{neta} = ma_c$ puede reescribirse como $F_{neta} = \frac{mv^2}{r}$. Si la masa de la Tierra es m_E, esta expresión combinada con la ley de gravitación universal de Newton genera la siguiente ecuación:

$$\frac{Gm_E m}{r^2} = \frac{mv^2}{r}$$

Al hallar la velocidad de un satélite en órbita circular alrededor de la Tierra (v), se llega al siguiente resultado.

Velocidad de un satélite que orbita la Tierra

La velocidad de un satélite que orbita la Tierra es igual a la raíz cuadrada de la constante de la gravitación universal por la masa de la Tierra, dividida por el radio de la órbita.

$$v = \sqrt{\frac{Gm_E}{r}}$$

Período orbital de un satélite La órbita de un satélite alrededor de la Tierra es similar a la órbita de un planeta alrededor del Sol. Recuerda que el período de un planeta que orbita el Sol se expresa con la siguiente ecuación:

$$T = 2\pi\sqrt{\frac{r^3}{Gm_S}}$$

De esta manera, el período de un satélite que orbita la Tierra está dado por la siguiente ecuación.

Período de un satélite que orbita la Tierra

El período de un satélite que orbita la Tierra es igual a 2π por la raíz cuadrada del radio de la órbita al cubo, dividido por el producto de la constante de gravitación universal y la masa de la Tierra.

$$T = 2\pi\sqrt{\frac{r^3}{Gm_E}}$$

La ecuación para la velocidad y el período de un satélite puede utilizarse para cualquier objeto que orbita alrededor de otro. La masa del cuerpo central reemplaza a m_E en las ecuaciones, y r será la distancia entre los centros del cuerpo que orbita y del cuerpo central. La velocidad orbital (v) y el período orbital (T) son independientes de la masa del satélite.

EJEMPLO Problema 2

VELOCIDAD Y PERÍODO ORBITAL Supón que un satélite orbita la Tierra a 225 km de la superficie. Dado que la masa de la Tierra es 5.97×10^{24} kg y el radio de la Tierra es 6.38×10^{6} m, ¿cuál es la velocidad y el período orbital del satélite?

1 ANALIZAR Y PLANTEAR EL PROBLEMA

Representa gráficamente la situación y muestra la altura de la órbita del satélite.

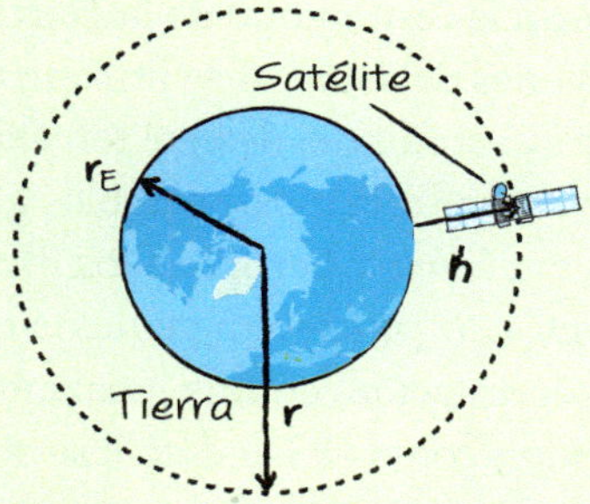

Datos conocidos	Incógnita
$h = 2.25\times10^{5}$ m	$v = ?$
$r_E = 6.38\times10^{6}$ m	$T = ?$
$m_E = 5.97\times10^{24}$ kg	
$G = 6.67\times10^{-11}$ N•m²/kg²	

2 HALLAR LA VELOCIDAD Y EL PERÍODO ORBITAL

Determina el radio orbital con la suma de la altura de la órbita del satélite y el radio de la Tierra.

$$r = h + r_E$$

$$= 2.25\times10^{5}\text{ m} + 6.38\times10^{6}\text{ m} = 6.60\times10^{6}\text{ m}$$

Sustituye $h = 2.25\times10^{5}$ m y $r_E = 6.38\times10^{6}$ m.

Halla la velocidad.

$$v = \sqrt{\frac{Gm_E}{r}}$$

$$= \sqrt{\frac{(6.67\times10^{-11}\text{ N•m}^2/\text{kg}^2)(5.97\times10^{24}\text{ kg})}{6.60\times10^{6}\text{ m}}}$$

Sustituye $G = 6.67\times10^{-11}$ N•m²/kg², $m_E = 5.97\times10^{24}$ kg, y $r = 6.60\times10^{6}$ m.

$$= 7.77\times10^{3}\text{ m/s}$$

Halla el período.

$$T = 2\pi\sqrt{\frac{r^3}{Gm_E}}$$

$$= 2\pi\sqrt{\frac{(6.60\times10^{6}\text{ m})^3}{(6.67\times10^{-11}\text{ N•m/kg}^2)(5.97\times10^{24}\text{ kg})}}$$

Sustituye $r = 6.60\times10^{6}$ m, $G = 6.67\times10^{-11}$ N·m²/kg², y $m_E = 5.97\times10^{24}$ kg.

$$= 5.34\times10^{3}\text{ s}$$

Esto es aproximadamente 89 min, o 1.5 h.

3 EVALUAR LA RESPUESTA

- **¿Son correctas las unidades?** La unidad de la velocidad es metros por segundo y del período, segundos.

PRÁCTICA Problemas

PRÁCTICA ADICIONAL

Considera una órbita circular para los cálculos.

14. Supón que el satélite del Ejemplo Problema 2 se mueve a una órbita 24 km más grande en radio que la órbita anterior. ¿Cuál es la velocidad? ¿Es mayor o menor que la anterior? Explícalo.

15. Urano tiene 27 lunas conocidas. Una de esas lunas es Miranda, que orbita en un radio de 1.29×10^{8} m. Urano tiene una masa de 8.68×10^{25} kg. Halla la velocidad orbital de Miranda. ¿Cuántos días de la Tierra tarda en completar una órbita?

16. Usa el experimento teórico de Newton sobre el movimiento de satélites para calcular la velocidad que debe tener un satélite que se dispara desde un cañón para orbitar la Tierra a 150 km de la superficie. ¿Cuánto tiempo, en segundos y minutos, tardaría el satélite en completar una órbita y regresar al cañón?

17. **DESAFÍO** Usa los datos de Mercurio en la **Imagen 1** para encontrar la velocidad de un satélite que está en órbita a 260 km de la superficie de Mercurio y el período del satélite.

Conexión CIENCIA DE LA TIERRA

El *satélite Landsat 8*, que se muestra en la **Imagen 11**, es uno de los ocho satélites artificiales que brindó imágenes de la superficie continental de la Tierra. Las imágenes del *Landsat* se utilizaron para crear mapas, estudiar el uso del terreno y monitorear recursos y cambios globales. El sistema *Landsat* permite a los investigadores monitorear procesos a pequeña escala, como la deforestación, en una escala mundial. Los satélites, como el *Landsat 8*, se aceleran por medio de grandes cohetes, como los cohetes transbordadores de lanzamiento, hasta la velocidad necesaria para alcanzar una órbita. Debido a que la aceleración de cualquier masa debe seguir la segunda ley de movimiento de Newton, $F_{neta} = ma$, se necesita más fuerza para lanzar un satélite más grande en órbita. Por lo tanto, la masa de un satélite está limitada por la capacidad del cohete que se utiliza para lanzarlo.

Imagen 11 El *Landsat 8* orbita la Tierra unas 14 veces por día.

Física en la vida diaria

ÓRBITA GEOSINCRÓNICA Los satélites meteorológicos geoestacionarios operacionales ambientales (GOES) orbitan la Tierra una vez por día a una latitud de 35,785 km. Su velocidad iguala la de la rotación de la Tierra. Por lo tanto, para un observador en la Tierra, el satélite parece mantenerse en un punto. Las antenas parabólicas en la Tierra pueden dirigirse a un punto en el cielo y mantenerse en una posición fija a medida que el satélite orbita.

Aceleración de caída libre

La aceleración de los objetos debido a la gravedad de la Tierra se puede hallar al utilizar la ley de gravitación universal de Newton y su segunda ley de movimiento. Para un objeto de masa m en caída libre, la siguiente afirmación es verdadera:

$$F = \frac{Gm_E m}{r^2} = ma, \text{ entonces } a = \frac{Gm_E}{r^2}$$

Si estableces que $a = g_E$ y $r = r_E$ sobre la superficie de la Tierra, se puede escribir la siguiente ecuación:

$$g = \frac{Gm_E}{r_E{}^2}, \text{ por lo tanto, } m_E = \frac{gr_E{}^2}{G}$$

Previamente viste que $a = \frac{Gm_E}{r^2}$ para un objeto en caída libre. La sustitución de la expresión anterior por m_E brinda el siguiente resultado:

$$a = G\frac{\left(\frac{gr_E{}^2}{G}\right)}{r^2}$$

$$a = g\left(\frac{r_E}{r}\right)^2$$

En la superficie de la Tierra, $r = r_E$ entonces $a = g$. Pero, a medida que te alejas del centro de la Tierra, r se vuelve más grande que r_E y la aceleración de caída libre se reduce, de acuerdo con la relación inversa del cuadrado. ¿Qué le sucede a tu masa a medida que te alejas cada vez más del centro de la Tierra?

Peso e ingravidez Posiblemente hayas visto fotografías similares a la **Imagen 12** en las que los astronautas se encuentran en una nave espacial en un entorno que suele denominarse *g cero* o ingravidez. La nave espacial orbita a alrededor de 400 km de la superficie de la Tierra. A esa distancia, $g = 8.7$ N/kg, solo ligeramente menor que en la superficie de la Tierra. La fuerza de gravedad de la Tierra no es cero en la nave espacial. De hecho, la gravedad causa que la nave orbite la Tierra. Entonces, ¿por qué los astronautas parecen no tener peso?

Recuerda que percibes el peso cuando algo, como el suelo o tu silla, ejerce una fuerza de contacto sobre ti. Pero si tú, la silla y el suelo aceleran hacia la Tierra juntos, no hay ninguna fuerza de contacto sobre ti. Por lo tanto, tu peso aparente es cero y experimentas ingravidez aparente. De manera similar, los astronautas experimentan ingravidez aparente, ya que la nave espacial y todo dentro de ella cae libremente hacia la Tierra.

Imagen 12 Los astronautas en órbita alrededor de la Tierra se encuentran en caída libre porque su nave espacial y todo dentro de ella acelera hacia la Tierra, junto con los astronautas. Es decir, el suelo se cae constantemente debajo de sus pies.

¿Lo comprendes?

Calcula cuánta fuerza actúa sobre un astronauta de 75.0 kg que está a 405 km de la superficie de la Tierra, suponiendo que $g = 8.7$ N/kg.

Campo gravitatorio

Al estudiar el movimiento, aprendiste que muchas fuerzas comunes son fuerzas de contacto. La fricción se ejerce cuando dos objetos se tocan; por ejemplo, el suelo y tu silla o escritorio te empujan cuando estás en contacto con ellos. La gravedad, sin embargo, es diferente. Actúa sobre una manzana que cae de un árbol y sobre la Luna en órbita. En otras palabras, la gravedad actúa a la distancia. Actúa entre objetos que no se tocan o no están cerca. Newton estaba desconcertado por este concepto. Se preguntaba cómo el Sol podía ejercer una fuerza sobre el planeta Tierra, que está a cientos de millones de kilómetros.

Concepto de campo Michael Faraday desarrolló el concepto de campo en el siglo XIX, mientras estudiaba la atracción de los imanes. Los campos, como el gravitatorio, el eléctrico y el magnético, explican las fuerzas que actúan a distancia. Estas fuerzas se encuentran entre objetos que transfieren energía a través del espacio. ¿Cómo se aplica esto a las fuerzas de gravedad?

Cualquier objeto con masa está rodeado por un campo gravitatorio que ejerce una fuerza directamente proporcional a la masa del objeto e inversamente proporcional al cuadrado de la distancia desde el centro del objeto. Otro objeto experimenta una fuerza debido a la interacción entre su masa y el campo gravitatorio (g) en su ubicación. La dirección de g y la fuerza de gravedad es hacia el centro del objeto que genera el campo. La fuerza del campo gravitatorio se expresa según la siguiente ecuación.

Campo gravitatorio

La fuerza del campo gravitatorio que genera un objeto es igual a la constante gravitatoria universal por la masa del objeto, dividida por el cuadrado de la distancia desde el centro del objeto.

$$g = \frac{Gm}{r^2}$$

Supón que el campo gravitatorio es creado por el Sol. Entonces, sobre un planeta de masa m en el campo gravitatorio del Sol se ejerce una fuerza que depende de su masa y de la magnitud del campo gravitatorio en su ubicación. Es decir, $F_g = mg$ hacia el Sol. La fuerza es el resultado de la interacción de la masa del planeta con el campo gravitatorio en su ubicación, no con el Sol, a millones de kilómetros. Para hallar el campo gravitatorio causado por más de un objeto, calcula todos los campos gravitatorios y súmalos como vectores.

El campo gravitatorio se mide al colocar un objeto con una masa pequeña (m) en el campo gravitatorio y medir la fuerza (F_g) que se ejerce sobre él. El campo gravitatorio se calcula con $g = \frac{F_g}{m}$. El campo gravitatorio se mide en unidades de newtons por kilogramo (N/kg).

Sobre la superficie de la Tierra, la fuerza del campo gravitatorio es 9.8 N/kg y su dirección es hacia el centro de la Tierra. El campo puede representarse por un vector de longitud g que apunta hacia el centro del objeto que genera el campo. Puedes visualizar el campo gravitatorio que genera la Tierra como una colección de vectores que rodean la Tierra y apuntan hacia ella, como se muestra en la **Imagen 13.** La fuerza del campo gravitatorio de la Tierra varía de manera inversa al cuadrado de la distancia desde el centro de la Tierra. El campo gravitatorio de la Tierra depende de la masa de la Tierra, pero no de la masa del objeto que experimenta la fuerza.

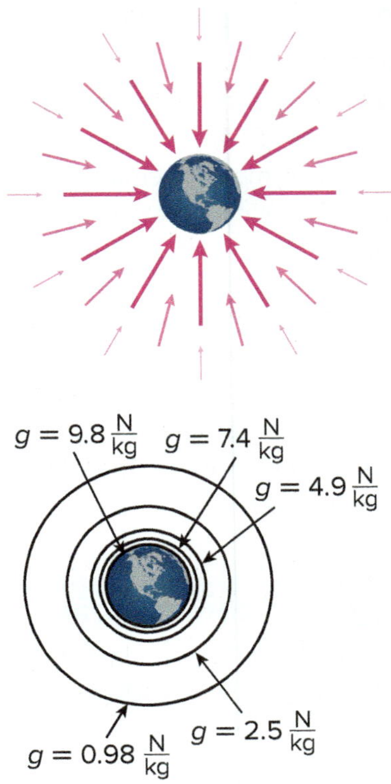

Imagen 13 El campo gravitatorio de la Tierra puede representarse con vectores que apuntan hacia el centro de la Tierra. La disminución en la magnitud de $\boldsymbol{g}$ sigue una relación inversa del cuadrado, a medida que aumenta la distancia desde el centro de la Tierra.

Explica *por qué el valor de* **g** *nunca llega a cero.*

¿Lo comprendes?

Explica el concepto que se usa para definir fuerzas a la distancia.

Dos tipos de masa

Leíste que la masa puede definirse como la pendiente de una gráfica de fuerza comparada con la aceleración. Es decir, la masa es igual a la fuerza neta que se ejerce sobre un objeto, dividida por su aceleración. Este tipo de masa, relacionada con la inercia de un objeto, se denomina masa inercial y se representa con la siguiente ecuación.

Masa inercial

La masa inercial es igual a la fuerza neta que se ejerce sobre el objeto, dividida por la aceleración del objeto.

$$m_{\text{inercial}} = \frac{F_{\text{neta}}}{a}$$

Conexión con carreras STEM

Físico teórico

¿Te gusta usar las matemáticas para resolver problemas? Los físicos teóricos intentan comprender mejor el universo representando su funcionamiento con las matemáticas.

Masa inercial Sabes que es mucho más fácil empujar por el suelo una caja de cartón vacía que una llena de libros. La caja llena tiene mayor masa inercial que la vacía. La **masa inercial** de un objeto es una medida de la resistencia del objeto a cualquier tipo de fuerza. La masa inercial de un objeto se mide al ejercer una fuerza sobre el objeto y medir su aceleración. Mientras mayor masa inercial tenga el objeto, tendrá menos aceleración como resultado de una fuerza neta que se ejerza sobre él.

Masa gravitacional La ley de gravitación universal de Newton, $F_g = \frac{Gm_1m_2}{r^2}$, también incluye la masa, pero un tipo diferente. La masa como se utiliza en la ley de gravitación universal es una cantidad que mide la respuesta de un objeto a la fuerza de gravedad y se denomina **masa gravitacional**. Puede medirse al utilizar una balanza simple como la que se muestra en la **Imagen 14.** Si mides la magnitud de la fuerza de atracción que un objeto de masa m ejerce sobre otro, a una distancia r, entonces puedes definir la masa gravitacional de la siguiente manera.

Masa gravitacional

La masa gravitacional de un objeto es igual a la distancia entre los centros de los objetos al cuadrado, por la fuerza de gravedad, dividida por el producto de la constante gravitatoria universal por la masa del otro objeto.

$$m_g = \frac{r^2F_g}{Gm}$$

¿Son muy diferentes estos dos tipos de masa? Supón que tienes una sandía en el maletero de tu automóvil. Si aceleraras el automóvil hacia adelante, la sandía rodaría hacia atrás de manera relativa al maletero. Esto es el resultado de su masa inercial: su resistencia a la aceleración. Ahora supón que tu automóvil está subiendo una pendiente empinada a una velocidad constante. La sandía rodará hacia atrás otra vez. Pero esta vez se moverá como resultado de su masa gravitacional. La sandía se ve atraída hacia la Tierra.

Newton estableció que la masa inercial y la gravitacional son iguales en magnitud. Esta hipótesis se denomina principio de equivalencia. Todas las investigaciones hasta ahora han proporcionado datos que respaldan este principio. La mayor parte del tiempo nos referimos simplemente a la masa de un objeto. Albert Einstein también estaba intrigado por el principio de equivalencia y lo convirtió en un punto fundamental de su teoría de la gravedad.

Imagen 14 Se utiliza una balanza simple para determinar la masa gravitacional de un objeto.

Teoría de la gravedad de Einstein

La ley de gravitación universal de Newton nos permite calcular la fuerza de gravedad que existe entre dos objetos debido a sus masas. Sin embargo, Newton estaba desconcertado sobre cómo dos objetos podían ejercer fuerzas el uno sobre el otro si estaban a millones de kilómetros. Albert Einstein propuso que la gravedad no es una fuerza, sino un efecto del espacio. Según la explicación de gravedad de Einstein, la masa cambia el espacio a su alrededor. La masa causa que el espacio se curve y que otros cuerpos se aceleren debido a la forma en que siguen este espacio curvado.

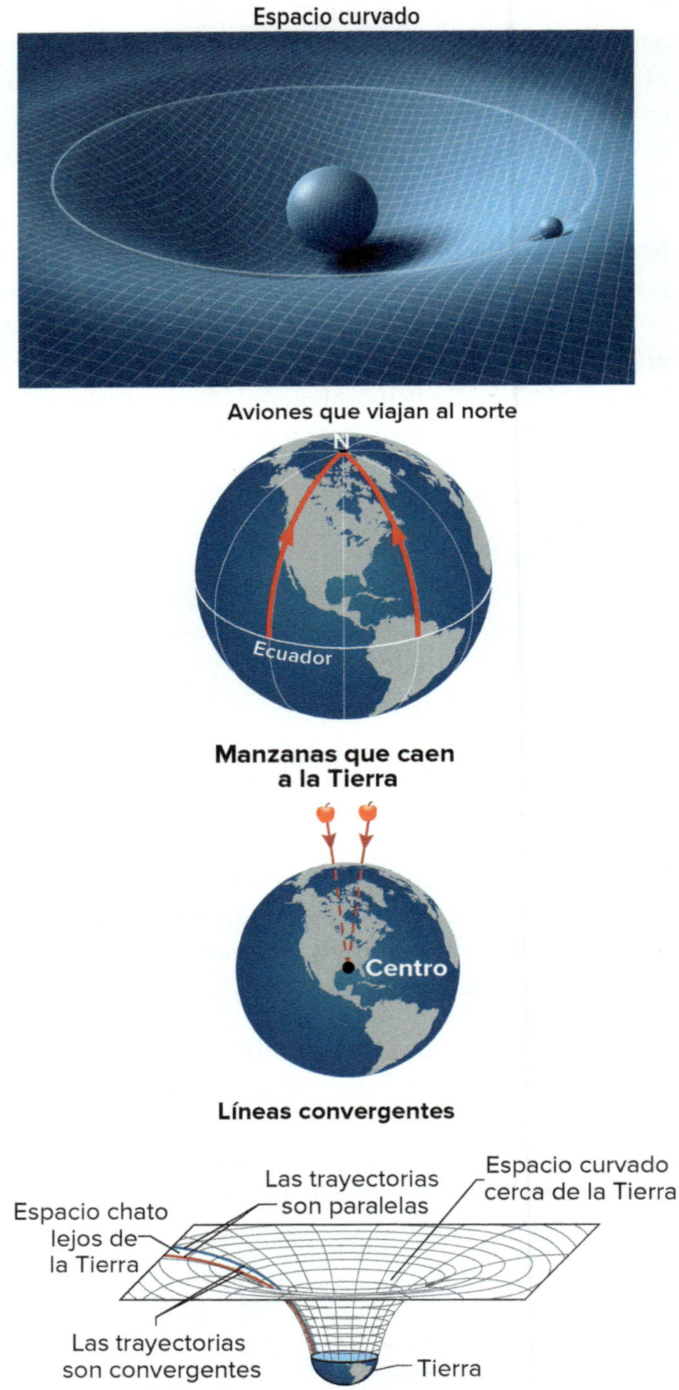

Imagen 15 Visualizar cómo el espacio es curvado es difícil. Las analogías pueden ayudarte a comprender conceptos difíciles.

Espacio curvado

Una manera de visualizar cómo la masa afecta al espacio es representar el espacio tridimensional como una hoja grande bidimensional, como se muestra en la parte superior de la **Imagen 15.** El gran balón azul en la hoja representa un objeto de gran tamaño. El balón forma una hendidura en la hoja. Un pequeño balón azul que rueda sobre la hoja simula el movimiento de un objeto en el espacio. Si el balón pequeño se acerca a la región hundida de la hoja, se acelera. De manera similar, la Tierra y el Sol se atraen debido a la forma en que el espacio se distorsiona por los dos objetos.

Aviones que viajan hacia el norte

La siguiente es otra analogía que puede ayudarte a comprender la curvatura del espacio. Supón que miras desde el espacio cómo dos aviones viajan hacia el norte desde el ecuador. En el ecuador, están a una distancia de 4000 km uno de otro. A medida que se acercan al Polo norte, la distancia se reduce a 1 km. Para los pilotos, sus trayectorias son líneas rectas, pero por la curvatura de la Tierra, viajan en una curva, como se ve desde lejos de la superficie y puede observarse en la **Imagen 15.**

Líneas convergentes

Dos manzanas caen a la Tierra. Inicialmente, viajan en trayectorias paralelas, como en la **Imagen 15.** A medida que se acercan a la Tierra, se ven atraídas hacia el centro de la Tierra. Sus trayectorias convergen. Esto puede atribuirse a la curvatura del espacio cerca de la Tierra. Lejos de cualquier objeto de gran tamaño, como un planeta o una estrella, el espacio es chato y las líneas paralelas se mantienen paralelas. Luego, comienzan a converger. En el espacio chato, las líneas paralelas se mantendrían paralelas. En el espacio curvado, convergen.

La teoría de Einstein, denominada teoría de la relatividad general, hace muchas predicciones sobre cómo los objetos de gran tamaño se afectan entre sí. En todas las pruebas llevadas a cabo, se demostró que da los resultados correctos.

Desviación de la luz La teoría de Einstein predice que los objetos de gran tamaño desvían y curvan la luz. La luz sigue la curvatura del espacio alrededor del objeto de gran tamaño y se desvía, como se muestra en la **Imagen 16.** En 1919, durante un eclipse de Sol, los astrónomos descubrieron que la luz de estrellas distantes que pasaba cerca del Sol se desviaba en una cantidad que concordaba con las predicciones de Einstein.

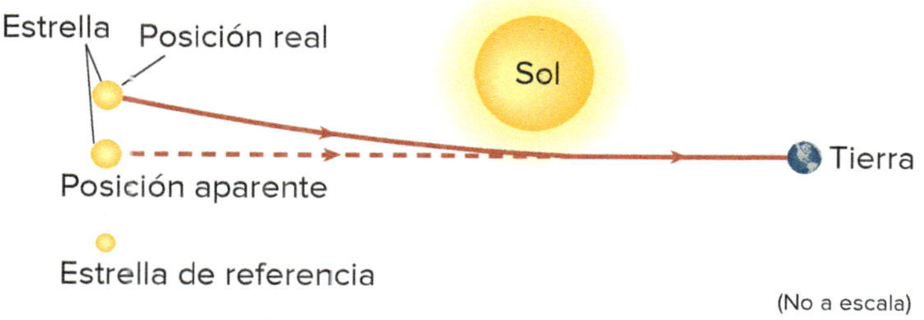

Imagen 16 La luz se curva alrededor de objetos de gran tamaño en el espacio, lo que altera la posición aparente de la fuente de luz.
Describe *cómo este efecto contradice tu experiencia acerca del comportamiento de la luz.*

Otro resultado de la relatividad general es el efecto de la gravedad en la luz de objetos de tamaño extremadamente grande. Si un objeto es lo suficientemente grande y denso, la luz que sale de él se curva completamente y vuelve al objeto. Ninguna luz escapa del objeto, nunca. Los objetos como estos, denominados agujeros negros, se identificaron por sus efectos en estrellas cercanas. Se detectaron agujeros negros a través de la radiación producida cuando la materia es atraída hacia ellos.

Verifica tu progreso

18. **La Tierra y la Luna** La Luna está a 3.9×10^5 km del centro de la Tierra y esta, a 14.96×10^7 km del centro del Sol. Las masas de la Tierra y del Sol son 5.97×10^{24} kg y 1.99×10^{30} kg. Durante la luna llena, el Sol, la Tierra y la Luna están alineados, como se muestra en la **Imagen 17.**
    a. Halla la razón de los campos causados por la Tierra y el Sol en el centro lunar.
    b. ¿Cuál es el campo gravitatorio neto a causa del Sol y de la Tierra en el centro lunar?

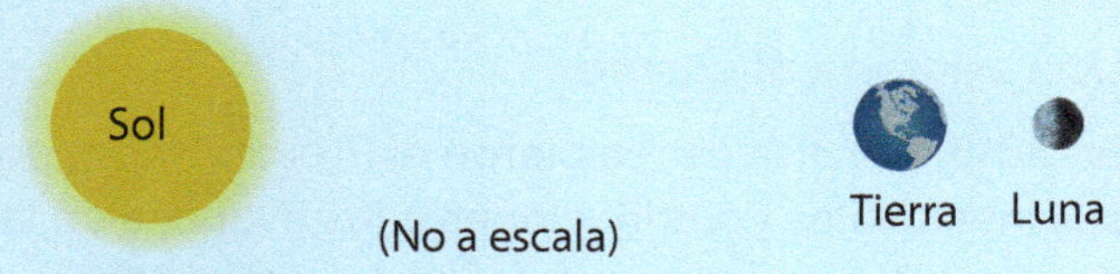

Imagen 17

19. **Ingravidez aparente** Las sillas en una nave espacial en órbita son ingrávidas. Si estuvieras descalzo en la nave, ¿te golpearías el dedo si patearas una silla? Explíca.
20. **Campo gravitatorio** La masa de la Luna es de 7.3×10^{22} kg y su radio 1738 km. ¿Cuál es la fuerza del campo gravitatorio sobre su superficie?
21. **Período y velocidad orbital** Dos satélites están en órbitas circulares alrededor de la Tierra. Uno está a 150 km y el otro a 160 km.
    a. ¿Qué satélite tiene mayor período orbital?
    b. ¿Cuál tiene mayor velocidad?
22. **Teorías y leyes** La idea de la gravedad de Einstein es una teoría y la de Newton una ley. ¿Por qué?
23. **Astronauta** ¿Cuál sería la fuerza del campo gravitatorio de la Tierra en un punto en el que un astronauta de 80 kg experimenta una reducción de peso del 25 por ciento?
24. **Masa satélital** Cuando la ex Unión Soviética lanzó el primer satélite artificial en 1957, el presidente de Estados Unidos, Dwight D. Eisenhower pidió a los científicos que calcularan la masa del satélite. ¿Podían hacerlo? Explícalo.
25. **Pensamiento crítico** Es más fácil lanzar un satélite desde la Tierra a una órbita que circula hacia el este que a una que circula hacia el oeste. Explícalo.

LEARNSMART®

Conéctate para cumplir tu plan de aprendizaje personalizado para repasar, practicar y reforzar tu comprensión.

Hacer ondas

En los últimos años, los científicos realizaron observaciones revolucionarias sobre las ondas gravitatorias en los observatorios de ondas gravitatorias por interferometría láser (LIGO) de Estados Unidos y el exterior. Antes de 2015, las ondas, que son ondulaciones en la progresión espacio tiempo y viajan a la velocidad de la luz, nunca se habían detectado en la Tierra.

Esta imagen de una simulación de computadora muestra ondas gravitatorias que se formaron por la violenta colisión de dos agujeros negros.

Ondas gravitatorias de Einstein

En 1916, Albert Einstein predijo la existencia de ondas gravitatorias, basándose en su teoría de la relatividad general. Su predicción no se confirmó hasta 2015, cuando un LIGO en Luisiana y otro en Washington detectaron directamente las ondas por primera vez. Las ondas fueron producto de la colisión de dos agujeros negros que se fusionaron en un agujero negro de mayor tamaño hace aproximadamente 1,300 millones de años. Cuando colisionaron los agujeros negros, una porción de su materia se convirtió en energía, como expresa la famosa ecuación de Einstein, $E = mc^2$. Las ondas gravitatorias son la energía producida por la colisión.

Más observatorios, datos de mayor resolución

En 2017, dos LIGO con base en Estados Unidos y una instalación similar en Italia, el detector Virgo del Observatorio Gravitacional Europeo, detectó la colisión de dos agujeros negros, ocurrida hace 1,800 millones de años aproximadamente. Los científicos pudieron determinar la ubicación general de la colisión con mayor precisión, ya que triangularon las ondas recibidas por los tres observatorios.

Ese mismo año, por primera vez, los tres observatorios detectaron ondas gravitatorias emitidas por la colisión de dos estrellas de neutrones hace alrededor de 130 millones de años. Los científicos pudieron estudiar las ondas gravitatorias y todo el espectro electromagnético emitido durante el hecho cósmico. Las estrellas siguieron emitiendo luz durante semanas después de la colisión.

Una ventana al cosmos

En 2015, tres físicos recibieron el Premio Nobel por sus invaluables contribuciones a los avances en la medición de ondas gravitatorias. La detección directa de ondas gravitatorias con instrumentos de alta precisión es revolucionaria en la ciencia. Esta investigación proporciona una vía para aprender más sobre hechos cataclísmicos en el universo, como la colisión de agujeros negros. Los científicos predicen que la detección de ondas gravitatorias cambiará el campo de la astrofísica.

USAR UN MODELO PARA ILUSTRAR

Trabaja con un compañero para investigar cómo funciona un LIGO. Dibujen o construyan un modelo para ilustrar cómo un LIGO detecta ondas gravitatorias. Presenten el modelo a la clase.

MÓDULO 7

GUÍA DE ESTUDIO

CONÉCTATE para estudiar con el Libro de ciencias.

Lección 1 MOVIMIENTO PLANETARIO Y GRAVITACIÓN

- primera ley de Kepler
- segunda ley de Kepler
- tercera ley de Kepler
- fuerza de gravedad
- ley de gravitación universal

- La primera ley de Kepler establece que los planetas se mueven en órbitas elípticas, y el Sol es uno de sus focos. La segunda ley de Kepler establece que una línea imaginaria desde el Sol hacia un planeta barre áreas iguales en intervalos de tiempo iguales. La tercera ley de Kepler establece que el cuadrado de la razón de los períodos de dos planetas cualquiera es igual al cubo de la razón de las distancias entre los centros de los planetas y el del Sol.

$$\left(\frac{T_A}{T_B}\right)^2 = \left(\frac{r_A}{r_B}\right)^3$$

- La ley de gravitación universal de Newton puede utilizarse para reescribir la tercera ley de Kepler y relacionar el radio y el período de un planeta con la masa del Sol. La ley de gravitación universal de Newton establece que la fuerza de gravedad entre dos objetos es directamente proporcional al producto de sus masas e inversamente proporcional al cuadrado de la distancia entre sus centros. Es una fuerza de atracción a lo largo de una línea que conecta los centros de las masas.

$$F = \frac{Gm_1Gm_2}{r^2}$$

- La investigación de Cavendish determinó el valor de G, confirmó la predicción de Newton de que existe una fuerza entre dos objetos cualquiera y ayudó a calcular la masa de la Tierra.

Lección 2 USAR LA LEY DE GRAVITACIÓN UNIVERSAL

- masa inercial
- masa gravitacional

- La velocidad y el período de un satélite en órbita circular describe el movimiento orbital. La velocidad y el período orbital de cualquier objeto en órbita alrededor de otro se calculan con la segunda ley de Newton.
- La masa gravitacional y la masa inercial son dos conceptos fundamentalmente diferentes. Sin embargo, la masa gravitacional y la masa inercial de un objeto son numéricamente iguales.
- Todos los objetos tienen campos gravitatorios a su alrededor. Cualquier objeto dentro de un campo gravitatorio experimenta la fuerza de gravedad que ejerce el campo gravitatorio. La teoría general de la relatividad de Einstein explica la fuerza de gravedad como una propiedad del espacio.

PENSAMIENTO TRIDIMENSIONAL

Conclusión del módulo

REPASA EL FENÓMENO

¿Cómo hace la gravedad para mantener las lunas en la órbita de los planetas y que los objetos caigan?

CER Afirmación, evidencia, razonamiento

Explicar el razonamiento Repasa la afirmación que hiciste cuando hallaste el fenómeno. Resume la evidencia que reuniste en tus investigaciones y completa la tabla de resumen. ¿Respalda la evidencia tu afirmación? Si no lo hace, repasa tu afirmación. Explica por qué la evidencia respalda tu afirmación.

PROYECTO DE LA UNIDAD STEM

Ahora que completaste el módulo, repasa el proyecto de la unidad STEM. Resume la evidencia y aplícala al proyecto.

PROFUNDIZA

SEP Laboratorio de análisis de datos

¿Cómo se compara la órbita de la Tierra con la de Neptuno?

La distancia promedio entre el planeta Neptuno y el Sol es 30.05 veces la distancia promedio entre la Tierra y el Sol.

CER Analizar e interpretar datos

1. Representa gráficamente la situación (no en escala).
2. **Afirmación, evidencia, razonamiento** Sin hacer ningún cálculo numérico, responde la siguiente pregunta: ¿Es la velocidad orbital de la Tierra menor, igual o mayor a la velocidad orbital de Neptuno? Explica tu razonamiento.
3. **Afirmación, evidencia, razonamiento** El radio de Neptuno es 3.883 veces el radio de la Tierra y la masa de Neptuno es 17.147 veces la masa de la Tierra. ¿Sería más fácil lanzar un satélite desde la superficie de la Tierra o de Neptuno? Explica tu razonamiento.

MÓDULO 8
MOVIMIENTO DE ROTACIÓN

NASA Earth Observatory image by Joshua Stevens, using VIIRS data from LANCE/EOSDIS Rapid Response

MÓDULO 8

MOVIMIENTO DE ROTACIÓN

ENCUENTRA EL FENÓMENO

¿Por qué todos los ciclones tropicales en el hemisferio norte rotan en la misma dirección?

CONÉCTATE para ver un video sobre la rotación de los ciclones tropicales.

SEP Hacer preguntas

¿Tienes más preguntas acerca del fenómeno? Si es así, agrégalas al pizarrón de preguntas clave.

CER Afirmación, evidencia, razonamiento

Hacer una afirmación Usa la tabla CER para hacer una afirmación acerca de por qué los ciclones tropicales en el hemisferio norte rotan en la misma dirección. Explica tu razonamiento.

Reunir evidencia Usa las lecciones de este módulo para reunir evidencia que respalde tu afirmación. Registra la evidencia mientras trabajas en el módulo.

Explicar el razonamiento Repasarás tu afirmación y explicarás tu razonamiento al final del módulo.

CONÉCTATE para acceder a la tabla CER y explorar los recursos que te ayudarán a reunir evidencia.

LECCIÓN 2: Explorar y explicar: Par de torsión

LECCIÓN 3: Explorar y explicar: Marcos rotatorios de referencia

Smithsonian

Recursos adicionales

(t)Video Supplied by BBC Worldwide Learning, (bl)sauletas/123RF, (br)eyeidea/Creatas Video+/Getty Images

LECCIÓN 1

DESCRIBIR EL MOVIMIENTO DE ROTACIÓN

PREGUNTA DE ENFOQUE

¿Cómo describirías la rotación de un huracán?

Desplazamiento angular

Habrás observado alguna vez un objeto que gira. ¿Cómo medirías su rotación? Busca un objeto circular, como un DVD. Marca un punto en el borde del DVD, de modo que puedas llevar la cuenta de su posición. Gira el DVD hacia la izquierda (en sentido antihorario) y, mientras lo haces, mira la ubicación de la marca. Cuando la marca vuelva a la posición original, el DVD habrá dado una revolución completa.

Medir una revolución ¿Cómo puedes medir una fracción de una revolución? Se puede medir de distintas maneras, pero las dos unidades de medida más utilizadas son los grados y los radianes. Un grado es $\frac{1}{360}$ de una revolución, la escala que marca un transportador. En Matemáticas y en Física, el radián se relaciona con la razón entre la circunferencia de un círculo y su radio. En una revolución, un punto del borde de una rueda recorre una distancia igual a 2π veces el radio de la rueda. Por este motivo, un **radián** se define como $\frac{1}{(2\pi)}$ de una revolución. Una revolución completa es un ángulo de 2π radianes. El radián se abrevia *rad*.

La letra griega theta (θ) se utiliza para representar el ángulo de revolución. En la **Imagen 1** se muestran los ángulos en radianes para varias fracciones comunes de una revolución. Observa cómo la rotación en sentido antihorario es positiva, mientras que la rotación en sentido horario es negativa. Cuando un objeto rota, el cambio del ángulo es el **desplazamiento angular** del objeto.

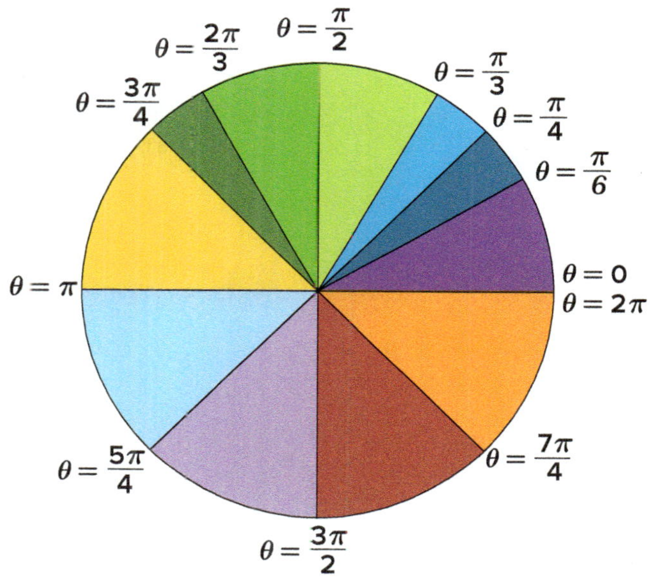

Imagen 1 Una fracción de una revolución se puede medir en grados o radianes. A continuación, se muestran algunos ángulos comunes medidos en radianes. Cada ángulo se mide en sentido antihorario desde $\theta = 0$.

PENSAMIENTO 3D **DCI** Ideas centrales disciplinarias **CCC** Conceptos interdisciplinarios **SEP** Prácticas de ciencia e ingeniería

REUNIR EVIDENCIA

Usa el Cuaderno de ciencias para registrar la evidencia que reúnas mientras completas las lecturas y las actividades de la lección.

INVESTIGAR

CONÉCTATE para hallar estas actividades y más recursos.

CCC Identificar conceptos interdisciplinarios
Haz una tabla de los conceptos interdisciplinarios con ejemplos que encuentres en la lectura.

Repasar las noticias
Obtén información de una noticia actual sobre el movimiento rotatorio. Evalúa la fuente y comunica tus descubrimientos a la clase.

Revolución de la Tierra Como sabes, la Tierra hace una revolución completa, o 2π rad, en 24 h. En 12 h, rota π rad. ¿A qué ángulo está la Tierra en 6 h? Como 6 h equivale a un cuarto de un día, la Tierra rota un ángulo de $\frac{\pi}{2}$ rad en ese período. La rotación de la Tierra vista desde el Polo Norte es positiva. ¿Será positiva o negativa si se la observa desde el Polo Sur?

¿Lo comprendes?

Identifica el ángulo que rota la Tierra en 48 h.

Medir la distancia ¿Qué distancia recorre un punto en un objeto que rota? Ya descubriste que un punto en el borde de un objeto se mueve 2π veces el radio en una revolución. En general, para una rotación a un ángulo dado (θ), un punto a una distancia r respecto del centro, como se muestra en la **Imagen 2**, se mueve a una distancia dada por $x = r\theta$. Si r se mide en metros, quizás pienses que, al multiplicarlo por θ rad, obtendrás x en m·rad. Sin embargo, esto no es así. Los radianes indican la razón adimensional entre x y r. Por lo tanto, x se mide en metros.

Medir la distancia

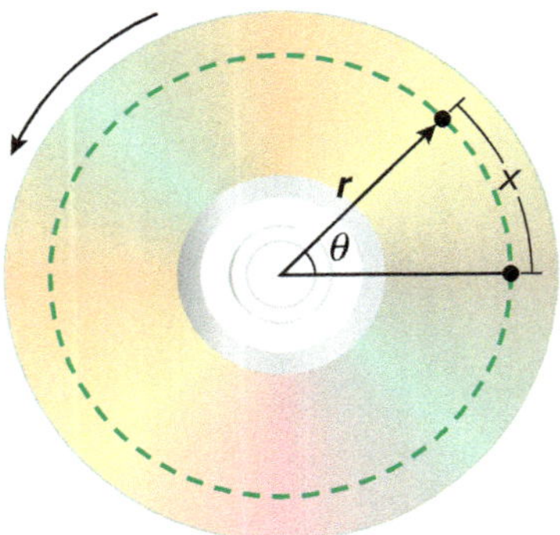

Imagen 2 La línea discontinua representa el recorrido de un punto en un DVD a medida que el DVD rota en sentido antihorario en torno a su centro. El punto se ubica a una distancia r respecto del centro del DVD y recorre una distancia x a medida que rota.

Explica *qué representan las variables r, x y θ.*

Velocidad angular

¿A qué velocidad gira un DVD? ¿Cómo puedes determinar la velocidad de rotación? Recuerda que la velocidad es el desplazamiento dividido por el tiempo que toma hacer ese desplazamiento. De igual manera, la **velocidad angular** de un objeto es el desplazamiento angular dividido por el tiempo que toma hacer el desplazamiento angular. La velocidad angular de un objeto está dada por la siguiente razón y se representa con la letra griega omega (ω).

Velocidad angular promedio de un objeto

La velocidad angular es igual al desplazamiento angular dividido por el tiempo necesario para hacer la rotación.

$$\omega = \frac{\Delta\theta}{\Delta t}$$

Recuerda que, si la velocidad cambia en un intervalo de tiempo, la velocidad promedio no será igual a la velocidad instantánea en un instante dado. De manera similar, la velocidad angular calculada así es, en verdad, la velocidad angular promedio en un intervalo de tiempo (Δt). La velocidad angular instantánea es igual a la pendiente de una gráfica de posición angular frente al tiempo.

La velocidad angular de la Tierra La velocidad angular se mide en rad/s. Puedes calcular la velocidad angular de la Tierra así:

$$\omega_E = \frac{(2\pi \text{ rad})}{(24.0 \text{ h})(3600 \text{ s/h})} = 7.27\times10^{-5} \text{ (rad/s)}$$

Una rotación en sentido antihorario produce un desplazamiento angular positivo, y también produce una velocidad angular positiva.

Si la velocidad angular de un objeto es ω, entonces, la velocidad lineal de un punto que está a una distancia r del eje de rotación está dada por $v = r\omega$. La velocidad a la que se mueve un objeto en el ecuador debido a la rotación de la Tierra está dada por $v = r\omega = (6.4\times10^6 \text{ m/rad})(7.27\times10^{-5} \text{ rad/s}) = 465$ m/s. La Tierra es un un cuerpo rígido que rota, como se muestra en la **Imagen 3**. Si bien diferentes puntos en distintas latitudes de la Tierra no recorren la misma distancia en cada revolución, todos los puntos rotan el mismo ángulo. Todas las partes de un cuerpo rígido rotan a la misma velocidad. El Sol no es un cuerpo rígido. Diferentes partes del Sol rotan a distintas velocidades angulares. La mayor parte de los objetos que estudiarás en este capítulo son cuerpos rígidos.

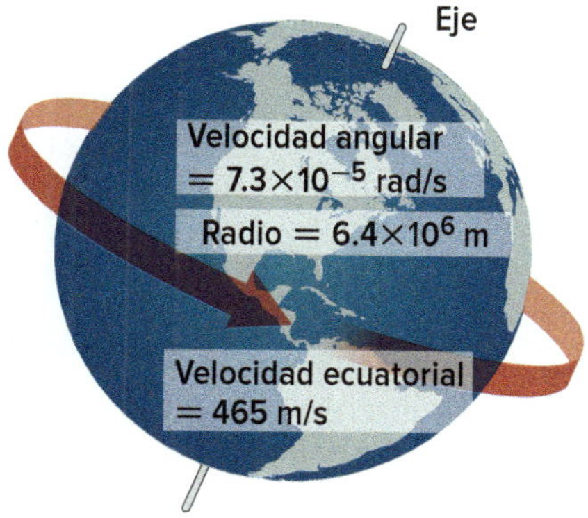

Imagen 3 La Tierra es un cuerpo rígido que rota, y todas las partes rotan a la misma velocidad.

Aceleración angular

¿Qué sucede si cambia la velocidad angular? Por ejemplo, un auto podría acelerar de 0.0 m/s a 25 m/s en 15 s. En esos 15 s, la velocidad angular del diámetro de 0.64 m del auto cambiaría de 0.0 rad/s a 78 rad/s. Las ruedas experimentarían la **aceleración angular**, que es el cambio de velocidad angular dividido por el tiempo necesario para hacer el cambio. La aceleración angular (α) se representa mediante la siguiente ecuación y se mide en rad/s^2.

Aceleración angular promedio de un objeto

La aceleración angular es igual al cambio en la velocidad angular dividido por el tiempo necesario para hacer el cambio.

$$\alpha = \frac{\Delta\omega}{\Delta t}$$

Si el cambio en la velocidad angular es positivo, entonces, la aceleración angular también es positiva. La aceleración angular definida así es la velocidad angular promedio en el intervalo de tiempo Δt. Una forma de hallar la aceleración angular instantánea es encontrar la pendiente de una gráfica de velocidad angular como una función de tiempo. La aceleración lineal de un punto a una distancia dada (r) del eje de un objeto con aceleración angular (α) viene dada por $a = r\alpha$. En la Tabla 1, se resumen las relaciones lineales y angulares ya analizadas en esta lección.

¿Lo comprendes?

Compara la velocidad angular y la aceleración angular de un cuerpo que rota.

Tabla 1 Medidas lineales y angulares

Cantidad	Lineal	Angular	Relación
Desplazamiento	x (m)	θ (rad)	$x = r\theta$
Velocidad	v (m/s)	ω (rad/s)	$v = r\omega$
Aceleración	a (m/s^2)	α (rad/s^2)	$a = r\alpha$

PRÁCTICA Problemas

PRÁCTICA ADICIONAL

1. ¿Cuál es el desplazamiento angular de cada una de las siguientes manecillas de un reloj en 1.00 h? Escribe tus respuestas con tres dígitos significativos.
   a. el segundero
   b. el minutero
   c. la manecilla de la hora
2. Un móvil que gira sobre una cuna hace una rotación completa en sentido antihorario en 1 min.
   a. ¿Cuál es su desplazamiento angular en 3 min?
   b. ¿Cuál es la velocidad angular del juguete en rad/min?
   c. Si el juguete se apaga, ¿tiene aceleración angular positiva o negativa? Explica.
3. Si un camión tiene una aceleración lineal de 1.85 m/s^2 y las ruedas tienen una aceleración angular de 5.23 rad/s^2, ¿cuál es el diámetro de las ruedas?
4. El camión del problema anterior tira un acoplado con ruedas de 48 cm de diámetro.
   a. ¿Cómo se compara la aceleración lineal del acoplado con la del camión?
   b. ¿Cómo se compara la aceleración angular de las ruedas del acoplado con la de las ruedas del camión?
5. **DESAFÍO** Cambias los neumáticos de tu auto por unos de mayor diámetro. ¿Cómo cambiarán la velocidad angular y la cantidad de revoluciones en los viajes de igual distancia y a la misma velocidad?

Frecuencia angular La cantidad de revoluciones completas hechas por un objeto en un segundo es la frecuencia angular. La frecuencia angular se define como $f = \frac{\omega}{2\pi}$. Un ejemplo de un objeto que rota es el disco duro de una computadora.

Verifica tu progreso

6. **Velocidad angular** La Luna ($r = 1.74 \times 10^6$ m) rota sobre su eje cada 27.3 días.
   a. ¿Cuál es su período de rotación en segundos?
   b. ¿Cuál es su frecuencia de rotación en rad/s?
   c. Una roca descansa en la superficie del ecuador de la Luna. ¿Cuál es su velocidad lineal debido a la rotación de la Luna?
   d. Compara esta velocidad con la de una persona en el ecuador debido a la rotación de la Tierra.
7. **Desplazamiento angular** Una película dura 2 h. Durante ese tiempo, ¿cuál es el desplazamiento angular de cada uno de los siguientes elementos?
   a. la manecilla de la hora
   b. el minutero
   c. el segundero
8. **Aceleración angular** En el ciclo de rotación de un lavarropas, el tambor gira a 635 rev/min. Si se abre la tapa, el motor se apaga. Si el tambor necesita 8.0 s para detenerse, ¿cuál es la aceleración angular del tambor?
9. **Desplazamiento angular** ¿Tienen todas las partes del minutero de un reloj como el de la **Imagen 4** el mismo desplazamiento angular? ¿Recorren la misma distancia lineal? Explica.

Imagen 4

10. **Pensamiento crítico** Un CD-ROM tiene una pista en espiral que comienza a 2.7 cm del centro y termina a 5.5 cm del centro. El lector de discos debe girar el disco para que la velocidad lineal de la pista sea de 1.4 m/s constantes. Halla lo siguiente.
    a. la velocidad angular del disco (en rad/s y rev/min) para el comienzo de la pista
    b. la velocidad angular del disco para el final de la pista
    c. la aceleración angular del disco si se lo reproduce durante 76 min

LEARNSMART® Conéctate para cumplir tu plan de aprendizaje personalizado para repasar, practicar y reforzar tu comprensión.

LECCIÓN 2

DINÁMICAS DE LA ROTACIÓN

PREGUNTA DE ENFOQUE

¿Cómo afecta la fuerza a la rotación?

Fuerza y velocidad angular

¿Cómo haces para que un objeto comience a girar? Es decir, ¿cómo aumentas su velocidad angular? Si rodeas un trompo con una cuerda y jalas con fuerza, el trompo girará rápido. La fuerza de la cuerda se ejerce en el borde exterior del trompo y en los ángulos rectos de la recta que va desde el centro del trompo hasta el punto donde la cuerda se separa de la superficie del trompo. Aprendiste que una fuerza cambia la velocidad de un objeto. En el caso del trompo, se ejerce una fuerza de una manera que cambia la velocidad angular del objeto extendido. Un objeto extendido es el que tiene una forma y un tamaño definidos.

¿Cómo puedes ejercer una fuerza para abrir una puerta con facilidad? Para lograr el mayor efecto posible con la menor fuerza, ejerce la fuerza lo más lejos del eje de rotación que sea posible, como se ve en la **Imagen 5**. En este caso, el eje de rotación es una recta vertical imaginaria que se extiende a lo largo de las bisagras. La perilla está cerca del borde exterior de la puerta. Ejerce la fuerza en la perilla, en los ángulos rectos de la puerta. Por ende, la magnitud de la fuerza, la distancia del eje al punto donde se ejerce la fuerza y la dirección de la fuerza determinan el cambio de la velocidad angular.

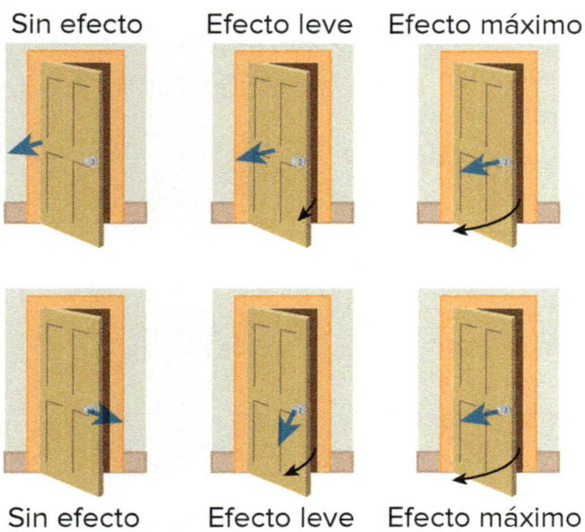

Imagen 5 Al abrir una puerta que gira libremente en torno a las bisagras, aplica la fuerza lo más lejos posible de ellas, en un ángulo perpendicular a la puerta.

PENSAMIENTO 3D DCI Ideas centrales disciplinarias CCC Conceptos interdisciplinarios SEP Prácticas de ciencia e ingeniería

REUNIR EVIDENCIA

Usa el Cuaderno de ciencias para registrar la evidencia que reúnas mientras completas las lecturas y las actividades de la lección.

INVESTIGAR

CONÉCTATE para hallar estas actividades y más recursos.

Laboratorio forense: Hacer palanca
Realiza una investigación para determinar cómo una fuerza pequeña puede producir un par de torsión grande.

Laboratorio de Física: Pares de torsión
Calcula el par de torsión de un sistema si se conocen las fuerzas y los brazos de palanca.

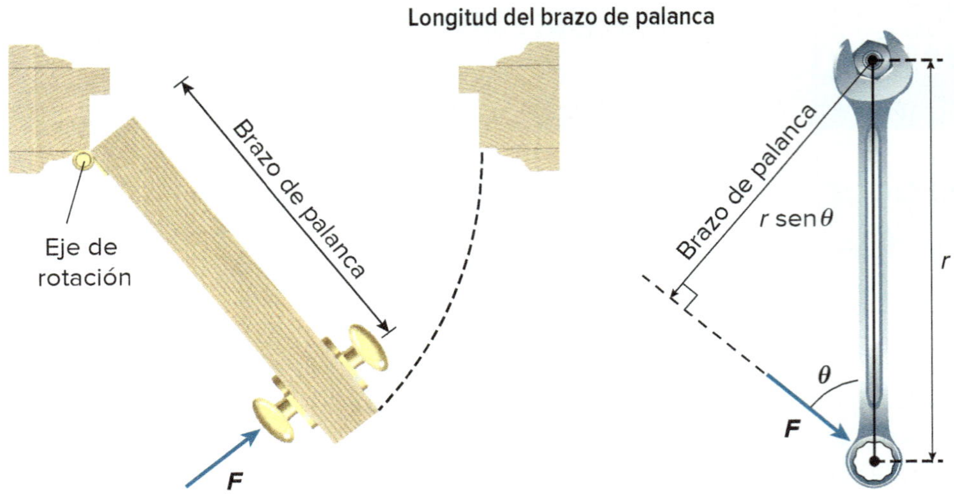

Imagen 6 El brazo de palanca es la distancia perpendicular desde el eje de rotación hasta el punto donde se ejerce la fuerza. En el caso de la puerta, el brazo de palanca está a lo largo del ancho de la puerta, desde la bisagra hasta el punto donde se ejerce la fuerza. En la llave inglesa, el brazo de palanca es igual a r sen θ, cuando el ángulo (θ) entre la fuerza y el radio de rotación no es igual a 90°.

Explica *por qué se usa la fórmula* r *sin* θ *para hallar la longitud del brazo de palanca.*

Brazo de palanca

Para una fuerza aplicada dada, el cambio de la velocidad angular depende del brazo de palanca, que es la distancia perpendicular desde el eje de rotación hasta el punto donde se ejerce la fuerza. Si la fuerza es perpendicular al radio de rotación, como sucedía con el trompo, entonces el **brazo de palanca** es la distancia desde el eje (r). En el ejemplo de la puerta, el brazo de palanca es la distancia desde las bisagras hasta el punto donde ejerces la fuerza, como se muestra en la **Imagen 6.** Si no se ejerce una fuerza perpendicular al radio, se reduce la longitud del brazo de palanca. Las matemáticas permiten hallar la longitud del brazo de palanca.

Para hallar el brazo de palanca, debes extender la recta de la fuerza hasta que forme un ángulo recto con una recta que parta del centro de rotación, como en la **Imagen 6**. La distancia entre esta intersección y el eje es el brazo de palanca. Usando trigonometría, el brazo de palanca (L) se puede calcular con la ecuación $L = r \text{ sen } \theta$. En la ecuación, r es la distancia del eje de rotación al punto donde se ejerce la fuerza, y θ es el ángulo entre la fuerza y el radio del eje de rotación al punto donde se aplica la fuerza.

¿Lo comprendes?

Explica qué representa cada variable en la ecuación $L = r \text{ sen } \theta$.

Par de torsión

El término **par de torsión** describe la combinación de fuerza y brazo de palanca que puede hacer que un objeto gire. La magnitud del par de torsión es el producto de la fuerza y del brazo de palanca perpendicular. Como la fuerza se mide en newtons y la distancia se mide en metros, el par de torsión se mide en newton-metros (N·m). El par de torsión se expresa mediante la letra griega tau (τ) y se representa con la siguiente ecuación.

Par de torsión

El par de torsión es igual a la fuerza F por el brazo de palanca (r sen θ).

$$\tau = Fr \text{ sen } \theta$$

¿Lo comprendes?

Identifica qué representa cada una de las variables de la ecuación: τ, F, r y θ.

EJEMPLO Problema 1

BRAZO DE PALANCA Un perno del motor de un auto debe ajustarse con un par de torsión de 35 N·m. Puedes usar una llave inglesa de 25 cm de largo y jalar el extremo de la llave a un ángulo de 60.0° hacia el mango de la llave. ¿Cuál es la longitud del brazo de palanca y cuánta fuerza debes ejercer?

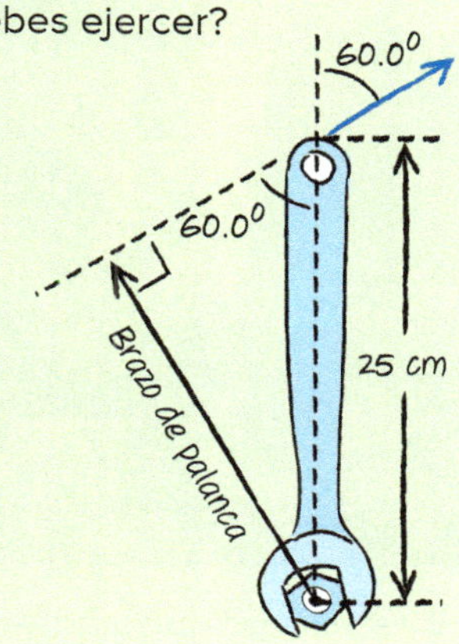

1 ANALIZAR Y PLANTEAR EL PROBLEMA

Plantea la situación. Halla el brazo de palanca extendiendo el vector de fuerza hacia atrás hasta que una recta perpendicular interseque el eje de rotación.

Datos conocidos	**Incógnita**
$r = 0.25$ m $\tau = 35$ N·m	$L = ?$
$\theta = 60.0°$	$F = ?$

2 HALLAR LA INCÓGNITA

Calcula la longitud del brazo de palanca.

$$L = r \text{ sen } \theta$$

$$= (0.25 \text{ m})(\text{sen } 60.0°)$$ Sustituye $r = 0.25$ m y $\theta = 60.0°$ en la ecuación. Luego, resuelve la ecuación.

$$= 0.22 \text{ m}$$

Calcula la fuerza.

$$\tau = Fr \text{ sen } \theta$$

$$F = \frac{\tau}{r \text{ sen } \theta}$$

$$= \frac{35 \text{ N·m}}{(0.25 \text{ m})(\sin 60.0°)}$$ Sustituye $\tau = 35$ N·m, $r = 0.25$ m, y $\theta = 60.0°$ en la ecuación.

$$= 1.6\times10^2 \text{ N}$$ Luego, resuelve la ecuación. Recuerda usar dígitos significativos.

3 EVALUAR LA RESPUESTA

- **¿Son correctas las unidades?** La fuerza se mide en newtons
- **¿Tiene sentido el signo?** Solo se calcula la magnitud de la fuerza necesaria para girar la llave en sentido horario.

PRÁCTICA Problemas

PRÁCTICA ADICIONAL

11. Considera la llave del problema 1. ¿Qué fuerza es necesaria si se aplica a la llave en posición perpendicular?

12. Si se necesita un par de torsión de 55.0 N·m para girar un perno y la fuerza que puedes ejercer es de 135 N como máximo, ¿cuánto tiempo debes usar el brazo de palanca para girar el perno?

13. Tienes una llave de 0.234 m de largo. Un trabajo necesita un par de torsión de 32.4 N·m y puedes ejercer una fuerza de 232 N.

a. ¿Cuál es el ángulo mínimo, con respecto al mango de la llave inglesa, al que puedes jalar la llave y hacer el trabajo?

b. Una amiga ejerce una fuerza de 275 N. ¿Cuál es el ángulo mínimo que puede usar para hacer el trabajo?

14. Te paras sobre los pedales de la bicicleta, como se muestra en la **Imagen 7.** Tu masa es de 65 kg. Si el pedal forma un ángulo de 35° sobre una recta horizontal, y el pedal está a 18 cm del centro del anillo de la cadena, ¿qué par de torsión podrías ejercer?

Imagen 7

15. DESAFÍO Si los pedales del problema anterior son horizontales, ¿qué par de torsión ejercerías? ¿Qué par de torsión ejercerías si son verticales?

Richard Hutchings/Digital Light Source

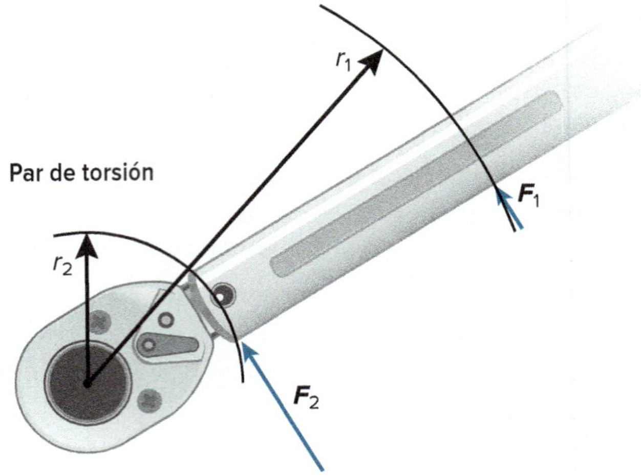

Imagen 8 Este trabajador usa una llave larga para hacer menos fuerza al ajustar y aflojar la tuerca. La llave tiene un brazo de palanca largo, y se necesita menos fuerza si se la aplica más lejos del eje de rotación (el centro de la tuerca).

Hallar el par de torsión neto

En la **Imagen 8** se muestra la aplicación práctica de aumentar el par de torsión para que la tarea sea más fácil. Para ver otro ejemplo de par de torsión, prueba esto: reúne dos lápices, algunas monedas y cinta transparente. Une con cinta dos monedas idénticas a los extremos del lápiz y apóyalo sobre el segundo lápiz, como en la **Imagen 9.** Cada moneda ejerce un par de torsión que es igual a la distancia desde el punto de equilibrio hasta el centro de la moneda (r) por su peso (F_g), como se muestra aquí:

$$\tau = rF_g$$

Sin embargo, los pares de torsión son iguales y están en dirección opuesta. Por lo tanto, el par de torsión neto es cero:

$$\tau_1 - \tau_2 = 0$$

o

$$r_1F_{g1} - r_2F_{g2} = 0$$

¿Cómo puedes hacer que el lápiz gire? Agrega una segunda moneda sobre una de las dos monedas, para que las dos fuerzas sean diferentes. Puedes correr el punto de equilibrio hacia un extremo del lápiz, lo que hará que los dos brazos de palanca tengan distintas longitudes.

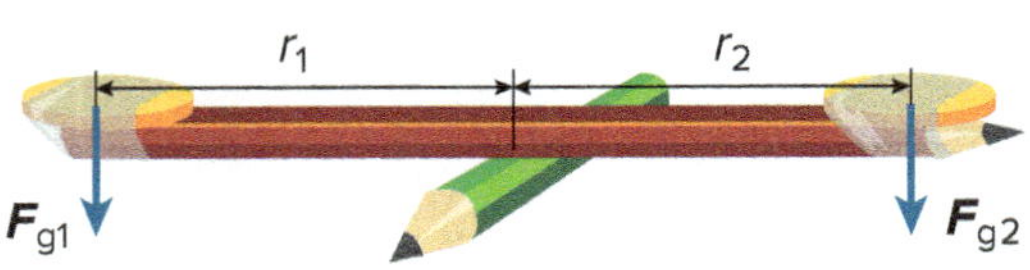

Imagen 9 El par de torsión ejercido por la primera moneda ($F_{g1}r_1$) es igual y opuesto en dirección al par de torsión ejercido por la segunda moneda ($F_{g2}r_2$) cuando el lápiz está en equilibrio.

CCC CONCEPTOS INTERDISCIPLINARIOS

Sistemas y modelos de sistemas Plantea modelos para describir las variaciones del sistema en la **Imagen 9**. Usa los modelos para predecir cómo las distintas disposiciones afectan el sistema. Prueba las disposiciones y compara tus predicciones con la evidencia.

Conexión con carreras STEM

Mecánico de autos de carrera

Si eres competitivo y te encanta escuchar el rugido de un motor de alto rendimiento, quizás tu trabajo ideal sea el de mecánico de autos de carrera. Estos especialistas usan sus conocimientos del par de torsión para que el auto del equipo sea el mejor.

EJEMPLO Problema 2

EQUILIBRAR LOS PARES DE TORSIÓN Kariann (56 kg) y Aysha (43 kg) quieren hacer equilibrio sobre un subibaja de 1.7 m de largo. ¿Dónde deberían colocar el punto de pivote del subibaja? Imagina que el subibaja no tiene masa.

1 ANALIZAR Y PLANTEAR EL PROBLEMA

- Plantea la situación.
- Dibuja y rotula los vectores.

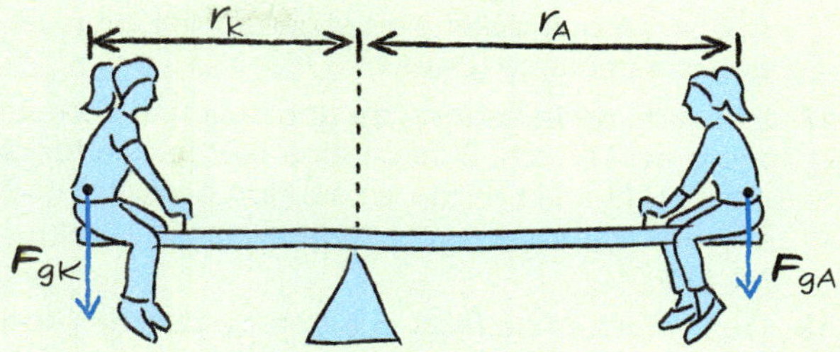

Datos conocidos	**Incógnita**
$m_K = 56$ kg	$r_K = ?$
$m_A = 43$ kg	$r_A = ?$
$r_K + r_A = 1.75$ m	

2 HALLAR LA INCÓGNITA

Halla las dos fuerzas.

Kariann:

$$F_{gK} = m_K g$$
$$= (56\text{ kg})\,(9.8\text{ N/kg})$$
$$= 5.5\times10^2\text{ N}$$

Sustituye los valores conocidos de la ecuación: $m_K = 56$ kg, $g = 9.8$ N/kg.

Aysha:

$$F_{gA} = m_A g$$
$$= (43\text{ kg})(9.8\text{ N/kg})$$
$$= 4.2\times10^2\text{ N}$$

Sustituye los valores conocidos de la ecuación: $m_A = 43$ kg, $g = 9.8$ N/kg.

Define la distancia de Kariann en función de la longitud del subibaja y la distancia de Aysha.

$$r_K = 1.75\text{ m} - r_A$$

Cuando no hay rotación, la suma de los pares de torsión es cero.

$$F_{gK}r_K = F_{gA}r_A$$
$$F_{gK}r_K - F_gA_{rA} = 0.0\text{ N·m}$$
$$F_{gK}(1.75\text{ m} - r_A) - F_{gA}r_A = 0.0\text{ N·m}$$

Sustituye la relación entre la distancia de Kariann en función de la distancia de Aysha en la ecuación: $r_K = 1.75\ m - r_A$.

Halla r_A.

$$F_{gK}(1.75\text{ m}) - F_{gK}(r_A) - F_{gA}r_A = 0.0\text{ N·m}$$
$$F_{gK}r_A + F_{gA}r_A = F_{gK}(1.75\text{ m})$$
$$(F_{gK} + F_{gA})r_A = F_{gK}\,(1.75\text{ m})$$
$$r_A = \frac{F_{gK}(1.75\text{ m})}{(F_{gK} + F_{gA})}$$
$$= \frac{(5.5\times10^2\text{ N})(1.75\text{ m})}{(5.5\times10^2\text{ N} + 4.2\times10^2\text{ N})}$$
$$= 0.99\text{ m}$$

Sustituye $F_{gK} = 5.5\times10^2$ N y $F_{gA} = 4.2\times10^2$ N.

3 EVALUAR LA RESPUESTA

- **¿Son correctas las unidades?** La distancia se mide en metros.
- **¿Tienen sentido los signos?** Las distancias son positivas.
- **¿Es realista la magnitud?** Aysha está a 1 m del centro, por lo que Kariann está a 0.75 m del centro. Como Kariann pesa más que Aysha, el brazo de palanca de su lado debe ser menor. Aysha está más lejos del pivote, como se esperaba.

PRÁCTICA Problemas

PRÁCTICA ADICIONAL

16. Ashok, cuya masa es de 43 kg, se sienta a 1.8 m del pivote del centro del subibaja. Steve, cuya masa es de 52 kg, quiere subirse al subibaja con Ashok. ¿A qué distancia del centro del subibaja debería sentarse Steve?

17. La rueda de la cadena de una bicicleta tiene un radio de 7.70 cm. Si la cadena ejerce una fuerza de 35.0 N en la rueda en sentido horario, ¿qué par de torsión se necesita para que la rueda no gire?

18. Dos canastas de fruta cuelgan de cuerdas sobre poleas de diferentes diámetros, como se ve en la **Imagen 10.** ¿Cuál es la masa de la canasta A?

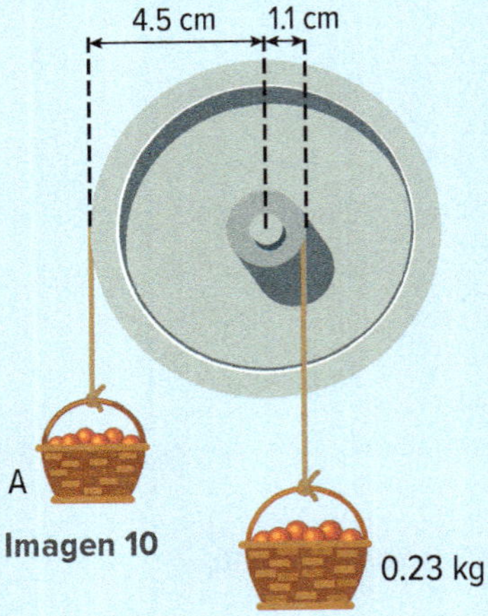

Imagen 10

19. Imagina que el radio de la polea más grande del problema 18 aumentó a 6.0 cm. ¿Cuál será la masa de la canasta A?

20. DESAFÍO Un ciclista, con una masa de 65.0 kg, se para en el pedal de la bicicleta. El conjunto de bielas, que tiene 0.170 m de largo, forma un ángulo de 45.0° con la recta vertical, como se ve en la **Imagen 11.** El conjunto de bielas está conectado con la rueda de la cadena, que tiene un radio de 9.70 cm. ¿Qué fuerza debe ejercer la cadena para que la rueda no gire?

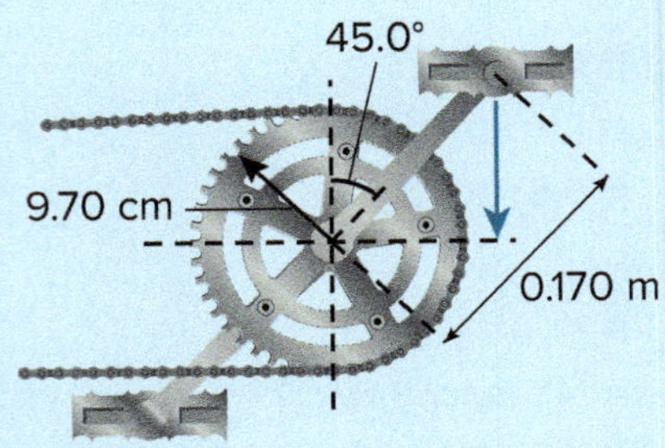

Imagen 11

Momento de inercia

Si ejerces una fuerza sobre un punto de masa, su aceleración será inversamente proporcional a la masa. ¿Cómo gira un objeto extendido cuando se ejerce sobre él un par de torsión? Para observarlo, toma el lápiz, las monedas y la cinta transparente que usaste antes. Primero, une con cinta las monedas en los extremos del lápiz. Sostiene el lápiz entre el pulgar y el dedo índice, y muévelo hacia adelante y hacia atrás. Observa la fuerza que ejercen el pulgar y el índice. Estas fuerzas crean pares de torsión que cambian la velocidad angular del lápiz y de las monedas.

Ahora reubica las monedas para que estén a solo 1 o 2 cm de distancia. Mueve el lápiz como antes. ¿Observaste que ahora es más fácil girar el lápiz? El par de torsión que necesitaste fue menor esta vez. La masa de un objeto no es el único factor que determina el par de torsión que se necesita para cambiar su velocidad angular; la distribución, o ubicación de la masa, también es importante.

La resistencia a la rotación es el **momento de inercia,** que se representa mediante el símbolo I y tiene unidades de masa por el cuadrado de la distancia. Para un objeto puntual ubicado a una distancia (r) del eje de rotación, el momento de inercia está dado por la siguiente ecuación.

Momento de inercia de una masa puntual

El momento de inercia de una masa puntual es igual a la masa del objeto por el cuadrado de la distancia del objeto respecto del eje de rotación.

$$I = mr^2$$

Tabla 2 Momentos de inercia de varios objetos

Objeto	Ubicación del eje	Diagrama	Momento de inercia
Aro delgado de radio *r*	a través de un diámetro central	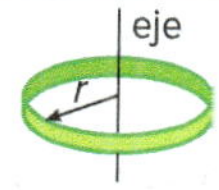	mr^2
Cilindro sólido y uniforme de radio *r*	a través del centro	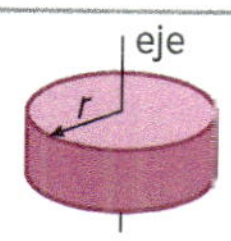	$\left(\frac{1}{2}\right)mr^2$
Esfera uniforme de radio *r*	a través del centro	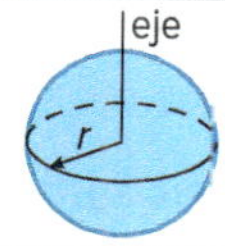	$\left(\frac{2}{5}\right)mr^2$
Vara larga y uniforme de longitud *l*	a través del centro	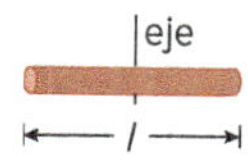	$\left(\frac{1}{12}\right)ml^2$
Vara larga y uniforme de longitud *l*	a través del extremo	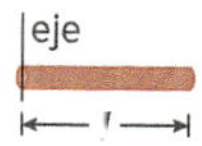	$\left(\frac{1}{3}\right)ml^2$
Placa rectangular y delgada de longitud *l* y ancho *w*	a través del centro	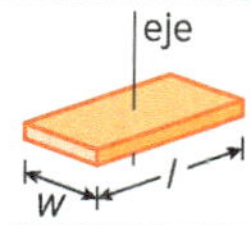	$\left(\frac{1}{12}\right)m\,(l^2+w^2)$

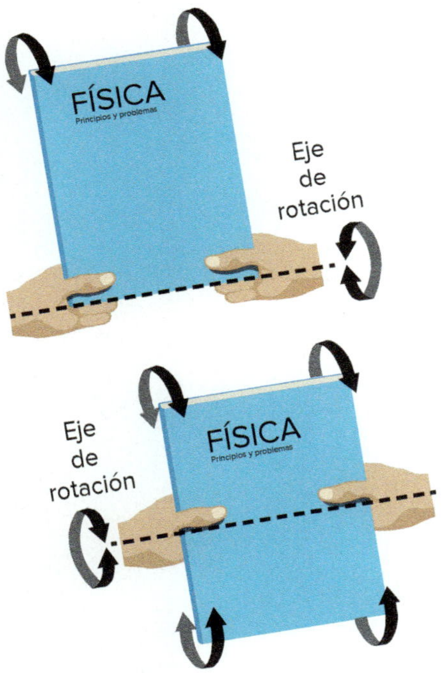

Imagen 12 El momento de inercia de un libro depende del eje de rotación. El momento de inercia del libro en la parte superior es mayor que el momento de inercia del libro en la parte inferior, debido a que la distancia promedio de la masa del libro respecto del eje de rotación es mayor.

Identifica *qué libro necesita más par de torsión para girarlo y por qué.*

Momento de inercia y masa Como has visto, los momentos de inercia de objetos extendidos, como el lápiz y las monedas, dependen de la distancia que haya entre las masas y el eje de rotación. Por ejemplo, la rueda de una bicicleta tiene casi toda su masa en la llanta y el neumático. El momento de inercia sobre su eje es casi igual a mr^2, donde r es el radio de la rueda. Sin embargo, para la mayoría de los objetos, la masa se distribuye más cerca del eje, por lo que el momento de inercia es menor a mr^2. Por ejemplo, como se muestra en la **Tabla 2,** en el caso de un cilindro sólido de radio r, $I = \left(\frac{1}{2}\right) mr^2$,mientras que para una esfera sólida, $I = \left(\frac{2}{5}\right) mr^2$.

¿Lo comprendes?
Escribe la ecuación para el momento de inercia de un aro.

Momento de inercia y eje de rotación El momento de inercia también depende de la ubicación y la dirección del eje de rotación, como se muestra en la **Imagen 12.** Para observar este efecto, sostén un libro en posición vertical, con las manos en la parte inferior del libro. Trata de percibir el par de torsión que necesitas para mover el libro hacia donde estás y para alejarlo. Ahora, coloca las manos en el medio del libro y percibe el par de torsión que necesitas para mover el libro. Observa que necesitas menos par de torsión, porque la distancia promedio entre la masa del libro y el eje de rotación es mucho menor.

EJEMPLO Problema 3

MOMENTO DE INERCIA Un modelo simplificado de un bastón de *twirling* es una varilla delgada con dos objetos redondos en los extremos. La longitud del bastón es de 0.66 m, y la masa de cada objeto es de 0.30 kg. Calcula el momento de inercia del bastón mientras gira alrededor del eje en el punto medio entre los objetos redondos y la recta perpendicular a la varilla. ¿Cuál es el momento de inercia del bastón si el eje se mueve hacia un extremo de la varilla? ¿Cuál es mayor? Imagina que la masa de la varilla es insignificante.

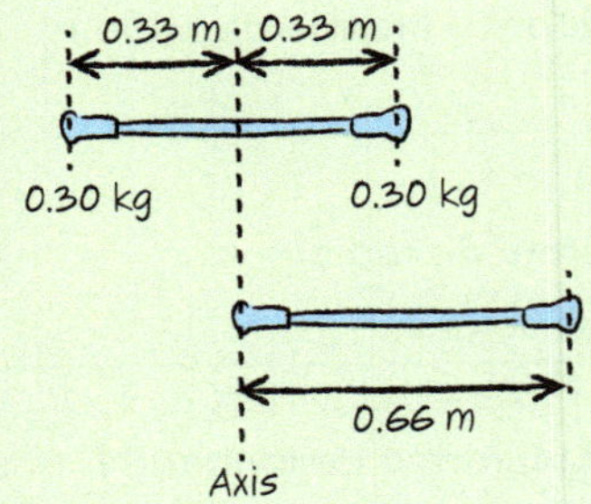

1 ANALIZAR Y PLANTEAR EL PROBLEMA

Plantea la situación. Muestra el bastón con dos ejes diferentes de rotación y las distancias entre los ejes de rotación y las masas.

Datos conocidos
$m = 0.30$ kg

$l = 0.66$ m

Incógnita
$I = ?$

2 HALLAR LA INCÓGNITA

Calcula el momento de inercia de cada masa por separado.
Rotación en torno al centro de la varilla:

$$r = \left(\frac{1}{2}\right)l$$
$$= \left(\frac{1}{2}\right)(0.66 \text{ m})$$ Sustituye el valor conocido, $l = 0.66$ m, en la ecuación.
$$= 0.33 \text{ m}$$

$$I_{\text{masa única}} = mr^2$$
$$= (0.30 \text{ kg})(0.33 \text{ m})^2$$ Sustituye $m = 0.30$ kg y $r = 0.33$ m en la ecuación.
$$= 0.033 \text{ kg·m}^2$$

Calcula el momento de inercia del bastón.

$$I = 2I_{\text{masa única}}$$
$$= 2(0.033 \text{ kg·m}^2)$$ Sustituye $I_{\text{masa única}} = 0.033$ kg·m^2 en la ecuación.
$$= 0.066 \text{ kg·m}^2$$

Rotación en torno a un extremo de la varilla:

$$I_{\text{masa única}} = mr^2$$
$$= (0.30 \text{ kg})(0.66 \text{ m})^2$$ Sustituye $m = 0.30$ kg y $r = 0.66$ m en la ecuación.
$$= 0.13 \text{ kg·m}^2$$

$$I_{\text{masa única}} = mr^2$$
$$= (0.30 \text{ kg})(0.0 \text{ m})^2$$
$$= 0 \text{ para la otra masa.}$$

Calcula el momento de inercia del bastón.

$$I = I_{\text{masa única}} + 0$$
$$= 0.13 \text{ kg·m}^2$$

El momento de inercia es mayor cuando el bastón se mueve en torno a un extremo.

3 EVALUAR LA RESPUESTA

- **¿Son correctas las unidades?** El momento de inercia se mide en kg·m^2.
- **¿Es realista la magnitud?** Las masas y las distancias son pequeñas, y también lo son los momentos de inercia. Duplicar la distancia incrementa el momento de inercia por 4. Entonces, duplicar la distancia aumenta el momento de inercia más que la reducción del momento de inercia que provoca tener una sola masa.

PRÁCTICA Problemas

PRÁCTICA ADICIONAL

21. Dos niños de masas iguales se sientan a 0.3 m del centro de un subibaja. Si sus masas son mucho mayores que la del subibaja, ¿cuánto aumenta el momento de inercia cuando se sientan a 0.6 m del centro? Ignora el momento de inercia del subibaja.

22. Imagina que hay dos balones con diámetros y masas iguales. Uno es sólido, y el otro es hueco, con toda su masa distribuida en su superficie. ¿Son iguales los momentos de inercia de los balones? Si no es así, ¿cuál es mayor?

23. Calcula los momentos de inercia de cada uno de los siguientes objetos con las fórmulas de la **Tabla 2.** Cada objeto tiene un radio de 2.0 m y una masa de 1.0 kg.

a. un aro delgado

b. un cilindro sólido y uniforme

c. una esfera sólida y uniforme

24. DESAFÍO En la **Imagen 13** se muestran tres esferas de igual masa sobre una varilla con una masa muy pequeña. Considera el momento de inercia del sistema cuando gira en torno a la esfera A, y luego, cuando gira en torno a la esfera C.

a. ¿Son iguales o diferentes los momentos de inercia? Explica. Si los momentos de inercia son diferentes, ¿en qué caso es mayor el momento de inercia?

b. Cada esfera tiene una masa de 0.10 kg. La distancia entre las esferas A y C es de 0.20 m. Calcula el momento de inercia en los siguientes casos: rotación en torno a la esfera A, rotación en torno a la esfera C.

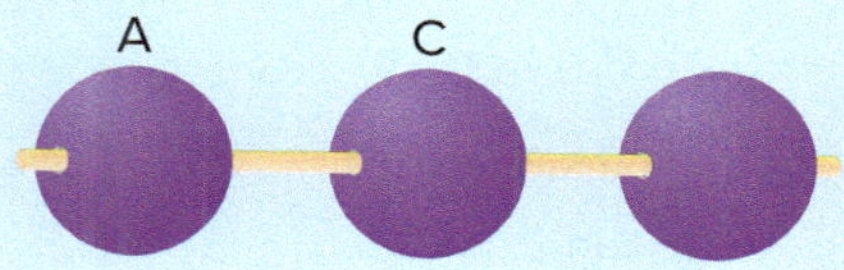

Imagen 13

Segunda ley de Newton para el movimiento de rotación

La segunda ley de Newton para el movimiento de rotación se expresa como $a = \frac{F_{neta}}{m}$. Si reescribes esta ecuación para representar el movimiento rotatorio, la aceleración se reemplaza por la aceleración angular (α), la fuerza se reemplaza por el par de torsión neto (τ_{neta}) y la masa se reemplaza por el momento de inercia (I). La aceleración angular es directamente proporcional al par de torsión neto e inversamente proporcional al momento de inercia, según establece la **segunda ley de Newton.** Esta ley se expresa mediante la siguiente ecuación.

Segunda ley de Newton para el movimiento de rotación

La aceleración angular de un objeto en torno a un eje particular es igual al par de torsión neto del objeto dividido por el momento de inercia.

$$\alpha = \frac{\tau_{neta}}{I}$$

Si el par de torsión sobre un objeto y la velocidad angular de ese objeto están en la misma dirección, entonces aumenta la velocidad angular del objeto. Si el par de torsión y la velocidad angular están en distintas direcciones, entonces disminuye la velocidad angular.

FÍSICA Desafío

Momentos de inercia Ordena los objetos del diagrama de menor a mayor de acuerdo con sus momentos de inercia en torno al eje indicado. Todas las esferas tienen masas iguales y todas las separaciones son iguales. Imagina que la masa de la varilla es insignificante.

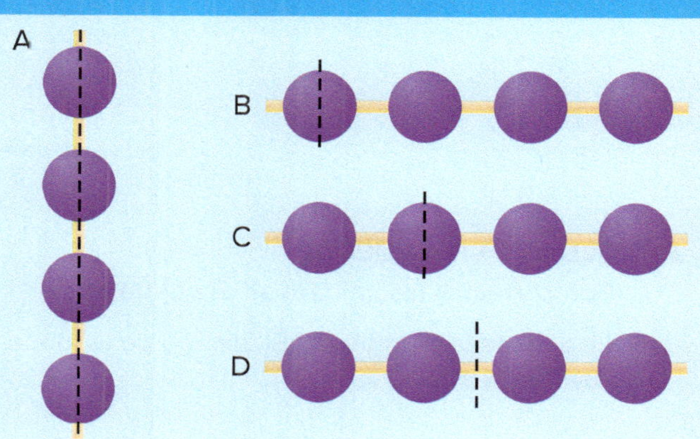

EJEMPLO Problema 4

PAR DE TORSIÓN Una rueda de acero sólida gira en torno a un eje central fijo. Tiene una masa de 15 kg y un diámetro de 0.44 m y está en estado de reposo. Quieres aumentar la rotación de la rueda en torno a su eje central a 8.0 rev/s en 15 s.

a. ¿Qué par de torsión debe aplicarse a la rueda?

b. Si aplicas el par de torsión envolviendo una correa alrededor del borde de la rueda, ¿cuánta fuerza debes ejercer sobre la correa?

1 ANALIZAR Y PLANTEAR EL PROBLEMA

Plantea la situación. El par de torsión debe aplicarse en sentido antihorario; la fuerza debe ejercerse como se muestra.

Datos conocidos	**Incógnita**
$m = 15$ kg	$\alpha = ?$
$r = \left(\frac{1}{2}\right)(0.44\text{ m}) = 0.22$ m	$I = ?$
$\omega_i = 0.0$ rad/s	$\tau = ?$
$\omega_f = 2\pi(8.0\text{ rev/s})$	$F = ?$
$t = 15$ s	

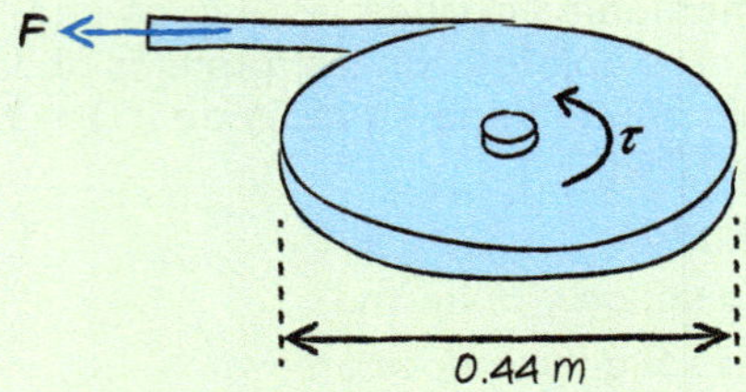

2 HALLAR LA INCÓGNITA

a. Calcula la aceleración angular.

$$\alpha = \frac{\Delta\omega}{\Delta t}$$

$$= \frac{(16\pi\text{ rad/s} - (0.0\text{ rad/s}))}{15\text{ s}}$$ Sustituye $\omega_f = 16\pi$ rad/s y $\omega_i = 0.0$ rad/s en la ecuación.

$$= 3.4\text{ rad/s}^2$$

Calcula el momento de inercia.

$$I = \left(\frac{1}{2}\right)mr^2$$

$$= \left(\frac{1}{2}\right)(15\text{ kg})(0.22\text{ m})^2$$ Sustituye $m = 15$ kg y $r = 0.22$ m en la ecuación.

$$= 0.36\text{ kg·m}^2$$

Calcula el par de torsión.

$$\tau = I\alpha$$

$$= (0.36\text{ kg·m}^2)(3.4\text{ rad/s}^2)$$ Sustituye $I = 0.36$ kg·m^2 y $\alpha = 3.4$ rad/s^2 en la ecuación.

$$= 1.2\text{ kg·m}^2\text{/s}^2$$

$$= 1.2\text{ N·m}$$

b. Calcula la fuerza.

$$\tau = Fr$$

$$F = \frac{\tau}{r}$$

$$= \frac{(1.2\text{ N·m})}{(0.22\text{ m})}$$ Sustituye $\tau = 1.2$ N·m y $r = 0.22$ m en la ecuación.

$$= 5.5\text{ N}$$

3 EVALUAR LA RESPUESTA

- **¿Son correctas las unidades?** El par de torsión se mide en N·m y la fuerza, en N.
- **¿Es realista la magnitud?** El tamaño de la rueda hace que sea relativamente fácil girar la rueda, a pesar de la masa.

PRÁCTICA Problemas

PRÁCTICA ADICIONAL

25. Considera la rueda del problema 4. Si la fuerza de la correa fuera doble, ¿cuál sería la frecuencia angular de la rueda después de 15 s?

26. Una rueda sólida acelera a 3.25 rad/s^2 cuando una fuerza de 4.5 N ejerce un par de torsión sobre ella. Si se usa otra rueda con toda su masa en la llanta, el momento de inercia estará dado por $I = mr^2$. ¿Qué fuerza debe aplicarse en la correa para obtener la misma velocidad angular?

27. Una rueda de bicicleta que es reparada sobre un banco puede acelerarse jalando la cadena del engranaje o una cuerda que rodea al neumático. El radio del neumático es de 0.38 m, y el radio del engranaje es de 0.14 m. ¿Qué fuerza necesitarías aplicar para jalar la cuerda y producir la misma aceleración que obtuviste con la fuerza de 15 N de la cadena?

28. Se usó la misma rueda del problema anterior con un engranaje menor, de un radio de 0.11 m. Si obtuviste la aceleración necesaria con una fuerza de 15 N en la cadena, ¿qué fuerza necesitarás aplicar en la cuerda?

29. Una cadena envuelve una polea y jala con una fuerza de 16.0 N. La polea tiene un radio de 0.20 m. La velocidad de rotación de la polea aumenta de 0.0 a 17.0 rev/min en 5.00 s. ¿Cuál es el momento de inercia de la polea?

30. **DESAFÍO** Un disco con un momento de inercia de 0.26 kg·m^2 se conecta con un disco más pequeño montado sobre el mismo eje. El disco más pequeño tiene un diámetro de 0.180 m y una masa de 2.5 kg. Se envuelve una correa alrededor del disco más pequeño, como se muestra en la **Imagen 14.** Calcula la fuerza necesaria para darle a este sistema una aceleración angular de 2.57 rad/s^2.

Imagen 14

Verifica tu progreso

31. **Par de torsión** Para una puerta giratoria que no se mueve, explica dónde y cómo se la debe empujar para producir un par de torsión usando la menor cantidad de fuerza posible.

32. **Brazo de palanca** Abres una puerta empujándola en un ángulo recto. Tu amigo empuja en el mismo lugar, pero a un ángulo de 55° respecto de la recta perpendicular. Si los dos aplican el mismo par de torsión en la puerta, ¿cómo se comparan las fuerzas que aplican?

33. **Par de torsión y fuerza** La rueda sólida que se muestra en la **Imagen 15** tiene una masa de 5.2 kg y un diámetro de 0.55 m. Está en reposo, y necesitas que gire a 12 rev/s en 35 s.
    a. ¿Qué par de torsión debe aplicarse?
    b. Si se envuelve una cuerda de nailon alrededor del borde de la rueda, ¿cuánta fuerza debes ejercer sobre la cuerda?

34. **Par de torsión neto** Dos personas jalan las cuerdas que rodean el borde de una rueda grande. La rueda tiene una masa de 12 kg y un diámetro de 2.4 m. Una persona jala en sentido horario con una fuerza de 43 N y la otra, con una fuerza en sentido antihorario de 67 N. ¿Cuál es el par de torsión neto?

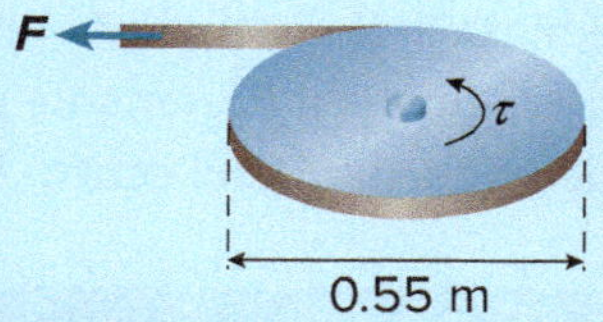

Imagen 15

35. **Segunda ley de Newton para el movimiento de rotación** Se enrolla una cuerda alrededor de una polea, y se jala con una fuerza de 13.0 N. El radio de la polea es de 0.150 m. La velocidad de rotación de la polea aumenta de 0.0 a 14.0 rev/min en 4.50 s. ¿Cuál es el momento de inercia de la polea?

36. **Pensamiento crítico** Un balón sobre una superficie inclinada de poca fricción se deslizará hacia abajo sin rodar. En una superficie rígida, el balón rodará. Explica por qué, usando un diagrama de cuerpo libre.

LEARNSMART® Conéctate para cumplir tu plan de aprendizaje personalizado para repasar, practicar y reforzar tu comprensión.

LECCIÓN 3
EQUILIBRIO

PREGUNTA DE ENFOQUE

¿Por qué algunos vehículos vuelcan más que otros?

El centro de masa

¿Cómo gira en torno a su centro de masa un objeto que se mueve libremente? Una llave inglesa puede girar con su mango hacia afuera o rodar. ¿Hay algún punto único de la llave que siga un recorrido recto? En la **Imagen 16** se muestra el recorrido de la llave. Puedes ver que hay un único punto cuyo recorrido es una línea recta. El punto blanco de la foto representa este punto. El punto en un objeto que se mueve de la misma manera en que se movería una partícula puntual es el **centro de masa** de un objeto.

Ubicar el centro de masa ¿Cómo puedes ubicar el centro de masa de un objeto? Primero, suspende el objeto desde un punto. Cuando el objeto deje de mecerse, el centro de masa se encontrará en algún lugar a lo largo de la recta vertical que se traza desde el punto de suspensión. Dibuja la recta. Luego, suspende el objeto desde otro punto. Otra vez, el centro de masa debe estar directamente debajo de este punto. Dibuja una segunda recta vertical. El centro de masa está en el punto en el que se cruzan las dos rectas. La llave y todos los demás objetos que se mueven libremente giran en torno a un eje que atraviesa su centro de masa. ¿Dónde crees que se encuentra el centro de masa del cuerpo humano?

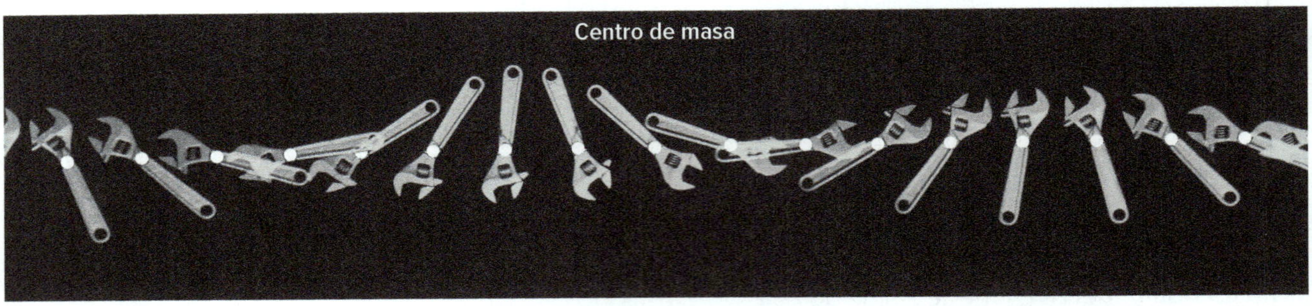

Berenice Abbott/Science Source

Imagen 16 El recorrido del centro de masa de una llave inglesa es una recta.

PENSAMIENTO 3D **DCI** Ideas centrales disciplinarias **CCC** Conceptos interdisciplinarios **SEP** Prácticas de ciencia e ingeniería

REUNIR EVIDENCIA

Usa el Cuaderno de ciencias para registrar la evidencia que reúnas mientras completas las lecturas y las actividades de la lección.

INVESTIGAR

CONÉCTATE para hallar estas actividades y más recursos.

Laboratorio de Física: Equilibrio
Usa las matemáticas en la forma de la segunda ley de Newton para el movimiento lineal y de rotación a fin de determinar si un objeto se encuentra en equilibrio estático.

Repasar la pregunta de Encuentra el fenómeno
¿Qué información de la lección te ayuda a responder las preguntas de la unidad y del módulo?

Imagen 17 El movimiento ascendente de la cabeza de la bailarina de ballet es menor que el movimiento ascendente del centro de masa. Por ende, la cabeza y el torso siguen un recorrido casi horizontal. Esto hace que parezca que la bailarina flota.

El centro de masa del cuerpo humano Para una persona de pie con los brazos a los lados, el centro de masa se encuentra unos centímetros por debajo del ombligo, entre la parte frontal y la espalda. El centro de masa de las mujeres se encuentra más abajo que el de los varones, por lo que las mujeres tienden a tener mejor equilibrio que los varones. Como el cuerpo humano es flexible, su centro de masa no está fijo. Si levantas los brazos por encima de la cabeza, tu centro de masa se eleva entre 6 y 10 cm. Por ejemplo, una bailarina de ballet parece que flota en el aire cuando cambia su centro de masa al saltar. Al levantar los brazos y las piernas mientras está en el aire, como en la **Imagen 17,** eleva su centro de masa. El recorrido del centro de masa es una parábola, pero la cabeza de la bailarina permanece a casi la misma altura durante un período muy largo.

Física en la vida diaria

EL FOSBURY FLOP En salto de altura, existe una técnica llamada *Fosbury flop* que le permite al atleta saltar la barra cuando esta está ubicada en la máxima altura. Esto es posible gracias a que el centro de masa del atleta pasa por debajo de la barra mientras el atleta gira y salta por encima, con la espalda hacia la barra.

Centro de masa y estabilidad

¿Qué factores determinan si un vehículo es estable o tiende a volcar en un accidente? Para comprender el problema, piensa en volcar una caja. Una caja alta y angosta ubicada en un borde se vuelca más fácil que una caja baja y ancha. ¿Por qué? Para volcar una caja, como se muestra en la **Imagen 18,** debes hacerla girar. La empujas en la parte superior con una fuerza (***F***) aplicando un par de torsión (τ_F). El peso de la caja, que funciona como el centro de masa (F_g), aplica un par de torsión opuesto (τ_w). Cuando el centro de masa se encuentra directamente por encima del punto de apoyo, τ_w es igual a cero. El único par de torsión es el que tú aplicas. A medida que la caja gira hacia adelante, el centro de masa deja de estar por encima de la base de apoyo, y ambos pares de torsión actúan en la misma dirección. En esta instancia, la caja se vuelca rápidamente.

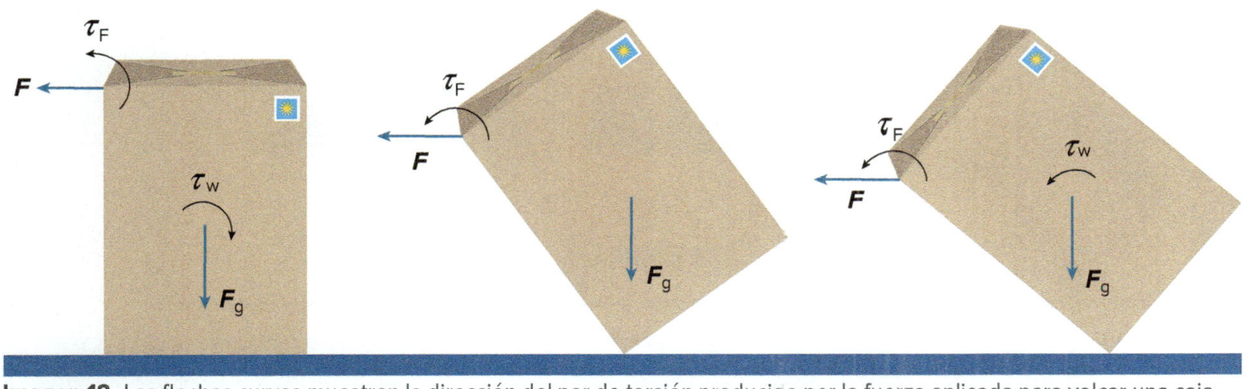

Imagen 18 Las flechas curvas muestran la dirección del par de torsión producido por la fuerza aplicada para volcar una caja.

Estabilidad Un objeto es estable si se requiere una fuerza externa considerable para volcarlo. La caja de la **Imagen 18** es estable siempre que la dirección del par de torsión provocada por su peso (τ_w) tienda a mantenerla erguida. Esto sucede siempre que el centro de masa de la caja esté por encima de su base. Para volcar la caja, debes girar el centro de masa en torno al eje de rotación hasta que ya no quede por encima de la base de la caja. Para girar la caja, debes elevar el centro de masa. Cuanto más ancha sea la base, más estable será el objeto. Por ejemplo, los pasajeros que viajan de pie en los buses urbanos suelen separar las piernas para no caerse cuando el bus frena.

¿Por qué vuelcan los vehículos? En la **Imagen 19** se muestran dos vehículos a punto de volcar. Observa que el vehículo con el centro de masa más alto no tiene que estar muy inclinado para que su centro de masa quede por fuera de su base: su centro de masa no tiene que elevarse tanto como el centro de masa del otro vehículo. Por lo tanto, cuanto más bajo se ubique el centro de masa de un objeto, mayor será su estabilidad.

Eres estable cuando apoyas la planta de los pies. Sin embargo, cuando estás en puntas de pie, tu centro de masa se mueve directamente por encima de la parte frontal del pie y tienes muy poca estabilidad. En judo, aikido y otras artes marciales, el luchador usa el par de torsión para hacer girar a su oponente y colocarlo en una posición inestable, donde el centro de masa del oponente no está por encima de los pies. Una persona pequeña puede utilizar el par de torsión, y no la fuerza, para defenderse de una persona más fuerte.

En resumen, si el centro de masa no se ubica por encima de la base de un objeto, es inestable y se volcará sin par de torsión adicional. Si el centro de masa está por encima de la base del objeto, será estable. Si la base del objeto es muy angosta y el centro de masa está muy alto, entonces, puede que el objeto sea estable, pero una fuerza mínima lo hará volcar.

¿Lo comprendes?
Describe cuándo un objeto es más estable.

Condiciones de equilibrio

¿Qué es necesario para mantener un bolígrafo en reposo? Puedes sostenerlo o colocarlo sobre una superficie. Debe aplicarse una fuerza ascendente sobre el bolígrafo para equilibrar la fuerza descendente de la gravedad. También debes sostenerlo para que no gire. Se dice que un objeto está en equilibrio estático si su velocidad y la velocidad angular son iguales a cero o constantes. Por lo tanto, para que un objeto esté en equilibrio estático, debe reunir dos condiciones. Estar en equilibrio traslacional; es decir, la fuerza neta ejercida sobre el objeto debe ser cero. Y estar en equilibrio rotacional; es decir, el par de torsión neto aplicado sobre el objeto debe ser cero.

Imagen 19 Los vehículos más grandes tienen un centro de masa más alto que los vehículos más pequeños. Cuanto más alto es el centro de masa, menor es la inclinación que se necesita para que el centro de masa del vehículo quede fuera de la base y el vehículo vuelque.

EJEMPLO Problema 5

EQUILIBRIO ESTÁTICO Una escalera de 5.8 kg y de 1.80 m de largo descansa sobre dos caballetes. El caballete A está a 0.60 m de un extremo de la escalera, y el caballete B está a 0.15 m del otro extremo de la escalera. ¿Qué fuerza ejerce cada caballete sobre la escalera?

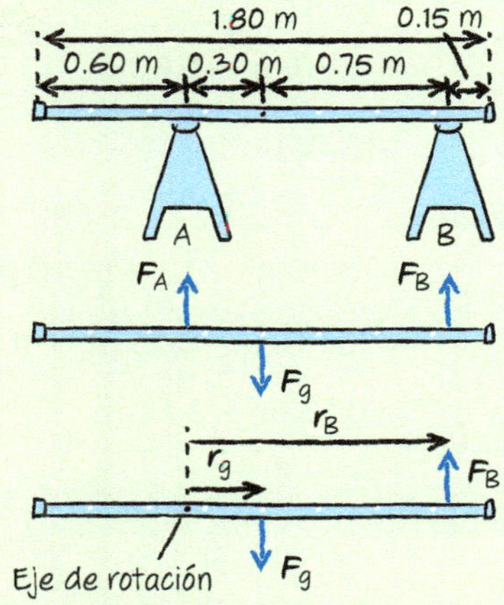

1 ANALIZAR Y PLANTEAR EL PROBLEMA

- Plantea la situación.
- Elige el eje de rotación en el punto donde F_A actúa en la escalera. Por lo tanto, el par de torsión debido a F_A es cero.

Datos conocidos	**Incógnita**
$m = 5.8$ kg	$F_A = ?$
$l = 1.80$ m	$F_B = ?$
$l_A = 0.60$ m	
$l_B = 0.15$ m	

2 HALLAR LA INCÓGNITA

Para una escalera que tiene una densidad constante, el centro de masa está en el escalón del medio.

La fuerza neta es la suma de todas las fuerzas en la escalera.

La escalera está en equilibrio traslacional, por lo que la fuerza neta ejercida sobre ella es igual a cero.

$$F_{net} = F_A + F_B + (-F_g)$$

$$0.0\text{ N} = F_A + F_B + (-F_g)$$

La escalera está en equilibrio traslacional, por lo que la fuerza neta ejercida sobre ella es igual a cero.

Calcula F_A.

$$F_A = F_g - F_B$$

Halla los pares de torsión debidos a F_g y F_B.

$$\tau_g = -F_g r_g$$

τ_g está en sentido horario.

$$\tau_B = +F_B r_B$$

τ_B está en sentido antihorario.

El par de torsión neto es la suma de todos los pares de torsión en el objeto.

$$\tau_{net} = \tau_B + \tau_g$$

$$0.0\text{ N·m} = \tau_B + \tau_g$$

La escalera está en equilibrio rotacional, por lo que $\tau_{net} = 0.0$ N·m.

$$\tau_B = -\tau_g$$

$$F_B r_B = F_g r_g$$

Sustituye $\tau_B = F_B r_B$ y $\tau_g = -F_g r_g$ en la ecuación.

Calcula F_B.

$$F_B = \frac{F_g r_g}{r_B}$$

$$= \frac{r_g mg}{r_B}$$

Sustituye $F_g = mg$

Con la expresión $F_A = F_g - F_B$, sustituye las expresiones de F_B y F_g.

$$F_A = F_g - F_B$$

$$= F_g - \frac{r_g mg}{r_B}$$

Sustituye $F_B = \frac{r_g mg}{r_B}$ en la ecuación.

$$= mg - \frac{r_g mg}{r_B}$$

Sustituye $F_g = mg$ en la ecuación.

$$= mg\left(1 - \frac{r_g}{r_B}\right)$$

EJEMPLO Problema 5 (continuación)

Calcula r_g.

$$r_g = \left(\frac{1}{2}\right)l - l_A$$
$$= 0.90\ \text{m} - 0.60\ \text{m}$$
$$= 0.30\ \text{m}$$

En una escalera, que tiene una densidad constante, el centro de masa está en el escalón del medio. Sustituye $\frac{l}{2} = 0.90$ m y $l_A = 0.60$ m en la ecuación.

Calcula r_B.

$$r_B = (0.90\ \text{m} - l_B) + (0.90\ \text{m} - l_A)$$
$$= (0.90\ \text{m} - 0.15\ \text{m}) + (0.90\ \text{m} - 0.60\ \text{m})$$
$$= 0.75\ \text{m} + 0.30\ \text{m}$$
$$= 1.05\ \text{m}$$

Sustituye $l_B = 0.15$ m y $l_A = 0.60$ m en la ecuación.

Calcula F_B.

$$F_B = \frac{r_g mg}{r_B}$$
$$= \frac{(0.30\ \text{m})(5.8\ \text{kg})(9.8\ \text{N/kg})}{(1.05\ \text{m})}$$
$$= 16\ \text{N}$$

Sustituye $r_g = 0.30$ m, $m = 5.8$ kg, $g = 9.8$ N/kg y $r_B = 1.05$ m en la ecuación.

Calcula F_A.

$$F_A = mg\left(1 - \frac{r_g}{r_B}\right)$$
$$= (5.8\ \text{kg})(9.8\ \text{N/kg})\left(1 - \frac{(0.30\ \text{m})}{(1.05\ \text{m})}\right)$$
$$= 41\ \text{N}$$

Sustituye $r_g = 0.30$ m, m = 5.8 kg, $g = 9.8$ N/kg y $r_B = 1.05$ m en la ecuación.

3 EVALUAR LA RESPUESTA

- **¿Son correctas las unidades?** Las fuerzas se miden en newtons.
- **¿Tienen sentido los signos?** Ambas fuerzas son ascendentes.
- **¿Es realista la magnitud?** Las fuerzas contribuyen con el peso de la escalera, y la fuerza ejercida por el caballete que está más cerca del centro de masa es mayor, lo que tiene sentido.

PRÁCTICA Problemas

PRÁCTICA ADICIONAL

37. ¿Cuáles serían las fuerzas ejercidas por los dos caballetes si la escalera del problema 5 tuviera una masa de 11.4 kg?

38. Una escalera de 7.3 kg y 1.92 m de largo descansa sobre dos caballetes, como se muestra en la **Imagen 20.** El caballete A, a la izquierda, está ubicado a 0.30 m de un extremo, y el caballete B, a la derecha, está ubicado a 0.45 m del otro extremo. Elige el eje de rotación que será el centro de masa de la escalera.

a. ¿Cuáles son los pares de torsión que actúan sobre la escalera?

b. Escribe la ecuación de equilibrio rotacional.

c. Resuelve la ecuación para F_A en función de F_g.

d. ¿Cómo serían las fuerzas ejercidas por los dos caballetes si A se moviera muy cerca del centro de masa, aunque no debajo de él?

39. Una tabla de madera de 4.5 m de largo con una masa de 24 kg tiene dos soportes. Uno está directamente debajo del centro de la tabla, y el otro en un extremo. ¿Qué fuerzas ejercen los dos soportes?

40. DESAFÍO Un nadador de 85 kg camina hasta el final de un trampolín. El trampolín, que tiene 3.5 m de largo y una masa de 14 kg, tiene dos apoyos: uno en el centro de masa y otro en un extremo. ¿Cuáles son las fuerzas ejercidas sobre los dos apoyos?

Imagen 20

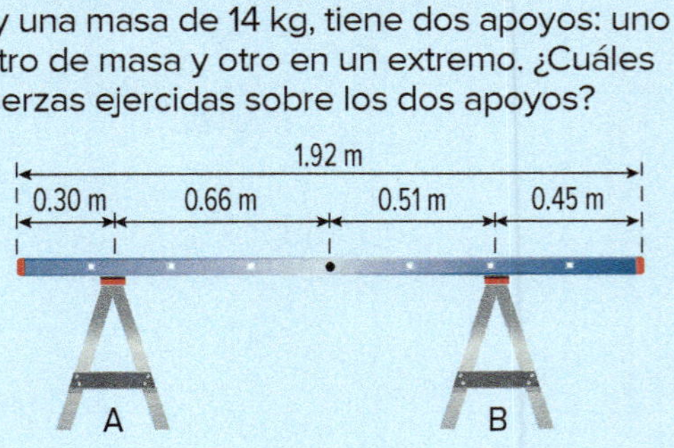

Marcos de referencia giratorios

Cuando te subes a las sillas voladoras de un parque de diversiones, sientes que una fuerza potente te jala hacia afuera. Una roca en el piso del juego saldría disparada hacia afuera sin que se ejerciera una fuerza horizontal en la misma dirección. La roca no se movería en línea recta en relación con el piso del juego. En otras palabras, las leyes de movimiento de Newton no se aplicarían. Esto se debe a que, en el juego, tu punto de vista, que se denomina marco de referencia, está girando. Las leyes de Newton son válidas solo en marcos de referencia estáticos o sin aceleración. El movimiento en un marco de referencia giratorio es importante porque la Tierra rota. Los efectos de su rotación son muy pequeños para observarse en el laboratorio, pero son una influencia importante en el movimiento de la atmósfera y, por ende, en el clima y el estado del tiempo.

"Fuerza" centrífuga Imagina que ajustaras un extremo de un resorte al centro de una plataforma giratoria. Un objeto está sobre la plataforma y conectado con el otro extremo del resorte. Cuando la plataforma gira, un espectador en la plataforma ve que el objeto estira el resorte. Puede que el espectador piense que una fuerza hacia el exterior jala el objeto. Esta fuerza aparente parece jalar un objeto en movimiento, pero no ejerce una fuerza física externa sobre él. Esta fuerza aparente, que parece jalar el objeto hacia afuera, se observa solo en marcos de referencia giratorios y se llama **"fuerza" centrífuga.** No es una fuerza real, porque no hay una fuerza física externa sobre el objeto.

Si la plataforma girara, un espectador en el suelo vería las cosas de manera diferente. Este espectador ve el objeto que se mueve en un círculo y que acelera hacia el centro debido a la fuerza del resorte. Como sabes, esta aceleración centrípeta está dada por $a_c = \frac{v^2}{r}$. También se puede escribir en función de la velocidad angular, como $a_c = \omega^2 r$. La aceleración centrípeta es proporcional a la distancia del eje de rotación y depende del cuadrado de la velocidad angular. Por lo tanto, si duplicas la frecuencia de rotación, la aceleración angular aumenta en un factor de cuatro.

La "fuerza" de Coriolis Un segundo efecto de la rotación se muestra en la **Imagen 21.** Imagina que una persona que está de pie en el centro de un disco rotatorio arroja un balón hacia el borde del disco. Considera el movimiento horizontal del balón según lo ven dos espectadores e ignora el movimiento vertical del balón cuando cae. Un espectador que está de pie fuera del disco ve que el balón viaja en línea recta a una velocidad constante hacia el borde del disco. Sin embargo, el otro espectador, que está parado en el disco y gira con él, ve que el balón hace un recorrido curvado a velocidad constante. La fuerza aparente que parece desviar al objeto en movimiento de su recorrido y que solo se observa en los marcos de referencia giratorios se llama **"fuerza" de Coriolis.** No es una fuerza real: parece existir solo porque observamos una desviación en el movimiento horizontal cuando estamos en un marco de referencia giratorio.

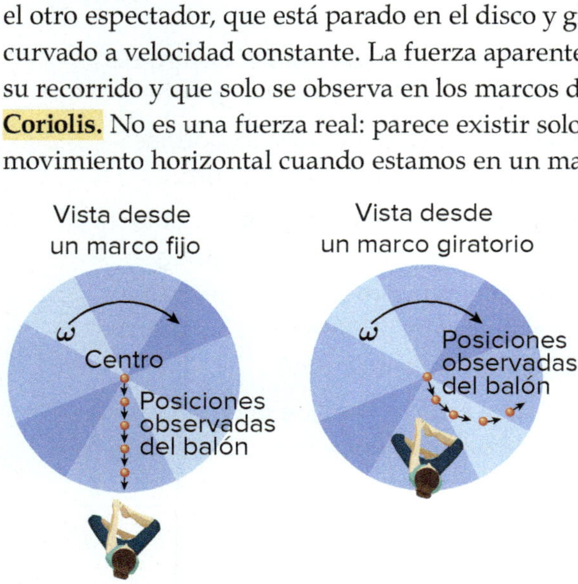

Imagen 21 La "fuerza" de Coriolis no es una fuerza real. Existe solo en marcos de referencia giratorios.

La "fuerza" de Coriolis provocada por la rotación de la Tierra Imagina que se dispara un cañón desde un punto en el ecuador hacia un objetivo al norte. Si el proyectil fuera disparado directamente hacia el norte, también tendría un componente de velocidad hacia el este debido a la rotación de la Tierra. Esta velocidad hacia el este es mayor en el ecuador que en cualquier otra latitud. Por lo tanto, mientras el proyectil se mueve hacia el norte, también se mueve hacia el este más rápido que los puntos de la Tierra que están debajo. El resultado es que el proyectil aterriza al este del objetivo, como se muestra en la **Imagen 22.** Mientras que un espectador en el espacio vería la rotación de la Tierra, un espectador en la Tierra podría asegurar que el proyectil no dio con el objetivo debido a la "fuerza" de Coriolis ejercida en el cañón. Observa que, para los objetos que se mueven hacia el ecuador, la dirección de la fuerza aparente es hacia el oeste. Un proyectil aterrizará al oeste del objetivo cuando haya sido disparado hacia el sur.

Imagen 22 Un espectador en la Tierra ve que la "fuerza" de Coriolis hace que un proyectil disparado hacia el norte se desvíe hacia la derecha del objetivo.

Conexión CIENCIA DE LA TIERRA La dirección de los vientos en zonas de baja y alta presión es el resultado de la "fuerza" de Coriolis. Los vientos van desde zonas de alta presión a zonas de baja presión. Debido a la "fuerza" de Coriolis en el hemisferio norte, los vientos del sur van hacia el este de las zonas de baja presión. Los vientos del norte van hacia el oeste de las zonas de baja presión. Por lo tanto, los vientos giran en sentido antihorario en torno a zonas de baja presión en el hemisferio norte. Sin embargo, en el hemisferio sur, los vientos giran en sentido horario en torno a zonas de baja presión. Este es el motivo por el que los ciclones tropicales, también llamados huracanes, rotan en sentido horario en el hemisferio sur y en sentido antihorario en el hemisferio norte.

¿Lo comprendes?
Explica por qué los huracanes Katia, Irma y José giran en sentido antihorario.

Verifica tu progreso

41. **Equilibrio** Da un ejemplo de un objeto para cada una de las siguientes condiciones.
    a. equilibrio rotacional, pero no traslacional
    a. equilibrio traslacional, pero no rotacional
42. **Ubicación del centro de masa** ¿Puede el centro de masa de un objeto ubicarse en una zona donde el objeto no tiene masa? Explica.
43. **Estabilidad de un objeto** ¿Por qué un automóvil elevado sobre plataformas es menos estable que uno similar a una altura normal?
44. **Centro de masa** ¿Dónde está el centro de masa en un rollo de cinta adhesiva?
45. **Centro de masa** Describe cómo podrías hallar el centro de masa de este libro.
46. **Marcos de referencia giratorios** Se coloca una moneda sobre un tocadiscos antiguo. A velocidad máxima, la moneda comienza a salirse hacia afuera. ¿Cuáles son las fuerzas que actúan sobre la moneda?
47. **Pensamiento crítico** Predice la dirección del flujo de las corrientes oceánicas superficiales en los hemisferios norte y sur.

LEARNSMART® Conéctate para cumplir tu plan de aprendizaje personalizado para repasar, practicar y reforzar tu comprensión.

CIENCIA Y SOCIEDAD

Salto cuántico

El patinaje artístico es Física en movimiento. Algunos conceptos fundamentales de la Física, como fuerza, movimiento, velocidad y par de torsión, son clave para el éxito en este hermoso deporte. El salto cuádruple, uno de los más difíciles del patinaje artístico, es un buen ejemplo de la mecánica básica.

En esta imagen, el patinador japonés Yuzuru Hanyu completa un salto cuádruple durante el programa breve de patinaje artístico de las Olimpíadas de Invierno de 2014.

La revolución de los saltos cuádruples

Los patinadores completan un salto cuádruple cuando saltan en el aire, giran cuatro veces y luego aterrizan en el hielo. En 2017, un patinador estadounidense de 17 años, Nathan Chen, se convirtió en el primer patinador de la historia en realizar cinco saltos cuádruples en un solo programa durante una competencia.

Física de un salto

Cuando los patinadores se preparan para saltar, primero aumentan la velocidad y, en consecuencia, su impulso lineal. Luego, ejercen presión sobre el hielo con la parte frontal del pie para lanzarse al aire. Este par de torsión genera un impulso angular y les permite girar.

Durante un salto, las piernas del patinador están juntas. Esta posición aumenta la velocidad de rotación. Para girar aún más rápido, los patinadores llevan los brazos hacia el cuerpo. Esta acción reduce su momento de inercia al cambiar la distribución de su peso, y el cuerpo gira más rápido debido a la conservación del impulso angular. Los patinadores que intentan hacer un salto cuádruple contraen su cuerpo tanto como pueden para completar los cuatro giros.

Para finalizar el salto, los patinadores separan los brazos del cuerpo y extienden una de las piernas mientras aterrizan con la otra. Cuando terminan un salto cuádruple, aterrizan con una fuerza de enorme impacto, de entre ocho y diez veces su peso corporal. Hacen todo esto mientras mantienen el equilibrio y continúan con su rutina.

No todos los saltos cuádruples son iguales. En función del tipo de salto, los patinadores se lanzan con la serreta del patín o la parte interna del pie, y se lanzan y aterrizan con pies diferentes. El patinador incluso puede cambiar de dirección mientras completa un salto cuádruple, lo que se conoce como *lutz*.

HACER PREGUNTAS PARA ACLARAR

Piensa varias preguntas sobre la Física del patinaje artístico. Usa fuentes impresas o digitales para hallar respuestas a tus preguntas. Haz un cartel donde presentes tus preguntas y respuestas. Presenta el cartel en la clase.

Kyodo News/Getty Images

MÓDULO 8

GUÍA DE ESTUDIO

CONÉCTATE para estudiar con el Libro de ciencias.

Lección 1 DESCRIBIR EL MOVIMIENTO DE ROTACIÓN

- El desplazamiento angular es el cambio del ángulo (θ) mientras un objeto gira. Suele medirse en grados o radianes.
- La velocidad angular promedio es el desplazamiento angular del objeto dividido por el tiempo necesario para hacer el desplazamiento angular. Se representa con la letra griega omega (ω) y se expresa mediante la siguiente ecuación:

$$\omega = \frac{\Delta\theta}{\Delta t}$$

- La aceleración angular promedio es el cambio de la velocidad angular dividido por el tiempo necesario para hacer el cambio.

$$\alpha = \frac{\Delta\omega}{\Delta t}$$

- radián
- desplazamiento angular
- velocidad angular
- aceleración angular

Lección 2 DINÁMICAS DE LA ROTACIÓN

- El par de torsión describe la combinación de una fuerza y un brazo de palanca que puede hacer que un objeto gire. Se representa con la letra griega tau (τ) y se expresa mediante la siguiente ecuación:

$$\tau = Fr \text{ sen } \theta$$

- El momento de inercia es la resistencia de un objeto puntual a los cambios de velocidad angular. El momento de inercia se representa con la letra I y, para una masa puntual, se expresa mediante la siguiente ecuación:

$$I = mr^2$$

- La segunda ley de Newton para el movimiento de rotación establece que la aceleración angular es directamente proporcional al par de torsión neto e inversamente proporcional al momento de inercia.

$$\alpha = \frac{\tau_{\text{neto}}}{I}$$

- brazo de palanca
- par de torsión
- momento de inercia
- segunda ley de Newton para el movimiento de rotación

Lección 3 EQUILIBRIO

- El centro de masa de un objeto es el punto del objeto que se mueve de la misma manera en que se movería una partícula puntual.
- Un objeto es estable si su centro de masa está por encima de su base.
- Un objeto en equilibrio no tiene una fuerza neta ejercida sobre él, y no hay un par de torsión neto que actúe sobre él.
- La "fuerza" centrífuga y la "fuerza" de Coriolis son dos fuerzas aparentes, pero inexistentes. Parecen existir cuando un objeto se analiza desde un marco de referencia giratorio.

- centro de masa
- "fuerza" centrífuga
- "fuerza" de Coriolis

PENSAMIENTO TRIDIMENSIONAL

Conclusión del módulo

REPASA EL FENÓMENO

¿Por qué todos los ciclones tropicales en el hemisferio norte rotan en la misma dirección?

CER Afirmación, evidencia, razonamiento

Explicar el razonamiento Repasa la afirmación que hiciste cuando hallaste el fenómeno. Resume la evidencia que reuniste en tus investigaciones y completa la tabla de resumen. ¿Respalda la evidencia tu afirmación? Si no lo hace, repasa tu afirmación. Explica por qué la evidencia respalda tu afirmación.

PROYECTO DE LA UNIDAD STEM

Ahora que completaste el módulo, repasa el proyecto de la unidad STEM. Resume la evidencia y aplícala al proyecto.

PROFUNDIZA

SEP Laboratorio de análisis de datos

¿Es estable el sistema?

Madhu instala una luminaria frente a su casa, como se muestra en el diagrama. El poste pesa 27 N, la lámpara pesa 64 N, y la cuerda puede tolerar una tensión de 60 N.

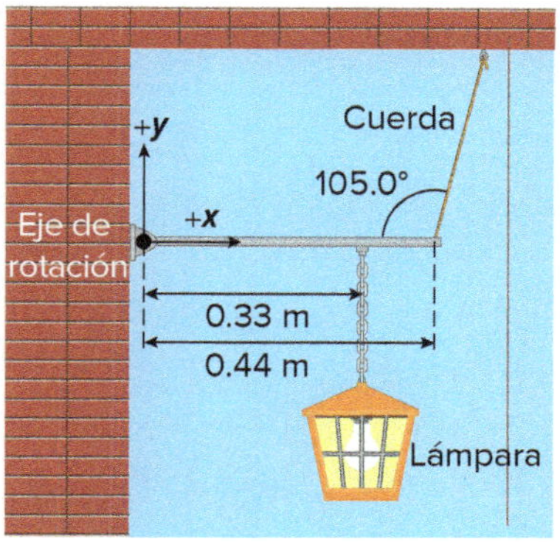

CER Analizar e interpretar datos

1. Determina el par de torsión que provocan el poste y la lámpara.
2. Determina el par de torsión que debe producir la cuerda para que la instalación esté en equilibrio estático.
3. **Afirmación** ¿Funcionará la instalación de Madhu, o la cuerda se cortará?
4. **Evidencia y razonamiento** Justifica tu afirmación.

Martin Sterba/ZUMA Press/Newscom

UNIDAD 3

MOMENTO Y ENERGÍA

ENCUENTRA EL FENÓMENO

¿Por qué la energía es importante para los seres humanos y la sociedad?

SEP Hacer preguntas

¿Qué preguntas tienes acerca del fenómeno? Escribe tus preguntas en notas adhesivas y pégalas en el pizarrón de preguntas clave de esta unidad.

Buscar evidencia

Mientras avanzas en la unidad, responde la pregunta del fenómeno y tus propias preguntas con la información suministrada y tu experiencia. Para cada actividad, registra tus observaciones en una tabla de resumen, incluye una explicación e identifica cómo se relacionan con las preguntas del fenómeno de la unidad y del módulo.

Resolver un problema

PROYECTO DE LA UNIDAD STEM

Seguridad contra choques Al diseñar un automóvil, los ingenieros tienen principalmente en cuenta la seguridad de los pasajeros. Investiga qué sucede en una colisión y cuáles son los métodos posibles para reducir el daño de los pasajeros. Usa los resultados y la evidencia que reuniste en la unidad para diseñar, evaluar y perfeccionar un dispositivo que minimice el daño de un objeto durante una colisión.

CONÉCTATE Además de leer la información en el Libro del estudiante, puedes hallar el Proyecto de la unidad STEM y otros recursos útiles en línea.

NASA/Joel Kowsky

MÓDULO 9

EL MOMENTO Y SU CONSERVACIÓN

ENCUENTRA EL FENÓMENO

¿Cómo aceleran los cohetes una vez que llegan al espacio?

CONÉCTATE para ver un video acerca de los primeros trabajos sobre cohetes.

SEP Hacer preguntas

¿Tienes más preguntas acerca del fenómeno? Si es así, agrégalas al pizarrón de preguntas clave.

CER Afirmación, evidencia, razonamiento

Hacer una afirmación Usa la tabla CER para hacer una afirmación acerca de cómo aceleran los cohetes en el espacio. Explica tu razonamiento.

Reunir evidencia Usa las lecciones del módulo para reunir evidencia que respalde tu afirmación. Registra la evidencia mientras trabajas en el módulo.

Explicar el razonamiento Repasarás tu afirmación y explicarás tu razonamiento al final del módulo.

CONÉCTATE para acceder a la tabla CER y explorar los recursos que te ayudarán a reunir evidencia.

LECCIÓN 1: Explorar y explicar: Usar el teorema del impulso y momento para salvar vidas

LECCIÓN 2: Explorar y explicar: Colisiones de dos partículas

Smithsonian

Recursos adicionales

LECCIÓN 1

IMPULSO Y MOMENTO

PREGUNTA DE ENFOQUE

¿Cómo funcionan los airbags para salvar vidas?

Teorema del impulso y momento

¿Qué sucede cuando un jugador de béisbol hace un jonrón? De acuerdo con la segunda ley del movimiento de Newton, la fuerza que sale del bate cambia la velocidad de la pelota. Esta fuerza cambia con el tiempo, como se ve en la **Imagen 1.** Justo después del contacto, la pelota se comprime, y la fuerza aumenta hasta más de 10,000 veces su peso. Luego recupera su forma y rebota en el bate. La fuerza en la pelota regresa rápidamente a cero. Todo esto sucede dentro de unos 3.0 ms. ¿Cómo puedes calcular el cambio de velocidad de la pelota de béisbol?

Impulso La segunda ley del movimiento de Newton ($\boldsymbol{F} = m\boldsymbol{a}$) puede volver a escribirse en términos de cambio de velocidad dividido por el tiempo para ese cambio.

$$\boldsymbol{F} = m\boldsymbol{a} = m\left(\frac{\Delta \boldsymbol{v}}{\Delta t}\right)$$

Multiplicar los dos lados por el intervalo (Δt) da como resultado esta ecuación.

$$\boldsymbol{F}\Delta t = m\Delta \boldsymbol{v} = m(\boldsymbol{v}_f - \boldsymbol{v}_i)$$

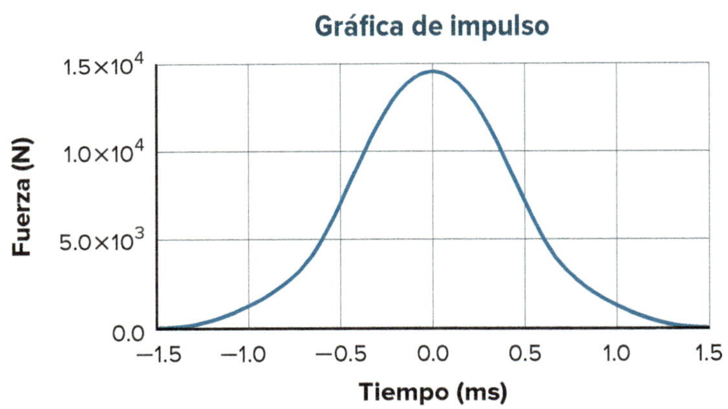

Imagen 1 Durante una colisión, la fuerza sobre una pelota de béisbol aumenta y, luego, disminuye.

El lado izquierdo de la ecuación ($\boldsymbol{F}\Delta \boldsymbol{t}$) se define como el **impulso.** El impulso sobre un objeto es el producto de la fuerza promedio sobre un objeto y el intervalo durante el cual actúa. El impulso se mide en newton-segundos. Si la fuerza $\boldsymbol{F}$ cambia con el tiempo, la magnitud del impulso es equivalente al área debajo de la curva de una gráfica fuerza-tiempo, como en la **Imagen 1.**

PENSAMIENTO 3D DCI Ideas centrales disciplinarias CCC Conceptos interdisciplinarios SEP Prácticas de ciencia e ingeniería

REUNIR EVIDENCIA

Usa el Cuaderno de ciencias para registrar la evidencia que reúnas mientras completas las lecturas y las actividades de la lección.

INVESTIGAR

CONÉCTATE para hallar estas actividades y más recursos.

Poner en práctica: Sabiondos
HS-PS2-3. Aplica ideas de ciencia e ingeniería para diseñar, evaluar y perfeccionar un dispositivo que minimice la fuerza sobre un objeto microscópico durante una colisión.

Laboratorio de Física: Momento pegajoso
Analiza datos de una colisión para determinar cómo se transfiere el momento dentro de un sistema.

Momento El lado derecho de la ecuación ($m\Delta v$) representa el cambio de velocidad, donde $m\Delta v = mv_f - mv_i$. El producto de la masa (m) y la velocidad del objeto (v) se define como el **momento** del objeto. El momento se mide en kg•m/s. Siempre se define para un marco de referencia particular. Desde el marco del sistema de referencia inercial, un objeto en movimiento, como un automóvil, tiene momento. Para el conductor, el automóvil tiene momento cero porque tiene una velocidad igual a cero dentro de su propio marco de referencia. Al hallar el momento, asumimos que el marco de referencia es inmóvil salvo que se indique lo contrario.

Momento

El momento de un objeto es igual a la masa del objeto por su velocidad.

$$p = mv$$

Ahora puedes escribir el impulso como $F\Delta t = m\Delta v = mv_f - mv_i = p_f - p_i$. Entonces, el impulso sobre un objeto es igual al cambio de momento, lo que se llama **teorema del impulso y momento.**

Teorema del impulso y momento

Un impulso que actúa sobre un objeto es igual al momento final del objeto menos su momento inicial.

$$F\Delta t = p_f - p_i$$

Si la fuerza aplicada a un objeto es constante, el impulso es el producto de la fuerza multiplicada por el intervalo de tiempo durante el cual actúa. Si la fuerza no es constante, puedes hallar el impulso al usar una fuerza promedio multiplicada por el intervalo de tiempo, o al hallar el área en una gráfica fuerza-tiempo. El momento y el impulso son vectores porque la velocidad y la fuerza son vectores.

Usar el teorema del impulso y momento El impulso de un bate cambia el momento de la pelota. En la **Imagen 1,** el área debajo de la curva es de alrededor de 15 N•s. El sentido del impulso es el sentido de la fuerza. Por ende, el cambio en el momento de la pelota también es 5 N•s, o 15 kg•m/s, en el sentido de la fuerza. Supón que un bateador lanza una pelota rápida. Asume que el sentido positivo es hacia el lanzador. Antes de la colisión, la pelota, con una masa de 0.145 kg, tiene una velocidad de −47 m/s. El momento de la pelota es $p_i = (0.145\ \text{kg})(-47\ \text{m/s}) = -6.8\ \text{kg•m/s}$. Para hallar el momento luego de que el bate la golpea, debes resolver $p_f = p_i + F\Delta t$

$$p_f = p_i + F\Delta t = -6.8\ \text{kg•m/s} + 15\ \text{kg•m/s} = +8.2\ \text{kg•m/s}$$

Dado que $p_f = mv_f$, al resolver v_f obtienes la velocidad final de la pelota:

$$v_f = \frac{p_f}{m} = \frac{+8.2\ \text{kg•m/s}}{+0.145\ \text{kg}} = +57\ \text{m/s}$$

Una velocidad de 57 m/s es lo suficientemente rápida como para llegar hasta el campo exterior si se golpea la pelota en la dirección correcta.

USO CIENTÍFICO VS. USO COMÚN

Impulso

Uso científico: el producto de la fuerza neta promedio y el intervalo durante el cual actúa la fuerza

El impulso en un cohete desde el escape lanzó a los astronautas hacia la órbita.

Uso común: una tendencia repentina hacia alguna acción

Luego del comercial, Amad tuvo el impulso de comer un caramelo.

Momento

Uso científico: el producto de la masa de un objeto y su velocidad

Un camión en movimiento, por lo general, tiene mucho más momento que una bicicleta en movimiento.

Uso común: porción de tiempo muy breve

Vi a mi mejor amiga solo un momento durante la fiesta.

EJEMPLO Problema 1

FUERZA PROMEDIO Un auto de 2200 kg que viaja a 94 km/h (26 m/s) frena en 21 s si el conductor presiona los frenos suavemente. Frena en 3.8 s si los presiona de golpe o en 0.22 s si choca contra una pared de concreto. ¿Cuál es el impulso que se ejerce? ¿Qué fuerza promedio se ejerce cada vez que se detiene?

1 ANALIZAR Y PLANTEAR EL PROBLEMA

- Dibuja el sistema.
- Incluye un eje de coordenadas. Selecciona la dirección del auto como positiva.
- Dibuja un diagrama de vectores para el momento y el impulso.

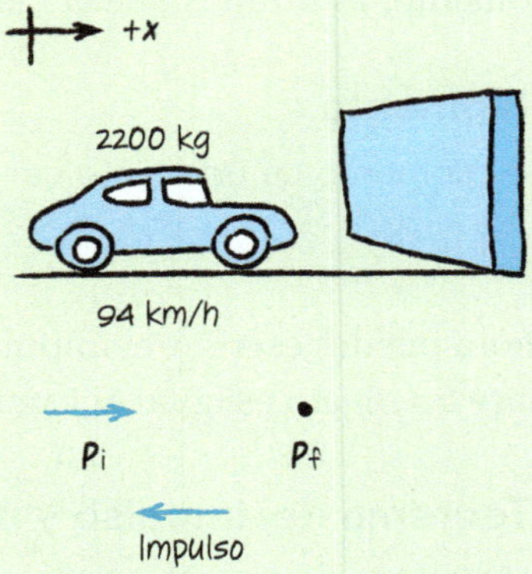

Datos conocidos

$m = 2200$ kg $\Delta t_{\text{frenada suave}} = 21$ s

$\mathbf{v}_i = +26$ m/s $\Delta t_{\text{frenada repentina}} = 3.8$ s

$\mathbf{v}_f = 0.0$ m/s $\Delta t_{\text{choque contra una pared}} = 0.22$ s

Incógnita

$F\Delta t = ?$

$\mathbf{F}_{\text{frenada suave}} = ?$

$\mathbf{F}_{\text{frenada repentina}} = ?$

$\mathbf{F}_{\text{choque contra una pared}} = ?$

2 HALLAR LA INCÓGNITA

Determina el momento inicial ($\mathbf{p}_i$).

$\mathbf{p} = m\mathbf{v}$

$= (2200 \text{ kg})(+26 \text{ m/s})$ Sustituye $m = 2200$ kg, $\mathbf{v}_i = +26$ m/s.

$= +5.7\times10^4 \text{ kg·m/s}$

Determina el momento final ($\mathbf{p}_f$).

$\mathbf{p}_f = m\mathbf{v}_f$

$= (2200 \text{ kg})(0.0 \text{ m/s})$ Sustituye $m = 2200$ kg, $\mathbf{v}_f = 0.0$ m/s.

$= 0.0 \text{ kg·m/s}$

Usa el teorema del impulso y momento para determinar el impulso y la fuerza necesarios para detener el auto.

$\mathbf{F}\Delta t = \mathbf{p}_f - \mathbf{p}_i$

$\mathbf{F}\Delta t = (0.0 \text{ kg·m/s}) - (5.7\times10^4 \text{ kg·m/s})$ Resta $\mathbf{p}_f = 0.0$ kg·m/s, $\mathbf{p}_i = 5.7\times10^4$ kg·m/s.

$= -5.7\times10^4 \text{ kg·m/s}$

$$\mathbf{F} = \frac{-5.7\times10^4 \text{ kg·m/s}}{\Delta t}$$

$$\mathbf{F}_{\text{frenada suave}} = \frac{-5.7\times10^4 \text{ kg·m/s}}{21 \text{ s}}$$ Resta $\Delta t_{\text{frenada suave}} = 21$ s.

$= -2.7\times10^3$ N

$$\mathbf{F}_{\text{frenada repentina}} = \frac{-5.7\times10^4 \text{ kg·m/s}}{3.8 \text{ s}}$$ Resta $\Delta t_{\text{frenada repentina}} = 3.8$ s.

$= -1.5\times10^4$ N

$$\mathbf{F}_{\text{choque contra una pared}} = \frac{-5.7\times10^4 \text{ kg·m}}{0.22 \text{ s}}$$ Resta $\Delta t_{\text{choque contra una pared}} = 0.22$ s.

$= -2.6\times10^5$ N

3 EVALUAR LA RESPUESTA

¿Son correctas las unidades? El impulso se expresa en kg·m/s. La fuerza se mide en newtons.

¿La dirección tiene sentido? La fuerza se ejerce en la dirección opuesta a la velocidad del automóvil. Esto significa que es negativa.

¿La magnitud es realista? Es razonable que la fuerza para detener un auto sea de miles o de cientos de miles de newtons. El impulso es igual cada vez que se detiene. A medida que disminuye el tiempo de frenado en función de un factor de 10, la fuerza aumenta en función de un factor de 10.

PRÁCTICA Problemas

PRÁCTICA ADICIONAL

1. Un automóvil compacto, con una masa de 725 kg, se mueve a 115 km/h hacia el este. Dibuja el automóvil en movimiento.
   a. Halla la magnitud y la dirección de su momento. Haz una flecha en tu dibujo para mostrar el momento.
   b. Otro automóvil, con una masa de 2175 kg, tiene el mismo momento. ¿Cuál es su velocidad?
2. El conductor del automóvil compacto del problema anterior frena repentinamente durante 2.0 s. Como resultado, se ejerce una fuerza promedio de 5.0×10^3 N en el automóvil para que reduzca su velocidad.
   a. ¿Cuál es el cambio en el momento, es decir, cuál es la magnitud y la dirección del impulso en el automóvil?
   b. Completa los dibujos "antes" y "después", y determina el momento y la velocidad del automóvil ahora.
3. Un objeto de 7.0 kg, que se mueve a 2.0 m/s, recibe dos impulsos (uno detrás del otro) en la dirección en la que se mueve. Ambos impulsos se ilustran en la **Imagen 2.** Halla la velocidad resultante y la dirección del movimiento del objeto luego de cada impulso.
4. Un conductor acelera una moto de nieve de 240.0 kg. En consecuencia, se ejerce una fuerza que la acelera de 6.00 m/s a 28.0 m/s durante un intervalo de 60.0 s.
   a. Dibuja el suceso. Muestra la situación inicial y la final.
   b. ¿Cuál es el cambio de momento en la moto de nieve? ¿Cuál es el impulso?
   c. ¿Cuál es la magnitud de la fuerza promedio que se ejerce en la moto de nieve?
5. **DESAFÍO** Supón que en el vehículo que chocó contra la pared en el Ejemplo Problema 1 viajaba una persona de 60.0 kg. La velocidad de la persona es igual a la del automóvil antes y después del choque, y cambia en 0.20 s. Dibuja el problema.
   a. ¿Cuál es la fuerza promedio que se ejerce en la persona?
   b. Algunos piensan que pueden evitar sacudirse hacia adelante en un vehículo que frena repentinamente si colocan las manos en el tablero. Halla la masa de un objeto cuyo peso es igual a la fuerza que acabas de calcular. ¿Podrías levantar esa masa? ¿Eres lo suficientemente fuerte para detener tu cuerpo con las manos?

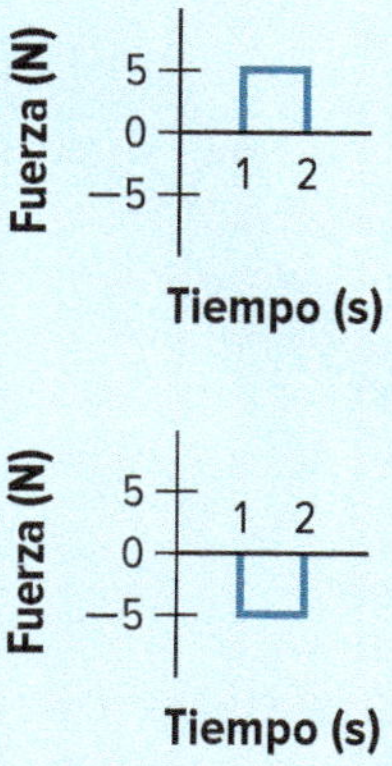

Imagen 2

Usar el teorema del impulso y momento para salvar vidas

El teorema de impulso y momento muestra que un impulso enorme genera un gran cambio en el momento. La causa de este impulso puede ser una fuerza grande que actúa durante un período breve o una fuerza pequeña que actúa durante un período largo. Un pasajero en un accidente automovilístico puede experimentar un gran impulso, pero es la fuerza en el pasajero la que causa lesiones.

¿Qué le sucede al conductor cuando el automóvil se detiene repentinamente a causa de una colisión? Un impulso, ya sea desde el tablero o desde un airbag, regresa el momento del conductor a cero. Según la ecuación impulso-momento, $F\Delta t = p_f - p_i$. El momento final (p_f) es cero. El momento inicial (p_i) es el mismo, con o sin airbags. Entonces, el impulso ($F\Delta t$) también es el mismo. Un airbag, como el que se muestra en la **Imagen 3,** prolonga el intervalo de tiempo durante el cual la fuerza actúa sobre el pasajero. Por lo tanto, la fuerza necesaria es menor. Además, el airbag distribuye la fuerza en un área más grande del cuerpo, y así reduce la probabilidad de lesiones.

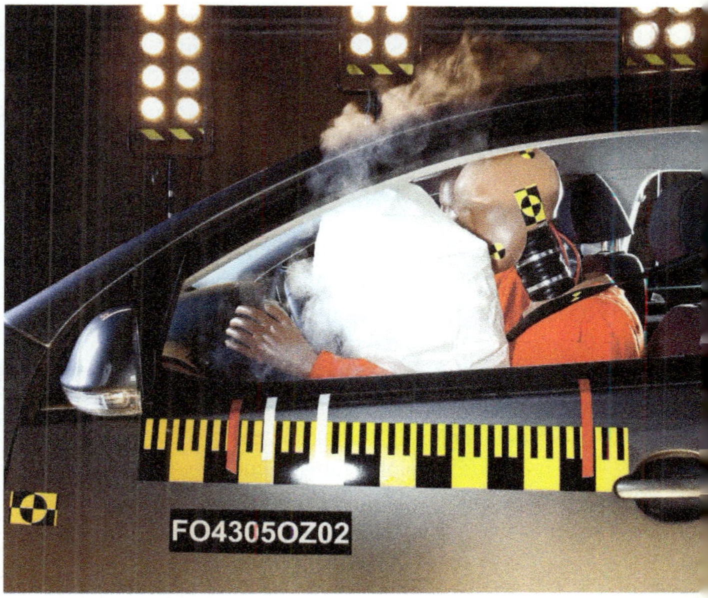

Imagen 3 Un airbag disminuye las lesiones ya que reduce la fuerza sobre el pasajero y distribuye esa fuerza en un área más grande.

Imagen 4 El momento lineal de la bola es el producto de su masa y velocidad. El momento angular de la bola a medida que gira por la pista es el producto de su momento de inercia y su velocidad angular.

Momento angular

El teorema del impulso y momento es útil si el momento de un objeto es lineal, pero ¿cómo puedes describir un momento angular, como en el caso de la bola de boliche que rota en la **Imagen 4?** Recuerda la ley para el movimiento de rotación de Newton, $\tau = \frac{I\Delta\omega}{\Delta t}$. Puedes volver a ordenar esta relación para producir $\tau\Delta t = I\Delta\omega$. El lado izquierdo de esta ecuación ($\tau\Delta t$) es el impulso angular del objeto que rota. Puedes volver a escribir el lado derecho de la siguiente manera: $I\Delta\omega = I\omega_f - I\omega_i$. El producto entre el momento de inercia de un objeto que rota y su velocidad angular se llama **momento angular,** que se representa mediante el símbolo L. La siguiente relación describe el momento angular de un objeto.

Momento angular

El momento angular de un objeto se define como el producto entre el momento de inercia del objeto y su velocidad angular.

$$L = I\omega$$

El momento angular se mide en kg•m²/s. Al igual que el momento lineal de un objeto cambia cuando actúa en él un impulso, el momento angular cambia cuando actúa en él un impulso angular. El impulso angular de un objeto es igual al cambio en su momento angular, como lo indica el **teorema del impulso y momento angular.** Se puede representar con la siguiente relación.

Teorema del impulso y momento angular

El impulso que actúa sobre un objeto es igual al momento angular final menos el momento angular inicial del objeto.

$$\tau\Delta t = L_f - L_i$$

Si la fuerza neta sobre un objeto es cero, su momento lineal es constante. Si el par de torsión neto que actúa sobre un objeto es cero, su momento angular también es constante, pero las dos situaciones son algo diferentes. Dado que la masa de un objeto no puede cambiar, su momento es constante, entonces su velocidad también. En el caso del momento angular, la velocidad angular de un objeto puede cambiar si cambia su forma. Esto se debe a que el momento de inercia depende de la masa y de cómo se distribuye alrededor del eje de rotación. Entonces, la velocidad angular de un objeto puede cambiar aunque no actúe sobre él ningún par de torsión.

Conexión ASTRONOMÍA Los astrónomos descubrieron muchos ejemplos de dos estrellas que orbitan entre sí. Se denominan sistemas binarios de estrellas. El par de torsión que actúa en el sistema binario es cero, porque la fuerza gravitatoria actúa solo entre las estrellas. Por lo tanto, el momento angular del sistema binario es constante. Pero a veces las estrellas están tan cerca que la fuerza gravitatoria rompe el material de una estrella y lo deposita en la otra. Este movimiento de materia cambia el momento de inercia del sistema. En consecuencia, la velocidad angular cambia aunque el momento angular se mantenga igual.

Física en la vida diaria

DEPORTES CON RAQUETA Un jugador de tenis de mesa controla la trayectoria de la pelota haciéndola girar. El jugador la golpea en un ángulo tal que la raqueta ejerce un impulso para cambiar el momento y un impulso angular para hacer que la pelota gire. La interacción con el aire hace que la pelota, que gira hacia adelante, caiga rápidamente, y así al oponente le cuesta más devolverla.

Imagen 5 Antes de saltar, el centro de masa de la joven está frente a sus pies. Luego, el recorrido de su centro de masa forma una parábola. Ella cambia su momento de inercia al mover los brazos y las piernas.

Analizar *¿De qué manera extender los brazos afecta el movimiento de la joven clavadista?*

Sumergirse en una piscina Piensa en la clavadista de la **Imagen 5.** ¿Cómo comienza a rotar el cuerpo? Usa el trampolín para aplicar una fuerza externa a su cuerpo. Luego, mueve su centro de masa en frente de sus pies y usa el trampolín para darles un empujón final hacia arriba. Esto genera un par de torsión que actúa con el tiempo (Δt) y aumenta el momento angular de la clavadista. Antes de llegar al agua, puede cambiar su velocidad angular si cambia su momento de inercia. Puede ponerse en posición de inmersión y agarrar las rodillas con las manos. Al mover su masa más cerca del eje de rotación, disminuye su momento de inercia y aumenta su velocidad angular. Cuando se acerca al agua, se estira y se pone recta, y así aumenta su momento de inercia y reduce la velocidad angular. En consecuencia, se sumerge en el agua en posición recta.

Patinaje sobre hielo Una patinadora sobre hielo usa un método similar para girar. Comienza a rotar sobre un pie y hace que el hielo ejerza una fuerza en su cuerpo, empujando una parte de un patín en el hielo. Si la patinadora de la **Imagen 6** empuja el hielo en una dirección, este ejercerá una fuerza en ella en dirección opuesta. La fuerza genera un par de torsión si se ejerce a cierta distancia del punto de giro y no hacia ese punto. Se generará un par de torsión mayor para una fuerza determinada si el empuje es perpendicular al brazo de palanca. Entonces la patinadora puede controlar su velocidad angular si cambia el momento de inercia. Puede extender los brazos y una pierna para que la rotación sea más lenta, o puede jalarlos cerca del eje de rotación para acelerarla. Para dejar de girar, se debe aplicar otro par de torsión usando el patín libre para crear una forma en que el hielo ejerza la fuerza necesaria.

Imagen 6 Cuando la patinadora presiona el hielo, este ejerce un par de torsión en ella.

CCC CONCEPTOS INTERDISCIPLINARIOS

Causa y efecto Resume las relaciones de causa y efecto que usan los patinadores para girar. Describe cómo podrías reunir evidencia para probar las distintas maneras en que la patinadora de la **Imagen 6** puede controlar la velocidad angular.

EJEMPLO Problema 2

IMPULSO ANGULAR Y CAMBIO EN EL MOMENTO ANGULAR Al final de una rutina de competencia, un patinador gira sobre un punto a una velocidad de 2.5 rotaciones por segundo. Si supones que su momento de inercia es 0.50 kg•m², ¿cuál es su momento angular? Al concluir el giro, el patinador reduce lenta y considerablemente su velocidad hasta detenerse a los 3.0 s, arrastrando la punta de uno de los pies. ¿Cuál era el valor y el signo del impulso angular? ¿Qué par de torsión promedio ejerció el hielo en él?

1 ANALIZAR Y PLANTEAR EL PROBLEMA

- Dibuja el sistema.
- Dibuja el eje de rotación y la dirección del impulso angular.

Datos conocidos	**Incógnita**
$\omega_i = 2.5$ rotaciones/s	$L_i = ?$
$\omega_f = 0$ rad/s	impulso angular = ?
$I = 0.50$ kg•m²	$\tau_{prom} = ?$
$\Delta t = 3.0$ s	
$L_f = 0.0$ kg•m²/s	

2 HALLAR LA INCÓGNITA

Determina el momento angular inicial.

$$L_i = I\omega_i$$
$$= (0.50\ \text{kg•m}^2)(2.5\ \text{rotaciones/s})(2\pi\ \text{rad/rotación})$$
$$= 7.9\ \text{kg•m}^2/\text{s}$$

Sustituye $I = 0.50$ kg·m² y $\omega_i = 2.5$ rotaciones/s. Convierte de rotaciones a radianes.

Los radianes son una unidad sin dimensión y se eliminan.

Determina el impulso angular que ejerció el hielo sobre el patinador.

$$\text{impulso angular} = \tau_{prom}\Delta t$$
$$= L_f - L_i$$
$$= 0.0\ \text{kg•m}^2/\text{s} - 7.9\ \text{kg•m}^2/\text{s}$$
$$= -7.9\ \text{kg•m}^2/\text{s}$$

El impulso angular es igual al cambio en el momento angular.
Sustituye $L_f = 0.0$ kg·m²/s, $L_i = 7.9$ kg·m²/s.

Determina el par de torsión promedio que ejerció el hielo sobre el patinador.

Desde el impulso angular, puedes reordenar las cantidades para hallar el par de torsión promedio.

$$\tau_{prom} = \frac{L_f - L_i}{\Delta t}$$
$$= \frac{0.0\ \text{kg•m}^2/\text{s} - 7.9\ \text{kg•m}^2/\text{s}}{3.0\ \text{s}}$$
$$= -2.6\ \text{N•m}$$

Resuelve para hallar el par de torsión promedio.

Sustituye $L_f = 0.0$ kg·m²/s, $L_i = 7.9$ kg·m²/s y $\Delta t = 3.0$ s.

La unidad kg·m²/s² es equivalente a N·m.

3 EVALUAR LA RESPUESTA

- **¿Son correctas las unidades?** Sí, kg•m²/s² es equivalente a N•m.
- **¿Los signos tienen sentido?** El impulso angular y el par de torsión son negativos, lo que indica que el momento angular disminuye.
- **¿Las magnitudes son realistas?** Sí, el valor del par de torsión es pequeño, pero el producto entre el par de torsión y el tiempo es igual al valor del momento angular.

PRÁCTICA Problemas

PRÁCTICA ADICIONAL

6. La hoja de una sierra circular de 0.25 m de diámetro rota a 5.0×10^3 rpm, como se muestra en la **Imagen 7.** Cuando se apaga la sierra, tarda varios segundos en desacelerar hasta detenerse por completo. El momento de inercia de la hoja es 8.0×10^{-3} kg•m². La fricción en el eje genera un par de torsión promedio de 2.3×10^{-1} N•m para desacelerar la hoja. ¿Cuántos segundos tarda en detenerse?

7. Un lanzador lanza una pelota curva a 132 km/h (82 mph) que rota alrededor de 6.0×10^2 rpm. ¿Cuál es su velocidad? El movimiento del lanzador dura unos 0.15 s, y el momento de inercia de la pelota es 8.0×10^{-5} kg•m². ¿Qué par de torsión promedio ejerció el lanzador?

8. Una mujer sujeta una bicicleta en un banco para reparar el eje de a rueda delantera. Hace girar la rueda con la mano. La rueda rota a 5.0 rev/s. ¿Cuál es su velocidad angular? Si el momento de inercia es 0.060 kg•m², ¿qué impulso angular le dio la mujer a la rueda?

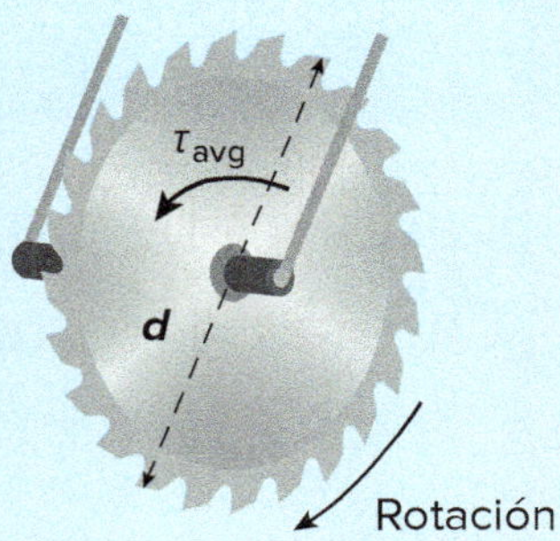

Imagen 7

Verifica tu progreso

9. **Momento** ¿Qué tiene mayor momento, un camión estacionado o una gota de lluvia al caer?

10. **Momento** ¿El momento de un automóvil que viaja hacia el sur es distinto si viaja al norte a la misma velocidad? Dibuja los vectores del momento para justificar.

11. **Impulso y momento** Si saltas desde cierta altura, doblas tus rodillas al tocar el suelo. Explícalo en términos de impulso y momento.

12. **Impulso y momento** Se lanza una pelota de sóftbol de 0.174 kg horizontalmente a 26.0 m/s. La pelota se mueve en dirección opuesta a 38.0 m/s una vez que el bate la golpea.
    a. Dibuja flechas que muestren el momento antes y después de que el bate la golpee.
    b. ¿Cuál es el cambio en el momento de la pelota?
    c. ¿Cuál es el impulso que genera el bate?
    d. Si el bate y la pelota están en contacto por 0.80 ms, ¿cuál es la fuerza promedio que ejerce el bate?

13. **Momento** La velocidad de una pelota de básquetbol es la misma justo antes y después de golpear el suelo. ¿El impulso y el cambio de momento son iguales cuando golpea el suelo? Si no lo son, ¿en qué dirección ocurre el cambio de momento? Dibuja los vectores del momento de la pelota antes y después del impacto.

14. **Marco de referencia** ¿Por qué el momento se define para un marco de referencia particular?

15. **Momento angular** El patinador que se muestra en la **Imagen 8** gira con los brazos estirados. Cuando jala los brazos hacia él y los levanta sobre la cabeza, gira mucho más rápido que antes. ¿Actuó un par de torsión sobre el patinador? ¿Por qué aumentó su velocidad angular?

Imagen 8

16. **Pensamiento crítico** Un arquero lanza flechas a un blanco. Algunas se clavan en el blanco, mientras que otras rebotan. Suponiendo que las masas y las velocidades de las flechas son iguales, ¿cuáles producen un mayor impulso en el blanco? *Pista: Dibuja un diagrama para mostrar el momento de las flechas antes y después de dar al blanco para las dos situaciones.*

LEARNSMART® Conéctate para cumplir tu plan de aprendizaje personalizado para repasar, practicar y reforzar tu comprensión.

LECCIÓN 2
CONSERVACIÓN DEL MOMENTO

PREGUNTA DE ENFOQUE

¿Qué es el retroceso y para qué sirve?

Colisión entre dos partículas

¿Qué sucederá si las dos pelotas en la **Imagen 9** colisionan? Durante la colisión, cada pelota ejerce brevemente una fuerza sobre la otra. A pesar de la diferencia de tamaño y velocidad, las fuerzas que ejercen una sobre la otra son iguales y opuestas, según la tercera ley del movimiento de Newton. Estas fuerzas están representadas en la ecuación $\boldsymbol{F}_{\text{roja sobre azul}} = -\boldsymbol{F}_{\text{azul sobre roja}}$.

¿Cómo se comparan los impulsos que ejercen las pelotas? Dado que los intervalos durante los cuales se ejercen las fuerzas son iguales, los impulsos que ejercen las pelotas entre sí también deben ser iguales en cuanto a magnitud, pero opuestos en cuanto a sentido: $(\boldsymbol{F}\Delta t)_{\text{roja sobre azul}} = -(\boldsymbol{F}\Delta t)_{\text{azul sobre roja}}$. Observa que no se mencionan las masas de las pelotas. Aunque tienen distinto tamaño y se acercan a diferentes velocidades, y a pesar de que tienen distintas masas, las fuerzas y los impulsos que ejercen una sobre la otra tienen la misma intensidad, pero están en sentidos opuestos.

Richard Hutchings/Digital Light Source

Imagen 9 Las pelotas tienen distintos tamaños, masas y velocidades, pero si interactúan, las fuerzas y los impulsos que ejercen una sobre la otra son iguales y opuestos.

PENSAMIENTO 3D DCI Ideas centrales disciplinarias CCC Conceptos interdisciplinarios SEP Prácticas de ciencia e ingeniería

REUNIR EVIDENCIA

Usa el Cuaderno de ciencias para registrar la evidencia que reúnas mientras completas las lecturas y las actividades de la lección.

INVESTIGAR

CONÉCTATE para hallar estas actividades y más recursos.

Poner en práctica: Conservación del momento
HS-PS2-2. Usa representaciones matemáticas para respaldar la afirmación de que el momento total de un sistema de objetos se conserva cuando no se ejerce una fuerza neta en el sistema.

Repasar la pregunta de Encuentra el fenómeno
¿Qué información de la lección te ayuda a responder las preguntas de la unidad y del módulo?

Momento ¿De qué manera los momentos de las dos pelotas que los jóvenes hicieron rodar hasta que chocaron en la **Imagen 9** cambiaron por la colisión? Compara los cambios que se muestran en la **Imagen 10.**

$$\text{Para la pelota C: } \boldsymbol{P}_{\text{Cf}} - \boldsymbol{P}_{\text{Ci}} = \boldsymbol{F}_{\text{D en C}}\Delta t$$

$$\text{Para la pelota D: } \boldsymbol{P}_{\text{Df}} - \boldsymbol{P}_{\text{Di}} = \boldsymbol{F}_{\text{C en D}}\Delta t$$

De acuerdo con el teorema del impulso y momento, el cambio en el momento es igual al impulso. Dado que los impulsos tienen la misma magnitud, pero sentidos opuestos, sabemos que:

$$\boldsymbol{P}_{\text{Cf}} - \boldsymbol{P}_{\text{Ci}} = -(\boldsymbol{P}_{\text{Df}} - \boldsymbol{P}_{\text{Di}})$$

$$\boldsymbol{P}_{\text{Cf}} + \boldsymbol{P}_{\text{Df}} = \boldsymbol{P}_{\text{Ci}} + \boldsymbol{P}_{\text{Di}}$$

Esta ecuación establece que la suma de los momentos de las pelotas en la **Imagen 10** es igual antes y después de la colisión. Es decir, el momento que gana la pelota D es igual al momento que pierde la pelota C. Si se define que el sistema está compuesto por las dos pelotas, la suma de la ganancia y la pérdida de momento es cero y, por lo tanto, se conserva el momento del sistema.

Momento en un sistema cerrado y aislado

¿En qué condiciones se conserva el momento del sistema de dos pelotas? La primera condición, y la más obvia, es que no se gane ni se pierda ninguna pelota. Un sistema de este tipo, que no gana ni pierde masa, se denomina **sistema cerrado.**

La segunda condición necesaria para conservar el momento de un sistema es que las únicas fuerzas involucradas sean fuerzas internas, es decir, que no actúen sobre el sistema fuerzas no equilibradas provenientes de objetos externos. Cuando la fuerza externa neta que se ejerce sobre un sistema cerrado es cero, el sistema resultante se describe como **sistema aislado.** Sin embargo, no hay en la Tierra ningún sistema totalmente aislado porque siempre habrá alguna interacción entre un sistema y su entorno. Estas interacciones suelen ser lo suficientemente pequeñas como para ignorarlas al resolver problemas de Física.

Los sistemas pueden contener cualquier cantidad de objetos, y los objetos que los componen pueden atraerse o repelerse durante una colisión. Pero incluso en estas condiciones, se conserva el momento. Según la **ley de conservación del momento,** el momento de todo sistema cerrado y aislado no cambia. Esta ley permite establecer una conexión entre las condiciones antes y después de la interacción sin conocer ningún detalle. Si un sistema no está cerrado y aislado, e interactúa con objetos externos, el momento total del sistema puede cambiar. Pero los cambios en el momento de los objetos externos al sistema equilibra el cambio en el sistema.

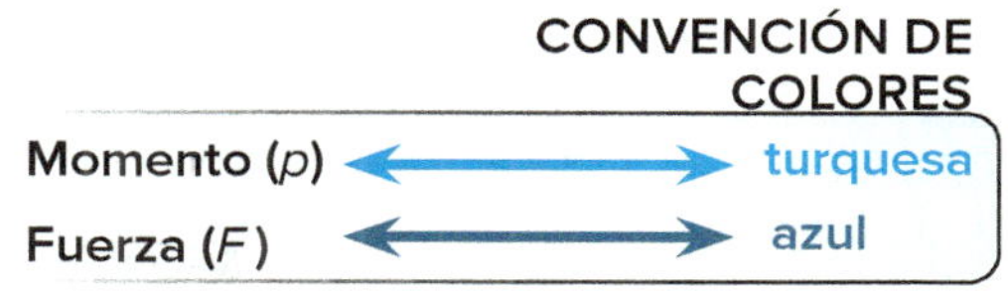

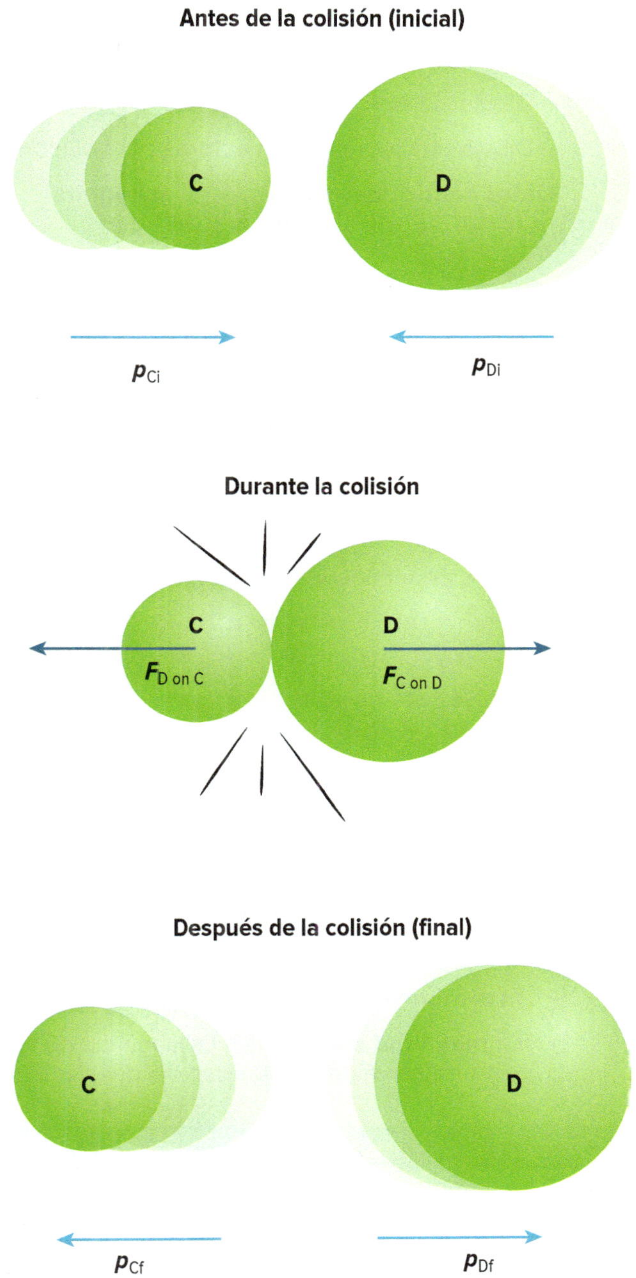

Imagen 10 Cuando dos pelotas de distinta masa y velocidad colisionan, el momento de cada pelota cambia. Sin embargo, si el sistema está aislado, la suma de sus momentos antes es igual a la suma de sus momentos después de la colisión.

Analizar *¿Cómo te das cuenta en el diagrama de que los impulsos que ejercen las pelotas tienen la misma magnitud?*

EJEMPLO Problema 3

VELOCIDAD Un automóvil de 1875 kg que va a 23 m/s choca con la parte trasera de otro de 1025 kg que va a 17 m/s en el hielo en la misma dirección. Los dos automóviles quedan unidos. ¿A qué velocidad se mueven unidos luego de la colisión?

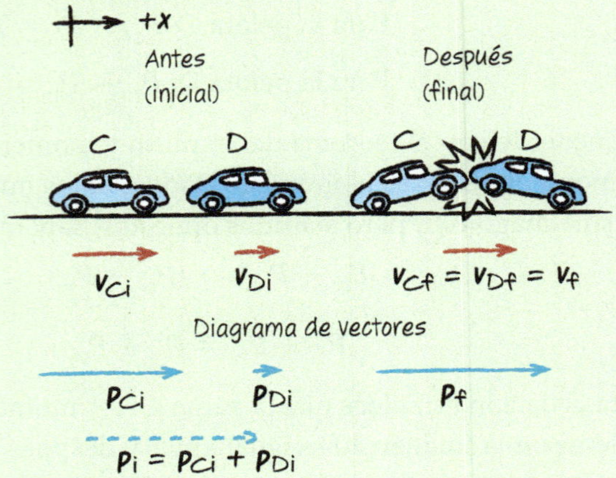

1 ANALIZAR Y PLANTEAR EL PROBLEMA

- Define el sistema.
- Establece un sistema de coordenadas.
- Dibuja la situación. Muestra el antes y el después.
- Dibuja un diagrama de vectores para el momento.

Datos conocidos		**Incógnita**
$m_C = 1875$ kg	$m_D = 1025$ kg	$v_f = ?$
$v_{Ci} = +23$ m/s	$v_{Di} = +17$ m/s	

2 HALLAR LA INCÓGNITA

El sistema está compuesto por los dos automóviles. El momento se conserva porque el hielo ejerce una fuerza externa total que es casi igual a cero.

$$p_i = p_f$$
$$p_{Cf} + p_{Df} = p_{Ci} + p_{Di}$$
$$m_C v_{Ci} + m_D v_{Di} = m_C v_{Cf} + m_D v_{Df}$$

Como los dos automóviles quedan unidos, las velocidades luego de la colisión, denominadas v_f, son iguales.

$$v_{Cf} = v_{Df} = v_f$$
$$m_C v_{Ci} + m_D v_{Di} = (m_C + m_D)v_f$$

Resuelve para hallar v_f.

$$v_f = \frac{m_C v_{Ci} + m_D v_{Di}}{m_C + m_D}$$

$$= \frac{(1875\text{ kg})(+23\text{ ms}) + (1025\text{ kg})(+17\text{ ms})}{1875\text{ kg} + 1025\text{ kg}}$$

Reemplaza $m_C = 1875$ kg, $v_{Ci} = +23$ m/s, $m_D = 1025$ kg, $v_{Di} = +17$ m/s.

$$= +21\text{ m/s}$$

3 EVALUAR LA RESPUESTA

- **¿Las unidades son correctas?** La velocidad se mide en metros por segundo.
- **¿El sentido es el adecuado?** v_{Ci} y v_{Di} están en sentido positivo, por lo tanto, v_f debe ser positivo.
- **¿La magnitud es realista?** La magnitud de v_f está entre las velocidades iniciales de los dos automóviles, pero más cerca de la velocidad del que tiene más masa, así que es razonable.

PRÁCTICA Problemas

PRÁCTICA ADICIONAL

17. Dos automóviles de carga, que tienen una masa de 3.0×10^5 kg cada uno, colisionan y quedan unidos. Uno se movía inicialmente a 2.2 m/s, y el otro estaba detenido. ¿Cuál es su velocidad final? Define el sistema como los dos automóviles.

18. Un portero de 75 kg que está quieto atrapa un disco de *hockey* que se mueve a 24 m/s. ¿Con qué velocidad se desliza en el hielo luego de atrapar del disco? Define el disco y el portero como el sistema.

19. Una bala de 35.0 g golpea una bola de acero que está quieta. Luego de la colisión, la bala rebota hacia atrás a 5.0 m/s. ¿A qué velocidad se mueve la bola cuando la bala rebota?

20. DESAFÍO Una pelota de 0.50 kg que avanza a 6.0 m/s choca de frente contra otra de 1.00 kg que avanza en dirección opuesta a 12.0 m/s. Luego de la colisión, la pelota de 0.50 kg rebota a 14 m/s. Halla la velocidad y la dirección de la otra pelota luego de la colisión.

Antes del empujón **Después del empujón**

Imagen 11 El niño ejerce una fuerza y hace que la niña se mueva a la derecha. La posición del niño con respecto a la pelota muestra que la fuerza igual, pero opuesta, que ejerce la niña lo hace moverse a la izquierda.

Inferir *¿Cómo te das cuenta a partir del movimiento de que la masa del niño es mayor que la de la niña?*

Retroceso

Es importante definir un sistema con cuidado. Para ver por qué, observa los patinadores en línea en la **Imagen 11.** ¿Puedes hallar sus velocidades finales? Supón que patinan en una superficie lisa sin fuerzas externas. Los dos comienzan en reposo, uno detrás del otro. El patinador C empuja a la patinadora D. Ahora, ambos se mueven en dirección opuesta. Como el empujón era una fuerza interna, puedes usar la ley de conservación del momento para hallar sus velocidades relativas. El momento total del sistema era cero antes del empujón. Por lo tanto, también debe ser cero después.

Antes		Después
$\boldsymbol{p}_{\text{Ci}} + \boldsymbol{p}_{\text{Di}}$	$=$	$\boldsymbol{p}_{\text{Cf}} + \boldsymbol{p}_{\text{Df}}$
0	$=$	$\boldsymbol{p}_{\text{Cf}} + \boldsymbol{p}_{\text{Df}}$
$\boldsymbol{p}_{\text{Cf}}$	$=$	$-\boldsymbol{p}_{\text{Df}}$
$m_{\text{C}}\boldsymbol{v}_{\text{Cf}}$	$=$	$-m_{\text{D}}\boldsymbol{v}_{\text{Df}}$

Se puede elegir el sistema de coordenadas de modo que el sentido positivo esté a la derecha. Los momentos de los patinadores luego del empujón son iguales en magnitud, pero opuestos en sentido. El movimiento hacia atrás del patinador C es un ejemplo de retroceso. ¿Son iguales y opuestas sus velocidades? La última ecuación puede resolver la velocidad del patinador C.

$$\boldsymbol{v}_{\text{Cf}} = \left(\frac{-m_{\text{D}}}{m_{\text{C}}}\right)\boldsymbol{v}_{\text{Df}}$$

Las velocidades dependen de las masas relativas de los patinadores. Si el patinador C tiene una masa de 68.0 kg y la patinadora D de 45.4 kg, la razón de sus velocidades será 68.0 : 45.4, o 1.50. El que tiene menos masa se mueve a mayor velocidad. Sin más información sobre qué tan fuerte el patinador C empujó a la patinadora D, no puedes hallar la velocidad de cada uno.

CCC CONCEPTOS INTERDISCIPLINARIOS

Sistemas y modelos de sistemas Examina la **Imagen 11.** ¿Qué evidencia brinda la pelota roja en las fotografías para analizar el sistema, y por qué es necesario ayudar a definir el sistema? Sugiere otra manera de lograrlo e ilústrala con un modelo del sistema.

Conexión con carreras STEM

Animador de gráficas por computadora

Para hacer una gráfica por computadora que parezca realista para películas y videojuegos, los animadores intentan comprender cómo se mueven los objetos en la vida real. Al aplicar las leyes de movimiento a las interacciones animadas se obtienen imágenes convincentes de choques de naves espaciales o de batallas medievales.

Propulsión en el espacio

¿Cómo cambia la velocidad un cohete en el espacio? El cohete usa combustible y oxidante. Cuando estas sustancias se combinan en el motor, los gases calientes salen del caño de escape a alta velocidad. El cohete y las sustancias químicas forman un sistema cerrado. Las fuerzas que expelen los gases son fuerzas internas, por lo que el sistema es además un sistema cerrado. Así, los objetos en el espacio pueden acelerar al usar la ley de conservación del momento y la tercera ley del movimiento de Newton. Un tipo más nuevo de propulsión espacial usa el retroceso que surge de la fuerza de los iones. Un propulsor acelera los iones en un campo eléctrico o magnético. Cuando se expelen los iones en un sentido, la conservación del momento hace que la nave espacial se mueva en sentido opuesto.

¿Lo comprendes?

Explica de qué manera el cohete que se muestra al principio del módulo puede acelerar en el espacio.

EJEMPLO Problema 4

VELOCIDAD Un astronauta quieto en el espacio dispara una pistola de propulsión que produce un estallido de 35 g de aire caliente a 875 m/s. La masa combinada del astronauta y la pistola es de 84 kg. ¿A qué velocidad y en qué sentido se mueve el astronauta luego de disparar?

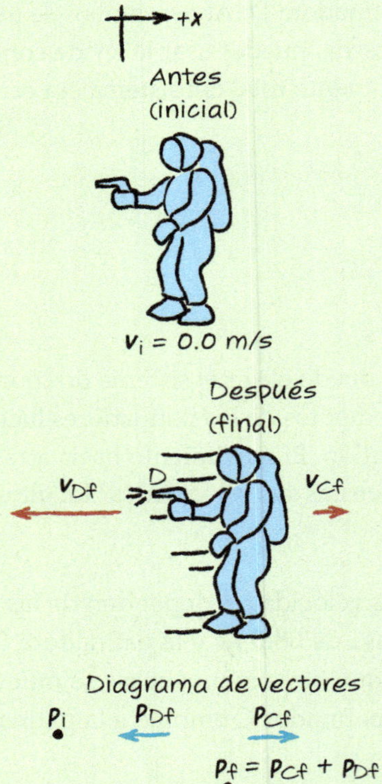

1 ANALIZAR Y PLANTEAR EL PROBLEMA

- Define el sistema y establece el eje de coordenadas.
- Dibuja las condiciones del antes y del después. Dibuja un diagrama de vectores.

Datos conocidos

$m_C = 84$ kg $\mathbf{v}_{Ci} = \mathbf{v}_{Di} = 0.0$ m/s

$m_D = 0.035$ kg $\mathbf{v}_{Df} = -875$ m/s

Incógnita

$\mathbf{v}_{Cf} = ?$

2 HALLAR LA INCÓGNITA

El sistema está compuesto por el astronauta, la pistola y el gas.

$\mathbf{p}_i = \mathbf{p}_{Ci} + \mathbf{p}_{Di} = 0.0$ kg·m/s

Antes de disparar, el sistema está en reposo; el momento inicial es cero.

Usa la ley de conservación del momento para hallar $\mathbf{p}_{Cf}$.

$$\mathbf{p}_i = \mathbf{p}_f$$
$$0.0 \text{ kg·m/s} = \mathbf{p}_{Cf} + \mathbf{p}_{Df}$$
$$\mathbf{p}_{Cf} = -\mathbf{p}_{Df}$$

El momento del astronauta es igual en magnitud, pero opuesto en sentido al momento del gas que sale de la pistola.

Resuelve para hallar la velocidad final del astronauta ($\mathbf{v}_{Cf}$).

$$m_C\mathbf{v}_{Cf} = -m_D\mathbf{v}_{Df}$$
$$\mathbf{v}_{Cf} = \frac{-m_D\mathbf{v}_{Df}}{m_C}$$
$$= \left(\frac{-(0.035 \text{ kg})(-875 \text{ m/s})}{84 \text{ kg}}\right)$$
$$= +0.36 \text{ m/s}$$

Sustituye $m_D = 0.035$ kg, $v_{Df} = -875$ m/s, $m_C = 84$ kg.

3 EVALUAR LA RESPUESTA

- **¿Las unidades son correctas?** La velocidad se mide en metros por segundo.
- **¿El sentido es el adecuado?** El sentido del astronauta es opuesto al del gas.
- **¿La magnitud es realista?** La masa del astronauta es mucho mayor que la del gas, así que la velocidad del astronauta es mucho menor que la del gas que se expele.

PRÁCTICA Problemas

PRÁCTICA ADICIONAL

21. Se lanza un cohete modelo de 4.00 kg que expele combustible quemado con una masa de 50.0 g a una velocidad de 625 m/s. ¿Cuál es la velocidad del cohete después de que se quemó el combustible? *Pista: Ignora las fuerzas de gravedad externas y la resistencia del aire.*

22. Un carrito de 1.5 kg y un carrito de 4.5 kg están conectados por un hilo. Cuando se quema el hilo, un resorte comprimido los empuja y hace que se separen. El carrito de 1.5 kg se desplaza a una velocidad de 27 cm/s hacia la izquierda. ¿Cuál es la velocidad del carrito de 4.5 kg?

23. DESAFÍO Carmen y Judi reman en su canoa junto a un muelle. Detienen la canoa, pero no la amarran por lo que puede seguir moviéndose libremente. Carmen, que tiene una masa de 80.0 kg, sale y se para en el muelle. Al salir, se mueve a una velocidad de 4.0 m/s, y hace que la canoa, donde todavía está Judi, también se mueva. ¿A qué velocidad y en qué dirección se mueven la canoa y Judi si sus masa combinada es de 115 kg?

Colisión bidimensional

Hasta ahora, consideraste el momento en una sola dirección. La ley de conservación del momento se aplica a todos los sistemas cerrados sin fuerzas externas. Es válido independientemente de las direcciones de las partículas antes o después de que interactúen. Pero, ¿qué sucede en dos o tres dimensiones? La **Imagen 12** muestra una colisión de dos bolas de billar. Considera las bolas de billar como el sistema. El momento original de la bola en movimiento es $\boldsymbol{p}_{\mathrm{Ci}}$, y el momento de la bola en reposo es cero. Por lo tanto, el momento del sistema antes de la colisión es $\boldsymbol{p}_{\mathrm{Ci}}$.

Luego, las dos bolas se mueven y tienen momentos. Si ignoramos la fricción con la mesa, el sistema está cerrado y aislado. Entonces, se puede usar la ley de conservación del momento.

El momento inicial equivale a la suma de los momentos finales, así que $\boldsymbol{p}_{\mathrm{Ci}} = \boldsymbol{p}_{\mathrm{Cf}} + \boldsymbol{p}_{\mathrm{Df}}$. La suma de los componentes de los vectores antes y después de la colisión también deben ser iguales. Si el eje x se define en la dirección del momento de inercia, el componente y del momento inicial es cero. La suma de los componentes y finales también debe ser cero.

$$\boldsymbol{p}_{\mathrm{Cf,\,y}} + \boldsymbol{p}_{\mathrm{Df,\,y}} = 0$$

Los componentes y son iguales en magnitud, pero están en sentido opuesto y, por lo tanto, tienen signos opuestos. Las sumas de los componentes horizontales antes y después de la colisión también son iguales.

$$\boldsymbol{p}_{\mathrm{Ci}} = \boldsymbol{p}_{\mathrm{Cf,\,x}} + \boldsymbol{p}_{\mathrm{Df,\,x}}$$

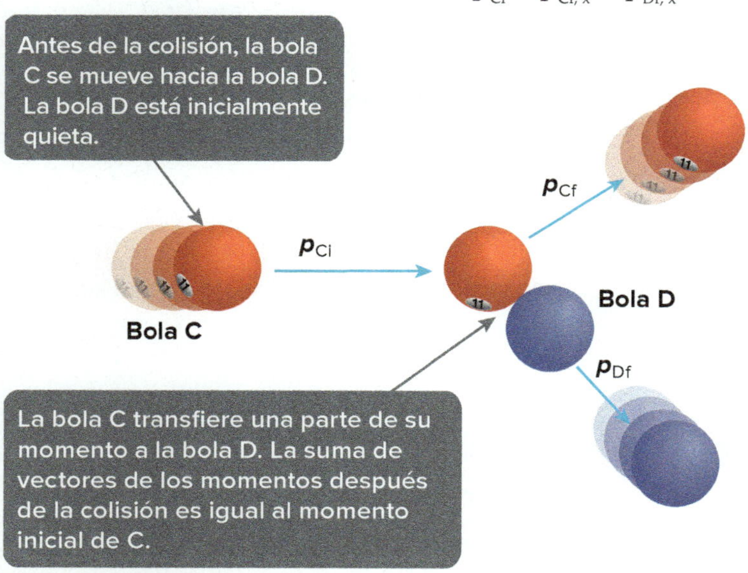

Imagen 12 El momento se conserva en un sistema cerrado y aislado, independientemente de las velocidades de los objetos antes de una colisión.

Analizar *El momento del sistema no se conserva si las bolas ruedan en una alfombra de alta fricción. Explica por qué y describe cómo los cambios de momento fuera del sistema equilibran el cambio de momento del sistema compuesto solo por las tres bolas.*

EJEMPLO Problema 5

VELOCIDAD Un automóvil de 1325 kg, C, que avanza hacia el norte a 27.0 m/s, choca con el automóvil D de 2165 kg que avanza hacia el este a 11.0 m/s. A causa de la colisión, los dos automóviles quedan unidos. ¿En qué dirección y a qué velocidad se mueven después de la colisión?

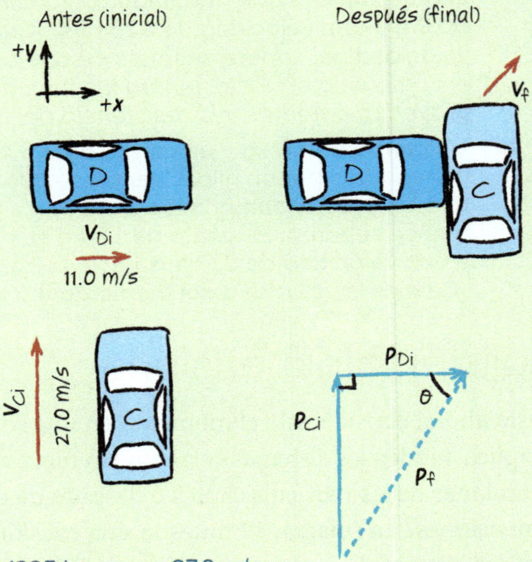

1 ANALIZAR Y PLANTEAR EL PROBLEMA

- Define el sistema.
- Dibuja el antes y el después.
- Establece el eje de coordenadas con el eje *y* hacia el norte y el eje *x* hacia el este.
- Dibuja un diagrama de vectores para el movimiento.

Datos conocidos	**Incógnita**
$m_C = 1325$ kg	$v_f = ?$
$m_D = 2165$ kg	$\theta = ?$
$v_{Ci,y} = 27.0$ m/s	
$v_{Di,x} = 11.0$ m/s	

2 HALLAR LA INCÓGNITA

Define los dos automóviles como el sistema. Determina las magnitudes de los momentos iniciales y el momento del sistema.

$$p_{Ci} = m_C v_{Ci,y}$$
$$= (1325\text{ kg})(27.0\text{ m/s})$$
$$= 3.58\times10^4\text{ kg·m/s (norte)}$$

Sustituye $m_C = 1325$ kg, $v_{Ci,y} = 27.0$ m/s.

$$p_{Di} = m_D v_{Di,x}$$
$$= (2165\text{ kg})(11.0\text{ m/s})$$
$$= 2.38\times10^4\text{ kg·m/s (este)}$$

Sustituye $m_D = 2165$ kg, $v_{Di,x} = 11.0$ m/s.

Usa la ley de conservación del momento para hallar p_f.

$$p_{f,x} = p_{i,x} = 2.38\times10^4\text{ kg·m/s}$$
$$p_{f,y} = p_{i,y} = 3.58\times10^4\text{ kg·m/s}$$

Sustituye $p_{i,x} = p_{Di} = 2.38\times10^4$ kg·m/s.
Sustituye $p_{i,y} = p_{Ci} = 3.58\times10^4$ kg·m/s.

Usa el diagrama para escribir ecuaciones para $p_{f,x}$ y $p_{f,y}$.

$$p_f = \sqrt{(p_{f,x})^2 + (p_{f,y})^2}$$
$$= \sqrt{(2.38\times10^4\text{ kg·m/s})^2 + (3.58\times10^4\text{ kg·m/s})^2}$$
$$= 4.30\times10^4\text{ kg·m/s}$$

Sustituye $p_{f,x} = 2.38\times10^4$ kg·m/s, $p_{f,y} = 3.58\times10^4$ kg·m/s.

Resuelve para hallar θ

$$\theta = \tan^{-1}\left(\frac{p_{f,y}}{p_{f,x}}\right)$$
$$= \tan^{-1}\left(\frac{3.58\times10^4\text{ kg·m/s}}{2.38\times10^4\text{ kg·m/s}}\right)$$
$$= 56.4°$$

Sustituye $p_{f,y} = 3.58\times10^4$ kg·m/s, $p_{f,x} = 2.38\times10^4$ kg·m/s.

Determina la velocidad final.

$$v_f = \frac{p_f}{m_C + m_D}$$
$$= \frac{4.30\times10^4\text{ kg·m/s}}{1325\text{ kg} + 2165\text{ kg}}$$
$$= 12.3\text{ m/s}$$

Sustituye $p_f = 4.30\times10^4$ kg·m/s, $m_C = 1325$ kg, $m_D = 2165$ kg.

3 EVALUAR LA RESPUESTA

- **¿Son correctas las unidades?** La unidad correcta para la velocidad es metros por segundo.
- **¿Tiene sentido la dirección?** Las respuestas son positivas y están en los ángulos correctos.
- **¿La magnitud es realista?** Los automóviles se unen, así que v_f debe ser menor a v_{Ci}.

PRÁCTICA Problemas

PRÁCTICA ADICIONAL

24. Un automóvil de 925 kg que avanza hacia el norte a 20.1 m/s choca contra otro de 1865 kg que avanza hacia el oeste a 13.4 m/s. Luego de la colisión, los dos automóviles quedan unidos. ¿En qué dirección y a qué velocidad se mueven después de la colisión? Define los dos automóviles como el sistema.

25. Un automóvil de 1732 kg que avanza hacia el este a 31.3 m/s golpea a otro de 1383 kg que avanza hacia el sur a 11.2 m/s. Luego de la colisión, los automóviles quedan unidos. ¿A qué velocidad y en qué dirección se mueven inmediatamente después de la colisión? Define los dos automóviles como el sistema.

26. Un automóvil de 1923 kg que avanza hacia el norte golpea a otro de 1345 kg que avanza hacia el este a 15.7 m/s. Ambos quedan unidos y se mueven a una velocidad de 14.5 m/s a $\theta = 63.5°$. ¿El automóvil que avanzaba hacia el norte estaba excediendo el límite de velocidad de 20.1 m/s?

27. **DESAFÍO** Una bola de billar inmóvil con una masa de 0.17 kg recibe un golpe de una bola idéntica que se mueve a 4.0 m/s. Luego, la segunda bola se mueve 60.0° hacia la izquierda de su dirección original. La inmóvil se mueve 30.0° hacia la derecha de la dirección original de las bolas en movimiento. ¿Cuál es la velocidad de cada una luego de la colisión?

Conservación del momento angular

Al igual que el momento lineal, el momento angular se puede conservar. Según la **ley de conservación del momento angular,** si ningún par de torsión externo actúa en un sistema cerrado, su momento angular no cambia, como se representa en la siguiente ecuación.

Ley de conservación del momento angular

El momento angular inicial de un sistema aislado es igual a su momento angular final.

$$L_i = L_f$$

El patinador sobre hielo que gira en la **Imagen 13** demuestra la conservación del momento angular. Cuando junta los brazos, gira más rápido. Sin un par de torsión externo, su momento angular no cambia y $L = I\omega$ es constante. La mayor velocidad angular debe estar acompañada de un menor momento de inercia. Al juntar los brazos, el patinador acerca más masa al eje de rotación. Así disminuye el radio de rotación y disminuye su momento de inercia. Puedes calcular los cambios en la velocidad angular con la ley de conservación del momento angular.

$$L_i = L_f$$

$$\text{entonces, } I_i\omega_i = I_f\omega_f$$

$$\frac{\omega_f}{\omega_i} = \frac{I_i}{I_f}$$

Imagen 13 Cuando el patinador dobla los brazos, su momento de inercia disminuye. Como su momento angular se conserva, su velocidad angular aumenta.

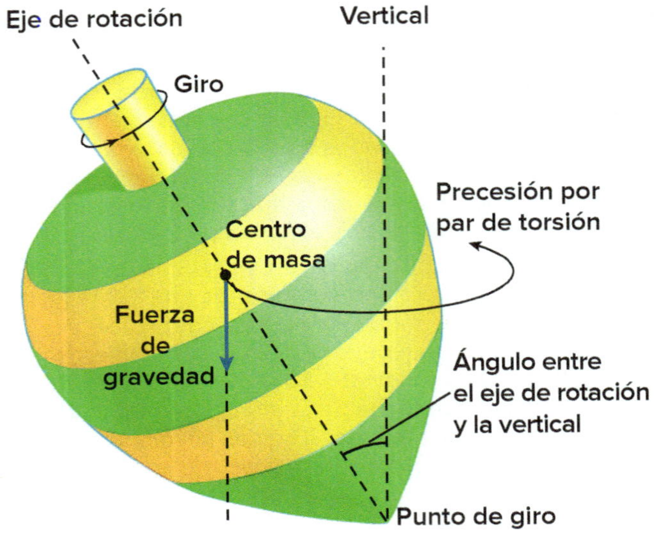

Imagen 14 Si haces girar un trompo en una pendiente, la gravedad de la Tierra ejerce sobre él un par de torsión y genera precesión en el extremo superior.

Decidir *¿Por qué hay precesión en la parte superior solo cuando está inclinad?*

Trompos y giroscopios

Dada la conservación del momento angular, la dirección de rotación de un objeto que gira puede cambiar solo si se aplica un par de torsión. Cuando eras niño y jugabas con un trompo, es probable que lo hayas hecho girar al retorcer su eje entre tus dedos o al jalar el hilo envuelto en su eje. Cuando el trompo está vertical, la fuerza de gravedad en el centro de masa apunta hacia el punto de giro. Entonces, no hay par de torsión sobre él y su eje de rotación no cambia. Si se inclina, como se muestra en la **Imagen 14,** un par de torsión tiende a rotarlo hacia abajo. En lugar de volcar, el eje del trompo hace un movimiento lento de precesión, es decir, da vueltas y se aleja de la línea vertical.

La rotación de la Tierra es otro ejemplo de precesión de un objeto que gira. La Tierra no es una esfera perfecta. Como tiene una protuberancia ecuatorial, el empuje gravitacional del Sol ejerce un par de torsión sobre ella y genera un movimiento de precesión. Al eje de rotación de la Tierra le toma 26,000 años completar un ciclo de precesión.

¿Lo comprendes?

Analizar ¿Por qué la Tierra hace un movimiento de precesión cuando rota?

FÍSICA Desafío

Choque de automóviles Tu amiga conducía su automóvil de 1265 kg hacia el norte cuando la chocó un automóvil de 925 kg que iba hacia el oeste. Los dos quedaron unidos y se deslizaron 23.1 m a 42° hacia el norte desde el oeste. El límite de velocidad de las dos calles es de 22 m/s (50 mph). Define los dos autos como el sistema. Supón que el momento se conservó durante la colisión y que la aceleración era constante durante la frenada. El coeficiente de fricción cinética entre los neumáticos y el pavimento es 0.65.

1. Tu amiga dice que no estaba acelerando, pero el conductor del otro auto sí. ¿A qué velocidad conducía tu amiga antes del choque?
2. ¿A qué velocidad se movía el otro automóvil antes del choque? ¿Puedes defender el caso de tu amiga en un tribunal?

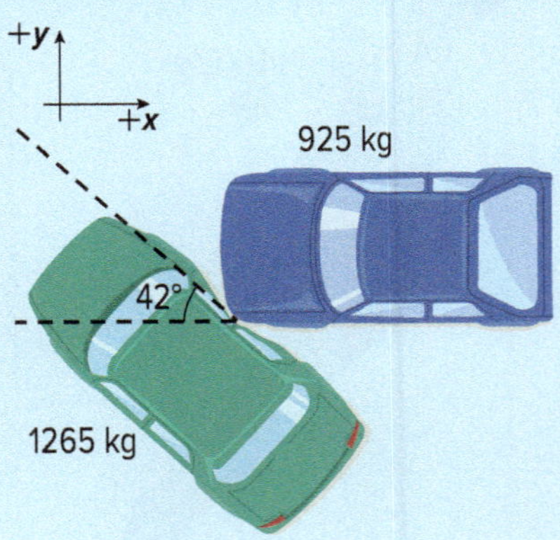

Un giroscopio, como el que se muestra en la **Imagen 15,** es una rueda o disco que gira rápidamente alrededor de un eje y puede rotar libremente alrededor de uno o dos ejes. El sentido de su gran momento angular puede cambiar solo si se aplica un par de torsión adecuado. Sin ese par de torsión, la dirección del eje de rotación no cambia.

Los giroscopios se usan en aviones, submarinos y naves espaciales para mantener una dirección de referencia invariable. Las brújulas giroscópicas mantienen la dirección incluso cuando no están en una superficie nivelada.

Un mariscal de campo usa el efecto giroscopio para hacer un pase preciso hacia adelante. Una espiral es un pase en el que la pelota gira alrededor de su eje más largo. Si el mariscal lanza la pelota en la dirección de su eje de rotación giratorio, mantiene su extremo puntiagudo hacia adelante y reduce la resistencia del aire. Así se puede lanzar la pelota más lejos y con mayor precisión. Si se yerra un poco la dirección de giro, la pelota tambalea. Si no se la hace girar, rueda sobre sus extremos. El giro también estabiliza el vuelo de un disco. Si se hace girar bien un disco de plástico, puede volar muchos metros sin tambalearse. Algunas personas pueden hacer trucos con un yoyó porque la alta velocidad de rotación hace que siga rotando en un plano.

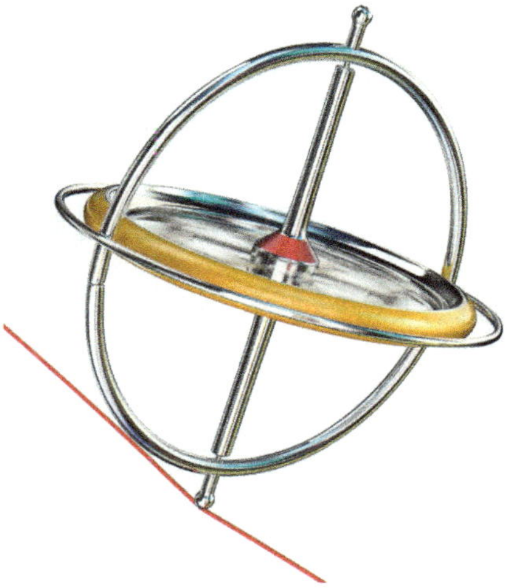

Imagen 15 Un giroscopio es útil para mantener una dirección fija porque su eje de giro no cambia la orientación, incluso si se mueve.

Verifica tu progreso

28. **Giro** El borde externo de un disco de plástico es grueso y pesado. Además de permitir atraparlo con facilidad, ¿cómo afecta esto las propiedades de rotación del disco?

29. **Velocidad** Se suelta un carrito que pesa 24.5 N y que estaba detenido en una rampa de 1.00 m, inclinada a un ángulo de 30.0°, como se muestra en la **Imagen 16.** El carrito rueda por la pendiente y golpea otro que pesa 36.8 N.
    a. Define los dos carritos como el sistema. Calcula la velocidad del primero en la parte inferior de la pendiente.
    b. Si los dos carritos quedan unidos, ¿con qué velocidad final se moverán?

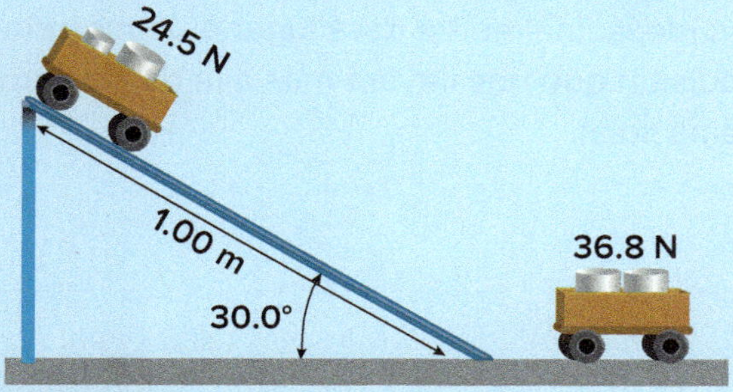

Imagen 16

30. **Conservación del momento** Durante un saque de tenis, la raqueta continúa hacia adelante luego de pegarle a la pelota. ¿Se conserva el momento en la colisión entre la raqueta de tenis y la pelota? Explica y define el sistema.

31. **Momento** Un atleta de salto con garrocha corre hacia el punto de lanzamiento con un momento horizontal. ¿De dónde viene el momento vertical cuando el atleta salta sobre la barra fija?

32. **Momento inicial** Durante un partido de fútbol, dos jugadores que vienen de direcciones opuestas chocan cuando intentan cabecear la pelota. Los jugadores se quedan quietos en el aire y luego caen. Describe el momento inicial.

33. **Pensamiento crítico** Atrapas una pelota pesada mientras estás parado en una patineta y, luego, te deslizas hacia atrás. Sin embargo, si estuvieras parado en el suelo podrías evitar moverte mientras atrapas la pelota.
    a. Identifica el sistema que usas en cada caso.
    b. Explica las dos situaciones con la ley de conservación del momento.

LEARNSMART® Conéctate para cumplir tu plan de aprendizaje personalizado para repasar, practicar y reforzar tu comprensión.

Más allá de nuestro sistema solar

Los sistemas de propulsión empujan o aceleran objetos hacia adelante mediante un impulso. Los sistemas de propulsión espacial empujan o aceleran las naves espaciales y los satélites.

La mayoría de las naves espaciales de hoy se propulsan con cohetes con combustible líquido.

Limitaciones de la ingeniería aeroespacial

Los científicos buscan nuevas formas de impulsar las naves espaciales y los satélites artificiales en el espacio. Desarrollan constantemente ideas tecnológicas que algún día nos permitirán enviar una nave espacial más allá de nuestro sistema solar.

La mayoría de las naves de hoy se propulsan con cohetes de combustible líquido que funcionan mediante combustión química. Esta tecnología se desarrolló por primera vez hace 90 años. Está limitada por la energía de los enlaces químicos en el combustible. Los científicos piensan que no se la puede seguir desarrollando ni mejorando como para impulsar una nave espacial más allá del sistema solar.

La energía eléctrica también se ha utilizado para la propulsión espacial. Se crea un impulso cuando la energía eléctrica produce plasma sobrecalentado que luego se dispara a través de una boquilla a una velocidad mayor que la del sonido. El impulso, sin embargo, es bajo, y la tecnología solo es útil para cambiar la posición de los satélites en órbita.

Posibles tecnologías futuras

Otra idea es crear impulso al captar fotones mediante "velas solares". Los fotones tienen momento y, si una vela solar capta suficientes fotones, podrían propulsar una nave espacial a velocidades muy altas, sin necesidad de combustible.

Los motores con propulsión de plasma aceleran iones dentro del plasma y generan impulso con potencial eléctrico y corrientes magnéticas. La idea aún debe probarse en el espacio, pero la compañía que la desarrolló dice que podrían enviar una nave a Marte en 39 días.

Los científicos estudian distintas ideas, algunas menos probables o viables que otras. De hecho, algunas de ellas se consideran teóricamente posibles. Sin embargo, con nuestro desarrollo continuo de conocimiento y tecnología, una de estas ideas finalmente dará lugar a un método de propulsión que nos llevará más allá de nuestro sistema solar.

DESARROLLA UN MODELO PARA ILUSTRAR

Elige una tecnología de propulsión. Investiga de qué manera se crea el impulso. Desarrolla un modelo para ilustrar cómo funciona la tecnología.

NASA/Bill Ingalls

MÓDULO 9

GUÍA DE ESTUDIO

CONÉCTATE para estudiar con el Libro de ciencias.

Lección 1 IMPULSO Y MOMENTO

- impulso
- momento
- teorema del impulso y momento
- momento angular
- teorema del impulso y momento angular

- El impulso de un objeto es la fuerza neta promedio que se ejerce sobre el objeto multiplicada por el intervalo de tiempo durante el cual actúa la fuerza.

$$\textit{impulso} = F\Delta t$$

- El momento de un objeto es el producto entre su masa y la velocidad, y es un vector de cantidad.

$$p = mv$$

Al resolver un problema de momento, debes definir primero los objetos en un sistema y examinar su momento antes y después del suceso. El impulso de un objeto es igual a su cambio de momento.

$$F\Delta t = p_f - p_i$$

- El momento angular de un objeto que rota es el producto entre su momento de inercia y su velocidad angular.

$$L = I\omega$$

- Según el teorema del impulso y momento angular, el impulso angular de un objeto es igual al cambio en el momento angular del objeto.

$$\tau\Delta t = L_f - L_i$$

Lección 2 CONSERVACIÓN DEL MOMENTO

- sistema cerrado
- sistema aislado
- ley de conservación del momento
- ley de conservación del momento angular

- Según la tercera ley del movimiento de Newton y la ley de conservación del momento, las fuerzas que ejercen entre sí dos objetos cuando chocan son iguales en magnitud y de sentido opuesto.
- El momento se conserva en un sistema cerrado y aislado.

$$p_f = p_i$$

- La ley de conservación del momento relaciona el momento de los objetos antes y después del choque. Usa el análisis de vectores para resolver problemas de conservación del momento en dos dimensiones. Según la ley de conservación del momento angular, si no hay pares de torsión que actúen en un sistema, el momento angular se conserva.

$$L_f = L_i$$

Dado que el momento angular se conserva, la dirección de rotación de un objeto que gira se puede cambiar solo si se aplica un par de torsión.

PENSAMIENTO TRIDIMENSIONAL

Conclusión del módulo

NASA/Joel Kowsky

REPASA EL FENÓMENO

¿Cómo aceleran los cohetes una vez que llegan al espacio?

CER Afirmación, evidencia, razonamiento

Explicar el razonamiento Repasa la afirmación que hiciste cuando hallaste el fenómeno. Resume la evidencia que reuniste en tus investigaciones y completa la tabla de resumen. ¿Respalda la evidencia tu afirmación? Si no lo hace, repasa tu afirmación. Explica por qué la evidencia respalda tu afirmación.

PROYECTO DE LA UNIDAD STEM

Ahora que completaste el módulo, repasa tu proyecto de la unidad STEM. Resumirás tu evidencia y la aplicarás al proyecto.

PROFUNDIZA

SEP Laboratorio de análisis de datos

¿Cómo cambia la velocidad en una colisión inelástica?

Un *fullback* de 92 kg, que corre a una velocidad de 5.0 m/s, intenta escurrirse directamente a través de la línea de gol para una anotación. En el momento en que llega a la línea, se encuentra de frente en el aire con dos *linebackers* de 75 kg. Uno se mueve a 2.0 m/s, y el otro a 4.0 m/s, ambos en dirección opuesta al *fullback*. Todos se enredan como una masa.

CER Analizar e interpretar datos

1. Dibuja las situaciones antes y después.
2. ¿Cuál es la velocidad del jugador después del choque?
3. **Afirmar** ¿El *fullback* hizo una anotación?
4. **Evidencia y razonamiento** Justifica tu afirmación.

MÓDULO 10
LA ENERGÍA Y SU CONSERVACIÓN

shan.shihan/Moment Open/Getty Images

MÓDULO 10

LA ENERGÍA Y SU CONSERVACIÓN

ENCUENTRA EL FENÓMENO

¿Cómo se almacena la energía de las centrales eléctricas en la red eléctrica para su uso posterior?

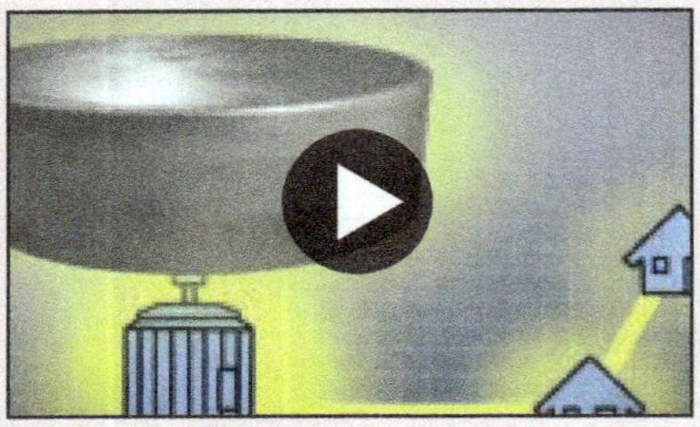

CONÉCTATE para reproducir un video acerca de cómo almacenar energía para su uso posterior.

SEP Hacer preguntas

¿Tienes más preguntas acerca del fenómeno? Si es así, agrégalas al pizarrón de preguntas clave.

CER Afirmación, evidencia, razonamiento

Hacer una afirmación Usa la tabla CER para hacer una afirmación acerca de cómo se almacena la energía de las centrales eléctricas en la red eléctrica para su uso posterior. Explica tu razonamiento.

Reunir evidencia Usa las lecciones del módulo para reunir evidencia que respalde tu afirmación. Registra la evidencia mientras trabajas en el módulo.

Explicar el razonamiento Repasarás tu afirmación y explicarás tu razonamiento al final del módulo.

CONÉCTATE para acceder a la tabla CER y explorar los recursos que te ayudarán a reunir evidencia.

LECCIÓN 2: Explorar y explicar: Energía potencial gravitatoria

LECCIÓN 3: Explorar y explicar: Analizar colisiones

Smithsonian

Recursos adicionales

LECCIÓN 1

TRABAJO Y ENERGÍA

PREGUNTA DE ENFOQUE

¿Qué es la energía?

Trabajo

Considera la fuerza que se ejerce sobre un objeto cuando se mueve, como la mochila de la **Imagen 1.** Existe una fuerza neta, por lo que el objeto se acelera, $a = \frac{F}{m}$, y su velocidad cambia. Al estudiar el movimiento, aprendimos que la aceleración, la velocidad y la distancia se relacionan mediante la ecuación $v_f^2 = v_i^2 + 2ad$. Esto se puede volver a escribir como $2ad = v_f^2 - v_i^2$. Reemplaza a por el término $\frac{F}{m}$ para obtener $2\left(\frac{F}{m}\right)d = v_f^2 - v_i^2$. Al multiplicar los dos lados por $\frac{m}{2}$ se obtiene $Fd = \frac{1}{2}mv_f^2 - \frac{1}{2}mv_i^2$.

El lado izquierdo de la ecuación describe una acción del mundo exterior sobre el sistema. Un sistema son los objetos de interés y el mundo exterior es todo lo demás. Se ejerció una fuerza (F) sobre un sistema mientras se movía el punto de contacto. Cuando se aplica una fuerza a través de un desplazamiento, se realiza un **trabajo** (T) en el sistema.

La unidad de trabajo del SI se llama **julio** (J). Un julio es igual a 1 N·m. Cuando una fuerza de 1 N actúa sobre un sistema en un desplazamiento de 1 m, se desarrolla un julio de trabajo. Una manzana pesa cerca de 1 N, por lo que se necesita casi 1 N de fuerza para levantarla a una velocidad constante. Al levantar una manzana 1 m a una velocidad constante, se realiza 1 J de trabajo.

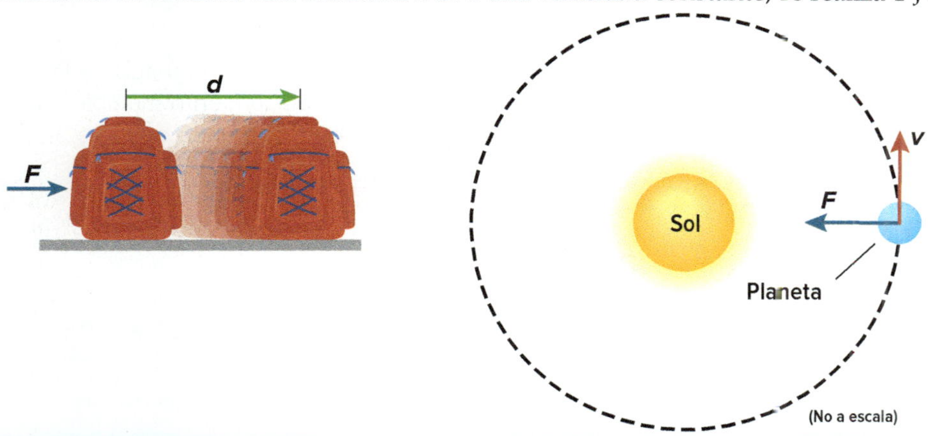

Imagen 1 Se realiza un trabajo al aplicar una fuerza a través de un desplazamiento.

Identifica *otro ejemplo de una fuerza que realiza un trabajo sobre un objeto.*

PENSAMIENTO 3D DCI Ideas centrales disciplinarias CCC Conceptos interdisciplinarios SEP Prácticas de ciencia e ingeniería

REUNIR EVIDENCIA

Usa el Cuaderno de ciencias para registrar la evidencia que reúnas mientras completas las lecturas y las actividades de la lección.

INVESTIGAR

CONÉCTATE para hallar estas actividades y más recursos.

Laboratorio de Física: Escalada y potencia
Analiza e interpreta los datos para determinar las relaciones entre fuerza, potencia y tiempo.

Investigación rápida: Fuerza aplicada en ángulo
Realiza una investigación para determinar cómo el ángulo al que se aplica una fuerza afecta la cantidad de trabajo que se realiza.

Trabajo de una fuerza constante En el ejemplo de la mochila, F es una fuerza constante que se ejerce en la dirección en la que se mueve el objeto. En este caso, el trabajo (T) es el producto de la fuerza y el desplazamiento del sistema. Es decir,

$$T = Fd.$$

¿Qué sucede si la fuerza es perpendicular a la dirección del movimiento? Por ejemplo, para un planeta en órbita circular, la fuerza siempre es perpendicular a la dirección del movimiento, como muestra la **Imagen 1.** Recuerda que una fuerza perpendicular solo cambia la dirección. La velocidad del planeta no varía, por lo que el lado derecho de la ecuación, $\frac{1}{2}mv_f^2 - \frac{1}{2}mv_i^2$, es cero. Por lo tanto, el trabajo realizado también es cero.

Fuerza constante en ángulo ¿Qué trabajo realiza una fuerza ejercida en ángulo? Por ejemplo, ¿qué trabajo hace la persona que empuja el automóvil en la **Imagen 2**? Recuerda que cualquier fuerza se puede reemplazar por sus componentes. Si aplicas el sistema de coordenadas de la **Imagen 2,** la fuerza (F) de 125 N que se ejerce en la dirección del brazo de la persona tiene dos componentes.

La magnitud del componente horizontal (F_x) se relaciona con la magnitud de la fuerza aplicada (F) por $\cos 25.0° = \frac{F_x}{F}$. Al hallar F_x, se obtiene

$$F_x = F \cos 25.0° = (125\ \text{N})(\cos 25.0°) = 113\ \text{N}.$$

Con el mismo método, el componente vertical es

$$F_y = -F \operatorname{sen} 25.0°$$

$$F_y = -(125\ \text{N})(\operatorname{sen} 25.0°) = -52.8\ \text{N}.$$

El signo negativo muestra que la fuerza es descendente. Como el desplazamiento está en la dirección de x, solo el componente x realiza un trabajo, y no el componente y. El trabajo realizado al ejercer una fuerza sobre un sistema en ángulo con respecto a la dirección del movimiento es igual al componente de la fuerza en la dirección del desplazamiento multiplicado por el desplazamiento.

La magnitud de la fuerza del componente (F_x) que actúa en la dirección del desplazamiento se halla al multiplicar la magnitud de la fuerza (F) por el coseno del ángulo (θ) entre la fuerza y la dirección del desplazamiento:

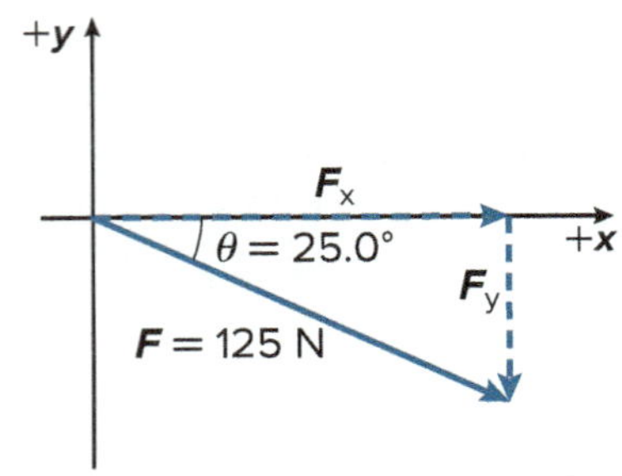

Imagen 2 Solo el componente horizontal de la fuerza del hombre realiza un trabajo porque el desplazamiento del automóvil es horizontal.

$F_x = F \cos \theta$. Por lo tanto, el trabajo realizado se representa con esta ecuación.

Trabajo

El trabajo es igual al producto de la magnitud de la fuerza y la magnitud del desplazamiento multiplicado por el coseno del ángulo que está entre ellos.

$$T = Fd \cos \theta$$

¿Lo comprendes?

Determina el trabajo realizado al ejercer una fuerza de 3 N en un ángulo de 45° con la dirección del movimiento a lo largo de 1 m.

La ecuación anterior concuerda con nuestras expectativas para las fuerzas constantes ejercidas en la dirección del desplazamiento y las perpendiculares al desplazamiento. En el ejemplo de la mochila, $\theta = 0°$ y $\cos 0° = 1$. Por lo tanto, $T = Fd(1) = Fd$, como vimos antes. En el caso del planeta en órbita, $\theta = 90°$ y $\cos 90° = 0$. Por lo tanto, $T = Fd(0) = 0$. Esto concuerda con nuestras conclusiones anteriores.

Imagen 3 El trabajo total es la suma del trabajo realizado por cada agente que ejerce una fuerza sobre el sistema.

Describe *el trabajo total realizado sobre la caja si tu amigo ejerció una fuerza mayor que la tuya. Considera la dirección del desplazamiento.*

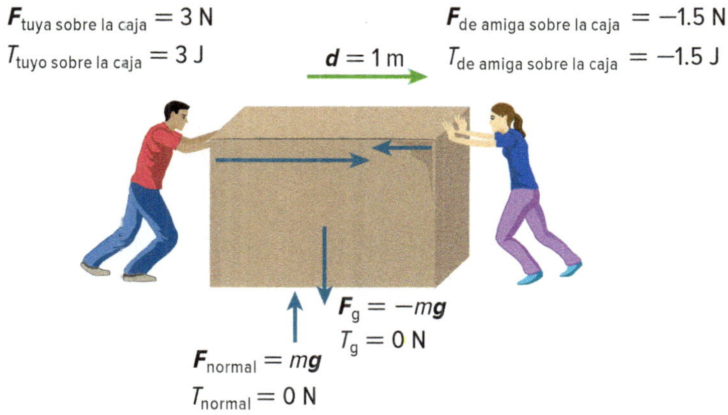

Trabajo de muchas fuerzas

Imagina que empujas una caja sobre una superficie sin fricción mientras tu amiga intenta evitar que la muevas, como se ve en la **Imagen 3.** ¿Qué fuerzas actúan sobre la caja? Tú ejerces una fuerza hacia la derecha, y tu amiga hacia la izquierda. La gravedad de la Tierra ejerce una fuerza descendente, y el suelo ejerce una fuerza normal ascendente. ¿Cuánto trabajo se realiza sobre la caja?

Cuando se ejercen varias fuerzas sobre un sistema, calcula el trabajo de cada una y, luego, suma los resultados. Para la caja de la **Imagen 3,** las fuerzas ascendentes y descendentes (gravedad y fuerza normal) son perpendiculares ($\theta = 90°$) a la dirección del movimiento y no realizan ningún trabajo. Para estas fuerzas, $\theta = 90°$, por lo que $\cos \theta = 0$, y, por ende, $T = 0$.

La fuerza que ejerces ($F_{\text{tuya sobre la caja}}$) sigue la dirección del desplazamiento, entonces el trabajo es

$$T = F_{\text{tuya sobre la caja}} d.$$

Tu amiga ejerce una fuerza (F_{amiga}) en la dirección opuesta al desplazamiento ($\theta = 180°$). Dado que $\cos 180° = -1$, tu amiga realiza un trabajo negativo:

$$T = -F_{\text{de amiga sobre la caja}} d$$

El trabajo total sobre la caja es

$$T = F_{\text{tuya sobre la caja}} d - F_{\text{de amiga sobre la caja}} d.$$

¿Lo comprendes?

Explica por qué tú realizas un trabajo positivo sobre la caja y tu amiga uno negativo.

También es importante considerar cada distancia por separado. Digamos que empujas una caja 1 m con una fuerza de 3 N. Luego jalas la caja 1 m hasta el punto de partida con una fuerza de 3 N. ¿Es $T = 0$ porque el desplazamiento total es cero?

Esto sería verdadero si la fuerza fuera constante, pero tu fuerza cambió de dirección. Empujaste en la dirección de movimiento de la caja en la primera parte, por lo que hiciste 3 J de trabajo. En la segunda parte, la fuerza y la dirección del movimiento se invirtieron. El jalón y el movimiento de la caja siguieron la misma dirección, y realizaste 3 J de trabajo. Por lo tanto, realizaste un total de 6 J de trabajo sobre la caja.

¿Lo comprendes?

Describe otra situación en la que realices un trabajo en un sistema y explica la cantidad de trabajo realizado.

USO CIENTÍFICO VS. USO COMÚN

Trabajo

Uso científico: fuerza aplicada a través de un desplazamiento

El estudiante trabajó en el automóvil al empujarlo para sacarlo del lodo.

Uso común: esfuerzo físico o mental

Estudiar Física requiere de mucho trabajo.

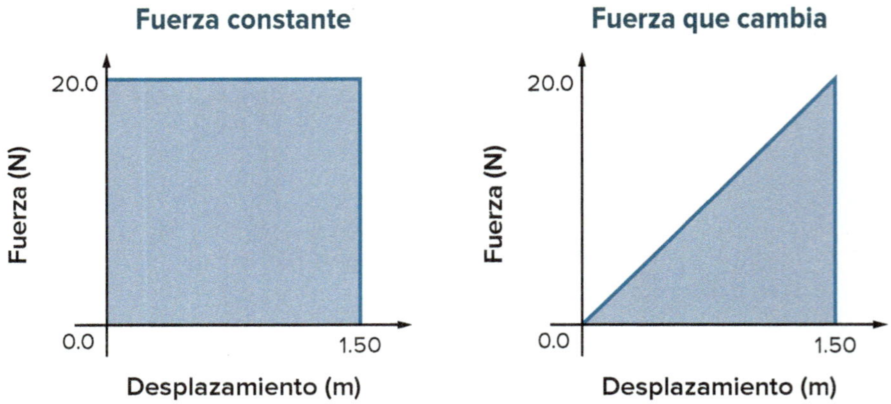

Imagen 4 El área debajo de una gráfica de desplazamiento y fuerza es igual al trabajo.

Hallar el trabajo realizado cuando cambian las fuerzas

En el último ejemplo, la fuerza cambió, pero pudimos determinar el trabajo en cada segmento. Sin embargo, ¿qué ocurre si la fuerza cambia de manera más complicada?

Una gráfica de fuerza y desplazamiento permite determinar el trabajo de una fuerza. Este método sirve para resolver problemas en los que la fuerza cambia. La gráfica de la izquierda en la **Imagen 4** muestra el trabajo de una fuerza constante de 20.0 N para levantar un objeto 1.50 m. El trabajo de esta fuerza se representa mediante

$$T = Fd = (20.0\ \text{N})(1.50\ \text{m}) = 30.0\ \text{J}.$$

El área sombreada debajo de la gráfica de la izquierda también es igual a (20.0 N) (1.50 m), o 30.0 J. El área debajo de una gráfica de desplazamiento y fuerza es igual al trabajo que realiza esa fuerza.

Esto es cierto incluso si la fuerza cambia. La gráfica de la derecha en la **Imagen 4** muestra la fuerza de un resorte que varía linealmente de 0.0 a 20.0 N, a medida que se comprime 1.50 m. El trabajo realizado por la fuerza que comprimió el resorte es el área debajo de la gráfica, que es el área de un triángulo, $\left(\frac{1}{2}\right)$(base)(altura), o

$$T = \left(\frac{1}{2}\right)(20.0\ \text{N})(1.50\ \text{m}) = 15.0\ \text{J}.$$

Aplica la siguiente estrategia al resolver problemas relacionados con el trabajo.

ESTRATEGIAS PARA RESOLVER PROBLEMAS

Trabajo

Al resolver problemas relacionados con el trabajo, aplica esta estrategia:

1. Identifica y dibuja el sistema. Muestra las fuerzas que trabajan en el sistema.
2. Establece un sistema de coordenadas. Traza los vectores de desplazamiento del sistema y cada vector de fuerza que trabaja en el sistema.
3. Halla el ángulo (θ) entre cada fuerza y desplazamiento.
4. Calcula el trabajo que realiza cada fuerza mediante $T = Fd \cos \theta$.
5. Calcula el trabajo neto realizado.

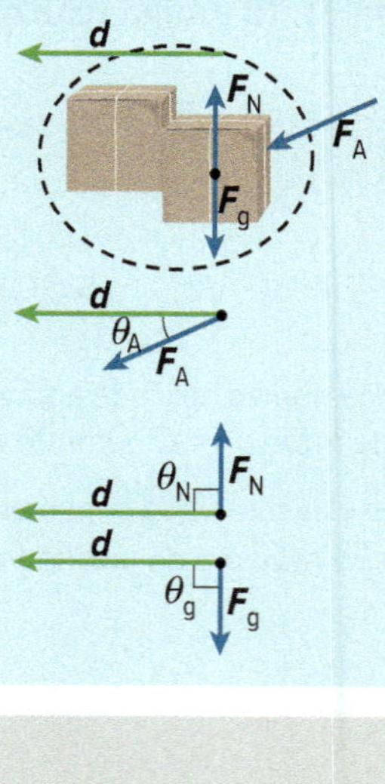

EJEMPLO Problema 1

TRABAJO Un jugador de *hockey* aplica con un palo una fuerza constante de 4.50 N hacia adelante en un disco de 105 g que se desliza sobre el hielo en un desplazamiento de 0.150 m. ¿Cuánto trabajo realiza el palo sobre el disco? Supón que la fricción es insignificante.

1 ANALIZAR Y PLANTEAR EL PROBLEMA

- Identifica el sistema y la fuerza que trabaja.
- Representa la situación y las condiciones iniciales.
- Establece un sistema de coordenadas con $+x$ a la derecha.
- Dibuja un diagrama vectorial.

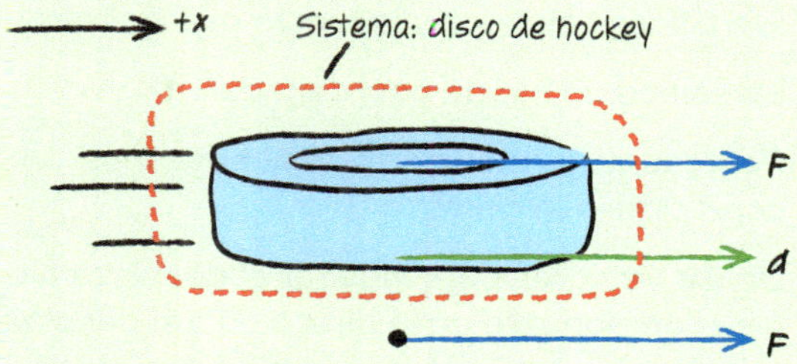

El jugador trabaja sobre el disco.

Datos conocidos
$m = 105$ g
$F = 4.50$ N
$d = 0.150$ m
$\theta = 0°$

Incógnita
$T = ?$

2 HALLAR LA INCÓGNITA

Utiliza la definición de trabajo.

$$T = Fd \cos \theta$$

$$= (4.50 \text{ N})(0.150 \text{ m})(\cos \theta)$$ Sustituye $F = 4.50$ N, $d = 0.150$ m, $\cos \theta = \cos 0° = 1$.

$$= 0.675 \text{ N•m}$$

$$= 0.675 \text{ J}$$ $1 \text{ J} = 1 \text{ N•m}$

3 EVALUAR LA RESPUESTA

- **¿Son correctas las unidades?** El trabajo se mide en julios.
- **¿Tiene sentido el signo?** El palo (mundo exterior) trabaja sobre el disco (el sistema), por lo que el signo del trabajo debe ser positivo.

PRÁCTICA Problemas

PRÁCTICA ADICIONAL

1. Consulta el Ejemplo Problema 1 para resolver el siguiente problema.
   a. Si el jugador de *hockey* ejerciera el doble de fuerza (9.00 N) sobre el disco a lo largo de la misma distancia, ¿cómo afectaría la cantidad de trabajo que realiza el palo sobre el disco?
   b. Si el jugador ejerciera una fuerza de 9.00 N, pero el palo estuviera en contacto con el disco solo la mitad de la distancia (0.075 m), ¿cuánto trabajo realizaría el palo sobre el disco?
2. Juntos, dos hombres ejercen una fuerza de 825 N al empujar un automóvil por una distancia de 35 m.
   a. ¿Cuánto trabajo realizan los hombres sobre el automóvil?
   b. Si se duplica la fuerza, ¿cuánto trabajo deben realizar para empujar el automóvil la misma distancia?
3. Un escalador lleva una mochila de 7.5 kg al escalar un acantilado. Después de 30.0 min, el escalador está 8.2 m por encima del punto de partida.
   a. ¿Cuánto trabajo realiza el escalador sobre la mochila?
   b. Si el escalador pesa 645 N, ¿cuánto trabajo realiza al elevarse a sí mismo y a la mochila?
4. **DESAFÍO** Marisol empuja una caja de 3.0 kg 7.0 m por el piso con una fuerza de 12 N. Luego, la levanta hasta un estante a 1 m del suelo. ¿Cuánto trabajo realiza sobre la caja?

EJEMPLO Problema 2

FUERZA Y DESPLAZAMIENTO EN ÁNGULO Un marinero jala un bote 30.0 m a lo largo de un muelle con una cuerda que forma un ángulo de 25.0° con la horizontal. ¿Cuánto trabajo realiza la cuerda en el bote si su tensión es de 255 N?

1 ANALIZAR Y PLANTEAR EL PROBLEMA

- Identifica el sistema y la fuerza que trabaja.
- Establece un eje de coordenadas.
- Representa la situación con el bote y las condiciones iniciales.
- Dibuja vectores para mostrar el desplazamiento, la fuerza y su componente en la dirección del desplazamiento.

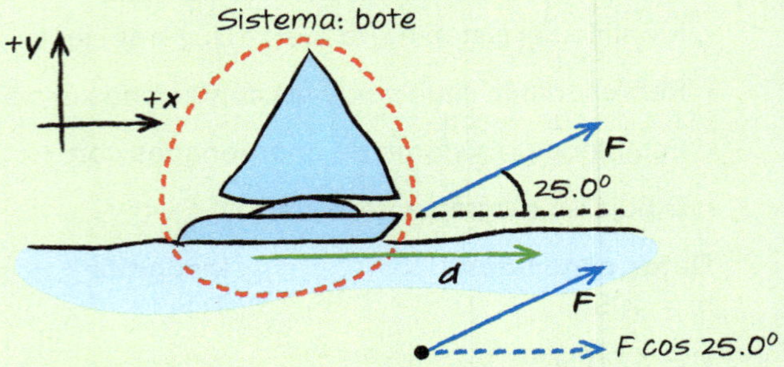

El marinero trabaja sobre el bote.

Datos conocidos		Incógnita
$F = 255$ N	$\theta = 25.0°$	$T = ?$
$d = 30.0$ m		

2 HALLAR LA INCÓGNITA

Utiliza la definición de trabajo.

$$T = Fd \cos \theta$$

$$= (255 \text{ N})(30.0 \text{ m})(\cos 25.0°)$$ Sustituye $F = 255$ N, $d = 30.0$ m, $\theta = 25.0°$.

$$= 6.93\times10^3 \text{ J}$$

3 EVALUAR LA RESPUESTA

- **¿Son correctas las unidades?** El trabajo se mide en julios.
- **¿Tiene sentido el signo?** La cuerda trabaja sobre el bote, lo que concuerda con un signo positivo para el trabajo.

PRÁCTICA Problemas

PRÁCTICA ADICIONAL

5. Si el marinero del Ejemplo Problema 2 jala con la misma fuerza y por el mismo desplazamiento, pero en un ángulo de 50.0°, ¿cuánto trabajo realiza la cuerda sobre el bote?

6. Dos personas levantan una caja pesada por una distancia de 15 m. Las cuerdas que usan forman un ángulo de 15° con la vertical. Cada persona ejerce una fuerza de 225 N. Calcula el trabajo que realizan las cuerdas.

7. Un pasajero de avión sube una maleta de 215 N por las escaleras, un desplazamiento de 4.20 m vertical y 4.60 m horizontal.

a. ¿Cuánto trabajo realiza el pasajero sobre la maleta?

b. El pasajero baja la misma maleta por las mismas escaleras. ¿Cuánto trabajo realiza sobre la maleta para bajarla por las escaleras?

8. Se jala con una cuerda de una caja de metal una distancia de 15.0 m por el piso. La cuerda se sostiene en un ángulo de 46.0° con el piso y se aplica una fuerza de 628 N. ¿Cuánto trabajo realiza la cuerda sobre la caja?

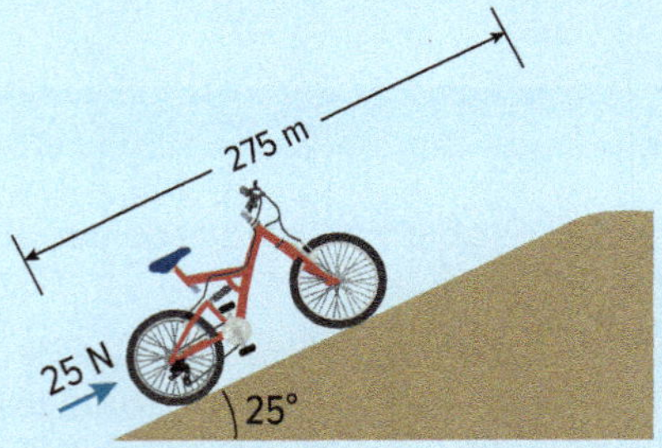

Imagen 5

9. DESAFÍO Un ciclista empuja una bicicleta de 13 kg por una colina empinada. La inclinación es de 25° y la colina tiene 275 m de largo, como se ve en la **Imagen 5.** El ciclista empuja la bicicleta paralela a la carretera con una fuerza de 25 N.

a. ¿Cuánto trabajo realiza el ciclista sobre la bicicleta?

b. ¿Cuánto trabajo realiza la fuerza de gravedad sobre la bicicleta?

Energía

Vuelve a mirar la ecuación $T = \frac{1}{2}mv_f^2 - \frac{1}{2}mv_i^2$. ¿Qué propiedad de un sistema describe $\frac{1}{2}mv^2$? Un vehículo enorme a gran velocidad puede dañar los objetos que lo rodean, y un *hit* de béisbol a alta velocidad se eleva en el aire. Es decir, un sistema con esta propiedad puede producir un cambio en sí mismo o en el mundo que lo rodea. Esta capacidad de generar cambios se llama **energía** y se representa con el símbolo *E*.

El lado derecho de la ecuación, $\frac{1}{2}mv_f^2 - \frac{1}{2}mv_i^2$, indica un cambio en un tipo específico de energía. Es decir, el trabajo genera un cambio en la energía. El **teorema de trabajo-energía** establece que, cuando se realiza un trabajo en un sistema, el resultado es un cambio en la energía del sistema. El teorema se puede representar con la siguiente ecuación.

Teorema de trabajo-energía

El trabajo realizado en un sistema es igual al cambio en la energía del sistema.

$$T = \Delta E$$

Como el trabajo se mide en julios, la energía también. De hecho, la unidad recibe su nombre del físico del siglo XIX James Prescott Joule, quien estableció la relación entre el trabajo realizado y el cambio de energía. Recuerda que 1 julio es igual a 1 N·m y que 1 N es igual a 1 kg·m/s^2. Por lo tanto, 1 julio es igual a 1 kg·m^2/s^2. Son las mismas unidades que tiene $\frac{1}{2}mv^2$

A través del proceso del trabajo, la energía se mueve entre el mundo exterior y el sistema. La transferencia de energía se produce en cualquier dirección. Si el mundo exterior trabaja sobre un sistema, entonces *T* es positivo y la energía del sistema aumenta. Si un sistema trabaja sobre el mundo externo, entonces *T* es negativo y la energía del sistema disminuye. En resumen, el trabajo es la transferencia de energía cuando se aplica una fuerza a través de un desplazamiento.

Cambio de energía cinética

Hasta ahora, analizamos la energía asociada con el movimiento de un sistema. Por ejemplo, los tripulantes del trineo de la **Imagen 6** trabajan para mover el trineo al inicio de la carrera. La energía que se asocia con el movimiento se llama **energía cinética** (*EC*).

En el caso del trineo, el trabajo generó un cambio en la energía cinética del objeto. Sin embargo, hay muchas otras formas de energía.

El trabajo también puede generar un cambio en estas otras formas. Algunas, como la energía potencial y la térmica, se explorarán más adelante en este y siguientes módulos.

Imagen 6 Los tripulantes trabajan sobre el trineo al empujarlo. El resultado es un cambio en la energía cinética del trineo.

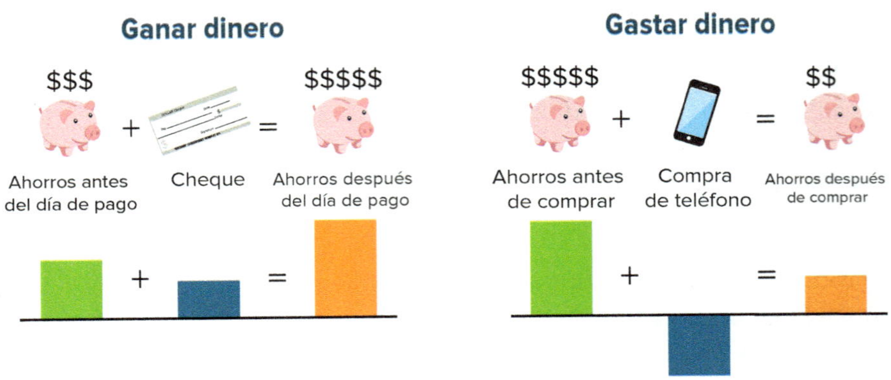

Imagen 7 La energía es similar a una cuenta de ahorros. El monto puede aumentar o disminuir.

Modelo del teorema de trabajo-energía

Controlar los cambios en el trabajo y la energía es como controlar una cuenta de ahorros. El monto cambia cuando se gana o se gasta. Del mismo modo, la energía puede almacenarse o consumirse. En cada caso, el comportamiento de un sistema se ve afectado. Podemos usar diagramas de barras, como los de la **Imagen 7,** para llevar un registro del dinero o la energía.

Lanzar y atrapar una pelota Imagina que ejerces una fuerza para lanzar una pelota inmóvil. La pelota gana energía cinética, como se muestra a la izquierda en la **Imagen 8.** En el diagrama, la altura de la barra representa la cantidad de trabajo (en julios). La energía cinética después del trabajo es igual a la inicial más el trabajo sobre la pelota.

Antes de atraparla, la pelota en movimiento tiene energía cinética. Luego, ejerces una fuerza sobre la pelota en la dirección *opuesta* a su movimiento. Por lo tanto, haces un trabajo negativo y la pelota se detiene. Ahora que no se mueve, no tiene energía cinética, como se ve en el diagrama de la derecha en la **Imagen 8.** La energía cinética siempre es positiva, entonces EC_{antes} es positiva. El trabajo realizado sobre la pelota es negativo y $EC_{\text{después}}$ es cero. Una vez más,

$$EC_{\text{después}} = EC_{\text{antes}} + T.$$

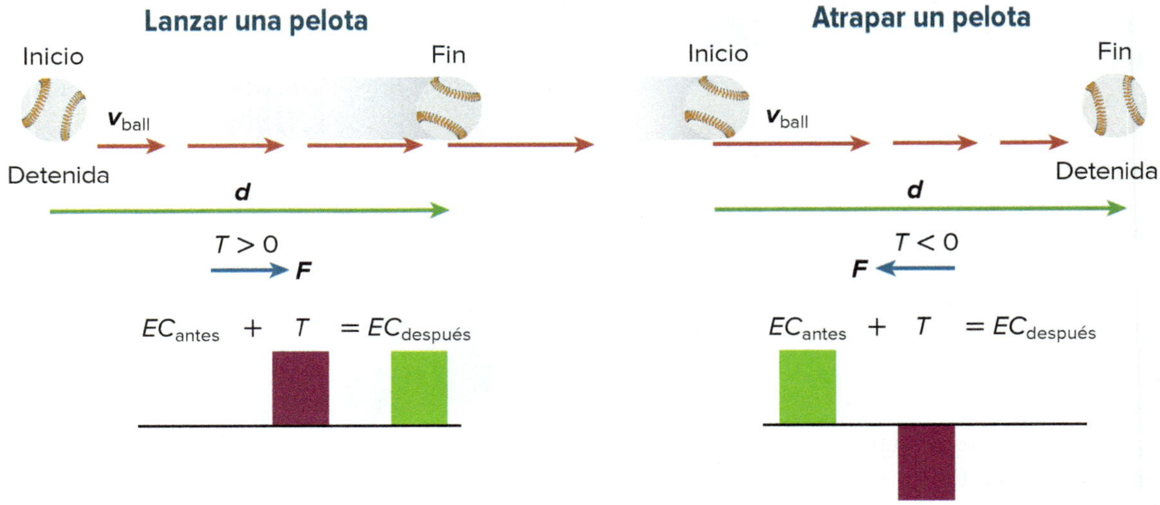

Imagen 8 Cuando trabajas sobre un objeto, como una pelota, cambias su energía.
Identifica *otras dos situaciones en las que el trabajo genera un cambio de energía.*

PRÁCTICA Problemas

PRÁCTICA ADICIONAL

10. Un catamarán con una masa de 5.44×10^3 kg se mueve a 12 nudos. ¿Cuánto trabajo se requiere para aumentar la velocidad a 16 nudos? (Un nudo = 0.51 m/s.)

11. Una patinadora de 52.0 kg se mueve a 2.5 m/s y se detiene a 24.0 m. Halla su energía cinética inicial. ¿Cuánta de esa energía se transforma por fricción cuando la patinadora se detiene? ¿Cuánto trabajo debe hacer para acelerar de nuevo a 2.5 m/s?

12. Un automóvil de 875.0 kg acelera de 22.0 m/s a 44.0 m/s. ¿Cuál es la energía cinética inicial y final del automóvil? ¿Cuánto trabajo se realiza sobre el automóvil para aumentar su velocidad?

13. DESAFÍO Un cometa con una masa de 7.85×10^{11} kg golpea la Tierra a una velocidad de 25.0 km/s. Halla la energía cinética del cometa en julios, y compara el trabajo que realiza la Tierra para detener el cometa con los 4.2×10^{15} J de energía que liberó el arma nuclear más grande que haya explotado.

Potencia

Imagina que debes mover una pila de libros hasta un estante. Puedes levantar toda la pila a la vez, o mover los libros de a uno. Dado que la fuerza total aplicada y el desplazamiento son iguales en los dos casos, el trabajo es el mismo. Sin embargo, el tiempo necesario es diferente. Recuerda que el trabajo genera un cambio en la energía. La velocidad a la que se transforma la energía es la **potencia.**

Potencia

La potencia es igual al cambio de energía dividido por el tiempo requerido para el cambio.

$$P = \frac{\Delta E}{t}$$

Cuando el trabajo genera el cambio de energía, la potencia es igual al trabajo realizado dividido por el tiempo necesario para hacerlo: $P = \frac{T}{t}$.

Considera los dos montacargas de la **Imagen 9.** El montacargas izquierdo eleva su carga en 5 segundos, y el derecho eleva la misma carga en 10 segundos. El izquierdo es más potente que el derecho. Aunque los dos montacargas realizan el mismo trabajo, el izquierdo lo hace en menos tiempo y, por lo tanto, desarrolla más potencia.

La potencia se mide en watts (W). Un **watt** es 1 J de energía que se transforma en 1 s. Es decir, 1 W = 1 J/s.

Un watt es una unidad de potencia relativamente pequeña. Por ejemplo, un vaso de agua pesa 2 N. Si lo levantas 0.5 m hasta tu boca a una velocidad constante, realizas 1 J de trabajo. Si lo levantas en 1 s, trabajas a una velocidad de 1 W. Como un watt es muy pequeño, la potencia se mide en kilovatios (kW). Un kilovatio es igual a 1000 W.

Imagen 9 El montacargas de la izquierda desarrolla más potencia que el de la derecha porque eleva la carga más rápido.

EJEMPLO Problema 3

POTENCIA Un motor eléctrico eleva un ascensor 9.00 m en 15.0 s al ejercer una fuerza ascendente de 1.20×10^4 N. ¿Qué potencia produce el motor en kW?

1 ANALIZAR Y PLANTEAR EL PROBLEMA

- Representa la situación con el ascensor como el sistema con sus condiciones iniciales.
- Establece un sistema de coordenadas con la posición de arriba como positiva.
- Dibuja un diagrama vectorial para la fuerza y el desplazamiento.

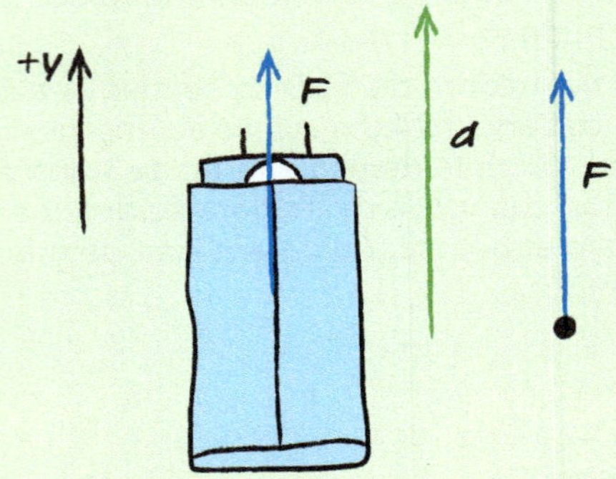

Datos conocidos
$d = 9.00$ m
$t = 15.0$ s
$F = 1.20\times10^4$ N

Incógnita
$P = ?$

2 HALLAR LA INCÓGNITA

Utiliza la definición de potencia.

$$P = \frac{T}{t}$$

$$= \frac{Fd}{t}$$ Sustituye $T = Fd \cos 0° = Fd$.

$$= \frac{(1.20\times10^4\ \text{N})(9.00\ \text{m})}{(15.0\ \text{s})}$$ Sustituye $F = 1.20\times10^4$ N, $d = 9.00$ m, $t = 15.0$ s.

$$= 7.20\ \text{kW}$$

3 EVALUAR LA RESPUESTA

- **¿Son correctas las unidades?** La potencia se mide en julios por segundo, o watts.
- **¿Tiene sentido el signo?** El signo positivo concuerda con la dirección ascendente de la fuerza.

PRÁCTICA Problemas

PRÁCTICA ADICIONAL

14. Un cable conectado a un motor levanta una caja de 575 N por una distancia de 20.0 m. La caja se mueve con una velocidad constante y el trabajo se realiza en 10.0 s. ¿Qué potencia desarrolla el motor en W y kW?

15. Ejerces una fuerza horizontal de 145 N para empujar una carretilla una distancia de 60.0 m a una velocidad constante durante 25.0 s.

a. ¿Qué potencia desarrollas?

b. Si mueves la carretilla dos veces más rápido, ¿cuánta potencia se desarrolla?

16. ¿Qué potencia desarrolla una bomba para extraer 35 L de agua por minuto desde una profundidad de 110 m? (Un litro de agua tiene una masa de 1.00 kg).

17. Un motor eléctrico desarrolla 65 kW de potencia al elevar un ascensor cargado 17.5 m en 35 s. ¿Cuánta fuerza ejerce el motor?

18. DESAFÍO Un cabrestante diseñado para montarse en un camión, como en la **Imagen 10,** puede ejercer una fuerza de 6.8×10^3-N y desarrollar una potencia de 0.30 kW. ¿Cuánto tiempo les tomará al camión y al cabrestante jalar un objeto 15 m?

Imagen 10

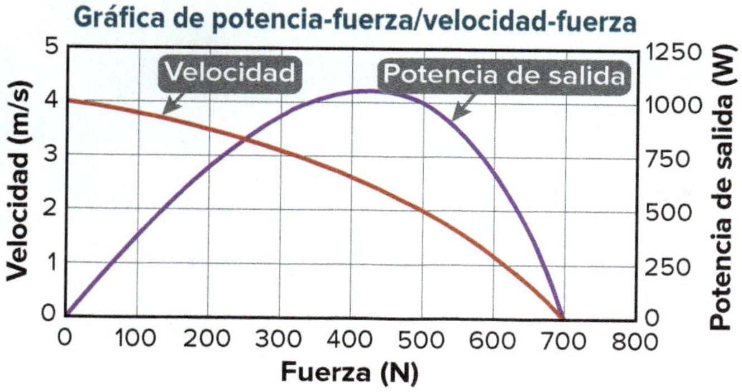

Imagen 11 Al montar una bicicleta de varias velocidades, la potencia de salida depende de la fuerza que ejerzas y de tu velocidad.

Potencia y velocidad Cuando la fuerza tiene un componente (F_x) en la misma dirección que el desplazamiento, $P = \frac{F_x d}{t}$. Pero $v = \frac{d}{t}$, entonces la potencia puede calcularse con $P = F_x v$. En la ecuación $P = Fv$, la fuerza cero o la velocidad cero producen una potencia cero. Nuestros músculos no pueden ejercer mucha fuerza ni moverse muy rápido. Por ejemplo, una combinación de fuerza y velocidad moderadas producirá la mayor cantidad de potencia al montar en bicicleta. La **Imagen 11** muestra que la potencia de salida máxima es superior a 1000 W cuando la fuerza es de 400 N y la velocidad es de 2.6 m/s.

Física en la vida diaria

UN CICLISTA viaja en el Tour de Francia a una velocidad promedio de 8.94 m/s por más de 6 h al día. La potencia de salida del corredor es de 1 kW. Un cuarto de esa potencia se destina a mover la bicicleta contra la resistencia del aire, los engranajes y las llantas. Las tres cuartas partes son para enfriar el cuerpo del corredor.

Verifica tu progreso

19. **Teorema de trabajo-energía** ¿Cómo aplicas el teorema de trabajo-energía a la elevación de una bola desde un estante hasta tu hombro?
20. **Trabajo y energía** Si el trabajo sobre un objeto duplica su energía cinética, ¿se duplica su rapidez? Si no es así, ¿en qué proporción cambia la velocidad?
21. **Trabajo** Murimi empuja una masa de 20 kg 10 m sobre un piso con una fuerza horizontal de 80 N. Calcula la cantidad de trabajo sobre la masa.
22. **Trabajo** Imagina que empujas un automóvil detenido. Al avanzar, necesitas cada vez menos fuerza para moverlo. Durante los primeros 15 m, tu fuerza disminuye a una razón constante de 210.0 N a 40.0 N. ¿Cuánto trabajo realizaste? Con una gráfica de fuerza-desplazamiento, representa el trabajo realizado en ese período.
23. **Trabajo** Para cargar un refrigerador de 185 kg en un camión de mudanza, una persona lo empuja hacia arriba a una velocidad constante por una rampa de 10 m sin fricción, con un ángulo de inclinación de 11°. ¿Cuánto trabajo realiza la persona sobre el refrigerador?
24. **Trabajo** Una pelota de 0.180 kg cae 2.5 m. ¿Cuánto trabajo realiza la fuerza de gravedad sobre la pelota?
25. **Trabajo y potencia** Levantas un libro hasta un estante. ¿Dependen el trabajo y la potencia requeridos de lo rápido que lo eleves? Explícalo.
26. **Potencia** Un ascensor eleva una masa total de 1.1×10^3 kg por una distancia de 40.0 m en 12.5 s. ¿Cuánta potencia genera el ascensor?
27. **Masa** Un montacargas levanta una caja 1.2 m y realiza un trabajo de 7.0 kJ . ¿Cuál es la masa de la caja?
28. **Trabajo** Tú y un amigo llevan cajas idénticas desde el primer piso de un edificio hasta el segundo. Primero llevas la caja por las escaleras y, luego, vas por el pasillo hasta una habitación. Tu amigo la lleva por el pasillo del primer piso, luego sube por otra escalera hasta el segundo. ¿Cómo se comparan las cantidades de trabajo sobre sus cajas?
29. **Pensamiento crítico** Explica cómo hallar el cambio en la energía de un sistema si tres agentes ejercen fuerzas a la vez.

LEARNSMART® Conéctate para cumplir tu plan de aprendizaje personalizado para repasar, practicar y reforzar tu comprensión.

LECCIÓN 2
DISTINTAS FORMAS DE ENERGÍA

PREGUNTA DE ENFOQUE

¿Cuáles son algunas formas de energía?

Cambios de forma de energía

El teorema de trabajo-energía establece que realizar un trabajo sobre un sistema genera un cambio en la energía de ese sistema. Es decir, el trabajo es el proceso que transfiere energía entre un sistema y el mundo exterior. Cuando un agente realiza un trabajo sobre un sistema, la energía aumenta. Cuando el sistema efectúa un trabajo sobre su entorno, la energía disminuye.

La energía puede compararse con el helado: hay variedades. Puedes tomar helado de vainilla, chocolate o frutilla. Aunque son distintos, son helados. Sin embargo, a diferencia del helado, la energía puede cambiar de forma. Un sistema de objetos puede tener energía en distintas formas.

Imagen 12 La energía se manifiesta de varias formas, por ejemplo, luz y sonido en una exhibición de fuegos artificiales.

En la escala macroscópica, la energía se manifiesta de varias maneras, como movimiento, sonido, luz y energía térmica. Por ejemplo, en una exhibición de fuegos artificiales, como la de la **Imagen 12,** escuchas y ves los resultados de la energía liberada en las reacciones químicas en forma de luces de colores en movimiento y estallidos. Incluso puedes sentir el calor de la explosión si estás lo suficientemente cerca (pero no demasiado).

En esta lección, aprenderás cómo se transforma la energía de una variedad (o forma) a otra y cómo realizar un seguimiento de los cambios.

¿Lo comprendes?

Describe un ejemplo de una situación en la que se vea más de una forma de energía.

PENSAMIENTO 3D DCI Ideas centrales disciplinarias CCC Conceptos interdisciplinarios SEP Prácticas de ciencia e ingeniería

REUNIR EVIDENCIA

Usa el Cuaderno de ciencias para registrar la evidencia que reúnas mientras completas las lecturas y las actividades de la lección.

INVESTIGAR

CONÉCTATE para hallar estas actividades y más recursos.

Repasar las noticias
Obtén información de una noticia sobre energía o recursos energéticos. Evalúa la fuente y comunica tus resultados a la clase.

Repasar la pregunta de Encuentra el fenómeno
¿Qué información de la lección te ayuda a responder las preguntas de la unidad y del módulo?

Energía cinética de rotación y traslación

En los ejemplos que consideramos hasta ahora, los objetos en movimiento que cambiaban de posición tenían energía cinética $\left(\frac{1}{2}mv^2\right)$ debido a su movimiento. ¿Qué ocurre con la energía generada por el cambio de posición de un objeto?

Energía cinética de traslación

La energía por el cambio de posición se llama **energía cinética de traslación** y se representa con esta ecuación.

Energía cinética de traslación

La energía cinética de traslación de un sistema es igual a la mitad de su masa multiplicada por su velocidad al cuadrado.

$$EC_{\text{tras}} = \frac{1}{2}mv^2$$

La energía cinética de traslación es proporcional a la masa del objeto. Por ejemplo, una bola de bolos de 7.26 kg lanzada por el aire tiene más energía que una pelota de béisbol de 0.148 kg, como la de la **Imagen 13,** que se mueve a la misma velocidad.

Esta energía también es proporcional al cuadrado de la velocidad del objeto. Un automóvil que se mueve a 20 m/s tiene cuatro veces la energía cinética de traslación del mismo automóvil que se mueve a 10 m/s.

Imagen 13 Una pelota de béisbol tiene menos energía cinética de traslación que una bola de bolos que se mueve a la misma velocidad.

¿Lo comprendes?

Explicar Con la ecuación para la energía cinética de traslación, muestra por qué un automóvil que se mueve a 20 m/s tiene cuatro veces más energía que si se mueve a 10 m/s.

USO CIENTÍFICO VS. USO COMÚN

Energía

Uso científico: capacidad de un sistema para producir un cambio en sí mismo o en el mundo que lo rodea

La energía cinética de la pelota disminuye a medida que pierde rapidez.

Uso común: capacidad de actuar o estar activo

Los estudiantes tenían mucha energía durante el recreo.

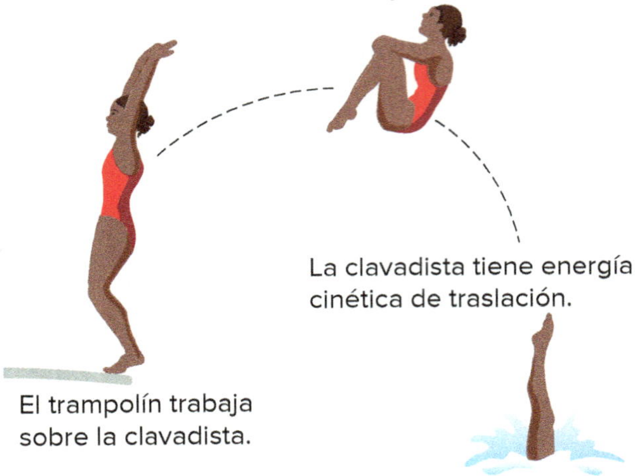

Imagen 14 El trampolín trabaja sobre la clavadista. Este trabajo aumenta la energía cinética de la clavadista.

Energía cinética de rotación Si haces girar un trompo en un lugar, podrías decir que no tiene energía cinética porque no cambia de posición. Sin embargo, para que gire tuviste que trabajar. El trompo tiene **energía cinética de rotación,** que es la energía por el movimiento de rotación. Puede calcularse mediante $EC_{\text{rot}} = \frac{1}{2} I\omega^2$, donde I es el momento de inercia del objeto y ω es su velocidad angular.

En la **Imagen 14,** el trampolín trabaja sobre la clavadista al transferirle energía cinética de traslación y rotación. Cuando la clavadista salta, su centro de masa se mueve, por lo que tiene energía cinética de traslación. Cuando gira alrededor de su centro de masa, tiene energía cinética de rotación. Cuando se sumerge en el agua, tiene mayormente energía cinética de traslación.

Energía potencial

Retomemos el modelo en que se relaciona la energía y el dinero de la lección 1. El dinero y la energía tienen diferentes formas. Puedes tener un solo billete de cinco dólares, 500 centavos o 20 monedas de 25¢, pero en todas las formas aún tienes cinco dólares. Del mismo modo, la energía puede ser cinética, estar almacenada o presentarse en otra forma.

Considera las rocas de las montañas. Se trasladaron desde el centro de la Tierra por procesos geológicos contra la gravedad. Por lo tanto, el sistema Tierra-rocas almacenó energía. La energía almacenada por las interacciones entre objetos en un sistema se llama **energía potencial.** Pero no todo el potencial se debe a la gravedad. Un juguete con resorte es un sistema con energía potencial que se almacena debido a la compresión de un resorte, no a la gravedad.

CCC CONCEPTOS INTERDISCIPLINARIOS

Sistemas y modelos de sistemas Pueden aplicarse modelos matemáticos para predecir el comportamiento de un sistema, pero son limitados. Elige un modelo para calcular la energía en base a una situación realista, como patinar sobre hielo o empujar materiales por diversas superficies. ¿Qué evidencia tienes de que el modelo es limitado? Explícale tu modelo y sus limitaciones a un compañero.

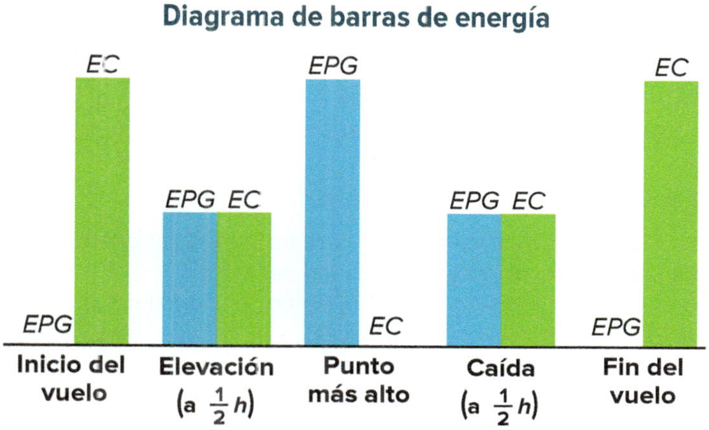

Imagen 15 A medida que la pelota se eleva, su energía cinética se transforma en energía potencial en el sistema pelota-Tierra. A medida que cae, el potencial se transforma en energía cinética. En este proceso, la Tierra también gana y pierde cantidades muy pequeñas de energía cinética. Los diagramas de barras muestran cómo cambia la energía de la pelota.

Energía potencial gravitatoria

Observa las pelotas en la **Imagen 15.** Si consideras una sola pelota como el sistema, entonces actúan varias fuerzas externas. La fuerza de la mano de la malabarista realiza un trabajo al darle a la pelota la energía cinética inicial. Cuando la pelota sale de la mano, solo actúa la fuerza de la gravedad si la resistencia del aire es insignificante. ¿Cuánto trabajo realiza la gravedad sobre la pelota a medida que cambia su altura?

El trabajo de la gravedad La h representa la altura de la pelota desde la mano de la malabarista. Al subir, su desplazamiento es ascendente, pero la fuerza de la gravedad sobre la pelota (F_g) es descendente, por lo que el trabajo de la gravedad es negativo: $T_g = -mgh$. Al bajar, la fuerza y el desplazamiento siguen la misma dirección, por lo que el trabajo de la gravedad es positivo: $T_g = mgh$. Por lo tanto, mientras la pelota asciende, la gravedad realiza un trabajo negativo y disminuye su velocidad hasta detenerla. En el regreso, la gravedad hace un trabajo positivo que aumenta la velocidad de la pelota y, por lo tanto, su energía cinética. La pelota recupera su energía cinética original cuando vuelve a la misma altura que la mano de la malabarista, como muestran los diagramas de barras de la **Imagen 15.** La pelota tiene cantidades iguales de energía potencial gravitatoria y energía cinética a la altura de $\frac{1}{2}h$.

¿Lo comprendes?

Describe las transformaciones de energía en la represa del comienzo del módulo.

De acuerdo con la ley de la gravitación universal de Newton, hay una atracción gravitacional entre cualquier par de objetos. Esta atracción es una fuerza que realiza un trabajo cuando uno de los objetos se mueve. Para este ejemplo, analizamos el objeto y la Tierra juntos como un sistema. Si el objeto se aleja, el sistema almacena energía debido a la fuerza de gravedad entre el objeto y la Tierra. Esta energía se denomina **energía potencial gravitatoria,** o *EPG*. La altura a la que se eleva el objeto se determina mediante un **nivel de referencia,** la posición donde la *EPG* se define en cero. En el ejemplo de la malabarista, el nivel de referencia es la mano.

Calcular la energía potencial gravitatoria

Para un objeto con masa m a una altura de h por encima del nivel de referencia, la *EPG* del sistema objeto-Tierra se representa con esta ecuación.

Energía potencial gravitatoria

La *EPG* de un sistema objeto-Tierra es igual al producto de la masa del objeto, la intensidad del campo gravitatorio y la distancia del objeto por encima del nivel de referencia.

$$EPG = mgh$$

En esta ecuación, g es la fuerza del campo gravitatorio. La *EPG*, como la energía cinética, se mide en julios.

Transformaciones de energía Considera la energía de un sistema que consiste en la Tierra y una pelota lanzada en malabares. La energía del sistema tiene dos formas: cinética y potencial gravitatoria. Al inicio del vuelo, toda la energía de la pelota es cinética, como se muestra a la izquierda en la **Imagen 16.** A medida que asciende, la pelota se ralentiza y la energía del sistema cambia de cinética a potencial gravitatoria. En el punto más alto, la velocidad de la pelota es cero y toda la energía es potencial gravitatoria.

Los cambios de energía en un sistema se describen en términos de la energía que ingresa, sale y fluye dentro de ese sistema. Al caer la pelota, la energía potencial gravitatoria vuelve a convertirse en cinética, o fluye dentro del sistema y se transforma de nuevo en cinética. El total de energía cinética y energía potencial gravitatoria es constante en todo momento porque las fuerzas externas no realizan ningún trabajo sobre el sistema.

Niveles de referencia Hasta ahora, establecimos el nivel de referencia en la mano de la malabarista. Es decir, la altura de la pelota se mide desde donde dejó el contacto con la mano. Por lo tanto, en la mano, $h = 0$ m y $EPG = 0$ J. Sin embargo, se puede establecer el nivel de referencia a cualquier altura que sea conveniente para resolver un problema.

Imagina que el nivel de referencia se establece en el punto más alto del vuelo de la pelota. Entonces, $h = 0$ m y $EPG = 0$ J en ese punto, como se ve a la derecha de la **Imagen 16.** La energía potencial del sistema es negativa al comienzo del vuelo de la pelota, cero en el punto más alto y negativa al final. Si calcularas la energía total del sistema representada a la izquierda en la **Imagen 16,** sería diferente de la representada a la derecha en la **Imagen 16.** Esto se debe a que los niveles de referencia son diferentes en cada caso. Sin embargo, la energía total del sistema es constante en todo momento durante el vuelo de la pelota.

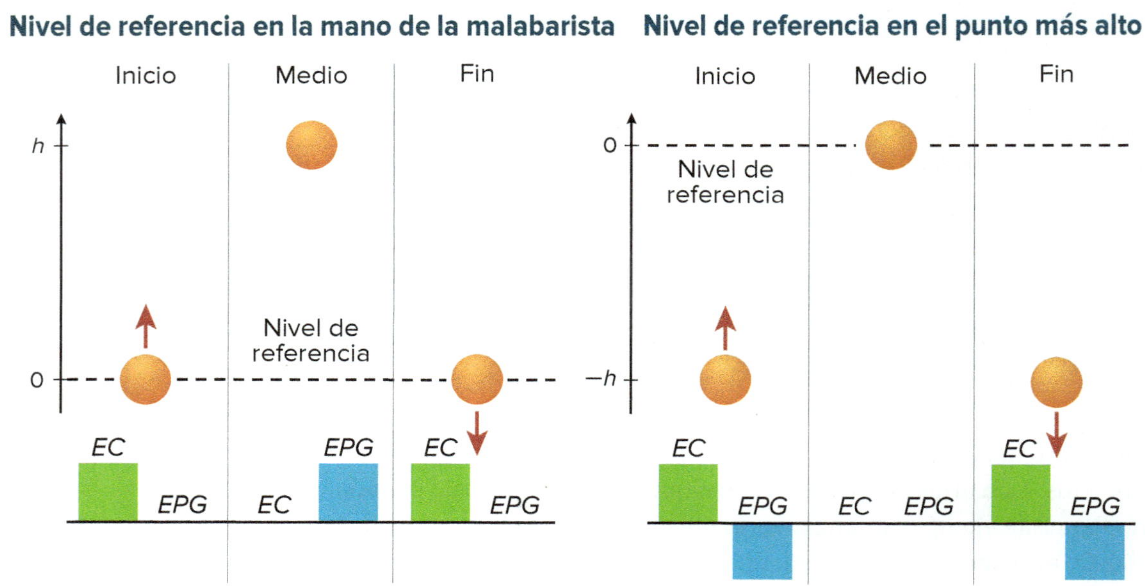

Imagen 16 El lugar donde se establece el nivel de referencia afecta la *EPG* del sistema, pero no afecta la manera en que la *EPG* cambia con el tiempo.

Analizar *¿Dónde más podrías colocar el nivel de referencia?*

EJEMPLO Problema 4

ENERGÍA POTENCIAL GRAVITATORIA Levantas una bola de bolos de 7.30 kg del estante y la sostienes contra tu hombro. El estante está a 0.610 m por encima del piso y tu hombro está a 1.12 m.

a. Cuando la bola está en tu hombro, ¿cuál es la energía potencial gravitatoria del sistema bola-Tierra en relación con el piso?

b. Cuando la bola está en tu hombro, ¿cuál es la energía potencial gravitatoria del sistema bola-Tierra en relación con el estante?

c. ¿Cuánto trabajo realizó la gravedad cuando levantaste la bola desde el estante hasta el nivel de los hombros?

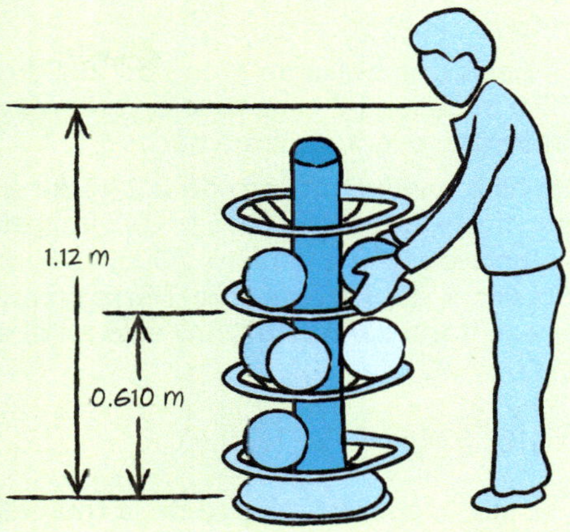

1 ANALIZAR Y PLANTEAR EL PROBLEMA

- Representa la situación.
- Elige un nivel de referencia.
- Haz un diagrama de barras que muestre la energía potencial gravitatoria con el piso como nivel de referencia.

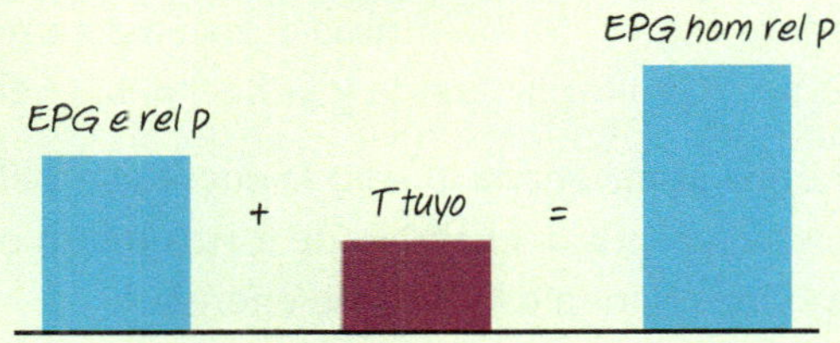

Datos conocidos		**Incógnita**
$m = 7.30$ kg	$g = 9.8$ N/kg	$EPG_{\text{hom rel p}} = ?$
$h_e = 0.610$ m (estante en relación con el piso)		$EPG_{\text{hom rel e}} = ?$
$h_{hom} = 1.12$ m (hombro en relación con el piso)		$T = ?$

2 HALLAR LA INCÓGNITA

a. Establece el nivel de referencia en el piso.

Determina la energía potencial gravitatoria del sistema cuando la bola está al nivel del hombro.

$EPG_{\text{hom rel p}} = mgh_{hom} = (7.30 \text{ kg})(9.8 \text{ N/kg})(1.12 \text{ m})$ — Sustituye $m = 7.30$ kg, $g = 9.8$ N/kg, $h_{hom} = 1.12$ m

$= 8.0\times10^1$ J

b. Establece el nivel de referencia a la altura del estante.

Determina la altura del hombro en relación con el estante.

$h = h_{hom} - h_e$

Determina la energía potencial gravitatoria del sistema cuando la bola está al nivel del hombro.

$EPG_{\text{hom rel e}} = mgh = mg(h_{hom} - h_e)$ — Sustituye $h = h_{hom} - h_e$

$= (7.30 \text{ kg})(9.8 \text{ N/kg})(1.12 \text{ m} - 0.610 \text{ m})$ — Sustituye $m = 7.30$ kg, $g = 9.8$ N/kg, $h_{hom} = 1.12$ m, $h_e = 0.610$ m

$= 36$ J — También es igual al trabajo que realizaste al levantar la bola.

c. El trabajo que realizó la gravedad es el peso de la bola por la distancia hasta la que se la levantó.

$T = Fd = -(mg)h = -(mg)(h_{hom} - h_e)$ — El peso se opone al movimiento, el trabajo es negativo.

$= -(7.30 \text{ kg})(9.8 \text{ N/kg})(1.12 \text{ m} - 0.610 \text{ m})$ — Sustituye $m = 7.30$ kg, $g = 9.8$ N/kg, $h_{hom} = 1.12$ m, $h_e = 0.610$ m

$= -36$ J

3 EVALUAR LA RESPUESTA

- **¿Son correctas las unidades?** Tanto la energía potencial como el trabajo se miden en julios.
- **¿Tiene sentido la respuesta?** El sistema debería tener una *EPG* mayor con relación al piso que con respecto al estante porque la distancia de la bola por encima del nivel del piso es mayor que la distancia por encima del estante.

PRÁCTICA Problemas

PRÁCTICA ADICIONAL

30. En el Ejemplo Problema 4, ¿cuál es la energía potencial del sistema bola-Tierra cuando la bola está en el piso? Usa el estante como nivel de referencia.

31. Si bajas una bolsa de arena de 20.0 kg unos 1.20 m desde la cajuela de un automóvil hasta la entrada, ¿cuánto trabajo haces?

32. Un niño levanta un libro de 2.2 kg de su escritorio, que mide 0.80 m de alto, hasta un estante de 2.10 m de alto. ¿Cuál es la energía potencial del sistema libro-Tierra en relación con el escritorio cuando el libro está en el estante?

33. Caminas por un edificio antiguo y notas que se está desmoronando. Si un ladrillo de 1.8 kg cae al suelo desde la chimenea, que tiene 6.7 m de alto, ¿cuál es el cambio en la energía potencial del sistema ladrillo-Tierra?

34. **DESAFÍO** Un trabajador levanta del piso una caja de 10.1 kg y la coloca en una mesa de 1.1 m de alto. Desliza la caja 5.0 m por la mesa y, luego, la baja al suelo. ¿Cuáles fueron los cambios en la energía del sistema caja-Tierra y cómo cambió la energía total del sistema? (Ignora la fricción).

Energía potencial elástica

Cuando se jala la cuerda del arco de la **Imagen 17**, se trabaja sobre la cuerda y la energía se transfiere al arco. Si identificas el sistema como el arco, la flecha y la Tierra, la energía del sistema aumenta. Al soltar la cuerda y la flecha, la energía almacenada se transforma en energía cinética.

La energía almacenada al jalar la cuerda y doblar el arco es **energía potencial elástica,** que se almacena a partir del cambio de forma de un objeto. Los sistemas con resortes, ligas y trampolines tienen este tipo de energía.

¿Lo comprendes?

Define el término *energía potencial elástica.*

También se almacena energía potencial elástica al doblar un objeto elástico en un sistema. Por ejemplo, las varas de metal o bambú que se usaban en el salto con pértiga no se doblaban con facilidad. Se hacía poco trabajo sobre las varas y no almacenaban mucha energía potencial. Sin embargo, las alturas récord aumentaron a partir del uso de varas flexibles de fibra de vidrio.

Imagen 17 El sistema arquero-arco-flecha tiene la energía potencial elástica máxima antes de soltar la cuerda, como se muestra a la izquierda. Cuando la flecha y la cuerda se separan, toda la energía potencial elástica se transforma en energía cinética, como se muestra a la derecha.

(bl)Tetra Images - Erik Isakson/Brand X Pictures/Getty Images; (br)Steve Allen/Brand X Pictures

Un saltador de pértiga corre con una vara flexible y clava el extremo en un zócalo en el suelo. Cuando la vara se dobla, como en la **Imagen 18,** parte de la energía cinética del saltador se transforma en energía potencial elástica. A medida que la vara se endereza, la energía potencial elástica se transforma en energía potencial gravitatoria y energía cinética, y el saltador se eleva hasta 6 m sobre el suelo.

Imagen 18 El saltador de pértiga almacena energía potencial elástica en el sistema vara-saltador-pista. Esta energía luego cambia a energía cinética y energía potencial gravitatoria.

Otras formas de energía

Piensa en las formas y fuentes de energía que encuentras a diario. La gasolina proporciona energía para los automóviles. Ingieres alimentos para obtener energía. Las centrales eléctricas aprovechan la energía del viento, el agua, los combustibles fósiles (**Imagen 19**) y los átomos y la transforman en energía eléctrica.

La energía se entiende mejor si la pensamos como una propiedad que depende del movimiento y las interacciones de la materia y la radiación dentro de un sistema. (La radiación, incluida la luz, es la transferencia de energía por ondas electromagnéticas, como verás en un módulo posterior). Por ejemplo, la energía nuclear se almacena en los enlaces dentro del núcleo de un átomo. Sin comprender la estructura y los subprocesos químicos dentro de un átomo, no podríamos desarrollar modelos matemáticos para predecir la cantidad de energía que podría liberarse.

¿Lo comprendes?

Explicar Con tus palabras, explica por qué debemos entender las interacciones en un proceso o subproceso para comprender un sistema.

Imagen 19 Las centrales que queman carbón aprovechan la energía y la transforman en algo útil, como energía eléctrica.

Energía química y nuclear Cuando comes, tu cuerpo usa la energía de los enlaces químicos en los alimentos como fuente de energía. Los enlaces dentro del núcleo de un átomo también almacenan energía, que se denomina energía nuclear y se libera cuando cambia la estructura del núcleo.

CCC CONCEPTOS INTERDISCIPLINARIOS

Energía y materia Los cambios de energía y materia se describen en función de su flujo dentro de un sistema. En un cartel con rótulos, muestra los cambios en el flujo de energía en un sistema de vara-saltador-pista desde el momento en que el saltador coloca la vara en el zócalo hasta el momento en que aterriza. ¿Qué evidencia hay de un cambio en la energía?

Energía térmica

La **energía térmica,** que se asocia con la temperatura, es la suma de la energía cinética y la energía potencial de las partículas en un sistema. Cuando te frotas las manos, transformas la energía cinética en térmica. La energía térmica también puede transferirse, como en la **Imagen 20** donde pasa de la hornalla a la sartén.

Imagen 20 En la vida cotidiana, te encuentras con muchos tipos de energía, como la energía térmica cuando cocinas.

Energía eléctrica y radiante

Las centrales eléctricas transforman varios tipos de energía en energía eléctrica, que se asocia con partículas cargadas. Esta energía se transmite a través de cables como los de la **Imagen 21** hasta tu hogar, donde los electrodomésticos la transforman, por ejemplo, en la energía radiante de las bombillas.

Imagen 21 La transmisión de energía eléctrica es esencial para la vida diaria.

Masa

Albert Einstein demostró que la masa representa una forma de energía, llamada energía en reposo (E_0): $E_0 = mc^2$. La masa es una forma de energía que puede transformarse. La equivalencia entre masa y energía solo es aparente cuando participan grandes cantidades de energía, como en explosiones nucleares y experimentos de física de partículas.

Verifica tu progreso

35. **Energía potencial elástica** Comprimes el resorte de un juguete saltador y, luego, lo sueltas. El juguete se eleva. Haz gráficas de barras para mostrar las formas de energía presentes en los siguientes casos. Supón que el sistema incluye el juguete y la Tierra.
    a. Se empuja hacia abajo el juguete, comprimiendo el resorte.
    b. El resorte se expande y el juguete salta.
    c. El juguete alcanza su vuelo máximo.
    d. Describe las diferentes formas en que se manifiesta la energía en este sistema.
36. **Energía potencial** Se dispara un proyectil de 25.0 kg desde un cañón en la superficie terrestre, que es el nivel de referencia.
    a. ¿Cuál es la energía potencial gravitatoria del sistema proyectil-Tierra cuando la altura del proyectil es de 425 m?
    b. ¿Cuál es el cambio en la energía potencial del sistema cuando el proyectil cae desde 225 m?
    c. ¿De qué movimientos e interacciones depende este sistema?
37. **Energía cinética de rotación** En un área de juego, los niños empujan un carrusel para que gire el doble de rápido. ¿Cuáles son los cambios relativos en el momento angular y la energía cinética de rotación?
38. **Pensamiento crítico** En el laboratorio de la escuela, Karl usa una manguera de aire para ejercer una fuerza horizontal constante y mover un disco una distancia fija sobre una mesa sin fricción.
    a. Explica lo que ocurre con el trabajo y la energía. Haz gráficas de barras.
    b. Karl usa otro disco con la mitad de la masa. Las demás condiciones son las mismas. ¿En qué se diferencian la energía cinética y el trabajo realizado en la parte a?
    c. Describe lo que ocurrió en las partes a y b con el impulso y el momento.

LEARNSMART® Conéctate para cumplir tu plan de aprendizaje personalizado para repasar, practicar y reforzar tu comprensión.

LECCIÓN 3

CONSERVACIÓN DE LA ENERGÍA

PREGUNTA DE ENFOQUE

¿Se puede perder la energía?

Ley de la conservación de la energía

La **ley de la conservación de la energía** establece que en un sistema cerrado y aislado, la energía no se puede crear ni destruir. Por lo tanto, el cambio total de energía en cualquier sistema siempre es igual a la energía total transferida dentro o fuera del sistema. En otras palabras, la energía puede transportarse de un lugar a otro, transferirse entre sistemas y transformarse, como la energía térmica que un automóvil libera al medioambiente. Sin embargo, la energía total del sistema en todas sus formas se mantiene constante.

En un sistema, la energía se transfiere continuamente de un objeto a otro y entre las diversas formas posibles. Por lo tanto, se considera una cantidad única debido a la ley de conservación de la energía.

¿Lo comprendes?

Explica si la luz de una lámpara a batería puede tener más energía que la que contiene la batería.

Energía mecánica A menudo nos enfocamos en la energía que proviene de los movimientos e interacciones entre objetos. La suma de *EC* y *EP* de los objetos en un sistema es la **energía mecánica** (*EM*). La *EC* incluye la energía cinética de traslación y de rotación de los objetos en el sistema. La energía potencial incluye la energía potencial gravitatoria y elástica. En cualquier sistema, la energía mecánica se representa de la siguiente manera.

Energía mecánica de un sistema

La energía mecánica es igual a la suma de *EC* y *EP* de los objetos del sistema.

$$EM = EC + EP$$

PENSAMIENTO 3D **DCI** Ideas centrales disciplinarias **CCC** Conceptos interdisciplinarios **SEP** Prácticas de ciencia e ingeniería

REUNIR EVIDENCIA

Usa el Cuaderno de ciencias para registrar la evidencia que reúnas mientras completas las lecturas y las actividades de la lección.

INVESTIGAR

CONÉCTATE para hallar estas actividades y más recursos.

Poner en práctica: El poder de la Tierra
HS-PS3-3. Diseña, construye y perfecciona un dispositivo que funcione dentro de las limitaciones dadas para convertir una forma de energía en otra forma de energía.

Poner en práctica: Representar cambios de energía
HS-PS3-1. Construye un modelo informático para calcular el cambio en la energía de...

Energía mecánica

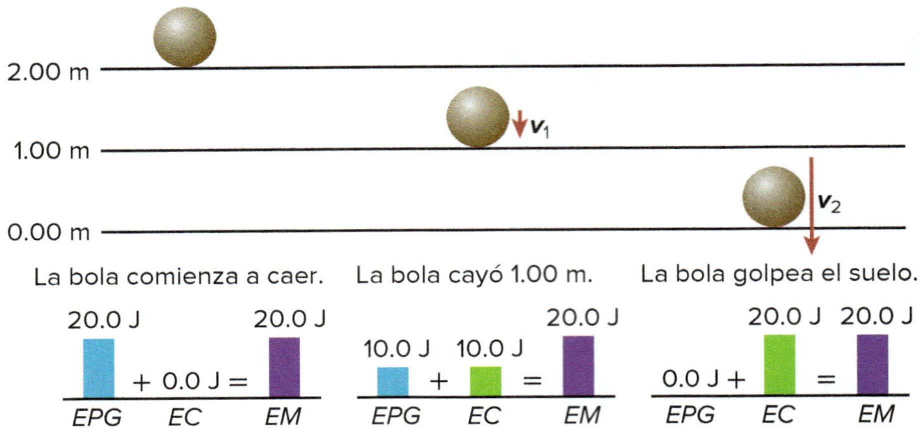

Imagen 22 Al dejar caer una bola de bolos, se conserva la energía mecánica.

Predecir *Supón que la bola comienza con una velocidad ascendente. ¿Cómo sería la gráfica de energía?*

Imagina un sistema que consiste en una bola de 10.0 N que cae a la Tierra, como en la **Imagen 22.** La energía mecánica del sistema es de 20.0 J.

Conservación de la energía mecánica

Imagina que sueltas la bola. A medida que cae, la *EPG* del sistema bola-Tierra se transforma en energía cinética. Cuando la bola está a 1.00 m sobre la superficie terrestre, $EPG = mgh = F_g h = (10.0\ \text{N})(1.00\ \text{m}) = 10.0\ \text{J}$. ¿Cuál es la energía cinética del sistema cuando la bola está a 1.00 m? El sistema bola-Tierra es cerrado y aislado porque ninguna fuerza externa trabaja sobre él. Por lo tanto, la energía mecánica total se mantiene constante en 20.0 J.

$$EM = EC + EP$$

$$EC = EM - EP$$

$$EC = 20.0\ \text{J} - 10.0\ \text{J} = 10.0\ \text{J}$$

Cuando la bola alcanza el nivel del suelo, la energía potencial del sistema es cero y su energía cinética es de 20.0 J. La disponibilidad de energía limita lo que puede ocurrir en cualquier sistema; por ejemplo, a una altura de 1.00 m, la *EPG* de la bola de 10 N no puede exceder los 10.0 J.

Conservación de la energía mecánica

Cuando se conserva la energía mecánica, la suma de *EC* y *EP* del sistema antes de un suceso es igual a la suma de *EC* y *EP* después del suceso.

$$EC_i + EP_i = EC_f + EP_f$$

CCC CONCEPTOS INTERDISCIPLINARIOS

Sistemas y modelos de sistemas Los modelos sirven para predecir el comportamiento de un sistema, pero la precisión y la exactitud de estas predicciones son limitadas. Desarrolla un argumento para explicar por qué el modelo de la bola analizado en el texto es limitado. ¿Qué evidencia de tu vida respalda tu argumento? ¿Cómo presentarías el caso a tus compañeros?

¿Qué sucede si la bola no cae hacia abajo, sino que rueda por una rampa, como en la **Imagen 23**? Si la fricción no afecta el sistema, entonces queda cerrado y aislado. La bola aún se traslada una distancia vertical de 2.00 m, así que la disminución de la energía potencial es de 20.0 J. Por lo tanto, el aumento de la energía cinética es de 20.0 J.

Mientras la fricción no afecte la energía del sistema, no importa el recorrido de la bola. Sin embargo, en el caso de la rampa, la energía cinética se divide entre la energía cinética de traslación (se mueve hacia adelante) y la energía cinética de rotación (está rodando). En la **Imagen 24** de la página siguiente se muestran tres situaciones de conservación de la energía mecánica.

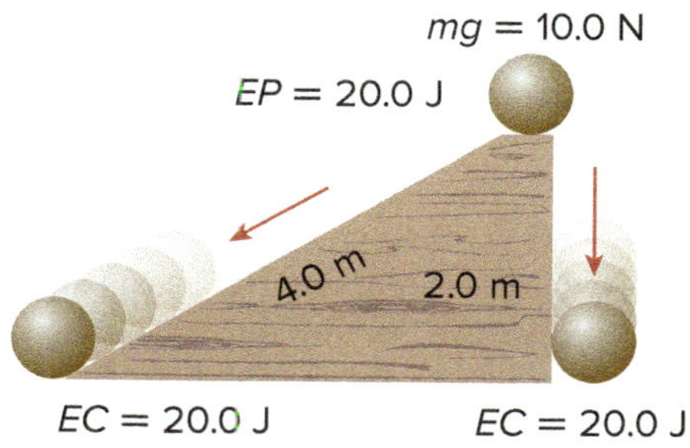

Imagen 23 Si la fricción no trabaja sobre la bola, la energía cinética final es igual a la energía potencial gravitatoria inicial, independientemente del recorrido.

¿Lo comprendes?

Analiza la diferencia que habría en la energía cinética final de la bola en la **imagen 23** si la fricción transformara parte de la energía.

Conservación y otras formas de energía Un péndulo oscilante se detiene, una pelota queda en reposo después de rebotar y las colinas de una montaña rusa son más bajas a medida que avanzas. ¿A dónde va la energía mecánica en esos sistemas? Los objetos que se mueven experimentan las fuerzas de la resistencia del aire. En una montaña rusa, también hay fuerzas de fricción entre las ruedas y los rieles. Cada fuerza transforma la energía mecánica.

Cuando una pelota rebota en una superficie, se comprime. La mayor parte de la energía cinética se transforma en energía potencial elástica. Parte de esta energía, pero no toda, se transforma de nuevo en energía cinética durante el rebote. Pero en los casos del péndulo y la montaña rusa, parte de la energía mecánica original se transforma en otra forma de energía dentro del sistema o se transmite a la energía fuera del sistema, como en la resistencia del aire.

¿Lo comprendes?

Analizar Si la mayor parte de la energía cinética de una pelota que rebota se transforma en energía potencial elástica, ¿qué sucede con el resto de la energía cinética?

Las expresiones matemáticas, que cuantifican cómo la energía cinética depende de la masa y la velocidad, permiten aplicar el concepto de la conservación de la energía para predecir y describir el comportamiento del sistema. Los ejemplos de esta lección utilizan este concepto para resolver problemas, incluidas las colisiones.

Conexión con carreras STEM

Instalador solar fotovoltaico

La energía alternativa es muy importante en la actualidad. Los instaladores solares fotovoltaicos, o FV, instalan y hacen el mantenimiento de paneles solares en hogares e industrias. También ensamblan sistemas. Los instaladores en este campo de rápido crecimiento trabajan mucho al aire libre y, a veces, en interiores. Además deben viajar a sus lugares de trabajo.

CCC CONCEPTOS INTERDISCIPLINARIOS

Energía y materia Construye una rampa simple con un libro o una pizarra y haz rodar una pelota. Explica cómo la rampa y la pelota proporcionan evidencia de la ley de la conservación de la energía.

Imagen 24 La conservación de la energía mecánica se toma en gran consideración para el diseño de montañas rusas, de pistas de esquí y de péndulos para relojes de pie.

Montañas rusas El carro de la montaña rusa está casi en reposo en la cima de la primera colina, y la energía mecánica total en el sistema Tierra-carro es la energía potencial gravitatoria en ese punto. Si una colina de la pista fuera más alta que la primera, el carro no podría subirla porque la energía requerida sería mayor que la energía mecánica total del sistema.

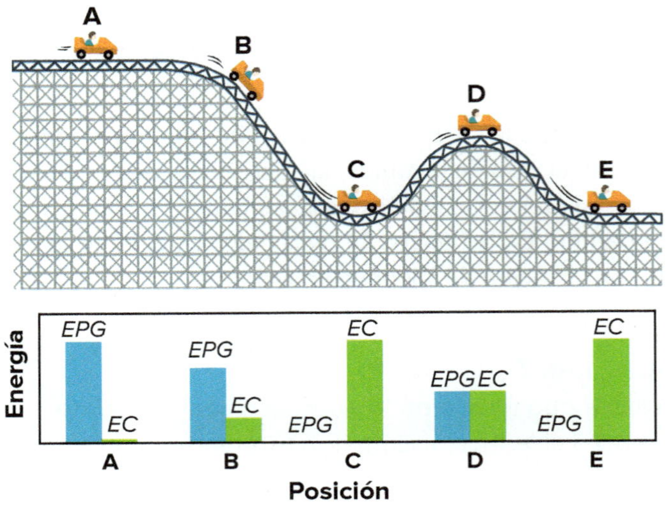

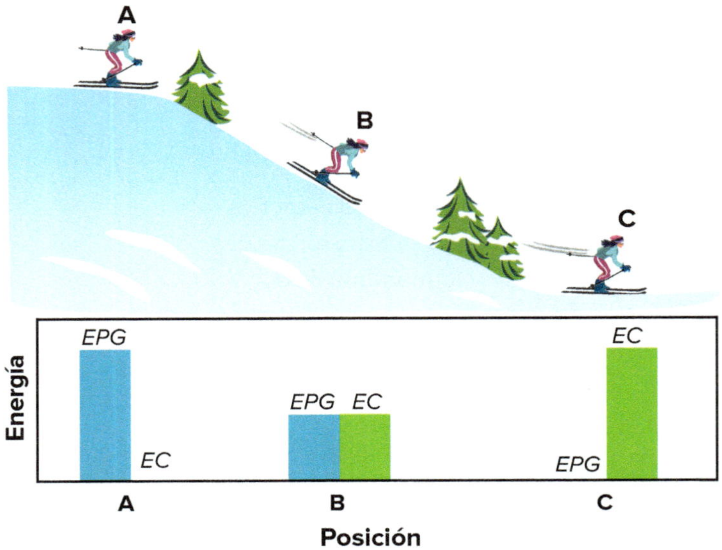

Esquí Cuando esquías por una pendiente empinada, comienzas desde el estado de reposo en la cima y la energía mecánica total es igual a la energía potencial gravitatoria. Una vez que comienzas a esquiar cuesta abajo, la energía potencial gravitatoria se transforma en energía cinética. Al descender, tu rapidez aumenta y la energía potencial se transforma en energía cinética.

Péndulos La oscilación de un péndulo demuestra la conservación de la energía mecánica. El sistema es la pesa del péndulo y la Tierra. El nivel de referencia elegido es la altura de la pesa en el punto más bajo. Una fuerza externa que jala la pesa hacia un lado realiza un trabajo que aumenta la energía mecánica del sistema. En el instante en que se libera la pesa, toda la energía es energía potencial; pero cuando la pesa se balancea hacia abajo, el potencial se transforma en energía cinética. Cuando la pesa está en su punto más bajo, la energía potencial gravitatoria es cero, y la energía cinética es igual a la energía mecánica total.

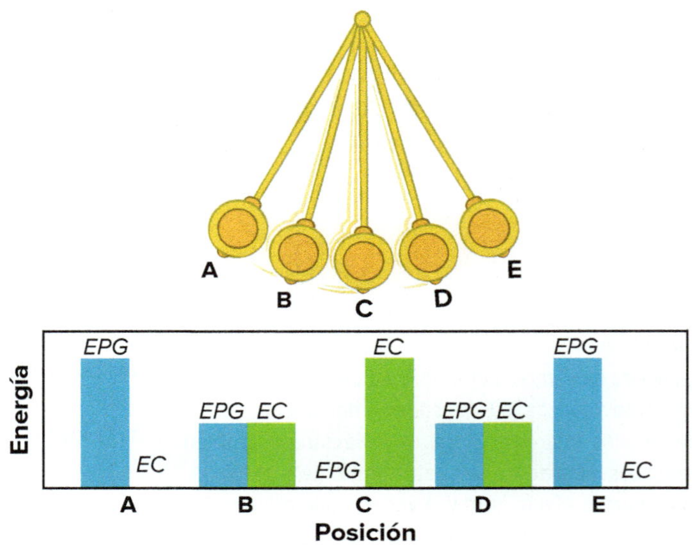

EJEMPLO Problema 5

CONSERVACIÓN DE LA ENERGÍA MECÁNICA Una rama de árbol de 22.0 kg está a 13.3 m del suelo. En una tormenta tropical, cae sobre un techo que está a 6.0 m del suelo.

a. Halla la energía cinética de la rama cuando llega al techo. Supón que el aire no trabaja sobre la rama.

b. ¿Cuál es la velocidad de la rama cuando llega al techo?

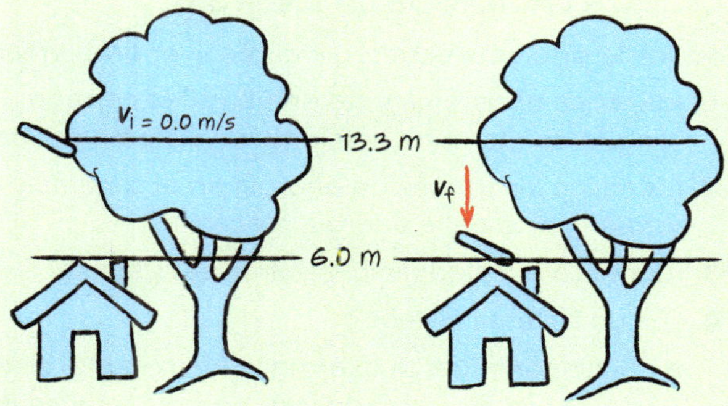

1 ANALIZAR Y PLANTEAR EL PROBLEMA

- Representa las condiciones iniciales y finales.
- Elige un nivel de referencia.
- Haz un diagrama de barras de energía.

Datos conocidos		**Incógnita**	
$m = 22.0$ kg	$g = 9.8$ N/kg	$EPG_i = ?$	$EC_f = ?$
$h_{rama} = 13.3$ m	$v_i = 0.0$ m/s	$EPG_f = ?$	$v_f = ?$
$h_{techo} = 6.0$ m	$EC_i = 0.0$ J		

2 HALLAR LA INCÓGNITA

a. Establece el nivel de referencia a la altura del techo.

Halla la altura inicial de la rama en relación con el techo.

$h = h_{rama} - h_{techo} = 13.3\text{ m} - 6.0\text{ m} = 7.3\text{ m}$ — Sustituye $h_{rama} = 13.3$ m, $h_{techo} = 6.0$ m

Determina la energía potencial gravitatoria inicial del sistema rama-Tierra.

$EPG_i = mgh = (22.0\text{ kg})(9.8\text{ N/kg})(7.3\text{ m})$ — Sustituye $m = 22.0$ kg, $g = 9.8$ N/kg, $h = 7.3$ m

$= 1.6\times10^3\text{ J}$

Identifica la energía cinética inicial del sistema.

$EC_i = 0.0\text{ J}$ — Al inicio, la rama está en reposo.

Identifica la energía potencial final del sistema.

$EPG_f = 0.0\text{ J}$ — $h = 0.0$ m en el techo.

Aplica la ley de la conservación de la energía para hallar EC_f.

$EC_f + EPG_f = EC_i + EPG_i$

$EC_f = EC_i + EPG_i - EPG_f$

$= 0.0\text{ J} + 1.6\times10^3\text{ J} - 0.0\text{ J}$ — Sustituye $EC_i = 0.0$ J, $EPG_i = 1.6\times10^3$ J y $EPG_f = 0.0$ J.

$= 1.6\times10^3\text{ J}$

b. Determina la velocidad de la rama.

$EC_f = \frac{1}{2}mv_f^2$

$v_f = \sqrt{\frac{2KE_f}{m}} = \sqrt{\frac{2(1.6\times10^3\text{ J})}{22.0\text{ kg}}}$ — Sustituye $EC_f = 1.6\times10^3$ J, $m = 22.0$ kg

$= 12\text{ m/s}$

3 EVALUAR LA RESPUESTA

- **¿Son correctas las unidades?** La magnitud de la velocidad se mide en m/s, y la energía se mide en kg·m²/s² = J.
- **¿Tienen sentido los signos?** La energía cinética y la velocidad son positivas en esta situación.

ESTRATEGIAS PARA RESOLVER PROBLEMAS

CONSERVACIÓN DE LA ENERGÍA

Aplica la siguiente estrategia al resolver problemas sobre la conservación de la energía.

1. Identifica el sistema y determina si es cerrado. Ningún objeto entra o sale de un sistema cerrado.

2. Identifica las formas de energía en el sistema y cuáles forman parte de la energía mecánica.

3. Identifica el estado inicial y final del sistema.

4. ¿Es un sistema aislado?

a. Si ninguna fuerza externa actúa sobre el sistema, entonces está aislado y su energía total es constante:

$$E_{inicial} = E_{final}$$

b. Si hay fuerzas externas, entonces la energía final es la suma de la energía inicial y el trabajo realizado sobre el sistema.

Recuerda que el trabajo puede ser negativo:

$$E_{final} = E_{inicial} + T$$

5. Para un sistema aislado, identifica los tipos de energía antes y después. Si las únicas formas de energía son potenciales y cinéticas, se conserva la energía mecánica.

$$EC_{inicial} + EP_{inicial} = EC_{final} + EP_{final}$$

Determina el nivel de referencia para la energía potencial gravitatoria. Haz diagramas de barras para mostrar las energías iniciales y finales.

Diagrama de barras de energía

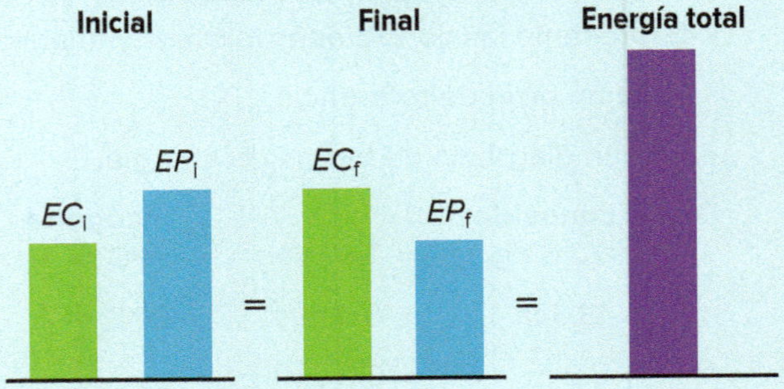

PRÁCTICA Problemas

PRÁCTICA ADICIONAL

39. Un ciclista se acerca a una colina a 8.5 m/s. La masa combinada de la bicicleta y el ciclista es de 85.0 kg. Elige un sistema adecuado y halla la energía cinética inicial. El ciclista sube por la colina sin pedalear. Si la fricción es insignificante, ¿a qué altura se detendrá la bicicleta?

40. Imagina que el ciclista del problema anterior pedaleó cuesta arriba y nunca se detuvo. ¿En qué sistema se conserva la energía? ¿Desde qué forma de energía obtuvo energía mecánica la bicicleta?

41. Un esquiador comienza desde el estado de reposo en la cima de una colina de 45.0 m de alto, desciende una pendiente de 30° hacia un valle y, luego, sube una colina de 40.0 m de alto. Las alturas de las dos colinas se miden desde el fondo del valle. Supón que la fricción es insignificante e ignora el efecto de los bastones de esquí.

a. ¿Qué tan rápido se mueve el esquiador en el fondo del valle?

b. ¿Cuál es la velocidad del esquiador en la cima de la segunda colina?

c. ¿Afectan los ángulos de las colinas tus respuestas?

42. En un concurso de clavados, gana quien genera la mayor salpicadura al golpear el agua. El tamaño de la salpicadura depende no solo del estilo del clavadista, sino también de la cantidad de energía cinética que tenga. Cada clavadista salta desde una plataforma de 3.00 m. Un clavadista que tiene una masa de 136 kg, da un paso y se tira desde la plataforma. El otro tiene una masa de 100 kg y da un salto en la plataforma para tirarse al agua. ¿A qué altura tendría que saltar el segundo clavadista para generar una salpicadura competitiva?

43. DESAFÍO El resorte en una máquina de *pinball* ejerce una fuerza promedio de 2 N sobre una bola de 0.08 kg a lo largo de 5 cm. Como resultado, la bola tiene energía cinética tanto de traslación como de rotación. Si la bola es una esfera uniforme $\left(I = \frac{5}{2}mr^2\right)$, ¿cuál es su velocidad lineal después de salir del resorte? (Ignora la inclinación de la mesa).

Imagen 25 En un choque de automóviles, la *EC* disminuye.
Explicar *¿Qué ocurrió con la energía?*

Analizar colisiones

Una colisión entre dos objetos, ya sean automóviles como en la **Imagen 25,** jugadores de *hockey* o partículas subatómicas, es una de las situaciones más comunes analizadas en Física. Los detalles pueden ser complejos durante la colisión, por lo que la estrategia es hallar el movimiento de los objetos justo antes y justo después. ¿Qué leyes de conservación sirven para analizar ese sistema? Si el sistema es cerrado y aislado, se conservan el momento y la energía. Sin embargo, la energía potencial o térmica en el sistema podría disminuir, quedar igual o aumentar. Por lo tanto, no se puede predecir si se conserva la energía cinética. La **Imagen 26** en la página siguiente muestra cuatro tipos de colisiones. Mira los cálculos de energía cinética para cada caso. En todos, excepto el caso 1, hay un cambio en la cantidad de energía cinética.

En el caso 1, el momento del sistema antes y después de la colisión se representa de esta manera:

$$p_{\mathrm{i}} = p_{\mathrm{Ai}} + p_{\mathrm{Bi}}$$
$$= (1.00\ \mathrm{kg})(1.00\ \mathrm{m/s}) + (1.00\ \mathrm{kg})(0.00\ \mathrm{m/s})$$
$$= 1.00\ \mathrm{kg{\cdot}m/s}$$
$$p_{\mathrm{f}} = p_{\mathrm{Af}} + p_{\mathrm{Bf}} = (1.00\ \mathrm{kg})(0.00\ \mathrm{m/s}) + (1.00\ \mathrm{kg})(1.00\ \mathrm{m/s})$$
$$= 1.00\ \mathrm{kg{\cdot}m/s}$$

Así, en el caso 1, se conserva el momento.

¿Lo comprendes?

Calcula los momentos inicial y final en el resto de los casos de la **Imagen 26.** Verifica si se conserva el momento en cada caso.

Colisiones elásticas e inelásticas Considera la energía cinética del sistema en cada caso. En el caso 1, la energía cinética del sistema antes y después de la colisión fue la misma. Una colisión en la que la energía cinética no cambia se llama **colisión elástica.** Las colisiones entre objetos duros, como los de acero o plástico duro, son colisiones casi elásticas.

La energía cinética disminuyó en los casos 2 y 3. Una parte puede haberse transformado en energía térmica. Una colisión en la que disminuye la energía cinética se llama **colisión inelástica.** Los objetos hechos de materiales suaves y pegajosos, como la arcilla, actúan de esta manera. En el caso 2, los objetos se unieron después de colisionar. Este tipo de colisión se conoce como colisión perfectamente inelástica.

En el caso 4, la energía cinética del sistema aumentó. Si se conserva la energía, entonces una o más de sus formas deben haber disminuido. Quizás la energía potencial de un resorte comprimido se liberó durante la colisión, lo que agregó energía cinética al sistema. Este tipo de colisión se denomina colisión superelástica o explosiva.

Los cuatro tipos de colisiones pueden representarse con diagramas de barras de energía, que se muestran en la **Imagen 26.** Las energías cinéticas antes y después de las colisiones se pueden calcular, pero no siempre tenemos información detallada sobre las otras formas de energía que participan.

En las colisiones de automóviles, la energía cinética puede transformarse en energía térmica y sonido, pero son difíciles de medir. Inferimos sus cantidades a partir de la cantidad de energía cinética que se transforma.

¿Lo comprendes?

Compara y contrasta las colisiones elásticas e inelásticas.

Imagen 26 En un sistema cerrado y aislado, el momento se conserva cuando los objetos colisionan. La conservación de la energía cinética depende de si la colisión es elástica, inelástica o superelástica.

Caso 1: Colisión elástica

$EC_f = EC_i$

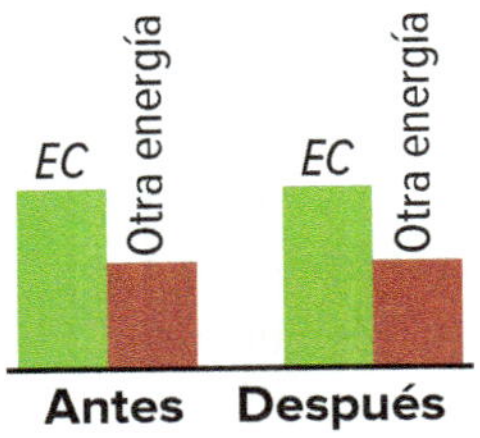

Antes de la colisión

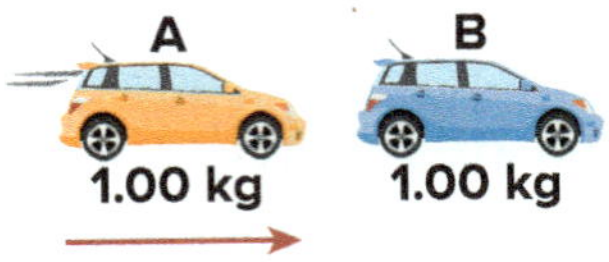

$v_{Ai} = 1.00$ m/s $\quad v_{Bi} = 0.00$ m/s

$EC_i = EC_{Ai} + EC_{Bi}$

$= \frac{1}{2}(1.00 \text{ kg})(1.00 \text{ m/s})^2 + \frac{1}{2}(1.00 \text{ kg})(0.00 \text{ m/s})^2$

$= 0.50$ J

Después de la colisión

$v_{Af} = 0.00$ m/s $\quad v_{Bf} = 1.00$ m/s

$EC_f = EC_{Af} + EC_{Bf}$

$= \frac{1}{2}(1.00 \text{ kg})(0.00 \text{ m/s})^2 + \frac{1}{2}(1.00 \text{ kg})(1.00 \text{ m/s})^2$

$= 0.50$ J

Caso 2: Colisión perfectamente inelástica

$EC_f < EC_i$

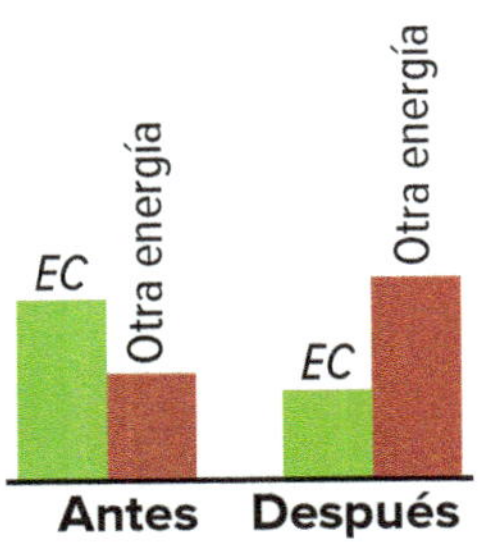

Antes de la colisión

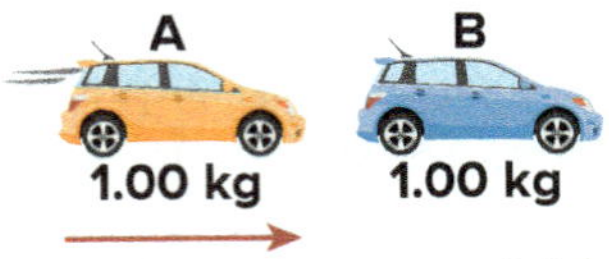

$v_{Ai} = 1.00$ m/s $\quad v_{Bi} = 0.00$ m/s

$EC_i = EC_{Ai} + EC_{Bi}$

$= \frac{1}{2}(1.00 \text{ kg})(1.00 \text{ m/s})^2 + \frac{1}{2}(1.00 \text{ kg})(0.00 \text{ m/s})^2$

$= 0.50$ J

Después de la colisión

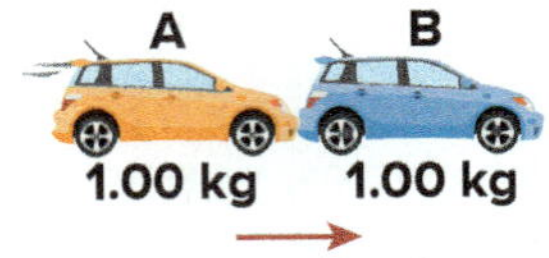

$v_{Af} = v_{Bf} = 0.50$ m/s

$EC_f = EC_{Af} + EC_{Bf}$

$= \frac{1}{2}(1.00 \text{ kg})(0.50 \text{ m/s})^2 + \frac{1}{2}(1.00 \text{ kg})(0.50 \text{ m/s})^2$

$= 0.25$ J

Caso 3: Colisión inelástica

$EC_f < EC_i$

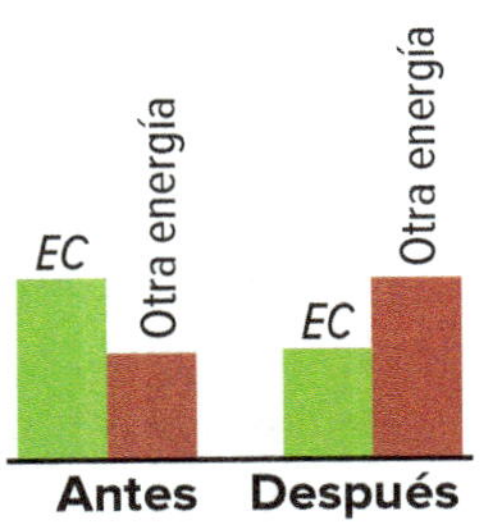

Antes de la colisión

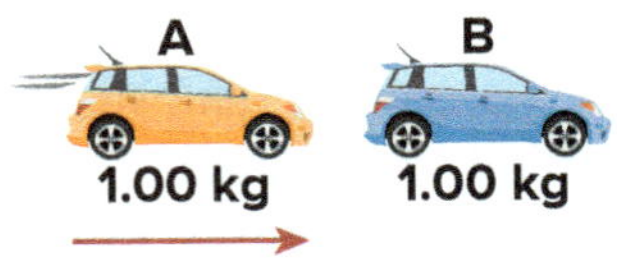

$v_{Ai} = 1.00$ m/s $\quad v_{Bi} = 0.00$ m/s

$EC_i = EC_{Ai} + EC_{Bi}$

$= \frac{1}{2}(1.00 \text{ kg})(1.00 \text{ m/s})^2 + \frac{1}{2}(1.00 \text{ kg})(0.00 \text{ m/s})^2$

$= 0.50$ J

Después de la colisión

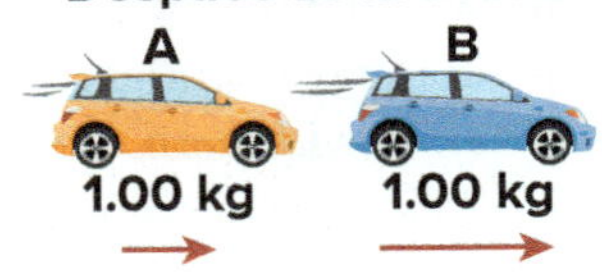

$v_{Af} = 0.25$ m/s $\quad v_{Bf} = 0.75$ m/s

$EC_f = EC_{Af} + EC_{Bf}$

$= \frac{1}{2}(1.00 \text{ kg})(0.25 \text{ m/s})^2 + \frac{1}{2}(1.00 \text{ kg})(0.75 \text{ m/s})^2$

$= 0.31$ J

Case 4: Colisión superelástica

$EC_f > EC_i$

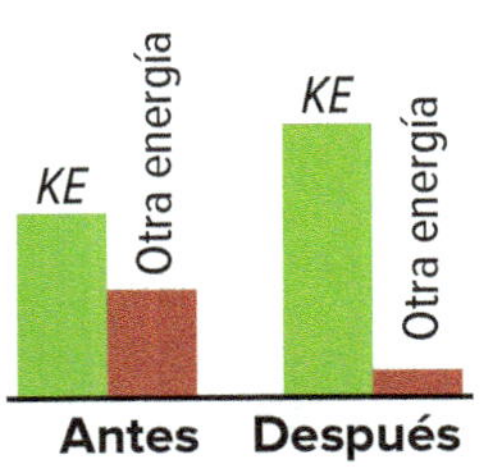

Antes de la colisión

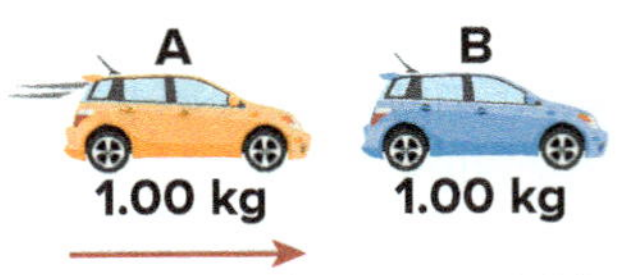

$v_{Ai} = 1.00$ m/s $\quad v_{Bi} = 0.00$ m/s

$EC_i = EC_{Ai} + EC_{Bi}$

$= \frac{1}{2}(1.00 \text{ kg})(1.00 \text{ m/s})^2 + \frac{1}{2}(1.00 \text{ kg})(0.00 \text{ m/s})^2$

$= 0.50$ J

Después de la colisión

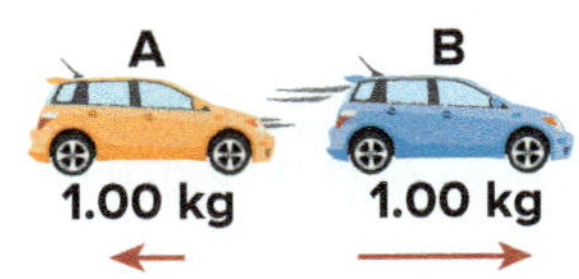

$v_{Af} = 0.20$ m/s $\quad v_{Bf} = 1.20$ m/s

$EC_f = EC_{Af} + EC_{Bf}$

$= \frac{1}{2}(1.00 \text{ kg})(-0.20 \text{ m/s})^2 + \frac{1}{2}(1.00 \text{ kg})(1.20 \text{ m/s})^2$

$= 0.74$ J

EJEMPLO Problema 6

COLISIÓN INELÁSTICA En un accidente en una carretera resbaladiza, un automóvil con una masa de 1150 kg que se mueve a 15.0 m/s se estrella contra la parte trasera de un automóvil con una masa de 1575 kg que se mueve a 5.0 m/s en la misma dirección.

a. ¿Cuál es la velocidad final si los automóviles se acoplan?

b. ¿Cuánto disminuye la energía cinética en la colisión?

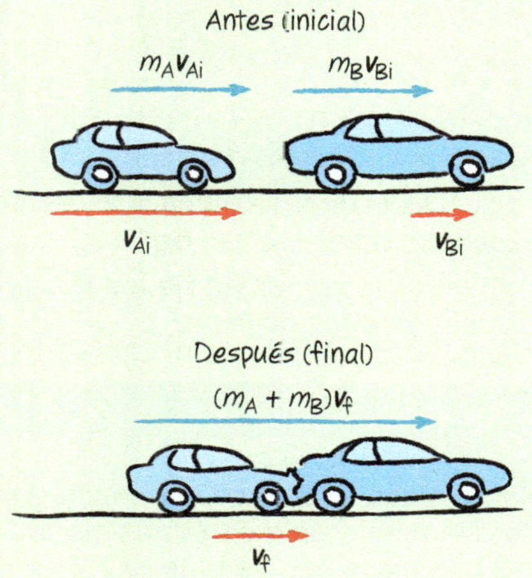

1 ANALIZAR Y PLANTEAR EL PROBLEMA

- Representa las condiciones iniciales y finales.
- Haz un diagrama del momento.

Datos conocidos	**Incógnita**
$m_A = 1150$ kg	$v_f = ?$
$m_B = 1575$ kg	$\Delta EC = EC_f - EC_i = ?$
$v_{Ai} = 15.0$ m/s	
$v_{Bi} = 5.0$ m/s	
$v_{Af} = v_{Bf} = v_f$	

2 HALLAR LA INCÓGNITA

a. Aplica la conservación del momento para hallar la velocidad final.

$$p_{Ai} + p_{Bi} = p_{Af} + p_{Bf}$$

$$m_A v_{Ai} + m_B v_{Bi} = (m_A + m_B)v_f$$

$$v_f = \frac{m_A v_{Ai} + m_B v_{Bi}}{m_A + m_B}$$

$$= \frac{(1150\text{ kg})(15.0\text{ m/s}) + (1575\text{ kg})(5.0\text{ m/s})}{(1150\text{ kg} + 1575\text{ kg})}$$

Sustituye $m_A = 1150$ kg, $v_{Ai} = 15.0$ m/s, $m_B = 1575$ kg, $v_{Bi} = 5.0$ m/s

$= 9.2$ m/s, en la dirección del movimiento antes de la colisión

b. Para determinar el cambio en la energía cinética del sistema, se necesitan EC_f y EC_i.

$$EC_f = \frac{1}{2}mv_f^2 = \frac{1}{2}(m_A + m_B)v_f^2$$

Sustituye $m = m_A + m_B$

$$= \frac{1}{2}(1150\text{ kg} + 1575\text{ kg})(9.2\text{ m/s})^2$$

Sustituye $m_A = 1150$ kg, $m_B = 1575$ kg, $v_f = 9.2$ m/s

$$= 1.2\times10^5\text{ J}$$

$$EC_i = EC_{Ai} + EC_{Bi}$$

$$= \frac{1}{2}(m_A v_{Ai}^2) + \frac{1}{2}(m_B v_{Bi}^2)$$

Sustituye $EC_{Ai} = \frac{1}{2}(m_A v_{Ai}^2)$, $EC_{Bi} = \frac{1}{2}(m_B v_{Bi}^2)$

$$= \frac{1}{2}(1150\text{ kg})(15.0\text{ m/s})^2 + \frac{1}{2}(1575\text{ kg})(5.0\text{ m/s})^2$$

$$= 1.5\times10^5\text{ J}$$

Sustituye $m_A = 1150$ kg, $m_B = 1575$ kg, $v_{Ai} = 15.0$ m/s, $v_{Bi} = 5.0$ m/s

Halla el cambio de energía cinética del sistema.

$$\Delta EC = EC_f - EC_i$$

$$= 1.2\times10^5\text{ J} - 1.5\times10^5\text{ J} = -3\times10^4\text{ J}$$

Sustituye $EC_f = 1.2\times10^5$ J, $EC_i = 1.5\times10^5$ J

3 EVALUAR LA RESPUESTA

- **¿Son correctas las unidades?** La velocidad se mide en metros por segundo; la energía se mide en julios.
- **¿Tiene sentido el signo?** El cambio en la energía cinética es negativo, o sea que disminuyó como se esperaba en una colisión inelástica.

PRÁCTICA Problemas

PRÁCTICA ADICIONAL

44. Se dispara una bala de 8.00 g horizontalmente hacia un bloque de madera de 9.00 kg sobre una mesa y queda incrustada. Después de la colisión, el bloque y la bala se deslizan por la superficie sin fricción con una velocidad de 10.0 cm/s. Halla la velocidad inicial de la bala.

45. Un jugador de *hockey* de 91.0 kg patina sobre hielo a 5.50 m/s. Otro jugador de igual masa, que se mueve a 8.1 m/s en la misma dirección, lo golpea por detrás. Se deslizan juntos.

a. ¿Cuál es la energía mecánica y el momento total del sistema antes de la colisión?

b. ¿Cuál es la velocidad de los dos jugadores después de la colisión?

c. ¿Cuánto disminuyó la energía cinética del sistema en la colisión?

46. DESAFÍO Un dardo magnético de 0.025 kg, disparado horizontalmente, golpea un objetivo magnético de 0.73 kg que está suspendido en una cuerda. El dardo y el objetivo actúan como un péndulo y se balancean 12.0 cm por encima del nivel inicial antes de detenerse instantáneamente.

a. Representa la situación y elige un sistema.

b. Decide qué se conserva en cada paso del proceso y explica por qué.

c. ¿Cuál era la velocidad inicial del dardo?

FÍSICA Desafío

Una bala de masa *m*, que se mueve con una velocidad v_1, atraviesa un bloque de madera inmóvil y sale con una velocidad v_2. Después de la colisión, el bloque, que tiene una masa m_B, se mueve.

1. ¿Cuál es la velocidad final (v_B) del bloque?

2. ¿Cómo cambió la energía mecánica de la bala?

3. ¿Cuánta energía se perdió por la fricción dentro del bloque?

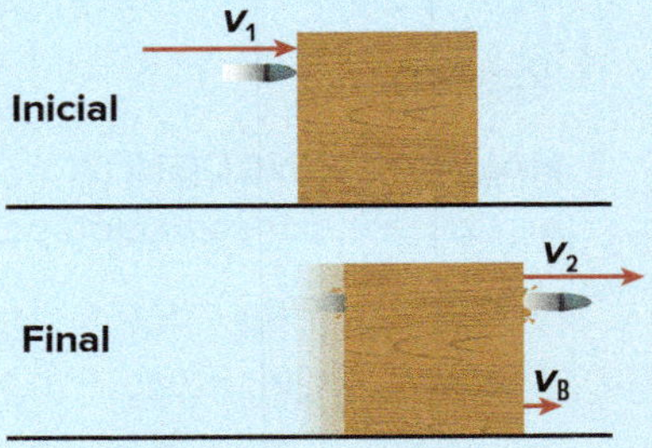

Verifica tu progreso

47. **Diagramas de energía** Un niño salta en un trampolín. Haz diagramas de barras para mostrar las formas de energía en las siguientes situaciones.

a. El niño está en el punto más alto.

b. El niño está en el punto más bajo.

48. **Energía** Explica por qué la energía se considera una cantidad única.

49. **Energía cinética** Imagina que una bola de goma de mascar y una pequeña pelota de goma colisionan de frente en el aire y, luego, se separan. ¿Esperarías que se conserve la energía cinética? Si no, ¿qué pasa con la energía?

50. **Energía potencial** Una pelota de goma cae desde 8.0 m sobre un piso de concreto y rebota. Cada vez que toca el suelo, el sistema pelota-Tierra pierde $\frac{1}{5}$ de su *EM*. ¿Cuántas veces rebotará hasta alcanzar una altura de solo 4 m?

51. **Energía** En la **Imagen 27,** una niña se desliza por un tobogán. En la parte inferior, se mueve a 3.0 m/s. ¿Cuánta energía transformó la fricción durante el deslizamiento?

Imagen 27

52. **Conservación de la energía** Para resolver los problemas de energía del mundo, tu amigo quiere inventar un dispositivo que suministre diez veces más energía de la que tiene. ¿Puede funcionar este dispositivo? Explícalo.

53. **Pensamiento crítico** Una pelota cae 20 m. Cuando ha caído 10 m, la mitad de la energía es potencial y la otra es cinética. Cuando ha caído la mitad del tiempo que tarda en caer, ¿será potencial más, menos o exactamente la mitad de la energía?

LEARNSMART® Conéctate para cumplir tu plan de aprendizaje personalizado para repasar, practicar y reforzar tu comprensión.

LECCIÓN 4

MÁQUINAS

PREGUNTA DE ENFOQUE

¿Cómo facilitan las tareas las máquinas?

Beneficios de las máquinas

Una **máquina** es un dispositivo que facilita las tareas al cambiar la magnitud o la dirección de la fuerza aplicada. Al levantar la manija del abridor en la **Imagen 28,** se le transfiere energía y se trabaja sobre él. El abridor trabaja sobre la tapa al levantarla. Esto se denomina trabajo de entrada (T_e). El trabajo de la máquina se llama trabajo de salida (T_s).

El abridor no es una fuente de energía. Por lo tanto, la tapa no puede recibir más energía de la que le proporcionas al abridor. El trabajo de salida nunca puede ser mayor que el de entrada. La máquina solo ayuda a transferir tu energía hasta la tapa de la botella.

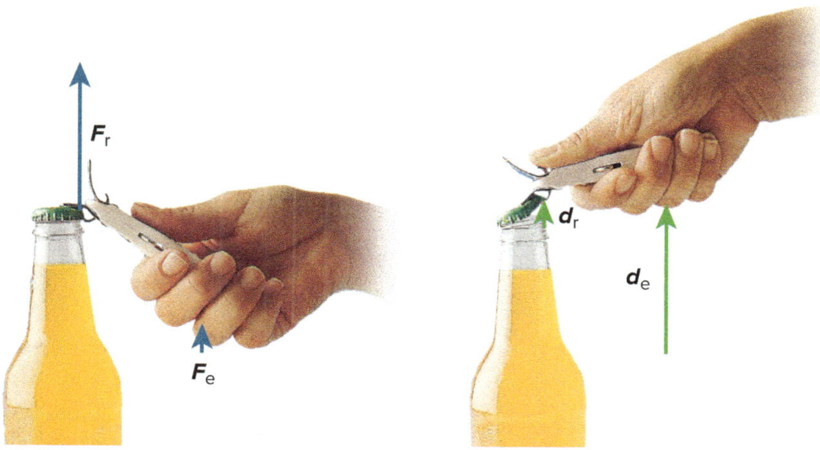

Imagen 28 Este abridor facilita la apertura de la botella. Sin embargo, la energía requerida no disminuye.

Ventaja mecánica La fuerza que ejerce el usuario sobre una máquina es la **fuerza aplicada** (F_a). La fuerza que ejerce la máquina es la **fuerza de resistencia** (F_r). Para el abridor de la **Imagen 28,** F_a es la fuerza ascendente que ejerce la persona que utiliza el abridor y F_r es la fuerza ascendente que ejerce el abridor. La razón de resistencia y fuerza aplicada $\left(\frac{F_r}{F_a}\right)$ se conoce como la **ventaja mecánica** (VM) de la máquina.

Ventaja mecánica

La ventaja mecánica de una máquina es igual a la fuerza de resistencia dividida por la fuerza aplicada.

$$VM = \frac{F_r}{F_e}$$

PENSAMIENTO 3D DCI Ideas centrales disciplinarias CCC Conceptos interdisciplinarios SEP Prácticas de ciencia e ingeniería

REUNIR EVIDENCIA

Usa el Cuaderno de ciencias para registrar la evidencia que reúnas mientras completas las lecturas y las actividades de la lección.

INVESTIGAR

CONÉCTATE para hallar estas actividades y más recursos.

Laboratorio de Física: Elevación con poleas
Realiza una investigación sobre cómo la disposición de un sistema de poleas afecta la fuerza que se necesita para elevar una pesa.

Investigación rápida: Ruedas y ejes
Realiza una investigación sobre las fuerzas aplicadas y de resistencia en un sistema de ruedas y ejes.

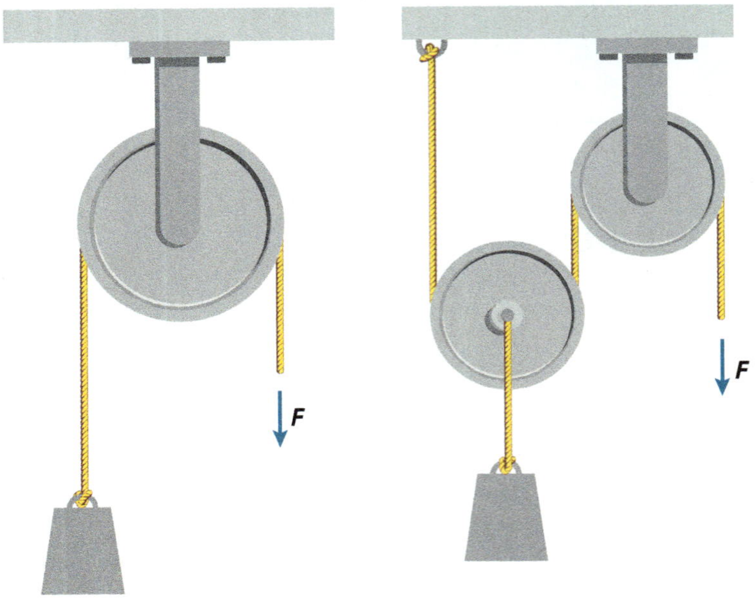

Imagen 29 Una polea fija tiene una ventaja mecánica igual a 1. Es útil porque cambia la dirección de la fuerza. Un sistema de poleas con una polea móvil tiene una ventaja mecánica mayor que 1, por lo que la fuerza aplicada es mayor que la original.

Para una polea fija, como la de la izquierda en la **Imagen 29,** la fuerza aplicada (F_a) y la fuerza de resistencia (F_r) son iguales. Por lo tanto, la ventaja mecánica es 1. ¿Cuál es la ventaja de esta máquina? La polea fija es útil, no porque la fuerza aplicada se reduzca, sino porque cambia su dirección. Muchas máquinas, como el abridor de la **Imagen 28** y el sistema de poleas de la derecha en la **Imagen 29,** tienen una ventaja mecánica mayor que 1. En estos casos, la máquina aumenta la fuerza que aplica una persona.

¿Lo comprendes?

Calcular La *VM* de una máquina es 3. Si la fuerza de entrada es de 2 N, ¿cuál es la fuerza de salida?

Ventaja mecánica ideal Una máquina puede aumentar la fuerza, pero no la energía. Una máquina ideal transfiere toda la energía, por lo que el trabajo de salida es igual al de entrada: $T_s = T_e$. El trabajo de entrada es el producto de la fuerza aplicada y el desplazamiento a través del cual actúa esa fuerza: $T_e = F_a d_a$. El trabajo de salida es el producto de la fuerza de resistencia y el desplazamiento a través del cual actúa esa fuerza: $T_s = F_r d_r$. Al sustituir estas expresiones por $T_s = T_e$ se obtiene $F_r d_r = F_a d_a$. Esta ecuación puede volver a escribirse como $\frac{F_r}{F_a} = \frac{d_a}{d_r}$.

Recuerda que la ventaja mecánica se obtiene mediante $VM = \frac{F_r}{F_e}$. Por ende, para una máquina ideal, la **ventaja mecánica ideal** (*VMI*) es igual al desplazamiento de la fuerza aplicada dividido por el desplazamiento de la fuerza de resistencia. La *VMI* puede representarse de la siguiente manera.

Ventaja mecánica ideal

La *VMI* de una máquina es igual al desplazamiento de la fuerza aplicada dividido por el desplazamiento de la fuerza de resistencia.

$$VMI = \frac{d_e}{d_r}$$

Ten en cuenta que se miden los desplazamientos para calcular la ventaja mecánica ideal, pero se miden las fuerzas ejercidas para hallar la ventaja mecánica real.

USO CIENTÍFICO VS. USO COMÚN

Eficiencia

Uso científico: razón de trabajo de salida y trabajo de entrada
La eficiencia del sistema de poleas es del 86 por ciento.

Uso común: producción sin desperdicio
La nueva lavadora de alta eficiencia utiliza menos agua y electricidad que el modelo anterior.

Eficiencia En una máquina real, no todo el trabajo de entrada está disponible como trabajo de salida. Por la energía eliminada del sistema a través del calor o del sonido, hay menos trabajo de salida. En consecuencia, la máquina es menos eficiente para realizar la tarea. La **eficiencia** de una máquina (e) se define como la razón entre el trabajo de salida y el de entrada.

Eficiencia

La eficiencia de una máquina (en %) es igual al trabajo de salida, dividido por el trabajo de entrada, multiplicado por 100.

$$e = \frac{T_s}{T_e} \times 100$$

En una máquina ideal, el trabajo de entrada y de salida son iguales, $\frac{T_s}{T_e} = 1$ y su eficiencia es del 100 por ciento. Todas las máquinas reales tienen una eficiencia inferior al 100 por ciento.

La eficiencia puede expresarse en términos de la ventaja mecánica y la ventaja mecánica ideal. La eficiencia, $e = \frac{T_s}{T_e}$, se puede volver a escribir como:

$$e = \frac{T_s}{T_e} = \frac{F_r d_r}{F_e d_e}$$

Dado que $VM = \frac{F_r}{F_e}$ $VMI = \frac{d_e}{d_r}$, se puede escribir la siguiente expresión para la eficiencia.

Eficiencia

La eficiencia de una máquina (en %) es igual a su ventaja mecánica, dividida por la ventaja mecánica ideal, multiplicada por 100.

$$e = \frac{VM}{VMI} \times 100$$

El diseño de una máquina determina su ventaja mecánica ideal. Una máquina eficiente tiene una *VM* casi igual a su *VMI*. Una menos eficiente tiene una *VM* pequeña en relación con su *VMI*. Para obtener la misma fuerza de resistencia, se debe ejercer una fuerza mayor en una máquina de menor eficiencia que en una de mayor eficiencia.

¿Lo comprendes?

Determinar Una máquina tiene una eficiencia del 50 por ciento y una *VM* de 3. ¿Cuál es su *VMI*?

FÍSICA Desafío

En muchas áreas rurales, los residentes no obtienen el suministro de agua de una torre central u otra fuente común. Muchos deben usar una bomba eléctrica para obtener agua de un pozo. Una bomba eléctrica extrae agua a una velocidad de 0.25 m^3/s de un pozo que tiene 25 m de profundidad. El agua sale de la bomba a una velocidad de 8.5 m/s.

1. ¿Qué potencia se necesita para elevar el agua a la superficie?
2. ¿Qué potencia se necesita para aumentar la energía cinética del agua?
3. Si la eficiencia de la bomba es del 80 por ciento, ¿cuánta potencia se le debe suministrar?

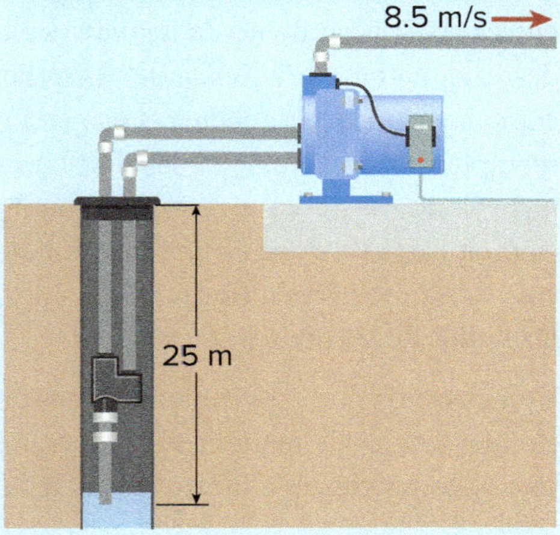

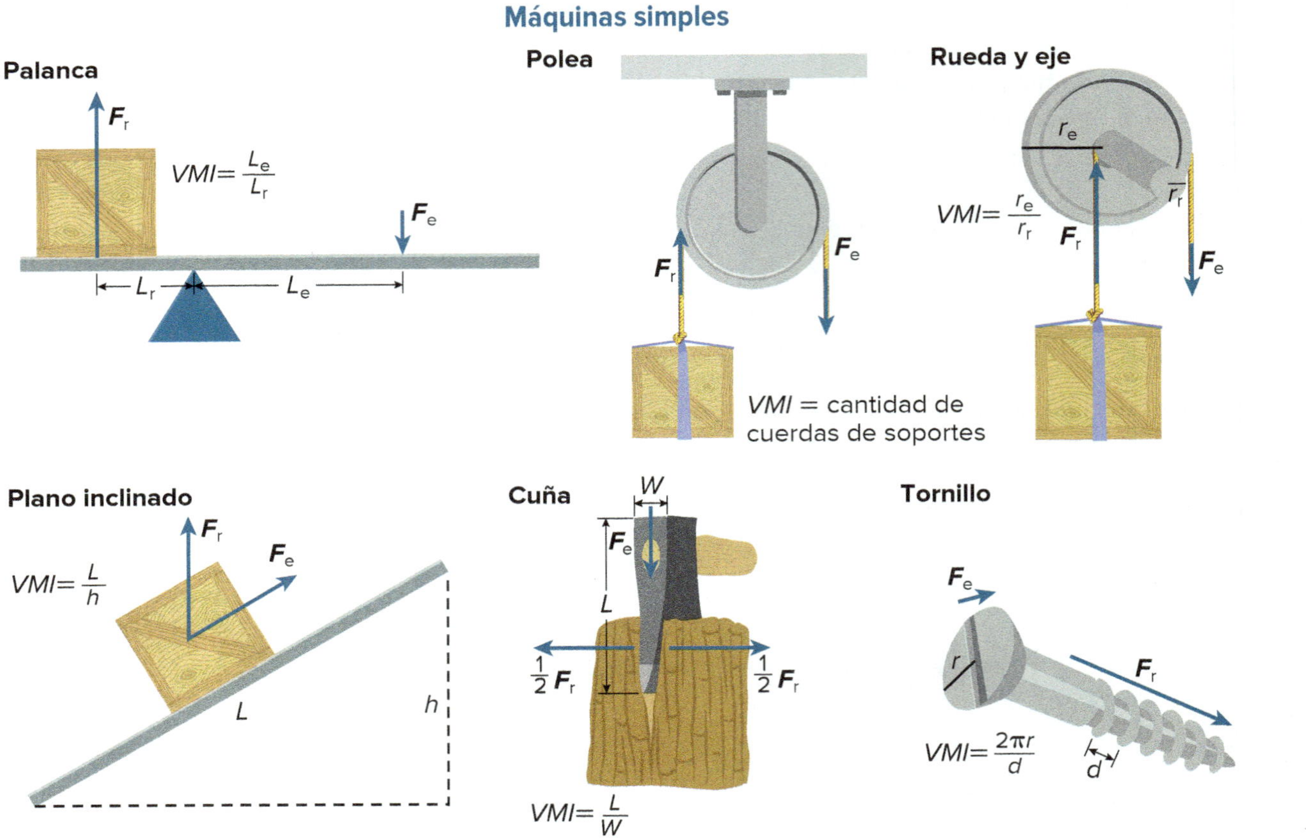

Imagen 30 Cada tipo de máquina simple facilita el trabajo al cambiar la dirección o magnitud de la fuerza. La *VMI* de cada máquina está relacionada con sus propiedades. Por ejemplo, la *VMI* de una palanca es igual a la longitud del brazo de aplicación (L_a) dividido por la longitud del brazo de resistencia (L_r). Del mismo modo, la *VMI* de una cuña es igual a su longitud (L) dividida por su ancho (W).
Identifica *un ejemplo cotidiano de cada máquina simple.*

Máquinas compuestas

La mayoría de las máquinas son combinaciones de una o más de las seis máquinas simples: palanca, polea, rueda y eje, plano inclinado, cuña y tornillo, como se ve en la **Imagen 30.**

La *VMI* de cada máquina en la **Imagen 30** es la razón entre el desplazamiento de la fuerza aplicada y el desplazamiento de la fuerza de resistencia. Para máquinas como la palanca y la rueda y el eje, esta razón se puede reemplazar por la razón de los desplazamientos entre el lugar donde se aplica la fuerza y el punto de pivote. Por ejemplo, una versión común de la rueda y el eje es un volante, como el de la **Imagen 31.** La *VMI* es la razón de los radios de la rueda y el eje.

Una máquina que está compuesta por dos o más máquinas simples unidas de manera que la fuerza de resistencia de una se convierte en la fuerza aplicada de la otra se llama **máquina compuesta.** Algunos ejemplos son las tijeras (cuñas y palancas) y las carretillas (palanca, rueda y eje).

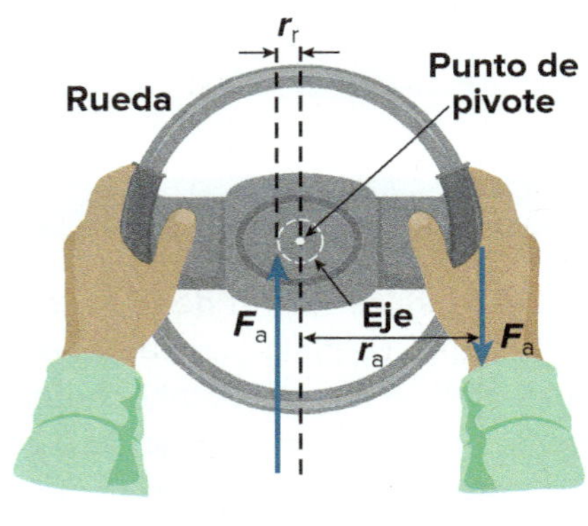

Imagen 31 Un volante es un ejemplo de rueda y eje. Su *VMI* es $\frac{r_e}{r_r}$.

¿Lo comprendes?

Compara y contrasta las máquinas simples y compuestas.

Imagen 32 Una bicicleta es una máquina compuesta. El ciclista ejerce una fuerza sobre los pedales, que ejercen una fuerza sobre la cadena. La cadena ejerce una fuerza sobre el engranaje trasero.

Ventaja mecánica y bicicletas Una bicicleta, como la de la **Imagen 32,** es una máquina compuesta que consta de dos sistemas de rueda y eje. El primero es el pedal y el engranaje delantero. Aquí, la fuerza aplicada es la que el ciclista ejerce sobre el pedal, $F_{\text{ciclista sobre pedal}}$. La fuerza del pie es más efectiva cuando se ejerce perpendicular al brazo del pedal, es decir, cuando el par de torsión es el mayor. Por lo tanto, supondremos que $F_{\text{ciclista sobre pedal}}$ se aplica perpendicular al brazo del pedal. La resistencia es la fuerza que ejerce el engranaje delantero sobre la cadena, $F_{\text{engranaje sobre cadena}}$.

¿Lo comprendes?

Identifica la fuerza aplicada y la fuerza de resistencia para el pedal y el engranaje delantero.

El engranaje trasero y la rueda trasera actúan como otra rueda y eje. La cadena ejerce una fuerza aplicada sobre el engranaje trasero, $F_{\text{cadena sobre engranaje}}$. Esta fuerza es igual a la del engranaje delantero sobre la cadena. Es decir, $F_{\text{engranaje sobre cadena}} = F_{\text{cadena sobre engranaje}}$. La fuerza de resistencia es la que ejerce la rueda sobre la carretera, $F_{\text{rueda sobre carretera}}$.

La ventaja mecánica de una máquina compuesta es el producto de las ventajas mecánicas de las máquinas simples que la conforman. Por lo tanto, la ventaja mecánica de la bicicleta viene dada por esta ecuación:

$$VM_{\text{total}} = VM_{\text{engranaje pedal}} \times VM_{\text{rueda trasera}}$$

$$VM_{\text{total}} = \left(\frac{F_{\text{engranaje sobre cadena}}}{F_{\text{ciclista sobre pedal}}}\right)\left(\frac{F_{\text{rueda sobre carretera}}}{F_{\text{engranaje sobre cadena}}}\right) = \frac{F_{\text{rueda sobre carretera}}}{F_{\text{ciclista sobre pedal}}}$$

Recuerda que $F_{\text{engranaje sobre cadena}} = F_{\text{cadena sobre engranaje}}$. Por lo tanto, se cancelan en la ecuación de arriba.

De modo similar, la *VMI* de la bicicleta es $VMI = VMI_{\text{engranaje pedal}} \times VMI_{\text{rueda trasera}}$. Para cada rueda y eje, la VMI es la razón entre el radio de la rueda y el radio del eje.

Para el engranaje del pedal, $VMI = \dfrac{\text{radio del pedal}}{\text{pedal de engranaje delantero}}$

Para la rueda trasera, $VMI = \dfrac{\text{radio de engranage posterior}}{\text{radio de la rueda}}$

Para la bicicleta, entonces $VMI = \left(\dfrac{\text{radio del pedal}}{\text{pedal de engranaje delantero}}\right)\left(\dfrac{\text{radio de engranage posterior}}{\text{radio de la rueda}}\right)$

$$= \left(\frac{\text{radio de engranage posterior}}{\text{pedal de engranaje delantero}}\right)\left(\frac{\text{radio del pedal}}{\text{radio de la rueda}}\right)$$

Laura Sifferlin

EJEMPLO Problema 7

VENTAJA MECÁNICA Examinas la rueda trasera de tu bicicleta. Tiene un radio de 35.6 cm y un engranaje con un radio de 4.00 cm. Cuando se jala la cadena con una fuerza de 155 N, la llanta se mueve 14.0 cm. La eficiencia de esta parte de la bicicleta es del 95.0 por ciento.

a. ¿Cuál es la *VMI* de la rueda y el engranaje?

b. ¿Cuál es la *VM* de la rueda y el engranaje?

c. ¿Cuál es la fuerza de resistencia?

d. ¿Qué distancia se jaló la cadena para mover la llanta 14.0 cm?

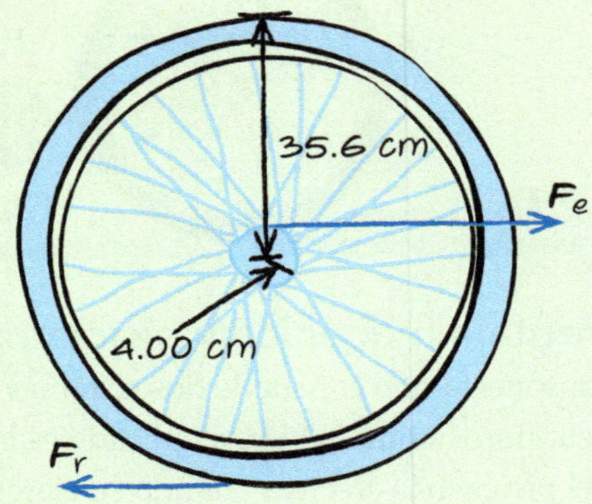

1 ANALIZAR Y PLANTEAR EL PROBLEMA

- Haz un bosquejo de la rueda y del eje.
- Traza los vectores de fuerza.

Datos conocidos			Incógnita	
$r_a = 4.00$ cm	$e = 95.0\%$	$F_a = 155$ N	$VMI = ?$	$F_r = ?$
$r_r = 35.6$ cm	$d_r = 14.0$ cm		$VM = ?$	$d_e = ?$

2 HALLAR LA INCÓGNITA

a. Halla la *VMI*.

$$VMI = \frac{r_e}{r_r}$$

$$= \frac{4.00\text{ cm}}{35.6\text{ cm}} = 0.112$$

Para una máquina de rueda y eje, *VMI* es igual a la razón de los radios.

Sustituye $r_a = 4.00$ cm, $r_r = 35.6$ cm.

b. Halla la *VM*.

$$e = \frac{MA}{IMA} \times 100$$

$$VM = \left(\frac{e}{100}\right) \times VMI$$

$$= \left(\frac{95.0}{100}\right) \times 0.112 = 0.106$$

Sustituye $e = 95.0\%$, $VMI = 0.112$.

c. Halla la fuerza.

$$VM = \frac{F_r}{F_e}$$

$$F_r = (VM)(F_a)$$

$$F_r = (0.106)\,(155\text{ N}) = 16.4\text{ N}$$

Sustituye $VM = 0.106$, $F_a = 155$ N.

d. Halla la distancia.

$$VMI = \frac{d_e}{d_r}$$

$$d_a = (VMI)\,(d_r)$$

$$= (0.112)\,(14.0\text{ cm}) = 1.57\text{ cm}$$

Sustituye $VMI = 0.112$, $d_r = 14.0$ cm.

3 EVALUAR LA RESPUESTA

- **¿Son correctas las unidades?** La fuerza se mide en newtons y la distancia en centímetros.
- **¿Es realista la magnitud?** La *VMI* es baja para una bicicleta porque una F_a mayor se intercambia por una d_r mayor. La *VM* siempre es menor que la *VMI*. Dado que la *VM* es baja, F_r también lo será. La pequeña distancia que se mueve el eje da como resultado una gran distancia que cubre la rueda. Entonces, d_a debería ser muy pequeña.

PRÁCTICA Problemas

PRÁCTICA ADICIONAL

54. Si el radio del engranaje de la bicicleta en el Ejemplo Problema 7 se duplica, mientras la fuerza ejercida sobre la cadena y la distancia que se mueve la llanta quedan igual, ¿qué cantidades cambian y cuánto?

55. Para partir un tronco, se clava una cuña con un mazo. Cuando la cuña se introduce 0.20 m, el tronco se separa una distancia de 5.0 cm. Se necesita una fuerza de 1.7×10^4 N para dividir el tronco, y el mazo ejerce una fuerza de 1.1×10^4 N.

a. ¿Cuál es la *VMI* de la cuña?

b. ¿Cuál es la *VM* de la cuña?

c. Calcula la eficiencia de la cuña como máquina.

56. Con una polea, un trabajador eleva 16.5 m una caja de 24.0 kg, como en la **Imagen 33.** Se ejerce una fuerza de 129 N y se jala la cuerda 33.0 m.

a. ¿Cuál es la *VM* de la polea?

b. ¿Cuál es la eficiencia de la polea?

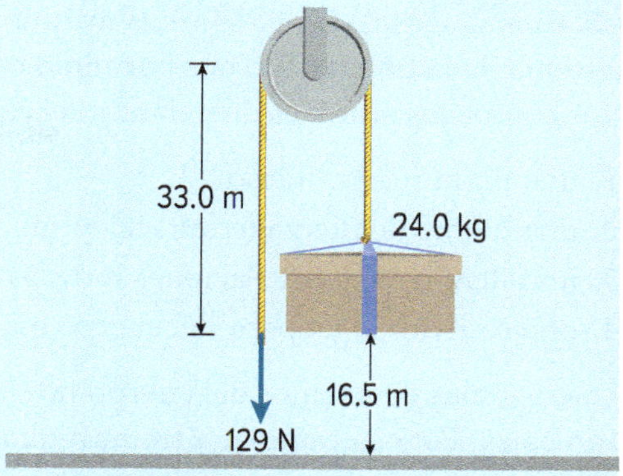

Imagen 33

57. Un cabrestante tiene una manivela con un radio de 45 cm. Se enrolla una cuerda alrededor de un tambor con un radio de 7.5 cm. Una revolución de la manivela hace girar el tambor una revolución.

a. ¿Cuál es la ventaja mecánica ideal de esta máquina?

b. Si debido a la fricción, la máquina solo tiene una eficiencia del 75 por ciento, ¿cuánta fuerza debería ejercerse sobre el mango de la manivela para ejercer 750 N de fuerza sobre la cuerda?

58. DESAFÍO Ejerces una fuerza de 225 N sobre una palanca para elevar una roca de 1.25×10^3 N unos 13 cm. Si la eficiencia de la palanca es del 88.7 por ciento, ¿qué distancia moviste el extremo de la palanca?

Bicicleta de engranaje múltiple Cambiar de engranaje en una bicicleta es una forma de ajustar la razón de los radios para obtener la *VMI* deseada. En una bicicleta de varios engranajes, el ciclista puede cambiar la *VMI* de la máquina al elegir el tamaño de uno o ambos engranajes. La **Imagen 34** muestra un engranaje trasero con cinco tamaños de engranajes. Al acelerar o subir una colina, el ciclista aumenta la *VMI* para incrementar la fuerza que ejerce la rueda sobre la carretera.

Para hacer esto, el ciclista elige un radio grande para el engranaje trasero en comparación con el delantero. Para la misma fuerza que ejerce el ciclista, la rueda ejerce una fuerza mayor sobre la carretera: el ciclista le da más vueltas a los pedales por cada revolución de la rueda.

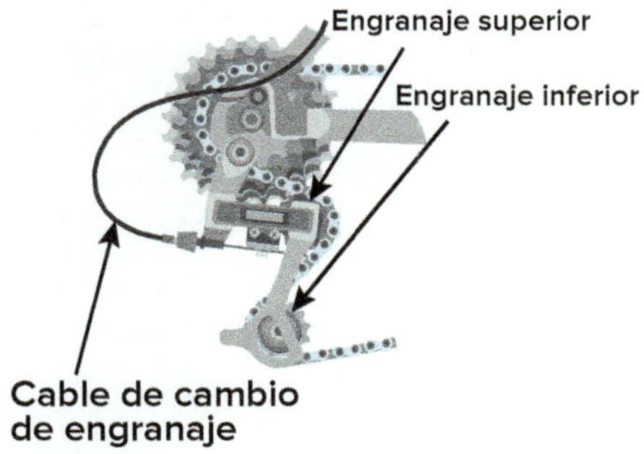

Imagen 34 Un ciclista puede cambia la *VMI* de la bicicleta al cambiar los engranajes.

Sin embargo, se necesita menos fuerza para andar en bicicleta a alta velocidad en una carretera nivelada. El ciclista necesita un engranaje trasero pequeño y uno delantero grande, lo que produce una *VMI* más pequeña. Por lo tanto, para la misma fuerza del ciclista, la rueda ejerce una fuerza menor sobre la carretera. El ciclista no necesita mover tanto los pedales por cada revolución de la rueda.

Una transmisión de automóvil funciona de la misma manera. Para acelerar un automóvil desde el estado de reposo, se necesitan fuerzas grandes y la transmisión aumenta la *VMI* al incrementar la razón del engranaje.

Sin embargo, a altas velocidades, la transmisión reduce la razón del engranaje y la *VMI* porque se necesitan fuerzas más pequeñas. Aunque el velocímetro muestra una velocidad alta, el tacómetro indica la baja velocidad angular del motor.

¿Lo comprendes?

Explica por qué un automóvil necesita varios engranajes.

La máquina de caminar humana

Conexión BIOLOGÍA Las máquinas simples en forma de palancas, como el sistema de la **Imagen 35,** nos permiten caminar, correr y realizar otras actividades. Los complejos sistemas de palanca del cuerpo humano tienen cuatro partes básicas:

1. una barra rígida (hueso)
2. una fuente de fuerza (contracción muscular)
3. un fulcro o eje (articulaciones móviles entre los huesos)
4. una resistencia (el peso del cuerpo o un objeto que se levanta o se mueve)

Los sistemas de palanca del cuerpo no son muy eficientes. Las ventajas mecánicas son bajas. Por eso caminar y trotar requieren de energía y ayudan a perder peso.

Al caminar, la cadera actúa como fulcro y se mueve a través del arco de un círculo, centrado en el pie. El centro de masa del cuerpo se mueve como una resistencia alrededor del fulcro en el mismo arco. La longitud del radio del círculo es la longitud de la palanca que forman los huesos de la pierna. Los atletas de marcha atlética aumentan su velocidad al balancear las caderas hacia arriba para aumentar este radio.

Aunque las personas altas en general caminan más rápido que las bajas, deben aplicar una fuerza mayor para mover la palanca más larga que forman los huesos de las piernas. Por la ineficiencia de sus sistemas de palanca y la duración de una marcha atlética de 20 o 50 km, las personas muy altas rara vez tienen la resistencia para ganar.

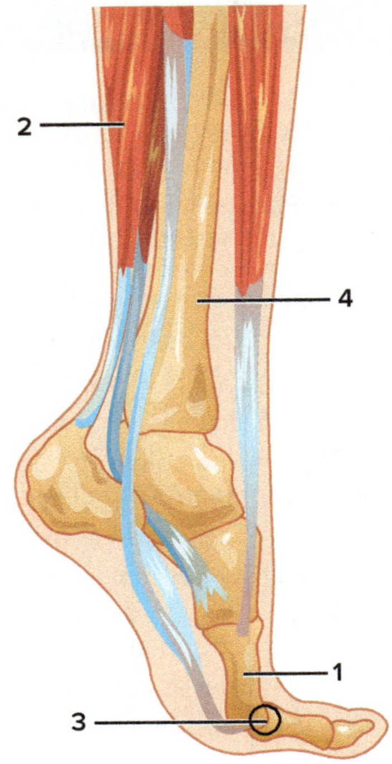

Imagen 35 La pierna y el pie humanos funcionan como una máquina compuesta.

Verifica tu progreso

59. **Máquinas** Clasifica estas herramientas y describe cómo cambia la fuerza para facilitar la tarea.
    a. destornillador
    b. pinza
    c. cincel
    d. saca clavos

60. **VMI** Un trabajador prueba un sistema de poleas múltiples para estimar el objeto más pesado que podría levantar. La mayor fuerza descendente que puede ejercer es igual a su peso, 875 N. Cuando mueve la cuerda 1.5 m, el objeto se mueve 0.25 m. ¿Cuál es el objeto más pesado que podría levantar?

61. **Máquinas compuestas** Un cabrestante tiene una manivela en un brazo de 45 cm que hace girar un tambor con un radio de 7.5 cm por un conjunto de engranajes. Se necesitan tres revoluciones de la manivela para rotar el tambor una revolución. ¿Cuál es la *VMI* de esta máquina compuesta?

62. **Eficiencia** Imagina que aumentas la eficiencia de una máquina simple. ¿Aumentan, disminuyen o se mantienen igual la *VM* y la *VMI*?

63. **Pensamiento crítico** La ventaja mecánica de una bicicleta de engranaje múltiple cambia al mover la cadena a un engranaje trasero.
    a. Para comenzar, debes acelerar la bicicleta, por lo que deseas que ejerza la mayor fuerza posible. ¿Deberías elegir un engranaje pequeño o grande?
    b. A medida que alcanzas tu velocidad de desplazamiento, quieres rotar los pedales lo menos posible. ¿Deberías elegir un engranaje pequeño o grande?
    c. Muchas bicicletas te permiten elegir el tamaño del engranaje delantero. Si deseas acelerar aún más mientras subes una colina, ¿pasarías a un engranaje delantero más grande o más pequeño? Explícalo.

LEARNSMART® Conéctate para cumplir tu plan de aprendizaje personalizado para repasar, practicar y reforzar tu comprensión.

Eficiencia en la emisión de gases: de estiércol a energía

La cría de ganado es un gran negocio y también un gran dolor de cabeza ambiental. Los desechos que producen las vacas contaminan el aire y el agua. Las vacas liberan hasta el 25% de las emisiones mundiales de metano (CH_4), uno de los principales gases de efecto invernadero que contribuyen al cambio climático. Gracias a los digestores anaeróbicos, el gas metano de los desechos animales, como el estiércol de vaca, puede usarse como una fuente de energía renovable.

Los digestores anaeróbicos en las granjas lecheras brindan una fuente de energía renovable y ayudan a eliminar los desechos animales dañinos.

Digestión anaeróbica

Hay más de 90 millones de ganado lechero y vacuno en Estados Unidos. Cada vaca produce hasta 40 kg de estiércol por día. ¿Cuánto estiércol se produce en Estados Unidos cada año? ¡Mucho! Además de contaminar el agua de escorrentía con bacterias dañinas y exceso de nitrógeno, el gas metano que emiten la descomposición del estiércol y la flatulencia de las vacas afecta la atmósfera de la Tierra.

La digestión anaeróbica sirve para mitigar estos desechos. Se mezclan microorganismos específicos con una suspensión de estiércol acuoso en un tanque de digestión. El tanque está libre de oxígeno y a una temperatura óptima para las bacterias anaeróbicas. Las bacterias descomponen el estiércol en compuestos más pequeños, que se convierten en biogás. Algunas impurezas se filtran a medida que el biogás se eleva en el tanque. El resultado es una mezcla de metano y dióxido de carbono llamada biogás, que se suministra a las centrales eléctricas a través de tuberías subterráneas. Luego, el gas se quema en una planta de energía como fuente de combustible en un proceso que genera calor y electricidad.

Los resultados de la digestión anaeróbica son muy positivos. La electricidad y el calor que genera el biogás se utilizan para alimentar granjas y comunidades. Y el resto de los materiales ricos en nutrientes orgánicos que genera la producción sirven para fertilizar los cultivos.

Algunos ingenieros trabajan en tecnologías para limpiar el biogás a bajo costo y usarlo en motores convertidos de automóviles y aviones. Otros lo aprovechan para el uso doméstico. En el futuro, el estiércol podría convertirse en una de las mejores alternativas de energía renovable para nuestro suministro de combustibles fósiles, como el petróleo.

OBTENER, EVALUAR Y COMUNICAR INFORMACIÓN

En internet u otros recursos apropiados, investiga sobre las tecnologías que se utilizan para generar biocombustibles. Escribe un resumen de tus resultados.

MÓDULO 10

GUÍA DE ESTUDIO

CONÉCTATE para estudiar con el Libro de ciencias.

Lección 1 TRABAJO Y ENERGÍA

- Se realiza un trabajo al aplicar una fuerza a través de un desplazamiento. El trabajo es el producto de la fuerza ejercida sobre un sistema y la distancia a través de la cual se mueve el sistema: $T = Fd \cos \theta$
- La energía es la capacidad de un sistema de producir un cambio en sí mismo o en su entorno. Un objeto en movimiento tiene energía cinética.
- El trabajo realizado en un sistema es igual al cambio en la energía del sistema. Esto se llama teorema de trabajo-energía: $T = \Delta E$
- La potencia es la rapidez a la que se transforma la energía: $P = \frac{\Delta E}{t}$.

$$P = \frac{\Delta E}{t} = \frac{W}{t}$$

- trabajo
- julio
- energía
- teorema de trabajo-energía
- energía cinética
- potencia
- watt

Lección 2 DISTINTAS FORMAS DE ENERGÍA

- La energía cinética de traslación de un objeto es proporcional a su masa y al cuadrado de su velocidad. La energía cinética de rotación de un objeto es proporcional a su momento de inercia y al cuadrado de su velocidad angular.
- La energía potencial gravitatoria de un sistema objeto-Tierra es el producto de la masa, el campo gravitatorio y la altura por encima de un nivel de referencia: $EPG = mgh$.
- La energía potencial elástica es energía almacenada al estirar, comprimir o doblar un objeto. Otras formas de energía son: química, nuclear, térmica, eléctrica, radiante y de masa.

- energía cinética de traslación
- energía cinética de rotación
- energía potencial
- energía potencial gravitatoria
- nivel de referencia
- energía potencial elástica
- energía térmica

Lección 3 CONSERVACIÓN DE LA ENERGÍA

- La energía total de un sistema cerrado y aislado es constante. Dentro del sistema, la energía puede cambiar de forma, pero la cantidad total no varía. Por lo tanto, la energía se conserva.
- La energía mecánica es la suma de la energía cinética y la energía potencial:

$$EM = EC + EP$$

- El momento se conserva en las colisiones si la fuerza externa es cero. La energía cinética puede permanecer sin cambios o disminuir dependiendo de si la colisión es elástica o inelástica.

- ley de la conservación de la energía
- energía mecánica
- colisión elástica
- colisión inelástica

Lección 4 MÁQUINAS

- Las máquinas no cambian el trabajo realizado. Pueden facilitar la tarea al cambiar la magnitud o dirección de la fuerza aplicada.
- La ventaja mecánica es la razón entre la fuerza de resistencia y la fuerza aplicada.

$$VM = \frac{F_r}{F_e}$$

- La ventaja mecánica ideal es la razón de las distancias recorridas.

$$VMI = \frac{d_e}{d_r}$$

- La eficiencia es la razón entre el trabajo de salida y de entrada, en porcentaje.

$$e = \frac{T_s}{T_e} \times 100$$

- máquina
- fuerza aplicada
- fuerza de resistencia
- ventaja mecánica
- ventaja mecánica ideal
- eficiencia
- máquina compuesta

PENSAMIENTO TRIDIMENSIONAL
Conclusión del módulo

REPASA EL FENÓMENO

¿Cómo se almacena la energía de las centrales eléctricas en la red eléctrica para su uso posterior?

CER Afirmación, evidencia, razonamiento

Explicar el razonamiento Repasa la afirmación que hiciste cuando hallaste el fenómeno. Resume la evidencia que reuniste en tus investigaciones y completa la tabla de resumen. ¿Respalda la evidencia tu afirmación? Si no lo hace, repasa tu afirmación. Explica por qué la evidencia respalda tu afirmación.

PROYECTO DE LA UNIDAD STEM

Ahora que completaste el módulo, repasa el proyecto de la unidad STEM. Resume la evidencia y aplícala al proyecto.

PROFUNDIZA

SEP Laboratorio de análisis de datos

¿Cuánta energía cinética tiene un objeto que cae?

Cinco ollas de arcilla caen desde una azotea. Los resultados se resumen en la tabla.

Olla de barro	Masa (kg)	Velocidad inicial (m/s)
A	1.0	0
B	1.0	2.0; descendente
C	1.0	2.0; ascendente
D	1.0	2.0; horizontal
E	2.0	0

CER Analizar e interpretar datos

1. **Afirmación** Clasifica las ollas de arcilla de menor a mayor según su velocidad cuando golpean el suelo. Indica específicamente cualquier vínculo.
2. **Evidencia y razonamiento** Explica cómo determinaste tu clasificación.

Joseph Giacomin/Cultura RM/Alamy Stock Photo

MÓDULO 11
ENERGÍA TÉRMICA

ENCUENTRA EL FENÓMENO

¿Por qué parecen tener colores diferentes las partes de la olla en esta imagen térmica?

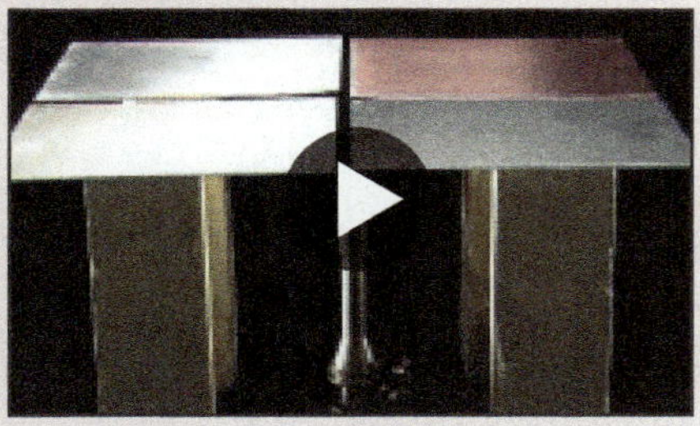

CONÉCTATE para ver un video acerca de cómo los distintos materiales se calientan a tasas diferentes.

SEP Hacer preguntas

¿Tienes más preguntas acerca del fenómeno? Si es así, agrégalas al pizarrón de preguntas clave.

CER Afirmación, evidencia, razonamiento

Hacer una afirmación Usa la tabla CER para hacer una afirmación acerca de por qué las diferentes partes del molde parecen tener colores diferentes en la imagen térmica. Explica tu razonamiento.

Reunir evidencia Usa las lecciones del módulo para reunir evidencia que respalde tu afirmación. Registra la evidencia mientras trabajas en el módulo.

Explicar el razonamiento Repasarás tu afirmación y explicarás tu razonamiento al final del módulo.

CONÉCTATE para acceder a la tabla CER y explorar los recursos que te ayudarán a reunir evidencia.

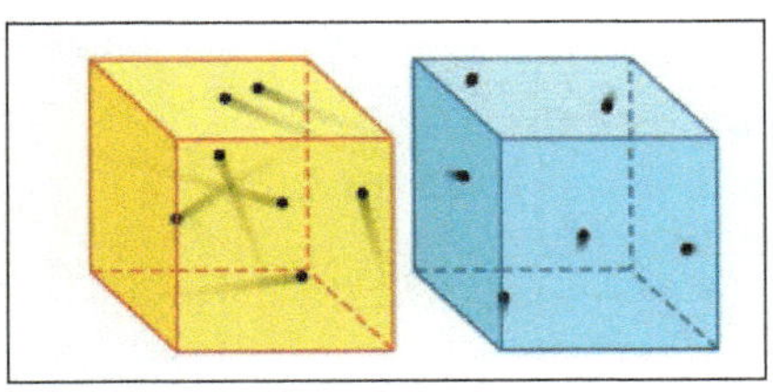

LECCIÓN 1: Explorar y explicar: Equilibrio y termómetros

LECCIÓN 2: Explorar y explicar: Primera ley de la termodinámica

Smithsonian

Recursos adicionales

LECCIÓN 1
TEMPERATURA, CALOR Y ENERGÍA TÉRMICA

PREGUNTA DE ENFOQUE

¿Cómo se transfiere energía térmica cuando cocinas algo?

Energía térmica

Todos los materiales están hechos de partículas microscópicas. Las partículas presentes en un gas tienen energías cinéticas lineales y de rotación. Las partículas también pueden tener energía potencial debido a sus enlaces internos y a las interacciones entre sí. Cuando las partículas de gas chocan entre sí y con las paredes del recipiente, como se muestra en la **Imagen 1,** transfieren energía. Hay muchas moléculas que componen el gas, por lo que ocurren muchas colisiones. Las energías de las partículas se distribuyen aleatoriamente.

Por lo tanto, es conveniente analizar la energía total de las partículas que componen el gas y la energía promedio por partícula en el gas. Recuerda que la suma de las energías de las partículas es la energía térmica del objeto. La energía cinética promedio por partícula está relacionada con la temperatura del gas. La teoría cinética describe la relación entre los movimientos aleatorios de las partículas y la propiedad de volumen del material.

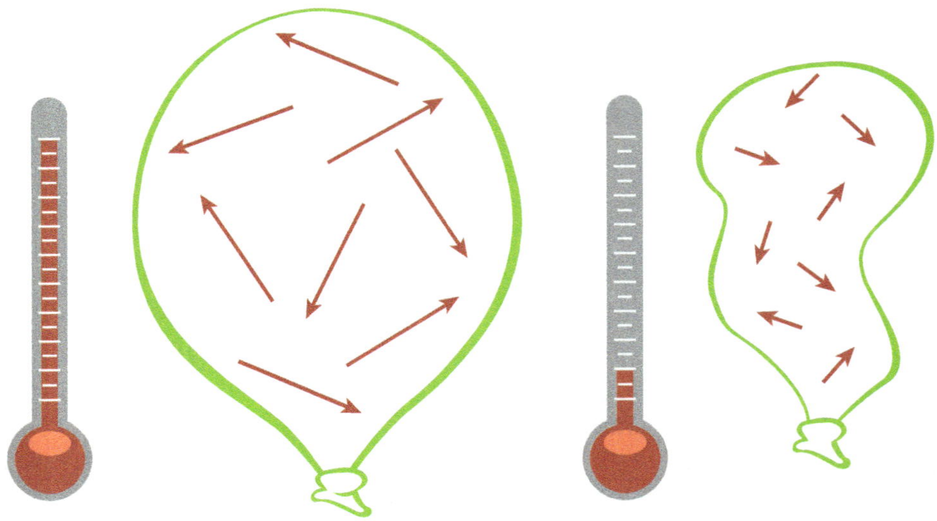

Imagen 1 Las partículas de gas chocan entre sí y contra las paredes del recipiente. La temperatura de un objeto está relacionada con la energía cinética promedio de sus partículas. La energía cinética promedio de las partículas que componen un objeto caliente es mayor que la energía cinética promedio de las partículas que componen un objeto frío.

Explica *qué representan las flechas y por qué son más largas en el globo de la izquierda que en el de la derecha.*

PENSAMIENTO 3D DCI Ideas centrales disciplinarias CCC Conceptos interdisciplinarios SEP Prácticas de ciencia e ingeniería

REUNIR EVIDENCIA

Usa el Cuaderno de ciencias para registrar la evidencia que reúnas mientras completas las lecturas y las actividades de la lección.

INVESTIGAR

CONÉCTATE para hallar estas actividades y más recursos.

Poner en práctica: Calorimetría de una taza de café

HS-PS3-4. Planifica y realiza una investigación para brindar evidencia de que la transferencia de energía térmica cuando se combinan dos componentes de distinta temperatura dentro de un sistema cerrado produce una distribución de energía más uniforme entre los componentes del sistema (segunda ley de la termodinámica).

Objetos calientes y objetos fríos ¿Qué hace que un objeto esté caliente? Piensa en un globo de helio. El globo se mantiene inflado debido al golpeteo repetido de los átomos de helio en la pared del globo. Cada uno de los cerca de 10^{22} átomos de helio dentro del globo choca con la pared del globo, rebota y golpea contra la pared nuevamente en otro lugar. El tamaño y la temperatura del globo se ven afectados por la energía cinética promedio de los átomos de helio, como se muestra en la **Imagen 1.**

Si colocas un globo al sol, la energía que absorbe de la luz solar hace que cada uno de los átomos de helio se mueva más rápido en direcciones aleatorias y rebote contra las paredes de látex del globo con mayor frecuencia. Cada choque atómico con la pared ejerce una mayor fuerza sobre el globo y estira el látex. Así, el globo caliente se expande. En cambio, si enfrías un globo, verás que se encoge. Lo hace porque las partículas se mueven más lentamente. El frío eliminó parte de la energía térmica de los átomos.

Energía térmica en sólidos Los átomos o moléculas de los sólidos también tienen energía cinética, pero no pueden moverse hacia cualquier parte como lo hacen los átomos de gas. Para entender la estructura de un sólido, imagina una cantidad de átomos que se mantienen en un lugar, uno al lado del otro, gracias a fuerzas atómicas que actúan como resortes. Los átomos no pueden moverse libremente, pero rebotan hacia atrás y hacia adelante, algunos más que otros. Cada átomo tiene energía cinética y energía potencial. Si un sólido tiene N átomos, entonces la energía térmica total del sólido es igual a la energía cinética promedio más la energía potencial por átomo N veces.

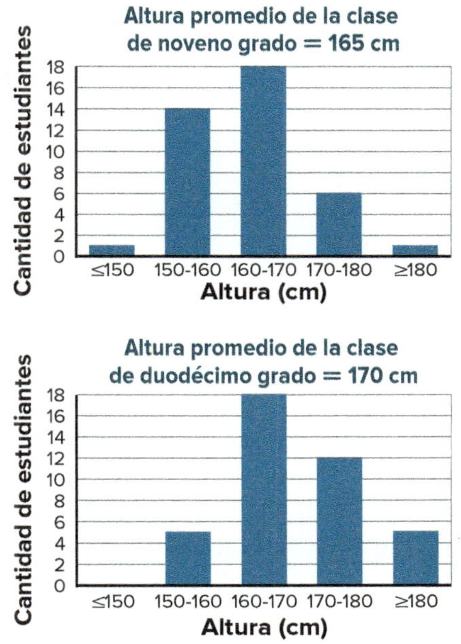

Imagen 2 La altura promedio en una clase de noveno grado es menor que en una clase de duodécimo grado. De manera similar, la energía cinética promedio de las partículas de un objeto caliente es mayor que la energía cinética promedio de las partículas de uno frío.

Energía térmica y temperatura

Estudiaste que, en promedio, una partícula en un objeto caliente tiene más energía cinética que una partícula en un objeto frío. Esto no significa que cada una de las partículas que componen un objeto tengan la misma cantidad de energía; tienen un amplio rango de energías. Sin embargo, la energía cinética promedio de las partículas que componen un objeto caliente es mayor que la energía cinética promedio de las partículas que componen un objeto frío.

Para comprenderlo, piensa en las alturas de los estudiantes de una clase de noveno grado y las de los estudiantes de una clase de duodécimo grado. Las estaturas varían, como se muestra en la **Imagen 2,** pero puedes calcular la altura promedio para cada clase. La altura promedio de la clase de duodécimo grado es mayor que la altura promedio de la clase de noveno grado, aunque algunos estudiantes de noveno grado sean más altos que algunos de duodécimo grado.

Conexión con carreras STEM

Mecánico/instalador de sistemas de climatización

Si te agrada trabajar con las manos y con sistemas mecánicos, ser mecánico/instalador de sistemas de climatización podría ser adecuado para ti. Los instaladores de sistemas de climatización colocan sistemas de calefacción y aire acondicionado en escuelas, hogares y empresas para mejorar el bienestar y la salud de los ocupantes.

Imagen 3 Dos pastelillos con la misma temperatura pueden tener diferentes energías térmicas.

La temperatura depende solo de la energía cinética promedio de las partículas en un objeto. No depende de la cantidad de partículas que lo componen. Por ejemplo, piensa en los dos pastelillos de la **Imagen 3.** Tienen la misma temperatura, pero el más grande tiene diez veces más partículas que el pequeño. Por lo tanto, el pastelillo grande tiene diez veces la cantidad de energía térmica que el pequeño. La energía térmica de un objeto depende tanto de su temperatura como de la cantidad de partículas que componen ese objeto.

Equilibrio y termómetros

Para medir la temperatura corporal, puedes ponerte un termómetro en la boca y esperar un poco antes de verificar la lectura. La medición de la temperatura implica choques aleatorios y transferencias de energía entre las partículas del termómetro y las partículas del cuerpo. El cuerpo está más caliente que el termómetro. Es decir, la energía cinética promedio de las partículas que componen el cuerpo es mayor que la energía cinética promedio de las partículas del termómetro. Cuando el termómetro frío toca la piel, las partículas de la piel chocan con las partículas del termómetro. En promedio, las partículas más energéticas de la piel transferirán energía a las partículas menos energéticas del termómetro. La **conducción térmica** es la transferencia de energía térmica que ocurre cuando chocan las partículas. Como resultado de estos choques, la energía térmica de las partículas del termómetro aumenta y la energía térmica de las partículas de la piel disminuye.

Equilibrio térmico

Las partículas del cuerpo transfieren energía a las partículas del termómetro. A medida que las partículas del termómetro obtienen más energía, la cantidad de energía que devuelven a la piel aumenta. En algún momento, la razón de transferencia de energía del cuerpo al termómetro es igual a la razón de transferencia en la dirección contraria. El cuerpo y el termómetro alcanzaron el equilibrio térmico. El **equilibrio térmico** es el estado en el que las razones de transferencia de energía térmica entre dos objetos son iguales y los objetos tienen la misma temperatura. Los sistemas no controlados siempre evolucionan hacia estados más estables, es decir, hacia una distribución de energía más uniforme (los objetos más calientes que el ambiente que los rodea se enfrían hasta que el objeto y el ambiente alcanzan el equilibrio térmico). En la **Imagen 4** de la página siguiente se muestra un ejemplo.

¿Lo comprendes?

Describe un ejemplo de la vida cotidiana en el que un objeto y el ambiente que lo rodea logran un equilibrio, o una distribución de energía más uniforme.

Alcanzar el equilibrio térmico

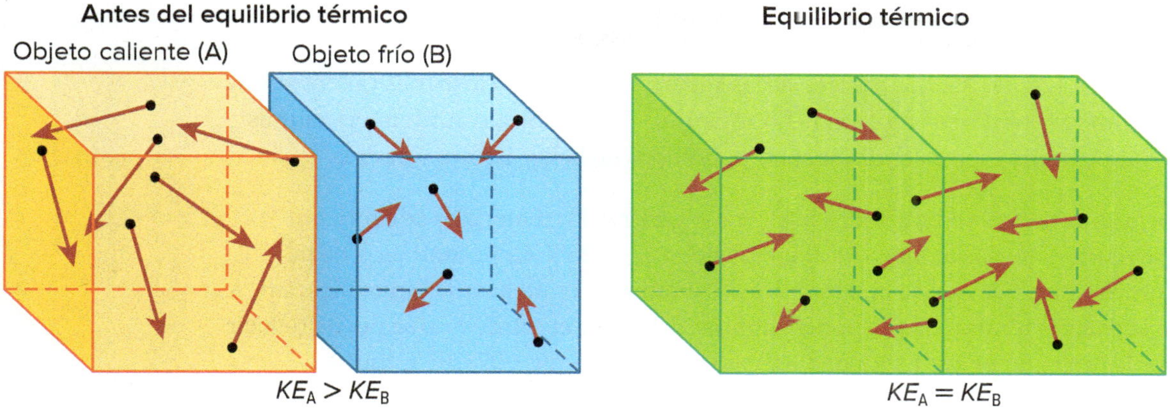

Imagen 4 Cuando un objeto caliente y un objeto frío están en contacto, existe una transferencia neta de energía del objeto caliente al objeto frío. Cuando dos objetos alcanzan el equilibrio térmico, la transferencia de energía entre los objetos es igual, y los objetos tienen la misma temperatura.

Termómetros Todos los termómetros tienen una propiedad útil que cambia con la temperatura. Los termómetros domésticos con frecuencia contienen alcohol coloreado que se expande cuando se calienta. Cuanto más caliente está el termómetro, más alcohol se expande y sube por el tubo. El termómetro de cristal líquido en la **Imagen 5** utiliza una variedad de moléculas largas que se redistribuyen y causan un cambio de color a temperaturas específicas. Los termómetros médicos y los que controlan los motores de los automóviles utilizan circuitos electrónicos muy pequeños y sensibles a la temperatura para tomar mediciones rápidas.

¿Lo comprendes?

Describe con tus palabras cómo funciona el termómetro de alcohol.

Isadora Getty Buyou/Image Source

Imagen 5 Los termómetros de cristal líquido cambian de color con la temperatura.

Resume *el proceso que ocurre cuando se coloca este termómetro en la frente de una persona.*

Límites de la temperatura Se dice que una fogata está caliente y un congelador está frío. Pero las temperaturas de los objetos cotidianos son solo parte de una amplia variedad de temperaturas presentes en el universo, como muestra la **Imagen 6.** Las temperaturas no parecen tener un límite superior. El interior del Sol tiene al menos 1.5×10^7 °C. Los núcleos de las supernovas están incluso más calientes. Los gases licuados pueden ser muy fríos. Por ejemplo, el helio se licúa a −269 °C. Se alcanzan temperaturas más frías al utilizar las propiedades especiales de los sólidos, isótopos de helio, átomos y láseres.

Sin embargo, las temperaturas tienen un límite más bajo. Por lo general, los materiales se contraen cuando se enfrían. Si se enfriara un gas atómico ideal en un globo a −273.15 °C, se contraería de tal manera que ocuparía un volumen que es solo el tamaño de los átomos, y los átomos se inmovilizarían. A esta temperatura, toda la energía térmica que se podía eliminar del gas se eliminó, y no se puede reducir más la temperatura. Por lo tanto, no puede haber una temperatura menor que −273.15 °C, que se denomina cero absoluto.

¿Lo comprendes?

Explica por qué el término *cero absoluto* es apropiado para la temperatura más fría posible.

Temperaturas del universo

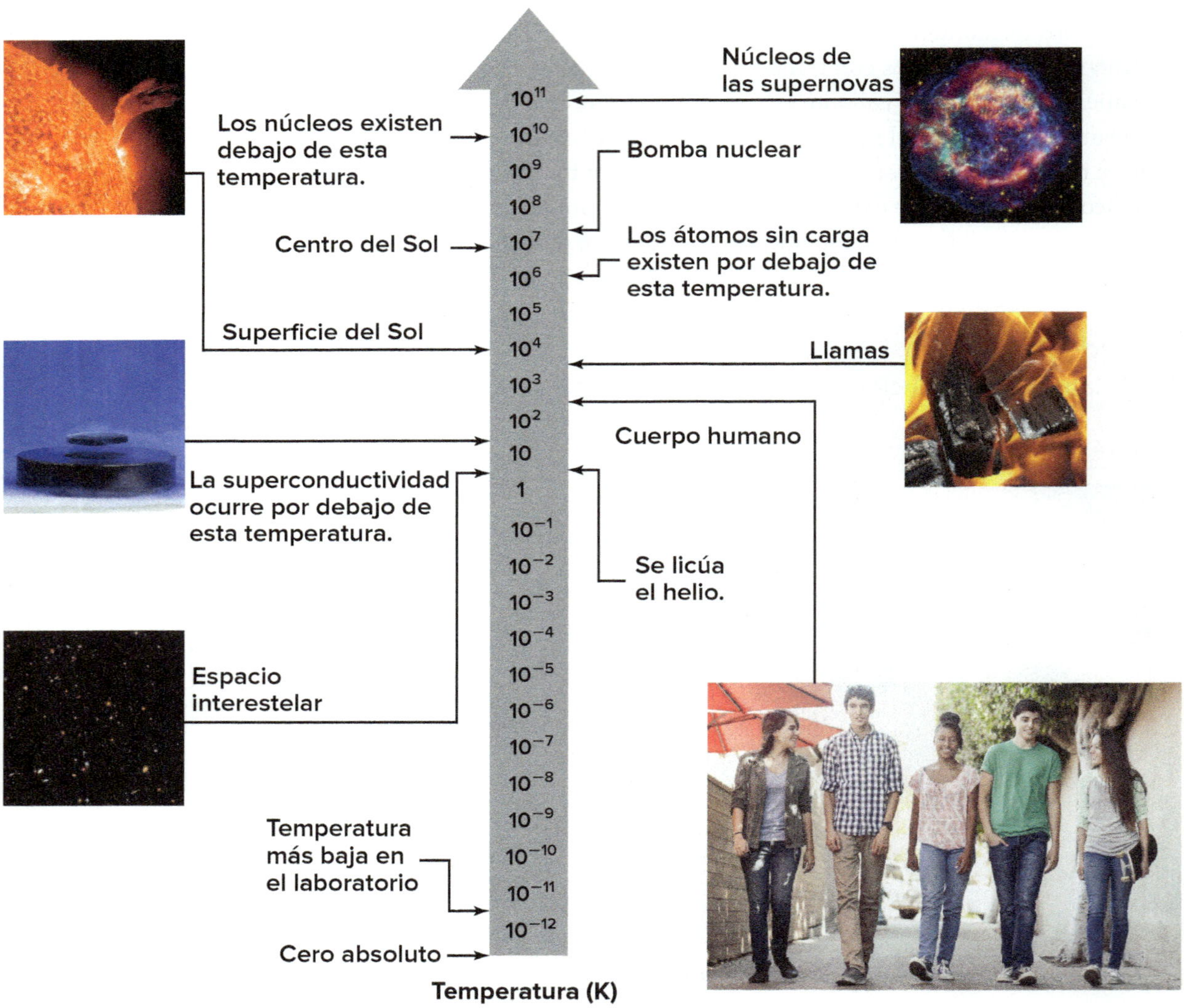

Imagen 6 La temperaturas en el universo varían desde apenas por encima del cero absoluto hasta más de 10^{10}K.

Escalas de temperatura En Estados Unidos, las agencias meteorológicas informan las temperaturas en grados Fahrenheit. Sin embargo, los científicos utilizan las escalas Celsius y Kelvin. La escala Celsius se basa en las propiedades del agua y fue diseñada en 1741 por el físico sueco Anders Celsius. En la escala Celsius, el punto de congelación del agua pura a nivel del mar se define como 0 °C. El punto de ebullición del agua pura a nivel del mar se define como 100 °C. La escala Celsius es útil para las mediciones diarias de la temperatura.

Escala Kelvin En la escala Celsius, las temperaturas pueden ser negativas y sugieren que una partícula podría tener energía cinética negativa. Dado que la temperatura representa la energía cinética promedio de las partículas de un objeto, tiene más sentido usar una escala cuya temperatura cero esté donde la energía cinética de las partículas también es cero. Por lo tanto, el punto cero de la escala Kelvin se define como cero absoluto. En esta escala, el punto de congelación del agua (0 °C) es aproximadamente 273 K y el punto de ebullición del agua es aproximadamente 373 K. Cada intervalo en esta escala, llamado kelvin, es igual a 1 °C. Así, $T_C + 273 = T_K$. La **Imagen 7** compara las escalas Fahrenheit, Celsius y Kelvin.

Escalas de comparación de temperaturas

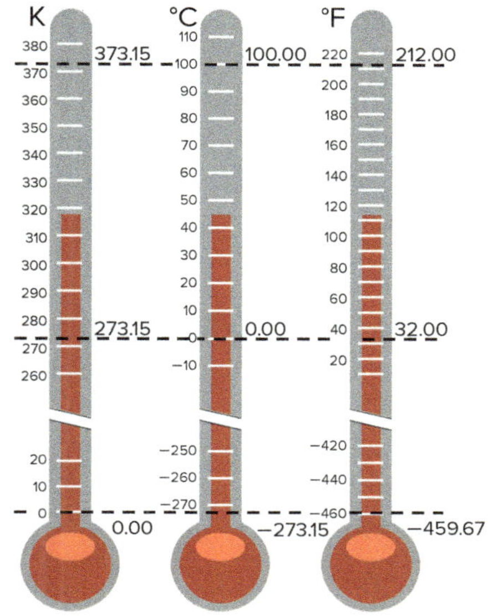

Imagen 7 Los científicos utilizan las escalas Kelvin y Celsius. En Estados Unidos, con frecuencia se utiliza la escala Fahrenheit para los informes meteorológicos y para cocinar.

Calor y transferencia de energía térmica

Cuando dos objetos entran en contacto, redistribuyen sus energías térmicas. El **calor** (Q) es la transferencia de energía térmica, que ocurre de manera espontánea de un objeto caliente a un objeto frío. La energía térmica no se puede transferir de un objeto más frío a uno más caliente sin que se realice un trabajo. Como el trabajo y la energía, el calor se mide en julios. En el ejemplo del termómetro, la energía térmica se transfirió de la piel caliente al termómetro frío debido a los choques de las partículas. Si un objeto absorbió la energía térmica, Q es positivo. Si se transfiere la energía térmica de un objeto, Q es negativo.

Conducción, convección y radiación En la **Imagen 8** se muestran los tres tipos de calor: conducción, convección y radiación. Si colocas un extremo de una barra de metal en una llama, el gas caliente conduce el calor a la barra. El otro extremo de la barra también se calienta porque las partículas que la componen conducen la energía térmica a las partículas vecinas.

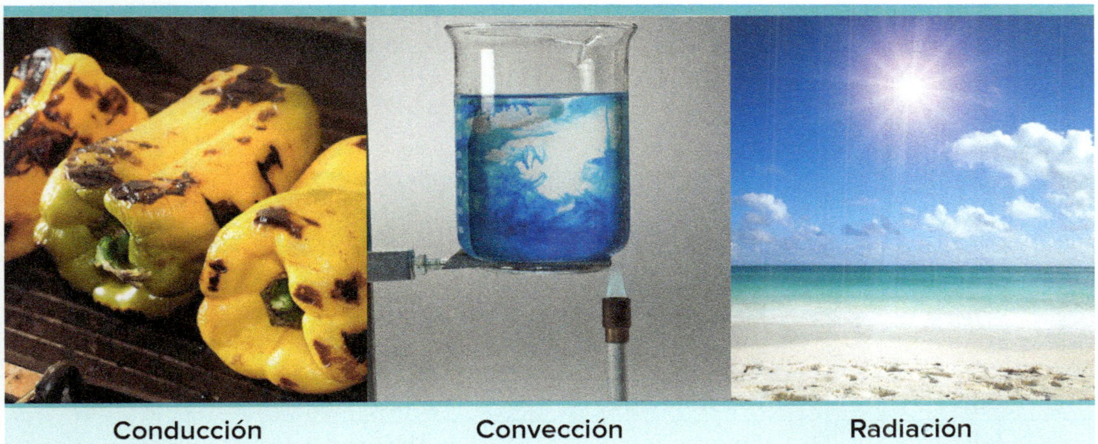

Imagen 8 La energía térmica se puede transferir por medio de la conducción, la convección o la radiación.
Identifica *otros sucesos habituales de conducción, convección y radiación.*

(l)salvo massara/Alamy Stock Photo; (c)Matt Meadows/McGraw-Hill Education; (r)oneinchpunch/iStock/Getty Images

¿Observaste el movimiento en la superficie de una olla con agua justo antes de que hierva? El agua del fondo de la olla se calienta por la conducción, se expande y flota hacia la parte superior, mientras que el agua más fría y densa de la parte superior se hunde hacia el fondo. El movimiento del agua caliente lleva el calor rápidamente desde el fondo de la olla hacia la superficie. El calor que genera el movimiento del fluido en un líquido o gas por las diferencias de temperatura se llama **convección.** La convección de los gases en la atmósfera causa una turbulencia atmosférica. Las tormentas y los huracanes son ejemplos de convección atmosférica a gran escala. La convección también contribuye a las corrientes oceánicas que mueven el agua y los materiales a través de grandes distancias.

El tercer método de transferencia térmica, a diferencia de los otros dos, no depende de la presencia de la materia. El Sol calienta la Tierra desde 150 millones de kilómetros de distancia por medio de la **radiación,** que es la transferencia de energía por medio de ondas electromagnéticas. Estas ondas transportan la energía del Sol caliente a través del vacío del espacio a la Tierra mucho más fría.

Calor específico

Algunos objetos se calientan más fácil que otros. En un día soleado, el Sol irradia energía térmica a la arena sobre una playa y al agua del océano. La arena se calienta bastante, mientras que el agua permanece relativamente fresca. Cuando un objeto se calienta, su energía térmica aumenta y su temperatura puede aumentar. La cantidad del aumento en la temperatura depende del tamaño del objeto y de su composición.

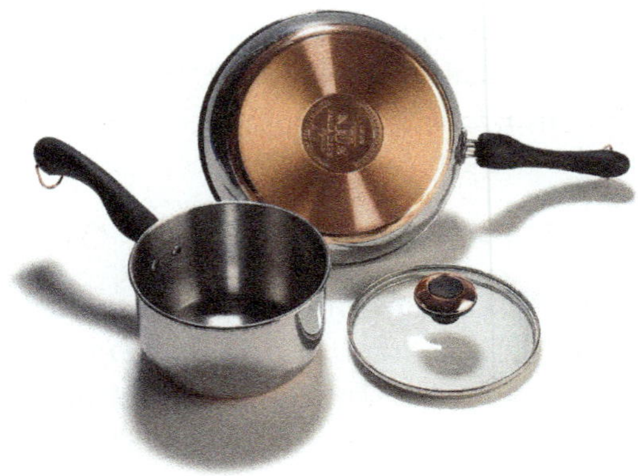

Imagen 9 Estos recipientes están hechos de acero inoxidable y tienen fondos de cobre y mangos de plástico. **Explica** *cómo la selección de estos materiales está relacionada con sus calores específicos.*

El **calor específico** de un material es la cantidad de energía que se debe aportar a una unidad de masa del material para elevar la temperatura una unidad de temperatura. En el sistema internacional de unidades, el calor específico (C) se mide en J/(kg·K).

La **Tabla 1** brinda los valores de calor específico de algunas sustancias comunes. Por ejemplo, se deben aportar 897 J a 1 kg de aluminio para elevar su temperatura 1 K. Por lo tanto, el calor específico del aluminio es 897 J/(kg·K). Los materiales con distinto calor específico se utilizan para diferentes fines. Los metales, como los de los recipientes de la **Imagen 9,** tienen calores específicos bajos y son buenos conductores térmicos. El agua líquida tiene un calor específico alto en comparación con otras sustancias. El hielo y el vapor de agua también tienen calores específicos altos. Estos calores específicos altos han tenido efectos importantes en nuestro clima y cuerpo.

Tabla 1 Calor específico de sustancias comunes

Material	Calor específico (J/(kg·K))	Material	Calor específico (J/(kg·K))
Aluminio	897	Plomo	130
Latón	376	Metanol	2450
Carbono	710	Plata	235
Cobre	385	Vapor de agua	2020
Vidrio	840	Agua	4180
Hielo	2060	Zinc	388
Hierro	450		

Medir el calor Cuando una sustancia se calienta, su temperatura puede cambiar. Este cambio (ΔT) depende del calor (Q), de la masa de la sustancia (m) y del calor específico de la sustancia (C). Puedes calcular el calor (Q) necesario para cambiar la temperatura de un objeto con esta ecuación.

Calor

El calor es igual a la masa de un objeto por el calor específico del objeto por la diferencia entre la temperatura inicial y final.

$$Q = mC\Delta T = mC\,(T_f - T_i)$$

Por ejemplo, cuando la temperatura de 10.0 kg de agua se eleva de 80 K a 85 K, el calor es $Q = (10.0 \text{ kg})(4180 \text{ J/(kg·K)})(85 \text{ K} - 80 \text{ K}) = 2.1\times10^5$ J. Recuerda que el intervalo de temperatura para la escala Kelvin es el mismo que para la escala Celsius. Por este motivo, puedes calcular ΔT en la escala Kelvin o en la escala Celsius.

EJEMPLO Problema 1

TRANSFERENCIA DE CALOR Se calienta una sartén de hierro fundido de 5.10 kg sobre el fuego desde 295 K hasta 373 K. ¿Cuánta energía térmica se transfirió al hierro?

1 ANALIZAR Y PLANTEAR EL PROBLEMA

Plantea la transferencia de energía térmica desde el fuego hacia la sartén.

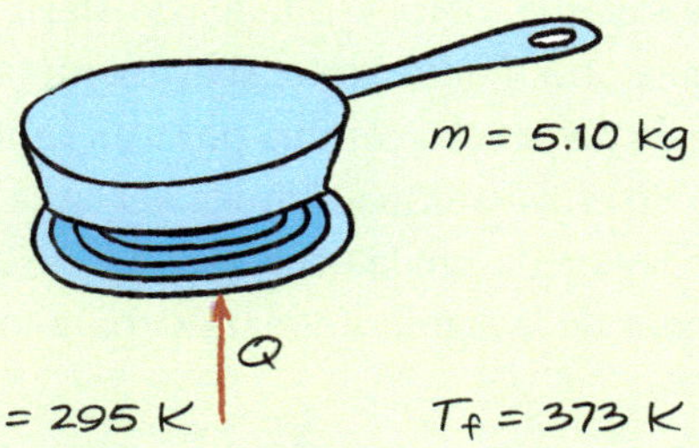

Datos conocidos		Incógnita
$m = 5.10$ kg	$C = 450$ J/(kg·K)	$Q = ?$
$T_i = 295$ K	$T_f = 373$ K	

2 HALLAR LA INCÓGNITA

$Q = mC(T_f - T_i)$

$= (5.10 \text{ kg})(450 \text{ J/(kg·K)})(373 \text{ K} - 295 \text{ K})$ Sustituye $m = 5.10$ kg, $C = 450$ J/(kg·K), $T_f = 373$ K, $T_i = 295$ K.

$= 1.8\times10^5$ J

3 EVALUAR LA RESPUESTA

- **¿Son correctas las unidades?** El calor se mide en julios.
- **¿Tienen sentido los signos?** La temperatura aumentó, entonces Q es positivo.

PRÁCTICA Problemas

PRÁCTICA ADICIONAL

1. Cuando abres el agua caliente para lavar los platos, las tuberías de agua se calientan. ¿Cuánta energía térmica absorbe una tubería de cobre con una masa de 2.3 kg cuando se eleva su temperatura de 20.0 °C a 80.0 °C?

2. Las compañías de electricidad venden energía eléctrica por kilovatio-hora, donde 1 kWh = 3.6×10^6 J. Imagina que cuesta $0.15 por kWh encender tu calentador de agua eléctrico. ¿Cuánto cuesta calentar 75 kg de agua de 15 °C a 43 °C para llenar una bañera?

3. DESAFÍO El sistema de refrigeración del motor de un automóvil contiene 20.0 L de agua (1 L de agua tiene una masa de 1 kg).

a. ¿Cuál es el cambio en la temperatura del agua si se agregan 836.0 kJ de energía térmica?

b. Imagina que es invierno y que el sistema de refrigeración del automóvil está lleno de metanol. La densidad del metanol es de 0.80 g/cm³. ¿Cuál será el aumento en la temperatura del metanol si absorbió 836.0 kJ de energía térmica?

c. ¿Qué refrigerante, agua o metanol, eliminaría mejor la energía térmica del motor de un automóvil? Explica.

Medir el calor específico

Un calorímetro, como el de la **Imagen 10,** es un dispositivo que mide los cambios en la energía térmica. Está aislado cuidadosamente con el fin de reducir al mínimo la transferencia de energía térmica hacia el mundo exterior. Una masa medida de una sustancia que se calentó a una temperatura elevada (T_A) se coloca en el calorímetro. El calorímetro también contiene una masa conocida de agua fría a una temperatura medida (T_B). La energía térmica se transfiere de la sustancia más caliente al agua más fría hasta alcanzar una temperatura de equilibrio (T_f). Se puede calcular el calor específico de la sustancia desconocida al medir estas tres temperaturas.

Calorímetro

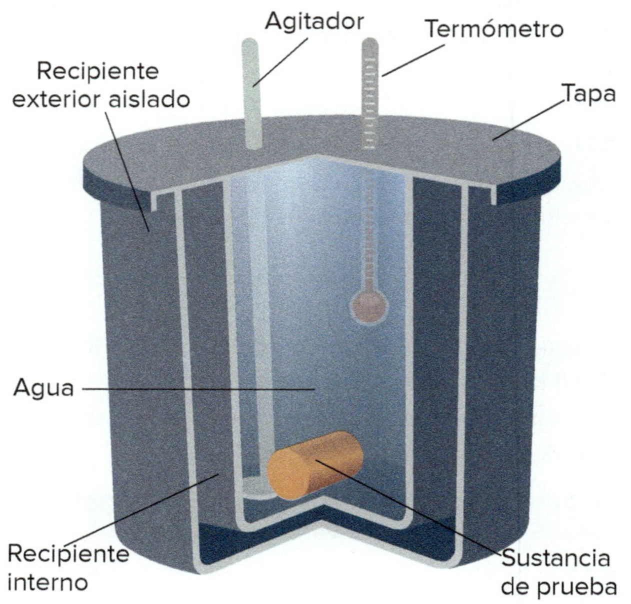

Imagen 10 En un calorímetro simple, se coloca una sustancia caliente de prueba y un volumen conocido de agua fría en un sistema aislado hasta alcanzar un equilibrio térmico. El calorímetro ideal tiene una aislación perfecta y no transfiere la energía térmica hacia o desde el exterior. Se utilizan tipos de calorímetros más sofisticados para medir las reacciones químicas y el contenido energético de distintos alimentos.

Conservación de la energía

El funcionamiento de un calorímetro depende de la conservación de la energía en un sistema cerrado y aislado compuesto por el agua y la sustancia que se mide. La energía no puede ingresar ni salir de este sistema, pero se puede transferir de una parte del sistema a otra. Por lo tanto, si la energía térmica de la sustancia de prueba cambia por una cantidad (ΔE_A), entonces el cambio en la energía térmica del agua (ΔE_B) se debe relacionar mediante la ecuación $\Delta E_A + \Delta E_B = 0$. Se puede reordenar de la siguiente manera para formular la ecuación:

$$\Delta E_A = -\Delta E_B$$

El cambio en la energía del agua fría es positivo y el cambio en la energía de la sustancia caliente de prueba es negativo. Un cambio positivo en la energía indica un aumento en la temperatura y un cambio negativo, un descenso en la temperatura.

En un sistema cerrado y aislado, no se realiza un trabajo; por lo tanto, el cambio en la energía térmica de cada sustancia es igual al calor y se puede expresar mediante la siguiente ecuación:

$$\Delta E = Q = mC\Delta T = mC(T_f - T_i)$$

La combinación de esta ecuación con $\Delta E_A = -\Delta E_B$ da como resultado:

$$m_A C_A (T_f - T_A) = -m_B C_B (T_f - T_B)$$

Las temperaturas finales de las dos sustancias son iguales porque están en equilibrio térmico. Hallar el calor específico desconocido (C_A) da como resultado la ecuación:

$$C_A = \frac{-m_B C_B \Delta T_B}{m_A \Delta T_A}$$

¿Lo comprendes?

Considera la olla con líquido de la primera página de este módulo. ¿Cómo se transfiere y se transforma la energía?

EJEMPLO Problema 2

TRANSFERENCIA DE CALOR EN UN CALORÍMETRO Un calorímetro contiene 0.50 kg de agua a 15 °C. Se coloca un bloque de 0.10 kg de una sustancia desconocida a 62 °C en el agua. La temperatura final del sistema es de 16 °C. ¿Qué es la sustancia?

1 ANALIZAR Y PLANTEAR EL PROBLEMA

- La muestra A es la incógnita y la muestra B es el agua.
- Plantea la transferencia de energía de la muestra desconocida más caliente al agua más fría.

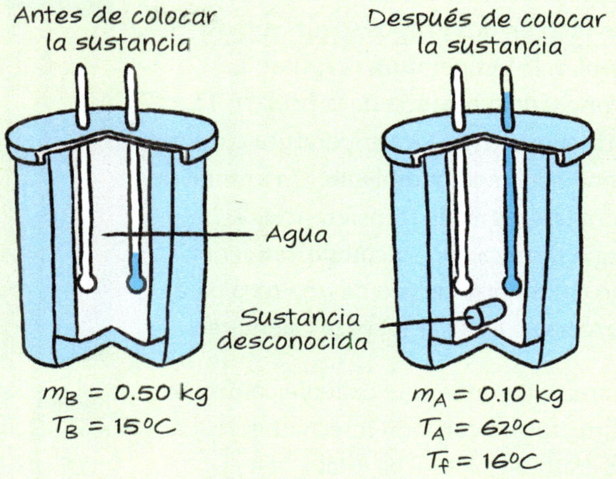

Datos conocidos

$m_A = 0.10$ kg

$T_A = 62$ °C

$m_B = 0.50$ kg

$C_B = 4180$ J/(kg·K)

$T_B = 15$ °C

$T_f = 16$ °C

Incógnita

$C_A = ?$

2 HALLAR LA INCÓGNITA

Determina la temperatura final con la siguiente ecuación. Ten cuidado con el signo menos.

$$C_A = \frac{-m_B C_B \Delta T_B}{m_A \Delta T_A}$$

$$= \frac{-(0.50\text{ kg})(4180\text{ J/(kg·K)})(16°\text{C} - 15°\text{C})}{(0.10\text{ kg})(16°\text{C} - 62°\text{C})}$$

Sustituye $m_A = 0.10$ kg, $T_A = 62$ °C, $m_B = 0.50$ kg, $C_B = 4180$ J/(kg·K), $T_B = 15$ °C, $T_f = 16$ °C.

$$= 450\text{ J/(kg·K)}$$

Según la **Tabla 1,** el calor específico de la sustancia desconocida es igual al del hierro.

3 EVALUAR LA RESPUESTA

- **¿Son realistas las magnitudes?** El calor específico se mide en J/(kg·K).
- **¿Es realista la magnitud?** La respuesta tiene la misma magnitud que la mayoría de los metales en la **Tabla 1.**

PRÁCTICA Problemas

PRÁCTICA ADICIONAL

4. Se coloca un bloque de aluminio de 1.00×10^2 g a 100.0 °C en 1.00×10^2 g de agua a 10.0 °C. La temperatura final de la mezcla es de 26.0 °C. ¿Cuál es el calor específico del aluminio?

5. Se colocan tres pesos para pesca de metal, cada uno con una masa de 1.00×10^2 g y a una temperatura de 100.0 °C en 1.00×10^2 g de agua a 35.0 °C. La temperatura final de la mezcla es de 45.0 °C. ¿Cuál es el calor específico del metal en los pesos?

6. Se mezcla una muestra de agua de 2.00×10^2 g a 80.0 °C con 2.00×10^2 g de agua a 10.0 °C en un calorímetro. ¿Cuál es la temperatura final de la mezcla?

7. Se coloca un trozo de vidrio de 1.50×10^2 g a una temperatura de 70.0 °C en un recipiente con 1.00×10^2 g de agua inicialmente a una temperatura de 16.0 °C. ¿Cuál es la temperatura de equilibrio del agua?

8. DESAFÍO Se mezcla una muestra de agua de 4.00×10^2 g a 15.0 °C con 4.00×10^2 g de agua a 85.0°C. Después de que el sistema alcanza el equilibrio térmico, se agrega 4.00×10^2 g de metanol a 15 °C. Imagina que no se pierde energía térmica en el ambiente. ¿Cuál es la temperatura final de la mezcla?

Animales y energía térmica

Conexión BIOLOGÍA Los animales se dividen en dos grupos según cómo controlan la temperatura corporal. La mayoría, como la araña de la **Imagen 11,** son de sangre fría. La temperatura corporal depende del medioambiente. Un animal de sangre fría regula la transferencia de energía térmica con su comportamiento, como esconderse debajo de una roca para refrescarse o estar al sol para calentarse.

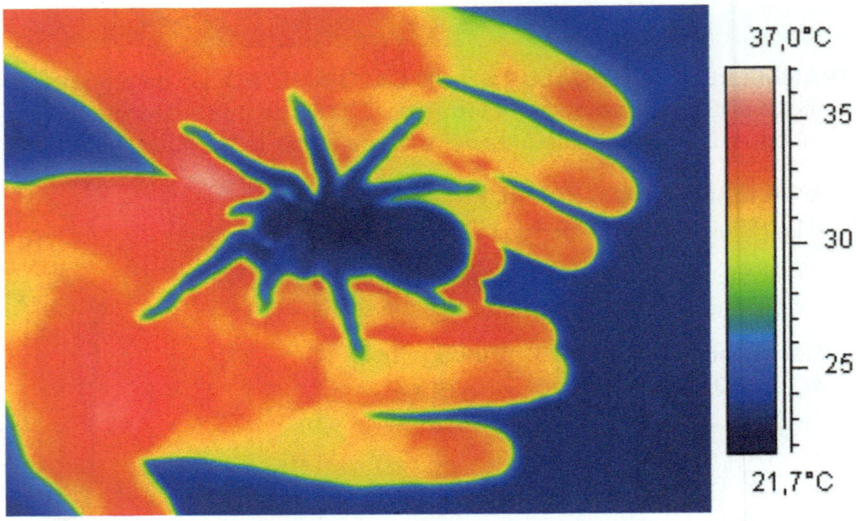

Imagen 11 Los animales de sangre fría dependen de fuentes externas de energía térmica para mantener su temperatura corporal. Por el contrario, los animales de sangre caliente mantienen su temperatura corporal internamente. En esta imagen térmica, la araña tiene la misma temperatura que el aire de su medioambiente, pero las manos de la persona están significativamente más calientes que el aire.

Los animales de sangre caliente controlan la temperatura corporal internamente. La temperatura corporal es estable sin importar la del medioambiente. Por ejemplo, las personas tienen sangre caliente y una temperatura corporal cercana a los 37 °C. Para regular la temperatura corporal, un animal de sangre caliente depende de las respuestas corporales controladas por el cerebro, como temblar y transpirar, para contrarrestar un aumento o disminución de la temperatura corporal.

Verifica tu progreso

9. **Conducción** El piso de baldosa de un baño siempre está frío para los pies descalzos aunque el resto del baño esté caliente. ¿Está más frío el piso que el resto del baño? Explica.
10. **Temperatura** Haz las siguientes conversiones:
    a. 5 °C a kelvin
    b. 34 K a grados Celsius
    c. 212 °C a kelvin
    d. 316 K a grados Celsius
11. **Unidades** ¿Son iguales las unidades para el calor (*Q*) y el calor específico (*C*)? Explica.
12. **Tipos de energía** Describe la energía mecánica y la energía térmica de un balón de baloncesto que rebota.
13. **Energía térmica** ¿Podría la energía térmica de un tazón de agua caliente ser igual a la de un tazón de agua fría? Explica tu respuesta.
14. **Enfriar** Sobre un plato, una papa horneada siempre se mantiene caliente más tiempo que cualquier otro alimento. ¿Por qué?
15. **Calor y alimentos** Una papa entera tarda más en hornearse que una en trozos. ¿Por qué?
16. **Cocinar** Las sartenes están hechas de metales como el cobre, hierro y aluminio. ¿Por qué se utilizan estos materiales?
17. **Calor específico** Si tomas una cuchara de plástico de una taza de chocolate caliente y la llevas a tu boca, es probable que no te quemes. Pero es muy posible que te quemes si bebes el chocolate caliente directo de la taza. ¿Por qué?
18. **Pensamiento crítico** Cuando se calienta agua en una olla sobre el fuego, puede producir un poco de vapor por encima de su superficie justo antes de que el agua comience a girar. ¿Qué sucede?

LEARNSMART® Conéctate para cumplir tu plan de aprendizaje personalizado para repasar, practicar y reforzar tu comprensión.

CAMBIOS DE ESTADO Y TERMODINÁMICA

PREGUNTA DE ENFOQUE

¿Por qué no se congela espontáneamente un tazón de sopa?

Cambio de estado

Los tres estados más comunes de la materia en la Tierra son el sólido, el líquido y el gaseoso. Cuando la temperatura de un sólido sube, el sólido con frecuencia cambia a líquido. A temperaturas incluso más altas, se convierte en un gas. Si el gas se enfría, regresa al estado líquido. Si continúa enfriándose, el líquido regresará al estado sólido. ¿Cómo se explican estos cambios? Recuerda que cuando la energía térmica de un material cambia, el movimiento de las partículas también cambia, al igual que la temperatura.

La **Imagen 12** indica los cambios de estado al aportarle energía térmica a 1.0 kg de agua que inicialmente está a 243 K (hielo) y continúa hasta que el agua alcanza 373 K (vapor). Entre los puntos A y B, el hielo se calienta a 273 K. En este momento, la energía térmica aportada le brinda a las moléculas de agua energía para superar parcialmente las fuerzas que las mantienen unidas. Las partículas aún se tocan, pero tienen más libertad de movimiento. Por último, las moléculas están lo suficientemente libres para deslizarse unas sobre otras.

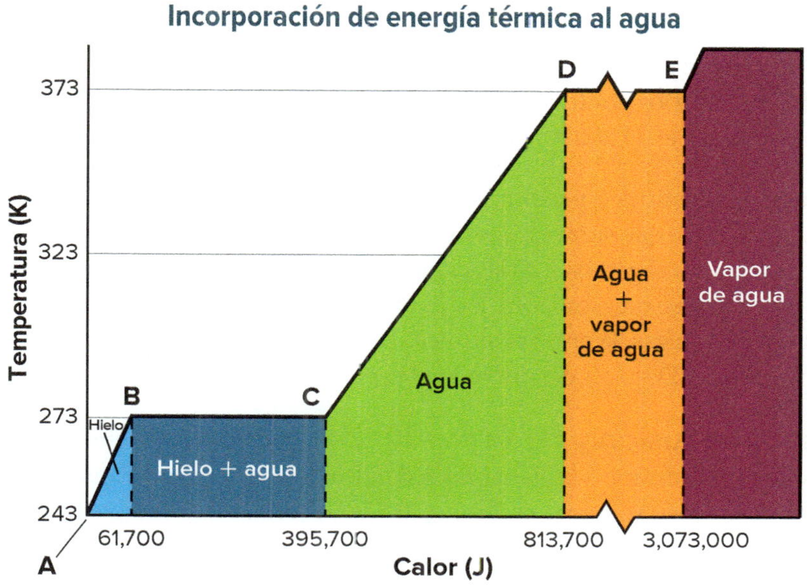

Imagen 12 La energía térmica que se aporta a una sustancia puede elevar la temperatura o generar un cambio en el estado. Observa que la escala se rompe entre los puntos D y E.

PENSAMIENTO 3D DCI Ideas centrales disciplinarias CCC Conceptos interdisciplinarios SEP Prácticas de ciencia e ingeniería

REUNIR EVIDENCIA

Usa el Cuaderno de ciencias para registrar la evidencia que reúnas mientras completas las lecturas y las actividades de la lección.

INVESTIGAR

CONÉCTATE para hallar estas actividades y más recursos.

Poner en práctica: Representación de la energía a distintas escalas
HS-PS3-2. Desarrolla y utiliza modelos para ilustrar que la energía en la escala macroscópica se puede explicar como una combinación de la energía relacionada con el movimiento de las partículas (objetos) y la energía relacionada con las posiciones relativas de las partículas (objetos).

Punto de fusión En este punto, el agua cambia de sólido a líquido, como el muñeco de nieve en la **Imagen 13**. La temperatura a la que ocurre este cambio es el punto de fusión de una sustancia. Cuando una sustancia se funde, la incorporación de energía térmica permite que las partículas se muevan, roten y vibren como no podrían hacerlo en el sólido. Cada uno de estos nuevos movimientos podría agregar modos de energía cinética o potencial. La energía térmica aportada no cambia la temperatura del material. Esto se puede observar entre los puntos B y C en la **Imagen 12,** donde la energía térmica aportada funde todo el hielo a unos 273 K constantes.

Imagen 13 La energía térmica se transfiere del aire caliente al muñeco de nieve, y hace que se funda.

Punto de ebullición Una vez que el hielo se funde totalmente, la incorporación de más energía térmica sigue aumentando el movimiento de las moléculas de agua. La temperatura se eleva como se muestra entre los puntos C y D en la **Imagen 12.** A medida que la temperatura aumenta, algunas de las partículas en el líquido adquieren la energía suficiente para liberarse de las demás.

A una temperatura específica, llamada punto de ebullición, la incorporación de energía a una sustancia hace que sufra otro cambio de estado. Toda la energía térmica agregada la transforma del estado líquido al gaseoso. Al igual que con la fusión, la temperatura no aumenta mientras un líquido hierve, como se muestra entre los puntos D y E en la **Imagen 12.** Después de que el agua se convierte totalmente en gas, la energía térmica aportada aumenta el movimiento de las moléculas y se eleva la temperatura. Después del punto E, el vapor de agua se calienta a temperaturas mayores a los 373 K.

Calor de fusión y de vaporización La cantidad de energía térmica necesaria para fundir 1 kg de una sustancia se llama **calor de fusión** (H_f). El calor de fusión del hielo es 3.34×10^5 J/kg. Si 1 kg de hielo en su punto de fusión, 273 K, absorbe 3.34×10^5 J, el hielo se convierte en 1 kg de agua a la misma temperatura. La energía agregada genera un cambio de estado, pero no de temperatura. La distancia horizontal desde el punto B hasta el C en la **Imagen 12** indica el calor de fusión.

La energía térmica necesaria para vaporizar 1 kg de un líquido se denomina **calor de vaporización** (H_v). El calor de vaporización del agua es 2.26×10^6 J/kg. La distancia horizontal desde el punto D hasta el E en la **Imagen 12** representa el calor de vaporización. Todos los materiales tienen un calor de fusión (H_f) y calor de vaporización (H_v) característicos. Algunos valores se muestran en la **Tabla 2.**

Tabla 2 Calor de fusión y vaporización de sustancias comunes

Material	Calor de fusión H_f (J/kg)	Calor de vaporización H_v (J/kg)
Cobre	2.05×10^5	5.07×10^6
Mercurio	1.15×10^4	2.72×10^5
Oro	6.30×10^4	1.64×10^6
Metanol	1.09×10^5	8.78×10^5
Hierro	2.66×10^5	6.29×10^6
Plata	1.04×10^5	2.36×10^6
Plomo	2.04×10^4	8.64×10^5
Agua (hielo)	3.34×10^5	2.26×10^6

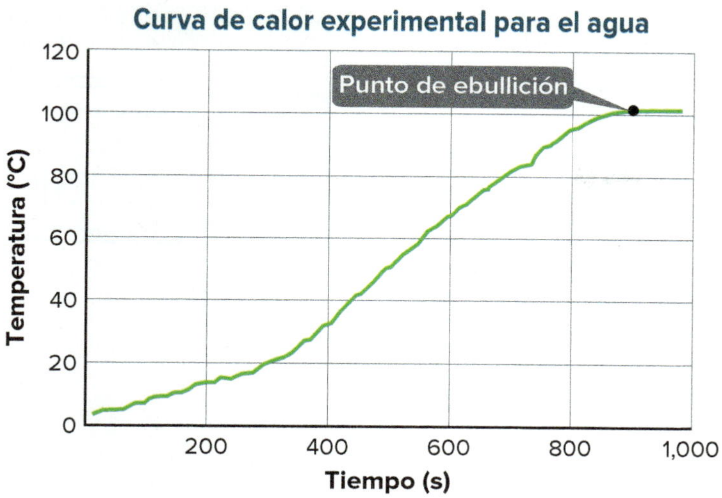

Imagen 14 Una manera de medir la absorción de energía de un material es aportar energía de una fuente constante de energía térmica y medir el cambio en la temperatura a lo largo del tiempo. La gráfica que compara la temperatura y el tiempo se denomina curva de calentamiento. Para esta imagen, se colocó un vaso de precipitado con agua fría sobre una placa calefactora. Se representa gráficamente la curva resultante.

Explica *por qué se debe aportar energía térmica a una razón constante para calcular el calor específico del agua de esta gráfica.*

Energía y cambios de estado

Hay una pendiente definida en la gráfica en la **Imagen 14** entre aproximadamente 300 s y 800 s. Se aporta calor a una razón constante, de modo que esta pendiente es proporcional al valor recíproco del calor específico del agua. La pendiente entre los puntos A y B en la **Imagen 12** es proporcional al valor recíproco del calor específico del hielo, y la pendiente por encima del punto E es proporcional al valor recíproco del calor específico del vapor de agua. La pendiente para el agua es menor que las de hielo y vapor de agua. Esto se debe a que el agua tiene un calor específico mayor que el hielo y el vapor de agua. Se expresa el calor (Q) necesario para fundir un sólido de masa (m) en esta ecuación.

Calor necesario para derretir un sólido

El calor necesario para fundir un sólido es igual a la masa del sólido por el calor de fusión del sólido.

$$Q = mH_f$$

Del mismo modo, se expresa el calor (Q) necesario para vaporizar una masa (m) de líquido mediante la siguiente ecuación.

Calor necesario para vaporizar un líquido

El calor necesario para vaporizar un líquido es igual a la masa del líquido por el calor de vaporización del líquido.

$$Q = mH_v$$

Cuando se congela un líquido, se debe eliminar una cantidad de energía térmica ($Q = -mH_f$) del líquido para convertirlo en un sólido. El signo negativo indica que la energía térmica se transfiere de la muestra al mundo exterior. Del mismo modo, cuando se condensa un vapor en un líquido, se debe eliminar una cantidad de energía térmica ($Q = -mH_v$) del vapor.

El agua absorbe cantidades importantes de energía térmica cuando se funde o evapora. Todos los días, utilizas los calores de fusión y vaporización del agua. Cada gramo de transpiración que se evapora de tu piel elimina aproximadamente 2.3 kJ de energía térmica. Este es un proceso de enfriamiento que utilizan muchos animales de sangre caliente para regular la temperatura corporal. De igual manera, derretir un cubo de hielo de 24 g absorbe suficiente energía térmica, 8 kJ, para enfriar un vaso de agua unos 30 °C.

EJEMPLO Problema 3

CALOR Imagina que acampas en las montañas. Necesitas fundir 1.50 kg de nieve a 0.0 °C y calentarla a 70.0 °C para preparar chocolate caliente. ¿Cuánto calor necesitarás?

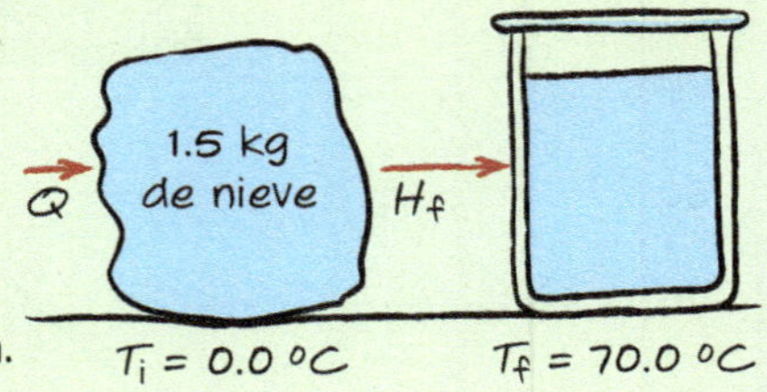

1 ANALIZAR Y PLANTEAR EL PROBLEMA

- Plantea la relación entre el calor y el agua en sus estados sólido y líquido.
- Plantea la transferencia de calor a medida que aumenta la temperatura del agua.

Datos conocidos

$m = 1.50$ kg $H_f = 3.34\times10^5$ J/kg
$T_i = 0.0$ °C $T_f = 70.0$ °C
$C = 4180$ J/(kg·K)

Incógnita

$Q_{\text{hielo derretido}} = ?$
$Q_{\text{líquido caliente}} = ?$
$Q_{\text{total}} = ?$

2 HALLAR LA INCÓGNITA

Calcula el calor necesario para fundir el hielo.

$$Q_{\text{hielo fundido}} = mH_f$$
$$= (1.50\text{ kg})(3.34\times10^5\text{ J/kg})$$
$$= 5.01\times10^5\text{ J} = 5.01\times10^2\text{ kJ}$$

Sustituye $m = 1.50$ kg, $H_f = 3.34\times10^5$ J/kg.

Calcula el cambio de temperatura.

$$\Delta T = T_f - T_i$$
$$= 70.0\text{ °C} - 0.0\text{ °C} = 70.0\text{ °C} = 70.0\text{ K}$$

Sustituye $T_f = 70.0$ °C, $T_i = 0.0$ °C. Δ°C $= \Delta$K

Calcula el calor necesario para elevar la temperatura del agua.

$$Q_{\text{líquido caliente}} = mC\Delta T$$
$$= (1.50\text{ kg})(4180\text{ J/(kg·K)})(70.0\text{ K})$$
$$= 4.39\times10^5\text{ J} = 4.39\times10^2\text{ kJ}$$

Sustituye $m = 1.50$ kg, $C = 4180$ J/(kg•K), $\Delta T = 70.0$K.

Calcula la cantidad total de calor necesario.

$$Q_{\text{total}} = Q_{\text{hielo fundiido}} + Q_{\text{líquido caliente}}$$
$$= 5.01\times10^2\text{ kJ} + 4.39\times10^2\text{ kJ}$$
$$= 9.40\times10^2\text{ kJ}$$

Sustituye $Q_{\text{hielo fundido}} = 5.01\times10^2$ kJ, $Q_{\text{líquido caliente}} = 4.39\times10^2$ kJ.

3 EVALUAR LA RESPUESTA

- **¿Son correctas las unidades?** Las unidades de energía se miden en julios.
- **¿Tiene sentido el signo?** Q es positivo cuando se absorbe la energía térmica.
- **¿Es realista la magnitud?** Para verificar la magnitud, realiza una estimación rápida: $Q = (1.5\text{ kg})(300{,}000\text{ J/kg}) + (1.5\text{ kg})(4000\text{ J/(kg·K)})(70\text{ K}) = 9\times10^2\text{ kJ}$.

PRÁCTICA Problemas

PRÁCTICA ADICIONAL

19. ¿Cuánta energía térmica absorben 1.00×10^2 g de hielo a −20.0 °C para convertirse en agua a 0.0 °C?

20. Se calienta una muestra de agua de 2.00×10^2 g a 60.0 °C a vapor de agua a 140.0 °C. ¿Cuánta energía térmica se absorbe?

21. Utiliza la **Imagen 15** para calcular el calor de fusión y el calor de vaporización del agua en J/kg.

22. Un obrero de una planta siderúrgica transformará 100.0 kg de hierro a 25 °C en hierro fundido (punto de fusión = 1538 °C). ¿Cuánta energía térmica se debe agregar?

23. **DESAFÍO** ¿Cuánta energía térmica se necesita para transformar 3.00×10^2 g de hielo a 30.0 °C en vapor de agua a 130.0 °C?

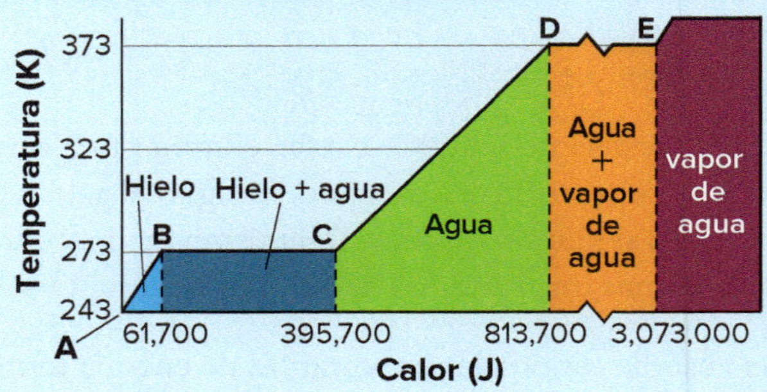

Imagen 15

Primera ley de la termodinámica

Las primeras máquinas a vapor se construyeron en el siglo XVIII y se utilizaron para impulsar trenes y suministrar energía a las fábricas. Las máquinas a vapor transforman la energía térmica en energía mecánica. Su invención contribuyó enormemente a la Revolución Industrial y al estudio de cómo se relaciona el calor con el trabajo. El estudio de cómo se transforma la energía térmica en otras formas de energía se denomina termodinámica.

Antes del siglo XX, los científicos no sabían que los conceptos de la termodinámica estaban relacionados con los movimientos de las partículas en un objeto, y consideraban que la termodinámica era un tema distinto de la mecánica. En la actualidad, los ingenieros aplican estos conceptos para desarrollar refrigeradores de mayor rendimiento, motores de automóviles y aviones, y otras clases de máquinas.

La primera ley explica qué es la energía térmica y hacia dónde puede ir. Como ya sabes, puedes elevar la temperatura de un vaso con agua fría al colocarlo sobre una placa calefactora o agitándolo. Es decir, se puede aumentar la energía térmica del agua al calentarla o ejercer un trabajo sobre ella. Si consideramos que el sistema es el agua, el trabajo que realiza el sistema sobre ti es igual al negativo del trabajo que realizas sobre el sistema. La **primera ley de la termodinámica** establece que el cambio en la energía térmica (ΔU) de un objeto es igual al calor (Q) que se agrega al objeto menos el trabajo (W) que realizó el objeto. Observa que ΔU, Q y W se miden en julios, la unidad de energía.

Primera ley de la termodinámica

El cambio en la energía térmica de un objeto es igual al calor agregado al objeto menos el trabajo realizado por el objeto.

$$\Delta U = Q - W$$

La primera ley de la termodinámica es una reformulación de la ley de conservación de la energía, que establece que la energía no se crea ni se destruye, sino que se puede transportar de un lugar a otro o transformar en otra clase de energía. Un ejemplo de transformación de energía térmica en un sistema es una bomba de mano que se utiliza para inflar un neumático de bicicleta. A medida que la persona bombea, el aire y la bomba de mano se calientan. La energía mecánica en el pistón móvil se transforma en energía térmica del gas. Asimismo, otras formas de energía, como la luz, el sonido y la energía eléctrica, se pueden transformar en energía térmica. Por ejemplo, una tostadora transforma la energía eléctrica en energía radiante cuando tuesta el pan.

PRÁCTICA Problemas

PRÁCTICA ADICIONAL

24. Un globo de gas absorbe 75 J de energía térmica. El globo se expande, pero mantiene la misma temperatura. ¿Cuánto trabajo realizó el globo al expandirse?

25. Un taladro realiza un agujero pequeño en un bloque de aluminio de 0.40 kg y calienta el aluminio 5.0 °C. ¿Cuánto trabajo realizó el taladro al hacer el agujero?

26. ¿Cuántas veces tendrías que dejar caer una bolsa de perdigones de plomo de 0.50 kg desde una altura de 1.5 m para calentar el perdigón 1.0 °C?

27. Cuando revuelves el contenido de una taza de té, realizas un trabajo de unos 0.050 J cada vez que giras la cuchara en la taza. ¿Cuántas veces tendrías que girar la cuchara para calentar una taza de té de 0.15 kg unos 2.0 °C?

28. DESAFÍO Una válvula de expansión realiza un trabajo en 100 g de agua. El sistema está aislado, y todo el trabajo se utiliza para transformar el agua a 90 °C en vapor de agua a 110 °C. ¿Cuánto trabajo realiza la válvula de expansión en el agua?

Motor térmico Un **motor térmico** es un dispositivo capaz de transformar la energía térmica en energía mecánica de manera continua. Requiere de una fuente de temperatura elevada, un receptáculo de temperatura baja, llamado sumidero, y una manera de transformar la energía térmica en trabajo, como se muestra en la **Imagen 16.**

Motor de combustión interna El motor de combustión interna de un automóvil, en la **Imagen 17**, es un motor térmico. En el motor, el calor de entrada (Q_C) se transfiere de una llama de temperatura elevada a una mezcla de aire y vapor de gas en el cilindro. El aire caliente se expande y ejerce presión contra un pistón que desciende; así, convierte la energía térmica en energía mecánica. El aire calentado se expulsa, el pistón regresa a la parte superior del cilindro y el ciclo se repite. Los motores de automóviles repiten este ciclo varias veces por minuto. La energía térmica de la llama se transforma en energía mecánica que impulsa el automóvil.

Diagrama de energía de un motor térmico

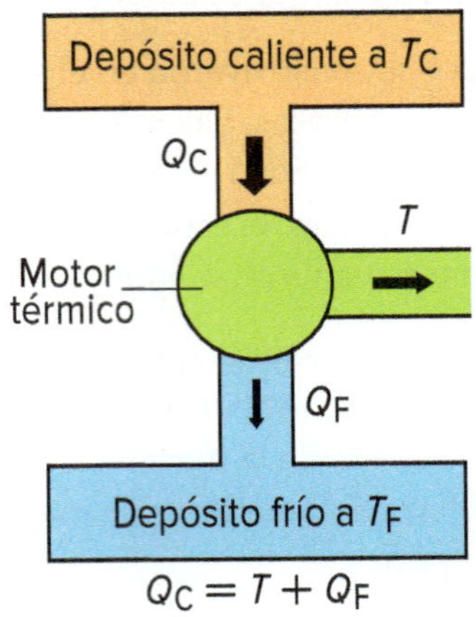

Imagen 16 Los motores térmicos transforman la energía térmica en energía mecánica y calor residual. Este diagrama muestra las transferencias y transformaciones de energía.

Calor residual No toda la energía térmica de la llama se transforma en energía mecánica. Cuando un motor está funcionando, los gases y las partes del motor se calientan. Las emisiones entran en contacto con el aire exterior y calientan el aire. Además, la energía térmica del motor se transfiere a un radiador. El aire externo atraviesa el radiador y se calienta. Esta energía (Q_F) transferida fuera del motor del automóvil se denomina calor residual. Cuando el motor trabaja continuamente, su energía interna no cambia. Es decir, $\Delta U = 0 = Q - T$. El calor neto que ingresa al motor es $Q = Q_C - Q_F$. Así, el trabajo que realiza el motor es $T = Q_C - Q_F$. Todos los motores térmicos generan calor residual, y ningún motor puede transformar toda la energía en energía cinética útil.

Imagen 17 Los motores de combustión interna son un tipo de motor térmico y se utilizan en los automóviles.

Motor de combustión interna

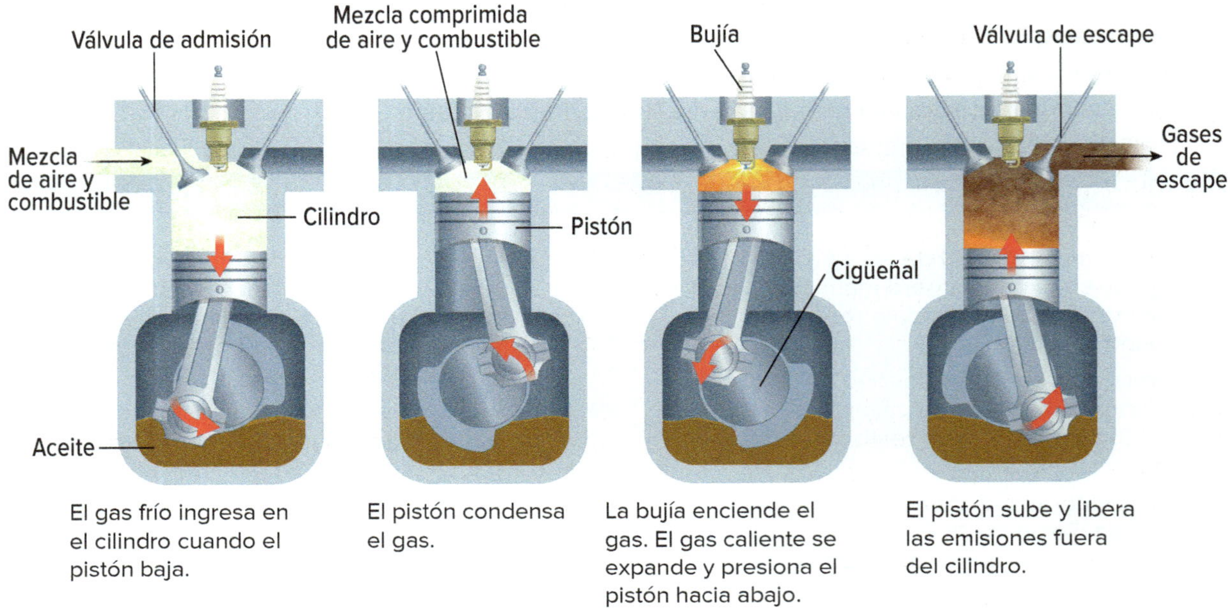

Eficiencia Los ingenieros y vendedores de automóviles con frecuencia analizan la eficiencia de los combustibles de los motores. Comentan la cantidad de calor de entrada (Q_C) que se transforma en trabajo útil (T). La eficiencia real de un motor se expresa mediante la razón T/Q_C. Si se pudiera transformar todo el calor de entrada en trabajo útil, el motor tendría una eficiencia del 100%. Dado que siempre existe calor residual (Q_F), hasta los motores más eficientes no alcanzan el 100% de eficiencia.

De hecho, llos motores térmicos tienen considerablemente menos del 100% de eficiencia. Por ejemplo, hasta los motores de gasolina más eficientes tienen una eficiencia de menos del 40%. Un motor de gasolina típico en un automóvil tiene una eficiencia cercana al 20%. La energía no se destruye, pero una cantidad importante de energía térmica se transfiere del un motor caliente al medioambiente.

¿Lo comprendes?

Describe otro ejemplo donde la energía se transforme en una forma menos útil.

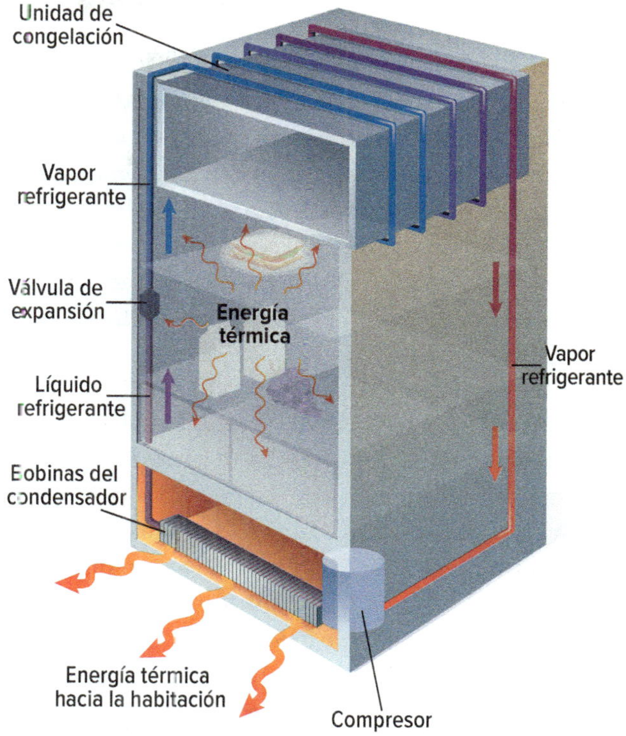

Imagen 18 Se bombea el líquido refrigerante hacia una válvula de expansión, donde absorbe la energía de su entorno y se convierte en un gas. El gas se calienta al absorber energía térmica del interior del refrigerador. Un compresor realiza un trabajo en el gas para enfriarlo y convertirlo en líquido y el ciclo comienza una vez más.

Refrigeradores La energía térmica se transfiere de un objeto caliente a un objeto frío espontáneamente. Pero también es posible eliminar la energía térmica de un objeto más frío y transferirla a un objeto más caliente si se realiza un trabajo. Un refrigerador, como el de la **Imagen 18,** es un dispositivo que logra esta transferencia. La energía eléctrica hace funcionar un motor que condensa un gas.

El gas condensado líquido pasa por una válvula de expasión, se expande y como consecuencia, se enfría y extrae la energía térmica del interior del refrigerador. Luego pasa al compresor, que lo comprime. De allí, el gas caliente pasa a través del condensador, donde se enfría y condensa en un líquido. Vuelve a pasar por la válvula de expansión, lo que inicia nuevamente el ciclo. La energía térmica se transfiere desde el refrigerador hacia el aire de la habitación. El cambio general en la energía térmica del gas es cero. Así, según la primera ley de la termodinámica, la suma de la energía térmica que se eliminó del contenido del refrigerador y el trabajo realizado por el motor es igual a la energía térmica expulsada. La **Imagen 19** muestra estas transferencias y transformaciones

Diagrama de energía de un refrigerador

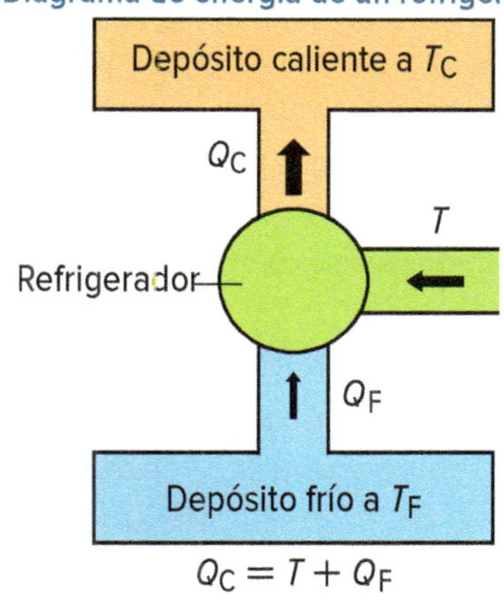

Imagen 19 Cuando se realiza un trabajo en el refrigerador, la energía térmica se transfiere del depósito frío al depósito caliente.

Bombas térmicas Una bomba térmica es un refrigerador que puede funcionar en dos direcciones. En verano, la bomba transfiere la energía térmica de una casa y la enfría. En invierno, se transfiere la energía térmica del exterior hacia el interior de la casa. En los dos casos, es necesario que la energía mecánica transfiera la energía térmica de un objeto más frío a uno más caliente.

Segunda ley de la termodinámica

Si calentaras una cuchara de metal por uno de sus extremos y pronto toda la cuchara se calentara, no te sorprenderías. Pero piensa en tu reacción si, de repente y por sí sola, una cuchara que está sobre una mesa se calentara por un extremo y congelase por el otro. Este proceso inverso no violaría la primera ley de la termodinámica: la energía térmica de la cuchara quedaría igual. Muchos procesos que son coherentes con la primera ley de la termodinámica nunca se observaron de foma espontánea. Sin embargo, la representación de sucesos térmicos no se limita a garantizar la conservación de la energía.

La energía se dispersa Observa la paleta de helado y la pizza que se enfría en la **Imagen 20.** La primera ley de la termodinámica no prohíbe la transferencia de energía térmica neta de la paleta fría hacia el aire ni del aire a la pizza caliente. Sin embargo, esto no ocurre debido a la segunda ley de la termodinámica. Cuando se coloca un objeto caliente en contacto con ambientes más fríos, la energía térmica en el objeto caliente tiene la posibilidad de dispersarse, o extenderse más. Parte de la energía térmica ingresa al objeto frío, lo calienta y así enfría al objeto originalmente más caliente. La **segunda ley de la termodinámica** establece que, en un sistema no controlado, siempre que exista la posibilidad de una dispersión de energía, la energía siempre se dispersa hacia una distribución de energía más uniforme y hacia un estado más estable.

Piensa en la pizza que se enfría. Las partículas en la pizza tienen una energía cinética promedio mayor que las partículas en el aire. Parte de la energía térmica original de la pizza se dispersa en el aire. Como resultado, la temperatura de la pizza disminuye y la temperatura del aire aumenta una pequeña cantidad. Cuando la pizza y el aire alcanzan la misma temperatura, la energía cinética promedio de las partículas de la pizza y el aire será la misma. Es decir, la energía se dispersa entre las partículas. De manera similar, si dejas una paleta de helado sobre la mesa, la energía térmica del aire se transfiere hacia la paleta, que se calentará y derretirá, mientras que el aire experimentará un leve descenso de temperatura.

Imagen 20 Según la segunda ley de la termodinámica, la energía térmica siempre se dispersa. Las flechas rojas representan el flujo de energía térmica. Las flechas púrpura representan los lapsos de tiempo. La energía térmica fluye de un objeto más caliente a uno más frío de manera espontánea.

(t to b) Ingram Publishing/SuperStock; (2) Freer/Shutterstock; (3,4)Lucky Business/Shutterstock

¿Lo comprendes?

Explica cómo la pizza de la **Imagen 20** representa un sistema no controlado y cómo la energía térmica se distribuyó de manera más uniforme.

CCC CONCEPTOS INTERDISCIPLINARIOS

Sistemas y modelos de sistemas Utiliza la **Imagen 20** para describir un sistema alrededor de la pizza. Describe los límites del sistema y las entradas y salidas del sistema definido.

Entropía La medida de esta dispersión de energía se denomina **entropía** (S). Se llama sistema con baja entropía a aquel en el que la energía térmica se concentra en un lugar. Un sistema en el que la energía térmica se dispersa por todo el sistema tiene alta entropía.

Otra manera de enunciar la segunda ley de la termodinámica es que los procesos naturales se dirigen hacia una dirección que mantiene o aumenta la entropía total del universo. Es decir, la energía se dispersará naturalmente a menos que se realice alguna acción para localizarla. Una vez que un sistema se encuentra en un estado de alta entropía, es muy poco probable que regrese a un estado de entropía más baja por sí solo. Los sucesos que ocurren espontáneamente, como la paleta de helado que se derrite o la pizza que se enfría, son sucesos en los que la entropía del sistema aumenta. Los procesos que disminuirían la entropía de un sistema no suelen ocurrir espontáneamente, sino que requieren de la realización de un trabajo por parte de un agente externo.

¿Lo comprendes?

Enuncia la segunda ley de la termodinámica utilizando el término *entropía*.

Entropía y motores térmicos ¿Cómo se relaciona la entropía con los motores térmicos? Si los motores térmicos transformaran por completo la energía térmica en energía mecánica sin calor residual, la energía aún se conservaría y así se cumpliría la primera ley de la termodinámica. Sin embargo, siempre se genera calor residual al dispersarse energía térmica más allá del motor. En el siglo XIX, el ingeniero francés Sadi Carnot estudió la capacidad de los motores de transformar la energía térmica en energía mecánica. Probó que incluso un motor ideal generaría calor residual. El resultado de Carnot fue uno de los primeros análisis formales que condujeron al desarrollo del concepto de entropía.

Cambios en la entropía Al igual que la energía, la entropía es una propiedad de un sistema. Si se agrega energía térmica a un sistema, la entropía aumenta. Si se elimina energía térmica de un sistema, la entropía disminuye. Si un sistema realiza un trabajo en su entorno sin transferencia de energía térmica, la entropía no cambia. Para un proceso reversible, el cambio en la entropía (ΔS) se expresa por medio de esta ecuación. La entropía tiene unidades de J/K. La temperatura, en kelvins, es constante.

Cambio en la entropía

Para un proceso reversible, el cambio en la entropía de un sistema es igual al calor agregado al sistema dividido por la temperatura del sistema en kelvins.

$$\Delta S = \frac{Q}{T}$$

FÍSICA Desafío

La **entropía** tiene algunas propiedades interesantes. Calcula el cambio en la entropía para las siguientes situaciones. Explica cómo y por qué estos cambios en la entropía son diferentes entre sí. Para estos cambios pequeños en la temperatura, puedes utilizar la temperatura original para hallar el cambio en la entropía.

1. Calentar 1.0 kg de agua de 273 K a 274 K.
2. Calentar 1.0 kg de agua de 353 K a 354 K.
3. Calentar 1.0 kg de plomo de 273 K a 274 K.
4. Derretir por completo 1.0 kg de hielo a 273 K.

Entropía y crisis energética La segunda ley de la termodinámica y el aumento en la entropía se ejemplifican por medio de la crisis energética por el uso continuo de recursos limitados como el petróleo. Cuando se utiliza un recurso, no se aprovecha toda la energía de ese recurso. Por ejemplo, cuando conduces un automóvil, como los de la **Imagen 21,** la gasolina se enciende y la energía química que contienen las moléculas de la gasolina se transforma en la energía cinética que hace funcionar el automóvil y en la energía térmica que calienta el motor. La energía química de la gasolina sin quemar se dispersa hacia muchos otros objetos que se encuentran dentro de un volumen mayor. Si bien es matemáticamente posible reunir toda la energía dispersada en un objeto, la probabilidad de que esto ocurra es casi nula. Por este motivo, la entropía con frecuencia se utiliza como una medida de la carencia de energía útil. La energía en el aire caliente de un hogar no puede realizar un trabajo mecánico o transferir energía térmica a otros objetos del mismo modo que la energía en las moléculas de la gasolina original. La falta de energía utilizable es un exceso de entropía.

Imagen 21 Quemar gasolina consume los recursos naturales y aumenta la entropía, pero no consume la energía. La energía ya no es una forma útil.

Verifica tu progreso

29. **Motor térmico** Describe las transformaciones y transferencias de energía que hace un motor térmico y explica por qué al funcionar genera un aumento en la entropía.
30. **Calor de vaporización** Los sistemas de calefacción antiguos enviaban el vapor de agua a los radiadores de cada habitación. En los radiadores, el vapor de agua se condensaba y se convertía en agua. Analiza este proceso y explica cómo calentaba una habitación.
31. **Calor de fusión** ¿Cuánta energía térmica se necesita para transformar 50.0 g de hielo a −20.0 °C en agua a 10.0 °C?
32. **Calor de vaporización** ¿Cuánta energía se necesita para calentar 1.0 kg de mercurio metálico de 10.0 °C a su punto de ebullición (357 °C) y evaporarlo por completo? Para el mercurio, $C = 140$ J/kg·°C y $H_v = 3.06\times10^5$ J/kg.
33. **Energía mecánica y térmica** Un hombre usa un martillo de 320 kg que se mueve a 5.0 m/s para romper un bloque de plomo de 3.0 kg contra una roca de 450 kg. Cuando midió la temperatura del bloque, vio que había aumentado 5.0 °C. Explica cómo ocurrió esto.
34. **Energía mecánica y térmica** James Joule midió con cuidado la diferencia en la temperatura del agua en la parte superior e inferior de una cascada. ¿Por qué esperó encontrar diferencias?
35. **Energía mecánica y térmica** Calcula la diferencia de temperatura entre el agua en la parte superior e inferior de la cascada en la **Imagen 22** si toda la energía potencial del agua se convierte en energía térmica.

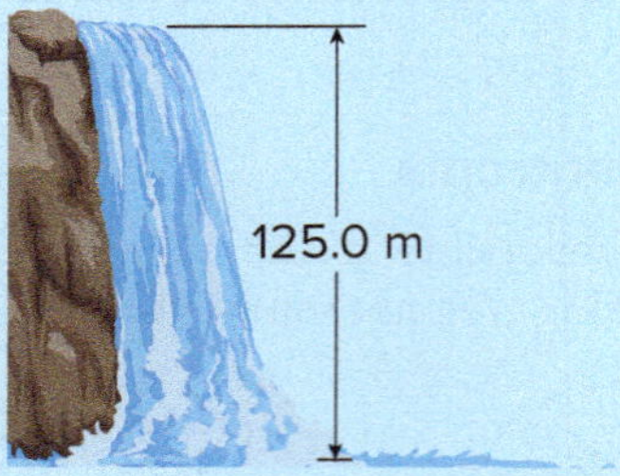

Imagen 22

36. **Entropía** Explica por qué calentar un hogar con gas natural genera un aumento en la entropía.
37. **Pensamiento crítico** Muchos parques de diversiones y zoológicos al aire libre tienen sistemas que rocían una fina capa de agua que se evapora rápidamente. Explica por qué este proceso enfría el aire a su alrededor.

LEARNSMART® Conéctate para cumplir tu plan de aprendizaje personalizado para repasar, practicar y reforzar tu comprensión.

Bajo presión

Los motores diésel, como los motores de gasolina, son motores de combustión interna en los que se quema el combustible dentro del motor. Los dos transforman la energía química en el combustible en energía mecánica que hace mover el vehículo. Sin embargo, los motores diésel son más potentes y eficientes por la forma en que el motor quema el combustible.

Los motores diésel son distintos de los motores de gasolina en muchas formas que aumentan su eficiencia y potencia.

Motores diésel versus de gasolina

En los motores de gasolina, el aire y el combustible se inyectan en los cilindros del motor. El pistón se eleva dentro del cilindro, comprime el aire y el combustible y los hace explosivos. Cuando el pistón alcanza la parte superior del cilindro, las bujías del automóvil aportan la electricidad necesaria para hacer que el aire y el combustible exploten. La explosión empuja el pistón de vuelta al fondo del cilindro. El pistón está conectado al cigüeñal, de modo que cuando baja, empuja el cigüeñal, que hace girar las ruedas del vehículo. A medida que el cigüeñal gira, empuja el pistón hacia arriba del cilindro nuevamente, y el ciclo se repite.

En un motor diésel, el proceso es un poco diferente. Primero, el aire se inyecta en el cilindro. Luego, el pistón comprime el aire con mucha más fuerza que en un motor de gasolina. El aire produce tanto calor al comprimirse que, cuando se rocía el combustible dentro del cilindro, no hay necesidad de que una bujía lo encienda con electricidad. El combustible explota de manera instantánea, regresa el pistón hacia la parte inferior del cilindro y hace girar el cigüeñal.

Combustible diésel versus gasolina

Tanto la gasolina como el combustible diésel están hechos a partir del petróleo crudo. Sin embargo, los combustibles están hechos de distintos hidrocarburos que se separan durante el proceso de refinado. La gasolina es más liviana y menos oleosa que el combustible diésel porque sus moléculas contienen menos átomos de carbono e hidrógeno, pero también tiene una densidad energética más baja que el combustible diésel. La alta densidad energética del combustible diésel contribuye a su mayor potencia y eficiencia.

Una desventaja del diésel es que libera grandes cantidades de partículas y compuestos de nitrógeno en la atmósfera. Sin embargo, las técnicas de refinado mejoradas y las nuevas tecnologías están ayudando a disminuir la contaminación que genera el diésel.

DESARROLLAR Y UTILIZAR MODELOS PARA ILUSTRAR

Trabajen con un un compañero para hacer un modelo bidimensional o tridimensional del ciclo de combustión de un motor de gasolina o diésel. Utilicen fuentes de información adicional. Muestren el modelo a la clase.

MÓDULO 11

GUÍA DE ESTUDIO

CONÉCTATE para estudiar con el Libro de ciencias.

Lección 1 TEMPERATURA, CALOR Y ENERGÍA TÉRMICA

- conducción térmica
- equilibrio térmico
- calor
- convección
- radiación
- calor específico

- La energía térmica es la suma de las energías cinética y potencial de las partículas de un objeto. La temperatura de un objeto es una medida de la energía cinética promedio de sus partículas.
- Cuando dos objetos tienen un equilibrio térmico, no existe transferencia neta de energía térmica y los dos tienen la misma temperatura. Un termómetro mide la temperatura al alcanzar el equilibrio térmico con su entorno. Cuando la temperatura de un objeto está en cero absoluto, la energía cinética promedio de sus partículas es cero y ese objeto no puede transferir energía térmica.
- El calor es la transferencia de energía térmica. La energía térmica se transfiere espontáneamente de un objeto caliente a uno frío y lo hace mediante tres procesos: conducción, convección y radiación.
- Las sustancias se calientan de manera diferente, según sus calores específicos. El calor específico (C) es el calor necesario para elevar la temperatura de 1 kg de una sustancia 1 K.

$$Q = mC\,\Delta T = mC(T_f - T_i)$$

- Un calorímetro es un sistema cerrado que se utiliza para medir los cambios en las energías térmicas. El calor específico se calcula al utilizar las mediciones de un calorímetro.

Lección 2 CAMBIOS DE ESTADO Y TERMODINÁMICA

- calor de fusión
- calor de vaporización
- primera ley de la termodinámica
- motor térmico
- segunda ley de la termodinámica
- entropía

- La energía térmica transferida durante un cambio de estado no cambia la temperatura de una sustancia. El calor de fusión es la cantidad de calor necesaria para transformar 1 kg de una sustancia de un estado sólido a un estado líquido en su punto de fusión.

$$Q = mH_f$$

- El calor de vaporización es la cantidad de calor necesaria para transformar 1 kg de una sustancia de un estado líquido a un estado gaseoso en su punto de ebullición.

$$Q = mH_v$$

- La primera ley de la termodinámica establece que el cambio en la energía térmica de un objeto es igual al calor agregado al objeto menos el trabajo realizado por el objeto.

$$\Delta U = Q - W$$

- Un motor térmico convierte la energía térmica en energía mecánica. Una bomba térmica y un refrigerador utilizan la energía mecánica para transferir la energía térmica de una región de temperatura más baja a una de temperatura más elevada.
- La segunda ley de la termodinámica establece que la energía se dispersa siempre que exista la posibilidad de una dispersión de energía. La entropía (S) es una medida de la dispersión de energía de un sistema. Esta ley indica que los procesos naturales van en una dirección que mantiene o aumenta la entropía total del universo. El cambio en la entropía de un objeto se define como el calor agregado al objeto dividido por la temperatura del objeto.

PENSAMIENTO TRIDIMENSIONAL

Conclusión del módulo

REPASA EL FENÓMENO

¿Por qué parecen tener colores diferentes las partes de la olla en esta imagen térmica?

CER Afirmación, evidencia, razonamiento

Explica tu razonamiento Repasa la afirmación que hiciste cuando hallaste el fenómeno. Resume la evidencia que reuniste en tus investigaciones y completa la tabla de resumen. ¿Respalda la evidencia tu afirmación? Si no lo hace, repasa tu afirmación. Explica por qué la evidencia respalda tu afirmación.

PROYECTO DE LA UNIDAD STEM

Ahora que completaste el módulo, repasa el proyecto de la unidad STEM. Resume la evidencia y aplícala al proyecto.

PROFUNDIZA

SEP Laboratorio de análisis de datos

¿Cómo se diferencian los materiales en cuanto a la rapidez con la que se calientan?

Se colocan los siguientes materiales en recipientes idénticos con las mismas cantidades de metanol a temperatura ambiente.

Material	Masa (g)	Temperatura inicial (°C)
Aluminio	50	30
Aluminio	60	40
Vidrio	50	30
Plata	50	30
Zinc	50	30

CER Analizar e interpretar datos

1. **Afirmación** Clasifica los materiales según la cantidad de energía térmica que transfieren al metanol, de menor a mayor. Indica específicamente cualquier vínculo.
2. **Evidencia y razonamiento** Explica cómo decidiste tu clasificación.

science photo/Shutterstock

MÓDULO 12

ESTADOS DE LA MATERIA

ENCUENTRA EL FENÓMENO

¿Cómo circulará el fluido en este dispositivo?

CONÉCTATE para ver un video acerca de cómo fluye el aire en una tubería.

SEP Hacer preguntas

¿Tienes más preguntas acerca del fenómeno? Si es así, agrégalas al pizarrón de preguntas clave.

CER Afirmación, evidencia, razonamiento

Hacer una afirmación Usa la tabla CER para hacer una afirmación acerca de cómo circulará el fluido en el dispositivo. Explica tu razonamiento.

Reunir evidencia Usa las lecciones del módulo para reunir evidencia que respalde tu afirmación. Registra la evidencia mientras trabajas en el módulo.

Explicar el razonamiento Repasarás tu afirmación y explicarás tu razonamiento al final del módulo.

CONÉCTATE para acceder a la tabla CER y explorar los recursos que te ayudarán a reunir evidencia.

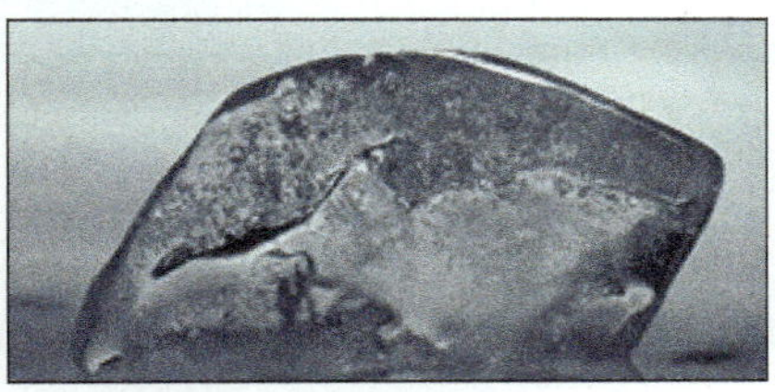

LECCIÓN 1: Explorar y explicar: Líquidos y gases

LECCIÓN 4: Explorar y explicar: Cuerpos sólidos

Smithsonian

Recursos acicionales

(t)Video Supplied by BBC Worldwide Learning; (bl)gonin/Creatas Video+/Getty Images; (br)Don Paulson Photography/Purestock/SuperStock

LECCIÓN 1

PROPIEDADES DE LOS FLUIDOS

PREGUNTA DE ENFOQUE

¿Qué es un fluido y cuáles son sus propiedades?

Líquidos y gases

El agua y el aire son sustancias comunes en la vida diaria de las personas. Los dos se mueven y, a diferencia de los sólidos, no tienen una forma definida. Los gases y los líquidos son dos estados de la materia en que los átomos y las moléculas tienen libertad de movimiento.

Fluidos Al igual que los cubos de hielo, los trozos de hielo de la **Imagen 1** tienen una masa y forma determinadas que no dependen del tamaño o forma de la cuenca del lago. Cuando el hielo se derrite, la masa no se modifica, pero su forma cambia. El agua fluye para adoptar la forma de la cuenca y forma una superficie definida y chata. Cuando se produce la evaporación, el agua líquida se transforma en un gas en forma de vapor de agua. Al igual que el agua líquida, el vapor de agua fluye y no tiene una forma definida. Tanto los líquidos como los gases son fluidos. Los **fluidos** son materiales que pueden circular y no tienen una forma definida propia.

Glow Images/Superstock

Imagen 1 Los trozos de hielo de este lago, que son sólidos, tienen formas definidas. Sin embargo, el agua líquida, un fluido, toma la forma de la cuenca del lago.

Identificar *¿Qué fluido llena el espacio que está sobre el agua?*

PENSAMIENTO 3D DCI Ideas centrales disciplinarias CCC Conceptos interdisciplinarios SEP Prácticas de ciencia e ingeniería

REUNIR EVIDENCIA

Usa el Cuaderno de ciencias para registrar la evidencia que reúnas mientras completas las lecturas y las actividades de la lección.

INVESTIGAR

CONÉCTATE para hallar estas actividades y más recursos.

Investigación rápida: Presión
Analiza datos para determinar cómo afecta a la presión la fuerza que ejerce un objeto sobre un área.

Repasar las noticias
Obtén información de una noticia actual sobre las propiedades o conductas de los fluidos. Evalúa la fuente y comunica tus descubrimientos a la clase.

Presión

Al tratar con fluidos (y también con sólidos), se suele pensar tanto en la presión como en la fuerza. Seguramente escuchaste hablar sobre la presión del agua y la presión atmosférica y quizás creas que la fuerza y la presión están relacionadas. Sin embargo, presión y fuerza no son lo mismo. La **presión** es el componente perpendicular de una fuerza en una superficie dividida por el área de la superficie. Dado que la presión es fuerza ejercida en una superficie, todo aquello que ejerza presión es capaz de producir un cambio. En la **Imagen 2,** tanto el astronauta como los soportes de alunizaje del módulo ejercen presión en la superficie de la Luna.

Imagen 2 El astronauta y el módulo lunar ejercen presión en la superficie de la Luna.

Calcular *Si el módulo lunar pesaba alrededor de 12,000 N y se sostenía en cuatro pies de 91 cm de diámetro cada uno, ¿cuál es la presión que ejerció sobre la superficie lunar? ¿Cómo puedes estimar la presión ejercida por el astronauta?*

Presión

La presión es igual al componente perpendicular de la fuerza dividido por el área total a la que se aplica.

$$P = \frac{F}{A}$$

La presión es una magnitud escalar. En el sistema SI, la unidad de presión es el **pascal** (Pa), que es 1 N/m^2. Un pascal es una cantidad muy pequeña de presión, cercana a la que ejerce un billete sobre una mesa. Por eso, se suele usar el kilopascal (kPa), que es igual a 1000 Pa. La **Tabla 1** muestra la presión en distintos lugares.

Sólidos, líquidos y presión Imagina que estás parado en la superficie de un lago congelado. La fuerza que ejercen tus pies sobre el hielo se extiende sobre el área de tus zapatos, que se transforma en presión sobre el hielo. El hielo es un sólido compuesto por moléculas de agua que vibran y las fuerzas que las mantienen en su lugar hacen que el hielo ejerza una fuerza hacia arriba en tus pies igual a tu peso. Si el hielo se derrite, gran parte de lo que une a las moléculas de agua se debilitará. Aunque las moléculas sigan vibrando y se mantengan cerca, también se deslizarán y podrías atravesar la superficie. Las moléculas de agua en movimiento continuarán ejerciendo fuerza sobre tu cuerpo.

Gases y presión La presión ejercida por un gas puede entenderse al aplicar la teoría cinética molecular de los gases, que explica las propiedades de un gas ideal. En este modelo, se toma a las partículas como si no ocuparan espacio y no tuvieran fuerzas de atracción intermolecular. A pesar de que las partículas de un gas real ocupan espacio y ejercen fuerzas de atracción, un gas ideal es un modelo exacto de un gas real en la mayoría de las condiciones.

Tabla 1 Algunas presiones típicas

Ubicación	Presión (kPa)
Centro de la Tierra	4×10^{8}
Fondo profundo del océano	1.1×10^{5}
Atmósfera estándar	1.01325×10^{2}
Presión sanguínea	1.6×10^{1}
Presión atmosférica en la cima del monte Everest	3×10^{1}
El vacío ideal	1×10^{-10}

CCC CONCEPTOS INTERDISCIPLINARIOS

Estructura y función La estructura molecular de un material a una temperatura y presión dadas permite predecir su estado físico y algunas de sus propiedades. Haz un modelo para proporcionar evidencia acerca de que las propiedades de los fluidos se basan en sus estructuras moleculares.

Según la teoría cinética molecular, las partículas de un gas están en un movimiento aleatorio a alta velocidad y chocan de manera elástica entre sí. Cuando una partícula de gas choca contra la superficie de un contenedor, rebota, lo que cambia su momento. El impulso ejercido por esa colisión se transforma en presión de gas en la superficie.

Presión atmosférica Al nivel del mar, los gases de la atmósfera ejercen una fuerza hacia todas las direcciones de alrededor de 10 N, similar al peso de un objeto de 1 kg, en cada centímetro cuadrado de superficie. Esta presión atmosférica sobre tu cuerpo está tan bien balanceada por las fuerzas transversales de tu cuerpo que no lo notas. Quizás percibas esta presión cuando tus oídos se tapan por los cambios de presión, como cuando te subes al elevador en un edificio alto o viajas en avión. La presión atmosférica es de alrededor de 10 N por 1 cm^2 (10^{-4} m^2), que es alrededor de 1.0×10^5 N/m^2, o 100 kPa. Otros planetas de nuestro sistema solar también tienen atmósferas que ejercen presión. Por ejemplo, la presión en la superficie de Venus es 92 veces mayor que la de la Tierra.

EJEMPLO Problema 1

CALCULAR LA PRESIÓN Un niño pesa 364 N y se sienta en un taburete de tres patas que pesa 41 N. Las bases de las patas tocan el suelo en un área total de 19.3cm^2.

a. ¿Cuál es la presión promedio que el niño y el taburete ejercen sobre el suelo?

b. ¿Cómo cambia la presión cuando el niño se inclina y solo dos patas del taburete tocan el suelo?

1 ANALIZAR Y PLANTEAR EL PROBLEMA

- Dibuja al niño y el taburete, y rotula la fuerza total que ejercen sobre el suelo.
- Enumera las variables, incluidas la fuerza que el niño y el taburete ejercen en el suelo y las áreas para las partes **a** y **b**.

Datos conocidos

$F_{g\ niño} = 364\ N$

$F_{g\ taburete} = 41\ N$

$F_{g\ total} = F_{g\ niño} + F_{g\ taburete}$

$= 364\ N + 41\ N$

$= 405\ N$

$A_a = 19.3\ cm^2$

$A_b = \frac{2}{3} \times 19.3\ cm^2$

$= 12.9\ cm^2$

Incógnita

$P_a = ?$

$P_b = ?$

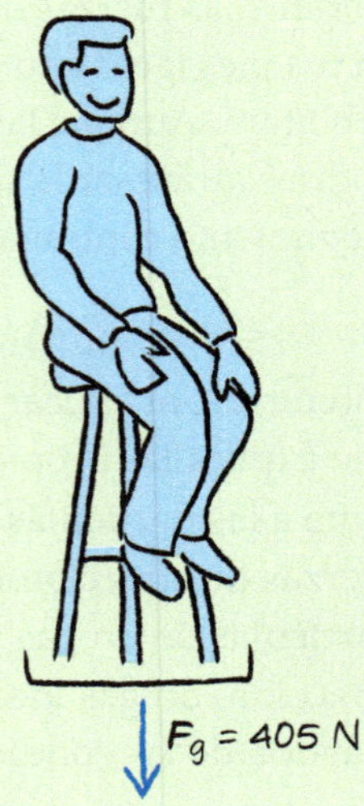

2 HALLAR LA INCÓGNITA

Halla cada presión.

$$P = \frac{F}{A}$$

a. $P_a = \left(\frac{405\ N}{19.3\ cm^2}\right)\left(\frac{(10.000\ cm)^2}{(1\ m)^2}\right)$ Sustituye $F = F_{g\ total} = 405\ N$, $A = A_a = 19.3\ cm^2$.

$= 2.10 \times 10^2\ kPa$

b. $P_b = \left(\frac{405\ N}{12.9\ cm^2}\right)\left(\frac{(10.000\ cm)^2}{(1\ m)^2}\right)$ Sustituye $F = F_{g\ total} = 405\ N$, $A = A_b = 12.9\ cm^2$.

$= 3.14 \times 10^2\ kPa$

3 EVALUAR LA RESPUESTA

- **¿Son correctas las unidades?** Las unidades para la presión deberían ser Pa y 1 N/m^2 = 1 Pa.

PRÁCTICA Problemas

PRÁCTICA ADICIONAL

1. La presión atmosférica al nivel del mar es alrededor de 1.0×10^5 Pa. ¿Cuál es la fuerza al nivel del mar que ejerce el aire sobre la superficie de una mesa que mide 152 cm de largo y 76 cm de ancho?
2. Una llanta entra en contacto con el suelo en un área rectangular de 12 cm por 18 cm. Si la masa del automóvil es de 925 kg, ¿qué presión ejercerá el automóvil sobre el suelo si está apoyado sobre las cuatro llantas?
3. Un ladrillo de plomo de 5.0 cm × 10.0 cm × 20.0 cm está en el suelo apoyado sobre la cara más pequeña. El plomo tiene una densidad de 11.8 g/cm^3. ¿Qué presión ejerce el ladrillo sobre el suelo?
4. Supón que, durante una tormenta, la presión atmosférica cae repentinamente un 15%. ¿Qué fuerza neta se ejercerá en la puerta principal de una casa que mide 195 cm de alto y 91 cm de ancho? ¿En qué dirección se ejercerá esta fuerza?
5. **DESAFÍO** Se ubican piezas grandes de equipamiento industrial sobre bandejas de acero que extienden el peso del equipamiento sobre áreas más grandes. Si un ingeniero planea instalar un dispositivo de 454 kg en un piso que puede soportar una presión adicional de 5.0×10^4 Pa, ¿qué largo deberá tener el soporte de acero?

Leyes de los gases

Piensa en un contenedor de gas que se mantiene a una temperatura constante. ¿Qué sucederá con la presión del gas si reduces el volumen? Habrá más colisiones entre las partículas y las paredes del contenedor, y la presión aumentará. De manera similar, si aumenta el volumen, habrá menos colisiones y disminuirá la presión. Esta relación inversa fue descubierta por el químico y físico Robert Boyle durante el siglo XVII. Como el producto de las variables inversamente relacionadas es una constante, la ley de Boyle puede escribirse como $PV =$ constante, o $P_1V_1 = P_2V_2$. Los subíndices que se observan en las leyes de los gases llevan la cuenta de las diferentes variables, como la presión y el volumen, mientras cambian en un problema. La relación entre la presión y el volumen de un gas es fundamental para el buzo de la **Imagen 3.**

Unos 100 años después del descubrimiento de Boyle, Jacques Charles enfrió un gas y halló que el volumen había disminuido $\frac{1}{273}$ de su volumen original por cada grado enfriado, lo que es una relación lineal. Charles no podía enfriar gases a temperaturas muy bajas, como en los laboratorios modernos. Para ver cuáles podían ser los límites más bajos, extrapoló la gráfica de sus datos a esas temperaturas. Esto indicó que si la temperatura se reducía a −273°C, un gas tendría volumen cero. La temperatura a la que un gas tendría volumen cero es el cero absoluto y se representa con el cero de la escala de temperatura de Kelvin.

Imagen 3 El gas del tanque del buzo está a una presión alta. El regulador que está en la boca del buzo reduce la presión, lo que iguala la presión del gas que respira el buzo a la presión del agua. Salen burbujas del regulador cuando el buzo exhala.

Comstock/Stockbyte/Getty Images

Estos experimentos indican que bajo una presión constante, el volumen de una muestra de gas varía directamente con la temperatura Kelvin, un resultado que se denomina ley de Charles. La ley de Charles se escribe como $\frac{V}{T} =$ constante, o $\frac{V_1}{T_1} = \frac{V_2}{T_2}$.

Ley general de los gases

Al combinar las leyes de Boyle y de Charles se relaciona la presión, la temperatura y el volumen de una cantidad fija de gas ideal, lo que da como resultado la **ley general de los gases.**

Ley general de los gases

Para una cantidad fija de un gas ideal, la presión multiplicada por el volumen, dividida por la temperatura Kelvin es igual a una constante.

$$\frac{P_1 V_1}{T_1} = \frac{P_2 V_2}{T_2} = \text{constante}$$

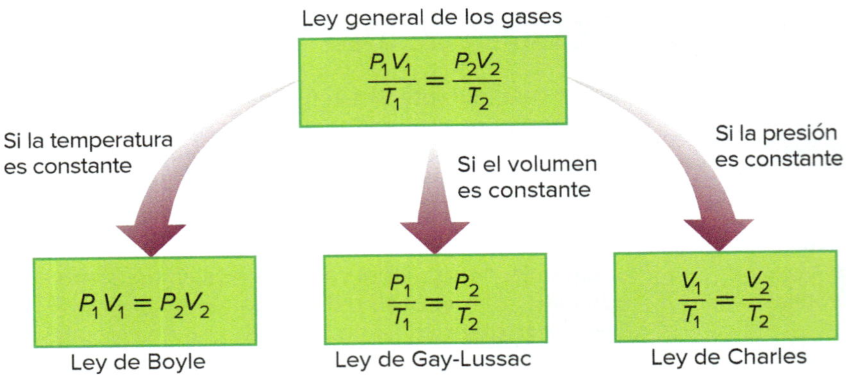

Imagen 4 La ley general de los gases muestra la relación entre presión, temperatura y volumen de una cantidad fija de un gas ideal. La ley de Boyle y la ley de Charles pueden derivarse de la ley general de los gases bajo ciertas condiciones.

Explicar *¿Qué sucede si mantienes constante el volumen?*

En la **Imagen 4** se demuestra que la ley general de los gases se reduce a la ley de Boyle bajo condiciones de temperatura constante y a la ley de Charles bajo condiciones de presión constante.

Ley de los gases ideales

¿De qué dependerá la constante en la ley general de los gases? Supongamos que el volumen y la temperatura de un gas ideal se mantienen constantes mientras que el número (N) de partículas aumenta. ¿Qué sucede con la presión? Las partículas tendrán más colisiones con los lados del contenedor y aumentará la presión. Al remover las partículas disminuye la cantidad de colisiones y, por lo tanto, disminuye la presión. Entonces, la constante en la ecuación de la ley general de gases es proporcional a N.

$$\frac{PV}{T} = \kappa N$$

La constante (κ) se denomina constante de Boltzmann y su valor es 1.38×10^{-23} Pa•m^3/K. En cualquier aplicación práctica, el número de partículas (N) es muy grande. En vez de usar N, los científicos suelen usar una unidad llamada mol. Un mol es similar a una docena, pero en vez de representar 12 objetos, un mol representa 6.022×10^{23} partículas. Este número se conoce como el número de Avogadro, por el científico italiano Amedeo Avogadro.

El número de Avogadro es numéricamente igual a la cantidad de partículas en una muestra de materia cuya masa equivale a la masa molar de la sustancia. Puedes usar esta relación para convertir de masa a n, el número de moles presentes. Sin embargo, usar moles en vez de cantidad de partículas cambia la constante de Bolztmann. Esta nueva constante, que se abrevia R, tiene un valor de 8.31 Pa•m^3/(mol•K). En otras palabras, puedes escribir ley de los gases ideales en su forma más común. La **ley de los gases ideales** establece que, para un gas ideal, la presión multiplicada por el volumen es igual al número de moles multiplicado por la constante R y la temperatura Kelvin.

Ley de los gases ideales

Para un gas ideal, la presión multiplicada por el volumen es igual a la cantidad de moles multiplicada por la constante R multiplicada por la temperatura.

$$PV = n\mathrm{R}T$$

Observa que, con un valor dado de R, el volumen debe expresarse en metros cúbicos, la temperatura en kelvin y la presión en pascales. En la práctica, la ley de los gases ideales predice el comportamiento de los gases con mucha exactitud, excepto en condiciones de presión alta o temperaturas bajas.

EJEMPLO Problema 2

LEYES DE LOS GASES Una muestra de argón de 20.0-L a 273 K está a presión atmosférica (101.3 kPa). Se disminuye la temperatura a 120 K y se aumenta la presión a 145 kPa.

a. ¿Cuál es el nuevo volumen de la muestra de argón?

b. Halla la cantidad de moles de átomos de argón en la muestra.

c. Halla la masa de la muestra de argón. La masa molar (*M*) de argón es de 39.9 g/mol.

1 ANALIZAR Y PLANTEAR EL PROBLEMA

- Plantea la situación. Indica las condiciones del contenedor de argón antes y después de los cambios de temperatura y presión.
- Enumera las variables conocidas y las incógnitas.

Datos conocidos	**Incógnita**
$V_1 = 20.0$ L	$V_2 = ?$
$P_1 = 101.3$ kPa	moles de argón = ?
$T_1 = 273$ K	masa de la muestra de argón = ?
$P_2 = 145$ kPa	
$T_2 = 120$ K	
R = 8.31 Pa•m³/(mol•K)	
$M_{argón} = 39.9$ g/mol	

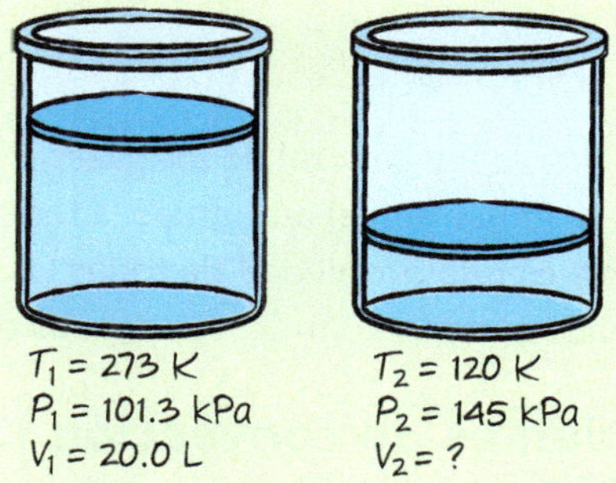

2 HALLAR LA INCÓGNITA

a. Usa la ley general de los gases y resuelve V_2.

$$\frac{P_1V_1}{T_1} = \frac{P_2V_2}{T_2}$$

$$V_2 = \frac{P_1V_1T_2}{P_2T_1}$$

$$= \frac{(101.3\text{ kPa})(20.0\text{ L})(120\text{ K})}{(145\text{ kPa})(273\text{ K})}$$

Sustituye $P_1 = 101.3$ kPa, $P_2 = 145$ kPa, $V_1 = 20.0$ L, $T_1 = 273$ K, $T_2 = 120$ K.

$$= 6.1\text{ L}$$

b. Usa la ley de los gases ideales y resuelve *n*.

$$PV = nRT$$

$$n = \frac{PV}{RT}$$

$$= \frac{(101.3\times10^3\text{ Pa})(0.0200\text{ m}^3)}{(8.31\text{ Pa}\cdot\text{m}^3/(\text{mol}\cdot\text{K}))(273\text{ K})}$$

Sustituye $P = 101.3\times10^3$ Pa, $V = 0.0200$ m³, R = 8.31 Pa•m³/(mol•K), $T = 273$ K.

$$= 0.893\text{ mol}$$

c. Usa la masa molar para convertir de moles de argón a masa de la muestra.

$$m = Mn$$

$$m_{\text{muestra de argón}} = (39.9\text{ g/mol})(0.893\text{ mol})$$

Sustituye $M = 39.9$ g/mol, $n = 0.893$ mol.

$$= 35.6\text{ g}$$

3 EVALUAR LA RESPUESTA

- **¿Son correctas las unidades?** El volumen (V_2) es en litros y la masa de la muestra es en gramos.
- **¿Es realista la magnitud?** El cambio en el volumen es consistente con un aumento de la presión y una disminución de la temperatura. La masa de la muestra de argón calculada es razonable.

PRÁCTICA Problemas

PRÁCTICA ADICIONAL

6. Un tanque de helio que se usa para inflar globos está a una presión de 15.5×10^6 Pa y a una temperatura de 293 K. El volumen del tanque es de 0.020 m^3. ¿Cuánto se llenará un globo a 1.00 atmósferas y 323 K?
7. ¿Cuál es la masa de helio en el problema anterior? La masa molar del helio es 4.00 g/mol.
8. Un tanque que contiene 200.0 L de hidrógeno a 0.0 °C se mantiene a 156 kPa. Se aumenta la temperatura a 95 °C y el volumen disminuye a 175 L. ¿Cuál es la nueva presión del gas?
9. **DESAFÍO** La masa molar promedio de los componentes del aire (en su mayoría nitrógeno y oxígeno diatómicos) es de alrededor de 29 g/mol. ¿Cuál es el volumen de 1.0 kg de aire a presión atmosférica y a 20.0°C?

Expansión térmica

Al aplicar la ley general de los gases, has descubierto cómo los gases se expanden al aumentar la temperatura. La **expansión térmica** es una propiedad de todas las formas de la materia que hace que se expanda, sea menos densa, al calentarse.

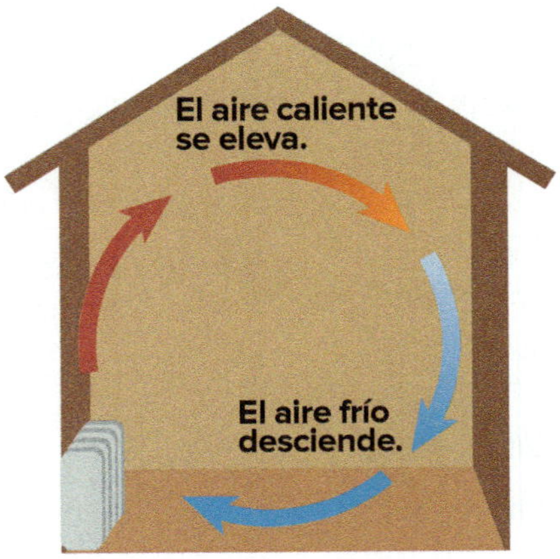

Imagen 5 La convección se produce cuando el aire más caliente y menos denso se eleva y el aire más frío y denso se hunde.

Corrientes de convección

La **Imagen 5** muestra que cuando el aire cerca del radiador se calienta, se vuelve menos denso y se eleva. La gravedad empuja hacia abajo el aire más denso y frío que está cerca del techo. El aire frío se calienta por el radiador y sigue circulando. Esta circulación de aire dentro de una habitación se llama corriente de convección. Las corrientes de convección también se producen en una cacerola con agua caliente, pero no hirviendo. Cuando la cacerola se calienta desde la base, el agua más fría y densa se hunde hacia el fondo, donde se calienta y vuelve a subir con el flujo continuo de agua desde la superficie.

La expansión térmica se produce en la mayoría de los fluidos. No existe un modelo exacto para todos los fluidos, pero es útil imaginar los líquidos como un sólido finamente molido. Las partículas se mueven en grupos de dos, tres o más, como si fueran pequeñas piezas de un sólido. Cuando se calienta un líquido, el movimiento de las partículas hace que estos grupos se expandan de la misma manera en la que se expanden en un sólido. Aumentan los espacios entre los grupos y, como consecuencia, todo el líquido se expande. Con un mismo cambio de temperatura, los líquidos se expanden mucho más que los sólidos, pero no tanto como los gases.

¿Por qué flota el hielo?

Como la materia se expande al calentarse, supondrás que el hielo es más denso que el agua y, por ende, debería hundirse. Sin embargo, cuando el agua se calienta de 0 °C a 4 °C, en vez de expandirse, se contrae por el aumento de las fuerzas entre las partículas y los cristales de hielo colapsan. Estas fuerzas entre moléculas son fuertes y los cristales que forman el hielo tienen una estructura muy abierta. Incluso cuando el hielo se derrite, quedan cristales. Estos cristales se derriten y el volumen del agua disminuye hasta que la temperatura alcanza los 4 °C. Sin embargo, una vez que la temperatura del agua pasa los 4 °C, su volumen aumenta por el mayor movimiento molecular. El resultado es que el agua es más densa a 4 °C y el hielo flota. Esta propiedad única del agua es muy importante para nuestra vida y el medioambiente. Si el hielo se hundiera, los lagos se congelarían desde el fondo en invierno y muchos no se derretirían por completo en el verano.

Plasma

Figura 6 El plasma emite luz al conducir electricidad. El color producido por el plasma brillante depende del gas que haya dentro del tubo.

Si un sólido se calienta, se derrite y se transforma en líquido. Si se calienta más, se transformará en gas. ¿Qué sucede si se aumenta aún más la temperatura? Las colisiones entre las partículas se vuelven tan violentas que desprenden los electrones de los átomos, por lo que se producen iones con carga positiva. El estado gaseoso de electrones con carga negativa y iones con carga positiva se denomina **plasma**. Se considera que el plasma es otro estado de la materia.

El estado plasma puede resultar extraño, pero, en realidad, es el más común en el universo. Las estrellas están formadas mayormente por plasma a temperaturas muy elevadas. Gran parte de la materia entre estrellas y galaxias consiste en hidrógeno energético que no tiene electrones. Este hidrógeno está en estado plasma. La diferencia principal entre gas y plasma es que el plasma puede conducir corriente eléctrica, mientras que el gas no. Los rayos están en estado plasma. Los carteles de neón, como los que se muestran en la **Imagen 6**, contienen plasma. Las bombillas fluorescentes que seguramente iluminan la escuela también contienen plasma.

Verifica tu progreso

10. **Comparar estados** Compara y contrasta líquidos, gases y plasmas.
11. **Presión y fuerza** Dos cajas están suspendidas en el aire por cuerdas delgadas. Una es de 20 cm × 20 cm × 20 cm. La otra es de 20 cm × 20 cm × 40 cm.
    a. ¿Cuál es la relación entre las presiones del aire fuera de ambas cajas?
    b. ¿Cuál es la relación entre la magnitud de la fuerza total del aire fuera de ambas cajas?
12. **Meteorología** Un globo meteorológico utilizado por meteorólogos está hecho de un material flexible que permite que el gas que está adentro se expanda. Si un globo meteorológico que contiene 25.0 m^3 de helio se suelta al nivel del mar, ¿cuál es el volumen de gas cuando el globo alcanza una altura de 2100 m, donde la presión es de 0.82×10^5 Pa? Supón que la temperatura no cambió.
13. **Densidad y temperatura** Si se comienza en 0°C, ¿cómo cambiará la densidad del agua al alcanzar los 4°C? ¿Y los 8°C?
14. **Compresión de gas** En algunos motores de combustión interna, 0.0021 m^3 de aire a presión atmosférica y 303 K se comprimen a rápidamente a una presión de 20.1×10^5 Pa y a un volumen de 0.0003 m^3. ¿Cuál es la temperatura final del gas comprimido?
15. **Volumen molar estándar** ¿Cuál es el volumen de 1.00 mol de un gas a presión atmosférica y a una temperatura de 273 K?
16. **Aire en un refrigerador** ¿Cuántos moles de aire hay en un refrigerador con un volumen de 0.635 m^3 a una temperatura de 2.00 °C? Si la masa molar de aire promedio es de 29 g/mol, ¿cuál es la masa de aire en el refrigerador?
17. **Pensamiento crítico** En comparación con las partículas que forma el dióxido de carbono, las que forman el helio son muy pequeñas. ¿Qué conclusión puedes sacar acerca de la cantidad de partículas en una muestra de 2.0-L de dióxido de carbono en comparación con la cantidad de partículas en una muestra de 2.0-L de helio si ambas muestras están a las misma temperatura y presión?

LEARNSMART® Conéctate para cumplir tu plan de aprendizaje personalizado para repasar, practicar y reforzar tu comprensión.

LECCIÓN 2
FUERZAS EN LOS LÍQUIDOS

PREGUNTA DE ENFOQUE
¿Cómo afectan las fuerzas entre las partículas de un fluido su comportamiento?

Fuerzas de cohesión

La **Imagen 7** muestra un zancudo de agua que camina sobre la superficie de un estanque. Este liviano insecto puede hacer eso gracias a la tensión superficial, la tendencia de la superficie de un líquido a contraerse al área más pequeña posible. La tensión superficial es el resultado de las fuerzas de cohesión entre las partículas de un líquido. Las **fuerzas de cohesión** son las fuerzas de atracción que las partículas ejercen entre sí. Debajo de la superficie del líquido en la **Imagen 7,** cada partícula del líquido es atraída de igual manera en todas direcciones por las partículas cercanas. Como consecuencia, no actúa una fuerza neta en ninguna de las partículas que están debajo de la superficie. Sin embargo, en la superficie las partículas son atraídas hacia abajo y hacia los costados, pero no hacia arriba. Hay una fuerza neta hacia abajo, que actúa en las capas superiores y hace que la superficie se comprima. La superficie actúa como una sábana estirada y es lo suficientemente fuerte para soportar el peso de objetos muy livianos, como el zancudo.

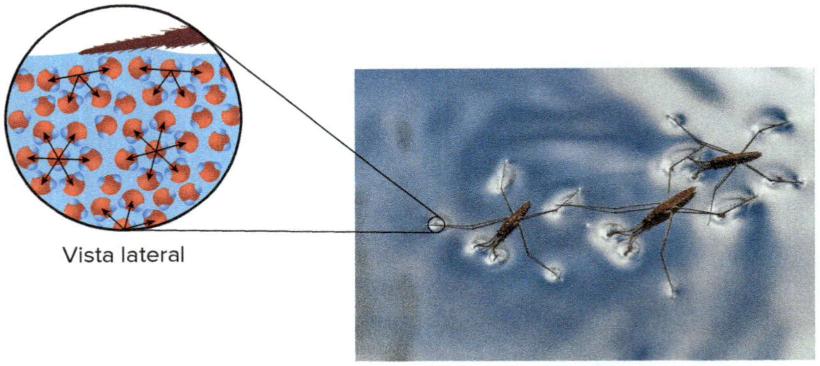

Imagen 7 Un zancudo puede caminar sobre el agua porque las moléculas de la superficie experimentan una fuerza neta hacia abajo. Debajo de la superficie, cada partícula de líquido es atraída de igual manera hacia todas las direcciones.

Jan Miko/Shutterstock.com

PENSAMIENTO 3D DCI Ideas centrales disciplinarias CCC Conceptos interdisciplinarios SEP Prácticas de ciencia e ingeniería

REUNIR EVIDENCIA
Usa el Cuaderno de ciencias para registrar la evidencia que reúnas mientras completas las lecturas y las actividades de la lección.

INVESTIGAR
CONÉCTATE para hallar estas actividades y más recursos.

Laboratorio de Física: Enfriamiento por evaporación
Desarrolla una explicación en base a evidencia sobre cómo las fuerzas cohesivas afectan la tasa de evaporación de un líquido.

CCC Identificar conceptos interdisciplinarios
Haz una tabla de los conceptos interdisciplinarios con ejemplos que encuentres en la lectura.

Es probable que hayas visto gotas salpicadas en un auto recién lavado y encerado. ¿Por qué se forman esas gotas esféricas? La fuerza que empuja las partículas de la superficie en un líquido hace que la superficie sea lo más pequeña posible y la forma que tiene la superficie más pequeña para un volumen determinado es la esfera. Cuanto más alta sea la tensión superficial del líquido, más se resistirá el líquido a que la superficie se quiebre. Por ejemplo, el mercurio líquido tiene fuerzas de cohesión mucho más fuertes que el agua. El mercurio líquido forma gotas esféricas, incluso sobre superficies lisas. Una gota de agua se achata sobre una superficie lisa.

Viscosidad En fluidos reales, las fuerzas de cohesión y las colisiones entre las moléculas producen una fricción interna que reduce la velocidad de flujo del fluido y disipa la energía mecánica. La medida de esta fricción interna se denomina viscosidad del líquido. El agua no es muy viscosa, pero el aceite de motor sí. Como consecuencia de su viscosidad, el aceite de motor fluye lentamente sobre las partes del motor para cubrir el metal y disminuir el roce. La lava, piedra fundida que fluye de los volcanes o fumarolas en la superficie terrestre, es uno de los fluidos más viscosos. Existen varios tipos de lava y la viscosidad de cada una varía por la composición y la temperatura.

Fuerzas de adhesión

De manera similar a las fuerzas de cohesión, las **fuerzas de adhesión** son fuerzas atractivas que actúan entre partículas de distintas sustancias. Cuando se coloca un tubo de vidrio en un vaso de precipitados con agua, la superficie del agua sube por el exterior del tubo, como se muestra en la **Imagen 8.** Las fuerzas de adhesión entre las partículas que forman el vidrio y las moléculas de agua son mayores que las fuerzas de cohesión entre las moléculas de agua. Por el contrario, las fuerzas de cohesión entre los átomos de mercurio son mayores que las fuerzas de adhesión entre el mercurio y el vidrio, por lo que el líquido no sube por el tubo. Estas fuerzas también pueden hundir la superficie del mercurio, como se muestra en la **Imagen 8.**

Física en la vida diaria

PLANTAS La combinación de fuerzas de adhesión y cohesión que actúan en las moléculas de agua del tejido vegetal produce cierta tensión. Cuando las moléculas de agua se evaporan de las células de las hojas, la tensión empuja las moléculas de agua adyacentes hacia las hojas. Las fuerzas de cohesión impiden que el agua se separe en gotas individuales y se extiende por la planta, en algunos casos hasta 115 cm.

Imagen 8 A causa de las fuerzas de adhesión, el agua sube por fuera del tubo de vidrio. En el mercurio, las fuerzas de atracción entre los átomos de mercurio son más fuertes que cualquier fuerza de adhesión entre el mercurio y el vidrio. Por lo tanto, el mercurio es hundido por el tubo.

(t)haveseen/Shutterstock; (b)Matt Meadows

Si un tubo de vidrio con un diámetro interno pequeño se pone en agua, el agua se eleva dentro del tubo. Esto sucede porque las fuerzas de adhesión entre el vidrio y las moléculas de agua son más fuertes que las fuerzas de cohesión entre las moléculas de agua. El agua sigue subiendo hasta que su peso iguala la fuerza de adhesión total entre el vidrio y las moléculas de agua. Si el radio del tubo aumenta, el volumen y el peso del agua aumentará de manera proporcional al área de la superficie del tubo. De este modo, el agua se eleva más en un tubo angosto que en uno más ancho. Este fenómeno se conoce como acción capilar. Hace que la cera fundida suba por el pabilo de una vela y que el agua se mueva desde el suelo hasta las raíces de las plantas.

¿Lo comprendes?

Comparar ¿En qué se parecen las fuerzas de adhesión entre el agua y el vidrio y las fuerzas de cohesión entre las moléculas de agua?

Evaporación y condensación

¿Por qué un charco de agua desaparece en un día caluroso y seco? Como ya leíste, las partículas de un líquido se mueven a velocidades aleatorias. Si una partícula que se mueve a gran velocidad puede traspasar la capa superficial, escapará del líquido. Como existe una fuerza neta hacia abajo en la superficie, solo las partículas más enérgicas podrán escapar. Este escape de partículas se denomina evaporación.

Enfriamiento por evaporación La evaporación tiene un efecto de enfriamiento. En un día caluroso, tu cuerpo transpira y la evaporación del sudor baja la temperatura corporal. En un charco de agua, la evaporación hace que el líquido que queda se enfríe. Cada vez que una partícula con una fuerza cinética más alta que el promedio se escapa del agua, la energía cinética de las partículas restantes disminuye. Como aprendiste, una disminución en la energía cinética promedio disminuye la temperatura. Frotar alcohol tiene un efecto de enfriamiento más notorio cuando se evapora de la piel. Las moléculas de alcohol se evaporan con facilidad porque tienen fuerzas de cohesión débiles. Un líquido que se evapora rápido se denomina líquido volátil.

¿Alguna vez te preguntaste por qué los días húmedos parecen más calurosos que los días secos a una misma temperatura? En un día húmero, la cantidad de vapor de agua del aire es mayor. Como ya existen muchas moléculas de agua en el aire, es menos probable que las moléculas de transpiración se evaporen de la piel. La evaporación es el mecanismo de enfriamiento principal del cuerpo, por lo que no puede enfriarse por sí solo de manera tan eficaz como en un día seco.

¿Lo comprendes?

Explica por qué la evaporación tiene un efecto de enfriamiento.

CCC CONCEPTOS INTERDISCIPLINARIOS

Energía y materia Prepara una presentación que contenga evidencia que explique los cambios entre el estado líquido y gaseoso mediante un estudio del flujo de energía y materia.

Condensación Las partículas líquidas que se evaporaron en el aire pueden volver a la fase líquida si la energía cinética o la temperatura disminuye en un proceso denominado condensación.

¿Qué sucede si llevas un vaso frío a una zona cálida y húmeda? El exterior del vaso se cubrirá de agua condensada. Las moléculas de agua que se mueven aleatoriamente en el aire que rodea el vaso chocan con la superficie fría. Si las moléculas de agua pierden la energía suficiente, las fuerzas de cohesión entre ellas se volverán tan fuertes como para impedir que se escapen.

¿Lo comprendes?

Definir ¿Qué sucede durante el proceso de condensación?

El aire que está por encima de cualquier cuerpo de agua, como se muestra en la **Imagen 9**, contiene vapor de agua evaporado, que es el agua en forma de gas. Si la temperatura disminuye, el vapor de agua se condensa alrededor de pequeñas partículas de polvo del aire y produce gotas de apenas 0.01 mm de diámetro. Una nube de estas gotas que se forma en la superficie de la Tierra se denomina niebla. La niebla suele formarse cuando el suelo frío enfría el aire húmedo. También puede producirse brevemente cuando se abre una bebida carbonatada. La disminución abrupta de presión hace que la temperatura del gas en el envase caiga, lo que condensa el vapor de agua disuelto en ese gas.

Imagen 9 El aire cálido y húmedo de la superficie se eleva. Se forman nubes cuando el aire se enfría y el vapor de agua se condensa.

¿Lo comprendes?

Identificar ¿Cuáles son dos de los cambios en las condiciones que pueden hacer que el vapor de agua del aire se condense?

Verifica tu progreso

18. **Términos científicos** En la vida diaria es posible escuchar el término *cinta adhesiva* y la frase *trabajar en grupo de manera cohesiva.* En estos ejemplos, ¿se usan las palabras *adhesiva* y *cohesiva* en el mismo contexto que sus significados en Física? Explica tu respuesta.
19. **Tensión superficial** Un clip, que tiene una densidad mayor que la del agua, puede mantenerse en la superficie del agua. ¿Qué procedimientos debes seguir para que suceda eso? Explícalo.
20. **Flotar** ¿Cómo puedes darte cuenta de que el clip del problema anterior no flotaba?
21. **Adhesión y cohesión** En términos de adhesión y cohesión, explica por qué el alcohol se aferra a la superficie de un vaso de vidrio y el mercurio no.
22. **Evaporación y enfriamiento** En el pasado, cuando un bebé tenía fiebre, el doctor sugería que se le pasara una esponja con un líquido que se evaporara con facilidad. ¿Por qué ayudaría eso?
23. **Pensamiento crítico** En un día caluroso y húmedo, Beth llevó un vaso con agua fría afuera. El exterior del vaso se cubrió con agua. Su amiga Sally sugirió que el agua se había escapado por el vidrio. Diseña un experimento para que Beth le muestre a Sally de dónde vino el agua.

LEARNSMART® Conéctate para cumplir tu plan de aprendizaje personalizado para repasar, practicar y reforzar tu comprensión.

LECCIÓN 3

FLUIDOS EN REPOSO Y EN MOVIMIENTO

PREGUNTA DE ENFOQUE

¿Qué principios describen el comportamiento y el movimiento de los fluidos?

Fluidos en reposo

Si te zambulliste en una pileta o en un lago, seguramente sentiste presión en los oídos. Blaise Pascal, un físico francés, descubrió que la presión de un fluido en un punto depende de la profundidad dentro del fluido y no se relaciona con la forma o el contenedor del fluido. También observó que un cambio de la presión en cualquier punto de un fluido limitado se transfería sin disminución por el fluido, lo que se conoce como el **principio de Pascal.** Una aplicación del principio de Pascal es usar fluidos en máquinas para multiplicar las fuerzas. En el sistema hidráulico de la **Imagen 10,** un fluido está contenido en dos cámaras conectadas. Cada una tiene un pistón que puede moverse y tienen distintas áreas de superficie. Recuerda que si se ejerce una fuerza (F_1) en el primer pistón con una área de superficie de A_1, la presión (P_1) ejercida en el fluido es $P_1 = \frac{F_1}{A_1}$. La presión ejercida por el fluido en el segundo pistón, con una área de superficie de A_2, es $P_2 = \frac{F_2}{A_2}$.

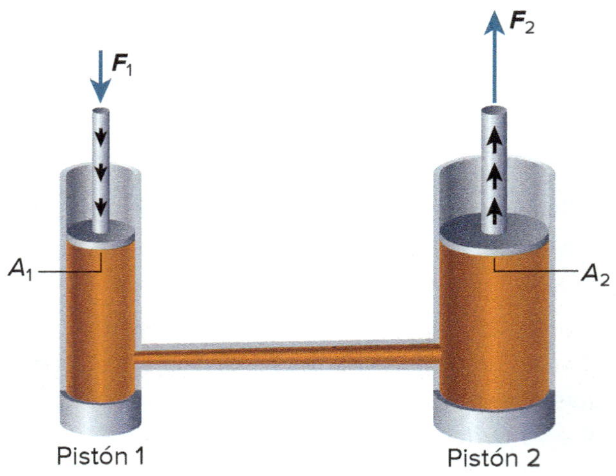

Imagen 10 Cuando F_1 ejerce presión en el pistón más pequeño (pistón 1), la presión se transmite a través del fluido. Como consecuencia, se ejerce una fuerza (F_2) multiplicada en el pistón más grande (pistón 2).

Inferir *¿Cómo cambiaría F_2 si F_1 aumentara? Explícalo.*

PENSAMIENTO 3D DCI Ideas centrales disciplinarias CCC Conceptos interdisciplinarios SEP Prácticas de ciencia e ingeniería

REUNIR EVIDENCIA

Usa el Cuaderno de ciencias para registrar la evidencia que reúnas mientras completas las lecturas y las actividades de la lección.

INVESTIGAR

CONÉCTATE para hallar estas actividades y más recursos.

Laboratorio de Física: Bajo presión
Realiza una investigación para determinar el efecto de la fuerza en un fluido.

Repasar la pregunta de Encuentra el fenómeno
¿Qué información de la lección te ayuda a responder las preguntas de la unidad y del módulo?

PRACTICAR Problemas **PRÁCTICA ADICIONAL**

24. Las sillas de los dentistas son un ejemplo de sistemas con elevador hidráulico. Si una silla pesa 1600 N y se apoya sobre un pistón con un área transversal de 140 cm^2, ¿qué fuerza debe aplicarse al pistón más pequeño, con una área transversal de 72 cm^2, para elevar la silla?

25. Un mecánico ejerce una fuerza de 55 N en un pistón hidráulico de 0.015 m^2 para levantar un automóvil pequeño. El pistón del automóvil se apoya en una área de 2.4 m^2. ¿Cuál es el peso del automóvil?

26. DESAFÍO Al multiplicar una fuerza, el sistema hidráulico cumple la misma función que una palanca o un subibaja. Si un adulto que pesa 1100 N está sobre un pistón y balancea a un niño que pesa 400 N que está sobre otro pistón, ¿cuál es el radio de las áreas de los pistones?

Según el principio de Pascal, la presión se transmite sin cambios a través del fluido, por lo que la presión P_2 tiene un valor igual a P_1. Puedes determinar la fuerza ejercida por el segundo pistón al igualar la presión en cada uno y resolver F_2.

Fuerza ejercida por un elevador hidráulico

La fuerza ejercida por el segundo pistón es igual a la fuerza ejercida por el primer pistón multiplicada por la razón entre el área del segundo pistón y el primer pistón.

$$F_2 = \frac{F_1 A_2}{A_1}$$

Nadar bajo presión

Al nadar, sentimos que la presión del agua aumenta al sumergirnos más. Esta presión se debe a la gravedad; está relacionada con el peso del agua que está por encima. Cuando más nos hundimos, más agua tendremos por encima y mayor será la presión. La presión del agua es igual al peso (F_g) de la columna del agua que está por encima, dividida por el área transversal de la columna (A). Aunque la gravedad empuje solo hacia abajo, el fluido transmite la presión en todas las direcciones: hacia arriba, hacia abajo y hacia los costados. Como antes, la presión del agua es $P = \frac{F_g}{A}$.

El peso de la columna de fluido es $F_g = mg$ y la masa es igual a la densidad (ρ) del fluido multiplicado por el volumen, $m = \rho V$. Sabes que el volumen del fluido es el área de la base de la columna multiplicado por su altura $V = Ah$. Por lo tanto, $F_g = \rho Ahg$. Si sustituimos ρAhg por F_g, da $P = \frac{F_g}{A} = \frac{\rho Ahg}{A}$. Luego, debemos dividir A del numerador y del denominador para llegar a la forma más simple de la ecuación para la presión ejercida por una columna de fluido en un cuerpo sumergido.

Presión de un fluido en un cuerpo

La presión que una columna de fluido ejerce sobre un cuerpo es igual a la densidad del fluido multiplicada por la altura de la columna multiplicada por la aceleración de caída libre.

$$P = \rho hg$$

La presión de un fluido en un cuerpo depende de la densidad del fluido, su profundidad y g. Como se ve en la **Imagen 11,** los submarinos exploraron los fondos marinos más profundos y se han encontrado con presiones 1000 veces mayores que la presión atmosférica estándar.

Conexión BIOLOGÍA Los científicos usan submarinos para saber más acerca de los ecosistemas oceánicos. En 1977, se halló la primera fuente hidrotermal, cuando el submarino tripulado ALVIN navegó por el fondo oceánico del Pacífico. Las fuentes hidrotermales se forman cuando agua muy caliente brota de las grietas del fondo marino.

Imagen 11 Los submarinos se construyen para soportar la presión ejercida por la columna de agua.

Como estas fuentes están ubicadas a miles de metros por debajo del nivel del mar, la presión del fluido puede ser más de 1000 veces la presión atmosférica estándar. A pesar de la presión alta y de que no llega la luz solar, en las fuentes hidrotermales se desarrolla mucha vida. Los gusanos de tubo gigantes albergan bacterias en su tejido. Las bacterias usan el ácido sulfhídrico del agua de la fuente para producir azúcar, que provee la energía que mantiene a todo el ecosistema. Otros organismos que viven en fuentes hidrotermales son peces, mejillones, camarones, almejas y pulpos. Se utilizaron submarinos para explorar fuentes hidrotermales en los océanos Atlántico, Índico y Ártico.

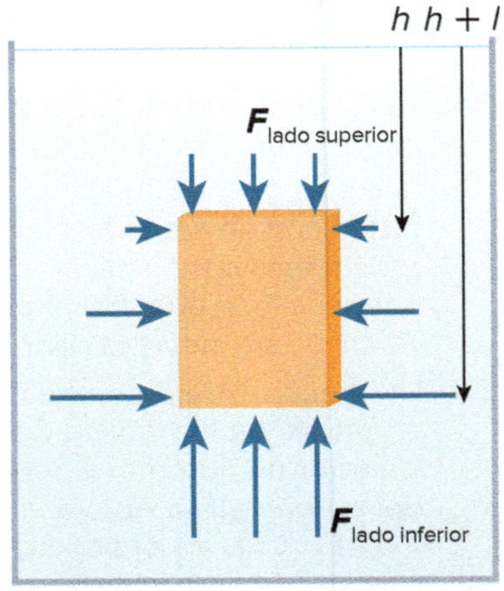

Figura 12 Un fluido ejerce una fuerza hacia arriba mayor en el lado inferior de un objeto sumergido que la fuerza hacia abajo del lado superior del objeto. La fuerza neta hacia arriba se llama flotabilidad.

Flotabilidad ¿Qué es lo que produce la fuerza hacia arriba que te permite nadar? El aumento de presión con la profundidad crea una fuerza hacia arriba denominada **empuje hidrostático.** Al comparar el empuje hidrostático de un objeto con su peso, puedes predecir si flotará o se hundirá.

Supón que se sumerge una caja en el agua. Tiene una altura l y sus lados superior e inferior tienen una área A. Por lo tanto, su volumen es $V = lA$. La presión del agua ejerce fuerza en todos lados, como muestra la **Imagen 12.** ¿La caja flotará o se hundirá? Como ya sabes, la presión de la caja depende de la profundidad (h). Para saber si la caja flotará en el agua, debes analizar las fuerzas que actúan en ella, cuál es el peso y la fuerza de cada lado debido a la presión del fluido. Compara estas dos ecuaciones:

$$F_{\text{lado superior}} = P_{\text{lado superior}}A = \rho hgA$$

$$F_{\text{lado inferior}} = P_{\text{lado inferior}}A = \rho(l + h)gA$$

En los cuatro lados verticales, las fuerzas son iguales en todas las direcciones, por lo tanto no hay fuerza neta horizontal. La fuerza hacia arriba en el lado inferior es mayor que la fuerza hacia abajo en el lado superior, por lo que hay una fuerza neta hacia arriba. Se puede, entonces, determinar el empuje hidrostático.

$$\begin{aligned} F_{\text{flotabilidad}} &= F_{\text{lado inferiorr}} - F_{\text{lado superior}} \\ &= \rho(l + h)gA - \rho hgA \\ &= \rho lgA = \rho Vg \end{aligned}$$

Estos cálculos muestran que la fuerza neta hacia arriba es proporcional al volumen de la caja. Este volumen es igual al volumen del fluido desplazado, o apartado, por la caja. Por lo tanto, la magnitud del empuje hidrostático (pVg) es igual al peso del fluido desplazado por el objeto.

Flotabilidad

El empuje hidrostático de un objeto es igual al peso del fluido desplazado por el objeto, que es igual a la densidad del fluido en el que se sumerge el objeto multiplicada por el volumen del objeto y la aceleración de caída libre.

$$F_{\text{empuje hidrostático}} = \rho_{\text{fluido}}Vg$$

Principio de Arquímedes La relación entre el empuje hidrostático y el peso del fluido desplazado por un objeto fue descubierta en el siglo III a. C. por el científico y matemático griego Arquímedes. El **principio de Arquímedes** afirma que un objeto que se sumerge en un fluido tiene una fuerza hacia arriba igual al peso del fluido desplazado por el objeto. La fuerza no depende del peso del objeto, solo del peso del fluido desplazado.

¿Se hunde o flota? Si quieres saber si un objeto se hunde o flota, debes tener en cuenta todas las fuerzas que actúan en él. El empuje hidrostático lo empuja hacia arriba, pero el peso del objeto lo empuja hacia abajo. La diferencia entre el empuje hidrostático y el peso del objeto determina si se hunde o flota.

Supón que sumerges tres objetos en un tanque de agua ($\rho_{agua} = 1.00\times10^3$ kg/m^3). Cada objeto tiene un volumen de 400 cm^3 o 4.00×10^{-4} m^3. El primer objeto es un bloque de acero con una masa de 3.60 kg. El segundo es una lata de gaseosa con una masa de 0.40 kg. El tercero es un bloque de hielo con una masa de 0.36 kg. ¿Cómo se moverá cada objeto cuando se los sumerja en el agua y se los suelte? Como los tres objetos tienen el mismo volumen, desplazan el mismo volumen de agua y la fuerza hacia arriba en los tres objetos es igual, como se muestra en la **Imagen 13.** La flotabilidad puede calcularse de la siguiente manera

$$F_{\text{empuje hidrostático}} = \rho_{\text{agua}}Vg$$

$$= (1.00\times10^3\ \text{kg/m}^3)(4.00\times10^{-4}\ \text{m}^3)(9.8\ \text{N/kg})$$

$$= 3.9\ \text{N}$$

Imagen 13 Deben tenerse en cuenta todas las fuerzas de un objeto para determinar si flotará o se hundirá.
Describe *las circunstancias bajo las cuales un objeto flotará.*

Empuje hidrostático

Hundimiento El peso de un bloque de acero es de 35 N, mucho mayor que el empuje hidrostático. Existe una fuerza neta hacia abajo, por lo tanto, el bloque se hundirá hasta el fondo del tanque. La fuerza neta hacia abajo es menor que el peso del objeto. Todos los objetos en un líquido, incluso los que se hunden, experimentan una fuerza neta menor que la fuerza neta cuando el objeto está en el aire.

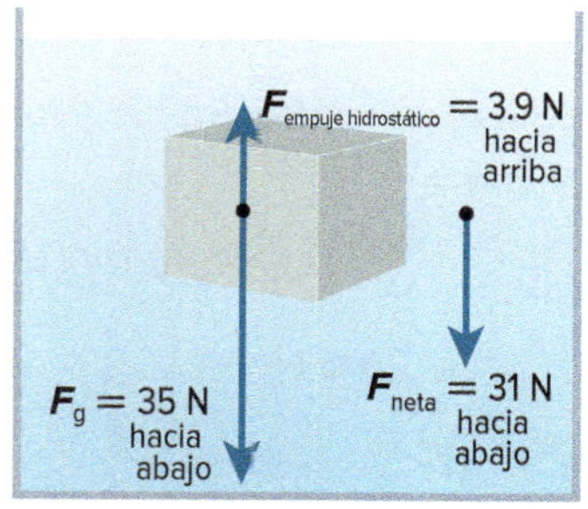

Neutralidad El peso de una lata de gaseosa es de 3.9 N, el mismo peso que el agua desplazada. Por lo tanto, no hay fuerza neta y la lata se quedará donde se la coloque. Se dice que tiene flotabilidad neutra.

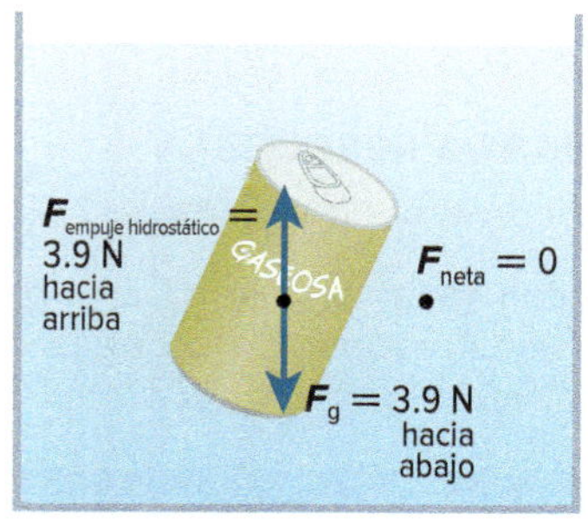

Flotabilidad El peso de un cubo de hielo es de 3.5 N, menos que el empuje hidrostático, por lo tanto, hay una fuerza neta hacia arriba y el cubo de hielo se elevará. Un objeto flotará si su densidad es menor a la del fluido en la que se coloca.

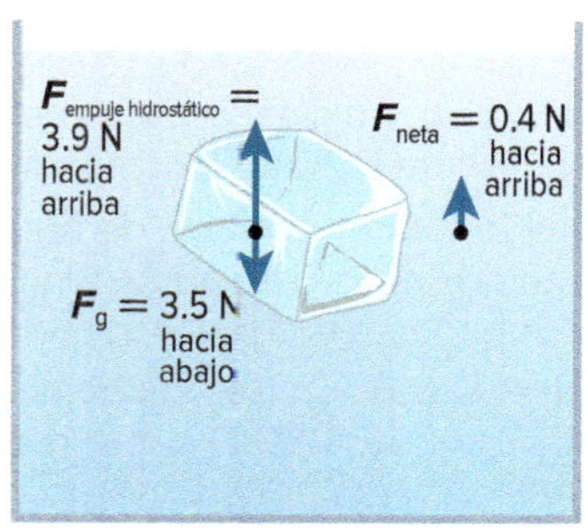

Nota: Los vectores de fuerza no están dibujados a escala.

EJEMPLO Problema 3

PRINCIPIO DE ARQUÍMEDES Se sumerge un decímetro cúbico (1.00×10^{-3} m^3) de un bloque de granito en agua. La densidad del granito es de 2.70×10^3 kg/m^3.

- ¿Cuál es la magnitud del empuje hidrostático que actúa en el bloque?
- ¿Cuál es la fuerza neta del bloque?

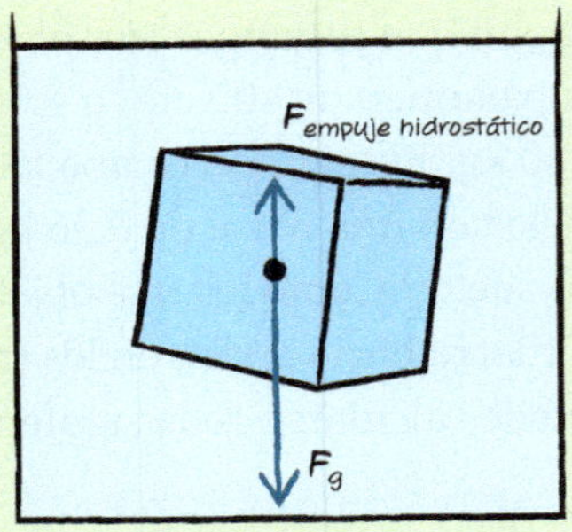

1 ANALIZAR Y PLANTEAR EL PROBLEMA

- Dibuja el decímetro cúbico de granito sumergido en agua.
- Indica el empuje hidrostático hacia arriba y la fuerza hacia abajo a causa de la gravedad que actúa en el granito.

Datos conocidos

$V = 1.00\times10^{-3}$ m^3

$\rho_{granito} = 2.70\times10^3$ kg/m^3

$\rho_{agua} = 1.00\times10^3$ kg/m^3

Incógnita

$F_{empuje\ hidrostático} = ?$

$F_{neta} = ?$

2 HALLAR LA INCÓGNITA

a. Calcula el empuje hidrostático del bloque de granito.

$F_{empuje\ hidrostático} = \rho_{agua}Vg$

$= (1.00\times10^3\ \text{kg/m}^3)(1.00\times10^{-3}\ \text{m}^3)(9.8\ \text{N/kg})$ — Sustituye $\rho_{agua} = 1.00\times10^3$ kg/m^3, $V = 1.00\times10^{-3}$ m^3, $g = 9.8$ N/kg.

$= 9.8$ N

b. Calcula el peso del granito y luego halla su fuerza neta.

$F_g = mg = \rho_{granito}Vg$

$= (2.70\times10^3\ \text{kg/m}^3)(1.00\times10^{-3}\ \text{m}^3)(9.8\ \text{N/kg})$ — Sustituye $\rho_{granito} = 2.70\times10^0$ kg/m^3, $V = 1.00\times10^{-3}$ m^3, $g = 9.8$ N/kg.

$= 26.5$ N

$F_{neta} = F_g - F_{empuje\ hidrostático}$

$= 26.5\ \text{N} - 9.8\ \text{N}$ — Sustituye $F_g = 26.5$ N, $F_{empuje\ hidrostático} = 9.8$ N.

$= 17$ N

3 EVALUAR LA RESPUESTA

- **¿Son correctas las unidades?** Las fuerzas y el peso están en newtons.
- **¿Es realista la magnitud?** El empuje hidrostático es alrededor de un tercio del peso del granito, una respuesta razonable porque la densidad del agua es alrededor de un tercio la del granito.

PRÁCTICA Problemas

PRÁCTICA ADICIONAL

27. Un ladrillo es alrededor de 1.8 veces más denso que el agua. ¿Cuál es la fuerza neta en un bloque de ladrillos de 0.20 m^3 bajo el agua?

28. Una niña flota en un lago de agua dulce con la cabeza por arriba del agua. Si pesa 610 N, ¿cuál es el volumen de la parte sumergida del cuerpo?

29. ¿Cuál es la tensión de un cable que soporta una cámara de 1250-N sumergida en agua? El volumen de la cámara es de 16.5×10^{-3} m^3.

30. El plastoformo es alrededor de 0.10 veces más denso que el agua. ¿Cuánto peso de ladrillos podrías apilar en una placa de plastoformo de 1.0-m × 1.0-m × 0.10 m de modo que la placa de plastoformo flote en el agua y apenas se sumerja para que los ladrillos se mantengan secos?

31. DESAFÍO Las canoas suelen tener bloques de plastoformo debajo de los asientos para que floten si se llenan de agua. ¿Cuál es el volumen mínimo estimado de plastoformo necesario para que una canoa de 480 N flote?

Barcos ¿Cómo flotan los barcos de acero? Si fabricas un barco pequeño hecho de papel de aluminio, flotará con facilidad. Si le agregas una carga de monedas, se hundirá un poco. Si haces una pelota con el barco, se hundirá. El barco flota cuando es hueco y lo suficientemente grande como para que su densidad promedio sea menor que la del agua. Cuando le agregas carga, la densidad aumenta y el barco comienza a sumergirse. El barco hecho una pelota tiene una densidad mayor a la del agua y se hunde. El principio de Arquímedes también se aplica a submarinos y peces. Los submarinos pueden bombear agua hacia adentro y afuera de las cámaras para cambiar su densidad promedio, y así elevarse o hundirse. Los peces que tienen vejigas natatorias se mueven hacia arriba al llenar la vejiga con gas para desplazar más agua y aumentar el empuje hidrostático. El pez se mueve hacia abajo al contraer la vejiga natatoria.

¿Lo comprendes?

Explica cómo el submarino del principio del módulo puede elevarse, hundirse o mantenerse suspendido en el agua.

Richard Hutchings/Digital Light Source

Imagen 14 Puedes demostrar el principio de Bernoulli al achicar la apertura de una manguera cuando sale el agua. A medida que aumenta la velocidad del agua, la presión que ejerce disminuye.

Principio de Bernoulli

Examina el flujo del agua de la manguera de la **Imagen 14**. En la foto superior, el agua fluye desde la manguera despejada. En la de abajo, la apertura está parcialmente obstruida por el pulgar. Las corrientes de agua se ven distintas. La velocidad de la corriente de agua de la foto de abajo es mayor que la de la foto de arriba. Lo que no puedes ver es que la presión ejercida por el agua en la foto de abajo disminuyó. La relación entre la velocidad y la presión ejercida por un fluido en movimiento se llama principio de Bernoulli, por el científico suizo Daniel Bernoulli. El **principio de Bernoulli** establece que a medida que la velocidad de un fluido aumenta, la presión ejercida por él disminuye. Este principio es una afirmación de conservación del trabajo y la energía aplicada a los fluidos.

Otra instancia en la que la velocidad del agua cambia es en la corriente. El agua en una corriente aumenta su velocidad al pasar por partes más angostas del cauce. Cuando la apertura de la manguera y del canal de la corriente se ensanchan o achican, la velocidad del fluido cambia para mantener el flujo total de agua. La presión sanguínea de nuestro sistema circulatorio depende en parte del principio de Bernoulli. Este principio también explica cómo sube el humo por una chimenea.

Piensa en una tubería horizontal llena de un fluido ideal que fluye. Si cierta masa del fluido entra en uno de los extremos de la tubería, la misma cantidad de masa deberá salir del otro. ¿Qué sucede si la sección transversal se achica, como se muestra en la **Imagen 15**? Para que la misma cantidad de masa se mueva por la parte más angosta en una cantidad de tiempo fija, la velocidad del fluido en la tubería deberá aumentar. A medida que la velocidad del fluido aumenta, también lo hace la energía cinética. Esto significa que el trabajo neto se hizo más rápido en el fluido. Este trabajo neto proviene de la diferencia entre el trabajo que se hizo para que ingrese la masa del fluido en la tubería y el trabajo realizado por el fluido que empuja la misma cantidad de masa hacia afuera de la tubería. El trabajo es proporcional a la fuerza en el fluido que, a su vez, depende de la presión. Si el trabajo neto es positivo, la presión en el extremo de entrada, donde la velocidad es más lenta, será mayor a la presión en el extremo de salida, donde la velocidad es más alta.

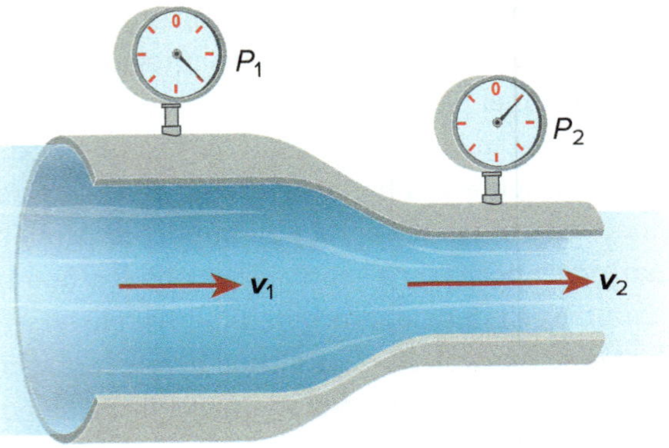

Imagen 15 El fluido que corre por esta tubería también cumple el principio de Bernoulli. A medida que la velocidad del fluido aumenta, (v_2 es mayor a v_1), la presión que ejerce disminuye. (P_2 es menor a P_1).

¿Lo comprendes?

Describe la relación entre la velocidad de un fluido y la presión que ejerce según el principio de Bernoulli.

Aplicaciones del principio de Bernoulli Existen muchas aplicaciones para el principio de Bernoulli, como los pulverizadores de pintura y los pulverizadores fijados en las mangueras para aplicar fertilizantes y pesticidas en césped y jardines. En el extremo de la manguera de un pulverizador, se sumerge el tubo en la solución química que hay en el pulverizador. El pulverizador está fijado a la manguera. Un gatillo permite que el agua de la manguera fluya a gran velocidad, lo que produce un área de baja presión por encima del tubo. El tubo absorbe la solución y la expulsa en la corriente de agua.

El carburador de un motor de gasolina, que es donde se mezclan el aire y la gasolina, es otra aplicación común del principio de Bernoulli. Parte del carburador es un tubo, con una constricción, como se muestra en el diagrama de la **Imagen 16**. La presión de la gasolina en el abastecedor de combustible es igual a la presión en la parte más gruesa del tubo. El aire que fluye por la sección más angosta del tubo, que está fijado al abastecedor, está a una presión menor, por lo que el combustible es forzado a ingresar en el flujo de aire. Al regular el flujo de aire en el tubo, la cantidad de combustible que se mezcla con el aire puede variar. Los carburadores se usan en motocicletas, automóviles de carreras y motores de gasolina de pequeñas máquinas, como cortadoras de césped.

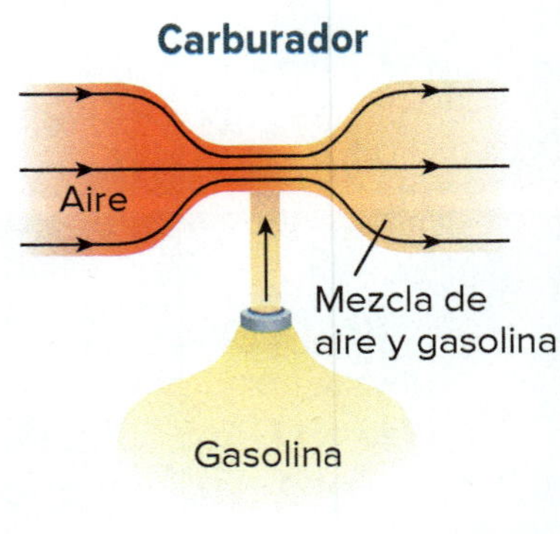

Imagen 16 En un carburador, la baja presión en la parte angosta del tubo envía combustible al flujo de aire.

USO CIENTÍFICO VS. USO COMÚN

Corriente

Uso científico: movimiento de traslación continuo de un fluido en una dirección.
La corriente eléctrica es el flujo de carga eléctrica que recorre un material.

Uso común: habitual, frecuente, no extraordinario.
Es una persona común y corriente.

Líneas de corriente Los fabricantes de autos y de aviones invierten dinero y tiempo en probar diseños en túneles de viento para la mejor eficiencia de movimiento en el aire. El flujo de fluidos alrededor de los objetos se representa con **líneas de corriente,** como en la **Imagen 17.** Los objetos necesitan menos energía para moverse en un flujo aerodinámico.

Las líneas de corriente pueden explicarse así. Imagina que agregas gotas de colorante en un líquido en movimiento. Si las líneas de colores que se forman se mantienen delgadas y definidas, la corriente es aerodinámica. Si el flujo se achica, las líneas de corriente se acercan. Si las líneas de corriente están cerca, indican mayor velocidad y menos presión. Si giran y se vuelven difusas, el flujo del fluido es turbulento. El principio de Bernoulli no se aplica a flujos turbulentos.

Imagen 17 Las líneas de corriente muestran el aire que fluye sobre el automóvil en un túnel de viento.

Verifica tu progreso

32. **Flotabilidad** Todas las latas de gaseosa contienen el mismo volumen de líquido, 354 mL, y desplazan el mismo volumen de agua. ¿Cuál podría ser la diferencia entre una lata que se hunde y otra que flota? *Pista: Coloca una lata llena de gaseosa común y otra de gaseosa dietética.*

33. **Transmisión de presión** Un lanzacohetes de juguete está diseñado para que un niño pise un cilindro de goma, lo que aumenta la presión del aire en el tubo del lanzacohetes y envía el cohete hacia el cielo. Si el niño pisa con una fuerza de 150 N un pistón con una área de 2.5×10^{-3} m^2, ¿cuál es la fuerza adicional transmitida al tubo de lanzamiento de 4.0×10^{-4} m^2?

34. **Flotar en el aire** Un globo con helio se eleva gracias al empuje hidrostático del aire que lo levanta. La densidad del helio es 0.18 kg/m^3 y la del aire es 1.3 kg/m^3. ¿Qué volumen necesita un globo con helio para levantar el ladrillo de plomo que se muestra en la **Imagen 18**?

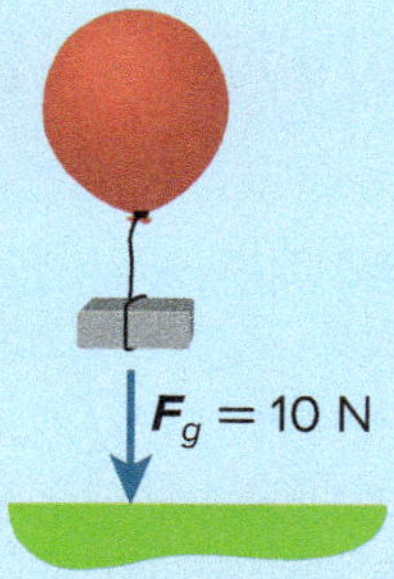

Imagen 18

35. **Flotación y densidad** Un flotador de pesca hecho de corcho flota con un décimo de su volumen debajo de la superficie del agua. ¿Cuál es la densidad del corcho?

36. **Presión y fuerza** Un cilindro hidráulico con un área de 0.15 m^2 levanta un automóvil que pesa 2.3×10^4 N.
    a. ¿Cuál es la presión en el cilindro hidráulico?
    b. La presión del cilindro de elevación se produce al presionar un cilindro de 0.0082 m^2. ¿Qué fuerza debe ejercerse en este cilindro pequeño para levantar el automóvil?

37. **Desplazamiento de volumen** ¿Qué desplaza más agua al colocarse en una pileta?
    a. un bloque de aluminio de 1.0 kg o un bloque de plomo de 1.0 kg.
    b. un bloque de aluminio de 10 cm^3 o un bloque de plomo de 10 cm^3.

38. **Pensamiento crítico** Un tornado puede hacer que una casa estalle. ¿Cómo se puede explicar el fenómeno con el principio de Bernoulli? ¿Qué podría hacerse para reducir el peligro de que las puertas o ventanas estallen?

LEARNSMART® Conéctate para cumplir tu plan de aprendizaje personalizado para repasar, practicar y reforzar tu comprensión.

LECCIÓN 4
SÓLIDOS

PREGUNTA DE ENFOQUE
¿En qué se diferencian los sólidos de los fluidos?

Cuerpos sólidos

Los sólidos son rígidos, pueden cortarse y conservan su forma. Los líquidos fluyen y no mantienen su forma. Cuando la temperatura de un líquido disminuye, la energía cinética promedio de las partículas disminuye. Cuando las partículas reducen la velocidad, las fuerzas de cohesión tienen más efecto y, en muchos sólidos, las partículas se congelan en un patrón fijo llamado **red cristalina**, que se muestra en la **Imagen 19**. Aunque las fuerzas de cohesión mantienen a las partículas en su lugar, las partículas de un sólido cristalino no dejan de moverse por completo. Vibran alrededor de su posición establecida. En otros materiales, como la manteca o el vidrio, las partículas no forman un patrón cristalino fijo. Una sustancia que no tiene una estructura regular de cristal, pero tiene un volumen y una forma definidos se denomina **sólido amorfo**.

Presión y congelamiento Cuando un líquido se trasforma en sólido, sus partículas suelen unirse más que en el estado líquido, lo que lo hace más densos. Además, un aumento de la presión en la superficie del líquido aumenta su punto de congelamiento. Sin embargo, el agua es una excepción. Su punto más denso es a 4ºC. Como el agua se expande al congelarse, un aumento en la presión une las moléculas y resiste el congelamiento. Por lo tanto, una mayor presión disminuye levenente el punto de congelamiento del agua.

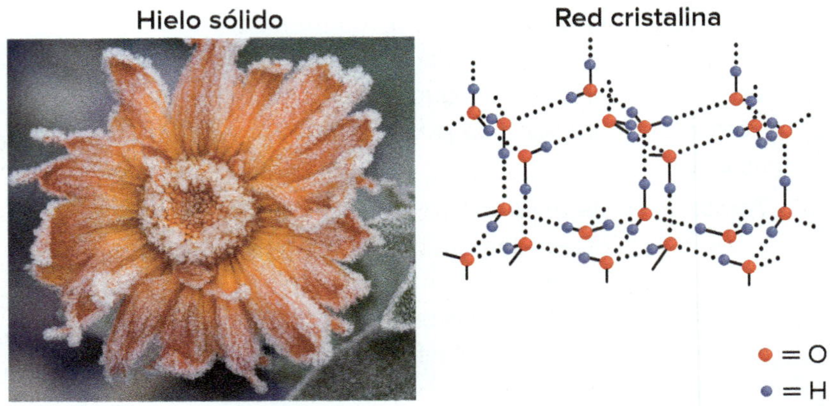

Imagen 19 Cuando la temperatura del agua baja y cambia su forma a sólido, las partículas se congelan en un patrón llamado red cristalina.

¿Lo comprendes?
Comparar ¿En qué se parecen la densidad de los sólidos y los líquidos en la mayoría de las sustancias?

PENSAMIENTO 3D DCI Ideas centrales disciplinarias CCC Conceptos interdisciplinarios SEP Prácticas de ciencia e ingeniería

REUNIR EVIDENCIA
Usa el Cuaderno de ciencias para registrar la evidencia que reúnas mientras completas las lecturas y las actividades de la lección.

INVESTIGAR
CONÉCTATE para hallar estas actividades y más recursos.

Investigación rápida: Presión
Realiza una investigación acerca de las tasas de expansión para diferentes sólidos.

Repasar las noticias
Obtén información de una noticia actual sobre las propiedades o conductas de los sólidos. Evalúa la fuente y comunica tus descubrimientos a la clase.

Elasticidad de los sólidos Las fuerzas externas que se aplican en un objeto sólido pueden torcer, estirar o doblar su forma. La capacidad de un objeto sólido de volver a su forma original cuando se elimina la fuerza externa se denomina elasticidad del sólido. Si fue muy deformado, el objeto no volverá a su forma original porque se excedió su límite de elasticidad. La elasticidad es una propiedad de cada sustancia y depende de las fuerzas que mantienen unidas las partículas. La maleabilidad y la ductilidad son dos propiedades que dependen de la estructura y la elasticidad de una sustancia. Como el oro puede aplastarse y moldearse en láminas delgadas, se dice que es maleable. El cobre es un metal dúctil porque puede estirarse en filamentos de cable.

¿Lo comprendes?

Identificar Enumera un producto o dispositivo que use la propiedad de maleabilidad y otro que use la propiedad de ductilidad.

Expansión térmica de los sólidos

Los ingenieros suelen diseñar pequeños espacios llamados juntas de expansión en los puentes de cemento y acero para dar espacio a que las partes se expandan en verano. Las juntas de expansión se muestran en la **Imagen 20**. Los objetos se expanden muy poco al calentarse, pero esa pequeña cantidad pueden ser varios centímetros en un puente de 100 metros de longitud. Si no hubiera juntas de expansión, el puente podría torcerse o algunas partes romperse.

Algunos materiales, como el vidrio apto para horno que se usa en laboratorios y en la cocina, están diseñados para tener la menor expansión térmica posible. Los espejos de los telescopios grandes están hechos de material cerámico diseñado para no tener expansión térmica.

Para comprender la expansión de sólidos, imagina un sólido como un conjunto de partículas conectadas por resortes que representan las fuerzas de atracción entre partículas. Cuando las partículas se acercan, los resortes las separan. Si un sólido se calienta, la energía cinética de las partículas aumenta y vibran rápidamente y se alejan, lo que debilita las fuerzas de atracción entre ellas. Entonces, cuando las partículas vibran con más fuerza por la temperatura, su separación promedio aumenta y el sólido se expande.

Tom Uhlman/Alamy Stock Photo

Imagen 20 Las juntas de expansión se usan al construir puentes, caminos y vías.

Inferir *Si no hubiera juntas de expansión en este camino, ¿qué sucedería durante el verano?*

Conexión con carreras STEM

Diseñador industrial

¿Compraste alguna vez un producto porque te gustó el diseño? ¿Alguna vez tuviste un producto que se rompió y te preguntaste qué otro material podría haber usado el fabricante? Un diseñador industrial desarrolla los productos que las personas usan a diario, como juguetes, teléfonos y automóviles. Deben tener en cuenta tanto la estética del producto como la durabilidad de los materiales.

El cambio en la longitud de un sólido es proporcional al cambio en la temperatura, como se muestra en la **Imagen 21.** Un sólido se expandirá el doble si su temperatura aumenta 20 °C que si aumenta 10 °C. La expansión también es proporcional a su longitud. Esto quiere decir que una barra de 2 m se expandirá el doble que una barra de 1 m con el mismo cambio en la temperatura. La longitud (L_2) de un sólido a una temperatura T_2 se puede hallar con la siguiente relación, donde L_1 es la longitud a una temperatura T_1 y alfa (α) es el coeficiente de la expansión lineal. El **coeficiente de expansión lineal** es igual al cambio en la longitud dividido por la longitud original y el cambio de temperatura.

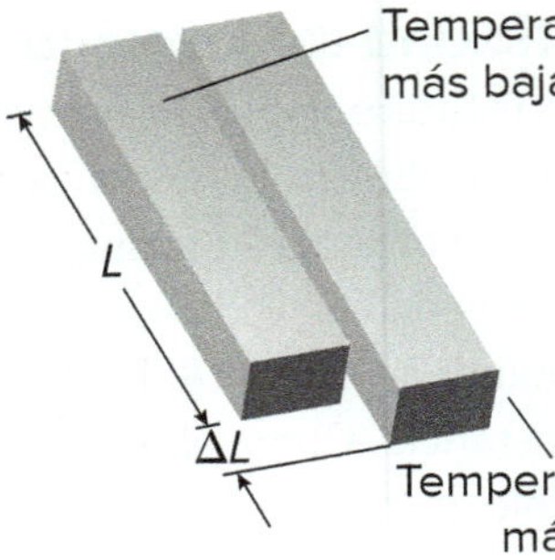

Imagen 21 El cambio en la longitud de un material es proporcional a su longitud original y al cambio de temperatura.

$$L_2 = L_1 + \alpha L_1(T_2 - T_1)$$

Con álgebra, puedes hallar α.

$$L_2 - L_1 = \alpha L_1(T_2 - T_1)$$

$$\Delta L = \alpha L_1 \Delta T$$

Coeficiente de expansión lineal

El coeficiente de expansión lineal es igual al cambio en la longitud dividido por el producto de la longitud original y el cambio de temperatura.

$$\alpha = \frac{\Delta L}{L_1 \Delta T}$$

La unidad para el cambio del coeficiente de expansión lineal es el recíproco de grados Celcius (que puede escribirse como 1/°C o °C^{-1}). El **coeficiente de expansión lineal** es igual al cambio en el volumen dividido por el producto del volumen original y el cambio de temperatura. El coeficiente de dilatación (β) suele ser el triple del coeficiente de expansión lineal.

Coeficiente de expansión lineal

El coeficiente de dilatación es igual al cambio en el volumen dividido por el producto del volumen original y el cambio de temperatura.

$$\beta = \frac{\Delta V}{V_1 \Delta T}$$

La unidad para β es también 1/°C (°C^{-1}). Los dos coeficientes de expansión térmica para una variedad de materiales están dados en la **Tabla 2.** (Ver la tabla de referencia en Recursos del estudiante para material adicional)

Tabla 2 Coeficientes de expansión térmica a 20 °C

Material	Coeficiente de expansión lineal, α(°C^{-1})	Coeficiente de dilatación, β(°C^{-1})
Sólidos		
Aluminio	23×10^{-6}	69×10^{-6}
Vidrio (blando)	9×10^{-6}	27×10^{-6}
Vidrio (apto horno)	3×10^{-6}	9×10^{-6}
Hormigón	12×10^{-6}	36×10^{-6}
Cobre	17×10^{-6}	51×10^{-6}
Líquidos		
Metanol	No aplica	1200×10^{-6}
Gasolina	No aplica	950×10^{-6}
Agua	No aplica	210×10^{-6}

EJEMPLO Problema 4

EXPANSIÓN LINEAL Una barra de metal tiene 1.60 m de longitud a temperatura ambiente (21 °C). Se coloca la barra en un horno y se calienta a 84 °C. Se la mide y se halla que es 1.7 mm más larga. ¿Cuál es el coeficiente de expansión lineal de este material?

1 ANALIZAR Y PLANTEAR EL PROBLEMA

- Dibuja la barra, que es 1.17 mm más larga a 84 °C que a 21 °C.
- Identifica la longitud inicial de la barra (L_1) y el cambio en la longitud (ΔL).

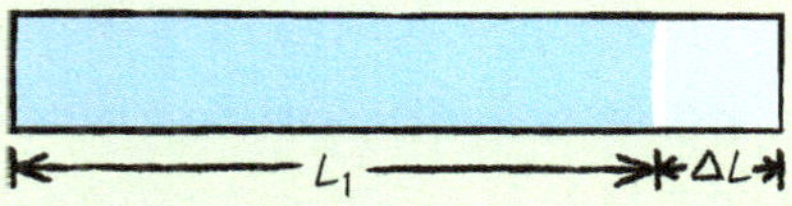

Datos conocidos

$L_1 = 1.60$ m

$\Delta L = 1.7\times10^{-3}$ m

$T_1 = 21°C$

$T_2 = 84°C$

Incógnita

$\alpha = ?$

2 HALLAR LA INCÓGNITA

Calcula el coeficiente de expansión lineal con la relación entre la longitud conocida, el cambio en la longitud y el cambio en la temperatura.

$$\alpha = \frac{\Delta L}{L_1 \Delta T}$$

$$= \frac{1.7\times10^{-3}\text{ m}}{(1.60\text{ m})(84°C - 21°C)}$$

Sustituye $\Delta L = 1.7\times10^{-3}$ m, $L_1 = 1.60$ m, $\Delta T = (T_2 - T_1) = 84$ °C $- 21$ °C

$$= 1.7\times10^{-5}\ °C^{-1}$$

3 EVALUAR LA RESPUESTA

- **¿Son correctas las unidades?** Las unidades están expresadas correctamente en °C^{-1}.
- **¿Es realista la magnitud?** La magnitud del coeficiente es similar al valor aceptado para el cobre.

PRÁCTICA Problemas

PRÁCTICA ADICIONAL

39. Una pieza de revestimiento de aluminio tiene 3.66 m de longitud durante un día de invierno de −28 °C. ¿Cuánto más larga será en el día caluroso de verano que se muestra en la **Imagen 22?**

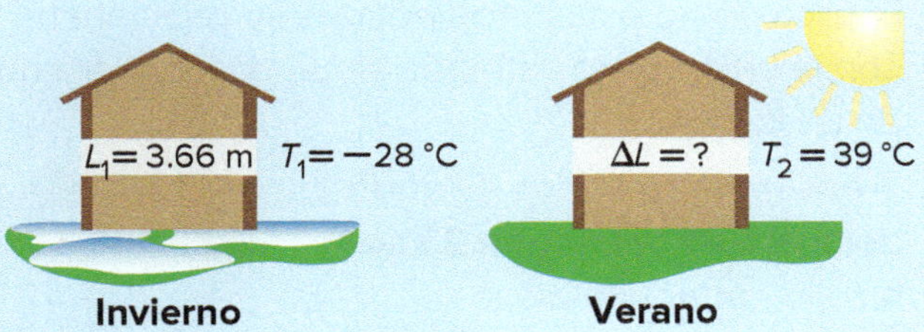

Imagen 22

40. Una pieza de acero mide 11.5 cm de largo a 22 °C. Se calienta a 1221 °C, cerca de su temperatura de fundición. ¿Cuánto mide?

41. Un vaso de precipitado de 400 mL a temperatura ambiente se llena hasta el borde con agua fría a 4.4 °C. Si el agua se calienta a 30 °C, ¿cuánta agua rebalsará del vaso?

42. Un tanque recibe una carga de 45,725 L de gasolina en Houston, donde la temperatura es de 28.0 °C. El camión hace una entrega en Mineápolis, donde la temperatura es de −12.0 °C.

a. ¿Cuántos litros de gasolina entrega el camión?

b. ¿Qué sucedió con la gasolina?

43. Se perfora un agujero de 0.85 cm de diámetro en un plato de acero. A 30.0 °C, se introduce una varilla de aluminio del mismo diámetro. ¿Cuál es el espacio entre el plato y la varilla cuando se enfrían a 0.0 °C?

44. **DESAFÍO** Se marcan milímetros en una regla de acero para que sea completamente correcta a 30.0 °C. ¿Qué porcentaje de inexactitud tendrá la regla a −30.0 °C?

FÍSICA Desafío

Debes hacer una barra de 1.00 m de longitud que se expanda con la temperatura de la misma manera en la que lo haría una barra de cobre de 1.00 m de longitud. Como se muestra en la imagen de la derecha, la barra debe estar hecha con una barra de hierro y otra de aluminio unidas en los extremos. ¿Qué longitudes deberían tener las barras?

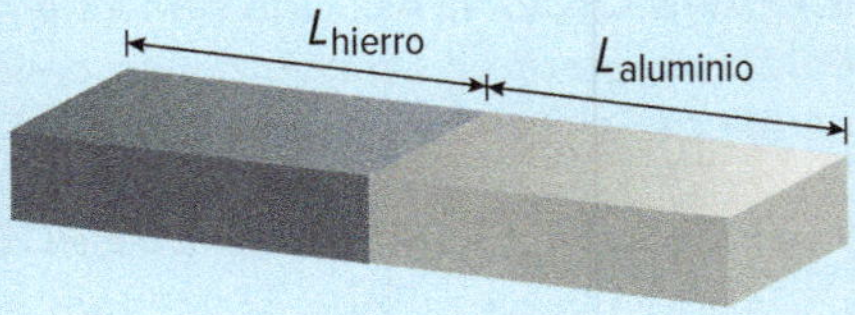

Usos de la expansión térmica Los ingenieros tienen en cuenta la expansión térmica de los materiales cuando diseñan estructuras. Ya leíste acerca de las juntas de expansión que se instalan en las carreteras y en los puentes de hormigón. Los espacios regulares entre los bloques de hormigón en las aceras también evitan que se deformen cuando el hormigón se expande durante un día caluroso. Los distintos materiales se expanden a diferente temperatura, como indican los coeficientes de expansión de la **Tabla 2.** Los ingenieros también tienen en cuenta las distintas tasas de expansión al diseñar sistemas. Se suele utilizar barras de acero para reforzar el hormigón. Ambos deben tener el mismo coeficiente de expansión. Si no, la estructura podría quebrarse a altas temperaturas. De manera similar, los materiales que se usan para rellenar arreglos dentales deben expandirse y contraerse a la misma tasa que el esmalte de los dientes.

Las distintas tasas de expansión tienen aplicaciones útiles. Por ejemplo, los ingenieros han aprovechado estas diferencias para construir un dispositivo llamado lámina bimetálica, que se usa en termostatos. Una lámina bimetálica se compone de dos láminas de distintos metales soldados o remachados. Por lo general, una lámina es de latón y la otra de hierro. Cuando se calientan, el latón se expande más que el hierro. Entonces, cuando la lámina bimetálica se calienta, la parte de latón se alarga más que la de hierro. Como consecuencia, la lámina bimetálica se dobla con la parte de latón en la parte exterior. Si se enfría, se dobla en la otra dirección. El latón estará en la parte interior de la curva.

En un termostato doméstico, se instala la lámina bimetálica para que se doble hacia un contacto eléctrico cuando un ambiente se enfría. Cuando el ambiente está más frío que la temperatura establecida, la lámina bimetálica se dobla lo suficiente como para hacer contacto eléctrico con el interruptor, que enciende la calefacción. A medida que la habitación se calienta, la lámina bimetálica se dobla en la otra dirección, se corta el circuito eléctrico y la calefacción se apaga.

Verifica tu progreso

45. **Expansión térmica** Durante un día caluroso, instalas una lámina de aluminio en el marco de hormigón de una puerta. Quieres que la puerta encaje bien en un día frío de invierno. ¿Deberías hacer que la puerta encaje justo en el marco o deberías dejar espacio libre?
46. **Tipos de sólidos** ¿Cuál es la diferencia entre la estructura de una vela de cera y el hielo?
47. **Expansión térmica** ¿Puedes calentar una pieza de cobre tanto como para que duplique su longitud?
48. **Estados de la materia** ¿Puedes distinguir entre sólidos y líquidos con los datos de la **Tabla 2** ?
49. **Sólidos y líquidos** Un sólido puede definirse como un material que si se dobla, resistirá. Explica cómo estás propiedades se relacionan con la unión de los átomos en un sólido, pero no en un líquido.
50. **Pensamiento crítico** El anillo de acero de la **Imagen 23** se hizo al cortar una pieza pequeña de un anillo sólido. Si el anillo se calienta, ¿el espacio se hará más ancho o más angosto? Explica tu respuesta.

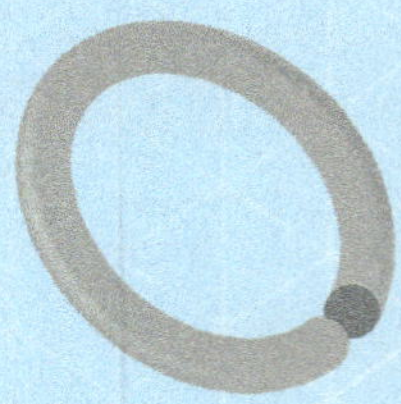

Imagen 23

LEARNSMART® Conéctate para cumplir tu plan de aprendizaje personalizado para repasar, practicar y reforzar tu comprensión.

Un sólido que fluye

El sodio, que aquí se muestra como un sólido, fue uno de los metales usados para producir supersólidos.

Sólido, líquido y gaseoso son los tres estados de la materia más conocidos y abundantes en la Tierra. El plasma, un cuarto estado de la materia que es básicamente gas ionizado, es el estado más común en el universo. Sin embargo, existen otros estados de la materia. Recientemente, dos grupos de estudio lograron producir un estado de la materia inusual que era solo hipotético: un supersólido.

Cómo hacer un supersólido

Puedes disminuir la temperatura de un líquido para hacer hielo, pero es más difícil hacer un supersólido. Un supersólido es un estado de la materia que tiene partículas organizadas en un patrón regular y repetitivo, como un sólido, pero no tiene fricción y puede fluir. Durante décadas, los científicos han intentado producir uno. En 2004, un grupo de científicos creyó que había producido uno con helio-4, pero pruebas posteriores refutaron el descubrimiento.

Un caso de descubrimiento múltiple

En 2017, dos equipos independientes de científicos, uno del MIT de Cambridge, Massachusetts, y otro de un centro de investigación en Zúrich, Suiza, publicaron resultados en una revista científica que demostraban que habían producido supersólidos. Aunque usaron distintos elementos y métodos, el hecho de que los dos alcanzaran resultados similares brinda pruebas fehacientes de su éxito.

El equipo del MIT usó sodio y lo enfrió hasta casi cero. Cuando el sodio se enfría tanto, forma otro estado de la materia que se llama condensado de Bose-Einstein. Este estado es un superfluido, que es un fluido con partículas que no tienen viscosidad. Luego, usaron una ultra cámara de vacío y láseres para hacer que los átomos de sodio formaran un patrón cristalino.

El equipo suizo también comenzó con un condensado de Bose-Einstein, pero usó rubidio como material inicial en vez de sodio. Su método para lograr que las partículas del superfluido formaran una estructura cristalina incluyó espejos y láseres.

Para brindar evidencia de que los átomos habían formado un supersólido, los dos equipos usaron láseres que demostraron que el material produjo un patrón de difracción, que es característico de los cristales sólidos.

Aún no existen usos para este nuevo estado de la materia, pero el descubrimiento puede conducir a una nueva comprensión que mejore la tecnología de los superconductores existentes. Los próximos trabajos de los grupos de investigación apuntarán a brindar evidencia y revelar más información acerca de las propiedades del estado supersólido.

COMUNICAR IDEAS CIENTÍFICAS

Casi en simultáneo, dos equipos independientes produjeron supersólidos. Investiga para hallar otro ejemplo de descubrimientos múltiples. Comparte tus descubrimientos en una entrada de un blog.

MÓDULO 12
GUÍA DE ESTUDIO

CONÉCTATE para estudiar con el Libro de ciencias.

Lección 1 PROPIEDADES DE LOS FLUIDOS

- La materia en estado fluido fluye y no tiene forma definida.
- La ley general de los gases representa la relación entre la presión, el volumen y la temperatura de los gases.

$$\frac{P_1V_1}{T_1} = \frac{P_2V_2}{T_2}$$

- La ley de los gases ideales representa las relaciones entre presión, volumen, temperatura y cantidad de moles de un gas.
- El plasma es un estado parecido al gas de electrones con carga negativa y de iones con carga positiva.

- fluidos
- presión
- pascal
- ley general de los gases
- ley de los gases ideales
- expansión térmica
- plasma

Lección 2 FUERZAS EN LOS LÍQUIDOS

- La tensión superficial es la tendencia de la superficie de un líquido a contraerse al área más pequeña posible. La tensión superficial es el resultado de las fuerzas de atracción que las partículas similares ejercen entre sí.
- La acción capilar se produce cuando un líquido sube por un tubo delgado porque las fuerzas de adhesión entre el tubo y el líquido son más fuertes que las fuerzas de cohesión entre las moléculas del líquido.
- Las nubes se forman cuando el vapor de agua de la atmósfera se enfría y se condensa, lo que forma gotas alrededor de partículas de polvo.

- fuerzas de cohesión
- fuerzas de adhesión

Lección 3 FLUIDOS EN REPOSO Y EN MOVIMIENTO

- El principio de Pascal establece que un cambio en la presión aplicada se transmite de manera invariable en un fluido.
- Según el principio de Arquímedes, el empuje hidrostático es igual al peso del fluido desplazado por un objeto.
- El principio de Bernoulli establece que la presión ejercida por un fluido disminuye cuando aumenta su velocidad.

- principio de Pascal
- empuje hidrostático
- principio de Arquímedes
- principio de Bernoulli
- líneas de corriente

Lección 4 SÓLIDOS

- Un sólido cristalino tiene un patrón regular de partículas y un sólido amorfo tiene un patrón irregular de partículas. La maleabilidad y la ductilidad dependen del tipo de estructura.
- Cuando la temperatura de un sólido cambia, la fuerza cinética de sus partículas también lo hace. Cuando las vibraciones de las partículas cambian, un sólido se expande si la temperatura aumenta y se contrae si disminuye.
- Al diseñar estructuras se debe tener en cuenta las tasas de expansión de los diferentes materiales.

PENSAMIENTO TRIDIMENSIONAL

Conclusión del módulo

REPASA EL FENÓMENO

¿Cómo circulará el fluido en este dispositivo?

CER Afirmación, evidencia, razonamiento

Explicar el razonamiento Repasa la afirmación que hiciste cuando hallaste el fenómeno. Resume la evidencia que reuniste en tus investigaciones y completa la tabla de resumen. ¿Respalda la evidencia tu afirmación? Si no lo hace, repasa tu afirmación. Explica por qué la evidencia respalda tu afirmación.

PROYECTO DE LA UNIDAD STEM

Ahora que completaste el módulo, repasa el proyecto de la unidad STEM. Resume la evidencia y aplícala al proyecto.

PROFUNDIZA

SEP Laboratorio de análisis de datos

¿Se hunde o flota?

Se colocan cinco objetos con las siguientes densidades en un tanque de agua. El diagrama muestra seis posiciones posibles de los objetos.

Objeto	Densidad (g/cm³)
A	0.85
B	0.95
C	1.05
D	1.15
E	1.25

CER Analizar e interpretar datos

1. **Afirmación** Elige una posición, de 1 a 6, para cada uno de los cinco objetos. No es necesario elegir todas las posiciones.
2. **Evidencia y razonamiento** Explica tu selección.

science photo/Shutterstock

Andrey VP/Shutterstock

UNIDAD 4

ONDAS Y LUZ

ENCUENTRA EL FENÓMENO

¿Cómo afectan las ondas nuestra vida diaria?

SEP Hacer preguntas

¿Qué preguntas tienes acerca del fenómeno? Escribe tus preguntas en notas adhesivas y pégalas en el pizarrón de preguntas clave de esta unidad.

Buscar evidencia

Mientras avanzas en la unidad, responde la pregunta del fenómeno y tus propias preguntas con la información suministrada y tu experiencia. Para cada actividad, registra tus observaciones en una tabla de resumen, incluye una explicación e identifica cómo se relacionan con las preguntas del fenómeno de la unidad y del módulo.

Resolver un problema
PROYECTO DE LA UNIDAD STEM

¿Qué hay dentro de la Tierra? Los científicos no pueden cavar miles de kilómetros para determinar la composición de su interior. Investiga cómo usan las ondas para comprender la estructura del planeta. Usa los resultados de las investigaciones y el conocimiento que obtengas en la unidad para explicar la evidencia que respalda la comprensión actual del interior de la Tierra.

CONÉCTATE Además de leer la información en el Libro del estudiante, puedes hallar el Proyecto de la unidad STEM y otros recursos útiles en línea.

Kayte Deioma/Alamy Stock Photo

MÓDULO 13

VIBRACIONES Y ONDAS

ENCUENTRA EL FENÓMENO

¿Cómo puede este péndulo evitar que un terremoto dañe un edificio?

CONÉCTATE para ver un video acerca de cómo se usan los amortiguadores para prevenir daños causados por terremotos.

SEP Hacer preguntas

¿Tienes más preguntas acerca del fenómeno? Si es así, agrégalas al pizarrón de preguntas clave.

CER Afirmación, evidencia, razonamiento

Hacer una afirmación Usa la tabla CER para hacer una afirmación acerca de cómo un péndulo puede evitar que un terremoto dañe un edificio. Explica tu razonamiento.

Reunir evidencia Usa las lecciones del módulo para reunir evidencia que respalde tu afirmación. Registra la evidencia mientras trabajas en el módulo.

Explicar el razonamiento Repasarás tu afirmación y explicarás tu razonamiento al final del módulo.

CONÉCTATE para acceder a la tabla CER y explorar los recursos que te ayudarán a reunir evidencia.

LECCIÓN 1: Explorar y explicar: Péndulos

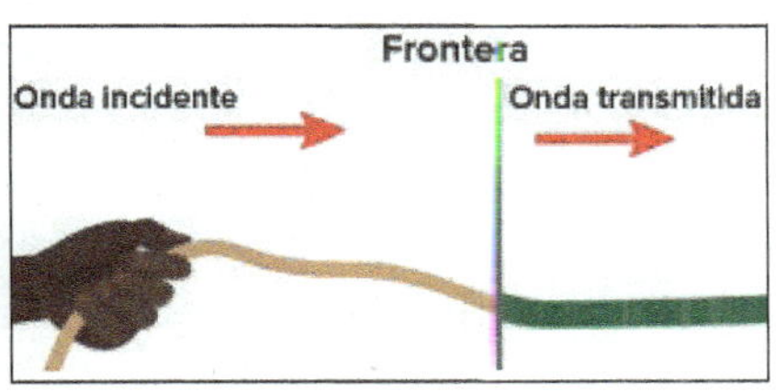

LECCIÓN 2: Explorar y explicar: Ondas en las fronteras

Smithsonian

Recursos adicionales

LECCIÓN 1
MOVIMIENTO PERIÓDICO

PREGUNTA DE ENFOQUE
¿Qué tipos de movimientos repetitivos existen?

Masa en un resorte

Una masa que rebota en un resorte o un péndulo que se balancea son ejemplos de **movimiento periódico.** En cada ejemplo, la fuerza neta sobre el objeto es cero en una determinada posición y el objeto está en equilibrio. Cuando el objeto se aleja de la posición de equilibrio, la fuerza neta sobre el sistema es distinta de cero. Esta fuerza actúa para que el objeto vuelva a estar en equilibrio. El **período** (T) es el tiempo necesario para que el movimiento complete un ciclo. La **amplitud** del movimiento es la distancia máxima que el objeto se aleja de la posición de equilibrio.

Movimiento armónico simple En la **Imagen 1,** la fuerza que ejerce el resorte es directamente proporcional a cuánto se estira. Al estirarla y soltarla, la masa sube y baja, atravesando el equilibrio. Cualquier sistema en el que la fuerza que actúa para restaurar el objeto a su posición de equilibrio es directamente proporcional al desplazamiento del objeto constituye un **movimiento armónico simple.**

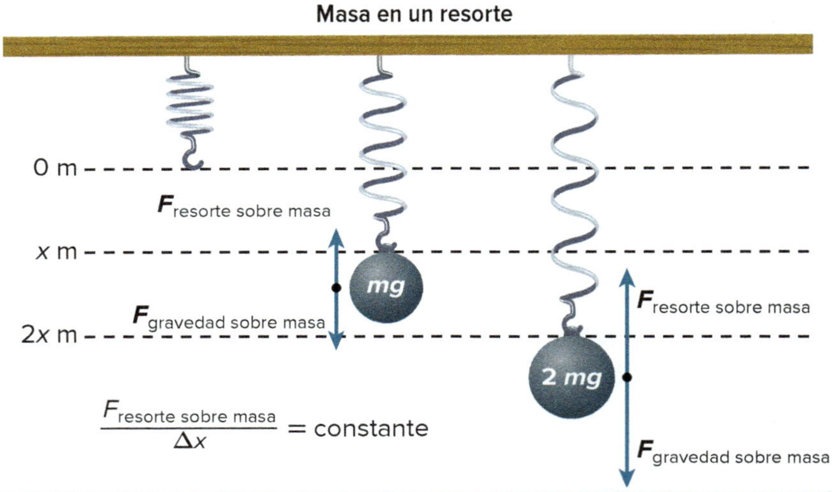

Imagen 1 La fuerza que el resorte ejerce sobre la masa es directamente proporcional al desplazamiento de la misma.
Determina *el desplazamiento si la masa es 0.5 mg.*

PENSAMIENTO 3D
DCI Ideas centrales disciplinarias CCC Conceptos interdisciplinarios SEP Prácticas de ciencia e ingeniería

REUNIR EVIDENCIA
Usa el Cuaderno de ciencias para registrar la evidencia que reúnas mientras completas las lecturas y las actividades de la lección.

INVESTIGAR
CONÉCTATE para hallar estas actividades y más recursos.

Laboratorio de Física: Vibraciones de un péndulo
Planifica y realiza una investigación para determinar las variables que afectan el período de un péndulo y usa la información obtenida para calcular la magnitud del campo gravitatorio.

Repasar la pregunta de Encuentra el fenómeno
¿Qué información de la lección te ayuda a responder las preguntas de la unidad y del módulo?

Tabla 1 Magnitud de la fuerza-distancia de estiramiento en un resorte

Distancia de estiramiento (m)	Magnitud de la fuerza que ejerce el resorte (N)
0.0	0.0
0.030	1.9
0.060	3.7
0.090	6.3
0.12	7.8

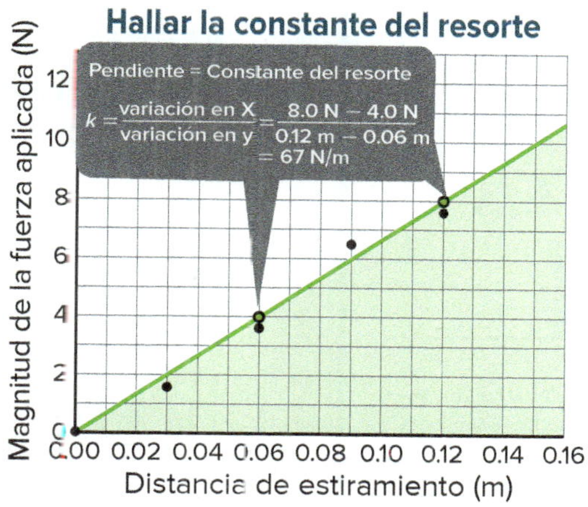

Imagen 2 Se puede determinar la constante del resorte a partir de la pendiente de la gráfica de la magnitud de la fuerza-distancia de estiramiento. El área debajo de la curva es igual al potencial energético del resorte.

Ley de Hooke

La **Tabla 1** muestra la relación entre la magnitud de la fuerza ejercida por un resorte y la distancia hasta donde se estira. La **Imagen 2** es una gráfica con los datos de la línea de mejor ajuste. La relación linear indica que la magnitud de la fuerza que ejerce el resorte es directamente proporcional a la distancia hasta donde se estira. Un resorte que ejerce una fuerza directamente proporcional a la distancia de estiramiento obedece la **ley de Hooke.**

Ley de Hooke

La magnitud de la fuerza que ejerce un resorte es igual a la constante del resorte por la distancia hasta donde este se estira o se comprime desde su posición de equilibrio.

$$F = -kx$$

En esta ecuación, k es la constante del resorte, que depende de la rigidez y otras propiedades, y x es la distancia que se estira el resorte desde la posición de equilibrio. Observa que k es la pendiente de la recta en la gráfica de magnitud de la fuerza-distancia de estiramiento. Una pendiente más inclinada indica que es más difícil estirar el resorte. La constante k tiene las mismas unidades que la pendiente, newtons/metro (N/m). El signo negativo en la ley de Hooke indica que la dirección de la fuerza es opuesta a la de estiramiento o de compresión. La fuerza que el resorte ejerce sobre la masa se dirige siempre hacia la posición de equilibrio del resorte.

Ley de Hooke y resortes reales No todos los resortes obedecen la ley de Hooke, las bandas elásticas no lo hacen. Los que sí la obedecen reciben el nombre de resortes elásticos. Incluso para estos resortes, la ley de Hooke aplica en un rango de distancias limitado. Si un resorte se estira demasiado, puede deformarse tanto que la fuerza dejará de ser proporcional al desplazamiento.

Potencial energético Al estirar un resorte, le transfieres energía y adquiere energía potencial elástica. El trabajo que realiza una fuerza aplicada es igual al área bajo una gráfica de fuerza-distancia como la de la **Imagen 2.** El trabajo equivale al potencial energético del resorte. Para calcularlo, halla el área del triángulo multiplicando un medio de la base del triángulo, que es x, por su altura. Según la ley de Hooke, la altura del triángulo es igual a kx.

Potencial energético de un resorte

El potencial energético en un resorte es igual a un medio multiplicado por el producto de la constante del resorte y el cuadrado del desplazamiento.

$$PE_{\text{resorte}} = -\frac{1}{2}kx^2$$

Esta expresión matemática, que cuantifica cómo la energía almacenada en un resorte depende de su configuración y de la energía cinética calculada a partir de los datos de masa y velocidad, permite que se use el concepto de conservación de energía para predecir y describir el comportamiento del sistema. Como se muestra en la **Imagen 3** de la siguiente página, durante el movimiento armónico simple horizontal, la energía potencial elástica del resorte se transforma en energía cinética y luego en potencial energético.

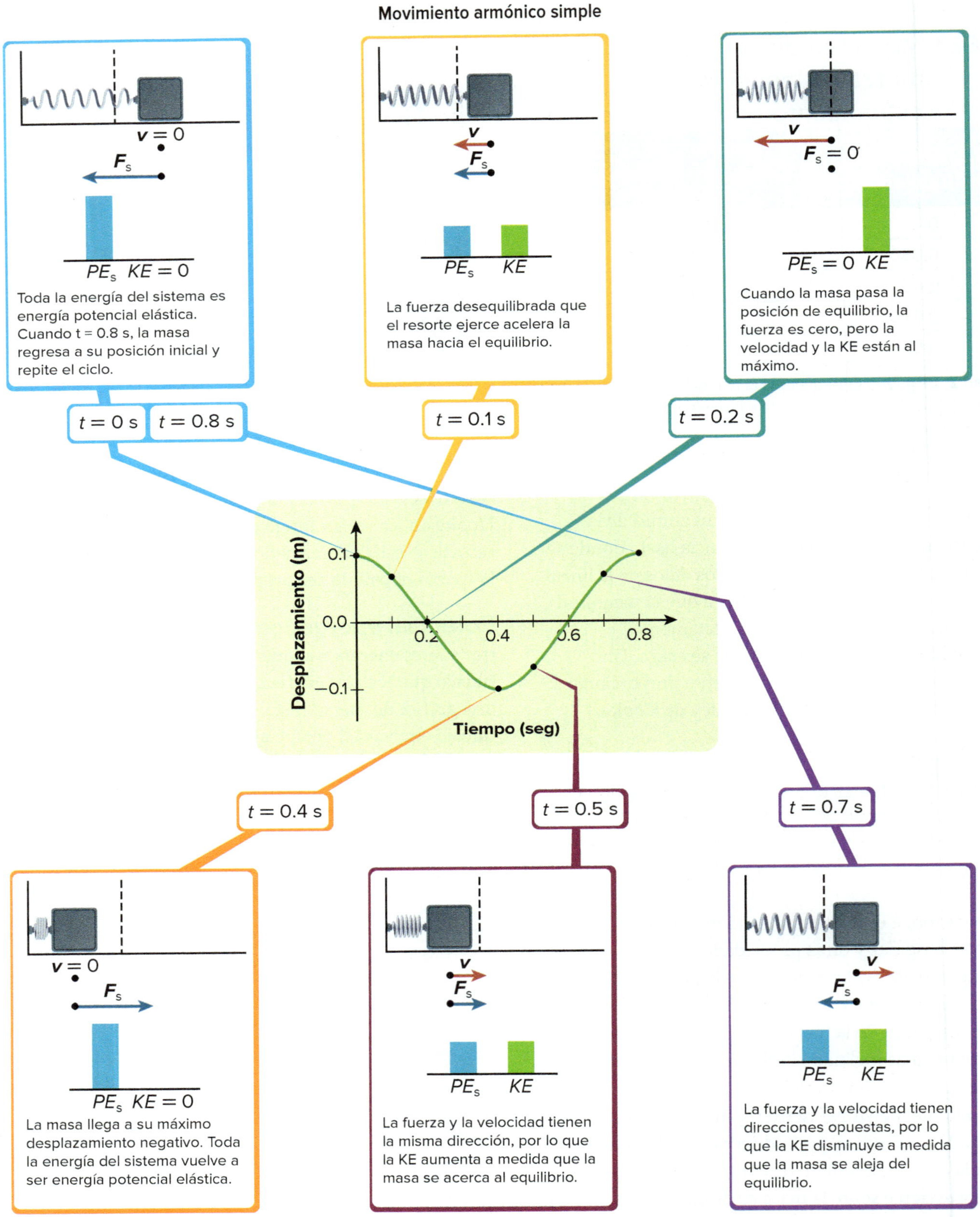

Imagen 3 La energía mecánica total del sistema es constante durante toda la oscilación.

Explicar *¿Cómo se puede utilizar la ley de Hooke y el concepto de la conservación de energía para predecir y describir el comportamiento de este tipo de sistema?*

EJEMPLO Problema 1

CONSTANTE Y ENERGÍA DE UN RESORTE Un resorte se estira 18 cm cuando una bolsa de papas que pesa 56 N pende de su extremo.

a. Determina la constante del resorte.

b. ¿Cuánta energía potencial elástica tiene el resorte estirado?

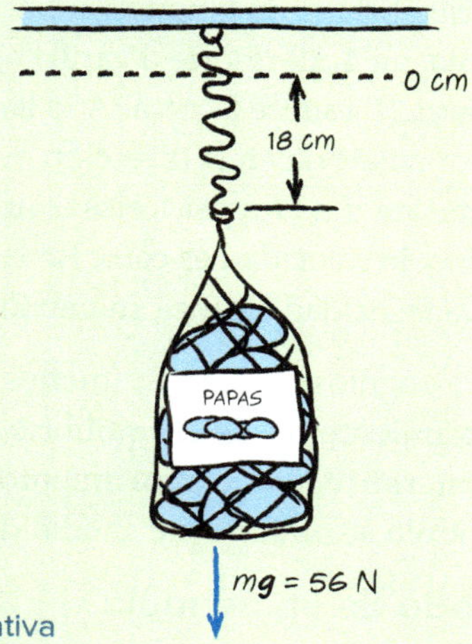

1 ANALIZAR Y PLANTEAR EL PROBLEMA

- Plantea la situación.
- Representa y rotula la distancia hasta donde se estiró el resorte y su posición de equilibrio.

Datos conocidos	**Incógnita**
$x = 18$ cm	$k = ?$
$F = -56$ N	$PE_s = ?$

2 HALLAR LA INCÓGNITA

a. Usa la ley de Hooke y despeja k.

$$k = -\frac{F}{x}$$

$$= -\frac{-56\ \text{N}}{0.18\ \text{m}}$$

Sustituye $F = -56$ N, $x = 0.18$ m. La fuerza es negativa porque está en la dirección opuesta a x.

$$= 310\ \text{N/m}$$

b. $$PE_s = \frac{1}{2}kx^2$$

$$= \frac{1}{2}(310\ \text{N/m})(0.18\ \text{m})^2$$

Sustituye $k = 310$ N/m, $x = 0.18$ m.

$$= 5.0\ \text{J}$$

3 EVALUAR LA RESPUESTA

- **¿Las magnitudes son realistas?** N/m es la unidad correcta para la constante del resorte. (N/m)(m^2) = N•m = J, que es la unidad correcta para la energía.
- **¿La magnitud es realista?** La magnitud promedio de la fuerza que ejerce el resorte es el promedio entre 0 y 56 N. El trabajo realizado es $W = Fx = (23\ \text{N})(0.18\ \text{m}) = 5.0$ J.

PRÁCTICA Problemas

PRÁCTICA ADICIONAL

1. ¿Cuál es la constante de un resorte que se estira 12 cm cuando un objeto que pesa 24 N cuelga de él?
2. ¿Cuál es la energía potencial elástica de un resorte con $k = 144$ N/m que se comprime 16.5 cm?
3. Un resorte tiene una constante de 56 N/m. ¿Cuánto lo estirará un bloque que pesa 18 N?
4. **DESAFÍO** Un resorte tiene una constante de 256 N/m. ¿Cuánto debe estirarse para tener una energía potencial elástica de 48 J?

FÍSICA Desafío

Un automóvil con una masa *m* descansa en la cima de una colina con una altura *h* antes de rodar sin fricción y chocar contra una barrera de contención ubicada al pie de la colina. La barrera contiene un resorte con una constante *k*, diseñado para detener el automóvil y causar el menor daño posible.

1. Determina, en términos de *m*, *h*, *k*, y g, cuánto (*x*) se comprimirá el resorte cuando el automóvil lo choque.
2. Si el automóvil rueda por una colina que es dos veces más alta, ¿por qué factor aumentará la compresión del resorte?
3. ¿Qué sucederá luego de que se detenga el automóvil?

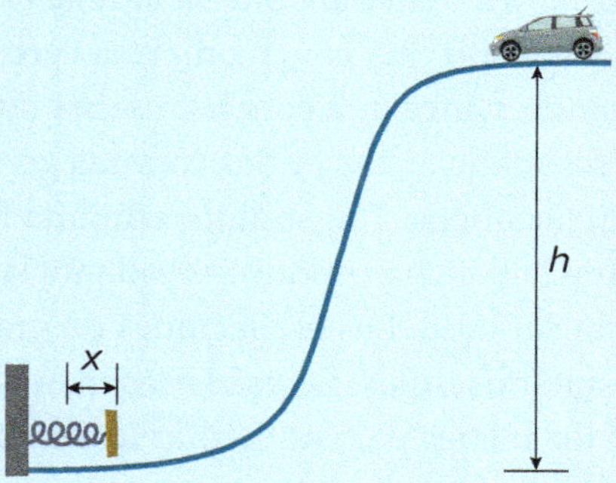

Péndulos

El movimiento armónico simple también ocurre en el balanceo de un péndulo. Un **péndulo simple** consiste en un objeto pesado, llamado pesa, que pende de un resorte o una varilla liviana de longitud ℓ. La pesa se mueve de un lado a otro, como se muestra en la **Imagen 4.** El resorte o varilla ejerce una fuerza de tensión (F_T), y la gravedad ejerce una fuerza (F_g) sobre la pesa. A lo largo del recorrido del péndulo, el componente de la fuerza gravitatoria en la dirección del recorrido circular del péndulo es una fuerza restauradora. En las posiciones izquierda y derecha, la fuerza restauradora llega a su máximo y la velocidad es cero. En la posición de equilibrio, la fuerza restauradora es cero y la velocidad alcanza su máximo.

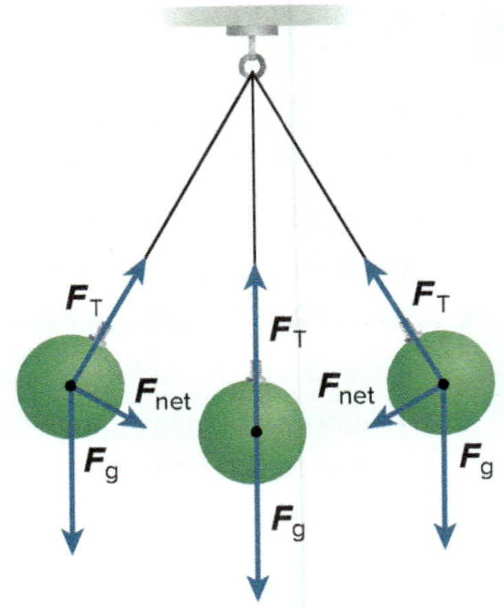

Imagen 4 El movimiento del péndulo es un ejemplo del movimiento armónico simple porque la fuerza de restauración es directamente proporcional al desplazamiento desde el equilibrio.

Para los ángulos pequeños, (menos de 15°), la fuerza restauradora es proporcional al desplazamiento desde el equilibrio. Parecido al movimiento de la masa en un resorte visto anteriormente, el movimiento del péndulo es simple y armónico. El período de un péndulo se obtiene por medio de la siguiente ecuación.

Período de un péndulo

El período de un péndulo es igual a 2π multiplicado por la raíz cuadrada de la longitud del péndulo dividida por el campo gravitatorio.

$$T = 2\pi\sqrt{\frac{\ell}{g}}$$

Observa que el período depende solo de la longitud del péndulo y del campo gravitatorio, no de la masa de la pesa o de la amplitud de oscilación. Entre sus usos prácticos, el péndulo sirve para medir g, que puede variar ligeramente en diferentes lugares de la Tierra.

¿Lo comprendes?

Compara el período de un péndulo pesado, como el del principio del módulo, con el período de un péndulo de la misma longitud, pero con una masa pequeña.

Resonancia

Para que un columpio se mueva, puedes "impulsarlo" al inclinarte hacia atrás y tirar de las cadenas en el mismo punto en cada balanceo. Otra opción es que un amigo te empuje en los momentos indicados. Hay **resonancia** cuando se aplican fuerzas a un objeto que vibra u oscila en intervalos de tiempo iguales al período de oscilación. Como resultado, la amplitud de la vibración aumenta. Otros ejemplos conocidos de resonancia incluyen mecer un automóvil para sacarlo de un banco de nieve o saltar sobre una cama elástica o un trampolín para llegar más alto.

La resonancia en los sistemas de movimiento armónico simple provoca un desplazamiento cada vez mayor a medida que se agrega energía de a poco. Quizas te hayan dicho cuando eras niño que si colocabas una concha marina cerca de tu oreja, podías "oír el océano". El sonido que oyes cuando pones una concha marina u otro objeto similar sobre tu oreja es en realidad producto de la resonancia. Las ondas sonoras generadas por el ruido de fondo en la habitación interactúan con la concha. Los sonidos con una frecuencia que coincide con la frecuencia natural a la que vibra la concha producen resonancia, y el sonido se amplifica y es lo suficientemente alto como para ser oído. Las oscilaciones de gran amplitud producto de la resonancia también pueden tener resultados útiles. Se usa la resonancia en los instrumentos musicales para amplificar los sonidos y en los relojes para aumentar la exactitud.

EJEMPLO Problema 2

HALLAR *g* CON UN PÉNDULO Un péndulo con una longitud de 36.9 cm tiene un período de 1.22 s. ¿Cuál es el campo gravitatorio en la ubicación del péndulo?

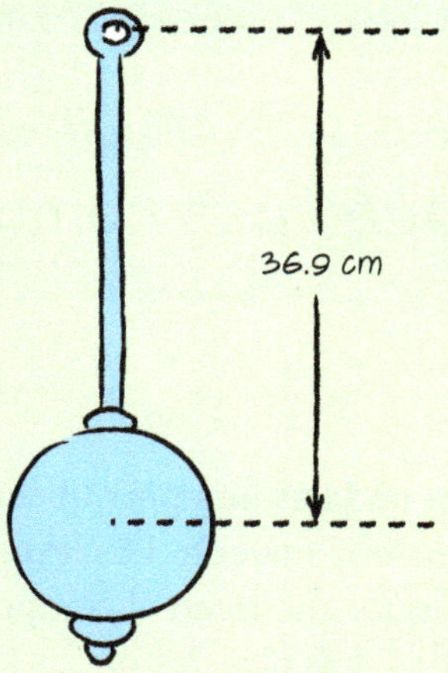

1 ANALIZAR Y PLANTEAR EL PROBLEMA

- Plantea la situación.
- Rotula la longitud del péndulo.

Datos conocidos	Incógnita
$\ell = 36.9$ cm	$g = ?$
$T = 1.22$ s	

2 HALLAR LA INCÓGNITA

$$T = 2\pi\sqrt{\frac{\ell}{g}}$$

Halla *g*.

$$g = (2\pi)\frac{2\ell}{T^2}$$

$$= \frac{4\pi^2(0.369\ \text{m})}{(1.22\ \text{s})^2}$$

Sustituye $l = 0.369$ m, $T = 1.22$ s.

$$= 9.78\ \text{m/s}^2 = 9.78\ \text{N/kg}$$

3 EVALUAR LA RESPUESTA

- **¿Las magnitudes son realistas?** N/kg es la unidad correcta para el campo gravitatorio.
- **¿La magnitud es realista?** El valor calculado de *g* es bastante cercano al valor aceptado de *g*, 9.8 N/kg. Este péndulo podría estar a un nivel del mar más alto.

PRÁCTICA Problemas

PRÁCTICA ADICIONAL

5. ¿Cuál es el período en la Tierra de un péndulo con una longitud de 1.0 m?

6. ¿Qué tan largo debe ser un péndulo en la Luna, donde $g = 1.6$ N/kg, para que su período sea 2.0 s?

7. DESAFÍO En un determinado planeta, el período de un péndulo de 0.75 m de largo es 1.8 s. ¿Cuál es el valor de *g* en este planeta?

Verifica tu progreso

8. **Movimiento periódico** Explica por qué un péndulo es un ejemplo del movimiento periódico.

9. **Energía de un resorte** Los resortes en la **Imagen 5** son idénticos. Compara el potencial energético de los últimos dos resortes.

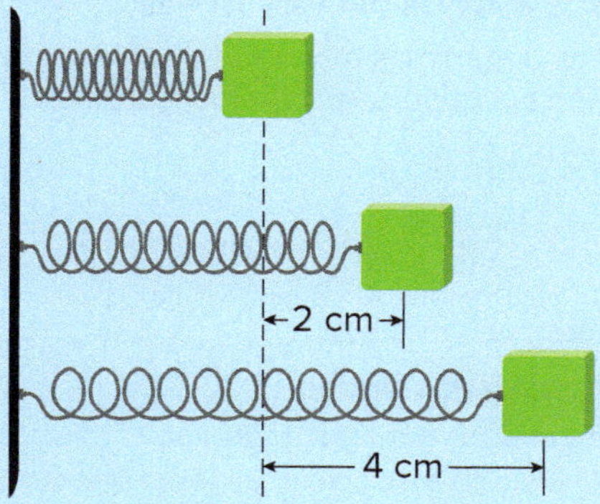

Imagen 5

10. **Ley de Hooke** Objetos de diferentes pesos cuelgan de una banda elástica que pende de un gancho. Los pesos de los objetos están marcados en una gráfica contra el largo de la banda elástica. ¿Cómo puedes darte cuenta si la gráfica obedece la ley de Hooke?

11. **Péndulo** ¿Cómo se debe cambiar la longitud de un péndulo para duplicar su período? ¿Cómo se debe cambiar la longitud para reducirlo a la mitad?

12. **Resonancia** Si la rueda de un automóvil está desequilibrada, el automóvil se sacudirá con fuerza a una velocidad específica, pero no a una velocidad mayor ni menor. Explícalo.

13. **Pensamiento crítico** ¿En qué se parecen el movimiento circular uniforme y el movimiento armónico simple? ¿En qué se diferencian?

LEARNSMART® Conéctate para cumplir tu plan de aprendizaje personalizado para repasar, practicar y reforzar tu comprensión.

LECCIÓN 2

PROPIEDADES DE LAS ONDAS

PREGUNTA DE ENFOQUE

¿Qué tipos comunes de ondas existen?

Ondas mecánicas

Una **onda** es una perturbación que transporta energía a través de la materia o del espacio, sin transferir materia. Las leyes de Newton sobre el movimiento y la ley de la conservación de la energía, que rigen el comportamiento de las partículas, también rigen el comportamiento de las ondas. Las olas, las ondas sonoras y aquellas ondas que viajan a través de una soga o resorte son ondas mecánicas. Estas ondas atraviesan un medio físico, como el agua, el aire o una soga.

Ondas transversales Un **pulso de onda** es un impulso o perturbación que atraviesa un medio. En la parte izquierda de la **Imagen 6**, los pulsos de onda perturban la soga en dirección vertical, pero el pulso viaja horizontalmente. Una onda que perturba las partículas en el medio en sentido perpendicular a la dirección en la que viaja recibe el nombre de **onda transversal.** Si la perturbación continúa a un ritmo constante, se genera una **onda periódica.**

Ondas longitudinales Puedes producir otro tipo de onda en un resorte espiral de juguete. Si comprimes varios anillos del resorte y luego los sueltas, los pulsos se moverán en ambas direcciones. El resultado se llama **onda longitudinal** porque la perturbación es paralela a la dirección en la que viaja la onda. Las ondas sonoras son ondas longitudinales en las que las moléculas se comprimen o descomprimen con alternancia a lo largo del recorrido de la onda.

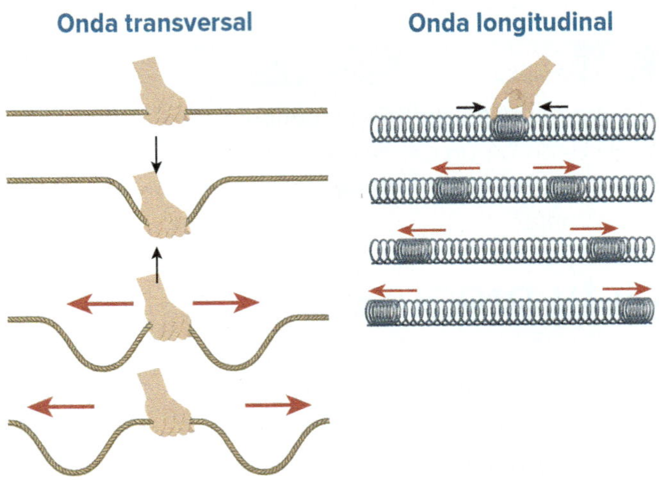

Imagen 6 Sacudir una soga de arriba abajo produce pulsos de onda transversal que viajan en ambas direcciones. Al comprimir y soltar los anillos de un resorte, se producen pulsos de onda longitudinal en ambas direcciones.

Explica *la diferencia entre ondas transversales y longitudinales.*

PENSAMIENTO 3D DCI Ideas centrales disciplinarias CCC Conceptos interdisciplinarios SEP Prácticas de ciencia e ingeniería

REUNIR EVIDENCIA

Usa el Cuaderno de ciencias para registrar la evidencia que reúnas mientras completas las lecturas y las actividades de la lección.

INVESTIGAR

CONÉCTATE para hallar estas actividades y más recursos.

Poner en práctica: Características de las ondas
HS-PS4-1. Usa representaciones matemáticas para respaldar una afirmación sobre las relaciones entre frecuencia, longitud de onda y velocidad de las ondas que viajan en diversos medios.

CCC **Identificar conceptos interdisciplinarios**
Haz una tabla de los conceptos interdisciplinarios con ejemplos que encuentres en la lectura.

Imagen 7 Las ondas de superficie en el agua causan movimiento paralelo y perpendicular a la dirección del movimiento de la onda. Cuando estas ondas interactúan con la costa, el movimiento circular regular se perturba y las olas rompen en la playa.

Ondas de superficie Las ondas que están en lo profundo de un lago o de un océano son longitudinales. Pero en la **onda de superficie,** las partículas del medio siguen un recorrido circular que, en ciertas ocasiones, es paralelo a la dirección del viaje y, en otras, es perpendicular a ella, como se ve en la **Imagen 7.** Las ondas de superficie hacen que las partículas del medio se muevan en un patrón circular. En la parte superior e inferior del recorrido circular, las partículas se mueven paralelamente a la dirección en la que viaja la ola. Esto se asemeja a una onda longitudinal. A la izquierda y derecha de cada círculo, las partículas se mueven hacia arriba o hacia abajo. Este movimiento es perpendicular a la dirección de la onda, por lo que es semejante a una onda transversal.

Física en la vida diaria

Tsunamis

El 11 de marzo de 2011, una pared de agua con una altura estimada de 10 metros golpeó zonas de la costa este de Japón. Era un tsunami. Un tsunami es una serie de olas que pueden tener longitudes de onda de 100 km, períodos de una hora y velocidades entre 500-1000 km/h.

Propiedades de las ondas

Muchos tipos de ondas comparten un conjunto de propiedades. Algunas propiedades dependen de la manera como se produce la onda, mientras que otras dependen del medio en el que se mueve.

Amplitud ¿En qué se diferencia el pulso generado al sacudir la soga con delicadeza del pulso producido por una sacudida violenta? La diferencia es semejante a la que hay entre una ola en un estanque y una ola grande: tienen amplitudes diferentes. De manera similar, como se muestra en la **Imagen 8,** la amplitud de una onda transversal es la distancia máxima a la que llega la onda desde el equilibrio. Dado que la amplitud es una distancia, siempre es positiva. Aprenderás más sobre cómo medir la amplitud al estudiar el sonido.

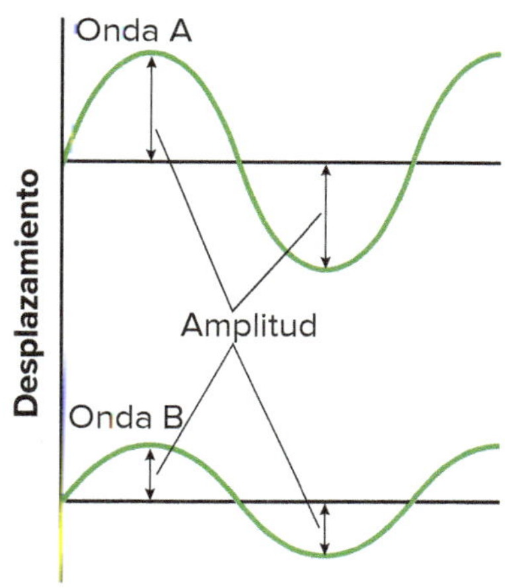

Imagen 8 Se mide la amplitud de una onda desde la posición de equilibro hasta su punto más alto o más bajo.

Energía de una onda Las ondas son ejemplos de diversas manifestaciones de la energía a escala macroscópica. La energía de una onda se relaciona con su amplitud, y la amplitud depende de cómo se genera la onda. Se debe agregar más energía al sistema para generar una onda de mayor amplitud. Por ejemplo, los fuertes vientos producen olas más grandes que las brisas suaves. Las ondas de mayor amplitud transfieren más energía. Mientras que las ondas de poca amplitud quizás muevan la arena unos centímetros, una ola gigante puede arrancar un árbol.

Para ondas que se mueven con la misma velocidad, la razón a la cual la energía se transfiere es proporcional al cuadrado de la amplitud. Por lo tanto, si se duplica la amplitud de la onda, la cantidad de energía que la onda transfiere por segundo aumenta por un factor de cuatro.

La longitud de onda Imagina tomar una foto para ver toda la onda en un solo instante. La ilustración superior en la **Imagen 9** muestra los puntos bajos en una onda transversal, llamados **valles,** y los puntos altos, llamados **crestas.** La distancia más corta entre los puntos donde el patrón de la onda se repite se llama **longitud de onda.** Las crestas están separadas por una longitud de onda. Cada valle también está a una longitud de onda de distancia del otro. La letra griega lambda (λ) representa esta longitud.

Rapidez y velocidad ¿Cuán lejos viaja una onda? La velocidad de un pulso de onda puede hallarse de la misma manera que se determina la de un automóvil. Primero, mide el desplazamiento de una de las crestas o compresiones (Δd), luego divídelo por el intervalo de tiempo (Δt).

$$v = \frac{\Delta d}{\Delta t}$$

Para la mayoría de ondas mecánicas, transversales y longitudinales, excepto las ondas de superficie, la velocidad no depende de la amplitud, frecuencia o longitud de onda. Esta depende solo del medio a través del que viajen o del tipo de onda. Por ejemplo, las ondas sonoras tienen velocidades características en el agua y en el aire. La temperatura del medio también produce efectos. Las ondas sonoras viajan más rápido en aire seco cálido que en aire seco frío.

¿Lo comprendes?

Resume cómo se afecta la velocidad de una onda al cambiar la amplitud, frecuencia o longitud de onda.

Fase Se dice que dos puntos de una onda que están a una o más longitudes de onda de distancia están en fase. Las partículas de un medio están en fase unas con otras cuando tienen el mismo desplazamiento desde la posición de equilibrio y la misma velocidad. Las partículas con desplazamientos opuestos desde la posición de equilibrio y velocidades opuestas presentan un desfase de 180° una respecto a la otra. Dos partículas en un medio de onda pueden presentar un desfase de 0° a 360° una respecto a la otra.

Período Aunque la velocidad y la amplitud de las ondas pueden describir tanto los pulsos como las ondas periódicas, el período (T) corresponde solo a las ondas periódicas. Aprendiste que el período del movimiento armónico simple, como el movimiento de un péndulo simple, es el tiempo que tarda el movimiento en cumplir un ciclo. Este movimiento es generalmente la fuente, o causa, de la onda periódica. En la **Imagen 9** el período (T) es igual a 0.04 s, que es el tiempo que tarda la fuente en completar un ciclo. Es el mismo tiempo que tarda P, un punto de la soga, en regresar a su posición y velocidad iniciales.

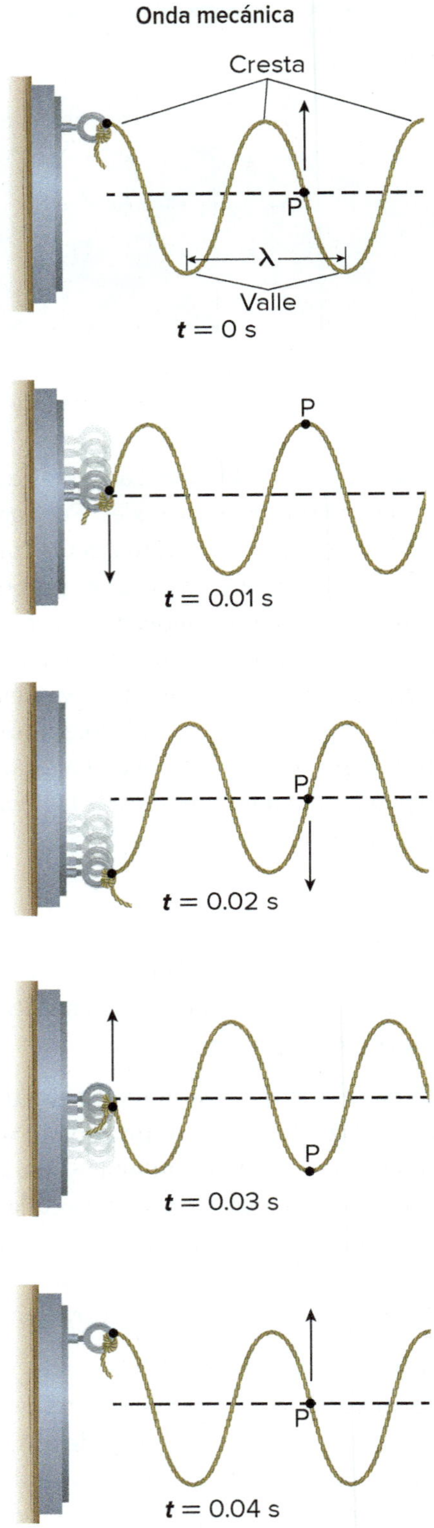

Imagen 9 Un oscilador mecánico mueve el extremo izquierdo de una soga de arriba abajo y completa el ciclo en 0.04 s.

Calcular la frecuencia La **frecuencia** de una onda (f) es la cantidad de oscilaciones completas que un punto de esa onda hace por segundo. La frecuencia se mide en *hertz* (Hz). Un *hertz* es una oscilación por segundo y es igual a 1/s o s^{-1}. La frecuencia y el período de una onda se relacionan en la siguiente ecuación.

Frecuencia de una onda

La frecuencia de una onda es igual al número recíproco del período.

$$f = \frac{1}{T}$$

Tanto el período como la frecuencia de una onda dependen solo de su fuente. No dependen de la velocidad o del medio de la onda.

Calcular la longitud de onda Puedes medir la longitud de onda directamente al medir la distancia entre crestas o valles adyacentes. También puedes calcularla porque la longitud de onda y la frecuencia están relacionadas por la velocidad a la que viaja la onda, que depende del tipo de onda y del medio a través del cual viaja. En el intervalo de tiempo de un período, una onda se desplaza una longitud de onda. Por lo tanto, la longitud de onda es la velocidad multiplicada por el período, $\lambda = vT$. Si se usa la relación según la cual $f = \frac{1}{T}$, la ecuación de la longitud de onda se expresa de la siguiente manera.

Longitud de onda

La longitud de onda es igual a la velocidad de la onda dividida por la frecuencia.

$$\lambda = \frac{v}{f}$$

Representar ondas gráficamente Si tomas una foto de una onda transversal en un resorte espiral de juguete, podría verse como una de las ondas en la **Imagen 9.** La foto podría colocarse en la cuadrícula de una gráfica para mostrar más información sobre la onda, como se muestra a la izquierda de la **Imagen 10.** Al medir de cresta a cresta o de valle a valle, se obtiene la longitud de onda. Considera registrar el movimiento de una sola partícula, como el punto P en la **Imagen 9.** Ese movimiento puede marcarse en una gráfica de desplazamiento-tiempo, como la que está a la derecha en la **Imagen 10.** Al medir de cresta a cresta o de valle a valle en esta gráfica, se obtiene el período de la onda.

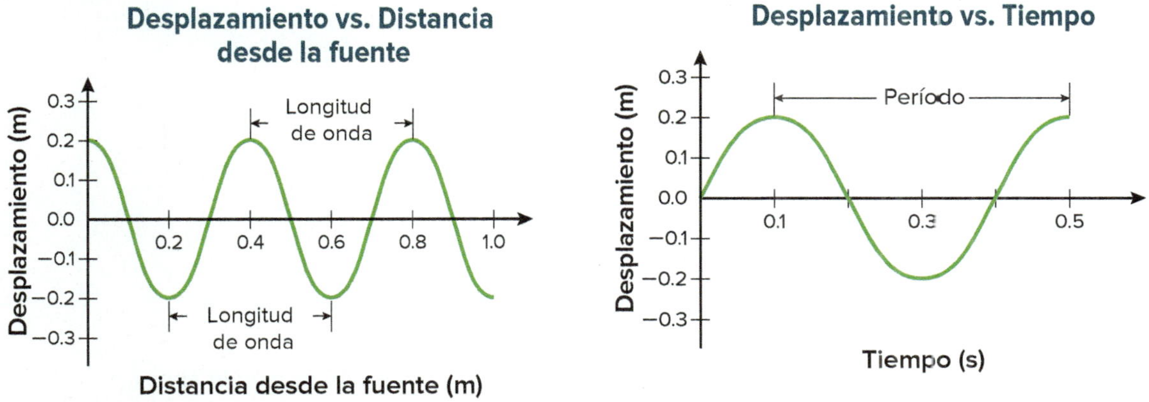

Imagen 10 Representar ondas gráficamente en diferentes ejes brinda diferentes tipos de información.

Determina *el período de la onda que se muestra en la gráfica de desplazamiento vs. tiempo.*

EJEMPLO Problema 3

CARACTERÍSTICAS DE UNA ONDA Una onda sonora tiene un frecuencia de 192 Hz y recorre la distancia de un campo de fútbol americano, 91.4 m, en 0.271 s.

a. ¿Cuál es la velocidad de la onda?
b. ¿Cuál es su longitud de onda?
c. ¿Cuál es su período?
d. Si se cambiara la frecuencia a 442 Hz, ¿cuáles serían la nueva longitud de onda y el nuevo período?

1 ANALIZAR Y PLANTEAR EL PROBLEMA

- Haz un diagrama de la onda.
- Dibuja un vector de velocidad para la onda.

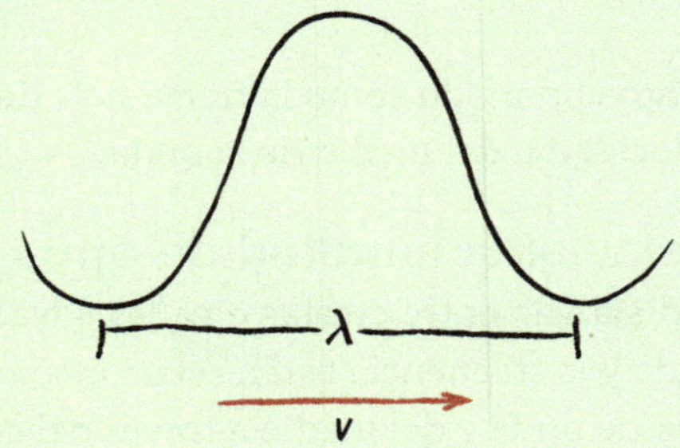

Datos conocidos	**Incógnita**
$f = 192$ Hz	$v = ?$
$\Delta d = 91.4$ m	$\lambda = ?$
$\Delta t = 0.271$ s	$T = ?$

2 HALLAR LA INCÓGNITA

a. Usa la definición de velocidad.

$$v = \frac{\Delta d}{\Delta t}$$
$$= \frac{91.4\text{ m}}{0.271\text{ s}}$$ Sustituye $\Delta d = 91.4$ m, $\Delta t = 0.271$ s
$$= 337\text{ m/s}$$

b. Usa la relación entre velocidad, longitud de onda y frecuencia de la onda.

$$\lambda = \frac{v}{f}$$
$$= \frac{337\text{ m/s}}{192\text{ Hz}}$$ Sustituye $v = 337$ m/s, $f = 192$ Hz.
$$= 1.76\text{ m}$$

c. Usa la relación entre período y frecuencia .

$$T = \frac{1}{f}$$
$$= \frac{1}{192\text{ Hz}}$$ Sustituye $f = 192$ Hz.
$$= 0.00521\text{ s}$$

d. $\lambda = \frac{v}{f}$

$$= \frac{337\text{ m/s}}{442\text{ Hz}}$$ Sustituye $v = 337$ m/s, $f = 442$ Hz.
$$= 0.762\text{ m}$$

$$T = \frac{1}{f}$$
$$= \frac{1}{442\text{ Hz}}$$ Sustituye $f = 442$ Hz.
$$= 0.00226\text{ s}$$

3 EVALUAR LA RESPUESTA

- **¿Son realistas las magnitudes?** El Hz tiene la unidad s^{-1}, entonces $\left(\frac{m}{s}\right)/\text{Hz} = \left(\frac{m}{s}\right)\cdot s = m$, que es correcto para λ.
- **¿Son realistas las magnitudes?** Una onda sonora típica viaja a aproximadamente 340 m/s en el aire, entonces 337 m/s es razonable. Las frecuencias y los períodos son razonables para las ondas sonoras. La frecuencia de 442 Hz es cercana a la nota *la* de 440 Hz, que está arriba del *do* central en el piano.

PRÁCTICA Problemas

PRÁCTICA ADICIONAL

14. Una onda sonora que se produce cuando suena un reloj se oye a 515 m de distancia 1.50 s más tarde.

a. En base a estas medidas, ¿cuál es la velocidad del sonido en el aire?

b. La onda sonora tiene una frecuencia de 436 Hz. ¿Cuál es el período de la onda?

c. ¿Cuál es su longitud de onda?

15. ¿Cómo se relacionan la longitud de onda, la frecuencia y la velocidad de una onda? ¿Cómo dependen del medio por el que viaja la onda y del tipo de onda?

16. ¿Cuál es la velocidad de la perturbación de una onda periódica con una frecuencia de 3.50 Hz y una longitud de onda de 0.700 m?

17. ¿Cómo se afecta la frecuencia de una onda en una soga si la longitud de onda aumenta un 50 por ciento?

18. La velocidad de una onda transversal en una cuerda es 15.0 m/s. Si una fuente produce una perturbación con una frecuencia de 6.00 Hz, ¿cuál es su longitud de onda?

19. En un tanque de agua, se generan cinco longitudes de onda cada 0.100 s. ¿Cuál es la velocidad de la onda si la longitud de onda de la onda de superficie es 1.20 cm?

20. Una onda longitudinal periódica con una frecuencia de 20.0 Hz viaja por un resorte espiral de juguete. Si la distancia entre las compresiones sucesivas es 0.600 m, ¿cuál es la velocidad de la onda?

21. ¿Cómo cambia la frecuencia de una onda cuando se duplica su período?

22. Describe el cambio en la longitud de onda cuando su período se reduce por la mitad.

23. Si la velocidad de una onda aumenta a 1.5 veces su velocidad original mientras que la frecuencia permanece constante, ¿cómo cambia la longitud de onda?

24. DESAFÍO Un excursionista grita hacia un acantilado vertical como se muestra en la **Imagen 11.** El eco se oye 2.75 s. más tarde.

a. ¿Cuál es la velocidad del sonido en el aire de la voz del excursionista?

b. La longitud de onda del sonido es 0.750 m. ¿Cuál es su frecuencia?

c. ¿Cuál es su período?

Imagen 11

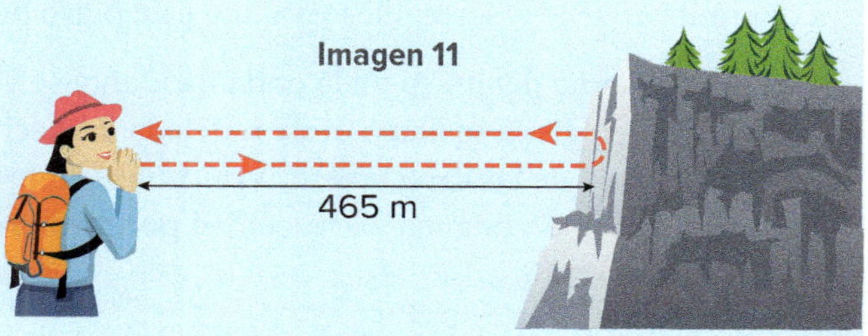

Verifica tu progreso

25. **Ondas transversales** Imagina que te piden que demuestres que una onda transversal transporta energía sin transferir materia. ¿Cómo lo harías?

26. **Características de las ondas** Creas ondas transversales en una soga al sacudir tu mano de un lado a otro. Sin cambiar la distancia que recorre tu mano, comienzas a sacudirla cada vez más rápido. ¿Qué les sucede a la amplitud, a la longitud de onda, a la frecuencia, al período y a la velocidad de la onda?

27. **Ondas longitudinales** Describe las ondas longitudinales. ¿Qué tipos de medios las transmiten?

28. **Velocidades en diferentes medios** Si tiras de un extremo de un resorte espiral de juguete, ¿el pulso llega al otro extremo de manera instantánea? ¿Qué sucede si tiras de una soga? ¿Qué sucede si golpeas un extremo de una barilla de metal? Compara los pulsos que viajan por cada uno de estos materiales.

29. **Pensamiento crítico** Si una gota de lluvia cae en una piscina, produce ondas con amplitudes pequeñas. Si un nadador salta a una piscina, produce ondas con una gran amplitud. ¿Por qué durante una tormenta eléctrica la lluvia fuerte no produce ondas grandes?

LEARNSMART® Conéctate para cumplir tu plan de aprendizaje personalizado para repasar, practicar y reforzar tu comprensión.

LECCIÓN 3

COMPORTAMIENTO DE LAS ONDAS

PREGUNTA DE ENFOQUE

¿Qué sucede cuando dos ondas se encuentran?

Ondas en las fronteras

Recuerda de la lección 2 que la velocidad de una onda mecánica depende solo de las propiedades del medio por el que viaja, no de su amplitud o frecuencia. Por ejemplo, para las ondas de un resorte, la velocidad depende de la tensión y masa del resorte por unidad de longitud. Examina lo que sucede cuando una onda viaja de un medio a otro. La **Imagen 12** muestra un pulso de onda que viaja de un resorte más grande a uno más pequeño. El pulso que golpea la frontera se llama **onda incidente.** Un pulso del resorte más grande continúa en el más pequeño, pero la velocidad es diferente en este resorte. Observa que este pulso de onda transmitido permanece hacia arriba.

Parte de la energía del pulso de la onda incidente se vuelve a reflejar hacia el resorte más grande. Esta onda que regresa se llama onda reflejada. El hecho de que la **onda reflejada** esté al derecho o al revés depende de las características de ambos resortes. Por ejemplo, si las ondas en el resorte más pequeño tienen una mayor velocidad porque el resorte es más rígido, entonces la onda reflejada se invertirá.

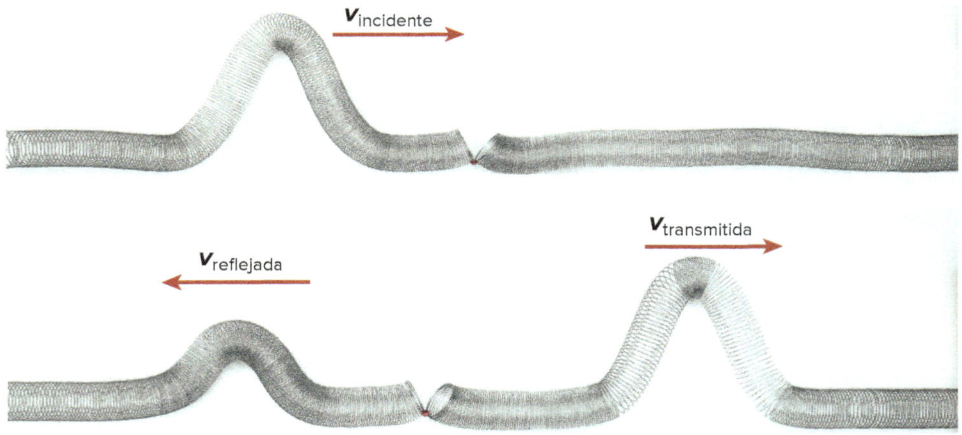

Imagen 12 Cuando el pulso de onda se encuentra con la frontera entre ambos resortes, se forman un pulso de onda transmitido y una onda reflejada.

Compara *la energía de la onda incidente con la energía de la onda reflejada.*

Matt Meadows/McGraw-Hill Education

PENSAMIENTO 3D DCI Ideas centrales disciplinarias CCC Conceptos interdisciplinarios SEP Prácticas de ciencia e ingeniería

REUNIR EVIDENCIA

Usa el Cuaderno de ciencias para registrar la evidencia que reúnas mientras completas las lecturas y las actividades de la lección.

INVESTIGAR

CONÉCTATE para hallar estas actividades y más recursos.

Laboratorio de Física: Reflexión y refracción
Analiza datos de patrones de onda en una cuba de ondas para predecir el comportamiento de las ondas en el agua.

Repasar las noticias
Obtén información de una noticia actual acerca de las ondas mecánicas, como las sísmicas o las acuáticas. Evalúa tu fuente y comunica tus hallazgos a la clase.

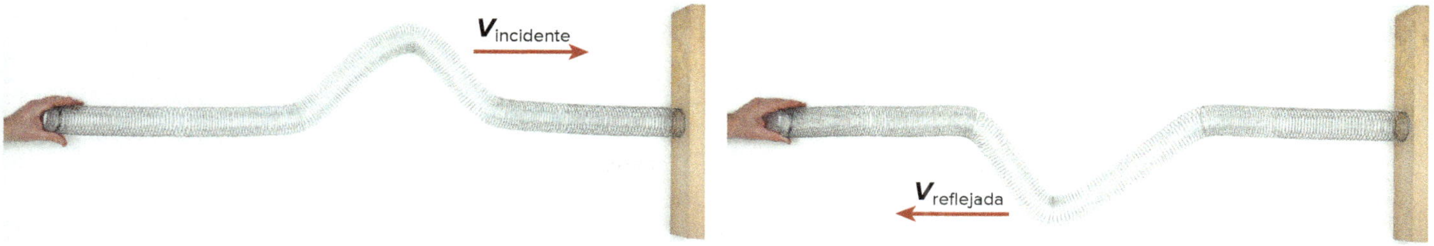

Imagen 13 Cuando una onda se encuentra con una frontera rígida, se invierte la onda reflejada. Observa que la amplitud no se ve afectada por la frontera rígida.

Fronteras rígidas Cuando un pulso de onda choca contra una frontera rígida, la energía se refleja de vuelta, como se muestra en la **Imagen 13.** La pared es la frontera de un medio nuevo a través del cual las ondas intentan pasar. En lugar de atravesarlo, el pulso se refleja en la pared con casi la misma amplitud que el pulso de la onda incidente. Entonces, casi toda la energía de la onda se refleja de vuelta. Muy poca energía se transmite a la pared. Observa también que el pulso se invierte.

Superposición de ondas

Imagina que un pulso que viaja por un resorte se encuentra con un pulso reflejado que regresa de una frontera, como en la **Imagen 14.** En este caso, existen dos ondas en el mismo lugar del medio en el mismo momento. Cada onda afecta el medio de manera independiente. El **principio de superposición** afirma que el desplazamiento de un medio causado por dos o más ondas es la suma algebraica del desplazamiento causado por las ondas individuales. En otras palabras, dos o más ondas pueden combinarse para formar una nueva. Si las ondas se mueven en el mismo medio, pueden cancelarse, sumarse o restarse para formar una nueva onda de menor o mayor amplitud. Emergen sin haber sido afectadas la una por la otra. El resultado de la superposición de dos o más ondas se llama **interferencia.**

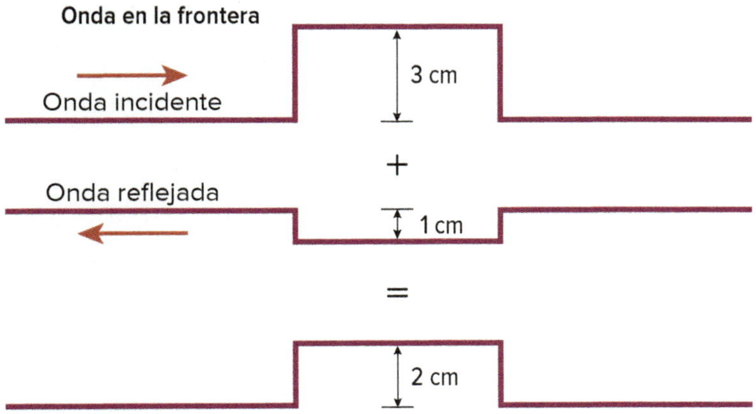

Imagen 14 Las ondas se suman de manera algebraica durante la superposición.

USO CIENTÍFICO VS. USO COMÚN

Interferencia

Uso científico: el resultado de la superposición de dos o más ondas
La amplitud de la interferencia de varias ondas era mucho mayor que la amplitud de las ondas individuales.

Uso común: cruzar, interponer algo en el camino de otra cosa, o en una acción
Los socios desean que no haya más interferencia política en sus proyectos.

Conexión con carreras STEM

Diseñador de botes

Si te atrae el agua, la carrera de diseñador de botes quizás sea para ti. Ya sean transatlánticos, cargueros, yates o botes para esquí acuático, un diseñador de botes debe comprender cómo se moverá la embarcación en diversas condiciones de oleaje.

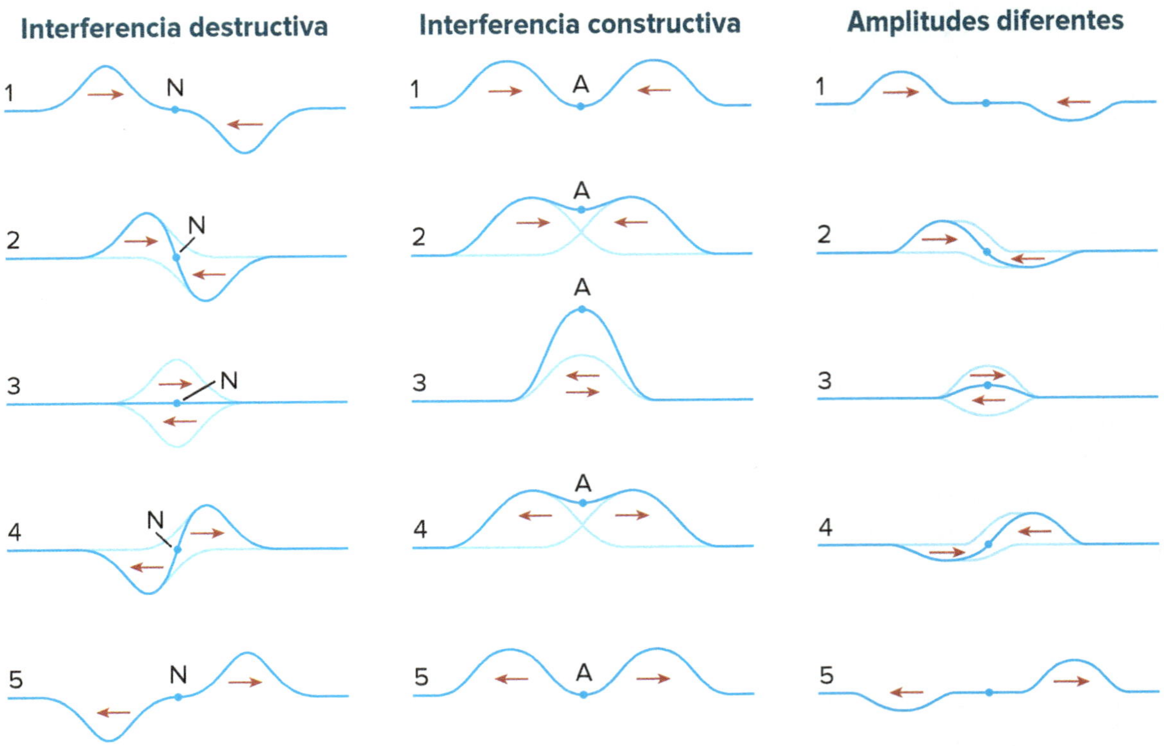

Imagen 15 Cuando se suman las ondas de manera algebraica, las ondas combinadas resultantes pueden diferir bastante de las ondas individuales. **Resume** *cómo se comportan las ondas durante y luego de la superposición.*

La interferencia de ondas La interferencia de ondas puede ser constructiva o destructiva. A la izquierda de la **Imagen 15** se muestra la superposición de ondas con desplazamientos iguales pero opuestos, lo que genera una interferencia destructiva. Cuando los pulsos se encuentran unos con otros y están en la misma ubicación, el desplazamiento es cero. El punto N, que no se mueve para nada, se llama **nodo.** Los pulsos viajan horizontalmente y finalmente emergen sin estar afectados el uno por el otro.

La interferencia constructiva ocurre cuando los desplazamientos de las ondas tienen la misma dirección. El resultado es una onda con una amplitud mayor que aquella de las ondas individuales. Un pulso mayor aparece en el punto A cuando las dos ondas se encuentran. El punto A presenta el mayor desplazamiento y recibe el nombre de **antinodo.** Los dos pulsos pasan a través del otro sin cambiar de forma o tamaño. Incluso si los pulsos tienen amplitudes diferentes, el pulso resultante en la superposición sigue siendo una suma algebraica de ambos pulsos, como se muestra a la derecha en la **Imagen 15**.

¿Lo comprendes?

Compara el desplazamiento del medio de la onda en un nodo y en un antinodo.

Dos reflexiones Puedes aplicar el concepto de ondas superpuestas para controlar las ondas de gran amplitud. Imagina que unes el extremo de una soga a un punto fijo, como una perilla, a una distancia L. Cuando haces vibrar el extremo libre, la onda se mueve desde tu mano a través de la soga hasta llegar al extremo fijo, allí se refleja y se invierte, y regresa a tu mano. Cuando llega a tu mano, la onda reflejada se invierte y vuelve a viajar por la soga. Entonces, cuando la onda abandona tu mano por segunda vez, su desplazamiento tiene la misma dirección que tuvo cuando la abandonó por primera vez.

Ondas estacionarias Imagina que ajustas el movimiento de tu mano para que el período de vibración sea igual al tiempo necesario para que la onda complete un viaje desde tu mano hasta la puerta y regrese. Luego, el desplazamiento que tu mano le da a la soga cada vez se sumará al desplazamiento de la onda reflejada. Como resultado, la amplitud de oscilación de la soga será mucho mayor que el movimiento de tu mano. Esta oscilación de mayor amplitud es un ejemplo de resonancia mecánica.

Los extremos de una soga son los nodos y el antinodo está en el medio, como se muestra en la **Imagen 16.** Por lo tanto, la onda parece estar quieta y recibe el nombre de **onda estacionaria.** Observa que la onda estacionaria es la interferencia de ondas que viajan en direcciones opuestas. Si duplicas la frecuencia de la vibración puedes producir un nodo y un antinodo más en la soga. Así parece vibrar en dos segmentos. Cuando aumentas más la frecuencia, se producen más nodos y antinodos, como se muestra en la foto inferior de la **Imagen 16.**

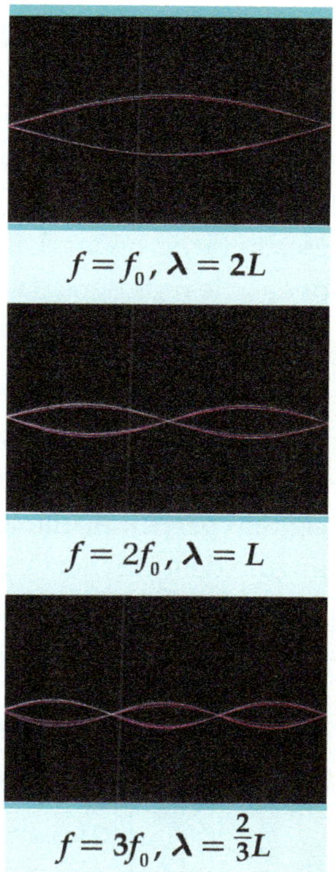

Imagen 16 La interferencia produce ondas estacionarias solo a determinadas frecuencias.

Predice *la longitud de onda si la frecuencia es cuatro veces la frecuencia más baja.*

Ondas en dos dimensiones

Estudiaste las ondas en una soga y en un resorte que se reflejan en soportes rígidos. Durante algunas de estas interacciones, la amplitud de las ondas es cero debido a la interferencia destructiva. Estas ondas mecánicas viajan en una sola dimensión. Las ondas en la superficie del agua viajan en dos dimensiones, y las sonoras y electromagnéticas viajan en tres dimensiones, como verás luego. ¿Cómo se pueden representar ondas bidimensionales?

Imaginar ondas en dos dimensiones Cuando lanzas una piedra a un charco de agua calma, ves las crestas y valles circulares de las ondas que se propagan en todas las direcciones. Puedes dibujar estas ondas como círculos que representen las crestas. Si metes tu dedo en el agua repetidamente a una frecuencia constante, el dibujo sería una serie de círculos concéntricos, llamados frentes de onda, centrados en tu dedo. Un **frente de onda** es una recta que representa la cresta de una onda en dos dimensiones. Estos frentes pueden usarse para mostrar las ondas bidimensionales con cualquier forma, incluidas las ondas circulares. La **Imagen 17** muestra ondas circulares en el agua. Los círculos dibujados muestran los frentes de onda que representan esas olas.

Sin importar su forma, las ondas bidimensionales siempre viajan en una dirección perpendicular a sus frentes de onda. La dirección puede representarse mediante un **rayo,** que es una recta dibujada en un ángulo recto respecto al frente de onda. Cuando lo que quieres mostrar es la dirección en la que viaja una onda, es conveniente dibujar rayos en lugar de frentes de onda. Las flechas rojas en la **Imagen 17** son rayos que indican la dirección del movimiento de las olas. Una ventaja de dibujar frentes de onda es que cuando se dibujan a escala, muestran las longitudes de onda. En la **Imagen 17,** la longitud de onda es igual a la distancia entre un círculo y el siguiente.

Imagen 17 Las ondas se propagan en un patrón circular desde la fuente de oscilación.

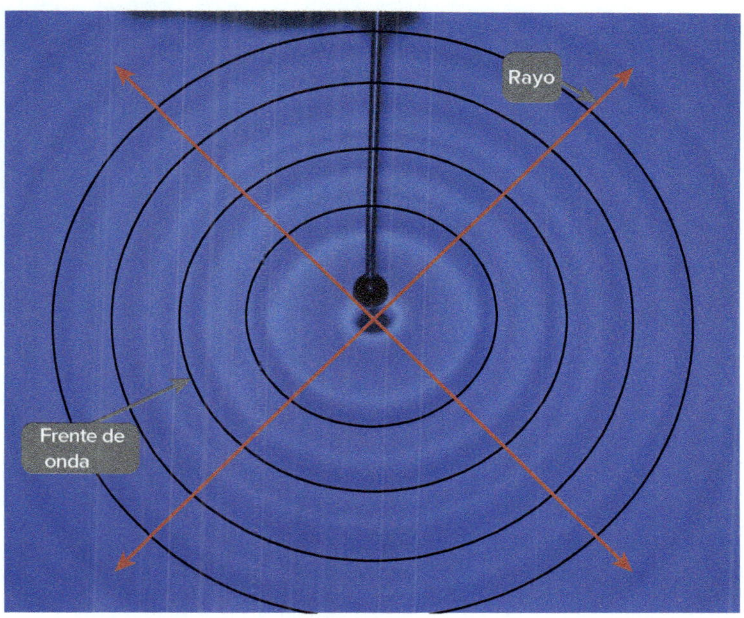

Crear ondas bidimensionales

Una cuba de ondas es un equipo de laboratorio que se usa para investigar las propiedades de las ondas bidimensionales. La parte principal de la cuba de ondas que aparece en la **Imagen 18** es un tanque poco profundo que contiene una pequeña capa de agua. Una tabla unida al oscilador mecánico produce ondas con frentes de onda rectos y largos. Una lámpara sobre el tanque genera sombras debajo del tanque que muestran las ubicaciones de las crestas de las ondas. La foto superior en la **Imagen 18** muestra una onda que viaja por la cuba de ondas. Se representa la dirección en la que viaja mediante un diagrama de rayos. Para mayor claridad, los frentes de onda no se extienden sobre toda la longitud de la onda.

La reflexión de ondas bidimensionales

Las fotos inferiores en la **Imagen 18** muestran un rayo incidental que se encuentra con una barrera rígida ubicada en ángulo con respecto al recorrido del rayo. La orientación de la barrera se muestra en una recta llamada **normal,** dibujada en sentido perpendicular a la barrera. El ángulo entre el rayo incidente y la normal recibe el nombre de ángulo de incidencia y se rotula θ_i en el diagrama. El ángulo entre la normal y el rayo reflejado se llama ángulo de reflexión y se rotula θ_r. Según la **ley de reflexión**, el ángulo de incidencia es igual al ángulo de reflexión. Se aplica a muchos tipos de ondas, no solo a las ondas en una cuba de ondas.

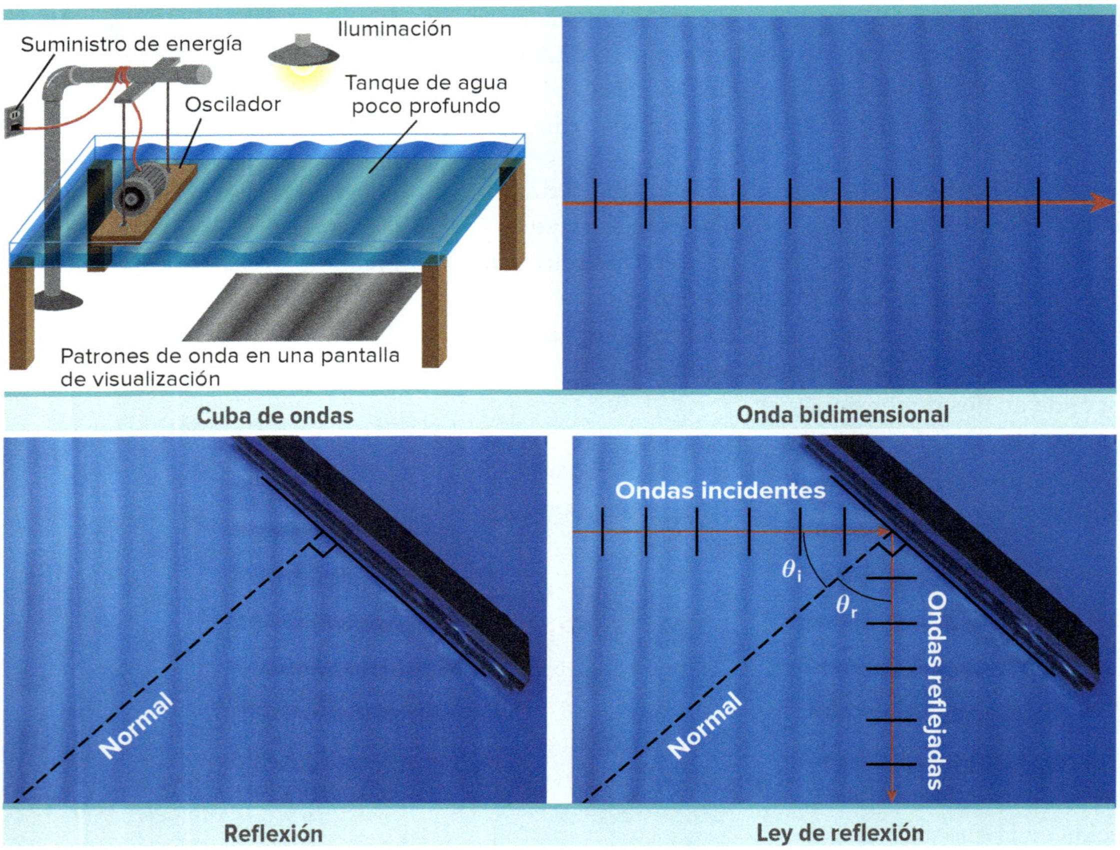

Imagen 18 La cuba de ondas produce ondas uniformes que son útiles para representar el comportamiento de las ondas.

USO CIENTÍFICO VS. USO COMÚN

Normal

Uso científico: una recta en un diagrama que se dibuja en sentido perpendicular a la superficie

Al medirlos según la normal, los ángulos de incidencia y reflexión son iguales.

Uso común: que se ajusta a un tipo, estándar o patrón regular

No es normal que las temperaturas sean tan bajas en julio.

CCC CONCEPTOS INTERDISCIPLINARIOS

Causa y efecto Escribe un procedimiento en el que describas cómo podrías usar una cuba de ondas para reunir evidencia empírica que respalde la relación de causa y efecto entre el ángulo de una barrera y el ángulo de una onda reflejada.

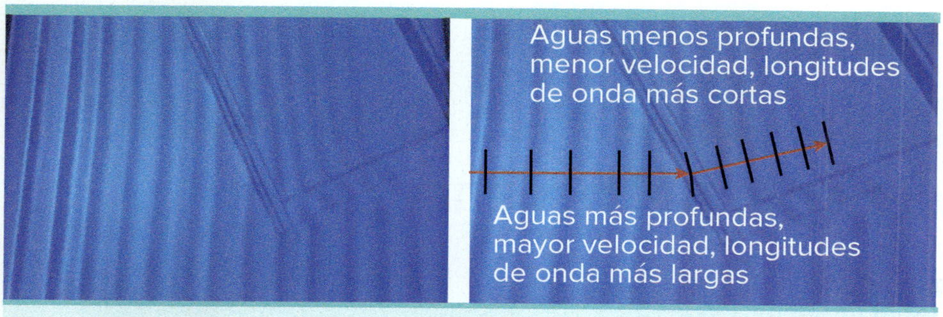

Refracción

Imagen 19 Las ondas en la cuba cambian de dirección al entrar en agua menos profunda.

Describe *cómo cambia la longitud de onda a medida que la onda pasa al agua menos profunda.*

Refracción de ondas en dos dimensiones

Una cuba de ondas también puede representar el comportamiento de las ondas al viajar de un medio a otro. La **Imagen 19** muestra un plato de vidrio debajo del agua en una cuba de ondas. El agua sobre el plato es menos profunda que el agua en el resto de la cuba. A medida que las ondas viajan del agua más profunda a la más superficial, sus velocidades disminuyen y su dirección cambia. Estos cambios son comunes cuando las ondas pasan de un medio a otro.

Las ondas en el agua más superficial están relacionadas con las ondas en el agua profunda. Como resultado, la frecuencia de las ondas en ambos medios es la misma. En función de la ecuación $\lambda = \frac{v}{f}$, la disminución de velocidad de las ondas significa que la longitud de onda es más corta en el agua menos profunda. El cambio de dirección que las ondas sufren en la frontera entre dos medios diferentes se conoce como **refracción.** La **Imagen 19** muestra un modelo de refracción con un frente de onda y un rayo. La reflexión y la refracción ocurren en muchos tipos de ondas diferentes. Los ecos son un ejemplo de reflexión de las ondas sonoras en una superficie dura, como las paredes de un gimnasio grande. Los arcoíris son el resultado de la reflexión y refracción de la luz. Un rayo de sol atraviesa una gota de lluvia, la reflexión y la refracción separan la luz en sus colores individuales y se produce un arcoíris.

Verifica tu progreso

30. **Características de las ondas** ¿Qué características permanecen iguales cuando una onda atraviesa una frontera hacia otro medio: frecuencia, amplitud, longitud de onda, velocidad o dirección?

31. **Superposición de ondas** Dibuja dos pulsos de onda cuya interferencia produce un pulso con una amplitud mayor que la de las ondas individuales.

32. **Refracción de las ondas** En la **Imagen 19,** la onda cambia de dirección cuando pasa de un medio a otro. ¿Pueden dos ondas bidimensionales cruzar una frontera entre dos medios sin cambiar de dirección? Explícalo.

33. **Ondas estacionarias** En una onda estacionaria en un resorte que está fijo en sus dos extremos, ¿cómo se relaciona la cantidad de nodos con la cantidad de antinodos?

34. **Pensamiento crítico** Otra manera de comprender la reflexión consiste en cubrir el lado derecho de cada dibujo de la parte izquierda en la **Imagen 15** con un pedazo de papel. El borde del papel debería apuntar al punto N, el nodo. Concéntrate en la onda resultante, que se muestra en azul oscuro. Observa que actúa como una onda reflejada en una frontera. ¿La frontera es una pared rígida? Repite este ejercicio para la parte del central en la **Imagen 15.**

LEARNSMART® Conéctate para cumplir tu plan de aprendizaje personalizado para repasar, practicar y reforzar tu comprensión.

Aprovechar el movimiento del océano

Las olas del océano representan una gran fuente potencial de energía casi sin explotar. Las estimaciones sugieren que en los Estados Unidos, la energía de las olas podría producir entre un cuarto y un tercio de la electricidad que se consume por año. Actualmente, la tecnología undimotriz está rezagada con respecto a la eólica o la solar, pero en todo el mundo los ingenieros están trabajando para cambiar esto y aprovechar la energía de las olas.

Los generadores de energía undimotriz convierten la energía mecánica de las olas en energía eléctrica.

Tecnología undimotriz

Un tipo de tecnología undimotriz, llamado absorbedor puntual, se parece a una gran boya flotante. Tiene partes que están unidas, pero que pueden moverse de manera independiente. Cuando las olas suben y bajan, las diferentes partes se mueven una respecto a otra. Esto acciona un dispositivo conversor de energía que transforma la energía mecánica en energía eléctrica. Se están probando dos versiones diferentes cerca de la costa de Hawái.

Otro tipo de tecnología diseñada para uso en altamar se parece a una gran serpiente marina de metal. Sus segmentos se mueven de modo independiente, pero están unidos el uno al otro mientras flota en el agua. El dispositivo entero está anclado al fondo marino. El movimiento de las olas hace que los segmentos se muevan uno respecto a otro. Esta energía mecánica se convierte en energía eléctrica gracias a una bomba hidráulica u otro dispositivo. La corriente eléctrica se transporta a la costa mediante un cable.

Otro tipo de generador, llamado columna de agua oscilante o terminador, está diseñado para uso en tierra. Las ondas empujan el agua hacia dentro de una cámara con forma de columna a través de una abertura bajo el agua. El aire está atrapado arriba. La columna de agua atrapada se mueve hacia arriba y hacia abajo como un pistón. El aire se ve forzado a salir y entrar por una abertura en la parte superior de la columna. Esto enciende una turbina y el movimiento mecánico se convierte en electricidad.

Los dispositivos de energía undimotriz necesitan hacer más que solo convertir la energía mecánica de las olas en electricidad. También deben ser muy duraderos para resistir las duras condiciones en el océano. Los ingenieros deben diseñar dispositivos que resistan las tormentas, el impacto de las olas y la corrosividad del agua de mar.

Todavía no se ha adoptado ninguna de estas tecnologías para un uso a gran escala. Los ingenieros y los científicos seguirán desarrollando y probando prototipos con el objetivo de crear dispositivos de energía undimotriz que sean efectivos, confiables, duraderos y asequibles.

DESARROLLAR Y USAR UN MODELO PARA ILUSTRAR

Elige un tipo de tecnología undimotriz. Averigua cómo convierte la energía mecánica de las olas en electricidad. Desarrolla y usa un modelo para ilustrar cómo funciona esa tecnología.

MÓDULO 13

GUÍA DE ESTUDIO

CONÉCTATE para estudiar con el Libro de ciencias.

Lección 1 MOVIMIENTO PERIÓDICO

- El movimiento armónico simple ocurre cuando la fuerza restauradora que actúa sobre un objeto es directamente proporcional al desplazamiento del objeto desde el equilibrio.
- La energía potencial elástica de un resorte que obedece la ley de Hooke se expresa mediante la siguiente ecuación:

$$PE_s = \frac{1}{2}kx^2$$

- El período de un péndulo depende de su longitud y de la fuerza del campo gravitatorio en el lugar donde se encuentra. Se puede hallar el período al usar la siguiente ecuación

$$T = 2\pi\sqrt{\frac{\ell}{g}}$$

- movimiento periódico
- período
- amplitud
- movimiento armónico simple
- ley de Hooke
- péndulo simple
- resonancia

Lección 2 PROPIEDADES DE LAS ONDAS

- Las ondas son perturbaciones que transfieren energía sin transferir materia.
- En las ondas transversales, el desplazamiento del medio es perpendicular a la dirección en la que viaja la onda. En las ondas longitudinales, el desplazamiento es paralelo a ella.
- La velocidad de una onda continua es igual a su frecuencia multiplicada por su longitud de onda.

$$v = f\lambda$$

- onda
- pulso de onda
- onda transversal
- onda periódica
- onda longitudinal
- onda de superficie
- valle
- cresta
- longitud de onda
- frecuencia

Lección 3 COMPORTAMIENTO DE LAS ONDAS

- Cuando las ondas bidimensionales se reflejan en las fronteras, los ángulos de incidencia y reflexión son iguales. El cambio de dirección que sufren las ondas en la frontera entre dos medios se llama refracción.
- Hay interferencia cuando dos o más ondas viajan por el mismo medio al mismo tiempo. El principio de superposición afirma que el desplazamiento de un medio que resulta de dos o más ondas es la suma algebraica de los desplazamientos de las ondas individuales.

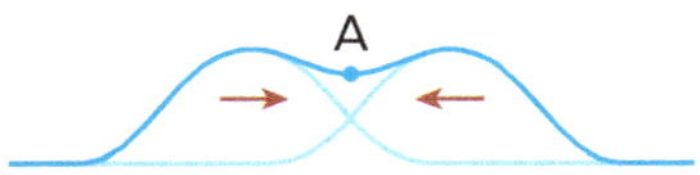

- onda incidente
- onda reflejada
- principio de superposición
- interferencia
- nodo
- antinodo
- onda estacionaria
- frente de onda
- rayo
- normal
- ley de reflexión
- refracción

PENSAMIENTO TRIDIMENSIONAL

Conclusión del módulo

REPASA EL FENÓMENO

¿Cómo puede este péndulo evitar que un terremoto dañe un edificio?

CER Afirmación, evidencia, razonamiento

Explicar el razonamiento Repasa la afirmación que hiciste cuando hallaste el fenómeno. Resume la evidencia que reuniste en tus investigaciones y completa la tabla de resumen. ¿Respalda la evidencia tu afirmación? Si no lo hace, repasa tu afirmación. Explica por qué la evidencia respalda tu afirmación.

PROYECTO DE LA UNIDAD STEM

Ahora que completaste el módulo, repasa el proyecto de la unidad STEM. Resume la evidencia y aplícala al proyecto.

PROFUNDIZA

SEP Laboratorio de análisis de datos

¿Cómo se afecta el movimiento periódico por la fuerza de la gravedad?

Un astronauta aterriza en un planeta desconocido y debe determinar el valor de la aceleración gravitatoria g. Tiene los siguientes instrumentos a mano.

El instrumento A descansa en el suelo y dispara una pelota verticalmente con una velocidad conocida. El astronauta puede medir el tiempo que le lleva a la pelota elevarse desde su posición de lanzamiento y el tiempo que le lleva regresar a ella.

El instrumento B es un peso simple sin marcar que está suspendido de un resorte con una constante k = 22.5 N/m.

El instrumento C es un péndulo simple en el extremo de un brazo que tiene 0.500 m de largo. El astronauta cuenta exactamente 47 balanceos completos en 1.00 min.

CER Analizar e interpretar datos

1. **Afirmación** ¿Qué instrumentos pueden usarse para determinar g?
2. **Evidencia y razonamiento** Explica cómo tomaste la decisión.

MÓDULO 14
SONIDO

Mike Long/Alamy Stock Photo

MÓDULO 14
SONIDO

ENCUENTRA EL FENÓMENO

¿Por qué la sirena de un autobomba cambia de tono cuando pasa a tu lado?

CONÉCTATE para ver un video acerca de cómo cambia el tono cuando una fuente de sonido pasa al lado de un observador.

SEP Hacer preguntas

¿Tienes más preguntas acerca del fenómeno? Si es así, agrégalas al pizarrón de preguntas clave.

CER Afirmación, evidencia, razonamiento

Hacer una afirmación Usa la tabla CER para hacer una afirmación acerca de por qué la sirena de un autobomba cambia de tono cuando pasa a tu lado.

Reunir evidencia Usa las lecciones del módulo para reunir evidencia que respalde tu afirmación. Registra la evidencia mientras trabajas en el módulo.

Explicar el razonamiento Repasarás tu afirmación y explicarás tu razonamiento al final del módulo.

CONÉCTATE para acceder a la tabla CER y explorar los recursos que te ayudarán a reunir evidencia.

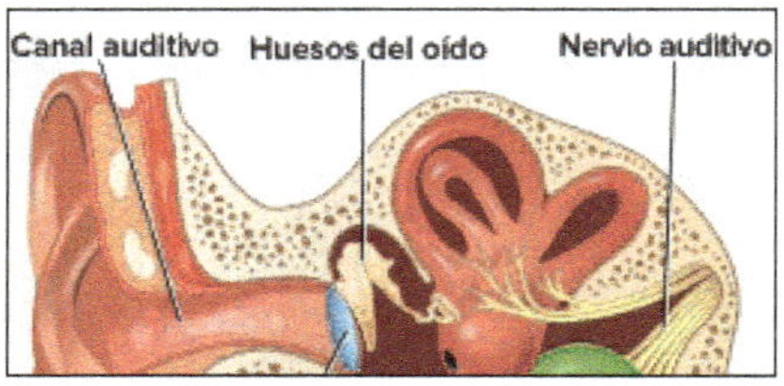

LECCIÓN 1: Explorar y explicar: Detectar ondas sonoras

LECCIÓN 2: Explorar y explicar: Fuentes de sonido

Smithsonian

Recursos adicionales

LECCIÓN 1
PROPIEDADES Y DETECCIÓN DE SONIDO

PREGUNTA DE ENFOQUE
¿Qué factores afectan el tono de un sonido?

Ondas sonoras

Conoces varias características del sonido por tus experiencias cotidianas. Entre estas características, se incluyen el volumen, el timbre y el tono. Sin pensarlo, puedes usar estas características, y otras, para categorizar muchos de los sonidos que oyes.

Variaciones de presión Coloca los dedos sobre tu garganta mientras tarareas o hablas. ¿Sientes las vibraciones? La **Imagen 1** muestra una campana que vibra que puede representar las cuerdas vocales, un parlante o cualquier otra fuente de sonido. Cuando se mueve hacia adelante y hacia atrás, el borde de la campana golpea las partículas en el aire. Cuando el borde avanza, las partículas de aire rebotan fuera de la campana con una velocidad menor.

Imagen 1 Cuando la campana está en reposo (arriba), el aire circundante está a presión media. Cuando se golpea la campana (abajo), el borde que vibra crea regiones de presión alta y baja. A pesar de que el diagrama muestra las regiones de presión que se mueven en una dirección, las ondas se mueven en todas las direcciones.

PENSAMIENTO 3D DCI Ideas centrales disciplinarias CCC Conceptos interdisciplinarios SEP Prácticas de ciencia e ingeniería

REUNIR EVIDENCIA
Usa el Cuaderno de ciencias para registrar la evidencia que reúnas mientras completas las lecturas y las actividades de la lección.

INVESTIGAR
CONÉCTATE para hallar estas actividades y más recursos.

Investigación virtual: Efecto Doppler
Analiza los datos para determinar cómo una fuente en movimiento afecta la frecuencia de la onda sonora detectada.

Repasar la pregunta de Encuentra el fenómeno
¿Qué información de la lección te ayuda a responder las preguntas de la unidad y del módulo?

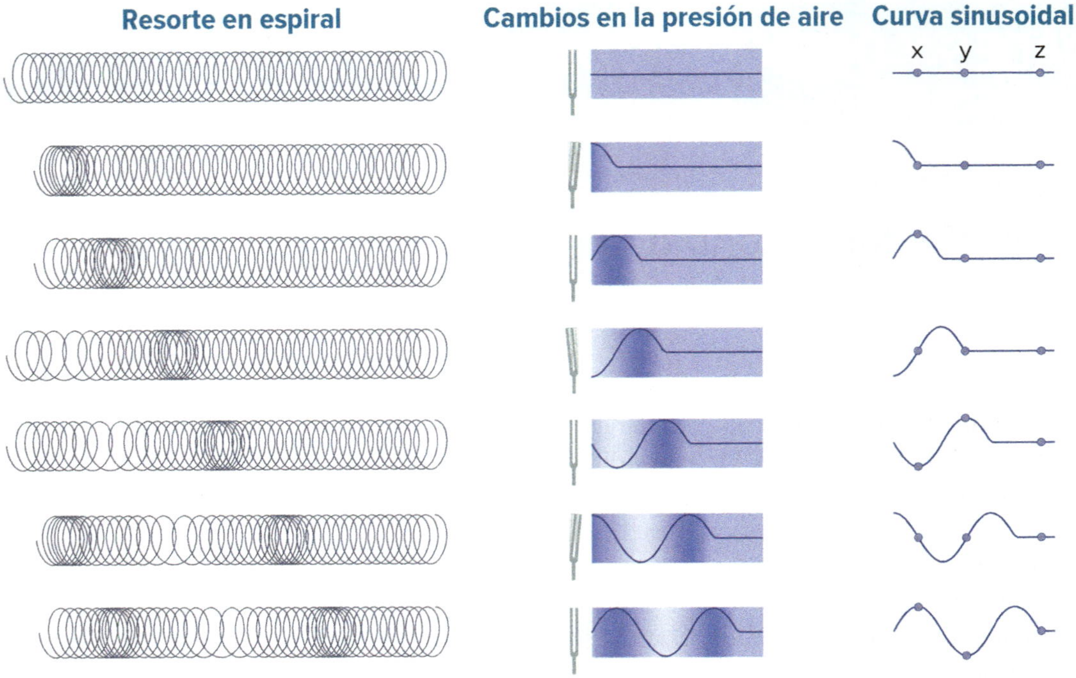

Imagen 2 Un resorte en espiral muestra las oscilaciones creadas por una onda sonora. Cuando la onda sonora se desplaza por el aire, la presión del aire sube y baja. Los cambios en las curvas sinusoidales corresponden a los cambios en la presión del aire. Observa que las posiciones de *x*, *y* y *z* muestran que la onda, no la materia, se desplaza hacia adelante.

El resultado de estos cambios de velocidad es que el movimiento hacia adelante de la campana produce una región donde la presión del aire es apenas mayor que la media, como se ve en la **Imagen 1.** El movimiento hacia atrás produce presión apenas inferior a la media. Las colisiones de las partículas de aire causan que las variaciones de presión se alejen de la campana en todas las direcciones. Si te centraras en un punto, verías subir y bajar el valor de la presión del aire. De este modo, las variaciones de presión se transmiten por la materia.

Describir el sonido

Una oscilación de presión que se transmite a través de la materia es una **onda sonora.** Las ondas sonoras se desplazan por el aire porque una fuente de vibración produce variaciones regulares, u oscilaciones, en la presión del aire. Las partículas de aire colisionan, y transmiten las variaciones de presión hacia afuera de la fuente de sonido. La presión del aire oscila alrededor de la presión media del aire, como en la **Imagen 2.** La frecuencia de la onda es la cantidad de oscilaciones en la presión por segundo. La longitud de onda es la distancia entre las regiones sucesivas de presión alta o baja. Como el movimiento de las partículas en el aire es paralelo a la dirección del movimiento de la onda, el sonido es una onda longitudinal.

La longitud y frecuencia de una onda están relacionadas entre sí por la velocidad de desplazamiento de la onda. Al igual que cualquier otra onda, la velocidad del sonido depende del medio por el que pasa el sonido. En el aire, la velocidad depende de la temperatura y aumenta alrededor de 0.6 m/s por cada aumento de 1 °C en la temperatura. A temperatura ambiente (20 °C) y a nivel del mar, la velocidad del sonido es 343 m/s. Para resolver los problemas del libro, puedes asumir estas condiciones salvo que se establezca lo contrario.

¿Lo comprendes?

Estima la velocidad del sonido en el aire a nivel del mar si la temperatura es 25 °C.

Por lo general, la velocidad del sonido es mayor en sólidos y líquidos que en gases. La **Tabla 1** detalla las velocidades de las ondas sonoras en diferentes medios. El sonido no puede viajar en el vacío porque no hay partículas que colisionen.

Las ondas sonoras comparten las propiedades generales de otras ondas. Por ejemplo, se reflejan en objetos duros, como las paredes de una habitación. Las ondas sonoras reflejadas se llaman ecos. El tiempo necesario para que un eco regrese a la fuente del sonido puede usarse para hallar la distancia entre la fuente y el objeto reflectante. Este principio lo usan los murciélagos y los buques que usan un sonar. Dos ondas sonoras pueden interferir, lo que causa puntos muertos en nodos donde se puede detectar poco sonido. Recuerda que la frecuencia y la longitud de una onda se relacionan con la velocidad de la onda mediante la ecuación $\lambda = \frac{v}{f}$.

Tabla 1 Velocidad del sonido en diferentes medios

Medio	Velocidad (m/s)
Aire (0 °C)	331
Aire (20 °C)	343
Helio (0 °C)	965
Agua (25 °C)	1497
Agua salada (25 °C)	1535
Cobre (20 °C)	4760
Hierro (20 °C)	4994

Detección de ondas de presión

Los detectores de sonido transforman la energía sonora (la energía cinética de las partículas del medio transmisor que vibran) en otra forma de energía. Un detector común es un micrófono, que transforma la energía sonora en energía eléctrica. Un micrófono consiste en un disco delgado que vibra en respuesta a las ondas sonoras y produce una señal eléctrica.

El oído humano Como se ve en la **Imagen 3,** el oído humano es un detector de sonidos que recibe ondas de presión y las convierte en impulsos eléctricos. La membrana timpánica, también llamada tímpano, vibra cuando las ondas sonoras ingresan en el canal auditivo. Tres pequeños huesos en el oído medio transforman estas vibraciones en fluido en la cóclea. Los vellos que recubren la cóclea, que tiene forma de espiral, detectan ciertas frecuencias en el fluido vibrante. Estos vellos estimulan las células nerviosas, que envían impulsos al cerebro y producen la sensación de sonido. El oído detecta las ondas sonoras en un rango amplio de frecuencias y es sensible a un enorme rango de amplitudes. Además, la audición humana puede distinguir muchas calidades diferentes de sonido. Se necesita saber Física y biología para comprender las complejidades del oído. La interpretación de los sonidos por parte del cerebro es incluso más compleja, y no se comprende en su totalidad.

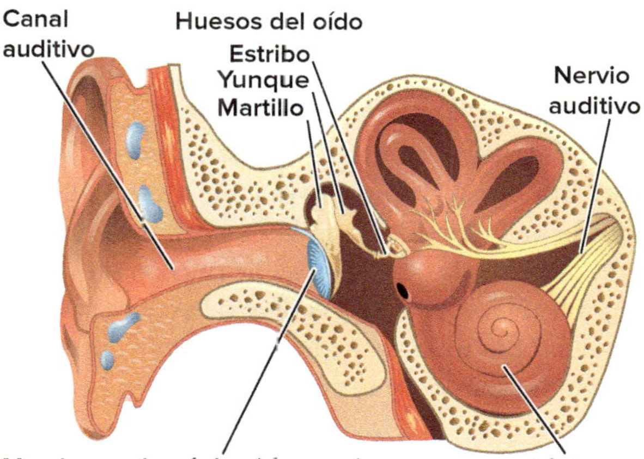

Imagen 3 El oído es un órgano sensorial que traduce las vibraciones sonoras del ambiente externo en impulsos nerviosos que se envían al cerebro para que los interprete. El tímpano vibra cuando las ondas sonoras ingresan en el canal auditivo. Los huesos del oído medio (martillo, yunque y estribo) se mueven como consecuencia de las vibraciones. Luego, se trasmiten hacia el oído interno, donde desencadenan impulsos nerviosos al cerebro. (Nota: El diagrama no está a escala.)

Conexión con carreras STEM

Audioprotesista

¿Te gustaría ayudar a las personas para que mejoren su calidad de vida? Un audioprotesista supervisa pruebas de audición y ayuda a seleccionar y ajustar dispositivos de audición para las personas.

Percibir el sonido

El modo en que los seres humanos perciben el sonido depende en parte de las características físicas de las ondas sonoras, como la frecuencia y la amplitud.

Tono Marin Mersenne y Galileo determinaron, en primer lugar, que el tono que escuchamos depende de la frecuencia de la vibración. El **tono** es lo grave o agudo de un sonido, y se le puede dar un nombre en la escala musical. Por ejemplo, la nota conocida como do central tiene una frecuencia de 262 Hz. La nota más aguda en un piano tiene una frecuencia de 4186 Hz. El oído humano no es igual de sensible para todas las frecuencias. La mayoría de las personas no oye sonidos con frecuencias inferiores a 20 HZ o superiores a 16,000 Hz. Muchos animales, como perros, gatos, elefantes y murciélagos, son capaces de oír frecuencias que los humanos no podemos oír.

¿Lo comprendes?

Identificar ¿A qué característica de las ondas está más vinculado el tono?

Sonoridad La frecuencia y la longitud de onda son dos características físicas de las ondas sonoras. Otra característica física de las ondas sonoras es la amplitud. La amplitud es la medida de la variación en la presión de una onda. La **sonoridad** de un sonido es la intensidad del sonido tal como lo percibe el oído y lo interpreta el cerebro. Esta intensidad depende, principalmente, de la amplitud de la onda de presión.

El oído humano es muy sensible a las variaciones en la intensidad de las ondas sonoras. Recuerda que 1 atmósfera de presión es igual a 1.01×10^5 Pa. El oído puede detectar amplitudes de ondas de presión de menos de un milmillonésimo de una atmósfera, o 2×10^{-5} Pa. En el otro extremo del rango audible, las variaciones de presión de alrededor de 20 Pa o más causan dolor. Es importante recordar que el oído detecta variaciones de presión solo en ciertas frecuencias. Conducir por un paso montañoso cambia la presión en los oídos en miles de pascales, pero este cambio no ocurre en frecuencias audibles.

Dado que los seres humanos pueden detectar un amplio rango de intensidades, es conveniente medir estas intensidades en una escala logarítmica llamada **nivel de sonido.** La unidad más común de medición para el nivel de sonido son los **decibelios** (dB). El nivel de sonido depende de la razón de la intensidad de una onda sonora determinada con aquella del sonido más débilmente oído. Este sonido más débil se mide en 0 dB. Un sonido que es diez veces más intenso registra 20 dB. Un sonido que es otras diez veces más intenso tiene 40 dB.

¿Lo comprendes?

Comparar ¿Cuánto más intenso es un sonido que registra 80 dB que uno de 40 dB?

USO CIENTÍFICO VS. USO COMÚN

Tono

Uso científico: lo agudo o grave que es un sonido, que depende de la frecuencia de vibración

La flauta y la tuba producen tonos muy diferentes.

Uso común: modo particular de decir algo, según la intención o el estado de ánimo de quien habla

Por el tono de su voz, creo que Alice sigue triste.

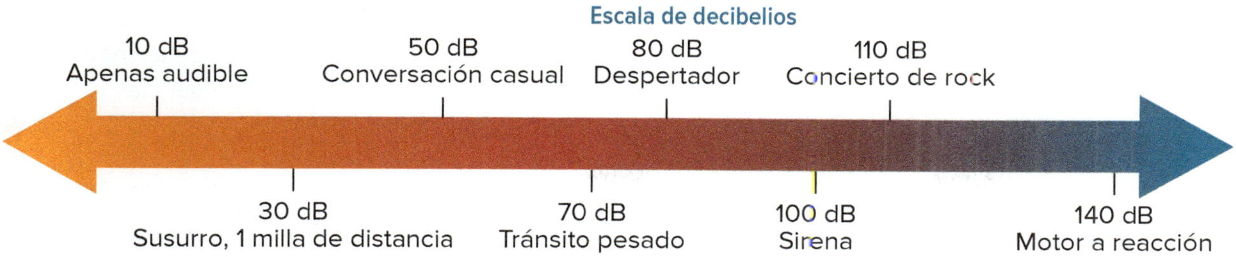

Imagen 4 Esta escala de decibelios muestra el nivel de sonido para una variedad de sonidos.
Inferir *¿Cuántas veces más fuerte suena un despertador que el tránsito pesado?*

La mayoría de las personas percibe un aumento de 10 dB en el nivel de sonido como casi el doble de alto que el nivel original. La **Imagen 4** muestra el nivel de sonido para una variedad de sonidos. Además de la intensidad, las variaciones de presión y la energía de las ondas sonoras pueden describirse con escalas de decibelios.

El oído puede perder sensibilidad, en particular para las frecuencias altas, tras exponerse a sonidos fuertes en forma de ruido o música. Cuánto más tiempo una persona esté expuesta a sonidos fuertes, mayor será el efecto. Uno se puede recuperar de una exposición a corto plazo en unas horas, pero los efectos a largo plazo pueden durar días o semanas. Una exposición prolongada a niveles de sonido de 100 dB o más puede producir daños permanentes. La pérdida de audición también puede ser el resultado de escuchar música fuerte con auriculares desde dispositivos personales de música. En algunos casos, el que escucha desconoce cuán altos son realmente los niveles de sonido. Los tapones de algodón reducen el nivel de sonido solo unos 10 dB. Los dispositivos especiales para el oído pueden brindar una reducción de 25 dB. Las orejeras y los dispositivos específicamente diseñados, como los de la **Imagen 5,** pueden reducir el nivel de sonido hasta 45 dB.

Imagen 5 La pérdida de audición puede ocurrir por una exposición continua a sonidos fuertes. Los trabajadores de muchas ocupaciones, como la construcción, usan protección auditiva. El martillo neumático que usa este trabajador tiene un nivel de sonido de 130 dB.

El efecto Doppler

¿Notaste alguna vez que el tono de un automóvil a gran velocidad cambia cuando el vehículo pasa a tu lado? El tono era más alto cuando el vehículo se movía hacia ti, luego cayó a un tono más bajo cuando se alejaba. El cambio en la frecuencia de sonido causado por el movimiento de la fuente, el detector o ambos se denomina **efecto Doppler.** El efecto Doppler se ilustra en la **Imagen 6.**

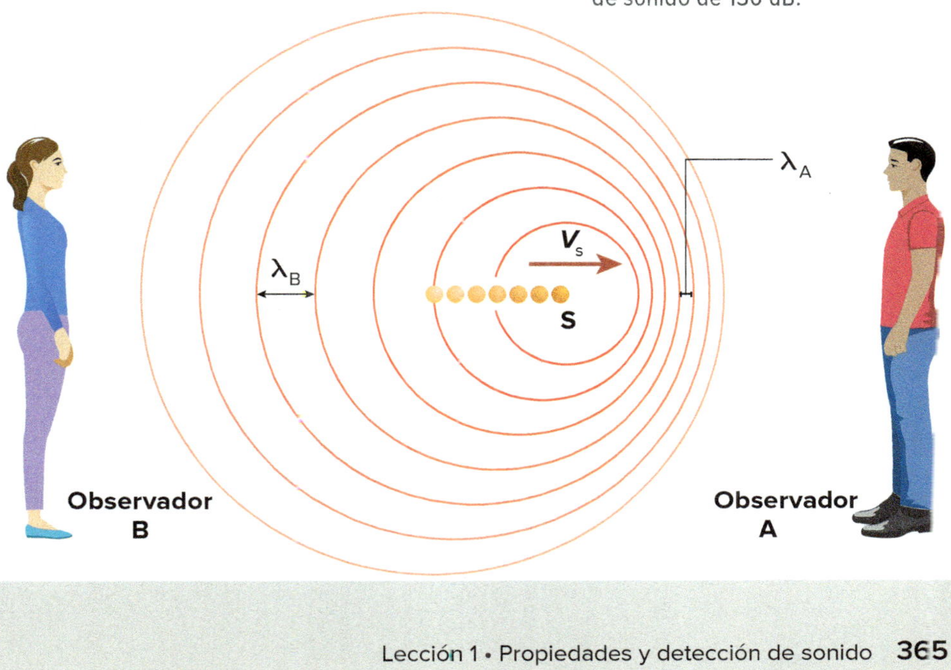

Imagen 6 A medida que una fuente productora de sonido se mueve hacia el observador A, la longitud de onda se acorta a λ_A. A medida que la fuente se aleja del observador B, la longitud de onda se prolonga a λ_B.
Describir *¿Cuál es la diferencia relativa en la frecuencia del sonido detectado para cada observador?*

Wicki58/Getty Images

La fuente de sonido (*S*) se mueve hacia la derecha con una velocidad de v_s. Las ondas que emite la fuente se extienden en círculos centrados en la fuente en el momento en que produjo las ondas. Mientras la fuente se mueve hacia el detector de sonido, el observador A en la **Imagen 6,** más ondas llenan el espacio entre ellas. La longitud de onda se acorta a λ_A. Dado que la velocidad del sonido no cambia, más crestas alcanzan el oído por segundo, lo que significa que la frecuencia del sonido detectado aumenta. Cuando la fuente se aleja del detector, el observador B en la **Imagen 6,** la longitud de onda se prolonga a λ_B, menos crestas alcanzan el oído por segundo, y la frecuencia detectada es menor.

También se produce un cambio de Doppler si el detector se mueve y la fuente es estacionaria. A medida que el detector se acerca a la fuente estacionaria, encuentra más crestas de ondas por segundo que si estuviera en reposo, y se detecta una frecuencia más alta. Si el detector retrocede desde la fuente, menos crestas lo alcanzan por segundo, lo que resulta en una menor frecuencia detectada.

¿Lo comprendes?

Compara la longitud de onda y la frecuencia oída por un observador en frente del autobomba en movimiento del comienzo del módulo con la longitud de onda y la frecuencia oída por un observador ubicado detrás de ella.

Para cualquier combinación de fuente y observador en movimiento, la frecuencia que el observador oye puede hallarse mediante la siguiente relación.

Efecto Doppler

La frecuencia percibida por un detector es igual a la velocidad del detector relativa a la velocidad de la onda, dividida por la velocidad de la fuente relativa a la velocidad de la onda, multiplicada por la frecuencia de la onda.

$$f_d = f_s \frac{v - v_d}{v - v_s}$$

En la ecuación del efecto Doppler, v es la velocidad de la onda sonora, v_s es la velocidad de la fuente de sonido y v_d es la velocidad del observador de interés, quien detecta el sonido. Se usa el subíndice *d* en lugar de la letra *o* para evitar confusiones con el número cero. Se usan los mismos subíndices para indicar las frecuencias correspondientes.

Definir el sistema de coordenadas Cuando resuelvas problemas con la ecuación anterior, asegúrate de definir el sistema de coordenadas para que la dirección positiva sea desde la fuente hacia el detector. Las ondas sonoras se acercarán al detector desde la fuente, por lo que la velocidad del sonido siempre es positiva.

Intenta dibujar diagramas para confirmar que los términos $\frac{v - v_d}{v - v_{ss}}$ se comportan como predices basándote en lo que aprendiste acerca del efecto Doppler. Observa que para una fuente que se mueve hacia el detector (dirección positiva, que resulta en un denominador menor comparado con una fuente estacionaria) y para un detector que se mueve hacia la fuente (dirección negativa y numerador que aumenta comparado con un detector estacionario), la frecuencia detectada (f_d) aumenta.

De modo similar, si la fuente se aleja del detector o si el detector se aleja de la fuente, entonces f_d disminuye. Lee Conectar Matemáticas con Física que está a continuación para ver cómo la ecuación del efecto Doppler se reduce cuando la fuente o el observador es estacionario.

CONECTAR MATEMÁTICAS con Física

Simplificar ecuaciones Cuando un elemento en una ecuación es igual a cero, la ecuación se puede simplificar a una forma que es más fácil de usar.

Detector estacionario, fuente en movimiento: $v_d = 0$	Fuente estacionaria, detector en movimiento: $v_s = 0$
$f_d = f_s \frac{v - v_d}{v - v_s}$	$f_d = f_s \frac{v - v_d}{v - v_s}$
$= f_s \frac{v}{v - v_s}$	$= f_s \frac{v - v_d}{v}$
$= f_s \frac{\frac{v}{v}}{\frac{v}{v} - \frac{v_s}{v}}$	$= f_s\left(\frac{v}{v} - \frac{v_d}{v}\right)$
$= f_s \frac{1}{1 - \frac{v_s}{v}}$	$= f_s\left(1 - \frac{v_d}{v}\right)$

EJEMPLO Problema 1

EFECTO DOPPLER Un guitarrista toca la nota do más alto que el do central (523 Hz) mientras viaja en un convertible a 24.6 m/s. Si el automóvil se acercara hacia ti, ¿qué frecuencia oirías? Supón que la temperatura es 20 °C.

1 ANALIZAR Y PLANTEAR EL PROBLEMA

- Plantea la situación.
- Determina un eje de coordenadas. Asegúrate de que la dirección positiva sea desde la fuente hacia el detector.
- Muestra las velocidades de la fuente y del detector.

Datos conocidos

$v = +343$ m/s

$v_s = +24.6$ m/s

$v_d = 0$ m/s

$f_s = 523$ Hz

Incógnita

$f_d = ?$

2 HALLAR LA INCÓGNITA

Usa $f_d = f_s \frac{v - v_d}{v - v_s}$ con $v_d = 0$ m/s.

$$f_d = f_s \frac{1}{1 - \frac{v_s}{v}}$$

$$= 523 \text{ Hz} \left(\frac{1}{1 - \frac{24.6 \text{ m/s}}{343 \text{ m/s}}} \right)$$

Sustituye $v = +343$ m/s, $v_s = +24.6$ m/s y $f_s = 523$ Hz.

$$= 564 \text{ Hz}$$

3 EVALUAR LA RESPUESTA

- **¿Son correctas las unidades?** La frecuencia se mide en hercios.
- **¿Es realista la magnitud?** La fuente se mueve hacia ti, entonces la frecuencia debería aumentar.

PRÁCTICA Problemas

PRÁCTICA ADICIONAL

1. Repite el Ejemplo Problema 1, pero con el automóvil alejándose de ti. ¿Qué frecuencia escucharías?
2. Estás en un automóvil, como el de la **Imagen 7,** viajando hacia una sirena de alerta montada en un poste. Si la frecuencia de la sirena es 365 Hz, ¿qué frecuencia escuchas? Usa 343 m/s como velocidad del sonido.

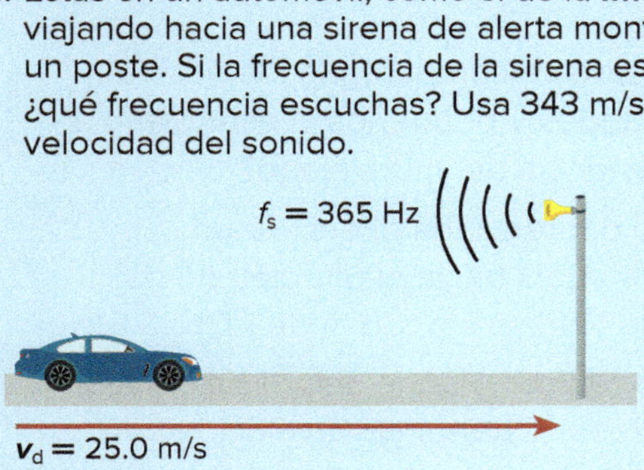

Imagen 7

3. Estás en un automóvil que viaja a 55 mph (24.6 m/s). Un segundo automóvil se mueve hacia ti a la misma velocidad. Su bocina suena a 475 Hz. ¿Qué frecuencia escuchas? Usa 343 m/s como velocidad del sonido.
4. Un submarino se desplaza hacia otro submarino a 9.20 m/s. Emite un ultrasonido de 3.50 MHz. ¿Qué frecuencia detectaría el segundo submarino en reposo? La velocidad del sonido en el agua a la profundidad de los submarinos es 1482 m/s.
5. **DESAFÍO** Una trompeta toca el do central (262 Hz). ¿A qué velocidad se debería mover para aumentar el tono a do agudo (277 Hz)? Usa 343 m/s como velocidad del sonido.

Usos del efecto Doppler El efecto Doppler se produce en todos los movimientos de onda, tanto mecánicos como electromagnéticos. Tiene muchos usos. Los detectores de radar lo usan para medir la velocidad de pelotas de béisbol y automóviles. Los astrónomos observan la luz de galaxias distantes y lo usan para medir sus velocidades. Los médicos pueden detectar la velocidad de la pared cardíaca en movimiento de un feto mediante el efecto Doppler en una ecografía.

Conexión BIOLOGÍA Los murciélagos usan el efecto Doppler para detectar y atrapar insectos voladores. Cuando un insecto vuela más rápido que un murciélago, la frecuencia reflejada es más baja, pero cuando el murciélago lo atrapa, como en la **Imagen 8,** la frecuencia reflejada es más alta. Los murciélagos no solo usan las ondas sonoras para desplazarse y localizar presas, sino que a veces deben hacerlo en presencia de otros murciélagos. Esto significa que deben discriminar sus propios llamados y reflejos contra un fondo de otros sonidos de muchas frecuencias. Los científicos estudian las capacidades increíbles de los murciélagos para usar las ondas sonoras.

Imagen 8 Los murciélagos usan el efecto Doppler para localizar y atrapar insectos voladores. Mientras el murciélago los atrapa, la frecuencia de las ondas sonoras reflejadas aumenta.

Verifica tu progreso

6. **Características de las ondas** ¿Qué característica física de una onda sonora debería cambiarse para alterar el tono?
7. **Representar gráficamente** El tímpano avanza y retrocede en respuesta a las variaciones de presión de una onda sonora. Dibuja una gráfica del desplazamiento del tímpano frente al tiempo durante dos ciclos de un timbre de 1.0 kHz y un timbre de 2.0 kHz.
8. **Efecto del medio** Menciona dos características del sonido que son afectadas por el medio por el que pasa el sonido y dos características que no se ven afectadas.
9. **Escala de decibelios** ¿Cuánto mayor es el nivel de presión del sonido de un concierto de rock (110 dB) que el de una conversación (50 dB)?
10. **Detección temprana** En el siglo XIX, las personas apoyaban sus orejas en las vías del tren para saber de antemano si un tren se acercaba. ¿Por qué funcionaba?
11. **Murciélagos** Un murciélago emite pulsos cortos de sonidos de frecuencia alta y detecta los ecos.
    a. ¿De qué modo se compararían los ecos de insectos grandes y pequeños si estuvieran a la misma distancia del murciélago?
    b. ¿En qué se diferenciaría el eco de un insecto que vuela hacia el murciélago del de otro que vuela alejándose de él?
12. **Pensamiento crítico** ¿Puede un policía con un detector por radar determinar la velocidad de un automóvil cuando pasa a su lado? Explícalo.

LEARNSMART® Conéctate para cumplir tu plan de aprendizaje personalizado para repasar, practicar y reforzar tu comprensión.

LECCIÓN 2

LA FÍSICA DE LA MÚSICA

PREGUNTA DE ENFOQUE

¿Cómo se ajusta el tono en un instrumento musical?

Fuentes de sonido

A mediados del siglo XIX, el físico alemán Hermann Helmholtz estudió la producción de sonido en los instrumentos musicales y en la voz humana. En el siglo XX, científicos e ingenieros desarrollaron un equipo electrónico que permite un estudio detallado del sonido y la creación de instrumentos electrónicos y dispositivos de grabación para que podamos escuchar música en cualquier lugar.

El sonido lo produce un objeto que vibra. Las vibraciones del objeto crean movimientos de partículas que causan oscilaciones de presión en el aire. En los instrumentos de viento-metal, como la trompeta, la tuba y el clarín, los labios de quien los toca vibran, como en la **Imagen 9.** Los instrumentos de viento-madera, como el clarinete y el saxofón, tienen una tira delgada de madera denominada lengüeta que vibra, ya que el aire se sopla a través de ella, como se ve en la **Imagen 9.** En las flautas y órganos de tubo, el aire pasa por una apertura del tubo. El aire que se mueve por la apertura convierte la columna de aire en el instrumento en vibración.

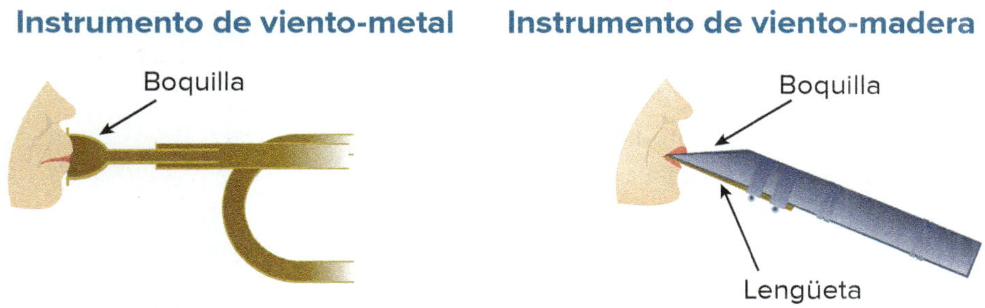

Imagen 9 El sonido producido por un instrumento está determinado en parte por la estructura de la boquilla.

PENSAMIENTO 3D DCI Ideas centrales disciplinarias CCC Conceptos interdisciplinarios SEP Prácticas de ciencia e ingeniería

REUNIR EVIDENCIA

Usa el Cuaderno de ciencias para registrar la evidencia que reúnas mientras completas las lecturas y las actividades de la lección.

INVESTIGAR

CONÉCTATE para hallar estas actividades y más recursos.

Laboratorio de Física: Velocidad del sonido
Calcula la velocidad del sonido con la relación entre frecuencia, longitud de onda y velocidad.

Repasar las noticias
Obtén información a partir de una noticia actual acerca de ondas sonoras y sus usos. Evalúa la fuente y comunica tus descubrimientos a la clase.

Los instrumentos de cuerda, como el piano, la guitarra y el violín, funcionan al hacer vibrar cables o cuerdas. En el piano, los cables se golpean, en la guitarra se puntean y en el violín, la fricción del arco hace que las cuerdas vibren. Las cuerdas están sujetas a una caja de resonancia que vibra con las cuerdas. Las vibraciones de la caja producen las oscilaciones de presión en el aire, que oímos como sonido. Las guitarras eléctricas usan dispositivos electrónicos para detectar y amplificar las vibraciones de las cuerdas de la guitarra.

Un parlante tiene un cono que vibra por las corrientes eléctricas. La superficie del cono crea las ondas sonoras que viajan al oído y te permiten escuchar música. Los instrumentos musicales como gongs, platillos y tambores constituyen otros ejemplos de superficies vibrantes que son fuentes de sonido.

La voz humana se produce por las vibraciones de las cuerdas vocales, dos membranas ubicadas en la garganta. El aire que sale de los pulmones por la garganta inicia la vibración de las cuerdas vocales. La tensión muscular de las cuerdas vocales controla la frecuencia de la vibración. A mayor tensión, más rápido vibrarán, lo que resulta en un sonido con un tono más alto. Si las cuerdas vocales están más relajadas, vibran más lento y producen sonidos con tonos más bajos.

¿Lo comprendes?

Describir ¿De qué modo canta un vocalista notas más agudas?

Resonancia en las columnas de aire

Si alguna vez usaste la boquilla de un instrumento de viento, sabes que a pesar de que la vibración de los labios o la lengüeta sola producen un sonido, es difícil controlar el tono. Si se quiere hacer música, debe adjuntarse el tubo largo que compone el instrumento. Al tocar el instrumento, el aire dentro del tubo vibra a la misma frecuencia, o en resonancia, con una vibración en particular de los labios o la lengüeta. Recuerda que la resonancia aumenta la amplitud de una vibración al aplicar de forma reiterada una pequeña fuerza externa a las partículas de aire que vibran a la frecuencia natural de la columna de aire. La longitud de la columna de aire determina las frecuencias del aire vibrante que resonará. Para instrumentos de viento o viento-metal, como flautas, trompetas y trombones, cambiar la longitud de la columna del aire vibrante varía el tono del instrumento. La boquilla solo crea una mezcla de frecuencias diferentes, y la columna de aire resonante actúa sobre un conjunto en particular de frecuencias para amplificar una única nota, lo que transforma el ruido en música. Un diapasón encima de un tubo hueco puede aportar resonancia en una columna de aire, como en la **Imagen 10**.

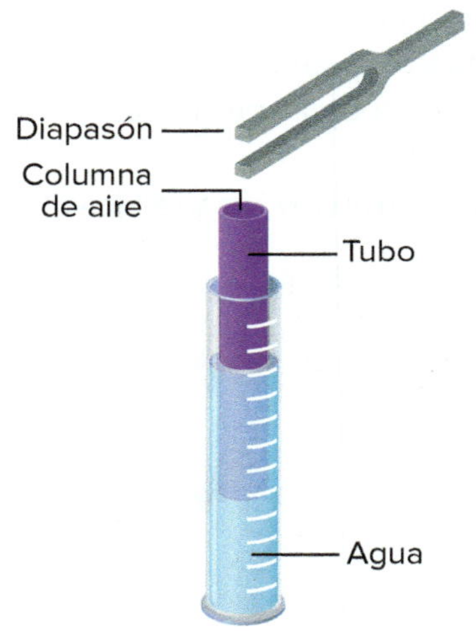

Imagen 10 Cuando se sube o se baja el tubo, la longitud de la columna de aire cambia, lo que causa que el volumen del sonido cambie.

CCC CONCEPTOS INTERDISCIPLINARIOS

Causa y efecto Mover el tubo de la **Imagen 10** arriba y abajo hace que el volumen del sonido cambie. Desarrolla una representación matemática para relacionar la frecuencia, la longitud de onda, la velocidad del sonido y la longitud de la columna de aire en el tubo para explicar este efecto.

El tubo se coloca en el agua de modo que el extremo inferior queda debajo de la superficie del agua. Un tubo resonante con un extremo cerrado al aire se llama **resonador de tubo cerrado.** La longitud de la columna de aire se cambia al ajustar la altura de la parte superior del tubo por encima del agua. Si el diapasón se golpea con un martillo de caucho, el sonido se vuelve alternativamente más fuerte y más suave a medida que la longitud de la columna de aire varía por el movimiento del tubo arriba y abajo del agua. El sonido es alto cuando la columna de aire está en resonancia con el diapasón porque dicha columna de aire resonante intensifica el sonido del diapasón.

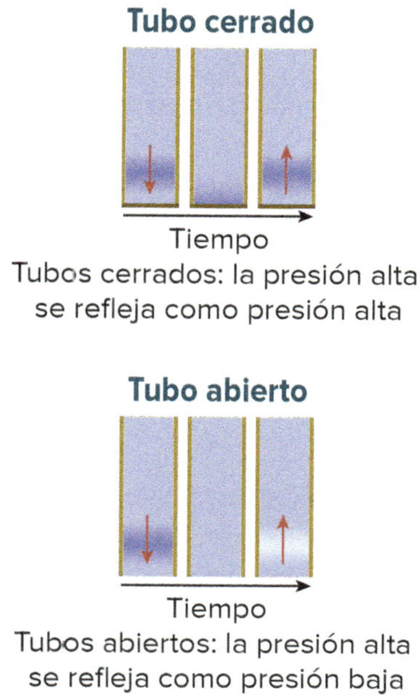

Imagen 11 En tubos cerrados, la onda sonora se refleja en el extremo cerrado. Las ondas de presión alta se reflejan como presión alta. En tubos abiertos, la onda sonora se refleja en el extremo abierto. Las ondas de presión alta se reflejan como presión baja.

Onda de presión estacionaria

¿Cómo se produce la resonancia? El diapasón que vibra produce una onda sonora. Esta onda de variaciones alternantes de presión alta y baja desciende por la columna de aire. Cuando la onda golpea el agua, se refleja hacia el diapasón, como en la **Imagen 11.** Si la onda de presión alta reflejada alcanza el diapasón al mismo momento en el que el diapasón produce otra onda de presión alta, entonces las ondas que se emiten y regresan se refuerzan entre sí. Este refuerzo de ondas crea una onda estacionaria, y produce la resonancia.

Un **resonador de tubo abierto** es un tubo resonante con ambos extremos abiertos que resonarán con una fuente de sonido. En este caso, la onda sonora no se refleja en un extremo cerrado, sino en un extremo abierto. Si la parte de la onda con presión alta golpea el extremo abierto, la onda que rebota tendrá presión baja en ese punto, como en la **Imagen 11.**

Longitudes de resonancia

La **Imagen 12** muestra una onda sonora estacionaria en un tubo, representada por una onda sinusoidal. Las ondas sinusoidales pueden representar la presión del aire o el desplazamiento de las partículas del aire. Recuerda que las ondas estacionarias tienen nodos y antinodos. Un nodo es la unión estacionaria donde se encuentran dos pulsos de onda iguales y están en la misma ubicación. Un antinodo es el lugar de desplazamiento mayor donde se encuentran dos pulsos de onda.

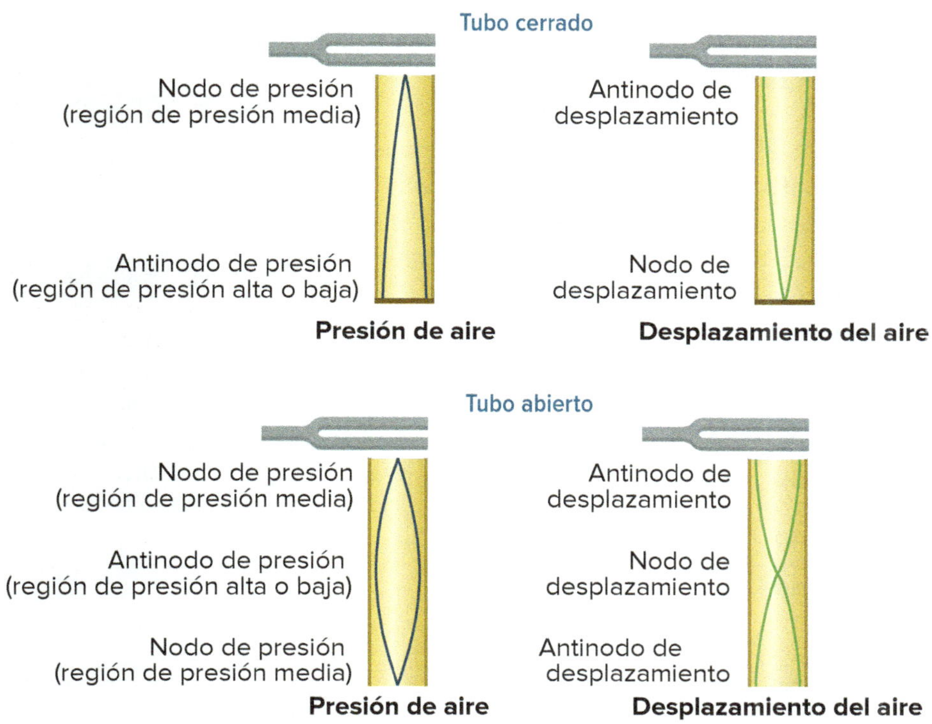

Imagen 12 Las ondas estacionarias en los tubos pueden representarse con ondas sinusoidales.

Identificar *¿Cuáles son las áreas de presión atmosférica media en las gráficas de presión de aire?*

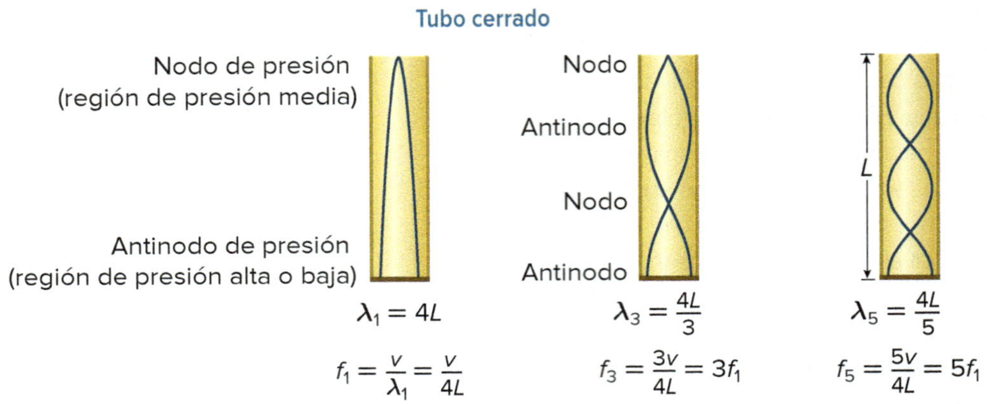

Imagen 13 Un tubo cerrado resuena cuando su longitud es un número impar de cuartos de longitudes de onda.

En las gráficas de presión, los nodos son regiones de presión atmosférica media. En los antinodos, la presión oscila entre sus valores máximos y mínimos. En el caso de la gráfica de desplazamiento, los antinodos son regiones de desplazamiento alto y los nodos son regiones de desplazamiento bajo. En ambos casos, dos antinodos adyacentes (o dos nodos) se separan por media longitud de onda.

¿Lo comprendes?

Explica la diferencia entre un nodo y un antinodo con una gráfica de desplazamiento.

Frecuencias de resonancias en un tubo cerrado Si un extremo cerrado debe actuar como un nodo y un extremo abierto debe actuar como un antinodo, ¿cuál es la columna de aire más corta que resonará en un tubo cerrado? La **Imagen 13** muestra que debe ser un cuarto de una longitud de onda. A medida que aumenta la frecuencia, se hallan más longitudes de resonancia a intervalos de media longitud de onda. Por lo tanto, las columnas de longitudes $\frac{\lambda}{4}, \frac{3\lambda}{4}, \frac{5\lambda}{4}, \frac{7\lambda}{4}$, y así sucesivamente estarán todas en resonancia con un diapasón que produce sonidos de longitud de onda λ.

La primera longitud de resonancia es apenas más larga que un cuarto de longitud de onda, porque las variaciones de presión no caen a cero de forma exacta en el extremo abierto del tubo. De hecho, el nodo tiene un diámetro casi 0.4 más allá del extremo. Sin embargo, las longitudes de resonancia adicionales se separan exactamente por media longitud de onda.

Frecuencias de resonancia en un tubo abierto La columna de aire más corta, que puede tener nodos en ambos extremos, es la mitad de una longitud de onda, como en la **Imagen 14.** A medida que aumenta la frecuencia, las longitudes de resonancia adicionales se hallan a intervalos de media longitud de onda $\frac{\lambda}{2}$, λ, $\frac{3\lambda}{2}$, 2λ, y así sucesivamente en resonancia con un diapasón.

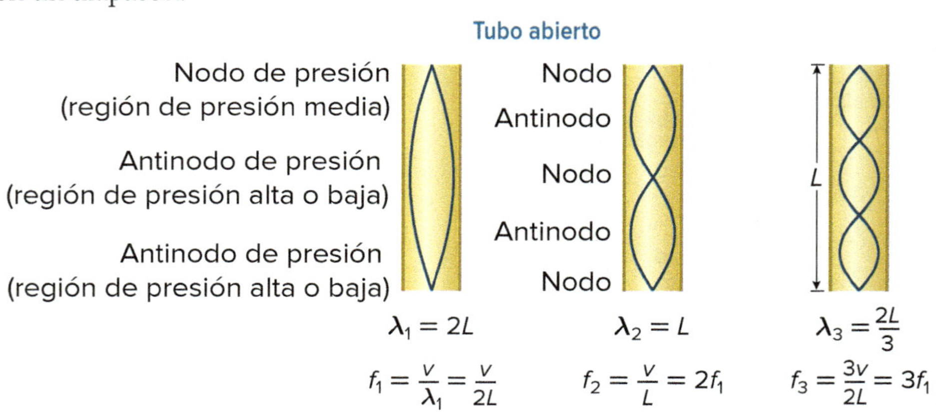

Imagen 14 Un tubo abierto resuena cuando su longitud es un número par de cuartos de longitudes de onda.

Explica *¿De qué modo la longitud a la que resuena un tubo abierto difiere de la longitud a la que resuena uno cerrado?*

Tubo abierto (flauta)

Tubo cerrado (marimba)

Tubo cerrado (caracol)

Imagen 15 Una flauta es un ejemplo de un resonador de tubo abierto. Los tubos colgantes de una marimba y los caracoles son ejemplos de resonadores de tubo cerrado.

Si se usan tubos abiertos y cerrados de igual longitud como resonadores, la longitud de onda del sonido resonante para el tubo abierto será la mitad de largo del tubo cerrado. Por lo tanto, la frecuencia será el doble de alta para el tubo abierto y para el tubo cerrado. Para ambos tubos, las longitudes de resonancia se separan por intervalos de media longitud de onda.

¿Lo comprendes?

Predecir Un diapasón toca un sonido que tiene una longitud de onda de 0.78 m. Un tubo de 0.39 m de largo resuena con el diapasón. ¿Es el tubo abierto o cerrado? Explica tu razonamiento.

Escuchar la resonancia Los instrumentos musicales usan la resonancia para aumentar la sonoridad de ciertas notas. Los resonadores de tubo abierto incluyen flautas, como en la **Imagen 15.** Los clarinetes y los tubos colgantes debajo de marimbas y xilofones son ejemplos de resonadores de tubo cerrado. Si gritas en un túnel largo, el sonido resonante que oyes es el túnel, que actúa como un resonador. El caracol de la **Imagen 15** también actúa como un resonador de tubo cerrado.

Física en la vida diaria

AUDICIÓN Y FRECUENCIA El canal auditivo humano actúa como un resonador de tubo cerrado que aumenta la sensibilidad del oído para frecuencias entre 2000 y 5000 Hz, pero el rango total de frecuencias que oyen las personas se extiende de 20 a 20,000 Hz. La audición de un perro se extiende hasta frecuencias tan altas como 45,000 Hz y la de un gato, hasta 100,000 Hz.

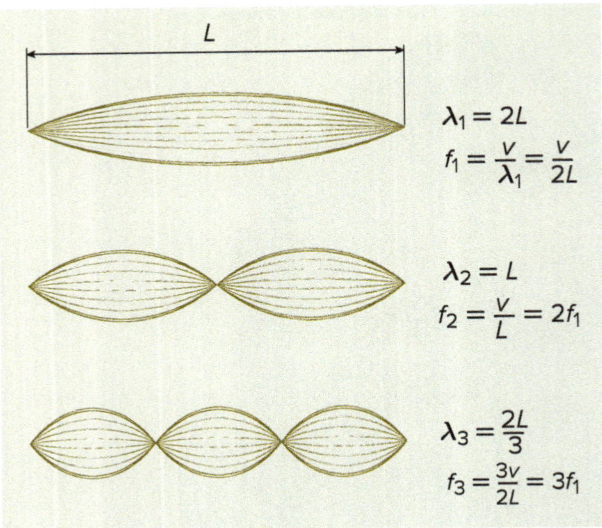

Imagen 16 Una cuerda resuena con ondas estacionarias cuando su longitud es un número entero de media longitud de onda.

Resonancia en las cuerdas

Si bien puntear, arquear o golpear las cuerdas produce variación en las formas de onda, estas formas sobre cuerdas vibrantes tienen muchas características en común con las ondas estacionarias en resortes y cuerdas. La cuerda de un instrumento está sujeta en ambos extremos, y, por ello, la cuerda debe tener un nodo en cada extremo cuando vibra. En la **Imagen 16,** puedes ver que el primer modo de vibración tiene un antinodo en el centro y es la mitad de una longitud de onda. La siguiente resonancia se produce cuando una longitud de onda encaja en la cuerda, y se originan más ondas estacionarias cuando la longitud de la cuerda es $\frac{3\lambda}{2}$, 2λ, $\frac{5\lambda}{2}$, y así de forma sucesiva. Como con un tubo abierto, las frecuencias resonantes son múltiplos de números enteros de la frecuencia más baja.

La velocidad de desplazamiento de una onda depende del tipo de onda y del medio por el que pasa. Para una cuerda, la velocidad depende de la tensión de la cuerda, además de su masa por longitud de unidad. A mayor tensión en la cuerda, más rápido se mueve la onda, y, por lo tanto, mayor es la frecuencia de sus ondas estacionarias. Esto hace posible afinar un instrumento de cuerda al cambiar la tensión de las cuerdas. Dado que las cuerdas son muy pequeñas en el área transversal, mueven muy poco aire al vibrar. Eso hace necesario unirlas a una caja de resonancia, que transfiere las vibraciones al aire y produce una onda sonora más fuerte. A diferencia de las cuerdas, la caja de resonancia no debe resonar en ninguna frecuencia única. Su fin es transmitir las vibraciones de todas las cuerdas al aire, y así debe vibrar bien en todas las frecuencias producidas por el instrumento. Debido a las interacciones complicadas entre las cuerdas, la caja de resonancia y el aire, el diseño y la construcción de instrumentos de cuerda son procesos complejos, y muchos los consideran tanto un arte como una ciencia.

¿Lo comprendes?

Describe la relación entre la tensión de una cuerda y la velocidad de una onda cuando viaja por la cuerda.

EJEMPLO Problema 2

HALLAR LA VELOCIDAD DEL SONIDO CON LA RESONANCIA Cuando se usa un diapasón con una frecuencia de 392 Hz con un resonador de tubo cerrado, el sonido más alto se oye cuando la columna es de 21.0 cm y 65.3 cm de largo. ¿Cuál es la velocidad del sonido en este caso? ¿Es la temperatura más cálida o más fría que la temperatura ambiente normal, que es 20 °C? Explica tu respuesta.

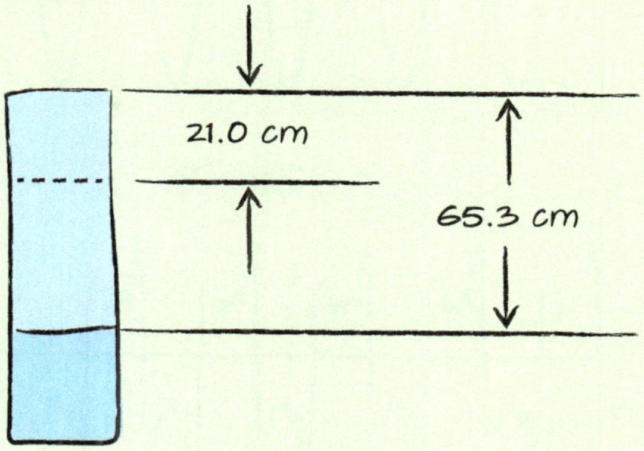

1 ANALIZAR Y PLANTEAR EL PROBLEMA

- Dibuja el resonador de tubo cerrado.
- Marca las longitudes de resonancia.

Datos conocidos

$f = 392$ Hz

$L_A = 21.0$ cm

$L_B = 65.3$ cm

Incógnita

$v = ?$

2 HALLAR LA INCÓGNITA

Resuelve la longitud de onda con el uso de la relación longitud-longitud de onda para un tubo cerrado.

$L_B - L_A = \frac{1}{2}\lambda$

$\lambda = 2(L_B - L_A)$ — Reorganiza la ecuación para λ.

$= 2(0.653\text{ m} - 0.210\text{ m})$ — Sustituye $L_B = 0.653$ m, $L_A = 0.210$ m.

$= 0.886$ m

Usa $\lambda = \frac{v}{f}$

$v = f\lambda$ — Reorganiza la ecuación para v.

$= (392\text{ Hz})(0.886\text{ m})$ — Sustituye $f = 392$ Hz, $\lambda = 0.886$ m.

$= 347$ m/s

La velocidad es apenas mayor que la velocidad del sonido a 20 °C, lo que indica que la temperatura es apenas mayor que la temperatura ambiente normal.

3 EVALUAR LA RESPUESTA

- **¿Son correctas las unidades?** $(\text{Hz})(\text{m}) = \left(\frac{1}{\text{s}}\right)(\text{m}) = \text{m/s}$. Las unidades de la respuesta son correctas.
- **¿Es realista la magnitud?** La velocidad es apenas mayor que 343 m/s, que es la velocidad del sonido a 20 °C.

PRÁCTICA Problemas

PRÁCTICA ADICIONAL

13. Un diapasón de 440-Hz se usa con una columna resonante para determinar la velocidad del sonido en helio. Si el espacio entre las resonancias es de 110 cm, ¿cuál es la velocidad del sonido en helio?

14. La frecuencia de un diapasón es la incógnita. Un estudiante usa una columna de aire a 27 °C y halla resonancias separadas por 20.2 cm. ¿Cuál es la frecuencia del diapasón? Usa la velocidad calculada en el Ejemplo Problema 2 para la velocidad del sonido en el aire a 27 °C.

15. Un diapasón de 440-Hz se sostiene por encima de un tubo cerrado. Halla el espacio entre las resonancias cuando la temperatura del aire es 20 °C.

16. DESAFÍO Se puede pensar que un clarín es un tubo abierto. Si se estirara, mediría 2.65 m de largo.

a. Si la velocidad del sonido es 343 m/s, halla la frecuencia más baja que es resonante para un clarín (ignorando las correcciones finales).

b. Halla las dos frecuencias resonantes siguientes para el clarín.

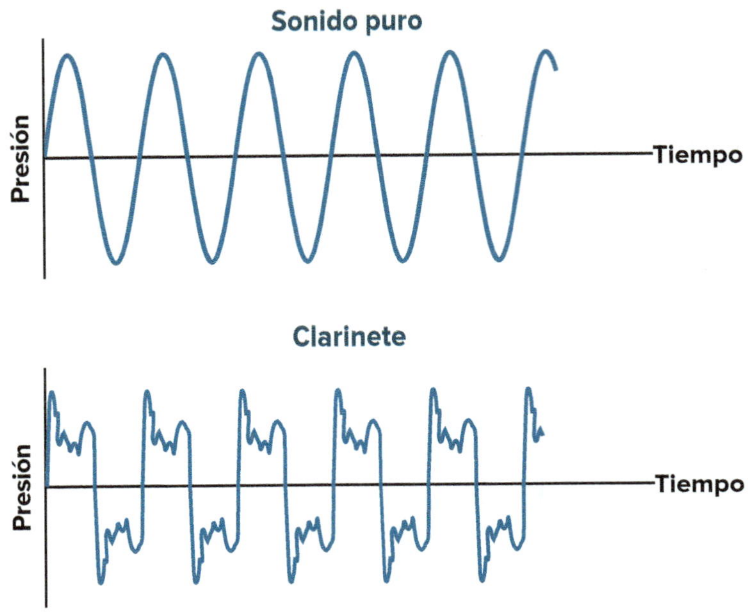

Imagen 17 El sonido puro generado por un diapasón se representa con una onda sinusoidal simple. El sonido más complejo generado por un clarinete se representa en la gráfica de abajo.

Calidad del sonido

Un diapasón produce un sonido suave y uniforme. Es así porque sus dientes vibran como osciladores armónicos simples y producen la onda sinusoidal simple que se ve en la gráfica superior de la **Imagen 17.** Los sonidos producidos por la voz humana y por los instrumentos musicales son mucho más complejos, como la onda en la gráfica inferior de la **Imagen 17.** Ambas ondas tienen la misma frecuencia, o tono, pero suenan muy diferente.

La onda sonora compleja es en verdad una combinación de varias frecuencias diferentes. La forma de la onda depende de las amplitudes relativas de estas frecuencias. Las diversas fuentes brindan combinaciones diferentes de frecuencias. En términos musicales, la diferencia entre las ondas de diferentes instrumentos se denomina timbre, calidad de timbre o color.

Espectro sonoro: fundamentales y armónicos La onda sonora compleja de la **Imagen 17** la creó un clarinete. ¿Por qué? La columna de aire en un clarinete actúa como un tubo cerrado. Vuelve a mirar la **Imagen 13,** que muestra tres frecuencias resonantes para un tubo cerrado. El clarinete actúa como un tubo cerrado, entonces para un clarinete de longitud L la frecuencia más baja (f_1) que será resonante es $\frac{v}{4L}$.

Para un instrumento musical, la frecuencia más baja del sonido que resuena se denomina **fundamental.** Un tubo cerrado también resonará a $3f_1$, $5f_1$, y así de forma sucesiva. Estas frecuencias más altas, que son números enteros múltiplos de la frecuencia fundamental, se denominan **armónicos.** Es la suma de estos armónicos lo que brinda al clarinete su timbre distintivo.

¿Lo comprendes?

Explica la relación entre los fundamentales y los armónicos de un instrumento musical.

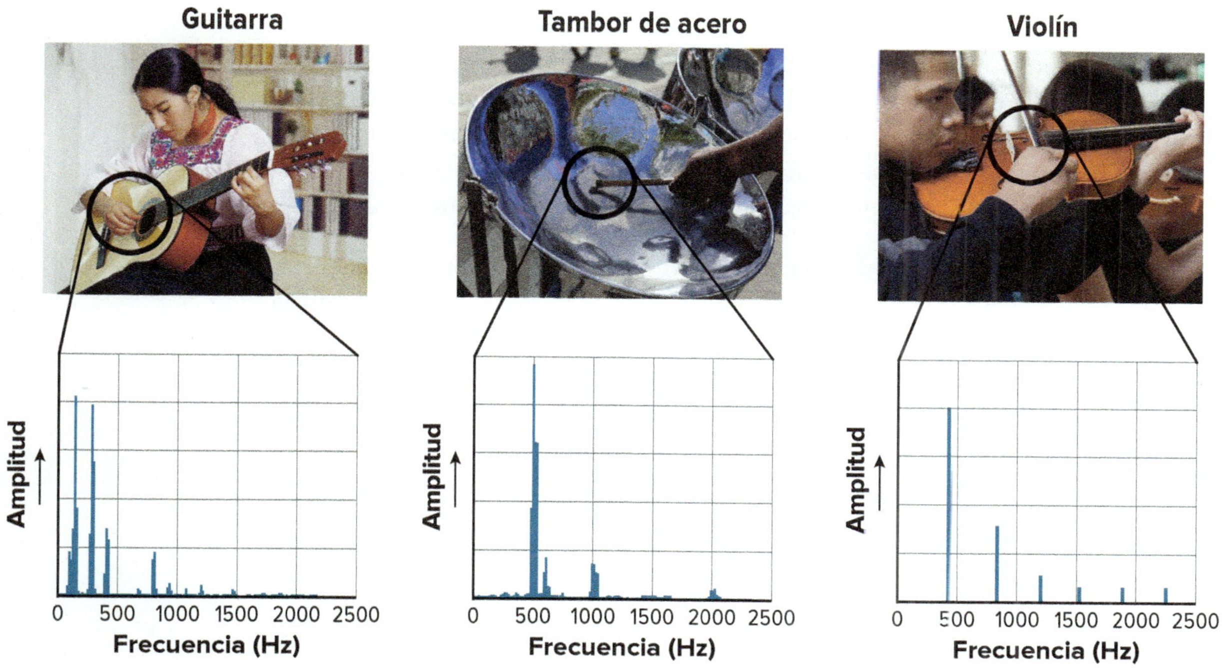

Imagen 18 Una guitarra, un tambor metálico y un violín producen un espectro sonoro característico. Cada espectro es único, como lo es el timbre del instrumento.

Algunos instrumentos, como la flauta, actúan como resonadores de tubo abierto. Su frecuencia fundamental, que también es el primer armónico, es $f_1 = \frac{v}{2L}$ con armónicos subsiguientes en $2f_1$, $3f_1$, $4f_1$, y así de forma sucesiva. Las diferentes combinaciones de estos armónicos dan a cada instrumento su timbre único. Cada armónico en el instrumento puede tener también una amplitud distinta. Una gráfica de la amplitud de una onda contra su frecuencia se llama espectro sonoro. En la **Imagen 18,** aparecen los espectros de tres instrumentos.

Consonancia y disonancia

Cuando se tocan dos tonos diferentes al mismo tiempo, el sonido resultante puede ser placentero o discordante. En términos musicales, varios tonos que se tocan juntos forman un acorde. Un conjunto de tonos discordantes se denomina **disonancia.** Si la combinación de tonos es placentera, se dice que los sonidos están en **consonancia.** Qué sonido se considera placentero varía entre las culturas, pero la mayor parte de la música occidental se basa en las observaciones de Pitágoras en la antigua Grecia. Él notó que los sonidos placenteros se obtenían cuando las cuerdas tenían longitudes en razones pequeñas de números enteros, como 1:2, 2:3 o 3:4. Esto significa que sus tonos (frecuencias) también tendrán razones pequeñas de números enteros.

FÍSICA Desafío

1. Determina la tensión, F_T, en una cuerda de masa *m* y longitud *L* de un violín que tocará la nota fundamental a la misma frecuencia que un tubo cerrado también de longitud *L*. Expresa tu respuesta en términos de *m*, *L* y la velocidad del sonido en el aire, *v*. La ecuación para la velocidad de una onda sobre una cuerda es $v_{cuerda} = \sqrt{\frac{F_T}{\mu}}$, donde F_T es la tensión en la cuerda y μ es la masa por longitud de unidad de la cuerda.
2. ¿Cuál es la tensión en una cuerda de masa 1.0 g y 40.0 cm de largo que toca la misma nota que un tubo cerrado de la misma longitud?

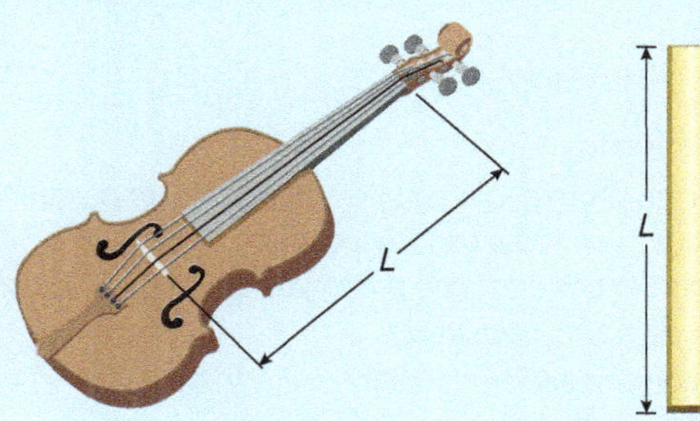

Intervalos musicales Se dice que dos notas con frecuencias vinculadas por la razón 1:2 difieren por una octava. Por ejemplo, si una nota tiene una frecuencia de 440 Hz, una nota que es una octava más alta tiene una frecuencia de 880 Hz. El fundamental y sus armónicos se relacionan por octavas; el primer armónico es una octava más alto que el fundamental, el segundo armónico es dos octavas más alto, y así de forma sucesiva. Es la razón de dos frecuencias, no el tamaño del intervalo entre ellas, lo que determina el intervalo musical.

En otros intervalos musicales, dos tonos pueden estar juntos. Por ejemplo, la razón de frecuencias para un "tercero mayor" es 4:5. Un ejemplo son las notas do y mi. La nota do tiene una frecuencia de 262 Hz, entonces mi tiene un $\left(\frac{5}{4}\right)$ (262 Hz) = 327 Hz. Del mismo modo, las notas en un "cuarto" (do y la) tienen una razón de frecuencia de 3:4 y aquellas en un "quinto" (do y sol) tienen una razón de 2:3. Más de dos notas que suenan juntas también pueden producir consonancia. Las notas do, mi y sol forman un acorde mayor. Durante al menos 2500 años, la música occidental reconoció este acorde como el más dulce de tres notas; tiene la razón de frecuencia de 4:5:6.

Batimientos

Aprendiste que la consonancia se define en términos de la razón de frecuencias. Cuando la razón está cerca de 1:1, las frecuencias son muy cercanas. Dos frecuencias casi idénticas interfieren para producir niveles de sonidos oscilantes agudos y graves denominados **batimientos.** Este fenómeno se ilustra en la **Imagen 19.** La frecuencia de un batimiento es la magnitud de la diferencia entre las frecuencias de dos ondas, $f_{\text{batimiento}} = |f_A - f_B|$. Cuando la diferencia es menor que 7 Hz, el oído lo detecta como una pulsación de sonoridad. Los instrumentos musicales suelen afinarse al hacer sonar uno contra otro y al ajustar la frecuencia de uno hasta que el batimiento desaparece.

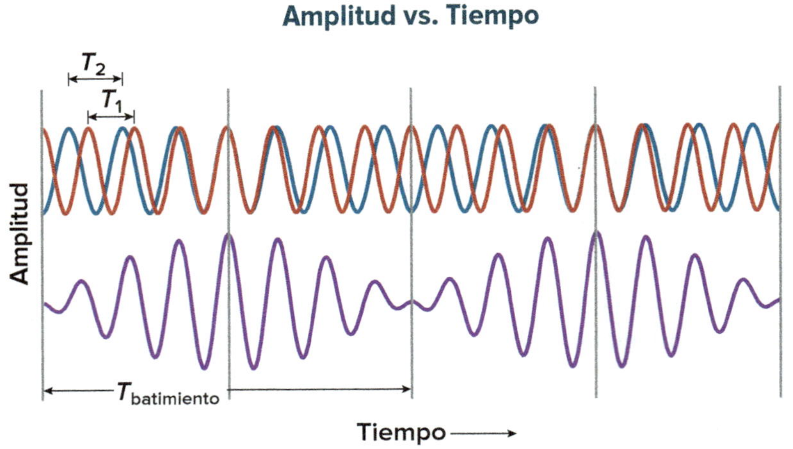

Imagen 19 Los batimientos se producen como consecuencia de la superposición de dos ondas sonoras de frecuencias apenas distintas.

USO CIENTÍFICO VS. USO COMÚN

Batimiento

Uso científico: oscilación de amplitud de onda que resulta de la superposición de dos ondas sonoras con frecuencias casi idénticas

Cuando la afinadora de piano ya no escucha batimientos, sabe que el piano se afinó de forma adecuada.

Uso común: acción de batir

El batimiento de las alas del ave es maravilloso.

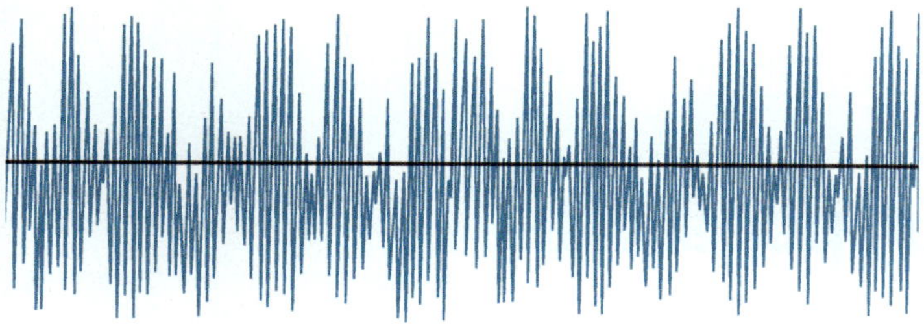

Imagen 20 Una onda de ruido consiste en muchas frecuencias diferentes, todas con casi la misma amplitud.

Reproducción del sonido y ruido

Cuando escuchas una banda en vivo, escuchas música producida de forma directa por una voz humana o por instrumentos musicales. Es posible que la mayoría de las veces escuches música que se grabó y se reproduce por sistemas electrónicos. Para reproducir el sonido de forma exacta, el sistema debe acomodar todas las frecuencias del mismo modo. Un buen sistema estereofónico mantiene las amplitudes de todas las frecuencias entre 20 y 20,000 Hz dentro de un rango de 3 dB.

Por otro lado, un sistema telefónico solo necesita transmitir la información en lenguaje verbal. Las frecuencias entre 300 y 3000 Hz son suficientes. Reducir la cantidad de frecuencias presentes ayuda a reducir el ruido. En la **Imagen 20,** se muestra una onda sonora. Hay muchas frecuencias presentes con aproximadamente la misma amplitud. Mientras el ruido no ayuda en un sistema telefónico, algunas personas manifiestan que escuchar ruido blanco tiene un efecto relajante. Por ello, muchos dentistas usan ruidos para que sus pacientes se relajen.

Verifica tu progreso

17. **Fuentes de sonido** ¿Cuál es el objeto vibrante que produce sonidos en los siguientes casos?
    a. voz humana
    b. clarinete
    c. tuba
    d. violín
18. **Resonancia en columnas de aire** ¿Por qué el tubo con el que se hace una tuba es más largo que el de una corneta?
19. **Resonancia en tubos abiertos** ¿Cómo se compara la longitud de un tubo abierto con la longitud de onda del sonido para producir la resonancia más fuerte?
20. **Resonancia en cuerdas** Un violín produce un fa agudo, con un tono de 370 Hz. ¿Cuáles son las frecuencias de los tres armónicos siguientes producidos con esta nota?
21. **Resonancia en tubos cerrados** Un órgano de tubo cerrado tiene una longitud de 2.40 m.
    a. ¿Cuál es la frecuencia de la nota tocada?
    b. Cuando se toca un segundo tubo al mismo tiempo, se oye una nota con un batimento de 1.40 Hz. ¿Cuánto más largo es este tubo?
22. **Timbre** ¿Por qué los instrumentos suenan distinto incluso cuando tocan la misma nota?
23. **Batimientos** Un diapasón produce tres batimientos por segundo con un segundo diapasón de 392 Hz. ¿Cuál es la frecuencia del primer diapasón?
24. **Pensamiento crítico** Golpea un diapasón con un martillo de caucho y sostenlo con el brazo extendido. Luego, presiona su mango contra diferentes objetos. ¿Qué escuchas? ¿Por qué?

LEARNSMART® Conéctate para cumplir tu plan de aprendizaje personalizado para repasar, practicar y reforzar tu comprensión.

Invisible a los ojos: detección por sonar

Los murciélagos, las ballenas, los delfines y algunas aves usan la ecolocalización, también llamada biosonar, para detectar objetos cuando les resulta difícil ver (por ejemplo, a la noche o en aguas turbias). Los animales emiten ruidos con frecuencias altas. Las ondas sonoras de estos ruidos rebotan en los objetos cercanos como ecos. Detectan los ecos con los oídos y procesan la información para determinar la imagen espacial de sus alrededores, incluida la ubicación de la presa.

Daniel Kish es ciego. Usa la ecolocalización para moverse en su entorno.

Ecolocalización humana

Algunas personas ciegas también usan la ecolocalización para orientarse y moverse de forma segura sin la ayuda de un lazarillo o bastón. Estas personas producen chasquidos rápidos con la lengua y escuchan los ecos que se reflejan en las superficies y objetos cercanos. Esta información acústica recibida en los oídos se interpreta en la misma parte del cerebro en la que las personas que sí ven procesan la información visual sobre sus alrededores. En esencia, ellos "ven" por el sonido.

El californiano Daniel Kish contrajo cáncer de retina en la niñez y quedó ciego. Sin guía alguna, desde una edad temprana usó de forma instintiva los chasquidos como brújula para moverse en su ambiente, antes de que existiera el concepto de ecolocalización humana. Se conoce a Daniel como el "murciélago de la vida real". Hasta puede andar en bicicleta en la montaña y bosquejar sus entornos por medio de la ecolocalización.

Daniel recibió su título de maestría en psicología del desarrollo y diseñó los primeros métodos paso a paso para enseñar la ecolocalización. Enseña a discapacitados visuales a usar la ecolocalización como una habilidad útil para desplazarse en su vida cotidiana. Los científicos también descubrieron que es posible enseñarla a los videntes.

Desarrollar tecnologías de ecolocalización

Están en desarrollo nuevos dispositivos de asistencia basados en la ecolocalización para discapacitados visuales. Estos incluyen ropa con vibración y una pulsera que detecta los ecos que rebotan de objetos a una distancia de hasta 14 pies. La investigación en ecolocalización puede también ser útil en el desarrollo de tecnologías que usan un sonar artificial, como automóviles sin conductor.

COMUNICAR INFORMACIÓN TÉCNICA

Investiga y elige una tecnología que use ecolocalización. Resume cómo funciona la tecnología en un párrafo breve.

MÓDULO 14

GUÍA DE ESTUDIO

CONÉCTATE para estudiar con el Libro de ciencias.

Lección 1 PROPIEDADES Y DETECCIÓN DE SONIDO

- onda sonora
- tono
- sonoridad
- nivel de sonido
- decibelio
- efecto Doppler

- El sonido es una variación de la presión transmitida por la materia como una onda longitudinal. Una onda sonora tiene frecuencia, longitud de onda, velocidad y amplitud. Las ondas sonoras se reflejan e interfieren.
- Los detectores de sonidos convierten la energía conducida por una onda sonora en otra forma de energía. El oído humano es un detector de ondas sonoras muy eficiente y sensible. La frecuencia de una onda sonora se oye como su tono. La sonoridad de un sonido como lo percibe el oído y el cerebro depende principalmente de su amplitud. La amplitud de la presión de una onda sonora puede medirse en decibelios (dB).

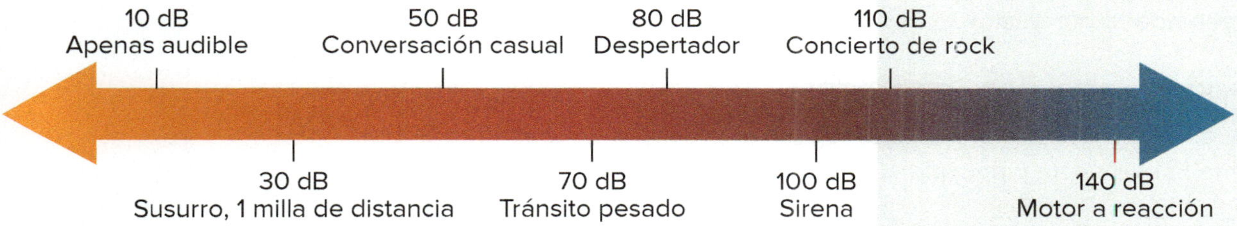

- El efecto Doppler es el cambio en la frecuencia del sonido causado por el movimiento de la fuente o del detector.
- El efecto Doppler se usa en detectores de radar, en aparatos médicos como ecógrafos y también es utilizado por astrónomos. Los murciélagos lo usan para detectar y atrapar insectos voladores.

Lección 2 FÍSICA DE LA MÚSICA

- resonador de tubo cerrado
- resonador de tubo abierto
- fundamental
- armónico
- disonancia
- consonancia
- batimiento

- El sonido es producido por un objeto que vibra en un medio.
- Una columna de aire puede resonar con una fuente de sonido, lo que incrementa la amplitud de su frecuencia de resonancia. Un tubo cerrado resuena cuando su longitud es $\frac{\lambda}{4}$, $\frac{3\lambda}{4}$, $\frac{5\lambda}{4}$, y así de forma sucesiva. Sus frecuencias resonantes son múltiplos de números impares del fundamental. Un tubo abierto resuena cuando su longitud es $\frac{\lambda}{2}$, $\frac{2\lambda}{2}$, $\frac{3\lambda}{2}$, y así de forma sucesiva. Sus frecuencias resonantes son múltiplos de números enteros del fundamental.
- Una cuerda sujetada tiene un nodo en cada extremo y resuena cuando su longitud es $\frac{\lambda}{2}$, $\frac{2\lambda}{2}$, $\frac{3\lambda}{2}$, y así de forma sucesiva, al igual que con un tubo abierto. Las frecuencias de resonancia de la cuerda también son múltiplos de números enteros del fundamental.
- Las frecuencias y las intensidades de las ondas complejas producidas por un instrumento musical determinan el timbre que es característico del instrumento.
- Dos ondas con casi la misma frecuencia interfieren para producir batimientos.

PENSAMIENTO TRIDIMENSIONAL

Conclusión del módulo

REPASA EL FENÓMENO

¿Por qué la sirena de un autobomba cambia de tono cuando pasa a tu lado?

CER Afirmación, evidencia, razonamiento

Explicar el razonamiento Repasa la afirmación que hiciste cuando hallaste el fenómeno. Resume la evidencia que reuniste en tus investigaciones y completa la tabla de resumen. ¿Respalda la evidencia tu afirmación? Si no lo hace, repasa tu afirmación. Explica por qué la evidencia respalda tu afirmación.

PROYECTO DE LA UNIDAD STEM

Ahora que completaste el módulo, repasa el proyecto de la unidad STEM. Resume la evidencia y aplícala al proyecto.

PROFUNDIZA

SEP Laboratorio de análisis de datos

¿Puedes probar el efecto Doppler?

En 1845, el astrónomo holandés Christoph Buys Ballot evaluó el efecto Doppler. Un trompetista tocó la nota la (440 Hz) mientras estaba en una plataforma empujada por un tren. Tu equipo de proyecto quiere repetir el experimento. En lugar de usar un tren y oír los batimientos, planean que un trompetista toque en un automóvil que se mueve con rapidez y que lo haga lo suficientemente rápido como para que la trompeta en movimiento suene un tercio más por encima que una trompeta quieta.

CER Analizar e interpretar datos

1. **Afirmación** ¿Deberías probar tu experimento?
2. **Evidencia y razonamiento** Justifica tu afirmación.

Mike Long/Alamy Stock Photo

MÓDULO 15

PRINCIPIOS BÁSICOS DE LA LUZ

NASA, ESA, J. Hester and A. Loll (Arizona State University)

MÓDULO 15

PRINCIPIOS BÁSICOS DE LA LUZ

ENCUENTRA EL FENÓMENO

¿Qué sabemos de la luz a partir de estrellas distantes o supernovas?

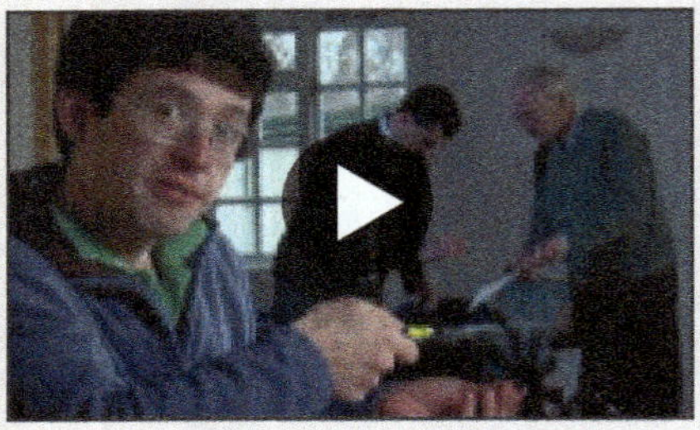

CONÉCTATE para ver un video sobre la medición de la velocidad de la luz.

SEP Hacer preguntas

¿Tienes más preguntas acerca del fenómeno? Si es así, agrégalas al pizarrón de preguntas clave.

CER Afirmación, evidencia, razonamiento

Hacer una afirmación Usa la tabla CER para hacer una afirmación acerca de qué sabemos sobre la luz a partir de la luz que emite una estrella distante o supernova. Explica tu razonamiento.

Reunir evidencia Usa las lecciones del módulo para reunir evidencia que respalde tu afirmación. Registra la evidencia mientras trabajas en el módulo.

Explicar el razonamiento Repasarás tu afirmación y explicarás tu razonamiento al final del módulo.

CONÉCTATE para acceder a la tabla CER y explorar los recursos que te ayudarán a reunir evidencia.

LECCIÓN 1: Explorar y explicar: Cómo viaja la luz

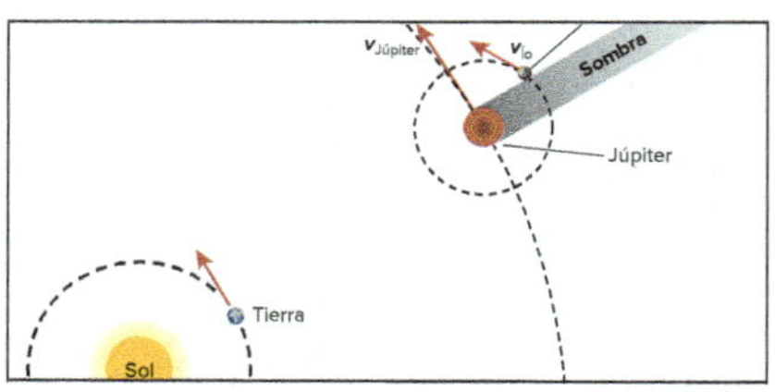

LECCIÓN 2: Explorar y explicar: La velocidad de la luz

Smithsonian

Recursos adicionales

(t)Video Supplied by BBC Worldwide Learning; (b)Dwight Nadig/E+/Getty Images

LECCIÓN 1
ILUMINACIÓN

PREGUNTA DE ENFOQUE

¿Cómo afecta la distancia el brillo aparente de una estrella?

Luz

La luz es una radiación electromagnética, como las ondas radiales y las microondas. Puede representarse como una onda de campos eléctricos y magnéticos cambiantes o como partículas denominadas fotones. El modelo de ondas es útil para explicar muchas características de la radiación electromagnética, y el modelo de partículas explica otras características. En este módulo, aprenderás sobre las propiedades de onda de la luz. En un módulo posterior, estudiarás los fotones.

Recorrido de la luz ¿Cómo recibe información tu cuerpo? Muchas personas responden que gracias a los cinco sentidos, comenzando por la vista y el oído. El sentido de la vista depende de que la luz del entorno llegue a los ojos. ¿Te preguntaste alguna vez de qué modo viaja la luz? Piensa en cómo un haz de luz estrecho, como el de una linterna o la luz solar que entra por una ventana, se vuelve visible a causa de las partículas de polvo en el aire. El recorrido de la luz se ve como una línea recta. Cuando tu cuerpo bloquea la luz solar, ves tu sombra como resultado del recorrido recto de la luz. En la **Imagen 1** se ve el recorrido recto de la luz.

Imagen 1 Los rayos de luz que viajan en líneas rectas son evidentes en muchas situaciones.

Explica *cómo esta foto demuestra las propiedades de onda de la luz.*

PENSAMIENTO 3D DCI Ideas centrales disciplinarias CCC Conceptos interdisciplinarios SEP Prácticas de ciencia e ingeniería

REUNIR EVIDENCIA

Usa el Cuaderno de ciencias para registrar la evidencia que reúnas mientras completas las lecturas y las actividades de la lección.

INVESTIGAR

CONÉCTATE para hallar estas actividades y más recursos.

Investigación rápida: La velocidad de la luz
Usa la relación entre la frecuencia, la longitud de onda y la velocidad de una onda para calcular la velocidad de la luz.

Laboratorio de Investigación: Intensidad de la luz y distancia
Analiza los datos para determinar cómo la distancia de la fuente afecta la intensidad de la luz.

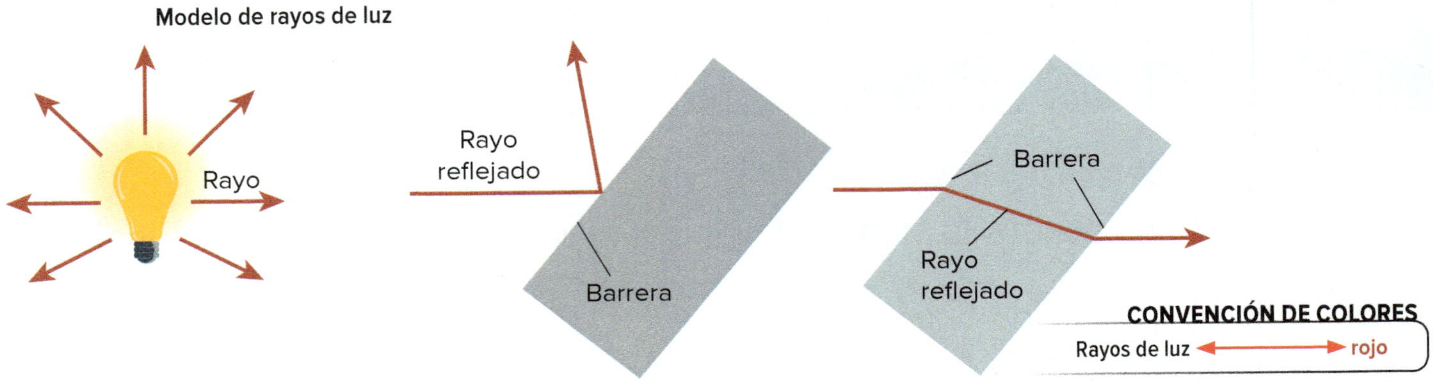

Imagen 2 El recorrido en línea recta de la luz se demuestra por medio del modelo de rayos de luz. Los rayos cambian de dirección cuando la materia los refleja o refracta. En ambos casos, los rayos siguen un recorrido recto.

Modelo de rayos de luz

Imagina que estás en un cuarto vacío y oscuro cuando se enciende un bombilla pequeña en el centro del cuarto. Ves todo el cuarto y puedes mirar hacia la bombilla y verla. Esto significa que la bombilla emite luz en todas las direcciones. Podrías visualizar la luz que proviene de la bombilla como una cantidad infinita de flechas que viajan desde la bombilla en todas las direcciones. Cada flecha representa un rayo de luz, que viaja en un recorrido recto hasta que llega a una barrera, como se muestra en la **Imagen 2.**

Después de interactuar con una barrera, el rayo aún se mueve en línea recta, pero en otra dirección. Estos principio básicos, es decir, que la luz viaja en línea recta y que su dirección cambia al encontrarse ante una barrera, constituyen el **modelo de rayos de luz.** El estudio sobre la interacción de la luz con la materia se denomina óptica de rayos u óptica geométrica.

Fuentes de luz

¿Cuál es la diferencia entre la luz solar y la de la Luna? En primer lugar, la luz solar es mucho más brillante. Otra diferencia fundamental es que el Sol produce y emite su propia luz, mientras que la Luna solo es visible porque refleja la luz del Sol. Todo lo que ves entra en alguna de estas dos categorías. Los objetos que emiten su propia luz, como el Sol y otras estrellas, son **fuentes luminosas,** y los que se ven debido a la luz que reflejan se llaman fuentes iluminadas, como la Luna y los planetas.

Las fuentes luminosas pueden ser naturales, como las llamas y las luciérnagas, o dispositivos creados por el hombre, como pantallas de televisión, monitores, láseres y diodos diminutos emisores de luz. En la **Imagen 3,** las fuentes luminosas son bombillas fluorescentes. Producen luz a partir de energía eléctrica. Los otros objetos en el cuarto se iluminan cuando la luz de las bombillas se refleja en ellos. En un cuarto sin luz, sería imposible ver algo, porque no hay luz que se refleje en los objetos y hacia tus ojos.

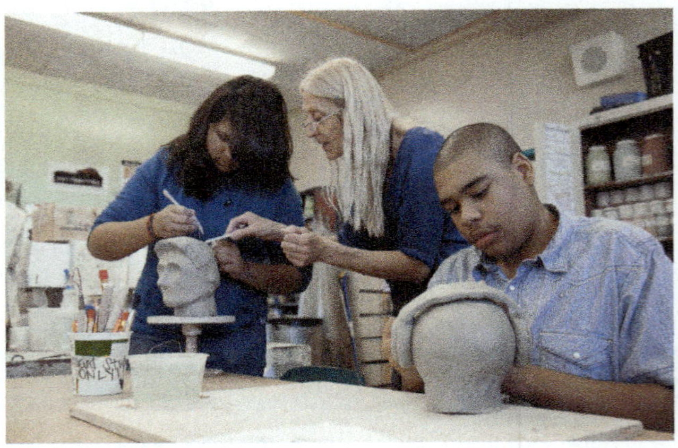

Imagen 3 Los objetos en el cuarto son visibles gracias a la luz reflejada.

Reconocer *¿Podría verse algo si el cuarto no tuviera una fuente luminosa? Explícalo.*

Imagen 4 La luz se transmite a través del portavelas transparente y del translúcido. La vela no se ve en el portavelas opaco, porque se absorbe la luz.

Luz y materia Los objetos pueden absorber, reflejar o transmitir luz. Los que la reflejan y absorben, pero no la transmiten, son **opacos.** Muchos objetos comunes, como los libros, las mochilas e, incluso, las personas son opacos. Los medios que transmiten y reflejan la luz, pero no permiten que los objetos se vean claramente a través de ellos, son medios **translúcidos**. El vidrio esmerilado en la **Imagen 4** es un medio translúcido. Un medio **transparente**, como el aire o el vidrio, transmite la mayor parte de la luz que lo alcanza. En la **Imagen 4** se ilustran objetos opacos, translúcidos y transparentes. Los medios transparentes transmiten luz, pero con frecuencia también reflejan una parte. Por ejemplo, puedes ver el vidrio del portavelas transparente. Esto es posible porque la luz se refleja en el vidrio.

Los tres tipos de objetos también absorben algo de luz. Existen distintos factores que determinan cuánta luz se absorberá, pero por lo general los objetos opacos absorben una mayor cantidad que los translúcidos y los transparentes.

¿Lo comprendes?

Explica por qué es posible ver un pez a través de una pecera de vidrio y también ver el vidrio de la pecera.

Cantidad de luz

Si te alumbran con una linterna desde el otro lado de un cuarto, ¿qué factores determinarán qué tan brillante te parecerá esa luz? Tres factores principales determinan el brillo: la cantidad de luz que produce la linterna, la distancia entre la bombilla y tus ojos y el ángulo en que llegan los rayos a tus ojos. En esta lección, leerás sobre los dos primeros.

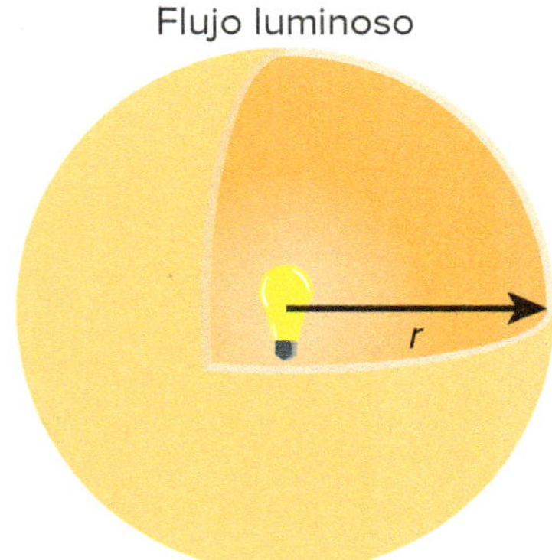

Imagen 5 El flujo luminoso es la razón a la que una fuente luminosa emite los rayos de luz.

Flujo luminoso Con el modelo de rayos de luz, una fuente más brillante produce más rayos de luz que una menos brillante. Imagina otra vez una bombilla que emite rayos en casi todas las direcciones. ¿Cómo capturarías toda la luz que emite? Necesitarías construir una superficie que rodeara por completo la bombilla, como en la **Imagen 5.** La razón a la que la bombilla (una fuente luminosa) produce energía lumínica se denomina **flujo luminoso** (P) y se mide en lúmenes (lm). La cantidad total de luz que choca la superficie en una unidad de tiempo dada solo depende del flujo luminoso de la fuente.

Iluminancia Una vez que conoces la cantidad de luz que emite una fuente luminosa, puedes determinar cuánta iluminación le proporciona a un objeto, como un libro. El flujo luminoso que incide sobre un área dada en cualquier momento se denomina **iluminancia** (E). Se mide en lux (lx), que es el equivalente a lúmenes por metro cuadrado (lm/m²). Para simplificar, en este módulo suponemos que todas las fuentes luminosas son fijas.

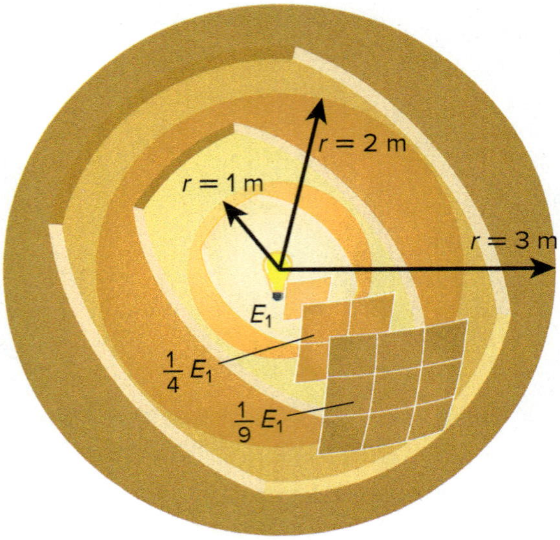

$$E_1 = \frac{1750}{4\pi}\ \text{lx}$$
$$E_2 = \frac{1750}{4\pi 2^2}\ \text{lx}$$
$$E_3 = \frac{1750}{4\pi 3^2}\ \text{lx}$$

Imagen 6 La iluminancia (E) es la cantidad de luz que choca una superficie. A medida que la distancia desde la fuente luminosa (r) aumenta, E disminuye. E depende de la inversa de r al cuadrado.

Observa la **Imagen 6.** El flujo luminoso de la fuente es de 1750 lm (típico de una bombilla fluorescente compacta de 26 W). ¿Cuál es la iluminancia de la superficie interna de la esfera de $r = 1$ m? Como todo el flujo luminoso de la bombilla incide en la superficie, divídelo por el área total de la esfera, $4\pi r^2$. El área total es $4\pi(1.00\ \text{m})^2 = 4\pi\ \text{m}^2$, entonces, la iluminancia es de $\frac{1750\ \text{lm}}{4\pi\ \text{m}^2} = 139$ lx. Esta relación matemática significa que a una distancia de 1.00 m desde la bombilla, 139 lm inciden en cada metro cuadrado.

¿Lo comprendes?

Define *iluminancia* y determina las unidades que se utilizan.

Relación inversa del cuadrado ¿Qué sucedería si la esfera que rodea la lámpara fuera mayor? Si el radio de la esfera fuera de 2.00 m, el flujo luminoso igual sería de un total de 1750 lm porque solo depende de la bombilla. Sin embargo, con un radio de 2.00 m, el área de la esfera sería de $4\pi(2.00\ \text{m})^2 = 16.0\pi\ \text{m}^2$. La nueva área es cuatro veces más grande que la de la esfera de 1.00 m, como se muestra en la **Imagen 6.** La iluminancia del interior de la esfera de 2.00 m es de $\frac{1750\ \text{lm}}{(160\pi\ \text{m}^2)} = 34.8$ lx, entonces, 34.8 lm chocan cada metro cuadrado.

La iluminancia en la superficie interna de la esfera de 2.00 m (E_2) es un cuarto de la del el interior de la esfera de 1.00 m. Del mismo modo, el interior de una esfera con un radio de 3.00 m tiene una iluminancia de solo un noveno $\left[\left(\frac{1}{3}\right)^2\right]$ de la que tiene la esfera de 1.00 m. La **Imagen 6** muestra que la iluminancia de una fuente fija es proporcional a $\frac{1}{r^2}$: una relación inversa del cuadrado. En el caso de un radio de 3.00 m, solo 15.5 lm inciden en cada metro cuadrado dentro de la esfera. Cuando los rayos de luz se emiten en líneas rectas en todas direcciones desde una fuente fija, la cantidad de rayos que iluminan una unidad de área disminuye como el cuadrado de la distancia desde la fuente fija.

CCC CONCEPTOS INTERDISCIPLINARIOS

Sistemas y modelos de sistemas Escribe un párrafo para explicar cómo se usaron las representaciones matemáticas en el estudio de la luz. Incluye información sobre el sistema y los límites del sistema que utilizaron los científicos.

CONECTAR LAS MATEMÁTICAS y la Física

Relaciones directas e inversas La iluminancia que emite una fuente luminosa tiene una relación directa y una inversa.

Matemáticas	Física
$y = \frac{x}{az^2}$	$E = \frac{P}{4\pi r^2}$
Si z es constante, entonces y es directamente proporcional a x. • Cuando x aumenta, y aumenta. • Cuando x disminuye, y disminuye.	Si r es constante, entonces E es directamente proporcional a P. • Cuando P aumenta, E aumenta. • Cuando P disminuye, E disminuye.
Si x es constante, entonces y es inversamente proporcional a z^2. • Cuando z^2 aumenta, y disminuye. • Cuando z^2 disminuye, y aumenta.	Si P es constante, entonces E es inversamente proporcional a r^2. • Cuando r^2 aumenta, E disminuye. • Cuando r^2 disminuye, E aumenta.

Intensidad luminosa Algunas fuentes luminosas se especifican en candelas (cd). Una candela no es una medida de flujo luminoso, sino de intensidad luminosa. La intensidad luminosa de una fuente fija es el flujo luminoso que incide en 1 m^2 del interior de una esfera de 1 m de radio, entonces la intensidad luminosa es el flujo luminoso dividido por 4π. Una bombilla con 1750 lm de flujo tiene una intensidad de $\frac{1750 \text{ lm}}{4\pi} = 139$ cd.

En la **Imagen 7,** la bombilla está al doble de distancia de la pantalla que la vela. Para que la bombilla emita la misma iluminancia de su lado de la pantalla que la vela del suyo, la bombilla tendría que ser cuatro veces más brillante que la vela. Por lo tanto, la intensidad luminosa de la bombilla tendría que ser cuatro veces la de la vela. Si ambas fuentes en la **Imagen 7** tuvieran la misma intensidad luminosa, la fuente a 2r solo emitiría un cuarto de la iluminancia a la pantalla. Esto concuerda con la relación inversa del cuadrado que desarrollamos.

¿Lo comprendes?

Describe qué mide la intensidad luminosa, y cuál es su relación con la iluminancia.

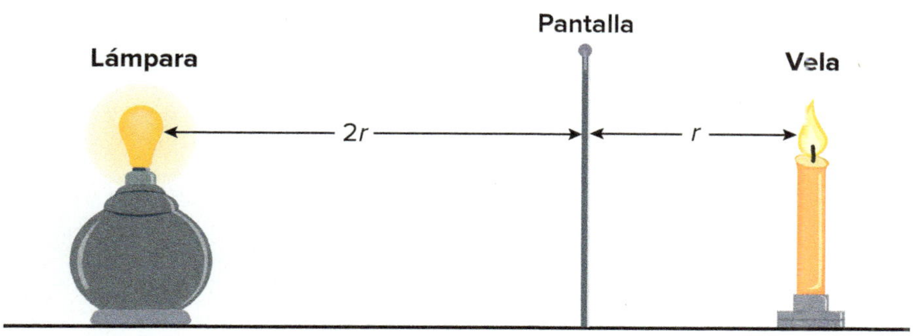

Imagen 7 Para que la bombilla y la vela emitan la misma iluminancia a la pantalla, la intensidad luminosa de la bombilla debe ser cuatro veces la de la vela.

Iluminación de una superficie

Piensa otra vez en una linterna que te alumbra desde el otro lado de un cuarto. Si la intensidad luminosa de la bombilla es pequeña, la luz no será muy brillante. Para aumentar el brillo, podrías usar una bombilla más brillante, lo que aumentaría el flujo luminoso, o podrías moverte para acercar los ojos a la luz, lo que disminuiría la distancia entre la fuente luminosa y tus ojos. Si seguimos la simplificación de que todas las fuentes luminosas son fijas, la iluminancia y la distancia seguirán la relación inversa del cuadrado. En este caso, y en todos los que trataremos en este libro, la iluminancia emitida por una fuente luminosa fija se representa con la siguiente ecuación.

Física en la vida diaria

Mentes iluminadas

Cuando los arquitectos deciden cómo lograr la iluminancia correcta de los escritorios de los estudiantes en un salón de clases, consideran el flujo luminoso de las luces y también la distancia de las luces sobre los escritorios. Además, la eficiencia de las fuentes luminosas es un factor económico importante.

Iluminancia de una fuente fija

Si una fuente de luz fija ilumina un objeto, entonces la iluminancia sobre el objeto es igual al flujo luminoso de la fuente dividido el área total de la esfera cuyo radio es igual a la distancia entre el objeto y la fuente de luz.

$$E = \frac{P}{4\pi r^2}$$

Recuerda que el flujo luminoso de una fuente de luz se emite en todas direcciones, entonces solo una fracción del flujo está disponible para iluminar el objeto. El uso de esta ecuación es válido solo si la luz de la fuente incide de manera perpendicular a la superficie que ilumina, y solo si la fuente es lo suficientemente pequeña o lejana para que se la considere una fuente fija. Por lo tanto, la ecuación no da valores precisos de iluminancia para lámparas fluorescentes largas o bombillas que estén cerca de las superficies que iluminan.

Los ingenieros que diseñan sistemas de iluminación deben comprender cómo se utilizará la luz. Si se necesita una iluminación pareja para evitar áreas oscuras, la práctica común es espaciar de manera uniforme luces normales sobre el área a iluminar, como es probable que se haya hecho con las luces de tu salón. Sin embargo, debido a que esas fuentes no producen una luz realmente uniforme, los ingenieros también diseñan fuentes especiales que controlan la emisión de luz, como las que producen una iluminación pareja sobre áreas extensas. Por razones de seguridad, esto es muy importante para las luces delanteras de los automóviles, como se ve en la **Imagen 8.** Los ingenieros automotrices deben considerar estos factores al diseñar las luces delanteras.

Imagen 8 Pueden producirse áreas oscuras si las luces delanteras de los automóviles no se fijan en los ángulos correctos para iluminar adecuadamente el camino.

EJEMPLO Problema 1

ILUMINACIÓN DE UNA SUPERFICIE ¿Cuál es la iluminancia en tu escritorio si lo ilumina una lámpara de 1750 lm que está 2.50 m arriba de él?

1 ANALIZAR Y PLANTEAR EL PROBLEMA

- Supón que la bombilla es una fuente fija.
- Diagrama la posición de la bombilla y del escritorio. Rotula *P* y *r*.

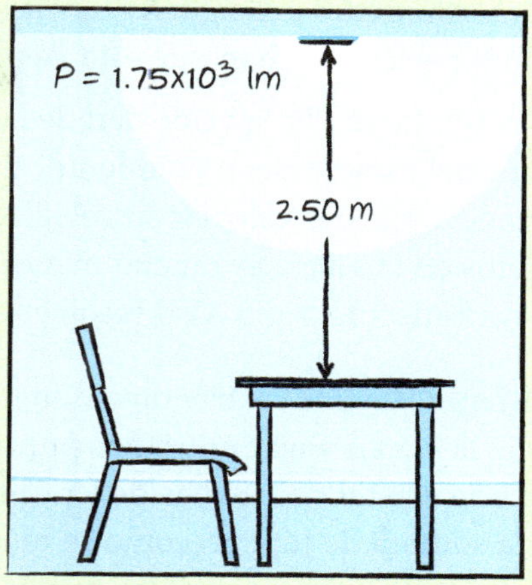

Datos conocidos	**Incógnita**
$P = 1.75\times10^3$ lm	$E = ?$
$r = 2.50$ m	

2 HALLAR LA INCÓGNITA

La superficie es perpendicular a la dirección en la que viaja el rayo de luz, por lo tanto, puedes usar la ecuación de iluminancia de una fuente fija.

$$E = \frac{P}{4\pi r^2}$$

$$= \frac{1.75\times10^3\ \text{lm}}{4\pi(2.50\ \text{m})^2}$$ Sustituye $P = 1.75\times10^3$ lm, $r = 2.50$ m

$$= 22.3\ \text{lm/m}^2$$

$$= 22.3\ \text{lx}$$

3 EVALUAR LA RESPUESTA

- **¿Son correctas las unidades?** La respuesta concuerda con las unidades de iluminancia $\text{lm/m}^2 = \text{lx}$.
- **¿Tienen sentido los signos?** Todas las cantidades son positivas, como deben ser.
- **¿Es realista la magnitud?** La iluminancia de una lámpara de 1800 lm a una distancia de 2 m es de aproximadamente 20 lx.

PRÁCTICA Problemas

PRÁCTICA ADICIONAL

1. Una lámpara que está 30 cm sobre las páginas de un libro se sube hasta 90 cm. Compara la iluminación antes y después de mover la lámpara.
2. Haz una gráfica de la iluminancia que emite una lámpara con un flujo luminoso de 2275 lm a distancias de 0.50 m y 5.0 m.
3. Una fuente de luz fija de 64 cd está a 3.00 m de una pintura. ¿Cuál es la iluminación, en lux?
4. Se coloca una pantalla entre dos lámparas para que la iluminen de manera uniforme, como se muestra en la **Imagen 9.** La primera lámpara emite un flujo luminoso de 1445 lm y está a 2.5 m de la pantalla. ¿Cuál es la distancia entre la segunda lámpara y la pantalla si el flujo luminoso es de 2375 lm?

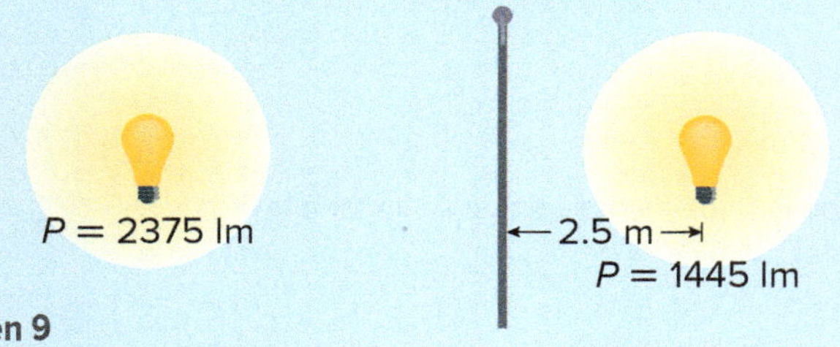

Imagen 9

5. ¿Cuál es la iluminación sobre una superficie que está 3.0 m por debajo de una lámpara incandescente de 150 W que emite un flujo luminoso de 2275 lm?
6. Una ley de escuelas públicas establece una iluminancia mínima de 160 lx en la superficie de cada escritorio. Las indicaciones de un arquitecto indican que las luces del salón deben colocarse 2.0 m por encima de los escritorios. ¿Cuál es el flujo luminoso mínimo que debe emitir la luz?
7. **DESAFÍO** Una biblioteca local remodelará la sala de computación. Los contratistas compraron lámparas fluorescentes con un flujo luminoso nominal de 1750 lm. La iluminación sobre las superficies de los teclados debe ser de 175 lx. Si una sola lámpara ilumina cada teclado, ¿a qué distancia deberán colocarse las luces para lograr la iluminación deseada? Si los contratistas ya compraron apliques para colgar las lámparas que estarán 1.5 m sobre la superficie del teclado, ¿se logrará la iluminancia deseada? Si no es así, ¿será la iluminancia mayor o menor que la deseada? ¿Qué cambio en el flujo luminoso de la lámpara será necesario para alcanzar la iluminancia deseada?

Velocidad de la luz

Por más de 2400 años existieron argumentos que sostenían que la luz viajaba a una velocidad finita. Alrededor del siglo XVII, varios científicos realizaron experimentos que respaldaban esta visión, pero afirmaban que esta velocidad es mucho más rápida que la del sonido.

En realidad, medir la velocidad de la luz no era una tarea fácil en el siglo XVII. Como sabes a partir del estudio del movimiento, si puedes medir el tiempo que tarda la luz en viajar una cierta distancia, puedes calcular su velocidad. Sin embargo, el tiempo que tarda la luz en viajar entre objetos en la Tierra es mucho menor que el tiempo de reacción de un ser humano. ¿Cómo podría un científico del siglo XVII resolver este problema?

Pistas de Ío El astrónomo danés Ole Roemer fue el primero en medir con éxito el tiempo que tarda la luz en viajar entre dos puntos. Entre 1668 y 1674, Roemer realizó 70 mediciones del período orbital de 1.8 días de Ío, una de las lunas de Júpiter. Registró las veces en que Io emergió de la sombra de Júpiter, como se muestra en la **Imagen 10.** Realizó sus mediciones como parte de un proyecto para mejorar los mapas al calcular la longitud de ubicaciones en la Tierra. Este es un ejemplo temprano de las necesidades de tecnología que impulsan los avances científicos.

Después de muchas mediciones, Roemer pudo predecir cuándo ocurriría el siguiente eclipse de Ío. Comparó sus predicciones con los tiempos medidos reales y descubrió que el período orbital observado aumentaba en promedio 13 s por órbita cuando la Tierra se alejaba de Júpiter, y disminuía en promedio 13 s por órbita cuando se acercaba. Roemer creía que las lunas de Júpiter eran igual de regulares en sus órbitas que la luna de la Tierra; por lo tanto, se preguntaba qué podría causar esta discrepancia en la medición del período orbital de Ío. Consideró otra variable dentro del sistema: el movimiento y la posición de la Tierra en relación con Júpiter.

El eclipse de Ío

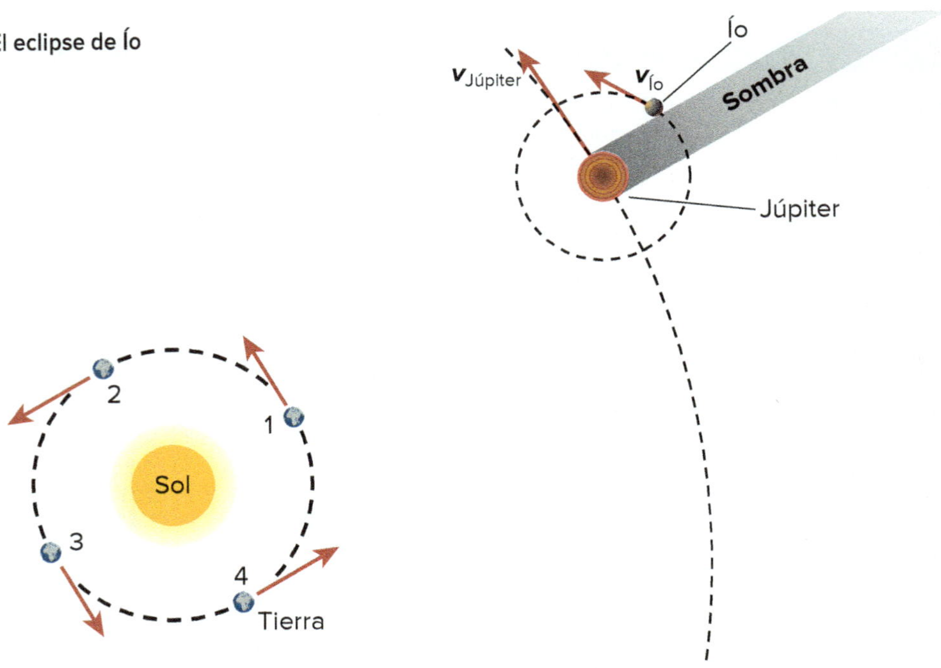

Imagen 10 A medida que la Tierra se aproxima a Júpiter, la luz reflejada de Ío tarda menos tiempo en llegar a la Tierra que cuando la Tierra se aleja de Júpiter. (La ilustración no es a escala).

Medir la velocidad de la luz Roemer concluyó que, a medida que la Tierra se alejaba de Júpiter, la luz de cada nueva aparición de Ío tardó más en llegar a la Tierra porque viajaba más lejos. A medida que la Tierra se acercaba, el período orbital de Ío parecía disminuir. Durante los 182.5 días que tardó la Tierra en viajar desde la posición 1 a la 3, como se muestra en la **Imagen 10,** hubo (182.5 días)(1 eclipse de Io/1.8 días) = 1.0×10^2 eclipses de Ío. Para que la luz viaje el diámetro de la órbita de la Tierra, calculó que tardaba (1.0×10^2 eclipses)(13 s/eclipse) = 1.3×10^3 s, o 22 min.

Con el valor conocido en la actualidad del diámetro de la órbita de la Tierra (2.93×10^{11} m), el valor de Roemer de 22 min da un valor para la velocidad de la luz de 2.9×10^{11} m/((22 min)(60 s/min)) = 2.2×10^8 m/s. Aunque hoy se sabe que la velocidad de la luz es más cercana a 3.0×10^8 m/s y que tarda 16.5 min en atravesar la órbita de la Tierra, Roemer probó que la luz viaja a una velocidad finita.

Mediciones de Michelson Aunque se realizaron muchas mediciones de la velocidad de la luz, las más notables fueron las del físico estadounidense Albert A. Michelson. Entre 1880 y la década de los veinte, desarrolló técnicas basadas en la Tierra para medir la velocidad de la luz. En 1926, Michelson midió el tiempo que tardaba la luz en viajar ida y vuelta entre dos montañas de California a 35 km una de otra. El mejor resultado de Michelson fue $(2.99796 \pm 0.00004)\times10^8$ m/s. Por su trabajo, se convirtió en el primer estadounidense en recibir un Premio Nobel de ciencias.

La velocidad de la luz en el vacío tiene su símbolo propio, c. El Comité Internacional de Pesas y Medidas midió y definió la velocidad de la luz en el vacío como c = 299,792,458 m/s. Para muchos cálculos, el valor c = 3.00×10^8 m/s es lo suficientemente preciso. A esta velocidad, la luz viaja 9.46×10^{12} km en un año. Esta distancia se denomina año luz.

Verifica tu progreso

8. **Luz** ¿Qué evidencia observaste de que la luz viaja en línea recta?
9. **Propiedades de la luz** ¿Por qué elegirías una persiana translúcida? ¿Y una opaca?
10. **Iluminancia** ¿Emite una bombilla más o menos iluminancia que dos bombillas idénticas al doble de distancia? Explícalo.
11. **Intensidad luminosa** Dos lámparas iluminan de la misma manera una pantalla desde las distancias que se muestran en la **Imagen 11.** Si la lámpara A es de 75 cd, ¿qué intensidad luminosa tiene la lámpara B?

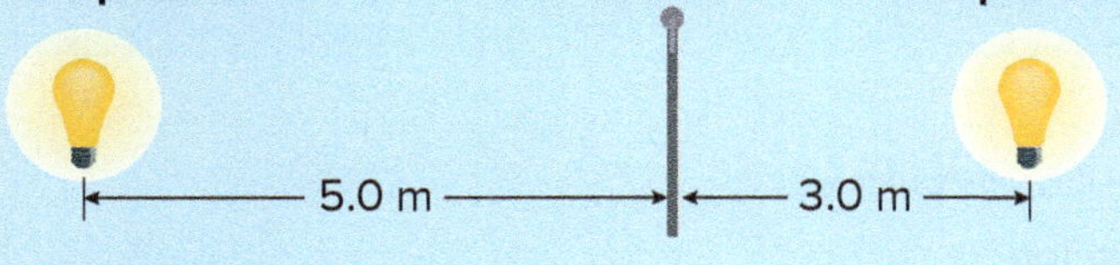

Imagen 11

12. **Distancia de una fuente de luz** La bombilla que ilumina el teclado de tu computadora emite solo la mitad de la iluminancia que debería. Si actualmente está a 1.0 m, ¿a qué distancia debería estar para emitir la iluminancia correcta?
13. **Viajes de la luz y del sonido** ¿A qué distancia viaja la luz en el tiempo en que el sonido viaja 1 cm en el aire a 20 °C?
14. **Distancia del viaje de la luz** La distancia a la Luna puede calcularse con la ayuda de espejos que dejaron allí los astronautas. Un pulso de luz se envía a la Luna y regresa a la Tierra en 2.562 s. Usa el valor definido para la velocidad de la luz a igual precisión para calcular la distancia entre la Tierra y la Luna.
15. **Pensamiento crítico** El tiempo correcto que tarda la luz en cruzar la órbita de la Tierra es de 16.5 min, y el diámetro de la órbita de la Tierra es de 2.98×10^{11} m. Calcula la velocidad de la luz con el método de Roemer. ¿Te parece preciso este método? ¿Por qué?

LEARNSMART® Conéctate para cumplir tu plan de aprendizaje personalizado para repasar, practicar y reforzar tu comprensión.

LECCIÓN 2

NATURALEZA ONDULATORIA DE LA LUZ

PREGUNTA DE ENFOQUE

¿Cómo usan los científicos el efecto Doppler para determinar el movimiento de las estrellas y galaxias?

Difracción y modelo de onda

En 1665, el científico italiano Francesco María Grimaldi observó que los bordes de las sombras no son perfectamente nítidos. Introdujo un haz de luz angosto en un cuarto oscuro y sostuvo una varilla frente a la luz para que proyectara una sombra en una superficie blanca. La sombra proyectada era más ancha de lo que debería ser si la luz viajara en línea recta a través de los bordes de la varilla. Grimaldi también observó que la sombra estaba delimitada por bandas de colores. Determinó que las dos observaciones podían explicarse si la luz se curva levemente. Llamó **difracción** a la curvatura de la luz que pasa por el borde de una barrera.

Principio de Huygens En 1678, el científico danés Christiaan Huygens usó un modelo de onda para explicar la difracción. Según el principio de Huygens, todos los puntos de un frente de onda de luz pueden pensarse como nuevas fuentes de ondas más pequeñas. Estas ondas más pequeñas, u ondículas, se expanden en todas direcciones y se superponen. Un frente de onda de luz plano consiste en una cantidad infinita de fuentes fijas en una línea. La **Imagen 12** ilustra el principio de Huygens.

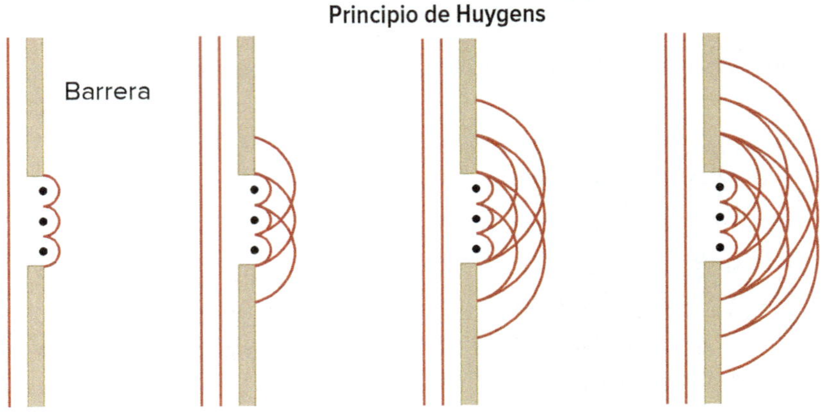

Imagen 12 Las ondículas de Huygens se combinan para formar un frente de onda recto, excepto en los bordes de la onda. Las ondículas se expanden de manera circular cuando se crea una barrera en un borde.

PENSAMIENTO 3D DCI Ideas centrales disciplinarias CCC Conceptos interdisciplinarios SEP Prácticas de ciencia e ingeniería

REUNIR EVIDENCIA

Usa el Cuaderno de ciencias para registrar la evidencia que reúnas mientras completas las lecturas y las actividades de la lección.

INVESTIGAR

CONÉCTATE para hallar estas actividades y más recursos.

Laboratorio de física: Polarización
Realiza una investigación para determinar el efecto de los filtros polarizados en la luz.

Repasar la pregunta de Encuentra el fenómeno
¿Qué información de la lección te ayuda a responder las preguntas de la unidad y del módulo?

A medida que un frente de onda pasa por un borde, el borde lo corta para que las ondículas circulares generadas por cada punto de Huygens se propaguen como ondas circulares en la región donde se curvó el frente de onda original. Este modelo de onda explicó la difracción de Grimaldi.

Color

En 1666, Newton realizó experimentos sobre los colores producidos cuando un haz de luz solar angosto atraviesa un prisma de vidrio, como se muestra en la **Imagen 13.** Newton denominó espectro a la distribución ordenada de colores. En su posteriormente refutado modelo de luz de corpúsculos (o partículas), postuló que las partículas de luz interactuaban con alguna irregularidad en el vidrio para producir el espectro.

Para probar su hipótesis, Newton hizo que el espectro de un prisma cayera sobre un segundo prisma. Si el espectro se formaba a causa de irregularidades en el vidrio, el segundo prisma aumentaría la dispersión de colores. Sin embargo, el segundo prisma invirtió la dispersión de colores y los volvió a combinar para formar luz blanca. Después de más experimentos, concluyó que la luz blanca estaba compuesta por colores y que una propiedad del vidrio, aparte de la irregularidad, hizo que la luz se separara en colores.

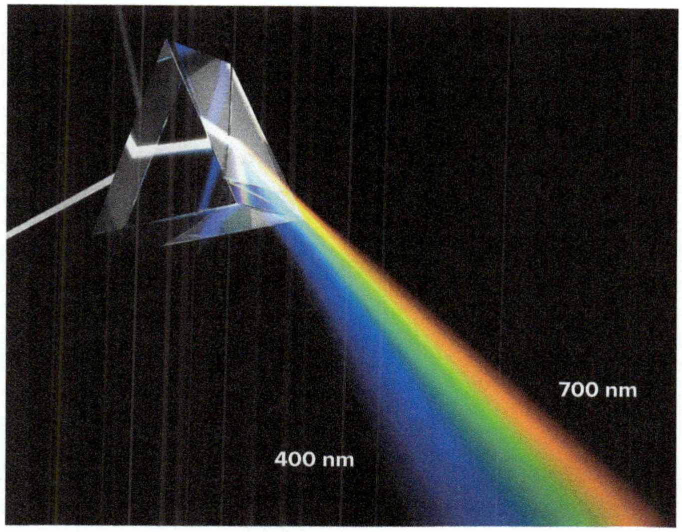

Imagen 13 Un prisma separa la luz blanca en bandas de colores. Cada color tiene una longitud de onda diferente.

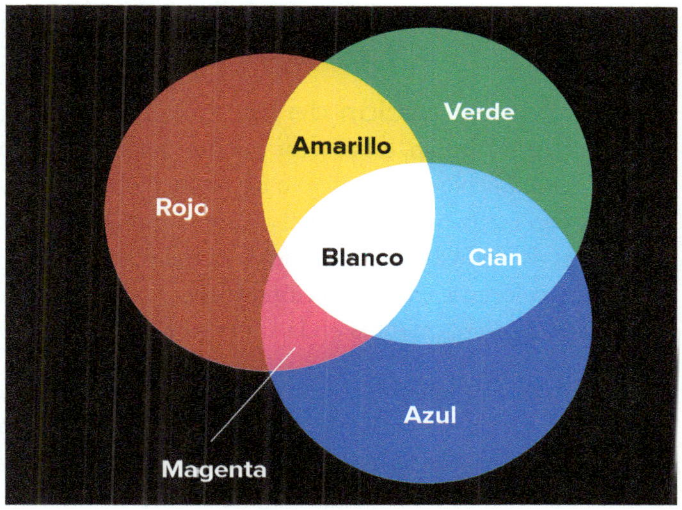

Imagen 14 Las luces roja, verde y azul (los colores primarios de luz) se combinan en pares para crear luz amarilla, cian o magenta. La región donde estos tres colores se superponen en la pantalla parece blanca.

Diferentes longitudes de onda

¿Puede el modelo de onda de la luz explicar las observaciones de Newton? Para que la luz sea una onda, debe tener longitud de onda y frecuencia. Los trabajos de Grimaldi, Huygens, Newton y otros sugirieron que el color de la luz está relacionado con la longitud de onda. La luz visible cae dentro del rango de longitudes de onda de aproximadamente 400 nm (4.00×10^{-7} m) a 700 nm (7.00×10^{-7} m), como se muestra en la **Imagen 13**. Las longitudes de onda más largas visibles se ven como luz roja, y las más cortas como luz violeta.

Cuando, en la **Imagen 13**, la luz blanca cruza el límite del aire al vidrio y vuelve al aire, su naturaleza ondulatoria hace que cada color de luz se curve en un ángulo distinto. Mientras más corta es la longitud de onda, más se curva la luz. Esta curvatura desigual de los colores hace que la luz blanca se expanda en un espectro.

Color por adición de luz

La luz blanca se puede formar a partir de la luz de color en una variedad de formas. Por ejemplo, cuando las intensidades correctas de luz roja, verde y azul se proyectan en una pantalla blanca, como en la **Imagen 14**, se forma luz blanca. Esto se denomina proceso de adición de colores, que se utiliza en muchas pantallas de televisión. Una pantalla de televisión usa tres colores: rojo, verde y azul, y sus combinaciones producen los colores que ves.

Cuando se combinan las intensidades correctas de luz roja, verde y azul, aparecen en una pantalla como luz blanca. Debido a este fenómeno, se llaman **colores primarios** de luz. Los primarios se mezclan en pares para formar los tres colores adicionales, como se muestra en la **Imagen 14.** Las luces roja y verde combinadas forman luz amarilla, las luces azul y verde forman cian, y las luces roja y verde forman magenta. Los colores amarillo, cian y magenta se denominan colores secundarios. Un **color secundario** es una combinación de dos primarios. Observa que son un poco diferentes de los colores primarios y secundarios que aprendiste en la clase de arte; las razones de esto se explicarán más adelante en el módulo.

Como se muestra en la **Imagen 14,** la luz amarilla puede formarse a partir de luz roja y verde. Si se proyecta luz amarilla y azul en una pantalla blanca con las intensidades correctas, la superficie parecerá blanca. Los **colores complementarios** son dos colores de luz que se combinan para formar luz blanca. Así, el amarillo es un color complementario del azul, y viceversa, porque los dos se combinan para formar luz blanca. De la misma manera, el cian y el rojo son complementarios. El magenta y el verde son el otro par de colores complementarios. Un uso práctico es que la ropa amarillenta puede blanquearse con un agente azulado que se añade al detergente.

Imagen 15 Los colores de los objetos que vemos están determinados por las longitudes de onda de luz que absorben y reflejan.

Explica *por qué el colorante que es amarillo en la luz blanca parece rojo en la luz roja.*

Color por sustracción de luz Como aprendiste en la primera lección de este módulo, los objetos pueden reflejar, transmitir y absorber luz. El color de un objeto depende de las longitudes de onda presentes en la luz que ilumina el objeto. También depende de qué longitudes de onda absorbe el objeto, y cuáles se reflejan. La existencia natural de colorantes, la colocación artificial en el material de un objeto o la presencia de pigmentos en la superficie les da color los objetos.

Colorantes Probablemente estés familiarizado con los colorantes para telas, que pueden crearse a partir de extractos de plantas o insectos. Por ejemplo, el colorante morado puede extraerse de las bayas de un árbol de mora. El azafrán es una fuente de colorante amarillo. Un tipo de colorante rojo se extrae de un insecto llamado cochinilla. Un colorante es una molécula que absorbe ciertas longitudes de onda de luz y transmite o refleja otras. Cuando se absorbe la luz, su energía se transfiere al objeto con el que choca y se transforma en otras formas de energía. Una camisa es roja porque los colorantes en ella reflejan, en su mayoría, luz roja en nuestros ojos. Cuando la luz blanca cae en el objeto rojo que se muestra en la **Imagen 15,** las moléculas de colorante en el objeto absorben la mayor parte de la luz azul y blanca, y reflejan mayormente luz roja. Cuando solo cae luz azul sobre el objeto rojo, se refleja muy poca luz, y el objeto parece casi negro.

¿Lo comprendes?

Distingue la diferencia entre color por sustracción y color por adición.

Pigmentos La diferencia entre un colorante y un pigmento es que los pigmentos por lo general están formados por minerales molidos, en lugar de extractos de plantas o insectos. Por ejemplo, la hematita produce un pigmento rojo, y un pigmento azul puede obtenerse de la azurita. Las partículas de pigmentos se ven con un microscopio. Un pigmento que absorbe solo un color primario y refleja dos de la luz blanca se denomina **pigmento primario.** El pigmento amarillo absorbe luz azul y refleja luz roja y verde. El amarillo, el cian y el magenta son los colores de los pigmentos primarios.

Un pigmento que absorbe dos colores primarios y refleja un color se denomina **pigmento secundario.** Los colores de los pigmentos secundarios son rojo (que absorbe luz verde y azul), verde (que absorbe luz roja y azul) y azul (que absorbe luz roja y verde). Observa que los colores de pigmentos primarios son estos colores secundarios de la luz. De la misma manera, los colores de los pigmentos secundarios son los colores primarios de la luz.

Los pigmentos primarios y secundarios se muestran en la **Imagen 16**. Cuando se mezclan los primarios amarillo y cian, el amarillo absorbe la luz azul, y el cian, la luz roja. La **Imagen 16** muestra cómo se combina el amarillo y el cian para formar el pigmento verde. Cuando el amarillo se mezcla con el pigmento secundario azul, que absorbe la luz verde y roja, se absorben todos los colores primarios, y el resultado es negro. El amarillo y el azul son pigmentos complementarios. El cian y el rojo, al igual que el magenta y el verde, también son pigmentos complementarios.

Imagen 16 El magenta, el cian y el amarillo son los pigmentos primarios. Los pigmentos secundarios, rojo, verde y azul, se forman al mezclar los primarios en pares.

Conexión QUÍMICA Una impresora a color utiliza puntos de pigmento amarillo, magenta y cian para crear una imagen de color en el papel. Con frecuencia, se usan pigmentos que son componentes finamente molidos, como el óxido de titanio (IV) (blanco), el óxido de cromo (III) (verde) y el sulfuro de cadmio (amarillo). Los pigmentos se mezclan para formar suspensiones, en lugar de soluciones. Su forma química no cambia en una mezcla, por lo que siguen absorbiendo y reflejando las mismas longitudes de onda.

Conexión BIOLOGÍA Ahora puedes comenzar a comprender los colores que ves en la **Imagen 17**. Las plantas en la montaña parecen verdes por la clorofila que contienen. Un tipo de clorofila absorbe mayormente luz roja, y los otros absorben sobre todo luz azul, pero ambos reflejan luz verde. Durante la fotosíntesis, las plantas usan la energía en la luz roja y azul que se absorbe para producir alimento.

Imagen 17 La clorofila en las hojas verdes refleja principalmente luz verde, lo que le da el color a las hojas.

Explica *por qué las plantas tienen diversos tonos de verde.*

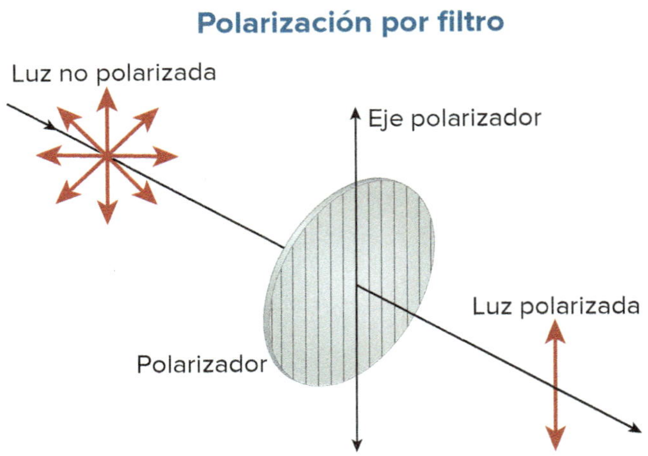

Imagen 18 Los rayos de la luz no polarizada vibran aleatoriamente en todas las direcciones perpendiculares a la dirección en la que viajan. Un medio polarizador bloquea la luz que no es paralela al eje polarizador.

Polarización de la luz

¿Miraste alguna vez una luz reflejada en el camino a través de gafas de sol polarizadas? Si das vuelta las gafas, el camino primero parece oscuro, luego claro y, luego, oscuro otra vez. Sin embargo, la luz de una lámpara cambia muy poco cuando se rotan las gafas. ¿A qué se debe la diferencia? La luz de lámpara normal no es polarizada. Sin embargo, la luz que proviene del camino se refleja y se vuelve polarizada. La **polarización** es la producción de luz con un patrón específico de oscilación.

Recuerda que la luz se comporta como una onda transversal. Para las ondas en una soga, el medio oscilante es la soga. Para las ondas de luz, el medio oscilante es el campo eléctrico. Cuando este campo oscila en direcciones aleatorias, la luz es no polarizada. ¿Cómo puedes filtrar la luz no polarizada para que todo lo que atraviese el filtro sea luz polarizada?

¿Lo comprendes?

Haz un diagrama, con textos explicativos, para mostrar la luz no polarizada.

Polarización por filtro Las líneas del polarizador en la **Imagen 18** representan un eje polarizador. La luz con la porción del campo eléctrico que oscila paralelo a las líneas pasa a través de él, y la que oscila perpendicular a estas líneas se absorbe. Si se coloca un polarizador en un haz de luz no polarizada, solo pasan los componentes de las ondas con la misma dirección que el eje polarizador. Como resultado, la mitad de la luz total lo atraviesa, lo que reduce a la mitad la intensidad de la luz.

¿Lo comprendes?

Haz un segundo diagrama, con textos explicativos, para mostrar la luz no polarizada cuando atraviesa un filtro como luz polarizada.

Conexión QUÍMICA Los medios polarizadores contienen moléculas largas en las que los electrones pueden oscilar, o moverse hacia atrás y adelante, todos en la misma dirección. Cuando la luz atraviesa las moléculas, los electrones absorben ondas de luz que oscilan en la misma dirección que los electrones. Esto permite que las ondas de luz que vibran en una dirección pasen, mientras que las que vibran en la otra dirección se absorben. La dirección de un medio polarizador perpendicular a las moléculas largas se denomina eje polarizador. Solo las ondas que oscilan paralelas a ese eje pueden pasar.

Polarización por reflexión Si miras a través de un filtro polarizador la luz que refleja una lámina de vidrio y rotas el filtro, verás que la luz aumenta el brillo y se atenúa. La luz está parcialmente polarizada paralela al plano del vidrio cuando se refleja. La luz polarizada reflejada genera un resplandor. Las gafas de sol polarizadas reducen el resplandor de la luz polarizada que se refleja en los caminos. Los fotógrafos utilizan filtros polarizadores en la lente de la cámara para bloquear la luz reflejada. Este resultado se muestra en la **Imagen 19.**

Imagen 19 El resplandor es la luz que se polarizó por reflexión. Los fotógrafos utilizan filtros polarizadores para reducir el resplandor.

Ley de Malus Imagina que produces luz polarizada con un filtro polarizador. ¿Qué sucedería si colocaras un segundo filtro en el recorrido de la luz polarizada? Si el eje polarizador del segundo filtro es paralelo al del primero, la luz lo atravesará. Si el eje polarizador del segundo filtro es perpendicular al del primero, la luz no lo atravesará, como se muestra en la **Imagen 20.**

Si la intensidad de la luz después del primer filtro polarizador es I_1, y la intensidad después del segundo filtro es I_2, ¿cómo puedes controlar I_2? I_2 depende solo de I_1 y del ángulo entre los ejes de los filtros, θ. Si θ es 0, I_2 equivale a I_1; si θ es 90°, toda la luz se bloquea, por lo tanto, I_2 es 0. Esto indica que la intensidad puede depender del coseno de θ. La relación real es la de un coseno al cuadrado. La ley que explica la reducción de la intensidad de la luz a medida que atraviesa un segundo filtro polarizador es la **ley de Malus.**

Ley de Malus

La intensidad de la luz que sale de un segundo filtro polarizador es igual a la intensidad de la luz que sale de un primer filtro polarizador por el coseno, al cuadrado, del ángulo entre los ejes de los dos filtros.

$$I_2 = I_1 \cos^2 \theta$$

Imagen 20 Los filtros polarizadores con ejes paralelos permitirán el paso de la luz con la misma orientación. Con los ejes polarizadores en un ángulo de 45°, los filtros permiten que pase algo de luz. Si los ejes de los filtros son perpendiculares, el segundo filtro bloqueará la luz que pasó por el primero.

FÍSICA Desafío

Colocas un filtro analizador entre dos filtros con polarización cruzada de manera tal que su eje polarizador no sea paralelo a ninguno de los dos filtros, como se muestra en la imagen de la derecha.

1. Observas que algo de luz pasa por el filtro 2, aunque nada de luz había pasado por el filtro 2 antes de que insertaras el filtro analizador. ¿Por qué sucede esto?
2. El filtro analizador se coloca en un ángulo θ relativo al eje polarizador del filtro 1. Deriva una ecuación para la intensidad de luz que sale del filtro 2, comparada con la que sale del filtro 1.

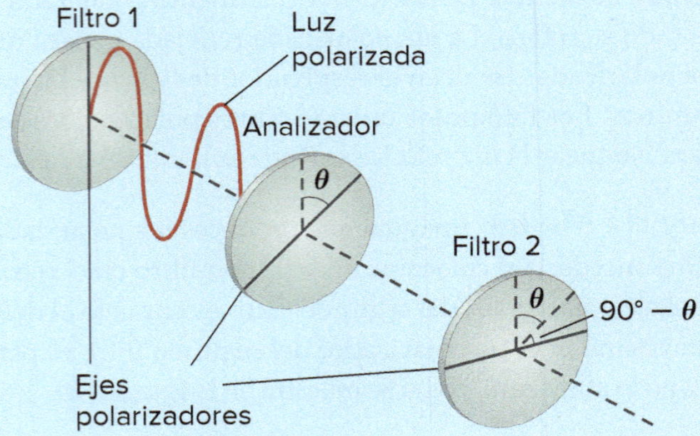

Velocidad, longitud de onda y frecuencia de la luz

Como sabes, la fuente de una onda determina la frecuencia de la onda (f), y el medio y la frecuencia determinan su longitud de onda (λ). Dado que la luz tiene propiedades de onda, los mismos modelos matemáticos aplicados para describir las ondas en general sirven para describir la luz. Para la luz de una frecuencia dada que viaja a través del vacío, la longitud de onda es una función de la velocidad de la luz (c), que puede escribirse como $\lambda_o = c/f$. El desarrollo del láser en la década de los sesenta proporcionó nuevas formas de medir la velocidad de la luz. La frecuencia de la luz puede medirse con mucha precisión al utilizar láseres y el tiempo estándar de los relojes atómicos. Sin embargo, la medición de las longitudes de onda de la luz son mucho menos precisas.

Todos los colores de la luz viajan en en el vacío, aunque las longitudes de onda sean diferentes. Como $\lambda_o = c/f$, una vez que se mide la frecuencia de una onda de luz en el vacío, se puede determinar la longitud de onda.

Movimiento relativo y luz ¿Qué sucede si una fuente de luz viaja hacia ti, o te mueves hacia la fuente? Aprendiste que la frecuencia de un sonido que percibe un oyente cambia si la fuente del sonido o el oyente se mueven. Lo mismo sucede con la luz. Sin embargo, cuando consideras las velocidades de una fuente de sonido y del observador, en realidad, estás considerando las velocidades de cada uno relativas al medio por el que viaja el sonido. Esto no se aplica a la luz.

¿Lo comprendes?

Explica cómo la longitud de onda, la frecuencia y la velocidad de la luz se relacionan con las matemáticas.

El efecto Doppler Por su naturaleza, las ondas de luz no son vibraciones de las partículas de un medio. El efecto Doppler para la luz incluye solo la velocidad relativa entre la fuente y el observador. Los únicos factores en el efecto Doppler son los componentes de velocidad a lo largo del eje entre la fuente y el observador, como se muestra en la **Imagen 21** de la página siguiente.

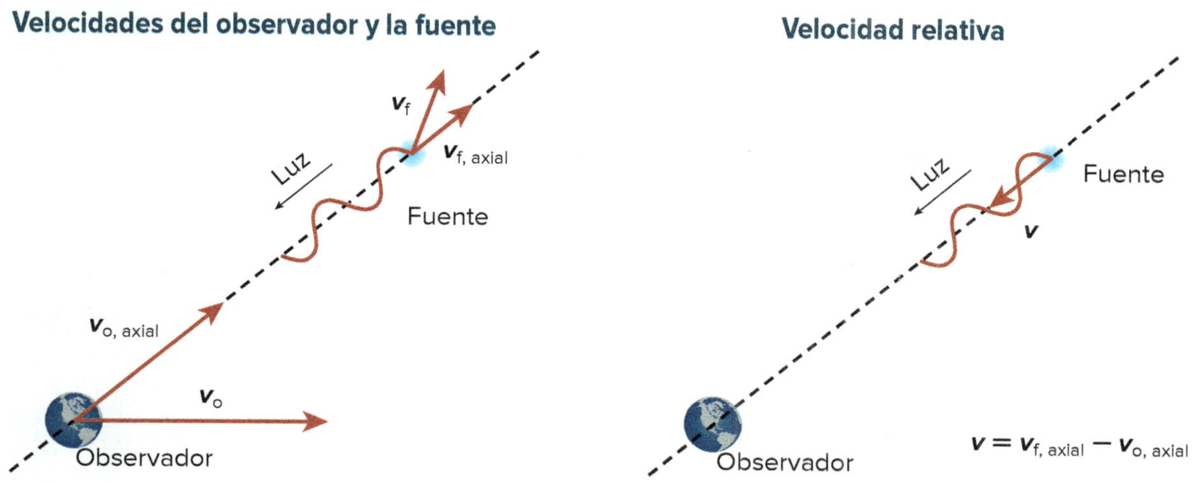

Imagen 21 El efecto Doppler describe cómo la frecuencia de la luz cambia si un observador y una fuente de luz se acercan o se alejan.

El efecto Doppler para los problemas de la luz se simplifica al considerar velocidades axiales relativas que sean mucho menores a la velocidad de la luz ($v << c$). Esta simplificación se aplica al desarrollar la ecuación para la frecuencia de luz observada (f_{obs}), que se muestra a continuación.

Frecuencia de luz observada

La frecuencia observada de la luz de una fuente es igual a la frecuencia real de la luz generada por la fuente, por la cantidad 1 más la velocidad relativa a lo largo del eje, dividida la velocidad de la luz, entre la fuente y el observador, si se están acercando, o 1 menos la velocidad relativa, dividida la velocidad de la luz, si se están alejando.

$$F_{obs} = f\left(1 \pm \frac{v}{c}\right)$$

Usos La mayoría de los usos del efecto Doppler ocurren en la astronomía, donde los fenómenos se debaten más en términos de longitud de onda. Con la relación $\lambda = c/f$ y la simplificación $v << c$, la siguiente ecuación describe el efecto Doppler ($\Delta\lambda$), la diferencia entre las longitudes de onda observadas y las reales.

Efecto Doppler

La diferencia entre la longitud de onda observada de la luz y la longitud de onda real generada por una fuente es igual a la longitud de onda real de la luz generada por la fuente, por la velocidad relativa de la fuente y del observador, dividida la velocidad de la luz.

$$(\lambda_{obs} - \lambda) = \Delta\lambda = \pm\left(\frac{v}{c}\right)\lambda$$

Se produce carga positiva en la longitud de onda cuando la velocidad relativa de la fuente está alejada del observador. En este caso, la longitud de onda observada es mayor que la original. La luz parece más cercana al extremo rojo del espectro de lo que estaría normalmente. Decimos que esta luz está desplazada hacia el lado rojo. Hay un cambio negativo en la longitud de onda cuando la velocidad relativa de la fuente se dirige hacia el observador. En este caso, la longitud de onda observada es más corta que la original. Esto se conoce como desplazamiento hacia el lado azul.

Como la velocidad de la luz es constante, cuando la longitud de onda está desplazada hacia el lado rojo, la frecuencia observada es menor que la original, debido a la relación inversa entre las dos variables. Cuando la luz está desplazada hacia el azul, la frecuencia observada es mayor.

Conexión ASTRONOMÍA Al observar el efecto Doppler de la luz, los astrónomos determinan cómo los objetos, como las galaxias, se mueven en relación con la Tierra. Esto se logra al observar con un espectrómetro el espectro de luz que proviene de las estrellas, como se muestra en la **Imagen 22.** Los mismos elementos presentes en las estrellas emiten luz de longitudes de onda específicas en los laboratorios en la Tierra. Al comparar la longitud de onda, los astrónomos conocen las velocidades de los objetos que se alejan o se acercan a la Tierra.

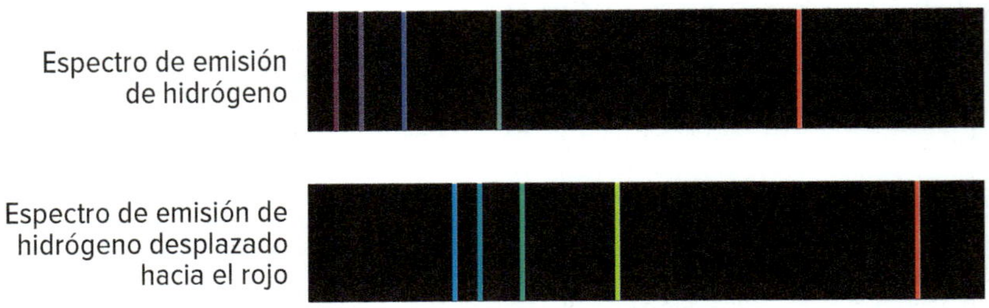

Imagen 22 El espectro de emisión de hidrógeno inferior tiene un desplazamiento hacia el rojo comparado con el espectro de laboratorio, lo que indica que la fuente se está alejando de la Tierra.

PRÁCTICA Problemas

PRÁCTICA ADICIONAL

16. El oxígeno puede producir luz con una longitud de onda de 513 nm. ¿Cuál es la frecuencia de esta luz?

17. Un átomo de hidrógeno en una galaxia que se aleja de la Tierra a una velocidad de 6.55×10^6 m/s emite una luz con una frecuencia de 6.16×10^{14} Hz. ¿Qué frecuencia de luz de ese átomo de hidrógeno observaría un astrónomo en la Tierra?

18. Un átomo de hidrógeno en una galaxia que se aleja de la Tierra a una velocidad de 6.55×10^6 m/s emite luz con una longitud de onda de 486 nm. ¿Qué longitud de onda de ese átomo de hidrógeno se observaría en la Tierra?

19. **DESAFÍO** Un astrónomo observa el espectro de una galaxia y descubre que tiene una línea espectral de oxígeno de 525 nm, mientras que el valor del laboratorio se mide a 513 nm. Calcula la velocidad a la que la galaxia se estaría alejando o acercando a la Tierra y explica cómo lo sabes.

Conexión con carreras STEM

Fotógrafo

¿Te gusta captar sucesos importantes con una cámara? Los fotógrafos usan luz para crear una fotografía perfecta o lograr un efecto deseado. Comprender los puntos básicos de la luz es una parte importante de ser un buen fotógrafo.

En 1929, Edwin Hubble analizó la luz de muchas galaxias como la que se muestra en la **Imagen 23**. Observó que la luz que producían elementos conocidos estaba en longitudes de onda más largas de lo que esperaba. La luz se desplazaba hacia el extremo rojo del espectro. Sin importar qué área del cielo observaba, casi todas las galaxias enviaban a la Tierra luz con desplazamiento hacia el rojo. ¿Qué crees que hizo que las líneas espectrales se desplazaran hacia el rojo?

Imagen 23 Edwin Hubble observó que las galaxias enviaban a la Tierra luz con desplazamiento hacia el rojo, lo que indicaba que se alejaban de la Tierra y que el universo se estaba expandiendo.

Hubble llegó a la conclusión de que las galaxias se alejan de la Tierra y sugirió que el universo se está expandiendo. Estudios adicionales posteriores respaldaron esta conclusión. A medida que las galaxias se mueven, a veces colisionan y se fusionan. Los resultados de la colisión dependen del tamaño y la velocidad de las galaxias.

Aprendiste que algunas características de la luz pueden explicarse con un simple modelo de rayos de luz, mientras que otras requieren un modelo de onda de luz. Los dos modelos sirven para estudiar cómo la luz interactúa con espejos y lentes. Algunos aspectos de la luz solo se comprenden a través del uso del modelo de onda de luz.

Verifica tu progreso

20. **Efecto Doppler** Describe los movimientos relativos de los objetos cuando la luz tiene un desplazamiento hacia el rojo y cuando tiene un desplazamiento hacia el azul. Responde utilizando el término *efecto Doppler.*
21. **Adición de colores de luz** ¿Qué color de luz se combina con luz azul para obtener luz blanca?
22. **Interacción de luces y pigmentos** ¿De qué color se verá un plátano amarillo al iluminarlo con los siguientes colores de luz?
    a. luz blanca
    b. luz verde y roja
    c. luz azul
23. **Colores de pigmentos** ¿Cuáles son los colores de pigmentos secundarios y por qué le dan a los objetos la apariencia de dichos colores?
24. **Combinación de pigmentos** ¿Qué colores de pigmentos primarios deben mezclarse para formar rojo? Explícalo en términos de sustracción de colores de pigmentos.
25. **Polarización** Describe un experimento simple que podrías realizar para determinar si las gafas de sol de una tienda son polarizadoras.
26. **Gafas de sol polarizadoras** Usa la **Imagen 24** para determinar en qué dirección el eje polarizador de las gafas de sol polarizadoras debe estar orientado para reducir el reflejo en la superficie de una carretera: ¿vertical u horizontalmente? Explica.

Imagen 24

27. **Luz roja** La velocidad de la luz roja es menor en el aire y en el agua que en el vacío. Sin embargo, la frecuencia no cambia cuando la luz roja ingresa al agua. ¿Cambia la longitud de onda? Si es así, ¿cómo?
28. **Pensamiento crítico** Los astrónomos determinaron que nuestra galaxia, la Vía Láctea, se mueve hacia Andrómeda, una galaxia vecina. Explica cómo lo determinaron. ¿Se te ocurre una posible razón por la cual la Vía Láctea se esté moviendo hacia allí?

LEARNSMART® Conéctate para cumplir tu plan de aprendizaje personalizado para repasar, practicar y reforzar tu comprensión.

Celdas solares muy eficientes

Los paneles solares en hogares y negocios son una fuente de energía alternativa cada vez más popular. Esta tecnología convierte la energía del Sol en electricidad que las personas pueden usar para sus necesidades diarias. La energía solar es una fuente inagotable de energía limpia. Sin embargo, la tecnología que se usa para convertirla en electricidad tiene limitaciones. Los científicos que trabajan para optimizar esta tecnología descubrieron algo que podría aumentar en gran medida su eficiencia.

Los paneles solares convierten las ondas de luz en electricidad.

¿Qué es una celda fotovoltaica?

Un panel solar está compuesto por muchas celdas fotovoltaicas (FV) que convierten las ondas de luz en corriente eléctrica. Las ondas de luz entrantes chocan contra un semiconductor, por lo general de silicio, y transfieren energía a los electrones. Los electrones fluyen en una dirección a través del material, lo que genera una corriente eléctrica.

Limitaciones de la tecnología actual

La energía que emite el Sol abarca todo el espectro electromagnético. El silicio en las celdas FV absorbe solo una parte de estas ondas, del rojo al violeta en el espectro de luz visible. La energía solar restante no puede utilizarse en las celdas FV existentes, por lo que resultan muy ineficientes. Por ejemplo, la mayoría de los paneles solares residenciales convierten del 10 al 20 por ciento de la energía entrante en electricidad, por lo que los paneles deben ser de gran tamaño, en especial en áreas con climas fríos y nublados.

Celdas solares calientes

Los científicos desarrollaron una nueva celda solar termofotovoltaica (STFV) para transformar energía solar en electricidad. Estas celdas STFV, denominadas “celdas solares calientes”, unen celdas FV convencionales con un concentrador de luz para utilizar un mayor porcentaje de la energía que ingresa del Sol. La capa de absorción, de nanotubos de carbono, convierte la energía del Sol en energía térmica, ¡con temperaturas de hasta 1000 °C! La capa de emisión, de cristales nanofotónicos, convierte esta energía térmica en luz que está específicamente dentro del rango de longitudes de onda que puede absorber la celda FV tradicional. Los resultados iniciales muestran que las celdas STFV generan hasta el doble de la energía eléctrica que las celdas FV básicas. Esta mayor producción de energía reduce la dependencia de energías no renovables como los combustibles fósiles.

EVALUAR SOLUCIONES DE DISEÑO

Reúne información en internet sobre la nueva tecnología de celdas STFV y evalúa esta solución de diseño. Con un compañero, comenten cómo la nueva tecnología podría afectar el costo, la seguridad, la confiabilidad o la estética de generar electricidad con energía solar. Resuman su debate en un párrafo escrito.

MÓDULO 15
GUÍA DE ESTUDIO

CONÉCTATE para estudiar con el Libro de ciencias.

Lección 1 ILUMINACIÓN

- modelo de rayos de luz
- fuentes luminosas
- opaco
- translúcido
- transparente
- flujo luminoso
- iluminancia

- La luz puede representarse como un rayo que viaja en un recorrido recto hasta que se encuentra con una barrera. Los medios se caracterizan como transparentes, translúcidos u opacos, según cómo la luz interactúa con ellos.
- El flujo luminoso de una fuente de luz es la razón a la que se emite la luz. Se mide en lúmenes (lm). La iluminancia es el flujo luminoso por área de unidad. La iluminancia se mide en lux (lx) o lúmenes por metro cuadrado (lm/m^2). Para una fuente fija, la iluminancia sigue una relación inversa del cuadrado con la distancia y una relación directa con el flujo luminoso.

$$E = \frac{P}{4\pi r^2}$$

- Las primeras mediciones de la velocidad de la luz utilizaban la medición del tiempo que tarda la luz en llegar a la Tierra desde Ío, una luna de Júpiter. Michelson aplicó una técnica basada en el terreno que usaba la distancia entre dos montañas y un conjunto de espejos rotativos. En el vacío, la luz tiene una velocidad constante de $c = 3.00\times10^8$ m/s.

Lección 2 NATURALEZA ONDULATORIA DE LA LUZ

- difracción
- colores primarios
- colores secundarios
- colores complementarios
- pigmento primario
- pigmento secundario
- polarización
- ley de Malus

- En el modelo de onda de la luz, todos los puntos en un frente de onda pueden considerarse fuentes de ondas más pequeñas. A medida que la luz pasa por un borde, el frente de onda se corta y cada nueva ondícula genera una nueva onda circular.
- La luz visible puede tener longitudes de onda de entre 400 y 700 nm. La luz blanca es una combinación del espectro de colores, y cada color tiene una longitud de onda diferente. Al combinar los colores primarios (rojo, azul y verde) se forma luz blanca. Las combinaciones de dos colores primarios forman los colores secundarios: amarillo, cian y magenta.

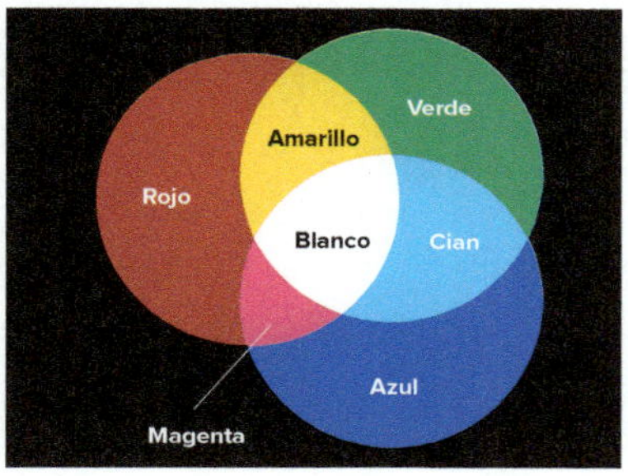

Los pigmentos primarios, cian, magenta y amarillo, se combinan en pares para producir los pigmentos secundarios, rojo, azul y verde.

- La luz polarizada consiste en ondas cuyos campos eléctricos oscilan con un patrón específico. Con frecuencia, la oscilación ocurre en un plano simple. La luz puede polarizarse con un filtro polarizador o por reflexión. Las ondas de luz que viajan en el vacío se caracterizan en términos de frecuencia, longitud de onda y velocidad de la luz. Las ondas de luz tienen un efecto Doppler en función de la velocidad relativa del observador y la fuente de luz, a lo largo del eje del observador y la fuente de luz.

Conclusión del módulo

REPASA EL FENÓMENO

¿Qué sabemos de la luz a partir de estrellas distantes o supernovas?

CER Afirmación, evidencia, razonamiento

Explicar el razonamiento Repasa la afirmación que hiciste cuando hallaste el fenómeno. Resume la evidencia que reuniste en tus investigaciones y completa la tabla de resumen. ¿Respalda la evidencia tu afirmación? Si no lo hace, repasa tu afirmación. Explica por qué la evidencia respalda tu afirmación.

PROYECTO DE LA UNIDAD STEM

Ahora que completaste el módulo, repasa el proyecto de la unidad STEM. Resume la evidencia y aplícala al proyecto.

PROFUNDIZA

SEP Laboratorio de análisis de datos

¿Puede parecer que un semáforo cambia de color?

Imagina que eres un oficial de tránsito y detienes a un conductor por pasar un semáforo en rojo. Supón que el conductor hace un dibujo y te explica que la luz se veía verde por el efecto Doppler cuando pasó por el semáforo. La longitud de onda de la luz roja es 645 nm, y la de la luz verde es 545 nm.

CER Analizar e interpretar datos

1. **Afirmación** ¿Le harías una multa al conductor por pasar el semáforo en rojo o aceptarías su explicación?
2. **Evidencia y razonamiento** ¿Cómo le explicarías tu decisión al conductor?

MÓDULO 16
REFLEXIÓN Y REFRACCIÓN

Ceneri/E+/Getty Images

MÓDULO 16

REFLEXIÓN Y REFRACCIÓN

ENCUENTRA EL FENÓMENO

¿Cómo transmite información la luz a través de una red de comunicación?

CONÉCTATE para ver un video sobre cómo las redes de comunicación usan la luz para transmitir información.

SEP Hacer preguntas

¿Tienes más preguntas acerca del fenómeno? Si es así, agrégalas al pizarrón de preguntas clave.

CER Afirmación, evidencia, razonamiento

Hacer una afirmación Usa la tabla CER para hacer una afirmación acerca de cómo se usa la luz para transmitir información en una red de comunicación. Explica tu razonamiento.

Reunir evidencia Usa las lecciones del módulo para reunir evidencia que respalde tu afirmación. Registra la evidencia mientras trabajas en el módulo.

Explicar el razonamiento Repasarás tu afirmación y explicarás tu razonamiento al final del módulo.

CONÉCTATE para acceder a la tabla CER y explorar los recursos que te ayudarán a reunir evidencia.

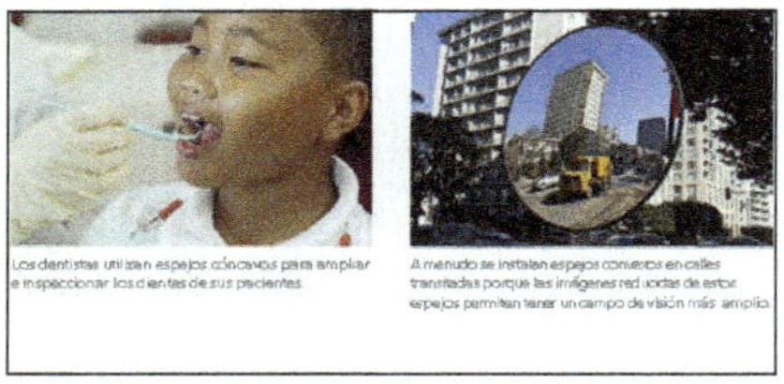

LECCIÓN 2: Explorar y explicar. Imágenes en espejos curvos

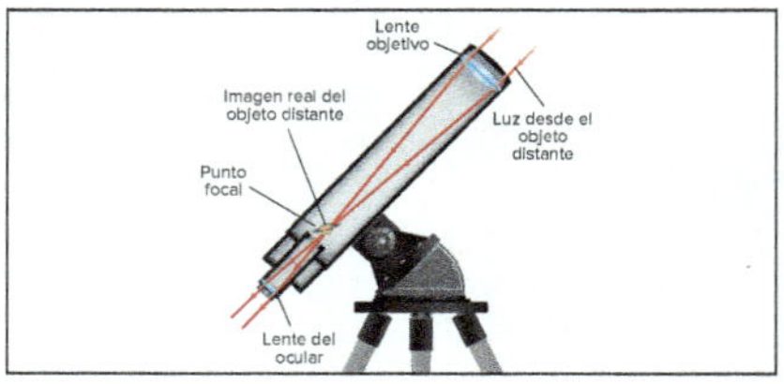

LECCIÓN 4: Explorar y explicar: Usos de las lentes

Smithsonian

Recursos adicionales

LECCIÓN 1

REFLEXIÓN DE LA LUZ

PREGUNTA DE ENFOQUE

¿Por qué la luz que se refleja en un espejo forma una imagen y la luz que se refleja en una hoja de papel no?

Imágenes reflejadas

Cuando observas la superficie de un cuerpo de agua, no siempre ves una imagen claramente reflejada como en la **Imagen 1.** A veces, el viento forma ondas en el agua, o los barcos que pasan generan olas. Las alteraciones en la superficie del agua no permiten que la luz se refleje de modo tal que pueda verse una imagen clara.

Hace casi 4000 años, los egipcios comprendieron que el tipo de imagen reflejada que se ve en un estanque calmo requiere una superficie quieta. Usaron espejos de metal pulido para ver sus imágenes. Los artesanos venecianos del siglo XVI crearon espejos recubriendo la parte trasera de una pieza plana de vidrio con una delgada hoja de metal. Las imágenes reflejadas nítidas y bien definidas no fueron posibles hasta 1857, cuando Jean Foucault, un científico francés, desarrolló el método de recubrir el vidrio con plata.

En la actualidad, no solo usamos espejos para ver nuestra imagen. Son componentes clave de láseres, telescopios y otros sistemas ópticos de precisión. Se usa una precisión cada vez mayor para crear espejos modernos. Los espejos de hoy se fabrican al evaporar aluminio o plata sobre vidrio bien pulido. Sin embargo, los mismos principios básicos de la física se aplican a la imagen reflejada de la superficie de un estanque, a un espejo del siglo XVI y a un diminuto espejo dentro de un láser.

Imagen 1 Las alteraciones en la superficie de un estanque o lago producen una imagen reflejada con distorsiones.

PENSAMIENTO 3D DCI Ideas centrales disciplinarias CCC Conceptos interdisciplinarios SEP Prácticas de ciencia e ingeniería

REUNIR EVIDENCIA

Usa el Cuaderno de ciencias para registrar la evidencia que reúnas mientras completas las lecturas y las actividades de la lección.

INVESTIGAR

CONÉCTATE para hallar estas actividades y más recursos.

Laboratorio forense: Poco tiempo para reflejar
Realiza una investigación sobre la relación entre el ángulo de incidencia y el ángulo de reflexión para la luz que emite un espejo plano.

CCC **Identificar conceptos interdisciplinarios**
Haz una tabla de los conceptos interdisciplinarios con ejemplos que encuentres en la lectura.

Ley de la reflexión

La **Imagen 2** muestra un rayo de luz que choca contra una superficie reflectante. La normal es una recta imaginaria perpendicular al lugar donde la luz choca con una superficie. El rayo incidente, el rayo reflejado y la normal están en el mismo plano, que es perpendicular a la superficie. Si bien la luz viaja en tres dimensiones, la reflexión de la luz es plana (bidimensional). Las relaciones planas se conocen como la ley de la reflexión.

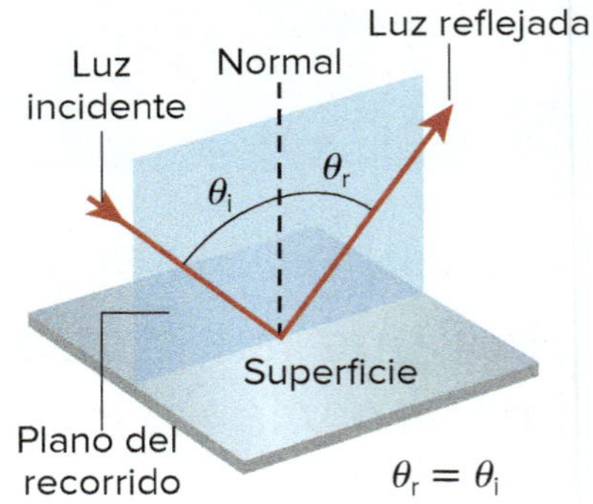

Imagen 2 Las ondas de luz reflejada tienen un ángulo de reflexión en el mismo plano que es igual al ángulo de incidencia.

CONVENCIÓN DE COLORES

rayo de luz ⟷ **rojo**

Ley de la reflexión

El ángulo que forma un rayo reflejado medido desde la normal a una superficie reflectante es igual al ángulo que forma el rayo incidente medido desde la misma normal.

$$\theta_r = \theta_i$$

Modelo de ondas Podemos describir esta ley en términos del modelo de ondas de la luz. La **Imagen 3** muestra un frente de ondas de luz que se acerca a una superficie. Este frente de ondas es perpendicular al rayo de luz. A medida que cada punto del frente de ondas alcanza la superficie, refleja dicha superficie. Como todos los puntos viajan a la misma velocidad, recorren la misma distancia total en el mismo tiempo. Por lo tanto, el frente de ondas deja la superficie en un ángulo igual a su ángulo incidente. Observa que el frente de ondas de la luz no afecta este proceso. La superficie refleja luz roja, verde y azul en la misma dirección.

Superficies lisas Observa los rayos de luz de la izquierda de la **Imagen 4** de la próxima página. Todos reflejan una superficie paralela a la otra. Esto ocurre solo si la superficie reflectante no es rugosa en la escala de longitud de ondas de la luz. Estos tipos de superficies son lisas y producen una **reflexión especular** en la que los rayos de luz paralelos se reflejan en paralelo.

Superficies rugosas Una hoja de papel podría parecer lisa, pero en la escala de longitud de ondas de la luz es bastante rugosa. El lado derecho de la **Imagen 4** muestra los rayos de luz que se reflejan en una hoja de papel. Todos los rayos de luz son paralelos antes de chocar con la superficie, pero los rayos reflejados no son paralelos, tal como se muestra. Esta dispersión de luz de una superficie rugosa se llama **reflexión difusa.**

La ley de la reflexión se aplica a superficies lisas y rugosas. Para una superficie rugosa, el ángulo que forma cada rayo incidente con la normal es igual al ángulo que su rayo reflejado forma con la normal. Sin embargo, en una escala microscópica, las normales y las ubicaciones de la superficie no son paralelas.

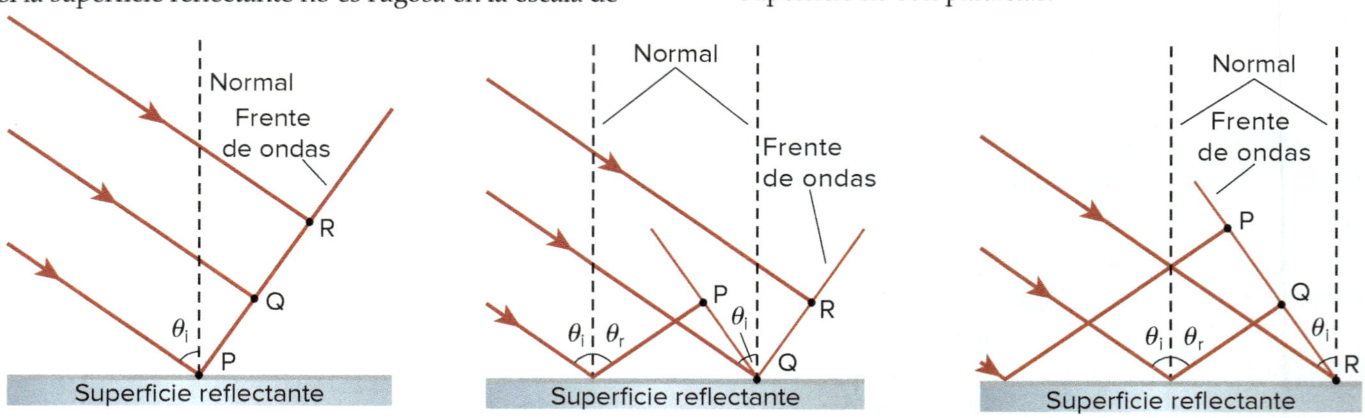

Imagen 3 Todas las partes de un frente de ondas se reflejan desde una superficie en el mismo ángulo. El ángulo de incidencia es igual al ángulo de reflexión.

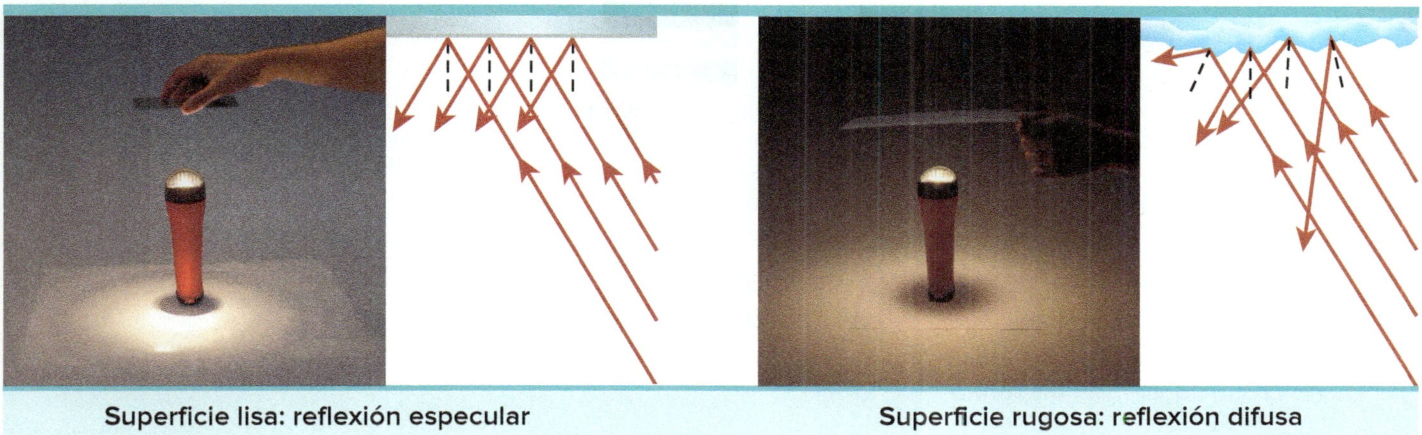

Imagen 4 Observa que la imagen del foco de la linterna se refleja sobre la mesa con el espejo liso. La superficie del papel refleja un área uniforme de luz. La reflexión difusa te permite leer esta página desde varios ángulos.

Como la superficie rugosa no permite que los rayos reflejados sean paralelos, estos se dispersan en diferentes direcciones. Con la reflexión especular, como con un espejo, puedes ver tu cara. Pero no importa cuánta luz se refleje en una pared o en una hoja, como se muestra en la **Imagen 4,** nunca los podrás usar como espejos.

Imagen 5 La reflexión desde la mujer al espejo es una reflexión difusa. La reflexión desde el espejo es una reflexión especular. **Describe** *cómo está iluminada la mujer.*

Objetos e imágenes en espejos planos

Un **espejo plano** es una superficie lisa y plana desde la cual se refleja la luz mediante reflexión especular.

Cuando estudiamos iluminación, un **objeto** es toda fuente luminosa de rayos de luz, como un foco, o una fuente iluminada de rayos de luz, como una persona. Para la mayoría de las fuentes de luz que estudiarás en este módulo, la luz se dispersa desde dicha fuente en todas las direcciones. Una superficie espejada puede reflejar los rayos de luz de manera que se haga visible una imagen, como se muestra en la **Imagen 5.**

En la **Imagen 6** la luz se refleja de manera difusa desde todas las partes del ave (el objeto). La niña ve la luz que se refleja en sus ojos. Debido a que el cerebro procesa esta información como si los rayos viajaran en un recorrido recto, a la niña le parece que la luz sigue las líneas punteadas. La luz parece venir de un punto detrás del espejo. De la misma manera que los rayos divergen del objeto, también lo hacen de la imagen.

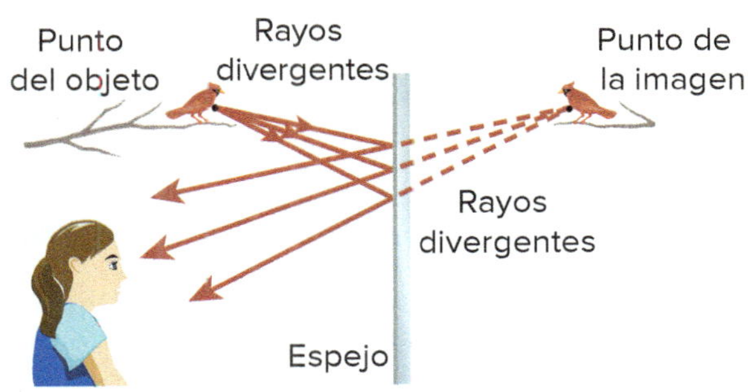

Imagen 6 Los rayos que se reflejan desde el ave se dispersan en muchas direcciones. Solo se muestran unos pocos que viajan hacia el espejo. La imagen se ubica donde parecen converger múltiples rayos de luz desde un punto en un objeto.

La combinación de los rayos de luz que se reflejan del ave forma la **imagen** del ave. Es una **imagen virtual**, que se forma cuando divergen los rayos de luz. Una imagen virtual está siempre en el lado opuesto del espejo desde el objeto. Es virtual porque no hay rayos de luz en la ubicación de la imagen. Los espejos planos producen imágenes virtuales.

(t)Richard Hutchings/Digital Light Source (b)Rafa Elias/Moment Open/Getty Images

EJEMPLO Problema 1

CAMBIAR EL ÁNGULO DE INCIDENCIA Un rayo de luz choca con un espejo plano en un ángulo de 52.0° con respecto a la normal. El espejo luego rota 35.0° alrededor del punto en el que el rayo choca con el espejo, de manera que el ángulo de incidencia del rayo de luz disminuye. El eje de rotación es perpendicular al plano del incidente y los rayos reflejados. ¿Cuál es el ángulo entre el rayo reflejado inicial y final?

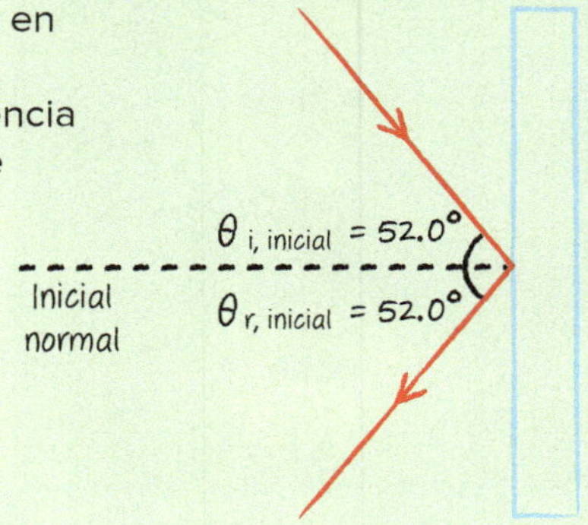

1 ANALIZAR Y PLANTEAR EL PROBLEMA

- Haz un planteo de la situación antes de la rotación del espejo.
- Propón otro planteo con el ángulo de rotación aplicado al espejo.
- Propón un tercer planteo para los rayos reflejados.

Datos conocidos	**Incógnita**
$\theta_{\text{i, inicial}} = 52.0°$	$\Delta\theta_r = ?$
$\Delta\theta_{\text{espejo}} = 35.0°$	

2 RESOLVER LA DIFERENCIA DEL ÁNGULO

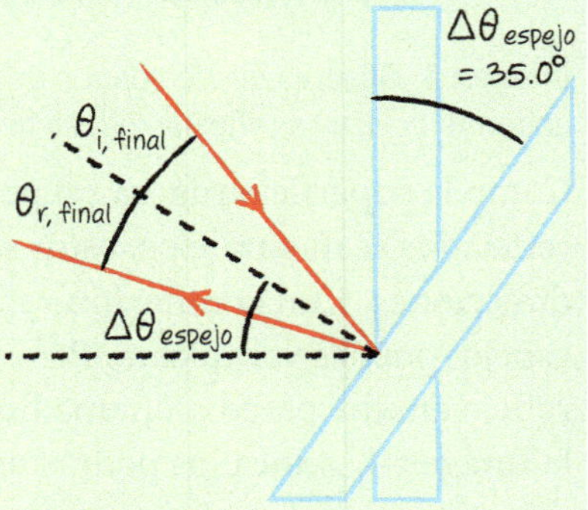

Para reducir el ángulo de incidencia, rota en el sentido de las manecillas del reloj.

$\theta_{\text{i, final}} = \theta_{\text{i, inicial}} - \Delta\theta_{\text{espejo}}$

$= 52.0° - 35.0°$ Sustituye $\theta_{\text{i, inicial}} = 52.0°$, $\Delta\theta_{\text{espejo}} = 35.0°$.

$= 17.0°$ en el sentido de las manecillas del reloj desde la nueva normal

Aplica la ley de la reflexión.

$\theta_{\text{r, final}} = \theta_{\text{i, final}}$

$= 17.0°$ en el sentido contrario a las manecillas del reloj desde la nueva normal Sustituye $\theta_{\text{i, final}} = 17.0°$.

Usa los planteos como ayuda para determinar el ángulo a través del cual rotó el rayo reflejado.

$\Delta\theta_r = \theta_{\text{r, inicial}} + \Delta\theta_{\text{espejo}} - \theta_{\text{r, final}} = 52.0° + 35.0° - 17.0°$

$= 70.0°$ en el sentido de las manecillas del reloj desde el ángulo original

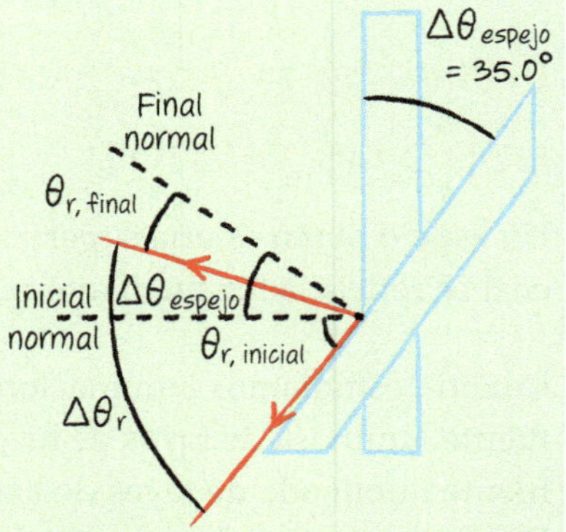

3 EVALUAR LA RESPUESTA

- **¿Es realista la magnitud?** Comparar el planteo final con el inicial muestra que el ángulo que forma el rayo de luz con la normal disminuye a medida que rota en el sentido de las manecillas del reloj. Entonces, tiene sentido que el rayo reflejado también rote en el sentido de las manecillas del reloj y lo haga a través de un ángulo dos veces tan amplio como el de la rotación del espejo.

PRÁCTICA Problemas

PRÁCTICA ADICIONAL

1. Explica por qué la reflexión de la luz en vidrio molido cambia de difusa a especular si derramas agua encima.
2. ¿Cuál es el ángulo de incidencia de un rayo de luz que se refleja en un espejo plano con un ángulo de 35° con respecto a la normal?
3. Supón que el ángulo de incidencia de un rayo de luz es de 42°.
   a. ¿Cuál es el ángulo de reflexión?
   b. ¿Cuál es el ángulo que forma el rayo incidente con el espejo?
   c. ¿Cuál es el ángulo entre el rayo incidente y el rayo reflejado?
4. La luz de un láser choca con un espejo plano en un ángulo de 38° con respecto a la normal. Si el ángulo de incidencia aumenta en 13°, ¿cuál es el nuevo ángulo de reflexión?
5. Colocas dos espejos planos en ángulos rectos. Un rayo de luz choca con un espejo en un ángulo de 60° con respecto a la normal y se refleja hacia el segundo espejo. ¿Cuál es su ángulo de reflexión del segundo espejo?
6. **DESAFÍO** Se te pide que diseñes un retroreflector con dos espejos que reflejen un rayo láser a 180° independiente de la dirección incidente del rayo. ¿Cuál debe ser el ángulo entre los dos espejos?

Propiedades de las imágenes en espejos planos

Si te miras en un espejo, puedes ver que tu imagen parece estar a la misma distancia detrás del espejo de la que estás delante del espejo. ¿Cómo puedes demostrarlo? Coloca una regla entre tu posición y el espejo. ¿Dónde toca la imagen la regla? Tu imagen está verticalmente orientada, al igual que tu posición, y coincide con tu tamaño. Aquí se origina la *imagen reflejada*.

Posición y altura de la imagen

El modelo geométrico de la **Imagen 7** muestra por qué las distancias son iguales. Dos rayos desde el punto O en la punta de la vela chocan con el espejo en los puntos P_1 y P_2. El espejo refleja ambos rayos de acuerdo con la ley de la reflexión.

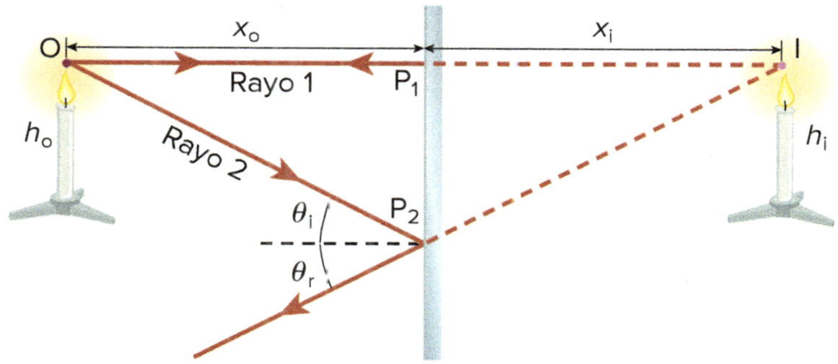

Imagen 7 Los rayos de luz reflejados de la vela (se muestran dos rayos) chocan con el espejo. Algunos de estos rayos llegan al ojo del espectador. Las líneas de visión (líneas punteadas) se trazan desde donde se reflejan los rayos en el espejo hasta donde convergen. La imagen se ubica donde convergen las líneas de visión.

Explica *por qué* $x_i = -x_o$.

Podemos extender los rayos reflejados detrás del espejo como líneas de visión (líneas punteadas de la imagen). Estas líneas de visión convergen en el punto I, que es la imagen del punto O. El rayo 1, que choca con el espejo en un ángulo de incidencia de 0°, se refleja a sí mismo, de modo que la línea de visión está a 90° con respecto al espejo, justo donde está el rayo 1. El rayo 2 también se refleja en un ángulo con respecto a la normal igual al ángulo de incidencia, de manera que la línea de visión está en el mismo ángulo del espejo que el rayo 2.

Este modelo geométrico revela que los segmentos OP_1 e IP_1 de la recta son los lados correspondientes de dos triángulos congruentes, ΔOP_1P_2 y ΔIP_1P_2. La posición del objeto con respecto al espejo (x_o) tiene una magnitud igual a la longitud de $\overline{OP_1}$. La posición aparente de la imagen con respecto al espejo, que se llama posición de la imagen (x_i), tiene una magnitud igual a la longitud de $\overline{IP_1}$. Si la posición de la imagen es negativa, lo que indica que la imagen es virtual, lo siguiente es verdadero.

Posición de la imagen en un espejo plano

En un espejo plano, la posición de la imagen es igual a la negativa de la posición del objeto. El signo negativo indica que la imagen está detrás del espejo (y, en consecuencia, es virtual).

$$x_i = -x_o$$

¿Lo comprendes?

Resume las propiedades de una imagen en un espejo plano.

Conexión con carreras STEM

Escenógrafo

¿Has asistido alguna vez a una obra escolar o a otra producción y viste efectos luminosos inquietantes? Puedes usar tu comprensión de las propiedades de la luz para crear escenografías para películas, obras de teatro o conciertos. Los escenógrafos deben saber cómo usar las diferentes propiedades de la luz, como reflexión, refracción, color, intensidad y brillo, para crear estados de ánimo y efectos especiales.

Puedes trazar más rayos de luz del objeto al espejo para determinar el tamaño de la imagen. Las líneas de visión de dos rayos que se originan en la parte inferior de la vela de la **Imagen 7** convergerán en la parte inferior de la imagen. A partir de la ley de la reflexión y de la geometría de triángulos congruentes, descubrimos que lo siguiente es verdadero con respecto a la altura del objeto (h_o) y la altura de la imagen (h_i) y cualquier otra dimensión del objeto y de la imagen.

Altura de la imagen en un espejo plano

En un espejo plano, la altura de la imagen es igual a la altura del objeto.

$$h_i = h_o$$

Orientación de la imagen Un espejo plano produce una imagen con la misma orientación que la del objeto. Si te paras en posición vertical, un espejo plano produce una imagen tuya que es vertical. Si te paras de cabeza, el espejo te muestra de cabeza. Sin embargo, el espejo ofrece una inversión de adelante hacia atrás. Estás mirando cara a cara tu imagen.

Sigue las líneas de visión de la **Imagen 8.** La imagen está detrás del espejo de manera que el niño parece estar mirándose a sí mismo. Cuando el niño extiende la mano derecha, parece como si se extendiera la mano izquierda de la imagen, pero desde la perspectiva del niño, la mano que se extiende es la derecha. Esto sucede porque un espejo plano no invierte realmente izquierda y derecha. El espejo de la **Imagen 8** solo invierte la imagen del niño de manera que mira en dirección opuesta a la del niño, o, en otras palabras, produce una inversión de adelante hacia atrás.

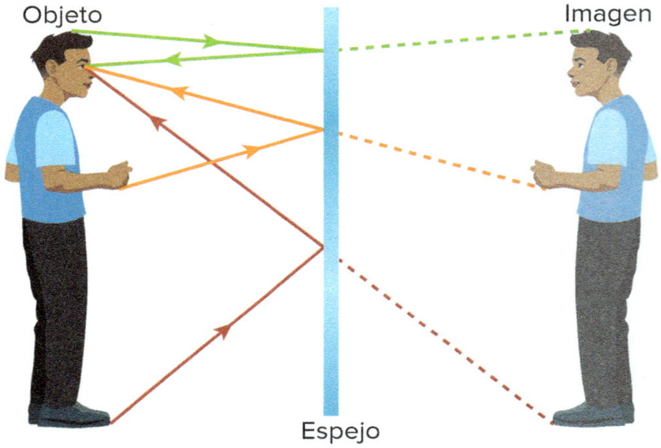

Imagen 8 Si te miras en un espejo, tu altura y la distancia desde el espejo parece la misma. Sin embargo, hay una diferencia: estás mirando en dirección opuesta.

Verifica tu progreso

7. **Reflexión** Un rayo de luz choca con una superficie reflectante plana y lisa en un ángulo de 80° con respecto a la normal. ¿Qué ángulo forma el rayo reflejado con la superficie?
8. **Propiedades de la imagen** Un perro mira su imagen, como en la **Imagen 9.** ¿Cuál es la posición, la altura y el tipo de la imagen?

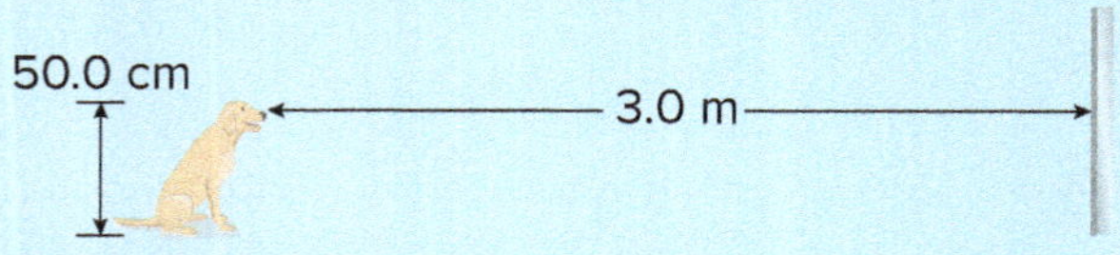

Imagen 9

9. **Ley de la reflexión** Explica cómo se aplica la ley de la reflexión a una reflexión difusa.
10. **Diagrama de la imagen** Un automóvil sigue a otro en una ruta recta. El primero tiene una ventana trasera inclinada a 45° con respecto a la horizontal. Haz un diagrama de rayos que muestre la posición del Sol que haría que su luz se reflejara en los ojos del chofer del otro auto.
11. **Pensamiento crítico** Explica cómo la reflexión difusa de la luz en un objeto te permite ver dicho objeto desde cualquier ángulo.

LEARNSMART® Conéctate para cumplir tu plan de aprendizaje personalizado para repasar, practicar y reforzar tu comprensión.

LECCIÓN 2

ESPEJOS CURVOS

PREGUNTA DE ENFOQUE

¿Cuáles son algunas ventajas y desventajas de los espejos curvos en comparación con los planos?

Propiedades de los espejos esféricos curvos

Acerca y aleja una cuchara de metal a tu cara. Mira tu imagen en ambos lados de la cuchara. Tu imagen puede parecer más grande o más pequeña, o hasta verse invertida. Las propiedades de los espejos curvos, como una cuchara de metal, y las imágenes que se forman dependen de la forma del espejo y de la posición del objeto.

El modo en el que un espejo esférico refleja la luz depende de su curva. La **Imagen 10** muestra dos espejos esféricos y algunos puntos y distancias importantes para comprender cómo se forman las imágenes. Un espejo esférico tiene la forma de una sección de una esfera hueca. El espejo (M) tiene el mismo centro geométrico (C) que una esfera de radio *r*. La distancia *r* también se llama radio de curvatura.

La línea recta que incluye el segmento de recta CM se llama **eje principal,** o recta perpendicular a la superficie del espejo que divide el espejo a la mitad.

Punto focal Los rayos de luz del Sol son casi paralelos a la Tierra porque el Sol está muy lejos. Cuando señalas el eje principal de un espejo cóncavo hacia el Sol, todos los rayos se reflejan a través de un punto. Puedes ubicar ese punto al acercar y alejar una hoja de papel desde el espejo hasta que la mancha más pequeña y nítida de la luz solar se centre en el papel. Esta mancha es el **punto focal** del espejo, que es el punto en el que los rayos de luz incidentes paralelos al eje principal convergen después de reflejarse desde el espejo. Este es el punto F.

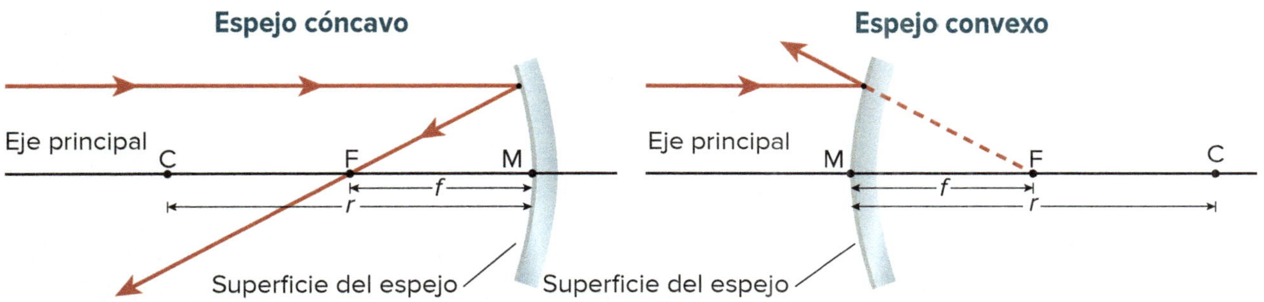

Imagen 10 Para los espejos cóncavos y convexos, la distancia de M a F (punto focal) es la mitad de la distancia de M a C.

PENSAMIENTO 3D **DCI** Ideas centrales disciplinarias **CCC** Conceptos interdisciplinarios **SEP** Prácticas de ciencia e ingeniería

REUNIR EVIDENCIA

Usa el Cuaderno de ciencias para registrar la evidencia que reúnas mientras completas las lecturas y las actividades de la lección.

INVESTIGAR

CONÉCTATE para hallar estas actividades y más recursos.

Investigación virtual: Los rayos que rastrean los espejos
Usa un modelo informático para investigar cómo las propiedades de un espejo curvo afectan el modo en que se refleja la luz.

Laboratorio de física: Imágenes en un espejo cóncavo
Elabora una explicación sobre por qué diferentes espejos producen imágenes distintas cuando reflejan la luz.

En el espejo de la izquierda de la **Imagen 10**, se refleja un rayo paralelo al eje principal que cruza el eje principal en el punto F. La distancia de M a F es la mitad de la distancia de M a C. La **distancia focal** (f) es la distancia entre el espejo y el punto focal y se puede expresar como $f = \frac{r}{2}$.

Espejos cóncavos La superficie interna de una cuchara de metal brillante actúa como un espejo cóncavo. Un **espejo cóncavo**, como el de la izquierda de la **Imagen 10,** tiene una superficie reflectante curvada hacia adentro, los bordes de la curva apuntan al observador. Los rayos de luz incidentes paralelos al eje principal se reflejan e intersecan el eje principal en el punto F. La distancia focal es positiva para un espejo cóncavo porque es un punto de rayos convergentes. Los rayos reflejados de espejos cóncavos son paralelos, como en la **Imagen 11.** Los espejos cóncavos se colocan en los faros de los automóviles porque permiten que la luz se enfoque en un lugar.

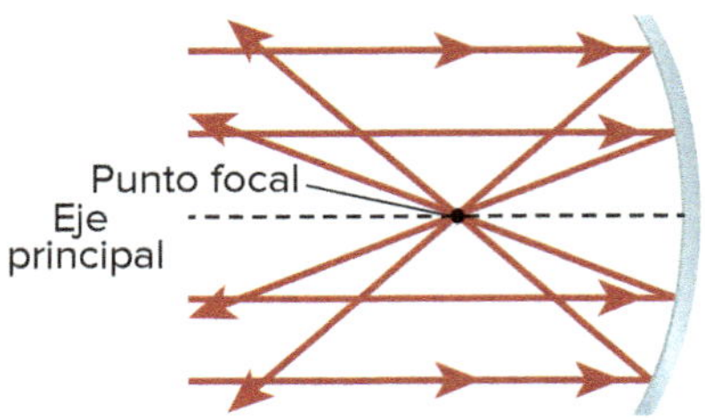

Los rayos de luz paralelos al eje principal se reflejan en un espejo cóncavo y convergen en el punto focal.

Se coloca un foco en el punto focal de un espejo cóncavo. Los rayos paralelos reflejados son evidentes en este rayo de la linterna.

Imagen 11 Los rayos trazados desde el punto focal hasta un espejo cóncavo reflejan en la superficie como rayos paralelos.

Espejos convexos La superficie externa de una cuchara actúa como un **espejo convexo,** una superficie reflectante curva hacia afuera con los bordes que se curvan lejos del observador, como se muestra en el lado derecho de la **Imagen 10.** Las propiedades de un espejo esférico convexo también se muestran en la **Imagen 10.** El punto focal (F) y el centro geométrico del espejo (C) están detrás del espejo. Los espejos de seguridad de las tiendas y muchos espejos retrovisores laterales de los automóviles son espejos convexos.

Magnificación Otra propiedad de un espejo esférico es la **magnificación** (m), que es la razón de la altura de la imagen con respecto a la altura del objeto.

El signo de la magnificación dice si la imagen es vertical o invertida. Para imágenes virtuales como las formadas por espejos convexos, x_i tiene un valor negativo. Esto significa que m tiene un valor positivo. Observa que las imágenes virtuales son siempre verticales, de manera que la altura es siempre positiva.

Magnificación

La magnificación de un objeto por un espejo esférico, definida como la altura de la imagen dividida por la altura del objeto, es igual a la posición de la imagen negativa, dividida por la posición del objeto.

$$m \equiv \frac{h_i}{h_o} = -\frac{x_i}{x_o}$$

¿Lo comprendes?

Explicar ¿Qué significa si $m < 1$?

Nicholas Eveleigh/Stockbyte

Diagramas de rayos para espejos curvos

Los diagramas de rayos brindan una representación visual de las imágenes formadas por un espejo curvo, según dónde se coloca el objeto en relación con el punto focal.

La **Imagen 12** muestra los rayos reflejados de un espejo cóncavo que convergen en el punto I, donde se ubica una imagen. Los rayos de luz convergentes forman una **imagen real** que está invertida y es más grande que el objeto. Puedes ver la imagen flotando en el espacio si colocas tu ojo de manera que los rayos que forman la imagen caigan sobre tu ojo, como en la **Imagen 12.** No obstante, debes mirar en una dirección que permita que los rayos de luz que vienen de la imagen entren en tus ojos. No puedes mirar la imagen desde atrás. Si colocaras una hoja de papel o una pantalla de película en este punto, la imagen aparecería en la pantalla, como se muestra en la **Imagen 12.** No puedes proyectar imágenes virtuales en una pantalla, ya que no están formadas por rayos de luz convergentes.

En la **Imagen 12,** si el objeto está más allá del punto C, el valor absoluto de la magnificación para la imagen real es inferior a 1. Esto significa que la imagen es más pequeña que el objeto. Si el objeto se coloca entre el punto C y el punto F, el valor absoluto de la magnificación es mayor que 1, lo que significa que la imagen es más grande que el objeto.

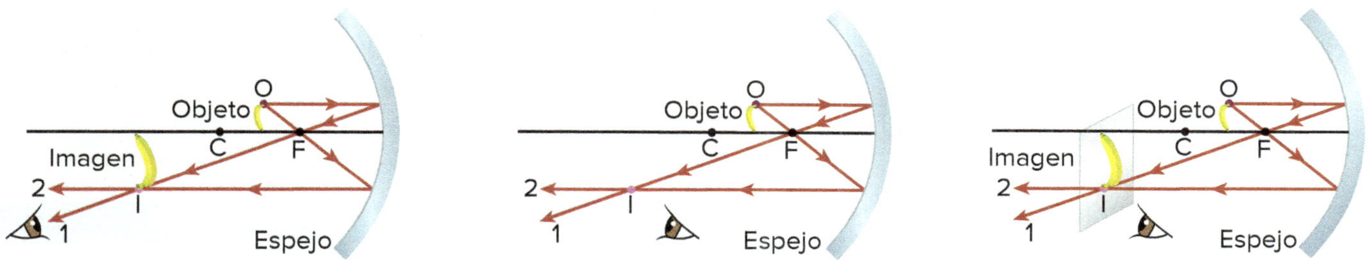

El ojo se ubica de manera que los rayos que forman la imagen real reboten en él para poder ver la imagen.

Los rayos del objeto no alcanzan el ojo, entonces la imagen no puede verse desde esta posición.

La imagen puede verse cuando se proyecta sobre una pantalla blanca opaca.

Imagen 12 Los diagramas de rayos pueden usarse para ubicar una imagen reflejada desde un espejo curvo.

Imágenes reales con espejos cóncavos

A menudo puedes simplificar los diagramas de rayos con objetos simples de una dimensión, como la flecha de la **Imagen 13** de la página siguiente. Un espejo esférico cóncavo produce una imagen real invertida si la posición del objeto (x_0) es mayor al doble de la distancia focal (f). El objeto está más allá del centro de curvatura (C). Si el objeto se coloca entre el centro de curvatura y el punto focal, como se muestra a la derecha de la **Imagen 13,** la imagen es de nuevo real e invertida. El tamaño de la imagen ahora es mayor que el tamaño del objeto.

CCC CONCEPTOS INTERDISCIPLINARIOS

Causa y efecto Los sistemas se pueden diseñar para causar un efecto deseado. Si deseas diseñar un espejo para afeitarte y maquillarte, entonces necesitas que tu espejo produzca una imagen grande. ¿Usarías un espejo plano, convexo o cóncavo? ¿Qué evidencia usarás para respaldar tu elección? Haz un planteo simple de tu diseño.

Espejo cóncavo ($x_o > 2f$)

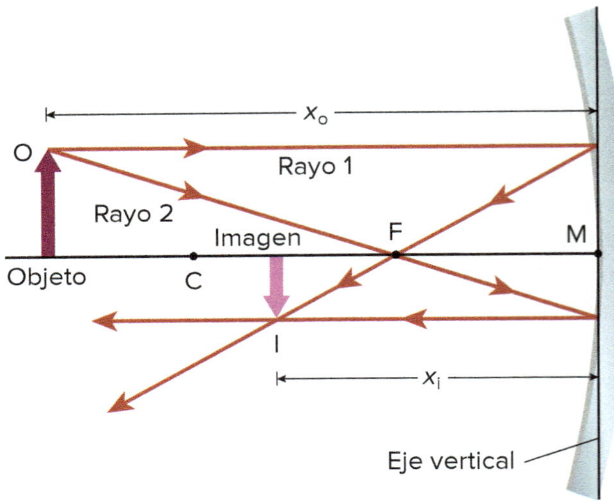

La imagen se reduce para un objeto ubicado a una distancia mayor a $2f$ desde el espejo.

Espejo cóncavo ($2f > x_o > f$)

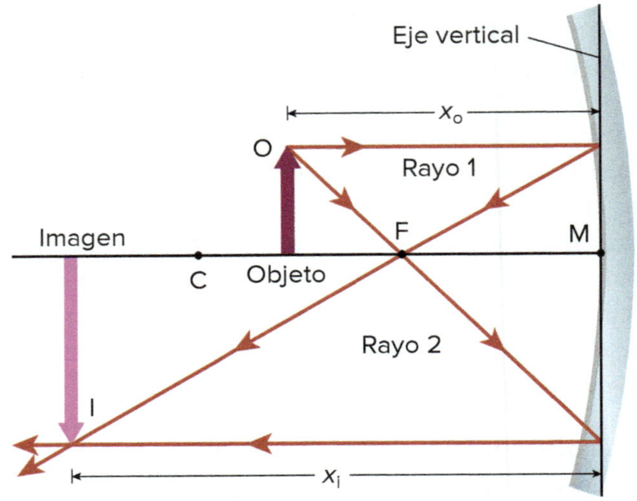

La imagen se agranda para un objeto entre f y $2f$.

Imagen 13 El tipo de imagen depende de la distancia del objeto desde el espejo. En ambas situaciones se forma una imagen real e invertida. Recuerda que f, la distancia focal, es la distancia de M a F.

Diagrama *cómo se forman otros puntos en la imagen.*

CONVENCIONES DE COLOR

Objeto	**magenta**
Imagen	**lila**
Rayo de luz	**rojo**

ESTRATEGIAS PARA RESOLVER PROBLEMAS

Usar diagramas de rayos para ubicar imágenes producidas por espejos esféricos

Usa las siguientes estrategias para resolver problemas con espejos esféricos curvos. Consulta la **Imagen 13,** al igual que la **Imagen 14** y la **Imagen 15** de la página siguiente.

1. Usa papel rayado o cuadriculado. Traza el eje principal del espejo como una recta horizontal de izquierda a derecha. Deja seis renglones en blanco arriba y seis renglones en blanco abajo.
2. Coloca los puntos y los rótulos en el eje principal para el objeto, C, y F de la siguiente manera:
   - **a.** Si el espejo es cóncavo y el objeto está más allá de C desde el espejo, coloca el espejo a la derecha de la hoja, el objeto a la izquierda y marca C y F a escala.
   - **b.** Si el espejo es cóncavo y el objeto está entre C y F, coloca el espejo a la derecha de la hoja, C en el centro de la hoja, F en la mitad entre el espejo y C, y el objeto a escala.
   - **c.** Para cualquier otro caso, coloca el espejo en el centro de la hoja, el objeto o F (no importa cuál esté a mayor distancia desde el espejo) a la izquierda de la hoja, y el otro a escala.
3. Para representar el espejo, traza una recta vertical en el punto del espejo que se extienda 12 renglones. Este es el plano principal del espejo.
4. Dibuja el objeto como una flecha, y rotula su parte superior O. Para los espejos cóncavos, los objetos dentro de C no deben ser mayores a tres renglones. Para los otros casos, los objetos deben tener seis renglones de alto. La escala para la altura del objeto diferirá de la escala a lo largo del eje principal.
5. Traza el rayo 1, el rayo paralelo. Este rayo es paralelo al eje principal, se refleja en el plano principal, y pasa a través de F.
6. Traza el rayo 2, el rayo de enfoque. Este rayo pasa por F, se refleja en el plano principal y es paralelo al eje principal.
7. Si los rayos 1 y 2 reflejados divergen, entonces extiende las líneas de visión detrás del espejo como líneas punteadas.
8. La imagen se ubica donde los rayos 1 y 2 o sus líneas de visión se cruzan después de la reflexión. En todos los casos, rotula el punto de intersección I. Dibuja la imagen como una flecha perpendicular desde el eje principal a I.

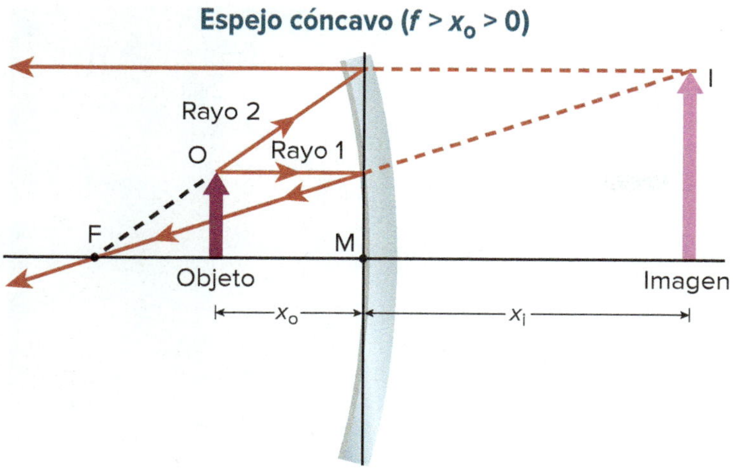

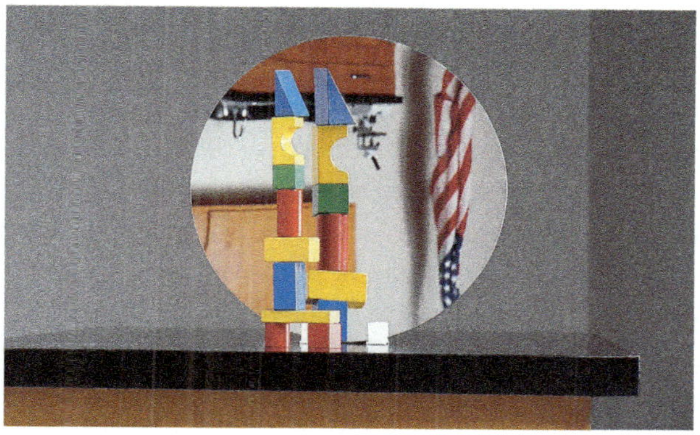

Imagen 14 Se forma una imagen virtual, vertical y agrandada cuando un objeto, como la torre de la derecha, se ubica entre el punto focal y la superficie de un espejo cóncavo.

Considera *la causa del aspecto de las otras imágenes en el espejo.*

Imágenes virtuales con espejos cóncavos

Cuando un objeto se aproxima al punto focal (F) de un espejo cóncavo, la imagen se aleja. Si el objeto está en el punto focal, todos los rayos reflejados son paralelos. Nunca se encuentran, y en consecuencia, se dice que la imagen está en el infinito, y que nunca podría verse.

Si acercas el objeto aún más al espejo, la imagen está vertical y detrás del espejo. Un espejo cóncavo produce una imagen virtual si el objeto se ubica entre el espejo y el punto focal. Esta situación se muestra en el diagrama de la **Imagen 14.**

Trazas dos rayos para ubicar la imagen de un punto en un objeto. Trazas el rayo 1 paralelo al eje principal que luego se refleja a través del punto focal. El rayo 2 se traza como una recta desde el punto en el objeto hasta el espejo a lo largo de la línea definida por el punto focal y el punto en el objeto. En el espejo, el rayo 2 se refleja paralelo al eje principal. En la **Imagen 14**, el rayo 1 y el rayo 2 divergen cuando dejan el espejo, entonces no puede ser una imagen real. Sin embargo, las líneas de visión extendidas detrás del espejo convergen, y muestran que se forma una imagen virtual detrás del espejo. Desde la posición del punto de convergencia, puedes ver que la imagen es vertical y es más grande que el objeto.

¿Lo comprendes?

Explica cómo puedes determinar si una imagen es virtual.

Imágenes virtuales con espejos convexos

Los rayos reflejados desde un espejo convexo siempre divergen. Por eso, los espejos convexos forman solo imágenes virtuales. En el diagrama de la **Imagen 15** se ve cómo un espejo esférico convexo forma una imagen. Hay dos rayos, pero existe un número infinito de rayos que se reflejan desde el objeto. El rayo 1 se acerca al espejo paralelo al eje principal. El rayo 1 se refleja siguiendo la línea entre F y el punto donde el rayo 1 rebota en el plano principal.

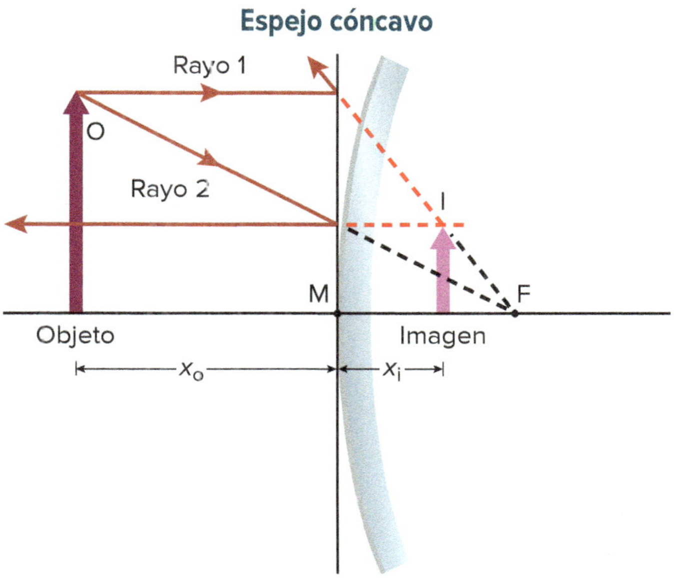

Imagen 15 Los espejos convexos forman imágenes que son virtuales, verticales y más pequeñas que el objeto.

Una línea de visión se extiende desde el punto donde el rayo 1 rebota en el plano principal a través de F. El rayo 2 se acerca al espejo en un recorrido que, si se extendiera detrás del espejo, pasaría por F. La parte reflejada del rayo 2 y su línea de visión son paralelas al eje principal. Los dos rayos reflejados divergen. Sin embargo, las líneas de visión se intersecan detrás del espejo. El punto donde se intersecan es la ubicación de la imagen. Una imagen producida por un espejo convexo es una imagen virtual que es vertical y más pequeña que el objeto.

Campo de visión Parecería que los espejos convexos tienen poco uso porque las imágenes que forman son más pequeñas que los objetos. Pero esa propiedad de los espejos convexos tiene usos prácticos. Al formar imágenes más pequeñas, los espejos convexos agrandan el área que ve un observador, que se llama campo de visión. De la misma manera, la imagen es visible desde un gran rango de ángulos; así, el campo de visión resulta visible desde una amplia perspectiva.

Los espejos convexos se usan como espejos retrovisores, como se ve en la **Imagen 16.** Como hacen que los objetos parezcan más lejanos, suele haber una advertencia en estos espejos que indica que los objetos pueden estar más cerca de lo que parecen.

Imagen 16 Las imágenes de los espejos convexos son más pequeñas que el objeto. Esto aumenta el campo de visión y disminuye el punto ciego del conductor.

Explica *por qué puede ser útil una advertencia que indique que los objetos en un espejo lateral convexo están más cerca de lo que parecen.*

Defectos de los espejos cóncavos

Al diagramar los rayos, usas una recta vertical para representar el espejo. En realidad, los rayos de luz se reflejan en el mismo espejo, como se describe en la **Imagen 17.** Solo los rayos paralelos que están cerca del eje principal se reflejan a través del punto focal. Otros rayos convergen en puntos más cercanos al espejo. Este defecto, llamado **aberración esférica**, ocurre porque no todos los rayos de luz convergen en el punto focal, que hace que una imagen se vea borrosa.

Un espejo con forma de parábola como el de la **Imagen 17,** no sufre aberración esférica. Los grandes espejos de vidrio parabólicos son caros de fabricar; entonces muchos telescopios usan espejos esféricos y más pequeños, espejos secundarios o lentes especialmente diseñados para corregir la aberración esférica.

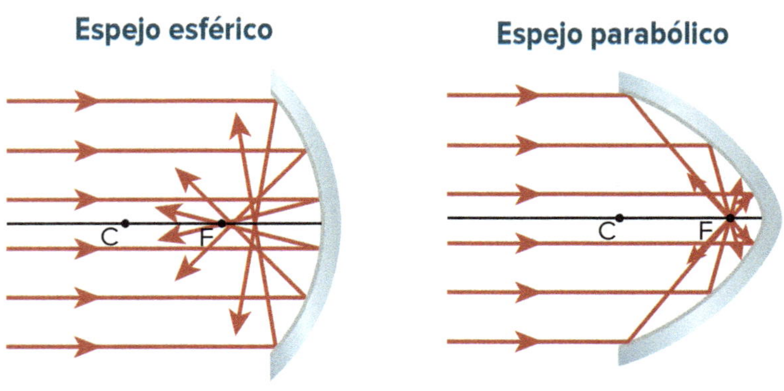

Imagen 17 La aberración esférica ocurre en los espejos esféricos pero no en los espejos parabólicos.

¿Lo comprendes?
Explica por qué un espejo esférico produce aberración esférica, mientras que un espejo con la forma de una parábola no lo hace.

Carolyn Franks/Alamy Stock Photo

Calcular la posición de la imagen

Podemos usar el modelo del espejo esférico para desarrollar una simple ecuación para espejos esféricos. Debes usar la aproximación de rayo paraxial, que establece que para formar una imagen solo se usan los rayos que están cerca y casi paralelos al eje principal. Usar esto y la ley de la reflexión lleva a la ecuación del espejo, que relaciona la distancia focal (f), la posición del objeto (x_o) y la posición de la imagen (x_i) de un espejo esférico.

Ecuación del espejo

El número recíproco de la distancia focal de un espejo esférico es igual a la suma de los números recíprocos de la posición de la imagen y la posición del objeto.

$$\frac{1}{f} = \frac{1}{x_i} + \frac{1}{x_o}$$

Física en la vida diaria

En 1990, la NASA lanzó el telescopio espacial Hubble a la órbita terrestre. Los científicos suponían que el Hubble brindaría imágenes nítidas sin distorsiones atmosféricas. Sin embargo, poco después de su despliegue, descubrieron que el Hubble presentaba aberración esférica. En 1993, un grupo de astronautas instaló ópticas correctivas llamadas COSTAR en el Hubble, que le permite producir imágenes nítidas. Durante más de veinticinco años, el Hubble brindó al mundo imponentes imágenes y permitió que los científicos realizaran importantes descubrimientos sobre el universo.

Valores negativos Cuando se forman imágenes virtuales, la posición de la imagen (x_i) tiene un valor negativo, lo que indica que está ubicada detrás del espejo. Para espejos cóncavos, una imagen virtual solo se forma cuando el objeto está entre un espejo cóncavo y el punto focal. El punto focal está delante del espejo y la distancia focal tiene un valor positivo. Para espejos convexos, el punto focal siempre está detrás del espejo, y la distancia focal tiene un valor negativo.

Recuerda que la ecuación del espejo solo es aproximadamente correcta. En realidad, la luz que proviene de un objeto hacia un espejo es divergente, entonces no toda la luz está cerca del eje o paralela al eje. Si el diámetro del espejo es grande en relación con el radio de curvatura para minimizar la aberración esférica, esta ecuación predice las propiedades de la imagen con mayor precisión.

CONECTAR MATEMÁTICAS y Física

Sumar y restar fracciones Cuando usas la ecuación del espejo, primero utilizas las matemáticas para mover la fracción que contiene la cantidad que estás buscando a la izquierda de la ecuación y todo el resto a la derecha. Luego, combinas las dos fracciones de la derecha usando un denominador común, que resulta de multiplicar los denominadores.

Matemáticas	Física
$\frac{1}{x} = \frac{1}{y} + \frac{1}{z}$	$\frac{1}{f} = \frac{1}{x_i} + \frac{1}{x_o}$
$\frac{1}{y} = \frac{1}{x} - \frac{1}{z}$	$\frac{1}{x_i} = \frac{1}{f} - \frac{1}{x_o}$
$\frac{1}{y} = \left(\frac{1}{x}\right)\left(\frac{z}{z}\right) - \left(\frac{1}{z}\right)\left(\frac{x}{x}\right)$	$\frac{1}{x_i} = \left(\frac{1}{f}\right)\left(\frac{x_o}{x_o}\right) - \left(\frac{1}{x_o}\right)\left(\frac{f}{f}\right)$
$\frac{1}{y} = \frac{z-x}{xz}$	$\frac{1}{x_i} = \frac{x_o - f}{fx_o}$
$y = \frac{xz}{z-x}$	$x_i = \frac{fx_o}{x_o - f}$

Con este enfoque, se pueden derivar las siguientes relaciones para la posición de la imagen, la posición del objeto y la distancia focal:

$$x_i = \frac{fx_o}{x_o - f} \qquad x_o = \frac{fx_i}{x_i - f} \qquad f = \frac{x_i x_o}{x_i + x_o}$$

EJEMPLO PROBLEMA 2

FORMACIÓN DE LA IMAGEN REAL CON UN ESPEJO CÓNCAVO Un espejo cóncavo tiene un radio de curvatura de 20.0 cm. Colocas un objeto de 2.0 cm de alto a 30.0 cm del espejo. ¿Cuál es la posición y la altura de la imagen?

1 ANALIZAR Y PLANTEAR EL PROBLEMA

- Haz un diagrama del objeto y el espejo.
- Traza los dos rayos principales para ubicar la imagen en el diagrama.

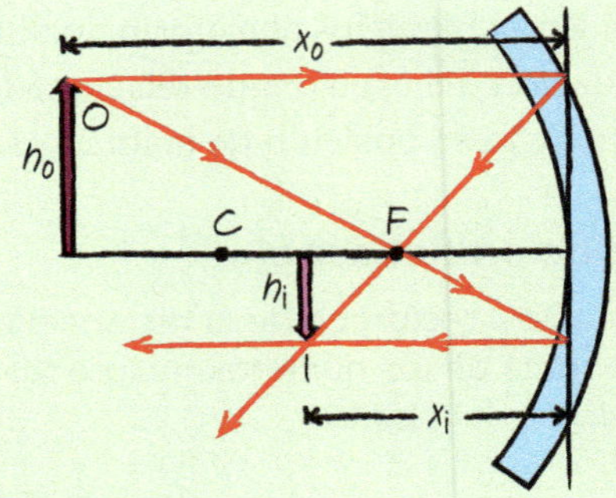

Datos conocidos	**Incógnita**
$h_o = 2.0$ cm	$x_i = ?$
$x_o = 30.0$ cm	$h_i = ?$
$r = 20.0$ cm	

2 HALLAR LA INCÓGNITA

La distancia focal es la mitad del radio de curvatura.

$$f = \frac{r}{2}$$

$$= \frac{20.0 \text{ cm}}{2} \qquad \text{Sustituye } r = 20.0 \text{ cm.}$$

$$= 10.0 \text{ cm}$$

Usa la relación entre la distancia focal y la posición del objeto para resolver la posición de la imagen.

$$\frac{1}{f} = \frac{1}{x_i} + \frac{1}{x_o}$$

$$x_i = \frac{fx_o}{x_o - f}$$

$$= \frac{(10.0 \text{ cm})(30.0 \text{ cm})}{30.0 \text{ cm} - 10.0 \text{ cm}} \qquad \text{Sustituye } f = 10.0 \text{ cm}, x_o = 30.0 \text{ cm.}$$

$$= 15.0 \text{ cm (imagen real, delante del espejo)}$$

Usa la relación entre la altura del objeto y la posición del objeto y de la imagen para resolver la altura de la imagen.

$$m \equiv \frac{h_i}{h_o} = \frac{-x_i}{x_o}$$

$$h_i = \frac{-x_i h_o}{x_o}$$

$$= -\frac{(15.0 \text{ cm})(2.0 \text{ cm})}{30.0 \text{ cm}} \qquad \text{Sustituye } x_i = 15.0 \text{ cm}, h_o = 2.0 \text{ cm}, x_o = 30.0 \text{ cm.}$$

$$= -1.0 \text{ cm (imagen más pequeña, invertida)}$$

3 EVALUAR LA RESPUESTA

- **¿Son correctas las unidades?** Todas las posiciones y las alturas están en centímetros.
- **¿Tienen sentido los signos?** La posición positiva y la altura negativa coinciden con el dibujo.

PRÁCTICA Problemas

PRÁCTICA ADICIONAL

12. Usa un diagrama de rayos a escala para resolver el Ejemplo Problema 2.

13. Colocas un objeto 36.0 cm delante de un espejo cóncavo con una distancia focal de 16.0 cm. Determina la posición de la imagen.

14. Colocas un objeto de 3.0 cm de alto a 20.0 cm de un espejo cóncavo de 16.0 cm de radio. Determina la posición y la altura de la imagen.

15. Un espejo cóncavo tiene una distancia focal de 7.0 cm. Colocas un objeto de 2.4 cm de alto a 16.0 cm del espejo. Determina la altura de la imagen.

16. **DESAFÍO** Colocas un objeto cerca de un espejo cóncavo con una distancia focal de 10.0 cm. La imagen tiene 3.0 cm de alto, está invertida y a 16.0 cm del espejo. ¿Cuáles son la posición y la altura del objeto?

EJEMPLO PROBLEMA 3

IMAGEN EN UN ESPEJO DE SEGURIDAD Un espejo de seguridad convexo en un depósito tiene una distancia focal de −0.50 m. Un montacargas de 2.0 m de alto está a 5.0 m del espejo. ¿Cuáles son la posición y la altura de la imagen del montacargas?

1 ANALIZAR Y PLANTEAR EL PROBLEMA

- Haz un diagrama con el espejo y el objeto.
- Traza los dos rayos principales para ubicar la imagen en el diagrama.

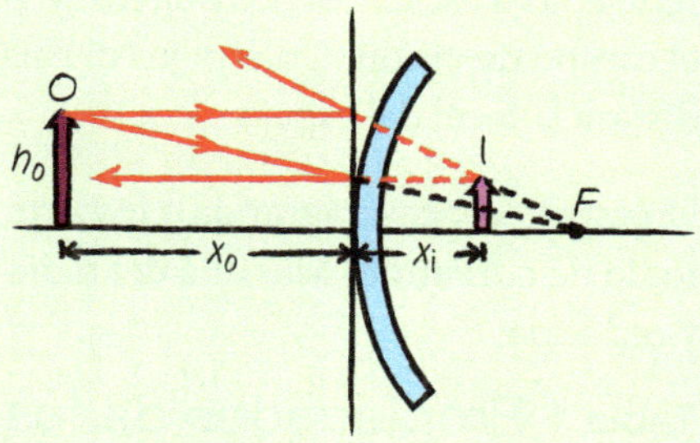

Datos conocidos	**Incógnita**
$h_o = 2.0$ m	$x_i = ?$
$x_o = 5.0$ m	$h_i = ?$
$f = -0.50$ m	

2 HALLAR LA INCÓGNITA

Usa la relación entre la distancia focal y la posición del objeto para resolver la posición de la imagen.

$$\frac{1}{f} = \frac{1}{x_i} + \frac{1}{x_o}$$

$$x_i = \frac{fx_o}{x_o - f}$$

$$= \frac{(-0.50\text{ m})(5.0\text{ m})}{5.0\text{ m} - (-0.50\text{ m})}$$ Sustituye $f = -0.50$ m, $x_o = 5.0$ m.

$= -0.45$ m (imagen virtual, detrás del espejo)

Usa la relación entre la altura del objeto y la posición del objeto y la imagen para resolver la altura de la imagen.

$$m \equiv \frac{h_i}{h_o} = \frac{-x_i}{x_o}$$

$$h_i = \frac{-x_i h_o}{x_o}$$

$$= \frac{-(-0.45\text{ m})(2.0\text{ m})}{5.0\text{ m}}$$ Sustituye $x_i = -0.45$ m, $h_o = 2.0$ m, $x_o = 5.0$ m.

$= 0.18$ m (imagen vertical, más pequeña)

3 EVALUAR LA RESPUESTA

- **¿Son correctas las unidades?** Todas las posiciones y las alturas están en metros.
- **¿Tienen sentido los signos?** Una posición negativa indica una imagen virtual; una altura positiva indica una imagen vertical. Coinciden con el diagrama.

PRÁCTICA Problemas

PRÁCTICA ADICIONAL

17. Colocas un objeto 20.0 cm delante de un espejo convexo con una distancia focal de −15.0 cm. Encuentra la posición de la imagen. Usa un diagrama a escala y la ecuación del espejo.

18. Un espejo convexo tiene una distancia focal de −13.0 cm. Colocas un foco de 6.0 cm de diámetro a 60.0 cm del espejo. ¿Cuál es la posición y el diámetro de la imagen del foco?

19. Se coloca una pelota de 7.6 cm de diámetro a 22.0 cm de un espejo convexo con un radio de curvatura de 60.0 cm. ¿Cuál es la posición y el diámetro de la imagen de la pelota?

20. Una niña de 1.8 m de alto se para a 2.4 m de un espejo de seguridad de una tienda. Su imagen parece de 0.36 m.

a. ¿Cuál es la distancia de la imagen?

b. ¿Cuál es la distancia focal del espejo?

21. DESAFÍO Se necesita un espejo convexo para producir una imagen que tenga tres cuartos el tamaño de un objeto y se ubique 24 cm detrás del espejo.

a. ¿Cuál es la distancia del objeto?

b. ¿Qué distancia focal se debe especificar?

Comparación de espejos

La **Tabla 1** resume las propiedades de los sistemas de espejos simples. Observa que el espejo plano simple y el espejo convexo producen solo imágenes virtuales. Un espejo cóncavo produce imágenes reales cuando el objeto está más lejos de la distancia focal. Un espejo cóncavo produce imágenes virtuales cuando el objeto está más cerca de la distancia focal. Los espejos planos brindan imágenes reflejadas a escala con los objetos, y los espejos convexos brindan imágenes reducidas, que expanden el campo de visión. Un espejo cóncavo actúa como una lupa cuando un objeto está dentro de la distancia focal del espejo.

Un espejo cóncavo agranda e invierte la imagen cuando el objeto está entre la distancia focal y el radio de curvatura. Más allá del radio de curvatura, un espejo cóncavo produce una imagen invertida y reducida.

Tabla 1 Propiedades de los sistemas de espejos simples

Tipo de espejo	f	x_o	x_i	m	Imagen
Plano	∞	$x_o > 0$	$\lvert x_i \rvert = x_o$ (negativa)	mismo tamaño	virtual
Cóncavo	+	$x_o > r$	$r > x_i > f$	reducida, invertida	real
		$r > x_o > f$	$x_i > r$	agrandada, invertida	real
		$f > x_o > 0$	$\lvert x_i \rvert > x_o$ (negativa)	agrandada	virtual
Convexo	−	$x_o > 0$	$\lvert f \rvert > \lvert x_i \rvert > 0$ (negativa)	reducida	virtual

Verifica tu progreso

22. **Propiedades de la imagen** Si conoces la distancia focal de un espejo cóncavo, ¿dónde colocas un objeto para que su imagen sea vertical y más grande en comparación con el objeto? ¿Producirá una imagen real o virtual?
23. **Magnificación** Un objeto está a 20.0 cm de un espejo cóncavo, con una distancia focal de 9.0 cm. ¿Cuál es la magnificación de la imagen?
24. **Posición del objeto** Un objeto delante de un espejo cóncavo con una distancia focal de 12.0 cm forma una imagen real que está a 22.3 cm del espejo. ¿Cuál es la posición del objeto?
25. **Posición y altura de la imagen** Colocas un objeto de 3.0 cm de alto 22.0 cm delante de un espejo cóncavo que tiene una distancia focal de 12.0 cm. Encuentra la posición y la altura de la imagen con un diagrama de rayos a escala. Verifica tu respuesta.
26. **Diagrama de rayos** Colocas un objeto de 4.0 cm de alto a 14.0 cm del espejo convexo con una distancia focal de −12.0 cm. En un diagrama de rayos, muestra la posición y la altura de la imagen. Verifica tu respuesta con las ecuaciones del espejo y la magnificación.
27. **Radio de curvatura** Colocas un objeto de 6.0 cm de alto a 16.4 cm de un espejo convexo. Si la imagen del objeto tiene 2.8 cm, ¿cuál es el radio de curvatura del espejo?
28. **Distancia focal** Un espejo convexo produce una imagen que tiene dos tercios el tamaño de un objeto y se ubica 12 cm detrás del espejo. ¿Cuál es la distancia focal del espejo?
29. **Pensamiento crítico** ¿Es inferior la aberración esférica para un espejo si su altura, en comparación con su radio de curvatura, es pequeña o grande?

LEARNSMART® Conéctate para cumplir tu plan de aprendizaje personalizado para repasar, practicar y reforzar tu comprensión.

LECCIÓN 3

REFRACCIÓN DE LA LUZ

PREGUNTA DE ENFOQUE

¿Qué sucede cuando la luz entra en un nuevo medio?

Luz y límites

Recuerda que cuando la luz cruza un límite entre dos medios, se curva. Este fenómeno podría resultarte familiar. ¿Miraste alguna vez hacia abajo a través del agua de una piscina y pensaste que el agua parecía menos profunda? Este aspecto extraño se debe a la curva de la luz en los límites entre dos medios, o refracción.

Refracción Observa los rayos de luz de la **Imagen 18.** Tres rayos de luz idénticos se inician en el aire y pasan tres medios diferentes: agua, vidrio y diamante. Los rayos de luz chocan con la superficie de cada medio en el mismo ángulo y se curvan, o refractan, cuando cruzan los límites.

¿Qué diferencias observas entre los tres medios? Los rayos de luz se curvan más cuando viajan del aire al diamante que cuando lo hacen del aire al agua o del aire al vidrio. La cantidad de refracción depende de las propiedades de los medios por los que viajan los rayos de luz.

¿Cuál piensas que es la relación entre el ángulo de la luz y la refracción cuando cruza el límite entre los medios?

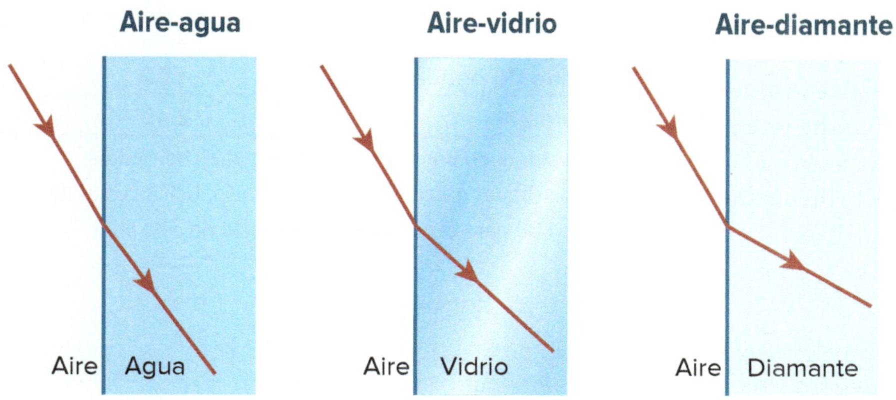

Imagen 18 La luz refracta cuando cruza un límite. La cantidad de refracción depende de las propiedades de los medios. (Los ángulos no aumentan).

PENSAMIENTO 3D **DCI** Ideas centrales disciplinarias **CCC** Conceptos interdisciplinarios **SEP** Prácticas de ciencia e ingeniería

REUNIR EVIDENCIA

Usa el Cuaderno de ciencias para registrar la evidencia que reúnas mientras completas las lecturas y las actividades de la lección.

INVESTIGAR

CONÉCTATE para hallar estas actividades y más recursos.

Laboratorio forense: Un espectro completo de posibilidades
Analiza datos sobre cómo el índice de refracción que depende de la longitud de onda causa la dispersión de la luz.

Repasar la pregunta de Encuentra el fenómeno
¿Qué información de la lección te ayuda a responder las preguntas de la unidad y del módulo?

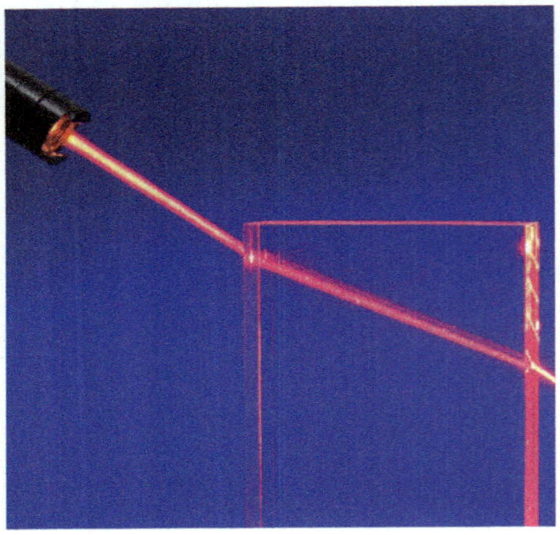

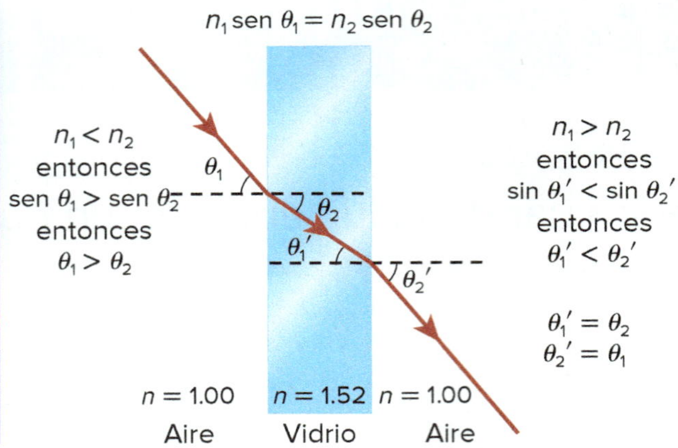

Imagen 19 Cuando la luz viaja del aire al vidrio y de nuevo al aire, refracta hacia la normal y luego se aleja.

Ley de refracción de Snell

En el siglo XVII, René Descartes y Willebrord Snell fueron los primeros en estudiar la refracción cuando dirigieron un rayo de luz estrecho sobre un medio transparente, como el vidrio de la **Imagen 19.** Midieron dos ángulos: el ángulo de incidencia y el ángulo de refracción. El ángulo de incidencia (θ_1) es el ángulo en el que un rayo de luz choca con la superficie. El ángulo de refracción (θ_2) es el ángulo en el que la luz transmitida deja la superficie. Ambos ángulos se miden con respecto a la normal.

Índice de refracción Snell descubrió que cuando la luz pasa del aire a un medio transparente, los senos de los ángulos están relacionados. Este **índice de refracción** (n) determina el ángulo de refracción de la luz cuando cruza el límite entre dos medios. Las propiedades de los medios por los que viaja la luz determinan los índices de refracción. Los valores de n para varios medios se enumeran en la **Tabla 2.**

Tabla 2 Índices de refracción para la luz amarilla ($\lambda = 589$ nm en el vacío)

Medio	n
Vacío	1.00
Aire	1.0003*
Agua	1.33
Etanol	1.36
Vidrio flotado	1.52
Cuarzo	1.54
Vidrio de pedernal	1.62
Diamante	2.42

*El valor dado para el aire contiene cifras adicionales significativas para distinguirlo del vacío. Usa un valor de $n = 1.00$ para el aire en los problemas de este libro.

Ley de refracción de Snell

El producto del índice de refracción del primer medio y el seno del ángulo de incidencia es igual al producto del índice de refracción del segundo medio y el seno del ángulo de refracción.

$$n_1 \text{ sen } \theta_1 = n_2 \text{ sen } \theta_2$$

Podemos usar la **Imagen 19** y la **Tabla 2** para mostrar cómo se aplica la ley de Snell cuando la luz viaja a través de una pieza de vidrio con superficies paralelas, como el vidrio de una ventana. La luz se refracta cuando entra en el vidrio y nuevamente cuando lo deja. Cuando la luz va del aire al vidrio, viaja de un medio con un valor n inferior, de 1.00 a un medio con un valor n superior a 1.52. La luz se curva hacia la normal.

Al viajar del vidrio al aire, la luz se mueve de un medio con un valor de n superior (1.52) a uno con un valor de n inferior (1.00). La luz se curva lejos de la normal. Los valores relativos de n determinan si la luz se curvará hacia la normal o lejos de ella. Observa la dirección del rayo cuando deja el vidrio. Es la misma que antes de chocarlo, $\theta_1 = \theta_2'$. Esto se debe a que los límites están entre los mismos medios.

GIPhotoStock/Science Source

EJEMPLO Problema 4

ÁNGULO DE REFRACCIÓN Un rayo de luz en el aire choca con una hoja de vidrio flotado en un ángulo de 30.0°. ¿Cuál es el ángulo de refracción del rayo de luz?

1 ANALIZAR Y PLANTEAR EL PROBLEMA

- Haz un planteo del límite del aire y el vidrio flotado.
- Dibuja el rayo de luz y rotula θ_1, θ_2, n_1 y n_2.

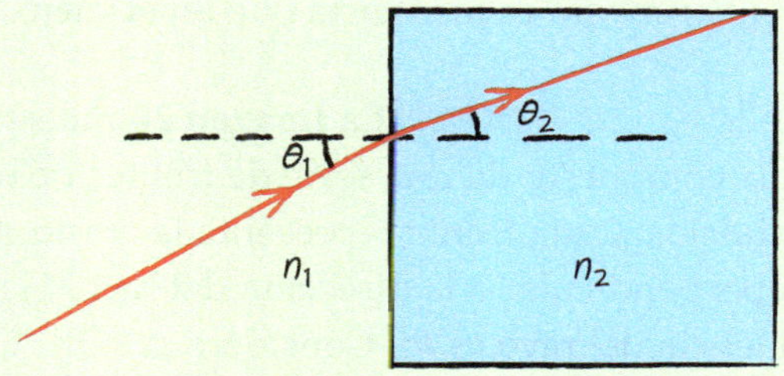

Datos conocidos	Incógnita
$\theta_1 = 30.0°$	$\theta_2 = ?$
$n_1 = 1.00$	
$n_2 = 1.52$	

2 RESOLVER LA REFRACCIÓN DEL ÁNGULO

Usa la ley de Snell para resolver el seno del ángulo de refracción.

$$n_1 \text{ sen } \theta_1 = n_2 \text{ sen } \theta_2$$

$$\text{sen } \theta_2 = \left(\frac{n_1}{n_2}\right) \text{ sen } \theta_1$$

$$\theta_2 = \text{sen}^{-1}\left(\left(\frac{n_1}{n_2}\right) \text{ sen } \theta_1\right)$$

$$= \text{sen}^{-1}\left(\left(\frac{1.00}{1.52}\right) \text{ sen } 30.0°\right)$$

Sustituye $n_1 = 1.00$, $n_2 = 1.52$, $\theta_1 = 30.0°$.

$$= 19.2°$$

3 EVALUAR LA RESPUESTA

- **¿Tiene sentido la respuesta?** El rayo de luz viaja a un medio con un valor de n superior. Entonces, θ_2 debe ser menor que θ_1.

PRÁCTICA Problemas

PRÁCTICA ADICIONAL

30. Un rayo láser en el aire entra en etanol en un ángulo de incidencia de 37.0°. ¿Cuál es el ángulo de refracción?

31. Cuando la luz viaja del aire al agua, el ángulo de refracción es de 25.0° con respecto a la normal. Encuentra el ángulo de incidencia.

32. La luz en el aire entra en un diamante facetado a 45.0°. ¿Cuál es el ángulo de refracción?

33. Se sumerge en agua un bloque de material desconocido. La luz en el agua entra en el bloque en un ángulo de incidencia de 31°. El ángulo de refracción de la luz es de 27°. ¿Cuál es el índice de refracción del material del bloque?

34. DESAFÍO La luz viaja desde el aire hasta otro medio. En ángulo de incidencia es de 45.0° y el ángulo de refracción de 27.7°. ¿Cuál es el otro medio?

Significado del índice de refracción

Mirar la luz como si fuera una onda muestra una interesante conexión entre la propagación de la luz a través de un medio y su índice de refracción. El trabajo de Snell se hizo antes de desarrollar el modelo de ondas de la luz; después del desarrollo de este modelo, se comprendió que la luz interactúa con los átomos de tal manera que se mueve más lentamente a través de un medio que a través del vacío.

Recuerda que, para que la luz viaje a través del vacío, $\lambda_0 = \frac{c}{f}$. Esto se puede expresar como $\lambda_0 = \frac{c}{f}$, donde v es la velocidad de la luz en cualquier medio y λ es la longitud de onda en dicho medio. La frecuencia (f) es la cantidad de oscilaciones que una onda efectúa por segundo.

La frecuencia no cambia en el límite, entonces la longitud de onda disminuye cuando la luz baja la velocidad al cruzar un límite. Además, como la velocidad de la luz en cualquier medio es más lenta que la velocidad de la luz en el vacío, la longitud de onda en cualquier medio es más corta que en el vacío.

Modelo de ondas La **Imagen 20** muestra un rayo de luz compuesto de una serie de frentes de onda rectos y paralelos. Cada frente representa la cresta de una onda y es perpendicular a la dirección del rayo. El ángulo de incidencia del rayo es θ_1. Considera ΔPQR. Como los frentes de onda son perpendiculares a la dirección del rayo, $\angle$PQR es un ángulo recto. $\angle$QRP es igual a θ_1. En consecuencia, el seno θ_1 es igual a $\overline{PQ}$ dividido por $\overline{PR}$.

$$\text{sen } \theta_1 = \frac{\overline{PQ}}{\overline{PR}}$$

El ángulo de refracción (θ_2) se puede relacionar de manera similar con ΔPSR. En este caso,

$$\text{sen } \theta_2 = \frac{\overline{RS}}{\overline{PR}}$$

Al tomar la razón de los senos de los dos ángulos, $\overline{PR}$ se cancela y da lugar a la siguiente ecuación.

$$\frac{\text{sen } \theta_2}{\text{sen } \theta_1} = \frac{\overline{RS}}{\overline{PQ}}$$

En la **Imagen 20,** $\overline{PQ}$ es la longitud de tres longitudes de onda de luz en el aire, $\overline{PQ} = 3\lambda_1$. De manera similar, $\overline{RS} = 3\lambda_2$. Sustituir estos valores en la ecuación anterior y cancelar el factor común de 3 arroja una ecuación que relaciona los ángulos de incidencia y refracción con la longitud de onda de la luz en cada medio.

$$\frac{\text{sen } \theta_2}{\text{sen } \theta_1} = \frac{3\lambda_2}{3\lambda_1} = \frac{\lambda_2}{\lambda_1}$$

Al usar $\lambda = \frac{v}{f}$ y cancelar el factor común *f*, porque la frecuencia se mantiene constante, la ecuación se puede volver a expresar como:

$$\frac{\text{sen } \theta_2}{\text{sen } \theta_1} = \frac{n_1}{n_2}$$

La ley de Snell se puede expresar como una razón de los senos de los ángulos de incidencia y refracción.

$$\frac{\text{sen } \theta_2}{\text{sen } \theta_1} = \frac{n_1}{n_2}$$

Al usar la propiedad transitiva de la igualdad, las dos ecuaciones previas llevan a esta ecuación:

$$\frac{n_1}{n_2} = \frac{v_2}{v_1}$$

Frente de ondas

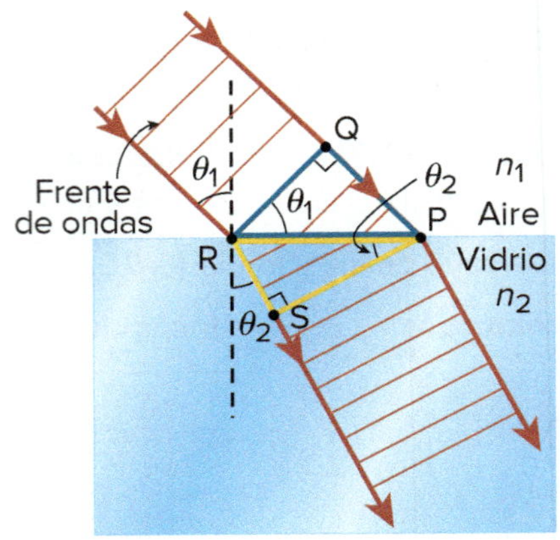

Imagen 20 Cada frente de onda pasa el límite del aire al vidrio en un ángulo. Parte del frente de onda disminuye la velocidad y el rayo se curva. Como la onda se hace más lenta y la frecuencia permanece constante, para que $\lambda = \frac{v}{f}$ sea verdadero, la longitud de onda debe disminuir.

Inferir *¿Qué medio tiene un índice de refracción mayor?*

En el vacío, $n = 1.00$ y $v = c$. Si cualquiera de los medios es un vacío, entonces la ecuación se simplifica a una ecuación que relaciona el índice de refracción con la velocidad de la luz en un medio.

Índice de refracción

El índice de refracción de un medio es igual a la velocidad de la luz en el vacío dividido por la velocidad de la luz en el medio.

$$n = \frac{c}{v}$$

Esta definición del índice de refracción se puede usar para hallar la longitud de onda de la luz en un medio. En un medio con un índice de refracción *n*, la velocidad de la luz se expresa con $v = \frac{c}{n}$. La longitud de onda de la luz en el vacío es $\lambda_0 = \frac{c}{f}$. Resuelve para determinar la frecuencia y sustituye $f = \frac{c}{\lambda_0}$ y $v = \frac{c}{n}$ en $\lambda = \frac{v}{f}$.

$$\lambda = \frac{(c/n)}{(c/\lambda_0)} = \frac{\lambda_0}{n}$$

Observa que la longitud de onda de la luz en un medio es menor que su longitud de onda en el vacío.

¿Lo comprendes?

Describe la relación entre el índice de refracción y la velocidad de la luz en un medio.

Reflexión interna total

Recuerda que cuando la luz choca con un límite transparente, parte de la luz se transmite y parte se refleja. Cuando la luz viaja de un medio de mayor índice de refracción a un medio de menor índice de refracción, el ángulo de refracción es mayor que el ángulo de incidencia, como se muestra en la **Imagen 21.**

Esto lleva a un interesante fenómeno. A medida que el ángulo de incidencia aumenta, el ángulo de refracción disminuye. En un cierto ángulo de incidencia, conocido como **ángulo crítico** (θ_c), el rayo de luz refractado cae en el límite de los dos medios.

La **reflexión interna total** ocurre cuando la luz que viaja de una región con un índice de refracción mayor a una región con un índice de refracción menor choca con el límite en un ángulo mayor a θ_c de manera que toda la luz se refleja nuevamente en la región del índice de mayor refracción. Esto se muestra en el tercer diagrama de la **Imagen 21.** Usa la ley de Snell y sustituye $\theta_1 = \theta_c$, y sen $\theta_2 =$ sen $90.0° = 1$:

$$\text{sen}\ \theta_c = \frac{n_2}{n_1}$$

La reflexión interna total origina algunos efectos curiosos. Supón que estás mirando la superficie desde abajo del agua en una piscina. Podrías ver una reflexión invertida de otro objeto cercano que también está debajo del agua. Podrías ver una reflexión de la parte inferior de la piscina. La superficie del agua actúa como un espejo, que refleja la imagen de nuevo al agua.

Física en la vida diaria

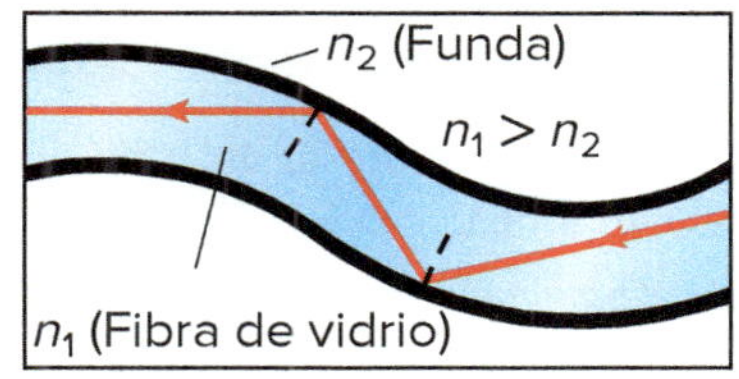

La REFLEXIÓN INTERNA TOTAL se usa en la comunicación por fibras ópticas. La luz que viaja a través de la fibra transparente siempre choca con el límite interno de la fibra óptica en un ángulo mayor al ángulo crítico. Se refleja toda la luz y no se transmite nada de esa luz a través del límite. Los pulsos de luz en los cables de fibra óptica transportan mayor cantidad de información a mayor distancia que las otras formas de comunicación. El material externo de cada fibra se llama funda.

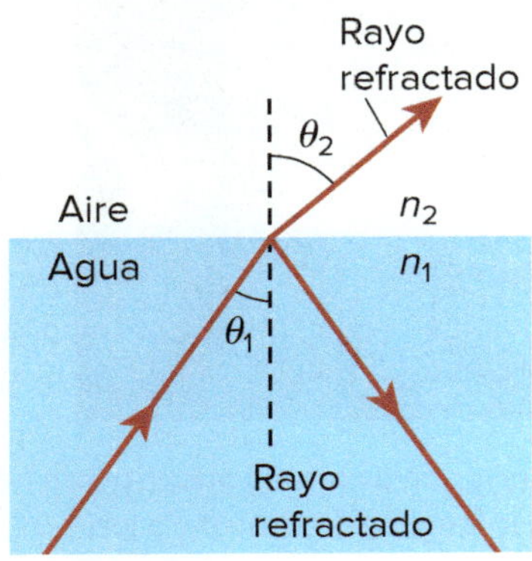

En un ángulo de incidencia menor que el ángulo crítico, la luz se refracta y se refleja en forma parcial.

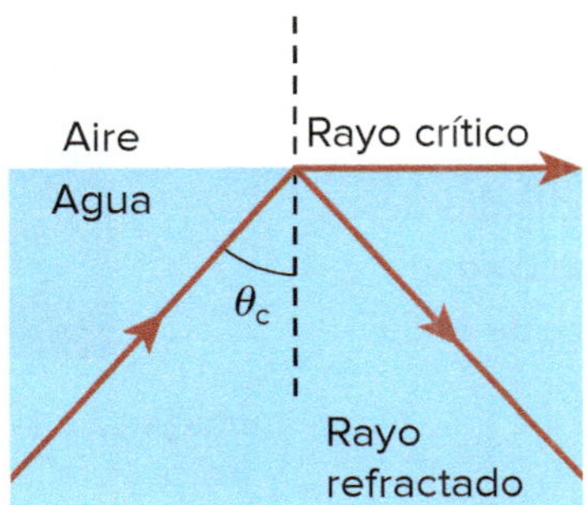

Un rayo refractado a lo largo del límite del medio forma el ángulo crítico.

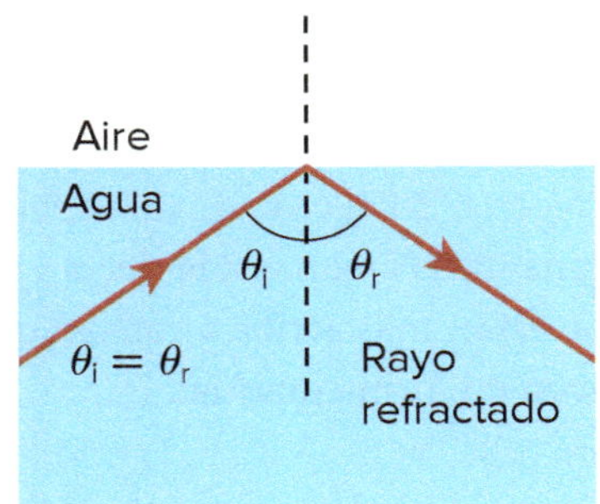

Un ángulo de incidencia mayor que el ángulo crítico da como resultado una reflexión interna total, que sigue la ley de la reflexión.

Imagen 21 La refracción y la reflexión de la luz que viaja entre medios depende del ángulo de incidencia θ_1.

¿Lo comprendes?

Compara y contrasta la transmisión de datos con cables de fibra óptica al comienzo de este módulo y la transmisión de datos por satélite.

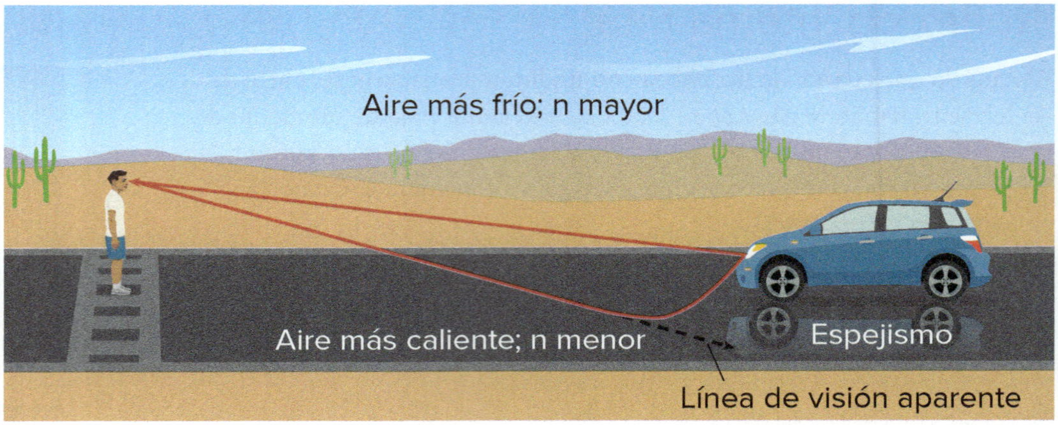

Imagen 22 Las ondas de luz del vehículo que se reflejan en la ruta refractan cuando el aire cerca de la superficie es más caliente que el aire que está más arriba.

Aplicar *¿Viajan más rápido las ondas que están cerca de la superficie de la ruta o las que están cerca de la parte superior del vehículo?*

Espejismos

En un día caluroso, puedes ver en un charco de agua lo que parece ser el reflejo de un vehículo que se aproxima, como en la **Imagen 22.** Pero el charco desaparece cuando te acercas. Este espejismo es el resultado del Sol que calienta el asfalto. El asfalto a altas temperaturas calienta el aire que está encima y produce una película térmica de aire, que causa que la luz que viaja hacia el asfalto desde el auto se curve gradualmente hacia arriba.

La **Imagen 22** muestra cómo ocurre esto. Cuando la luz de un objeto distante viaja hacia abajo, el índice de refracción del aire disminuye a medida que el aire se calienta, pero el cambio de temperatura es gradual. Recuerda que los frentes de onda de la luz están compuestos de ondículas de Huygens. En el caso de un espejismo, las ondículas de Huygens más cercanas a la tierra viajan más rápido que las que están más arriba y causan que los frentes de onda se eleven en forma gradual.

Dispersión de la luz

Si miras atentamente el espectro que forma la luz que pasa a través del prisma de la **Imagen 23,** observarás que la luz violeta refracta más que la luz roja. La velocidad de la luz violeta a través del vidrio es inferior a la velocidad de la luz roja. La luz violeta tiene una frecuencia más alta que la luz roja, lo que causa que interactúe de manera diferente con los átomos del vidrio. Esto hace que el vidrio tenga un índice de refracción ligeramente más alto para la luz violeta que para la luz roja. Esta separación de luz blanca en un espectro de colores se llama **dispersión.**

La velocidad de la luz en un medio se determina por las interacciones entre la luz y los átomos que componen el medio. La velocidad de la luz y el índice de refracción para un medio sólido o líquido varían para las diferentes longitudes de onda de la luz.

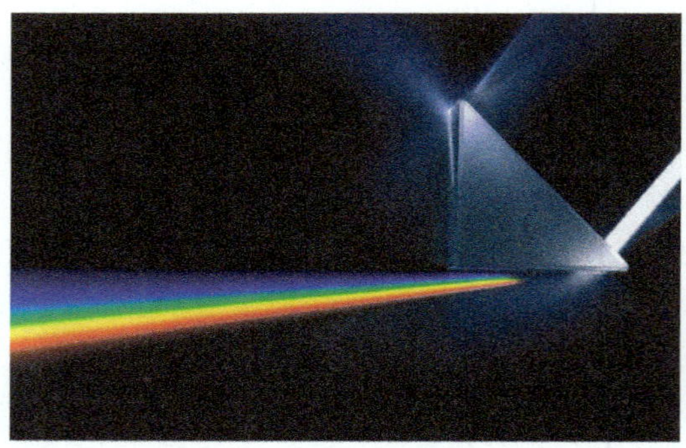

Imagen 23 La dispersión a través de un prisma ocurre porque el índice de refracción varía con la longitud de onda de la luz.

Arcoíris Un arcoíris es un espectro que se forma cuando la luz solar se dispersa por las gotas de agua de la atmósfera. La luz del Sol que cae en una gota se refracta. Como cada color tiene una longitud de onda distinta, se refracta en un ángulo ligeramente diferente, como se muestra en la **Imagen 24** de la próxima página, y da como resultado la dispersión. En la superficie de atrás de la gota, algo de luz experimenta reflexión interna. Al salir de la gota, la luz refracta nuevamente y se dispersa.

Aunque cada gota produce un espectro completo, un observador ubicado entre el Sol y la lluvia verá solo una determinada longitud de onda de luz de cada gota. La longitud de onda observada depende de las posiciones relativas del Sol, la gota y el observador, como se ve en la **Imagen 24.**

Arcoíris de segundo orden A veces, puedes ver un arcoíris de segundo orden leve como el que se muestra en la **Imagen 25.** El segundo arcoíris está afuera del primero. También es más leve y tiene el orden de los colores invertido. Los rayos de luz que se reflejan dos veces dentro de las gotas de agua producen este efecto.

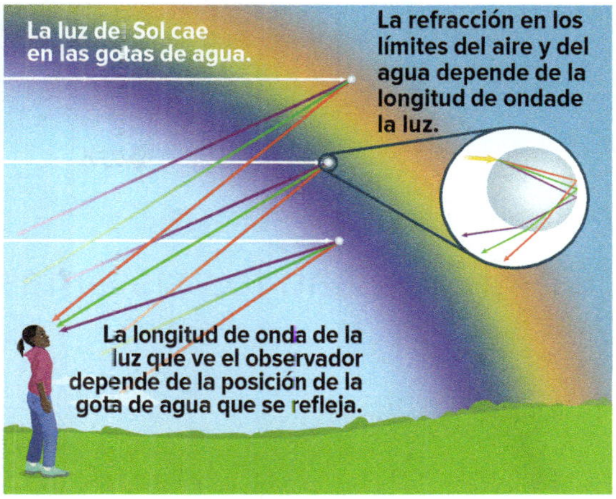

Imagen 24 Las gotas de agua dispersan la luz del Sol para formar un arcoíris. Debido a que hay muchas gotas en varias posiciones en el cielo, resulta visible un espectro completo.

Considera *si es posible que un arcoíris esté lo suficientemente cerca como para tocarlo.*

Imagen 25 La luz que se refleja dentro de las gotas de lluvia puede originar el aspecto de un segundo arcoíris.

Verifica tu progreso

35. **Índice de refracción** Cuando un rayo de luz entra en un líquido en particular desde el agua, se curva hacia la normal, pero cuando entra el mismo líquido desde el vidrio flotado, se curva lejos de la normal. ¿Qué conclusión puedes sacar sobre el índice de refracción del líquido?

36. **Índice de refracción** Un rayo de luz en el aire tiene un ángulo de incidencia de 30.0° en un bloque de material desconocido y un ángulo de refracción de 20.0°, como se ve en la **Imagen 26.** ¿Cuál es el índice de refracción del material?

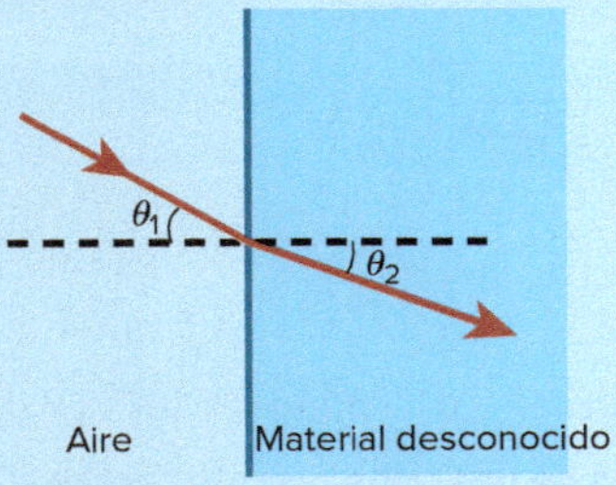

Imagen 26

37. **Ángulo de refracción** Un rayo de luz pasa del agua al polietileno ($n = 1.50$). Si $\theta_1 = 57.5°$, ¿cuál es el ángulo de refracción en el polietileno?

38. **Velocidad de la luz** ¿Cuál es la velocidad de la luz en el clorofo-mo ($n = 1.51$)?

39. **Ángulo crítico** ¿Hay un ángulo crítico para la luz que viaja del vidrio al agua? ¿Del agua al vidrio? Explica tu respuesta.

40. **Reflexión interna total** ¿Usarías cuarzo o vidrio flotado para la funda de una fibra óptica? Explica.

41. **Velocidad de la luz** ¿Podría un índice de refracción ser alguna vez inferior a 1? ¿Qué implicaría esto sobre la velocidad de la luz en dicho medio?

42. **Pensamiento crítico** ¿En qué dirección deberías mirar para ver un arco iris al final de una tarde lluviosa? Explica.

LEARNSMART® Conéctate para cumplir tu plan de aprendizaje personalizado para repasar, practicar y reforzar tu comprensión.

LECCIÓN 4

LENTES CONVEXAS Y CÓNCAVAS

PREGUNTA DE ENFOQUE

¿Cómo se usan los sistemas de lentes para dispositivos ópticos?

Tipos de lentes

La refracción de la luz puede ser bastante útil. En 1303, el físico francés Bernard of Gordon escribió sobre cómo usar lentes para corregir la vista. En 1610, Galileo avistó las cuatro principales lunas de Júpiter con un telescopio compuesto de dos lentes. Desde ese momento, las lentes se usaron en instrumentos como microscopios y cámaras.

Una **lente** es una pieza de material transparente que enfoca la luz y forma una imagen. Sus caras pueden ser curvas o planas. Una lente que es más gruesa en el centro que en los bordes se llama **lente convexa,** como la de la izquierda en la **Imagen 27.** Si está rodeada de un material con un índice de refracción inferior, como el aire, refracta rayos de luz paralelos de manera que todos pasan por un punto común, llamado punto focal, después de atravesar la lente. Por esta razón, a una lente convexa se la denomina lente convergente.

Una lente que es más delgada en el centro que en los bordes se llama **lente cóncava,** como la de la derecha de la **Imagen 27.** Si está rodeada de un material con un índice de refracción inferior, los rayos que pasan se dispersan, entonces se la llama lente divergente.

Puedes determinar los recorridos de los rayos que pasan a través de la lente con la ley de Snell. Para simplificar, suponemos que toda refracción ocurre en el plano principal, que pasa por el centro de la lente. Esta aproximación, llamada modelo de la lente delgada, se aplica a todas las lentes analizadas en este módulo.

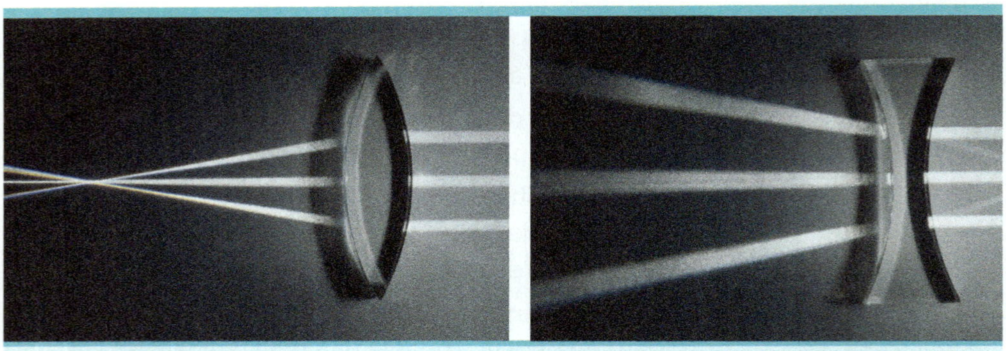

Lentes convexas   Lentes cóncavas

Imagen 27 Las lentes convexas refractan la luz de manera que los rayos convergen después de atravesarlas. La luz que pasa a través de una lente cóncava no se encuentra en el punto focal.

PENSAMIENTO 3D DCI Ideas centrales disciplinarias CCC Conceptos interdisciplinarios SEP Prácticas de ciencia e ingeniería

REUNIR EVIDENCIA

Usa el Cuaderno de ciencias para registrar la evidencia que reúnas mientras completas las lecturas y las actividades de la lección.

INVESTIGAR

CONÉCTATE para hallar estas actividades y más recursos.

Investigación virtual: El rayo que rastrea lentes
Usa un modelo informático para investigar las propiedades de una lente que afectan la manera en que se transmite la luz.

Repasar las noticias
Obtén información de una noticia actual sobre tecnologías que usan la luz. Evalúa la fuente y comunica tus descubrimientos a la clase.

Lentes convexas

Para determinar la ubicación de una imagen, usa diagramas de rayos. Representa algunos rayos importantes para descubrir cómo afecta una lente la luz que la atraviesa. Puedes usar cualquiera de los dos rayos para ubicar la imagen; aprenderás que hay rayos más fáciles de trazar y usar que otros.

En los diagramas de rayos para lentes convexas, x_o es la distancia del objeto desde la lente, y x_i es la distancia de la imagen desde la lente. En los diagramas de rayos de este módulo, se usa el modelo de lentes delgadas, donde la luz se refracta en el centro de la lente más que en los límites entre el aire y la superficie de la lente.

$x_o \geq 2f$ En la **Imagen 28,** los rayos se trazan desde un objeto ubicado lejos de la lente. El rayo 1 es paralelo al eje principal. Refracta y pasa a través del punto focal (F) en el otro lado de la lente. El rayo 2 pasa a través de F en su camino hacia la lente. Después de la refracción, su recorrido es paralelo al eje principal.

Los dos rayos se intersecan en un punto más allá de F y ubican la imagen. Los rayos seleccionadas de otros puntos en el objeto convergen en los puntos correspondientes para formar la imagen completa. Observa que esta es una imagen real que está invertida y es más pequeña que el objeto.

$x_o = 2f$ Si el objeto se ubica al doble de la distancia focal desde la lente en el punto 2F, el diagrama es similar. La imagen es real y se encuentra en 2F, pero ya no está reducida en tamaño. Por la simetría, la imagen y el objeto tienen el mismo tamaño. Así, puedes concluir que si un objeto está a más del doble de la distancia focal de la lente, la imagen es más pequeña que el objeto.

$2f > x_o > f$ Usa la **Imagen 29** para ubicar la imagen de un objeto que está entre F y 2F vista a través de una lente convexa. Esto es similar al diagrama de rayos para el objeto ubicado a una distancia mayor al doble de la distancia focal, con la imagen y el objeto intercambiados. La dirección de los rayos estaría invertida. La imagen también es real e invertida.

Para un objeto ubicado entre F y 2F, la imagen está agrandada. Cuando se ubica un objeto en el punto focal de una lente convexa, no se pueden hacer diagramas de rayos. Los rayos refractados emergerán en un rayo paralelo y no se verá ninguna imagen.

Lentes convexas ($x_o > 2f$)

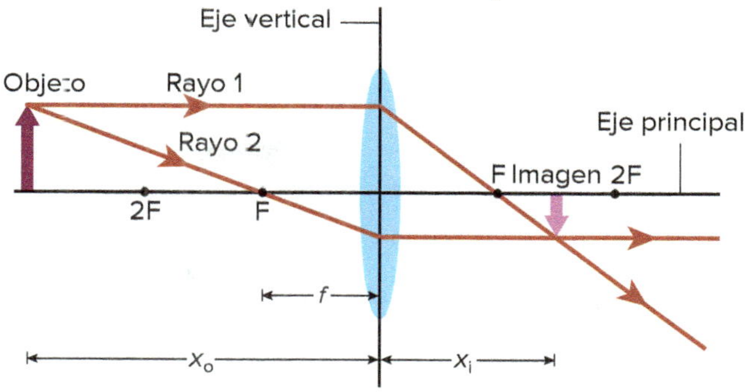

Imagen 28 Un objeto ubicado a una distancia mayor al doble de la distancia focal desde la lente producirá una imagen real, reducida en tamaño e invertida.

CONVENCIONES DE COLOR

Rayo de luz	rojo
Objeto	magenta
Imagen	lila

Lentes convexas ($2f > x_o > f$)

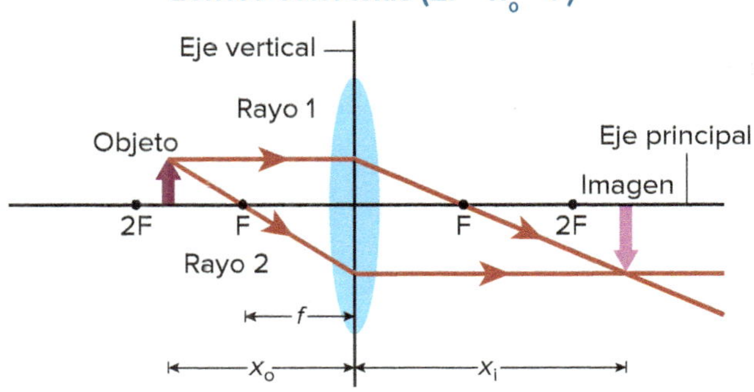

Imagen 29 Un objeto ubicado a una distancia menor al doble de la distancia focal pero mayor que una distancia focal desde la lente producirá una imagen real, agrandada e invertida.

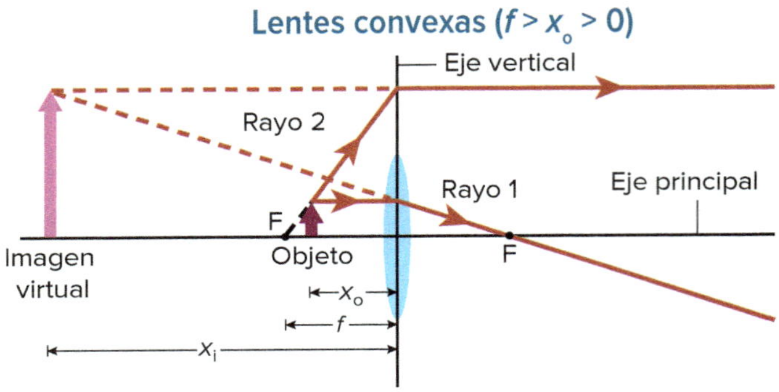

Imagen 30 Un objeto ubicado a una distancia menor a la distancia focal desde la lente producirá una imagen virtual y agrandada.

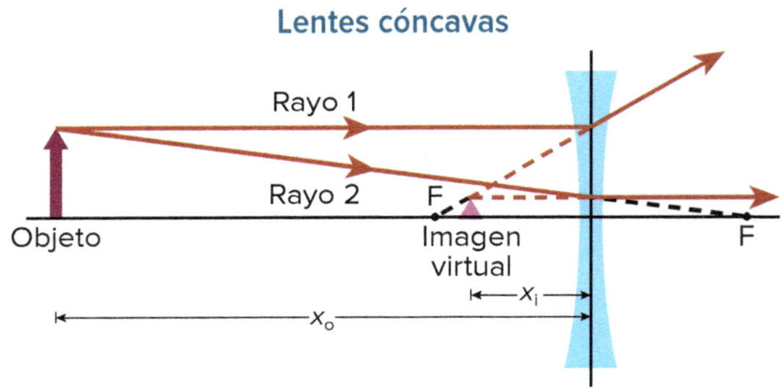

Imagen 31 Un objeto ubicado a cualquier distancia de una lente cóncava producirá siempre una imagen virtual y reducida.

$f > x_o > 0$ La **Imagen 30** muestra cómo una lente convexa forma una imagen virtual. El objeto en esta situación se ubica entre F y la lente. El rayo 1, como siempre, se acerca a la lente paralela al eje principal y se refracta a través del punto focal, F. El rayo 2 viaja desde la punta del objeto en la dirección que tendría si hubiera comenzado en F, en el lado del objeto de la lente. La línea punteada desde F hasta el objeto muestra cómo trazar el rayo 2. El rayo 2 se aleja de la lente paralela al eje principal. El rayo 1 y el rayo 2 divergen cuando se alejan de la lente.

Para un observador, la reflexión parece venir de un punto en el mismo lado de la lente que el objeto. Esta es una imagen virtual que es vertical y más grande en comparación con el objeto. No es posible obtener una imagen real. Trazar nuevamente líneas de visión para los dos rayos hacia su intersección aparente ubica la imagen virtual. Observa que la imagen virtual se forma por la luz que pasa a través de la lente, pero todavía se puede determinar la ubicación de la imagen con los rayos que no tienen que pasar a través de la lente.

¿Lo comprendes?
Clasifica una imagen como virtual o real según el lado de la lente en que esté.

Lentes cóncavas

Una lente cóncava causa que todos los rayos diverjan. La **Imagen 31** muestra cómo una lente cóncava forma una imagen virtual. El rayo 1 se acerca desde la lente paralela al eje principal. Se aleja de la lente a lo largo de una recta que se extiende de nuevo a través del punto focal en el lado del objeto de la lente. El punto focal de una lente cóncava se encuentra en el mismo lado por el que entra la luz. El rayo 2 se acerca a la lente como si fuera a pasar a través del punto focal en el lado opuesto, pero se aleja de la lente paralela al eje principal.

Las líneas de visión de los rayos se intersecan en el mismo lado de la lente que el objeto. La imagen se ubica en el punto donde los dos rayos parecen intersecarse y crean una imagen virtual. La imagen es vertical y es más pequeña que el objeto.

¿Lo comprendes?
Describe por qué una lente cóncava siempre produce una imagen virtual.

Tabla 3 Propiedades de un sistema simple de lentes esféricas

Tipo de lente	f	x_o	x_i	m	Imagen
Convexa	+	$x_o > 2f$	$2f > x_i > f$	reducida, invertida	real
		$2f > x_o > f$	$x_i > 2f$	agrandada, invertida	real
		$f > x_o > 0$	$\lvert x_i \rvert > x_o$ (negativa)	agrandada	virtual
Cóncava	−	$x_o > 0$	$\lvert f \rvert > \lvert x_i \rvert > 0$ (negativa)	reducida	virtual

Ecuaciones de la lente

Solo tendrás en cuenta las lentes delgadas, con caras que tienen curvaturas esféricas. Sobre la base de este modelo de lentes esféricas delgadas, se desarrolló una ecuación que se parece a la de los espejos esféricos. Para las lentes, las imágenes virtuales están siempre del mismo lado que el objeto, lo que significa que la posición de la imagen es negativa. Una lente cóncava produce solo imágenes virtuales, mientras que una convexa puede producir imágenes reales o virtuales.

Ecuación de la lente delgada La **ecuación de la lente delgada** relaciona la distancia focal de una lente delgada, la posición del objeto y la posición de la imagen.

Ecuación de la lente delgada

El inverso de la distancia focal de una lente esférica es igual a la suma de los inversos de la posición de la imagen y la posición del objeto.

$$\frac{1}{f} = \frac{1}{x_i} + \frac{1}{x_o}$$

Al resolver problemas con la ecuación anterior, recuerda que la convención de los signos para la distancia focal es diferente de la de las lentes convexas, ya que la lente cóncava es una lente divergente. Si el punto focal para una lente cóncava es 24 cm desde la lente, usa el valor $f = -24$ cm en la ecuación de la lente delgada. Todas las imágenes para una lente cóncava son virtuales. Por lo tanto, si la distancia de una imagen es 20 cm desde la lente, usa $x_i = -20$ cm. La posición del objeto siempre será positiva.

Magnificación Una propiedad de las lentes delgadas esféricas que mide el tamaño de la imagen respecto al objeto es la magnificación. La ecuación de la magnificación para espejos esféricos también se puede usar para lentes delgadas esféricas.

Magnificación

La magnificación de un objeto por una lente esférica, definida como la altura de la imagen dividida por la altura del objeto, es igual a la posición de la imagen negativa dividida por la posición del objeto.

$$m \equiv \frac{h_i}{h_o} = -\frac{x_i}{x_o}$$

La magnificación ofrece información sobre el tamaño y la orientación de la imagen en relación con el objeto. Cuando el valor absoluto de una magnificación está entre cero y uno, la imagen es más pequeña que el objeto. Las magnificaciones con valores absolutos mayores a uno representan imágenes que son más grandes que los objetos. Una magnificación negativa significa que la imagen está invertida en comparación con el objeto.

Usar las ecuaciones para las lentes Utiliza convenciones de signos adecuadas cuando resuelvas estas ecuaciones. La **Tabla 3** muestra una comparación de la posición de la imagen, la magnificación (m) y el tipo de imagen formada por lentes simples convexas y cóncavas cuando un objeto se ubica en varias posiciones (x_o) del objeto en relación con la lente. Para las lentes convexas, la posición del objeto en relación con el punto focal influye en el tipo de imagen.

Observa de qué manera esta tabla es similar a la **Tabla 1** de la Lección 1, la tabla para espejos. Como con los espejos, la distancia desde el plano principal de una lente a su punto focal es la distancia focal (f). La distancia focal depende de la forma de la lente y del índice de refracción del material. Las distancias focales, las posiciones de la imagen y las alturas de la imagen pueden ser negativas.

EJEMPLO PROBLEMA 5

IMAGEN FORMADA POR UNA LENTE CONVEXA Se ubica un objeto a 32.0 cm de una lente convexa que tiene una distancia focal de 8.0 cm.

a. ¿Dónde está la imagen?

b. Si el objeto tiene una altura de 3.0 cm, ¿cuál es la altura de la imagen?

c. ¿Cuál es la orientación de la imagen?

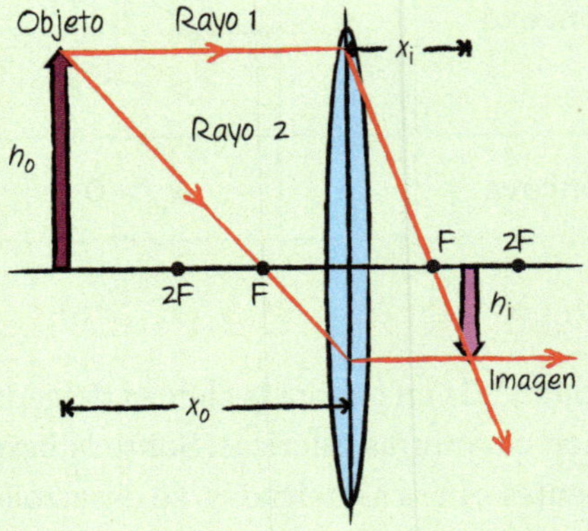

1 ANALIZAR Y PLANTEAR EL PROBLEMA

- Plantea la situación con la ubicación del objeto y la lente.
- Traza los dos rayos principales.

Datos conocidos	**Incógnita**
$x_o = 32.0$ cm	$x_i = ?$
$h_o = 3.0$ cm	$h_i = ?$
$f = 8.0$ cm	

2 RESOLVER LA POSICIÓN Y LA ALTURA DE LA IMAGEN

a. Usa la ecuación de la lente delgada para calcular x_i.

$$\frac{1}{f} = \frac{1}{x_i} + \frac{1}{x_o}$$

$$x_i = \frac{fx_o}{x_o - f}$$

$$= \frac{(8.0\text{ cm})(32.0\text{ cm})}{32.0\text{ cm} - 8.0\text{ cm}}$$ Sustituye $f = 8.0$ cm, $x_o = 32.0$ cm.

$= 11$ cm (11 cm de la lente en el lado opuesto del objeto)

b. Usa la ecuación de la magnificación para resolver la altura de la imagen.

$$m \equiv \frac{h_i}{h_o} = -\frac{x_i}{x_o}$$

$$h_i = -\frac{x_i h_o}{x_o}$$

$$= -\frac{(11\text{ cm})(3.0\text{ cm})}{32.0\text{ cm}}$$ Sustituye $x_i = 11$ cm, $h_o = 3.0$ cm, $x_o = 32.0$ cm.

$= -1.0$ cm (1.0 cm de alto)

c. El signo negativo para la altura en la parte **b** significa que la imagen está invertida.

3 EVALUAR LA RESPUESTA

- **¿Son correctas la unidades?** Todas las unidades están en centímetros.
- **¿Tienen sentido los signos?** La posición de la imagen es positiva (imagen real) y la altura de la imagen es negativa (invertida en comparación con el objeto), es correcto para una lente convexa.

PRÁCTICA Problemas

PRÁCTICA ADICIONAL

43. Un objeto de 2.25 cm de alto está 8.5 cm a la izquierda de una lente convexa cuya distancia focal es de 5.5 cm. Halla posición y altura de la imagen.

44. Un objeto cerca de una lente convexa produce una imagen real de 1.8 cm de alto que está a 10.4 cm de la lente y está invertida. Si la distancia focal de la lente es de 6.8 cm, ¿cuáles son la posición y la altura del objeto?

45. Un objeto está a la izquierda de una lente convexa a una distancia focal de 25 mm. Su imagen tiene el mismo tamaño que el objeto. ¿Cuáles son las posiciones de la imagen y el objeto?

46. Calcula la posición y la altura de la imagen de un objeto de 2.0 cm de alto ubicado a 25 cm de una lente convexa con una distancia focal de 5.0 cm. ¿Cuál es la orientación de la imagen?

47. Usa un diagrama de rayos a escala para encontrar la posición de la imagen de un objeto que está 30 cm a la izquierda de una lente convexa con una distancia focal de 10 cm.

48. **DESAFÍO** Se usa una lupa con una distancia focal de 30 cm para ver un objeto de 1 cm de alto. Determina la ubicación y el tamaño de la imagen cuando se coloca la lupa a 10 cm del objeto.

Defectos de las lentes esféricas

A lo largo de esta sección, estudiaste lentes que producen imágenes perfectas en posiciones específicas. En realidad, las lentes esféricas, al igual que los espejos esféricos, tienen defectos que causan problemas con el foco y el color. Las lentes esféricas exhiben una aberración asociada con su diseño esférico, al igual que los espejos. Además, la dispersión de la luz a través de una lente esférica causa una aberración que no ocurre con los espejos.

Imagen 32 La aberración esférica de la lente de la cámara nubla los bordes de esta imagen.

Aberración esférica El modelo que usaste para trazar los rayos que pasan por lentes esféricas sugiere que todos los rayos paralelos enfocan en la misma posición. No obstante, es solo una aproximación. En realidad, los rayos paralelos que pasan a través de los bordes de una lente esférica enfocan en posiciones diferentes que los rayos paralelos que pasan a través del centro. Esta incapacidad de una lente esférica de enfocar todos los rayos paralelos en un punto único se llama aberración esférica. Los efectos se describen en la **Imagen 32.** En instrumentos de alta precisión, se usan muchas lentes, a menudo cinco o más, para formar imágenes nítidas, bien definidas.

Aberración cromática Las lentes tienen un segundo defecto que no tienen los espejos. Como el índice de refracción de un medio depende de la longitud de onda, las diferentes longitudes de onda de la luz se refractan en ángulos ligeramente diferentes, como puedes ver a la derecha en la **Imagen 33.** La luz que pasa a través de una lente se dispersa ligeramente, en especial cerca de los bordes, y origina un efecto llamado **aberración cromática.** Esto se observa como un aparente anillo de color alrededor de un objeto visto a través de una lente, como se muestra en la **Imagen 33.**

La aberración cromática siempre está presente cuando se usa una lente simple. No obstante, este defecto puede reducirse con una **lente acromática,** que es un sistema de dos o más lentes, como una lente convexa con una lente cóncava, con diferentes índices de refracción. En la **Imagen 33** se muestra una lente simple y una lente acromática. Ambas dispersan la luz, pero la dispersión que causa la lente acromática es inferior a la dispersión que origina la lente simple. El índice de refracción de la lente acromática se elige de manera que la luz converja en la ubicación deseada.

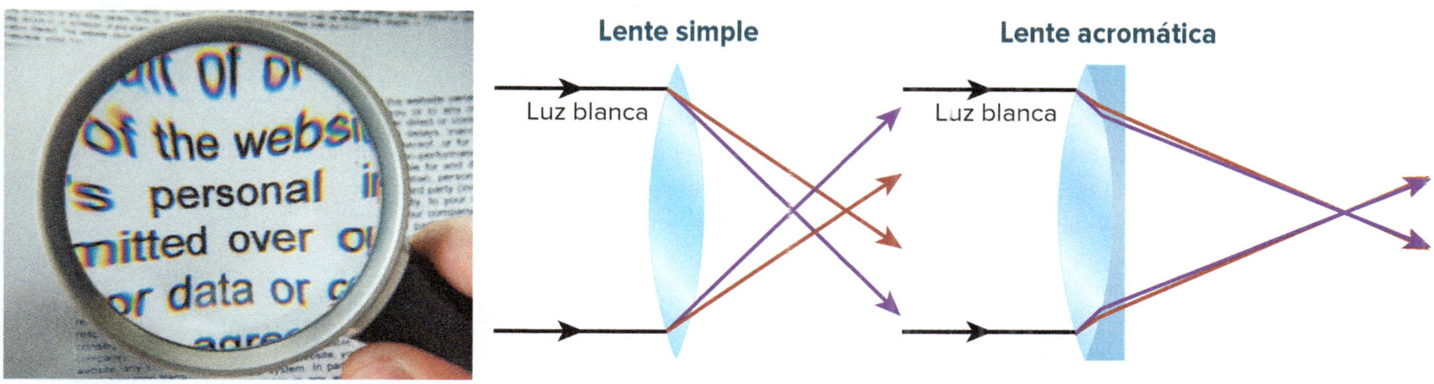

Imagen 33 Las lentes simples, como la de la fotografía de la izquierda, exhiben un efecto de arcoíris en los bordes, llamado aberración cromática. Las lentes acromáticas reducen la aberración cromática.

Explica *por qué el índice de refracción es importante para las lentes acromáticas.*

Lentes en los ojos

Los conceptos que aprendiste sobre refracción de la luz a través de las lentes se aplican a casi todos los dispositivos ópticos, entre los que se incluye el ojo. El ojo es un notable dispositivo óptico. Como se muestra en la **Imagen 34,** el ojo es un vaso lleno de líquido, casi esférico. La luz que emite o refleja un objeto viaja al ojo a través de la córnea y la pupila. La luz luego pasa a través del cristalino y se enfoca en la retina, que es la parte trasera del ojo. En la retina, hay células especializadas que absorben esta luz y envían la información sobre la imagen por el nervio óptico al cerebro.

Conexión BIOLOGÍA Debido a su nombre, puedes suponer que el cristalino de un ojo es responsable de enfocar la luz en la retina. De hecho, la córnea enfoca principalmente la luz que entra en el ojo, porque el límite entre el aire y la córnea tiene la mayor diferencia en los índices de refracción. El cristalino es responsable del enfoque fino que te permite ver claramente objetos distantes y cercanos.

¿Lo comprendes?
Describe las funciones de la córnea y del cristalino del ojo.

El ojo

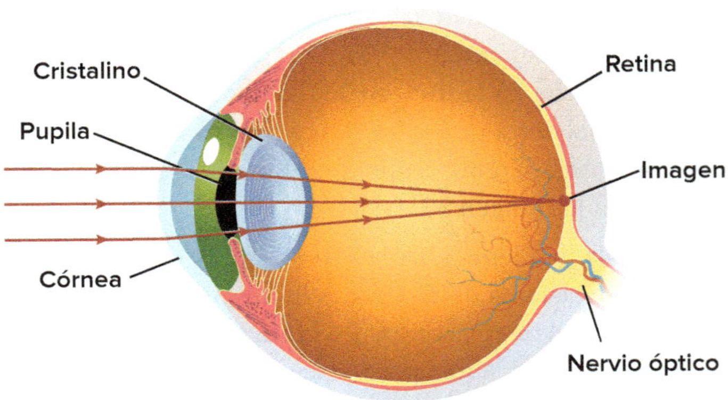

Imagen 34 La córnea y el cristalino del ojo refractan la luz que refleja cada objeto que ves.
Resume *por qué la mayor parte de la refracción ocurre en el límite entre el aire y la córnea más que en el cristalino.*

El cristalino ocular usa un proceso llamado acomodación. Los músculos que lo rodean pueden contraerse o relajarse y cambiar así la forma del cristalino. De esta manera, a su vez, cambia la distancia focal del ojo. Para un ojo sano, cuando los músculos se relajan, la imagen de los objetos distantes se enfoca en la retina. Cuando los músculos se contraen, la distancia focal se acorta, y permite que las imágenes de objetos más cercanos se enfoquen en la retina.

Miopía Los ojos de muchas personas enfocan imágenes ya sea delante o detrás de la retina. Las lentes externas, como las gafas o las lentes de contacto, ajustan la distancia focal y mueven las imágenes a la retina. La **Imagen 35** de la próxima página muestra la **miopía,** también llamada vista corta.

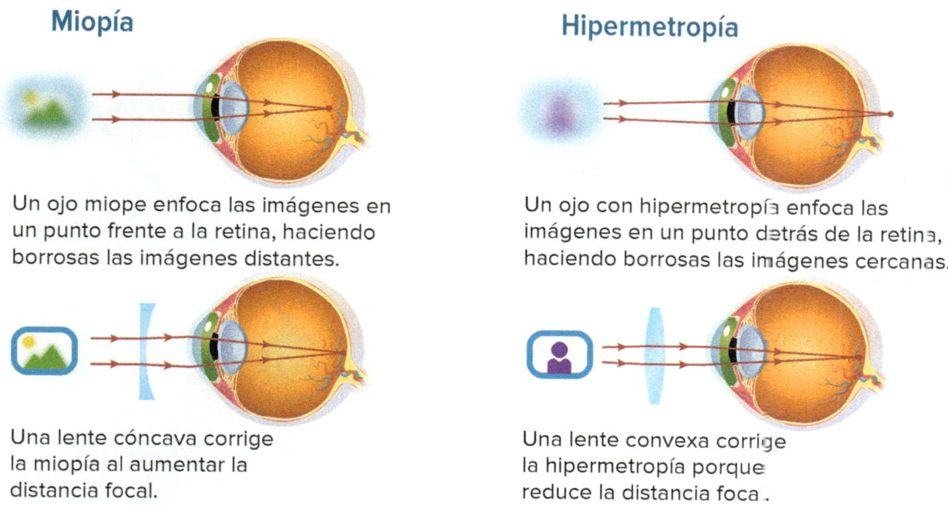

Imagen 35 Los objetos distantes se ven borrosos para una persona miope. Para una persona con hipermetropía, los objetos cercanos se ven borrosos.

Explica *cómo se pueden fabricar las lentes bifocales.*

En la miopía, la distancia focal del ojo es demasiado corta para enfocar la luz en la retina. Las imágenes se forman delante de la retina. Como se muestra en la **Imagen 35,** las lentes cóncavas corrigen esto con luz divergente, aumentando la distancia de las imágenes desde el cristalino, y formando las imágenes en la retina.

Hipermetropía Observa en la **Imagen 35** que la **hipermetropía,** también llamada hiperopía, es cuando la distancia focal del ojo es demasiado larga. Las imágenes entonces no se forman en la retina.

Un resultado similar es causado por el aumento de la rigidez del cristalino del ojo de las personas de aproximadamente 45 años. Los músculos no pueden acortar la distancia focal lo suficiente para enfocar en la retina las imágenes de objetos cercanos.

Para cualquiera de estos casos, las lentes convexas producen imágenes virtuales más alejadas del ojo que los objetos asociados, como se muestra en la **Imagen 35.** Las imágenes luego convierten los objetos para el cristalino ocular y se pueden enfocar en la retina, corrigiendo así el problema.

Física en la vida diaria

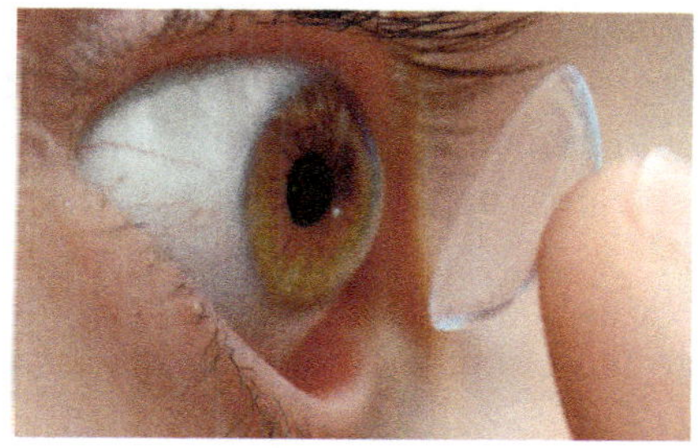

Las LENTES DE CONTACTO producen los mismos resultados que las gafas. Estas pequeñas y delgadas lentes se colocan directamente sobre las córneas. Una capa delgada de lágrimas entre la córnea y el cristalino mantiene a la lente en su lugar. La mayor parte de la refracción ocurre en el límite entre el aire y el cristalino, donde la diferencia en los índices de refracción es la más amplia.

FÍSICA Desafío

Cuando la luz entra en el ojo, se encuentra con el límite entre el aire y la córnea. Considera un rayo de luz que rebota en ese límite, en un ángulo de 30.0° con respecto a la normal. El índice de refracción de la córnea es aproximadamente 1.4.

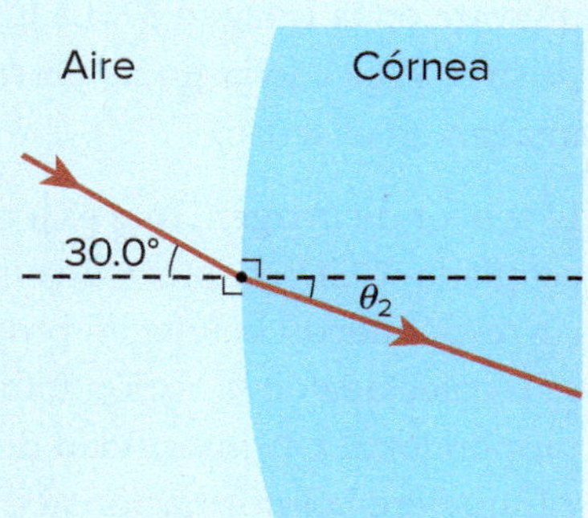

1. Usa la ley de Snell para calcular el ángulo de refracción.
2. ¿Cuál sería el ángulo de refracción si la persona estuviera nadando bajo el agua con los ojos abiertos?
3. El índice de refracción, ¿es mayor en el aire o en el agua? ¿Los objetos debajo del agua parecen estar más cerca o más lejos que en el aire?
4. Si quieres que el ángulo de refracción para el rayo de luz en el agua sea el mismo que en el aire, ¿cuál sería el nuevo ángulo de incidencia?

Telescopios refractantes

Un telescopio refractante astronómico usa lentes para magnificar los objetos distantes. La **Imagen 36** muestra el sistema óptico para el telescopio Keplerian. La luz de las estrellas viene de muy lejos, de manera que los rayos que entran pueden considerarse paralelos. Estos rayos entran en la lente convexa objetivo, que los enfoca como una imagen real en el punto focal de la lente objetivo. La imagen está invertida en comparación con el objeto. Esta imagen luego convierte el objeto para la lente convexa del ocular.

La lente ocular está ubicada de manera que el punto focal de la lente objetivo está entre la lente ocular y su punto focal. Se produce una imagen virtual que es vertical y más grande que la primera imagen. No obstante, como la primera imagen ya está invertida, la imagen final también lo está. Para ver objetos astronómicos, resulta aceptable una imagen invertida.

En un telescopio, la lente convexa del ocular es casi siempre una lente acromática. Recuerda que una lente acromática es una combinación de lentes que funciona como una sola lente. La combinación de lentes reduce ampliamente los colores periféricos que se pueden formar en imágenes debido a la aberración cromática.

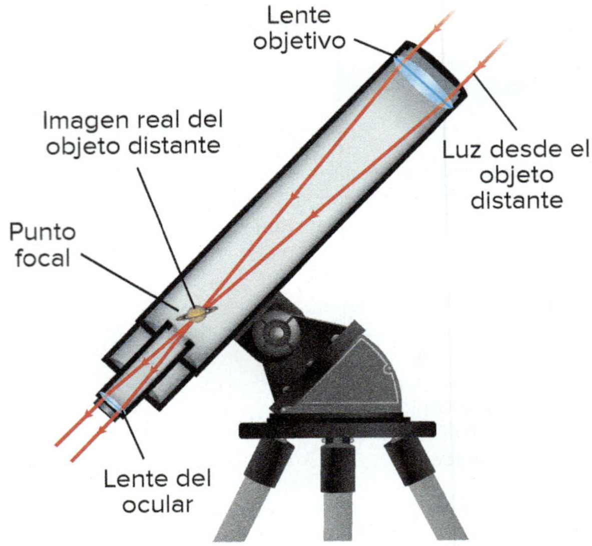

Imagen 36 La lente objetivo y el ocular de un telescopio refractante reúnen la luz de los objetos distantes.

Evaluar *¿Por qué resulta aceptable una imagen invertida para ver objetos astronómicos?*

¿Lo comprendes?

Explica cómo funciona un telescopio refractante.

Cámaras

La **Imagen 37** muestra el sistema óptico que usa una cámara reflejo de lente simple. Como la luz entra en la cámara a través de la apertura, pasa por una lente acromática. Este sistema de lentes refracta la luz de manera muy parecida a una lente convexa simple y forma una imagen que está invertida en el espejo reflejo. La imagen se refleja hacia un prisma que invierte y redirecciona la luz al visor.

Cuando la persona que sostiene la cámara toma una fotografía, presiona el obturador, que eleva rápidamente el espejo, como se muestra en la **Imagen 37.** La luz, en lugar de divergir hacia el prisma, viaja a lo largo de un recorrido recto para formar una imagen en el sensor.

El sensor de imagen, que es a menudo un dispositivo de carga acoplada (CCD), captura una imagen bidimensional que se correspondecon la imagen proyectada. La formación de la imagen es recolectada en la región fotoactiva del CCD como carga eléctrica proporcional a la intensidad de la luz. El CCD luego procesa la carga y transfiere la información al dispositivo de almacenamiento.

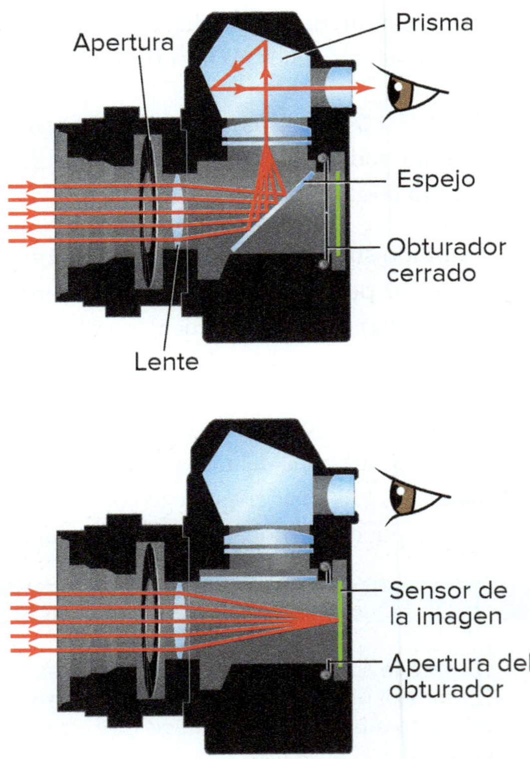

Imagen 37 La lente de una cámara se puede ajustar para enfocar una imagen en el sensor de imagen. Cuando el obturador se cierra, un espejo diverge la imagen al ojo del espectador.

Inferir *¿Por qué desearías que el obturador se abriera más tiempo cuando tomas una foto con luz difusa?*

Verifica tu progreso

49. **Lentes** Las lentes de magnificación producen imágenes más grandes que los objetos relacionados, y pueden producir imágenes más pequeñas. Explica por qué.

50. **Tipos de lentes** En la **Imagen 38** se muestran cortes transversales de cuatro lentes delgadas diferentes.
    a. ¿Alguna o algunas de estas lentes son convexas, o convergentes?
    b. ¿ Alguna o algunas de estas lentes son cóncavas, o divergentes?

Imagen 38

51. **Posición y altura de la imagen** Se coloca un objeto a 1.5 m de una lente convexa con una distancia focal de 1.0 m. Usa la ecuación de la lente delgada para saber la distancia de la imagen desde la lente. Si la altura del objeto es 2.0 m, ¿cuál es la altura de la imagen? ¿Es real o virtual? ¿Está invertida o es vertical?

52. **Aproximación de la lente delgada** ¿Qué es la aproximación de una lente delgada y para qué se usa?

53. **Aberración cromática** Las lentes simples tienen aberración cromática. Infiere por qué no ves este efecto cuando miras a través de un microscopio, que tiene dos lentes convexas.

54. **Tipo de imagen** Usa el diagrama de rayos de la **Imagen 39** para determinar si la imagen para el objeto 1 se reducirá o se agrandará, estará en posición invertida o vertical, será real o virtual. Haz lo mismo para el objeto 2.

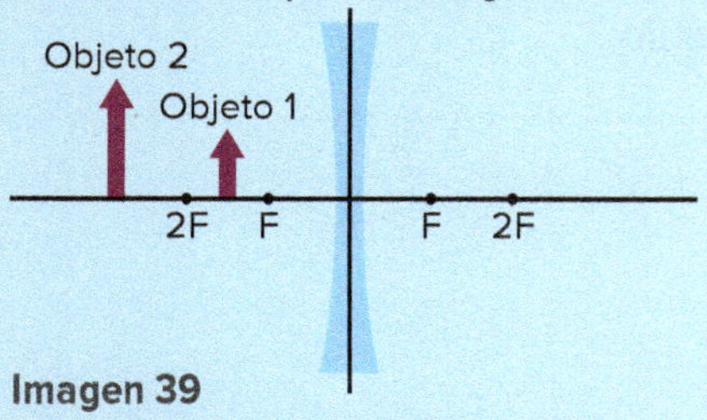

Imagen 39

55. **Posición y altura de la imagen** Se coloca un objeto de 6.0 cm de alto a 5.0 cm de una lente convexa con una distancia focal de 4.0 cm. Haz un diagrama de rayos para determinar ubicación y tamaño de la imagen. Confirma tus resultados con la ecuación de la lente delgada y la de la magnificación.

56. **Lentes divergentes** Un salero de 6.5 cm de alto se ve a través de una lente divergente con una distancia focal de 5.0 cm.
    a. Si el salero está a 6.0 cm de la lente, ¿cuál es la distancia de la imagen desde la lente? ¿Es real o virtual la imagen?
    b. ¿Cuál es la magnificación? ¿Es la imagen más grande o más chica que el objeto?
    c. El salero está a 4 cm de la lente. ¿Cuál es la distancia de la imagen desde la lente? ¿Y la magnificación? ¿Es ahora la imagen más chica o más grande que el objeto?

57. **Lentes de vidrio** ¿Qué tipo de lente, convexa o cóncava, debe usar una persona miope? ¿Qué tipo de lente debe usar una persona con hipermetropía? Observa la **Imagen 40.**

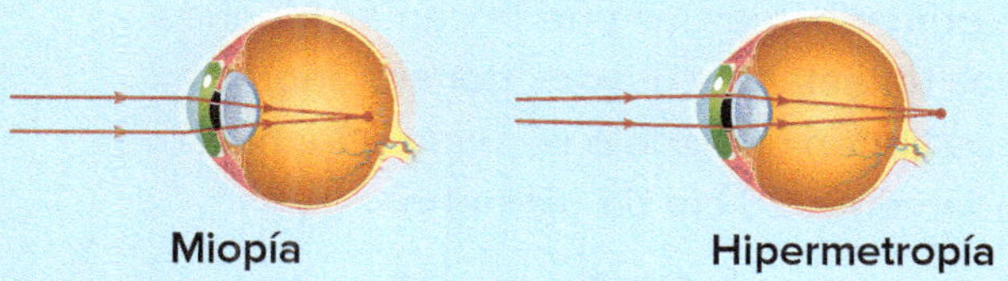

Imagen 40

58. **Pensamiento crítico** Se coloca una lente construida con dos cristales de reloj en un tanque de agua. Copia la **Imagen 41** y dibuja el efecto de esta lente sobre los rayos de luz paralelos incidentes a la lente.

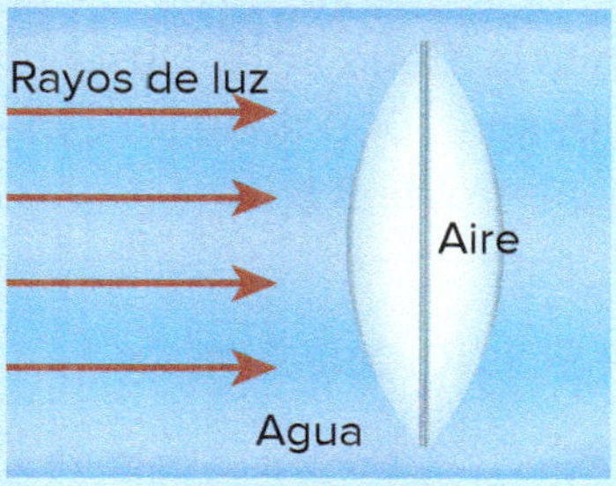

Imagen 41

LEARNSMART® Conéctate para cumplir tu plan de aprendizaje personalizado para repasar, practicar y reforzar tu comprensión.

Los científicos esperan que el telescopio espacial James Webb los ayude a ver la luz

El telescopio espacial James Webb (JWST), que espera lanzarse en 2020, se diseñó para producir imágenes de objetos del espacio profundo. Su capacidad de hacerlo depende de cómo captura y refleja la luz su espejo de última generación.

La capacidad del JWST de producir imágenes de objetos del espacio profundo es amplia debido a su espejo primario.

Diseñar un telescopio mejor

El modo en el que los telescopios reflectantes producen imágenes es bastante directo. Un espejo primario cóncavo capta la luz de un objeto. Esta luz luego se refleja en otro espejo para producir una imagen en un punto focal. Cuanto más grande es el espejo primario, más luz puede captar. Muchos telescopios reflectantes usados por astrónomos aficionados tienen un espejo primario que mide aproximadamente 25 cm de diámetro.

El espejo primario del JWST mide 6.5 m de diámetro. Su diámetro no solo hace parecer pequeño el del telescopio reflectante promedio, sino que también es mucho más grande que el de los dos telescopios espaciales existentes. El diámetro del espejo primario del telescopio espacial Hubble, que se usa desde 1990, es de 2.4 m. El telescopio que orbita la Tierra en el Observatorio Espacial Herschel desde 2009 tiene un espejo primario con un diámetro de 3.5 m.

Los científicos sostienen que el JWST podrá ver algunos de los objetos más antiguos del universo. Algunas de las galaxias más ancianas del universo están a más de 13 mil millones de años luz. A esa distancia, la luz que alcanza la Tierra es leve. El JWST podrá captar más de esa luz, y también reunirá datos en el infrarrojo para ver los procesos y los objetos que no se ven en la luz visible.

A diferencia de los telescopios Hubble y Herschel, el JWST no estará en la órbita de la Tierra. Se colocará a unos 1.5 millones de kilómetros. Su espejo primario es demasiado grande como para presentarlo en una sola pieza, entonces se construyó con 18 espejos hexagonales de berilio liviano bañado en oro. Los componentes se plegarán de manera firme para el lanzamiento y se desplegarán una vez en órbita.

Las imágenes del JWST brindarán más pistas sobre los orígenes del universo.

EVALUAR SOLUCIONES DE DISEÑO

Los funcionarios de la NASA manifestaron que el JWST se diseñó para suceder, no para reemplazar, a otros telescopios espaciales existentes. Compara el JWST con otro telescopio y brinda un ejemplo de un objeto espacial que pueda visualizarse con cada uno.

NASA/Desiree Stover

MÓDULO 16
GUÍA DE ESTUDIO

CONÉCTATE para estudiar con el Libro de ciencias.

Lección 1 REFLEXIÓN DE LA LUZ

- La ley de la reflexión estipula que el ángulo de incidencia es igual al ángulo de reflexión, y se aplica a la reflexión especular y difusa.

$$\theta_i = \theta_r$$

- Los espejos planos forman imágenes virtuales, que tienen el mismo tamaño, orientación y distancia desde el espejo que el objeto.

$$x_i = -x_o\,; \qquad h_i = h_o$$

- reflexión especular
- reflexión difusa
- espejo plano
- objeto
- imagen
- imagen virtual

Lección 2 ESPEJOS CURVOS

- Un espejo esférico cóncavo tiene la forma de una sección de una esfera hueca con el mismo centro geométrico (C) y un radio de curvatura (r) igual al de una esfera de radio r. El punto focal (F) es el punto en el que convergen los rayos paralelos al eje principal después de la reflexión.
- Puedes ubicar la imagen creada por un espejo curvo al trazar diagramas de rayos. El tipo de imagen formada por un espejo cóncavo depende de la posición del objeto. Un espejo convexo siempre forma una imagen virtual que es vertical y más pequeña que el objeto.
- La magnificación de una imagen reflejada se expresa con ecuaciones que relacionan las posiciones o las alturas de la imagen y el objeto.

$$m \equiv \frac{h_i}{h_o} = -\frac{x_i}{x_o}$$

- La ecuación del espejo presenta la relación entre la posición de la imagen, la posición del objeto y la distancia focal de un espejo esférico.

$$\frac{1}{f} = \frac{1}{x_i} + \frac{1}{x_o}$$

- eje principal
- punto focal
- distancia focal
- espejo cóncavo
- espejo convexo
- magnificación
- imagen real
- aberración esférica

Lección 3 REFRACCIÓN DE LA LUZ

- De acuerdo con la ley de Snell, la luz se refracta cuando viaja por un límite de un medio con un índice de refracción (n_1) a un medio con un índice de refracción diferente (n_2). n_1 sen $\theta_1 = n_2$ sen θ_2
- La razón de la velocidad de la luz en el vacío (c) con respecto a la velocidad de la luz en un medio (v) es el índice de refracción (n) del medio.
- Cuando la luz viaja a través de un medio se encuentra con el límite de otro medio con un índice de refracción menor, si el ángulo de incidencia excede el ángulo crítico (θ_c), la luz se reflejará nuevamente en el medio original por una reflexión interna total.
- La refracción origina efectos ópticos como los espejismos y el arcoíris.

- índice de refracción
- ángulo crítico
- reflexión interna total
- dispersión

Lección 4 LENTES CONVEXAS Y CÓNCAVAS

- La imagen formada por una lente convexa depende de la posición del objeto. La imagen formada por una lente cóncava siempre es virtual.
- La ecuación de la lente delgada presenta la relación entre la distancia focal (f), la posición del objeto (x_o) y la posición de la imagen (x_i).

$$\frac{1}{f} = \frac{1}{x_i} + \frac{1}{x_o}$$

- Las lentes cóncavas y convexas corrigen condiciones oculares como la miopía y la hipermetropía.

- lentes
- lentes convexas
- lentes cóncavas
- ecuación de la lente delgada
- aberración cromática
- lentes acromáticas
- miopía
- hipermetropía

PENSAMIENTO TRIDIMENSIONAL

Conclusión del módulo

REPASA EL FENÓMENO

¿Cómo transmite información la luz a través de una red de comunicación?

CER Afirmación, evidencia, razonamiento

Explica tu razonamiento Repasa la afirmación que hiciste cuando hallaste el fenómeno. Resume la evidencia que reuniste en tus investigaciones y completa la tabla de resumen. ¿Respalda la evidencia tu afirmación? Si no lo hace, repasa tu afirmación. Explica por qué la evidencia respalda tu afirmación.

PROYECTO DE LA UNIDAD STEM

Ahora que completaste el módulo, repasa el proyecto de la unidad STEM. Resume la evidencia y aplícala al proyecto.

PROFUNDIZA

SEP Laboratorio de análisis de datos

¿Qué material debes usar para los cables de fibra óptica?

Planeas establecer una colonia en un planeta muy frío y helado. El ingeniero a cargo de las comunicaciones sugiere que, en lugar de transportar cables de fibra óptica de vidrio desde la Tierra, la expedición los haga de hielo una vez que llegue al planeta.

CER Analizar e interpretar datos

1. Encuentra el ángulo crítico para la luz que viaja del hielo ($n = 1.31$) al aire.
2. **Afirmación** ¿Qué cables de fibra óptica mantendrían mejor la luz en su interior: los de hielo o los de vidrio?
3. **Evidencia y razonamiento** Usa tus cálculos y lo que sabes sobre refracción para respaldar y explicar tus afirmaciones.

MÓDULO 17
INTERFERENCIA Y DIFRACCIÓN

Anand Varma/National Geographic Magazines/Getty Images

MÓDULO 17
INTERFERENCIA Y DIFRACCIÓN

ENCUENTRA EL FENÓMENO

¿Qué hace que las plumas del colibrí parezcan brillantes y relucientes?

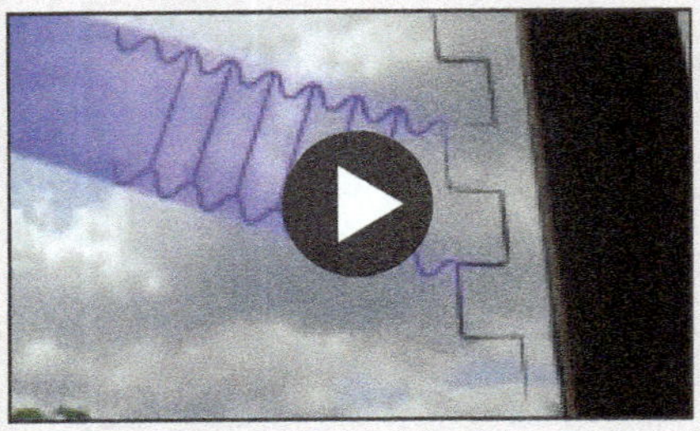

CONÉCTATE para mirar un video sobre la iridiscencia en la naturaleza.

SEP Hacer preguntas

¿Tienes más preguntas acerca del fenómeno? Si es así, agrégalas al pizarrón de preguntas clave.

CER Afirmación, evidencia, razonamiento

Hacer una afirmación Usa la tabla CER para hacer una afirmación acerca de por qué las plumas del colibrí son brillantes y relucientes. Explica tu razonamiento.

Reunir evidencia Usa las lecciones del módulo para reunir evidencia que respalde tu afirmación. Registra la evidencia mientras trabajas en el módulo.

Explicar el razonamiento Repasarás tu afirmación y explicarás tu razonamiento al final del módulo.

CONÉCTATE para acceder a la tabla CER y explorar los recursos que te ayudarán a reunir evidencia.

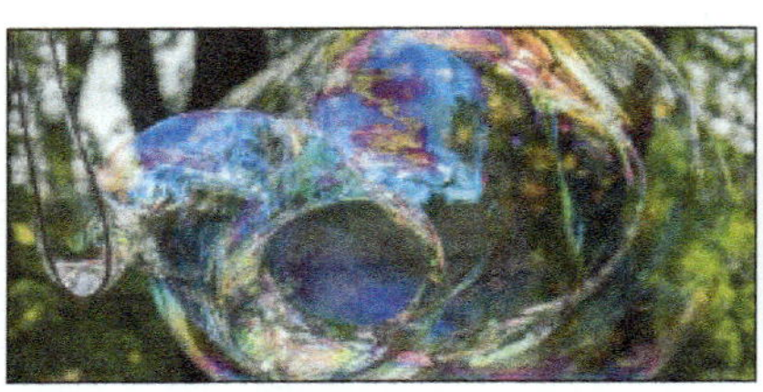

LECCIÓN 1: Explorar y explicar: Interferencia en película delgada

LECCIÓN 2: Explorar y explicar: Red de difracción

Smithsonian

Recursos adicionales

LECCIÓN 1
INTERFERENCIA

PREGUNTA DE ENFOQUE

¿Cómo producen las burbujas un efecto de arco iris?

Luz incoherente y luz coherente

Como ya sabes, la luz tiene las propiedades de una onda. Se difracta al pasar por un borde. Al estudiar espejos y lentes, aprendiste que la reflexión y la refracción se explican cuando se representa la luz como una onda. Cuando los científicos descubrieron que la luz puede interferirse por la superposición de ondas, llegaron a la conclusión de que tiene las propiedades de una onda.

Luz incoherente Al observar objetos iluminados por una fuente de luz blanca como una lamparita, ves **luz incoherente,** que es la luz con ondas que no están en fase. El efecto de la incoherencia de las ondas puede observarse, por ejemplo, en la lluvia que cae sobre el agua estancada. La superficie del agua se agita y no tiene un patrón regular de ondas, como muestra la **Imagen 1.** Como las ondas de luz tienen una frecuencia tan alta, la luz incoherente no te parece entrecortada. Por el contrario, cuando la luz de una fuente de luz blanca incoherente ilumina un objeto, ves la combinación de las ondas de la luz incoherente como una luz blanca uniforme.

Luz coherente La **luz coherente** es la luz formada por ondas con la misma longitud de onda en fase entre sí. Puede crearse un frente de onda formado por la luz coherente a partir de una fuente de punto único, como muestra la **Imagen 1.**

Imagen 1 Los patrones de onda irregulares representan la luz incoherente. Los patrones de onda regulares representan la luz coherente.

PENSAMIENTO 3D DCI Ideas centrales disciplinarias CCC Conceptos interdisciplinarios SEP Prácticas de ciencia e ingeniería

REUNIR EVIDENCIA

Usa el Cuaderno de ciencias para registrar la evidencia que reúnas mientras completas las lecturas y las actividades de la lección.

INVESTIGAR

CONÉCTATE para hallar estas actividades y más recursos.

Investigación rápida: Película de jabón
Realiza una investigación para descubrir los patrones que se producen cuando la luz brilla sobre una película de jabón.

Laboratorio de física: Interferencia de doble rendija
Calcula la longitud de onda de la luz usando un patrón de interferencia de doble rendija.

Es posible crear un frente de onda regular a partir de fuentes de puntos múltiples si todas las fuentes de punto están en fase. Es el tipo de luz coherente que genera un láser.

Interferencia de la luz coherente

Entre 1801 y 1803, el físico inglés Thomas Young, de la **Imagen 2,** hizo una serie de investigaciones en las que estableció las propiedades de onda de la luz. En una investigación crucial que se atribuye a Young, la luz de una fuente pequeña atravesó dos rendijas cercanas y generó un patrón de interferencia.

Imagen 2 Thomas Young (1773–1829) es famoso por sus aportes en diferentes áreas. Además de por su labor en la determinación de la naturaleza de las ondas de la luz, es conocido por su trabajo para descifrar jeroglíficos egipcios.

Young seleccionó la luz de un sector pequeño de una fuente y la volvió coherente al hacerla atravesar una rendija angosta. La luz atravesó dos rendijas cercanas en una barrera. La luz superpuesta de ambas rendijas cayó sobre una pantalla de observación. La superposición creó un patrón de bandas claras y oscuras, denominado **franjas de interferencia.** Young explicó que las bandas eran el resultado de la interferencia constructiva y destructiva de las ondas de luz de las dos rendijas de la barrera.

Considera la **luz monocromática,** que es la luz con una sola longitud de onda. En una investigación de interferencia con doble rendija que utiliza una luz monocromática, la interferencia constructiva genera una banda central brillante del color dado en la pantalla, así como otras bandas brillantes con un espaciado y un ancho casi igual de ambos lados, como muestra la **Imagen 3.** Como puedes observar, la intensidad de las bandas disminuye a medida que se alejan de la banda central. Entre las bandas brillantes y las áreas oscuras ocurre la interferencia destructiva. Las posiciones de las bandas de interferencia constructiva y destructiva dependen de la longitud de onda de la luz.

Cuando se usa luz blanca en una investigación de doble rendija, la interferencia hace que aparezcan espectros coloreados, como muestra la **Imagen 3.** Las bandas de color del espectro visible se superponen. Todos esos colores tienen interferencia constructiva y la banda central es blanca. Como las posiciones de las otras bandas brillantes de la interferencia constructiva dependen de la longitud de onda, cada color está en una posición diferente y genera espectros de colores.

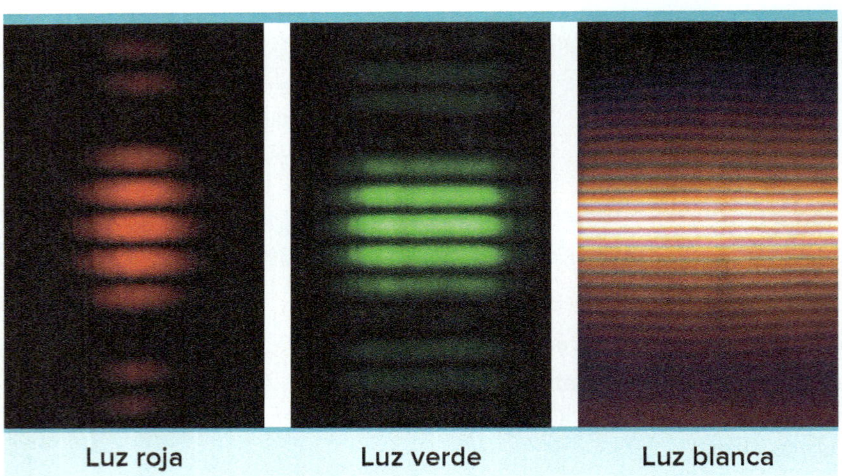

Imagen 3 Los patrones de interferencia de doble rendija presentan una banda central brillante con un patrón de bandas claras y oscuras a los lados.

Imagen 4 Se generan frentes de onda prácticamente cilíndricos cuando la luz atraviesa las rendijas.

Considera *por qué el ancho de las rendijas tiene desde decenas hasta centenas de longitudes de onda de luz.*

Generación de luz coherente La luz de una fuente monocromática produce luz incoherente. Colocar una barrera con una rendija angosta frente a la luz monocromática produce luz coherente. Como el ancho de la rendija es muy pequeño, únicamente la luz de una región muy pequeña de la fuente la atraviesa. La difracción de la rendija produce frentes de onda casi cilíndricos como muestra la **Imagen 4.**

La segunda barrera tiene dos rendijas muy pequeñas. Como el cilindro es simétrico, las dos partes del frente de onda que llegan a la segunda barrera están en fase. Las dos rendijas de la segunda barrera producen frentes de onda casi cilíndricos. Esos dos frentes pueden interferir, como en la **Imagen 4.** Según su relación de fase, las dos ondas experimentan interferencia constructiva o destructiva como muestra la **Imagen 5.** Si la interferencia es constructiva cuando la luz pega en una pantalla, verás una banda clara. Si es destructiva, verás una banda oscura.

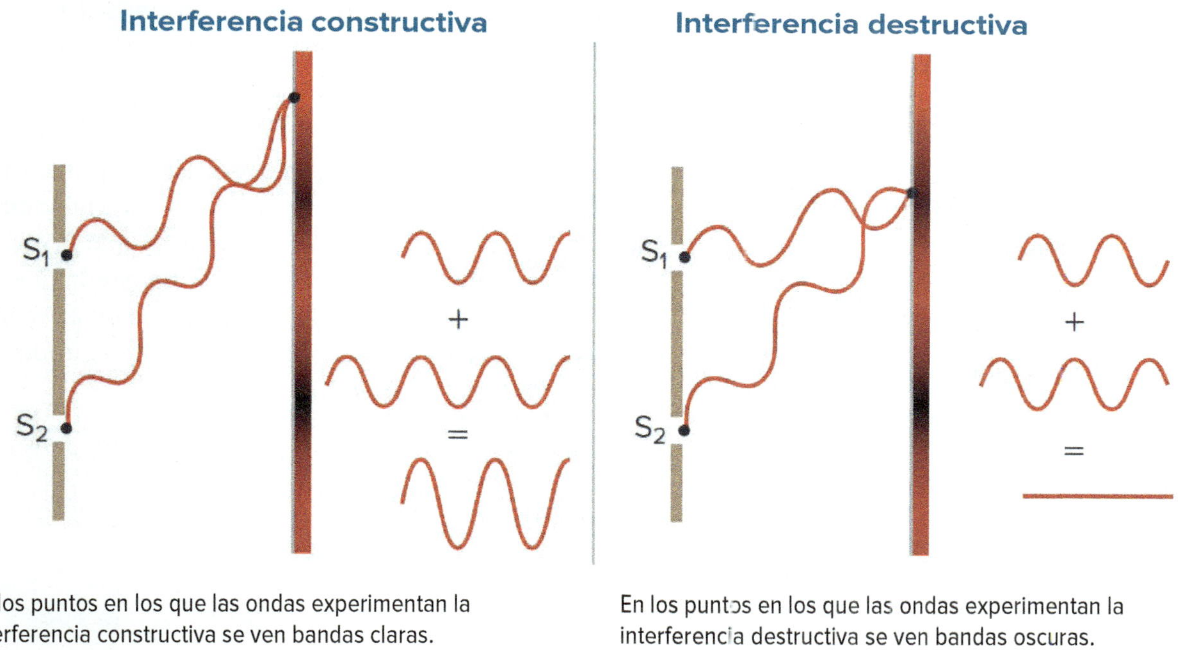

En los puntos en los que las ondas experimentan la interferencia constructiva se ven bandas claras.

En los puntos en los que las ondas experimentan la interferencia destructiva se ven bandas oscuras.

Imagen 5 Las ondas coherentes pueden experimentar interferencia constructiva o destructiva.

Vista superior de la interferencia de doble rendija

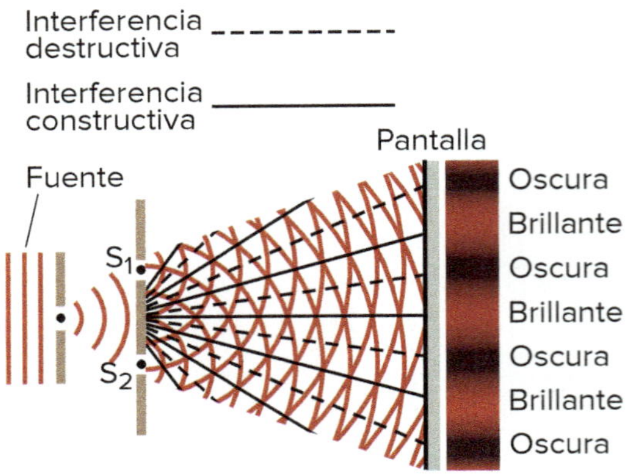

Análisis de las bandas claras

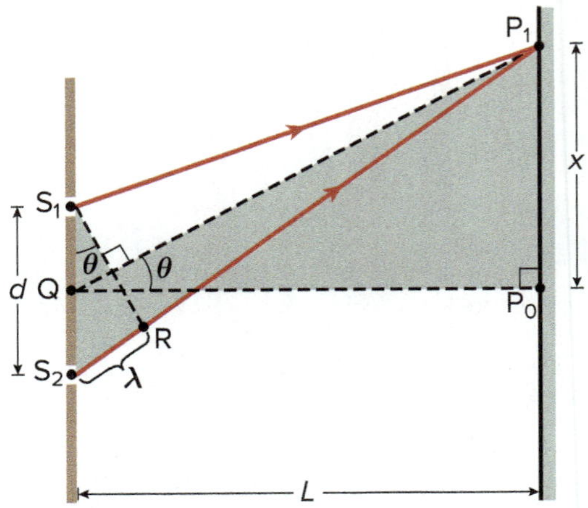

Imagen 6 La interferencia de doble rendija puede utilizarse para determinar la longitud de onda de la luz. Dado que *L* es mucho mayor que *d* y el ángulo θ es pequeño, la ecuación de la longitud de onda se simplifica.

Interferencia de doble rendija

A la izquierda de la **Imagen 6** se muestra una vista superior de la investigación de doble rendija. Los frentes de onda interfieren de manera constructiva y destructiva, y forman un patrón de bandas claras y oscuras. El lado derecho muestra que la luz que llega al punto P_0 recorre la misma distancia desde cada rendija. Las ondas están en fase e interfieren de manera constructiva para crear una banda clara en P_0. También hay interferencia constructiva en la primera banda clara (P_1) a ambos lados de la banda central porque P_1S_2 es una longitud de onda (λ) más larga que P_1S_1. Por eso, las ondas llegan a P_1 en fase.

Hay dos triángulos sombreados del lado derecho. El más grande es un triángulo rectángulo, entonces $\tan\theta = x/L$. En el triángulo más pequeño ΔRS_1S_2, el lado $\overline{S_2R}$ es la diferencia de longitud de los recorridos de la luz, que es una longitud de onda. Hay dos simplificaciones para el cálculo de la longitud de onda.

1. Si L es mucho más grande que d, los segmentos S_1P_1 y S_2P_1 son casi paralelos entre sí y a QP_1, y ΔRS_1S_2 es casi un triángulo rectángulo. Entonces, seno $\theta \approx \lambda/d$.
2. Si el ángulo θ es pequeño, entonces seno θ es casi equivalente a tan θ.

Con las simplificaciones anteriores, las relaciones $\tan\theta = x/L$, seno $\theta \approx \lambda/d$, y seno $\theta \approx \tan\theta$ se combinan y forman la ecuación $x/L = \lambda/d$. Hallar λ da lo siguiente.

Longitud de onda de la investigación de doble rendija

La longitud de onda de la luz, medida por una doble rendija, es igual a la distancia de la banda clara central a la primera banda clara (x), multiplicada por la distancia entre las rendijas (d), dividida por la distancia desde las rendijas hasta la pantalla (L).

$$\lambda = \frac{xd}{L}$$

La interferencia constructiva ocurre en los puntos x_m a ambos lados de la banda central clara, determinados por la ecuación $m\lambda = x_m d/L$, donde $m = 0, 1, 2$, etc. La banda central clara ocurre en $m = 0$. La banda que ocurre donde $m = 1$ suele llamarse banda de primer orden, la que está donde $m = 2$, banda de segundo orden, y así sucesivamente.

Conexión con carreras STEM

Óptico

Los ópticos comprenden cómo pueden aplicarse películas finas a los anteojos para reducir el reflejo. Con su conocimiento sobre la luz y las lentes, controlan las necesidades de los pacientes y determinan si las recetas son adecuadas. Pueden trabajar en una gran variedad de lugares, como con un optometrista, en una tienda de anteojos y lentes de contacto o en un centro comercial para ayudar a las personas a elegir sus anteojos y lentes de contacto.

EJEMPLO Problema 1

LONGITUD DE ONDA DE LA LUZ Se hace una investigación de rendija doble para medir la longitud de onda de la luz roja. Las rendijas están separadas por 0.0190 mm. Se coloca una pantalla a 0.600 m de distancia y la banda clara de primer orden está a 21.1 mm de la banda clara central. ¿Cuál es la longitud de onda de la luz roja?

1 ANALIZAR Y PLANTEAR EL PROBLEMA

- Representa la investigación, incluidas las rendijas y la pantalla.
- Dibuja el patrón de interferencia con las bandas en los lugares adecuados.

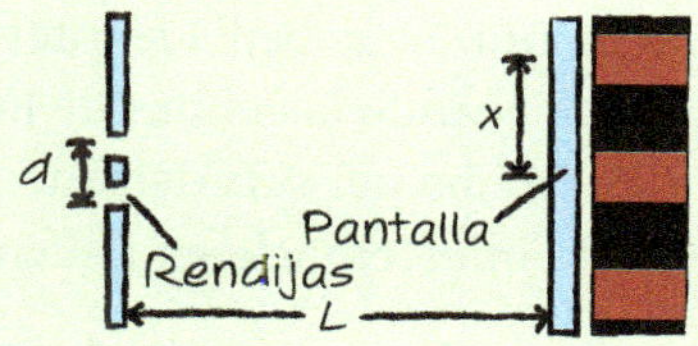

Datos conocidos	**Incógnita**
$d = 1.90\times10^{-5}$ m	$\lambda = ?$
$x = 2.11\times10^{-2}$ m	
$L = 0.600$ m	

2 HALLAR LA INCÓGNITA

$$\lambda = \frac{xd}{L}$$

$$= \frac{(2.11\times10^{-2}\ \text{m})(1.90\times10^{-5}\ \text{m})}{(0.600\ \text{m})}$$

Sustituye $x = 2.11\times10^{-2}$ m, $d = 1.90\times10^{-5}$ m, $L = 0.600$ m.

$$= 6.68\times10^{-7}\ \text{m} = 668\ \text{nm}$$

3 EVALUAR LA RESPUESTA

- **¿Son correctas las unidades?** La respuesta está en unidades de longitud, que es correcto para la longitud de onda.
- **¿Es razonable la magnitud?** El rango de longitud de onda de la luz roja es de entre 600 nm y 700 nm. Por lo tanto, la respuesta es razonable para la luz roja.

PRÁCTICA Problemas

PRÁCTICA ADICIONAL

1. Una luz violeta atraviesa dos rendijas separadas por 1.90×10^{-5} m. Aparece una banda clara de primer orden a 13.2 mm de la banda clara central en una pantalla a 0.600 m de las rendijas. ¿Cuál es la λ?
2. Se apunta una luz de color amarillo anaranjado de una lámpara de sodio con una longitud de onda de 596 nm a dos rendijas separadas por 1.90×10^{-5} m. ¿Cuál es la distancia de la banca central a la banda amarilla de primer orden si la pantalla está a 0.600 m de las rendijas?
3. En una investigación de doble rendija, los estudiantes de física utilizan un láser con $\lambda = 632.8$ nm. Un estudiante coloca una pantalla a 1.000 m de las rendijas y encuentra la banda clara de primer orden a 65.5 mm de la línea central. ¿Cuál es la separación de las rendijas?
4. **DESAFÍO** Una luz de color amarillo anaranjado con una longitud de onda de 596 nm atraviesa dos rendijas con una separación de 2.25×10^{-5} m y crea un patrón de interferencia en una pantalla. Si la distancia desde la línea central a la banda amarilla de primer orden es 2.00×10^{-2} m, ¿a qué distancia está la pantalla de las rendijas?

La mayoría de los físicos se opuso a los resultados de Young porque eran defensores del modelo de las partículas de luz de Newton. Sin embargo, en una competencia, Jean Fresnel propuso una solución matemática para la naturaleza de las ondas de la luz. Uno de los jueces, Siméon Denis Poisson, demostró que, si Fresnel tenía razón, la sombra de un objeto circular iluminado con luz coherente tendría un punto brillante en el centro. Jean Arago realizó la investigación y vio el punto. De este modo, convenció a muchos sobre la naturaleza de la luz.

¿Lo comprendes?

Describe cómo se formó el patrón del colibrí al inicio de este módulo.

Interferencia en película delgada

¿Alguna vez viste un espectro de colores producido por una burbuja de jabón o una película aceitosa en el charco de un estacionamiento, como en la **Imagen 7?** Estos colores no son el resultado de la separación de la luz blanca por acción de un prisma ni la absorción por parte de un pigmento. Se deben a la interferencia constructiva y destructiva cuando las ondas de luz se reflejan desde superficies de una película delgada, un fenómeno denominado **interferencia en película delgada.**

En una película de jabón vertical, como la de la **Imagen 8,** el peso la hace más gruesa en la parte inferior que en la superior. El espesor aumenta gradualmente de la parte superior a la inferior. Cuando una onda de luz pega en la superficie frontal, se refleja parcialmente, como el rayo 1 de la **Imagen 8**, y se transmite parcialmente. Las ondas reflejadas y transmitidas tienen la misma frecuencia que la original.

La onda transmitida atraviesa la película hasta la superficie posterior donde, nuevamente, se refleja en parte, como lo muestra el rayo 2. La división continúa a medida que la luz atraviesa muchas veces la película. Como los conjuntos de ondas coincidentes vienen de la misma fuente, son coherentes.

Refuerzo de color ¿Cómo se mejora el reflejo de un color? Ocurre cuando las dos ondas reflejadas están en fase con una longitud de onda dada. Si el espesor de la película de jabón de la **Imagen 8** es un cuarto la longitud de onda de la luz de la película ($\lambda/4$), entonces la longitud del recorrido ida y vuelta de la película es $\lambda/2$. Puedes esperar que el rayo 2 vuelva a la superficie frontal media longitud de onda fuera de fase con el rayo 1 y que las dos ondas se cancelen entre sí sobre la base del principio de superposición.

Imagen 7 El veteado de colores que se observa en una película aceitosa es el resultado de la interferencia en película delgada.

Sin embargo, cuando una onda transversal se refleja desde un medio en el que la velocidad es menor, la onda se invierte. Con la luz, esto ocurre en el límite de un medio con un índice de refracción mayor. En consecuencia, el rayo 1 se invierte en la reflexión mientras que el rayo 2 se refleja desde un medio con un índice de refracción menor (aire) y no se invierte. Por ejemplo, los rayos 1 y 2 están en fase.

Si el espesor de la película (d) cumple con el requisito $d = \lambda/4$, el color de la luz con esa longitud de onda se reflejará con mayor intensidad. Como la longitud de onda de la luz de la película es más corta que la longitud de onda del aire, $d = \lambda_{\text{película}}/4$, o, en términos de la longitud de onda del aire, $d = \lambda_{\text{vacío}}/4n_{\text{película}}$. Las dos ondas se refuerzan entre sí al dejar la película. La luz con otras longitudes de onda experimenta interferencia destructiva.

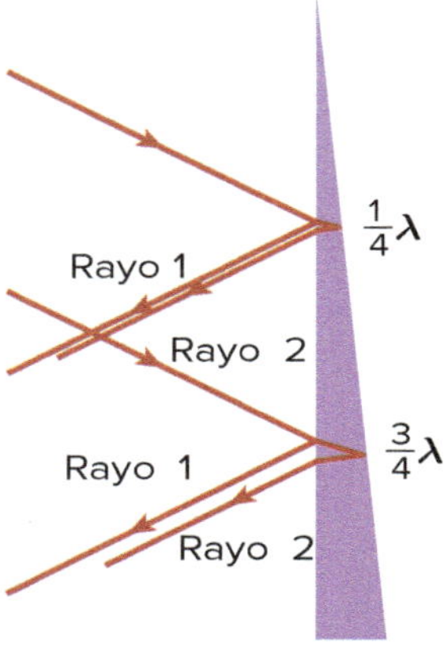

Imagen 8 Con una película de jabón de un espesor de $\lambda/4$, $3\lambda/4$, $5\lambda/4$, etc., la luz con una longitud de onda λ está en fase. Las bandas de ese color de luz son visibles en esos espesores.

(t)art nick/Shutterstock.com; (b)ffaber53/iStock/Getty Images

Los diferentes colores de luz tienen diferentes longitudes de onda. Para el caso de una película de espesor variable, el requisito de longitud de onda se cumplirá en diferentes espesores para diferentes colores. El resultado es un arco iris. Donde la película es demasiado delgada como para generar interferencia constructiva para cualquier longitud de onda de luz visible, la película parece ser negra. Observa en la **Imagen 8** que el patrón de colores que aparece sobre la película se repite. Cuando el espesor de la película es $3\lambda/4$, la distancia ida y vuelta es $3\lambda/2$ y la interferencia constructiva nuevamente ocurre para la luz con una longitud de onda λ. Cualquier espesor igual a $1\lambda/4$, $3\lambda/4$, $5\lambda/4$ y así sucesivamente cumple con las condiciones de la interferencia constructiva para una longitud de onda dada.

Los índices de refracción determinan la inversión de onda

El ejemplo de una película de agua jabonosa en el aire implica la interferencia constructiva con una o dos ondas invertidas por reflexión. En el ejemplo de una solución de burbuja o película delgada de aceite en un charco de agua, a medida que cambian el espesor de la película o el ángulo que la luz forma con la película, cambia la longitud de onda que experimenta la interferencia constructiva. Esto genera un cambio de color en la superficie de la película cuando está debajo de la luz blanca.

En otros ejemplos, ninguna de las ondas o ambas ondas pueden invertirse. Si una onda se invierte depende de los índices de refracción de los medios involucrados. Si ambas ondas están pasando de un índice de refracción menor a uno mayor, ambas de invertirán. En este caso, los espesores de la película para la interferencia constructiva son $1\lambda/2$, λ, $3\lambda/2$, 2λ, $5\lambda/2$ y así sucesivamente.

Física en la vida diaria

Puede colocarse una PELÍCULA DELGADA sobre los lentes de los anteojos para evitar que reflejen longitudes de onda de luz que son altamente visibles para el ojo humano. Esto reduce el brillo de la luz reflejada y permite que se transmita más luz.

ESTRATEGIAS PARA RESOLVER PROBLEMAS

Interferencia en película delgada

Al resolver problemas de interferencia en película delgada, crea una ecuación específica para el problema con la siguiente estrategia.

1. Haz un boceto de la película delgada y las dos ondas coherentes. Para más simplicidad, dibuja las ondas como rayos.
2. Lee el problema. ¿Parece brillante o atenuada la luz de esta longitud de onda reflejada? Cuando es brillante, las dos ondas reflejadas experimentan interferencia constructiva. Cuando la luz reflejada es atenuada, las ondas experimentan interferencia destructiva.
3. ¿Se invirtió una onda al reflejarse o se invirtieron ambas? Si el índice de refracción pasa de un valor bajo a un valor alto, entonces la onda se invierte. Si pasa de un valor alto a un valor bajo, no hay inversión.
4. Halla la distancia adicional que debe recorrer la segunda onda al atravesar la película delgada para crear la interferencia necesaria.
   a. Si necesitas interferencia constructiva y una onda está invertida O necesitas interferencia destructiva y ambas ondas o ninguna de ellas se invierte, entonces la diferencia en la distancia es un número impar de medias longitudes de onda: $(m + 1/2)\lambda_{\text{película}}$, donde $m = 0, 1, 2$, etc.
   b. Si necesitas interferencia constructiva y ambas ondas o ninguna de ellas se invierte O necesitas interferencia destructiva y no se invierte ninguna onda, entonces la diferencia es un número entero de longitudes de onda: $m\lambda_{\text{película}}$, donde $m = 1, 2, 3$, etc.
5. Define la distancia adicional recorrida por el segundo rayo al doble del espesor de la película, $2d$.
6. Recuerda de cuando estudiaste la refracción que $\lambda_{\text{película}} = \lambda_{\text{vacío}}/n_{\text{película}}$.

Reflexión de una película delgada

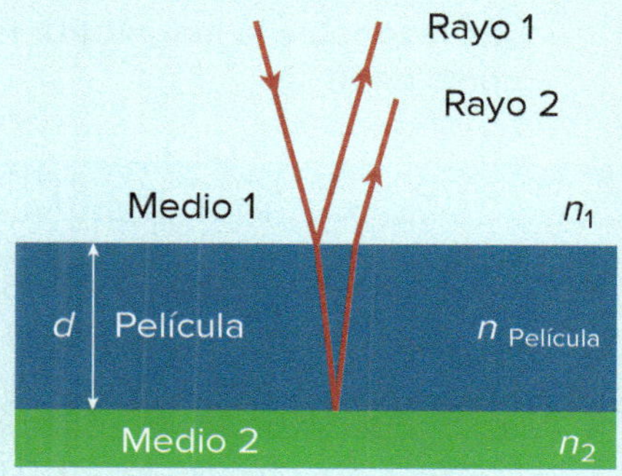

EJEMPLO Problema 2

AGUA Y ACEITE Observas anillos de colores en un charco y llegas a la conclusión de que debe haber un derrame de aceite en el agua. Miras directamente al charco y ves un área de color amarillo verdoso ($\lambda = 555$ nm). Si el índice de refracción del aceite es de 1.45 y el del agua es de 1.33, ¿cuál es el espesor mínimo del aceite que genera ese color?

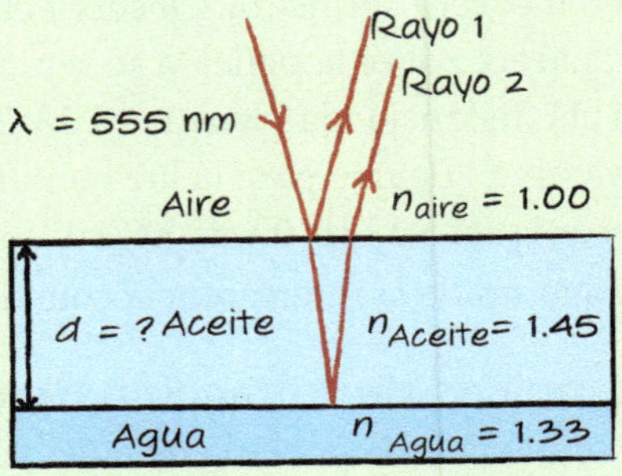

1 ANALIZAR Y PLANTEAR EL PROBLEMA

- Dibuja la película delgada y las capas que están por encima y por debajo.
- Traza los rayos que representan la reflexión en la parte superior e inferior.

Datos conocidos

$n_{agua} = 1.33$

$n_{aceite} = 1.45$

$\lambda = 555$ nm

Incógnita

$d = ?$

2 HALLAR LA INCÓGNITA

Como $n_{aceite} > n_{aire}$, la onda se invierte en la primera reflexión. Como $n_{agua} < n_{aceite}$, no hay inversión en la segunda reflexión. Por lo tanto, hay inversión de una onda. La longitud de onda del aceite es menor que la del aire.

Sigue la estrategia de resolución de problemas para plantear la ecuación.

$$2d = \left(m + \frac{1}{2}\right)\left(\frac{\lambda}{n_{aceite}}\right)$$

Como quieres el espesor mínimo, $m = 0$.

$$d = \frac{\lambda}{4n_{aceite}}$$

$$= \frac{555 \text{ nm}}{(4)(1.45)}$$ Sustituye $\lambda = 555$ nm, $n_{aceite} = 1.45$.

$$= 95.7 \text{ nm}$$

3 EVALUAR LA RESPUESTA

- **¿Son correctas las unidades?** La respuesta está en nanómetros, que es correcto para el espesor.
- **¿Es razonable la magnitud?** El espesor mínimo es menor que una longitud de onda, como debe ser.

PRÁCTICA Problemas

PRÁCTICA ADICIONAL

5. En la situación del Ejemplo Problema 2, ¿cuál sería la película más delgada que generaría una banda roja reflejada ($\lambda = 635$ nm)?

6. Se coloca un recubrimiento antirreflejo de fluoruro de magnesio en una lente de vidrio. ¿Cuál debe ser el espesor de la capa antirreflejo para evitar que se refleje la luz de color amarillo verdoso con una longitud de onda de 555 nm? Consulta la **Imagen 9.**

7. Puedes observar la interferencia en película delgada al sumergir una vara para hacer burbujas en una solución jabonosa y levantarla. ¿Cuál es el espesor de la película de jabón más delgada en la que puedes ver una banda negra si la luz que ilumina la película tiene una longitud de onda de 521 nm? Usa $n = 1.33$ para la solución para hacer burbujas.

8. ¿Cuál es la película de jabón más delgada ($n = 1.33$) para que una luz con longitud de onda de 521 nm genere una interferencia constructiva consigo misma?

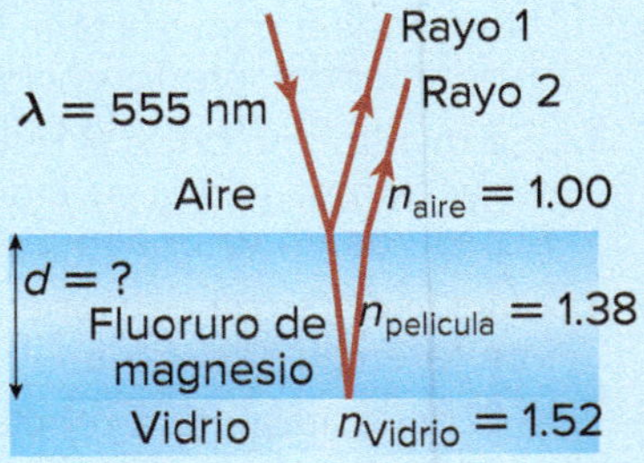

Imagen 9

9. DESAFÍO Se instala un recubrimiento antirreflejo en una celda solar de silicio. Si se coloca una película de $n = 1.45$ sobre el silicio, $n = 3.5$, ¿cuál debería ser el espesor de la capa para evitar que se refleje la luz de color amarillo verdoso ($\lambda = 555$ nm)?

La interferencia puede ocurrir a partir de estructuras individuales y múltiples.

Imagen 10 El escarabajo tigre debe su color verde iridiscente a la interferencia en película delgada.

Interferencia en la naturaleza La interferencia de la luz también ocurre naturalmente en la capa exterior de los caparazones de muchos escarabajos, como muestra la **Imagen 10**. El verde brillante del escarabajo tigre es el resultado de la reflexión de capas delgadas y paralelas de quitina y a veces otros materiales con diferentes índices de refracción. El diagrama de la **Imagen 10** ilustra cómo funcionan dichos reflectores de capas múltiples. Las capas del exoesqueleto reflejan la luz de manera tal que se genera una interferencia constructiva de la luz verde. El resultado es un aspecto brillante.

Verifica tu progreso

10. **Interferencia** Se cortan dos rendijas angostas a corta distancia en un pedazo grande de cartón y se las ilumina con una luz roja monocromática. Una hoja de papel blanco colocada lejos de las ranuras presenta un patrón de bandas claras y oscuras. Describe cómo se comporta una onda cuando se encuentra con una rendija y por qué algunas zonas son claras y otras oscuras. Dibuja el patrón.
11. **Patrones de interferencia** Grafica qué ocurre con el patrón del problema anterior cuando la luz roja se reemplaza por una azul.
12. **Interferencia** Lucien sostiene verticalmente una vara para hacer burbujas con una película de jabón ($n = 1.33$).
    a. ¿Cuál es el segundo espesor más delgado de jabón en el que podría ver una franja brillante si la luz que ilumina la película tuviera una longitud de onda de 575 nm?
    b. ¿Qué espesores crean una franja a 575 nm?
13. **Interferencia de doble rendija** Una luz con una longitud de onda de 542 nm cae sobre una doble rendija. Utiliza los valores de la **Imagen 11** para determinar la separación de las rendijas.

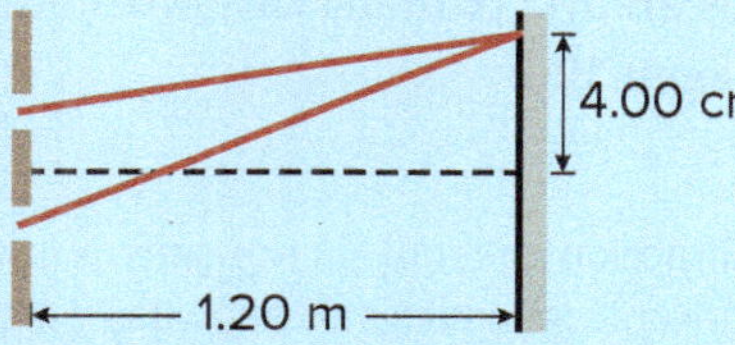

Imagen 11

14. **Pensamiento crítico** La ecuación para la longitud de onda de una investigación de doble rendija utiliza la siguiente simplificación: θ es pequeño, entonces seno $\theta \approx$ tan θ. ¿Hasta qué ángulo es una buena aproximación cuando tus datos tienen dos cifras significativas? Para una aproximación válida, ¿aumentaría o disminuiría el ángulo máximo si aumentas la precisión de la medición?

LEARNSMART Conéctate para cumplir tu plan de aprendizaje personalizado para repasar, practicar y reforzar tu comprensión.

LECCIÓN 2
DIFRACCIÓN

PREGUNTA DE ENFOQUE

¿Cómo producen los DVD un efecto de arcoíris?

Difracción por rendija única

Aprendiste que los frentes de onda de la luz se difractan al pasar por un borde. La difracción puede explicarse mediante el principio de Huygens que establece que los frentes de onda están compuestos por varias ondículas de punto de origen. Cuando la luz atraviesa una rendija con bordes cercanos, se produce un patrón en una pantalla. Ese patrón se denomina **patrón de difracción,** y resulta de la interferencia constructiva y destructiva de las ondículas de Huygens.

Cuando es coherente, la luz verde atraviesa una única abertura pequeña de entre 10 y 100 longitudes de onda. La luz se difracta por ambos bordes y aparece una serie de bandas claras y oscuras en una pantalla distante como muestra la **Imagen 12.**

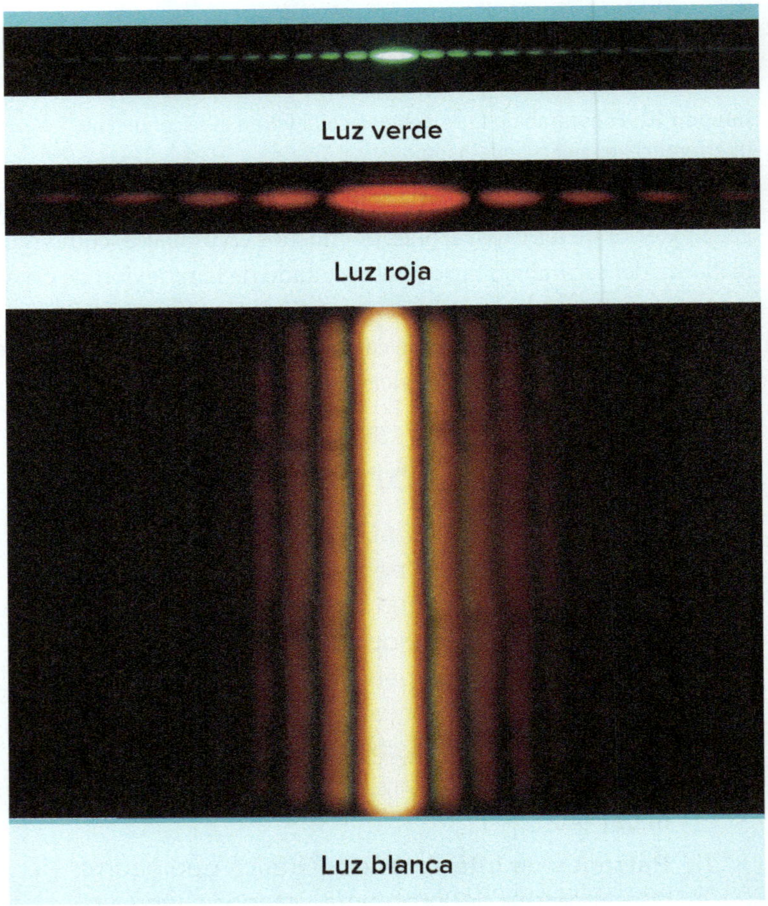

(t, c)Ted Kinsman/Science Source; (b)sciencephotos/Alamy Stock Photo

Imagen 12 La difracción de rendija única genera una banda central ancha y brillante y bandas más angostas y atenuadas a ambos lados.

Compara *los colores y anchos de las bandas centrales generadas por los diferentes colores de luz.*

PENSAMIENTO 3D DCI Ideas centrales disciplinarias CCC Conceptos interdisciplinarios SEP Prácticas de ciencia e ingeniería

REUNIR EVIDENCIA

Usa el Cuaderno de ciencias para registrar la evidencia que reúnas mientras completas las lecturas y las actividades de la lección.

INVESTIGAR

CONÉCTATE para hallar estas actividades y más recursos.

Investigación rápida: Redes de difracción
Realiza una investigación para descubrir los patrones que se generan cuando la luz se transmite a través de una red de difracción.

Repasar la pregunta de Encuentra el fenómeno
¿Qué información de la lección te ayuda a responder las preguntas de la unidad y del módulo?

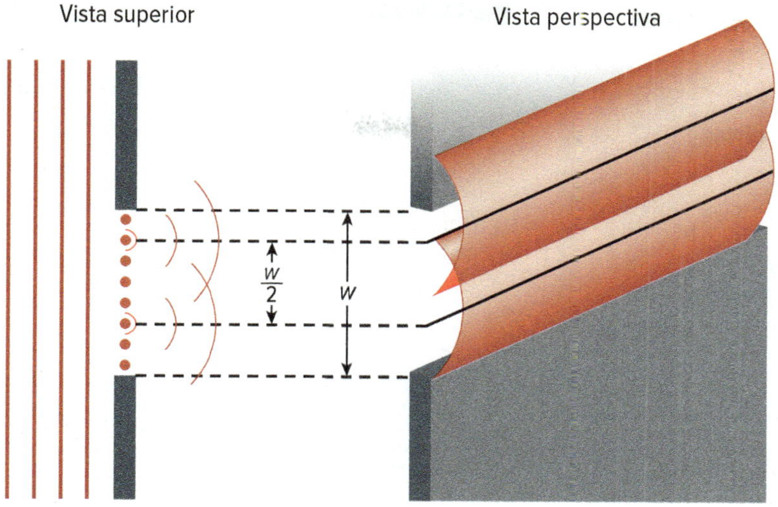

Imagen 13 Para ilustrar los patrones de difracción con ondículas de Huygens se selecciona un par de puntos de modo que la separación entre los puntos sea $\frac{w}{2}$.

En lugar de las bandas prácticamente equidistantes generadas por dos fuentes coherentes de la investigación de rendija doble de Young, este patrón presenta una banda central ancha y brillante con bandas más delgadas y atenuadas a cada lado. Al utilizar una luz roja, en lugar de verde, el ancho del patrón es una combinación de patrones de todos los colores del espectro (**Imagen 12**).

Ondículas de Huygens Imagina un ancho de rendija w dividido en un número par de puntos de Huygens como muestra la **Imagen 13.** Cada punto actúa como fuente de ondículas de Huygens. Divide la rendija en dos mitades iguales y selecciona una fuente para cada parte de modo que el par esté separado por una distancia $w/2$. Ese par de fuentes genera ondas coherentes y cilíndricas que interfieren.

Para cualquier ondícula de Huygens generada en la mitad superior habrá otra ondícula de Huygens en la mitad inferior, a una distancia de $w/2$, que interferirá en forma destructiva para generar una banda oscura sobre la pantalla. Todas las vinculaciones similares de ondículas de Huygens interfieren en forma destructiva en las bandas oscuras. Por el contrario, una banda brillante aparece en la pantalla donde los pares de ondículas de Huygens interfieren en forma constructiva. En las zonas atenuadas entre las bandas brillantes y oscuras ocurre una interferencia destructiva.

Patrones de difracción Cuando la rendija única se ilumina, aparece una banda brillante central en la ubicación P_0 en la pantalla, como muestra la **Imagen 14** de la página siguiente. La primera banda oscura está en la posición P_1. Allí, las longitudes de recorrido r_1 y r_2 de las dos ondículas de Huygens difieren por $\lambda/2$, y, de este modo, generan una interferencia destructiva.

Este modelo es matemáticamente similar al de la interferencia de doble rendija. Una comparación entre el patrón de difracción de rendija única y un patrón de interferencia de rendija doble muestra que todo el patrón de difracción de rendija única está cubierto por las bandas angostas de interferencia claras y oscuras. Los patrones de rendija doble se generan a partir de la interferencia de la luz de cada rendija simple.

Ahora desarrollaremos una ecuación para el patrón de difracción que genera una rendija simple. Utilizamos las mismas simplificaciones que se utilizaron para la interferencia de doble rendija y supondremos que la distancia hasta la pantalla es mucho mayor que w. Como se describió anteriormente, la distancia de separación entre las fuentes de las dos ondas que interfieren es $w/2$. Para hallar la distancia medida en la pantalla hasta la primera banda oscura (x_1), observa que la diferencia de longitud de recorrido es $\lambda/2$ porque hay interferencia destructiva en la banda oscura . Por lo tanto, $x_1/L = \lambda/w$.

¿Lo comprendes?

Identifica el tipo de interferencia de las ondículas de Huygens que genera una banda oscura en la pantalla.

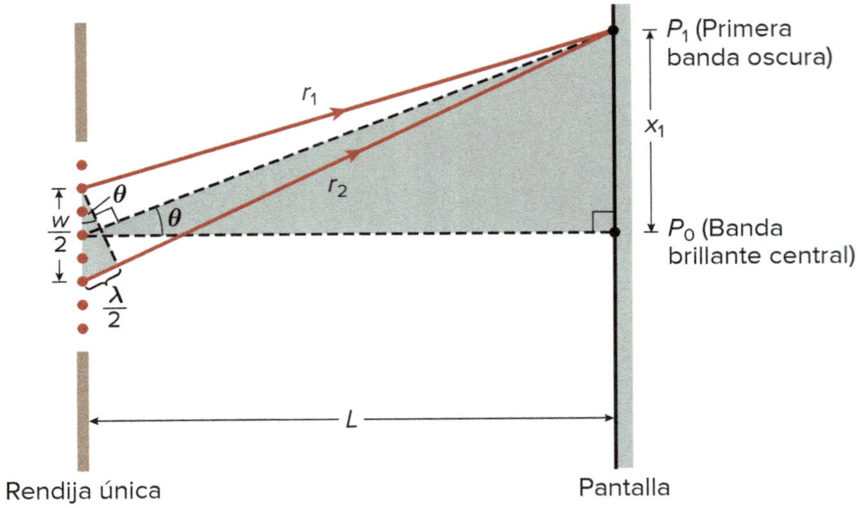

Imagen 14 El ancho de la banda brillante en la difracción de rendija única se relaciona con la longitud de onda de la luz, la distancia desde la rendija a la pantalla y el ancho de la rendija.

En lugar de medir la distancia hasta la primera banda oscura desde el centro de la banda brillante central (x_1), es mejor determinar el ancho de la banda central brillante ($2x_1$), como en la siguiente ecuación.

Ancho de la banda brillante en la difracción de rendija única

El ancho de la banda brillante central ($2x_1$) es igual al producto de dos veces la longitud de onda por la distancia hasta la pantalla (L), dividida por el ancho de la rendija (w).

$$2x_1 = \frac{2\lambda L}{w}$$

Los patrones de difracción de rendija única hacen evidente la naturaleza de ondas de la luz cuando las rendijas miden de 10 a 100 veces la longitud de onda de la luz. Las aberturas más grandes generan sombras nítidas, como observó Isaac Newton. Aunque el patrón de rendija única depende de la longitud de onda de la luz, no es útil para medir la longitud de onda. Una gran cantidad de rendijas juntas proporcionan una herramienta más útil para medir la longitud de onda.

¿Lo comprendes?

Describe la suposición que se hace con respecto a w y L para la ecuación de difracción de rendija única.

FÍSICA Desafío

Hay varias sustancias desconocidas y quieres usar un aparato de difracción de rendija única para determinar qué es cada una. Decides colocar una muestra de una sustancia desconocida en la zona entre la rendija y la pantalla y utilizar la información que obtengas para identificar cada sustancia calculando su índice de refracción.

1. Crea una fórmula general para el índice de refracción de una sustancia en términos de la longitud de onda de la luz ($\lambda_{vacío}$), el ancho de la rendija (w), la distancia entre la rendija y la pantalla (L) y la distancia entre la banda central brillante y la primera banda oscura (x_1).
2. Si la fuente que utilizaste tenía una longitud de onda de 634 nm, el ancho de la rendija era de 0.10 mm, la distancia entre la rendija y la pantalla era de 1.15 m y sumergiste el aparato en agua ($n_{sustancia}$ = 1.33) entonces, ¿cuál esperarías que fuera el ancho de la banda central?

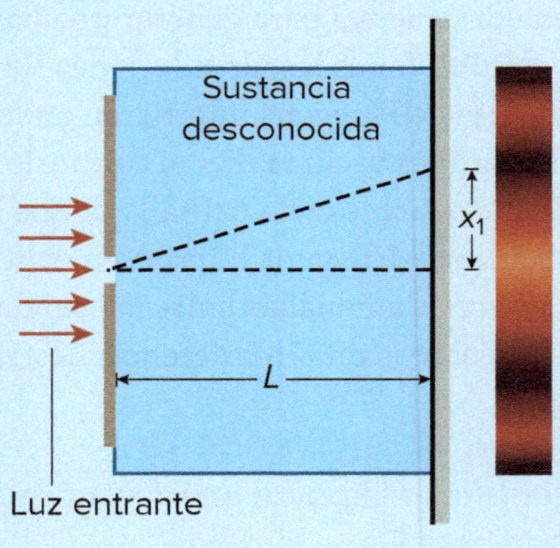

PRÁCTICA Problemas

PRÁCTICA ADICIONAL

15. Una luz monocromática verde con una longitud de onda 546 nm cae sobre una rendija única de 0.095 mm de ancho. La rendija está ubicada a 75 cm de la pantalla. ¿Cuál sería el ancho de la banda central brillante?

16. Una luz amarilla con una longitud de onda de 589 nm atraviesa una rendija de 0.110 mm de ancho y crea un patrón sobre una pantalla. Si el ancho de la banda central brillante es de 2.60×10^{-2} m, ¿a qué distancia está la rendija de la pantalla?

17. La luz de un láser de helio neón ($\lambda = 632.8$ nm) cae sobre una rendija de ancho desconocido. Se forma un patrón en una pantalla ubicada a 1.15 m en la que la banda central brillante mide 15.0 mm de ancho. ¿Cuál es el ancho de la rendija?

18. Una luz amarilla cae sobre una rendija única de 0.0295 mm de ancho. En una pantalla ubicada a 60.0 cm, la banda brillante central mide 24.0 mm de ancho. ¿Cuál es la longitud de onda de la luz?

19. DESAFÍO Una luz blanca cae sobre una rendija única de 0.050 mm ancho. Se coloca una pantalla a 1.00 m. Un estudiante coloca un filtro azul violáceo ($\lambda = 441$ nm) sobre la rendija y luego un filtro rojo ($\lambda = 622$ nm). El estudiante mide el ancho de la banda central brillante.

a. ¿Qué filtro generó la banda más ancha?

b. Calcula el ancho de la banda central brillante para ambos filtros.

Redes de difracción

Las redes de difracción, como la de la **Imagen 15,** a menudo se usan para medir la longitud de onda con precisión. Una **red de difracción** es un dispositivo compuesto de diversas rendijas pequeñas que difractan la luz y forman un patrón que es una superposición de patrones de difracción de rendija única. Este patrón es similar a un patrón de interferencia de dos rendijas. Las redes de difracción pueden tener hasta 10,000 rendijas por centímetro, es decir que la separación entre las rendijas puede ser de solo 10^{-6} m. Una red de difracción es una herramienta útil para estudiar la luz y los objetos que la emiten o absorben.

Un tipo de red de difracción se denomina red de transmisión. Puede crearse una red de transmisión al marcar líneas muy finas con una punta de diamante sobre un vidrio que transmite luz. Los espacios entre las líneas marcadas funcionan como rendijas.

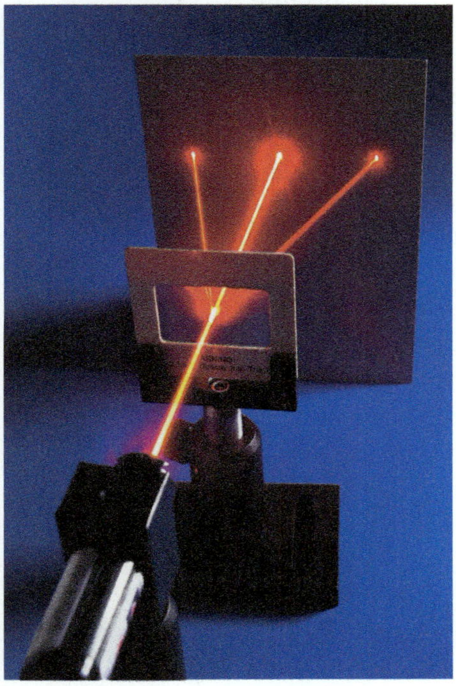

Las redes de difracción pueden utilizarse para mejorar el aspecto de los diamantes. Las redes se graban en ciertas superficies del diamante para mejorar la dispersión de la luz y hacer que las gemas parezcan más brillantes.

Las redes de difracción holográfica generan el espectro más brillante. Se crean utilizando un láser y espejos para crear un patrón de difracción compuesto de líneas paralelas brillantes y oscuras. El patrón se proyecta sobre un trozo de metal recubierto con un material sensible a la luz. La luz del láser produce una reacción química que endurece el material.

Imagen 15 Las redes de difracción se utilizan en diversos dispositivos e instrumentos. Los efectos que producen también los tornan atractivos para su uso en joyería.

El metal luego se sumerge en ácido, que ataca donde no está protegido por el material endurecido, esto genera una serie de valles y picos idénticos al patrón de difracción original. El metal puede utilizarse como una red de reflexión. En algunos casos, se coloca una película plástica sobre el metal calentado y se generan los picos y valles en el plástico. Por la forma sinusoidal de los picos y valles, los patrones de difracción son muy brillantes.

Imagen 16 Un CD es una red de reflexión que genera un espectro de luz. Una vista ampliada de la superficie de un CD muestra el patrón de surcos y valles.

Red de reflexión Puedes haber observado que la luz que se refleja en los CD, DVD o discos Blu-ray (o discos ópticos) crea un patrón de difracción de espectro, como muestra la **Imagen 16.** Un tipo de red de difracción creada al grabar líneas finas en superficies metálicas o de vidrio reflectante se denomina red de reflexión. Los discos ópticos son redes de reflexión. Si apuntas una luz monocromática a un disco óptico, la luz reflejada generará un patrón de reflexión en una pantalla. Las redes de transmisión y reflexión generan patrones similares que pueden analizarse de la misma manera.

La superficie de los discos ópticos está cubierta de líneas con hendiduras denominadas surcos, separadas por zonas planas, los valles, en forma de espiral, como muestra la **Imagen 16**. Las vueltas de la espiral actúan como una red de difracción y separan los colores por interferencia. El hecho de que los discos ópticos sean redes de difracción no es importante para su función, pero la manera en la que interactúan con las diferentes longitudes de onda de luz es importante.

Almacenar y leer información Se utiliza un láser para "leer" el patrón de surcos y valles del disco óptico. Es similar al modo en que se lee el braille. La luz del láser se refleja desde la superficie del disco hacia un detector de luz. El láser se concentra de modo que se refleja desde los valles y su punto más brillante cae sobre el detector. Cuando de refleja desde los surcos, se dispersa y atenúa.

El tamaño del punto está limitado por la difracción. Entonces, si se utiliza un láser con una longitud de onda menor, el tamaño del punto puede reducirse y los surcos pueden acercarse, lo que permite almacenar más información. A medida que avanzó la tecnología láser, se utilizaron láseres con longitudes de onda menores que permitieron almacenar más información en el disco. Los CD de música utilizan luz infrarroja con una longitud de onda de 780 nm. Un CD almacena aproximadamente 700 megabytes de información. Los DVD utilizan láseres rojos (650 nm) que permiten grabar más de 4 gigabytes. Los discos Blu-ray utilizan láseres morados (405 nm). La luz parece ser azul, por eso su nombre. Los discos Blu-ray de capa única almacenan hasta 25 gigabytes de información.

¿Lo comprendes?

Explica la relación entre la cantidad de información que puede almacenar en un disco óptico y la longitud de onda de la luz utilizada.

(t)Peter Smith/Alamy Stock Photo; (b)Cultura Creative (RF)/Alamy Stock Photo

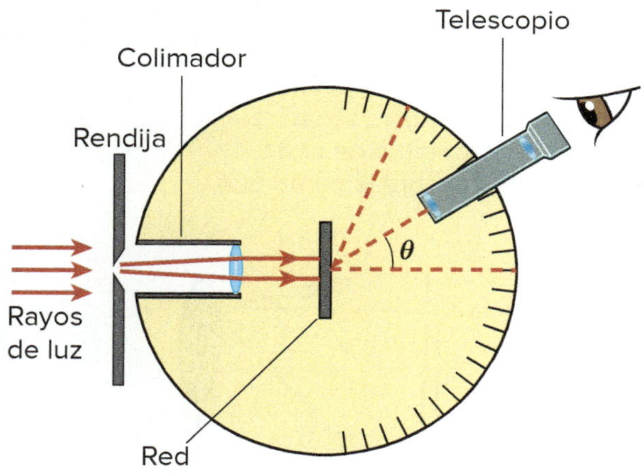

Imagen 17 Se utiliza un espectroscopio de red para medir con exactitud la longitud de onda de la luz.

Indica *la simplificación utilizada para los cálculos de longitud de onda por doble rendija que no se aplica para las redes.*

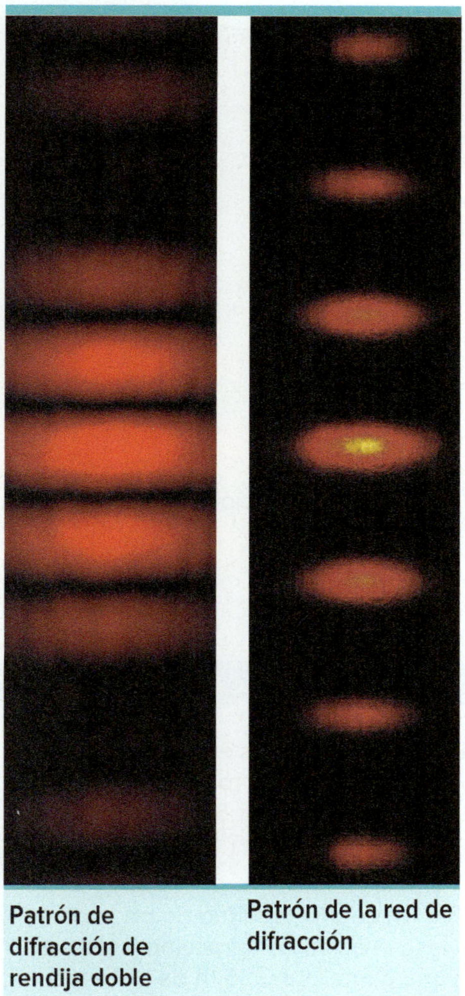

Imagen 18 Compara los dos patrones de difracción de la luz roja. El patrón de red de difracción brinda una medición más precisa.

Medir la longitud de onda

El instrumento que se utiliza para medir las longitudes de onda de la luz por medio de una red de difracción se denomina espectroscopio de red, como el que muestra la **Imagen 17.** La fuente que se analizará emite luz dirigida primero a través de una rendija y un colimador y luego hacia una red de difracción. La red genera un patrón de difracción que se visualiza a través de un telescopio.

Si la fuente de luz es de un único color, el patrón de difracción generado por la red presenta líneas angostas, equidistantes y brillantes como muestra la **Imagen 18.** Cuantas más rendijas por longitud de unidad de la red, más angostas serán las líneas del patrón de difracción. Cuanto más angostas las líneas, más precisa será la medición de la distancia entre las líneas brillantes.

Anteriormente leíste que el patrón de difracción generado por una doble rendija puede utilizarse para calcular la longitud de onda. Es posible desarrollar una ecuación para la red de difracción del mismo modo que para la doble rendija. Sin embargo, con una red de difracción, θ puede ser grande, por lo que la simplificación del ángulo pequeño no se aplica. La longitud de onda puede hallarse midiendo el ángulo (θ) entre la línea central brillante y la línea brillante de primer orden.

Longitud de onda de una red de difracción

La longitud de onda de la luz equivale a la separación de las rendijas (d) por el seno del ángulo (θ) en el que ocurre la línea brillante de primer orden.

$$\lambda = \mathrm{d\ sen}\ \theta$$

La interferencia constructiva de una red de difracción ocurre en los ángulos a ambos lados de la línea brillante dada por la ecuación $m\lambda = d \text{ sen } \theta$, donde $m = 0, 1, 2$, etc. La línea central brillante ocurre en $m = 0$. Los especialistas en espectroscopía suelen utilizar $m = 2$ o 3 líneas porque es posible medir la separación entre las líneas brillantes con mayor precisión.

Observa que el patrón de la red de difracción contiene más espacio oscuro que el patrón de doble rendija de la **Imagen 18.** Esto se debe a que hay más interferencia destructiva en una red de difracción que en una doble rendija. Por lo tanto se generan líneas más finas y mejora la precisión de las mediciones.

Las redes de difracción se incorporan a los espectroscopios utilizados para analizar piedras preciosas. Los gemólogos experimentados reconocen los patrones de bandas que se generan cuando la luz blanca atraviesa las diferentes piedras. Por ejemplo, tres bandas brillantes de verde, amarillo y anaranjado son una sólida indicación de la presencia de cobalto. Eso significa que una piedra azul no es una gema costosa como un zafiro o un topacio, sino un trozo de vidrio barato teñido de azul.

EJEMPLO Problema 3

UTILIZAR UN DVD COMO RED DE DIFRACCIÓN Una estudiante observó el hermoso espectro reflejado en un DVD. Orientó un rayo del puntero láser de su profesor hacia un DVD y observó tres puntos brillantes reflejados en la pared. La etiqueta del puntero indicaba que la longitud de onda era 532 nm. La estudiante observó que la separación entre los puntos era 1.29 m sobre la pared que estaba a 1.25 m. ¿Cuál es la separación entre las filas del DVD?

1 ANALIZAR Y PLANTEAR EL PROBLEMA

- Representa la investigación. Muestra el DVD como una red y los puntos en la pared.
- Identifica y rotula los datos conocidos.

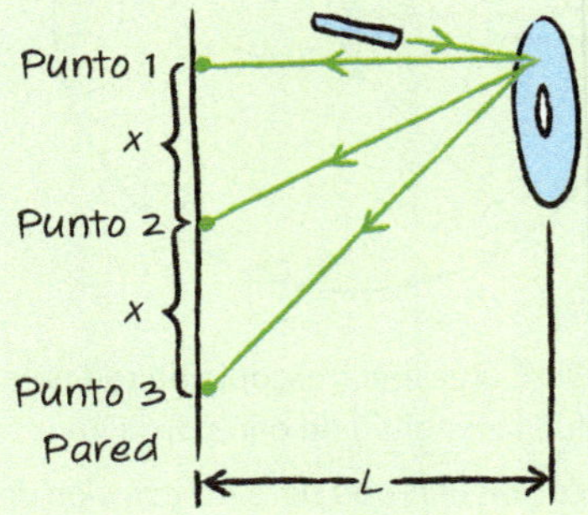

Datos conocidos	**Incógnita**
$x = 1.29$ m	$d = ?$
$L = 1.25$ m	
$\lambda = 532$ nm	

2 HALLAR LA INCÓGNITA

Halla el ángulo entre el punto brillante central y el que se encuentra a su lado utilizando $\tan\theta = \frac{x}{L}$.

$$\theta = \tan^{-1}\left(\frac{x}{L}\right)$$

$$= \tan^{-1}\left(\frac{1.29\text{ m}}{1.25\text{ m}}\right)$$ Sustituye $x = 1.29$ m, $L = 1.25$ m.

$$= 45.9°$$

Utiliza la longitud de onda de la red de difracción y halla *d*.

$$\lambda = d\text{ sen }\theta$$

$$d = \frac{\lambda}{\text{sen}\theta}$$

$$= \frac{532\times10^{-9}\text{ m}}{\text{sen }45.9°}$$ Sustituye $\lambda = 532\times10^{-9}$ m, $\theta = 45.9°$.

$$= 7.41\times10^{-7}\text{ m} = 741\text{ nm}$$

3 EVALUAR LA RESPUESTA

- **¿Son correctas las unidades?** La respuesta está en metros, que es correcto para la separación.
- **¿Es razonable la magnitud?** Con *x* y *L* de casi el mismo tamaño, *d* está cerca de λ.

PRÁCTICA Problemas

PRÁCTICA ADICIONAL

20. La luz blanca atraviesa una red hacia una pantalla. Describe el patrón que se genera.

21. Si una luz azul con una longitud de onda de 434 nm ilumina una red de difracción y la separación de las líneas resultantes en una pantalla ubicada a 1.05 es de 0.55 m, ¿cuál es la separación entre las rendijas de la red?

22. Una red de difracción con rendijas separadas por 8.60×10^{-7} m se ilumina con una luz violeta con una longitud de onda de 421 nm. Si la pantalla está ubicada a 80.0 cm de la red, ¿cuál es la separación de las líneas de la red de difracción?

23. Supón que una luz azul ilumina el DVD del Ejemplo Problema 3. Si los puntos generados en una pared están separados por 58.0 cm, ¿cuál es la longitud de onda de la luz? La pared está a 0.65 m de distancia.

24. DESAFÍO Una luz de una longitud de onda de 632 nm atraviesa una red de difracción y genera un patrón en una pantalla a 0.55 m de distancia. Si la primera banda brillante está a 5.6 cm de la banda brillante central, ¿cuántas rendijas por centímetro tiene la red?

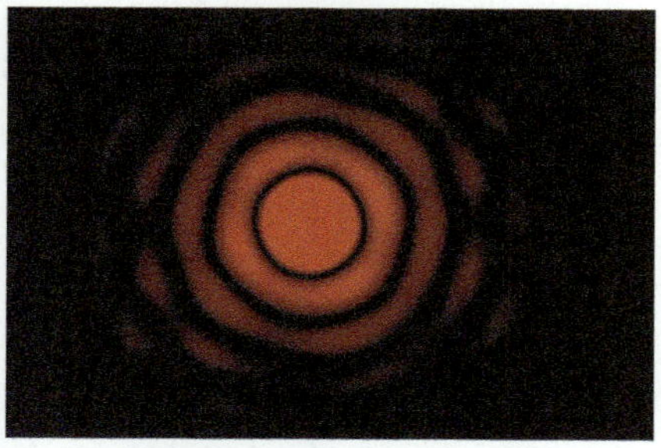

Imagen 19 Una apertura difracta luz para crear un patrón de difracción con un punto central brillante con anillos oscuros y brillantes alrededor.

Poder de resolución de las lentes

La lente circular de un telescopio, un microscopio e incluso tus ojos actúan como una apertura a través de la que pasa la luz. Una apertura difracta la luz, al igual que una rendija única. Los anillos brillantes y oscuros alternados aparecen con la apertura circular como muestra la **Imagen 19.** La ecuación para determinar el tamaño de una apertura es similar a la de una rendija única. Sin embargo, una apertura tiene un borde circular en vez de los dos bordes de una rendija, por lo que el ancho de la rendija (w) se reemplaza por el diámetro de apertura (D) y se necesita un factor geométrico de 1.22 lo que resulta en $x1 = \frac{1.22\lambda L}{D}$.

Conexión ASTRONOMÍA Cuando la luz de una estrella distante atraviesa la apertura de un telescopio, la imagen se dispersa por difracción. Si dos estrellas están cerca, sus imágenes pueden desenfocarse y unirse. En 1879, Lord Rayleigh, un físico y matemático inglés, ganador del Premio Nobel, estableció un criterio para determinar si hay una o dos estrellas en dicha imagen. El criterio de Rayleigh afirma que si el centro del punto brillante de la imagen de una fuente cae sobre el primer anillo oscuro de la segunda, las dos imágenes están al límite de la resolución. Si las imágenes de dos estrellas están al límite de la resolución, el observador puede ver que hay dos estrellas en vez de una.

Si dos objetos están al límite de la resolución, ¿cómo puedes hallar la distancia entre los objetos (x_{obj})? A partir del criterio de Rayleigh, la distancia entre los centros de los puntos brillantes de las dos imágenes es x_1. La **Imagen 20** muestra que pueden usarse triángulos semejantes para hallar que $\frac{x_{obj}}{L_{obj}} = \frac{x_1}{L}$. Puedes combinar esta ecuación con la ecuación para el tamaño de la apertura $\left(\frac{x_1}{L} = \frac{1.22\lambda}{D}\right)$ y hallar la distancia entre los objetos (x_{obj}).

Criterio de Rayleigh

La distancia de separación entre los objetos (x_{obj}) que están al límite de la resolución es igual a 1.22 la longitud de onda de la luz, por la distancia desde la apertura circular hasta los objetos (L_{obj}), dividido por el diámetro de la apertura circular (D).

$$x_{obj} = \frac{1.22\lambda L_{obj}}{D}$$

Imagen 20 La distancia de separación de los objetos puede calcularse mediante geometría de triángulos semejantes. Los colores azul y rojo son solo con fines ilustrativos. (La ilustración no está a escala).

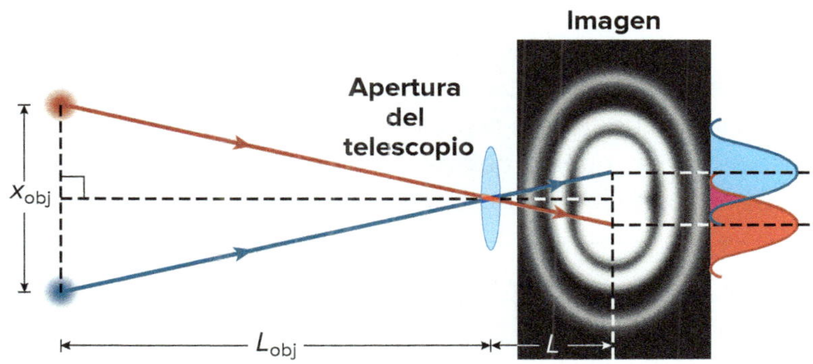

sciencephotos/Alamy Stock Photo

Difracción en el ojo Cuando nos exponemos a una luz brillante, las pupilas tienen unos 3 mm de diámetro. El ojo es más sensible a la luz amarilla verdosa donde $\lambda = 550$ nm. Entonces, el criterio de Rayleigh aplicado a los ojos da $x_{obj} = (2\times10^{-4})\,L_{obj}$. La distancia entre la pupila y la retina es de aproximadamente 2 cm; entonces al usar $x_1 = 1.22\lambda L/D$, los centros de los puntos brillantes de dos fuentes de puntos con resolución mínima estarían separados por aproximadamente 4 μm sobre la retina. La separación entre los conos, que son los detectores de luz de la retina, en la parte más sensible de la retina, en la fóvea, es de aproximadamente 2 μm. Por lo tanto, en una situación ideal, tres conos adyacentes registrarían claro, oscuro, claro como muestra la **Imagen 21.** La distancia entre los centros de los puntos brillantes de dos fuentes de punto deben ser de al menos la distancia entre dos conos que registran luz para tener resolución. El ojo parece tener una construcción ideal.

Hallar la capacidad del ojo para separar dos fuentes distantes con el criterio de Rayleigh, muestra que el ojo puede separar las dos luces de un automóvil (1.5 m de separación) a 7 km. Sin embargo, en la práctica, el ojo no está limitado por la difracción. Las imperfecciones de la lente y el líquido del ojo reducen la resolución a aproximadamente cinco veces la definida por este criterio. Los centros de procesamiento de la visión en el cerebro limitan la detección de objetos pequeños.

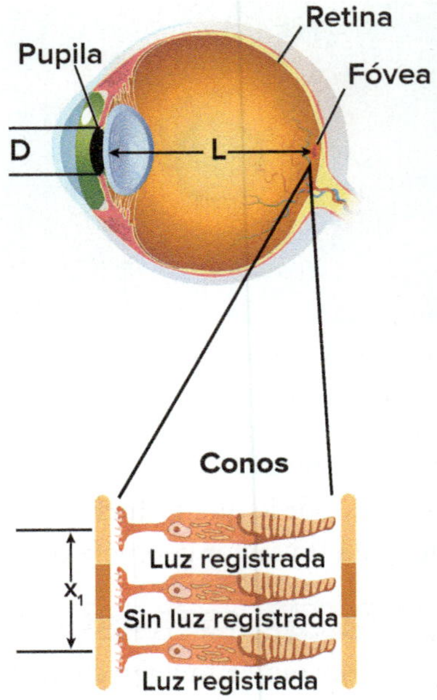

Imagen 21 La pupila del ojo es una apertura que difracta luz.

Verifica tu progreso

25. **Difracción de rendija** Varias rendijas angostas y equidistantes en un cartón están iluminadas por una luz roja monocromática. Un patrón de bandas claras y oscuras se hace visible en una hoja de papel blanco. Representa el patrón en el papel.

26. **Criterio de Rayleigh** La estrella Sirius es un sistema de dos estrellas que orbitan entre sí a 8.44 años luz de la Tierra. Si se apunta el *Telescopio Hubble Space* (2.4 m de diámetro) al sistema Sirius, ¿cuál es la separación mínima que deberá haber entre las estrellas para que el telescopio pueda enfocarlas? Supón que la luz que proviene de las estrellas tiene una longitud de onda de 550 nm.

27. **Separación de líneas** Apuntas un láser rojo por una red de difracción y forma un patrón de puntos rojos en una pantalla. Reemplazas la red de difracción para formar un segundo patrón. Los puntos que genera la primera red se dispersan más que los que genera la segunda. ¿Qué red tiene más líneas por milímetro?

28. **Bandas oscuras de primer orden** Una luz verde monocromática con una longitud de onda de 546 nm apunta a una rendija única con el ancho y la ubicación con respecto a la pantalla que se ilustran en la **Imagen 22.** ¿Cuál es la separación de las bandas oscuras de primer orden?

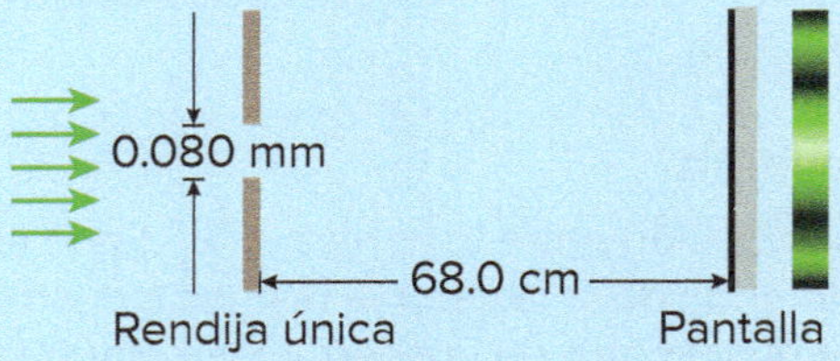

Imagen 22

29. **Pensamiento crítico** Tu compañera te muestra un espectrómetro, pero no te dice si está construido con un prisma o una red de difracción. Decides mirar el espectro que produce cuando una luz blanca lo atraviesa. Describe cómo determinarías qué dispositivo generó el espectro.

LEARNSMART® Conéctate para cumplir tu plan de aprendizaje personalizado para repasar, practicar y reforzar tu comprensión.

Atraer abejas con halos azules

Los estudios científicos demuestran que diversas especies de abejas prefieren los pétalos de flores cuyo color está en el espectro del azul. Los fotorreceptores mejorados de sus ojos les permiten "ver" en ese rango de color. Muchas plantas carecen de la capacidad de generar flores azules, pero cuentan con una adaptación estructural que puede atraer a las abejas polinizadoras al curvar y diseminar la luz para crear un "halo azul".

Algunas flores, como la *Ursinia anethoides*, cuentan con nanoestructuras diversas que les permiten difractar la luz. La interferencia de la luz genera un halo azul, que es visible para las abejas.

Todo tiene que ver con la óptica

Los pétalos de las flores presentan pequeñas crestas. En algunas flores, cuando la luz se refleja en estas crestas, se disemina de tal manera que genera un brillo azulado. Esto se llama efecto "halo azul".

Los científicos estudiaron las nanoestructuras responsables de este efecto mediante diversas técnicas de microscopía, incluida la microscopía electrónica de barrido. Los modelos computarizados muestran las variaciones en la altura y separación de las crestas de los pétalos.

Lo que los físicos llaman "desorden" en la altura y separación de las crestas difractan la luz, lo que genera el espectro de longitud de onda azul iridiscente y ultravioleta, o el efecto de halo azul. Si hay más variabilidad, más fuerte es el halo azul.

También descubrieron pruebas que respaldan que las estructuras de las flores de muchas especies diferentes evolucionaron de forma independiente para generar el halo azul. Es un ejemplo de selección natural de evolución convergente, las plantas con nanoestructuras desordenadas están mejor adaptadas para sobrevivir por el incremento en la visibilidad óptica para atraer abejas polinizadoras que ven las longitudes de onda azules.

Iridiscencia irresistible

Para probar la función del halo azul para atraer abejas, los científicos crearon nanoestructuras artificiales que coincidían con las de algunas especies de flores. Colocaron las nanoestructuras en los pétalos de flores artificiales.

Las abejas podían distinguir entre flores prácticamente idénticas a partir del efecto del halo azul. El efecto óptico de las estructuras de nanopartículas desordenadas de los pétalos mejoró la eficiencia de las abejas para detectar flores. Pudieron encontrar flores con el halo azul más rápido. A su vez, esto aumentó la polinización de las plantas que es una ventaja evolutiva para la supervivencia.

COMUNICAR INFORMACIÓN CIENTÍFICA

Dibuja las nanoestructuras de las crestas de los pétalos de las flores y escribe una breve explicación sobre cómo difractan la luz.

MÓDULO 17

GUÍA DE ESTUDIO

CONÉCTATE para estudiar con el Cuaderno de ciencias.

Lección 1 INTERFERENCIA

- luz incoherente
- luz coherente
- franjas de interferencia
- luz monocromática
- interferencia en película delgada

- La superposición de las ondas de luz de fuentes de luz coherente puede generar un patrón de interferencia. La luz que atraviesa dos rendijas angostas y con poca separación genera un patrón de bandas claras y oscuras en una pantalla, denominado franjas de interferencia.
- Los patrones de interferencia pueden usarse para medir la longitud de onda de la luz. $\lambda = \frac{xd}{L}$

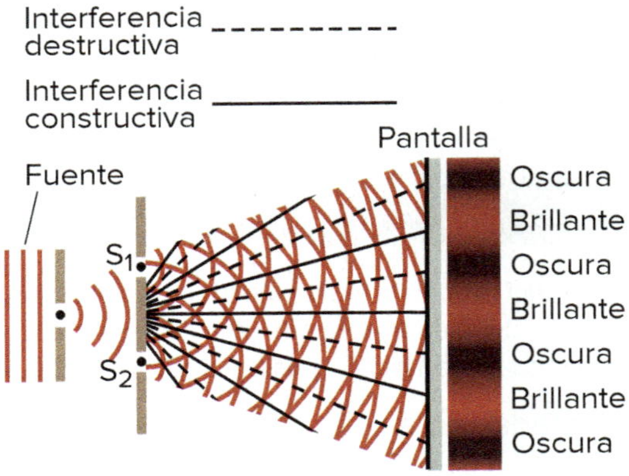

- Los patrones de interferencia pueden generarse porque la luz pasa a través de una película delgada muchas veces. La interferencia en película delgada se muestra como rayos que se reflejan desde múltiples superficies. Los índices de refracción de los medios en los que ingresa la luz y el espesor de la película determinan cómo interfieren las diferentes longitudes de onda de la luz.

Lección 2 DIFRACCIÓN

- patrón de difracción
- red de difracción
- criterio de Rayleigh

- La luz que atraviesa una rendija angosta se difracta: se dispersa de un recorrido en línea recta y genera un patrón de difracción en una pantalla. El ancho de la banda central clara de un patrón de difracción de rendija única se relaciona con la longitud de onda.
- Las redes de difracción constan de muchas rendijas que están muy juntas y generan líneas espectrales angostas que resultan de la interferencia de la luz difractada por todas las rendijas.
- Las redes de difracción se usan para medir la longitud de onda de la luz en forma precisa o para separar la luz compuesta de diversas longitudes de onda. $\lambda = d \text{ sen } \theta$
- La difracción limita la capacidad de una apertura de distinguir dos objetos porque la imagen contiene un punto brillante central difuso. Si dos puntos brillantes están más cerca que el límite de la resolución, se superpondrán y los objetos no se distinguirán.
- El criterio de Rayleigh establece que si el centro del punto brillante de una imagen cae en el primer anillo oscuro de la segunda, las dos están en el límite de resolución. Si las imágenes de dos estrellas están en el límite de resolución, se pueden distinguir dos estrellas.

PENSAMIENTO TRIDIMENSIONAL

Conclusión del módulo

REPASA EL FENÓMENO

¿Qué hace que las plumas del colibrí parezcan brillantes y relucientes?

CER Afirmación, evidencia, razonamiento

Explica tu razonamiento Repasa la afirmación que hiciste cuando hallaste el fenómeno. Resume la evidencia que reuniste en tus investigaciones y completa la tabla de resumen. ¿Respalda la evidencia tu afirmación? Si no lo hace, repasa tu afirmación. Explica por qué la evidencia respalda tu afirmación.

PROYECTO DE LA UNIDAD STEM

Ahora que completaste el módulo, repasa el proyecto de la unidad STEM. Resume la evidencia y aplícala al proyecto.

PROFUNDIZA

SEP Laboratorio de análisis de datos

¿Cómo puedes determinar la longitud de onda de un láser?

Tu equipo de proyecto cuenta con dos punteros láser, uno rojo y uno verde. Mark y Carlos discrepan sobre qué láser tiene mayor longitud de onda. Mark insiste en que la luz roja tiene mayor longitud de onda, mientras que Carlos está seguro de que la verde tiene mayor longitud de onda. Tienes un DVD y, con cada luz, iluminas los surcos que se reflejan en una pared cercana.

CER Analizar e interpretar datos

1. Describe qué información puedes reunir sobre los láseres y sus reflexiones.
2. **Afirmación** ¿Tiene razón Mark o Carlos?
3. **Evidencia y razonamiento** ¿Cómo explicarías los resultados a Mark y Carlos para resolver su desacuerdo?

Anton Gvozdikov/Shutterstock

UNIDAD 5

ELECTRICIDAD Y MAGNETISMO

ENCUENTRA EL FENÓMENO

¿Qué rol tienen la electricidad y el magnetismo en la vida diaria?

SEP Hacer preguntas

¿Qué preguntas tienes acerca del fenómeno? Escribe tus preguntas en notas adhesivas y pégalas en el pizarrón de preguntas clave de esta unidad.

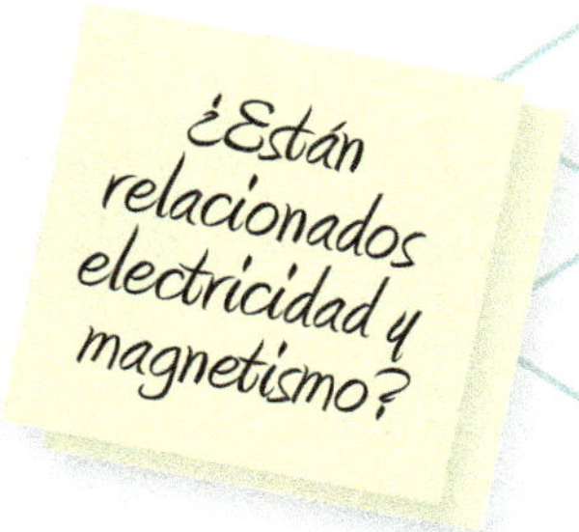

Buscar evidencia

Mientras avanzas en la unidad, responde la pregunta del fenómeno y tus propias preguntas con la información suministrada y tu experiencia. Para cada actividad, registra tus observaciones en una tabla de resumen, incluye una explicación e identifica cómo se relacionan con las preguntas del fenómeno de la unidad y del módulo.

Resolver un problema

PROYECTO DE LA UNIDAD STEM

Desde el recurso en bruto hasta la energía utilizable Los recursos energéticos naturales no se pueden utilizar directamente. Su energía debe convertirse en una forma más utilizable. Investiga cómo se transforma la energía. Diseña y prueba un dispositivo de conversión de energía usando los resultados de estas investigaciones y la evidencia que reuniste en la unidad.

CONÉCTATE Además de leer la información en el Libro del estudiante, puedes hallar el Proyecto de la unidad STEM y otros recursos útiles en línea.

Massimiliano Trevisan/Alamy Stock Photo

ELECTROSTÁTICA

ENCUENTRA EL FENÓMENO

¿Por qué la varilla hace que el agua se curve?

CONÉCTATE para ver un video acerca de las primeras investigaciones sobre fuerzas eléctricas.

SEP Hacer preguntas

¿Tienes más preguntas acerca del fenómeno? Si es así, agrégalas al pizarrón de preguntas clave.

CER Afirmación, evidencia, razonamiento

Hacer una afirmación Usa la tabla CER para hacer una afirmación acerca de por qué la varilla hace que el agua se curve. Explica tu razonamiento.

Reunir evidencia Usa las lecciones del módulo para reunir evidencia que respalde tu afirmación. Registra la evidencia mientras trabajas en el módulo.

Explicar el razonamiento Repasarás tu afirmación y explicarás tu razonamiento al final del módulo.

CONÉCTATE para acceder a la tabla CER y explorar los recursos que te ayudarán a reunir evidencia.

LECCIÓN 1: Explorar y explicar: Vista microscópica de las cargas

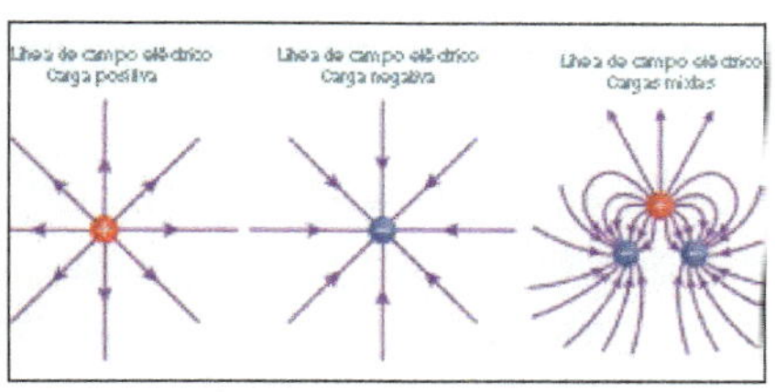

LECCIÓN 3: Explorar y explicar: Hacer modelos de campos eléctricos

Smithsonian

Recursos adicionales

(t)Video Supplied by BBC Worldwide Learning, (b)Richard Hutchings/Digital Light Source

LECCIÓN 1

CARGA ELÉCTRICA

PREGUNTA DE ENFOQUE

¿Por qué si frotas tus zapatos en una alfombra y luego tocas un picaporte metálico puede darte corriente?

Evidencia de la presencia de carga

Quizás al tocar a alguien luego de haber frotado tus zapatos en una alfombra, se haya producido una chispa. Los efectos eléctricos como este se conocen como electricidad estática. En este módulo, investigarás sobre la electricidad estática, o **electrostática,** el estudio de las cargas eléctricas que se acumulan y mantienen en un lugar. Los efectos de la electricidad estática se observan en una variedad de escalas, desde despliegues de rayos hasta interacciones entre electrones a escala atómica. En módulos posteriores, estudiarás la corriente eléctrica, es decir, el movimiento neto de la carga eléctrica.

Fuerza electrostática ¿Notaste alguna vez cómo el peine atrae tu cabello luego de peinarlo en un día seco? Quizás hayas advertido que a veces las medias están pegadas al quitarlas de un secarropas, o hayas experimentado lo que sucede cuando te sacas un gorro de lana, como se muestra en la **imagen 1.** La fuerza que jala el cabello hacia arriba debe ser fuerte, ya que supera a la fuerza de gravedad que lo jala hacia abajo. El gorro produce una fuerza electrostática en el cabello mayor que la fuerza de gravedad de la Tierra.

La fuerza electrostática y la fuerza de gravedad actúan de distinta manera. Por ejemplo, el gorro solo atrae al cabello luego de haber estado en contacto contra este; si dejas pasar un rato, la propiedad de atracción disminuye. Por otro lado, la fuerza de gravedad no requiere de frotamiento y no disminuye. La **imagen 2** de la siguiente página muestra una manera de investigar la fuerza electrostática y la carga eléctrica.

Imagen 1 Cuando te quitas el gorro, especialmente si el día es seco, tu cabello puede pararse.

Inferir *¿Por qué es más probable que el cabello se pare un día seco que un día húmedo?*

Brook Rieman/Getty Images

PENSAMIENTO 3D DCI Ideas centrales disciplinarias CCC Conceptos interdisciplinarios SEP Prácticas de ciencia e ingeniería

REUNIR EVIDENCIA

Usa el Cuaderno de ciencias para registrar la evidencia que reúnas mientras completas las lecturas y las actividades de la lección.

INVESTIGAR

CONÉCTATE para hallar estas actividades y más recursos.

Laboratorio forense: Carga estática
Realiza una investigación para determinar cómo las cargas eléctricas estáticas se afectan mutuamente y a los objetos neutros.

Repasar la pregunta de Encuentra el fenómeno
¿Qué información de la lección te ayuda a responder las preguntas de la unidad y del módulo?

Imagen 2 La fuerza entre objetos cargados se puede demostrar con dos tiras de cinta adhesiva.

Investigar las cargas Las cargas eléctricas se pueden investigar usando tiras de cinta adhesiva transparente. Dobla unos 5 mm del extremo de una cinta adhesiva de 10 cm a modo de asa. Pégala en una superficie lisa y seca, como un escritorio, como se muestra aquí. Coloca un trozo similar de cinta junto al primero.

Al quitarlas del escritorio de un jalón, estas tiras de cinta adhesiva se cargan.

Cargas iguales Saca las dos tiras del escritorio de un jalón y acércalas. ¿Qué sucede? Gracias al jalón, las tiras ahora tienen la capacidad de repelerse porque acumularon carga eléctrica. Como se prepararon del mismo modo, tienen la misma carga. Dos objetos con la misma carga siempre se repelen.

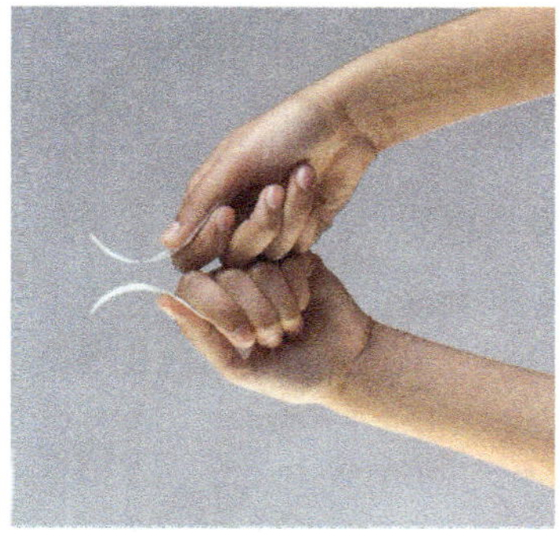

Cuando las tiras de cinta adhesiva tienen la misma carga, se repelen.

Cargas opuestas Ahora, pega una tira de cinta adhesiva en el escritorio y coloca la segunda tira sobre la primera. Jala lentamente del asa de abajo para quitar las dos tiras de la mesa. Frótalas con los dedos de tu otra mano hasta que ya no las atraigas. Esto les quita la carga. Ahora, sepáralas rápidamente, sosteniendo el asa de una tira con una mano y el asa de la otra con la otra mano. Las tiras están otra vez cargadas, tus manos las atraen. Acércalas entre sí. Ahora se atraen. Como se atraen, sabes que no tienen la misma carga. Esto sugiere que hay otro tipo de carga y que las cargas opuestas se atraen.

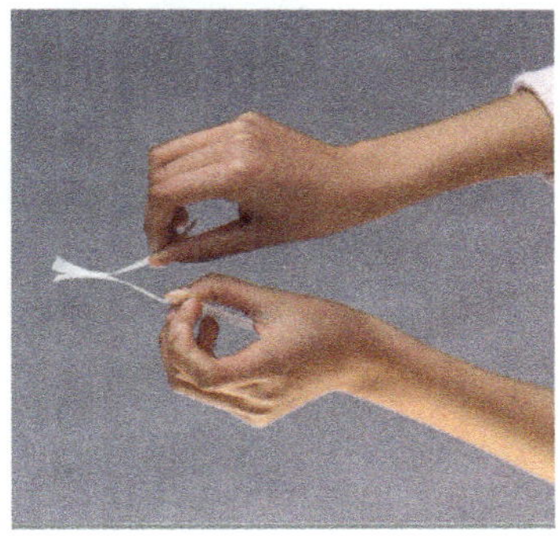

Cuando las tiras de cinta adhesiva tienen cargas opuestas, se atraen.

Interacciones entre objetos cargados ¿Puedes explorar la carga de otros objetos con la cinta adhesiva? Frota un peine de plástico en tu ropa, y colócalo sobre un escritorio. Luego, prepara las tiras de cinta adhesiva igual que antes. Rotula el asa de la tira inferior I y la de la tira superior S. Jala el par de tiras para quitarlas del escritorio. Descárgalas y, luego, sepáralas. Sosteniendo las tiras del extremo adhesivo, una en cada mano, acerca al peine primero una y luego la otra. Descubrirás que el peine atrae una tira y repele la otra.

Repite esta investigación con materiales como vidrio, seda o lana.

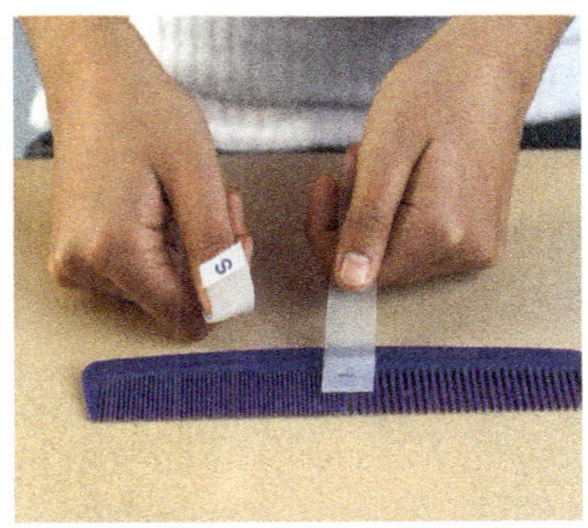

Cuando las tiras tienen cargas opuestas, el peine cargado atrae una tira y repele la otra.

Tipos de carga Gracias a tus investigaciones, descubriste que solo hay dos tipos de carga. Benjamin Franklin las llamó cargas positivas y negativas. La materia suele tener los dos tipos. Los materiales tienen distinta capacidad de adquirir carga. La goma dura y el plástico tienden a cargarse negativamente, mientras que el vidrio y la lana, a cargarse positivamente. Cuando se frotan los materiales, las dos cargas se separan. Para profundizar, piensa en una vista microscópica.

¿Lo comprendes?
Predice el tipo de carga del bolígrafo del comienzo del módulo.

Vista microscópica de las cargas

Las cargas eléctricas se encuentran dentro de átomos. En 1897, J. J. Thomson descubrió que todos los materiales contienen partículas de masa baja con carga negativa, que se conocen como electrones. Entre 1909 y 1911, Ernest Rutherford, un asistente de Thomson, descubrió que el átomo tiene un núcleo macizo con carga positiva rodeado por una nube de electrones orbitantes. A raíz de estos y otros experimentos, los científicos saben que los átomos suelen ser neutros. Para que un objeto sea **neutro**, la cantidad de carga negativa debe ser equivalente a la cantidad de carga positiva.

Transferencia de electrones Si se agrega energía, los electrones externos pueden quitarse del átomo. Un átomo que pierde electrones tiene una carga neta positiva, y cuando los átomos de la materia son deficientes en electrones, tienen carga positiva. Los electrones pueden permanecer libres o unidos a otros átomos, lo que produce átomos con carga neta negativa. Desde un punto de vista microscópico, la adquisición de carga es un proceso de transferencia de electrones, como lo representa la **imagen 3.**

Imagen 3 Los electrones se pueden transferir de la alfombra de lana al zapato de goma.

CONVENCIÓN DE COLORES

Carga positiva	+	rojo
Carga negativa	−	azul

USO CIENTÍFICO vs. USO COMÚN

Neutro

Uso científico: que mantiene un equilibrio exacto entre cargas positivas y negativas
Los objetos neutros no experimentan atracción eléctrica.

Uso común: referido a un color, que no tiene brillo o viveza
Pintaron las paredes de gris, un color neutro.

Richard Hutchings/Digital Light Source

Separación de la carga Si frotas dos objetos neutros, los dos pueden cargarse. Por ejemplo, si frotas tus zapatos de goma con una alfombra de lana, la energía del frotamiento quita los electrones externos de los átomos de la lana, que se transfieren a la goma, como se muestra en la **imagen 3.** Los electrones extra en el zapato producen una carga neta negativa en este. Los electrones perdidos de la alfombra de lana producen una carga neta positiva. La carga total combinada de los dos objetos sigue siendo igual. La carga se mantiene, lo que equivale a decir que las individuales no se crean ni destruyen nunca. Una carga neta positiva o negativa implica que se ha producido una transferencia de electrones.

Efectos de la separación de la carga Los procesos que ocurren dentro de un nubarrón pueden hacer que la parte inferior de la nube se cargue negativamente y la parte superior positivamente. Una carretera puede transferir su carga eléctrica al automóvil que se desplaza sobre ella. La fricción de tu reproductor de MP3 en el bolsillo puede hacer que tus auriculares se carguen y te den corriente. En todos estos casos, las cargas no se crean, sino que se separan.

Conductores y aislantes

Sostén una varilla o peine de plástico por su punto medio y frota un extremo en tu ropa. Notarás que solo el extremo que frotaste se cargó. Es decir, que los electrones que se transfirieron al objeto de plástico se quedaron donde estaban, no se movieron. Aquellos materiales a través de los cuales una carga no se mueve con facilidad se conocen como **aislantes** eléctricos. Las tiras de cinta adhesiva que cargaste anteriormente funcionaron como aislantes, ya que la carga que acumularon no se movió, permaneció en su lugar. El vidrio, la madera seca, los plásticos, la tela y el aire seco son buenos aislantes.

Imagina que colocas un aislante a una varilla de metal de forma que quede totalmente rodeada por este. Si tocas un extremo de la varilla con un peine cargado, verás que la carga se distribuye con rapidez por toda la varilla. Los materiales que permiten que las cargas se muevan con facilidad se conocen como **conductores** eléctricos. Los electrones se mueven y así conducen la carga eléctrica a través del metal. La **imagen 4** contrasta el comportamiento de las cargas extra en un conductor y en un aislante.

Metales Sabemos por experiencia que los metales son buenos conductores. Esto se debe a que por lo menos un electrón de cada átomo de un metal se puede quitar fácilmente. Estos electrones no permanecen en ningún átomo en particular, sino que se mueven por el metal como una unidad. El cobre y el aluminio son excelentes conductores y se utilizan para transportar cargas eléctricas. También hay otros materiales no metales que son buenos conductores, entre ellos el plasma (compuesto por iones positivos y electrones negativos) y el grafito.

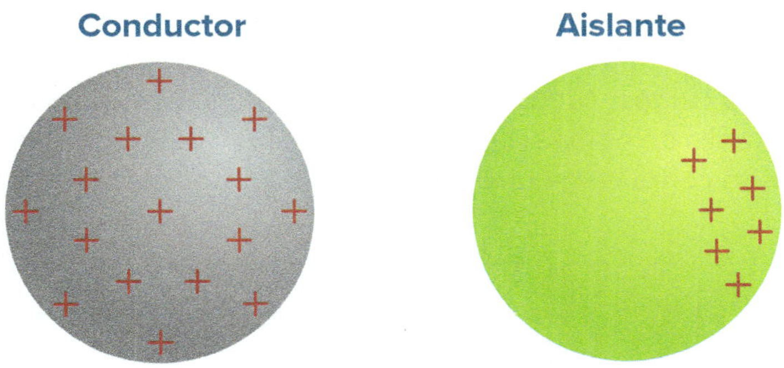

Imagen 4 En un conductor, la carga se distribuye de manera uniforme. Un aislante mantiene las cargas en su lugar.

Piensa *por qué los cables están revestidos en goma.*

El aire como conductor Leíste que el aire es un aislante. Bajo ciertas circunstancias, las cargas pueden moverse a través del aire como si fuera un conductor. La chispa que salta entre tu dedo y la perilla luego de haber frotado tus pies en una alfombra, te descarga. Es decir, ahora eres neutro porque las cargas extra dejaron tu cuerpo. De igual modo, los rayos que ves en una tormenta descargan nubarrones. En estos dos casos, el aire se vuelve conductor por un instante.

¿Cuándo se convierte el aire en conductor? Para responder esta pregunta, recuerda que los electrones se mueven libremente en los conductores. Para que se produzca una chispa o un rayo, se deben formar partículas cargadas de movimiento libre en el aire, que suele ser neutro. En el caso de los rayos, las cargas extra en las nubes y en el suelo ejercen una fuerza suficiente para quitar los electrones de las moléculas del aire temporariamente. Los electrones y los iones con carga positiva forman un plasma, que funciona como conductor.

Física en el mundo real

¿Conductor o aislante?
Puede ser tentador clasificar un elemento solo como conductor o aislante, pero la clasificación puede variar según distintos factores, entre ellos la forma que adopta el elemento. Por ejemplo, el carbono en forma de diamante es un aislante, mientras que el carbono en forma de grafito, conduce las cargas. Esto se debe a las distintas formas en las que se enlazan los átomos de carbono. Los enlaces de carbono en el grafito permiten cierto movimiento a los electrones, entonces, el grafito es mucho mejor conductor que el diamante.

Verifica tu progreso

1. **Objetos cargados** En las investigaciones con cinta adhesiva de esta sección, ¿cómo averiguaste qué tira, I o S, tenía carga positiva?
2. **Objetos cargados** Después de frotar un peine en un suéter, puedes usarlo para recoger pedacitos de papel. ¿Por qué el peine pierde esta capacidad después de unos minutos?
3. **Tipos de carga** Las bolitas de médula de sauco son pequeñas esferas hechas con un material liviano, como la espuma de plástico, generalmente revestidas con una capa de pintura de granito o aluminio. ¿Cómo puedes determinar si una bolita suspendida de un hilo aislante es neutra o está cargada de manera positiva o negativa?
4. **Separación de las cargas** Puedes darle carga negativa a una varilla de goma si la frotas con lana. ¿Qué sucede con la carga de la lana? ¿Por qué?
5. **Carga neta** Una manzana contiene alrededor de 10^{26} partículas cargadas. ¿Por qué si acercamos dos manzanas no se repelen?
6. **Carga de un conductor** Imagina que cuelgas una varilla de metal larga de hilos de seda, de forma que la varilla quede aislada eléctricamente. Luego, tocas un extremo con una varilla de vidrio cargada. Describe las cargas en la varilla de metal.
7. **Carga por frotamiento** Puedes cargar negativamente una varilla de goma frotándola con lana. ¿Qué sucede cuando frotas con lana una varilla de cobre?
8. **Pensamiento crítico** Alguna vez, los científicos propusieron que la carga eléctrica es un tipo de fluido que circula entre objetos con exceso y déficit de fluido. ¿Por qué el modelo actual de dos cargas es más exacto que el modelo de un solo fluido?

LEARNSMART® Conéctate para cumplir tu plan de aprendizaje personalizado para repasar, practicar y reforzar tu comprensión.

LECCIÓN 2

FUERZA ELECTROSTÁTICA

PREGUNTA DE ENFOQUE

¿Por qué los objetos tienen cargas eléctricas?

Las fuerzas en objetos cargados

Durante años se ha reconocido la existencia de fuerzas electrostáticas, y muchos científicos han intentado medirlas a lo largo del tiempo. Daniel Bernoulli, más conocido por su trabajo con fluidos, hizo algunas mediciones toscas en la década de 1750. En la década de 1770, Henry Cavendish demostró la relación matemática entre las fuerzas de partículas cargadas, pero no publicó su trabajo. El descubrimiento de esta relación se atribuyó al físico francés Charles Coulomb.

Demostrar las fuerzas Las fuerzas electrostáticas se pueden demostrar suspendiendo una varilla de goma dura con carga negativa para que gire fácilmente, como se ilustra en la **Imagen 5.** Si acercas otra varilla con carga negativa a la suspendida, se repelerán. Las cargas negativas de ambas se repelerán incluso si no se tocan. La fuerza electrostática actúa a distancia. Si se acerca una varilla con carga negativa a otra con carga positiva, se atraerán. Las acciones de las varillas cargadas se puede resumir de la siguiente manera:

- Hay dos tipos de carga eléctrica: positiva y negativa.
- Las cargas iguales se repelen y las opuestas, se atraen.
- Las cargas ejercen fuerzas a distancia sobre otras cargas.
- La fuerza es mayor cuando las cargas se acercan más.

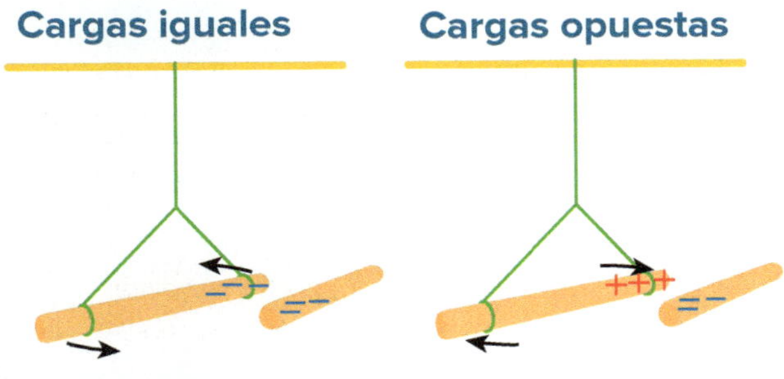

Imagen 5 Al acercar dos varillas cargadas, se atraerán o se repelerán según sus cargas.

PENSAMIENTO 3D **DCI** Ideas centrales disciplinarias **CCC** Conceptos interdisciplinarios **SEP** Prácticas de ciencia e ingeniería

REUNIR EVIDENCIA

Usa el Cuaderno de ciencias para registrar la evidencia que reúnas mientras completas las lecturas y las actividades de la lección.

INVESTIGAR

CONÉCTATE para hallar estas actividades y más recursos.

Aplicar prácticas: Fuerzas de gravedad y electrostática
HS-PS2-4. Con representaciones matemáticas de la ley de gravedad de Newton y la ley de Coulomb, describe y predice las fuerzas de gravedad y electrostática entre objetos.

Laboratorio de física: Cárgalo
Realiza una investigación sobre los efectos de los distintos métodos para cargar objetos eléctricamente.

Establecer la carga

Ni una tira de cinta adhesiva, ni una varilla de goma suspendida son métodos muy sensibles o prácticos para establecer una carga. Para ello puede utilizarse un **electroscopio.** Este está compuesto por una perilla conectada por un vástago a dos láminas delgadas y livianas que están blindadas para eliminar las corrientes de aire, todos de metal. La **Imagen 6** muestra un electroscopio neutro, sin carga. Observa que las láminas cuelgan libremente.

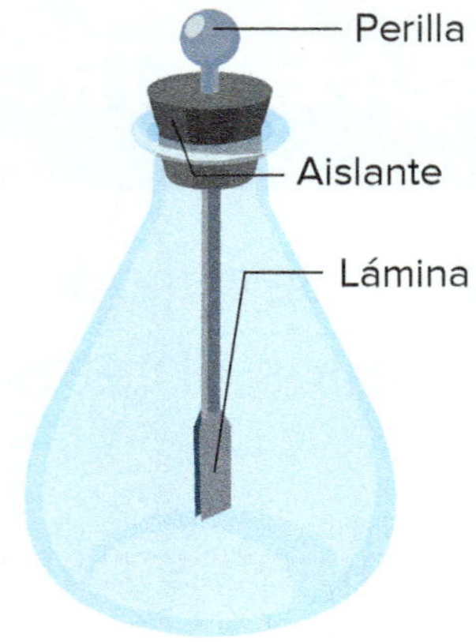

Imagen 6 Las láminas de metal en un electroscopio neutro cuelgan juntas libremente.

Carga por conducción

Si tocas la perilla del electroscopio con una varilla con carga negativa, los electrones se transfieren a la perilla y se distribuyen por todas las superficies de metal. Como se muestra a la izquierda de la **Imagen 7,** las dos láminas se cargan negativamente y se repelen, entonces, se alejan. Si cargas el electroscopio con carga positiva, las láminas también se alejarán. En cualquier caso, diste una carga neta al electroscopio. El proceso de cargar un objeto neutro tocándolo con un objeto cargado recibe el nombre de **carga por conducción.**

Si las láminas del electroscopio se comportan de la misma manera sin importar la carga, ¿cómo puedes averiguar si cargaste el electroscopio de forma positiva o negativa? Puedes establecer la carga del electroscopio observando las láminas cuando acercas, sin tocar, una varilla de carga conocida a la perilla. Si la carga de la varilla y el electroscopio es igual, las láminas se alejarán más, como se muestra en el centro de la **Imagen 7.** Las láminas caerán ligeramente si la carga del electroscopio es opuesta a la de la varilla, como se ilustra a la derecha de la **Imagen 7.**

Separación de la carga en objetos neutros

En tus investigaciones con cinta adhesiva, averiguaste que cuando sostenías una cinta cargada, tus dedos la atraían, ya sea que tuviera carga positiva o negativa. Tus dedos, sin embargo, permanecieron neutros; las cantidades de carga positiva y negativa eran iguales. ¿Por qué atraían entonces la cinta adhesiva? La atraían porque las cargas de tus dedos se habían separado.

Imagen 7 La carga por conducción ocurre cuando la carga se transfiere entre dos objetos que se tocan.

Explica *qué sucedería a las láminas del electroscopio si la varilla con carga positiva tocara la perilla en la imagen de la derecha.*

Carga por conducción

Para cargar un electroscopio por conducción, toca la perilla del electroscopio con la varilla de metal cargada.

Si acercas una varilla con carga negativa al electroscopio cargado negativamente, las láminas se alejarán más.

Si acercas una varilla con carga positiva al electroscopio cargado negativamente, las láminas se acercarán más.

Imagen 8 Los rayos se producen por la acumulación de carga negativa en la parte inferior de las nubes.

Imagina que colocas una varilla de metal neutra o cualquier conductor sin carga cerca de un objeto con carga positiva. El objeto atrae los electrones de la varilla. Sabes que los electrones se mueven con facilidad en los conductores. Por lo tanto, algunos de los electrones de la varilla se mueven hacia el objeto. El extremo más cercano al objeto adquiere carga negativa y el otro extremo, carga positiva. Las cargas se separaron, pero la varilla sigue siendo neutra. Cuanto más cerca estén las cargas, más fuerte será la fuerza electrostática entre ellas; la separación de las cargas en la varilla produce una fuerza de atracción entre la varilla y el objeto cargado.

Rayos Las cargas negativas en la parte inferior de los nubarrones pueden producir la separación de las cargas en la Tierra. La superficie de la Tierra repele las cargas negativas en el suelo debajo de la nube. Las fuerzas entre las cargas de la nube y de la Tierra pueden dividir las moléculas del aire en partículas con carga positiva y negativa. Las partículas cargadas establecen una ruta conductora entre el suelo y la nube. Cuando los electrones se desplazan por la ruta conductora y descargan la nube y la Tierra, se produce un rayo, como en la **Imagen 8.**

Carga por inducción Imagina que dos esferas idénticas de metal aisladas se tocan como en la **Imagen 9.** Si acercas una varilla con carga negativa a una de las esferas, como en el dibujo central de la **Imagen 9,** los electrones se moverán desde esta esfera a la más alejada de la varilla. Esto dará carga negativa a la esfera más alejada y carga positiva a la más cercana. Si separas las esferas mientras la varilla está cerca, cada una tendrá una carga equivalente, pero opuesta, como se muestra a la derecha en la **Imagen 9.** Este proceso de cargar un objeto neutro acercando un objeto cargado se conoce como **carga por inducción.**

Las esferas neutras se tocan. | Las dos esferas están cargadas por inducción. | Las esferas separadas tienen cargas opuestas.

Imagen 9 El resultado de la carga por inducción son esferas iguales en magnitud, pero de signo opuesto. La varilla no agregó carga a las esferas. (Nota: Solo se muestra la carga neta en la imagen).

Carga por inducción

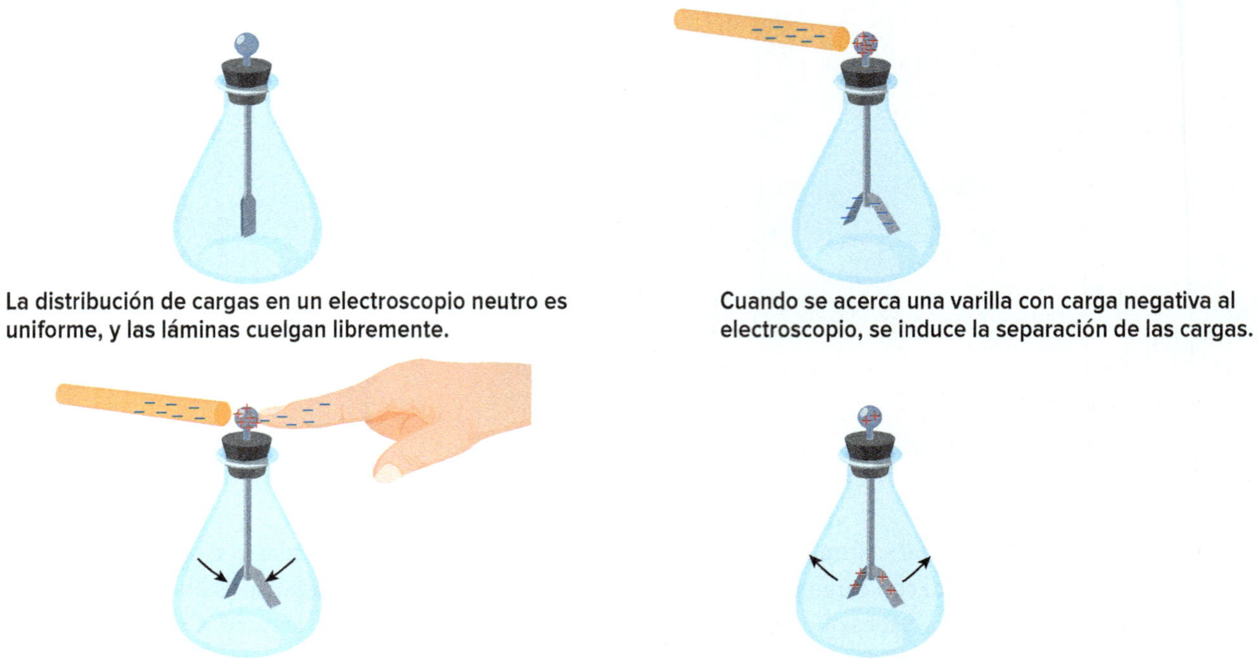

Imagen 10 El electroscopio se carga por inducción al conectarlo a tierra.

Conexión a tierra La **Imagen 10** muestra cómo cargar un electroscopio por inducción mediante una **conexión a tierra,** que es el proceso de eliminar el exceso de carga conectando un objeto a la Tierra. Como la Tierra es muy grande, puede absorber grandes cantidades de carga sin que esta sea perceptible.

Si acercas una varilla con carga negativa a la perilla del electroscopio de la **Imagen 10,** como en el dibujo del extremo superior derecho, la varilla repele los electrones a las láminas. Si conectas la perilla del lado opuesto de la varilla cargada, al tocarla, los electrones saldrán del electroscopio por tu mano y hacia la tierra hasta que las láminas queden neutras. Si quitas tu mano y dejas la varilla cargada en su lugar, el electroscopio tendrá un déficit de electrones y una carga positiva.

También puedes usar la tierra como fuente de electrones. Si acercas una varilla con carga positiva a la perilla de un electroscopio conectado a tierra, los electrones serán atraídos de la tierra y el electroscopio tendrá una carga negativa. Cuando se utiliza este proceso, la carga inducida en el electroscopio es la opuesta a la del objeto utilizado para cargarlo. Como la varilla cargada nunca toca el electroscopio, no se transfieren electrones entre ellos, y la varilla se puede usar muchas veces para cargar objetos por inducción.

CCC CONCEPTOS INTERDISCIPLINARIOS

Causa y efecto Investiga la relación de causa y efecto que explica la importancia de la conexión a tierra en la seguridad del hogar en caso de sobretensión. Dado que la sobretensión es la causa, ¿cuál sería el efecto con y sin la conexión a tierra? Haz una tabla para comparar las relaciones de causa y efecto.

La ley de Coulomb

En tus investigaciones con cinta adhesiva, demostraste que una fuerza actúa entre dos o más objetos cargados. Probablemente hallaste que la intensidad de la fuerza depende de la distancia. La fuerza también se hace más potente a medida que la intensidad de la carga del objeto aumenta.

¿Cómo puedes variar la cantidad de carga de una manera controlada? A fines de la década de 1770, Charles Coulomb diseñó un aparato que le permitió establecer la cantidad de carga entre dos objetos. La **Imagen 11** muestra el tipo de aparato usado por Coulomb. Se suspendía de una varilla aislante con una pequeña esfera conductora en un extremo (A) por medio de un alambre delgado con libre rotación. Se colocaba otra esfera conductora de igual tamaño (B) en el extremo de otra varilla en contacto con la esfera A. Cuando Coulomb tocaba la varilla unida a B con un objeto cargado, la carga se distribuía de manera uniforme por las dos esferas. Como las dos tenían el mismo tamaño, ambas recibían la misma cantidad de carga. El símbolo para la carga es q. Podemos representar la cantidad de carga en las esferas como q_A para la esfera A y q_B para la esfera B; en este caso, $q_A = q_B$.

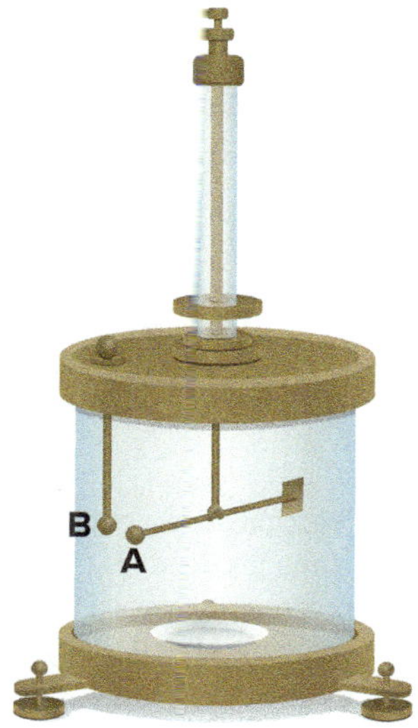

Imagen 11 Coulomb usó un aparato similar a este para medir la fuerza electrostática entre dos esferas cargadas. Observó que, al variar la distancia entre las esferas, variaba la cantidad de deflexión de las esferas.

La fuerza depende de la distancia

Coulomb descubrió que la fuerza entre dos esferas cargadas depende de la distancia entre ellas. Primero, midió la cantidad de fuerza necesaria para girar el alambre suspendido a través de un ángulo determinado. Luego, dio igual carga a las esferas A y B y cambió la distancia (r) entre ellas. La fuerza movió a A, que hizo girar el alambre suspendido. Midiendo la deflexión de A, Coulomb pudo calcular la fuerza de repulsión. Demostró que la magnitud de la fuerza (F) varía en relación inversamente proporcional al cuadrado de la distancia entre los centros de las esferas.

$$F \propto \frac{1}{r^2}$$

La fuerza depende de la carga

Para investigar la forma en que la fuerza depende de la cantidad de carga, Coulomb tuvo que cambiar las cargas de las esferas de una forma medida. Primero, cargó las esferas A y B equitativamente, al igual que antes. Luego, seleccionó una esfera sin carga (C) del mismo tamaño que A y B. Cuando C se puso en contacto con B, las esferas compartieron la carga que solo había estado en B. Como las dos eran del mismo tamaño, B quedó entonces con la mitad de su carga original. Por lo tanto, la carga de B era solo un medio de la carga de A. Cuando Coulomb modificó la posición de B de forma que la distancia (r) entre A y B fuera la misma que antes, halló que la fuerza entre A y B era la mitad de su valor anterior. Es decir, halló que la fuerza varía en relación directamente proporcional a la carga de los cuerpos.

$$F \propto q_A q_B$$

Luego de muchas mediciones, Coulomb resumió los resultados en una ley, conocida ahora como **la ley de Coulomb:** la magnitud de la fuerza entre la carga puntual q_A y la carga puntual q_B, separadas por una distancia r, es proporcional al producto de las magnitudes de las cargas e inversamente proporcional al cuadrado de la distancia entre ellas. La ley de Coulomb brinda un modelo matemático para describir y predecir los efectos de las fuerzas electrostáticas entre objetos distantes.

$$F \propto \frac{q_A q_B}{r^2}$$

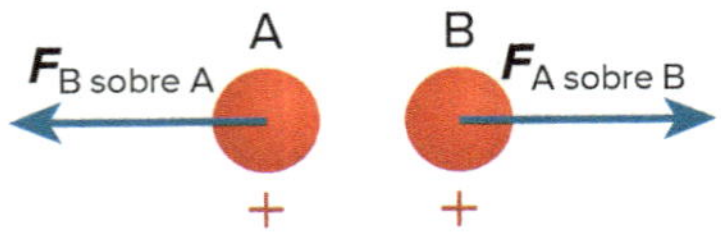

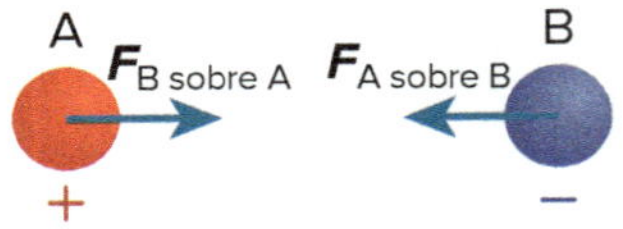

Imagen 12 La dirección de la fuerza entre partículas cargadas depende de las cargas. Las cargas iguales se repelen y las opuestas se atraen. (Las fuerzas no están a escala).

La unidad de carga: el coulomb

Medir directamente la cantidad de carga de un objeto es difícil. Sin embargo, los experimentos demostraron que esta cantidad se relaciona con la fuerza. Por lo tanto, Coulomb pudo definir una cantidad de carga estándar en términos de la cantidad de fuerza que esta produce. La unidad de carga del SI se llama **coulomb** (C).

Un coulomb equivale a la carga de 6.24×10^{18} electrones o protones. (Un protón es la carga positiva de un átomo). La magnitud de la carga de un solo electrón o protón se conoce como **carga elemental.** Esta tiene un valor de 1.602×10^{-19} C. Todos los objetos tienen carga. En el caso de los objetos neutros, las cargas positivas y negativas están equilibradas, por lo tanto, la carga neta es cero. Si la carga negativa de un libro es -1×10^{6} C, y la carga positiva es 1×10^{6} C, entonces, la carga neta es cero.

Para calcular la magnitud de la fuerza en la carga q_A desde la carga q_B a una distancia r una de la otra, se puede agregar una constante de proporcionalidad (K) a la ecuación.

La ley de Coulomb

La fuerza entre dos cargas es igual al producto de las dos cargas multiplicadas un número constante de veces, dividido por el cuadrado de la distancia entre ellas.

$$F = K\frac{q_A q_B}{r^2}$$

Cuando las cargas se miden en *coulombs*, la distancia en metros y la fuerza en *newtons*, la constante es $9.0\times10^{9}\ N\cdot m^2/C^2$.

Cantidad vectorial

La ecuación de la ley de Coulomb da la magnitud de la fuerza que q_A ejerce sobre q_B y también la magnitud de la fuerza que q_B ejerce sobre q_A. Estas magnitudes son iguales. Puedes observar este ejemplo de la tercera ley del movimiento de Newton al juntar dos tiras de cinta adhesiva de cargas iguales. Cada una ejerce una fuerza sobre la otra. Si acercas un peine cargado a cualquiera de las tiras, la tira, con su masa pequeña, se mueve fácilmente, mientras que la aceleración del peine es mucho menor dado que su masa es mayor. La fuerza electrostática es una cantidad vectorial, al igual que todas las fuerzas. Los vectores de fuerza tienen magnitud y dirección. La ecuación de la ley de Coulomb solo da la magnitud de la fuerza. Para establecer la dirección, puedes hacer un diagrama con vectores de fuerza, como el de la **Imagen 12.** La dirección de la fuerza entre dos objetos depende de sus cargas.

ESTRATEGIAS PARA RESOLVER PROBLEMAS

Problemas de fuerza electrostática

Sigue estos pasos para hallar la magnitud y la dirección de la fuerza entre cargas.

1. Dibuja el sistema mostrando las distancias y ángulos a escala.
2. Diagrama los vectores del sistema.
3. Halla la magnitud de la fuerza aplicando la ley de Coulomb.
4. Halla la dirección de la fuerza usando tu diagrama y las relaciones trigonométricas.
5. Realiza todas las operaciones algebraicas con los números y las unidades. Asegúrate de que las unidades coincidan con las variables de la pregunta.
6. Evalúa la magnitud de tu respuesta. ¿Es la magnitud de la fuerza neta relativamente cercana a las fuerzas de los componentes?

EJEMPLO Problema 1

LEY DE COULOMB EN DOS DIMENSIONES La esfera A, con una carga de $+6.0\ \mu C$, se encuentra cerca de otra esfera cargada, B. La esfera B tiene una carga de $-3.0\ \mu C$ y se encuentra a 4.0 cm a la derecha de A.

a. ¿Cuál es la fuerza de B sobre la esfera A?

b. Se agrega una tercera esfera, C, con una carga de $+1.5\ \mu C$. Si está 3.0 cm directamente debajo de A, ¿cuál es la fuerza neta sobre la esfera A ahora?

1 ANALIZAR Y PLANTEAR EL PROBLEMA

- Establece ejes de coordenadas y dibuja las esferas.
- Muestra y rotula las distancias entre las esferas.
- Diagrama y rotula los vectores de fuerza.

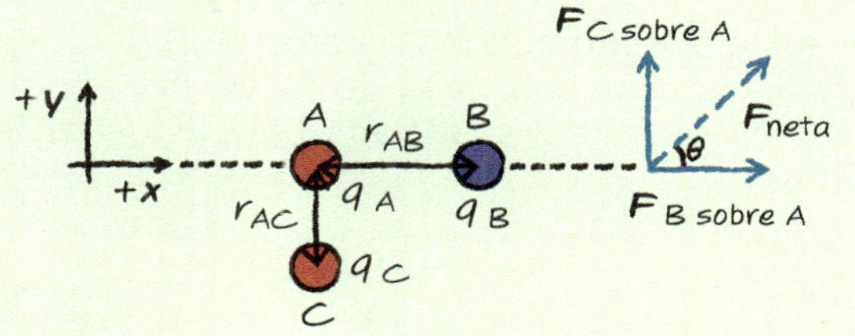

Datos conocidos

$q_A = +6.0\ \mu C$ $r_{AB} = 4.0$ cm

$q_B = -3.0\ \mu C$ $r_{AC} = 3.0$ cm

$q_C = +1.5\ \mu C$ $K = 9.0\times10^9\ N{\cdot}m^2/C^2$

Incógnita

$F_{B\ sobre\ A} = ?$

$F_{C\ sobre\ A} = ?$

$F_{neta} = ?$

2 HALLAR LAS FUERZAS SOBRE LA ESFERA A

a. Halla la fuerza de B sobre la esfera A.

$$F_{B\ sobre\ A} = K\frac{q_A q_B}{r_{AB}^2}$$

$$= (9.0\times10^9\ N{\cdot}m^2/C^2)\frac{(6.0\times10^{-6}\ C)(3.0\times10^{-6}\ C)}{(4.0\times10^{-2}\ m)^2}$$

Sustituye $q_A = 6.0\ \mu C$, $q_B = 3.0\ \mu C$, $r_{AB} = 4.0$ cm.

$$= 1.0\times10^2\ N$$

Como las esferas A y B tienen cargas opuestas, la fuerza de B sobre A se dirige hacia la derecha.

b. Halla la fuerza neta sobre la esfera A.

$$F_{C\ sobre\ A} = K\frac{q_A q_C}{r_{AC}^2}$$

$$= (9.0\times10^9\ N{\cdot}m^2/C^2)\frac{(6.0\times10^{-6}\ C)(1.5\times10^{-6}\ C)}{(3.0\times10^{-2}\ m)^2}$$

Sustituye $q_A = 6.0\ \mu C$, $q_C = 1.5\ \mu C$, $r_{AC} = 3.0$ cm.

$$= 9.0\times10^1\ N$$

Las esferas A y C tienen cargas iguales, que se repelen. La fuerza de C sobre A es ascendente.

Halla la suma vectorial de $F_{B\ sobre\ A}$ y $F_{C\ sobre\ A}$ para hallar F_{neta} sobre la esfera A.

$$F_{neta} = \sqrt{F_{B sobre A}^2 + F_{C sobre A}^2}$$

$$= \sqrt{(1.0\times10^2\ N)^2 + (9.0\times10^1\ N)^2}$$

Sustituye $F_{B\ sobre\ A} = 1.0\times10^2$ N, $F_{C\ sobre\ A} = 9.0\times10^1$ N.

$$= 134.5\ N$$

$$\tan\theta = \frac{F_{C sobre A}}{F_{B sobre A}}$$

$$\theta = \tan^{-1}\left(\frac{F_{C sobre A}}{F_{B sobre A}}\right)$$

$$= \tan^{-1}\left(\frac{9.0\times10^1\ N}{1.0\times10^2\ N}\right)$$

Sustituye $F_{c\ sobre\ a} = 9.0\times10^1$ N, $F_{B\ sobre\ A} = 1.0\times10^2$ N.

$$= 42°$$

$$F_{neta} = 1.3\times10^2\ N,\ 42°\ \text{sobre el eje de las } x$$

3 EVALUAR LA RESPUESTA

- **¿Son correctas las unidades?** $(N{\cdot}m^2/C^2)(C)(C)/m^2 = N$. Las unidades resultaron ser newtons.
- **¿Tiene sentido la dirección?** Cargas iguales se repelen; cargas opuestas se atraen.
- **¿Es razonable la magnitud?** La fuerza neta es relativamente cercana a las fuerzas de los componentes. 134.5 N es lo suficientemente cerca de 90 N y 100 N como para ser razonable.

PRÁCTICA Problemas

PRÁCTICA ADICIONAL

9. Hay una carga negativa de -2.0×10^{-4} C y una carga positiva de 8.0×10^{-4} C separadas por 0.30 m. ¿Cuál es la fuerza entre las dos cargas?
10. Una carga negativa de -6.0×10^{-6} C ejerce una fuerza de atracción de 65 N sobre una segunda carga a 0.050 m de distancia. ¿Cuál es la magnitud de la segunda carga?
11. Imagina que reemplazas la carga de B del problema 1 con una carga de $+3.00\ \mu$C. Diagrama la nueva situación y halla la fuerza neta sobre A.
12. Describe cómo cambia la fuerza electrostática entre dos cargas cuando la distancia entre ellas se triplica.
13. La esfera A está en el origen y tiene una carga de $+2.0\times10^{-6}$ C. La esfera B está a +0.60 m en el eje de las *x* y tiene una carga de -3.6×10^{-6} C. La esfera C está a +0.80 m en el eje de las *x* y tiene una carga de $+4.0\times10^{-6}$ C. Establece la fuerza neta sobre la esfera A.
14. **DESAFÍO** Establece la fuerza neta sobre la esfera B en el problema anterior.

Aplicación de la ley de Coulomb Cuando apliques la ecuación de la ley de Coulomb, recuerda que solo es válida para cargas puntuales o cargas que se distribuyan de manera uniforme por una esfera. Una esfera cargada puede tratarse como si toda su carga estuviera en el centro si la carga se distribuye de manera uniforme en toda la superficie o volumen.

Si la esfera es un conductor y se le acerca otra carga, las cargas de la esfera se atraerán o repelerán, y moverán, por lo que la esfera ya no tendrá una carga uniforme. La carga ya no actuará como si estuviera en el centro de la esfera. Por lo tanto, es importante considerar qué tan grandes son y qué tan alejadas están las dos esferas cargadas antes de aplicar la ley de Coulomb.

A menos que se indique lo contrario, los problemas en este libro suponen que las esferas cargadas son pequeñas y están lo suficientemente alejadas como para considerarse cargas puntuales. Cuando utilizas formas como alambres largos o placas planas, deberás modificar la ley de Coulomb para dar cuenta de la carga no puntual. Para ello, debes representar la distribución de la carga como la suma de cargas puntuales.

Aplicaciones de las fuerzas electrostáticas

Muchas aplicaciones comerciales e industriales aprovechan las fuerzas electrostáticas. Por ejemplo, se pueden cargar pequeñas gotas de pintura por inducción. Cuando se rocían sobre los objetos, las gotas se repelen entre sí y la pintura se esparce uniformemente. Las fotocopiadoras aprovechan la electricidad estática para ubicar el tóner sobre una página para lograr una reproducción precisa del documento original. Las impresoras láser usan la electricidad estática de manera similar. Los caracteres cargados atraen las partículas del tóner.

FÍSICA Desafío

CARGAS EN ESFERAS Hay dos esferas de igual masa (*m*) e igual carga positiva (*q*) a una distancia *r* como se muestra en la imagen de la derecha.

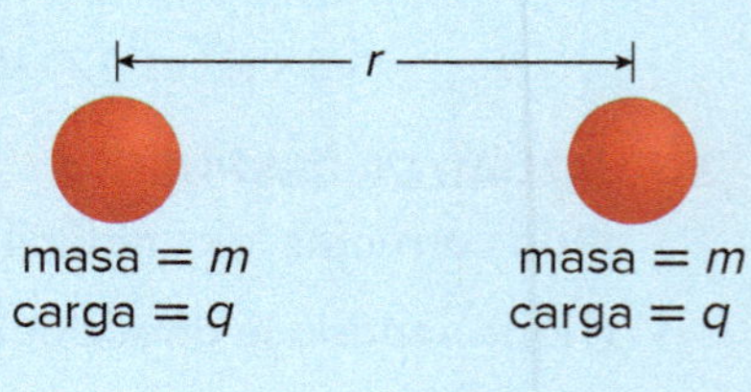

1. Deriva una expresión para la cantidad de carga (*q*) que debe tener cada esfera para que las dos estén en equilibrio; es decir, para que las fuerzas de atracción y repulsión entre ellas estén equilibradas.
2. ¿Cómo afectaría duplicar la distancia entre esferas la expresión para el valor de *q* que estableciste en el problema anterior? Explica.
3. Imagina que la masa de cada esfera es 1.50 kg, establece la carga que debe tener cada una para mantener el equilibrio.

Emisiones sin precipitadores electrostáticos | Emisiones con precipitadores electrostáticos

Imagen 13 Las cenizas de la combustión del carbón son un contaminante industrial. Los precipitadores electrostáticos recogen las cenizas para que no se liberen a la atmósfera.

Las fuerzas electrostáticas también se utilizan para recoger las emisiones de chimeneas. Cuando se liberan las emisiones de procesos de combustión, tienen carga. Por tanto, los colectores que tienen una carga opuesta, las atraen. Un rocío líquido elimina las emisiones recogidas de manera segura. Los precipitadores electrostáticos hacen una gran diferencia en la cantidad de contaminación liberada al aire, como se muestra en la **Imagen 13.**

Verifica tu progreso

15. **Carga y distancia** ¿Qué es la ley de Coulomb y cómo te permite describir y predecir los efectos de las fuerzas electrostáticas entre objetos distantes?
16. **Fuerza y carga** ¿Cómo se relacionan la fuerza electrostática y la carga? Describe la fuerza cuando las cargas son iguales y cuando son opuestas.
17. **Fuerza y distancia** ¿Cómo se relacionan la fuerza electrostática y la distancia? ¿Cómo cambiaría la fuerza si la distancia entre las dos cargas se triplicase?
18. **Carga por inducción** En un electroscopio que se carga por inducción, ¿qué sucede cuando la varilla de carga se aleja antes de quitar la conexión a tierra de la perilla?
19. **Electroscopios** ¿Por qué las láminas de un electroscopio cargado se elevan hasta cierto ángulo y no más?
20. **Atracción de objetos neutros** ¿Qué propiedades explican que tanto los objetos con carga negativa como positiva puedan atraer objetos neutros?
21. **Carga de un electroscopio** ¿Cómo se carga un electroscopio positivamente con una varilla con carga positiva? ¿Y con una con carga negativa?
22. **Fuerzas electrostáticas** Se sostienen dos esferas cargadas a una distancia *r*, como se muestra en la **Imagen 14.** Compara la fuerza de la esfera A sobre la B con la fuerza de la esfera B sobre la A.

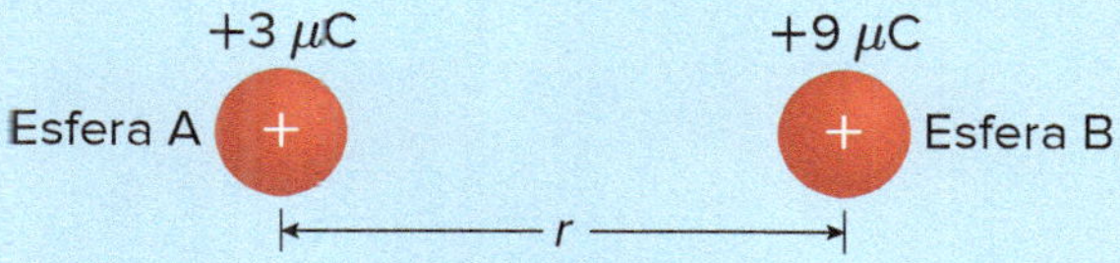

Imagen 14

23. **Pensamiento crítico** Imagina que pruebas la ley de Coulomb con una pequeña esfera de plástico con carga positiva y una esfera grande de metal con carga positiva. De acuerdo con la ley de Coulomb, la fuerza depende de $1/r^2$, donde *r* es la distancia entre los centros de las esferas. A medida que las acercas, la fuerza es menor a la esperada según la ley de Coulomb. Explica.

LEARNSMART® Conéctate para cumplir tu plan de aprendizaje personalizado para repasar, practicar y reforzar tu comprensión.

LECCIÓN 3
MEDICIÓN DE CAMPOS ELÉCTRICOS

PREGUNTA DE ENFOQUE
¿Cómo se explica el trabajo de las fuerzas eléctricas a distancia?

Definición del campo eléctrico

En las películas o libros de ciencia ficción, los personajes usan campos de fuerza para crear barreras invisibles y así detener a ejércitos invasores o mantener encerrados a prisioneros. Los campos de fuerza realmente existen, pero no son como los de ciencia ficción. Recuerda que, según la ley de Coulomb, la fuerza entre dos cargas puntuales varía inversamente a medida que la distancia entre las cargas cambia. ¿Cómo puede un objeto ejercer una fuerza sobre otro a través de un espacio vacío? Michael Faraday sugirió la idea de un campo de fuerza. El campo eléctrico es un ejemplo de campo de fuerza. Un **campo eléctrico** es una propiedad del espacio que rodea a un objeto cargado que ejerce fuerzas sobre otros objetos cargados. Las cargas eléctricas generan campos eléctricos y estos afectan a las cargas. Los campos eléctricos penetran el espacio y ejercen fuerzas a distancia transfiriendo energía por el espacio. No pueden verse, pero sí detectar su presencia. Por ejemplo, los flujos en la esfera de plasma que se ven en la **Imagen 15** muestran los efectos del campo eléctrico alrededor del electrodo central de la esfera de plasma.

Imagen 15 El electrodo central de la esfera de plasma es un objeto con carga cuya carga neta alterna rápidamente entre positiva y negativa. El globo de vidrio contiene partículas cargadas (iones). El campo eléctrico del electrodo acelera los iones, lo que produce flujos de luz que ilustran los recorridos de los iones y, por lo tanto, el campo eléctrico dentro de la esfera de plasma.

Identifica *la causa del campo eléctrico dentro de la esfera de plasma.*

Sinisa Botas/Shutterstock

PENSAMIENTO 3D DCI Ideas centrales disciplinarias CCC Conceptos interdisciplinarios SEP Prácticas de ciencia e ingeniería

REUNIR EVIDENCIA
Usa el Cuaderno de ciencias para registrar la evidencia que reúnas mientras completas las lecturas y las actividades de la lección.

INVESTIGAR
CONÉCTATE para hallar estas actividades y más recursos.

CCC **Identificar conceptos interdisciplinarios**
Haz una tabla de los conceptos interdisciplinarios con ejemplos que encuentres en la lectura.

Repasar las noticias
Obtén información de una noticia actual sobre cargas eléctricas, fuerzas eléctricas o campos eléctricos. Evalúa la fuente y comunica los resultados a la clase.

La intensidad de un campo eléctrico Quizás te preguntes cómo detectar un campo eléctrico si no se ve. Puedes prever la fuerza de ese campo representando sus efectos en un objeto pequeño cargado, una carga de prueba (q'), en un lugar. Si hay una fuerza electrostática en el objeto, allí hay un campo eléctrico. La **Imagen 16** ilustra un objeto cargado con una carga neta de q. Imagina que colocas la carga de prueba positiva en el punto (A) y mides una fuerza ($\boldsymbol{F}_A$). De acuerdo con la ley de Coulomb, la fuerza es directamente proporcional a la intensidad de la carga de prueba (q'). Es decir que si la carga de la carga de prueba se duplica, también lo hace la fuerza $\left(\frac{2F}{2q'} = \frac{F}{q'}\right)$. Por lo tanto, la razón entre la fuerza y la intensidad de la carga de prueba es una constante. Cuando se divide la fuerza (F) por la intensidad de la carga de prueba (q'), se obtiene una cantidad vectorial $\left(\frac{F}{q'}\right)$. La siguiente ecuación representa el campo eléctrico en el punto A, la ubicación de q':

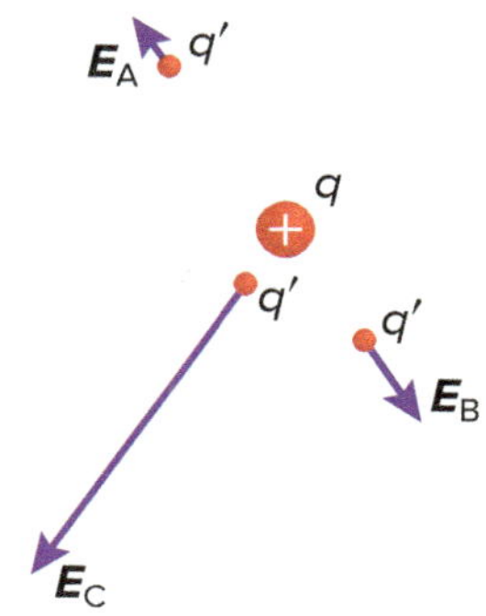

Imagen 16 Un campo eléctrico rodea la partícula q. Las fuerzas que se ejercen sobre la partícula de prueba cargada (q') en las ubicaciones A, B y C se representan con vectores de fuerza. Los vectores representan la magnitud y la dirección de la fuerza del campo eléctrico sobre la partícula de prueba en ese punto.

Intensidad del campo eléctrico

La intensidad de un campo eléctrico es igual a la fuerza sobre una carga de prueba positiva dividida por la intensidad de la carga de prueba.

$$E = \frac{F_{\text{sobre } q'}}{q'}$$

CONVENCIÓN DE COLORES

Línea de campo eléctrico (E)	⟷	morado
Carga positiva	●	rojo
Carga negativa	●	azul

La dirección de un campo eléctrico es la dirección de la fuerza sobre una carga de prueba positiva. La magnitud del campo eléctrico se mide en *newtons* por *coulomb*, N/C.

¿Lo comprendes?
Explica cómo se puede establecer la intensidad de un campo eléctrico.

Vectores del campo La **Imagen 16** muestra un modelo de un campo eléctrico con flechas que representan los vectores en distintas ubicaciones. La longitud de la flecha representa la intensidad del campo. La dirección de la flecha representa la dirección del campo. Para hallar el campo de dos cargas, suma los campos de las cargas individuales mediante una suma de vectores. La **Tabla 1** muestra algunas intensidades típicas de los campos eléctricos.

Puedes usar una carga de prueba para representar el campo eléctrico resultante de cualquier grupo de cargas de prueba. Esta carga debe ser lo suficientemente pequeña para que su efecto sobre la carga que pruebas (q) sea despreciable. Recuerda que la carga de prueba ejerce fuerzas sobre las cargas que producen el campo eléctrico. Es importante que estas fuerzas no redistribuyan las cargas que intentas medir para que no afecten el campo eléctrico que representas.

Tabla 1 Intensidades típicas de campos eléctricos (aprox.)

Campo	Valor (N/C)
Cerca de una varilla de goma dura cargada	1×10^3
Necesario para crear una chispa en el aire	3×10^6
En la órbita de un electrón en un átomo de hidrógeno	5×10^{11}

Ley de Coulomb y campos eléctricos Cuando dos cargas que interactúan mediante un campo cambian su posición relativa, la energía del campo se modifica. Solo si la carga q es una carga puntual o una esfera cargada de manera uniforme, puedes calcular su campo eléctrico a partir de la ley de Coulomb. Aplica la ley en el campo eléctrico de arriba para hallar la magnitud de la fuerza ejercida sobre la carga de prueba ($F_{\text{sobre } q'}$): $E = \frac{F_{\text{sobre } q'}}{q'} = F_{\text{sobre } q'} \times \frac{1}{q'} = \frac{Kqq'}{r^2} \times \frac{1}{q'} = \frac{Kq}{r^2}$

EJEMPLO Problema 2

INTENSIDAD DEL CAMPO ELÉCTRICO Imagina que mides un campo eléctrico con una carga de prueba positiva de 3.0×10^{-6} C. Esta carga experimenta una fuerza de 0.12 N a un ángulo de 15° noreste. ¿Cuál es la magnitud y la dirección de la intensidad del campo eléctrico en la ubicación de la carga de prueba?

1 ANALIZAR Y PLANTEAR EL PROBLEMA

- Dibuja y rotula la carga de prueba, q'.
- Representa y rotula el sistema de coordenadas centrado en la carga de prueba.
- Diagrama y rotula el vector de fuerza a 15° noreste.

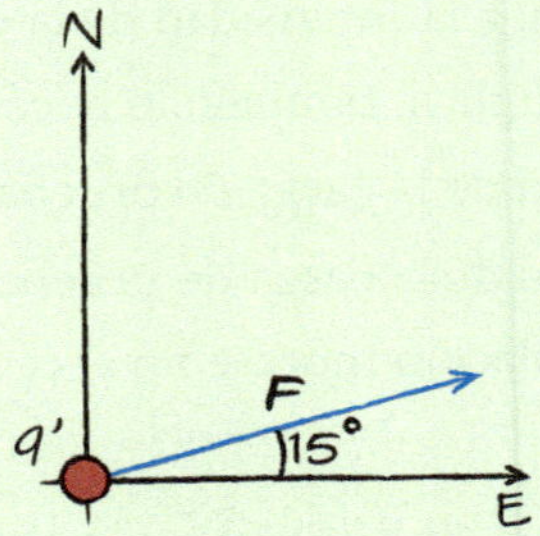

Datos conocidos

$q' = 3.0\times10^{-6}$ C

$\mathbf{F} = 0.12$ N a 15° NE

Incógnita

$E = ?$

2 HALLAR LA INCÓGNITA

$$E = \frac{F}{q'}$$

$$= \frac{0.12\text{ N}}{3.0\times10^{-6}\text{ C}}$$ Sustituye $F = 0.12$ N, $q' = 3.0\times10^{-6}$ C.

$$= 4.0\times10^{4}\text{ N/C}$$

La fuerza sobre la carga de prueba y el campo eléctrico tienen la misma dirección.

$$\mathbf{E} = 4.0\times10^{4}\text{ N/C a 15° NE}$$

3 EVALUAR LA RESPUESTA

- **¿Son correctas las unidades?** La intensidad del campo eléctrico se mide correctamente en N/C.
- **¿Tiene sentido la dirección?** La dirección del campo tiene la dirección de la fuerza porque la carga de prueba es positiva.
- **¿Es razonable la magnitud?** La intensidad del campo es similar a las de la **Tabla 1.**

PRÁCTICA Problemas

PRÁCTICA ADICIONAL

24. Hay una carga de prueba positiva de 5.0×10^{-6} C en un campo eléctrico que ejerce una fuerza de 2.0×10^{-4} N sobre él. ¿Cuál es la magnitud del campo eléctrico en la ubicación de la carga de prueba?

25. Una carga negativa de 2.0×10^{-8} C experimenta una fuerza de 0.060 N hacia la derecha en un campo eléctrico. ¿Cuál es la magnitud y la dirección del campo en esa ubicación?

26. Hay una carga positiva de 3.0×10^{-7} C ubicada en un campo de 27 N/C con dirección al sur. ¿Qué fuerza actúa sobre la carga?

27. Completa la **Tabla 2.**

Tabla 2 Ejemplos de datos

Intensidad de carga de prueba (C)	Fuerza ejercida sobre carga de prueba (N)	Intensidad del campo eléctrico (N/C)
1.0×10^{-6}	0.30	
2.0×10^{-6}		3.3×10^{5}
	0.45	1.5×10^{5}

28. Se coloca una carga de prueba negativa en un campo eléctrico, como muestra la **Imagen 17.** Experimenta la fuerza representada. ¿Cuál es la magnitud del campo eléctrico en la ubicación de la carga?

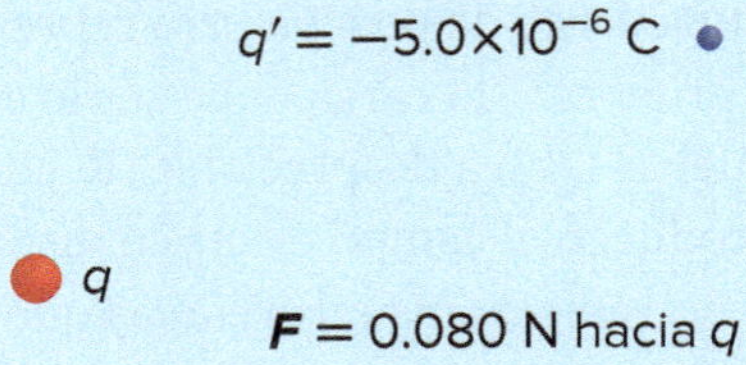

Imagen 17

29. DESAFÍO Estás investigando el campo eléctrico de una carga de magnitud y signo desconocidos. Primero representas el campo con una carga de prueba de 1.0×10^{-6} C, luego lo representas con una carga de prueba de 2.0×10^{-6} C.

a. ¿Medirías las mismas fuerzas en el mismo lugar con las dos pruebas de carga? Explica.

b. ¿Hallarías las mismas intensidades de campo? Explica.

EJEMPLO Problema 3

INTENSIDAD DEL CAMPO ELÉCTRICO Y LEY DE COULOMB ¿Cuál es la magnitud del campo eléctrico en un punto 0.30 m a la derecha de una pequeña esfera con una carga neta de -4.0×10^{-6} C?

1 ANALIZAR Y PLANTEAR EL PROBLEMA

- Dibuja y rotula la esfera con su carga neta (q) y la carga de prueba (q'), a 0.30 m de distancia.
- Representa y rotula la distancia entre las cargas.
- Diagrama y rotula el vector de fuerza que actúa sobre q'.

Recuerda que una carga de prueba suele ser positiva.

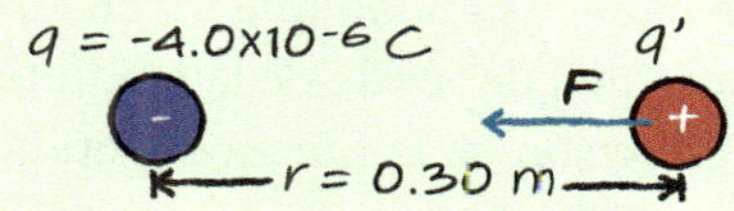

Datos conocidos
$q = -4.0\times10^{-6}$ C
$r = 0.30$ m

Incógnita
$\boldsymbol{E} = ?$

2 HALLAR LA INCÓGNITA

Como se desconoce la fuerza y la magnitud de la carga de prueba, aplica la ley de Coulomb junto con la ecuación de intensidad del campo eléctrico.

$$E = \frac{Kq}{r^2}$$

$$= \frac{(9.0\times10^{9}\ \text{N}\cdot\text{m}^2/\text{C}^2)(-4.0\times10^{-6}\ \text{C})}{(0.30\ \text{m})^2}$$ Sustituye $K = 9.0\times10^{9}\ \text{N}\cdot\text{m}^2/\text{C}^2$, $q = -4.0\times10^{-6}$ C, $r = 0.30$ m.

$$= -4.0\times10^{5}\ \text{N/C}$$

$E = 4.0\times10^{5}$ N/C hacia la esfera, o la izquierda

3 EVALUAR LA RESPUESTA

- **¿Son correctas las unidades?** $\frac{(\text{N}\cdot\text{m}^2/\text{C}^2)(\text{C})}{\text{m}^2} = \text{N/C}$. Las unidades resultaron ser N/C, lo cual es correcto para la intensidad de un campo eléctrico.
- **¿Tiene sentido la dirección?** El signo negativo indica que la carga negativa atrae la carga de prueba positiva.
- **¿Es razonable la magnitud?** La intensidad del campo es similar a las de la **Tabla 1.**

PRÁCTICA Problemas

PRÁCTICA ADICIONAL

30. ¿Cuál es la magnitud del campo eléctrico en una posición que se encuentra a 1.2 m de una carga puntual de 4.2×10^{-6} C?

31. ¿Cuál es la magnitud del campo eléctrico si la carga puntual está al doble de la distancia del problema anterior?

32. ¿Cuál es el campo eléctrico en una posición 1.6 m al este de una carga puntual de $+7.2\times10^{-6}$ C?

33. Un campo eléctrico a 0.25 m de una pequeña esfera está a 450 N/C hacia la esfera. ¿Cuál es la carga neta de la esfera?

34. ¿A qué distancia de una carga puntual de $+2.4\times10^{-6}$ C debes colocar una carga de prueba para medir una magnitud de campo de 360 N/C?

35. Explica por qué la intensidad del campo eléctrico que el cuerpo cargado q ejerce sobre la carga q' es independiente de la carga sobre q'. *Pista: Haz cálculos para demostrar tu razonamiento.*

36. ¿Cuál es la magnitud del campo eléctrico sobre la carga de prueba que se muestra en la **Imagen 18**?

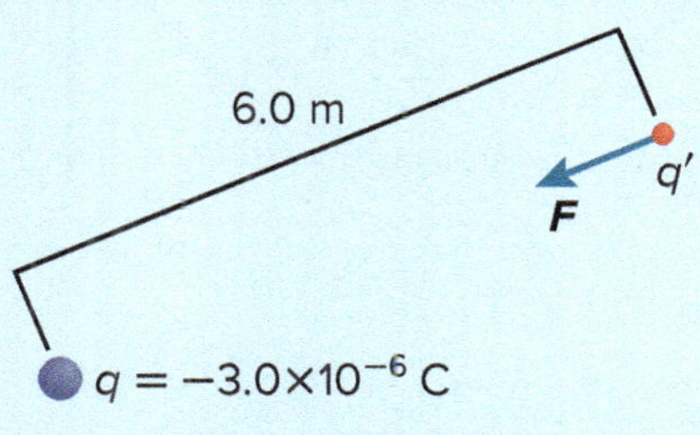

Imagen 18

37. DESAFÍO Colocas una pequeña esfera con una carga neta de 5.0×10^{-6} C en la esquina de un cuadrado que mide 5.0 m de cada lado. ¿Cuál es la magnitud del campo eléctrico en la esquina opuesta del cuadrado?

Representar el campo eléctrico

Aun cuando no haya ninguna carga de prueba para medirlo, el campo eléctrico está presente ya que la carga de prueba es solo un modelo imaginario. Cualquier carga que se coloca en un campo eléctrico experimenta una fuerza resultante del campo eléctrico en esa ubicación. Hasta ahora, mediste el campo eléctrico en una sola ubicación. Ahora, imagina que mueves la carga de prueba a otra ubicación. Vuelve a medir la fuerza sobre esta y calcula el campo eléctrico nuevamente. Repite este proceso hasta haber asignado una medición del campo eléctrico a cada ubicación de una región. La magnitud de la fuerza depende de la magnitud del campo (E) y la magnitud de la carga (q). Por tanto, $\boldsymbol{F} = \boldsymbol{E}_q$. La dirección de la fuerza depende del campo y del signo de la carga.

Líneas de campo eléctrico

Ya viste cómo los flujos en una esfera de plasma representan al campo eléctrico. También se pueden representar con líneas, como las que se muestran en la **Imagen 19.** Una **línea de campo eléctrico** indica la dirección de la fuerza debida al campo eléctrico sobre una carga de prueba positiva. La distancia entre las líneas indica la intensidad del campo. Cuando las líneas están más cerca, el campo es más fuerte. Cuando las líneas están más alejadas, es más débil.

Como las líneas de campo eléctrico indican la fuerza sobre una carga de prueba positiva, se dirigen hacia las cargas negativas y se alejan de las positivas. La dirección del campo eléctrico ($\boldsymbol{E}$) en cualquier punto es la tangente dibujada a una línea del campo en ese punto, como se muestra en la **Imagen 20** de la siguiente página.

La **Imagen 20** muestra dos formas de representar distintos campos eléctricos: con líneas y con semillas de césped suspendidas en aceite. Un campo eléctrico afecta las cargas eléctricas ya sea que representes ese campo con líneas de campo o no, o intentes visualizarlo con semillas suspendidas en aceite o no. Las semillas pueden ser útiles para visualizar campos eléctricos en tres dimensiones. Las semillas de césped y las líneas son formas de *representar* los campos eléctricos. Ninguna es el campo eléctrico en sí.

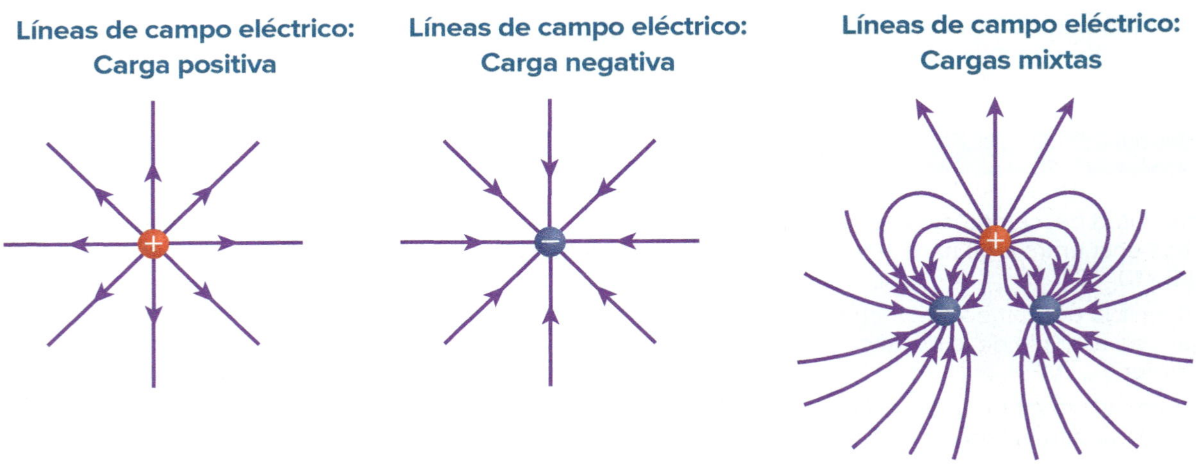

Imagen 19 Se muestran modelos de campos eléctricos en dos dimensiones, pero recuerda que los campos eléctricos existen en tres dimensiones.

CCC CONCEPTOS INTERDISCIPLINARIOS

Causa y efecto Describe cómo representar campos eléctricos sencillos a pequeña escala producidos por cargas puntuales únicas puede ayudarte a sugerir y predecir campos más complejos producidos por cargas múltiples. Cita evidencia de la **Imagen 19** y de la **Imagen 20** para respaldar tu descripción.

CCC CONCEPTOS INTERDISCIPLINARIOS

Patrones Describe cómo los patrones de líneas de campo en modelos, como los de la **Imagen 19** y la **Imagen 20**, pueden ofrecer evidencia para ayudarte a explicar el fenómeno en distintas escalas.

Fuerzas electrostáticas

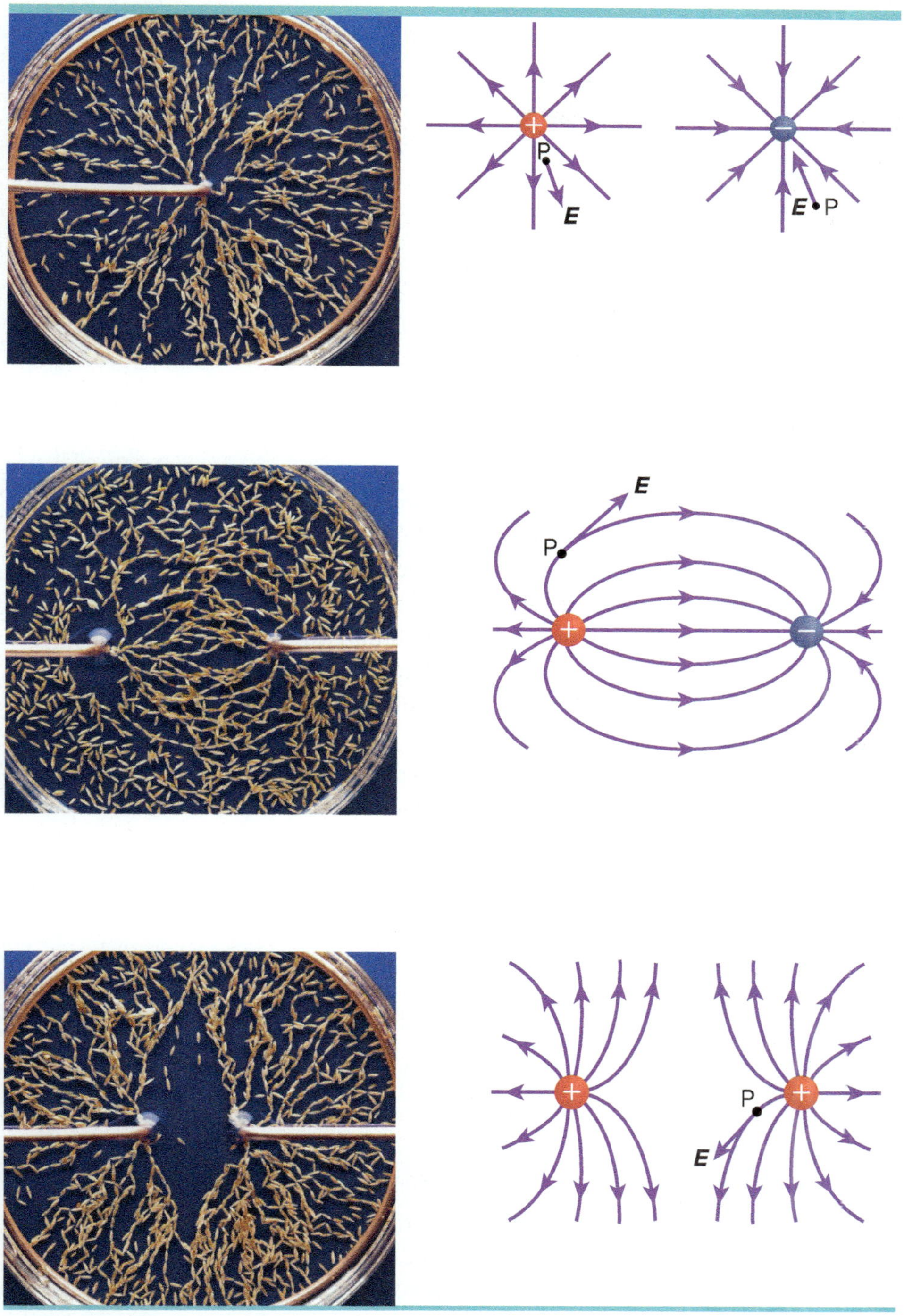

Carga única Las líneas de campo eléctrico en los casos de carga única se irradian desde esa carga. Las líneas del campo irradian hacia afuera desde una carga positiva y hacia adentro de una carga negativa. La dirección del campo eléctrico ***(E)*** en cualquier punto es la tangente a la línea del campo.

Dos cargas iguales y opuestas Las líneas de campo eléctrico de dos cargas iguales y opuestas forman líneas continuas desde la carga positiva hasta la carga negativa. El vector en el punto P muestra la dirección del campo eléctrico ***(E)*** en el punto P. Cuanto más cerca estén las líneas, mayor será la fuerza que experimente una partícula cargada.

Dos cargas iguales Las líneas de campo eléctrico alrededor de dos cargas iguales nunca se conectan. El vector en el punto P muestra la dirección del campo eléctrico ***(E)*** en el punto P. Una carga no experimentaría ninguna fuerza electrostática en el centro, donde no hay líneas de campo eléctrico.

Imagen 20 Se muestran modelos de campos eléctricos alrededor de cargas eléctricas. Las fuerzas electrostáticas producen la separación de la carga en cada semilla de césped larga y delgada. Las semillas giran para alinearse en dirección al campo eléctrico. Las líneas y los vectores de los diagramas son otras formas de representar los campos eléctricos. Estos modelos ayudan a representar cómo la energía de la posición relativa de dos cargas puede pensarse como almacenada en los campos eléctricos.

Describe *cómo los modelos representan el lugar donde las partículas cargadas experimentarían más o menos fuerza.*

Imagen 21 En la década de 1930, Robert Van de Graaff ideó un generador para contribuir al estudio de la aceleración de partículas y la estructura del átomo. Al tocar el generador, las cargas del cabello de la persona se repelen y hace que los cabellos se alineen con el campo eléctrico del domo de metal.

Generadores de Van de Graaff

El generador de Van de Graaff que se muestra en la **Imagen 21** puede acumular una gran cantidad de carga neta en su domo de metal. En un generador de Van de Graaff, dos rodillos o poleas impulsan una correa. Cuando la máquina se enciende, el rodillo inferior gira y mueve la correa. El rodillo acumula una carga neta negativa fuerte y la correa, una carga neta positiva más débil. El campo eléctrico negativo del rodillo repele los electrones en las puntas de un conjunto de escobillas cerca de la posición A. Las puntas de las escobillas se cargan positivamente porque los electrones se alejan. Y el fuerte campo eléctrico negativo del rodillo expulsa los electrones de las moléculas cercanas en el aire. El rodillo repele estos electrones, que son atraídos por las puntas con carga positiva de la escobilla. Los iones positivos del aire comienzan a moverse hacia el rodillo con carga negativa. No obstante, la correa está entre los iones positivos y el rodillo con carga negativa. Los iones positivos se agrupan en la correa y se transportan al domo de metal.

Cuando una persona toca el domo de metal, el domo con carga positiva atrae los electrones del cuerpo de la persona. El cabello adquiere carga positiva, entonces los cabellos individuales se repelen y se alinean con el campo eléctrico alrededor de la cabeza de la persona.

Verifica tu progreso

38. **Medición de campos eléctricos** Imagina que te piden que midas el campo eléctrico en un punto en el espacio. ¿Cómo detectas el campo en un punto? ¿Cómo estableces la magnitud del campo? ¿Cómo eliges la magnitud de la carga de prueba?

39. **Intensidad y dirección del campo** Una carga de prueba positiva con una magnitud de 2.40×10^{-8} C experimenta una fuerza de 1.50×10^{-3} N hacia el este. ¿Cuál es el campo eléctrico en la posición de la carga de prueba?

40. **Líneas de campo** ¿Cómo puedes diferenciar las cargas positivas de las negativas observando las líneas de campo eléctrico?

41. **Energía del campo** ¿Qué sucede con la energía de un campo cuando dos cargas que interactúan en él cambian de posición relativa?

42. **Pensamiento crítico** Imagina que la carga de arriba del campo de la derecha en la **Imagen 19** es una carga de prueba que mide el campo resultante de dos cargas negativas. ¿Es lo suficientemente pequeña como para producir una medición exacta? Explica.

LEARNSMART® Conéctate para cumplir tu plan de aprendizaje personalizado para repasar, practicar y reforzar tu comprensión.

LECCIÓN 4
APLICACIONES DE LOS CAMPOS ELÉCTRICOS

PREGUNTA DE ENFOQUE

¿Qué es un condensador y cómo funciona?

La energía y el potencial eléctrico

Como leíste, el concepto de energía es muy útil en mecánica. La ley de la conservación de la energía te permite predecir el movimiento de objetos sin conocer las fuerzas en detalle. Piensa en el cambio de la energía potencial gravitatoria de una pelota cuando la levantas, como se muestra en la **Imagen 22.** La fuerza de gravedad (F_g) y el campo gravitatorio $\left(g = \frac{F_g}{m}\right)$ apuntan hacia la Tierra. Si levantas la pelota contra la fuerza de gravedad, realizas un trabajo en la pelota. La energía potencial gravitatoria en el sistema pelota-Tierra aumenta.

Es igual en las interacciones eléctricas. El trabajo realizado al mover una partícula cargada en un campo eléctrico puede hacer que la partícula adquiera energía potencial eléctrica, cinética o ambas.

La situación es similar con dos cargas opuestas. Las cargas se atraen, por lo que debes realizar un trabajo para alejar una de la otra. Al hacerlo, aumentas la energía potencial eléctrica del sistema de dos cargas. Cuanto mayor sea la carga o la distancia del movimiento, mayor será el incremento de la energía potencial eléctrica (ΔPE). En este módulo, solo se evalúan y abordan las cargas en reposo y los cambios en la energía potencial eléctrica.

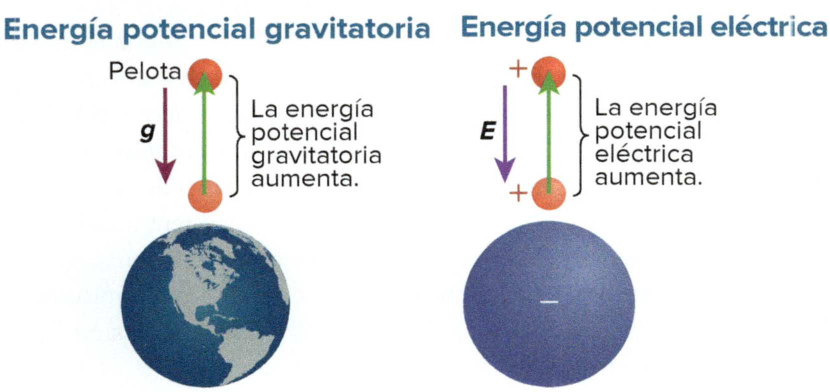

Imagen 22 Cuando levantas la pelota, aumentas la energía potencial gravitatoria del sistema pelota-Tierra. Cuando separas cargas opuestas, aumentas la energía potencial eléctrica del sistema de dos cargas.

Infiere *cómo aumentarías el potencial energético de un sistema con dos cargas iguales.*

PENSAMIENTO 3D
DCI Ideas centrales disciplinarias **CCC** Conceptos interdisciplinarios **SEP** Prácticas de ciencia e ingeniería

REUNIR EVIDENCIA

Usa el Cuaderno de ciencias para registrar la evidencia que reúnas mientras completas las lecturas y las actividades de la lección.

INVESTIGAR

CONÉCTATE para hallar estas actividades y más recursos.

Investigación rápida: Campos eléctricos
Realiza una investigación sobre los efectos de un campo eléctrico sobre un objeto cargado.

Laboratorio de física: Almacenamiento de carga
Realiza una investigación para demostrar que la energía puede almacenarse en campos eléctricos.

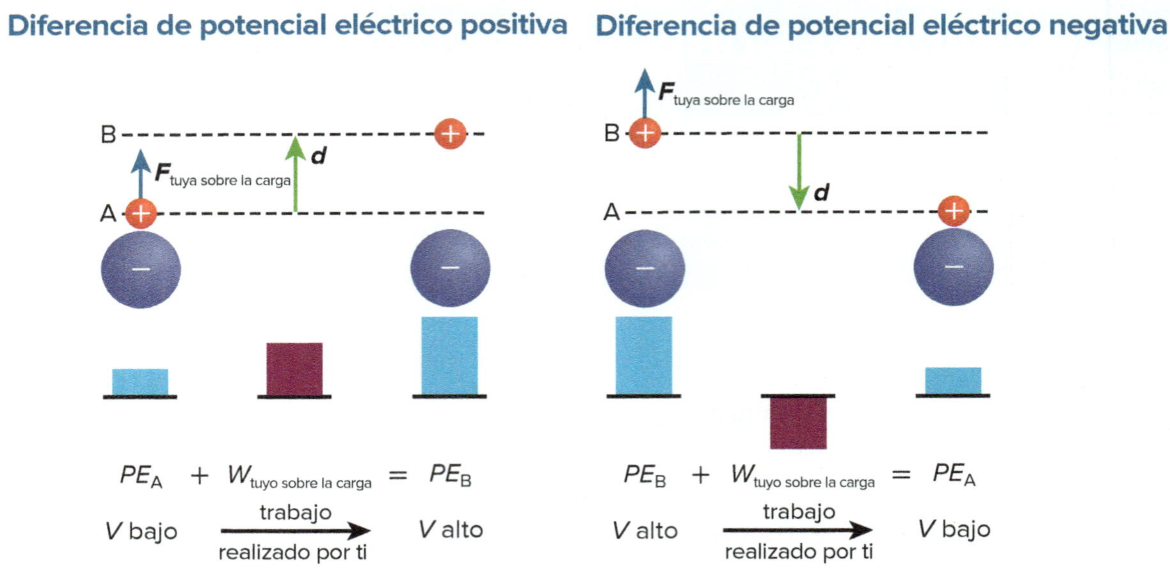

Imagen 23 Si separas dos cargas opuestas, la diferencia de potencial eléctrico es positiva. Si acercas dos cargas opuestas, la diferencia de potencial eléctrico es negativa.

Explica *cómo se relacionan el trabajo y el potencial eléctrico con la carga de prueba.*

Diferencia de potencial eléctrico Gracias al estudio de la mecánica, sabes que el trabajo que se realiza sobre un objeto se halla con la relación $W = Fd$. Para hallar el trabajo realizado para mover una carga se utiliza la misma relación: $W_{\text{sobre } q'} = Fd$.

No obstante, hay algunas diferencias. El trabajo realizado sobre una carga se expresa como trabajo por carga unitaria y se conoce como diferencia de potencial eléctrico. La **diferencia de potencial eléctrico** (ΔV), comúnmente llamada diferencia de potencial, es el trabajo ($W_{\text{sobre } q'}$) necesario para mover una carga de prueba positiva de un punto a otro, dividido por la magnitud de la carga de prueba. También se puede pensar a la diferencia de potencial eléctrico como el cambio en la energía potencial eléctrica (ΔPE) por carga unitaria.

Diferencia de potencial eléctrico

La diferencia de potencial eléctrico es la razón del trabajo necesario para mover una carga a la magnitud de esa carga.

$$\Delta V \equiv \frac{W_{\text{sobre}\, q'}}{q'}$$

La diferencia de potencial eléctrico se mide en julios por *coulomb* (J/C). Un julio por *coulomb* se conoce como un **voltio** (V).

Diferencia de potencial eléctrico positiva La carga negativa, en el panel izquierdo de la **Imagen 23,** produce un campo eléctrico en su dirección. Imagina que colocas una pequeña carga de prueba positiva en el campo en la posición A. Esa carga experimenta una fuerza en dirección al campo. Si ahora alejas la carga de prueba de la carga negativa hacia la posición B, deberás ejercer una fuerza (***F***) sobre esa carga de prueba. Como la fuerza que ejerces tiene la misma dirección que el desplazamiento, el trabajo que realizas sobre la carga es positivo, y el cambio en el potencial energético es positivo, como se muestra en el diagrama de barras. Por tanto, hay una diferencia de potencial eléctrico positiva desde el punto A hasta el punto B. La diferencia de potencial entre dos puntos no depende de la magnitud de la carga de prueba, sino solamente del campo y del desplazamiento.

Diferencia de potencial eléctrico negativa Imagina que ahora vuelves a colocar la carga de prueba en la posición A desde la posición B. El trabajo que realizas sobre la carga y el cambio en la energía potencial eléctrica ahora son negativos, como también se observa en el diagrama de barras. La diferencia de potencial eléctrico también es negativa. Es equivalente y opuesta a la diferencia de potencial del movimiento desde la posición A hasta la posición B. La diferencia de potencial eléctrico no depende del recorrido para ir de una posición a la otra, sino solo de su posición inicial y final .

Diferencia de potencial eléctrico cero ¿Siempre existe una diferencia de potencial eléctrico entre dos posiciones? Imagina que mueves la carga de prueba en círculo alrededor de la carga negativa. La fuerza que el campo eléctrico ejerce sobre la carga siempre es perpendicular a la dirección en la que la moviste, entonces no realizas ningún trabajo sobre la carga. En este caso, la diferencia de potencial eléctrico es cero. Siempre que la diferencia de potencial eléctrico entre dos o más posiciones es cero, se dice que esas posiciones son **equipotenciales.**

Potencial eléctrico para cargas iguales Aprendiste que la diferencia de potencial eléctrico aumenta a medida que alejas una carga de prueba positiva de una negativa. ¿Qué sucede cuando alejas una carga de prueba positiva de otra positiva? Existe una fuerza de repulsión entre estas dos cargas. El potencial energético disminuye a medida que las alejas. Por lo tanto, el potencial eléctrico alrededor de la carga positiva disminuye a medida que te alejas de esa carga, como muestra la **Imagen 24.**

Punto de referencia en un sistema Recuerda que la energía potencial gravitatoria de un sistema puede definirse como cero en cualquier punto de referencia. Del mismo modo, el potencial eléctrico de cualquier punto puede definirse como cero. El valor de la diferencia de potencial eléctrico desde el punto A hasta el punto B siempre será el mismo, sin importar el punto de referencia que elijas.

Voltaje contra voltios Solo pueden medirse las diferencias en la energía potencial gravitatoria. Lo mismo sucede con el potencial eléctrico; por lo tanto, solo las diferencias de potencial eléctrico son importantes. La diferencia desde el punto A hasta el punto B se define como $\Delta V = V_B - V_A$. Las diferencias de potencial eléctrico se miden con un voltímetro. A la diferencia de potencial eléctrico también se la llama voltaje. Ten cuidado de no confundir la diferencia de potencial eléctrico (ΔV) con la unidad para voltios (V).

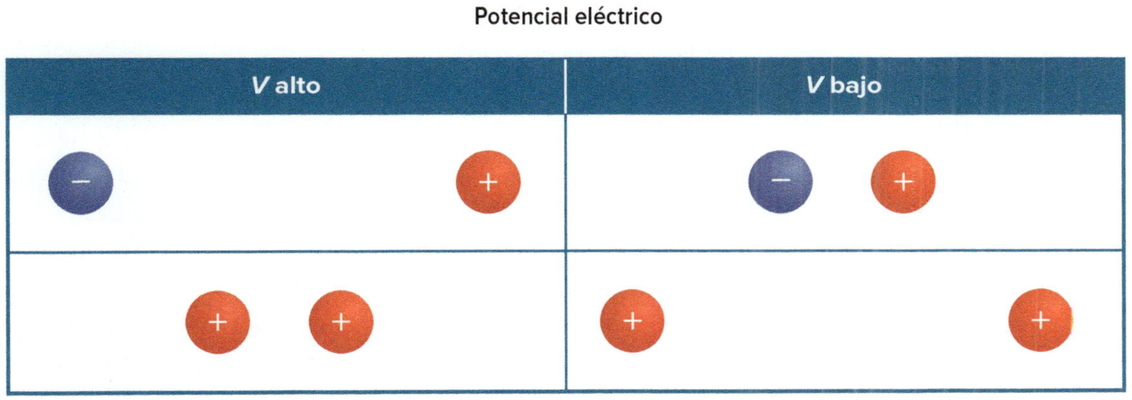

Imagen 24 Cuando alejas dos cargas opuestas, el potencial eléctrico aumenta. Cuando alejas dos cargas iguales, el potencial eléctrico disminuye.

Conexión con carreras STEM

Operario de central eléctrica

Un operario de central eléctrica es responsable de controlar, operar o mantener el equipo que genera electricidad. Quienes realizan esta tarea deben contar con conocimientos sobre cómo trabajar de manera segura en situaciones en las que pueden estar expuestos a alta tensión.

Imagen 25 Se muestra un modelo de un campo eléctrico entre dos placas paralelas con cargas opuestas. Se utilizan semillas de césped para representar las líneas de campo eléctrico.

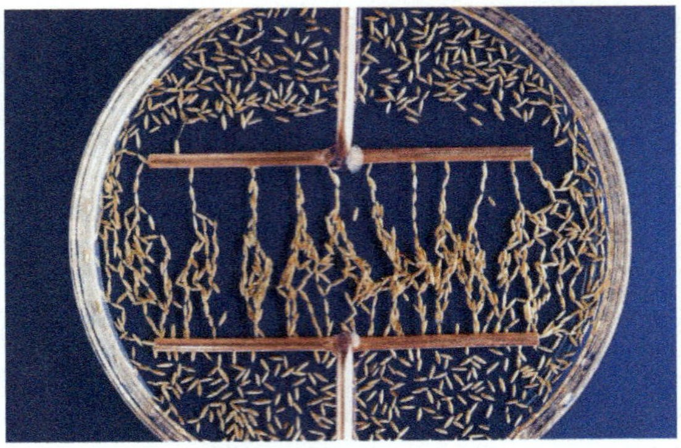

Potencial eléctrico en un campo uniforme

Se puede producir un campo eléctrico uniforme colocando dos grandes placas conductoras planas, paralelas entre sí. Una placa tiene carga positiva, y la otra, carga negativa. La magnitud y la dirección del campo eléctrico es la misma en todos los puntos entre las placas, excepto en los extremos , y el campo eléctrico apunta desde la placa positiva hacia la negativa. El patrón formado por las semillas de césped que se observa en la **Imagen 25** representa el campo eléctrico entre las placas paralelas.

Imagina que mueves una carga de prueba positiva (q') una distancia (d) en dirección opuesta a la dirección del campo eléctrico. Como el campo es uniforme, la fuerza de ese campo sobre la carga es constante. Como resultado, puedes usar la relación $W_{\text{sobre } q'} = Fd$ para hallar el trabajo realizado sobre la carga. Entonces, la diferencia de potencial eléctrico, el trabajo realizado por carga unitaria, es $\Delta V = \frac{Fd}{q'} = \left(\frac{F}{q'}\right)d$. Recuerda que la intensidad del campo eléctrico es la fuerza por carga unitaria $\left(E = \frac{F}{q'}\right)$. Por lo tanto, puedes representar la diferencia de potencial eléctrico (ΔV) entre dos puntos de distancia (d) en un campo uniforme ($\boldsymbol{E}$) con la siguiente ecuación.

Diferencia de potencial eléctrico en un campo uniforme

La diferencia de potencial entre dos ubicaciones en un campo eléctrico uniforme es igual al producto de la intensidad del campo eléctrico y la distancia entre las ubicaciones paralelas a la dirección del campo.

$$\Delta V = Ed$$

El potencial eléctrico es mayor cerca de la placa cargada positivamente y menor cerca de la placa cargada negativamente.

PRÁCTICA Problemas — PRÁCTICA ADICIONAL

43. La intensidad del campo eléctrico entre dos grandes placas paralelas de metal cargadas es 6000 N/C. Las placas están a 0.05 m entre sí. ¿Cuál es la diferencia de potencial eléctrico entre ellas?

44. Un voltímetro lee 400 V entre dos placas paralelas cargadas a 0.020 m de distancia entre sí. ¿Cuál es la magnitud del campo eléctrico entre ellas?

45. ¿Cuál es la diferencia de potencial eléctrico entre dos placas de metal a 0.200 m entre sí, si el campo eléctrico entre esas dos placas es 2.50×10^3 N/C?

46. Cuando se aplica una diferencia de potencial de 125 V entre dos placas paralelas, el campo entre ellas es de 4.25×10^3 N/C. ¿Cuál es la separación entre las placas?

47. DESAFÍO Aplicas una diferencia de potencial de 275 V entre dos placas paralelas a 0.35 cm de distancia entre sí. ¿Qué tan grande es el campo eléctrico entre las placas?

EJEMPLO Problema 4

TRABAJO NECESARIO PARA MOVER UN PROTÓN ENTRE PLACAS PARALELAS CARGADAS Hay dos placas paralelas cargadas a 1.5 cm de distancia entre sí. La magnitud del campo eléctrico entre placas es de 1800 N/C.

a. ¿Cuál es la diferencia de potencial eléctrico entre placas?

b. ¿Cuánto trabajo se necesita para mover un protón desde la placa negativa hasta la positiva?

1 ANALIZAR Y PLANTEAR EL PROBLEMA

- Dibuja las placas separadas por 1.5 cm.
- Rotula una placa con cargas positivas y la otra con cargas negativas.
- Dibuja líneas de campo eléctrico espaciadas uniformemente desde la placa positiva hasta la negativa.
- Indica la intensidad del campo eléctrico entre las placas.
- Coloca un protón en el campo eléctrico.

Datos conocidos	**Incógnita**
$E = 1800$ N/C	$\Delta V = ?$
$d = 1.5$ cm	$T = ?$
$q = 1.602\times10^{-19}$ C	

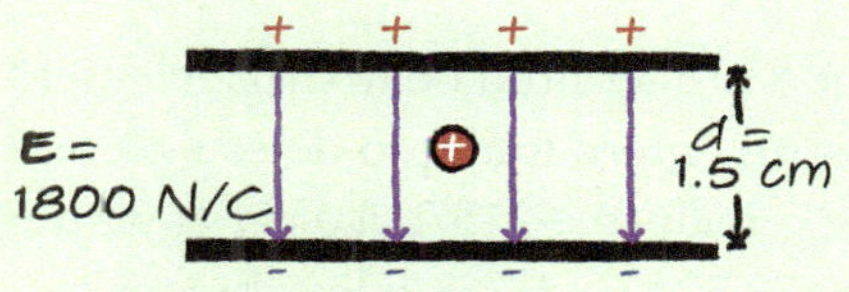

2 HALLAR LA INCÓGNITA

a. $\Delta V = Ed$

$= (1800\text{ N/C})(0.015\text{ m})$ — Sustituye $E = 1800$ N/C, $d = 0.015$ m.

$= 27\text{ V}$

b. $\Delta V = \frac{T}{q}$

$W = q\Delta V$

$= (1.602\times10^{-19}\text{ C})(27\text{ V})$ — Sustituye $q = 1.602\times10^{-19}$ C, $\Delta V = 27$ V.

$= 4.3\times10^{-18}\text{ J}$

3 EVALUAR LA RESPUESTA

- **¿Son correctas las unidades?** (N/C)(m) = N·m/C = J/C = V. Las unidades resultaron ser voltios. C·V = C(J/C) = J, la unidad de trabajo.
- **¿Tiene sentido el signo?** El trabajo por realizar debe ser positivo para mover una carga positiva hacia una placa positiva.
- **¿Es razonable la magnitud?** Cuando mueves una carga tan pequeña a través de una diferencia de potencial de menos de 100 voltios, el trabajo realizado es pequeño.

PRÁCTICA Problemas

PRÁCTICA ADICIONAL

48. ¿Qué trabajo se realiza sobre una carga de 3.0 C cuando mueves esa carga por una diferencia de potencial eléctrico de 1.5 V?

49. ¿Cuál es la magnitud del campo eléctrico entre las dos placas que se muestran en la **Imagen 26**?

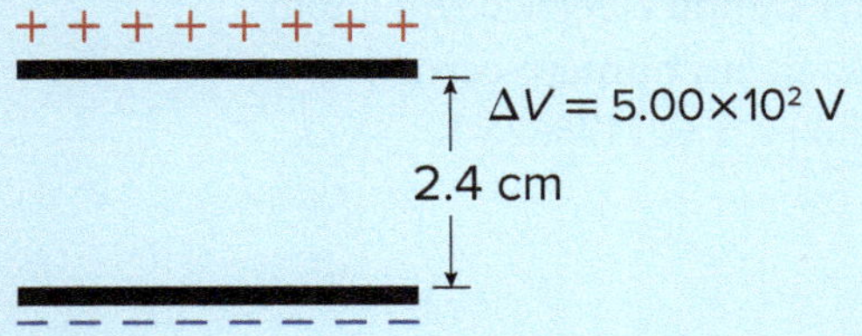

Imagen 26

50. Un electrón en un tubo de imágenes de televisión pasa por una diferencia de potencial de 18,000 V. ¿Cuánto trabajo se realiza sobre el electrón a medida que pasa por la diferencia de potencial?

51. El campo eléctrico en un acelerador de partículas tiene una magnitud de 4.5×10^{5} N/C. ¿Cuánto trabajo se realiza para mover un protón 25 cm por ese campo?

52. DESAFÍO Una batería de automóvil de 12 V tiene 1.44×10^{6} C de carga utilizable en una placa cuando está activada por completo. ¿Cuánto trabaja esta batería hasta que requiere otra carga?

Imagen 27 El físico estadounidense Robert A. Millikan utilizó un aparato similar a este para establecer la carga de un solo electrón en 1909.

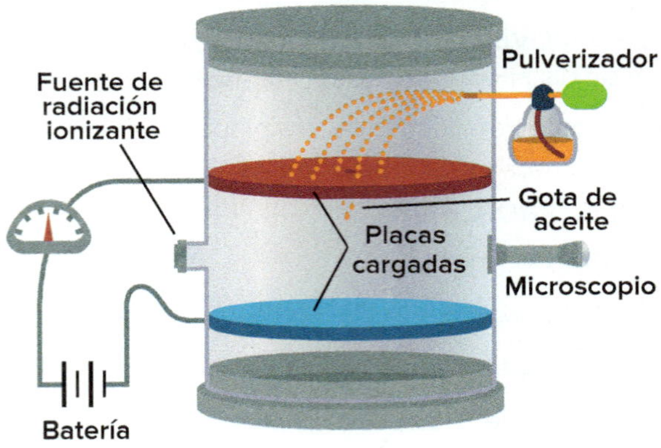

Experimento de la gota de aceite de Millikan

Leíste que la magnitud de la carga elemental es e = 1.602×10^{-19} C. La carga neta de un objeto debe ser un entero múltiplo de este valor. Es decir que la carga neta de un objeto puede ser 2e, −5e, 7e, o incluso −3157e. La carga neta no puede ser una carga fraccionaria, como 0.5e, −23.7e, 6.2e, o −31,524.6e. ¿Cómo lo sabemos?

En 1909, Robert Millikan realizó un experimento para probar si la carga existe en cantidades discretas. Con su experimento, logró medir la magnitud de la carga elemental. La **Imagen 27** muestra un diagrama del aparato ideado por Millikan. Observa que utilizó dos placas paralelas para producir un campo eléctrico uniforme en su aparato. ¿Cómo realizó su experimento?

Primero, Millikan roció finas gotas de aceite en el aire con un pulverizador. Al ser rociadas con el pulverizador, estas gotas se cargaron por fricción. La fuerza de gravedad de la Tierra jaló las gotas hacia abajo y algunas ingresaron en el orificio de la placa superior del aparato de Millikan. Luego, ajustó el campo eléctrico entre las placas hasta que una gota con carga negativa quedó suspendida. En este punto, la magnitud de la fuerza descendente del campo gravitatorio de la Tierra y de la fuerza ascendente del campo eléctrico eran iguales.

¿Lo comprendes?

Explica por qué las siguientes cargas netas son imposibles: 0.66e, 1.554e y 3.504e.

Cálculo de la carga Millikan calculó la magnitud del campo eléctrico (E) a partir de la diferencia de potencial eléctrico entre las placas $\left(E = \frac{\Delta V}{d}\right)$. Luego hizo una segunda medición para hallar el peso (mg) de la gota diminuta. Para ello, primero suspendió la gota. Luego, apagó el campo eléctrico y midió su tasa de caída .

Gracias a la fricción con las moléculas de aire, la gota de aceite alcanzó rápidamente su velocidad terminal, que se relacionaba con el peso de la gota mediante una ecuación compleja. Millikan pudo luego calcular la carga (q) en la gota a partir de su peso (mg) y del campo eléctrico ($\boldsymbol{E}$). Halló que la carga neta en una gota de aceite siempre era un entero múltiplo de un número cercano a 1.6×10^{-19} C. En experimentos posteriores, este resultado se perfeccionó en $1.60217662 \times 10^{-19}$ C.

EJEMPLO Problema 5

HALLAR LA CARGA EN UNA GOTA DE ACEITE En un experimento de la gota de aceite de Millikan, una gota en particular pesa 2.4×10^{-14} N. Las placas paralelas están separadas por una distancia de 1.2 cm. Cuando la diferencia de potencial entre las placas es 450 V, la gota queda suspendida.

a. ¿Cuál es la carga neta en una gota de aceite?

b. Si la placa superior es positiva, ¿cuántos electrones adicionales hay en la gota de aceite?

1 ANALIZAR Y PLANTEAR EL PROBLEMA

- Dibuja las placas con la gota de aceite suspendida entre ellas.
- Dibuja y rotula los vectores de las fuerzas.
- Indica la diferencia de potencial y la distancia entre las placas.

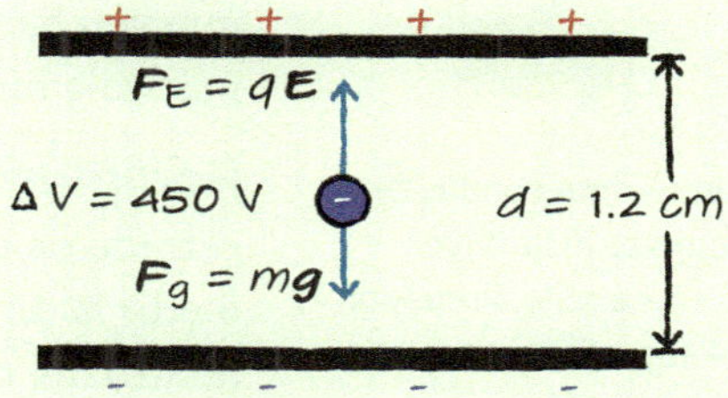

Datos conocidos	Incógnita
$\Delta V = 450$ V	carga neta en la gota, $q = ?$
$F_g = 2.4\times10^{-14}$ N	*cantidad de electrones*, $n = ?$
$d = 1.2$ cm	

2 HALLAR LA INCÓGNITA

Para que quede suspendida, la fuerza de gravedad y eléctrica deben estar equilibradas.

$$F_e = F_g$$

$$qE = F_g \quad \text{Sustituye } F_e = qE.$$

$$q\frac{(\Delta V)}{d} = F_g \quad \text{Sustituye } E = \Delta V/d.$$

Halla el valor de q.

$$q = \frac{F_g d}{\Delta V}$$

$$= \frac{(2.4\times10^{-14}\ \text{N})(0.012\ \text{m})}{450\ \text{V}} \quad \text{Sustituye } F_g = 2.4\times10^{-14}\ \text{N}, d = 0.012\ \text{m}, \Delta V = 450\ \text{V}.$$

$$= 6.4\times10^{-19}\ \text{C}$$

Halla la cantidad de electrones en la gota.

$$n = \frac{q}{e}$$

$$= \frac{6.4\times10^{-19}\ \text{C}}{1.602\times10^{-19}\ \text{C}} \quad \text{Sustituye } q = 6.4\times10^{-19}\ \text{C}, e = 1.602\times10^{-19}\ \text{C}.$$

$$= 4.0$$

3 EVALUAR LA RESPUESTA

- **¿Son correctas las unidades?** N·m/V = J/(J/C) = C, la unidad para la carga.
- **¿Es razonable la magnitud?** Se trata de una pequeña gota de aceite. Tiene sentido que la gota tenga una carga pequeña y solo unos pocos electrones.

PRÁCTICA Problemas

PRÁCTICA ADICIONAL

53. Una gota cae en el aparato de la gota de aceite de Millikan sin ningún campo eléctrico. ¿Qué fuerzas actúan sobre ella, además de su aceleración? Si la gota cae a una velocidad constante, describe las fuerzas que actúan sobre ella.

54. Una gota de aceite pesa 1.9×10^{-15} N. La suspendes en un campo eléctrico de 6.0×10^{3} N/C. ¿Cuál es la carga neta en la gota? ¿Cuántos electrones adicionales tiene?

55. Una gota de aceite tiene un electrón adicional y pesa 6.4×10^{-15} N. ¿Qué intensidad de campo eléctrico necesitas para suspender la gota y que quede inmóvil?

56. DESAFÍO Suspendes una gota de aceite con carga positiva que pesa 1.2×10^{-14} N entre dos placas paralelas a 0.64 cm de distancia entre sí. La diferencia de potencial entre las placas es de 240 V. ¿Cuál es la carga neta en la gota?

Esfera conductora

A

En una esfera conductora, la carga se distribuye uniformemente alrededor de la superficie.

Esfera hueca

B

En una esfera hueca, todas las cargas se sitúan en la superficie externa.

Superficie irregular

C

En una superficie irregular, las cargas están más juntas en las puntas finas.

Imagen 28 Las cargas en una esfera conductora se alejan para minimizar su potencial energético.

Campos eléctricos cerca de conductores

Recuerda que muchos de los electrones en un conductor tienen libre movimiento. Piensa en las cargas de la esfera conductora de la **Imagen 28.** Como estos electrones tienen cargas iguales, se repelen. Las cargas se alejan para minimizar su potencial energético. El resultado es que estas cargas terminan reposando en la superficie del conductor. Las cargas adicionales se mueven hacia la superficie externa, sin importar si la esfera conductora es maciza o hueca.

Recipientes cerrados de metal ¿Qué sucede si un recipiente cerrado de metal, como una caja, tiene carga? Puedes usar un voltímetro para medir la diferencia de potencial eléctrico entre dos puntos cualesquiera dentro del recipiente. Descubrirás que esta diferencia de potencial es cero sin importar qué dos puntos elijas dentro de este. ¿Cuáles son las consecuencias de esta medición para el campo eléctrico dentro del recipiente cerrado ?

La diferencia de potencial es igual al producto del campo eléctrico y la distancia, o $\Delta V = Ed$. Como la diferencia de potencial entre dos puntos cualesquiera dentro del recipiente es cero, la ecuación implica que el campo en cualquier punto de un recipiente cerrado de metal con carga es igual a cero.

Un buen ejemplo de esta situación son los automóviles. Un automóvil es una caja cerrada de metal que protege a los pasajeros de los campos eléctricos que generan los rayos. Por lo general, fuera del conductor, el campo eléctrico no es cero. El campo siempre es perpendicular a la superficie del conductor. Esto hace que la superficie sea equipotencial; la diferencia de potencial entre dos ubicaciones cualesquiera de la superficie es igual a cero.

Superficies irregulares El campo eléctrico en la superficie sí depende de la forma del conductor y de la diferencia de potencial eléctrico entre este y otros objetos. Las cargas libres están más juntas en las puntas más finas del conductor, como se indica en la **Imagen 28.** Por lo tanto, las líneas de campo están más juntas y el campo es más fuerte. Este campo puede volverse tan fuerte que cuando se quitan electrones de los átomos, el campo acelera los electrones y los iones resultantes haciéndolos colisionar con otros átomos, lo que produce una mayor ionización de los átomos. Esa reacción en cadena produce la luminiscencia rosa que se observa en una esfera de descarga de gas.

Pararrayos Si un campo eléctrico es fuerte, cuando las partículas chocan con otras moléculas, producirán un flujo de iones y electrones que forman un plasma, que es un conductor. El resultado es una chispa o un rayo. Para proteger los edificios de los rayos, se instalan pararrayos. El campo eléctrico es fuerte en el extremo en punta de un pararrayos. Como resultado, las cargas de las nubes despiden chispas hacia el pararrayos, en vez de a otro punto del edificio. Desde el pararrayos, un conductor lleva las cargas a tierra. El pararrayos desvía los rayos a tierra y los aleja del edificio de manera segura.

¿Lo comprendes?

Describe cómo funciona un pararrayos.

Condensadores

Cuando levantas un libro, aumentas la energía potencial gravitatoria del sistema libro-Tierra. Esto puede interpretarse como un almacenamiento de energía en un campo gravitatorio. Puedes almacenar energía en un campo eléctrico de un modo similar. En 1746, el médico y físico holandés Pieter Van Musschenbroek inventó un dispositivo para almacenar la energía eléctrica. Lo llamó "botella de Leyden". El dispositivo moderno para almacenar energía, más pequeño, se conoce como **condensador.** Los fabricantes producen condensadores con dos placas conductoras separadas por un aislante delgado. Estas capas se enrollan en un cilindro. Los condensadores son componentes clave en computadoras y otros dispositivos electrónicos, como se muestra en la **Imagen 29.**

Imagen 29 Una placa de circuito de computadora utiliza muchos condensadores para funcionar. Los cilindros grises, los objetos con forma de disco y los objetos coloridos diminutos con forma de lágrima son condensadores.

Capacitancia

Imagina que conectas la terminal positiva de un generador de 1 V a una de las placas conductoras de un condensador y conectas la terminal negativa a la otra placa de ese condensador. ¿Qué sucede? El generador produciría una diferencia de potencial (ΔV) de 1 V entre las dos placas. Esto provocaría una carga neta positiva ($+q$) en una placa y una carga neta negativa de igual magnitud ($-q$) en la otra placa.

Ahora imagina que aumentas el voltaje del generador. ¿Qué sucede con la cantidad de carga neta en cada placa? La **Imagen 30** muestra los resultados de un experimento en el cual quien lo realiza aumenta la diferencia de potencial entre las placas de un condensador de 0 V a 12 V. Observa que la gráfica de q versus ΔV es una línea recta. La pendiente de la línea en una carga neta contra la gráfica de diferencia de potencial es una constante, que se conoce como la **capacitancia** (C) del condensador. Puedes medir la capacitancia en faradios (F), donde 1 F = 1 C/V.

Capacitancia

Por capacitancia se entiende la razón de la magnitud de la carga neta en una placa del condensador a la diferencia de potencial entre placas.

$$C = \frac{q}{\Delta V}$$

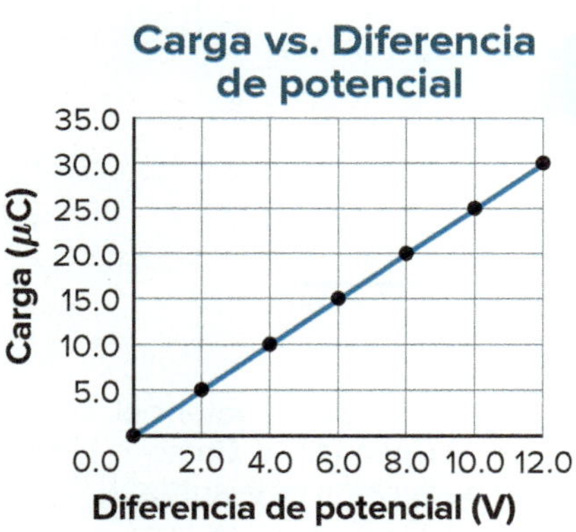

Tabla de datos

Diferencia de potencial (V)	Carga en una placa (μC)
0.0	0.0
2.0	5.2
4.0	9.7
6.0	15.0
8.0	20.3
10.0	24.7
12.0	30.1

Imagen 30 En un experimento, la diferencia de potencial produce una carga en cada placa. Una gráfica de los datos muestra que la relación es lineal. La pendiente de esta línea es la capacitancia del condensador.

El faradio como unidad de medida Un faradio (F), nombre que recibió por Michael Faraday, es un *coulomb* por voltio (C/V). Si 1 C es una cantidad grande de carga neta, 1 F también es una capacitancia bastante grande. Los condensadores utilizados en la electrónica moderna tienen capacitancias de entre 10 picofaradios (10×10^{-12} F) y 500 microfaradios (500×10^{-6} F). Los condensadores que se utilizan para evitar pérdida de memoria en algunas computadoras pueden tener capacitancias desde 0.5 F a 1.0 F. Si la diferencia de potencial eléctrico entre placas aumenta, la carga neta en cada placa también aumenta.

EJEMPLO Problema 6

HALLAR LA CAPACITANCIA Una esfera se conectó al polo + de una batería de 40 V, mientras que el polo − se conectó a Tierra. Luego de un tiempo, la esfera tenía una carga de 2.4×10^{-6} C. ¿Cuál es la capacitancia del sistema esfera-Tierra?

1 ANALIZAR Y PLANTEAR EL PROBLEMA

Dibuja una esfera sobre la Tierra y rotula la carga neta y la diferencia de potencial.

Datos conocidos

$\Delta V = 40.0$ V

$q = 2.4\times10^{-6}$ C

Incógnita

$C = ?$

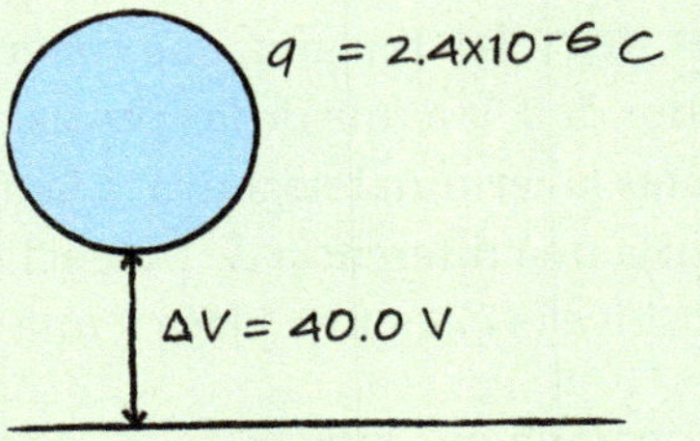

2 HALLAR LA INCÓGNITA

$$C = \frac{q}{\Delta V}$$

$$= \frac{2.4\times10^{-6}\ \text{C}}{40.0\ \text{V}}$$ Sustituye $\Delta V = 40.0$ V, $q = 2.4\times10^{-6}$ C.

$$= 6.0\times10^{-8}\ \text{F}$$

$$= 0.060\ \mu\text{F}$$

3 EVALUAR LA RESPUESTA

- **¿Son correctas las unidades?** C/V = F. Las unidades son faradios.
- **¿Es razonable la magnitud?** La cantidad de carga neta almacenada en la esfera es igual a la capacitancia multiplicada por 40.0 V.

PRÁCTICA Problemas

PRÁCTICA ADICIONAL

57. Un condensador de 27 μF tiene una diferencia de potencial eléctrico de 45 V. ¿Cuál es la cantidad de carga neta en la placa con carga positiva del condensador?

58. Imagina que conectas un condensador de 3.3 μF y otro de 6.8 μF en una diferencia de potencial eléctrico de 24 V. ¿Qué condensador tiene mayor carga neta en su placa con carga positiva y cuál es su magnitud?

59. Luego hallas que la magnitud de la carga neta sobre cada placa de los condensadores del problema anterior es 3.5×10^{-4} C. ¿Qué condensador tiene la mayor diferencia de potencial? ¿Cuál es esa diferencia ?

60. Imagina que aplicas una diferencia de potencial eléctrico de 6.0 V en un condensador de 2.2 μF. ¿Cuál debería ser la magnitud de la carga neta en una placa para aumentar la diferencia de potencial eléctrico a 15.0 V?

61. Se carga una esfera con una batería de 12 V y se suspende sobre Tierra como se muestra en la **Imagen 31.** ¿Cuál es la carga neta sobre la esfera?

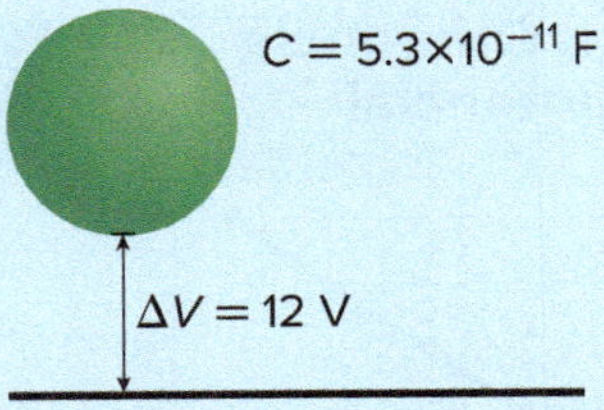

Imagen 31

62. **DESAFÍO** Aumentas la diferencia de potencial en un condensador de 12.0 V a 14.5 V. Como resultado, la magnitud de la carga neta sobre cada placa aumenta 2.5×10^{-5} C. ¿Cuál es la capacitancia del condensador?

FÍSICA Desafío

Las placas de un condensador se atraen porque tienen una carga neta igual y opuesta. Un condensador con dos placas paralelas separadas por una distancia (*d*) tiene capacitancia (*C*).

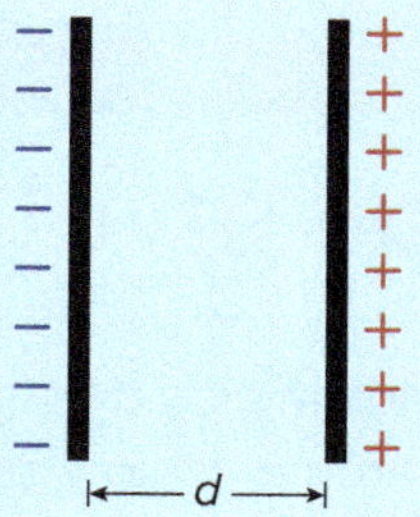

1. Deriva una expresión para la fuerza entre las dos placas cuando la magnitud de la carga neta sobre una de las placas del condensador es *q*.

2. La fuerza electrostática entre las placas de un condensador de 22 μF es 2.0 N. ¿Cuál es la magnitud de la carga neta sobre una placa si la separación entre esas placas es 1.5 mm?

Tipos de condensadores Hay condensadores de varias formas y tamaños. Algunos son tan grandes como para llenar habitaciones y almacenar suficiente energía para generar rayos artificiales o alimentar láseres que liberan miles de julios de energía en milmillonésimas de segundo. Los condensadores también se utilizan en computadoras, televisores y cámaras digitales. Estos almacenan mucha menos energía que los utilizados para generar rayos artificiales, pero aun así pueden ser peligrosos. La carga puede mantenerse horas después de apagado el dispositivo. Por esto es que muchos dispositivos tienen advertencias para no abrir el estuche.

Verifica tu progreso

63. **Potencial eléctrico** Imagina que un amigo te pide que le expliques cómo se relaciona el potencial eléctrico con el potencial energético. Escribe una descripción breve que puedas usar para explicarle este concepto a tu amigo que no entiende la relación entre los dos conceptos.

64. **Diferencia de potencial** Contrasta la energía potencial eléctrica con la diferencia de potencial eléctrico.

65. **Campo eléctrico y diferencia de potencial** Muestra que un voltio por metro equivale a un *newton* por *coulomb*.

66. **Experimento de Millikan** Cuando se modifica la carga neta sobre una gota de aceite suspendida en un aparato de Millikan, la gota comienza a caer. ¿Cómo deberías ajustar la diferencia de potencial entre las placas conductoras para volver a equilibrar la gota?

67. **Carga y diferencia de potencial** En el problema anterior, si el cambio en la diferencia de potencial entre las placas no afecta la gota que cae, ¿qué te indica esto respecto de la nueva carga neta sobre la gota?

68. **Capacitancia** ¿Cuál es la magnitud de la carga neta en cada placa conductora de un condensador de 0.47 μF cuando se aplica una diferencia de potencial de 12 V en el condensador?

69. **Carga compartida** Si tocas una esfera conductora grande con carga positiva con una esfera conductora pequeña con carga negativa, ¿qué puede decirse de
    a. los potenciales de las dos esferas;
    b. las cargas sobre las dos esferas?

70. **Pensamiento crítico** Explica por qué la carga de la **Imagen 32** sigue acumulándose en el domo de metal del generador de Van de Graaff y no se repele hacia la correa en el punto B.

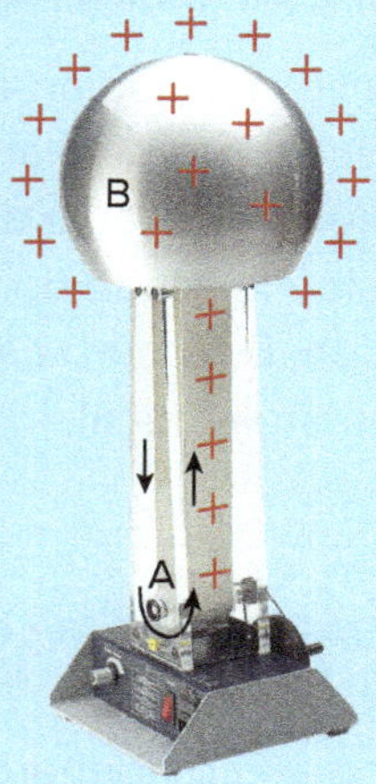

Imagen 32

LEARNSMART® Conéctate para cumplir tu plan de aprendizaje personalizado para repasar, practicar y reforzar tu comprensión.

Nube en el horizonte

Desde los inicios de la historia, las personas observaron el cielo y se preguntaron qué había más allá de nuestro mundo. A medida que pasaban los milenios y los conocimientos científicos se profundizaban, aprendimos más sobre nuestro sistema solar, pero el conocimiento del espacio fuera del alcance de nuestro Sol aún era limitado. Ahora, la tecnología nos trae noticias. Para sorpresa de los científicos, el área directamente fuera de nuestro sistema solar es magnética.

El IBEX de la NASA recopiló datos sobre el campo magnético de la Nube interestelar local.

La nube interestelar local

Los vientos que soplan desde el Sol expanden su campo magnético en una burbuja llamada heliosfera. Nuestro sistema solar está dentro de la heliosfera. Desde 1977, las dos sondas Voyager lanzadas por la Administración Nacional de la Aeronáutica y del Espacio (NASA) han estado abriéndose camino desde la Tierra hasta los bordes del sistema solar. En su viaje, devuelven datos a la Tierra. Datos recientes demuestran que el área fuera de la heliosfera es una masa de átomos de hidrógeno y helio calientes que los científicos llaman "Nube interestelar local". Nuestro sistema solar se mueve por esta nube.

Los científicos no podían entender cómo podía existir la Nube interestelar local porque está rodeada de una burbuja de gas de alta temperatura y alta presión formada por un grupo de supernovas en explosión. Esta burbuja debería haber triturado la Nube interestelar local.

¿Cómo permanece intacta? Los datos de las sondas Voyager muestran que la Nube interestelar local puede resistir la presión de la burbuja de gas caliente gracias a su campo magnético extremadamente fuerte.

En 2008, la NASA lanzó un satélite que orbita la Tierra llamado Explorador de la frontera interestelar (IBEX), que recopila datos sobre las partículas que ingresan al sistema solar desde el espacio. Los datos ofrecen información sobre las fronteras entre el sistema solar y la galaxia que lo rodea. Esos datos mostraron la dirección y la intensidad del campo magnético de la Nube interestelar local, que empuja a la heliosfera y le da forma. También mostraron que las partículas ingresan a la heliosfera desde otra dirección que en décadas pasadas.

USAR UN MODELO PARA ILUSTRAR

Trabaja con un compañero para crear un modelo 2D o 3D de la Nube interestelar local, incluido nuestro sistema solar dentro de la heliosfera. Muestra tu modelo en el salón de clases.

MÓDULO 18

GUÍA DE ESTUDIO

CONÉCTATE para estudiar con el Libro de ciencias.

Lección 1 CARGA ELÉCTRICA

- electrostática
- neutro
- aislante
- conductor

- Existen dos tipos de carga eléctrica: positiva y negativa. Las interacciones de estas cargas explican la atracción y repulsión que observaste con las tiras de cinta adhesiva.
- La carga eléctrica no se crea ni se destruye, sino que se conserva. Cargar es separar, y no crear, cargas eléctricas.
- Las cargas que se agregan a una parte de un aislante permanecen en esa parte. Las cargas que se agregan a un conductor se distribuyen por todo el conductor.

Lección 2 FUERZA ELECTROSTÁTICA

- electroscopio
- carga por conducción
- carga por inducción
- conexión a tierra
- ley de Coulomb
- coulomb
- carga elemental

- La fuerza electrostática actúa a distancia y disminuye a medida que la distancia entre cargas aumenta.
- La carga por conducción carga un objeto neutro tocando ese objeto con un objeto cargado. La carga por inducción carga un objeto neutro acercando un objeto cargado al objeto neutro.
- La ley de Coulomb establece que la fuerza entre dos partículas cargadas varía directamente en relación al producto de sus cargas e inversamente al cuadrado de la distancia entre ellas. Se utiliza para hallar la magnitud de la fuerza que dos partículas cargadas ejercen una sobre la otra.

$$F = K\frac{q_A q_B}{r_{AB}^{2}}$$

Lección 3 MEDICIÓN DE CAMPOS ELÉCTRICOS

- campo eléctrico
- línea de campo eléctrico

- Alrededor de cualquier objeto con carga hay un campo eléctrico. El campo produce fuerzas sobre otros objetos con carga.
- Las cantidades de la carga, los campos eléctricos y las fuerzas están relacionadas y pueden calcularse con estas fórmulas:

$$E = \frac{F}{q'} \qquad E = \frac{Kqq'}{r^2q'} = \frac{Kq}{r^2}$$

- Las líneas de campo eléctrico ofrecen un modelo pictórico del campo eléctrico. Se alejan de las cargas positivas y se acercan hacia las negativas. Nunca se cruzan, y su densidad se relaciona con la intensidad del campo. La dirección del campo eléctrico es la dirección de la fuerza sobre una diminuta carga de prueba positiva.

Lección 4 APLICACIONES DE LOS CAMPOS ELÉCTRICOS

- diferencia de potencial eléctrico
- voltio
- equipotencial
- condensador
- capacitancia

- La diferencia de potencial eléctrico es el cambio de potencial energético por carga unitaria en un campo eléctrico.
- La diferencia de potencial se relaciona con el trabajo necesario para mover una carga y se representa con la siguiente ecuación:

$$\Delta V = \frac{W}{q'}$$

- Los condensadores se utilizan para almacenar energía eléctrica. Un condensador está compuesto por dos placas conductoras separadas por un aislante.

PENSAMIENTO TRIDIMENSIONAL
Conclusión del módulo

REPASA EL FENÓMENO

¿Por qué la varilla hace que el agua se curve?

CER Afirmación, evidencia, razonamiento

Explicar el razonamiento Repasa la afirmación que hiciste cuando hallaste el fenómeno. Resume la evidencia que reuniste en tus investigaciones y completa la tabla de resumen. ¿Respalda la evidencia tu afirmación? Si no lo hace, repasa tu afirmación. Explica por qué la evidencia respalda tu afirmación.

PROYECTO DE LA UNIDAD STEM

Ahora que completaste el módulo, repasa el proyecto de la unidad STEM. Resume la evidencia y aplícala al proyecto.

PROFUNDIZA

SEP Laboratorio de análisis de datos

¿Cómo se diferencian los campos eléctricos?

A continuación, se resumen las cargas puntuales colocadas en distintas ubicaciones en un campo eléctrico.

Carga puntual	Carga (nC)	Campo eléctrico (N/C)
A	3	70
B	5	600
C	3	20
D	6	35
E	8	10

CER Analizar e interpretar datos

1. **Afirmación** Clasifica de mayor a menor las cargas puntuales según la magnitud de la fuerza eléctrica experimentada. Indica específicamente cualquier unión.
2. **Evidencia y razonamiento** Explica cómo decidiste tu clasificación.

Massimiliano Trevisan/Alamy Stock Photo

MÓDULO 19

CORRIENTE ELÉCTRICA Y CIRCUITOS

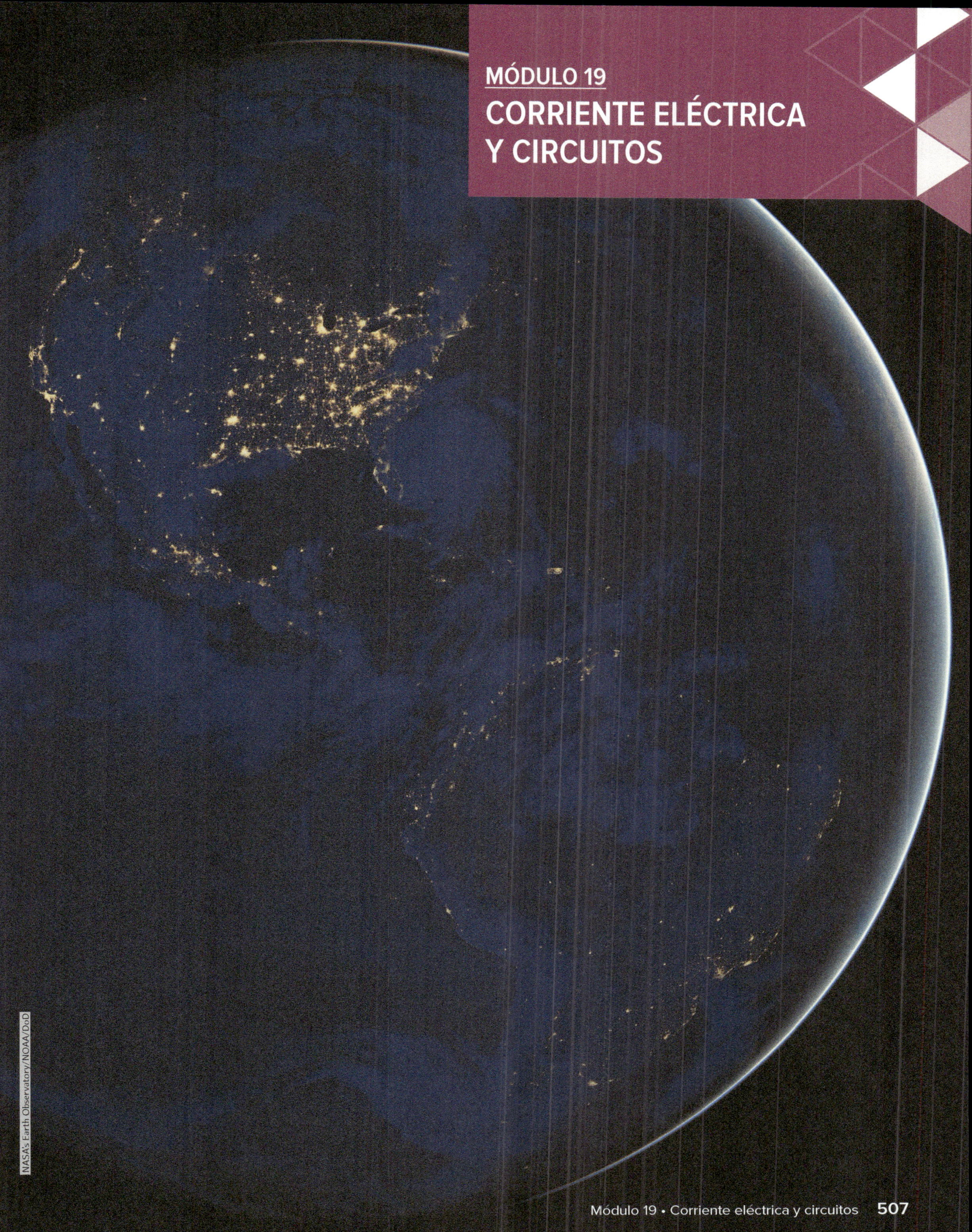

NASA's Earth Observatory/NOAA/DoD

MÓDULO 19

CORRIENTE ELÉCTRICA Y CIRCUITOS

ENCUENTRA EL FENÓMENO

¿Cómo pasa la energía de la central energética a las luces de tu casa?

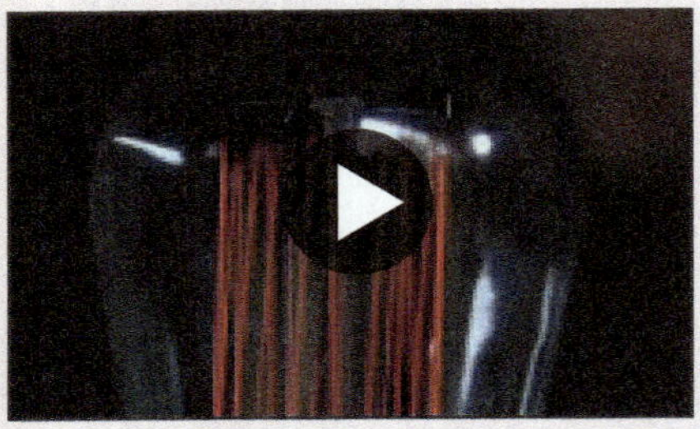

CONÉCTATE para ver un video sobre la corriente eléctrica.

SEP Hacer preguntas

¿Tienes más preguntas acerca del fenómeno? Si es así, agrégalas al pizarrón de preguntas clave.

CER Afirmación, evidencia, razonamiento

Hacer una afirmación Usa la tabla CER para hacer una afirmación acerca de cómo la energía pasa de la central eléctrica a las luces de tu casa. Explica tu razonamiento.

Reunir evidencia Usa las lecciones del módulo para reunir evidencia que respalde tu afirmación. Registra la evidencia mientras trabajas en el módulo.

Explicar el razonamiento Repasarás tu afirmación y explicarás tu razonamiento al final del módulo.

CONÉCTATE para acceder a la tabla CER y explorar los recursos que te ayudarán a reunir evidencia.

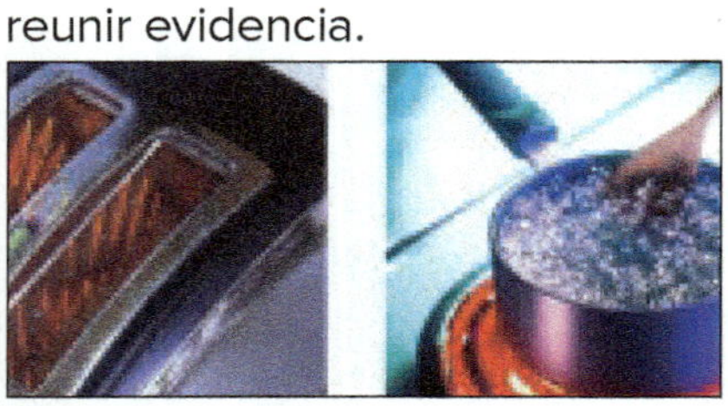

LECCIÓN 2: Explorar y explicar: Energía eléctrica, resistencia y potencia

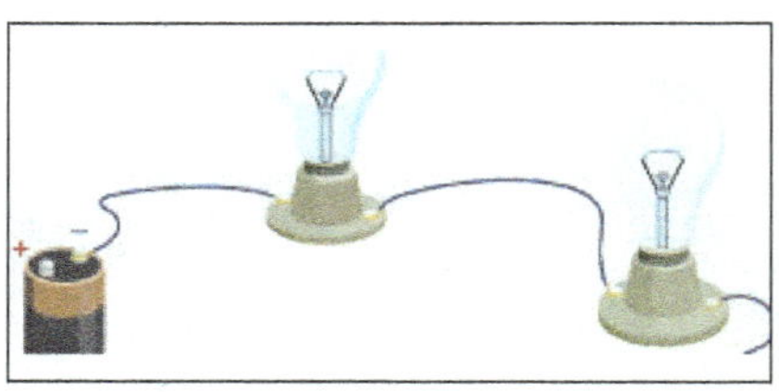

LECCIÓN 3: Explorar y explicar: Circuitos en serie

Smithsonian

Recursos adicionales

LECCIÓN 1

CORRIENTE Y CIRCUITOS

PREGUNTA DE ENFOQUE

¿Qué es un circuito eléctrico?

Producción de corriente eléctrica

Muchos aparatos usan electricidad, como los secadores de cabello, los reproductores de MP3, las estufas y los refrigeradores. En este capítulo, aprenderás más sobre estos dispositivos y la energía eléctrica. Recuerda que cuando dos esferas conductoras se tocan, las cargas pasan de una esfera con un potencial mayor a una con un potencial menor. El flujo permanece hasta que ya no hay diferencia de potencial entre las dos esferas. Una **corriente eléctrica** es un flujo de partículas cargadas.

Los diagramas en la **Imagen 1** muestran cargas que fluyen a través de un material conductor. En el diagrama de la izquierda, hay dos conductores, A y B, conectados por el conductor C. Las cargas positivas fluyen del potencial mayor de B hacia A a través de C. La corriente eléctrica se detiene cuando la diferencia de potencial entre A, B y C es cero. El **sentido convencional** de la corriente es en el que se mueve una carga positiva. Sin embargo, las cargas que fluyen suelen ser las negativas (electrones). El flujo de electrones y el sentido convencional de la corriente tienen sentidos opuestos.

Imagen 1 Las cargas positivas fluyen del potencial mayor en B a través del cable conductor C hacia A, que tiene un potencial menor que B. Cuando la diferencia de potencial entre B y A es cero, el flujo se detiene. El flujo continúa en el diagrama de la derecha porque un generador de carga mantiene la diferencia de potencial entre los conductores A y B.

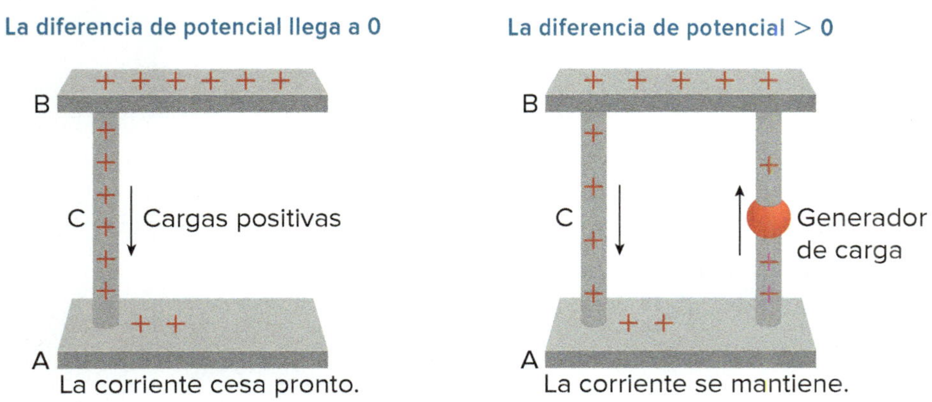

PENSAMIENTO 3D DCI Ideas centrales disciplinarias CCC Conceptos interdisciplinarios SEP Prácticas de ciencia e ingeniería

REUNIR EVIDENCIA

Usa el Cuaderno de ciencias para registrar la evidencia que reúnas mientras completas las lecturas y las actividades de la lección.

INVESTIGAR

CONÉCTATE para hallar estas actividades y más recursos.

Poner en práctica: Desarrollar y usar modelos de energía

HS-PS3-2. Desarrolla y usa modelos para ilustrar que la energía a escala macroscópica puede explicarse como una combinación de energía asociada con el movimiento de partículas (objetos) y con las posiciones relativas de las partículas (objetos).

Observa la **Imagen 1** nuevamente. Podrías mantener la diferencia de potencial eléctrico entre B y A si haces fluir de vuelta partículas cargadas de A a B, como se muestra a la derecha en la **Imagen 1.** Como el generador de carga aumenta la energía eléctrica potencial eléctrica de las cargas, necesita una fuente de energía externa. Una fuente familiar, como una celda voltaica o galvánica (una pila común), transforma energía química en eléctrica. Varias celdas galvánicas conectadas entre sí forman una **batería.** En una batería se almacena energía eléctrica.

Circuitos eléctricos

Las cargas en el diagrama de la derecha en la **Imagen 1** se mueven alrededor de un lazo cerrado y circulan del generador a B, a través de C, hacia A y de vuelta al generador. Cualquier lazo cerrado o paso conductor que permita el flujo de cargas eléctricas se denomina **circuito eléctrico.** Un circuito incluye un generador de tensión, que aumenta la energía potencial eléctrica de las cargas que fluyen de B a A. Por lo tanto, estas distintas manifestaciones de la energía eléctrica se pueden describir como una combinación de energía asociada con el movimiento de partículas cargadas en una corriente eléctrica y de energía asociada con la configuración, o posición relativa, de las partículas. Cuando las cargas fluyen a través del dispositivo que reduce la energía potencial eléctrica ($q\Delta V$), la energía se transforma en otra forma de energía. Por ejemplo, la energía eléctrica que transmiten las corrientes eléctricas se transforma en energía cinética gracias a un motor, en energía lumínica a través de una lámpara o en energía térmica en un calentador.

Comparar la corriente y el flujo de agua

Un generador de tensión crea el flujo de partículas cargadas que forman una corriente. Piensa en un generador con una rueda hidráulica, como el que se muestra en la **Imagen 2.** El agua cae y hace girar la rueda y el generador. De este modo, la energía cinética del agua se transforma en energía eléctrica gracias al generador. El generador, como el generador, aumenta la diferencia de potencial eléctrico (ΔV) entre sus dos conexiones alámbricas y da energía ($q\Delta V$) a cada carga (q) que fluye a través del generador. Esta energía proviene de la transformación de la energía cinética del agua.

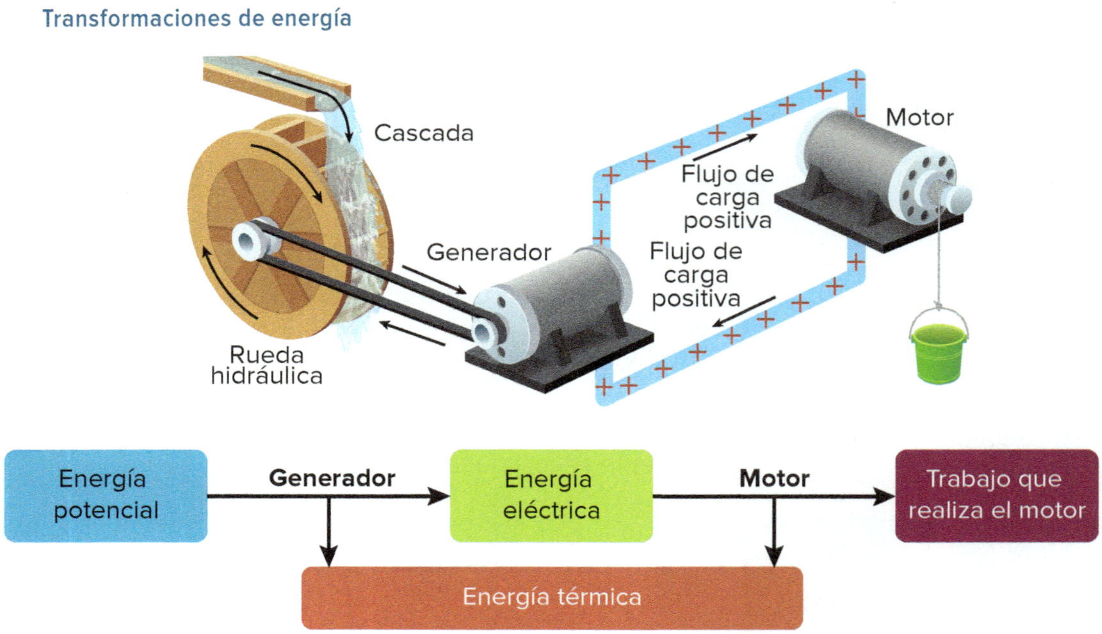

Imagen 2 La energía potencial gravitatoria del agua se transforma en energía cinética, luego en energía eléctrica y en energía térmica. Las transformaciones de energía no son 100% eficientes. La energía térmica se produce gracias al movimiento del agua, la fricción y la resistencia eléctrica.

Sin embargo, no toda la energía cinética del agua se transforma en energía eléctrica, como se muestra en el diagrama de flujo de la **Imagen 2** en la página anterior. Si el generador conectado a la rueda hidráulica se conecta a un motor, las cargas en el cable fluyen al motor. El flujo de cargas continúa a través del circuito de vuelta al generador. El motor transforma la energía eléctrica en energía cinética.

Conservación de la carga Las cargas no se pueden crear ni destruir, pero se pueden separar. Por lo tanto, la cantidad total de carga (el número de electrones negativos e iones positivos) en el circuito no se modifica. Si un coulomb fluye a través del generador en 1 s, entonces un coulomb también fluirá a través del motor en 1 s. Por lo tanto, la carga es una cantidad conservada. Lo mismo ocurre con la energía. El cambio de energía eléctrica (ΔE) equivale a $q\Delta V$. Como q se conserva, el cambio neto de potencial energético de las cargas que pasan por todo el circuito debe ser cero. El aumento de diferencia potencial que produce el generador equivale a la disminución de diferencia de potencial en el motor.

Si la diferencia de potencial entre dos cables es 120 V, la rueda y el generador deben hacer 120 J de trabajo por cada coulomb de carga que se transporta. Cada coulomb de carga que pasa por el motor le lleva 120 J de energía.

¿Lo comprendes?
Dibuja un diagrama de un circuito eléctrico y explica cómo se conserva la energía.

Tasas de flujo de carga y transferencia de energía

La potencia, que se mide en watts (W), es la razón a la que se transfiere o transforma la energía, como se muestra en la **Imagen 3.** Si un generador transfiere 1 J de energía cinética a energía eléctrica por segundo, transfiere energía a razón de 1 J/s o 1 W. La energía que transporta una corriente eléctrica depende de la carga transferida (q) y de la diferencia de potencial a través de la que se mueve (ΔV). Entonces, $E = q\Delta V$. Recuerda que la unidad para la cantidad de carga eléctrica es el coulomb. La razón del flujo de carga eléctrica $\frac{q}{t}$ se llama corriente eléctrica y se mide en coulombs por segundo. La corriente eléctrica se representa como I, entonces $I = \frac{q}{t}$. Un flujo de carga eléctrica igual a un coulomb por segundo (1 C/s) es un **amperio** (A).

Imagen 3 Algunos aparatos, como los secadores de cabello, se miden en watts. La medida, 1875 W, indica la tasa de cambio de la energía. En el secador, la energía eléctrica se transforma en energía térmica y energía cinética.

La energía que lleva una corriente eléctrica se relaciona con el voltaje, $E = q\Delta V$. Como la corriente $\left(I = \frac{q}{t}\right)$ es la tasa de flujo de carga, al multiplicar el voltaje y la corriente se obtiene la potencia $\left(P = \frac{E}{t}\right)$ de un dispositivo eléctrico. Para obtener una forma útil de la ecuación para la potencia que recibe un dispositivo eléctrico, se puede utilizar $P = \frac{E}{t}$ y sustituir $E = q\Delta V$ y $q = It$.

POTENCIA
La potencia es igual a la corriente por la diferencia de potencial.

$$P = I\Delta V$$

Si la corriente a través del motor en la **Imagen 2** es 3.0 A y la diferencia de potencial es 120 V, la potencia en el motor se calcula con la expresión $P = I\Delta V = (3.0\ C/s)(120\ J/C) = 360\ J/s$, que es 360 W.

EJEMPLO Problema 1

ENERGÍA Y POTENCIA ELÉCTRICA Una batería de 6.0 V entrega una corriente de 0.50 A a un motor eléctrico conectado a sus bornes.

a. ¿Qué potencia recibe el motor?

b. Si el motor funciona durante 5.0 min, ¿cuánta energía eléctrica recibe?

1 ANALIZAR Y PLANTEAR EL PROBLEMA

- Dibuja un circuito que muestre el borne positivo de una batería conectada a un motor y el cable de retorno del motor conectado al borne negativo de la batería.
- Muestra el sentido convencional de la corriente.

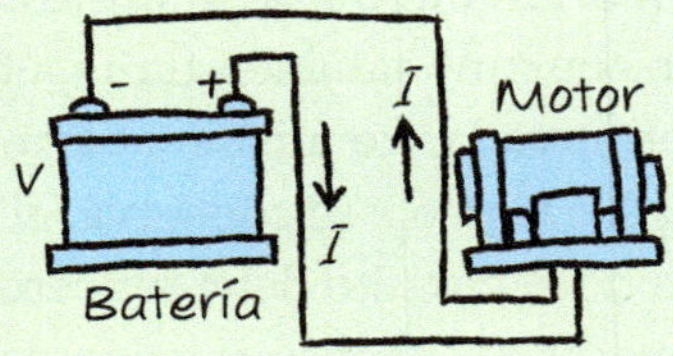

Datos conocidos	Incógnita
$\Delta V = 6.0$ V	$P = ?$
$I = 0.50$ A	$E = ?$
$t = 5.0$ min	

2 HALLAR LA INCÓGNITA

a. Usa $P = I\Delta V$ para hallar la potencia.

$P = I\Delta V$

$P = (0.50\text{ A})(6.0\text{ V})$ — Sustituye $I = 0.50$ A, $\Delta V = 6.0$ V.

$= 3.0$ W

b. Aprendiste que $P = \frac{E}{t}$. Resuelve E para hallar la energía.

$E = Pt$

$= (3.0\text{ W})(5.0\text{ min})$ — Sustituye $P = 3.0$ *W*, $t = 5.0$ min.

$= (3.0\text{ J/s})(5.0\text{ min})\left(\frac{60\text{ s}}{1\text{ min}}\right)$

$= 9.0\times10^2$ J

3 EVALUAR LA RESPUESTA

- **¿Son correctas las unidades?** La potencia se mide en watts y la energía se mide en julios.
- **¿Es realista la magnitud?** Con un voltaje y una corriente relativamente bajos, unos watts de potencia son razonables.

PRÁCTICA Problemas

PRÁCTICA ADICIONAL

1. Una batería de automóvil de 12 V genera una corriente a través de una lámpara, como se muestra en la **Imagen 4**. ¿Qué potencia usa la lámpara?

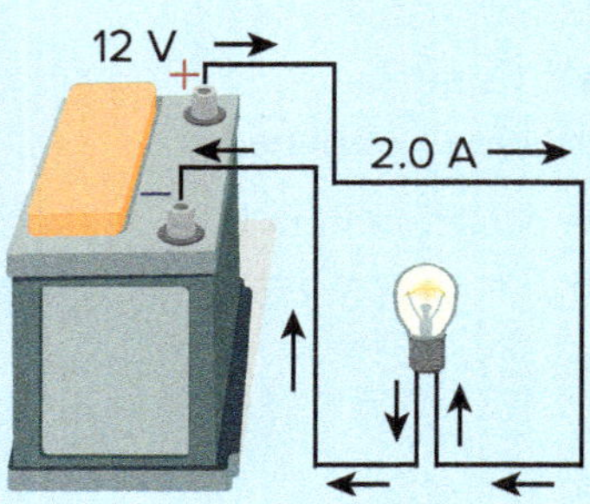

Imagen 4

2. ¿Cuál es la corriente a través de un foco de 75 W que se conecta a un tomacorriente de 125 V?
3. La corriente en un foco conectado a los bornes de un tomacorriente de 125 V es 0.50 A. ¿Cuál es la tasa de transformación de energía eléctrica en luz del foco? (Asume una eficiencia del 100%.)
4. La corriente del motor de arranque de un automóvil es de 210 A. Si la batería mantiene 12 V sobre el motor, ¿cuánta energía eléctrica se entrega al motor en 10.0 s?
5. Un generador de 75 V suministra 3.0 kW de potencia. ¿Cuánta corriente puede entregar el generador?
6. Un foco tiene 0.90 W. Si el foco produce una caída de potencial de 3.0 V, ¿cuánta corriente pasa por él?
7. **DESAFÍO** Se modifica un circuito para duplicar la diferencia de potencial en un motor y triplicar la corriente en el foco. ¿Cómo se modifica la potencia del motor?

Diagramar circuitos

Un circuito simple se puede describir con palabras. También se puede representar con dibujos de un artista o fotografías de las partes. Quizás hayas notado, sin embargo, que los circuitos se suelen diagramar con símbolos simples. Esos diagramas se denominan esquema de circuito. En la **Imagen 5**, al final de la página, se muestran un dibujo y un esquema del mismo circuito.

Algunos de los símbolos que se usan en los esquemas de circuito se muestran en la **Imagen 6** de la próxima página. Observa que tanto en el dibujo como en el esquema la carga eléctrica fluye desde el borne positivo de la batería. Para dibujar diagramas esquemáticos, usa las estrategias para resolver problemas de la página siguiente.

¿Lo comprendes?

Explica cómo se compara un esquema de un circuito eléctrico con un dibujo artístico del mismo circuito.

Un amperímetro mide la corriente y un voltímetro mide las diferencias de potencial. Estos dispositivos se suelen combinar en un único dispositivo, llamado multímetro. Cada instrumento tiene dos bornes, en general rotulados + y −. Un voltímetro mide la diferencia de potencial entre dos puntos cualquiera de un circuito. Al conectar el voltímetro a un circuito, siempre conecta el borne + al extremo del componente del circuito que está más cerca del borne positivo de la batería y conecta el borne − al otro lado del componente. El amperímetro debe estar conectado para que la corriente pase *por* el amperímetro.

¿Lo comprendes?

Identifica qué miden un amperímetro y un voltímetro.

Física en la vida diaria

RESISTENCIA La resistencia de un foco encendido de 100 W tiene alrededor de 140 Ω. Cuando se apaga el foco y está a temperatura ambiente, su resistencia es de solo unos 10 Ω. Esto se debe a la gran diferencia entre la temperatura ambiente y la temperatura de funcionamiento del foco y la dependencia térmica de la resistencia del filamento de tungsteno.

Imagen 5 Los diagramas de circuitos simples se pueden representar con imágenes y con esquemas.

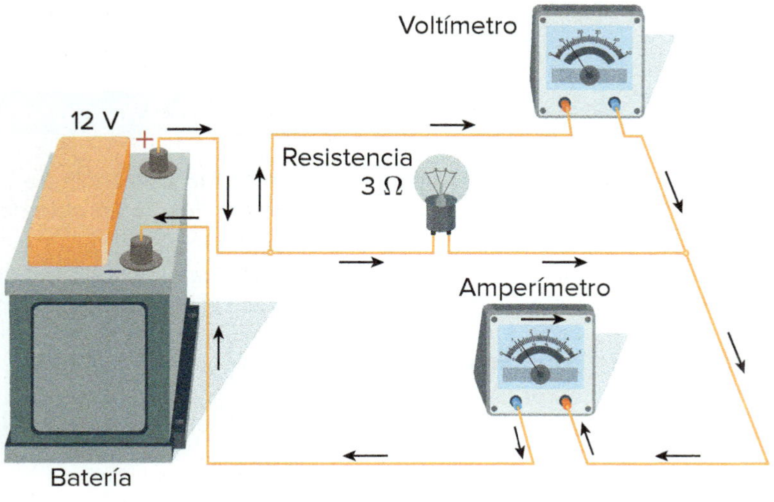

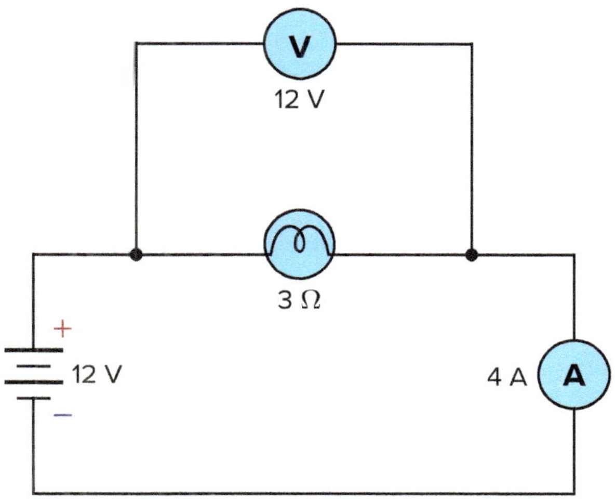

DCPhoto/Alamy Stock Photo

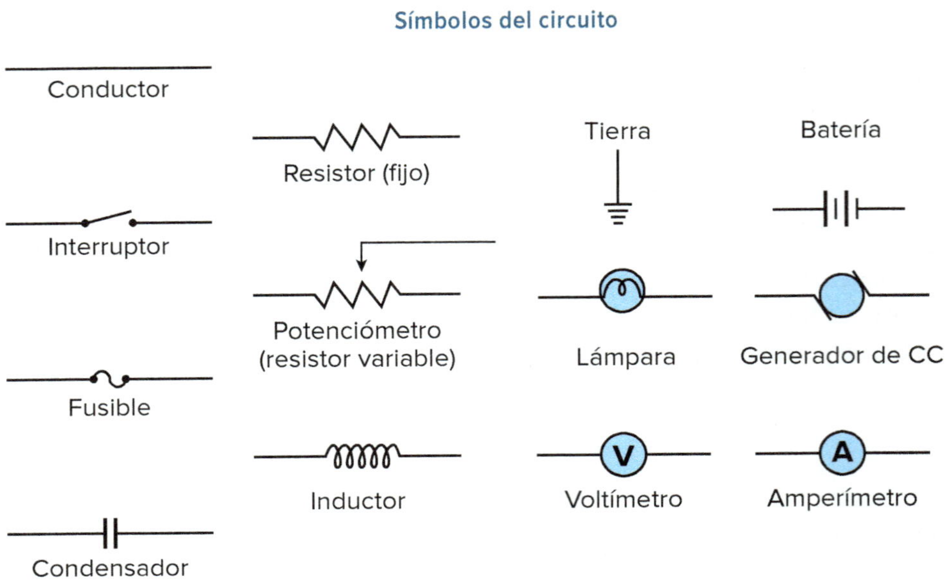

Imagen 6 Los diagramas de circuito eléctrico se suelen dibujar con estos símbolos.

ESTRATEGIAS PARA RESOLVER PROBLEMAS

DIBUJAR DIAGRAMAS ESQUEMÁTICOS

Sigue estos pasos para dibujar diagramas esquemáticos.

1. Dibuja el símbolo de la batería u otra fuente de energía eléctrica, como un generador, a la izquierda de la página. Coloca el borne positivo arriba.
2. Dibuja un cable que salga del borne positivo. Cuando alcances un resistor u otro dispositivo, dibuja su símbolo.
3. Si alcanzas un punto en el que haya dos caminos de corriente, como en un voltímetro, dibuja un 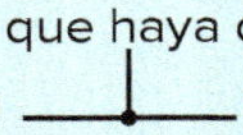 en el diagrama. Sigue un camino hasta que se vuelvan a unir los dos caminos de corriente. Luego, dibuja el segundo camino.
4. Sigue el camino de corriente hasta alcanzar el borne negativo de la batería.
5. Verifica tu trabajo para asegurarte de haber incluido todas las partes y que los camins para la corriente estén completos.

PRÁCTICA Problemas

PRÁCTICA ADICIONAL

8. Dibuja un diagrama de circuito que incluya una batería de 60.0 V, un amperímetro y una resistencia de 12.5 Ω en serie. Dibuja flechas en el diagrama para indicar el sentido de la corriente.

9. Dibuja un diagrama de circuito que muestre una batería de 4.5 V, un resistor y un amperímetro que marque 85 mA. Muestra el sentido de la corriente con reglas convencionales e indica el borne positivo de la batería.

10. Añade un voltímetro para medir la diferencia de potencial entre los resistores en los dos problemas anteriores. Rotula los voltímetros.

11. Dibuja un circuito con una batería, una lámpara, un potenciómetro para ajustar el brillo de la lámpara y un interruptor.

12. DESAFÍO Repite el problema anterior y suma un amperímetro y un voltímetro a la lámpara.

Resistencia y ley de Ohm

Georg Ohm (1787–1854) estudió la relación entre la corriente y la diferencia de potencial. La ley de Ohm determina que la corriente a través de un cable es directamente proporcional a la diferencia de potencial entre sus extremos. Imagina que una batería ocasionara una diferencia de potencial entre sus dos bornes. Si se los conectara a una vara de cobre, se crearía una gran corriente a través de la vara y de la batería. Por otra parte, conectar los bornes de la batería a una vara de vidrio casi no permite la circulación de corriente. La medida de cuánto impide un objeto o material la corriente producida por una diferencia de potencial es la **resistencia.** La **Tabla 1** muestra una lista de algunos factores que afectan a la resistencia. La resistencia se mide al aplicar una diferencia de potencial en un conductor y dividir el voltaje por la corriente. La resistencia (R) se define como la razón entre la diferencia de potencial eléctrico (ΔV) y la corriente (I).

RESISTENCIA

La resistencia se define como la diferencia de potencial dividida por la corriente.

$$R \equiv \frac{\Delta V}{I}$$

Tabla 1 Cambio de resistencia

Factor	Cómo cambia la resistencia	Ejemplo	
Longitud	La resistencia aumenta a medida que aumenta la longitud.	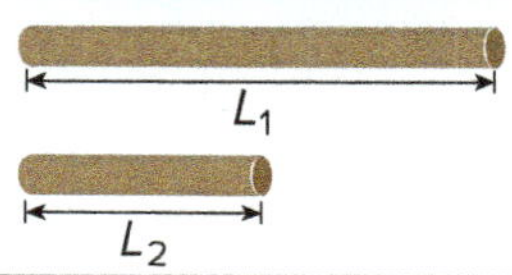	$R_{L1} > R_{L2}$
Sección transversal	La resistencia aumenta a medida que la sección transversal disminuye.	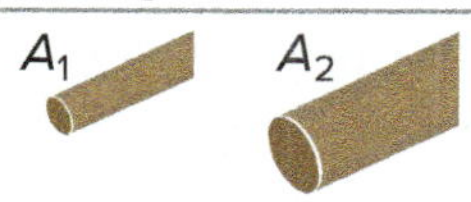	$R_{A1} > R_{A2}$
Temperatura	La resistencia suele aumentar a medida que sube la temperatura.	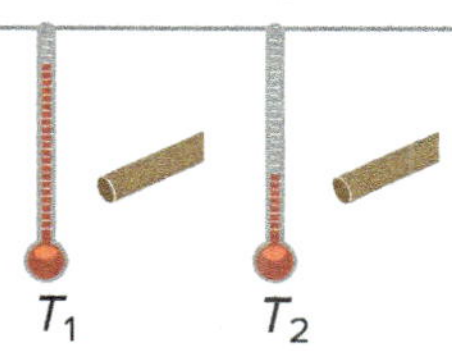	$R_{T1} > R_{T2}$
Material	Al mantener constante la longitud, la sección transversal y la temperatura, la resistencia varía según el material.	plata, cobre, oro, aluminio, hierro, platino R aumenta →	

USO CIENTÍFICO VS. USO COMÚN

Resistencia

Uso científico: medida de cuánto obstaculiza un objeto o un material el flujo de corriente eléctrica inducido por un voltaje
La resistencia de la plata es menor que la resistencia del cobre.

Uso común: el acto de oponerse
La resistencia de los clientes a los cambios en el menú hizo que los chefs los reconsideraran.

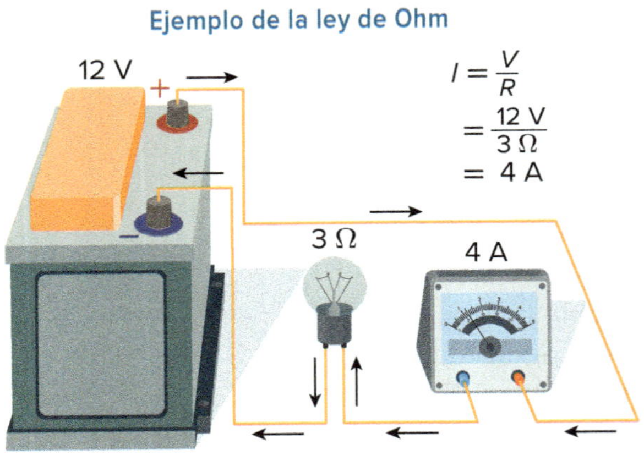

Imagen 7 El amperímetro y la ecuación dan el mismo valor para la corriente a través del circuito. Para un circuito simple con un resistor de 3 Ω y una batería de 12 V, hay una corriente de 4 A a través del circuito. La resistencia del amperímetro es insignificante.

La resistencia del conductor (*R*) se mide en ohms. Un ohm (1 Ω) es la resistencia que permite que una carga eléctrica de 1 A fluya cuando se aplica una diferencia de potencial de 1 V a un resistor. Un circuito simple que relaciona resistencia, corriente y diferencia de potencial aparece en la **Imagen 7.** El circuito se completa con una conexión a un amperímetro, que es un dispositivo que mide la corriente.

¿Lo comprendes?

Define *resistencia* con tus propias palabras.

El ohm La unidad de resistencia toma su nombre del científico alemán Georg Ohm, quien descubrió que la razón de la diferencia del potencial y la corriente es constante para un conductor determinado. La resistencia para la mayoría de los conductores no varía cuando cambia la magnitud o el sentido de la diferencia de potencial aplicada. Un dispositivo con una resistencia constante independiente de la diferencia de potencial obedece la ley de Ohm.

¿Lo comprendes?

Explica qué dispositivos obedecen la ley de Ohm.

Resistividad La mayoría de los conductores metálicos obedecen la ley de Ohm, al menos en un rango limitado de voltajes. Muchos dispositivos importantes, sin embargo, como los teléfonos y las calculadoras, contienen transistores y diodos, que no obedecen la ley de Ohm.

Los cables que se usan para conectar dispositivos eléctricos tienen poca resistencia. Un cable típico de 1 m que se usa en laboratorios de física tiene una resistencia aproximada de 0.03 Ω. Los cables caseros ofrecen solo 0.004 Ω de resistencia por cada metro de longitud.

Como los cables tienen tan poca resistencia, casi no hay una caída de potencial en ellos. Para producir mayores caídas de potencial, se necesita una gran resistencia concentrada en un volumen pequeño. Un **resistor** es un dispositivo diseñado para tener una resistencia específica. Los resistores pueden estar hechos de carbón, semiconductores o cables largos y delgados.

Controlar la corriente Existen dos maneras de controlar la corriente en un circuito. Como $I = \frac{\Delta V}{R}$, I se puede cambiar al variar ΔV, R o ambos. La **Imagen 8** muestra un circuito simple. Cuando ΔV es 6 V y R es 30 Ω, la corriente es 0.2 A. Según la ley de Ohm, mientras mayor sea el voltaje en un resistor, mayor será la corriente que pase por él. Si la diferencia de potencial aplicado a un resistor se reduce a la mitad, la corriente que pasa por él también se reducirá a la mitad. En el circuito central de la **Imagen 8,** el voltaje aplicado al resistor se reduce de 6 V a 3 V para reducir la corriente a 0.1 A. Otra manera de reducir la corriente a 0.1 A es reemplazar el resistor de 30 Ω por uno de 60 Ω , como se muestra en el circuito inferior de la **Imagen 8.**

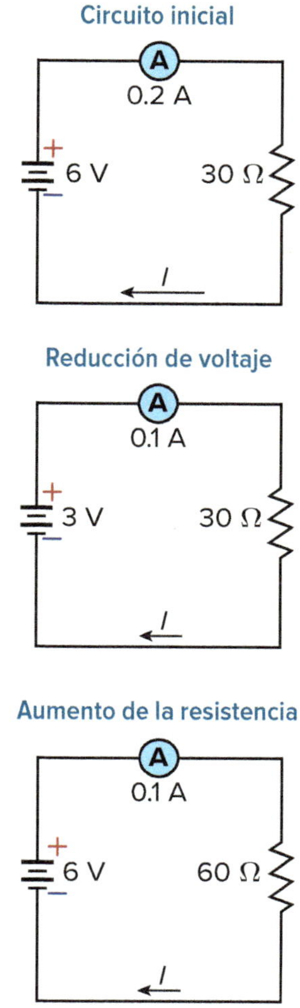

Imagen 8 Existen dos maneras de disminuir la corriente en un circuito simple. Se puede reducir el voltaje o aumentar la resistencia.

¿Lo comprendes?

Enumera dos maneras de controlar la corriente que fluye por un circuito simple.

Resistores variables Los resistores se utilizan para controlar la corriente en circuitos o partes de circuitos. A veces se precisa una variación continua y ligera. Por ejemplo, el control de velocidad en algunos motores eléctricos permite cambios continuos en la rotación del motor, en lugar de paso por paso. Para alcanzar este tipo de control, se usa un resistor variable, llamado potenciómetro. En la **Imagen 9** se muestra un circuito con un potenciómetro.

Algunos resistores variables consisten en una bobina de alambre de resistencia y un punto de contacto móvil. Al mover el punto de contacto a distintas posiciones de la bobina, varía la cantidad de alambre en el circuito. Al colocar más alambre en el circuito, la resistencia aumenta. Por lo tanto, la corriente cambia de acuerdo con la ecuación $I = \frac{\Delta V}{R}$. De esta manera, la velocidad de un motor se puede ajustar de rápida (con poco alambre en el circuito) a lenta (con mucho alambre).

Conexión SALUD El cuerpo humano actúa como un resistor variable. La resistencia de la piel seca es lo suficientemente alta para mantener bajas las corrientes que se producen con voltajes pequeños y moderados. Pero si la piel se moja, su resistencia baja y una corriente eléctrica puede elevarse a niveles peligrosos. Una corriente tan baja como 1 mA puede sentirse como un choque moderado, mientras que corrientes de 15 mA pueden provocar pérdida de control muscular y corrientes de 100 mA, la muerte. Por razones de seguridad, debes tener cuidado con cualquier corriente eléctrica, incluso la de la batería de una linterna.

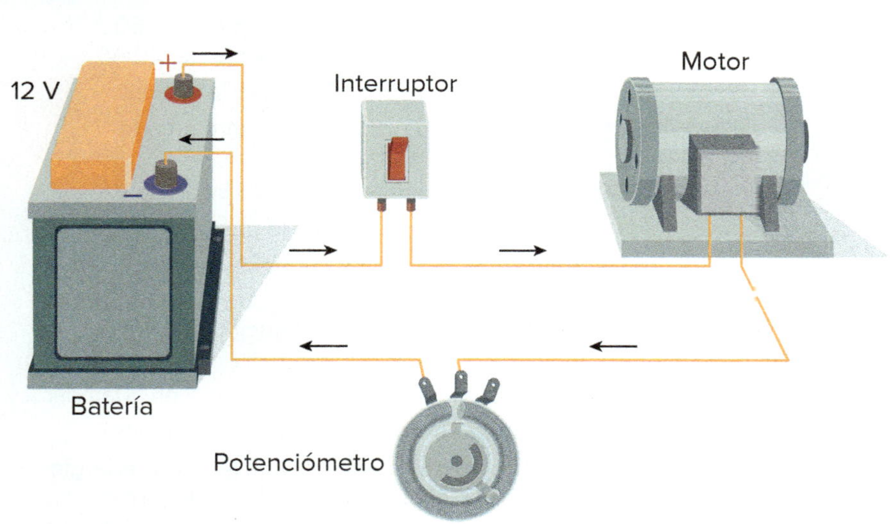

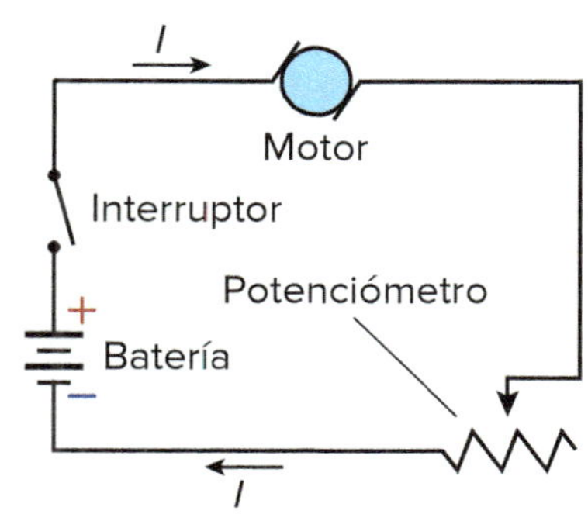

Imagen 9 Un potenciómetro se puede usar para cambiar la corriente en un circuito eléctrico.

Explica *qué efecto tiene el potenciómetro sobre el motor.*

EJEMPLO Problema 2

CORRIENTE EN UN RESISTOR Se conecta una batería de 30.0 V a un resistor de 10.0 Ω. ¿Cuál es la corriente del circuito?

1 ANALIZAR Y PLANTEAR EL PROBLEMA

- Dibuja un circuito que contenga una batería, un amperímetro y un resistor.
- Muestra el sentido convencional de la corriente.

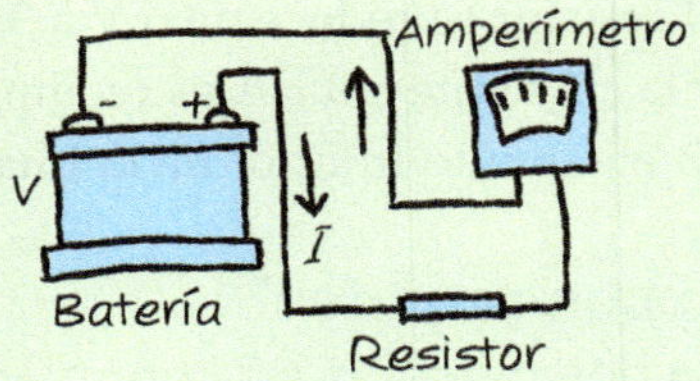

Datos conocidos

$\Delta V = 30.0$ V

$R = 10.0\ \Omega$

Incógnita

$I = ?$

2 HALLAR LA INCÓGNITA

Utiliza $I = \frac{\Delta V}{R}$ para determinar la corriente.

$$I = \frac{\Delta V}{R}$$
$$= \frac{30.0\text{ V}}{10.0\ \Omega}$$ Sustituye $\Delta V = 30.0$ V, $R = 10.0\ \Omega$.
$$= 3.00\text{ A}$$

3 EVALUAR LA RESPUESTA

- **¿Son correctas las unidades?** La corriente se mide en amperios.
- **¿Es realista la magnitud?** Existe una diferencia de potencial bastante grande y una resistencia pequeña, entonces una corriente de 3.00 A es razonable.

PRÁCTICA Problemas

PRÁCTICA ADICIONAL

Para todos los problemas, considera que el voltaje de la batería y las resistencias de la lámpara son constantes.

13. Se coloca un panel lumínico de un automóvil con una resistencia de 33 Ω junto a la batería que se muestra en **Imagen 10.** ¿Cuál es la corriente en el circuito?

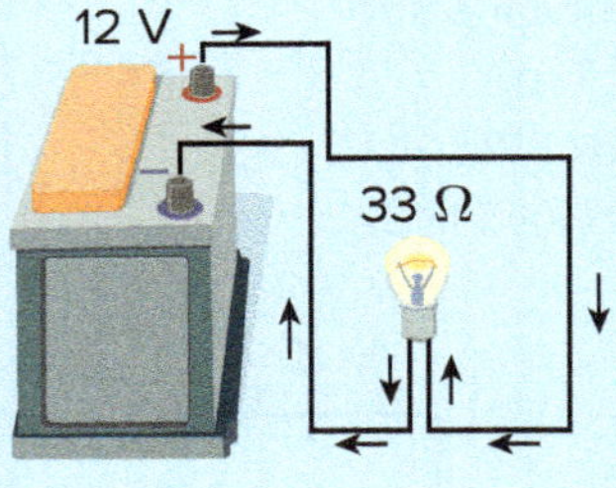

Imagen 10

14. Un sensor usa 2.0×10^{-4} A de corriente cuando funciona con la batería que se muestra en la **Imagen 11**. ¿Cuál es la resistencia del circuito del sensor?

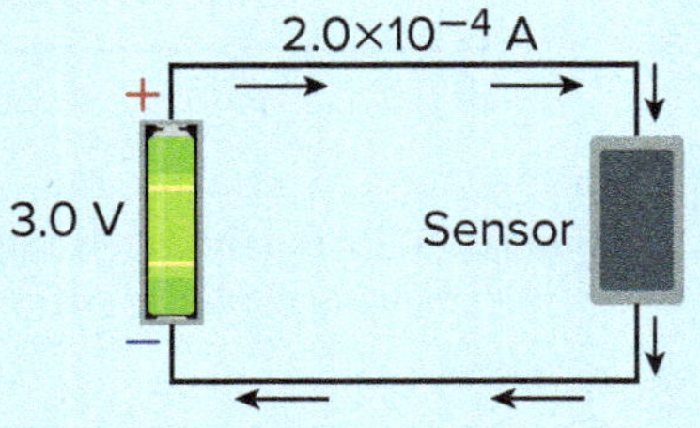

Imagen 11

15. Se conecta un motor con una resistencia operativa de 32 Ω a la fuente de voltaje que se muestra en la **Imagen 12.** ¿Cuál es el voltaje de la fuente?

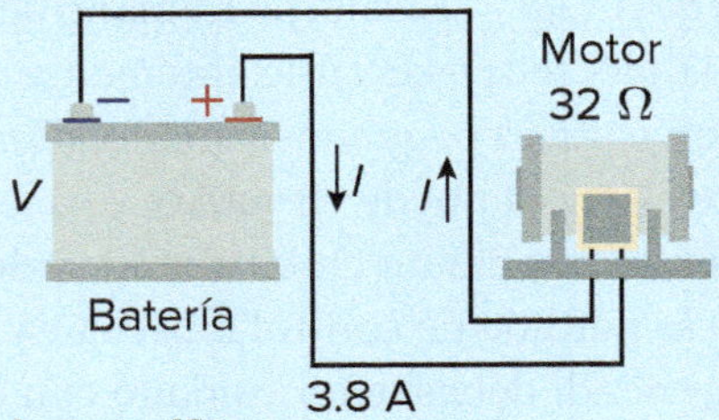

Imagen 12

16. Una lámpara toma una corriente de 0.50 A cuando se conecta a una fuente de 120 V.

a. ¿Cuál es la resistencia de la lámpara?

b. ¿Cuál es el consumo de energía de la lámpara?

17. Se conecta una lámpara de 75 W a 125 V.

a. ¿Cuál es la corriente que pasa por la lámpara?

b. ¿Cuál es la resistencia de la lámpara?

18. DESAFÍO Se añade un resistor a la lámpara del problema anterior para reducir la corriente a la mitad de su valor original.

a. ¿Cuál es la diferencia de potencial en la lámpara?

b. ¿Cuánta resistencia se añadió al circuito?

c. ¿A qué razón transforma la lámpara energía eléctrica en energía térmica y radiante?

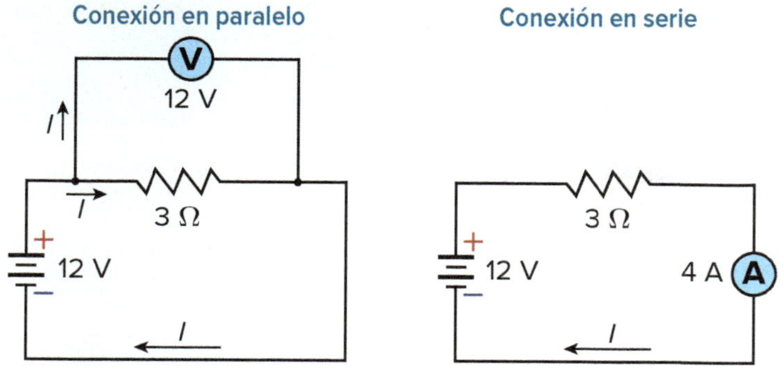

Imagen 13 Estos esquemas muestran un circuito en paralelo y un circuito en serie.

Conexiones en serie y en paralelo

Cuando se conecta un voltímetro a un componente de un circuito, se denomina conexión en paralelo porque el componente y el voltímetro se alinean paralelos entre sí en el circuito, como se muestra en la **Imagen 13.** Cuando la corriente tiene dos o más caminos posibles en un circuito, la conexión es una **conexión en paralelo.** La diferencia de potencial en el voltímetro es igual a la del componente. Las palabras *voltaje entre* siempre se asocian con una conexión en paralelo.

Un amperímetro mide la corriente a través de un componente de un circuito. La misma corriente que pasa por el componente debe pasar por el amperímetro, por lo que solo hay un camino posible. Una conexión con un solo camino para la corriente se denomina **conexión en serie,** como también se muestra en la **Imagen 13.** Para sumar un amperímetro a un circuito, se debe quitar el cable conectado al componente del circuito y conectarlo al amperímetro. Entonces, se conecta otro cable del segundo borne del amperímetro al componente del circuito. Las palabras *corriente a través* siempre se asocian con una conexión en serie.

Verifica tu progreso

19. **Energía eléctrica** Identifica dos formas en las que existe la energía eléctrica.
20. **Esquema** Dibuja un diagrama esquemático de un circuito que contenga una batería y un foco. Asegúrate de que el foco funcione con este circuito.
21. **Resistencia** Joe afirma que como $R = \frac{\Delta V}{I}$, si aumenta el voltaje, la resistencia aumentará. ¿Tiene razón? Explícalo.
22. **Potencia** Un circuito tiene 12 Ω de resistencia y se conecta a una batería de 12 V. Determina el cambio de potencia si la resistencia disminuye a 9.0 Ω.
23. **Resistencia** Quieres medir la resistencia de un trozo largo de cable. Demuestra cómo construirías un circuito con una batería, un voltímetro, un amperímetro y el cable para hacer la medición. Especifica qué medirías y cómo expresarías la resistencia.
24. **Energía** Un circuito transforma 2.2×10^3 J de energía cuando funciona durante 3.0 min. Determina la cantidad de energía que transforma cuando funciona durante 1 h.
25. **Pensamiento crítico** A veces decimos que la potencia se "disipa" en un resistor. Disiparse es desplegarse o dispersarse. ¿En qué sentido se dispersa algo cuando fluye una carga a través de un resistor?

LEARNSMART® Conéctate para cumplir tu plan de aprendizaje personalizado para repasar, practicar y reforzar tu comprensión.

LECCIÓN 2
USAR LA ENERGÍA ELÉCTRICA

PREGUNTA DE ENFOQUE

¿Cómo usamos la energía eléctrica?

Energía eléctrica, resistencia y potencia

La energía provista a un circuito se puede transformar de muchas maneras útiles. Por ejemplo, una lámpara cambia la energía eléctrica en radiante. Sin embargo, no toda la energía que llega a la lámpara resulta útil. Los focos, en especial los incandescentes, se calientan. Parte de la energía eléctrica se transforma en energía térmica.

¿Lo comprendes?

Identifica cómo se usan los circuitos eléctricos para transformar la energía según la evidencia que aporta la imagen de la Tierra al comienzo del módulo.

Calentar un resistor La corriente que pasa por un resistor aumenta su energía térmica porque el flujo de electrones choca con los átomos del resistor. De este modo, las colisiones aumentan el movimiento de los átomos y la temperatura del resistor. Una estufa, una placa caliente y el calentador de un secador de pelo están diseñados para transformar la energía eléctrica en térmica. Estos y otros artefactos del hogar, como los de la **Imagen 14,** actúan como resistores cuando están en un circuito.

Imagen 14 Estos aparatos transforman la energía eléctrica en energía térmica.

Explica *por qué se calientan los aparatos al encenderse.*

Panther Media GmbH/Alamy Stock Photo

PENSAMIENTO 3D DCI Ideas centrales disciplinarias CCC Conceptos interdisciplinarios SEP Prácticas de ciencia e ingeniería

REUNIR EVIDENCIA

Usa el Cuaderno de ciencias para registrar la evidencia que reúnas mientras completas las lecturas y las actividades de la lección.

INVESTIGAR

CONÉCTATE para hallar estas actividades y más recursos.

Poner en práctica: Representar los cambios de energía

HS-PS3-1. Haz un modelo por computadora para calcular el cambio en la energía de un componente en un sistema cuando se conoce el cambio de energía de los otros componentes y los flujos de energía dentro y fuera del sistema.

Cuando la carga (q) se mueve a través de un resistor, su potencial se reduce en una cantidad (ΔV). Como aprendiste, la disminución de energía se representa con $q\Delta V$. En sentido práctico, la tasa de cambio de la energía, la potencia $\left(P = \frac{E}{t}\right)$, es más importante. Antes aprendiste que la corriente es la tasa del flujo de la carga $\left(I = \frac{q}{t}\right)$ y que la potencia que se transforma en un resistor se representa como $P = I\Delta V$. Para un resistor, $\Delta V = IR$. Si se conoce I y R, se puede sustituir $\Delta V = IR$ en la ecuación por la potencia eléctrica para obtener la siguiente ecuación. Por lo tanto, la tasa de transformación de la energía en un resistor es proporcional tanto al cuadrado de la corriente que pasa por él como a la resistencia.

Potencia

La potencia es igual a la corriente al cuadrado por la resistencia.

$$P = I^2R$$

Potencia y energía térmica Si conoces ΔV y R, pero no I, puedes sustituir $I = \frac{\Delta V}{R}$ en $P = I\Delta V$ para obtener la siguiente ecuación.

Potencia

La potencia es igual a la diferencia de potencial al cuadrado dividida por la resistencia.

$$P = \frac{(\Delta V)^2}{R}$$

La potencia es la tasa a la que se transforma la energía de una forma u otra. La energía pasa de energía eléctrica a térmica y la temperatura del resistor aumenta. Los resistores en un calentador de inmersión, por ejemplo, convierten la energía eléctrica en térmica tan rápido como para hacer hervir agua en pocos minutos. Si la potencia sigue transformándose a una tasa uniforme, entonces, luego de un tiempo t, la energía transformada en energía térmica será $E = Pt$. Como $P = I^2R$ y $P = \frac{(\Delta V)^2}{R}$, la energía total por convertir en energía térmica se puede escribir de las siguientes maneras.

$$E = Pt \qquad E = I^2Rt \qquad E = \left(\frac{(\Delta V)^2}{R}\right)t$$

Superconductores Un **superconductor** es un material con resistencia cero. Al no tener restricción de corriente, no hay diferencia de potencial (ΔV) en un cable superconductor. La tasa de transformación de energía en un conductor está dada por el producto $I\Delta V$, entonces un superconductor puede conducir electricidad sin transformaciones de energía térmica. Hoy en día, casi todos los superconductores deben mantenerse a temperaturas por debajo de los 100 K. Entre los usos prácticos de los superconductores se incluyen los imanes de IRM. Algún día, los cables superconductores quizás puedan transportar energía eléctrica eficientemente desde plantas de energía distantes.

¿Lo comprendes?

Determina la cantidad de resistencia en un superconductor.

CCC **CONCEPTOS INTERDISCIPLINARIOS**

Causa y efecto Investiga los efectos esperables del uso de cables superconductores para transportar electricidad. Haz un folleto para destacar los cambios que podrían resultar del cambio de materiales.

EJEMPLO Problema 3

CALOR ELÉCTRICO Un calentador tiene una resistencia de 10.0 Ω y funciona con 120.0 V.

a. ¿Cuál es la potencia del calentador?

b. ¿Cuánta energía térmica aporta el calentador en 10.0 s?

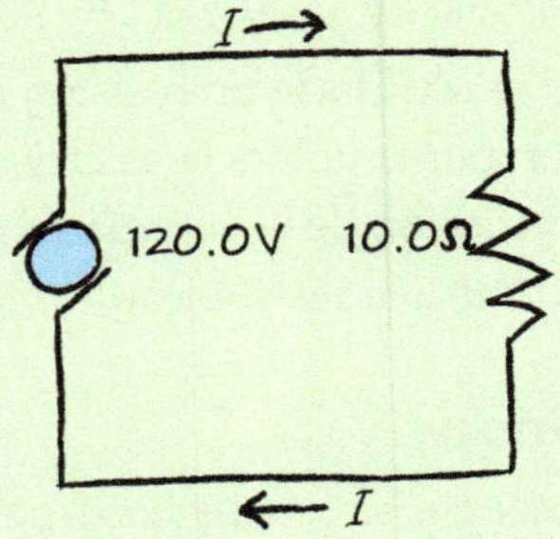

1 ANALIZAR Y PLANTEAR EL PROBLEMA

- Haz un bosquejo de la situación.
- Rotula los componentes conocidos del circuito: una fuente de diferencia de potencial de 120.0 V y un resistor de 10.0 Ω.

Datos conocidos	**Incógnita**
$R = 10.0\ \Omega$	$P = ?$
$\Delta V = 120.0\ \text{V}$	$E = ?$
$t = 10.0\ \text{s}$	

2 HALLAR LA INCÓGNITA

a. Como R y ΔV son datos conocidos, usa $P = \frac{(\Delta V)^2}{R}$.

$$P = \frac{(120.0\ \text{V})^2}{10.0\ \Omega}$$ Sustituye $\Delta V = 120.0$ V, $R = 10.0\ \Omega$.

$$= 1440\ \text{W} = 1.44\ \text{kW}$$

b. Resuelve para la energía.

$$E = Pt$$

$$= (1.44\ \text{kW})(10.0\ \text{s})$$ Sustituye $P = 1.44$ kW, $t = 10.0$ s.

$$= 14.4\ \text{kJ}$$

3 EVALUAR LA RESPUESTA

- **¿Son correctas las unidades?** La potencia se mide en watts y la energía se mide en julios.
- **¿Son realistas las magnitudes?** Para la potencia, $10^2 \times 10^2 \times 10^{-1} = 10^3$, entonces los kilovatios son razonables. Para la energía, $10^3 \times 10^1 = 10^4$, entonces un orden de magnitud de 10,000 julios es razonable.

PRÁCTICA Problemas

PRÁCTICA ADICIONAL

26. Un calentador eléctrico de 15 Ω funciona con un tomacorriente de 120 V.

a. ¿Cuál es la corriente que pasa por el calentador?

b. ¿Cuánta energía usa el calentador en 30.0 s?

c. ¿Cuánta energía térmica se libera en este lapso?

27. Se conecta un resistor de 39 Ω a una batería de 45 V.

a. ¿Cuál es la corriente en el circuito?

b. ¿Cuánta energía usa el resistor en 5.0 min?

28. Un foco de 100.0 W tiene una eficiencia de 22%. Esto significa que el 22% de la energía eléctrica se transforma en energía radiante.

a. ¿Cuántos julios transforma el foco en energía radiante por cada minuto de funcionamiento?

b. ¿Cuántos julios de energía térmica libera el foco por minuto?

29. La resistencia del componente de una estufa eléctrica a temperatura de funcionamiento es 11 Ω.

a. Si se le aplican 220 V, ¿cuál es la corriente que atraviesa el componente?

b. ¿Cuánta energía transforma el componente en energía térmica en 30.0 s?

c. Se utiliza el componente para calentar una pava que contiene 1.20 kg de agua. Supón que el agua absorbe el 65% de la energía térmica. ¿Cuál es el aumento de temperatura del agua durante los 30.0s?

30. DESAFÍO Un calentador de 120 V tarda 2.2 h en calentar un volumen determinado de agua a cierta temperatura. ¿Cuánto tardaría una unidad de 240 V con la misma corriente en completar la misma tarea?

Proveer energía eléctrica

Imagen 15 Esta represa hidroeléctrica es una de las once que hay en el río Columbia.

¿Cómo puede transmitirse la energía producida en plantas hidroeléctricas, como la de la **Imagen 15,** a largas distancias con la mínima transformación en energía térmica posible? La energía eléctrica se transforma a una tasa que se representa como $P = I^2R$. Los ingenieros eléctricos llaman a la energía térmica no deseada pérdida por efecto Joule o pérdida I^2R. Todos los cables tienen cierta resistencia que depende de su longitud. El cable grueso que se usa para llevar corriente eléctrica a un hogar tiene una resistencia de 0.20 Ω para una longitud de 1 km de cable. Así, la resistencia de los cables necesarios para llevar ida y vuelta una corriente de una planta a un hogar a 3.5 km es: $R = 2(3.5\text{ km})(0.20\ \Omega/\text{km}) = 1.4\ \Omega$. Una estufa eléctrica puede ocasionar una corriente de 41 A a través de los cables. La tasa de transformación de energía (potencia) en los cables se representa con la siguiente relación.

$$P = I^2R = (41\text{ A})^2(1.4\ \Omega) = 2400\text{ W}$$

Líneas de transmisión eléctrica Toda esta energía eléctrica se transforma en energía térmica y se desperdicia. Reducir la corriente (I) o la resistencia (R) minimizaría la pérdida. Los cables de alta conductividad y de gran diámetro y de poca resistencia son costosos y pesados. Es más importante minimizar la corriente porque la transformación es proporcional al cuadrado de la corriente. La energía eléctrica por segundo (potencia) es $P = IV$. Al aumentar el voltaje, se reduce la corriente sin alterar la potencia. Las líneas de transmisión de larga distancia funcionan con voltajes mucho mayores que los domésticos, en algunos casos más de 500,000 V. La corriente menor resultante reduce la pérdida de I^2R al mantener el factor I^2 bajo. El voltaje de salida de la central generadora se reduce en subestaciones eléctricas a 2400 V y otra vez a 240 V o 120 V antes de usarse.

El kilovatio-hora La potencia es la tasa a la que se provee energía. Cuando los consumidores pagan las cuentas de sus casas, como la de la **Imagen 16,** pagan por la energía eléctrica, no por la potencia. La cantidad de energía que usa un dispositivo es su tasa de consumo de energía, en julios por segundo o watts (W), multiplicada por el número de segundos de funcionamiento. Los julios por segundo por los segundos $\left(\frac{\text{J}}{\text{s}} \times \text{s}\right)$ equivalen al monto total de julios de energía. El julio, o vatio-segundo, es demasiado pequeño para el uso comercial. En su lugar, las empresas eléctricas usan una unidad mayor llamada **kilovatio-hora** (kWh). Un kilovatio-hora equivale a 1000 watts continuos durante 3600 s (1 h) o 3.6×10^6 J. No muchos dispositivos domésticos, además de los calentadores de agua, las estufas, los secarropas, los microondas, los calentadores y los secadores de pelo, consumen más de 1000 W de potencia.

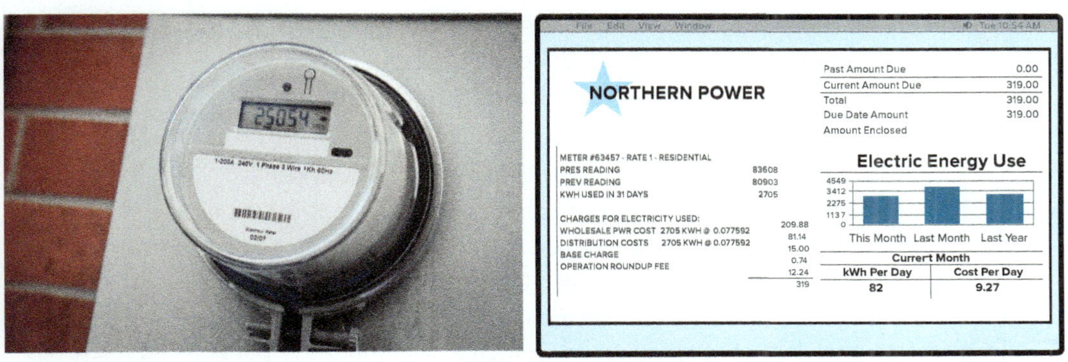

Imagen 16 Los medidores inteligentes miden la cantidad de energía eléctrica que usa un consumidor. Las cuentas de electricidad suelen detallar la cantidad de energía consumida.

(t)4nadia/iStock/Getty Images; (b) kenneth-cheung/E+/Getty Images

PRÁCTICA Problemas

PRÁCTICA ADICIONAL

31. Un calefactor eléctrico toma 15.0 A de una fuente de 120 V. En promedio, funciona unas 5.0 h al día.

a. ¿Cuánta potencia usa el calefactor?

b. ¿Cuánta energía en kWh consume en 30 días?

c. A $0.12 por kWh, ¿cuál es el costo si el calefactor funciona durante 30 días?

32. Un reloj digital tiene una resistencia de 12,000 Ω y se conecta a un tomacorriente de 115 V.

a. ¿Cuánta corriente extrae?

a. ¿Cuánta potencia usa?

c. Si el dueño del reloj paga $0.12 por kWh, ¿cuál es el costo de que funcione durante 30 días?

33. Una batería de automóvil puede dar 55 A a 12 V durante 1.0 h y necesita 1.3 veces esa cantidad de energía para recargarse a causa de su eficiencia imperfecta. ¿Cuánto tiempo llevará cargar la batería con una corriente de 7.5 A? Considera que el voltaje de carga es el mismo que el de descarga.

34. DESAFÍO Resuelve el problema anterior y considera que la batería necesita 14 V al recargarse.

FÍSICA Desafío

Usa el diagrama de la derecha para ayudarte a responder las siguientes preguntas.

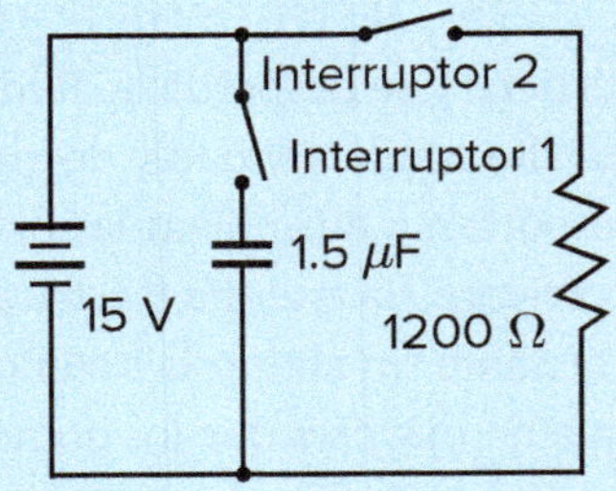

1. Al principio, el condensador no tiene carga. El interruptor 1 está cerrado y el 2 permanece abierto. ¿Cuál es la diferencia de potencial en el condensador?

2. El interruptor 1 se abre y el 2 continúa abierto. ¿Cuál es la diferencia de potencial en el condensador? ¿Por qué?

3. Luego, el interruptor 2 se cierra y el 1 permanece abierto. ¿Cuál es la diferencia de potencial entre el condensador y cuál es la corriente a través del resistor inmediatamente después de cerrar el interruptor 2?

4. A medida que pasa el tiempo, ¿qué ocurre con el voltaje medido en el condensador y la corriente a través del resistor?

Verifica tu progreso

35. **Formas de energía** El motor de un automóvil hace funcionar un generador, que transfiere energía eléctrica a la batería del automóvil. Los focos delanteros usan la energía almacenada en la batería para producir luz. Enumera las formas de energía en esas tres operaciones.

36. **Resistencia** Un secador de pelo que funciona con 120 V tiene dos modos, caliente y tibio. ¿En qué modo la resistencia será menor? ¿Por qué?

37. **Eficiencia** Evalúa el impacto en la sociedad y el medioambiente de la investigación para mejorar las líneas de transmisión eléctrica.

38. **Voltaje** ¿Por qué una cocina eléctrica y un calentador de agua eléctrico se conectarían a un circuito de 240 V y no a uno de 120 V?

39. **Costo de la energía** Un consumidor usa 3098 kWh en 29 días. Se le cobra $0.077592 por kWh por la electricidad más $0.029998 por kWh por la distribución. ¿Cuál será la cuenta en 29 días?

40. **Resistencia y potencia** Se conecta una tostadora al circuito de la **Imagen 17.**

a. ¿Cuál es la resistencia de la tostadora?

b. ¿Cuál es la tasa de transformación de energía de la tostadora?

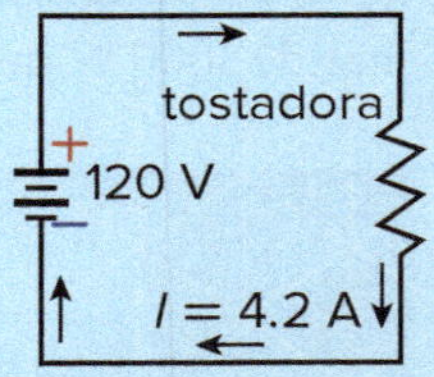

Imagen 17

41. **Pensamiento crítico** Cuando la demanda de energía eléctrica es alta, las empresas productoras a veces reducen el voltaje. ¿Qué es lo que se ahorra?

LEARNSMART® Conéctate para cumplir tu plan de aprendizaje personalizado para repasar, practicar y reforzar tu comprensión.

LECCIÓN 3
CIRCUITOS SIMPLES

PREGUNTA DE ENFOQUE

¿Cómo se puede construir un circuito simple para satisfacer las necesidades en una situación determinada?

Modelo de un río

Se puede usar un río de montaña para representar un circuito eléctrico. Desde su origen, en lo alto de las montañas, el río fluye colina abajo hacia la llanura. Sin importar qué camino tome el río, el cambio de altura, desde la cima a la llanura, es el mismo. Algunos ríos fluyen colina abajo en un único torrente. Otros ríos pueden dividirse en dos o más cauces al fluir sobre una cascada o a través de una serie de rápidos. En este caso, una parte del río sigue un camino, mientras que otras partes siguen otros. Sin importar cuántos caminos tome un río, la cantidad total de agua que fluye montaña abajo no cambia. En otras palabras, el número de caminos que toma el agua no afecta la cantidad total de agua que fluye colina abajo.

¿Cómo representa el río de la **Imagen 18** a un circuito eléctrico? La distancia de caída del río es similar a la diferencia de potencial en un circuito. El flujo del agua se parece a la corriente del circuito. Las piedras grandes y otros obstáculos resisten el flujo de agua y son como los resistores en el circuito. ¿Qué parte del ciclo del agua se parece a una batería o a un generador en un circuito eléctrico? La fuente de energía necesaria para llevar agua a la cima de la montaña es el Sol. La energía solar evapora el agua de los lagos y los mares; esto lleva a la formación de nubes que liberan lluvia o nieve que cae en las cimas. Piensa en el modelo de los ríos al leer más sobre los circuitos eléctricos.

Imagen 18 El flujo de un río de montaña es similar a la corriente eléctrica porque, sin importar el cauce, la cantidad de agua y de carga eléctrica permanece igual.

PENSAMIENTO 3D DCI Ideas centrales disciplinarias CCC Conceptos interdisciplinarios SEP Prácticas de ciencia e ingeniería

REUNIR EVIDENCIA

Usa el Cuaderno de ciencias para registrar la evidencia que reúnas mientras completas las lecturas y las actividades de la lección.

INVESTIGAR

CONÉCTATE para hallar estas actividades y más recursos.

Laboratorio forense: Configuraciones de circuitos
Haz una investigación sobre cómo **la estructura** de un circuito **eléctrico** afecta **su función.**

Repasar las noticias
Obtén información de una noticia actual sobre circuitos o **energía eléctrica** en la vida diaria. **Evalúa** la fuente y **comunica** tus descubrimientos a la clase.

Circuitos en serie

Imagina que tres estudiantes conectan dos lámparas idénticas a una batería, como se muestra en la **Imagen 19.** Antes de conectar la batería, el profesor les pide que predigan el brillo de las lámparas. El primer estudiante predice que solo se encenderá la lámpara cercana al borne positivo (+) de la batería porque toda la corriente se convertirá en energía lumínica. El segundo estudiante predice que solo se usará parte de la corriente y que la segunda lámpara brillará, pero menos que la primera. El tercer estudiante predice que las lámparas brillarán con la misma intensidad porque la corriente es un flujo de carga y la carga que salga de la primera lámpara solo puede ir hacia la segunda lámpara. El tercer estudiante deduce que, como la corriente será igual en cada lámpara, el brillo también será igual.

Imagen 19 Los estudiantes construyeron este circuito y lo usaron para verificar sus predicciones sobre el brillo de cada foco con la conexión final.

Corriente en un circuito en serie

Si consideras el río de montaña que representa este circuito, te darás cuenta de que el tercer estudiante tiene razón. Recuerda que la carga no se crea ni se destruye. Como la carga del circuito solo puede seguir un camino y no se puede destruir, la misma cantidad de carga que ingrese a la primera lámpara también deberá salir de ella. La corriente es la misma en todo el circuito. Si conectas tres amperímetros, como se muestra en la **Imagen 20,** todos marcarán la misma corriente. Un circuito como este, en el que la corriente solo tiene un camino, se denomina **circuito en serie.**

¿Lo comprendes?

Define el término *circuito en serie.*

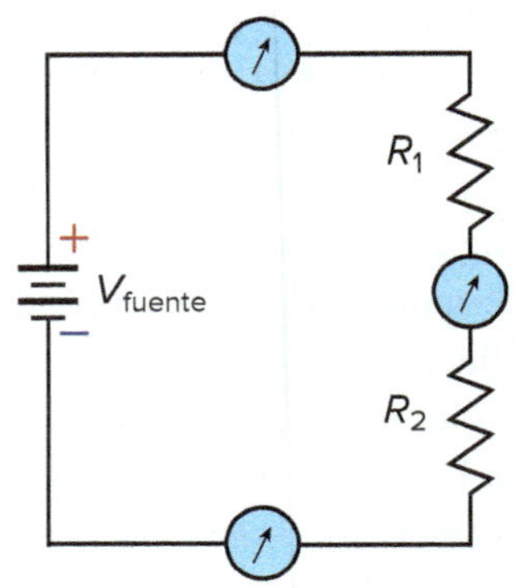

Imagen 20 Los amperímetros se pueden usar en un circuito en serie para mostrar que la corriente es la misma a lo largo del circuito.

Si la corriente no disminuye al pasar por una lámpara, ¿de dónde proviene la energía para iluminar las lámparas? Los primeros dos estudiantes basaron sus predicciones en ideas sobre la energía. La energía para iluminar las lámparas debe provenir de algún lado. Para ellos, tenía sentido que la corriente disminuyera a causa de la conversión de energía eléctrica en lumínica.

Recuerda que la potencia, la tasa de conversión de la energía eléctrica, se puede representar como $P = I\Delta V$. Esto significa que las conversiones de energía eléctrica en otras formas dependen de la corriente y de la diferencia de potencial. Entonces, como la corriente no cambia cuando la lámpara convierte energía eléctrica en lumínica, debe existir una diferencia de potencial en la lámpara. La resistencia de la lámpara se define como $R = \frac{\Delta V}{I}$. Por lo tanto, la diferencia de potencial en la lámpara es $\Delta V = IR$.

Conexión con carreras STEM

Ingeniero eléctrico

¿Te fascinan los motores eléctricos y los dispositivos que los usan? ¿Te interesa la generación de energía eléctrica? Los ingenieros eléctricos ayudan a diseñar y desarrollar dispositivos eléctricos. Son responsables de probarlos y de garantizar que funcionen de manera segura y eficiente.

Resistencia equivalente de un circuito en serie

Gracias al modelo del río, sabes que la altura sobre el nivel del mar de la cima de la montaña equivale a la altura desde la que cae el agua. En un circuito eléctrico, la diferencia de potencial en el generador u otra fuente de energía (ΔV_{fuente}) es igual a la suma de las diferencias de potencial en las lámparas 1 y 2 y se representa con la siguiente ecuación:

$$\Delta V_{\text{fuente}} = \Delta V_1 + \Delta V_2.$$

Para hallar la diferencia de potencial en un resistor, multiplica la corriente en el circuito por la resistencia del resistor individual. Como la corriente a través de las lámparas es la misma, $\Delta V_1 = IR_1$ y $\Delta V_2 = IR_2$. Entonces, $\Delta V_{\text{fuente}} = IR_1 + IR_2$ o $\Delta V_{\text{fuente}} = I(R_1 + R_2)$. La corriente a través del circuito se representa con esta ecuación:

$$I = \frac{\Delta V_{\text{fuente}}}{(R_1 + R_2)}.$$

La misma idea se puede extender a cualquier cantidad de resistencias en serie, no solo dos. Si reemplazaras todos los resistores de un circuito por un único resistor que generara la misma corriente, el valor de ese resistor sería la **resistencia equivalente** del circuito. Para los resistores en serie, existiría la misma corriente en el circuito con un solo resistor (R) que tuviera una resistencia igual a la suma de las resistencias individuales.

Resistencia equivalente para resistores en serie

La resistencia equivalente de los resistores en serie es igual a la suma de las resistencias individuales de los resistores.

$$R = R_1 + R_2 + \ldots$$

Observa que la resistencia equivalente es mayor que la de cualquier resistor individual. Por lo tanto, si no se modifica el voltaje de la batería, sumar más dispositivos en serie siempre disminuirá la corriente. Para hallar la corriente a través de un circuito en serie, calcula primero la resistencia equivalente y luego, usa la siguiente ecuación.

Corriente

La corriente a través de un circuito en serie es igual a la diferencia de potencial en la fuente de potencia dividida por la resistencia equivalente.

$$I = \frac{\Delta V_{\text{fuente}}}{R}$$

PRÁCTICA Problemas

PRÁCTICA ADICIONAL

42. Se conectan tres resistores de 22 Ω en serie a un generador de 125 V. ¿Cuál es la resistencia equivalente del circuito? ¿Cuál es la corriente en el circuito?

43. Se conectan en serie un resistor de 12 Ω, uno de 15 Ω y uno de 5 Ω a una batería de 75 V. ¿Cuál es la resistencia equivalente del circuito? ¿Cuál es la corriente del circuito?

44. Un cable con luces tiene diez focos idénticos con la misma resistencia conectados en serie. Cuando se conecta el cable a un tomacorriente de 117 V, la corriente en los focos es 0.06 A. ¿Cuál es la resistencia de cada foco?

45. En un circuito con tres resistores conectados en serie hay una batería de 9 V.

a. Si aumenta la resistencia de uno de los resistores, ¿cómo se modificará la resistencia equivalente?

b. ¿Qué ocurrirá con la corriente?

c. ¿Habrá algún cambio en el voltaje de la batería?

46. **DESAFÍO** Calcula las diferencias de potencial de tres resistores de 12 Ω, 15 Ω y 5 Ω que se conectan en serie a una batería de 75 V. Verifica que la suma de sus diferencias de potencial sea igual a la diferencia de potencial en la batería.

Divisores de tensión Imagina que tienes una batería de 9 V, pero que necesitas una diferencia de potencial de 5 V para un circuito eléctrico. ¿Cómo puedes generar una diferencia de potencial de 5 V si la batería genera una de 9 V? Puedes utilizar un tipo de circuito en serie denominado **divisor de tensión.** Un divisor de tensión genera una fuente de diferencia de potencial menor que la de la batería.

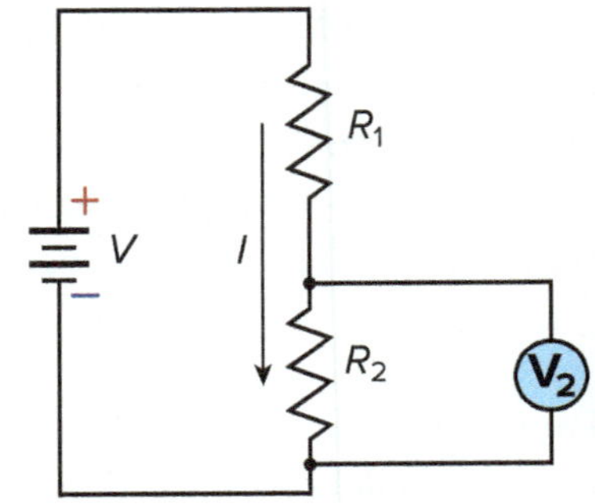

Imagen 21 Este circuito divisor de tensión demuestra cómo se puede obtener un voltaje de la magnitud deseada al elegir la combinación correcta de resistores.

Explica *por qué la flecha de sentido actual en el diagrama apunta en ese sentido.*

Observa el circuito de la **Imagen 21.** Se conectan en serie dos resistores (R_1 y R_2) a una batería con una diferencia de potencial V. La resistencia equivalente del circuito es

$$R = R_1 + R_2.$$

La corriente se representa con la siguiente ecuación:

$$I = \frac{\Delta V}{R} = \frac{\Delta V}{R_1 + R_2}$$

El voltaje deseado (5 V) es la caída de voltaje (ΔV_2) en el resistor R_2: $\Delta V_2 = IR_2$. Sustituye la ecuación anterior en esta ecuación de la siguiente manera:

$$\Delta V_2 = IR_2 = \left(\frac{\Delta V}{R_1 + R_2}\right)R_2 = \frac{\Delta V R_2}{R_1 + R_2}$$

Al elegir los resistores adecuados, se puede generar una diferencia de potencial de 5 V en una parte del circuito eléctrico, incluso si solo tienes una batería de 9 V a disposición.

Fotorresistores Los divisores de tensión suelen utilizarse con sensores, como los fotorresistores. La resistencia de un fotorresistor depende de la cantidad de luz que lo impacte. Un fotorresistor típico tiene una resistencia de 400 Ω cuando recibe luz y una resistencia de 400,000 Ω cuando está en la oscuridad. La tensión de salida de un divisor de tensión que utilice un fotorresistor depende de la cantidad de luz que impacte al fotorresistor en determinado momento.

Este circuito se puede usar como medidor de luz, como se muestra en la **Imagen 22.** En este dispositivo, un circuito eléctrico detecta la diferencia de potencial y la convierte en una medida de la iluminancia que se puede observar en una pantalla digital.

Imagen 22 Los medidores de luz que se usan en la fotografía usan un divisor de tensión. La cantidad de luz que impacta el sensor fotorresistor determina la tensión de salida del divisor de tensión.

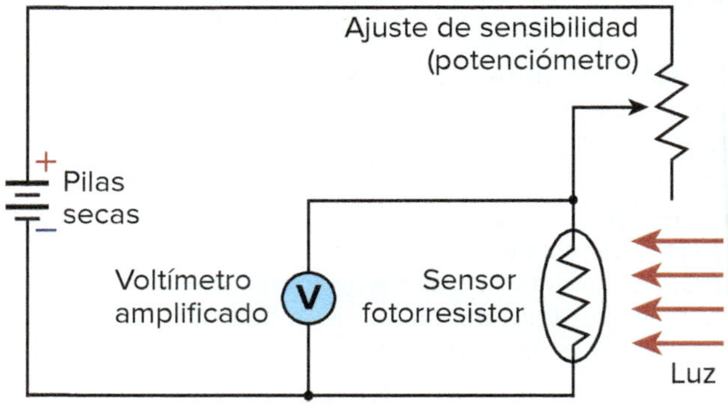

SensorSpot/E+/Getty Images

EJEMPLO Problema 4

DIFERENCIA DE POTENCIAL EN UN CIRCUITO EN SERIE Dos resistores, uno de 47 Ω y uno de 82 Ω, se conectan en serie a una batería de 45 V.

a. ¿Cuál es la corriente en el circuito?

b. ¿Cuál es la diferencia de potencial en cada resistor?

c. Si se reemplaza el resistor de 47 Ω por uno de 39 Ω, ¿la corriente aumentará, disminuirá o permanecerá igual?

d. ¿Cuál es la nueva diferencia de potencial en el resistor de 82 Ω?

1 ANALIZAR Y PLANTEAR EL PROBLEMA

Dibuja un esquema del circuito.

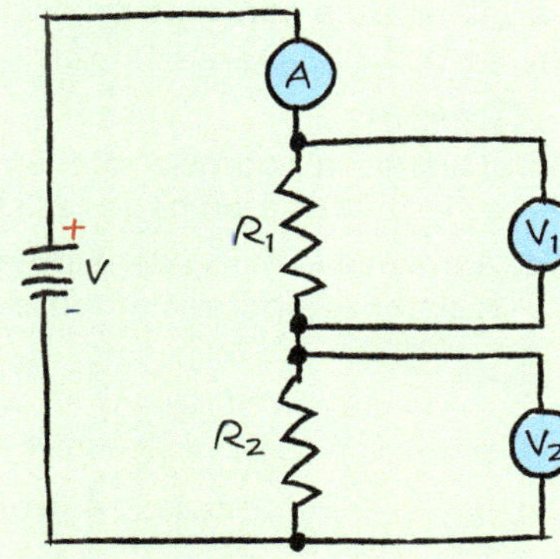

Datos conocidos	Incógnita
$\Delta V_{\text{fuente}} = 45\ \text{V}$	$I = ?$
$R_1 = 47\ \Omega$	$\Delta V_1 = ?$
$R_2 = 82\ \Omega$	$\Delta V_2 = ?$

2 HALLAR LA INCÓGNITA

a. Para determinar la corriente, primero halla la resistencia equivalente.

$$I = \frac{\Delta V_{\text{fuente}}}{R} \text{ y } R = R_1 + R_2$$

$$= \frac{\Delta V_{\text{fuente}}}{R_1 + R_2}$$ Sustituye $R = R_1 + R_2$.

$$= \frac{45\ \text{V}}{47\ \Omega + 82\ \Omega}$$ Sustituye $\Delta V_{\text{fuente}} = 45\ \text{V}$, $R_1 = 47\ \Omega$, $R_2 = 82\ \Omega$.

$$= 0.35\ \text{A}$$

b. Usa $\Delta V = IR$ para cada resistor.

$$\Delta V_1 = IR_1$$

$$= (0.35\ \text{A})(47\ \Omega)$$ Sustituye $I = 0.35\ \text{A}$, $R_1 = 47\ \Omega$.

$$= 16\ \text{V}$$

$$\Delta V_2 = IR_2$$

$$= (0.35\ \text{A})(82\ \Omega)$$ Sustituye $I = 0.35\ \text{A}$, $R_2 = 82\ \Omega$.

$$= 29\ \text{V}$$

c. Calcula la corriente, esta vez con 39 Ω como R_1.

$$I = \frac{\Delta V_{\text{fuente}}}{R_1 + R_2}$$

$$= \frac{45\ \text{V}}{39\ \Omega + 82\ \Omega}$$ Sustituye $\Delta V_{\text{fuente}} = 45\ \text{V}$, $R_1 = 39\ \Omega$, $R_2 = 82\ \Omega$.

$$= 0.37\ \text{A}$$

La corriente aumentará.

d. Determina la nueva caída de voltaje en R_2.

$$\Delta V_2 = IR_2$$

$$= (0.37\ \text{A})(82\ \Omega)$$ Sustituye $I = 0.37\ \text{A}$, $R_2 = 82\ \Omega$.

$$= 3.0\times10^1\ \text{V}$$

3 EVALUAR LA RESPUESTA

- **¿Son correctas las unidades?** La corriente se mide en $\text{A} = \frac{\text{V}}{\Omega}$; la diferencia de potencial se mide en $\text{V} = \text{A}\cdot\Omega$.
- **¿Es realista la magnitud?** La diferencia de potencial en cua quier resistor debe ser menor que la diferencia de potencial en la batería. Tanto el valor de ΔV_2 como el valor de ΔV_1 son menores que ΔV_{fuente}, que es 45 V.

PRÁCTICA Problemas

PRÁCTICA ADICIONAL

47. El circuito del Ejemplo Problema 4 genera estos datos: el amperímetro marca 0 A, ΔV_1 marca 0 V y ΔV_2 marca 45 V. ¿Qué ocurrió?

48. Imagina que el circuito del Ejemplo Problema 4 tiene estos valores: $R_1 = 255\ \Omega$, $R_2 = 290\ \Omega$ y $\Delta V_1 = 17$ V. No se dispone de otra información.

a. ¿Cuál es la corriente en el circuito?

b. ¿Cuál es la diferencia de potencial en la batería?

c. ¿Cuál es la potencia total en el circuito y cuál es la potencia en cada resistor?

d. ¿Equivale la suma de la potencia en cada resistor a la potencia total del circuito? Explica.

49. Se conectan luces de colores en serie y se usan lámparas especiales que se cortan cuando el voltaje en una lámpara aumenta al nivel del voltaje de línea. Explica por qué. También explica por qué estas luces pueden quemar sus fusibles después de que se quemen varios focos.

50. El circuito en el Ejemplo Problema 4 tiene resistores desiguales. Explica por qué el resistor con la menor resistencia funcionará a temperatura más baja.

51. DESAFÍO Un circuito en serie está compuesto por una batería de 12 V y tres resistores. La diferencia de potencial en un resistor es 1.2 V y la diferencia de potencial en otro resistor es 3.3 V. ¿Cuál es el voltaje en el tercer resistor?

EJEMPLO Problema 5

DIVISOR DE TENSIÓN Se conecta una batería de 9.0 V y dos resistores de 390 Ω y 470 Ω como divisores de tensión. ¿Cuál es la diferencia de potencial en el resistor de 470 Ω?

1 ANALIZAR Y PLANTEAR EL PROBLEMA

Dibuja la batería y los resistores en un circuito en serie.

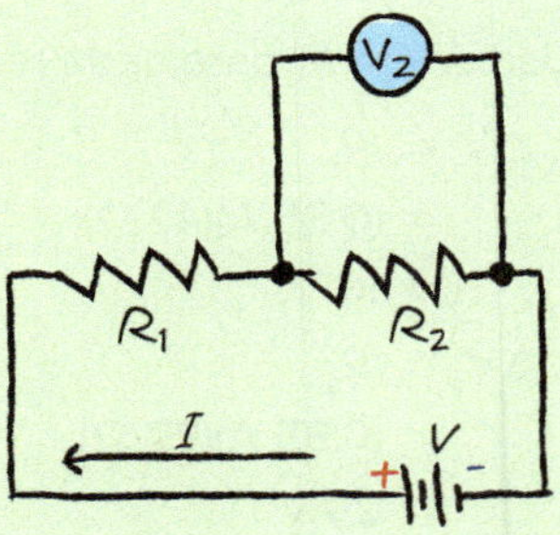

Datos conocidos

$\Delta V_{fuente} = 9.0$ V

$R_1 = 390\ \Omega$

$R_2 = 470\ \Omega$

Incógnita

$\Delta V_2 = ?$

2 HALLAR LA INCÓGNITA

$$R = R_1 + R_2$$

$$I = \frac{\Delta V_{fuente}}{R}$$

$$= = \frac{\Delta V_{fuente}}{R_1 + R_2}$$ Sustituye $R = R_1 + R_2$.

$$\Delta V_2 = IR_2$$

$$= \frac{\Delta V_{fuente} R_2}{R_1 + R_2}$$ Sustituye $I = \frac{\Delta V_{fuente}}{R_1 + R_2}$.

$$= \frac{(9.0\text{ V})(470\ \Omega)}{390\ \Omega + 470\ \Omega}$$ Sustituye $\Delta V_{fuente} = 9.0$ V, $R_1 = 390\ \Omega$, $R_2 = 470\ \Omega$.

$$= 4.9\text{ V}$$

3 EVALUAR LA RESPUESTA

- **¿Son correctas las unidades?** La diferencia de potencial se mide en $\text{V} = \frac{\text{V}\cdot\Omega}{\Omega}$. Los ohms se cancelan y quedan los voltios.
- **¿Es realista la magnitud?** La diferencia de potencial en el resistor es menor que la diferencia de potencial en la batería. Como 470 Ω es más que la mitad de la resistencia equivalente, la diferencia de potencial en el resistor es más que la mitad de la diferencia de potencial en la batería.

PRÁCTICA Problemas

PRÁCTICA ADICIONAL

52. Se conectan en serie un resistor de 22 Ω y uno de 33 Ω a una fuente de potencia de 120 V.

a. ¿Cuál es la resistencia equivalente del circuito?

b. ¿Cuál es la corriente del circuito?

c. ¿Cuál es la diferencia de potencial en cada resistor?

53. Se conectan en serie tres resistores de 3.3 kΩ, 4.7 kΩ, y 3.9 kΩ a una batería de 12 V.

a. ¿Cuál es la resistencia equivalente?

b. ¿Cuál es la corriente a través de los resistores?

c. Halla la diferencia de potencial total en los tres resistores.

54. DESAFÍO Elige un resistor para usar como parte de un divisor de tensión junto con un resistor de 1.2 kΩ. La diferencia de potencial en el resistor de 1.2 kΩ debe ser 2.2 V cuando el suministro es de 12 V.

Circuitos paralelos

Observa el circuito de la **Imagen 23.** ¿Cuántas rutas de corriente tiene? La corriente del generador puede pasar por cualquiera de los tres resistores. Un circuito con varias rutas de corriente se denomina **circuito paralelo.** Los tres resistores se conectan en paralelo. Los dos extremos de las tres rutas están conectados entre sí. En el modelo del río, este circuito se ilustra con tres rutas para el agua sobre una cascada. Algunas rutas pueden tener un flujo de agua mayor, otras un flujo menor. La suma del agua en los flujos, sin embargo, es igual al flujo total del agua sobre las cascadas. Además, sin importar por qué canal fluya el agua, la caída de altura es la misma. Del mismo modo, en un circuito eléctrico paralelo, la corriente total es la suma de las corrientes en cada ruta y la diferencia de potencial en cada ruta es la misma.

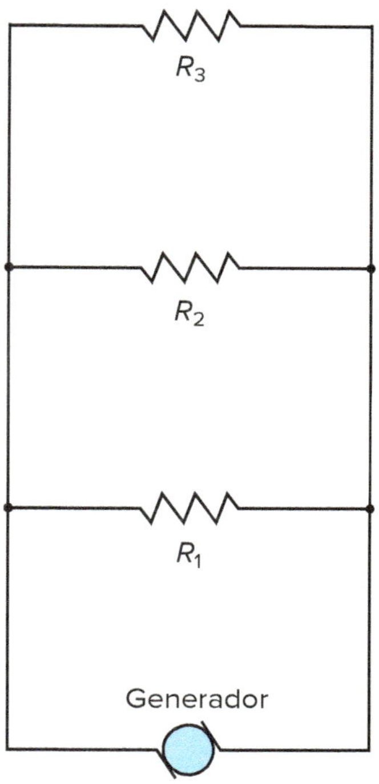

Imagen 23 Las rutas paralelas para la corriente en este diagrama son análogas a las múltiples rutas que puede tomar un río en una montaña.

Corriente en un circuito paralelo

¿Cuál es la corriente en cada resistor en un circuito paralelo? La respuesta a esta pregunta depende de las resistencias individuales. Por ejemplo, en la **Imagen 24,** la diferencia de potencial en cada resistor es 120 V. La corriente que pasa por un resistor se obtiene a partir de $I = \frac{\Delta V}{R}$, entonces se puede calcular la corriente del resistor de 24 Ω como $I = \frac{120\ \text{V}}{24\ \Omega} = 5.0\ \text{A}$. Se puede calcular la corriente que pasa por los otros dos resistores de la misma manera. La corriente total del generador es la suma de las corrientes en las tres rutas. En este caso, la corriente que pasa por el generador es 38 A.

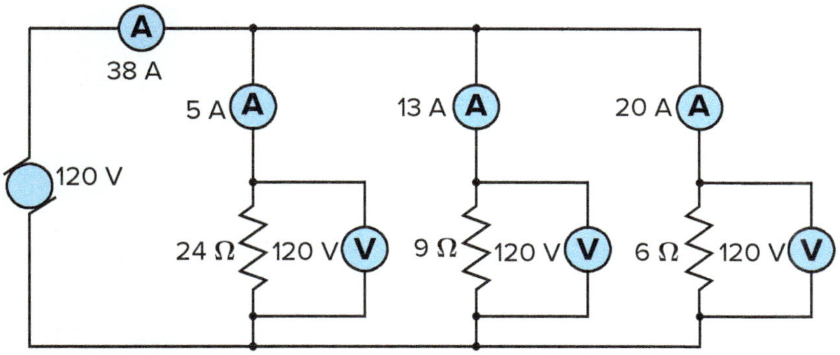

Imagen 24 Para hallar la corriente total de un circuito paralelo, halla la suma de las corrientes en cada ruta individual.

Determina *qué significan los símbolos V y A en el circuito.*

Cambiar el circuito ¿Qué ocurriría si quitaras el resistor de 6 Ω del circuito de la **Imagen 24**? ¿Se modificaría la corriente que pasa por el resistor de 24 Ω? La corriente que pasa por el resistor de 24 Ω depende de la resistencia y la diferencia de potencial de ese resistor. Como ninguno cambió, la corriente tampoco cambia. Lo mismo ocurre con la corriente que pasa por los otros resistores. Las ramas de un circuito paralelo son independientes. Sin embargo, quitar un resistor del circuito disminuiría la corriente total de la fuente. Por ejemplo, si quitaras el resistor de 6 Ω, la corriente de la fuente disminuiría a 18 A.

¿Lo comprendes?
Identifica los dos factores que afectan a la corriente que pasa por un resistor.

Resistencia equivalente de un circuito paralelo

¿Cómo se puede hallar la resistencia equivalente de un circuito paralelo? En la **Imagen 24,** la corriente total a través de la fuente de energía es 38 A. El valor de un solo resistor que resulta en una corriente de 38 A cuando se le aplica una diferencia de potencial de 120 V se puede calcular con la siguiente ecuación:

$$\begin{aligned} R &= \frac{\Delta V}{I} \\ &= \frac{120\ \text{V}}{38\ \text{A}} \\ &= 3.2\ \Omega \end{aligned}$$

Observa que esta resistencia es menor que la de cualquiera de los tres resistores en paralelo. Al colocar dos o más resistores en paralelo, siempre disminuye la resistencia equivalente de un circuito. La resistencia disminuye porque cada resistor nuevo aporta una ruta adicional para la corriente y eso aumenta la corriente total sin alterar la diferencia de potencial.

Para calcular la resistencia equivalente de un circuito paralelo, considera primero que la corriente total es la suma de las corrientes a través de las ramas. Si I_1, I_2 y I_3 son las corrientes a través de las ramas y I es la corriente total, entonces

$$I = I_1 + I_2 + I_3.$$

La diferencia de potencial en cada resistor es la misma, entonces la corriente que pasa por cada uno, por ejemplo R_1, se puede hallar con $I_1 = \frac{\Delta V}{R_1}$. Por lo tanto, la ecuación para la suma de las corrientes se puede expresar como:

$$\frac{\Delta V}{R} = \frac{\Delta V}{R_1} + \frac{\Delta V}{R_2} + \frac{\Delta V}{R_3}$$

Esta ecuación se puede extender para cualquier cantidad de resistores en paralelo. Al dividir los dos lados de la ecuación por V se obtiene una ecuación para la resistencia equivalente de un circuito paralelo.

Resistencia equivalente para resistores en paralelo

El recíproco de la resistencia equivalente es igual a la suma de los recíprocos de las resistencias individuales.

$$\frac{1}{R} = \frac{1}{R_1} + \frac{1}{R_2} + \frac{1}{R_3} + \ldots$$

EJEMPLO Problema 6

RESISTENCIA EQUIVALENTE Y CORRIENTE EN UN CIRCUITO PARALELO Se conectan tres resistores de 60.0 Ω, 30.0 Ω y 20.0 Ω en paralelo a una batería de 90.0 V.

a. Halla la corriente que pasa por cada rama del circuito.

b. Halla la resistencia equivalente del circuito.

c. Halla la corriente que pasa por la batería.

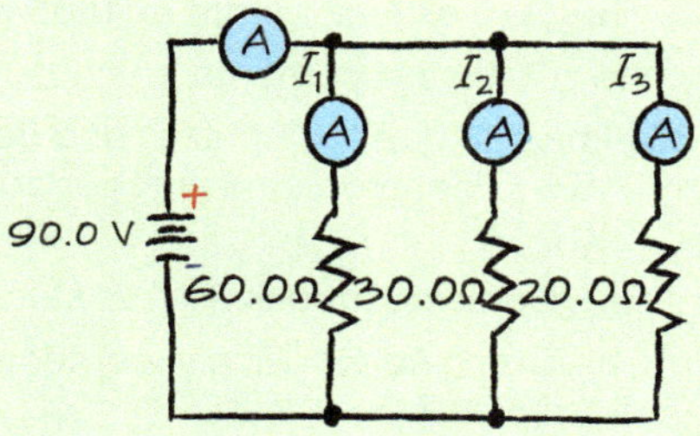

1 ANALIZAR Y PLANTEAR EL PROBLEMA

- Dibuja un esquema del circuito.
- Incluye amperímetros para mostrar dónde medirías cada corriente.

Datos conocidos	Incógnita	
$R_1 = 60.0\ \Omega$	$I_1 = ?$	$I = ?$
$R_2 = 30.0\ \Omega$	$I_2 = ?$	$R = ?$
$R_3 = 20.0\ \Omega$	$I_3 = ?$	
$\Delta V = 90.0$ V		

2 HALLAR LA INCÓGNITA

a. Como el voltaje en cada resistor es el mismo, usa $I = \frac{\Delta V}{R}$ para cada rama.

$$I_1 = \frac{\Delta V}{R_1}$$

$$= \frac{90.0\ \text{V}}{60.0\ \Omega}$$ Sustituye $\Delta V = 90.0$ V, $R_1 = 60.0\ \Omega$.

$$= 1.50\ \text{A}$$

$$I_2 = \frac{\Delta V}{R_2}$$

$$= \frac{90.0\ \text{V}}{30.0\ \Omega}$$ Sustituye $\Delta V = 90.0$ V, $R_2 = 30.0\ \Omega$.

$$= 3.00\ \text{A}$$

$$I_3 = \frac{\Delta V}{R_3}$$

$$= \frac{90.0\ \text{V}}{20.0\ \Omega}$$ Sustituye $\Delta V = 90.0$ V, $R_3 = 20.0\ \Omega$.

$$= 4.50\ \text{A}$$

b. Usa la ecuación de resistencia equivalente para circuitos paralelos.

$$\frac{1}{R} = \frac{1}{R_1} + \frac{1}{R_2} + \frac{1}{R_3}$$

$$= \frac{1}{60.0\ \Omega} + \frac{1}{30.0\ \Omega} + \frac{1}{20.0\ \Omega}$$ Sustituye $R_1 = 60.0\ \Omega$, $R_2 = 30.0\ \Omega$, $R_3 = 20.0\ \Omega$.

$$= 0.100\ \Omega^{-1}$$

$$R = 10.0\ \Omega$$

c. Usa $I = \frac{\Delta V}{R}$ para hallar la corriente total.

$$I = \frac{\Delta V}{R}$$

$$= \frac{90.0\ \text{V}}{10.0\ \Omega}$$ Sustituye $\Delta V = 90.0$ V, $R = 10.0\ \Omega$.

$$= 9.00\ \text{A}$$

3 EVALUAR LA RESPUESTA

- **¿Son correctas las unidades?** La corriente se mide en amperios y la resistencia se mide en ohms.
- **¿Es realista la magnitud?** La resistencia equivalente es menor que la resistencia de cualquier resistor individual. Las corrientes que pasan por los resistores son inversamente proporcionales a la resistencia. La corriente en el circuito (I) es igual a la suma de las corrientes en cada resistor ($I_1 + I_2 + I_3$).

PRÁCTICA Problemas

PRÁCTICA ADICIONAL

55. Conectas tres resistores de 15.0 Ω en paralelo a una batería de 30.0 V.

a. ¿Cuál es la resistencia equivalente del circuito paralelo?

b. ¿Cuál es la corriente en todo el circuito?

c. ¿Cuál es la corriente en cada rama del circuito?

56. Imagina que reemplazas uno de los resistores de 15.0 Ω del problema anterior por un resistor de 10.0 Ω.

a. ¿Cómo se modifica la resistencia equivalente?

b. ¿Cómo se modifica la corriente en todo el circuito?

c. ¿Cómo se modifica la corriente en uno de los resistores de 15.0 Ω?

57. Conectas un resistor de 120.0 Ω, uno de 60.0 Ω y uno de 40.0 Ω en paralelo a una batería de 12.0 V.

a. ¿Cuál es la resistencia equivalente del circuito paralelo?

b. ¿Cuál es la corriente en todo el circuito?

c. ¿Cuál es la corriente en cada rama del circuito?

58. DESAFÍO Intentas reducir la resistencia en una rama de un circuito de 150 Ω a 93 Ω. Para ello, agregas un resistor a esa rama del circuito. ¿Qué valor de resistencia deberías usar y cómo deberías conectar este resistor?

Leyes de Kirchhoff

Gustav Robert Kirchhoff fue un físico alemán que, en 1845, con solo 21 años de edad, formuló dos leyes que rigen los circuitos eléctricos: la ley de lazos y la ley de nodos. Las dos leyes se usan para analizar circuitos eléctricos complejos y están basadas en leyes científicas fundamentales.

La ley de lazos La ley de lazos se basa en la ley de la conservación de la energía. Imagina que estás en la ladera de una colina. Caminas en círculos, como se muestra en la parte superior de la **Imagen 25.** ¿Cómo se compara tu elevación antes de la caminata con la elevación posterior? Debido a que comienzas y terminas en el mismo lugar, la elevación posterior es igual a la elevación previa. La suma de los aumentos de altura es igual a la suma de las disminuciones de altura durante la caminata.

Una situación similar ocurre cuando una carga eléctrica se mueve alrededor de un lazo en un circuito eléctrico. En lugar de aumentos y disminuciones de altura, las cargas eléctricas se mueven con aumentos y disminuciones de potencial eléctrico. La suma de los aumentos alrededor de un lazo en un circuito eléctrico es igual a la suma de disminuciones alrededor de ese lazo.

¿Lo comprendes?

Explica cómo se relacionan la ley de lazos de Kirchhoff y la ley de conservación de la energía.

Para una aplicación de la ley de lazos, mira la parte inferior de la **Imagen 25.** Imagina una carga eléctrica que se mueve en el sentido de las manecillas del reloj alrededor del lazo rojo. El potencial eléctrico aumenta 9 V a medida que la carga pasa por la batería y disminuye 5 V al pasar por el resistor 1. ¿Cuál será el cambio de potencial cuando la carga pase por el resistor 2? Como los aumentos de potencial eléctrico alrededor de un lazo deben ser iguales a las disminuciones de potencial eléctrico alrededor de ese lazo, la disminución en el resistor 2 debe ser 9 V − 5 V = 4 V.

Observa que el resistor 3 no afecta a la respuesta. ¿Por qué? El resistor 3 no es parte del lazo que incluye a la batería, el resistor 1 y el resistor 2.

¿Lo comprendes?

Expresa la ley de lazos con tus propias palabras.

La ley de lazos

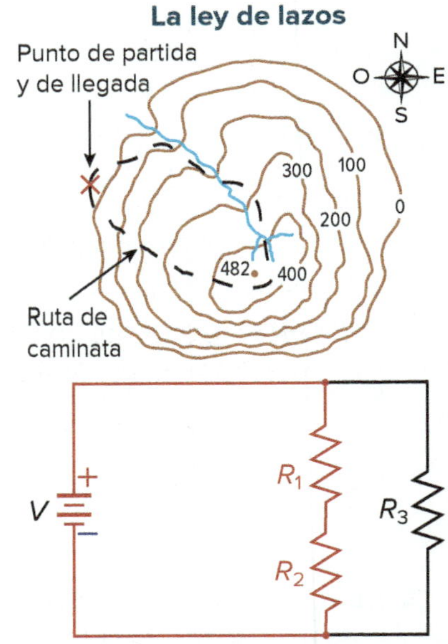

Imagen 25 Caminar por la ladera de una colina en círculo es similar al movimiento de las cargas eléctricas en un circuito.

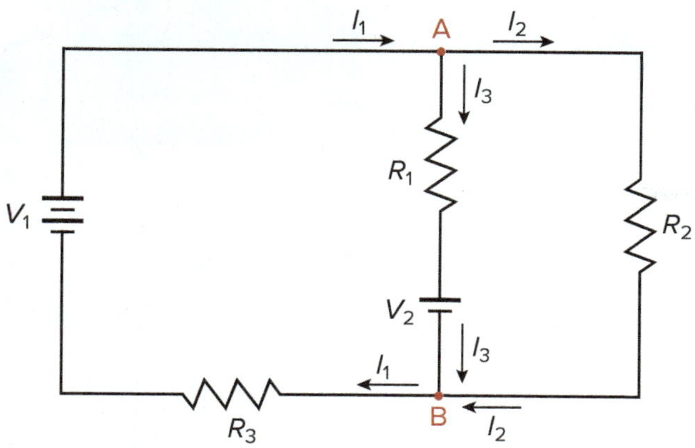

Imagen 26 Aquí se muestra una aplicación de la ley de nodos de Kirchhoff. En el nodo A, la corriente total que ingresa (I_1) es igual a la corriente total que sale ($I_2 + I_3$). En el nodo B, la corriente total que ingresa $I_2 + I_3$ y la corriente total que sale es I_1.

La ley de nodos La ley de lazos describe las diferencias de potencial eléctrico y se basa en la ley de la conservación de la energía. La ley de nodos describe corrientes y se basa en la ley de la conservación de la carga. Recuerda que la ley de la conservación de la carga determina que la carga no se crea ni se destruye. Por lo tanto, la corriente total en una sección de un circuito eléctrico debe ser igual a la corriente total que sale de esa sección. El circuito que se muestra en la **Imagen 26** tiene dos nodos (puntos donde se unen tres o más cables) en los puntos A y B. Según la ley de la conservación de la carga, la suma de las corrientes que ingresan a un nodo es igual a la suma de las corrientes que salen de ese nodo. Si no fuera así, la carga se acumularía allí. Esta es la ley de nodos de Kirchhoff. En la **Imagen 26,** $I_1 = I_2 + I_3$ en el nodo A y $I_2 + I_3 = I_1$ en el nodo B. Por ejemplo, si $I_2 = 0.3$ A y $I_3 = 0.7$ A, entonces $I_1 = 1.0$ A.

Verifica tu progreso

59. **Comparación de circuitos** Compara y contrasta los voltajes y las corrientes de los circuitos en serie y paralelos.
60. **Corriente total** Un circuito paralelo tiene cuatro ramas de corriente: 120 mA, 250 mA, 380 mA y 2.1 A. ¿Cuánta corriente pasa por la fuente de energía?
61. **Corriente total** Un circuito en serie tiene cuatro resistores. La corriente que pasa por uno es 810 mA. ¿Qué corriente pasa por la fuente de energía?
62. **Circuitos** Conectas un interruptor en serie con un foco de 75 W a una fuente de 120 V.
    a. ¿Cuál es la diferencia de potencial en el interruptor cuando está cerrado (encendido)?
    b. ¿Cuál es la diferencia de potencial en el interruptor cuando está abierto (apagado)?
63. **Ley de lazos** Compara la ley de lazos de Kirchhoff con una caminata por la ladera de una colina.
64. **Ley de nodos** Explica cómo se relaciona la ley de nodos de Kirchhoff con la ley de la conservación de la carga.
65. **Pensamiento crítico** El circuito de la **Imagen 27** tiene cuatro resistores idénticos. Imagina que se añade un alambre a los puntos de contacto A y B. Contesta las siguientes preguntas y explica tu razonamiento.
    a. ¿Cuál es la corriente que pasa por el alambre?
    b. ¿Qué ocurre con la corriente en cada resistor?
    c. ¿Qué ocurre con la corriente en la batería?
    d. ¿Qué ocurre con la diferencia de potencial en cada resistor?

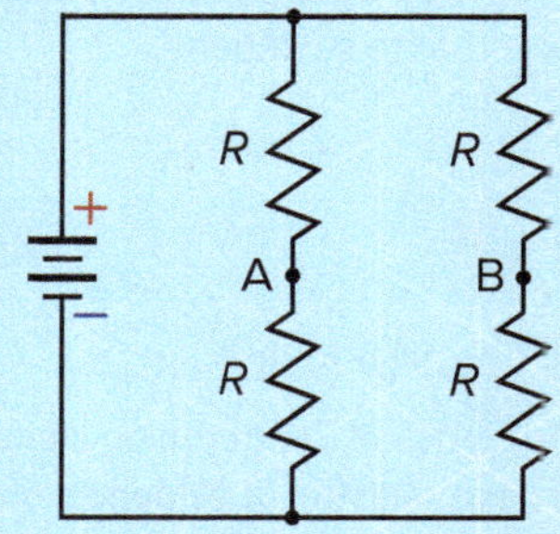

Imagen 27

LEARNSMART® Conéctate para cumplir tu plan de aprendizaje personalizado para repasar, practicar y reforzar tu comprensión.

LECCIÓN 4
USAR LOS CIRCUITOS

PREGUNTA DE ENFOQUE

¿Cómo se usan los circuitos en tu casa y en tu escuela?

Dispositivos de seguridad

En un circuito eléctrico, los disyuntores y los fusibles evitan que ocurran sobrecargas en el circuito cuando se encienden demasiados aparatos al mismo tiempo o cuando ocurre un cortocircuito en uno de ellos. Un **cortocircuito** ocurre cuando se forma un circuito con muy poca resistencia. Los aparatos se conectan en paralelo y cada uno al encenderse reduce la resistencia equivalente del circuito y aumenta la corriente que pasa por los cables. Esta corriente extra puede producir suficiente energía térmica para derretir el aislante del cable y ocasionar un cortocircuito o, incluso, causar un incendio. Un **interruptor térmico,** como el de la **Imagen 28,** es un interruptor automático que funciona como dispositivo de seguridad al detener la corriente si se vuelve demasiado potente y sobrepasa el valor de umbral.

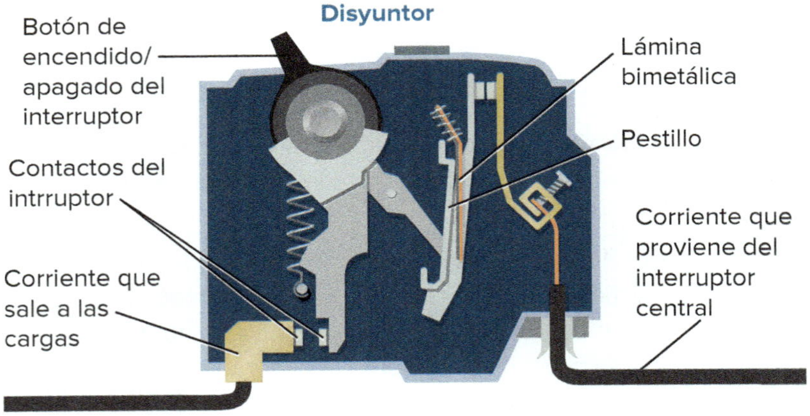

Imagen 28 Cuando pasa demasiada corriente por la lámina bimetálica de un disyuntor, el calor que se genera hace que la lámina se doble y accione el interruptor. El botón se mueve a la posición de *apagado*, el interruptor se abre y la corriente se detiene.

PENSAMIENTO 3D DCI Ideas centrales disciplinarias CCC Conceptos interdisciplinarios SEP Prácticas de ciencia e ingeniería

REUNIR EVIDENCIA

Usa el Cuaderno de ciencias para registrar la evidencia que reúnas mientras completas las lecturas y las actividades de la lección.

INVESTIGAR

CONÉCTATE para hallar estas actividades y más recursos.

Investigación virtual: Circuitos eléctricos
Usa un modelo por computadora para investigar las relaciones entre voltaje, resistencia y corriente en un circuito eléctrico.

Repasar la pregunta de Encuentra el fenómeno
¿Qué información de la lección te ayuda a responder las preguntas de la unidad y del módulo?

Un **fusible** es un trozo pequeño de metal que actúa como dispositivo de seguridad al fundirse y detener una corriente demasiado potente que pase por él. Los ingenieros diseñan fusibles para que se fundan antes de que se dañen otros elementos del circuito.

Por lo general, la corriente sigue una sola ruta desde la fuente hasta un aparato eléctrico y de vuelta a la fuente. Una falla o una caída accidental del aparato al agua puede producir rutas adicionales. Un **interruptor de circuito por falla a tierra** (ICFT) es un dispositivo que contiene un circuito eléctrico que detecta pequeñas diferencias de corriente entre los dos alambres en el cable conectado al aparato. Una ruta de corriente adicional, como la del agua, podría ocasionar esta diferencia. El ICFT detiene la corriente cuando detecta las diferencias. Esto protege a una persona de electrocutarse.

¿Lo comprendes?

Compara el funcionamiento de un fusible con el funcionamiento de un ICFT.

Circuitos del hogar Algunos de los usos más comunes de los fusibles, los disyuntores y los ICFT son en circuitos del hogar. ¿Cómo están diseñados estos circuitos? ¿Están conectados en serie o paralelos las luces y los tomacorrientes de los circuitos en una casa? Piensa qué ocurriría si todas las luces y los tomacorrientes del circuito de una casa estuvieran en serie. Solo podrías encender o apagar todo a la vez. No es lo que ocurre en las casas reales.

El panel izquierdo de la **Imagen 29** muestra un circuito de hogar simplificado. Observa que es un circuito paralelo con un fusible de 15 A conectado en serie a la fuente de 120 V. Cada resistor representa una luz o un aparato eléctrico. La corriente en cualquier rama del circuito no depende de las corrientes en las otras ramas. Esto explica cómo se puede apagar la luz del baño sin apagar el televisor. Sin embargo, todo se apaga si se funde el cable del fusible.

Consideremos un ejemplo específico. Imagina que los tres resistores de la **Imagen 29** representan un televisor de 240 W, una plancha de 720 W y un secador de pelo de 1440 W. Queremos saber si el fusible se fundirá o "quemará" si se encienden los tres aparatos al mismo tiempo.

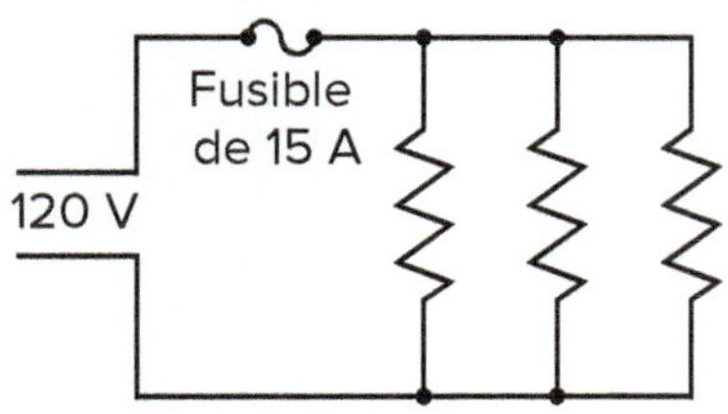

Richard Hutchings/Digital Light Source

Imagen 29 Los hogares cuentan con circuitos paralelos para que se pueda usar más de un aparato a la vez.
Identifica *la capacidad de corriente del fusible en el circuito.*

Se puede usar $I = \frac{P}{\Delta V}$ para hallar la corriente en cada aparato.

Para el televisor: $I_{TV} = \frac{240\ W}{120\ V} = 2.0\ A.$

Para la plancha: $I_{plancha} = \frac{720\ W}{120\ V} = 6.0\ A.$

Para el secador de pelo: $I_{secador} = \frac{1440\ W}{120\ V} = 12\ A.$

A partir de la ley de nodos de Kirchhoff, se sabe que la corriente en el fusible es igual a la suma de las corrientes en el televisor, la plancha y el secador de pelo.

$$I_{fusible} = I_{TV} + I_{plancha} + I_{secador} = 2.0\ A + 6.0\ A + 12\ A = 20\ A$$

¿Es esta corriente suficiente para quemar el fusible? El fusible de la **Imagen 29** tiene una capacidad de 15 A, por lo que la corriente de 20 A del televisor, la plancha y el secador lo quemarían. Esto detendría la corriente en el circuito.

FÍSICA Desafío

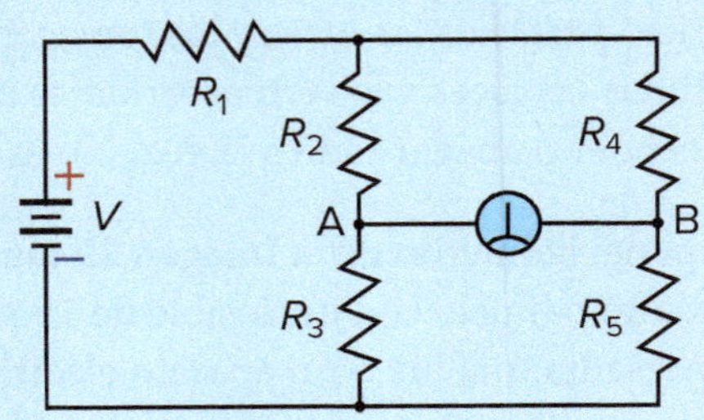

Cuando el galvanómetro, un dispositivo usado para medir corrientes muy pequeñas, marca cero en este circuito, se dice que el circuito está en equilibrio.

1. Tu compañero de laboratorio afirma que la única manera de equilibrar el circuito es hacer que todos los resistores sean iguales. ¿Esto equilibrará el circuito? ¿Existe más de una manera de equilibrarlo? Explícalo.
2. Obtén una ecuación general para un circuito equilibrado con los rótulos dados.
Pista: considera el circuito como dos divisores de tensión.
3. ¿Cuál de los resistores se puede reemplazar por un resistor variable y usarse para equilibrar el circuito?
4. ¿Cuál de los resistores se puede reemplazar por un resistor variable y, luego, usarse como control de sensibilidad? ¿Por qué sería necesario? ¿Cómo se lo usaría en la práctica?

Circuitos mixtos en serie y paralelo

¿Alguna vez notaste que la luz se atenúa al encender un secador de pelo? La luz y el secador están conectados en paralelo a 120 V. A causa de la conexión en paralelo, la corriente que pasa por la luz no debería haber cambiado al encender el secador. Sin embargo, la luz se atenuó, por lo que la corriente tuvo que haber cambiado. Eso ocurrió porque el cableado del hogar tiene una resistencia pequeña. Como se muestra en la **Imagen 30,** esta resistencia estaba en serie con el circuito paralelo. Un circuito que incluye ramas en serie y paralelas es un **circuito mixto en serie y paralelo.** En la siguiente página se muestran estrategias para analizar estos circuitos.

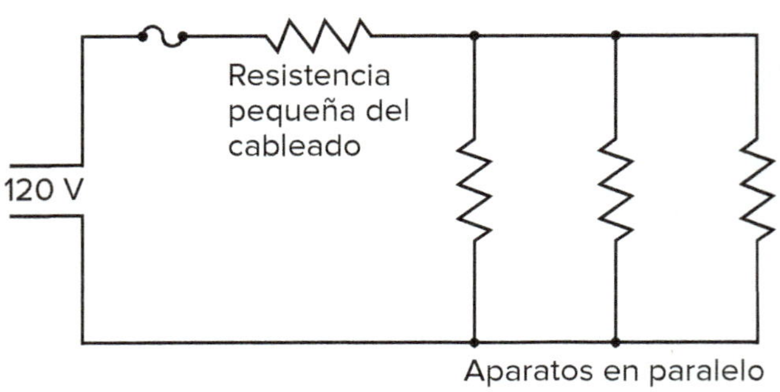

Imagen 30 Los circuitos que contienen ramas en serie y paralelas se denominan circuitos mixtos en serie y paralelo.

Explica *por qué el cableado tiene resistencia.*

ESTRATRGIAS PARA RESOLVER PROBLEMAS

CIRCUITOS EN SERIE-PARALELO

Al analizar una combinación de circuitos en serie y en paralelo, usa los siguientes pasos para descomponer el problema.

1. Dibuja un esquema del circuito.
2. Halla cualquier resistor en paralelo. Los resistores en paralelo tienen rutas de corriente separadas. Deben tener las mismas diferencias de potencial en cada una. Calcula la resistencia equivalente de un único resistor que pueda reemplazarlos. Dibuja un nuevo esquema con ese resistor.
3. ¿Hay ahora algún resistor en serie (incluido el resistor equivalente)? Los resistores en serie tienen solo una ruta de corriente. Calcula una nueva resistencia equivalente única que los pueda reemplazar. Dibuja un nuevo esquema con ese resistor.
4. Repite los pasos 2 y 3 hasta que puedas reducir el circuito a un solo resistor. Halla la corriente total del circuito. Luego, regresa a los otros circuitos para hallar las corrientes y las diferencias de potencial en cada resistor individual.

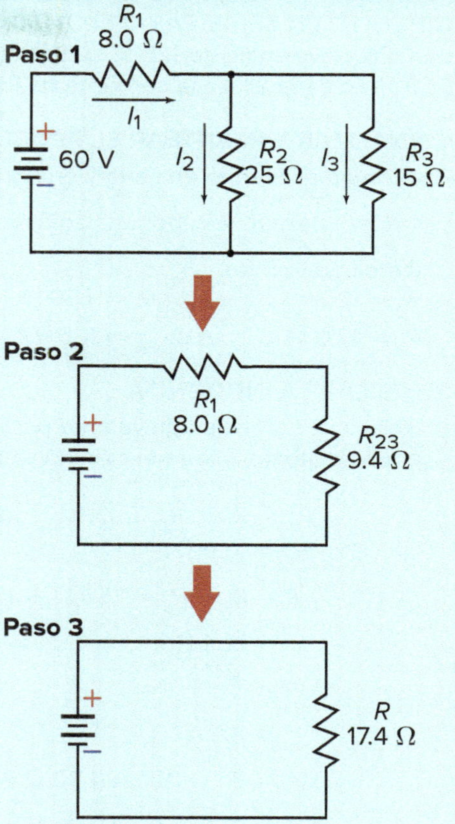

Amperímetros

Recuerda que un amperímetro es un dispositivo que se usa para medir la corriente en cualquier rama o parte de un circuito. Por ejemplo, si quisieras medir la corriente que pasa por un resistor, colocarías un amperímetro en serie con el resistor. Sería necesario abrir la ruta de corriente e insertar el amperímetro. Idealmente, el uso de un amperímetro no debería modificar la corriente del circuito. Como la corriente disminuye si el amperímetro aumenta la resistencia del circuito, la resistencia de un amperímetro está diseñada para ser lo menor posible. La **Imagen 31** muestra un amperímetro como un medidor de alta resistencia colocado en paralelo con un resistor de 0.01 Ω. Como la resistencia del amperímetro es mucho menor que la de los resistores, la disminución de corriente es insignificante.

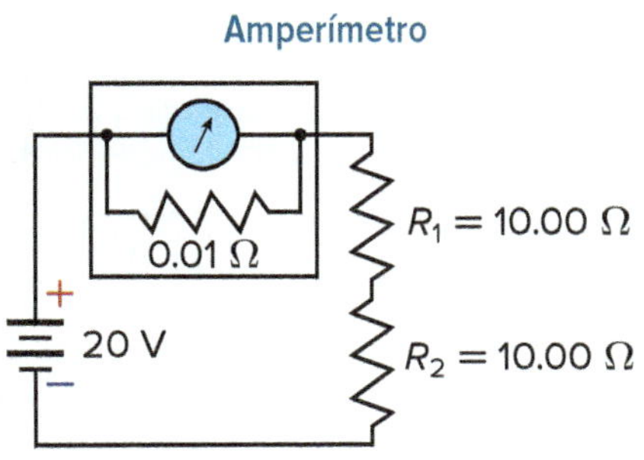

$$R_{neta} = 0.01\ \Omega + 10.00\ \Omega + 10.00\ \Omega$$
$$= 20.01\ \Omega$$

Imagen 31 Se conecta un amperímetro en serie con dos resistores. La resistencia pequeña del amperímetro apenas modifica la corriente del circuito.

EJEMPLO Problema 7

CIRCUITO EN SERIE-PARALELO Un secador de pelo con una resistencia de 12.0 Ω y una lámpara con una resistencia de 125 Ω se conectan en paralelo a una fuente de 125 V a través de un resistor de 1.50 Ω en serie. Halla la corriente de la lámpara cuando el secador está encendido.

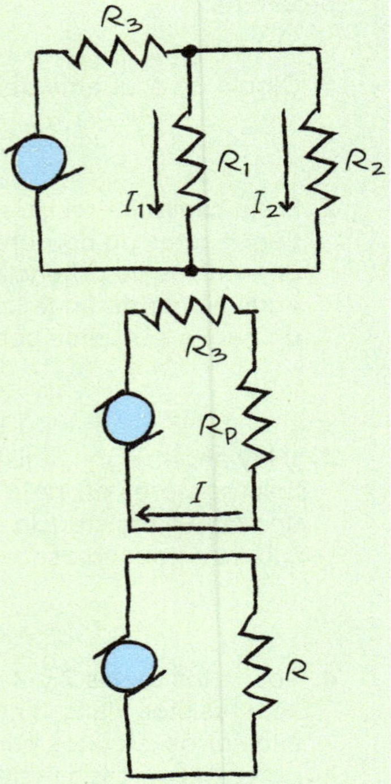

1 ANALIZAR Y PLANTEAR EL PROBLEMA

- Dibuja el circuito en serie y en paralelo con el secador y la lámpara.
- Reemplaza R_1 y R_2 por una sola resistencia equivalente, R_p.

Datos conocidos

$R_1 = 125\ \Omega$ $\quad R_3 = 1.50\ \Omega$

$R_2 = 12.0\ \Omega$ $\quad \Delta V_{\text{fuente}} = 125\ \text{V}$

Incógnitas

$I = ?$ $\quad I_1 = ?$

$R = ?$ $\quad R_p = ?$

2 HALLAR LA INCÓGNITA

Halla la resistencia equivalente para el circuito paralelo. Luego, halla la resistencia equivalente para todo el circuito y calcula la corriente.

$$\frac{1}{R_p} = \frac{1}{R_1} + \frac{1}{R_2} = \frac{1}{125\ \Omega} + \frac{1}{12.0\ \Omega}$$ Sustituye $R_1 = 125\ \Omega$, $R_2 = 12.0\ \Omega$.

$$R_p = 10.9\ \Omega$$

$$R = R_3 + R_p = 1.50\ \Omega + 10.9\ \Omega$$ Sustituye $R_3 = 1.50\ \Omega$, $R_p = 10.9\ \Omega$.

$$= 12.4\ \Omega$$

$$I = \frac{\Delta V_{\text{fuente}}}{R} = \frac{125\ \text{V}}{12.4\ \Omega}$$ Sustituye $\Delta V_{\text{fuente}} = 125\ \text{V}$, $R = 12.4\ \Omega$.

$$= 10.1\ \text{A}$$

$$\Delta V_3 = IR_3 = (10.1\ \text{A})(1.50\ \Omega) = 15.2\ \text{V}$$ Sustituye $I = 10.1\ \text{A}$, $R_3 = 1.50\ \Omega$.

$$\Delta V_1 = \Delta V_{\text{fuente}} - \Delta V_3 = 125\ \text{V} - 15.2\ \text{V}$$ Sustituye $\Delta V_{\text{fuente}} = 125\ \text{V}$, $V_3 = 15.2\ \text{V}$.

$$= 1.10\times10^2\ \text{V}$$

$$I_1 = \frac{\Delta V_1}{R_1} = \frac{1.10\times10^2\ \text{V}}{125\ \Omega}$$ Sustituye $\Delta V_1 = 1.10\times10^2\ \text{V}$, $R_1 = 125\ \Omega$.

$$= 0.880\ \text{A}$$

3 EVALUAR LA RESPUESTA

- **¿Son correctas las unidades?** La corriente se mide en amperios y las diferencias de potencial se miden en voltios.
- **¿Es realista la magnitud?** La resistencia en ohms es mayor que la diferencia de potencial en voltios, por lo que la corriente debería ser menor que 1 A.

PRÁCTICA Problemas

PRÁCTICA ADICIONAL

66. Un circuito en serie-paralelo, similar al del Ejemplo Problema 7, tiene tres resistores: uno usa 2.0 W, otro usa 3.0 W y el tercero usa 1.5 W. ¿Cuánta corriente necesita el circuito de una batería de 12 V?

67. Si las 13 luces que se muestran en la **Imagen 32** son idénticas, ¿cuál brillará más?

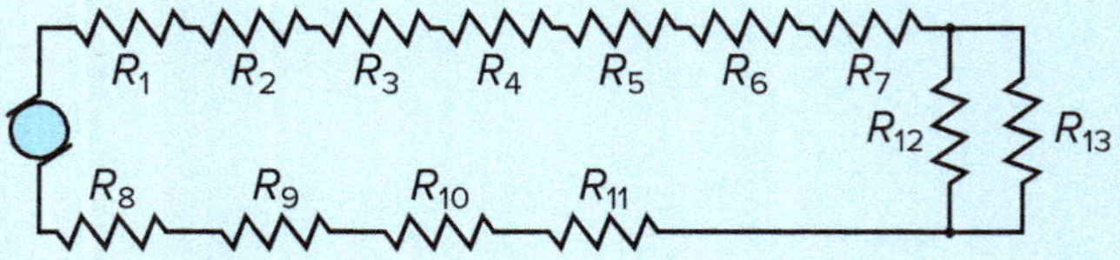

Imagen 32

68. DESAFÍO Un circuito en serie-paralelo tiene tres aparatos conectados. Una licuadora y una batidora están conectadas en paralelo y una tostadora está en serie, como se muestra en la **Imagen 33.** Halla la corriente que pasa por la licuadora.

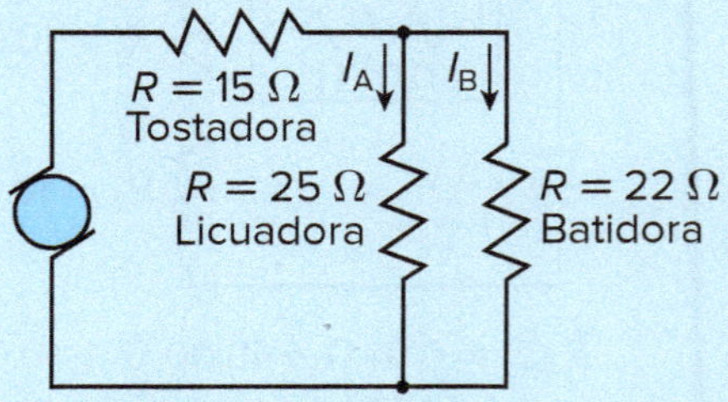

Imagen 33

Voltímetros

Otro instrumento, llamado voltímetro, se usa para medir la diferencia de potencial en una parte de un circuito. Para medir la diferencia de potencial en un resistor, se conecta un voltímetro paralelo al resistor. Los voltímetros están diseñados para tener una resistencia muy alta y provocar el menor cambio posible en las corrientes y los voltajes del circuito. Considera el circuito de la **Imagen 34.** Se muestra un voltímetro como un medidor en serie con un resistor de 10 kΩ. Cuando el voltímetro se conecta paralelo a R_2, la resistencia equivalente de la combinación es menor que R_2 sola. Por lo tanto, la resistencia total del circuito disminuye y la corriente aumenta. El valor de R_1 no se modificó, pero la corriente que pasa por él aumentó, lo que aumenta la diferencia de potencial. Pero la batería mantiene constante la diferencia de potencial en R_1 y R_2. Entonces, la diferencia de potencial en R_2 debe disminuir. El resultado de conectar un voltímetro a un resistor es una menor diferencia de potencial en él. Si la resistencia del voltímetro es alta, el cambio en la diferencia de potencial en el resistor es menor. Los medidores prácticos tienen resistencias de 10 MΩ.

Voltímetro

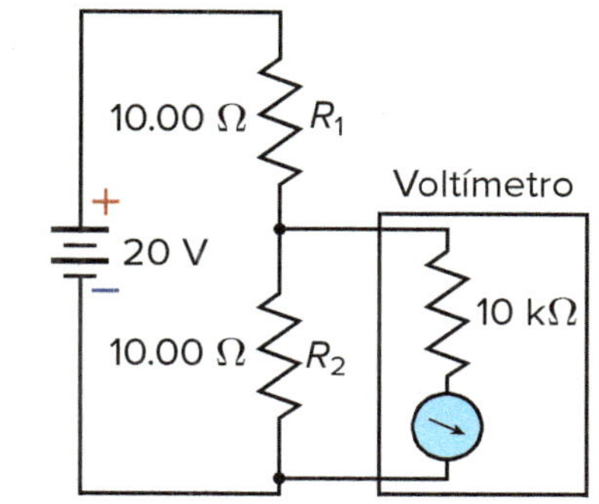

$$R_{neta} = 10.00\ \Omega + \frac{1}{\frac{1}{10.00\ \Omega} + \frac{1}{10{,}000\ \Omega}}$$

$$= 19.99\ \Omega$$

Imagen 34 Se conecta un voltímetro paralelo a un resistor. La resistencia alta del voltímetro produce un cambio insignificante en la corriente y el voltaje del circuito.

Verifica tu progreso

69. **Circuitos** Explica con tus propias palabras qué es un circuito mixto en serie y paralelo.

*Observa la **Imagen 35** para las preguntas 70 a 74 y 76.*

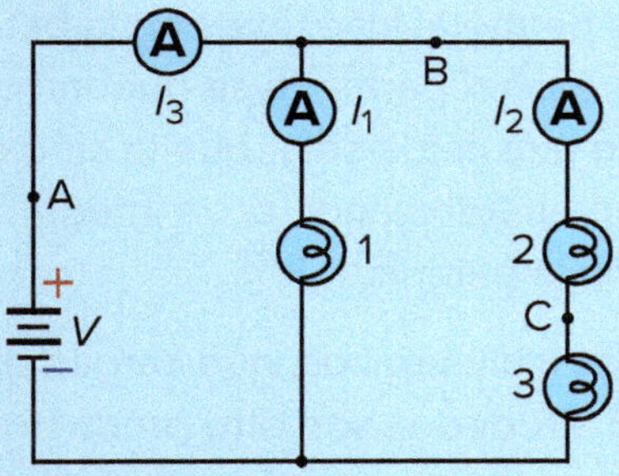

Imagen 35

70. **Brillo** ¿Cómo se compara el brillo de los focos?
71. **Corriente** Si I_3 es 1.7 A y I_1 es 1.1 A, ¿cuál es la corriente en el foco 2?
72. **Circuitos en serie** El cable está roto en el punto C y se inserta un pequeño resistor en serie a los focos 2 y 3. ¿Qué ocurre con el brillo de los dos focos? Explícalo.
73. **Voltaje de la batería** Un voltímetro conectado al foco 2 marca 3.8 V y un voltímetro conectado al foco 3 mide 4.2 V. ¿Cuál es la diferencia de potencial en la batería?
74. **Circuitos** Con la información del problema anterior, determina si los focos 2 y 3 son idénticos.
75. **Protección del circuito** Describe tres dispositivos de seguridad comunes relacionados con el cableado de una casa.
76. **Pensamiento crítico** ¿Cómo podrías reorganizar el circuito para hacer que los tres focos de la **Imagen 35** brillen con la misma intensidad? ¿Existe más de una manera de hacerlo?

Liderar la carga

¿Alguna vez estuviste lejos de tu casa y descubriste que la batería de tu celular o de tu seguidor de actividad se estaba acabando? Hallar un lugar para cargar tu dispositivo puede ser una tarea imposible en el medio de un día atareado. El aumento de necesidades tecnológicas motiva la invención de maneras nuevas y más accesibles de cargar dispositivos "sobre la marcha". Hoy, los ingenieros desarrollan supercondensadores y baterías flexibles y utilizables que puedan resolver este problema cotidiano.

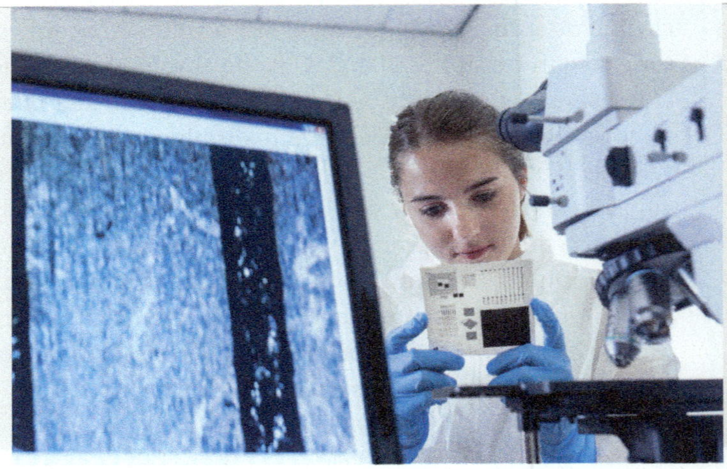

Algún día, las personas quizás carguen sus teléfonos inteligentes con supercondensadores de grafeno impresos directamente en la ropa.

Fuentes de energía transportables

Las personas suele llevar muchos dispositivos electrónicos, entre ellos, monitores de salud, relojes inteligentes y sensores médicos. Todos estos dispositivos deben cargarse con regularidad. Hasta ahora, los ingenieros tienen dificultad para diseñar una manera de cargar dispositivos móviles que no requiera conectarlos a un tomacorriente, al automóvil o a la computadora. Una fuente transportable debería ser resistente, flexible, rápida y fácil de cargar, y capaz de almacenar carga durante mucho tiempo.

Algunos ingenieros experimentan con supercondensadores de grafeno flexibles, que almacenan energía electrostática en su superficie, en lugar de utilizar reacciones químicas, como las baterías. Estos supercondensadores pueden imprimirse en la vestimenta, que se podría usar y lavar sin dañarlos. Los supercondensadores pueden cargarse en segundos e, incluso después de millones de recargas, no pierden su capacidad de almacenar energía.

Sin embargo, los ingenieros tienen muchos problemas por resolver antes de que estos supercondensadores sean viables. Fabricar grafeno de alta calidad es costoso y requiere mucho trabajo. Además, el grafeno no conduce la electricidad tan bien como los metales.

Otros ingenieros diseñan una batería flexible. Los componentes de metal inflexibles de la batería están enrollados en espiral para que se puedan doblar. La batería incluye una celda solar que la carga. Los ingenieros siguen trabajando en la integración de la celda solar con la batería.

Los cargadores inalámbricos, que cargan dispositivos ubicados a su alrededor, son otro producto en desarrollo. Los pocos cargadores inalámbricos que hoy están en el mercado deberán aumentar la velocidad y reducir el precio para convertirse en una opción popular.

COMUNICAR INFORMACIÓN TÉCNICA

Diseña un folleto que compare las ventajas y desventajas de los supercondensadores de grafeno, las baterías flexibles y los cargadores inalámbricos.

MÓDULO 19

GUÍA DE ESTUDIO

CONÉCTATE para estudiar con el Libro de ciencias.

Lección 1 CORRIENTE Y CIRCUITOS

- La corriente eléctrica es un flujo de partículas con carga. Por convención, el sentido de la corriente es en el que se mueve la carga de prueba positiva.
- Un circuito transforma energía eléctrica en energía térmica, en energía radiante o en alguna otra forma de energía.
- La ley de Ohm determina que la razón entre la diferencia de potencial con la corriente es constante para un conductor dado. Cualquier resistencia que no se modifique con la diferencia de potencial o el sentido del flujo de la carga obedece la ley de Ohm.
- Las siguientes ecuaciones muestran cómo la potencia, la corriente, la diferencia de potencial y la resistencia se relacionan matemáticamente.

$$P = I\Delta V \qquad R = \frac{\Delta V}{I}$$

- corriente eléctrica
- corriente convencional
- batería
- circuito eléctrico
- amperio
- resistencia
- resistor
- conexión en paralelo
- conexión en serie

Lección 2 USAR LA ENERGÍA ELÉCTRICA

- La energía eléctrica se transforma en térmica si las cargas en movimiento transfieren energía a otras partículas. Si la energía se transforma a una tasa uniforme, la energía transformada se representa con estas ecuaciones.

$$E = Pt \qquad E = I^2Rt \qquad E = \left(\frac{(\Delta V)^2}{R}\right)t$$

- La transmisión de energía eléctrica a voltajes mayores reduce la corriente sin reducir la potencia, lo que minimiza la pérdida por efecto Joule.

- superconductor
- kilovatio-hora

Lección 3 CIRCUITOS SIMPLES

- La corriente es igual en todas las partes de un circuito en serie simple. Si cualquier rama de un circuito paralelo se abre, no habrá corriente en dicha rama. La corriente en las otras ramas permanece igual.
- La corriente en un circuito en serie es igual a la diferencia de potencial dividida por la resistencia equivalente. La suma de las caídas de voltaje en los resistores que están en serie es igual a la diferencia de potencial que se aplica a la combinación. La resistencia equivalente de un circuito en serie es la suma de las resistencias de sus partes.
- En un circuito paralelo, la corriente total es igual a la suma de las corrientes en las ramas. Las caídas de voltaje en todas las ramas de un circuito paralelo son iguales. El recíproco de la resistencia equivalente de los resistores paralelos es igual a la suma de los recíprocos de las resistencias individuales.

- circuitos en serie
- resistencia equivalente
- divisor de tensión
- circuito paralelo

Lección 4 USAR LOS CIRCUITOS

- Un fusible, un disyuntor y un interruptor de circuito por falla a tierra crean un circuito abierto y detienen la corriente si está demasiado alta.
- Al analizar circuitos complejos, reduce una rama paralela a una resistencia equivalente. Luego, reemplaza los resistores en serie por una sola resistencia.
- Un voltímetro mide la diferencia de potencial (voltaje) en cualquier parte de un circuito. Tiene una resistencia alta y se conecta en paralelo. Un amperímetro se usa para medir la corriente en una rama o parte de un circuito. Tiene una resistencia baja y se conecta en serie.

- cortocircuito
- disyuntor
- fusible
- interruptor de circuito por falla a tierra
- circuito mixto en serie y paralelo

PENSAMIENTO TRIDIMENSIONAL

Conclusión del módulo

REPASA EL FENÓMENO

¿Cómo pasa la energía de la central energética a las luces de tu casa?

CER Afirmación, evidencia, razonamiento

Explicar el razonamiento Repasa la afirmación que hiciste cuando hallaste el fenómeno. Resume la evidencia que reuniste en tus investigaciones y completa la tabla de resumen. ¿Respalda la evidencia tu afirmación? Si no lo hace, repasa tu afirmación. Explica por qué la evidencia respalda tu afirmación.

PROYECTO DE LA UNIDAD STEM

Ahora que completaste el módulo, repasa el proyecto de la unidad STEM. Resume la evidencia y aplícala al proyecto.

PROFUNDIZA

SEP Laboratorio de análisis de datos

¿Se aplica la ley de Ohm a los alambres de nicromo?

Unos estudiantes conectaron un trozo de alambre de nicromo a una fuente de potencia variable para producir entre 0.00 V y 10.00 V. Luego, midieron la corriente por el alambre a varios voltajes. Los estudiantes anotaron los datos de los voltajes usados y las corrientes medidas, como se muestra en la tabla.

ΔV (V)	I (A)	ΔV (V)	I (A)
2.00	0.0140	−2.00	−0.0140
4.00	0.0270	−4.00	−0.0280
6.00	0.0400	−6.00	−0.0390
8.00	0.0520	−8.00	−0.0510
10.00	0.0630	−10.00	−0.0620

CER Analizar e interpretar datos

1. Calcula la resistencia para cada medición.
2. Representa gráficamente I v. ΔV.
3. **Afirmación** ¿Obedece el alambre de nicromo a la ley de Ohm ?
4. **Evidencia y razonamiento** Respalda tu afirmación con tus cálculos y tu gráfica.

NASA's Earth Observatory/NOAA/DoD

MÓDULO 20

MAGNETISMO

Stockbyte/Getty Images

MÓDULO 20

CAMPOS MAGNÉTICOS

ENCUENTRA EL FENÓMENO

¿Qué hace que este electroimán sea más potente que el clásico imán de un refrigerador?

CONÉCTATE para ver un video sobre el descubrimiento de la conexión entre la electricidad y el magnetismo.

SEP Hacer preguntas

¿Tienes más preguntas acerca del fenómeno? Si es así, agrégalas al pizarrón de preguntas clave.

CER Afirmación, evidencia, razonamiento

Hacer una afirmación Usa la tabla CER para hacer una afirmación acerca de por qué el electroimán es más potente que el imán de un refrigerador. Explica tu razonamiento.

Reunir evidencia Usa las lecciones del módulo para reunir evidencia que respalde tu afirmación. Registra la evidencia mientras trabajas en el módulo.

Explicar el razonamiento Repasarás tu afirmación y explicarás tu razonamiento al final del módulo.

CONÉCTATE para acceder a la tabla CER y explorar los recursos que te ayudarán a reunir evidencia.

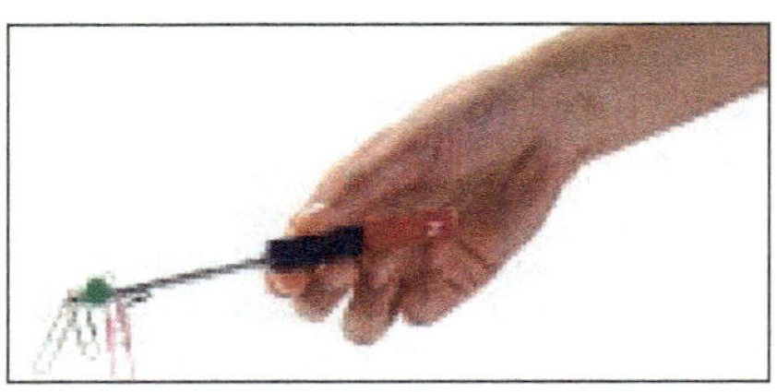

LECCIÓN 1: Explorar y explicar: Dominios magnéticos

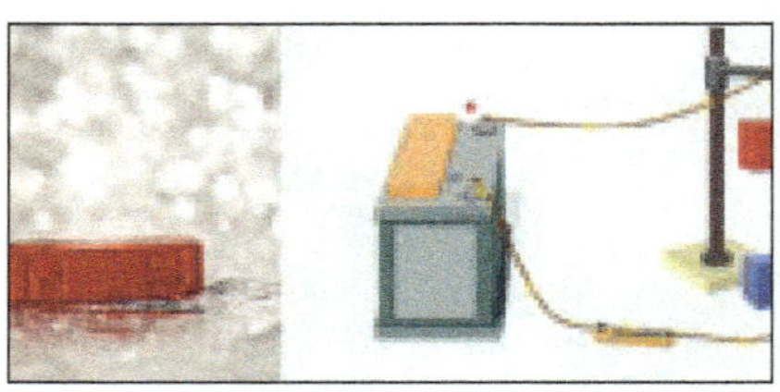

LECCIÓN 2: Explorar y explicar: Fuerzas sobre cables con corriente

Smithsonian

Recursos adicionales

LECCIÓN 1

ENTENDER EL MAGNETISMO

PREGUNTA DE ENFOQUE

¿Por qué algunos materiales son magnéticos y otros no?

Propiedades de los imanes

Conocemos y utilizamos los imanes desde hace más de 2000 años. Los antiguos marineros utilizaban rocas naturalmente magnéticas, llamadas calamitas, como brújulas. Los médicos del pasado creían que estas rocas curaban enfermedades. Hoy, muchos objetos cotidianos funcionan con imanes. Los motores eléctricos, auriculares, parlantes y discos duros de las computadoras dependen de la interacción entre los campos magnéticos y las corrientes eléctricas.

Polos de los imanes De niño quizás hiciste investigaciones con imanes comunes, como los de la **Imagen 1.** Quizá notaste que los dos extremos de un imán se comportan de distintas maneras. Esto se debe a que los imanes están **polarizados:** tienen dos extremos opuestos, llamados polos.

Imagen 1 Todos los imanes, sin importar su tamaño o forma, tienen dos polos.

PENSAMIENTO 3D DCI Ideas centrales disciplinarias CCC Conceptos interdisciplinarios SEP Prácticas de ciencia e ingeniería

REUNIR EVIDENCIA

Usa el Cuaderno de ciencias para registrar la evidencia que reúnas mientras completas las lecturas y las actividades de la lección.

INVESTIGAR

CONÉCTATE para hallar estas actividades y más recursos.

Poner en práctica: Modelo de los campos magnéticos

HS-PS3-5. Elabora y usa un modelo de dos objetos que interactúen a través de campos eléctricos o magnéticos para demostrar las fuerzas entre los objetos y los cambios en la energía de los objetos producidos por la interacción.

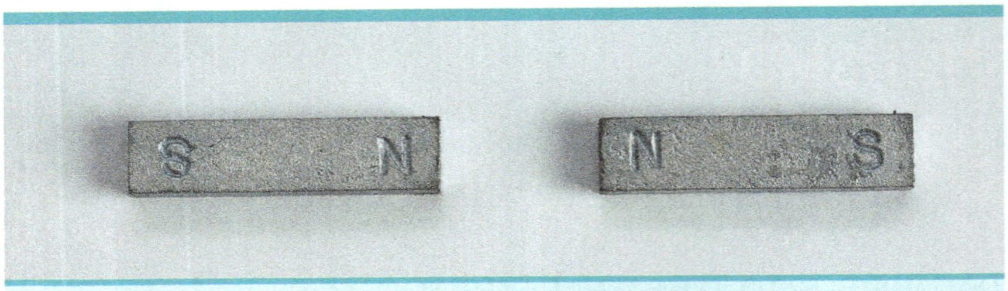

Los polos iguales se repelen.

Los polos opuestos se atraen.

Imagen 2 Los polos iguales de dos imanes se repelen (arriba), mientras que los polos opuestos se atraen (abajo).

Piensa en un imán rectangular suspendido de una cuerda. ¿En qué dirección crees que apuntará una vez que esté en reposo? Un imán que rota libremente apunta en dirección norte-sur siempre que esté en reposo. El polo que apunta al norte se llama polo norte, mientras que el polo opuesto es el polo sur. Una brújula es un imán pequeño que está suspendido, de modo que puede rotar libremente.

La Tierra como imán La aguja de una brújula apunta en dirección norte-sur debido a que la Tierra en sí misma es un imán enorme. El polo norte de una brújula apunta al polo norte geográfico de la Tierra. Sin embargo, como verás más adelante, el polo norte del imán siempre es atraído hacia un polo sur magnético. Por lo tanto, lo que llamamos el polo norte se encuentra en realidad cerca del polo sur magnético de la Tierra, y lo que llamamos polo sur se encuentra cerca del polo norte magnético de la Tierra.

¿Lo comprendes?

Describe ejemplos de cómo los seres humanos utilizaron los polos magnéticos de la Tierra a lo largo de los siglos.

Polos opuestos ¿Qué hay dentro de un imán que lo polariza? Cuando acercas una varilla de metal a una carga eléctrica, un extremo recibe carga negativa y el otro, una positiva, lo que polariza la varilla. Quizás creas que los imanes, como los de la **Imagen 2,** son similares a la varilla, con una mitad positiva y otra mitad negativa. Sin embargo, esto no es así. Sin importar cómo cortes o quiebres un imán, siempre tendrá dos polos. Se realizaron varias búsquedas de objetos llamados monopolos (con solo un polo norte o solo un polo sur), pero no se halló ninguno.

USO CIENTÍFICO VS. USO COMÚN

Polarizado

Uso científico: que tiene dos extremos opuestos
Todos los imanes están polarizados.

Uso común: dividido en facciones o grupos opuestos
Los miembros del Congreso estaban polarizados en cuanto a la reforma de Seguridad Social.

Richard Hutchings/Digital Light Source

Los polos se repelen o se atraen Quizás observaste que las fuerzas entre dos imanes difieren en función de cómo estén orientados. Cuando colocas el polo norte de un imán junto al polo norte de otro, los imanes se repelen, como se muestra en la parte superior de la **Imagen 2.** Lo mismo ocurre cuando colocas los dos polos sur juntos. Sin embargo, si colocaras el polo norte de un imán junto al polo sur de otro, los polos se atraerían, como se ve en la parte inferior de la **Imagen 2.** Los polos iguales se repelen; los polos opuestos se atraen.

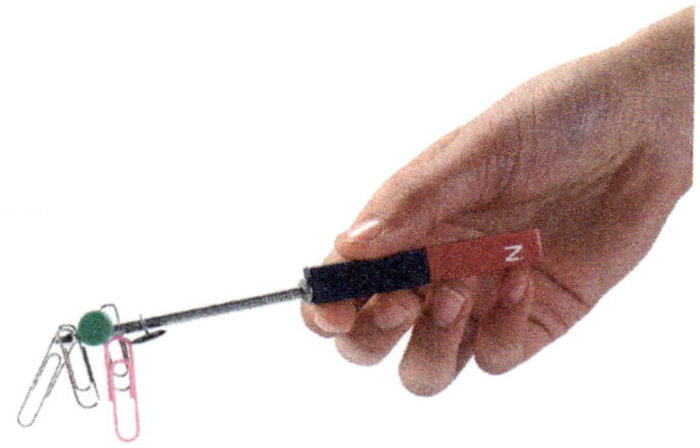

Imagen 3 Un clavo común que se une a un imán se convierte en un imán temporario por inducción.

Identifica *los polos norte y sur del clavo.*

Imanes temporarios

Los imanes también atraen clavos, clips, tachuelas y otros objetos metálicos. Estos objetos no tienen polos, y tanto el polo norte como el polo sur de un imán los atraen. Al tocar uno de estos objetos, como el clavo de la **Imagen 3,** el imán lo polariza y lo transforma en un imán temporario. Ese proceso se conoce como imantación por inducción.

Los imanes solo atraen algunos metales. Los imanes no atraen bronce, cobre ni aluminio. El hierro, el níquel y el cobalto sufren una fuerte atracción. Los materiales que contienen estos elementos, llamados ferromagnéticos, pueden ser imanes temporarios. Un clavo de acero puede actuar como imán temporario porque está hecho de hierro con pequeñas cantidades de carbono y de otros materiales. Al separarlo del imán, el clavo pierde de manera gradual casi todo su magnetismo.

Dominios magnéticos

¿De dónde obtiene un imán permanente o temporario sus propiedades magnéticas? Cada átomo de un material ferromagnético actúa como un pequeño imán con dos polos. Todos forman parte de un **dominio,** que es un grupo de átomos circundantes cuyos polos están alineados. Cada flecha de la **Imagen 4** representa un dominio. Si bien los dominios pueden contener hasta 10^{20} átomos individuales, son diminutos; por lo general, de 10 a 1000 micrones de ancho. Incluso una muestra pequeña de material ferromagnético contiene una enorme cantidad de dominios.

Imagen 4 Los dominios de un material ferromagnético no imantado apuntan en direcciones aleatorias (arriba). Al acercar un imán potente al material, sus dominios se alinean con aquellos del imán externo (abajo).

En un material ferromagnético que no está imantado, cada dominio apunta hacia una dirección aleatoria, como se muestra en el panel superior de la **Imagen 4.** Sin embargo, si el material está junto a un imán potente, casi todos los dominios del objeto tienden a alinearse y apuntan en la misma dirección que los polos del imán externo, como se ve en el panel inferior de la **Imagen 4.** Cuando los dominios se alinean en la misma dirección, el material se convierte en un imán temporario. Al quitar el imán externo, los dominios del imán temporario vuelven a su disposición aleatoria, y el material pierde la imantación. El tiempo que tarda un imán temporario en perder su imantación depende de las interacciones entre los átomos que, a su vez, dependen de la estructura microscópica del material.

Crear imanes permanentes

El único imán que existe de forma natural es el mineral magnetita. Las rocas que los marineros antiguos usaban eran fragmentos de este mineral. Si la magnetita es el único imán natural, ¿cómo se fabrican los imanes permanentes comerciales?

¿Lo comprendes?

Citar evidencia Infiere cuál es el aspecto de los dominios magnéticos del imán que se muestra en la primera página del módulo.

PRÁCTICA Problemas

PRÁCTICA ADICIONAL

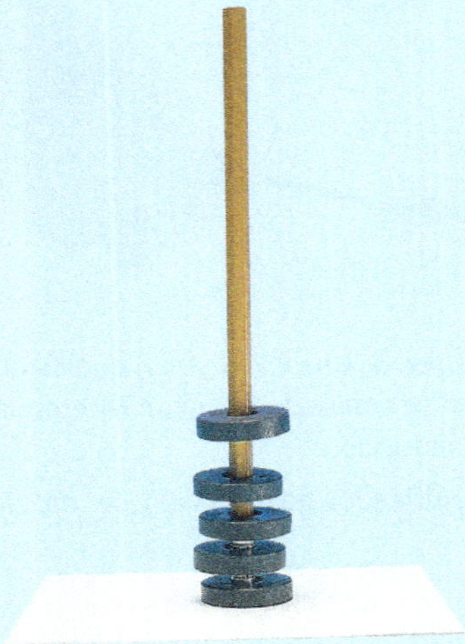

Imagen 5

1. Sostienes un imán rectangular en cada mano y los acercas entre sí, ¿será atractiva o repulsiva la fuerza si los sostienes de las siguientes maneras?
   a. Se acercan los dos polos norte.
   b. Se acercan un polo norte y un polo sur.
2. En la **Imagen 5** (a la izquierda) se muestran cinco imanes circulares que flotan uno sobre otro. El polo norte del imán superior mira hacia arriba. ¿Qué polos miran hacia arriba en cada uno de los demás imanes?
3. Los extremos de la aguja de una brújula están marcados con las letras N y S. ¿Cómo explicarías por qué el polo con la N apunta hacia el norte? Una respuesta completa debería mencionar los polos magnéticos de la Tierra.
4. **DESAFÍO** Cuando los estudiantes usan imanes y brújulas, a menudo tocan las brújulas con los imanes y descubren que las brújulas apuntan hacia el sur. Explica qué pudo haber ocurrido.

Cuando un objeto que contiene ciertos materiales ferromagnéticos se calienta en presencia de un imán potente, la energía térmica libera los átomos en cada dominio del objeto. Los dominios rotan y se alinean con los polos del imán. El objeto se enfría mientras permanece ante la presencia del imán potente. Después de enfriarse, los átomos no giran libremente. Por ende, al quitar el imán potente, el objeto sigue imantado. Se crea un imán permanente. Si este imán se vuelve a calentar o se cae, es posible que los átomos pierdan la alineación, se desordenen los dominios y las propiedades magnéticas se pierdan.

Historia del magnetismo Los dominios magnéticos de las rocas que contienen hierro registran la historia del magnetismo de la Tierra. Las rocas en el lecho marino se forman cuando la roca fundida (magma) sale por las grietas en el fondo de los océanos. Cuando el magma se enfría y se transforma en roca, los dominios de las rocas que contienen hierro se alinean en la dirección del campo magnético de la Tierra. Estas rocas se convierten en imanes permanentes débiles. A medida que sale más magma de las grietas, las rocas antiguas quedan más lejos de las grietas. Por esto, las rocas más alejadas de las grietas son más antiguas que las que están más cerca.

Los primeros científicos que examinaron las rocas del lecho marino se sorprendieron al hallar que la alineación de los dominios variaba en el hierro de las rocas de distintas edades. Concluyeron que los polos magnéticos intercambiaron de lugar muchas veces a lo largo de la historia.

Campos magnéticos alrededor de los imanes

Al investigar los imanes simples, vemos que las fuerzas entre ellos no solo están presentes cuando los imanes están en contacto, sino también cuando están separados. Así como la existencia de fuerzas eléctricas y gravitatorias de largo alcance puede interpretarse como el resultado de campos eléctricos y gravitatorios, las fuerzas magnéticas de largo alcance pueden interpretarse como el resultado de campos magnéticos. Estos campos transfieren la energía a través del espacio.

Los **campos magnéticos** existen en el espacio donde los imanes experimentarían una fuerza. Son cantidades vectoriales, dado que tienen magnitud, dirección y sentido. La aguja de una brújula en el campo magnético de la Tierra se alinea en la dirección del campo de la Tierra. Cuando existe un campo magnético más potente, la aguja se vuelve a alinear en la dirección de ese campo.

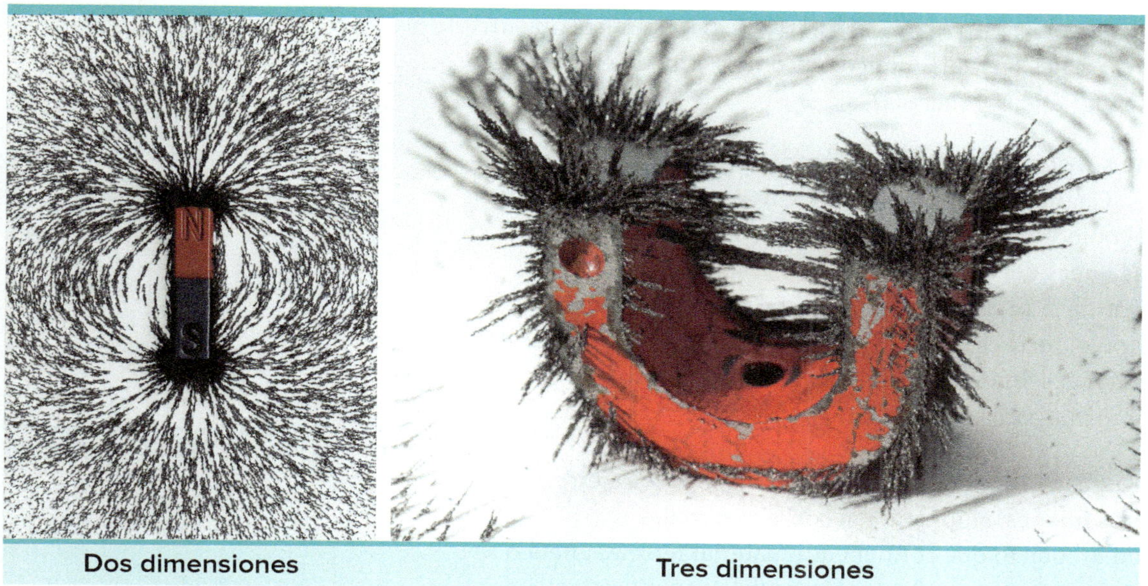

Imagen 6 Las limaduras de hierro sobre un papel muestran el campo magnético de un imán rectangular en dos dimensiones (izquierda) y las limaduras de hierro sobre un imán en posición vertical muestran el campo magnético en tres dimensiones (derecha).

Visualizar campos magnéticos

¿Qué aspecto tienen los campos magnéticos? Al igual que los eléctricos y gravitatorios, los campos magnéticos son invisibles. Sin embargo, podemos visualizarlos de varias maneras, como al colocar limaduras de hierro en torno a un imán. Cada limadura larga y delgada alrededor del imán se convierte en un imán temporario por inducción. Al igual que miles de agujas de brújula diminutas, cada limadura gira hasta quedar en paralelo al campo magnético. En la **Imagen 6** se ven los resultados en dos y tres dimensiones.

Líneas de los campos magnéticos

Los científicos visualizan los campos magnéticos con líneas, como las de la **Imagen 7.** Al igual que las líneas de los campos eléctricos, las de los campos magnéticos no son reales. Sirven para mostrar el sentido y la intensidad del campo magnético. La cantidad de líneas del campo magnético que atraviesa una superficie perpendicular a las líneas es el **flujo magnético.** El flujo por unidad de superficie es proporcional a la intensidad del campo magnético. El flujo está más concentrado en los polos magnéticos, donde la intensidad del campo es mayor.

Las líneas de un campo magnético se dirigen hacia donde apunta el polo norte de una brújula cuando se la coloca en un campo magnético. Por ende, las líneas del campo parten del polo norte del imán e ingresan al polo sur, como se muestra en la **Imagen 7.** Las líneas forman circuitos cerrados, que se extienden a lo largo del imán desde su polo sur a su polo norte.

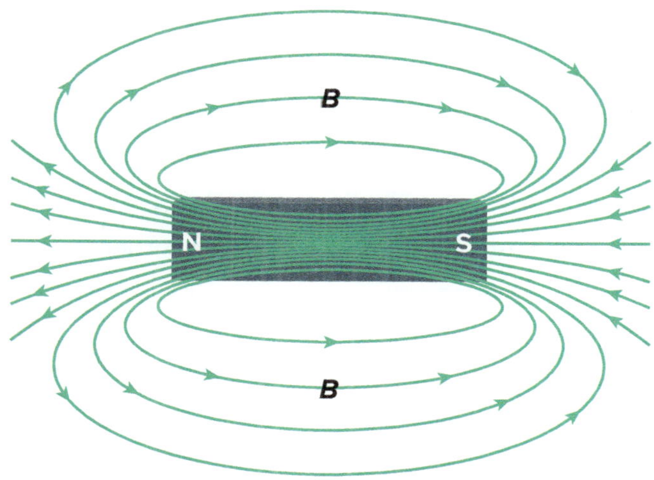

Imagen 7 Las líneas de un campo magnético se visualizan como líneas que parten del polo norte de un imán, ingresan en el polo sur y atraviesan el imán, y así forman circuitos cerrados. Los campos magnéticos suelen representarse con la letra *B*.

CONVENCIÓN DE COLORES

Línea de un campo magnético (*B*) ⟷ verde azulado

Fuerzas sobre objetos en campos magnéticos Ya leíste que un imán puede polarizar materiales ferromagnéticos. ¿Cómo se puede explicar esto en términos de campos magnéticos y fuerzas?

Fuerzas sobre imanes permanentes Los campos magnéticos ejercen fuerzas sobre los imanes. Cuando los polos iguales de dos imanes se aproximan, el campo que produce el polo norte de un imán repele el polo norte del segundo imán en el sentido de las líneas del campo, como muestran las limaduras de hierro en la parte superior de la **Imagen 8.** Ahora observa la parte inferior de la **Imagen 8.** El campo del polo norte de un imán ahora actúa sobre el polo sur del segundo imán, y lo atrae en el sentido opuesta a las líneas del campo. El campo magnético es continuo y forma arcos de un imán al otro.

Fuerzas sobre imanes temporarios Los campos magnéticos ejercen fuerzas no solo sobre otros imanes, sino también sobre materiales ferromagnéticos. Cuando un objeto que contiene un material ferromagnético se coloca en el campo de un imán permanente, las líneas del campo dejan el extremo norte del imán e ingresan al extremo del objeto que está más próximo al imán. Las líneas del campo atraviesan el objeto y regresan al polo sur del imán. Los dominios del objeto alinean sus polos con las líneas del campo, lo que convierte al extremo del objeto más próximo al polo norte del imán en el polo sur del objeto. Luego, el nuevo polo sur del objeto es atraído hacia el polo norte del imán, y el nuevo polo norte se repele.

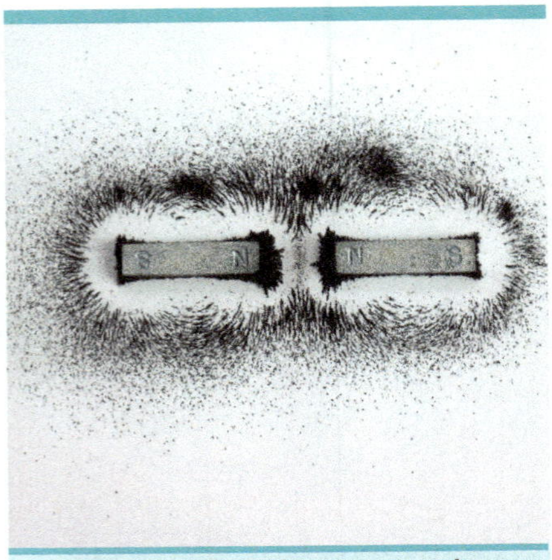

Los polos iguales se repelen.

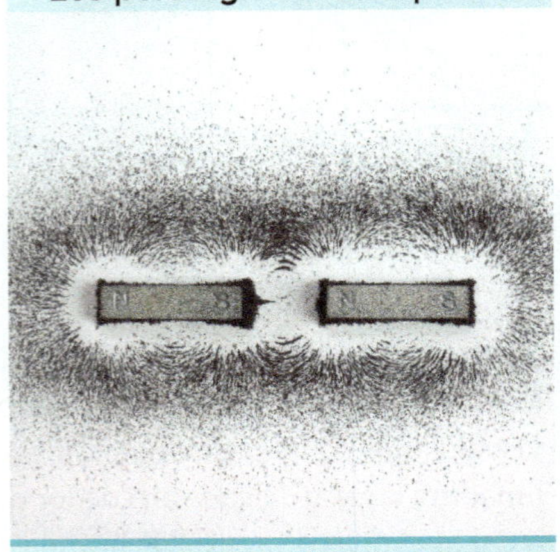

Los polos opuestos se atraen.

Imagen 8 Las limaduras de hierro sirven para visualizar el campo magnético en torno a dos polos iguales (arriba) y a dos polos opuestos (abajo). Las limaduras nos permiten entender cómo los polos iguales se repelen y los opuestos se atraen.

Electromagnetismo

En 1820, mientras daba una clase, el físico danés Christian Oersted colocó un cable sobre la parte superior de una brújula y conectó los extremos a una batería para completar un circuito eléctrico. La brújula estaba orientada de modo que la aguja quedaba paralela al cable, como se muestra en el lado izquierdo de la **imagen 9.**

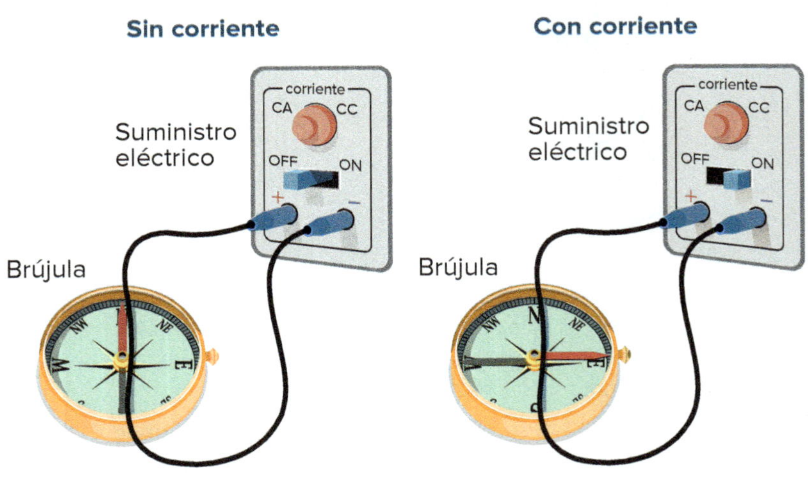

Imagen 9 La aguja de una brújula debajo de un cable originalmente paralela al cable cuando no hay corriente (izquierda) se mueve y queda perpendicular al cable cuando hay corriente (derecha).

Cuando Oersted encendió la corriente, se sorprendió al ver que la aguja se movía para quedar perpendicular al cable, como se ve a la derecha en la **Imagen 9.** Cuando Oersted colocó la brújula por encima del cable, la aguja nuevamente se puso en posición perpendicular al cable, pero apuntaba hacia otro sentido. Lo mismo sucedió cuando cambió el sentido de la corriente: la aguja cambió de sentido. Cuando cortó la corriente, la aguja volvió a su posición original.

La conclusión de Oersted de que la corriente produce un campo magnético fue el primer indicio de que existe una relación entre el magnetismo y las corrientes eléctricas. Como verás más adelante, esta relación es la base del diseño y el funcionamiento de muchos dispositivos modernos.

¿Lo comprendes?
Resume con tus palabras la conclusión de Oersted.

Campo magnético alrededor de un cable

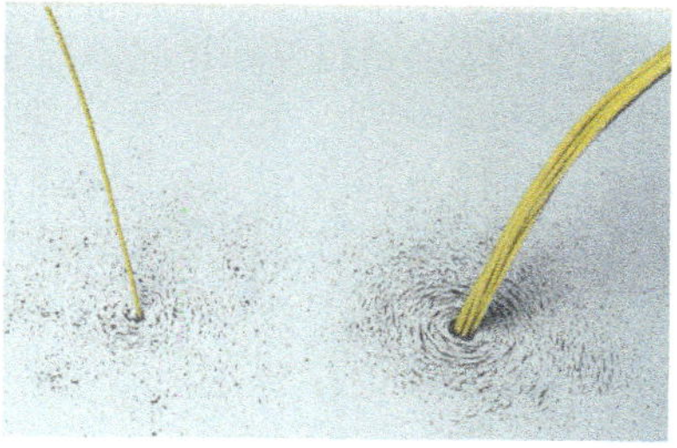

Regla de la mano derecha

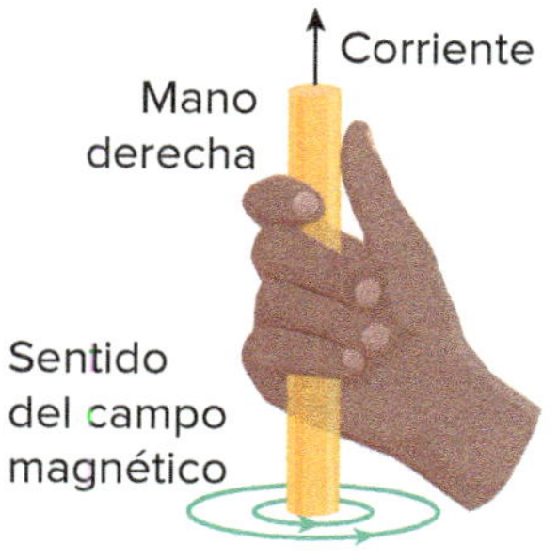

Imagen 10 Los patrones circulares que forman las limaduras de hierro alrededor de un cable con corriente (arriba) representan el campo magnético alrededor del cable. Puedes determinar el sentido de ese campo con la regla de la mano derecha (abajo).

Analizar *¿Qué le sucede al campo magnético alrededor de un cable cuando la corriente cambia de sentido?*

Campos magnéticos de cables con corriente El campo magnético en torno a un cable con corriente siempre es perpendicular a ese cable. Al igual que las líneas de un campo en torno a un imán permanente, las líneas en torno a un cable con corriente también forman circuitos cerrados. El patrón circular de las limaduras de hierro que se muestra en la parte superior de la **Imagen 10** representa estos circuitos. La intensidad del campo magnético en torno a un cable largo y recto es proporcional a la corriente de ese cable. La intensidad del campo magnético también varía inversamente con la distancia respecto del cable.

Sentido del campo magnético ¿Cómo hallas el sentido del campo magnético en torno a un cable con corriente? Los científicos usan la regla de la mano derecha para describir cómo se relacionan los sentidos de la corriente eléctrica y las propiedades magnéticas. Imagina que sostienes un cable largo con la mano derecha, como se ve en la **Imagen 10.** Si el pulgar apunta en el sentido de la corriente (positiva) convencional, como en la parte inferior de la **Imagen 10,** los dedos que rodean el cable apuntarán en el sentido del campo magnético.

Electroimanes Acabas de leer que la corriente de un cable produce un campo magnético que lo rodea. ¿Qué crees que le sucede al campo magnético si forma un circuito? Una corriente eléctrica en un circuito único de cable forma un campo magnético en torno a ese circuito, como se muestra en la **Imagen 11** de la página siguiente. Al aplicar la regla de la mano derecha a cualquier parte del circuito de la **Imagen 11,** ves que el sentido del campo magnético dentro del circuito siempre es la misma.

CCC CONCEPTOS INTERDISCIPLINARIOS
Causa y efecto Observa la **Imagen 9** de la página anterior. ¿Cuál fue la evidencia empírica que observó Oersted y le permitió llegar a la conclusión de que la corriente eléctrica produce un campo magnético?

Campo magnético alrededor de un circuito

Dentro del circuito, el campo apunta hacia ti. Fuera del circuito, el campo se aleja de ti.

Campo magnético de un solenoide

Los campos magnéticos de los circuitos dentro de un solenoide siempre siguen el mismo sentido..

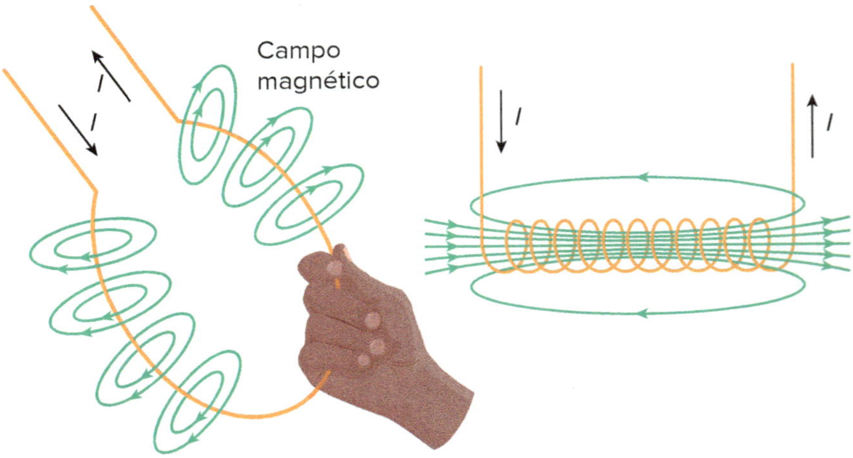

Imagen 11 Puedes representar el sentido del campo magnético alrededor del circuito de un cable con corriente y alrededor de un solenoide.

Evaluar *¿Es mayor el campo magnético dentro o fuera del solenoide?*

Piensa en un cable con muchos circuitos. Un **solenoide** es un cable conectado a un circuito y bobinado en varios circuitos con forma de espiral. Cuando se enciende la corriente de un solenoide, cada espira produce su propio campo magnético. Los campos están todos en el mismo sentido, como se muestra en la parte derecha de la **Imagen 11,** por lo que los campos se suman. Cuando hay corriente eléctrica en un solenoide, el campo magnético es similar al de un imán permanente. Se trata de un **electroimán**, un imán cuyo campo magnético es producido por la corriente eléctrica.

Circuitos e intensidad del campo Los solenoides pueden ser electroimanes con una intensidad excepcional, con campos magnéticos mucho más potentes que aquellos alrededor de imanes permanentes. La intensidad del campo magnético es proporcional a la corriente en los circuitos del solenoide, y también a la cantidad de espiras y al espacio entre ellos. Cuantas más espiras haya en un solenoide y más cerca estén unas de otras, mayor será la intensidad del campo magnético. Esta intensidad también se puede incrementar al colocar una varilla de hierro dentro del solenoide. La varilla incrementa el magnetismo porque el campo del solenoide produce un campo magnético temporario en el hierro, así como un imán permanente produce un imán temporario en un objeto ferromagnético.

Regla de la mano derecha para un solenoide La regla de la mano derecha sirve para determinar el sentido del campo magnético en torno a un solenoide cuando hay corriente. Imagina que sostienes un solenoide con la mano derecha. Si lo rodeas con los dedos en el sentido de la corriente convencional (positiva), como se muestra en la **Imagen 12,** el pulgar apuntará hacia el polo norte del solenoide.

Regla de la mano derecha

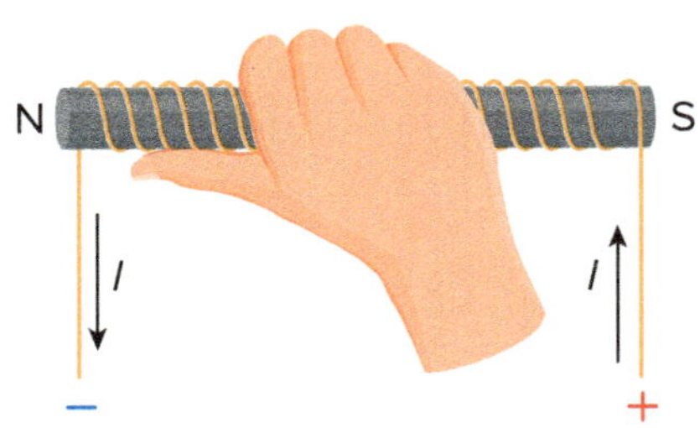

Imagen 12 Imagina que sostienes el solenoide con la mano derecha. El pulgar apuntará hacia el polo norte del solenoide cuando rodees el solenoide con los dedos en el sentido de la corriente convencional.

PRÁCTICA Problemas

PRÁCTICA ADICIONAL

5. ¿Cómo se compara la intensidad de un campo magnético que está a 1 cm de un cable con corriente y cada una de las siguientes opciones?

a. la intensidad de un campo a 2 cm del cable

b. la intensidad de un campo a 3 cm del cable

6. Un cable largo y recto con corriente yace en dirección norte-sur.

a. El polo norte de la aguja de una brújula que se coloca sobre el cable apunta hacia el este. ¿Cuál es el sentido de la corriente?

b. Si se colocara una brújula debajo de este cable, ¿en qué sentido apuntaría la aguja de la brújula?

7. Un estudiante fabrica un imán. Para ello, envuelve un cable alrededor de un clavo y lo conecta a una batería, como se muestra en la **Imagen 13.** ¿Qué extremo del clavo, la punta o la cabeza, es el polo norte?

8. Tienes una batería, un carrete de cable, una varilla de vidrio, una de hierro y una de aluminio. ¿Qué varilla usarías para crear un electroimán que atrajera objetos de acero? Explícalo.

9. DESAFÍO El electroimán del problema anterior funciona bien, pero te gustaría poder ajustar su potencia con un potenciómetro que funcionara como un resistor variable. ¿Es posible? Explícalo.

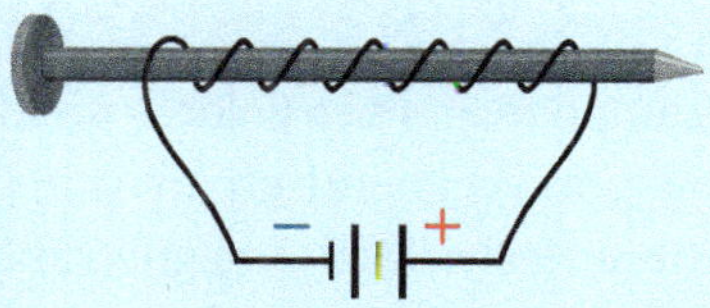

Imagen 13

Verifica tu progreso

10. **Electroimanes** Explica cómo construir un electroimán.

11. **Campos magnéticos** ¿Qué dos elementos representan las líneas un campo magnético?

12. **Fuerzas magnéticas** Teniendo en cuenta las fuerzas magnéticas, ¿cómo se explican las fuerzas a distancia?

13. **Campos magnéticos** ¿En qué parte de un imán rectangular es más potente el campo magnético?

14. **Campos magnéticos** Dos cables con corriente están cerca uno del otro, en paralelo, y tienen corrientes de la misma magnitud. Si las dos corrientes se movieran en el mismo sentido, ¿cómo se verían afectados los campos magnéticos de los cables? ¿Y si se movieran en sentidos opuestos?

15. **Sentido del campo** Describe cómo se aplica la regla de la mano derecha para determinar el sentido de un campo magnético alrededor de un cable recto con corriente.

16. **Electroimanes** Se coloca una lámina de vidrio con limaduras de hierro esparcidas sobre un electroimán activo. Las limaduras producen un patrón. Si esto se repitiera con la dirección de la corriente invertida, ¿qué diferencias observables habría? Explícalo.

17. **Dominios magnéticos** Explica qué sucede con los dominios de un imán temporario al retirar el imán de un campo magnético.

18. **Pensamiento crítico** Imagina un juguete que contiene dos varillas metálicas horizontales y paralelas, una encima de la otra. La varilla superior se mueve de arriba a abajo libremente.

a. La varilla superior flota por encima de la inferior. Pero cuando el sentido de la varilla superior se invierte, cae sobre la inferior. Explica el comportamiento de las varillas.

b. Imagina que la varilla superior del juguete se perdió y se la reemplazó con otra. La nueva varilla se cae sobre la varilla inferior, independientemente de su orientación. ¿De qué material es la nueva varilla?

LEARNSMART® Conéctate para cumplir tu plan de aprendizaje personalizado para repasar, practicar y reforzar tu comprensión.

LECCIÓN 2

USAR LAS FUERZAS MAGNÉTICAS

PREGUNTA DE ENFOQUE

¿Qué función tienen las fuerzas magnéticas en la vida diaria?

Fuerzas sobre alambres que transportan corriente

Cuando en un campo magnético colocas un imán, el imán se mueve. ¿Qué sucede cuando colocas un alambre que transporta corriente en un campo magnético? Michael Faraday, que realizó muchos experimentos sobre electricidad y magnetismo en el siglo XIX, descubrió que un campo magnético produce una fuerza sobre un alambre que transporta corriente. La fuerza sobre el alambre siempre está en ángulo recto respecto del sentido del campo magnético y de el sentido de la corriente, como muestra la **Imagen 14.** Cuando la corriente cambia de sentido, también lo hace la fuerza.

Sentido de la fuerza Puedes usar la regla de la mano derecha para determinar el sentido de la fuerza sobre un alambre que transporta corriente en un campo magnético. Apunta los dedos de la mano derecha hacia el sentido del campo magnético. Apunta el pulgar hacia el sentido de la corriente convencional (positiva) del alambre. La palma de la mano mirará hacia el sentido de la fuerza que actúa sobre el alambre, como se muestra en el lado derecho de la **Imagen 14.**

Flechas en tres dimensiones La relación entre campo magnético, corriente eléctrica y fuerza es tridimensional. ¿Cómo representas de manera precisa las flechas direccionales en tres dimensiones sobre un papel bidimensional?

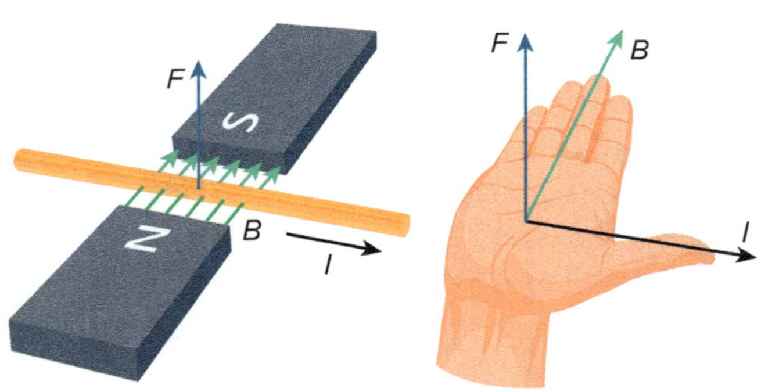

Imagen 14 Puedes usar la regla de la mano derecha para determinar el sentido de la fuerza si conoces la corriente (*I*) y el campo magnético (*B*).

Predice *qué le sucedería a la fuerza si la corriente cambiara de sentido.*

PENSAMIENTO 3D DCI Ideas centrales disciplinarias CCC Conceptos interdisciplinarios SEP Prácticas de ciencia e ingeniería

REUNIR EVIDENCIA

Usa el Cuaderno de ciencias para registrar la evidencia que reúnas mientras completas las lecturas y las actividades de la lección.

INVESTIGAR

CONÉCTATE para hallar estas actividades y más recursos.

Investigación virtual: Carga en un campo magnético
Realiza una investigación para determinar el efecto que un campo magnético tiene sobre una partícula cargada eléctricamente en movimiento.

Repasar la pregunta de Encuentra el fenómeno
¿Qué información de la lección te ayuda a responder las preguntas de la unidad y del módulo?

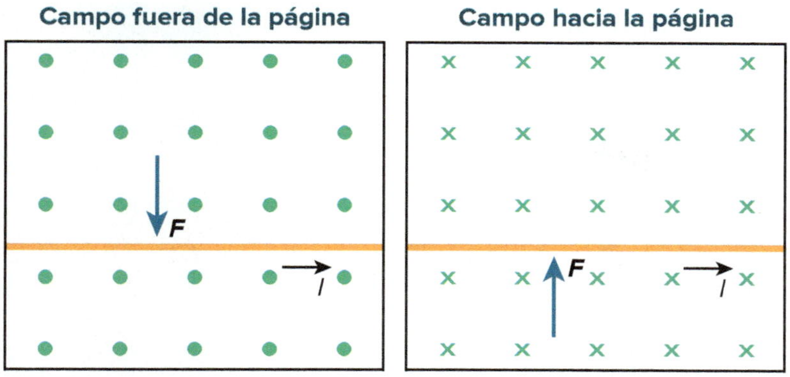

Imagen 15 Los puntos representan un campo magnético que parte de la página, hacia ti (izquierda). Las cruces representan un campo magnético que va hacia la página y se aleja de ti (derecha). Observa que la fuerza de cada alambre es perpendicular al campo magnético y a la corriente.

CONVENCIÓN DE FLECHAS

- ● ***B*** **fuera de la página**
- × ***B*** **hacia la página**

Imagina a un arquero que dispara hacia ti. La flecha parece un punto. Ahora imagina cómo esa misma fecha se aleja de ti. La flecha parece una cruz. Puedes usar puntos para representar los campos magnéticos que van hacia una hoja de papel y cruces para representar los campos que salen del papel, como se muestra en la **Imagen 15.**

Magnitud de la fuerza Leíste que puedes usar la regla de la mano derecha para hallar el sentido de la fuerza de un campo magnético sobre un alambre que transporta corriente. ¿Cómo calculas la magnitud de esa fuerza? Hay experimentos que muestran que la magnitud de la fuerza (F) sobre un alambre que transporta corriente es proporcional a la corriente del alambre (I), la longitud del alambre (L), la intensidad del campo magnético (B) y el seno del ángulo que forman la corriente y el campo magnético (sen θ). Recuerda que mides la fuerza en newtons (N) y la corriente en amperes (A). Mides la intensidad de un campo magnético (B) en teslas (T). Un T es igual a 1 N/(A·m).

Fuerza sobre un alambre que transporta corriente en un campo magnético

La magnitud de la fuerza de un alambre que transporta corriente en un campo magnético es igual al producto de la corriente, la longitud del alambre, la intensidad del campo y el seno del ángulo que forman la corriente y el campo magnético.

$$F = ILB\ (\text{sen}\ \theta)$$

Observa que sen 0° = 0 y sen 90° = 1. Esto significa que, cuando la corriente y el campo magnético son paralelos, la fuerza sobre un alambre que transporta corriente es igual a cero. La fuerza sobre el alambre es la máxima posible cuando la corriente y el campo magnético son perpendiculares entre sí.

Imagen 16 Un auricular funciona porque la corriente eléctrica dentro del alambre se ve afectada por un campo magnético.

Richard Hutchings/Digital Light Source

Auriculares Tal vez te preguntes cómo se utiliza en la tecnología actual la relación entre campos magnéticos, corrientes eléctricas y fuerza. Seguro estás familiarizado con un ejemplo: los auriculares. Si miras dentro de un auricular, como el de la **Imagen 16,** encontrarás una bobina diminuta de alambre dentro de una delgada membrana de plástico. Debajo de la membrana, hay un imán permanente. El campo magnético del imán permanente está orientado desde el centro hacia fuera, de modo que es perpendicular a la bobina de alambre y al sentido del movimiento de la bobina.

Circuito de alambre

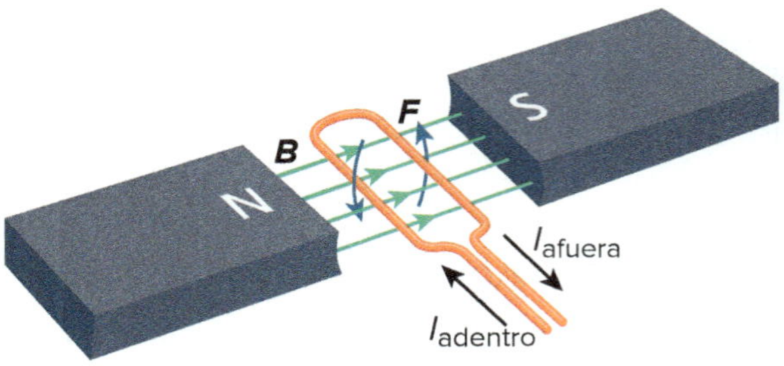

Galvanómetro

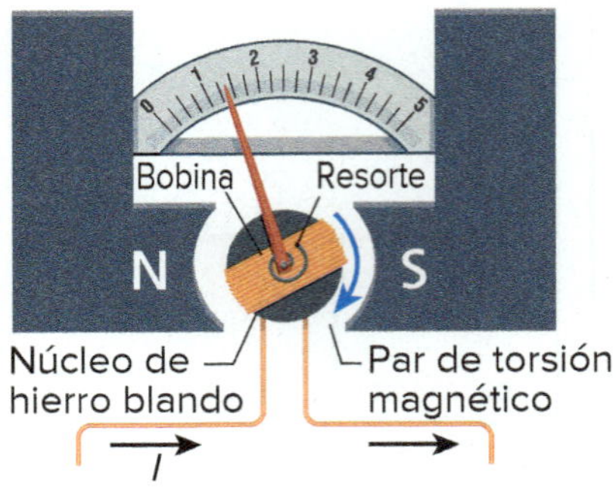

Imagen 17 Cuando se coloca una espira de alambre en un campo magnético y se enciende la corriente, el circuito gira (izquierda). La bobina del galvanómetro (derecha) gira de manera proporcional a la magnitud de la corriente.
Explica *qué hace que el circuito de alambre gire.*

Un reproductor de música envía corriente a través de los alambres de un auricular. La corriente entra a la bobina, cambia de sentido entre 40 y 40,000 veces por segundo según los tonos que representa. La fuerza del campo magnético sobre la bobina hace que se mueva hacia adentro y hacia afuera, en función del sentido de la corriente. Esto hace que la membrana vibre, lo que produce las ondas de sonido. Cada vez que la corriente cambia de sentido dos veces, la membrana vibra una vez más.

La mayoría de los parlantes y los altavoces funcionan de manera similar. Un campo magnético ejerce una fuerza sobre una bobina de alambre montada sobre un cono de papel o de plástico. Cuando se mueve el alambre, empuja la bobina hacia adentro y hacia afuera del campo. Este movimiento hace que el cono vibre y produzca ondas de sonido.

Galvanómetros Puedes utilizar la fuerza que un campo magnético ejerce sobre la espira de alambre que transporta corriente para medir las corrientes. ¿Cómo funciona esto? La corriente de la espira del alambre que se muestra en el lado izquierdo de la **Imagen 17** pasa de un extremo de la espira al otro. Mientras lo hace, la fuerza sobre la espira empuja un lado de la espira hacia abajo y el otro hacia arriba. El par de torsión que se genera sobre la espira es proporcional a la magnitud de la corriente. Este es el principio utilizado en un galvanómetro.

Un **galvanómetro** es un dispositivo utilizado para medir corrientes muy pequeñas. El par de torsión de un resorte pequeño en el dispositivo se opone al par de torsión de la corriente en la espira de alambre. La cantidad de rotación es proporcional a la corriente. El medidor se calibra al determinar cuánto gira la bobina cuando se envía a través de él una corriente conocida, como se muestra en la derecha de la **Imagen 17.** El galvanómetro puede utilizarse para medir corrientes desconocidas.

Conexión con carreras STEM

Técnico de imágenes por resonancia magnética

Los técnicos de imágenes por resonancia magnética utilizan un resonador (un gran imán con forma de tubo) y ondas de radio para crear imágenes transversales detalladas de los órganos y los tejidos del cuerpo. Estas imágenes son herramientas que se utilizan para diagnosticar y tratar enfermedades y afecciones médicas. Si te gusta ayudar a las personas, entonces, tal vez la carrera de técnico de imágenes por resonancia magnética podría ser para ti.

EJEMPLO Problema 1

CALCULAR LA INTENSIDAD DE UN CAMPO MAGNÉTICO Un alambre recto que transporta 5.0 A de corriente se encuentra en un campo magnético uniforme orientado en ángulo recto hacia el alambre. Cuando 0.10 m de alambre están dentro del campo, la fuerza sobre el alambre es de 0.20 N. ¿Cuál es la intensidad del campo magnético (B)?

1 ANALIZAR Y PLANTEAR EL PROBLEMA

- Dibuja el alambre y muestra el sentido de la corriente con una flecha, el campo magnético como B y la fuerza sobre el alambre como F.
- Determina el sentido de la fuerza usando la regla de la mano derecha para la fuerza sobre el alambre que transporta corriente en un campo magnético. El campo, el alambre y la fuerza están todos en ángulos rectos.

Datos conocidos
$I = 5.0$ A
$L = 0.10$ m
$F = 0.20$ N

Incógnita
$B = ?$

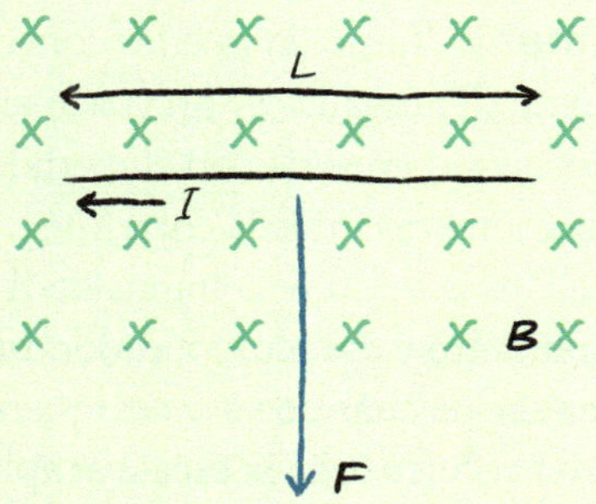

2 HALLAR LA INCÓGNITA

B es uniforme, y dado que B e I son perpendiculares entre sí, $F = ILB$.

$$F = ILB$$

Calcula B.

$$B = \frac{F}{IL}$$

$$= \frac{0.20\ \text{N}}{(5.0\ \text{A})(0.10\ \text{m})}$$ Sustituye $F = 0.20$ N, $I = 5.0$ A, $L = 0.10$ m.

$$= 0.40\ \text{N/A·m} = 0.40\ \text{T}$$

B es 0.40 T de arriba hacia abajo de la hoja de papel y perpendicular a I y F.

3 EVALUAR LA RESPUESTA

- **¿Son correctas las unidades?** La respuesta está en teslas, la unidad correcta de un campo magnético.
- **¿Es realista la magnitud?** Un campo magnético con una intensidad inferior a 1 T es realista.

PRÁCTICA Problemas

PRÁCTICA ADICIONAL

19. Explica el método que podrías usar para determinar el sentido de la fuerza sobre un alambre que transporta corriente orientado en ángulos rectos en un campo magnético. Identifica qué debes saber para usar este método.

20. Un alambre que tiene 0.50 m de largo y transporta una corriente de 8.0 A se encuentra orientado en ángulo recto hacia un campo magnético de 0.40 T. ¿Cuál es la intensidad de la fuerza que actúa sobre el alambre?

21. Un alambre de 75 cm de largo que transporta una corriente de 6.0 A se encuentra orientado en ángulo recto en un campo magnético uniforme. La magnitud de la fuerza que actúa sobre el alambre es de 0.60 N. ¿Cuál es la intensidad del campo magnético?

22. Un alambre de cobre de 40.0 cm de largo transporta una corriente de 6.0 A y pesa 0.35 N. Un campo magnético es lo suficientemente potente como para equilibrar la fuerza de gravedad sobre el alambre. ¿Cuál es la intensidad del campo magnético?

23. ¿Cuánta corriente se necesitaría para producir una fuerza de 0.38 N sobre un alambre de 10.0 cm orientado en ángulo recto hacia un campo de 0.49 T?

24. DESAFÍO Quieres fabricar tu propio parlante. Fabricas una bobina de 1 cm de diámetro con 20 espiras de alambre delgado. Utilizas pegamento para unir la bobina a un plato de aluminio. Los extremos del alambre están conectados a una ficha y a un conector para un reproductor MP3. Solo tienes un imán rectangular para producir un campo magnético. ¿Cómo orientarías el campo magnético para hacer que el plato vibre y produzca sonido?

Amperímetro Un galvanómetro puede producir deflexiones a plena escala al aplicar corrientes de tan solo 50 μA (50×10^{-6} A). La resistencia del circuito de alambre en un galvanómetro sensible es de alrededor de 1000 Ω. Para medir corrientes más grandes, un galvanómetro debe convertirse en un amperímetro. Para esto, debes colocar un resistor con una resistencia pequeña en paralelo al medidor, como se muestra en la parte superior de la **Imagen 18.** Como la corriente es inversamente proporcional a la resistencia, gran parte de la corriente (I_s) atraviesa el resistor, que se denomina derivación, dado que desvía la corriente pasando por alto gran parte de la corriente alrededor del galvanómetro. Solo unos pocos microamperes (I_m) logran pasar. La resistencia de la derivación se elige para que el medidor tenga la sensibilidad deseada.

Voltímetro También puedes conectar un galvanómetro para que funcione como voltímetro. Para fabricar un voltímetro, debes colocar un resistor (también conocido como multiplicador) en serie con el medidor, como se muestra en la parte inferior de la **Imagen 18.** El galvanómetro mide la corriente a través del multiplicador. La corriente es igual a $I = \frac{V}{R}$, donde V es la diferencia intensidadl en el voltímetro y R es la resistencia efectiva del galvanómetro y del multiplicador. Imagina que quieres que la aguja del voltímetro se mueva a plena escala cuando se le coloquen 10 V. Usarías un resistor, de modo que a los 10 V, el medidor recorra toda la escala al aplicar una corriente de 50 μA en el medidor y en el resistor.

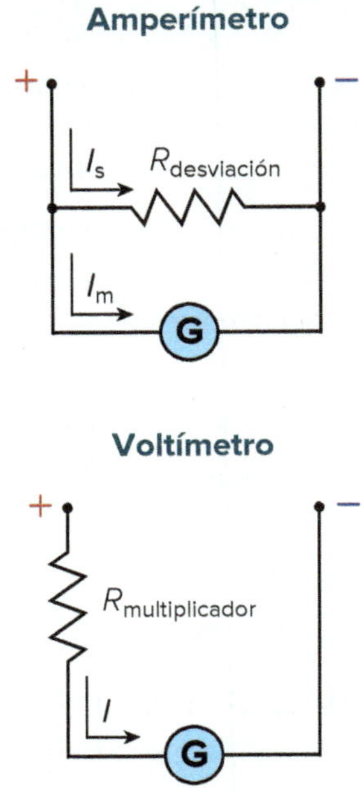

Imagen 18 Una galvanómetro puede conectarse y usarse como amperímetro (arriba) y como voltímetro (abajo).

¿Lo comprendes?

Comparar ¿Cómo usarías un resistor para convertir un galvanómetro en un amperímetro primero y en un voltímetro después?

Motores eléctricos

La espira de alambre de un galvanómetro no puede girar más de 180°. La fuerza del campo magnético empuja un lado de la espira hacia arriba y el otro hacia abajo hasta que el circuito está en posición vertical. El circuito no continuará girando porque las fuerzas siguen hacia arriba y hacia abajo, paralelas al circuito. Si lograras que el circuito gire de forma constante, tendrías un motor eléctrico.

Un **motor eléctrico** es un aparato que convierte la energía eléctrica en energía mecánica. Los motores eléctricos dependen de una bobina de alambre de múltiples espiras llamada **armadura,** que está montada sobre un eje que gira en un campo magnético. La corriente ingresa en la armadura a través de un conmutador con aro recolector, que invierte el sentido de la corriente mientras la armadura gira, como se muestra en el diagrama de un motor eléctrico simple en la **Imagen 19** en la página siguiente.

Si bien en la **Imagen 19** se muestra una sola espira, la armadura de casi todos los motores eléctricos tiene varias espiras. La fuerza total que actúa sobre la armadura es proporcional a $nILB$, donde n es la cantidad total de vueltas de alambre en la armadura (cada una de 360°); I es la corriente; L es la longitud del alambre en cada vuelta, que se mueve perpendicular al campo magnético y B es la intensidad del campo magnético. El campo magnético se produce mediante un imán permanente o mediante un electroimán (que se llama bobina de campo). El par de torsión sobre la armadura se controla al variar la corriente que pasa por el motor. Cuanto más grande es el par de torsión, más rápido gira la armadura.

¿Lo comprendes?

Describe un objeto que uses en tu hogar que tenga un motor eléctrico.

Motor eléctrico

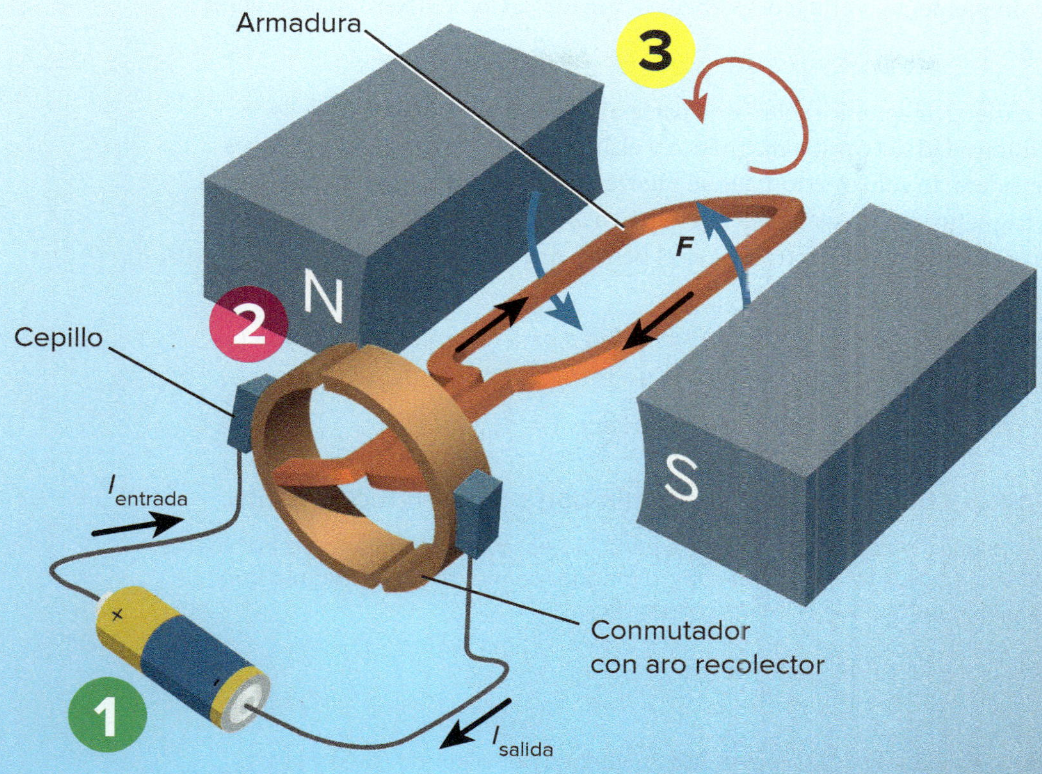

1 Conexión eléctrica
La corriente de la batería atraviesa los cepillos de grafito, que están fijos y presionados contra un conmutador con aro recolector. El conmutador está conectado a un circuito de alambre (la armadura) a lo largo de un eje en un campo magnético.

2 Inversión de la corriente
La corriente va desde el cepillo hasta el conmutador con aro recolector, que transfiere la corriente a la armadura. El imán repele o atrae la armadura, en función del sentido de la corriente. Cuando la armadura está en posición vertical, cada una de las mitades del conmutador cambia los cepillos. Esto permite invertir el sentido de la corriente, de modo que la armadura pueda girar otros 180°.

3 Rotación continua
La corriente se invierte con cada media rotación de la armadura; esto permite la rotación continua.

mike davies/Alamy Stock Photo

Imagen 19 En un motor eléctrico, como el que impulsa el *drone*, una armadura gira en un campo magnético de 360°. Un conmutador con aro recolector cambia el sentido de la corriente cada 180°, lo que permite la rotación.

Fuerzas sobre partículas con una carga

Usas $F = ILB(sen\ \theta)$ para determinar la fuerza sobre un alambre que transporta corriente en un campo magnético. Una corriente es simplemente un flujo de partículas cargadas. ¿Cómo determinas la fuerza de una partícula con una carga?

Ecuación de fuerza La fuerza magnética sobre una partícula de una carga depende de la velocidad de la partícula, la intensidad del campo magnético y el ángulo que forman las direcciones de velocidad y el campo. Considera un solo electrón que se mueve en un alambre de longitud L que es perpendicular a un campo magnético (B). La corriente (I) es igual a la carga por unidad que ingresa al alambre, $I = \frac{q}{t}$. En este caso, q es la carga del electrón y t es el tiempo que necesita el electrón para recorrer la distancia L.

Para calcular el tiempo que necesita una partícula con una velocidad v para recorrer una distancia L, usarías la ecuación de movimiento, $x = vt$, o, en este caso, $t = \frac{L}{v}$.

Como consecuencia, puedes reemplazar la ecuación para la corriente, $I = \frac{q}{t}$, por $I = \frac{qv}{L}$.

Fuerza de un campo magnético sobre una partícula con carga en movimiento

La cantidad de fuerza de un campo magnético sobre una partícula es igual al producto de la carga de la partícula, su velocidad, la intensidad del campo magnético y el seno del ángulo que se forma entre la velocidad de la partícula y el campo magnético.

$$F = qvB\ (\text{sen}\ \theta)$$

Recuerda que la carga se mide en coulombs (C); la velocidad, en metros por segundo (m/s) y la intensidad del campo magnético, en teslas (T). En el caso de una partícula que se mueve en ángulos rectos hacia un campo magnético, sen $\theta = 1$, entonces $F = qvB$.

El sentido de la fuerza sobre una partícula con carga es perpendicular a la velocidad de la partícula y al campo magnético. Para calcular el sentido de la fuerza, puedes usar la misma regla de la mano derecha que usas para calcular el sentido de la fuerza sobre un alambre que transporta corriente, donde la carga en movimiento es la corriente. Si la partícula en movimiento es un electrón (con una carga negativa), el sentido de la fuerza se invierte.

¿Lo comprendes?

Describe una situación de la vida diaria en la que quieras calcular la fuerza de un campo magnético sobre una partícula con carga en movimiento.

CCC CONCEPTOS INTERDISCIPLINARIOS

Causa y efecto Usa la ecuación para la fuerza de un campo magnético sobre una partícula con carga en movimiento para demostrar cuál sería la fuerza sobre una partícula con carga en movimiento paralela a un campo magnético.

EJEMPLO Problema 2

FUERZA SOBRE UNA PARTÍCULA CON CARGA EN UN CAMPO MAGNÉTICO Un haz de electrones viaja a 3.0×10^{6} m/s a través de un campo magnético uniforme de 4.0×10^{-2} T orientado en ángulos rectos hacia el campo. ¿Con qué intensidad actúa la fuerza sobre cada electrón?

1 ANALIZAR Y PLANTEAR EL PROBLEMA

Dibuja el haz de electrones y su dirección y sentido de movimiento (v). Indica el campo magnético (B) y la fuerza sobre el haz de electrones (F). Observa que el sentido de la fuerza es opuesta a la dada por la regla de la mano derecha debido a la carga negativa de los electrones.

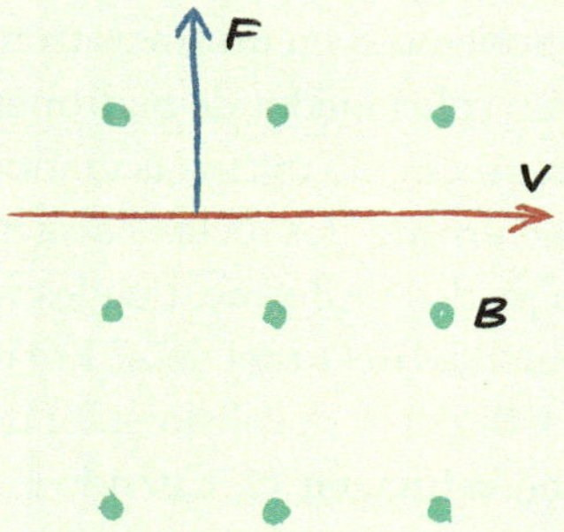

Datos conocidos

$v = 3.0\times10^{6}$ m/s

$B = 4.0\times10^{-2}$ T

$q = -1.602\times10^{-19}$ C

Incógnita

$F = ?$

2 HALLAR LA INCÓGNITA

$F = qvB$

$= (-1.602\times10^{-19}\ \text{C})(3.0\times10^{6}\ \text{m/s})(4.0\times10^{-2}\ \text{T})$

Sustituye $q = -1.602\times10^{-19}$ C, $v = 3.0\times10^{6}$ m/s, $B = 4.0\times10^{-2}$ T.

$= -1.9\times10^{-14}$ N

3 EVALUAR LA RESPUESTA

- **¿Son correctas las unidades?** T = N/(A·m) y A = C/s; entonces, T = N·s/(C·m). Por lo tanto, (T·C·m)/s = N, la unidad para la fuerza.
- **¿Es consistente el sentido de la fuerza?** Utiliza la regla de la mano derecha para verificar el sentido de la fuerza. Recuerda que la fuerza sobre el electrón es opuesta a la fuerza dada por la regla de la mano derecha debido a la carga negativa de los electrones.
- **¿Es realista la magnitud?** Las fuerzas sobre los electrones y los protones son siempre fracciones pequeñas de un newton.

PRÁCTICA Problemas

PRÁCTICA ADICIONAL

25. ¿Cuál es el sentido de la fuerza sobre un electrón si ese electrón se mueve hacia el este a través de un campo magnético que apunta hacia el norte?

26. ¿Cuál es la magnitud y el sentido de la fuerza que actúa sobre el protón que se muestra en la **Imagen 20**?

27. Un flujo de partículas doblemente ionizadas (al que le faltan dos electrones y, por ende, transporta una carga positiva neta de dos cargas elementales) se mueve a una velocidad de 3.0×10^{4} m/s perpendicular a un campo magnético de 9.0×10^{-2} T. ¿Cuál es el tamaño de la fuerza que actúa sobre cada ion?

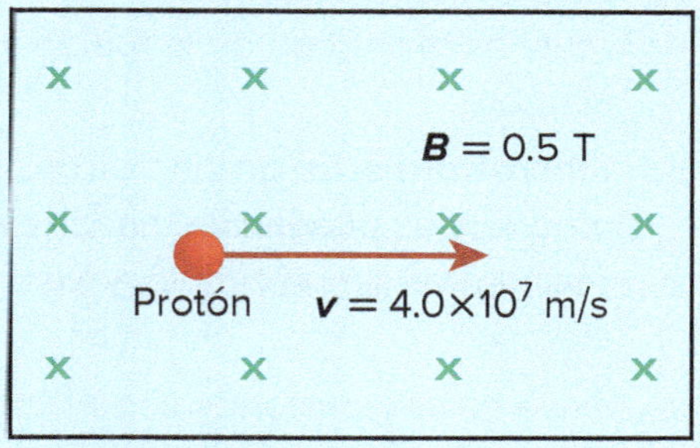

Imagen 20

28. Un haz de partículas triplemente ionizadas transporta una carga positiva neta de tres unidades de carga elementales. El haz ingresa en un campo magnético de 4.0×10^{-2} T. Las partículas tienen una velocidad de 9.0×10^{6} m/s y se mueven en ángulos rectos hacia el campo. ¿Cuál es el tamaño de la fuerza que actúa sobre cada partícula?

29. Una partícula ionizada una sola vez experimenta una fuerza de 4.1×10^{-13} N cuando viaja en ángulo recto a través de un campo magnético de 0.61 T. ¿Cuál es la velocidad de la partícula?

30. **DESAFÍO** Átomos de helio doblemente ionizados (partículas alfa) viajan en ángulos rectos hacia un campo magnético a una velocidad de 4.0×10^{4} m/s. La fuerza de cada partícula es 6.4×10^{-16} N. ¿Cuál es la intensidad del campo magnético?

Sincrotrones Dado que el sentido de la fuerza es perpendicular a la velocidad de una partícula con carga, los imanes pueden usarse para dirigir el recorrido de una partícula con carga. Por ejemplo, las partículas aceleradas en un sincrotrón, como el gran colisionador de hadrones, se mueven en un círculo mientras mantienen su velocidad en ángulos rectos hacia un campo magnético uniforme. Puedes ver varios segmentos del túnel de 27 km de largo que rodea el gran colisionador de hadrones en la **Imagen 21.** Cuando las partículas ganan velocidad, el campo magnético del túnel aumenta para conservar constante el radio del círculo. Hay imanes adicionales que proporcionan las fuerzas horizontales y verticales para enfocar el haz. Hay segmentos adicionales a lo largo del túnel del gran colisionador que agregan cantidades de energía fijas que aceleran las partículas.

Imagen 21 Potentes electroimanes dentro del túnel del gran colisionador de hadrones brindan el campo magnético uniforme que hace que las partículas cargadas se muevan en sentido circular.

Verifica tu progreso

31. **Motores** Explica de qué manera los motores eléctricos utilizan imanes para convertir la energía eléctrica en energía mecánica.
32. **Fuerzas magnéticas** Imagina que un alambre transporta corriente perpendicularmente al campo magnético de la Tierra con sentido este-oeste. Si la corriente viaja hacia el este, ¿cuál es el sentido de la fuerza sobre el alambre?
33. **Sincrotrones** En un sincrotrón, los campos magnéticos pliegan los haces de partículas en segmentos de un círculo, y los campos eléctricos aceleran los haces.
    a. Un haz de protones circula en sentido horario. ¿En qué sentido está orientado el campo magnético? ¿En qué sentido están orientados los campos eléctricos?
    b. Si un haz de antiprotones cargados negativamente circulara en sentido antihorario, ¿se debería cambiar el sentido del campo magnético? ¿Se debería cambiar el sentido de los campos eléctricos?
34. **Galvanómetros** Compara el diagrama del galvanómetro en el lado derecho de la **Imagen 17** con el motor eléctrico de la **Imagen 19.** ¿En qué se parecen el galvanómetro y un motor eléctrico? ¿En qué se diferencian?
35. **Motores** Si el plano de la armadura de un motor es perpendicular al campo magnético, las fuerzas no ejercen un par de torsión sobre la bobina. ¿Significa que la bobina no gira? Explica.
36. **Resistencia** Un galvanómetro necesita 180 μA para una deflexión completa. Cuando se lo usa como voltímetro, ¿qué resistencia total deben tener el medidor y el resistor multiplicador para una deflexión completa de 5.0 V?
37. **Pensamiento crítico** Dos alambres que transportan corriente se aproximan cuando quedan paralelos. Compara los sentidos de las dos corrientes. Explica tu razonamiento.

LEARNSMART® Conéctate para cumplir tu plan de aprendizaje personalizado para repasar, practicar y reforzar tu comprensión.

Acelerar la solución

Durante casi un siglo, los espectadores con una vista agudizada detectaron rastros de otra pintura debajo de la obra *Retrato de una mujer,* del impresionista francés Edward Degas. Hoy en día, con la ayuda de un acelerador de partículas, los científicos resolvieron el misterio. Oculta detrás de la mujer contemplativa de la pintura hay otra pintura de la misma mujer, hecha siete años antes.

Científicos en los Países Bajos utilizan técnicas especiales para revelar una pintura antigua sobre la cual Vincent van Gogh volvió a pintar.

UPPA/Photoshot/Newscom

Retrato de una mujer

Degas pintó *Retrato de una mujer* a fines de la década de 1870. Se cree que la mujer de la pintura es la modelo francesa Emma Dobigny. A medida que el tiempo desgastó parte del óleo de la obra de Degas, el contorno borroso de otro rostro quedó visible debajo de la pintura. Recientemente, científicos australianos aplicaron un tipo de acelerador de partículas, llamado sincrotrón (similar al gran colisionador de hadrones), para conocer la pintura original de Dobigny.

Sincrotrón

¿Cómo utilizaron los científicos el sincrotrón para "mirar" lo que había detrás de las últimas capas de una pintura sin arruinarla? Utilizaron una técnica llamada fluorescencia de rayos X de alta resolución (XRF), que excita los átomos con un haz de radiación para que emitan fotones de rayos X. Los fotones de cada elemento tienen una longitud de onda singular que les permite a los científicos crear mapas de elementos y diagramas de dispersión.

Los análisis de la pintura de Degas revelaron la presencia de once mapas de elementos, incluidos calcio, cromo, manganeso, hierro, cobalto, níquel, cobre, cinc, arsénico, bario y mercurio. Para reconstruir los colores, los científicos infirieron los pigmentos de pintura en función de los mapas de elementos. Cuando había dos o más elementos en la misma zona, podían identificar mejor el color que Degas había utilizado.

Los mapas de elementos de la XRF se componen de millones de píxeles. Estos análisis de imágenes de alta definición sirven para hacer una representación "falsa" de los colores de la pintura oculta. En lugar de ver lo que se ve a simple vista, esta representación suele incorporar el espectro de luz visible y el espectro electromagnético. Al superponer las imágenes de los mapas de elementos, se formó una imagen más antigua de Dobigny detrás de la pintura.

HACER PREGUNTAS PARA ACLARAR

Escribe tres preguntas que tengas sobre la XRF y cómo se utilizó para revelar la pintura oculta de Degas. Busca en fuentes impresas o en línea respuestas a tus preguntas. Comparte tus preguntas y respuestas con la clase.

MÓDULO 20
GUÍA DE ESTUDIO

CONÉCTATE para estudiar con el Cuaderno de ciencias.

Lección 1 ENTENDER EL MAGNETISMO

- polarizado
- dominio
- campo magnético
- flujo magnético
- solenoide
- electroimán

- Todos los imanes tienen un polo norte y un polo sur, y están rodeados de campos magnéticos.
- Los materiales ferromagnéticos son magnéticos cuando sus dominios se alinean unos con otros.
- Los campos magnéticos son cantidades vectoriales, porque tienen magnitud, sentido y irección. Existen en una región en el espacio donde un imán experimentaría una fuerza. Se pueden representar con líneas que salen de un polo norte e ingresan a un polo sur, y forman circuitos.

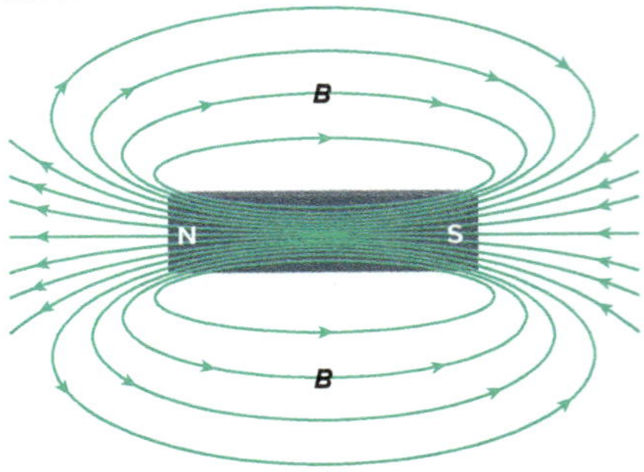

- Existe un campo magnético en torno a cualquier cable con corriente. El campo magnético alrededor de una bobina de cable es proporcional a la cantidad de espiras en la bobina, debido a que los campos individuales de las espiras están en el mismo sentido.

Lección 2 USAR LAS FUERZAS MAGNÉTICAS

- galvanómetro
- motor eléctrico
- armadura

- Cuando se coloca un cable con corriente en un campo magnético, se ejerce una fuerza sobre el cable que es perpendicular al campo y al cable.
- La fuerza sobre un cable con corriente en un campo magnético es proporcional a la corriente por la longitud del cable por la intensidad del campo por el seno del ángulo que forman la corriente y el campo magnético.

$$F = ILB(\text{sen } \theta)$$

- Un motor eléctrico consiste en una bobina de cable en un campo magnético. Cuando hay corriente, la bobina gira como consecuencia de la fuerza sobre el cable en el campo magnético. Una rotación completa de 360° se logra mediante un conmutador con aro recolector para cambiar el sentido de la corriente en la bobina mientras gira.
- La fuerza que un campo magnético ejerce sobre una partícula con carga en movimiento depende de la carga de la partícula, la velocidad de la partícula, la intensidad del campo magnético y el ángulo que forman las direcciones de la velocidad y el campo. La dirección de la fuerza es perpendicular al campo y a la velocidad de la partícula.

$$F = qvB(\text{sen } \theta)$$

PENSAMIENTO TRIDIMENSIONAL

Conclusión del módulo

REPASA EL FENÓMENO

¿Qué hace que este electroimán sea más potente que el clásico imán de un refrigerador?

CER Afirmación, evidencia, razonamiento

Explicar el razonamiento Repasa la afirmación que hiciste cuando hallaste el fenómeno. Resume la evidencia que reuniste en tus investigaciones y completa la tabla de resumen. ¿Respalda la evidencia tu afirmación? Si no lo hace, repasa tu afirmación. Explica por qué la evidencia respalda tu afirmación.

PROYECTO DE LA UNIDAD STEM

Ahora que completaste el módulo, repasa el proyecto de la unidad STEM. Resume la evidencia y aplícala al proyecto.

PROFUNDIZA

SEP Laboratorio de análisis de datos

¿Obedecen los imanes una ley del cuadrado inverso?

Se midió la fuerza de repulsión entre dos imanes y se determinó que depende de la distancia, como se muestra en la tabla.

Separación (cm)	Fuerza (N)	Separación (cm)	Fuerza (N)
1.0	3.93	2.2	0.011
1.2	0.40	2.4	0.0076
1.4	0.13	2.6	0.0053
1.6	0.057	2.8	0.0038
1.8	0.030	3.0	0.0028
2.0	0.018		

CER Analizar e interpretar datos

1. Representa la fuerza como una función de distancia.
2. **Afirmación** ¿Sigue esta fuerza una ley del cuadrado inverso?
3. **Evidencia y razonamiento** Respalda tu afirmación con una gráfica.

Ken Phung/Shutterstock

MÓDULO 21

ELECTROMAGNETISMO

ENCUENTRA EL FENÓMENO

¿Qué ocasiona las auroras boreales?

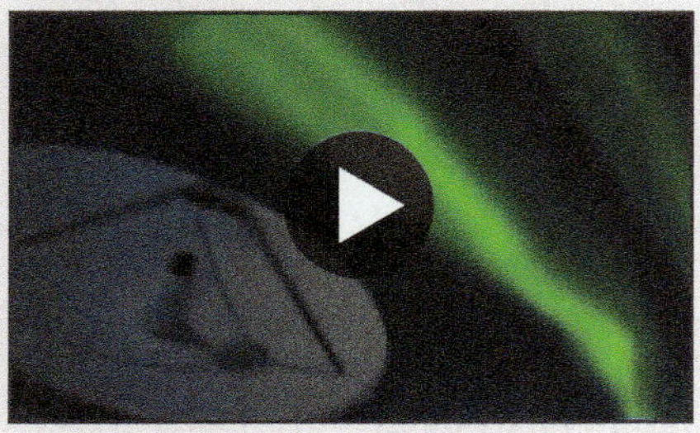

CONÉCTATE para ver un video acerca de las auroras boreales.

SEP Hacer preguntas

¿Tienes más preguntas acerca del fenómeno? Si es así, agrégalas al pizarrón de preguntas clave.

CER Afirmación, evidencia, razonamiento

Hacer una afirmación Usa la tabla CER para hacer una afirmación acerca de las causas de las auroras boreales. Explica tu razonamiento.

Reunir evidencia Usa las lecciones del módulo para reunir evidencia que respalde tu afirmación. Registra la evidencia mientras trabajas en el módulo.

Explicar el razonamiento Repasarás tu afirmación y explicarás tu razonamiento al final del módulo.

CONÉCTATE para acceder a la tabla CER y explorar los recursos que te ayudarán a reunir evidencia.

LECCIÓN 2: Explorar y explicar: Transformadores

LECCIÓN 4: Explorar y explicar: Producción de ondas electromagnéticas

Smithsonian

Recursos adicionales

LECCIÓN 1

CORRIENTES INDUCTORAS

PREGUNTA DE ENFOQUE

¿Cómo puede un imán generar una corriente?

Campos magnéticos cambiantes

Luego de que Oersted descubriera que una corriente produce un campo magnético, Michael Faraday se convenció de que lo inverso era posible: que un campo magnético pudiera producir una corriente. En 1822, escribió este objetivo en su cuaderno: "Convertir el magnetismo en electricidad". Tras diez años de experimentos, lo logró. Indujo una corriente en un circuito al mover un cable por un campo magnético. Ese mismo año en Estados Unidos, Joseph Henry, un profesor de secundaria, hizo el mismo descubrimiento. La **Imagen 1** ilustra una versión moderna de uno de los experimentos de Faraday y de Henry.

Movimiento relativo Se genera una corriente eléctrica en un cable de un circuito cuando al menos parte del cable pasa y corta las líneas del campo magnético. Las líneas del campo se cortan cuando un segmento de cable pasa por un campo magnético estático, como ocurre en la **Imagen 1.** Las líneas también se cortan cuando un campo magnético pasa por un cable estático o la intensidad del campo cambia alrededor de un cable. La **inducción electromagnética** es el proceso de generar corriente por un cable en un circuito en un campo magnético cambiante.

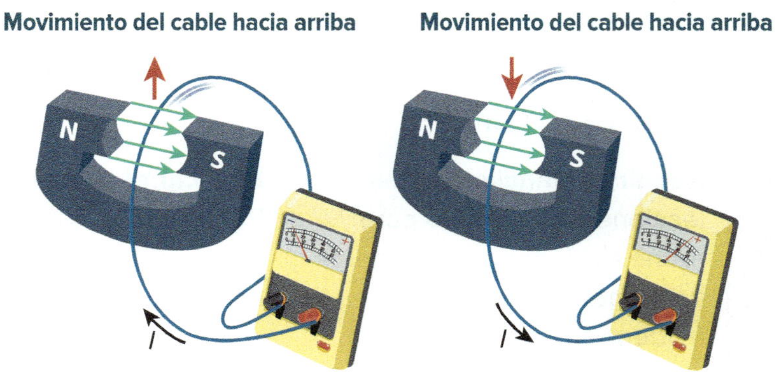

Imagen 1 El sentido de la corriente inducida en un cable que se mueve por un campo magnético depende del sentido del movimiento del cable. Cuando el movimiento se detiene, también lo hace la corriente.

PENSAMIENTO 3D DCI Ideas centrales disciplinarias CCC Conceptos interdisciplinarios SEP Prácticas de ciencia e ingeniería

REUNIR EVIDENCIA

Usa el Cuaderno de ciencias para registrar la evidencia que reúnas mientras completas las lecturas y las actividades de la lección.

INVESTIGAR

CONÉCTATE para hallar estas actividades y más recursos.

Poner en práctica: Investigar el electromagnetismo
HS-PS2-5. Planifica y realiza una investigación para buscar evidencia de que una corriente eléctrica puede producir un campo magnético y que cambiar el campo magnético puede producir una corriente eléctrica.

CCC **Identificar conceptos interdisciplinarios**
Haz una tabla de los conceptos interdisciplinarios con ejemplos que encuentres en la lectura.

Fuerza electromotriz ¿Cómo se produce corriente por inducción electromagnética? Sabes que una corriente necesita una fuente de energía eléctrica, como una batería. Una batería mantiene una diferencia de potencial eléctrico en un circuito; las cargas fluyen del potencial mayor al menor. La diferencia de potencial entre los bornes de la batería es la fuerza electromotriz o *FEM*. Una *FEM* es una diferencia de potencial, no es una fuerza. Como muchos términos históricos, fue acuñado antes de que los principios relacionados se comprendieran bien.

***FEM* inducida** No se necesita una reacción química en una batería para crear una *FEM*. Cuando un cable se mueve perpendicular a un campo magnético, existe una fuerza en las cargas del cable. La fuerza provoca que las cargas negativas se muevan de un extremo al otro del cable y dejan las cargas positivas en el otro extremo. Esta separación de carga produce un campo eléctrico y, por lo tanto, una diferencia de potencial a lo largo del cable. Esta diferencia se denomina **fuerza electromotriz inducida,** o *FEM* inducida.

La magnitud de una *FEM* inducida en un cable en un campo magnético depende de la intensidad del campo magnético (B), la longitud del cable dentro del campo (L) y la velocidad longitudinal del cable que es perpendicular al campo ($v(\text{sen}\ \theta)$).

Fuerza electromotriz inducida en un cable

La *FEM* es igual a la intensidad del campo magnético por la longitud del cable por el componente de la velocidad del cable en el campo que es perpendicular al campo.

$$FEM = BLv(\text{sen}\ \theta)$$

Si un cable se mueve perpendicular a un campo magnético, la ecuación anterior se reduce a $FEM = BLv$, porque sen 90° = 1. Observa que no se induce una *FEM* en un cable que se mueve paralelo a un campo magnético porque sen 0° = 0.

Como en las baterías, la *FEM* inducida se mide en voltios (V). ¿Por qué? Recuerda que los campos magnéticos (B) se miden en teslas (T). Se puede escribir $B = \frac{F}{IL}$ por lo que las unidades para B también son N/(A·m). La velocidad se mide en metros por segundo. Con el análisis dimensional, se puede escribir:

$$\left(\frac{\text{N}}{\text{A·m}}\right)(\text{m})\left(\frac{\text{m}}{\text{s}}\right) = \frac{(\text{N·m})}{(\text{A·s})} = \frac{\text{J}}{\text{C}} = \text{V}$$

Por lo tanto, la *FEM* se mide en voltios.

Magnitud de corriente Recuerda que la resistencia es igual a la diferencia de potencial dividida por la corriente. Entonces, si una *FEM* genera una corriente en un cable que es parte de un circuito con una resistencia efectiva R y conoces la *FEM*, se puede determinar la magnitud de la corriente con esta ecuación:

$$I = \frac{FEM}{R}$$

Dirección de la corriente Cuando un cable se mueve por un campo magnético, se ejerce una fuerza sobre sus cargas y se mueven en sentido de esa fuerza, como se ve en la **Imagen 2.** Para hallar este sentido, usa la regla de la mano derecha, en la parte inferior de la **Imagen 2.** Apunta con el pulgar en el sentido que se mueve el cable y con los demás dedos en el sentido del campo magnético. Tu palma apunta en sentido de la fuerza sobre las cargas positivas y, entonces, de la corriente.

Sentido de la corriente

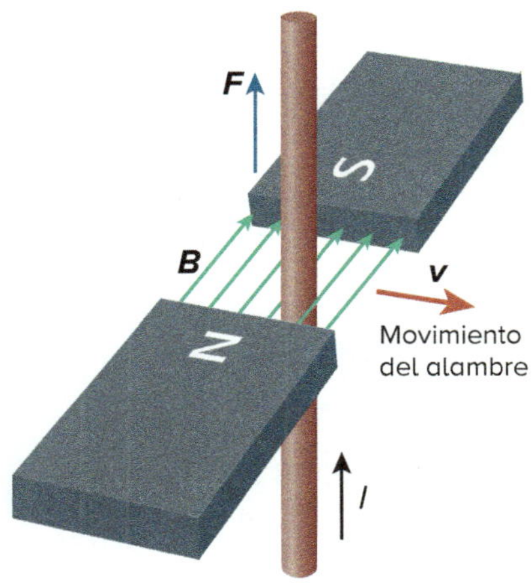

Regla de la mano derecha

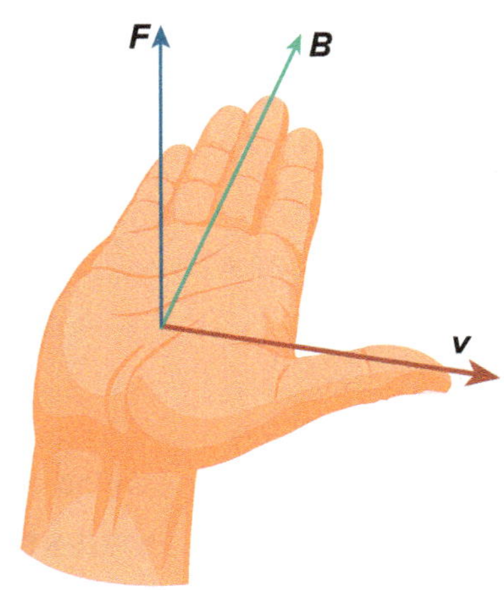

Imagen 2 El sentido de la corriente en un cable que se mueve por un campo magnético se puede hallar con la regla de la mano derecha. Observa que el sentido de la corriente es igual al sentido de la fuerza sobre las cargas del cable.

EJEMPLO Problema 1

***FEM* INDUCIDA** Un cable recto es parte de un circuito con una resistencia (R) de 0.50 Ω. El cable mide 0.20 m y se mueve a una velocidad constante de 7.0 m/s perpendicular a un campo magnético de intensidad 8.0×10^{-2} T.

a. ¿Qué *FEM* se induce en el cable?

b. ¿Cuál es la corriente en el cable?

c. Si se usa un metal diferente para el cable y la resistencia del circuito alcanza los 0.78 Ω, ¿cuál es la corriente nueva?

1 ANALIZAR Y PLANTEAR EL PROBLEMA

- Dibuja un cable recto de longitud L. Conecta un amperímetro para cerrar el circuito y que tenga una corriente.
- Muestra un sentido para el campo magnético (B) que sea perpendicular al cable.
- Muestra un sentido para la velocidad (v) que sea perpendicular al cable y al campo magnético.
- Usa la regla de la mano derecha para determinar el sentido de la corriente y muéstrala en el diagrama.

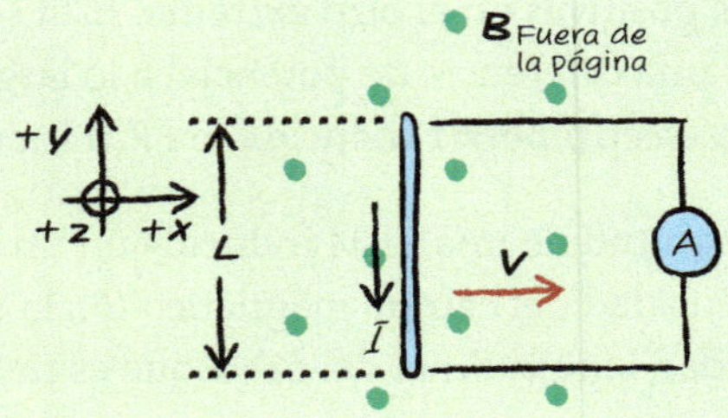

Datos conocidos	Incógnita
$v = 7.0$ m/s	$FEM = ?$
$L = 0.20$ m	$I = ?$
$B = 8.0\times10^{-2}$ T	
$R_1 = 0.50$ Ω	
$R_2 = 0.78$ Ω	

2 HALLAR LA INCÓGNITA

a. $FEM = BLv$

$= (8.0\times10^{-2}\text{ T})(0.20\text{ m})(7.0\text{ m/s})$ — Sustituye $B = 8.0\times10^{-2}$ T, $L = 0.20$ m, $v = 7.0$ m/s.

$= 0.11\text{ T}\cdot\text{m}^2/\text{s}$

$= 0.11$ V

b. $I = \frac{FEM}{R}$

$= \frac{0.11\text{ V}}{0.50\ \Omega}$ — Sustituye $FEM = 0.11$ V, $R_1 = 0.50$ Ω.

$= 0.22$ A

c. $I = \frac{FEM}{R}$

$= \frac{0.11\text{ V}}{0.78\ \Omega}$ — Sustituye $FEM = 0.11$ V, $R_2 = 0.78$ Ω.

$= 0.14$ A

La corriente va en sentido contrario a las manecillas del reloj.

3 EVALUAR LA RESPUESTA

- **¿Son correctas las unidades?** El voltio es la unidad correcta para la *FEM*. La corriente se mide en amperios.
- **¿Es consistente el sentido?** El sentido obedece la regla de la mano derecha: v es el sentido del pulgar, B es el sentido en la que apuntan los dedos y F es el sentido que enfrenta la palma. La corriente está en el mismo sentido que la fuerza.
- **¿Es realista la magnitud?** Las respuestas se acercan a 10^{-1} A, típica para circuitos con *FEM* y resistencias pequeñas.

PRÁCTICA Problemas

PRÁCTICA ADICIONAL

1. Mueves verticalmente un cable recto de 0.5 m de largo a una velocidad de 20 m/s por un campo magnético de 0.4 T en dirección horizontal.
   a. ¿Qué *FEM* se induce en el cable?
   b. El cable es parte de un circuito con una resistencia total de 6.0 Ω. ¿Cuál es la corriente?
2. Un cable recto de 25 m de largo se monta sobre un avión que vuela a 125 m/s. El cable se mueve en dirección perpendicular por el campo magnético de la Tierra ($B = 5.0\times10^{-5}$ T). ¿Qué *FEM* se induce en el cable?
3. Un segmento de cable recto en un circuito mide 30.0 m y se mueve a 2.0 m/s, perpendicular a un campo magnético.
   a. Se induce una *FEM* de 6.0 V. ¿Cuál es el campo magnético?
   b. La resistencia total del circuito es 5.0 Ω. ¿Cuál es la corriente?
4. **DESAFÍO** Se monta un imán en herradura para que las líneas del campo magnético sean verticales. Pasas un cable recto entre los polos y lo jalas hacia ti. La corriente en el cable pasa de derecha a izquierda. ¿Cuál es el polo norte del imán? Explica.

***FEM* inducida en micrófonos** Ya aprendiste cómo los auriculares usan campos magnéticos para funcionar. Los micrófonos, también. Se construyen como los auriculares, pero funcionan al revés; convierten sonido en energía eléctrica por inducción electromagnética.

Un micrófono tiene un diafragma de aluminio delgado adherido a una bobina en un campo magnético, como en la **Imagen 3.** Las ondas sonoras hacen que el diafragma vibre. Esto mueve la bobina adherida. El movimiento de la bobina en el campo magnético induce una *FEM* en los extremos de la bobina que genera una corriente. La *FEM* inducida y la corriente varían a medida que la frecuencia del sonido varía. De esta manera, las ondas sonoras se convierten en señales eléctricas. Las diferencias de potencial que se generan son pequeñas, en general 10^{-3} V, pero se pueden aumentar, o amplificar, con dispositivos electrónicos.

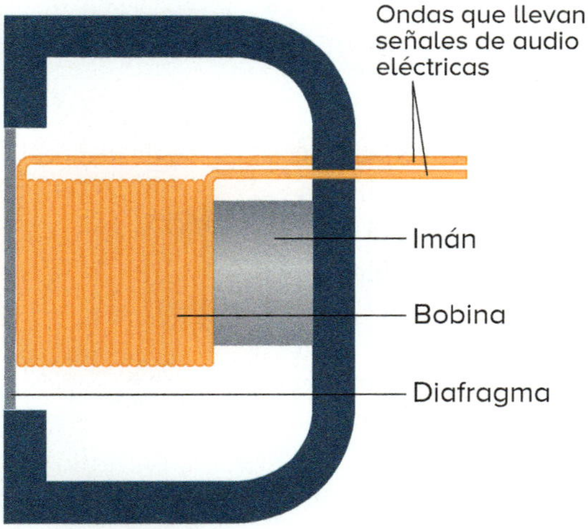

Imagen 3 El micrófono convierte las ondas sonoras del cantante en señales eléctricas. El diafragma de aluminio del micrófono se adhiere a una bobina en un campo magnético. Cuando las ondas sonoras hacen vibrar el diafragma, la bobina se mueve. La corriente generada es proporcional a la onda sonora.

CCC CONCEPTOS INTERDISCIPLINARIOS

Causa y efecto Observa la **Imagen 3.** Describe cómo conocer el efecto que ocasiona el movimiento de un cable en un campo eléctrico y el efecto que ocasiona el sonido en un diafragma te permite predecir cómo afecta el sonido al micrófono. Cita evidencia que apoye tu explicación sobre cómo funcionan entre sí los dos mecanismos del sistema.

Conexión con carreras STEM

Ingeniero en sonido

Grabar música es más que encender el micrófono. Los ingenieros en sonido dan forma al sonido de una grabación al elegir un micrófono, disponer niveles y manipular el sonido que se produce. Si tienes un buen oído y amas la música, la ingeniería en sonido puede ser tu carrera.

Generadores eléctricos

La inducción electromagnética también rige la operación de los generadores eléctricos.

Un **generador eléctrico** convierte energía mecánica en energía eléctrica. Consiste en una serie de espiras de cable en un campo magnético. El cable se enrolla alrededor de un núcleo de hierro, que concentra el flujo magnético por el cable. El hierro y el cable forman la armadura del generador, llamado rotor.

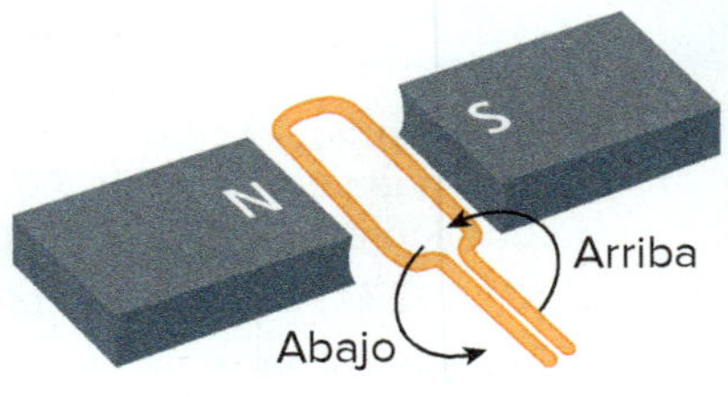

Imagen 4 En una espira de cable que rota en un circuito dentro de un campo magnético se induce una corriente eléctrica. El sentido y la intensidad de la corriente inducida cambian a medida que la espira rota.

Determinar *¿Cuál es el sentido de la corriente cuando la espira está horizontal al campo, como se muestra?*

Corriente de un generador Como una armadura en un motor, la de un generador puede rotar libremente en un campo magnético. A medida que gira, las espiras de cable cortan las líneas del campo magnético. Esto induce una *FEM* en cada espira. Recuerda que la *FEM* depende de la longitud del cable, la intensidad del campo magnético y la velocidad. Aumentar la cantidad de espiras aumenta la longitud del cable y, por ende, el total de *FEM* inducida. Cuando mayor es la *FEM*, más intensa resulta la corriente.

Orientación de la espira Para comprender los pasos para producir corriente a partir de la *FEM* inducida en un generador, considera la espira de cable de la **Imagen 4.** La espira está en un campo magnético. También está en un circuito cerrado, por lo que la *FEM* inducida produce una corriente en la espira. A medida que la espira gira, la intensidad y el sentido de la corriente cambian según cambia la orientación del movimiento de la espira en relación con el campo magnético.

Recuerda que solo el componente de la velocidad del cable perpendicular a un campo magnético puede inducir una *FEM*. Entonces, la corriente es más intensa cuando el movimiento de la espira es perpendicular al campo, es decir, cuando la espira es horizontal, como en la **Imagen 4** y a la izquierda de la **Imagen 5.**

Inversiones de corriente A medida que la espira de la **Imagen 5** rota a la posición vertical, se mueve por las líneas del campo magnético en un ángulo cada vez menor. Así, corta menos líneas del campo magnético por unidad de tiempo, y la corriente disminuye. Cuando la espira está en posición vertical, como en la parte central de la **Imagen 5**, la corriente es nula porque el cable se mueve paralelo al campo magnético.

A medida que la espira sigue rotando, la corriente cambia sinusoidalmente de cero a un valor máximo determinado y de vuelta a cero durante cada media vuelta.

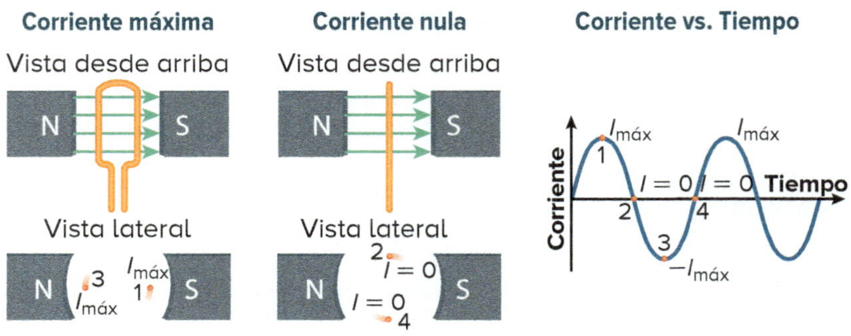

Imagen 5 La corriente máxima se genera cuando la espira que rota está horizontal al campo magnético (izquierda). Cuando la espira está vertical al campo (medio), la corriente es cero. La gráfica muestra que la corriente varía regularmente en el tiempo a medida que rota la espira. Los números de la gráfica corresponden a las posiciones de la espira en las vistas laterales. Una gráfica de la variación de la *FEM* con el tiempo (no se muestra) sería similar.

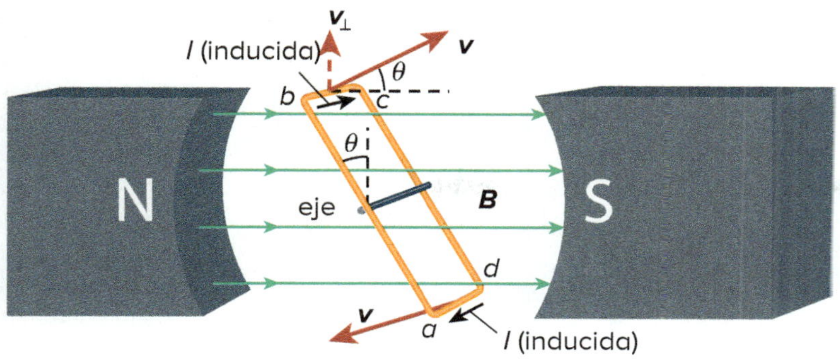

Imagen 6 La corriente se induce en los segmentos más cortos, *bc* y *ad*. No se induce corriente en los segmentos más largos, *ab* y *cd*. Si apuntas con el pulgar en el sentido en la que se mueve un segmento largo y los dedos en el sentido del campo magnético, el pulgar apuntaría al costado del cable. Por lo tanto, no se induce corriente.

¿Dónde se induce corriente? No todas las partes de una espira contribuyen a una *FEM* inducida. Observa la **Imagen 6.** Solo dos lados de la espira del cable contribuyen a una *FEM* inducida. Cuando aplicas la regla de la mano derecha al segmento *ab*, ves que el sentido de la corriente inducida sería hacia el lado del cable, no a lo largo de él. Lo mismo ocurre con el segmento *cd*. No se induce ninguna corriente en ninguna longitud. En el segmento *bc*, sin embargo, el sentido de la corriente inducida es de *b* a *c* , y en el segmento *ad*, el sentido de la corriente es de *d* a *a*.

Como la espira conductora en la **Imagen 6** rota, el ángulo relativo entre un punto en la espira y el campo magnético cambia constantemente. La *FEM* se calcula con la ecuación anterior, $FEM = BLv(\sin \theta)$, donde L es ahora la longitud combinada de los segmentos $ad + bc$. La diferencia de potencial máxima se induce cuando un conductor se mueve perpendicular al campo magnético, es decir, cuando $\theta = 90°$.

¿Lo comprendes?

Aplicar ¿En qué posición está la espira del cable en la **Imagen 6** cuando la diferencia de potencial es máxima?

Fuentes de energía mecánica

Los generadores eléctricos, como los de las turbinas eólicas, tienen muchas espiras en sus armaduras, pero la *FEM* inducida total en ellos produce corriente de la misma manera que una *FEM* produce corriente en una sola espira. La energía de una fuente externa (en este caso, el viento) se convierte en energía cinética de rotación que hace girar las turbinas. Las turbinas se sujetan mecánicamente a una armadura en un campo magnético. A medida que la armadura rota, se induce una *FEM* en cada espira. Cuando el generador se conecta a un circuito externo, las *FEM* producen corriente.

Los generadores y los motores eléctricos son casi idénticos en su construcción, pero convierten energía en direcciones opuestas. Un generador convierte energía mecánica en energía eléctrica, mientras que un motor convierte energía eléctrica en energía mecánica. Los generadores suelen funcionar con vapor de agua en ebullición gracias a combustibles fósiles o por fisión de uranio. El viento y el agua en movimiento también aportan la energía mecánica. Los generadores de la **Imagen 7** convierten la energía del agua en energía eléctrica.

Imagen 7 Estos generadores en la represa Hoover, en la frontera entre Nevada y Arizona, convierten la energía mecánica del agua en movimiento en energía eléctrica.

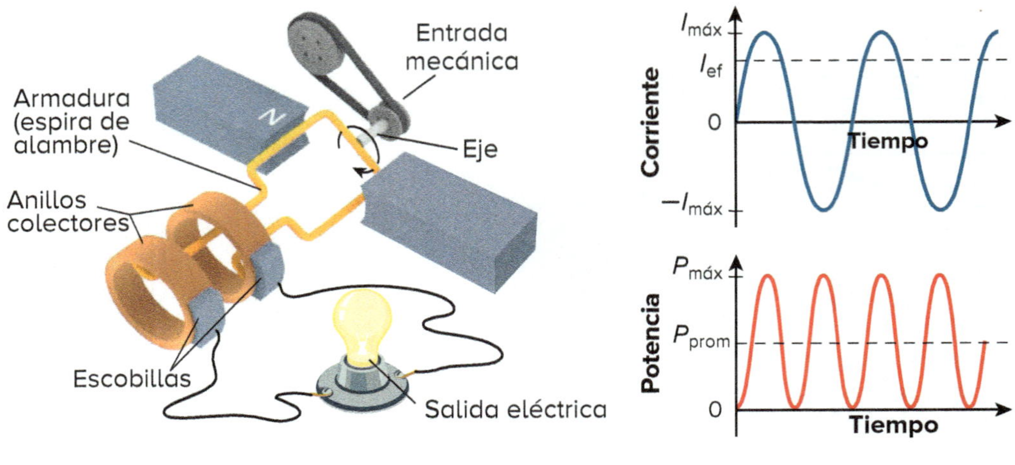

Imagen 8 Este generador de CA es similar a un motor eléctrico, excepto que se conecta a un circuito con un dispositivo colector con escobillas, en lugar de un conmutador. La armadura rota gracias a una fuente externa. A medida que la armadura rota, el sentido de la corriente va cambiando (arriba a la derecha). La energía que entrega el generador siempre es positiva (abajo a la derecha).

Identificar *¿En qué posición está la armadura cuando la corriente es cero?*

Corrientes alternas y generadores Existen dos tipos de generadores. En los generadores de corriente directa (CD), las cargas se mueven en una solo sentido, como en las baterías. La corriente es unidireccional porque los cables de la armadura se conectan a un circuito por medio de un conmutador.

En contraste, los generadores de corriente alterna (CA) usan un dispositivo colector para conectar cables a un circuito. En este dispositivo, un anillo se conecta a un extremo de la armadura, y el otro anillo se conecta al otro extremo, como se muestra a la izquierda de la **Imagen 8.** Cuando la armadura rota 180°, se invierte el sentido de la *FEM* inducida. Esto significa que también se invierte el sentido de la corriente. La corriente alterna de positiva a negativa. En un generador que gira de manera consistente, la corriente alterna a un ritmo fijo y varía sinusoidalmente, como se muestra en la gráfica superior de la **Imagen 8.**

La frecuencia de la corriente alterna es diferente en distintos países. En Estados Unidos, todos los aparatos eléctricos usan una frecuencia de 60 Hz, en la que la corriente va de un sentido a la otra y viceversa 60 veces por segundo. Esto significa que una armadura hace 60 rotaciones completas en un segundo. Muchos otros países usan una frecuencia de 50 Hz.

Potencia promedio La potencia que produce un generador de CA es resultado de la corriente y la diferencia de potencial. Como la corriente y la diferencia de potencial varían, la potencia del circuito también. La gráfica en la parte inferior derecha de la **Imagen 8** muestra la relación de potencia y tiempo que produce un generador de CA. Observa que la potencia siempre es positiva porque I y V son ambas positivas o ambas negativas. La potencia promedio, P_{CA}, es la mitad de la potencia máxima; así, $P_{CA} = \frac{1}{2}P_{CA\ máx}$.

Corriente eficaz Es común describir la corriente alterna y la diferencia de potencial en términos de corriente eficaz y diferencia de potencial eficaz, en lugar de referirse a los valores máximos. Recuerda que $P = I^2R$. Así, la corriente eficaz (I_{ef}) se puede expresar en términos de la potencia de CA promedio, como $P_{CA} = I_{ef}{}^2R$. Para determinar I_{ef} en términos de la corriente máxima ($I_{máx}$), comienza por la relación de potencia, $P_{CA} = \frac{1}{2}P_{CA\ máx}$, y sustituye en I^2R. Luego, resuelve para I_{ef}.

Corriente eficaz

La corriente eficaz es igual a $\frac{\sqrt{2}}{2}$ por la corriente máxima.

$$I_{ef} = \left(\frac{\sqrt{2}}{2}\right)I_{máx} = 0.707I_{máx}$$

Diferencia de potencial eficaz Asimismo, como $P = \frac{V^2}{R}$, la diferencia de potencial eficaz se obtiene con esta ecuación.

Diferencia de potencial eficaz

La diferencia de potencial eficaz es igual a $\frac{\sqrt{2}}{2}$ por la diferencia de potencial máxima.

$$V_{ef} = \left(\frac{\sqrt{2}}{2}\right)V_{máx} = 0.707V_{máx}$$

La diferencia de potencial eficaz suele llamarse valor cuadrático medio (*RMS*, por sus siglas en inglés) de la diferencia de potencial. En Estados Unidos, el *RMS* de la diferencia de potencial disponible en tomacorrientes de pared se describe como 120 V. En muchos otros países, este valor es 240 V.

Guerra de corrientes El primer sistema de distribución eléctrica en Estados Unidos fue desarrollado por Thomas Edison a fines del siglo XIX. El sistema de Edison usaba corriente directa. Pero pronto, Nikola Tesla desarrolló un sistema rival con corriente alterna. Tesla se asoció con George Westinghouse para promover la corriente alterna y se desató una "guerra de corrientes". Al final, la CA triunfó. En la próxima lección, aprenderás por qué.

PRÁCTICA Problemas PRÁCTICA ADICIONAL

5. Un generador desarrolla una diferencia de potencial máxima de 170 V.
- **a.** ¿Cuál es la diferencia de potencial eficaz?
- **b.** Se conecta una lámpara a un generador con una $I_{máx}$ de 0.70 A. ¿Cuál es la I_{ef} que pasa por la lámpara?
- **c.** ¿Cuál es la resistencia de la lámpara cuando está encendida?

6. El *RMS* de la diferencia de potencial de un tomacorrientes de CA en una casa es 117 V. ¿Cuál es la diferencia de potencial máxima en una lámpara conectada al tomacorrientes?

7. Si una luz eléctrica usa una potencia promedio en el tiempo de 75 W, ¿cuál será la potencia máxima?

8. **DESAFÍO** Un generador de CA da una diferencia de potencial máxima de 425 V.
- **a.** ¿Cuál es el V_{ef} en un circuito conectado al generador?
- **b.** La resistencia es 5.0×10^2 Ω. ¿Cuál es la corriente eficaz?

Verifica tu progreso

9. **Generador eléctrico** Explica cómo funciona un generador eléctrico.
10. **Generador** ¿Podrías armar un generador al montar imanes permanentes a un eje giratorio y mantener la bobina fija? Explícalo.
11. **Generador en una bicicleta** Las luces de tu bicicleta funcionan con un generador pequeño. ¿Cuál es la fuente de energía del foco cuando conduces por un camino llano?
12. **Micrófono** Considera el micrófono de la **Imagen 3.** ¿Qué ocurre cuando se empuja el diafragma?
13. **Frecuencia** ¿Qué cambios en un generador eléctrico aumentarían su frecuencia?
14. **Diferencia de potencial de salida** ¿Por qué la diferencia de potencial de salida de un generador eléctrico aumenta cuando el campo magnético es más intenso? ¿Hay otro modo de aumentar la diferencia de potencial de salida?
15. **Pensamiento crítico** Un estudiante pregunta: "¿Por qué la CA disipa la potencia? La energía que ingresa a la lámpara cuando la corriente es positiva se quita cuando es negativa". Explica por qué este razonamiento es erróneo.

LEARNSMART® Conéctate para cumplir tu plan de aprendizaje personalizado para repasar, practicar y reforzar tu comprensión.

LECCIÓN 2

USOS DE LAS CORRIENTES INDUCTORAS

PREGUNTA DE ENFOQUE

¿Cómo ayudan los transformadores a distribuir electricidad en la red eléctrica?

Ley de Lenz

Imagina que es tu mano la que jala los alambres por el campo magnético en la **Imagen 9**. Al jalar, el movimiento del alambre induce una *FEM*. El alambre se desliza por la espira y hace un circuito completo, por lo que la *FEM* produce una corriente. Como el campo magnético (*B*) está fuera de la página y la velocidad está a la derecha, la regla de la mano derecha muestra que el sentido de la corriente en el alambre es hacia abajo y en el sentido de las manecillas del reloj.

Movimiento opuesto Las cargas descendentes en el alambre que pasan por el campo magnético fuera de la página experimentan una fuerza. La regla de la mano derecha muestra que el sentido de la fuerza es opuesta al movimiento del alambre. Estas cargas ejercen una fuerza sobre el alambre que se opone a su movimiento y hace que sea más difícil de jalar. El físico H.F.E. Lenz demostró esta fuerza por primera vez en 1834.

Cambio opuesto Si bien Lenz formuló su ley en términos de fuerza, hay otra manera de interpretarla. La corriente en la espira produce su propio campo magnético. La regla de la mano derecha muestra que el sentido de este campo inducido dentro de la espira está dentro del papel. Es decir, está en sentido opuesto al cambio en el campo que lo ocasionó. Así, la **ley de Lenz** dice que el campo magnético producido por una corriente inducida está en sentido opuesto al cambio en el campo original.

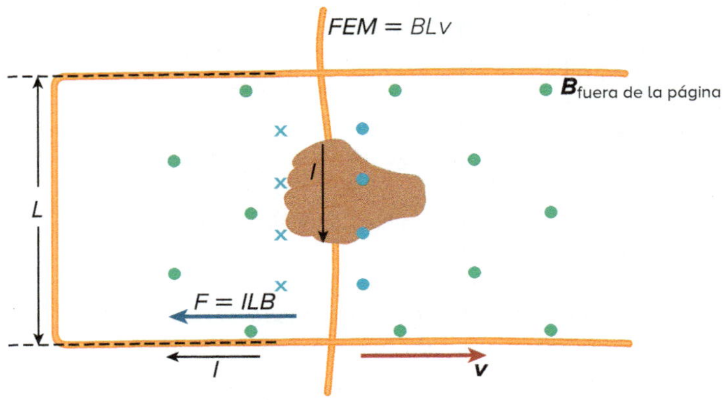

Imagen 9 Un alambre jalado por un campo magnético genera una *FEM*. La *FEM* produce una corriente en el circuito (*I*). El movimiento de las cargas en el alambre produce una fuerza (*F*). La corriente también produce un campo magnético (cruces y puntos azules) que, dentro de la espira, está en sentido opuesto al cambio en el campo que lo ocasionó.

PENSAMIENTO 3D DCI Ideas centrales disciplinarias CCC Conceptos interdisciplinarios SEP Prácticas de ciencia e ingeniería

REUNIR EVIDENCIA

Usa el Cuaderno de ciencias para registrar la evidencia que reúnas mientras completas las lecturas y las actividades de la lección.

INVESTIGAR

CONÉCTATE para hallar estas actividades y más recursos.

Laboratorio de Física: inducción y transformadores
Desarrolla una explicación sobre cómo la corriente **de entrada** afecta a la corriente **de salida** en un transformador.

Repasar las noticias
Obtén información de una noticia actual sobre aplicaciones del electromagnetismo o de las ondas electromagnéticas. Evalúa la fuente y comunica tus descubrimientos a la clase.

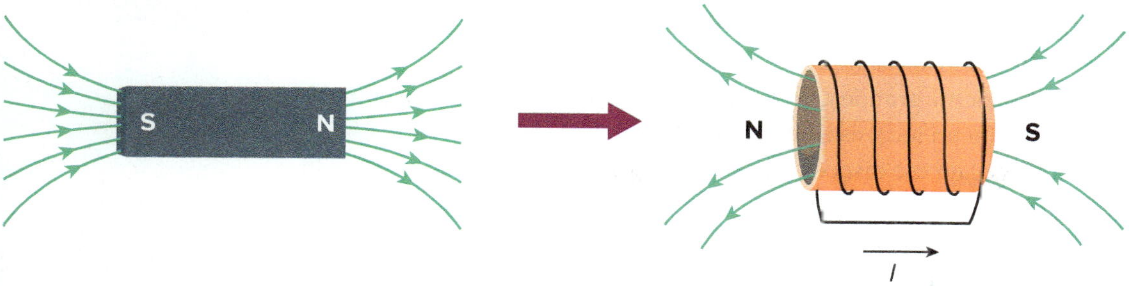

Imagen 10 El imán que se aproxima a la bobina induce una corriente en ella. La regla de la mano derecha muestra que la corriente está en sentido contrario a las manecillas del reloj. La corriente produce un campo magnético en sentido opuesto al cambio en el campo que lo produjo.

Aplicar *¿Cómo cambiaría la fuerza sobre la bobina si el imán estuviera orientado con el polo sur frente a ella?*

La ley de Lenz explica el sentido de la corriente en la bobina del alambre en la **Imagen 10.** El imán que se aproxima causa un aumento en el campo magnético dentro de la bobina. La corriente que produce la *FEM* inducida debe tener el sentido que se muestra en la **Imagen 10** para producir un campo magnético opuesto al aumento en el campo. El campo inducido ejerce una fuerza de repulsión sobre el imán que se aproxima. Por la tercera ley de Newton, debe existir una fuerza equivalente y opuesta en la bobina que la empuja lejos del imán. Si apartaras el imán de la bobina, el campo dentro de esta disminuiría. Por la ley de Lenz, el campo inducido se opondría a este cambio por tener el mismo sentido que el campo del imán y agrandar el campo. En este caso, la corriente que produce el campo inducido en la bobina estaría en sentido de las manecillas del reloj.

En cualquier caso, al apartar o acercar el imán a la bobina, un campo magnético inducido se opone al cambio en el campo que lo creó. Un campo magnético decreciente induce un campo para oponerse a la disminución; un campo magnético creciente induce un campo para oponerse al aumento.

Generadores La ley de Lenz afecta al funcionamiento de generadores y motores. Cuando un generador no está en un circuito, se puede girar su armadura, pero la *FEM* inducida no genera corriente, y no hay campo magnético. Ninguna fuerza actúa sobre la armadura, y es fácil de girar.

Sin embargo, al girar la armadura de un generador en un circuito, la *FEM* inducida genera corriente y el campo magnético resultante ejerce una fuerza sobre la armadura. La fuerza sobre la armadura es opuesta a la fuerza externa que hace girar la armadura, y es difícil de girar. Un generador que produce una gran corriente genera una alta cantidad de energía eléctrica. La fuerza opuesta sobre la armadura significa que se debe proporcionar una cantidad de energía mecánica proporcionalmente mayor para producirla. Esto es compatible con la ley de la conservación de la energía.

Motores Cuando enciendes un motor, como al encender una aspiradora, la corriente es grande. Tan pronto como el motor comienza a girar, sin embargo, el movimiento de los alambres en el campo magnético induce una *FEM* opuesta a la corriente. Esto redunda en una corriente reducida por el motor.

A mayor carga, mayor transferencia de energía Cuando se coloca una carga mecánica sobre un motor, como al levantar un peso, la rotación del motor se hace más lenta. La disminución de velocidad reduce la *FEM* inducida opuesta a la corriente. Por lo tanto, la corriente neta que pasa por el motor aumenta, en consonancia con la ley de la conservación de la energía. Cuando la corriente aumenta, también lo hace la cantidad de energía eléctrica que se envía al motor. Esta energía se traslada en forma mecánica a la carga. Si la carga mecánica es suficiente para detener el motor, la corriente puede ser tan alta que los alambres se sobrecalientan.

Por qué las luces se atenúan al encenderse un motor Cuando un motor se enciende, toma una gran cantidad de corriente. Como los alambres entre un motor y su fuente de energía eléctrica tienen cierta resistencia, la corriente grande genera un aumento en la diferencia de potencial en los alambres. Si otro dispositivo, como un foco, está en un circuito paralelo al motor, habrá una disminución en la diferencia de potencial en ese dispositivo. Esa es la razón por la que los focos de tu casa se atenúan cuando se enciende el aire acondicionado, una sierra u otro aparato con un motor.

Por qué un interruptor hace chispas Cuando se interrumpe la corriente en un motor, el campo magnético se reduce a cero. Cuando hay un cambio en un campo magnético alrededor de un alambre, se induce una *FEM* en el alambre que se opone a la carga que lo creó. La *FEM* inducida puede ser lo suficientemente grande como para hacer que salte una chispa por el interruptor o entre el enchufe y el tomacorrientes.

Efecto de freno

Los efectos de la ley de Lenz pueden ser beneficiosos. Quizás hayas utilizado una balanza de laboratorio para medir masas. Una balanza aprovecha las corrientes inducidas para detener sus oscilaciones cuando se coloca un objeto sobre su plato. Un trozo de metal sujeto al brazo de la balanza en la **Imagen 11** reposa entre los polos de un imán en herradura. Cuando se coloca un objeto sobre el plato, el brazo de la balanza oscila, y el metal se mueve por el campo magnético. La *FEM* inducida genera corrientes en el metal, llamadas corrientes de Eddy, que lo ralentizan.

Las **corrientes de Eddy** son corrientes que se generan en cualquier trozo de metal que pasa por un campo magnético; el campo magnético que producen se opone al movimiento que ocasionó las corrientes. La fuerza sobre el metal se opone al movimiento del metal en cualquier sentido, pero no actúa cuando está quieto. Entonces, no modifica las mediciones de la masa de un objeto sobre el plato.

Cuando las corrientes de Eddy tienen un efecto de freno sobre el metal, el efecto se denomina amortiguación de la corriente de Eddy. Suele usarse para detener el movimiento de partes de metal. Los frenos de algunos trenes y montañas rusas están diseñados para sacar provecho de esta amortiguación. Para reducir la circulación de corrientes de Eddy en las partes de metal de los motores, los núcleos se construyen en base a capas metálicas delgadas con aislante entre ellas.

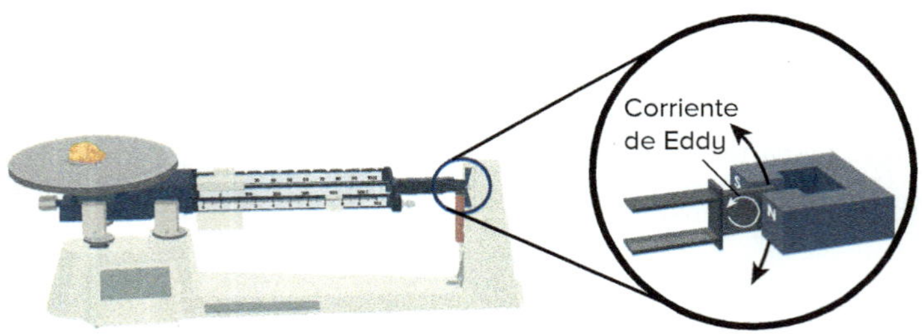

Imagen 11 Cuando el plato de metal en el extremo de la viga de la balanza pasa por el campo magnético, se genera una corriente de Eddy en el metal. La corriente de Eddy produce un campo magnético opuesto al movimiento que la ocasionó. Esto frena las oscilaciones de la viga.

CCC CONCEPTOS INTERDISCIPLINARIOS

Causa y efecto Analiza los efectos que puede tener un motor en funcionamiento sobre otros dispositivos eléctricos en una casa y sobre el dispositivo que usa el motor mismo. Describe las precauciones de seguridad relacionadas que se deben tomar al usar un dispositivo con motor. Cita evidencia para respaldar las relaciones de causa y efecto que sustentan tus recomendaciones.

Levitación La ley de Lenz determina que la corriente de un alambre en un campo magnético cambiante es tal que el campo magnético que genera se opone al cambio en el campo externo. Este efecto puede hacer que los objetos leviten.

La corriente CA en la bobina del alambre en la **Imagen 12** genera un campo magnético cambiante que induce una *FEM* en los dos anillos de aluminio que están arriba. En el anillo sin cortes de arriba, la *FEM* produce una corriente que genera un campo magnético opuesto al cambio en el campo generador. Como los polos iguales se enfrentan, la bobina y el anillo sin cortes se repelen, y el anillo se eleva.

El anillo inferior de la **Imagen 12** no se eleva. Como se lo cortó, es un circuito incompleto y la *FEM* no genera una corriente. Por lo tanto, no hay fuerza ni levitación en el anillo.

La levitación por repulsión es la base del funcionamiento de trenes muy veloces llamados trenes de levitación magnética (Maglev). Cuando estos trenes se mueven, no tienen contacto físico con los rieles.

Imagen 12 Se induce una *FEM* en ambos anillos de aluminio, pero solo se produce corriente en el anillo continuo porque es el único que completa un circuito. Así, solo este anillo experimenta una fuerza y levita. Si los anillos estuvieran hechos de un material no conductor, como el nailon o la madera, no se induciría ninguna FEM.

Autoinducción Se puede inducir una *FEM* en un alambre cuando el campo magnético en la región del alambre cambia. El campo puede ser externo o puede generarse por la corriente en el alambre mismo, como en la **Imagen 13.**

Imagina que la bobina del alambre en la **Imagen 13** se conectara de repente a una batería. Esto provocaría un cambio en la diferencia de potencial en la bobina y generaría una corriente cambiante por la bobina. La corriente cambiante genera un campo magnético cambiante en la bobina. Este campo cambiante induce una *FEM* en sentido opuesto al cambio. La *FEM* inducida reduce la diferencia de potencial en la bobina. El resultado es una disminución neta en la corriente.

Por lo tanto, la corriente inicial en la bobina es pequeña pero aumenta. Sin embargo, a medida que disminuye la tasa de cambio de la corriente, también lo hace la *FEM* opuesta. Cuando la corriente alcanza un valor final constante, el cambio es cero, entonces la *FEM* inducida también es cero.

Si la diferencia de potencial que aporta la batería disminuye, la corriente también lo hace. Así, la *FEM* inducida cambia para estar en un sentido que mantenga el campo magnético. En consecuencia, la corriente inducida tiene el mismo sentido que la corriente de la batería. Si la bobina se desconectara de repente de la batería, la *FEM* inducida podría tener la magnitud suficiente para producir una chispa. La propiedad de un alambre, ya sea recto o en bobina, de crear una *FEM* inducida opuesta al cambio en la diferencia de potencial del alambre se denomina **autoinducción.**

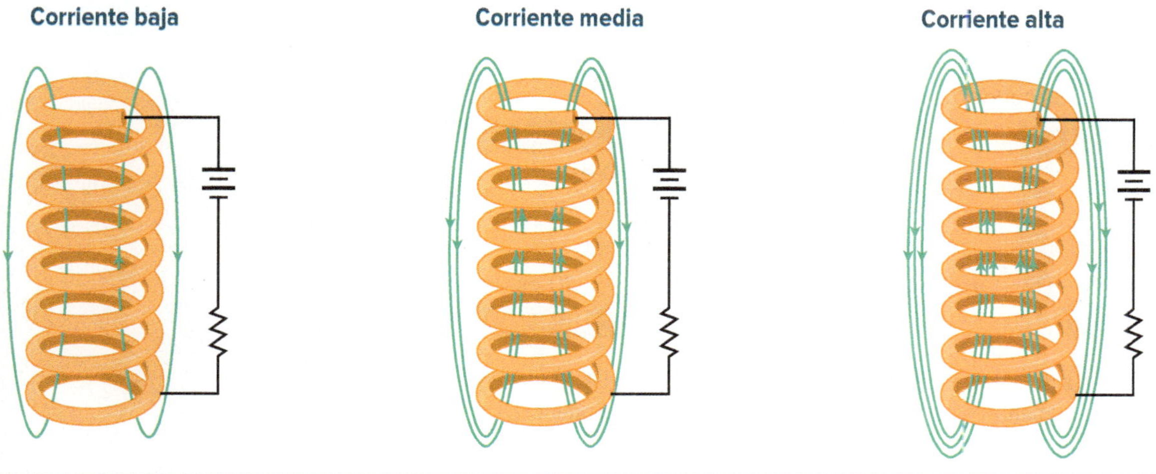

Imagen 13 A medida que aumenta la corriente en la bobina, el campo magnético que genera también aumenta. El aumento del campo magnético induce una FEM de sentido opuesto a la corriente y se necesita más energía para que la corriente siga en aumento.

Transformadores

Es probable que hayas visto cilindros de metal conectados a postes eléctricos, como los cilindros en el poste de la **Imagen 14**. Dentro de cada uno de estos cilindros hay un transformador. Los **transformadores** son dispositivos que aumentan o disminuyen las diferencias de potencial con relativamente poca pérdida de energía. Los transformadores solo funcionan con corriente alterna (CA). La corriente directa (CD) no puede pasar por un transformador.

Imagen 14 Dentro de estos cilindros hay transformadores. Los transformadores reducen los voltajes altos a niveles utilizables antes de que la energía eléctrica ingrese al hogar.

Cómo funcionan los transformadores

Aprendiste que la autoinducción produce una *FEM* cuando la corriente cambia en una bobina. Un transformador tiene dos bobinas con aislación eléctrica entre sí, pero atadas al mismo núcleo de hierro, como en la **Imagen 15**. Cuando una bobina (la primaria) se conecta a una fuente de CA, la corriente cambiante genera un campo magnético cambiante que se propaga por el núcleo hacia la otra bobina (la secundaria). En la bobina secundaria, el campo magnético cambiante induce una corriente y una *FEM* variables. Una *FEM* y una corriente en una bobina a causa de la corriente cambiante en otra bobina se denomina **inducción mutua.**

La *FEM* inducida en la bobina secundaria, llamada diferencia de potencial secundaria, es proporcional a la diferencia de potencial que aporta la bobina primaria. La diferencia de potencial secundaria también depende de lo que se denomina relación de espiras. La relación de espiras es el número de espiras de alambre en la bobina secundaria dividido por el número de espiras en la bobina primaria, como figura a la derecha de las siguientes expresiones.

$$\frac{\text{diferencia de potencial primaria}}{\text{diferencia de potencial secundaria}} = \frac{\text{número de espiras en la bobina primaria}}{\text{número de espiras en la bobina secundaria}}$$

$$\frac{V_p}{V_s} = \frac{N_p}{N_s}$$

Si la diferencia de potencial secundaria es mayor que la primaria (parte izquierda de la **Imagen 15**) el transformador se conoce como **transformador de elevación de voltaje.** Si la diferencia de potencial secundaria es menor que la primaria (parte derecha de la **Imagen 15**) el transformador se conoce como **transformador de reducción de voltaje.**

¿Lo comprendes?

Comparar ¿En qué se diferencian los transformadores de elevación de voltaje de los de reducción de voltaje?

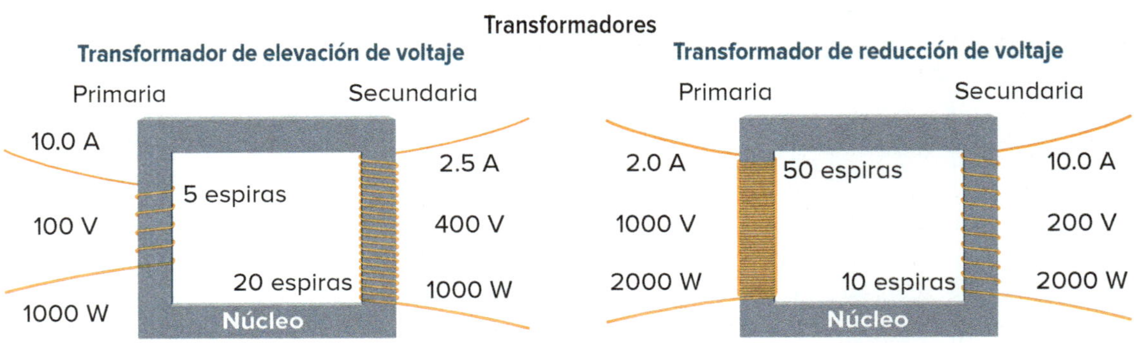

Imagen 15 La relación de diferencia de potencial primaria con la secundaria en un transformador depende de la relación del número de espiras en la bobina primaria y el número de espiras en la bobina secundaria. La diferencia de potencial secundaria puede ser mayor que la primaria (izquierda) o menor que la primaria (derecha).

El transformador ideal En un transformador ideal, la potencia eléctrica que recibe el circuito secundario es igual a la potencia que aporta el circuito primario. Un transformador ideal no disipa potencia por sí mismo. Como es 100% eficiente, se puede representar con estas ecuaciones:

$$P_p = P_s$$

$$V_pI_p = V_sI_s$$

Al volver a escribir la ecuación para hallar la razón $\frac{V_p}{V_s}$ se observa que la corriente en el circuito primario depende de cuánta corriente se necesita en el circuito secundario. Esta relación se puede combinar con la relación anterior (entre la diferencia de potencial y el número de espiras) para obtener la siguiente ecuación.

CONECTAR MATEMÁTICAS con Física

Desigualdades Estudia las siguientes expresiones para comprender las relaciones entre la diferencia de potencial (*V*), la corriente (*I*) y el número de bobinas en los transformadores (*N*) en circuitos primarios y secundarios.

Transformador de elevación de voltaje	Transformador de reducción de voltaje
$V_p < V_s$	$V_p > V_s$
$I_p > I_s$	$I_p < I_s$
$N_p < N_s$	$N_p > N_s$

Ecuación de transformador

La razón de la corriente en la bobina secundaria y la corriente en la bobina primaria es igual a la razón de la diferencia de potencial en la bobina primaria y la diferencia de potencial en la bobina secundaria, que también es igual a la razón del número de espiras en la bobina primaria y el número de espiras en la bobina secundaria.

$$\frac{I_s}{I_p} = \frac{V_p}{V_s} = \frac{N_p}{N_s}$$

Cambios en la diferencia de potencial Como los transformadores no pueden aumentar la potencia de salida, debe haber una disminución correspondiente en la corriente suministrada al circuito secundario. Asimismo, en un transformador de reducción de voltaje, la corriente es mayor en el circuito secundario que en el primario. Una disminución en la diferencia de potencial corresponde a un aumento en la corriente, como verás en Conectar matemáticas con física. Incluso en los transformadores reales, que no son 100% eficientes, la corriente de salida en uno de reducción de voltaje es mayor que la corriente en el circuito primario y, en uno de elevación de voltaje, la corriente de salida es menor que la que toma.

Transformadores de aislamiento No todos los transformadores elevan o reducen el voltaje. En algunos, las bobinas primaria y secundaria tienen el mismo número de espiras, y las diferencias de potencial de entrada y salida son idénticas. Se llaman transformadores de aislamiento y suelen usarse por seguridad. Aíslan la parte de CD de la corriente en dispositivos electrónicos sensibles donde se podría ocasionar interferencia o choques eléctricos. Entre estos dispositivos electrónicos sensibles se incluyen las computadoras y los instrumentales de grabación y médicos, como los aparatos de diagnóstico por ultrasonido y otros. También se usan para reducir el ruido eléctrico.

Transformadores reales Los transformadores ideales no convierten energía eléctrica en térmica. Pero en los transformadores reales, parte de la energía eléctrica que entregan al circuito primario se convierte en energía térmica, lo que hace calentar al transformador y al aire que lo rodea. Por ende, la potencia que llega al circuito secundario se reduce. La eficiencia del transformador está determinada por la razón entre la potencia de salida y la de entrada. Los transformadores típicos tienen una eficiencia de entre el 95% y el 98%.

EJEMPLO Problema 2

TRANSFORMADORES DE ELEVACIÓN DE VOLTAJE Un transformador de elevación de voltaje tiene una bobina primaria con 200 espiras y una bobina secundaria con 3000 espiras. La bobina primaria recibe una diferencia de potencial de CA eficaz de 90.0 V.

a. ¿Cuál es la diferencia de potencial en el circuito secundario?

b. La corriente en el circuito secundario es 2.0 A. ¿Cuál es la corriente en el circuito primario?

1 ANALIZAR Y PLANTEAR EL PROBLEMA

- Dibuja un núcleo de hierro con espiras de alambre a ambos lados.
- Rotula las variables *I*, *V* y *N*.

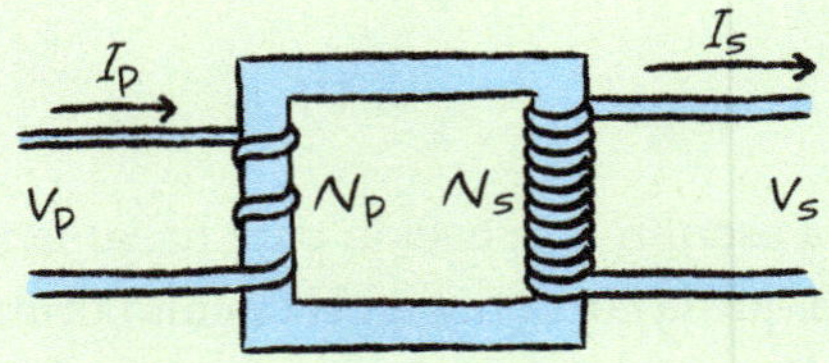

Datos conocidos		Incógnita
$N_p = 200$	$V_p = 90.0$ V	$V_s = ?$
$N_s = 3000$	$I_s = 2.0$ A	$I_p = ?$

2 HALLAR LA INCÓGNITA

a. Resuelve para V_s.

$$\frac{V_s}{V_p} = \frac{N_s}{N_p}$$

$$V_s = \frac{N_s V_p}{N_p}$$

$$= \frac{(3000)(90.0\ \text{V})}{200}$$ Sustituye $N_s = 3000$, $V_p = 90.0$ V, $N_p = 200$.

$$= 1350\ \text{V}$$

b. La potencia en los circuitos primario y secundario es igual, considerando una eficiencia del 100%.

$$P_p = P_s$$

$$V_p I_p = V_s I_s$$ Sustituye $P_p = V_p I_p$, $P_s = V_s I_s$.

Resuelve para I_p.

$$I_p = \frac{V_s I_s}{V_p}$$

$$= \frac{(1350\ \text{V})(2.0\ \text{A})}{90.0\ \text{V}}$$ Sustituye $V_s = 1350$ V, $I_s = 2.0$ A, $V_p = 90.0$ V.

$$= 3.0\times10^{1}\ \text{A}$$

3 EVALUAR LA RESPUESTA

- **¿Son correctas las unidades?** La diferencia de potencial está en voltios, y la corriente está en amperios.
- **¿Es realista la magnitud?** Una razón de elevación grande produce una diferencia de potencial secundaria grande, pero una corriente secundaria menor. Las respuestas concuerdan.

PRÁCTICA Problemas

PRÁCTICA ADICIONAL

Para los siguientes problemas, se indican las diferencias de potencial y las corrientes eficaces.

16. Un transformador de reducción de voltaje tiene 7500 espiras en su bobina primaria y 125 espiras en su bobina secundaria. La diferencia de potencial en el circuito primario es 7.2 kV. ¿Cuál es la diferencia de potencial en el circuito secundario? Si la corriente en el circuito secundario es 36 A, ¿cuál es la corriente en el circuito primario?

17. DESAFÍO Un transformador de elevación de voltaje con eficiencia del 95% tiene 300 espiras en su bobina primaria y 90,000 espiras en su bobina secundaria. La diferencia de potencial del generador al que se conecta el circuito primario es 60.0 V. ¿Cuál es la diferencia de potencial en el circuito secundario? La corriente en el circuito secundario es 0.50 A. ¿Cuál es la corriente en el circuito primario?

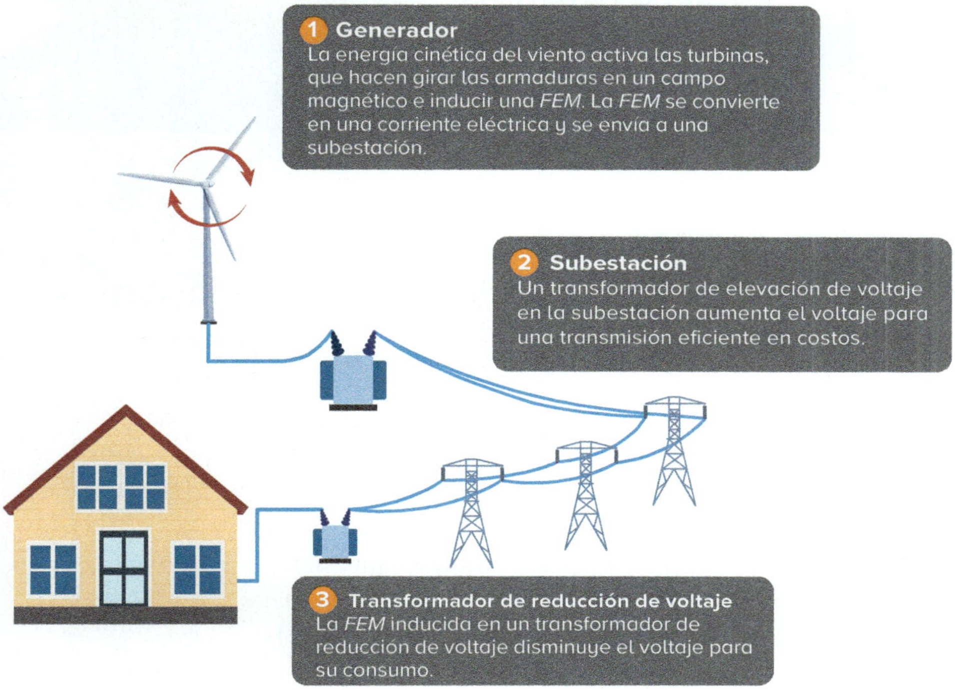

Imagen 16 Los transformadores de elevación de voltaje aumentan las diferencias de potencial (voltajes) en las líneas eléctricas aéreas. Los transformadores de reducción de voltaje reducen las diferencias de potencial para el consumo.

Usos cotidianos de los transformadores La transmisión de energía eléctrica a larga distancia es económica si se usan diferencias de potencial muy elevadas. Las diferencias de potencial elevadas reducen la corriente necesaria en las líneas eléctricas y mantienen bajas las pérdidas de energía. Como se ve en la **Imagen 16**, se usan transformadores de elevación de voltaje en las fuentes, donde alcanzan diferencias de potencial de hasta 480,000 V. Cuando la energía llega a los hogares, los transformadores de reducción de voltaje disminuyen la diferencia de potencial a 120 V. Las consolas de videojuegos y las computadoras portátiles contienen transformadores internos o conectados por cables. Estos pequeños transformadores reducen aún más las diferencias de potencial de los tomacorrientes de pared al rango de 3 V–26 V.

Verifica tu progreso

18. **Ley de Lenz** Cuelgas una bobina de alambre con los extremos juntos para que pueda oscilar con facilidad. Si acercas un imán a la bobina, comenzará a oscilar. ¿En qué sentido oscilará con respecto al imán y por qué?
19. **Motores** Si desconectas una aspiradora en funcionamiento de un tomacorrientes, es mucho más probable que veas una chispa que si desconectaras una lámpara. ¿Por qué?
20. **Transformadores y corriente** Explica por qué un transformador solo puede funcionar con CA.
21. **Transformadores** Las bobinas de los transformadores con pocas espiras están hechas de alambre muy grueso, mientras que las que tienen muchas espiras están hechas de alambre delgado. ¿Por qué?
22. **Transformadores de elevación de voltaje** Observa el transformador de elevación de voltaje de la **Imagen 15.** Explica qué ocurriría con la corriente primaria si la bobina secundaria sufriera un cortocircuito.
23. **Pensamiento crítico** ¿Servirían los imanes permanentes como buenos núcleos de transformadores? Explícalo.

LEARNSMART® Conéctate para cumplir tu plan de aprendizaje personalizado para repasar, practicar y reforzar tu comprensión.

LECCIÓN 3

FUERZAS ELÉCTRICAS Y MAGNÉTICAS SOBRE PARTÍCULAS

PREGUNTA DE ENFOQUE

¿Cómo funciona un espectrómetro de masas?

Experimentos de Thomson

Las ondas electromagnéticas llevan mensajes a tu teléfono celular, música a tu radio e incluso te permiten ver. Para comprender cómo se combinan los campos eléctricos y magnéticos para formar ondas electromagnéticas es necesario comprender el electrón.

Descubrimiento del electrón En el siglo XIX, la evidencia de que los átomos contenían partículas con carga negativa era cada vez mayor. En 1897, al experimentar con un tubo de rayos catódicos, J. J. Thomson logró extraer las partículas con carga negativa (luego llamadas *electrones*) de los átomos de diversos materiales. ¿Cómo lo hizo?

Thomson vació el aire del tubo de rayos catódicos casi por completo, como en la **Imagen 17.** Una batería conectada al tubo producía una gran diferencia de potencial entre el cátodo y los ánodos. En el extremo del tubo opuesto al cátodo, Thomson observó un punto brillante, producido por un rayo invisible (el rayo catódico) que fue acelerado desde el cátodo hacia los ánodos por la diferencia de potencial. En el trayecto, el rayo catódico pasó por unas hendiduras en los ánodos. Thomson observó que el rayo consistía en partículas con carga negativa de los gases en la mínima cantidad de aire remanente en el tubo.

Imagen 17 En este tubo de rayos catódicos, similar al de Thomson, una diferencia de potencial entre los ánodos y el cátodo acelera los electrones hacia los ánodos.

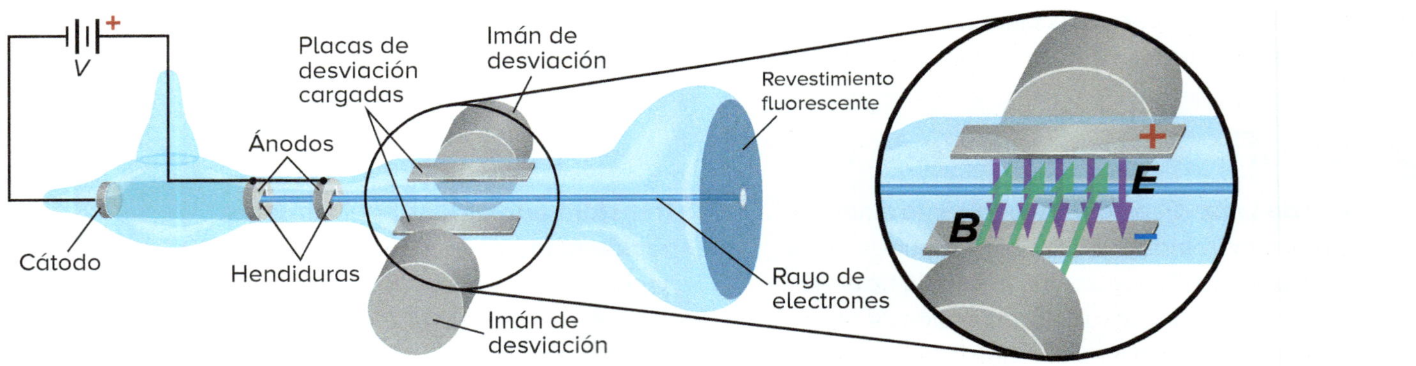

PENSAMIENTO 3D DCI Ideas centrales disciplinarias CCC Conceptos interdisciplinarios SEP Prácticas de ciencia e ingeniería

REUNIR EVIDENCIA

Usa el Cuaderno de ciencias para registrar la evidencia que reúnas mientras completas las lecturas y las actividades de la lección.

INVESTIGAR

CONÉCTATE para hallar estas actividades y más recursos.

Laboratorio de Física: Masa de un electrón
Realiza una investigación sobre cómo un campo magnético afecta a un electrón en movimiento y calcula la masa de un electrón.

Repasar la pregunta de Encuentra el fenómeno
¿Qué información de la lección te ayuda a responder las preguntas de la unidad y del módulo?

Aunque Thomson no conocía ni la carga (q) ni la masa (m) de las partículas que componían el rayo catódico, logró determinar la relación carga masa. Descubrió que esta razón era muy alta, probablemente porque las partículas tenían una masa muy pequeña. Thomson también halló que la relación carga masa permanecía igual sin importar qué tipo de gas colocara en el tubo. Concluyó que las partículas eran partes negativas de todos los átomos: electrones.

Relación carga masa El experimento de Thomson pudo determinar la relación carga masa del electrón. Dentro del tubo de rayos catódicos, como en el de la **Imagen 17**, las placas de metal con cargas opuestas producían un campo eléctrico. Los electroimanes fuera del tubo producían un campo magnético. Al manipular cualquier campo, Thomson halló que podía cambiar la trayectoria del rayo de electrones.

Thomson orientó el campo eléctrico perpendicular al rayo de electrones. Este campo (de intensidad E) producía una fuerza (equivalente a qE) que desviaba el rayo hacia arriba, en sentido de la placa positiva. Orientó el campo magnético en ángulos rectos hacia el rayo y hacia el campo eléctrico. Como la fuerza que ejerce un campo magnético es perpendicular tanto al campo como al sentido del movimiento de los electrones, el campo magnético en el tubo (de intensidad B) produjo una fuerza (equivalente a Bqv, donde v es la velocidad de los electrones) que desviaba el rayo de electrones hacia abajo.

¿Lo comprendes?

Aplicar ¿Cómo se podría cambiar el campo magnético para que los electrones se desviaran hacia arriba?

Thomson ajustó las intensidades de los campos eléctrico y magnético hasta que el rayo de electrones mantuvo una trayectoria recta, sin desviaciones. Cuando esto ocurrió, las fuerzas de ambos campos eran equivalentes en magnitud y opuestas en sentido. Matemáticamente, esto se representa así:

$$Bqv = Eq$$

Al resolver esta ecuación para v , se obtiene la siguiente expresión:

$$v = \frac{Eq}{Bq} = \frac{E}{B}$$

La ecuación anterior muestra que las fuerzas están equilibradas solo para los electrones que tienen una velocidad específica (v). Si el campo eléctrico se disipa, solo permanece la fuerza del campo magnético. Sabes que el sentido del movimiento de un electrón es perpendicular a la fuerza magnética. Por lo tanto, un electrón es un campo magnético uniforme que sufre aceleración centrípeta, con una trayectoria circular de radio r. Con la segunda ley de Newton para el movimiento circular, la siguiente ecuación describe la trayectoria del electrón:

$$Bqv = \frac{mv^2}{r}$$

Al resolver para $\frac{q}{m}$ se obtiene la siguiente ecuación.

Razón carga-masa de un electrón en un campo magnético

En un campo magnético, la razón de la carga de un electrón y su masa es equivalente a la razón de la velocidad del electrón dividida el producto de la intensidad del campo magnético y el radio de la trayectoria circular del electrón.

$$\frac{q}{m} = \frac{v}{Br}$$

Masa de un electrón Para hallar el valor de la relación carga masa de un electrón, Thomson calculó primero la velocidad de la trayectoria recta (v) del rayo de electrones con valores medidos de E y B. Luego, apagó el campo eléctrico y midió la distancia entre el punto fluorescente que formaba el rayo sin desvío y el punto que se formaba cuando solo actuaba el campo magnético sobre el rayo. Con esta distancia, calculó el radio (r) de la trayectoria circular del rayo de electrones y obtuvo q/m como -1.759×10^{11} C/kg.

Calcular la relación carga masa fue el primer paso para calcular la masa del electrón. Cuando Thomson hacía sus experimentos, la carga promedio de un electrón se conocía a partir de experimentos de electrólisis con muchos electrones, como $q = -1.602 \times 10^{-19}$ C. Thomson asumió que este valor se podía utilizar para electrones individuales. Más tarde, en 1909, Robert Millikan confirmó este valor y halló que todos los electrones tienen la misma carga (e). Por lo tanto, se podía calcular la masa del electrón (m_e).

$$m_e = \frac{e}{q/m} = \frac{-1.602\times10^{-19}\text{ C}}{-1.759\times10^{11}\text{ C/kg}} = 9.107\times10^{-31}\text{ kg}$$

Para tres cifras significativas, $m_e = 9.11\times10^{-31}$ kg.

Experimentos con iones positivos

Thomson también usó su aparato de rayos catódicos para estudiar los iones positivos. Un ion es un átomo o molécula con carga. Las partículas con carga positiva en un campo magnético o eléctrico sufren una desviación opuesta a la de los electrones, como se ve en la **Imagen 18**.

Masa de un protón Para obtener iones positivos, Thomson añadió una pequeña cantidad de gas hidrógeno al tubo e invirtió el sentido del campo eléctrico entre el cátodo y los ánodos. El campo eléctrico elevado tomaba electrones de los átomos de hidrógeno y convertía a los átomos en iones positivos. Luego, el campo eléctrico aceleraba los iones por una hendidura diminuta hacia la región de desvío del tubo. El rayo iónico resultante pasaba por los campos magnético y eléctrico de camino hacia la pantalla fluorescente en el extremo del tubo.

Thomson determinó la relación carga masa de un ion positivo de hidrógeno (que más tarde se denominó protón) de la misma manera que determinó la relación carga masa de un electrón. A partir de esta relación, se halló que la masa de un protón era 1.67×10^{-27} kg. Thomson usaría después el tubo de rayos catódicos para determinar las masas de los iones positivos resultantes de quitar uno o más electrones a gases más pesados, como el helio, el neón y el argón.

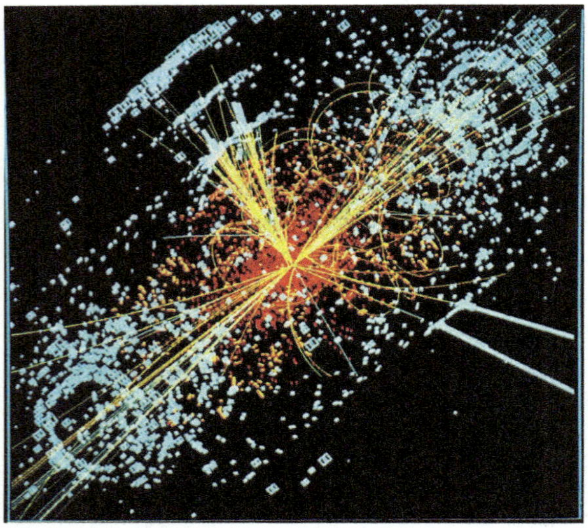

Imagen 18 Las marcas de las partículas con carga negativa y positiva que pasan por un campo magnético se curvan en direcciones opuestas. Esta imagen generada por computadora simula una colisión de dos protones en el Gran Colisionador de Hadrones. La líneas amarillas representan las trayectorias posibles de las partículas resultantes, y los rectángulos azules representan la energía que llevan estas partículas.

EJEMPLO Problema 3

RADIO DE LA TRAYECTORIA Un electrón (con una masa de 9.11×10^{-31} kg) pasa por un tubo de rayos catódicos a 2.0×10^{7} m/s perpendicular a un campo magnético de 3.5×10^{-3} T. El campo eléctrico se apaga. ¿Cuál es el radio de la trayectoria circular del electrón?

1 ANALIZAR Y PLANTEAR EL PROBLEMA

- Dibuja la trayectoria del electrón y rotula la velocidad (v).
- Dibuja el campo magnético perpendicular a la velocidad.
- Diagrama la fuerza que actúa sobre el electrón. Suma la cantidad incógnita r de la trayectoria del electrón.

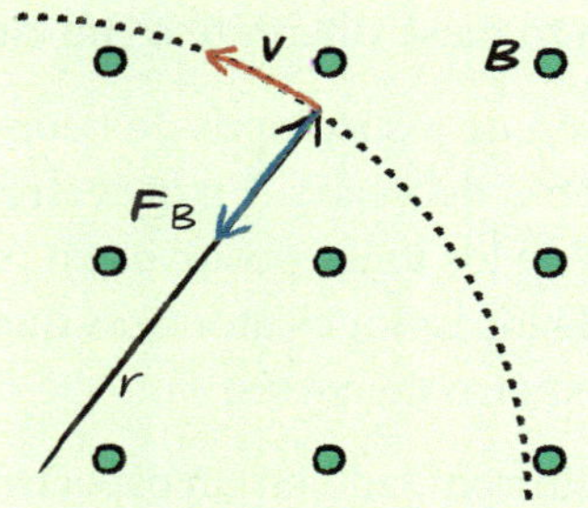

Datos conocidos

$v = 2.0\times10^{7}$ m/s

$B = 3.5\times10^{-3}$ T

$m = m_e = 9.11\times10^{-31}$ kg

$q = e = -1.602\times10^{-19}$ C

Incógnita

$r = ?$

2 HALLAR LA INCÓGNITA

Usa la segunda ley de Newton para describir un electrón en un tubo de rayos catódicos sujeto a un campo magnético.

$$Bqv = \frac{mv^2}{r}$$

$$r = \frac{mv}{Bq}$$

$$= \frac{(9.11\times10^{-31}\ \text{kg})(2.0\times10^{7}\ \text{m/s})}{(3.5\times10^{-3}\ \text{T})(-1.602\times10^{-19}\ \text{C})}$$

Sustituye $m = 9.11\times10^{-31}$ kg, $v = 2.0\times10^{7}$ m/s, $B = 3.5\times10^{-3}$ T, $q = -1.602\times10^{-19}$ C.

$$= -3.2\times10^{-2}\ \text{m}$$

3 EVALUAR LA RESPUESTA

- **¿Son correctas las unidades?** El radio de la trayectoria circular es una medida de longitud dada en unidades de metros.
- **¿Son razonables los valores?** Los radios de unos centímetros son típicos de este tipo de aparato y se pueden medir con facilidad. El signo negativo significa que el círculo se curva en sentido opuesto al ion positivo.

PRÁCTICA Problemas

PRÁCTICA ADICIONAL

Para las siguientes preguntas, asume que todas las partículas con carga se mueven perpendiculares a un campo magnético uniforme.

24. Un protón se mueve a una velocidad de 7.5×10^{4} m/s al pasar por un campo magnético de 0.080 T. Halla el radio de la trayectoria circular. Observa que la carga que lleva el protón es igual a la del electrón, pero positiva.

25. Unos electrones pasan por un campo magnético de 3.0×10^{-3} T equilibrado por un campo eléctrico de 2.4×10^{4} N/C.

a. ¿Cuál es la velocidad de los electrones?

b. Si el campo eléctrico fuera producido por un par de placas a 0.50 cm de distancia, ¿cuál sería la diferencia de potencial entre las placas?

c. Si se quitara el campo eléctrico, ¿cuál sería el radio de la trayectoria circular de los electrones?

26. Unos protones que pasan sin desviarse por un campo magnético de 0.060 T se equilibran con un campo eléctrico de 9.0×10^{3} V/m. ¿Cuál es la velocidad de los protones?

27. DESAFÍO ¿Qué trayectoria seguiría un ion positivo que se mueve en un campo magnético que crece de manera lineal con el tiempo?

El espectrómetro de masas

Cuando Thomson colocó gas neón en el tubo de rayos catódicos, ocurrió algo interesante. Observó dos puntos brillantes en la pantalla, en lugar de uno. Al calcular un valor distinto de q/m para cada punto, concluyó que dos átomos de neón diferentes podían tener propiedades químicas idénticas pero masas diferentes. Cada forma del mismo átomo con las mismas propiedades químicas pero masa diferente es un **isótopo.**

La separación de los isótopos de neón según su masa que hizo Thomson fue el primer ejemplo de espectrometría de masas. Un **espectrómetro de masas** es un instrumento que mide la relación carga-masa de los iones positivos en un material. A partir de esta relación, se puede determinar las masas de los isótopos atómicos que componen el material. En la **Imagen 19** se ilustra un tipo de espectrómetro de masas.

El material introducido en un espectrómetro de masas debe ser un gas natural o calentarse hasta alcanzar el estado gaseoso. El gas se inserta en un componente denominado fuente de iones, que se puede observar en la parte inferior de la **Imagen 19**. En la fuente de iones, un rayo energético de electrones colisiona con los átomos del gas y toma uno o más electrones, lo que genera iones positivos. Luego, un campo eléctrico, el resultado de una diferencia de potencial entre dos electrodos en la fuente de iones, acelera los iones, que ingresan a un campo magnético en la cámara de vacío. El campo magnético uniforme hace que los iones se muevan en una trayectoria circular antes de colisionar con un detector electrónico.

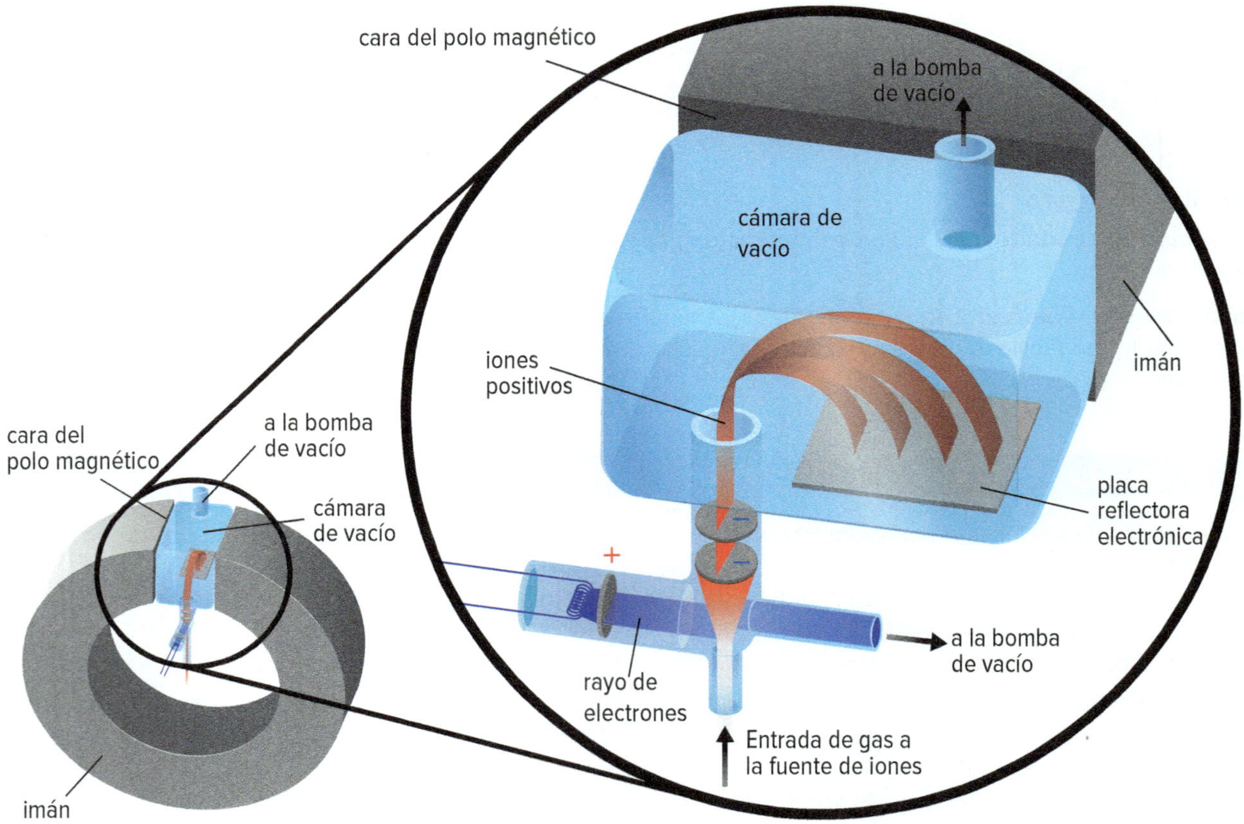

Imagen 19 Dentro de este espectrómetro de masas (explosión de la derecha), un imán provoca que los iones positivos en una cámara de vacío se desvíen según sus masas. La masa de cada partícula se registra en la cámara de vacío en una placa detectora.

Identifica *el polo norte de un imán.*

Calcular razones carga-masa Una vez que los iones en un espectrómetro de masas pasan a un campo magnético, siguen una trayectoria circular. El radio de la trayectoria depende de la masa del ion. Mientras más liviano sea el ion, más se doblará y menor será el radio del círculo. El radio de la trayectoria para cada ion se puede usar para determinar su relación carga-masa. El radio (*r*) de la trayectoria de un ion se puede calcular con la segunda ley de Newton:

$$Bqv = \frac{mv^2}{r}$$

Al resolver para *r* se obtiene esta ecuación:

$$r = \frac{mv}{qB}$$

La velocidad de un ion acelerado se calcula con la ecuación para la energía cinética de los iones acelerados desde el reposo a través de una diferencia de potencial conocida (V_{acel}):

$$EC = \frac{1}{2}mv^2 = qV_{acel}$$

$$v = \sqrt{\frac{2qV_{acel}}{m}}$$

Al sustituir esta expresión para v en la ecuación $r = \frac{mv}{qB}$ se obtiene el radio de la trayectoria circular del ion:

$$r = \frac{mv}{qB}$$

$$= \frac{m}{qB}\sqrt{\frac{2qV_{acel}}{m}}$$

$$= \frac{1}{B}\sqrt{\frac{2V_{acel}m}{q}}$$

Si se simplifica esta ecuación al multiplicar ambos lados por B, se obtiene:

$$Br = \sqrt{\frac{2mV_{acel}}{q}}$$

Esta ecuación se puede disponer de la siguiente manera.

Razón carga-masa de un ion en un espectrómetro de masas

La relación de la carga de un ion con su masa equivale al doble de la diferencia de potencial de aceleración dividida por el producto del cuadrado de la intensidad del campo magnético y el cuadrado del radio de la trayectoria circular del ion.

$$\frac{q}{m} = \frac{2V_{acel}}{B^2r^2}$$

Para calcular la masa de un ion, dividirías la carga del ion por la relación carga masa medida. La carga de un protón es igual que la carga de un electrón, pero es positiva: 1.602×10^{-19} C. Observa que si se toma más de un electrón de los átomos de un gas en la fuente de iones, la carga debe multiplicarse por el número de electrones tomados. Este número, el número de electrones tomados, se puede controlar con el operador del espectrómetro de masas.

¿Lo comprendes?

Calcular ¿Cuál es la carga de un ion que pierde tres electrones?

EJEMPLO Problema 4

MASA DE UN ÁTOMO DE NEÓN El operador de un espectrómetro de masas produce un rayo de iones de neón a los que se les han quitado dos electrones. Por lo tanto, los iones están doblemente ionizados. Primero, los iones se aceleran por una diferencia de potencial de 34 V. Cuando pasan por un campo magnético de 0.050 T, el radio de su trayectoria es 53 mm. Determina la masa del átomo de neón como el número entero más cercano de masas de protón.

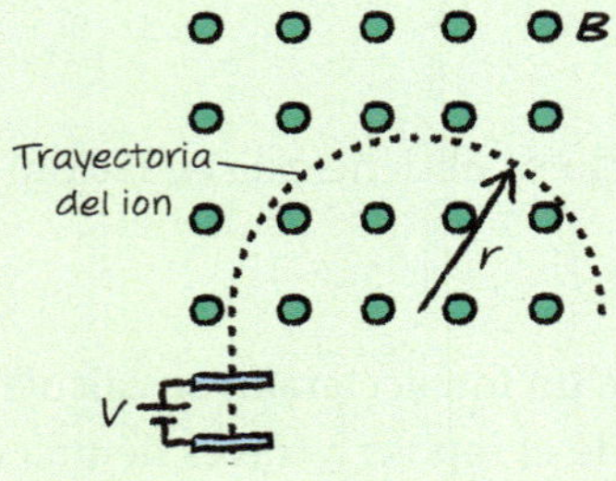

1 ANALIZAR Y PLANTEAR EL PROBLEMA

- Dibuja la trayectoria circular de los iones. Rotula el radio.
- Dibuja y rotula la diferencia de potencial entre los electrodos.

Datos conocidos		Incógnita
$V_{acel} = 34$ V	$m_{protón} = 1.67\times10^{-27}$ kg	$m_{neón} = ?$
$B = 0.050$ T	$q = 2(1.602\times10^{-19}$ C)	$N_{protón} = ?$
$r = 0.053$ m	$= 3.204\times10^{-19}$ C	

2 HALLAR LA INCÓGNITA

Usa la ecuación de la relación carga masa de un ion en un espectrómetro de masas.

$$\frac{q}{m_{neón}} = \frac{2V_{acel}}{B^2r^2}$$

$$m_{neón} = \frac{qB^2r^2}{2V_{acel}}$$

$$= \frac{(3.204\times10^{-19}\text{ C})(0.050\text{ T})^2(0.053\text{ m})^2}{2(34\text{ V})}$$

Sustituye $q = 3.204\times10^{-19}$ C, $B = 0.050$ T, $r = 0.053$ m y $V_{acel} = 34$ V.

$$= 3.3\times10^{-26}\text{ kg}$$

Divide la masa del neón por la masa de un protón para hallar el número de masas de protón

$$N_{protón} = \frac{m_{neón}}{m_{protón}}$$

$$= \frac{3.3\times10^{-26}\text{ kg}}{1.67\times10^{-27}\text{ kg/protón}}$$

$$\cong 20\text{ protones}$$

3 EVALUAR LA RESPUESTA

- **¿Son correctas las unidades?** La masa debe medirse en gramos o kilogramos. El número de protones no se representa con ninguna unidad.
- **¿Es realista la magnitud?** El neón tiene dos isótopos, con masas aproximadas de 20 y 22 masas de protón.

PRÁCTICA Problemas

PRÁCTICA ADICIONAL

28. Se envía un rayo de átomos de oxígeno con ionización simple (1+) por un espectrómetro de masas. Los valores son $B = 7.2\times10^{-2}$ T, $q = 1.602\times10^{-19}$ C, $r = 0.085$ m y $V_{acel} = 110$ V. Halla la masa de un átomo de oxígeno.

29. Un espectrómetro de masas analiza y muestra datos para un rayo de átomos de argón doblemente ionizados (2+). Los valores son $q = 2(1.602\times10^{-19}$ C), $B = 5.0\times10^{-2}$ T, $r = 0.106$ m y $V_{acel} = 66.0$ V. Halla la masa de un átomo de argón.

30. Un rayo de átomos de litio ($m \approx 7m_{protón}$) con ionización simple (1+) se acelera por una diferencia de potencial de 320 V. El rayo pasa por un campo magnético de 1.5×10^{-2} T. ¿Cuál es el radio de la curvatura del rayo en el campo magnético?

31. **DESAFÍO** Sin importar la energía de los electrones utilizados para producir iones, J.J. Thomson jamás pudo quitar más de un electrón de un átomo de hidrógeno. ¿Qué pudo haber concluido sobre la carga positiva de un átomo de hidrógeno?

Análisis isotópico Los iones en el espectrómetro de la **Imagen 19** impactan el detector en diferentes lugares, lo que depende de su masa. Mientras mayor sea el ion, mayor será el diámetro de su trayectoria curva. Este diámetro se puede medir con facilidad porque es la distancia entre la ubicación donde impacta el ion y la hendidura en el electrodo. El radio de la trayectoria (r) es la mitad de esta distancia medida. En la **Imagen 20**, se muestra el espacio aproximado entre los impactos de los iones en un detector para una muestra de cromo ionizado. Las cuatro marcas separadas indican que una muestra de cromo en la naturaleza se compone de cuatro isótopos. La abundancia de cada isótopo corresponde al ancho de la marca que hace en el detector.

Todos los iones de cromo de la **Imagen 20** tienen carga simple porque solo se tomó un electrón de los átomos de cromo originales en la fuente de iones. La carga depende del número de electrones tomados de los átomos originales (neutrales). Luego de quitar el primer electrón y producir un átomo de ionización simple (1+) se necesita más energía para quitar el segundo electrón y producir un átomo de ionización doble (2+). El operador puede producir átomos de ionización doble al aumentar el campo eléctrico, así aporta más energía cinética al rayo de electrones.

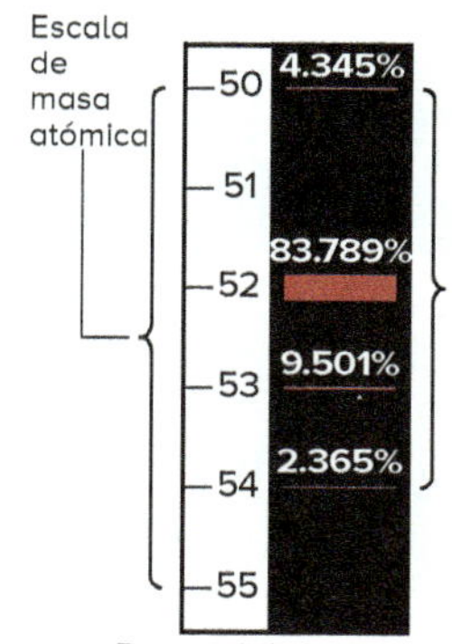

Datos del detector electrónico y abundancias isotópicas (%)

Imagen 20 El peso promedio de las masas de los isótopos de un elemento da la masa del elemento que se muestra en la tabla periódica.

Calcula *la masa promedio de los isótopos de cromo.*

Aplicaciones de la espectrometría de masas Los espectrómetros de masas son tan sensibles que pueden separar iones con diferencias de masa tan pequeñas como la diezmilésima parte de 1%. Gracias a esta precisión, los científicos pueden usar los espectrómetros de masas para identificar la presencia de una molécula particular en una muestra de 10 mil millones de moléculas.

Los espectrómetros de masas se usan para analizar las atmósferas y los suelos de Marte y otros objetos en el sistema solar. También en las ciencias geológicas, farmacéuticas, biológicas e incluso forenses. Por ejemplo, los aeropuertos usan espectrómetros de masas para detectar rastros de moléculas de explosivos que puedan esconderse en el equipaje o en las manos o pies de los pasajeros.

Verifica tu progreso

32. **Espectrómetro de masas** Se obtiene el radio de la trayectoria circular de un ion en un espectrómetro de masas a partir de $r = \frac{1}{B}\sqrt{\frac{2V_{acel}m}{q}}$. Utiliza esta ecuación para explicar cómo logra un espectrómetro de masas separar los iones de masas diferentes.
33. **Tubo de rayos catódicos** Describe cómo forma un rayo de electrones el tubo de rayos catódicos que usó J. J. Thomson.
34. **Campo magnético** Un espectrómetro de masas analiza moléculas cuyas masas son de cientos de masas de protón. Si los iones de carga simple de estas moléculas tuvieran la misma diferencia de potencial de aceleración utilizada para iones más pequeños, ¿cómo debería modificarse el campo magnético del espectrómetro para que los iones impacten el detector?
35. **Radio de la trayectoria** Un protón se mueve a una velocidad de 8.4×10^4 m/s al pasar por un campo magnético de 12.0 mT. Halla el radio de la trayectoria circular.
36. **Masa** Un rayo de átomos de oxígeno doblemente ionizados (2+) se acelera por una diferencia de potencial de 232 V. El oxígeno ingresa luego a un campo magnético de 75 mT y sigue una trayectoria curva con un radio de 8.3 cm. ¿Cuál es la masa del átomo de oxígeno?
37. **Pensamiento crítico** En el Ejemplo Problema 4 de la página anterior, se determina la masa de un isótopo de neón. Otro isótopo de neón tiene una masa de 22 masas de protón. ¿A qué distancia impactarían estos dos isótopos en el detector?

LEARNSMART® Conéctate para cumplir tu plan de aprendizaje personalizado para repasar, practicar y reforzar tu comprensión.

LECCIÓN 4
CAMPOS ELÉCTRICOS Y MAGNÉTICOS

PREGUNTA DE ENFOQUE

¿Cómo se relacionan los campos magnéticos y eléctricos con la luz?

¿Qué son las ondas electromagnéticas?

En la Lección 3, aprendiste que las ondas electromagnéticas son una combinación de campos eléctricos y magnéticos. Recuerda que Hans Christian Oersted fue el primero en relacionar la electricidad y el magnetismo cuando descubrió, en 1820, que las cargas en movimiento producen campos magnéticos. Diez años después, Michael Faraday y Joseph Henry descubrieron por separado lo inverso: el campo magnético de un alambre puede inducir un campo eléctrico.

Movimiento por el espacio Los campos eléctricos se pueden inducir incluso sin un alambre. Como se muestra a la izquierda de la **Imagen 21,** un campo magnético cambiante produce un campo eléctrico. También ocurre a la inversa. Un campo eléctrico cambiante produce un campo magnético, como se muestra a la derecha de la **Imagen 21.** El físico escocés James Maxwell cuantificó la relación entre los campos magnéticos y eléctricos en 1873, cuando resumió el trabajo de Coulomb, Oersted y Faraday en cuatro ecuaciones. Estas ecuaciones predijeron que las ondas electromagnéticas podían moverse por el espacio. En 1887, el físico alemán Heinrich Hertz lo confirmó. La unidad que mide la frecuencia de oscilación de una onda se llama Hertz. 1 Hz equivale a un ciclo por segundo.

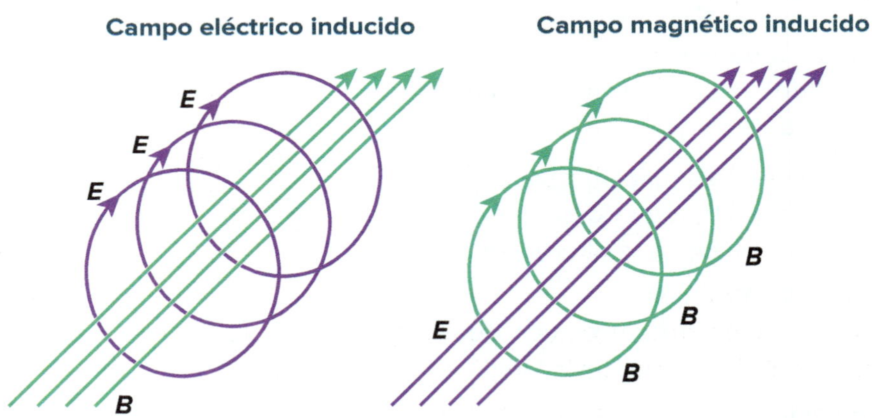

Imagen 21 Un campo magnético cambiante puede inducir un campo eléctrico (izquierda). Las líneas de campo del campo eléctrico son lazos cerrados. A diferencia de un campo electrostático, no hay cargas en las que las líneas comiencen o terminen. Un campo eléctrico cambiante también puede inducir un campo magnético (derecha).

PENSAMIENTO 3D **DCI** Ideas centrales disciplinarias **CCC** Conceptos interdisciplinarios **SEP** Prácticas de ciencia e ingeniería

REUNIR EVIDENCIA

Usa el Cuaderno de ciencias para registrar la evidencia que reúnas mientras completas las lecturas y las actividades de la lección.

INVESTIGAR

CONÉCTATE para hallar estas actividades y más recursos.

Poner en práctica: Tomar las ondas

HS-PS4-5. Comunica información técnica sobre cómo algunos dispositivos tecnológicos usan los principios del comportamiento de las ondas y de sus interacciones con la materia para transmitir y captar información y energía.

Hoy en día, se sabe que las **ondas electromagnéticas** son pares de campos eléctricos y magnéticos oscilantes que se propagan por el espacio y la materia.

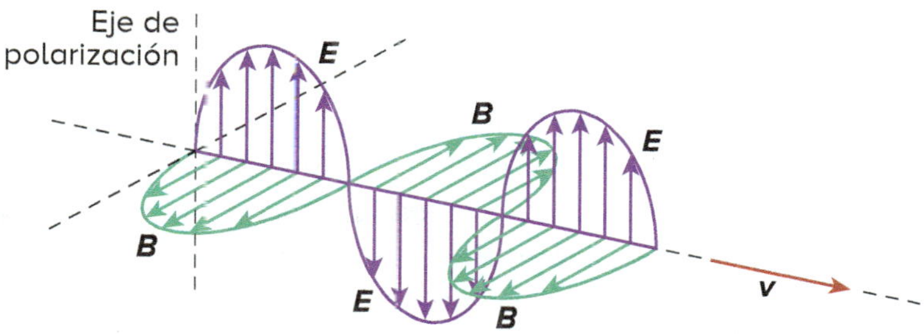

Imagen 22 Las campos eléctricos y magnéticos que componen las ondas electromagnéticas oscilan en ángulos rectos entre sí y con respecto a la dirección de la velocidad de la onda (v).

Propiedades de las ondas electromagnéticas

¿Cómo se relacionan los campos eléctricos y magnéticos en las ondas electromagnéticas? Los electrones de aceleración producen el campo eléctrico de una onda, y el campo eléctrico variante produce el campo magnético de la onda. Las orientaciones de estos dos campos se muestran en la **Imagen 22**. A medida que la onda se mueve, su campo eléctrico oscila hacia arriba y hacia abajo mientras que su campo magnético oscila en ángulo recto con respecto al campo eléctrico. Tanto el campo eléctrico como el magnético están en ángulos rectos con respecto a la dirección de propagación de la onda.

Viaje en el vacío Todas las ondas electromagnéticos se mueven de la misma manera. Como las ondas en una cuerda, las ondas electromagnéticas son ondas transversales y pueden trasladarse por un medio. A diferencia de otros tipos de ondas, las ondas electromagnéticas también pueden propagarse por el vacío. Recuerda que la velocidad de un tipo determinado de onda depende del medio. La velocidad a la que las ondas electromagnéticas se mueven en el vacío es 299,792,458 m/s, aproximado como 3.00×10^8 m/s y denominado c, la velocidad de la luz. Las ondas viajan apenas más lento en el aire. Recuerda que la longitud de onda, la frecuencia y la velocidad de onda se relacionan en esta ecuación:

$$\lambda = \frac{v}{f}$$

En la ecuación, la longitud de onda (λ) se mide en metros, la velocidad (v) se mide en metros por segundo y la frecuencia (f) se mide en hertz. Para una onda electromagnética que se mueve en el vacío, la velocidad (v) es igual a la velocidad de la luz (c). Para una onda electromagnética, la ecuación se convierte en:

$$\lambda = \frac{c}{f}$$

Observa que en la ecuación de longitud de onda-frecuencia, el producto de la frecuencia y la longitud de onda es constante (igual a c) para cualquier onda electromagnética. Así, cuando una longitud de onda aumenta, la frecuencia disminuye y viceversa.

¿Lo comprendes?

Calcular Si la luz verde de la aurora boreal que aparece al principio del módulo tiene una longitud de onda de 525 nm, ¿cuál es la longitud de onda de una onda electromagnética con una frecuencia que es 1.5 veces mayor que la de la luz verde?

PRÁCTICA Problemas

PRÁCTICA ADICIONAL

38. ¿Cuál es la longitud de onda de la luz verde con una frecuencia de 5.70×10^{14} Hz?

39. Una onda electromagnética tiene una frecuencia de 8.2×10^{14} Hz. ¿Cuál es la longitud de onda de la onda?

40. ¿Cuál es la frecuencia de una onda electromagnética con una longitud de onda de 2.2×10^{-2} m?

41. DESAFÍO Si una onda electromagnética se propaga a la derecha y el campo eléctrico está dentro y fuera de la página, ¿en qué dirección está el campo magnético?

Tipos de ondas electromagnéticas El rango de frecuencias que componen el continuo de ondas electromagnéticas, el **espectro electromagnético,** se muestra en la **Imagen 23**. Observa que la luz (la única parte del espectro que puedes detectar con los ojos) compone solo una fracción ínfima del espectro electromagnético. Las ondas electromagnéticas llevan energía en sus campos magnéticos y eléctricos. La energía que una onda electromagnética lleva, o irradia, se denomina **radiación electromagnética.** La radiación electromagnética se puede pensar como un fenómeno en el que la energía almacenada en los campos se mueve por el espacio. La energía que contiene una onda electromagnética es proporcional al cuadrado de la amplitud del campo eléctrico y el área que cruza la onda. Existen muchas tecnologías que se basan en la comprensión de las ondas electromagnéticas y sus interacciones con la materia. Como se muestra en la **Imagen 24** en la página siguiente, son parte de las experiencias cotidianas y de la investigación científica.

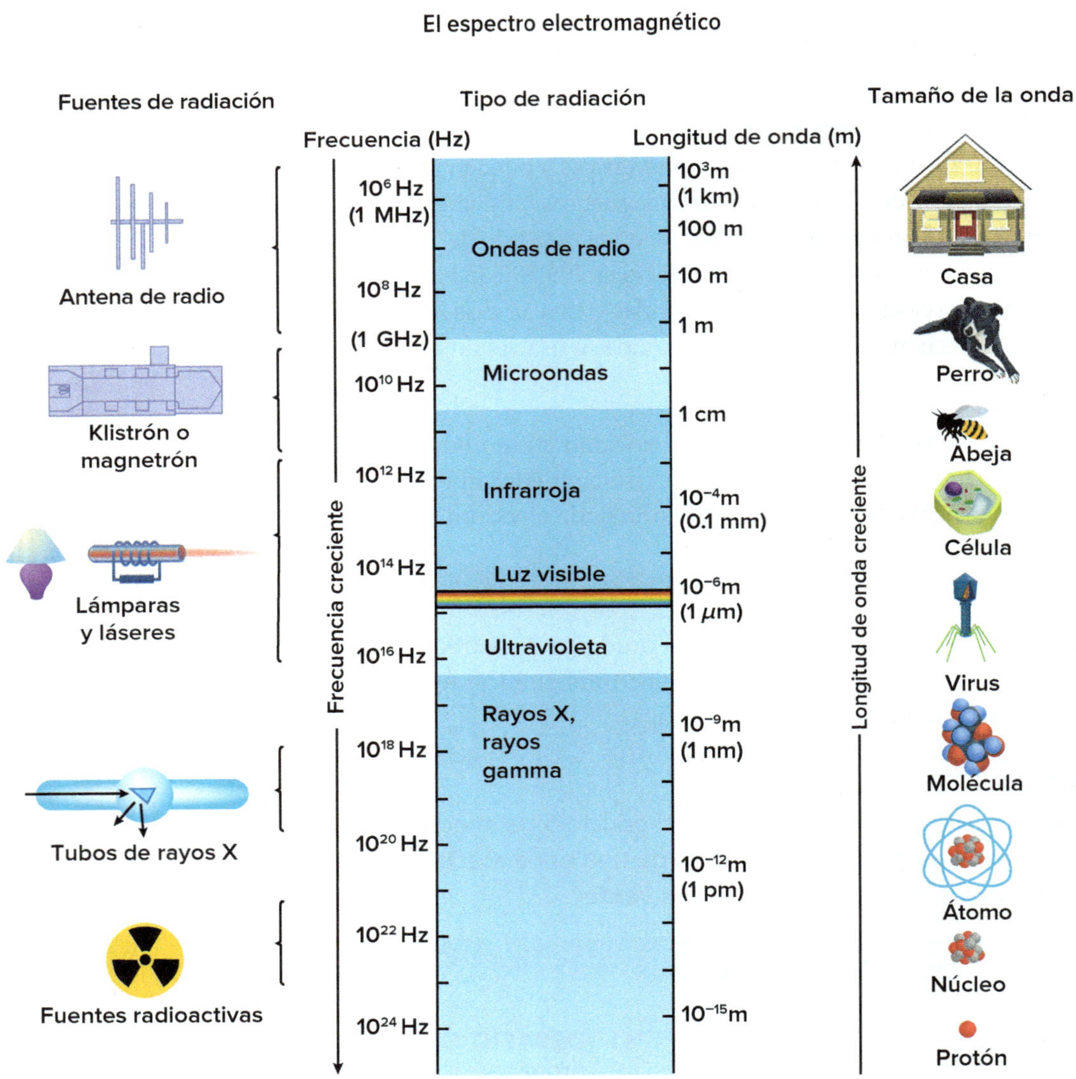

Imagen 23 El espectro electromagnético contiene ondas que varían desde longitudes de onda de radio más grandes que una casa hasta longitudes de onda gamma más pequeñas que un átomo. La columna izquierda muestra ejemplos de fuentes de radiación. Observa que la frecuencia de onda se extiende más allá de las frecuencias que aparecen en esta imagen.

Observar *¿Qué tipo de onda electromagnética tiene el tamaño de un protón?*

Imagen 24 La radiación electromagnética tiene muchas aplicaciones, pero también puede ser perjudicial. Cuando la materia absorbe luz u otros tipos de radiación electromagnética con mayor longitud de onda (menor frecuencia), suele convertirla en energía térmica (calor). La radiación electromagnética con menor longitud de onda (mayor frecuencia) puede ionizar átomos y dañar células vivas.

Usos de las ondas de baja frecuencia

Ondas de radio Las ondas de menor frecuencia, las ondas de radio, se usan principalmente para transmitir información. Las ondas de radio con longitudes de onda largas se pueden transmitir a grandes distancias porque reflejan los iones de la atmósfera. Las ondas de radio más cortas usadas para la radio FM y la televisión viajan en trayectoria recta y, por lo tanto, deben transmitirse de emisora a emisora por la superficie curva de la Tierra.

Microondas Los teléfonos celulares y el Sistema de posicionamiento global transmiten información mediante ondas de radio con longitudes muy cortas llamadas microondas. Las microondas también se usan para cocinar alimentos. El agua y la grasa en el alimento absorben las microondas, y la energía de las ondas se convierte en energía térmica para cocinar.

Ondas infrarrojas Las cámaras con sensores infrarrojos producen imágenes, y los lentes y las cámarass de visión nocturna infrarrojas permiten ver en la oscuridad. Como los objetos calientes emiten ondas infrarrojas lejanas (con longitudes de onda largas), los detectores infrarrojos pueden medir la temperatura de los edificios y otros objetos. La radiación infrarroja cercana (con longitudes de onda más cortas y frecuencias mayores) llevan señales con la ayuda de sistemas de fibra óptica o del aire, programadas para los dispositivos de control remoto.

Radiación UV Con frecuencias mayores que las ondas infrarrojas, la radiación ultravioleta (UV) puede ionizar moléculas y átomos y provocar reacciones químicas, con efectos dañinos, como quemaduras. La radiación UV también se usa para curar polímeros y esterilizar instrumentos. En la industria de los semiconductores, la radiación UV se usa para grabar patrones sobre placas de silicona en circuitos integrados. La radiación UV también se usa para revelar evidencia forense.

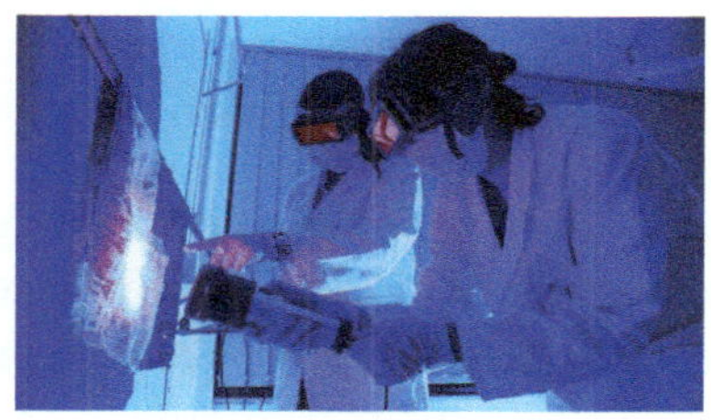

Usos de las ondas de alta frecuencia

Rayos X Los rayos X se producen cuando los electrones de alta energía quitan electrones aferrados a los átomos. Cuando los electrones en los átomos se vuelven a acomodar, emiten rayos X. El físico alemán William Roentgen descubrió los rayos X en 1895 con un tubo de vacío de vidrio. Conoces imágenes por rayos X de huesos y dientes. Los rayos X también se usan para matar células cancerosas.

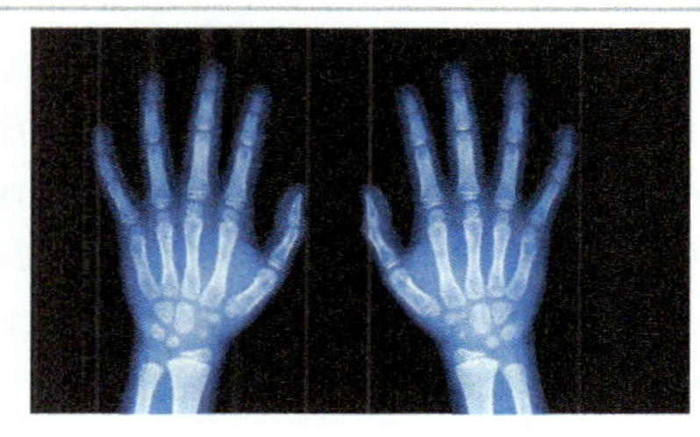

Rayos gamma Los rayos gamma de alta frecuencia provienen de los núcleos radioactivos de los átomos. Los rayos gamma se usan para detectar sustancias peligrosas en contenedores de envío. En la medicina, se usan para destruir células en tratamientos contra el cáncer.

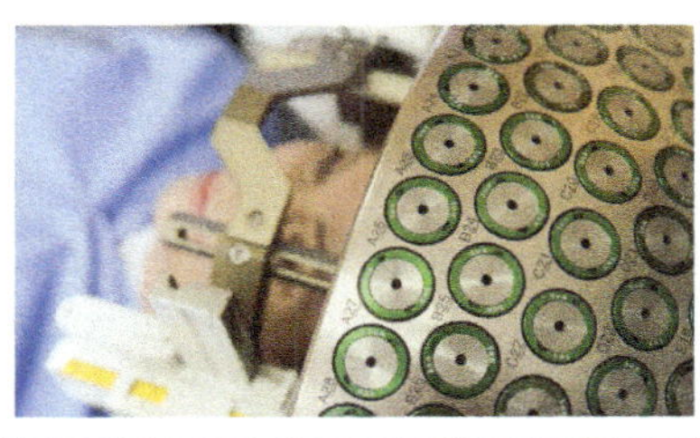

Propagación de ondas electromagnéticas

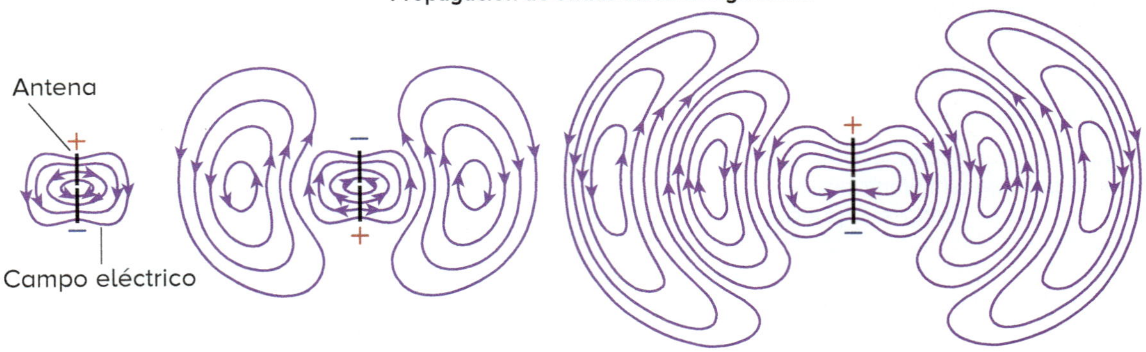

Imagen 25 Una fuente de corriente CA conectada a una antena produce una diferencia de potencial oscilante en la antena. Esta diferencia de potencial oscilante acelera los electrones, que generan un campo eléctrico oscilante. El campo eléctrico oscilante produce un campo magnético cambiante (no se muestra) y este, a su vez, genera un campo eléctrico cambiante. A medida que continúa el proceso, la onda electromagnética se propaga lejos de la antena.

Transmisión de ondas electromagnéticas

Aprendiste que las ondas de radio y las microondas pueden llevar información. ¿Cómo se difunden estas ondas y la información que llevan?

Propagación por el espacio Las ondas de radio y las microondas se propagan en el espacio por transmisores conectados a antenas. Un **transmisor** es un dispositivo que convierte voz, música, imágenes o datos en señales electrónicas, amplifica las señales y luego las envía a una antena. La **antena** crea las ondas electromagnéticas que se propagan por el aire. ¿Cómo lo hace?

El transmisor produce una diferencia de potencial oscilante en la antena metálica que acelera los electrones del metal. La aceleración genera un campo eléctrico oscilante que se propaga lejos de la antena. Observa cómo se forma un campo eléctrico a partir de una antena en la **Imagen 25**.

En la **Imagen 25** no se muestra el campo magnético cambiante que genera el campo eléctrico cambiante. El campo magnético también se propaga lejos de la antena a la misma velocidad que el campo eléctrico, pero en ángulos rectos con respecto a él y en dirección de la propagación. Observa que una onda electromagnética producida por una antena está polarizada; es decir, su campo eléctrico es paralelo al conductor de la antena.

Propagación por la materia Las ondas electromagnéticas pueden viajar por otra materia distinta al aire. La luz solar que brilla a través de un vaso de agua es un ejemplo de ondas de luz que viajan a través de tres formas de materia: aire, vidrio y agua. Estos materiales son dieléctricos. Un **dieléctrico** es un mal conductor de corriente eléctrica cuyas cargas eléctricas se alinean parcialmente con un campo eléctrico. La velocidad de una onda electromagnética en un dieléctrico siempre es menor que la velocidad de la onda en el vacío; se puede calcular la velocidad de una onda a través de cualquier dieléctrico con esta ecuación:

$$v = \frac{c}{\sqrt{k}}$$

En la ecuación, la velocidad de onda (v) se mide en metros por segundo; la velocidad de la luz (c) es 3.00×10^{8} m/s; y la constante dieléctrica relativa (k) es una cantidad sin dimensión. En el vacío, $k = 1.00000$ y la velocidad de onda es igual a c. En el aire, $k = 1.00054$ y las ondas electromagnéticas se mueven apenas más lento que c. El coeficiente dieléctrico es el cuadrado del índice de refracción, $k = n^2$, por lo que $\sqrt{k} = n$.

PRÁCTICA Problemas PRÁCTICA ADICIONAL

42. ¿Cuál es la velocidad de una onda electromagnética que viaja por el aire? Usa c = 299,792,458 m/s en tu cálculo.

43. El agua tiene una constante dieléctrica de 1.77. ¿Cuál es la velocidad de la luz en el agua?

44. La velocidad de la luz a través de un material es 2.43×10^{8} m/s. ¿Cuál es la constante dieléctrica del material?

45. DESAFÍO Una señal de radio se transmite desde la superficie de la Tierra hasta la superficie de la Luna a 376,290 km. ¿Cuál es el menor tiempo de respuesta posible?

Producción de ondas electromagnéticas

Imagina que sintonizaste tu emisora de radio favorita. ¿Cómo genera esa emisora las ondas de radio que oyes como música?

Ondas portadoras La Comisión Federal de Comunicaciones asigna a cada emisora de radio en Estados Unidos una longitud de onda específica en la parte de radio del espectro electromagnético, denominada **onda portadora.** Una emisora transmite música u otra información al variar su onda portadora, ya sea al modular su frecuencia o su amplitud. Esto se logra con el transmisor de la emisora. Un transmisor se compone de tres partes. El oscilador genera la onda portadora. El modulador usa música, imágenes, palabras u otra información para modificar la amplitud o la frecuencia de la onda portadora. El amplificador aumenta la diferencia de potencial de la señal resultante.

Configuración de la frecuencia de oscilación Para producir ondas portadoras de hasta 400 MHz, un oscilador usa una bobina y un condensador conectados en paralelo. El circuito del oscilador crea una diferencia de potencial en el condensador que produce un campo eléctrico y almacena cargas en el condensador. Cuando se elimina la diferencia de potencial, el condensador se descarga y los electrones almacenados fluyen por la bobina. La corriente crea un campo magnético cambiante que induce una *FEM* en el circuito. La *FEM* recarga el condensador en sentido opuesto, y el proceso se repite a la inversa. En la **Imagen 26** se muestra un ciclo de oscilación completo.

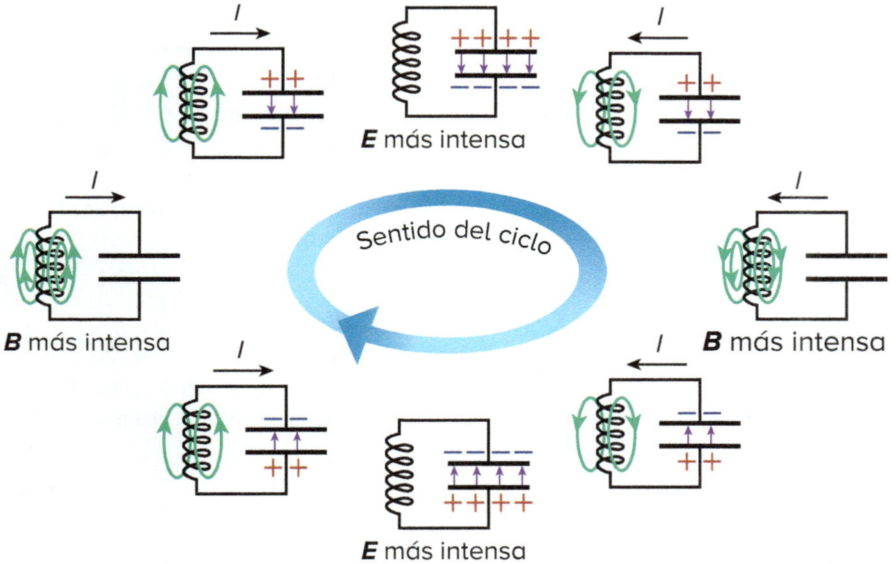

Imagen 26 En un ciclo de oscilación completo de un circuito con una bobina y un condensador, el campo magnético es más intenso cuando el campo eléctrico es más débil. El número de oscilaciones por segundo equivale a la frecuencia de las ondas producidas. Si se modificara la capacidad de la bobina para almacenar energía magnética o la capacitancia, también lo haría la frecuencia de las oscilaciones.

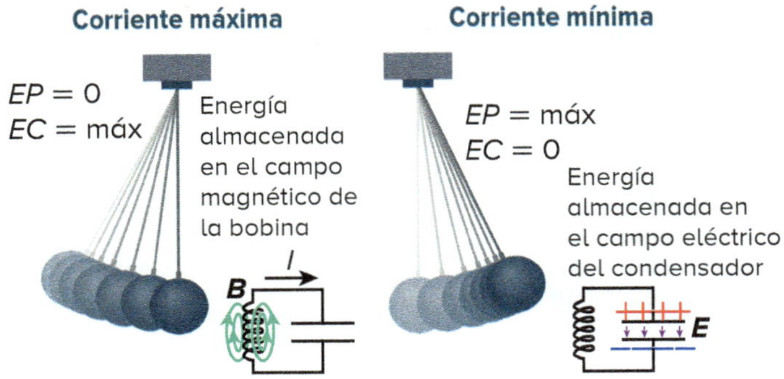

Imagen 27 Los electrones en un circuito con una bobina y un condensador son como el movimiento de un péndulo. A medida que el péndulo oscila, su desplazamiento se modifica. El punto en el que el movimiento del péndulo se detiene es análogo a la corriente cero en el circuito.

Determinar *¿Cuál es la carga en el condensador cuando la corriente está al máximo?*

Analogía del péndulo oscilante El proceso de descarga y recarga en un circuito con una bobina y un condensador se puede comparar con las oscilaciones cíclicas de un péndulo oscilante, como se muestra en la **Imagen 27**. El péndulo tiene energía cinética (*EC*) como resultado de su movimiento. Tiene energía potencial (*EP*) debido a su desplazamiento. La suma de la *EP* y la *EC*, la energía total, es constante a lo largo del movimiento del péndulo. El circuito con la bobina y el condensador es similar. Hay energía tanto en el campo magnético, producida por la bobina, como en el campo eléctrico del circuito, producida por el condensador. Cuando la corriente está al máximo, toda la energía se almacena en el campo magnético. Cuando la corriente es nula, toda la corriente se almacena en el campo eléctrico. La energía total del circuito (la suma de las energías de los campos magnético y eléctrico) es constante.

Oscilaciones continuas Así como la fricción hace que un péndulo por sí mismo deje de oscilar, las oscilaciones en una bobina y un condensador desaparecen con el tiempo a causa de la propagación de la energía en la onda electromagnética y debido a la resistencia del circuito. Al añadir energía a cualquier sistema, las oscilaciones se pueden volver continuas. Unos leves empujes al péndulo en los momentos adecuados lo mantendrán oscilante. Las oscilaciones de mayor amplitud ocurren cuando la frecuencia de empujes coincide con la frecuencia del movimiento oscilante y está en fase. Esta es la condición de resonancia. Tal como un leve empuje mantiene al péndulo oscilante, las diferencias de potencial aplicadas al circuito de bobina y condensador con la frecuencia correcta pueden mantener las oscilaciones continuas. Una manera de lograrlo es sumar una segunda bobina al circuito y formar un transformador.

Un transformador mantiene la oscilación del circuito al aumentar la diferencia de potencial de CA inducida en la segunda bobina, como se ve en la **Imagen 28**. La corriente regresa luego a la bobina y al condensador.

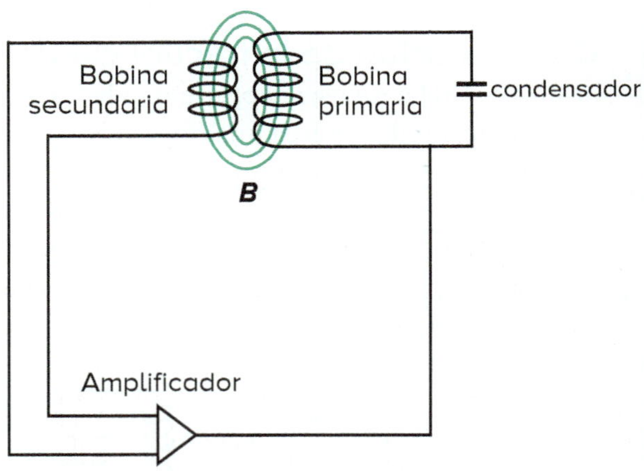

Imagen 28 La corriente oscilante amplificada de la bobina secundaria del transformador tiene la misma frecuencia que el circuito con la bobina y el condensador. Por lo tanto, la corriente amplificada mantiene las oscilaciones continuas.

CCC CONCEPTOS INTERDISCIPLINARIOS

Causa y efecto ¿Cómo podrías reunir evidencia para respaldar la relación de causa y efecto entre la corriente y las energías de los campos eléctrico y magnético en un circuito de bobina y condensador? Describe qué deberías medir.

CCC CONCEPTOS INTERDISCIPLINARIOS

Estabilidad y cambio ¿Por qué las oscilaciones en una bobina y un condensador desaparecen con el tiempo? Cita evidencia para explicar cómo se puede mantener la estabilidad en el sistema al agregar un transformador.

Frecuencias producidas por una cavidad resonante La frecuencia que produce un circuito de bobina y condensador se puede incrementar al disminuir la capacidad de la bobina para almacenar energía magnética y la capacitancia del condensador. Pero a frecuencias superiores a los 400 MHz, las bobinas y los condensadores individuales ya no son útiles.

Las microondas, con frecuencias de entre 0.4 GHz y 100 GHz, se producen con una cavidad resonante, una caja de metal rectangular que actúa como bobina y como condensador. El tamaño de la caja determina la frecuencia de la oscilación. En un horno microondas, el tamaño del horno mismo no influye en la frecuencia de las ondas; solo el tamaño de la cavidad resonante interna afecta a la frecuencia.

Para producir ondas con frecuencias mayores que 100 GHz, una cavidad resonante debería tener el tamaño de una molécula. Las ondas infrarrojas, por ejemplo, se generan por vibraciones de los núcleos en las moléculas. La luz de mayor frecuencia, las ondas ultravioletas y los rayos X son generados por los electrones en los átomos. Las ondas de más alta frecuencia, los rayos gamma, se generan por aceleración de las cargas de los núcleos atómicos.

¿Lo comprendes?

Evaluar ¿Por qué las cavidades resonantes no se usan para producir rayos infrarrojos?

Frecuencias producidas por piezoelectricidad Existen otras maneras de generar diferencias de potencial oscilantes para transmisores. Por ejemplo, los cristales de cuarzo se deforman cuando se les aplica una diferencia de potencial, una propiedad conocida como **piezoelectricidad.** La aplicación de una diferencia de potencial de CA para cortar una sección de cristal de cuarzo produce oscilaciones sostenidas. Así como un trozo de metal vibra a una frecuencia específica cuando se dobla y se suelta, así también lo hace un cristal de cuarzo. Mientras más delgado sea el cristal, mayor será la frecuencia de la vibración.

La propiedad piezoeléctrica de un cristal también genera una *FEM* cuando este se deforma. Esta FEM se produce con la frecuencia de vibración del cristal, por lo que se puede amplificar y devolver al cristal para mantenerlo en vibración. Gracias a sus frecuencias de vibración casi constantes, los cristales de cuarzo se suelen usar para generar ondas electromagnéticas en teléfonos celulares, televisores, teléfonos inalámbricos, enrutadores inalámbricos de WiFi y computadoras.

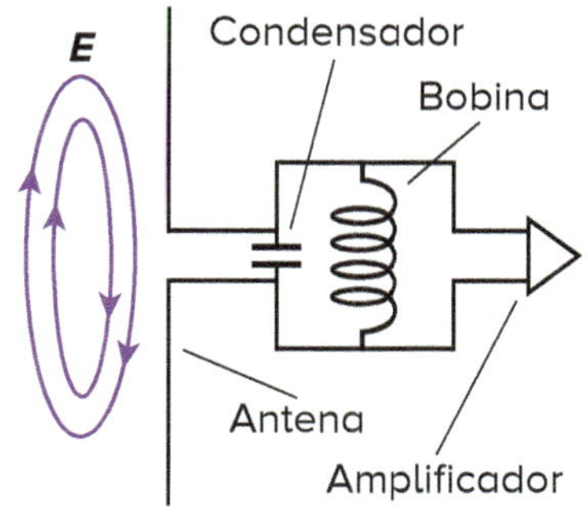

Imagen 29 Los campos eléctricos cambiantes de la señal de una emisora de radio hacen que los electrones de una antena se aceleren. La información que lleva la señal puede entonces decodificarse, amplificarse y utilizarse para hacer sonar un parlante.

Recepción de ondas electromagnéticas

Las antenas propagan ondas electromagnéticas por el espacio. También captan ondas electromagnéticas y convierten sus campos eléctricos oscilantes en diferencias de potencial. Como se muestra en la **Imagen 29**, el campo eléctrico de una onda acelera los electrones en el metal de una antena. La aceleración es máxima cuando la antena se ubica en la misma dirección que la polarización de la onda, es decir, cuando está paralela a la dirección del campo eléctrico de la onda. Una diferencia de potencial entre las terminales de la antena oscila en la frecuencia de la onda.

¿Lo comprendes?

Infiere por qué la dirección en la que apunta una antena afecta a su función.

Antenas alámbricas Cuando la longitud de una antena es la mitad de la onda que está diseñada para detectar, la diferencia de potencial entre sus terminales es máxima y la antena es más eficiente. Por lo tanto, una antena diseñada para recibir ondas de radio es más larga que una diseñada para recibir microondas.

Aunque las antenas cuya medida es media longitud de onda son las más eficientes, se suelen usar antenas que miden un cuarto de longitud de onda cuando la conexión entre la antena y el receptor está en la punta y no en el medio de la antena. Las antenas se pueden acortar al construirlas a partir de una bobina helicoidal o al agregarle materiales dieléctricos, como la cerámica, con un coeficiente dieléctrico mayor que el aire.

Los teléfonos celulares tienen hasta siete antenas. Estos teléfonos suelen comunicarse a frecuencias cercanas a los 850, 1700, 1900 y 2100 MHz. Además, reciben señales de GPS a 1.575 GHz. Envían y reciben señales de WiFi y de auriculares remotos a 2.4 GHz. Las antenas de los teléfonos celulares hechas de bloques de cerámica dieléctricos con conductores impresos miden unos pocos milímetros. Las computadoras portátiles también tienen varias antenas para captar el WiFi y los dispositivos remotos.

Antenas parabólicas Todas las ondas electromagnéticas, no solo las ondas de luz, experimentan reflexión, refracción y difracción. Las antenas parabólicas, como la de la **Imagen 30**, reflejan señales de radio de onda corta, igual que los espejos parabólicos reflejan las ondas de luz. El plato de una antena parabólica refleja y enfoca las señales de su superficie a un foco. El foco, sostenido por una estructura de trípode sobre el plato, contiene una antena dipolar corta. Como un telescopio que muestra solo una parte limitada del cielo, una antena parabólica es sensible solo a las señales que provienen de direcciones específicas.

Conversión de ondas en información Después de que la antena convierte los campos eléctricos de las ondas electromagnéticas en diferencias de potencial, envía diferencias de potencial a un **receptor,** que las convierte en información utilizable: sonido, imágenes o datos. Las ondas de distintas frecuencias impactan una antena e ingresan al receptor simultáneamente. Para elegir solo ondas de una frecuencia en particular, el receptor utiliza un sintonizador con un circuito de bobina y condensador o una cavidad resonante. Cuando se activa el dial de una radio, se elige una emisora ajustando la capacitancia hasta que la frecuencia de oscilación del circuito coincide con la frecuencia de la onda deseada. Luego, solo las ondas de la frecuencia deseada podrán producir diferencias de potencial oscilantes de amplitud significativa en el receptor.

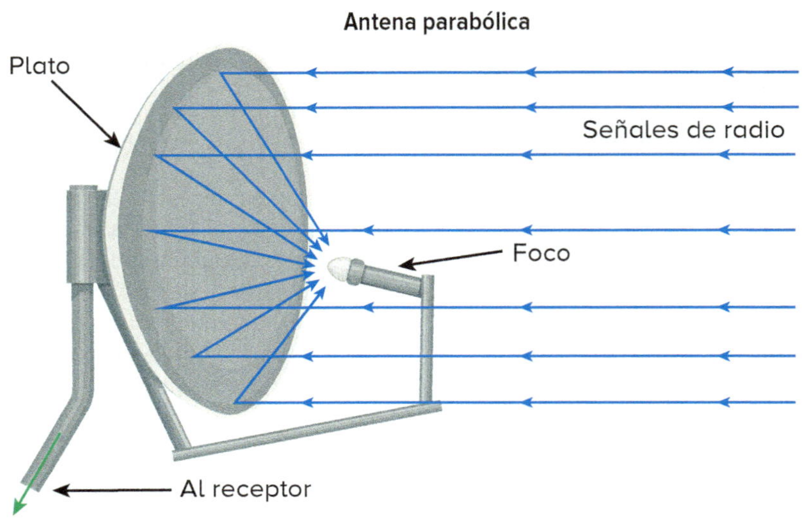

Imagen 30 Una señal recibida se refleja en la superficie de un plato parabólico y se dirige al foco, que contiene la antena. La gran superficie del plato recoge más energía de ondas electromagnéticas que una antena alámbrica, lo que lo hace adecuado para recibir señales de radio débiles.

Señales FM y AM Recuerda que una onda electromagnética puede llevar información solo si se modifica, o modula, alguna propiedad de la onda. La onda portadora de una emisora de radio varía en amplitud (AM, amplitud modulada) o en frecuencia (FM, frecuencia modulada). Las emisoras AM comerciales transmiten en la banda 530–1700 kHz, mientras que las emisoras FM comerciales transmiten entre 88 y 108 MHz. Las señales FM tienen menos ruido porque la mayoría de las fuentes de ruido, como los truenos, generan ondas de amplitud variable que los receptores FM no captan. Muchas emisoras de radio, incluyendo las comerciales, las de emergencia y los comunicadores portátiles, usan otras frecuencias y modulación FM o AM.

Señales digitales La información se puede digitalizar. Una imagen se almacena como los valores de una serie de píxeles. De esta forma, se pueden almacenar confiablemente en la memoria de la computadora y enviar a largas distancias. Los teléfonos celulares, los televisores y las computadoras convierten señales digitales en sonido, imágenes e información. Las señales digitales se pueden enviar y recibir como una serie de pulsos de onda que por lo general se codifican e interpretan con un sistema binario de 1 y 0 que varían en duración, no en amplitud o frecuencia. Las señales digitales pueden enviar más información en la misma cantidad de tiempo que las AM o las FM y se ven menos afectadas por el ruido.

Física en la vida diaria

TELEVISIÓN DIGITAL El 12 de junio de 2009, todas las emisoras de televisión de potencia máxima estadounidenses dejaron de transmitir señales analógicas. Las señales de televisión analógicas, como las señales de radio FM y AM, se transmiten al modular ondas portadoras. Las emisoras de televisión ahora solo transmiten señales digitales, que se codifican en 0 y 1: el código digital que se usa en las computadoras. El ancho de banda de la televisión digital se puede comprimir para proporcionar cuatro, cinco o más canales en la misma frecuencia portadora que usa un solo canal en la televisión analógica.

Verifica tu progreso

46. **Ondas electromagnéticas** Explica cómo se propagan las ondas electromagnéticas por el espacio.
47. **Interacción con la materia** ¿Cómo interactúan las diferentes longitudes de onda con la materia? ¿Cómo afecta esto a la manera en la que usamos e interactuamos con la radiación?
48. **Frecuencia** Una onda electromagnética tiene una longitud de onda de 1.5×10^{-5} m. ¿Cuál es su frecuencia?
49. **Señales de radio** Las antenas de radio suelen tener varillas de metal con orientación horizontal. A partir de esta información, ¿qué puedes deducir sobre las direcciones de los campos eléctricos en las señales de radio?
50. **Señales digitales** ¿Cuáles son las ventajas de almacenar y transmitir sonido, imágenes e información como señales digitales?
51. **Diseño de la antena** Una antena FM diseñada para ser más sensible a las emisoras cercanas a los 88 MHz, ¿sería más corta o más larga que una diseñada para recibir emisoras cercanas a los 108 MHz? Explica tu razonamiento.
52. **Constante dieléctrica** La velocidad de la luz a través de un material desconocido es 1.98×10^{8} m/s. Dado que la velocidad de la luz en el vacío es 3.00×10^{8} m/s, ¿cuál es la constante dieléctrica del material desconocido?
53. **Pensamiento crítico** La mayor parte de la radiación UV del Sol es bloqueada por la capa de ozono. Los científicos descubrieron que la capa de ozono sobre la Antártida y el hemisferio sur se debilitó. Usa lo que aprendiste sobre ondas electromagnéticas para explicar por qué algunos científicos están preocupados por el debilitamiento de la capa de ozono.

Contestar la llamada

Tras una tormenta o un desastre natural, el servicio de telefonía celular suele no estar disponible porque las torres quedan dañadas o destruidas. En el pasado, los residentes podían quedar sin servicio de celular (incluida la conexión a Internet) durante semanas o meses. Sin embargo, el impacto se redujo en los últimos tiempos gracias a nuevas formas de proveer servicios de comunicación.

Los operadores mueven los globos en corrientes de aire que los llevan a la ubicación deseada.

Envío de un globo de prueba

En 2013, una empresa de tecnología lanzó un proyecto para brindar servicio de Internet a más de la mitad de la población mundial que vive en áreas remotas por medio de globos solares. Cuando estén en pleno funcionamiento, los globos llevarán transceptores que captarán señales de Internet de alta velocidad inalámbricas de las estaciones de telecomunicaciones en tierra. Los globos flotarán en la estratósfera por encima de la Tierra y transmitirán las señales entre sí y luego a los teléfonos y a otros dispositivos de los usuarios en tierra.

Después de las enormes inundaciones y aludes durante la primavera de 2017 en Perú, la compañía de tecnología pudo usar sus globos para brindar el servicio de telefonía al país afectado. Como la compañía ya había trabajado con los proveedores inalámbricos locales para evaluar el proyecto, el servicio se restauró rápidamente.

El huracán María ataca

Cuando el huracán María, una tormenta categoría 4, azotó el territorio estadounidense de Puerto Rico en septiembre de 2017, más del 90% de la isla perdió el servicio de telefonía celular. La compañía pronto comenzó a trabajar con los proveedores inalámbricos locales para integrar los globos a sus redes. Los globos reemplazaron a las torres de telefonía destruidas y devolvieron el servicio a los residentes de la isla, quienes pronto pudieron acceder a servicios de voz e información.

Otra compañía también ayudó enviando drones para brindar servicio de telefonía celular a San Juan, la capital de Puerto Rico. Los drones se conectan a tierra por medio de un ancla que les da energía y una conexión de datos segura. También tienen antenas que captan señales satelitales. Desde su posición en el aire, los drones brindan conexión a Internet en una zona terrestre pequeña.

DESARROLLAR UN ARGUMENTO A PARTIR DE EVIDENCIA

Usa fuentes impresas o en línea para investigar la restauración del servicio de telefonía celular con la ayuda de globos o drones. Usa evidencia de tus fuentes y escribe un artículo breve que argumente por qué el globo o el dron es el mejor método.

Más que un espectáculo de luces

El 3 de marzo de 1989 ocurrieron dos sucesos extraños. Primero, las auroras boreales se pudieron ver tan al sur que fueron visibles en el sur de Estados Unidos. Segundo, toda Quebec, una provincia de Canadá, experimentó un apagón. Sorprendentemente, estos dos sucesos estuvieron relacionados.

1. Partículas del Sol El Sol emite un flujo de partículas con carga, llamadas viento solar, que puede interactuar con los campos magnéticos. A veces, el Sol emite una gran cantidad de plasma, llamada eyección de masa coronal (CME).

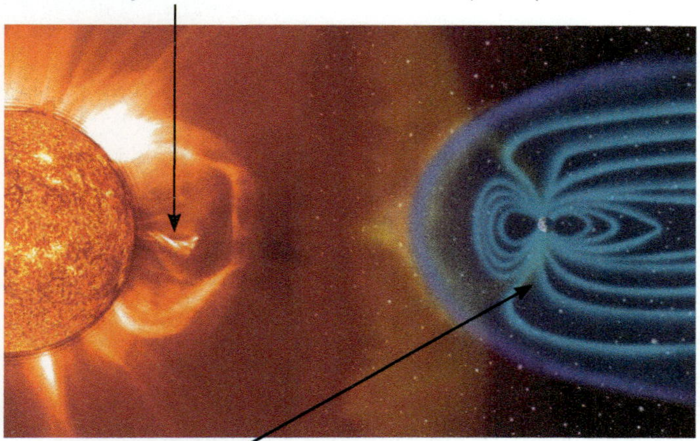

2. La magnetósfera es una región alrededor de la Tierra donde el campo magnético desvía la mayoría de las partículas con carga. Pero parte de la energía ingresa a la magnetósfera y hace que los electrones se aceleren hacia la Tierra. Si una CME alcanza la magnetósfera, su campo magnético interactúa con la Tierra. Esto se denomina *tormenta geomagnética.*

3. La aurora ocurre cuando esos electrones ingresan a la atmósfera de la Tierra y excitan las moléculas de oxígeno y de nitrógeno, que liberan la energía como luz visible. Durante las tormentas geomagnéticas, la aurora es visible desde mucho más lejos de los polos que lo normal.

4. Corrientes inducidas por geomagnetismo En una tormenta geomagnética, el campo magnético cambiante induce una corriente en los conductores cercanos. Ciertas estructuras de metal, como líneas eléctricas, cañerías y rieles, son muy susceptibles. La corriente inducida en las líneas eléctricas puede tener la magnitud suficiente para activar dispositivos de seguridad, como protectores de sobretensión y disyuntores, lo que genera apagones.

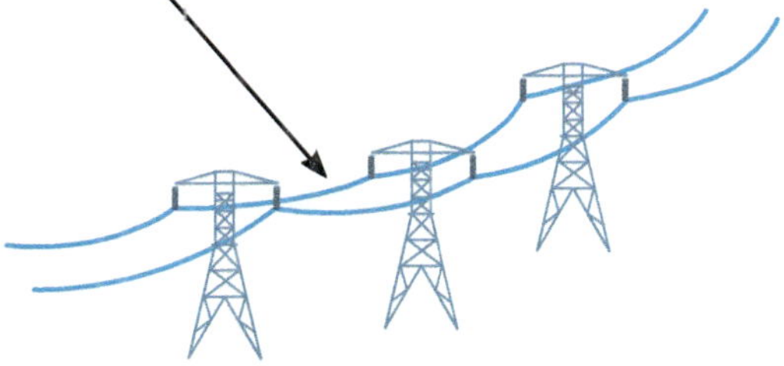

OBTENER Y COMUNICAR INFORMACIÓN

Averigua qué investigación existe hoy en día sobre la aurora, las tormentas geomagnéticas y las corrientes inducidas por geomagnetismo. Resúmelo en un artículo periodístico breve para una revista de ciencias.

MÓDULO 21
GUÍA DE ESTUDIO

CONÉCTATE para estudiar con el Cuaderno de ciencias.

Lección 1 CORRIENTES INDUCTORAS

- Una *FEM* se induce en un alambre cuando el campo magnético en la ubicación del alambre cambia, como cuando el alambre se mueve por el campo magnético.
- La *FEM* inducida en un trozo de alambre que se mueve por un campo magnético uniforme es el producto del campo magnético (B), la longitud del alambre (L) y el componente de la velocidad del alambre que es perpendicular al campo ($v(\sin\theta)$).

$$FEM = BLv(\sin\theta)$$

- Cuando la armadura en un generador se gira por fuerza mecánica, la *FEM* inducida crea una corriente que cambia de sentido cada vez que la armadura gira 180°.
- En un circuito de CA, la corriente eficaz y la diferencia de potencial se relacionan con sus valores máximos de la siguiente manera:

$$I_{ef} = 0.707 I_{máx}$$
$$V_{ef} = 0.707 V_{máx}$$

- inducción electromagnética
- fuerza electromotriz inducida
- generador eléctrico

Lección 2 USOS DE LAS CORRIENTES INDUCTORAS

- La ley de Lenz determina que una corriente creada por una *FEM* inducida está en un sentido que produce un campo magnético opuesto al cambio en el campo magnético que generó la corriente.
- La razón de giros en un transformador afecta a la diferencia de potencial y a la corriente tal como se expresa en la siguiente ecuación:

$$\frac{I_s}{I_p} = \frac{V_p}{V_s} = \frac{N_p}{N_s}$$

- ley de Lenz
- corriente de Eddy
- autoinducción
- transformador
- inducción mutua
- transformador de elevación de voltaje
- transformador de reducción de voltaje

Lección 3 CAMPOS ELÉCTRICOS Y MAGNÉTICOS SOBRE PARTÍCULAS

- La relación carga masa de un electrón o un ion positivo se halla al usar primero campos magnéticos y eléctricos cruzados para determinar la velocidad de la partícula y luego usar un campo magnético para desviar la partícula.
- Un espectrómetro de masas usa campos eléctricos y magnéticos para separar y medir las masas de átomos y moléculas ionizados.

- isótopo
- espectrómetro de masas

Lección 4 CAMPOS ELÉCTRICOS Y MAGNÉTICOS

- Los campos eléctricos y magnéticos que forman las ondas electromagnéticas oscilan en ángulos rectos entre sí y en sentido de la velocidad (v) de la onda.
- La longitud de onda es igual a la velocidad dividida por la frecuencia de la onda. Para una onda electromagnética que se mueve en el vacío, v es igual a la velocidad de la luz (c). Para una onda electromagnética que se mueve en un dieléctrico, v es igual a c dividido por la raíz cuadrada de la constante dieléctrica relativa (k).

- onda electromagnética
- espectro electromagnético
- radiación electromagnética
- transmisor
- antena
- dieléctrico
- onda portadora
- piezoelectricidad
- receptor

PENSAMIENTO TRIDIMENSIONAL

Conclusión del módulo

REPASA EL FENÓMENO

¿Qué ocasiona las auroras boreales?

CER Afirmación, evidencia, razonamiento

Explicar el razonamiento Repasa la afirmación que hiciste cuando hallaste el fenómeno. Resume la evidencia que reuniste en tus investigaciones y completa la tabla de resumen. ¿Respalda la evidencia tu afirmación? Si no lo hace, repasa tu afirmación. Explica por qué la evidencia respalda tu afirmación.

PROYECTO DE LA UNIDAD STEM

Ahora que completaste el módulo, repasa el proyecto de la unidad STEM. Aplicarás la evidencia del módulo y completarás tu proyecto.

PROFUNDIZA

SEP Laboratorio de análisis de datos

¿Puedes evaluar los escenarios de las novelas de ciencia ficción?

Tú y tus amigos leen una colección de libros de ciencia ficción. Luego de leer, comentan si la ciencia presentada en el libro es posible.

a. En una de las novelas, unos seres alienígenas tienen ojos sensibles a las microondas.

b. En la novela de H. G. Wells *El hombre invisible*, un hombre bebe una pócima y se vuelve invisible, aunque retiene todas sus facultades, incluso la capacidad de ver.

c. En una tercera novela, un científico descubre una “anti ley de Lenz” que determina que una corriente inducida produce una fuerza que aumenta el cambio en un campo magnético. Así, cuando se necesita más energía, la fuerza necesaria para hacer rotar un generador se reduce.

CER Analizar e interpretar datos

1. **Afirmación** Responde las siguientes preguntas.
   a. En la primera novela, ¿cómo se compararían en tamaño los ojos de los alienígenas con los de los humanos?
   b. ¿Está Wells en lo correcto al afirmar que el hombre invisible pueda ver?
   c. ¿Es posible la “anti ley de Lenz”?
2. **Evidencia** ¿Qué información o principios científicos apoyan cada una de tus afirmaciones?
3. **Razonamiento** Explica tu razonamiento para cada una de las afirmaciones que hiciste.

Ken Phung/Shutterstock

NASA/JPL-Caltech/STScI/CXC/UofA/ESA/AURA/JHU

UNIDAD 6

FÍSICA DE PARTÍCULAS

ENCUENTRA EL FENÓMENO

¿De qué está hecho el universo?

SEP Hacer preguntas

¿Qué preguntas tienes acerca del fenómeno? Escribe tus preguntas en notas adhesivas y pégalas en el pizarrón de preguntas clave de esta unidad.

Buscar evidencia

Mientras avanzas en la unidad, responde la pregunta del fenómeno y tus propias preguntas con la información suministrada y tu experiencia. Para cada actividad, registra tus observaciones en una tabla de resumen, incluye una explicación e identifica cómo se relacionan con las preguntas del fenómeno de la unidad y del módulo.

Resolver un problema

PROYECTO DE LA UNIDAD STEM

La historia de todo No hubo personas que observaran el origen del universo o la formación de la Tierra, pero los científicos utilizan la evidencia para comprender qué sucedió. Investiga la evidencia que encontraron los científicos acerca del origen del universo y la formación de la Tierra. Con los resultados de estas investigaciones y los conocimientos que adquiriste en esta unidad, explica la evidencia de la interpretación actual de la historia del universo y la Tierra.

CONÉCTATE Además de leer la información en el Libro del estudiante, puedes hallar el Proyecto de la unidad STEM y otros recursos útiles en línea.

Franz Himpsel/Univ. of Wisconsin/Science Source

MÓDULO 22
TEORÍA CUÁNTICA Y ÁTOMOS

ENCUENTRA EL FENÓMENO

¿Cómo podría ser útil la manipulación de átomos en la informática del futuro?

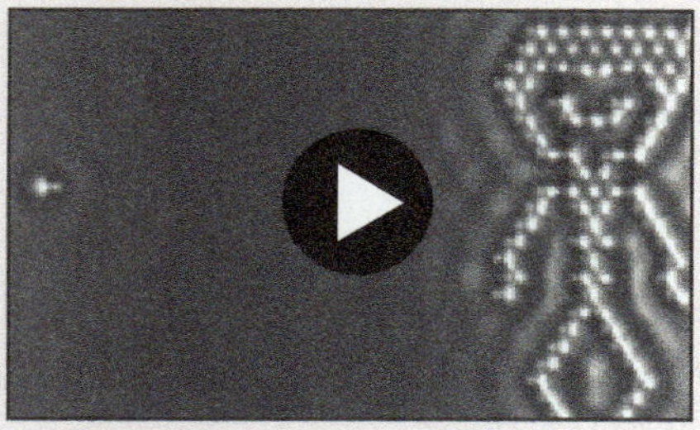

CONÉCTATE para ver un video acerca de la manipulación atómica y su función en la informática.

SEP Hacer preguntas

¿Tienes más preguntas acerca del fenómeno? Si es así, agrégalas al pizarrón de preguntas clave.

CER Afirmación, evidencia, razonamiento

Hacer una afirmación Usa la tabla CER para hacer una afirmación acerca de cómo la manipulación de átomos individuales podría ser útil en la informática del futuro. Explica tu razonamiento.

Reunir evidencia Usa las lecciones del módulo para reunir evidencia que respalde tu afirmación. Registra la evidencia mientras trabajas en el módulo.

Explicar el razonamiento Repasarás tu afirmación y explicarás tu razonamiento al final del módulo.

CONÉCTATE para acceder a la tabla CER y explorar los recursos que te ayudarán a reunir evidencia.

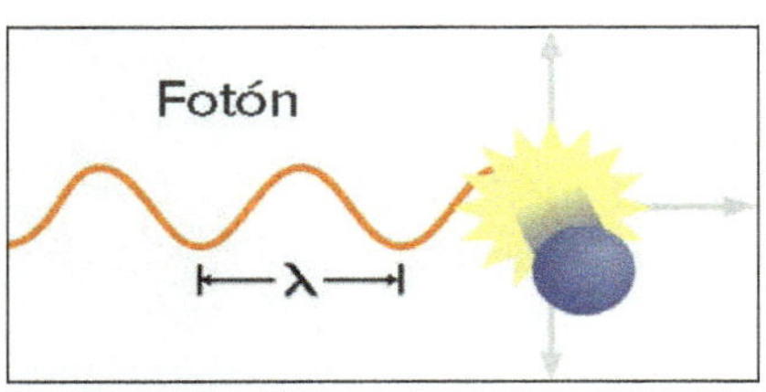

LECCIÓN 2: Explorar y explicar: Principio de incertidumbre de Heisenberg

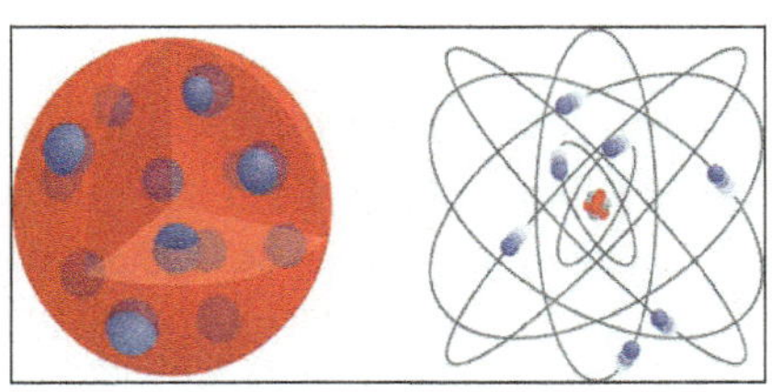

LECCIÓN 3: Explorar y explicar: El modelo nuclear

Smithsonian

Recursos adicionales

Video Supplied by BBC Worldwide Learning

LECCIÓN 1
MODELO DE PARTÍCULAS DE ONDAS

PREGUNTA DE ENFOQUE

¿Puede la luz comportarse como una partícula?

Un nuevo modelo basado en paquetes de energía

La teoría de ondas electromagnéticas de James Maxwell, mediante la cual se puede representar la radiación electromagnética como una onda de campos eléctricos y magnéticos cambiantes, es útil para explicar muchas características de la radiación electromagnética, incluidas la interferencia, la difracción y la polarización. Pero no pudo explicar otras, como el espectro de las ondas electromagnéticas que emiten todos los objetos y la emisión de electrones por parte de los metales expuestos a la radiación ultravioleta.

Radiación electromagnética de los objetos La bombilla que se muestra en la **Imagen 1** está conectada a un regulador de luz que varía la diferencia potencial de la bombilla. A medida que aumenta la diferencia potencial, aumenta la temperatura del filamento incandescente de la bombilla. Como resultado, el color cambia de rojo profundo a anaranjado, amarillo y, por último, blanco cuando el filamento más caliente emite los colores azul y violeta de mayor frecuencia.

Temperatura más baja — Temperatura más alta

Imagen 1 El color de la incandescencia de la bombilla depende de la temperatura del filamento.

PENSAMIENTO 3D **DCI** Ideas centrales disciplinarias **CCC** Conceptos interdisciplinarios **SEP** Prácticas de ciencia e ingeniería

REUNIR EVIDENCIA

Usa el Cuaderno de ciencias para registrar la evidencia que reúnas mientras completas las lecturas y las actividades de la lección.

INVESTIGAR

CONÉCTATE para hallar estas actividades y más recursos.

Poner en práctica: ¿Es la luz una onda o una partícula?
HS-PS4-3. Evalúa las evidencias de la afirmación y el razonamiento detrás de la idea de que la radiación electromagnética se puede describir mediante un modelo de onda o un modelo de partícula, y de que para algunas situaciones un modelo es más útil que el otro.

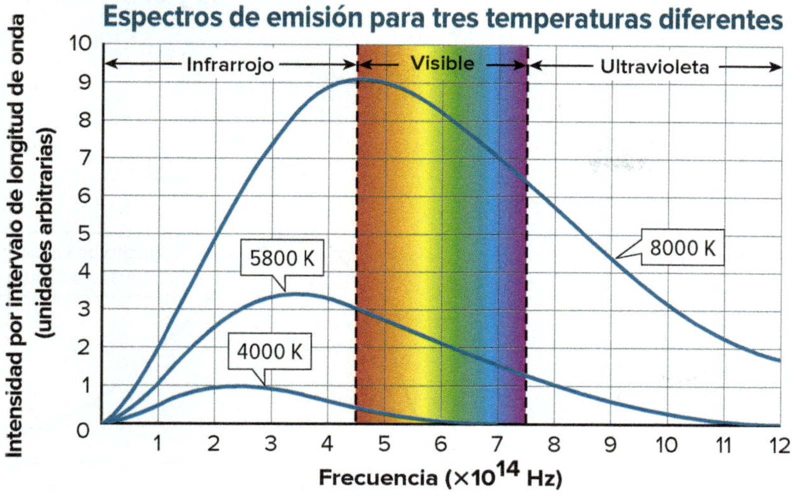

Imagen 2 La frecuencia a la que el espectro de emisión de un objeto alcanza su punto máximo depende de la temperatura de ese objeto. A medida que aumenta la temperatura del objeto, también lo hace la frecuencia máxima.

Como lo predijo la teoría de ondas electromagnéticas, las partículas cargadas que vibran dentro de cada filamento de la bombilla emiten luz y radiación infrarroja. Si bien todos los objetos, desde los más fríos a los extremadamente calientes, emiten una serie de ondas electromagnéticas, el filamento brilla con intensidad en el campo de luz visible porque está caliente. (Esto se denomina incandescencia; de ahí, el nombre bombilla incandescente.) Los colores que ves dependen de las intensidades relativas de las ondas electromagnéticas emitidas de diversas frecuencias y la sensibilidad de tus ojos a esas ondas.

Espectros de emisión Si observas el filamento incandescente a través de una red de difracción, verás todos los colores del arcoíris. La **Imagen 2** muestra los colores visibles que corresponden a las frecuencias cercanas a 6×10^{14} Hz. La bombilla también emite otra radiación, que no se ve. Una gráfica de la intensidad de la radiación que emite un objeto a un rango de frecuencias se denomina **espectro de emisión.** La **Imagen 2** muestra los espectros de emisión de objetos a temperaturas de 4000 K, 5800 K y 8000 K. En cada una hay una frecuencia a la que se emite la cantidad máxima de energía. Si comparas las curvas, verás que a medida que aumenta la temperatura, la frecuencia a la que se emite la cantidad máxima de energía también aumenta.

¿Lo comprendes?

Explica los cambios observados en el espectro de la bombilla incandescente al comienzo del módulo cuando se encendió el control regulador de luz.

Conexión ASTRONOMÍA La energía total que emite un objeto también aumenta con la temperatura. La potencia (energía emitida por segundo) de una onda electromagnética es proporcional a la temperatura kelvin del objeto caliente elevada a la cuarta potencia (T4). Por lo tanto, los objetos más calientes irradian una energía considerablemente mayor por segundo que los objetos más fríos. El Sol es un ejemplo de objeto caliente que irradia una gran cantidad de energía. La temperatura de la superficie del Sol es de unos 5800 K, e irradia 4×1026 W de potencia. En promedio, cada metro cuadrado de la superficie terrestre recibe unos 1000 J de energía por segundo (1000 W) del Sol. Esta es suficiente para abastecer diez bombillas de 100 W.

¿Lo comprendes?

Explica cómo cambia la potencia que emite un objeto si se duplica su temperatura kelvin.

Explicación de los espectros de emisión

Entre 1887 y 1900, muchos físicos aplicaron la teoría de ondas electromagnéticas para intentar predecir los espectros de emisión pero no lo lograron. En la **Imagen 3** se muestra la diferencia entre el espectro previsto y el espectro observado. En 1900, el físico alemán Max Planck descubrió que podía calcular el espectro correcto si un átomo solo emitía o absorbía cantidades determinadas de energía. Planck formuló la hipótesis de que los cambios de energía de un átomo en un sólido eran proporcionales a una frecuencia de vibración por un número entero.

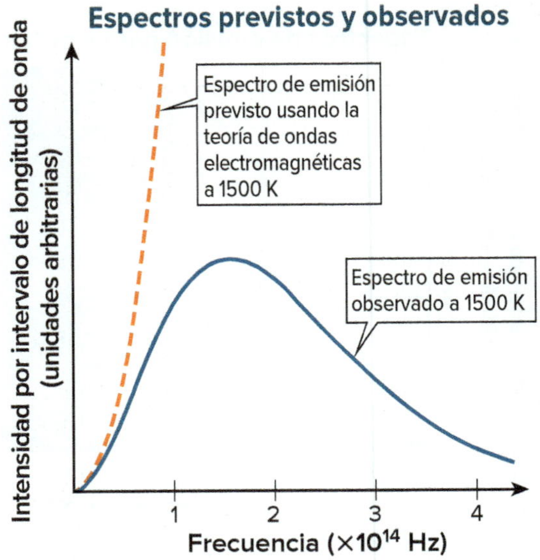

Imagen 3 La línea punteada roja muestra el espectro de emisión previsto utilizando la teoría de ondas electromagnéticas. La teoría predice que cualquier objeto irradiará una cantidad infinita de energía. Esto no concuerda con el espectro de emisión observado, que se muestra en azul.

Identifica *la región de la gráfica donde la teoría de ondas electromagnéticas es un buen modelo para el espectro de emisión observado.*

Energía de la vibración

La energía emita o absorbida por un átomo vibratorio es igual al producto de un número entero, la constante de Planck y la frecuencia de vibración.

$$E = n\text{h}f$$

En la ecuación, f es la frecuencia de vibración del átomo, h es una constante denominada constante de Planck, que tiene un valor de 6.626×10^{-34} J/Hz, y n es un número entero como 0, 1, 2, 3 . . .

$$n = 0: E = (0)\text{h}f = 0$$

$$n = 1: E = (1)\text{h}f = \text{h}f$$

$$n = 2: E = (2)\text{h}f = 2\text{h}f$$

La energía de la radiación (E) puede tener valores de hf, 2hf, 3hf, y así sucesivamente, pero nunca puede tener valores fraccionarios como $\frac{2}{3}$ hf o $\frac{3}{4}$ hf. Es decir, la energía está **cuantizada**: existe solo en paquetes de cantidades específicas.

Para los cálculos, la constante h se suele redondear a 6.63×10^{-34} J/Hz.

Cambios en las vibraciones

La teoría de ondas electromagnéticas permitiría que los átomos emitieran radiación constante en todo momento. En cambio, Planck propuso que los átomos emiten radiación solo en determinados momentos cuando cambia su energía vibracional. Por ejemplo, si la energía de un átomo cambia de 3hf a 2hf, según la teoría de ondas, el átomo emite radiación solo mientras cambia la energía. La energía radiada es igual al cambio de energía del átomo, en este caso hf. Del mismo modo, si el átomo absorbiera la energía hf, su energía podría cambiar de 2hf a 3hf.

Planck descubrió que, debido a que la constante h tiene un valor extremadamente pequeño, los pasos de cambio de energía son muy pequeños. No los notarías en los movimientos cotidianos de los objetos. Planck sugería que la física clásica de Newton y Maxwell podría aplicarse solo bajo ciertas condiciones. La idea que preocupaba a Planck fue el primer paso hacia el desarrollo de las celdas de energía solar, la electrónica moderna y las computadoras.

CCC CONCEPTOS INTERDISCIPLINARIOS

Sistemas y modelos de sistemas El modelo de ondas es útil para explicar muchas características de la radiación electromagnética, y el modelo de partículas explica otras características. Crea un cartel de dos caras. De un lado, identifica y explica una característica mediante el modelo de ondas; y del otro, identifica y explica una característica con el modelo de partículas.

El efecto fotoeléctrico

Los físicos de principios del siglo XX se enfrentaron a otro resultado experimental que no se pudo explicar con la teoría de ondas electromagnéticas. Cuando la luz ultravioleta brilla sobre una placa de zinc con carga negativa, la placa produce una descarga eléctrica: una serie de electrones que saltan de la placa. Incluso una luz ultravioleta de baja intensidad produce este efecto. Cuando la luz visible brilla sobre la misma placa cargada, la placa no produce descarga. Esto se aplica incluso cuando la luz visible tiene una alta intensidad. Este resultado se opone a la teoría de ondas electromagnéticas, la cual predice que, al recibir cualquier frecuencia de radiación electromagnética, la placa emitirá electrones. La radiación ultravioleta de mayor frecuencia y la luz visible de menor frecuencia son formas de radiación electromagnética; entonces, ¿por qué una provoca la descarga de la placa de zinc y la otra, no? La emisión de electrones cuando la radiación electromagnética cae sobre un objeto se denomina **efecto fotoeléctrico.**

La fotocélula El efecto fotoeléctrico se puede estudiar en una fotocélula, que se muestra en la **Imagen 4.** La célula contiene dos electrodos de metal sellados en un tubo al que se le quitó el aire. El tubo vacío evita que las superficies de metal se oxiden y que las partículas de gas ralenticen o detengan los electrones emitidos. El electrodo más grande, llamado cátodo, normalmente está recubierto de cesio u otro metal alcalino. El electrodo más pequeño, llamado ánodo, está hecho de un alambre delgado para bloquear solo una cantidad pequeña de la radiación. El tubo permite el paso de la luz ultravioleta. Una diferencia de potencial entre los electrodos atrae a los electrones expulsados del cátodo al ánodo.

Los materiales fotovoltaicos emiten electrones cuando absorben luz de una frecuencia lo suficientemente alta. Cuando no recae luz sobre el cátodo, que es el electrodo negativo, no hay corriente en el circuito. Sin embargo, cuando recae luz con determinadas frecuencias sobre el cátodo, se produce una corriente que se mide en amperímetros, como se muestra en la **Imagen 4.** Los electrones en el cátodo absorben la energía de la luz. Se escapan de la energía potencial que los contiene en el cátodo y viajan al ánodo, que es el electrodo positivo. Este flujo de fotoelectrones forma la corriente.

Imagen 4 Las cargas fluyen en una fotocélula solo si la radiación que alcanza el cátodo tiene energía suficiente.

Compara *la longitud de onda de la radiación ultravioleta con la de la luz visible. ¿Qué indica la comparación sobre las energías relativas de los dos tipos de radiación?*

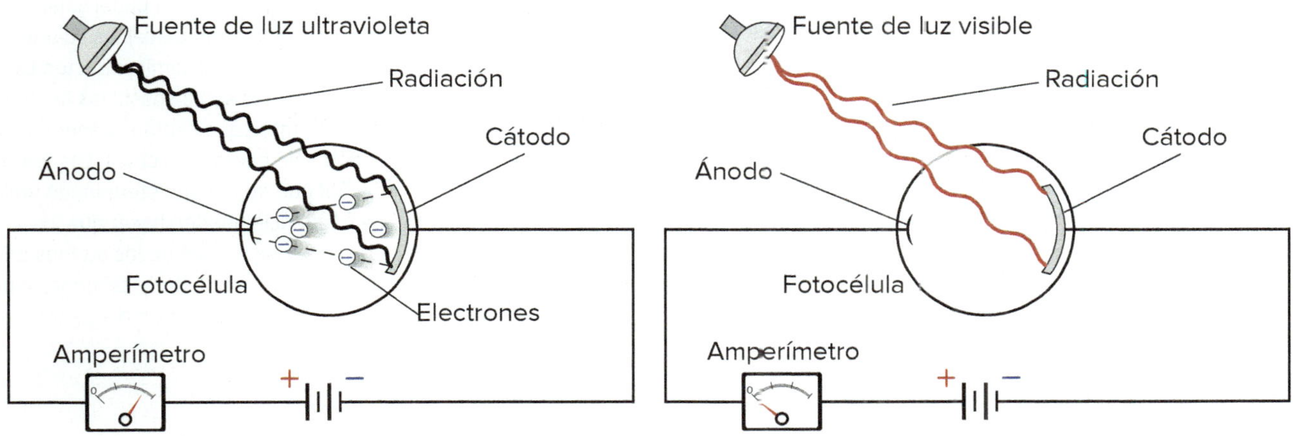

El efecto fotoeléctrico se demuestra mediante la fotocélula iluminada por la luz ultravioleta.

La misma fotocélula, iluminada por la luz visible, no muestra el efecto fotoeléctrico.

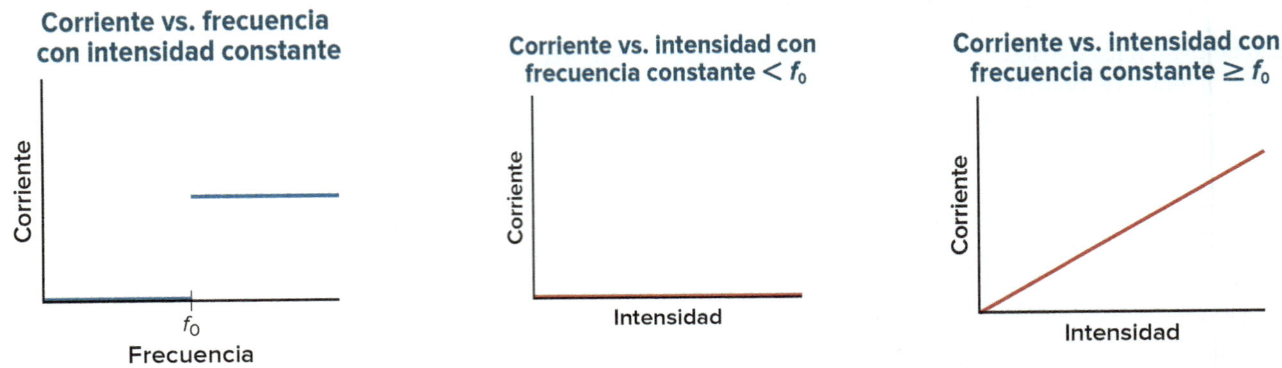

Imagen 5 La emisión de fotoelectrones depende de la frecuencia de la luz incidente. Se debe exceder el umbral de frecuencia a fin de producir fotoelectrones.

Umbral de frecuencia

No toda la radiación que recae sobre una fotocélula provoca una corriente. Los electrones se expulsan del cátodo solo si la frecuencia de la radiación incidente es mayor que un determinado valor mínimo, llamado **umbral de frecuencia** (f_0). La gráfica de la izquierda en la **Imagen 5** muestra que hay una corriente solo cuando se alcanza la frecuencia umbral. El valor del umbral varía ampliamente y depende del tipo de metal que se utiliza para el cátodo. Por ejemplo, todas las frecuencias de luz visible salvo el rojo de baja frecuencia expulsan electrones del cesio. Ninguna frecuencia de luz visible expulsa electrones del zinc. La radiación ultravioleta de mayor frecuencia expulsa los electrones del zinc.

La gráfica del centro en la **Imagen 5** muestra que incluso una radiación intensa con una frecuencia por debajo de f_0 no provocará la emisión de electrones. En cambio, la gráfica de la derecha muestra que incluso una radiación de muy baja intensidad con una frecuencia igual a o superior a f_0 provoca la emisión inmediata de electrones del cátodo. Cuando la radiación que ingresa, también denominada radiación incidente, tiene una frecuencia igual o superior al umbralde frecuencia, el aumento de la intensidad de la radiación aumenta la corriente a través de la fotocélula.

La teoría de ondas electromagnéticas diría que el campo eléctrico en la onda de luz acelera y expulsa a los electrones del metal. La fuerza y la energía del campo eléctrico se relacionan con la intensidad de la luz (no con su frecuencia). De este modo, de ello se infiere que los electrones en el metal podrían absorber energía de una fuente de luz de baja intensidad y baja frecuencia por un periodo largo y finalmente obtener la energía suficiente para ser expulsados. Sin embargo, como leíste, esto no es así. Las observaciones demuestran que los electrones se expulsan de inmediato cuando incluso una radiación de baja intensidad o superior al umbral de frecuencia brilla sobre el metal.

Fotones y energía cuantizada

En 1905, Albert Einstein publicó una teoría revolucionaria que explicaba el efecto fotoeléctrico. Según Einstein, la luz visible y otras formas de radiación electromagnética constan de paquetes discretos y cuantificados de energía, cada uno de los cuales se llamó luego **fotón.** La energía de un fotón depende de su frecuencia.

Energía de un fotón

La energía de un fotón es igual al producto de la constante de Planck y la frecuencia del fotón.

$$E = hf$$

Física en el mundo real

PANELES SOLARES Un panel solar consiste en una red de celdas solares hechas de material semiconductor. Las células solares son dispositivos hechos por el hombre que captan la energía solar y producen energía eléctrica. Los fotones del Sol que tienen un determinado umbral de frecuencia pueden hacer que los electrones se liberen de los átomos del material semiconductor y así generar una corriente eléctrica dentro del panel solar.

krasnoyarsk/123RF

Electronvoltios En la ecuación para la energía de un fotón, *f* es la frecuencia, que tiene unidades de hertz (Hz), y h es la constante de Planck, que tiene unidades de julios por hertz (J/Hz). Recuerda que la unidad Hz se define como $\frac{1}{s}$ o s^{-1}. Por lo tanto, la unidad $\frac{J}{Hz}$ de la constante de Planck también es equivalente a J•s.

¿Lo comprendes?

Demuestra de qué manera la unidad $\frac{J}{Hz}$ es equivalente a J•s.

Dado que el julio es una unidad de energía demasiado grande para los sistemas del tamaño de un átomo, se suele usar la unidad de energía más conveniente del electronvoltio (eV). Un electronvoltio es la energía de un electrón al atravesar una diferencia de potencial de 1 V.

$$1 \text{ eV} = (1.602\times10^{-19} \text{ C})(1 \text{ V})$$
$$= 1.602\times10^{-19} \text{ C}\cdot\text{V}$$
$$= 1.602\times10^{-19} \text{ J}$$

Con la definición de un electronvoltio se puede volver a escribir la ecuación de la energía del fotón de forma simplificada, como se muestra a continuación.

Energía de un fotón

La energía de un fotón es igual a la constante de 1240 eV•nm dividida por la longitud de onda del fotón.

$$E = \frac{hc}{\lambda} = \frac{1240 \text{ eV}\cdot\text{nm}}{\lambda}$$

ESTRATEGIAS PARA RESOLVER PROBLEMAS

Unidades de hc y energía del fotón

La conversión de la cantidad hc a la unidad eV•nm da lugar a una ecuación simplificada que sirve para resolver problemas sobre la longitud de onda de un fotón.

1. La energía de un fotón de frecuencia *f* se obtiene mediante esta ecuación:
$$E = hf$$
2. Recuerda que $f = \frac{c}{\lambda}$, donde c es la velocidad de la luz en el vacío. Por lo tanto, la ecuación de arriba se puede escribir como
$$E = \frac{hc}{\lambda}$$
3. Cuando se utiliza la ecuación $E = \frac{hc}{\lambda}$, si el valor de hc en eV•nm se divide por λ en nm, se obtendrá la energía en eV. De este modo, es útil conocer el valor de hc en eV•nm. Dado que h y c son constantes, el valor de hc también lo es.
4. La conversión de hc a la unidad eV•nm es la siguiente:
$$hc = (6.626\times10^{-34} \text{ J/Hz})\ (2.998\times10^{8} \text{ m/s}) \left(\frac{1 \text{ eV}}{1.602\times10^{-19} \text{ J}}\right)\left(\frac{10^{9} \text{ nm}}{1 \text{ m}}\right)$$
$$= 1240 \text{ eV}\cdot\text{nm}$$
5. La sustitución de hc = 1240 eV•nm en la ecuación de la energía de un fotón da como resultado lo siguiente, donde λ está en nm y *E* está en eV:
$$E = \frac{hc}{\lambda} = \frac{1240 \text{ eV}\cdot\text{nm}}{\lambda}$$
6. Con la ecuación anterior, resuelve los problemas de energía del fotón cuando se desea la energía en eV.

PRÁCTICA Problemas

PRÁCTICA ADICIONAL

Utiliza E = 1240 eV•nm/λ para resolver los siguientes problemas.

1. ¿Cuál es la energía de un fotón si su longitud de onda es de 515 nm?
2. La energía de un fotón es 2.03 eV. ¿Cuál es la longitud de onda del fotón?
3. Clasifica los siguientes fotones de menor a mayor energía.
   - **a.** 4.0 eV
   - **b.** 320 nm
   - **c.** 811 nm
   - **d.** 2.1 eV
4. **DESAFÍO** En el diagrama de la **Imagen 6** se muestra el espectro de luz visible. ¿Cuál es el rango de energías asociadas con los fotones en el espectro de luz visible?

Imagen 6

Planck y Einstein

Es importante destacar que la teoría de fotones de Einstein va más allá de la hipótesis de radiación de los objetos calientes de Planck. Si bien Planck propuso que los átomos que vibran a una frecuencia f emiten radiación electromagnética con una energía que es igual a $n\mathrm{h}f$, no sugirió que la luz y otras formas de radiación electromagnética actúan como partículas. La teoría de fotones de Einstein volvió a interpretar y amplió la hipótesis de la radiación que emiten los objetos formulada por Planck.

La teoría de fotones de Einstein explica la existencia de un umbral de frecuencia y la emisión inmediata de electrones durante el efecto fotoeléctrico. Un fotón con una frecuencia y energía mínimas ($\mathrm{h}f_0$) puede expulsar un electrón del metal. Si la frecuencia del fotón es menor que f_0, el fotón no tendrá la energía necesaria para expulsar el electrón del metal. Dado que un fotón interactúa con un electrón, este no puede almacenar energía de los fotones de baja frecuencia hasta que reúna energía suficiente para liberarse. Por otra parte, la radiación con una frecuencia mayor que f_0 brinda más que la energía suficiente para expulsar un electrón. De hecho, el exceso de energía $\mathrm{h}f - \mathrm{h}f_0$, se convierte en energía cinética del electrón expulsado.

Energía cinética de un electrón expulsado debido al efecto fotoeléctrico

La energía cinética de un electrón expulsado es igual a la diferencia entre la energía del fotón incidente ($\mathrm{h}f$) y la energía de un fotón con el umbral de frecuencia ($\mathrm{h}f_0$).

$$EC = \mathrm{h}f - \mathrm{h}f_0$$

Observa que $\mathrm{h}f_0$ es la energía mínima necesaria para liberar el electrón unido más débilmente en un átomo. No todos los electrones en un metal tienen la misma energía; algunos necesitarán más que la energía mínima para escapar. Como resultado, los electrones expulsados tienen energías cinéticas diferentes. Por lo tanto, es importante saber que la frase "la energía cinética de los electrones expulsados" hace referencia a la energía cinética máxima que puede tener un electrón expulsado. Algunos de ellos tendrán menos.

¿Lo comprendes?

Explica cómo un electrón emitido por el efecto fotoeléctrico puede tener una energía cinética inferior al umbral.

Comprobación de la teoría del fotón Una manera de comprobar la teoría del fotón es medir la energía cinética de los electrones y comparar los resultados con el valor previsto por la teoría. El dispositivo de la **Imagen 7** mide de forma indirecta la energía cinética de los electrones. En el dispositivo, la diferencia de potencial a través del tubo se puede regular. Cuando se regula para que el ánodo sea negativo, los electrones expulsados experimentan una fuerza que se opone a su movimiento debido al campo eléctrico entre el cátodo y el ánodo. Como resultado, la energía cinética de los electrones disminuye a medida que se acercan al ánodo. Solo los electrones expulsados con energía cinética suficiente alcanzan el ánodo.

El aumento de la diferencia de potencial contraria hace que el ánodo sea más negativo, lo que implica que la energía cinética del electrón debe ser mayor para alcanzar el ánodo. A una diferencia de potencial determinada, llamada potencial de frenado, la corriente se detiene porque ningún electrón expulsado del cátodo tiene energía cinética suficiente para alcanzar el ánodo.

En el potencial de frenado, la energía cinética de los electrones en el cátodo es igual al trabajo realizado por el campo eléctrico para detenerlos. En forma de ecuación, esto es

$$EC = -\mathrm{e}\Delta V_0$$

En esta ecuación, ΔV_0 es la magnitud de la diferencia de potencial de frenado en voltios (J/C), y e es la carga del electrón (-1.602×10^{-19} C). Observa que el signo negativo en la ecuación junto con el valor negativo de e arrojan un valor positivo para *EC*. Los cálculos de la energía cinética de los electrones basados en este experimento respaldan la teoría del fotón de Einstein.

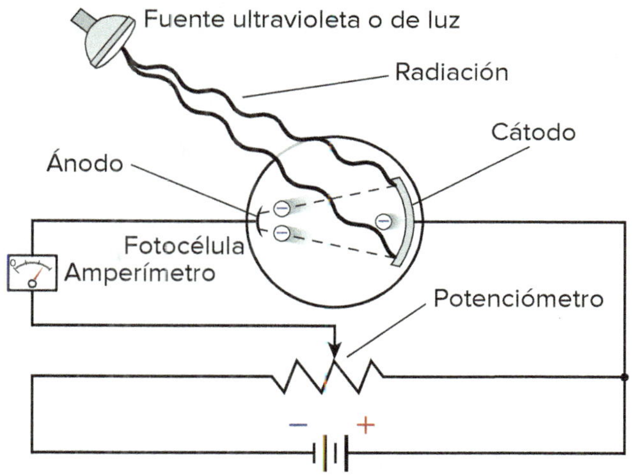

Imagen 7 El potenciómetro controla la diferencia de potencial dentro de la fotocélula. Con un ajuste cuidadoso del potenciómetro, se puede determinar el potencial que resulta en una corriente cero. En el umbral de corriente cero, ningún electrón alcanza el ánodo. En cambio, regresan al cátodo debido a la fuerza que ejerce el campo eléctrico entre el cátodo y el ánodo.

Aplicación del efecto fotoeléctrico Si alguna vez usaste una cámara digital, utilizaste un dispositivo que aprovecha el efecto fotoeléctrico. La cámara digital de la **Imagen 8** utiliza una red de sensores fotoeléctricos diminutos: varios millones de ellos comprimidos en unos pocos centímetros cuadrados.

En un diseño típico, la luz ingresa a la cámara a través de la lente y pasa por una red de filtros ubicados sobre sensores fotoeléctricos. Los filtros permiten que ingresen a un sensor individual solo ciertas longitudes de onda de luz, que corresponden a colores específicos. Los fotones que chocan contra un sensor se convierten en fotoelectrones que se almacenan en el sensor. La cantidad de carga almacenada en la ubicación del sensor indica el brillo de la luz. La información de toda la red de sensores se compila luego para reproducir la imagen. Dado que los fotoelectrones generan un voltaje dentro de los sensores, el proceso es una variación del efecto fotoeléctrico conocido como el efecto fotovoltaico.

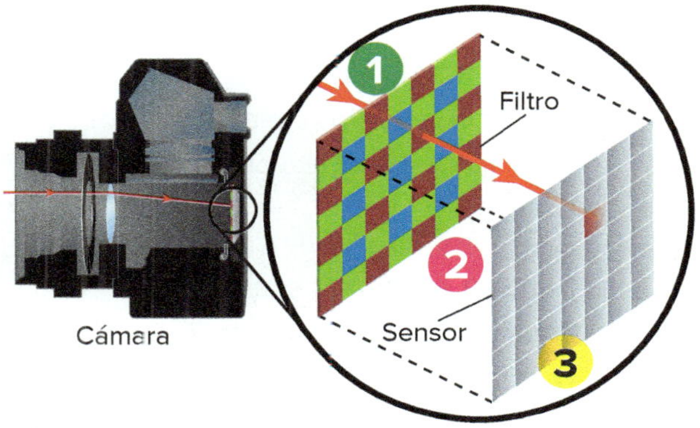

1 La red de filtro limita las longitudes de onda de luz que llegan al sensor. Hay más filtros verdes en la red porque el ojo humano es más sensible a estas longitudes de onda.

2 Los fotones que atraviesan el filtro chocan contra el sensor fotoeléctrico. Esto genera una carga que se almacena en el sensor.

3 La información de todos los sensores se compila en el circuito incorporado de la cámara. Los datos de sensores adyacentes ayudan a que la computadora determine el mejor color para cada pixel en la imagen.

Imagen 8 Un sensor de imagen de cámara digital depende del efecto fotoeléctrico para generar un voltaje. La imagen se digitaliza y se almacena como los valores de un conjunto de pixeles.

EJEMPLO Problema 1

ENERGÍA CINÉTICA DE LOS FOTOELECTRONES El potencial de frenado de una determinada fotocélula es 4.0 V. ¿Cuánta energía cinética proporciona la luz incidente a los electrones? Escribe tu respuesta tanto en julios como en electronvoltios.

1 ANALIZAR Y PLANTEAR EL PROBLEMA

Dibuja el cátodo y el ánodo, la radiación incidente y la dirección del electrón expulsado. Observa que el potencial de frenado evita que los electrones fluyan por la fotocélula.

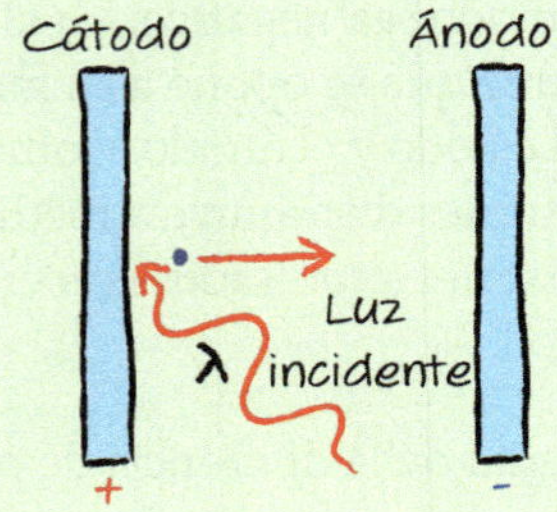

Datos conocidos

$\Delta V = 4.0$ V

$e = -1.602\times10^{-19}$ C

Incógnita

EC (en J y eV) = ?

2 HALLAR LA INCÓGNITA

El campo eléctrico realiza un trabajo sobre los electrones, de modo que la energía cinética final de un electrón es igual a la energía cinética inicial más el trabajo realizado sobre el electrón.

$$EC_{\text{inicial}} + T_{\text{campo eléctrico sobre el electrón}} = EC_{\text{final}}$$

$$EC_{\text{inicial}} + T_{\text{campo eléctrico sobre el electrón}} = 0 \text{ J}$$

La diferencia de potencial aplicada es el potencial de frenado, de modo que $EC_{\text{final}} = 0$ J.

Halla EC_{inicial}.

$$EC_{\text{inicial}} = -T_{\text{campo eléctrico sobre el electrón}}$$

$$= -e\Delta V_0$$

Usa la definición de diferencia de potencial $\left(\Delta V = \frac{T_{\text{en e}}}{e}\right)$ para hallar $T_{\text{en e}} = e\Delta V$.

$$= -(-1.602\times10^{-19} \text{ C})(4.0 \text{ V})$$

Sustituye $e = -1.602\times10^{-19}$ C, $\Delta V_0 = 4.0$ V.

$$= +6.4\times10^{-19} \text{ J}$$

Convierte EC de julios a electronvoltios.

$$EC = (6.4\times10^{-19} \text{ J})\frac{1\text{eV}}{1.602\times10^{-19} \text{ J}}$$

$$= 4.0 \text{ eV}$$

3 EVALUAR LA RESPUESTA

- **¿Son correctas las unidades?** Tanto los julios como los electronvoltios son unidades de energía.
- **¿Tiene sentido el signo?** La energía cinética siempre es positiva.
- **¿Es realista la magnitud?** Un electronvoltio es la energía de un electrón al atravesar una diferencia de potencial de 1 V. El electrón se acelera mediante una diferencia de potencial de 4 V, de modo que 4 eV es razonable.

PRÁCTICA Problemas

PRÁCTICA ADICIONAL

5. Un electrón tiene una energía de 2.3 eV. ¿Cuál es la energía cinética del electrón en julios?

6. ¿Cuál es la velocidad del electrón en el problema anterior?

7. ¿Cuál es la energía cinética en eV de un electrón con una velocidad de 6.2×10^6 m/s?

8. El potencial de frenado de una célula fotoeléctrica es 5.7 V. Calcula la energía cinética máxima de los fotoelectrones emitidos en eV.

9. El potencial de frenado de una célula fotoeléctrica es 5.1 V. ¿Cuánta energía cinética proporciona la luz incidente a los electrones en julios?

10. La energía cinética máxima de los fotoelectrones emitidos en una célula fotoeléctrica es 7.5×10^{-19} J. ¿Cuál es el potencial de frenado?

11. DESAFÍO El potencial de frenado necesario para evitar el paso de corriente por una fotocélula es 3.2 V. Calcula la energía cinética máxima en julios de los fotoelectrones cuando se emiten.

Tabla 1 **Umbral de frecuencia, umbral de longitud de onda y función de trabajo de metales seleccionados**

Metal	Umbral de frecuencia ($\times 10^{14}$ Hz)	Umbral de longitud de onda (nm)	Función de trabajo (eV)
Cesio	4.70	637	1.95
Magnesio	8.84	339	3.66
Plata	11.1	270	4.6
Sodio	5.70	526	2.36

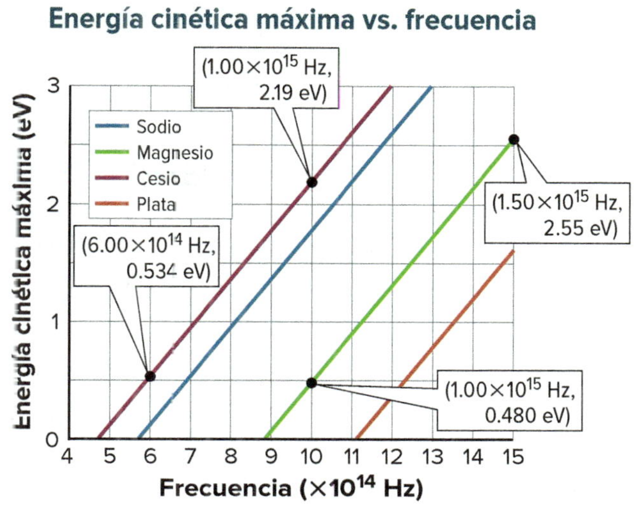

Imagen 9 El umbral de frecuencia del metal es igual al intercepto *x* de la recta. La inclinación de cada recta es igual a la constante de Planck.

Medida de h Una gráfica de las energías cinéticas máximas de los electrones expulsados de un metal en función de las frecuencias de los fotones incidentes es una línea recta, como se muestra en la **Imagen 9.** Todos los metales tienen gráficas similares con la misma inclinación. Esta inclinación es igual a la razón de la altura/longitud de la recta, que es igual a la constante de Planck (h).

Las gráficas de los distintos metales difieren solo en el umbral de frecuencia necesario para liberar los electrones. En la **Imagen 9,** el umbral de frecuencia (f_0) es el punto en el que $EC = 0$. Al observar la gráfica, vemos que f_0 se encuentra en la intersección de la recta con el eje x. Por ejemplo, el intercepto x, y por lo tanto, el umbral de frecuencia para el cesio es 4.70×10^{14} Hz. Un fotón con esa frecuencia tiene solo la energía suficiente para expulsar un electrón del metal. Esta energía mínima, llamada **función de trabajo** de un metal, es la energía necesaria para liberar del metal al electrón con la unión más débil. La magnitud de la función de trabajo es igual a hf_0. Cuando un fotón de frecuencia f_0 es incidente sobre un metal, la energía del fotón es suficiente para liberar a un electrón pero no para proporcionarle energía cinética.

RELACIONAR LAS MATEMÁTICAS con la física

Inclinación de una recta La rectas en la **Imagen 9** son paralelas. Eso significa que todas tienen la misma pendiente. A continuación, se muestran los cálculos para el cesio y el magnesio.

Matemáticas	Física	
	Cesio	Magnesio
(x_1, y_1), (x_2, y_2)	$(6.00\times10^{14}$ Hz, 0.534 eV), $(1.00\times10^{15}$ Hz, 2.19 eV)	$(1.00\times10^{15}$ Hz, 0.480 eV), $(1.50\times10^{15}$ Hz, 2.55 eV)
$m = \frac{y_2 - y_1}{x_2 - x_1}$	$m = \frac{2.19 \text{ eV} - 0.534 \text{ eV}}{1.00\times10^{15} \text{ Hz} - 6.00\times10^{14} \text{ Hz}}$	$m = \frac{2.55 \text{ eV} - 0.480 \text{ eV}}{1.50\times10^{15} \text{ Hz} - 1.00\times10^{15} \text{ Hz}}$
	$m = 4.14\times10^{-15}$ eV/Hz	$m = 4.14\times10^{-15}$ eV/Hz

Todas las rectas en la **imagen 9** tienen una pendiente de 4.14×10^{-15} eV/Hz. Al realizar la conversión a J/Hz, este valor se convierte en el valor conocido de la constante de Planck:

$$4.14\times10^{-15} \frac{\text{eV}}{\text{Hz}} \left(\frac{1.602\times10^{-19} \text{ J}}{1 \text{ eV}}\right) = 6.63\times10^{-34} \text{ J/Hz}$$

EJEMPLO Problema 2

FUNCIÓN DE TRABAJO Y ENERGÍA Una fotocélula particular utiliza un cátodo de sodio. El sodio tiene un umbral de longitud de onda de 526 nm.

a. Halla la función de trabajo del sodio en eV.

b. Si una radiación ultravioleta con una longitud de onda de 348 nm recae sobre el sodio, ¿descargará el cátodo los electrones? Si así fuera, ¿cuál es la energía máxima de los electrones expulsados en eV?

1 ANALIZAR Y PLANTEAR EL PROBLEMA

Dibuja el cátodo y el ánodo, la radiación incidente y la dirección del electrón expulsado.

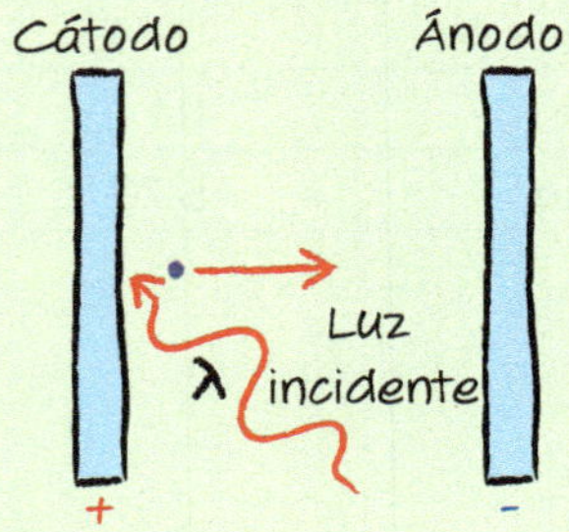

Datos conocidos

$\lambda_0 = 526$ nm $\quad \lambda = 348$ nm

hc = 1240 eV•nm

Incógnita

$T = ?\quad EC = ?$

2 HALLAR LA INCÓGNITA

a. Halla la función de trabajo utilizando la constante de Planck y el umbral de longitud de onda.

$$T = hf_0 = \frac{hc}{\lambda_0}$$

$$= \frac{1240\ \text{eV•nm}}{526\ \text{nm}}$$ Sustituye hc = 1240 eV•nm, $\lambda_0 = 526$ nm.

$$= 2.36\ \text{eV}$$

b. Usa la relación entre la energía y la longitud de onda de un fotón para hallar la energía del fotón.

$$E = \frac{1240\ \text{eV•nm}}{\lambda}$$

$$= \frac{1240\ \text{eV•nm}}{348\ \text{nm}}$$ Sustituye $\lambda = 348$ nm.

$$= 3.56\ \text{eV}$$

Para calcular la energía cinética del electrón expulsado, resta la función de trabajo a la energía de la radiación incidente.

$$EC = hf - hf_0 = \frac{hc}{\lambda} - \frac{hc}{\lambda_0}$$

$$= E - T$$ Sustituye $\frac{hc}{\lambda} = E$, $\frac{hc}{\lambda_0} = T$.

$$= 3.56\ \text{eV} - 2.36\ \text{eV}$$ Sustituye $E = 3.56$ eV, $W = 2.36$ eV.

$$= 1.20\ \text{eV}$$

3 EVALUAR LA RESPUESTA

- **¿Son correctas las unidades?** Al realizar un análisis dimensional en las unidades, se verifica que el electronvoltio es la unidad correcta para la energía cinética.
- **¿Tiene sentido el signo?** La energía cinética siempre es positiva.
- **¿Son realistas las magnitudes?** Las funciones de trabajo de la tabla 1 son algunos electronvoltios, así que la magnitud es razonable.

PRÁCTICA Problemas

PRÁCTICA ADICIONAL

12. El umbral de longitud de onda del zinc es 310 nm. Halla el umbral de frecuencia, en Hz, y la función de trabajo, en eV, del zinc.

13. La función de trabajo del cesio es 1.95 eV. ¿Cuál es la energía cinética máxima, en eV, de los fotoelectrones expulsados cuando la luz violeta de 425 nm recae sobre el cesio?

14. Cuando se ilumina un metal con una radiación ultravioleta de 193 nm, se emiten electrones con energías cinéticas de 3.5 eV. ¿Cuál es la función de trabajo del metal?

15. DESAFÍO Se ilumina una muestra de metal, y la longitud de onda más larga para expulsar los electrones es 273 nm. Halla la función de trabajo. Con la **Tabla 1**, identifica el metal más probable.

Efecto Compton

El efecto fotoeléctrico demuestra que un fotón tiene energía cinética aunque no tenga masa. En 1916, Einstein predijo que el fotón también debería tener otra propiedad de las partículas: el momento. Afirmó que el momento de un fotón debería ser igual a $\frac{E}{c}$. Dado que $E = hf$ y $\frac{f}{c} = \frac{1}{\lambda}$, se proporciona el momento del fotón mediante la siguiente ecuación.

Momento del fotón

El momento de un fotón es igual a la constante de Planck dividida por la longitud de onda del fotón.

$$p = \frac{hf}{c} = \frac{h}{\lambda}$$

Los experimentos que realizó en 1922 el físico estadounidense Arthur Holly Compton probaron la hipótesis de Einstein. Los resultados de Compton respaldaron aún más el modelo de partículas de la luz. Compton dirigió los rayos X de una longitud de onda conocida hacia un objetivo de grafito, como se muestra a la izquierda en la **Imagen 10,** y midió las longitudes de onda de los rayos X dispersados por el objetivo. Observó que algunos de los rayos X se dispersaron sin cambios en la longitud de onda, mientras que otros tuvieron una longitud de onda más larga que la de la radiación original. Estos resultados se muestran en el panel de la derecha en la **Imagen 10.** Observa que la longitud de onda máxima para los rayos X no dispersados corresponde a la longitud de onda de los rayos X incidentes originales, mientras que la longitud de onda máxima de los rayos X dispersados es mayor que la de los rayos X incidentes originales.

Recuerda que la ecuación para la energía de un fotón, $E = hf$, también se puede expresar como $E = \frac{hc}{\lambda}$. Esta segunda ecuación demuestra que la energía de un fotón es inversamente proporcional a su longitud de onda. El aumento en la longitud de onda que observó Compton implicaba que los fotones de rayos X habían perdido tanto energía como momento. El cambio en la energía de los fotones dispersados se denomina **efecto Compton.** Este cambio, indicado por un cambio en la longitud de onda, es muy pequeño, solo alrededor de 10^{-3} nm. Es un efecto apreciable solo cuando las ondas electromagnéticas tienen longitudes de onda menores que 10^{-2} nm.

Imagen 10 El cambio en la longitud de onda máxima de los rayos X dispersados indica que los fotones dispersados perdieron momento y energía.

Explica *por qué un aumento en la longitud de onda indica una disminución en la energía.*

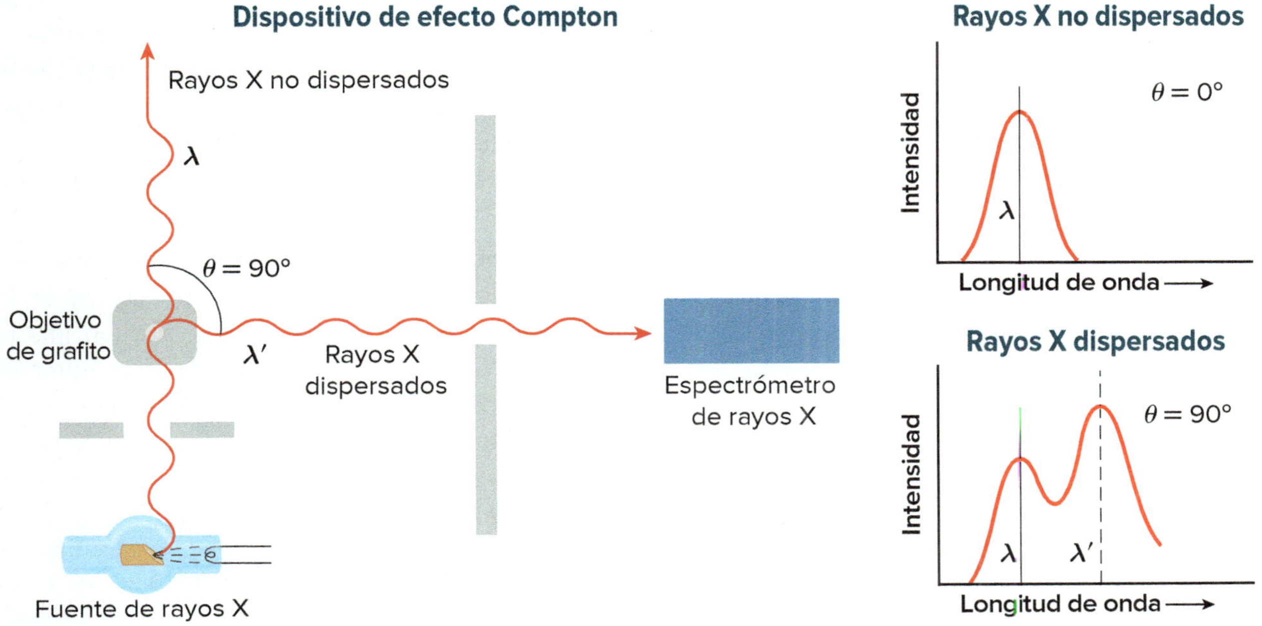

Fotones y conservación de la energía y momento En experimentos posteriores, Compton observó que los electrones fueron expulsados del bloque de grafito durante el experimento. Sugirió que los fotones de rayos X chocaron contra los electrones en el objetivo de grafito y les transfirieron la energía y el momento. Compton creía que estos choques de fotones y electrones eran similares a los choques elásticos que experimentan las bolas de billar, como se muestra en la **Imagen 11.** Para probar esta idea, midió las energías de los electrones expulsados del bloque de grafito. Descubrió que la energía y el momento que obtuvieron los electrones expulsados era igual a la energía y el momento que habían perdido. Por lo tanto, los fotones obedecen las leyes de la conservación de energía y momento al chocar contra otras partículas.

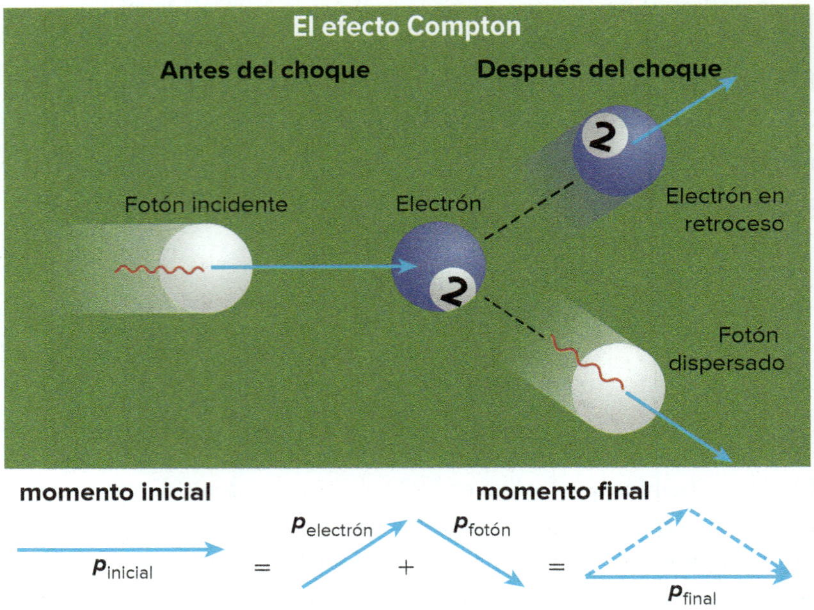

Imagen 11 Las leyes de la conservación de energía y momento se aplican a los choques entre las bolas de billar y entre los fotones y las partículas.

Verifica tu progreso

16. **Materiales fotovoltaicos** ¿Por qué no puede la luz de alta intensidad y baja frecuencia expulsar a los electrones de un metal, mientras que la luz de baja intensidad y alta frecuencia, sí?
17. **Frecuencia y energía de la radiación de objetos calientes** A medida que aumenta la temperatura de un objeto, ¿cómo cambia la frecuencia de la intensidad máxima? ¿Cómo cambia la cantidad total de energía radiada de un objeto?
18. **Efectos Compton y fotoeléctricos** Haz una distinción entre el efecto fotoeléctrico y el efecto Compton.
19. **Celdas solares** ¿Qué son las celdas solares? Describe cómo funcionan.
20. **Efecto fotoeléctrico** La luz verde ($\lambda = 532$ nm) alcanza un metal desconocido y expulsa a los electrones. Los electrones expulsados se pueden detener con un potencial de 1.44 V. ¿Cuál es la función de trabajo, en eV, del metal?
21. **Energía de un fotón** ¿Cuál es la energía, en eV, de los fotones de un puntero láser de 650 nm?
22. **Efecto Compton** Un rayo X alcanza un hueso, choca contra un electrón y se dispersa. ¿En qué se parece la longitud de onda del rayo X dispersado a la longitud de onda del rayo X incidente?
23. **Efecto fotoeléctrico** Un hueso absorbe un rayo X y este libera un electrón. El rayo X tienen una longitud de onda de aproximadamente 0.02 nm. Halla la energía de los electrones, en eV. Imagina que la función de trabajo de un hueso es insignificante en comparación con la energía del rayo X.
24. **Pensamiento crítico** Supón que el choque de dos bolas de billar demuestra la interacción de un fotón y un electrón durante el efecto Compton. Imagina que se reemplaza el electrón por un protón mucho más grande. ¿Obtendría este protón la misma cantidad de energía del choque que el electrón? ¿Perdería el protón la misma cantidad de energía que cuando choca con el electrón?

LEARNSMART® Conéctate para cumplir tu plan de aprendizaje personalizado para repasar, practicar y reforzar tu comprensión.

LECCIÓN 2

ONDAS DE LA MATERIA

PREGUNTA DE ENFOQUE

¿Cómo se pueden describir las partículas como ondas?

Ondas de De Broglie

Si una onda electromagnética puede comportarse como un conjunto de partículas, ¿podría una partícula demostrar interferencia y difracción al igual que una onda? En 1923, el físico francés Louis de Broglie propuso que una partícula de material se puede describir mediante una longitud de onda. Esta proposición fue una extensión audaz de la teoría de fotones de Einstein, y Einstein era un defensor de las ondas de De Broglie. Recuerda que el momento de un objeto es igual a su masa por su velocidad, $p = mv$. Si el objeto masivo también es una onda, entonces su momento debería ser como el de un fotón, $p = \frac{h}{\lambda}$. De Broglie propuso que estas dos expresiones de momento podían representarse mediante la ecuación:

$$p = mv = \frac{h}{\lambda}$$

La longitud de onda λ calculada de la relación anterior representa la de la partícula en movimiento y se conoce como **longitud de onda de De Broglie.** La siguiente ecuación resuelve directamente la longitud de onda de De Broglie.

Longitud de onda de De Broglie

La longitud de onda de De Broglie de una partícula en movimiento es igual a la constante de Planck dividida por el momento de la partícula.

$$\lambda = \frac{h}{p} = \frac{h}{mv}$$

Según De Broglie, cualquier partícula pequeña como un electrón o un fotón debería mostrar propiedades similares a las de las ondas. En 1927, experimentos independientes confirmaron la difracción de los electrones, lo que demuestra las propiedades similares a las de las ondas. Los objetos que utilizas a diario no presentan propiedades similares a las de las ondas porque sus longitudes de onda son demasiado pequeñas para observarlas. Por ejemplo, la longitud de onda de una pelota de béisbol de 0.145 kg que se golpea a 38 m/s es:

$$\lambda = \frac{h}{mv} = \frac{6.63\times10^{-34}\ \text{J}\cdot\text{s}}{(0.145\ \text{kg})(38\ \text{m/s})} = 1.2\times10^{-34}\ \text{m}$$

PENSAMIENTO 3D DCI Ideas centrales disciplinarias CCC Conceptos interdisciplinarios SEP Prácticas de ciencia e ingeniería

REUNIR EVIDENCIA

Usa el Cuaderno de ciencias para registrar la evidencia que reúnas mientras completas las lecturas y las actividades de la lección.

INVESTIGAR

CONÉCTATE para hallar estas actividades y más recursos.

CCC **Identificar conceptos interdisciplinarios**

Haz una tabla de los conceptos interdisciplinarios con ejemplos que encuentres en la lectura.

Repasar las noticias

Obtén información de una noticia actual sobre tecnología que utilice la física cuántica o la física atómica. Evalúa la fuente y comunica tus descubrimientos a la clase.

EJEMPLO Problema 3

LONGITUD DE ONDA DE DE BROGLIE Un electrón se acelera con una diferencia de potencial de 75 V. ¿Cuál es la longitud de onda de De Broglie?

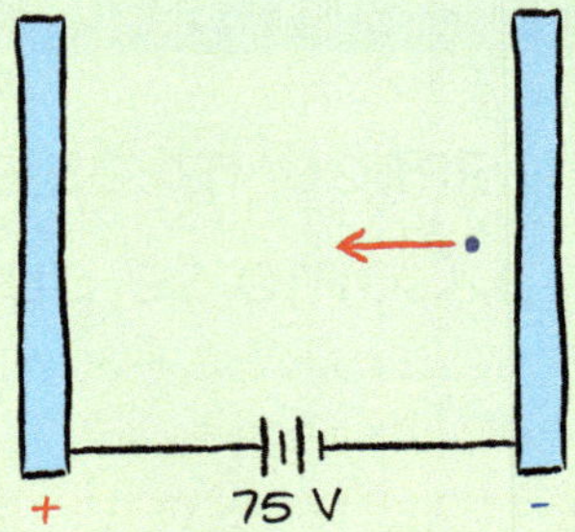

1 ANALIZAR Y PLANTEAR EL PROBLEMA

Incluye las placas positiva y negativa en tu dibujo.

Datos conocidos

$\Delta V = 75$ V

$e = -1.602\times10^{-19}$ C

$m_e = 9.11\times10^{-31}$ kg

$h = 6.63\times10^{-34}$ J•s

Incógnita

$\lambda = ?$

2 HALLAR LA INCÓGNITA

Escribe las relaciones para la energía cinética del electrón en base a la diferencia de potencial y movimiento, y úsalas para calcular la velocidad del electrón.

$EC = -e\Delta V$ y $EC = \frac{1}{2}mv^2$

$\frac{1}{2}mv^2 = -e\Delta V$ — Equipara las expresiones para *EC*.

Halla *v*.

$$v = \sqrt{\frac{-2e\Delta V}{m}}$$

$$= \sqrt{\frac{-2(-1.602\times10^{-19}\ \text{C})(75\ \text{V})}{9.11\times10^{-31}\ \text{kg}}}$$

Sustituye $e = -1.602\times10^{-19}$ C, $\Delta V = 75$ V, $m_e = 9.11\times10^{-31}$ kg.

$$= 5.1\times10^{6}\ \text{m/s}$$

Utiliza la relación entre masa, velocidad y momento.

$$p = mv$$

$$= (9.11\times10^{-31}\ \text{kg})(5.1\times10^{6}\ \text{m/s})$$

Sustituye $m_e = 9.11\times10^{-31}$ kg, $v = 5.1\times10^{6}$ m/s.

$$= 4.6\times10^{-24}\ \text{kg•m/s}$$

Utiliza la relación entre momento y longitud de onda de De Broglie.

$$\lambda = \frac{h}{p}$$

$$= \frac{6.63\times10^{-34}\ \text{J•s}}{4.6\times10^{-24}\ \text{kg•m/s}}$$

Sustituye $h = 6.63\times10^{-34}$ J•s, $p = 4.6\times10^{-24}$ kg•m/s.

$$= 1.4\times10^{-10}\ \text{m, que es igual a 0.14 nm}$$

3 EVALUAR LA RESPUESTA

- **¿Son correctas las unidades?** El análisis dimensional en las unidades verifica m/s para *v* y nm para λ.
- **¿Tiene sentido el signo?** Se esperan valores positivos tanto para *v* como para λ.
- **¿Son realistas las magnitudes?** La longitud de onda es cercana a 0.1 nm, que se encuentra en la región de los rayos X del espectro electromagnético.

PRÁCTICA Problemas

PRÁCTICA ADICIONAL

25. ¿Cuál es la longitud de onda de De Broglie y la velocidad de un electrón acelerado por una diferencia de potencial de 250 V?

26. Una bola de bolos de 7.0 kg rueda a una velocidad de 8.5 m/s.

a. ¿Cuál es la longitud de onda de De Broglie de la bola de bolos?

b. ¿Por qué no presenta un comportamiento de onda observable la bola de bolos?

27. ¿Qué diferencia de potencial se necesita para acelerar un electrón a fin de que tenga una longitud de onda de 0.125 nm?

28. DESAFÍO El electrón del problema 3 tiene una longitud de onda de De Broglie de 0.14 nm. ¿Cuál es la energía cinética, en eV, de un fotón con la misma longitud de onda?

Ubicación y momento

La teoría de De Broglie de las propiedades de las partículas similares a las ondas condujo a un cambio fundamental en nuestra comprensión de los objetos del tamaño de un átomo. En la experiencia cotidiana, es lógico pensar que se puede medir cualquier propiedad a cualquier nivel deseado de precisión. Por ejemplo, imagina medir la posición de una pelota durante una caída libre. Primero podrías intentar usar una regla plegable y un cronómetro para tomar las medidas. Si deseas tomar medidas más precisas, podrías usar una videocámara y una calculadora o una computadora. Puedes imaginar equipos cada vez más sofisticados para lograr una precisión incluso mayor. De hecho, la física clásica no fija límites sobre la precisión de las medidas. La teoría revolucionaria de De Broglie de las ondas de la materia obligó a los físicos a redefinir los límites de la medición.

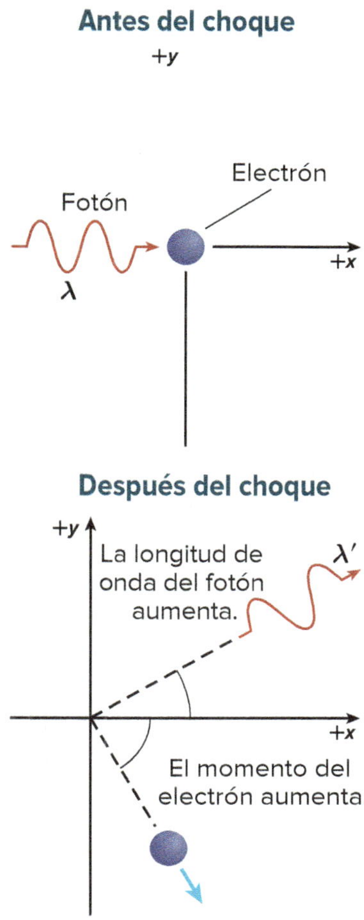

Imagen 12 Es necesario un choque entre un fotón y el electrón para medir la posición del electrón. Este choque dispersa el electrón y el fotón, y cambia así su momento.

Compara *la longitud de onda del fotón antes y después del choque. ¿Qué indica este cambio en la longitud de onda sobre la energía del fotón?*

Principio de incertidumbre de Heisenberg Imagina que para medir la ubicación de una partícula de escala atómica o subatómica arrojas luz sobre ella y luego, recoges la luz reflejada en un dispositivo de medición. Por la difracción, la luz reflejada que utilizas para detectar la partícula se dispersa y es imposible ubicar la partícula con exactitud. Si se necesitan medidas más precisas, con la radiación de longitud de onda más corta, se disminuye la difracción y la incertidumbre en la ubicación de la partícula.

Sin embargo, como resultado del efecto Compton, cuando la radiación de energía alta de longitud de onda corta alcanza una partícula, cambia su momento, como se muestra en la **Imagen 12.** Por lo tanto, la acción de medir la ubicación de una partícula tiene el efecto de cambiar su momento. Cuanto más precisa es la determinación de la ubicación de una partícula, mayor es la incertidumbre en su momento. Y si el momento de la partícula se conoce con mayor precisión, la posición de la partícula se vuelve menos certera.

Esta situación se resume con el **principio de incertidumbre de Heisenberg,** que establece que existe un límite para medir con precisión la posición y el momento de una partícula de manera simultánea. Este principio, llamado así por el físico alemán Werner Heisenberg, es el resultado de las propiedades de similitud con las ondas y las partículas de la luz y la materia. Si bien los efectos del límite solo son observables al medir partículas de escala atómica, el trabajo condujo a un cambio fundamental en nuestra comprensión del mundo. Aunque las teorías clásicas de Newton y Maxwell son modelos exitosos de los objetos cotidianos, es necesaria la teoría cuántica y sus modelos de naturaleza dual de la luz para describir con exactitud los objetos en la escala atómica.

Verifica tu progreso

29. **Ondas** Utilizando la teoría de De Broglie, puedes calcular la longitud de onda de cualquier partícula en movimiento. Explica por qué la naturaleza de la onda de los objetos cotidianos no es evidente.
30. **Longitud de onda** ¿Cuál es la longitud de onda de De Broglie de una partícula alfa (núcleo de helio) con una masa de 6.6×10^{-27} kg y velocidad de 120 m/s?
31. **Longitud de onda de De Broglie** ¿Cuál es la longitud de onda de De Broglie de un electrón acelerado a través de una diferencia de potencial de 125 V?
32. **Pensamiento crítico** ¿Cómo explica el principio de incertidumbre de Heisenberg los patrones de interferencia de doble rendija, aun si los fotones o los átomos atraviesan las rendijas de a uno?

LEARNSMART® Conéctate para cumplir tu plan de aprendizaje personalizado para repasar, practicar y reforzar tu comprensión.

LECCIÓN 3
MODELO ATÓMICO DE BOHR

PREGUNTA DE ENFOQUE

¿Cómo se descubrieron los átomos y su estructura?

El modelo nuclear

A fines del siglo XIX, la mayoría de los científicos coincidían en la existencia de los átomos. El descubrimiento de J. J. Thomson del electrón proporcionó evidencia de que el átomo contenía partículas incluso más pequeñas, subatómicas. Pero se sabía que los átomos eran mucho más grandes que la masa total de los electrones, así que los científicos se preguntaron dónde estaba ubicada la masa. Además, se sabía que la carga eléctrica de los átomos era neutral. ¿Cómo estaban dispuestos los electrones con carga negativa? ¿Por qué los átomos eran neutrales?

Comprobación del modelo de Thomson J. J. Thomson propuso que los electrones se distribuían en una sustancia con carga positiva como las pasas en un pastelito. Sin embargo, Ernest Rutherford, junto con los colaboradores de laboratorio Hans Geiger y Ernest Marsden, realizaaron una serie de experimentos que demostraron que el átomo tenía una estructura muy diferente. En la **Imagen 13** se ve el equipamiento que utilizó Rutherford para investigar la distribución de la masa y la carga en el átomo.

Experimento de la lámina de oro de Rutherford

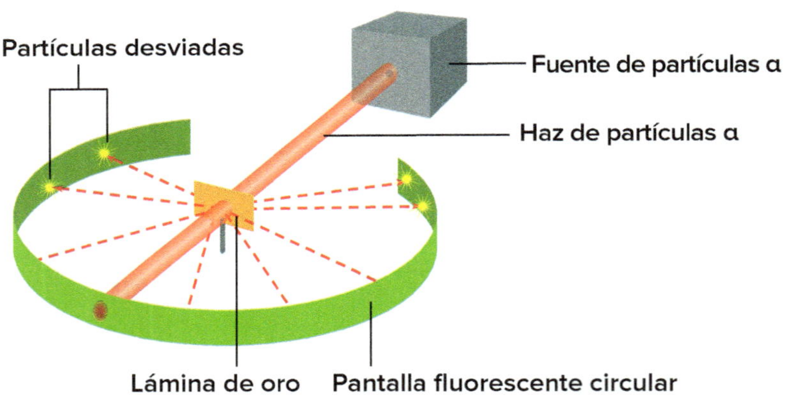

Imagen 13 Bombardear láminas metálicas con partículas alfa convenció al equipo de Rutherford de que la mayor parte de la masa del átomo se concentraba en un volumen pequeño en el centro del átomo.

PENSAMIENTO 3D DCI Ideas centrales disciplinarias CCC Conceptos interdisciplinarios SEP Prácticas de ciencia e ingeniería

REUNIR EVIDENCIA

Usa el Cuaderno de ciencias para registrar la evidencia que reúnas mientras completas las lecturas y las actividades de la lección.

INVESTIGAR

CONÉCTATE para hallar estas actividades y más recursos.

Laboratorio de física: Espectros de emisión
Analiza los datos de los espectros de emisión producidos por diversos gases para identificar su composición elemental.

Laboratorio de física: Hallar el tamaño de un átomo
Usa un modelo de gran escala para determinar el tamaño de un átomo.

Investigación de Rutherford Rutherford utilizó sustancias que emitían rayos penetrantes. Algunas de las emisiones, luego llamadas **partículas alfa,** eran partículas masivas con carga positiva que se mueven a velocidades altas. Las partículas alfa se representan con el símbolo α. En los experimentos de Rutherford, las partículas α se detectaron mediante pequeños destellos de luz producidos cuando las partículas chocaron con una pantalla recubierta de sulfuro de zinc.

Como se muestra en la **Imagen 13,** Rutherford dirigió un rayo de las partículas α hacia una lámina de oro extremadamente delgada. Rutherford conocía el modelo de átomo de Thomson, y solo esperaba deflexiones menores de las partículas α al atravesar la delgada lámina de oro. Su hipótesis era que el paso de las partículas α masivas de alta velocidad solo se vería levemente alterado al atravesar la carga distribuida de manera uniforme que compone cada átomo de oro. Los resultados de la prueba lo sorprendieron. Mientras que la mayoría de las partículas α atravesaron la lámina de oro ya sea sin desviarse o solo con una leve deflexión, algunas de las partículas se dispersaron a través de ángulos muy grandes. Otras incluso rebotaron en ángulos mayores que 90°. La **Imagen 14** muestra un diagrama de estos resultados. Rutherford comparó su asombro con el de disparar un proyectil de cañón de 15 pulgadas a un papel y que luego el proyectil rebote y le dé a él.

¿Lo comprendes?

Explica por qué Rutherford estaba tan sorprendido por los resultados del experimento de la lámina de oro.

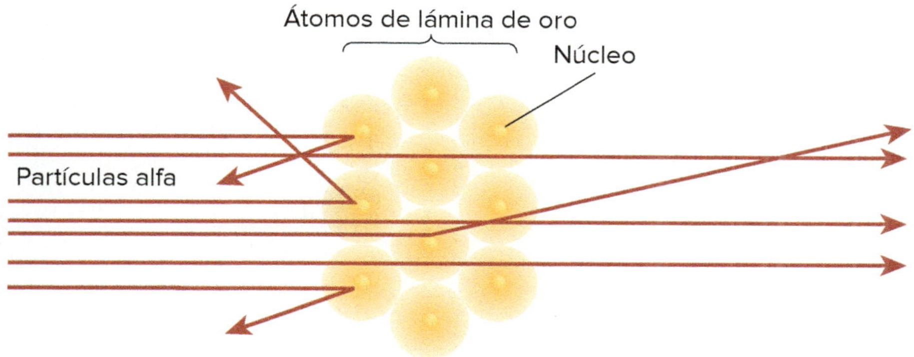

Imagen 14 En la investigación de Rutherford, la mayoría de las partículas alfa dirigidas a la lámina delgada de oro la atravesaron sin deflexión. Sin embargo, una en 20,000 se dispersó en un ángulo grande..

Modelo del átomo de Rutherford revisado

Con la ley para la fuerza entre objetos cargados de Coulomb y las leyes de movimiento de Newton, Rutherford concluyó que se podían explicar los resultados si toda la carga positiva de un átomo se concentrara en un centro masivo diminuto, ahora denominado **núcleo.** Por lo tanto, el modelo del átomo de Rutherford se denomina modelo nuclear. Los investigadores determinaron desde entonces que toda la carga positiva y más del 99.9% de la masa de un átomo está dentro de su núcleo. Los electrones no le aportan una cantidad significativa de masa al átomo y están distribuidos a través de un volumen grande que se extiende lejos del núcleo. El volumen que ocupan los electrones define el tamaño total, o diámetro, del átomo, que es unas 50,000 veces más grande que el diámetro del núcleo. Un átomo es, principalmente, un espacio vacío.

Espectros de emisión ¿Cómo están distribuidos los electrones en el átomo? Una de las pistas que utilizaron los científicos para responder esta pregunta provino del estudio de la luz emitida por los átomos. Como se muestra en la **Imagen 15,** se puede hacer que los átomos de una muestra gaseosa emitan luz en un tubo de descarga de gas. Quizás conozcas las señales coloridas de neón que usan algunos comercios. Estas señales funcionan bajo los mismos principios que los tubos de descarga de gas. Este tubo consta de un gas de baja presión que se encuentra dentro de un tubo de vidrio con electrodos sujetos a cada extremo. El gas brilla cuando se aplica una diferencia de potencial grande a través del tubo. Lo que más interesó a los científicos acerca de este fenómeno fue el hecho de que cada tipo de gas brillaba con un color único. Los destellos característicos emitidos por dos gases se muestran en la **Imagen 15.**

Cuando la luz que emite el gas atraviesa una red de difracción o un prisma, se obtiene un espectro de emisión que es una impresión digital de cada elemento en el gas. El espectro de emisión se estudia en mayor detalle con un instrumento llamado espectroscopio. Como se muestra en la **Imagen 15,** la luz en un espectroscopio de difracción atraviesa una rendija y se difracta a través de una red de difracción. El espectroscopio forma una imagen de la rendija en una posición diferente para cada longitud de onda.

Como leíste en una lección anterior, el espectro de un sólido incandescente, como el del filamento de una bombilla, es una banda continua de colores del rojo al violeta. Sin embargo, el espectro de un gas es una serie de líneas definidas de varios colores. Los espectros de emisión de líneas brillantes para el mercurio y el neón se muestran en la parte inferior de la **Imagen 15.** Cada línea coloreada corresponde a una longitud de onda especial de luz emitida por los átomos de ese gas.

Imagen 15 El espectro de emisión de un elemento es un patrón único que sirve para identificar una muestra desconocida.

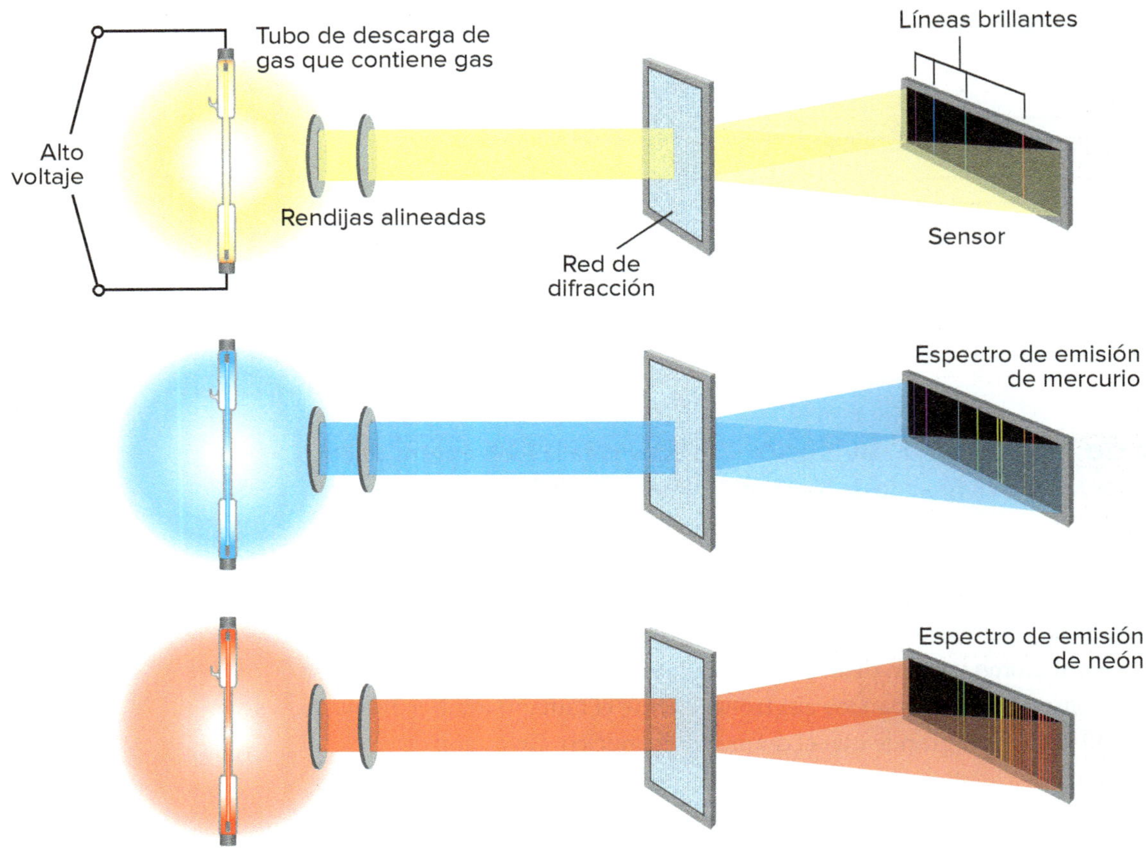

Identificar muestras desconocidas Un espectro de emisión es una herramienta analítica útil para identificar una muestra desconocida de gas. Cuando se coloca un gas desconocido en un tubo de descarga de gas, se puede hacer que emita luz. La luz emitida incluye combinaciones de longitudes de onda que son exclusivamente características de los átomos de ese gas. De este modo, es posible identificar el gas desconocido al comparar sus longitudes de onda con las de las mediciones tomadas en los espectros de muestras de gases conocidos.

Cuando se fotografía un espectro de emisión de una combinación de elementos, un análisis de las líneas en la fotografía indica la identidad y las concentraciones relativas de los elementos presentes. Los elementos que están presentes en las concentraciones más grandes producen líneas de emisión de mayores intensidades relativas. Al comparar las intensidades de las líneas, se puede determinar la composición porcentual del material gaseoso. Este tipo de análisis se utiliza a diario para resolver problemas de química, ingeniería, medicina y ciencia medioambiental.

¿Lo comprendes?

Explica cómo se usa un espectro de emisión para identificar la composición y las concentraciones de los elementos en una muestra.

Espectros de absorción La **Imagen 16** ilustra otra técnica utilizada para identificar muestras desconocidas. El paso de luz blanca a través de una muestra de gas, y luego, de un prisma conduce al espectro normalmente continuo de luz blanca, pero con líneas oscuras que corresponden a las longitudes de onda de la luz que absorbe el gas. El conjunto de longitudes de onda que absorbe un gas es el **espectro de absorción** de ese gas. Para un gas, las líneas brillantes del espectro de emisión y las líneas oscuras del espectro de absorción ocurren en las mismas longitudes de onda, como se muestra en la parte inferior de la **Imagen 16.** De este modo, los elementos gaseosos y fríos absorben las mismas longitudes de onda que emiten en estado excitado. La composición de un gas se determina a partir de las longitudes de onda de las líneas oscuras de su espectro de absorción.

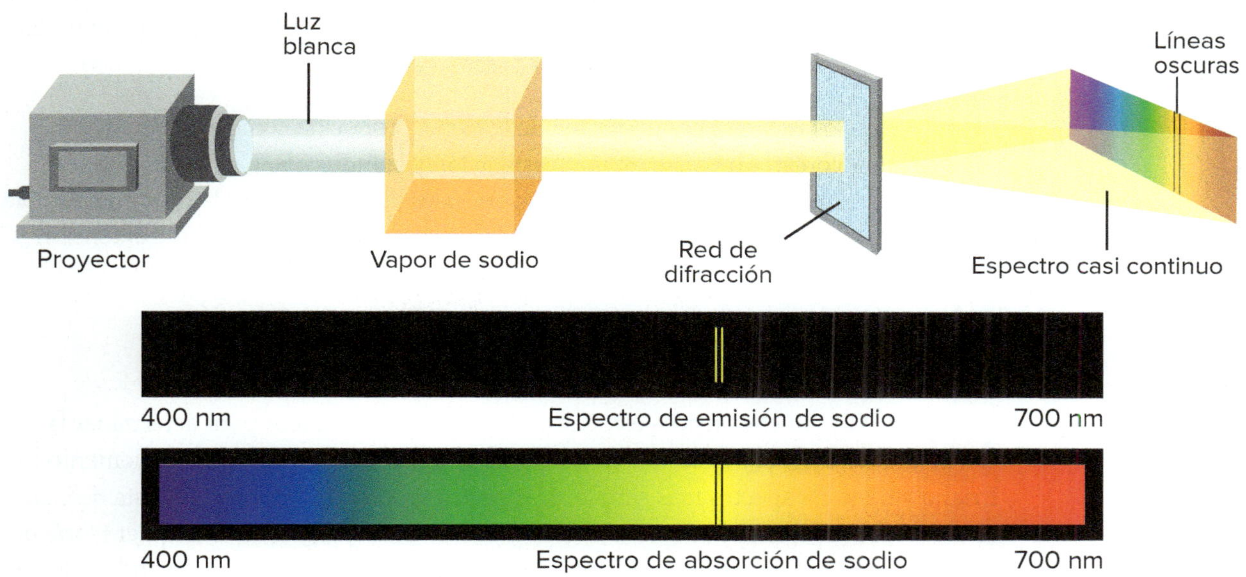

Imagen 16 El paso de luz blanca a través de una muestra de gas y de un prisma produce un espectro casi continuo. Las líneas oscuras que faltan en el espectro son las longitudes de onda que absorbe el gas. De modo muy similar a los espectros de emisión, los espectros de absorción sirven para identificar las muestras desconocidas.

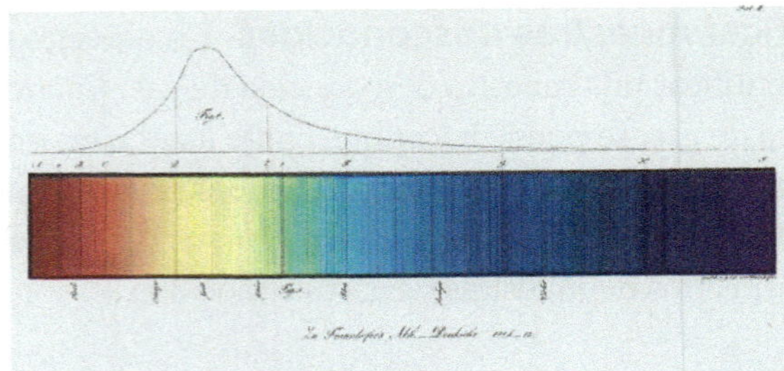

Imagen 17 El espectro de absorción del Sol muestra las líneas Fraunhofer características para los elementos en la atmósfera del Sol. Hay muchas líneas. Algunas son tenues y otras son muy oscuras, dependiendo de la abundancia de los elementos en el Sol.

Conexión ASTRONOMÍA En 1814, Josef von Fraunhofer observó la presencia de diversas líneas oscuras en el espectro de la luz solar. Estas líneas oscuras, ahora llamadas líneas Fraunhofer, se muestran en la imagen 17. Su razonamiento fue que cuando la luz solar atravesó la atmósfera gaseosa que rodea al Sol, los gases absorbieron determinadas longitudes de onda características. Estas longitudes de onda absorbidas produjeron las líneas oscuras en el espectro observado. La composición de la atmósfera del Sol se determinó mediante la comparación de las líneas faltantes en el espectro observado con los espectros de emisión conocidos de diversos elementos. Se descubrió que el Sol está compuesto en su mayoría por hidrógeno y helio. La composición de muchas otras estrellas se determinó con esta técnica.

¿Lo comprendes?

Describe cómo pueden determinar los científicos la composición de las estrellas.

Espectroscopía Como resultado de los espectros característicos de los elementos, los científicos pueden analizar, identificar y cuantificar los materiales desconocidos al observar los espectros que emiten o absorben. Los espectros de emisión o absorción de los elementos son importantes en la industria y en la investigación científica. Por ejemplo, las fábricas de acero reprocesan grandes cantidades de chatarra de diversas composiciones. Es posible determinar la composición exacta de una muestra de chatarra en minutos mediante un análisis espectrográfico. Se puede ajustar la composición del acero para adaptarse a las especificaciones comerciales.

El estudio de los espectros es una rama de la ciencia conocida como espectroscopía. Los espectroscopistas trabajan en la investigación y la industria. La espectroscopía es una herramienta eficaz para analizar los materiales de la Tierra y es la única disponible en la actualidad para estudiar la composición de las estrellas en la enorme extensión del espacio.

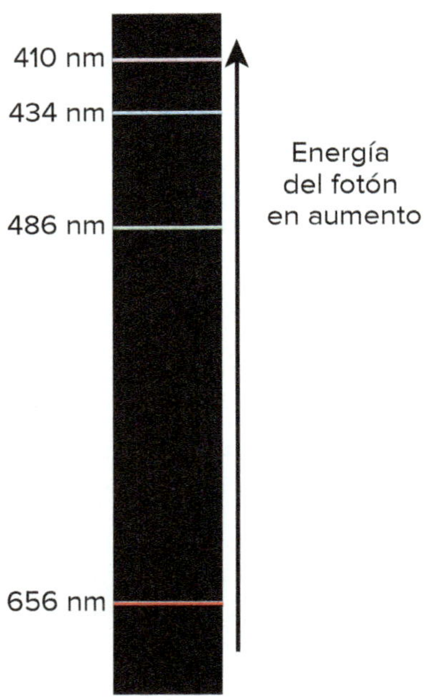

Imagen 18 El espectro de emisión de hidrógeno tiene cuatro líneas en el rango visible.

Compara *la diferencia entre las longitudes de onda adyacentes de luz a medida que aumenta la energía.*

Revisión del modelo nuclear de Rutherford

En el siglo XIX, muchos físicos estudiaron los espectros atómicos para determinar la estructura del átomo. Se estudió el hidrógeno detenidamente porque es el elemento más liviano y tiene el espectro más simple. El espectro visible del hidrógeno consta de cuatro líneas: roja, verde, azul y violeta, como se muestra en la **Imagen 18.** Cualquier teoría que explique la estructura del átomo tendría que justificar estas longitudes de onda, además de respaldar el modelo nuclear del átomo. Sin embargo, el modelo nuclear propuesto por Rutherford no carecía de problemas. Rutherford había sugerido que los electrones giraban en torno al núcleo al igual que los planetas orbitan alrededor del Sol. Sin embargo, había un defecto grave en este modelo planetario.

Problemas con el modelo planetario Un electrón en una órbita se acelera constantemente hacia el núcleo. A partir de estudios anteriores, se sabe que los electrones que se aceleran irradian energía mediante la emisión de ondas electromagnéticas. Al ritmo que un electrón en órbita pierde energía, debería ingresar al núcleo en una fracción de segundo. Pero sabemos que los átomos son estables, así que el modelo planetario no concuerda con las leyes del electromagnetismo. Además, el modelo planetario predijo que los electrones acelerados irradiarían energía en todas las longitudes de onda. Sin embargo, como leíste, la luz que emiten los átomos se irradia solo en longitudes de onda específicas.

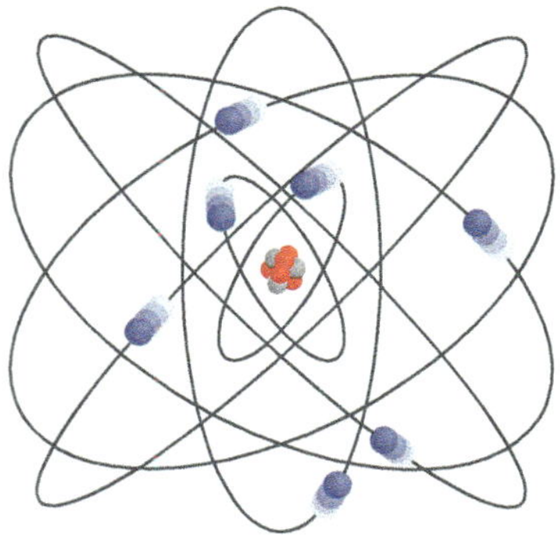

Imagen 19 Según el modelo planetario del átomo, los electrones se mueven en órbitas fijas alrededor del núcleo.

El físico danés Niels Bohr viajó a Inglaterra en 1911 y se unió al grupo de Rutherford para determinar la estructura del átomo. Intentó unir el modelo nuclear del átomo con los niveles de energía cuantizada de Planck y la teoría de la luz de Einstein. En 1911, este fue un intento audaz porque ninguna de estas ideas revolucionarias se comprendía ni se aceptaba ampliamente.

Energía cuantizada

Bohr comenzó con la disposición planetaria de los electrones, como se ve en el diagrama de la **Imagen 19,** pero luego propuso que las leyes del electromagnetismo no se aplicaban dentro del átomo. Postuló que un electrón en una órbita estable en un átomo no irradia energía, incluso cuando se acelera. Bohr se refirió a esta condición estable como estado estacionario. Luego, afirmó que cada uno de los estados estacionarios tenía su propia cantidad específica de energía. En otras palabras, Bohr consideraba que los niveles energéticos en un átomo estaban cuantizados.

Como se muestra en la **Imagen 20,** la cuantización de las energías de los electrones se puede comparar con una escalera con escalones que se reducen en altura. Para subir por la escalera, debes moverte de un escalón al siguiente; es imposible detenerse en un punto medio entre los escalones. En lugar de escalones, los electrones tienen cantidades cuantizadas de energía, y cada una se denomina **nivel energético.** Así como no es posible ocupar una posición entre los escalones, la energía de un electrón no puede tener un valor entre los niveles permitidos de energía. Se dice que un átomo con la cantidad más pequeña de energía permitida está en el **nivel fundamental.** Cuando este átomo absorbe energía, uno o más de sus electrones se mueven a niveles energéticos más altos. Cualquier nivel energético por encima del nivel fundamental se denomina **estado excitado.**

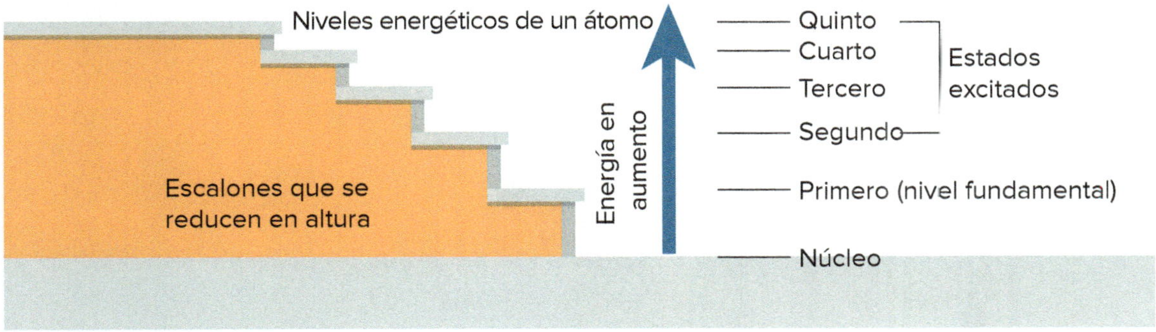

Imagen 20 Los niveles permitidos de energía en un átomo se pueden comparar con un tramo de escaleras. Observa cómo disminuye la diferencia en la energía entre los niveles energéticos adyacentes a medida que aumenta el nivel energético.

Energía de un átomo La energía de un átomo es igual a la suma de la energía cinética de los electrones y el potencial energético de la fuerza de atracción entre los electrones y el núcleo. La energía de un átomo con electrones en una órbita cercana es menor que la de un átomo con electrones en una órbita lejana porque se debe realizar un trabajo para alejar a los electrones del núcleo. Por lo tanto, los átomos en estados excitados y de energía más elevada tienen electrones en órbitas más grandes y lejanas. Dado que la energía está cuantizada y se relaciona con el tamaño de la órbita, este tamaño también está cuantizado. Este es el modelo atómico de Bohr, con un núcleo central y electrones en órbita que tienen niveles energéticos cuantizados específicos.

Si Bohr tenía razón al formular la hipótesis de que los átomos estables no irradian energía, entonces ¿a qué se debe el espectro de emisión característico de un átomo? Para responder esta pregunta, Bohr sugirió que se emite energía electromagnética cuando un átomo cambia de un estado a otro. Al incorporar la teoría fotoeléctrica de Einstein, Bohr supo que la energía de cada fotón se obtiene mediante la ecuación $E_{fotón} = hf$. Luego, postuló que cuando un átomo absorbe un fotón, la energía del átomo aumenta por una cantidad igual a la del fotón. Cuando este átomo excitado hace una transición a un nivel energético más bajo, emite un fotón.

Cuando el átomo hace la transición de su nivel energético inicial (E_i) a su nivel energético final (E_f) el cambio en la energía ($\Delta E_{átomo}$) se expresa mediante la siguiente ecuación:

$$\Delta E_{átomo} = E_f - E_i.$$

Como se muestra en la **Imagen 21,** la cantidad de la disminución de la energía de un átomo es igual a la energía del fotón emitido.

$$E_{fotón} = -\Delta E_{átomo} = E_i - E_f$$

Estas ecuaciones resumen las relaciones entre el cambio en los niveles energéticos de un átomo y la energía del fotón emitido.

Energía de un fotón emitido

La energía de un fotón emitido es igual al producto de la constante de Planck y la frecuencia del fotón emitido. La energía de un fotón emitido también es igual a la disminución en la energía del átomo.

$$E_{fotón} = hf = -\Delta E_{átomo}$$

Imagen 21 La energía de un fotón emitido es igual a la cantidad por la cual disminuye la energía del átomo.

Identifica *la transición que produce el fotón con la mayor energía.*

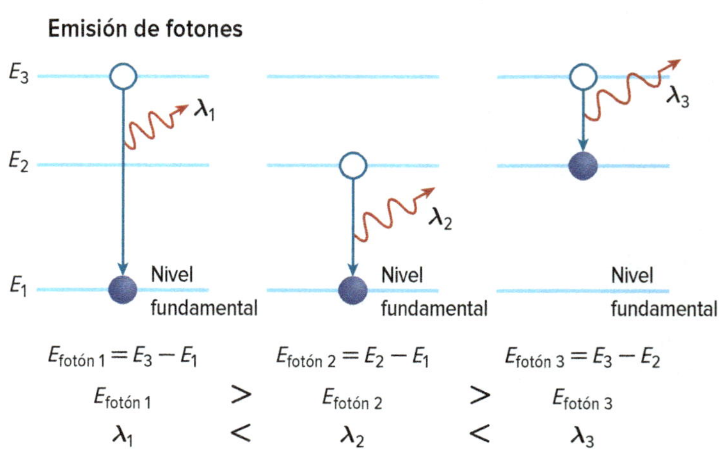

Predicciones del modelo de Bohr

Una teoría científica debe hacer mucho más que presentar postulados; debe permitir la verificación de las predicciones contra datos experimentales. Una buena teoría también puede aplicarse a muchos tipos de problemas y, por último, brinda una explicación sencilla y unificada de alguna parte del mundo físico. Con su teoría, Bohr calculó las longitudes de onda de la luz emitidas por un átomo de hidrógeno. Los cálculos coincidían con los valores de las mediciones hechas por otros científicos. Como resultado de esta coincidencia entre las predicciones de Bohr y los valores medidos, el modelo de Bohr tuvo una amplia aceptación.

Desafortunadamente, el modelo solo funcionaba para el elemento hidrógeno; no podía predecir el espectro del helio, el siguiente elemento más simple. Además, no había una explicación clara de por qué las leyes del electromagnetismo funcionaban en todas partes, salvo dentro del átomo.

Desarrollo del modelo de Bohr Para desarrollar su modelo, Bohr aplicó la segunda ley del movimiento de Newton ($F_{neta} = ma$) al electrón. La fuerza neta se describe en la ley de Coulomb para la interacción entre un electrón de carga -e que está a una distancia *r* de un protón de carga +e. Esa fuerza se obtiene mediante la siguiente ecuación:

$$F = \frac{-\mathrm{EC}^2}{r^2}$$

La aceleración del electrón en una órbita circular alrededor de un protón mucho más masivo se calcula mediante $a = -\frac{v^2}{r}$, donde el signo negativo muestra que la dirección es hacia dentro. Así, Bohr obtuvo la siguiente relación:

$$\frac{\mathrm{EC}^2}{r^2} = \frac{\mathrm{m_e}v^2}{r}$$

Al resolver esta ecuación para *r* se obtiene la siguiente relación:

$$r = \frac{\mathrm{EC}^2}{\mathrm{m_e}v^2}$$

En la ecuación, C, la constante de la ley de Coulomb, es $9.0\times10^9\ \mathrm{N{\cdot}m^2/C^2}$.

Luego, Bohr consideró el momento angular del electrón en órbita, que es igual al producto del momento de un electrón y el radio de su órbita circular. El momento angular del electrón es entonces *mvr*. Bohr postuló que el momento angular de un electrón también está cuantizado; es decir, que solo puede tener determinados valores. Mediante el uso de *n* para representar un número entero, Bohr propuso que el momento angular del electrón era igual a un múltiplo de un número entero de $\frac{\mathrm{h}}{2\pi}$, donde h es la constante de Planck.

$$\mathrm{m_e}vr = \frac{n\mathrm{h}}{2\pi}$$

Al volver a ordenar la ecuación anterior para hallar *v*, se obtiene lo siguiente:

$$v = \frac{n\mathrm{h}}{2\pi \mathrm{m_e} r}$$

Con esta relación y la ecuación del radio de un átomo de hidrógeno, Bohr descubrió que los radios orbitales de los electrones en un átomo de hidrógeno se obtienen con esta ecuación.

Radio orbital del electrón en el hidrógeno

$$r_n = \frac{\mathrm{h}^2 n^2}{4\pi^2 \mathrm{K} \mathrm{m_e} \mathrm{e}^2}$$

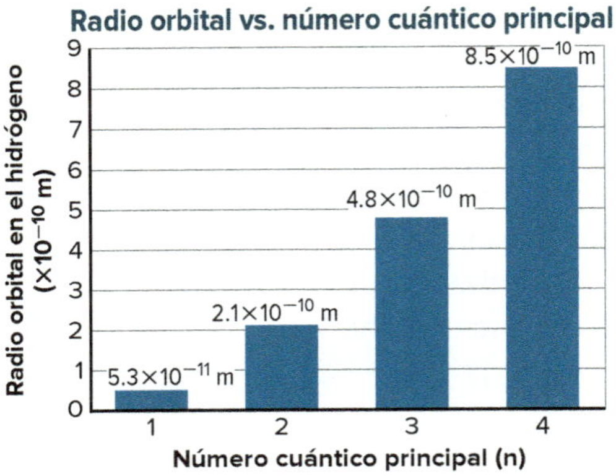

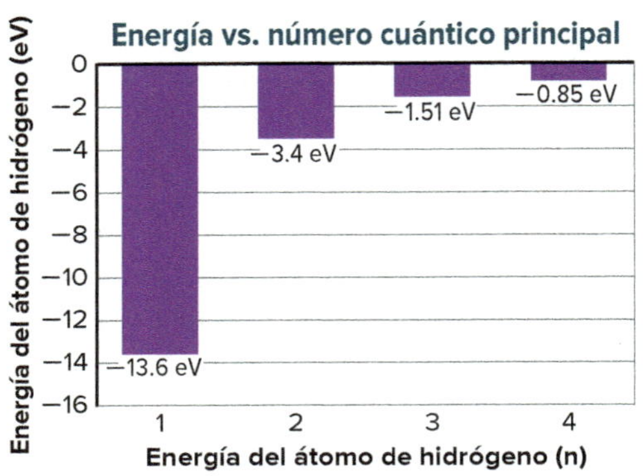

Imagen 22 El radio del átomo de hidrógeno aumenta con n^2. La energía del átomo de hidrógeno aumenta de un mínimo de −13.6 eV cuando $n = 1$ (el nivel fundamental) a valores cercanos a 0 eV a medida que n aumenta.

Cálculo del radio orbital Se puede calcular el radio de la órbita más profunda de un átomo de hidrógeno, también conocido como el radio de Bohr, al sustituir los valores conocidos y $n = 1$ en la ecuación para el radio orbital del electrón de la página anterior.

$$r_1 = \frac{(6.63\times10^{-34}\ \text{J•s})^2\ (1)^2}{4\pi^2(9.0\times10^9\ \text{N·m}^2/\text{C}^2)(9.11\times10^{-31}\ \text{kg})(1.6\times10^{-19}\ \text{C})^2}$$

$$= 5.3\times10^{-11}\ \text{J}^2\text{•s}^2/(\text{N•m}^2\text{•kg})$$

$$= 5.3\times10^{-11}\ \text{m, o } 0.053\ \text{nm}$$

Con algunos cálculos más de álgebra, se puede demostrar que la energía total del átomo, que es la suma de la energía cinética del electrón y el potencial energético, y que se obtiene mediante $\frac{-\text{EC}^2}{2r}$, se representa mediante la siguiente ecuación:

$$E_n = \frac{-2\pi^2\text{K}^2\text{m}_\text{e}\text{e}^4}{\text{h}^2} \times \frac{1}{n^2}$$

Al sustituir los valores numéricos por las constantes, se puede calcular la energía total del átomo en julios, que arroja la siguiente ecuación:

$$E_n = -2.17\times10^{-18}\ \text{J} \times \frac{1}{n^2}$$

La conversión de la relación a unidades de electronvoltios (1 eV = 1.6×10^{-19} J) arroja la siguiente ecuación.

Energía de un átomo de hidrógeno

La energía total de un átomo con número cuántico principal n es igual al producto de −13.6 eV y al recíproco de n^2.

$$E_n = -13.6\ \text{eV} \times \frac{1}{n^2}$$

Ya leíste que el radio orbital del electrón está cuantizado. En la ecuación anterior se muestra que la energía del átomo también está cuantizada. El número entero (n) que aparece en las ecuaciones para la energía del hidrógeno y el radio orbital del electrón se denomina **número cuántico principal.** El número cuántico principal determina los valores cuantizados de r y E.

La **Imagen** 22 resume estas relaciones para los primeros cuatro valores de n. En la gráfica de la parte superior, se muestra que el radio orbital del electrón (r) aumenta con el cuadrado de n. En la gráfica de la parte inferior, se muestra que la energía (E) del átomo de hidrógeno depende de $\frac{1}{n^2}$. A medida que disminuye la magnitud de la energía del átomo, aumenta el radio orbital del electrón.

¿Lo comprendes?

Describe cómo el radio orbital y la energía dependen del número cuántico principal.

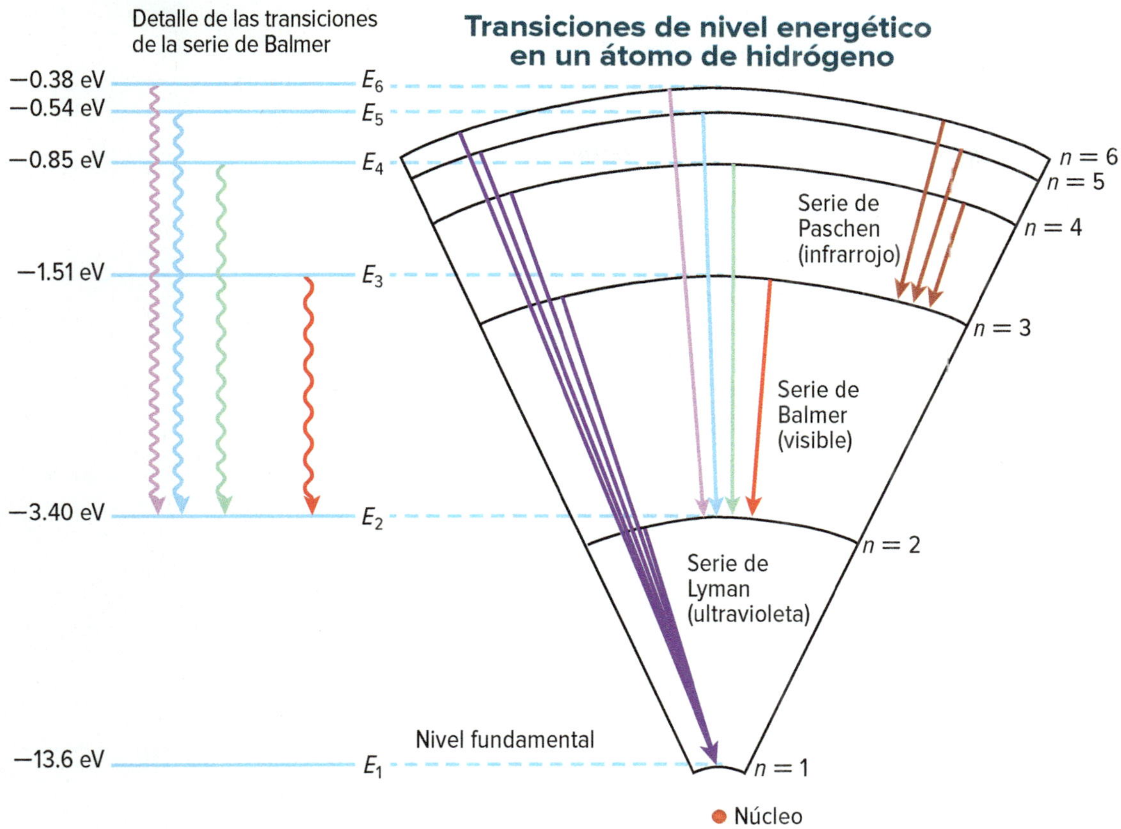

Imagen 23 Un átomo de hidrógeno emite luz visible cuando los electrones realizan una transición desde niveles energéticos más altos al nivel energético $n = 2$. Las transiciones a otros niveles energéticos conducen a la emisión de energía electromagnética infrarroja y ultravioleta.

Energía y transiciones de los electrones Quizás te preguntes por qué la energía de un átomo en el modelo de Bohr tiene un valor negativo. Recuerda del estudio de la energía que solo las diferencias de energía afectan el movimiento de los objetos. El nivel energético cero se puede elegir libremente. En este caso, la energía cero se define como la energía del átomo cuando el electrón está infinitamente lejos del núcleo y no posee energía cinética. Esta condición existe cuando se ha ionizado el átomo; es decir, cuando se ha extraído el electrón del átomo. Como se debe realizar un trabajo para ionizar un átomo, la energía total de un átomo con un electrón en órbita es menor que cero. Cuando un átomo realiza una transición de un nivel más bajo a uno más alto, la energía total se vuelve menos negativa, pero el cambio de energía general es positivo.

Algunos de los niveles energéticos del hidrógeno y las posibles transiciones de nivel energético que puede sufrir se muestran en la **Imagen 23.** Observa que un átomo excitado de hidrógeno puede emitir energía electromagnética en el rango infrarrojo, visible o ultravioleta, según la transición que ocurra. La luz ultravioleta se emite cuando el átomo cae a su nivel fundamental desde cualquier estado excitado. Las cuatro líneas visibles en el espectro del hidrógeno se producen cuando el átomo cae del estado de energía $n = 3$ o superior al estado $n = 2$.

¿Lo comprendes?

Describe las transiciones de los electrones que conducen a líneas visibles en el espectro de emisión del hidrógeno.

EJEMPLO Problema 4

NIVELES DE ENERGÍA Para que un electrón en un átomo de hidrógeno se mueva del nivel energético más bajo ($n = 1$) al segundo nivel energético ($n = 2$), el átomo debe absorber energía. Determina la energía del primer y segundo nivel energético y la energía que absorbe el átomo.

1 ANALIZAR Y PLANTEAR EL PROBLEMA

- Haz un diagrama de los niveles energéticos E_1 y E_2.
- Indica la dirección de la energía en aumento en el diagrama.

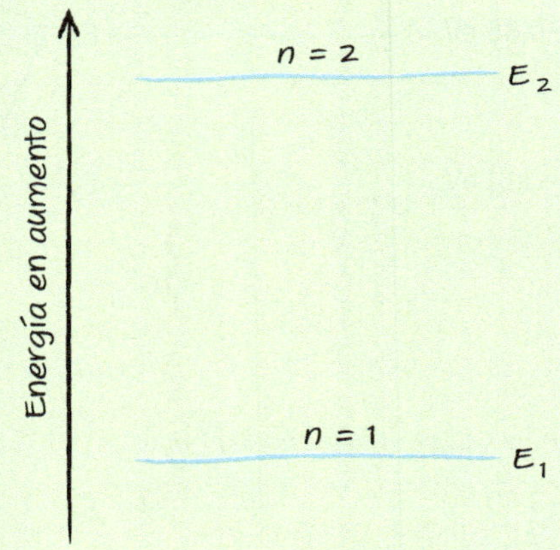

Datos conocidos
cantidad cuántica del nivel energético fundamental, $n = 1$
cantidad cuántica del segundo nivel energético, $n = 2$

Incógnita
energía de nivel $E_1 = ?$
energía de nivel $E_2 = ?$
diferencia de energía, $\Delta E = ?$

2 HALLAR LA INCÓGNITA

Use el número cuántico principal para calcular la energía de cada nivel.

$$E_n = -13.6 \text{ eV} \times \frac{1}{n^2}$$

$$E_1 = -13.6 \text{ eV} \times \frac{1}{(1)^2}$$ Sustituye $n = 1$.

$$= -13.6 \text{ eV}$$

$$E_2 = -13.6 \text{ eV} \times \frac{1}{(2)^2}$$ Sustituye $n = 2$.

$$= -3.40 \text{ eV}$$

La energía que absorbe el átomo, ΔE, es igual a la diferencia de energía entre el nivel energético final del átomo, E_f, y el nivel energético inicial del átomo, E_i.

$$\Delta E = E_f - E_i$$

$$= E_2 - E_1$$ Sustituye $E_f = E_2$, $E_i = E_1$.

$$= -3.40 \text{ eV} - (-13.6 \text{ eV})$$ Sustituye $E_2 = -3.40$ eV, $E_1 = -13.6$ eV.

$$= 10.2 \text{ eV}$$ Se absorbe la energía.

3 EVALUAR LA RESPUESTA

- **¿Son correctas las unidades?** Los valores energéticos orbitales se deben medir en electronvoltios.
- **¿Es correcto el signo?** La diferencia de energía es positiva cuando los electrones se mueven de los niveles energéticos más bajos a los niveles más altos.
- **¿Es realista la magnitud?** La energía necesaria para mover un electrón del primer nivel energético al segundo debe ser de aproximadamente 10 eV, y así es.

PRÁCTICA Problemas

PRÁCTICA ADICIONAL

33. Calcula las energías del segundo, tercer y cuarto nivel energético en el átomo de hidrógeno.

34. Calcula la diferencia de energía entre E_3 y E_2 en el átomo de hidrógeno.

35. Calcula la diferencia de energía entre E_4 y E_2 en el átomo de hidrógeno.

36. DESAFÍO En el texto se muestra la solución de la ecuación $r_n = \frac{h^2 n^2}{4\pi^2 K m_e e^2}$ para $n = 1$, el radio orbital más profundo del átomo de hidrógeno. Observa que con la excepción de n^2, todos los factores en la ecuación son constantes. El valor de r_1 es 5.3×10^{-11} m, o 0.053 nm. Con esta información, calcula los radios del segundo, tercer y cuarto nivel energético en el átomo de hidrógeno.

EJEMPLO Problema 5

FRECUENCIA Y LONGITUD DE ONDA DE FOTONES EMITIDOS Un electrón excitado en un átomo de hidrógeno cae del segundo nivel energético ($n = 2$) al primer nivel energético ($n = 1$). Calcula la energía y la longitud de onda del fotón emitido. Usa los valores de E_1 y E_2 del problema 4.

1 ANALIZAR Y PLANTEAR EL PROBLEMA

- Haz un diagrama de los niveles energéticos E_1 y E_2.
- Indica la dirección de la energía en aumento y muestra la emisión de un fotón en el diagrama.

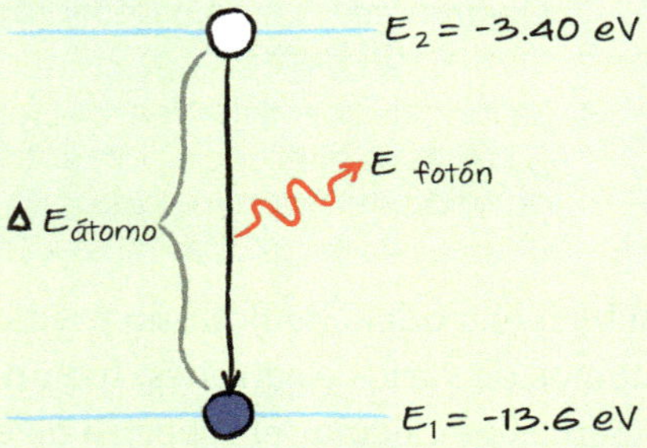

Datos conocidos	**Incógnita**
energía de nivel $E_1 = -13.6$ eV	frecuencia, $f = ?$
energía de nivel $E_2 = -3.40$ eV	longitud de onda, $\lambda = ?$
	diferencia de energía, $\Delta E = ?$

2 HALLAR LA INCÓGNITA

La energía del fotón emitido es igual a $-\Delta E$, la disminución de energía del nivel energético inicial (E_i) al nivel energético final (E_f).

$-\Delta E = E_i - E_f$

$= E_2 - E_1$ Sustituye $E_f = E_1$, $E_i = E_2$.

$= -3.40 \text{ eV} - (-13.6 \text{ eV})$ Sustituye $E_1 = -13.6$ eV, $E_2 = -3.40$ eV.

$= 10.2$ eV Se emite energía.

Para determinar la longitud de onda del fotón, usa la relación entre la energía, la frecuencia y la longitud de onda.

$\Delta E = hf$, entonces $f = \frac{\Delta E}{h}$ Resuelve la ecuación de energía del fotón para la frecuencia.

$c = \lambda f$, entonces $\lambda = \frac{c}{f}$ Resuelve la ecuación de longitud de onda y frecuencia para la longitud de onda.

$\lambda = \frac{c}{(\Delta E/h)}$ Sustituye $f = \frac{\Delta E}{h}$.

$= \frac{hc}{\Delta E}$

$= \frac{1240 \text{ eV·nm}}{10.2 \text{ eV}}$ Sustituye $hc = 1240$ eV·nm, $\Delta E = 10.2$ eV.

$= 122$ nm

3 EVALUAR LA RESPUESTA

- **¿Son correctas las unidades?** La energía se mide en electronvoltios. El prefijo *nano* modifica la unidad básica del sistema internacional, el metro, que es la unidad correcta para la longitud de onda.
- **¿Son correctos los signos?** La energía se libera cuando el átomo emite un fotón durante la transición del segundo nivel energético al primero; así, la diferencia de energía es negativa.
- **¿Es realista la magnitud?** La energía liberada en esta transición produce luz en la región ultravioleta por debajo de 400 nm.

PRÁCTICA Problemas

PRÁCTICA ADICIONAL

37. Halla la longitud de onda de la luz emitida en los problemas de práctica 34 y 35. ¿Qué líneas en la **Imagen 18** corresponden a cada transición?

38. Para una transición particular, la energía de un átomo de mercurio cae de 8.82 eV a 6.67 eV.

a. ¿Cuál es la energía del fotón emitida por el átomo de mercurio?

b. ¿Cuál es la longitud de onda del fotón emitida por el átomo de mercurio?

39. DESAFÍO El nivel fundamental de un ion de helio es −54.4 eV. Una transición al nivel fundamental emite un fotón de 304 nm. ¿Cuál es la energía del estado excitado?

FÍSICA Desafío

Verifica las limitaciones del modelo de Bohr mediante un análisis de la transición de un electrón en un átomo de neón. A diferencia de un átomo de hidrógeno, un átomo de neón tiene diez electrones. Uno de estos electrones realiza una transición entre los estados energéticos $n = 5$ y $n = 3$, y emite un fotón en el proceso.

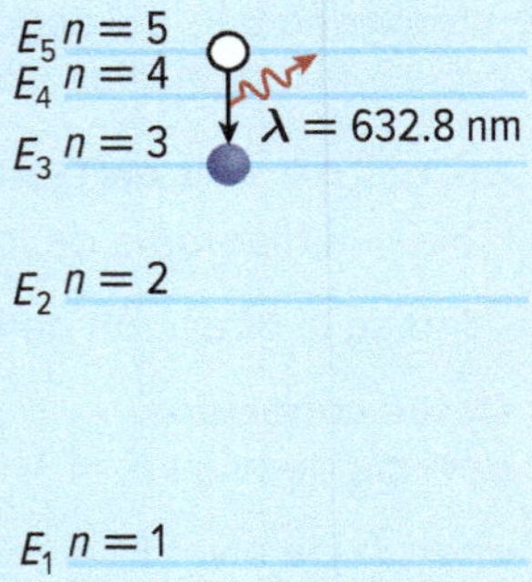

1. Si suponemos que el electrón del átomo de neón se puede tratar como un electrón en un átomo de hidrógeno, ¿qué energía del fotón predice el modelo de Bohr?
2. Si suponemos que el electrón del átomo de neón se puede tratar como un electrón en un átomo de hidrógeno, ¿qué longitud de onda del fotón predice el modelo de Bohr?
3. La longitud de onda real del fotón emitido durante la transición es de 632.8 nm. ¿Cuál es la diferencia porcentual de la predicción del modelo de Bohr y la longitud de onda del fotón medida?

Si bien el modelo de Bohr no predice correctamente las energías de los electrones para los átomos de varios electrones, fue un gran paso hacia la comprensión de la estructura atómica. Además de calcular el espectro de emisión, Bohr y sus estudiantes pudieron calcular la energía de ionización de un átomo de hidrógeno. Esta es la energía necesaria para liberar por completo a un electrón del átomo. El valor calculado coincidió estrictamente con los datos experimentales. Además de las energías de ionización, el modelo brindó una explicación de algunas propiedades químicas de los elementos al proponer la idea de que cada elemento tiene una disposición única de electrones, que es la base de gran parte de nuestro conocimiento sobre reacciones y enlaces químicos. Niels Bohr recibió el premio Nobel en 1922 por sus aportes al conocimiento del átomo.

Verifica tu progreso

40. **Absorción de fotones** Explica cómo se conserva la energía cuando un átomo absorbe un fotón de luz.

41. **Modelo nuclear de Rutherford** Resume la estructura del átomo según el modelo nuclear de Rutherford.

42. **Espectro de absorción** El espectro de absorción de una muestra de gas hidrógeno se ve en la **imagen 24.** Explica cómo se puede determinar el espectro de absorción de un gas. Describe las razones del aspecto del espectro.

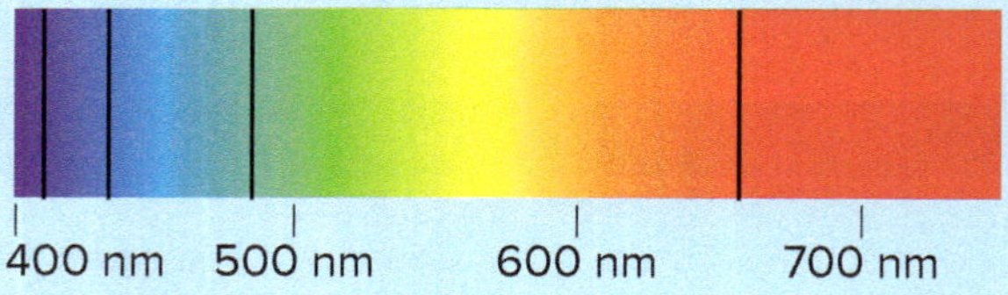

Imagen 24

43. **Espectros** ¿En qué se diferencian los espectros de emisión de los sólidos incandescentes y los gases atómicos? ¿En qué se parecen?

44. **Radio orbital** Un ion de helio se comporta como un átomo de hidrógeno. El radio del nivel energético más bajo del ion es 0.0265 nm. Según el modelo de Bohr, ¿cuál es el radio del segundo nivel energético?

45. **Modelo de Bohr** Se detectó la transición del hidrógeno desde el nivel energético 101 al 100. ¿Cuál es la longitud de onda de la radiación? ¿Dónde está esta emisión en el espectro electromagnético?

46. **Pensamiento crítico** El núcleo de un átomo de hidrógeno tiene un radio de aproximadamente 1.5×10^{-15} m. Si construyes un modelo del átomo con una pelota ($r = 5$ cm) para representar el núcleo, ¿dónde ubicarías un electrón en la órbita $n = 1$ de Bohr? ¿Estaría en tu salón de clases?

LECCIÓN 4

MODELO CUÁNTICO DEL ÁTOMO

PREGUNTA DE ENFOQUE

¿Cómo funcionan los láseres?

De órbitas a una nube de electrones

El modelo de Bohr de órbitas de electrones cuantizados no pudo predecir correctamente las energías de los electrones para los átomos con más de un electrón. Recuerda que De Broglie propuso que las partículas tienen propiedades de las ondas. La longitud de onda de una partícula de De Broglie con momento mv es $\lambda = \frac{h}{mv}$, y el momento angular es $mvr = \frac{hr}{\lambda}$. Por lo tanto, la condición necesaria de momento angular cuantizado de Bohr, $mvr = \frac{nh}{2\pi}$, se puede escribir $\frac{hr}{\lambda} = \frac{nh}{2\pi}$ o $2\pi r = n\lambda$.

La **Imagen 25** ilustra esta relación de que la circunferencia de la órbita de Bohr ($2\pi r$) debe ser igual a un múltiplo de número entero (n) de las longitudes de onda de De Broglie (λ).

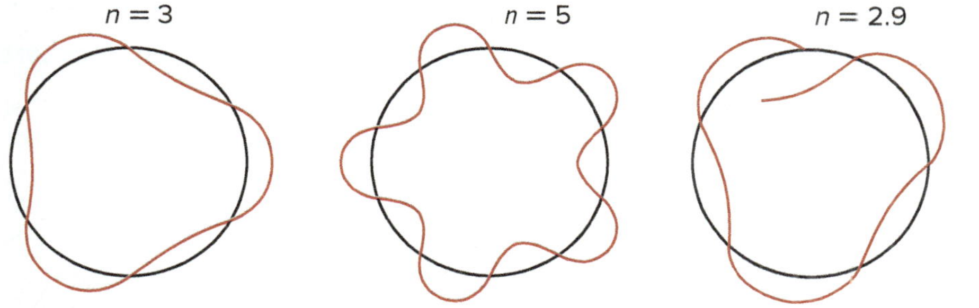

Imagen 25 En el modelo atómico de Bohr, las órbitas de electrones estables alrededor del núcleo deben tener una circunferencia igual al múltiplo de un número entero (n) de las longitudes de onda de De Broglie.

PENSAMIENTO 3D DCI Ideas centrales disciplinarias CCC Conceptos interdisciplinarios SEP Prácticas de ciencia e ingeniería

REUNIR EVIDENCIA

Usa el Cuaderno de ciencias para registrar la evidencia que reúnas mientras completas las lecturas y las actividades de la lección.

INVESTIGAR

CONÉCTATE para hallar estas actividades y más recursos.

Poner en práctica: Comunicar información sobre múltiples tecnologías

HS-PS4-5. Comunica información técnica acerca de cómo algunos dispositivos tecnológicos aplican los principios del comportamiento de las ondas y sus interacciones de las ondas con la materia para transmitir y captar información y energía.

En 1926, el físico austríaco Erwin Schrödinger amplió el modelo de ondas de De Broglie para crear una teoría cuántica de las partículas, como los electrones, en base a las ondas. Sin embargo, el electrón en sí mismo no es una onda. La onda describe la probabilidad de hallar un electrón en una ubicación en particular o de tener un momento o energía determinados.

Principio de incertidumbre aplicado a la teoría atómica Heisenberg propuso que es imposible medir con exactitud tanto la posición como el momento de una partícula al mismo tiempo. Solo se pueden conocer de forma aproximada. Basado en las ideas de Heisenberg, el **modelo cuántico** moderno del átomo predice solo la probabilidad de que haya un electrón en una región específica. Predice que la distancia más probable entre el electrón y el núcleo para un átomo de hidrógeno es igual al radio que predijo el modelo de Bohr.

Se puede calcular la probabilidad de que el electrón esté en cualquier radio específico, y una gráfica tridimensional luego mostrará regiones de igual probabilidad. La región en la que existe una alta probabilidad de hallar el electrón se denomina **nube de electrones.** En la **Imagen 26** se muestra un corte a través de la nube de electrones para los dos estados energéticos más bajos de un átomo de hidrógeno.

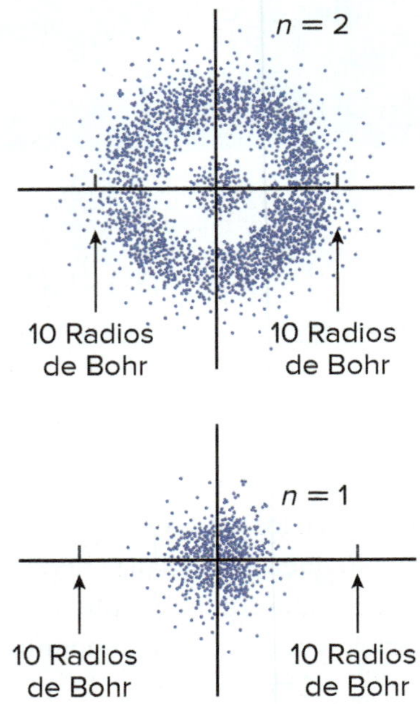

Imagen 26 La densidad de los puntos en estas gráficas corresponde a la probabilidad de hallar un electrón en un átomo de hidrógeno en el primer y segundo nivel energético.

¿Lo comprendes?

Explica el significado de la nube de electrones.

Si bien el modelo cuántico del átomo es difícil de visualizar, fue un éxito inicial en el desarrollo de la **mecánica cuántica,** el estudio de las propiedades de las ondas de la materia. Se utilizó para desarrollar químicos, celdas de energía solar y medicamentos. Y ayudó a analizar los detalles de la emisión y la absorción de la luz de los átomos, lo que condujo al desarrollo de un nuevo tipo de fuente de luz.

Láseres

Gran parte de la luz que ves es una mezcla de ondas descoordinadas con muchas longitudes de onda diferentes. La luz que emite una fuente incandescente como una bombilla con filamentos tiene un espectro de longitudes de onda, mientras que la luz que produce un gas atómico consta de solo algunas longitudes de onda específicas. La luz de cada una de estas fuentes viaja en todas las direcciones. Las ondas no necesariamente se encuentran en el mismo punto en su ciclo al mismo tiempo. Estas ondas de luz desfasadas se denominan luz incoherente. Las ondas que se encuentran en fase se denominan coherentes, y se conocen como luz coherente. Ambos tipos de ondas se muestran en la **Imagen 27.**

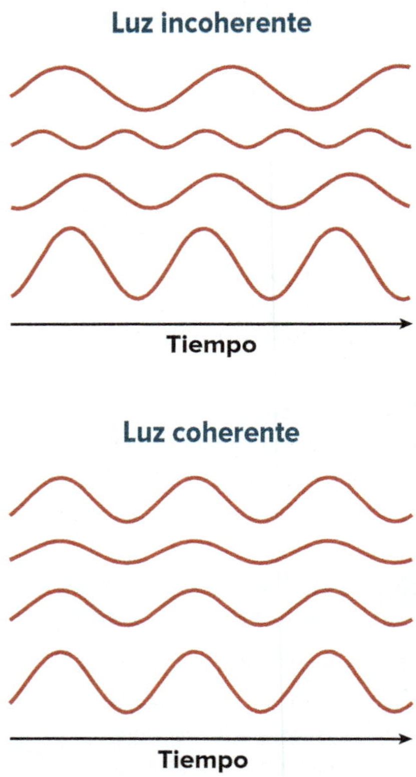

Imagen 27 La luz coherente está en fase cuando cada onda está en el mismo lugar en su ciclo al mismo tiempo.

Los átomos que se mueven de un estado energético más alto a un estado energético más bajo emiten luz. Hasta ahora, aprendiste dos maneras en las que los átomos se excitan al estado energético más alto: la excitación térmica y el choque de electrones. En un tercer proceso, un fotón con la energía correcta exacta puede chocar con un átomo y excitarlo. En un láser, este proceso produce una luz intensa y coherente.

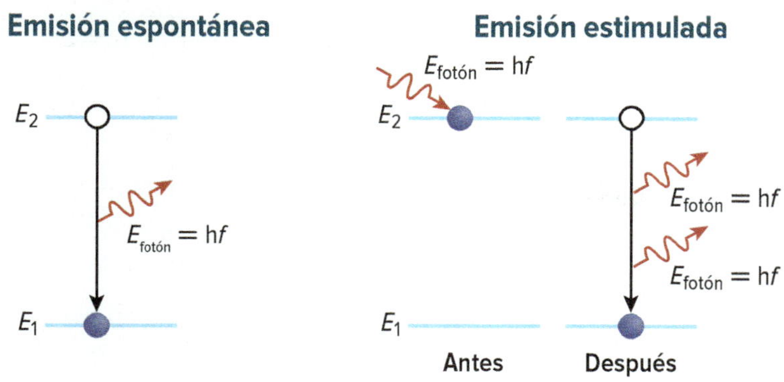

Imagen 28 La emisión espontánea ocurre cuando un electrón en un átomo cae de un estado excitado al nivel fundamental, y emite un fotón. Durante la emisión estimulada, un fotón con energía $E_2 - E_1$ golpea a un átomo excitado. El átomo cae al nivel fundamental y emite dos fotones. Los dos tienen la misma energía: $E_{fotón} = E_2 - E_1$.
Compara *las longitudes de onda del fotón incidente y el emitido.*

Emisión espontánea y estimulada ¿Qué ocurre cuando un átomo está en un estado excitado? Después de poco tiempo, suele regresar al nivel fundamental, y emite un fotón de la misma energía que absorbió, como se muestra a la izquierda en la **Imagen 28.** Este proceso se denomina emisión espontánea.

En 1917, Einstein consideró lo que le ocurre a un átomo ya en un estado excitado que es alcanzado por un fotón con una energía igual a la diferencia de energía entre el estado excitado y el nivel fundamental. Demostró que el átomo, mediante un proceso conocido como **emisión estimulada,** regresa al nivel fundamental y emite un fotón con una energía igual a la diferencia de energía entre los dos estados. El fotón que provocó, o estimuló, la emisión no se ve afectado. Los dos fotones que salen del átomo no solo tendrán la misma frecuencia, sino que estarán en sintonía, o serán coherentes, como se muestra a la derecha en la **Imagen 28.** Cualquiera de los dos fotones ahora puede golpear otros átomos excitados, y por lo tanto producir fotones adicionales que están en sintonía con los fotones originales. Este proceso puede continuar y producir una avalancha de fotones, todos de la misma longitud de onda y en fase.

¿Lo comprendes?
Compara los dos fotones emitidos por emisión estimulada.

Para que ocurra este proceso, se deben cumplir determinadas condiciones. Primero, debe haber otros átomos en estado excitado. Segundo, los átomos deben permanecer excitados lo suficiente para que los alcance un fotón. Tercero, los fotones deben estar contenidos para poder alcanzar a otros átomos excitados. En 1960, se inventó un dispositivo llamado **láser** que satisfacía todas las condiciones necesarias para producir luz coherente. La palabra láser es un acrónimo del inglés que significa luz amplificada por emisión estimulada de radiación. Se dice que un átomo que emite luz cuando se estimula en un láser dirige un rayo láser.

Excitación de átomos Se puede excitar, o bombear, los átomos en un láser. Es posible bombear los átomos mediante un rayo de luz intenso con una longitud de onda más corta que la del láser. Los fotones de longitud de onda más corta y energía más alta que produce el rayo chocan con los átomos láser y los excitan. Cuando uno de los átomos excitados se deteriora a un estado energético más bajo con la emisión de un fotón, comienza la avalancha de fotones. Esto provoca la emisión de un rayo breve, o pulso, de luz láser. Por otra parte, los átomos láser se pueden excitar debido a choques con otros átomos. En los láseres de helio-neón que suelen verse en los salones de clase de ciencias, una descarga eléctrica excita a los átomos de helio. Estos átomos excitados chocan contra los átomos de neón, los llevan a un estado excitado y los hacen emitir rayos láser. La luz láser que resulta de este proceso es un rayo continuo en lugar de rayos pulsados.

Láser Los átomos láser y sus fotones emitidos están contenidos dentro de una cavidad con espejos paralelos en cada extremo, uno de los cuales solo permite el ingreso de cerca del 1% de la luz. Los fotones emitidos hacia los espejos vuelven a reflejarse en el gas y chocan contra más átomos que liberan más fotones. Dado que todos los fotones estimulados se emiten en sintonía con los fotones que chocan con los átomos, la luz láser es coherente. La luz también puede ser de una longitud de onda, o monocromática. Los espejos paralelos producen un haz intenso altamente direccional con un diámetro pequeño. El haz diverge muy poco y se puede enfocar hacia un punto sutil. Por último, la emisión estimulada se puede activar y desactivar para producir pulsos de luz breves y de alta potencia. Estas características de la luz láser la hacen particularmente adecuada para muchas aplicaciones diferentes.

Aplicaciones del láser

Si utilizaste un reproductor de CD, DVD o Blu-ray, entonces usaste un láser. Estos láseres, como los usados en los punteros láser, están hechos de sólidos semiconductores. El láser en un reproductor de CD consta de capas de arseniuro de galio (GaAs) y arseniuro de aluminio y galio (GaAlAs). La capa de láser solo tiene un espesor de 200 nm, y cada lado del cristal solo mide entre 1 y 2 mm de largo. Una corriente eléctrica bombea los átomos en el sólido semiconductor, y los fotones que se obtienen se amplifican mientras rebotan entre los extremos brillantes del cristal. Los rayos láser de longitud de onda más corta, como los del reproductor de DVD que se muestra en la **Imagen 29,** se pueden enfocar en lugares más pequeños. Esto permite que los DVDs almacenen más datos que los CDs. Los reproductores de Blu-ray utilizan láseres de longitud de onda incluso más corta que los del DVD para poder almacenar cinco veces más datos que los DVDs. Dado que los rayos láser son angostos y altamente direccionales, los topógrafos los utilizan para verificar la rectitud de tuberías.

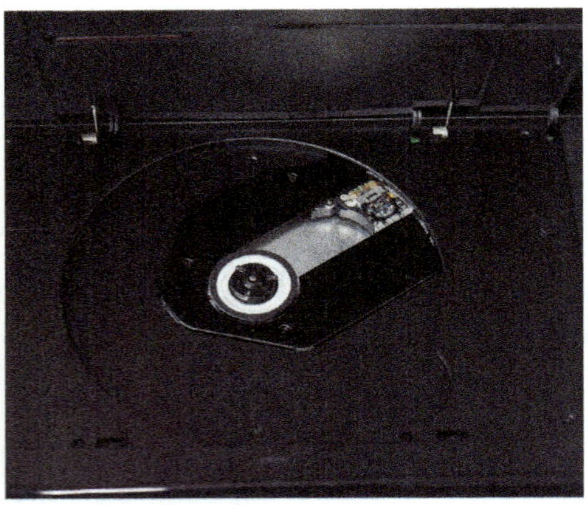

Imagen 29 El láser en este reproductor de DVD emite luz con una longitud de onda de aproximadamente 650 nm.

¿Lo comprendes?

Identifica las características de la luz láser que la hacen que sea adecuada para su uso en la topografía y en la medición de distancias largas.

Como los láseres emiten ráfagas de luz tan breves como 10^{-15} s, se usan para investigar cambios muy rápidos en las estructuras de los átomos o las moléculas. Otros científicos intentan producir energía de plasmas de alta temperatura utilizando láseres muy grandes que producen pulsos petavatios (10^{15} watts). La **Tabla 2** en la página siguiente resume varias aplicaciones de los láseres.

Conexión con carreras STEM

Enfermero matriculado

¿Te gusta ayudar a las personas? ¿Te gustaría trabajar con láseres? La relación entre los láseres y la enfermería podría no ser tan evidente, pero los láseres tienen muchos usos para mejorar la salud y el bienestar de los pacientes. Bajo la supervisión de un médico, los enfermeros matriculados aplican láseres para eliminar "arañas" vasculares, vello o tatuajes no deseados.

Tabla 2 Aplicaciones del láser

Comunicaciones de fibra óptica

La luz láser normalmente se suele utilizar en las comunicaciones de fibra óptica. Esta tecnología se basa en el conocimiento de las ondas y sus interacciones con la materia. Un cable de fibra óptica utiliza la reflexión interna total para transmitir luz en distancias largas con poca pérdida de energía de la señal. El láser se activa y desactiva con rapidez, y transmite información como una serie de pulsos a través de la fibra. En todo el mundo, las fibras ópticas reemplazaron los cables de cobre para la transmisión de llamadas telefónicas, datos informáticos y señales de televisión.

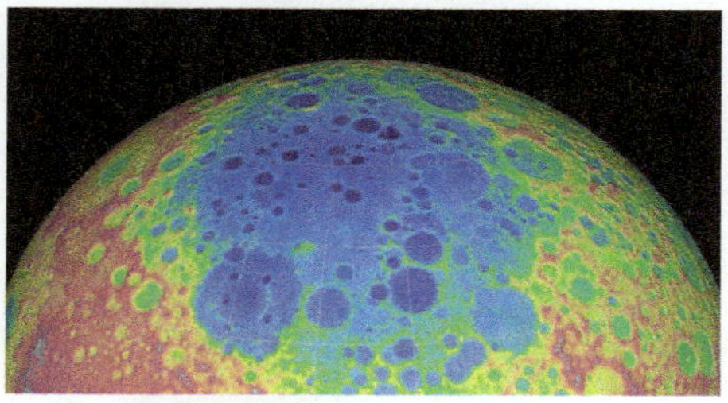

Investigación lunar

El *Orbitador de reconocimiento lunar* apuntó un láser a la superficie de la Luna y registró el tiempo necesario para que la luz del láser rebote en la superficie lunar y regrese al satélite. Los datos recopilados durante esta misión generaron mapas topográficos precisos hasta dentro de los 10 cm. Además de brindar pistas sobre la historia de la Luna, los mapas sirven para elegir lugares de aterrizaje seguros para futuras misiones robóticas y tripuladas a la Luna.

Impresoras láser

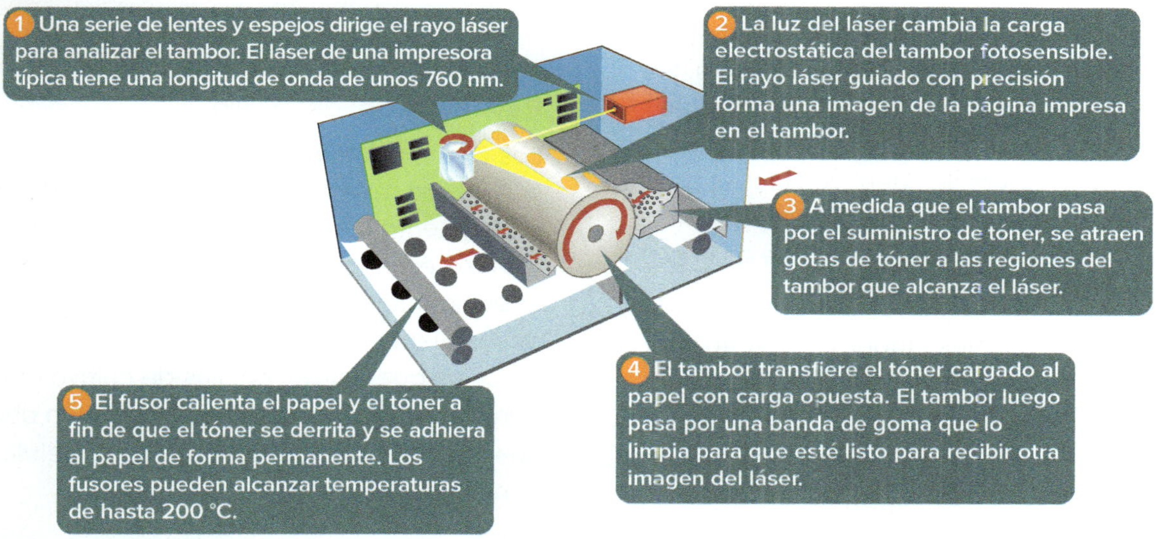

Verifica tu progreso

47. **Limitaciones del modelo de Bohr** Si bien logró predecir con exactitud el comportamiento del hidrógeno, ¿en qué tuvo deficiencias graves el modelo de Bohr?

48. **Bombear átomos** Explica si se puede utilizar la luz verde para bombear un láser rojo. ¿Por qué no se podría utilizar la luz roja para bombear un láser verde?

49. **Luz láser** ¿Cuáles son cuatro características de la luz láser que la hacen útil?

50. **Pensamiento crítico** Imagina que una nube de electrones se reduce a casi el tamaño del núcleo. Aplica el principio de incertidumbre de Heisenberg para explicar por qué este proceso necesitaría la incorporación de una cantidad increíble de energía.

LEARNSMART® Conéctate para cumplir tu plan de aprendizaje personalizado para repasar, practicar y reforzar tu comprensión.

Detectar caries con láser

La mayoría de los estadounidenses adultos han tenido caries. La enfermedad dental también es común en los niños. Las caries en general se tratan con empastes dentales. El tratamiento puede ser doloroso y costoso, además de atemorizante para muchas personas. Algunas personas evitan visitar a su dentista por estos motivos. Sin embargo, la enfermedad dental no tratada también es dolorosa, y el dolor empeora progresivamente sin un tratamiento.

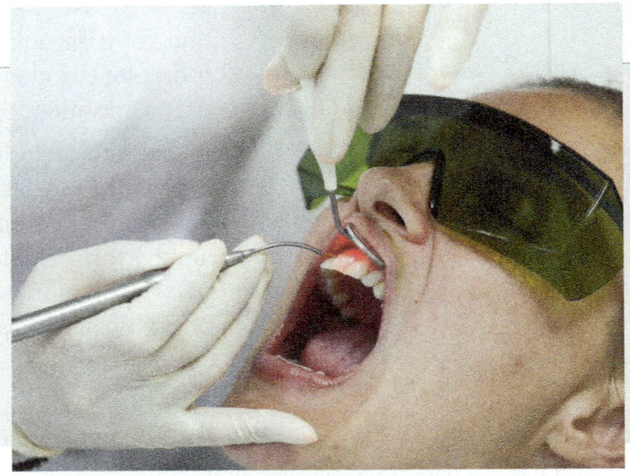

La tecnología láser sirve para detectar caries en los dientes.

Los dentistas suelen diagnosticar las caries mediante rayos X y con inspecciones visuales. No obstante, estos métodos por lo general detectan solo las caries más grandes, que avanzaron durante un tiempo, en las superficies dentales fáciles de ver. No detectan las caries en otras superficies ni el deterioro oculto debajo del esmalte, que es la capa dura en la parte exterior de los dientes.

Ahora, las tecnologías más modernas que aplican la radiación térmica y las ondas de luz facilitan la detección de estas caries. La nueva tecnología utiliza un láser y un sensor. Esta herramienta nueva de diagnóstico mide la forma en que la luz del láser se refleja en el diente. El instrumento envía luz infrarroja que emite calor al diente que se está examinando. Un sensor infrarrojo mide el calor y las ondas de luz que se reflejan, y puede identificar la ubicación de la caries.

Reversión del deterioro

Los científicos también estudian láseres que podrían servir para revertir el deterioro de los dientes. Experimentos realizados en ratas muestran que con los láseres es posible estimular la formación de la nueva dentina. La dentina se encuentra en el centro de los dientes y es propensa al deterioro. Otros estudios que utilizan células de cultivo demuestran que los láseres estimulan una reacción que activa una proteína que a su vez activa las células madre para formar la dentina.

USAR UN MODELO PARA DESCRIBIR

Averigua más acerca de cómo se utiliza la tecnología láser para detectar las caries dentales. Resume los resultados en un modelo visual.

MÓDULO 22

GUÍA DE ESTUDIO

CONÉCTATE para estudiar con el Libro de ciencias.

Lección 1 MODELO DE PARTÍCULAS DE ONDAS

- El espectro que emite un objeto depende de la temperatura del objeto y cubre un amplio rango de longitudes de onda. Para explicar el espectro de un objeto, Planck supuso que una partícula puede absorber o emitir solo determinadas energías que son múltiplos enteros de una constate, ahora llamada constante de Planck.
- El efecto fotoeléctrico es la emisión de electrones por parte de determinados metales cuando se exponen a la radiación electromagnética. Para explicar el efecto fotoeléctrico, Einstein postuló que la luz existe en paquetes de energía llamados fotones.
- El efecto Compton demuestra que los fotones tienen momento, según lo predijo Einstein. Si bien los fotones, que viajan a la velocidad de la luz, tienen masa cero, tienen momento y energía. El momento, la frecuencia y la longitud de onda de un fotón se relacionan con la siguiente ecuación:

$$p = \frac{\mathrm{h}f}{\mathrm{c}} = \frac{\mathrm{h}}{\lambda}$$

- espectro de emisión
- cuantizada
- efecto fotoeléctrico
- umbral de frecuencia
- fotón
- función de trabajo
- efecto Compton

Lección 2 ONDAS DE LA MATERIA

- De Broglie sugirió la naturaleza ondulatoria de las partículas y la verificó mediante la difracción de electrones a través de cristales.
- Los aspectos de la partícula y la onda son partes complementarias de toda la naturaleza tanto de la materia como de la luz. El principio de incertidumbre de Heisenberg establece que no es posible medir de forma simultánea la posición exacta y el momento de ninguna partícula de luz o materia.

- longitud de onda de De Broglie
- principio de incertidumbre de Heisenberg

Lección 3 MODELO ATÓMICO DE BOHR

- Ernest Rutherford demostró que un átomo es principalmente un espacio vacío con un núcleo diminuto, masivo y de carga positiva en el centro.
- Los átomos realizan transiciones entre niveles energéticos permitidos y absorben o emiten energía en forma de fotones (ondas electromagnéticas). La energía del fotón es igual a la disminución desde el estado inicial hasta el final del átomo.
- Según el modelo de Bohr, el radio de la órbita de un electrón solo puede tener valores determinados (cuantizados).
- El modelo atómico de Niels Bohr demostró correctamente que la energía de un átomo solo puede tener determinados valores; por lo tanto, está cuantizada. Demostró que la energía de un átomo de hidrógeno en el nivel energético n es igual al producto de −13.6 eV y el recíproco de n^2.

- partículas alfa
- núcleo
- espectro de absorción
- nivel energético
- nivel fundamental
- estado excitado
- número cuántico principal

Lección 4 MODELO CUÁNTICO DEL ÁTOMO

- La energía del átomo tiene solo valores cuantizados específicos. Solo se puede determinar la probabilidad de hallar el electrón en una región específica.
- Los láseres producen luz que es direccional, potente, monocromática y coherente. Cada una de estas propiedades tiene aplicaciones útiles.

- modelo cuántico
- nube de electrones
- mecánica cuántica
- emisión estimulada
- láser

PENSAMIENTO TRIDIMENSIONAL

Conclusión del módulo

REPASA EL FENÓMENO

¿Cómo podría ser útil la manipulación de átomos en la informática del futuro?

CER Afirmación, evidencia, razonamiento

Explicar el razonamiento Repasa la afirmación que hiciste cuando hallaste el fenómeno. Resume la evidencia que reuniste en tus investigaciones y completa la tabla de resumen. ¿Respalda la evidencia tu afirmación? Si no lo hace, repasa tu afirmación. Explica por qué la evidencia respalda tu afirmación.

PROYECTO DE LA UNIDAD STEM

Ahora que completaste el módulo, repasa el proyecto de la unidad STEM. Resume la evidencia y aplícala al proyecto.

PROFUNDIZA

SEP Laboratorio de análisis de datos

¿Puedes analizar el espectro del mercurio?

En la imagen, se ve la proyección del espectro de una lámpara de vapor de mercurio de alta presión en una pared en un cuarto oscuro.

Datos y observaciones

Niveles energéticos para el mercurio	
n	Energía (eV)
1	−10.44
2	−5.77
3	−5.55
4	−4.98
5	−3.73
6	−2.71
7	−2.51
8	−1.90
9	−1.82
10	−1.80
11	−1.61
12	−1.60
13	−1.59
Ionización	0.00

CER Analizar e interpretar datos

1. **Calcula** las diferencias en los niveles energéticos de cada una de las tres líneas visibles e identifica las transiciones.
2. **Afirmación** Después de la emisión de los fotones visibles, el átomo de mercurio continúa emitiendo fotones hasta alcanzar el nivel fundamental. Determina si alguno de estos fotones sería visible.
3. **Evidencia y razonamiento** Usa la imagen y los cálculos que realizaste como evidencia y explica tu razonamiento para justificar tu afirmación.

Franz Himpsel/Univ. of Wisconsin/Science Source

MÓDULO 23

ELECTRÓNICA DE ESTADO SÓLIDO

Andrew Brookes/Corbis

MÓDULO 23
ELECTRÓNICA DE ESTADO SÓLIDO

ENCUENTRA EL FENÓMENO

¿Por qué las computadoras ocupaban una habitación, pero ahora caben en un bolsillo?

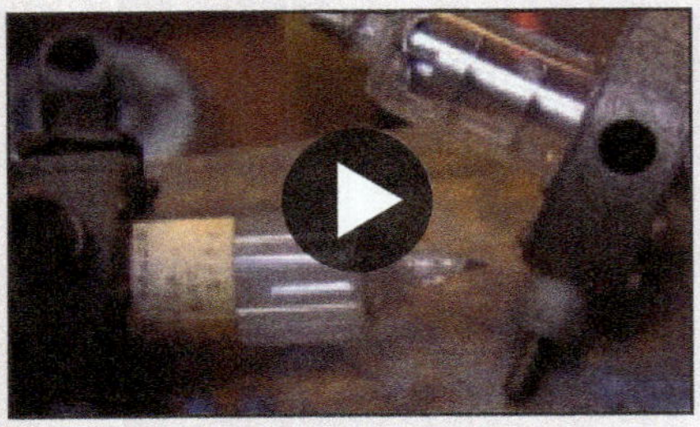

CONÉCTATE para reproducir un video sobre una innovación importante que ayudó a reducir el tamaño de las computadoras.

SEP Hacer preguntas

¿Tienes más preguntas acerca del fenómeno? Si es así, agrégalas al pizarrón de preguntas clave.

CER Afirmación, evidencia, razonamiento

Hacer una afirmación Usa la tabla CER para hacer una afirmación sobre las innovaciones que llevaron a tener computadoras más pequeñas. Explica tu razonamiento.

Reunir evidencia Usa las lecciones del módulo para reunir evidencia que respalde tu afirmación. Registra la evidencia mientras trabajas en el módulo.

Explicar el razonamiento Repasarás tu afirmación y explicarás tu razonamiento al final del módulo.

CONÉCTATE para acceder a la tabla CER y explorar los recursos que te ayudarán a reunir evidencia.

LECCIÓN 1: Explorar y explicar: Conductores y aislantes

LECCIÓN 2: Explorar y explicar: Diodos

Smithsonian

Recursos adicionales

LECCIÓN 1

CONDUCCIÓN EN SÓLIDOS

PREGUNTA DE ENFOQUE

¿Cuál es la diferencia entre conductores, aislantes y semiconductores?

Teoría de bandas de los sólidos

Las cargas eléctricas pueden moverse fácilmente en los conductores, pero no en los aislantes. Un tercer tipo de material, denominado **semiconductor,** actúa como conductor en ciertas circunstancias, y como aislante en otras. A nivel atómico, la diferencia en la manera en la que los semiconductores pueden transmitir las cargas se hace evidente.

Los sólidos cristalinos constan de átomos unidos en ordenaciones regulares, y estos, de un núcleo denso con carga positiva, rodeado de una nube de electrones con carga negativa. Como los electrones pueden ocupar únicamente ciertos niveles energéticos, los cambios de energía se cuantifican; es decir, los cambios de energía ocurren en cantidades específicas o discretas.

Niveles energéticos En casi todas las circunstancias, los electrones de un átomo ocupan el nivel energético más bajo posible, lo que se denomina estado fundamental. Considera la construcción de un sólido mediante la unión de átomos. Comienzas con un átomo en estado fundamental. A medida que el cristal sólido se forma acercando átomos al átomo, los campos eléctricos de los átomos adyacentes afectan los niveles energéticos de sus electrones, como se muestra en la **Imagen 1.**

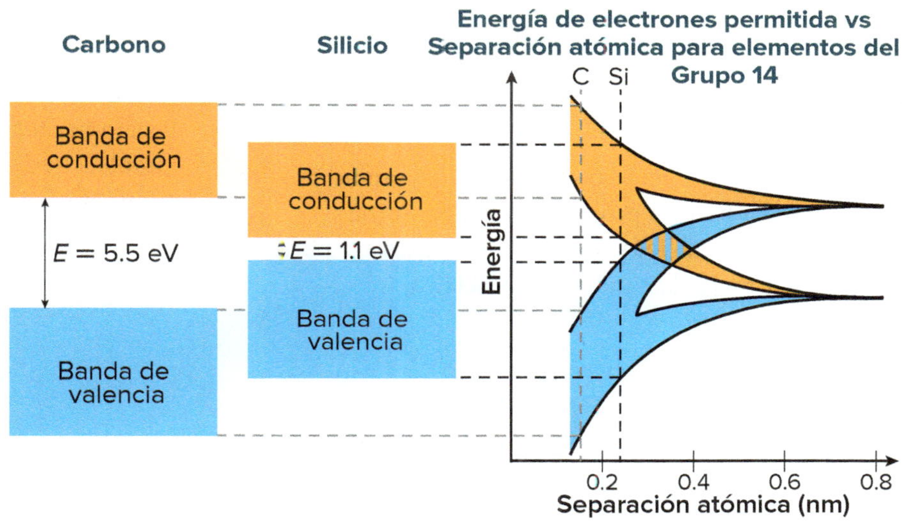

Imagen 1 Los campos eléctricos de los átomos adyacentes dividen los niveles energéticos de un átomo. Por lo tanto, existe una banda prohibida entre las bandas de valencia y conducción.

Calcula *la banda prohibida de un material con una separación atómica de 0.2 nm.*

PENSAMIENTO 3D DCI Ideas centrales disciplinarias CCC Conceptos interdisciplinarios SEP Prácticas de ciencia e ingeniería

REUNIR EVIDENCIA

Usa el Cuaderno de ciencias para registrar la evidencia que reúnas mientras completas las lecturas y las actividades de la lección.

INVESTIGAR

CONÉCTATE para encontrar estas actividades y más recursos.

CCC **Identificar conceptos interdisciplinarios**

Haz una tabla de los conceptos interdisciplinarios con ejemplos que encuentres en la lectura.

Repasar las noticias

Obtén información de una noticia actual sobre semiconductores o componentes electrónicos. Evalúa la fuente y comunica tus descubrimientos a la clase.

En el cristal sólido, los campos eléctricos de los átomos adyacentes dividen los niveles energéticos del estado fundamental del átomo en múltiples niveles. Existen tantos niveles y están tan juntos que no aparecen como niveles separados. Parecen bandas de energía.

Las regiones inferiores de la energía se denominan bandas de valencia y están ocupadas por los electrones de enlace del cristal. Las regiones de energía más elevadas, denominadas bandas de conducción, están disponibles para que los electrones se muevan entre átomos.

¿Lo comprendes?

Explica ¿Cuál es la diferencia entre la banda de valencia y la banda de conducción de un sólido?

Banda prohibida Observa en la **Imagen 1** que las separaciones atómicas para el silicio cristalino y el carbono cristalino (diamante) pueden traducirse en bandas de valencia y de conducción, separadas por bandas prohibidas. Dichas bandas no tienen niveles energéticos disponibles para los electrones.

Esta descripción de bandas de valencia y conducción, separadas por bandas prohibidas, se denomina **teoría de bandas** de los sólidos. Puede utilizarse para comprender mejor la conducción eléctrica.

Conductividad Considera una muestra de silicio. En cero absoluto, la banda de valencia del silicio estaría totalmente llena y la banda de conducción estaría totalmente vacía. Pero a temperatura ambiente, algunos de los electrones de valencia tienen suficiente energía térmica como para saltar la brecha de 1.1-eV hasta la banda de conducción y actuar como conductores de carga. Cuando la temperatura aumenta y más electrones acumulan energía suficiente como para saltar la brecha, la conductividad del silicio aumenta.

La conductividad también depende del tamaño de la banda prohibida. Cuanto más pequeña es, menos energía se requiere para mover los electrones de la banda de valencia a la banda de conducción. Por lo tanto, cuanto más pequeña es la banda, mejor conductor es el material, como se muestra en la **Imagen 2.**

Por ejemplo, el silicio cristalino tiene una banda prohibida mucho más pequeña que el diamante. Es mejor conductor porque se requiere menos energía para mover los electrones a la banda de conducción.

El germanio tiene una banda prohibida todavía menor, de 0.7 eV. Por eso, es mejor conductor que el silicio a cualquier temperatura dada. Sin embargo, esto también implica que el germanio es demasiado sensible a la temperatura en muchas aplicaciones electrónicas. Los cambios de temperatura relativamente pequeños producen grandes cambios en su conductividad, por lo que es más difícil de controlar y de mantener estable.

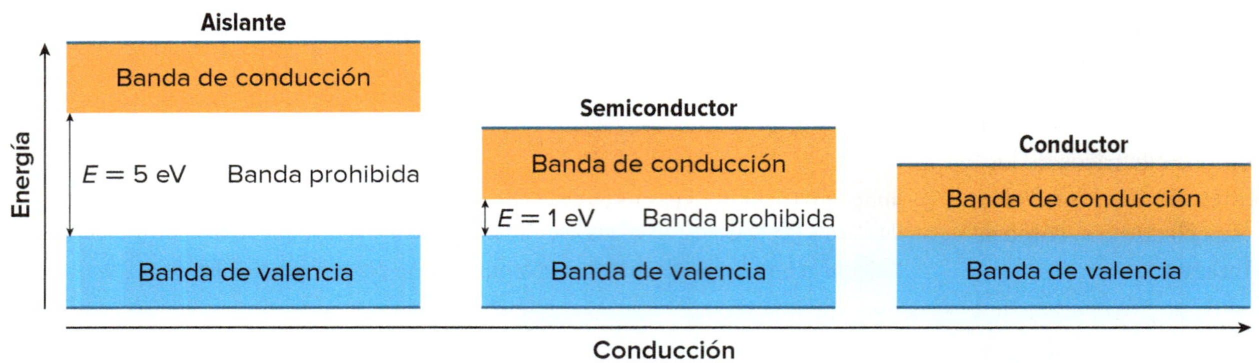

Imagen 2 La conductividad de un material aumenta en la medida en la que disminuye la banda prohibida.
Explica *por qué una banda prohibida pequeña es más deseable que una banda prohibida grande en el caso de un conductor.*

¿Lo comprendes?

Explica ¿Cómo describirías la conductividad del material al inicio de este módulo?

Imagen 3 En un conductor, como un cable, algunos electrones están en la banda de conducción. Dichos electrones pueden moverse entre átomos. Los electrones se mueven al azar, pero si se aplica un campo al cable, los electrones se desplazan hacia un extremo.

Conductores y aislantes

Cuando se coloca una diferencia de potencial en un material, el campo eléctrico resultante ejerce una fuerza sobre los electrones y trabaja sobre ellos. Los electrones se aceleran y obtienen energía. Si hay bandas parcialmente llenas en el material, hay niveles energéticos disponibles que son levemente más altos que los niveles fundamentales de los electrones. En consecuencia, los electrones que obtienen energía del campo pueden moverse de un átomo al siguiente.

Dicho movimiento de electrones de un átomo al siguiente constituye una corriente eléctrica. El proceso completo se denomina conducción eléctrica. Cuanto más fácilmente se mueven las cargas, más conductor es el material. Dado que la conductividad es recíproca de la resistividad, a medida que se reduce la conductividad de un material, aumenta su resistividad.

Conductores Los materiales con bandas parcialmente llenas, como el cobre, conducen la electricidad con facilidad. El plomo tiene una separación interatómica de 0.27 nm. La separación que se muestra en la gráfica de la **Imagen 1** se traslada a la banda de conducción que se superpone a la banda de valencia; el plomo es un buen conductor. Los materiales con bandas parcialmente llenas y superpuestas son conductores, como se muestra en la **Imagen 3.**

Los electrones libres en los conductores se mueven con mayor rapidez, de manera aleatoria, y cambian de dirección cuando chocan con los núcleos de los átomos. Sin embargo, si se coloca un campo eléctrico a lo largo del cable, habrá una fuerza neta que empuje los electrones en una dirección.

Su movimiento no se ve afectado significativamente, pero tienen un movimiento lento determinado por el campo eléctrico, como muestra la **Imagen 3.** Los electrones siguen moviéndose dentro del cable con velocidades de 10^6 m/s en direcciones aleatorias. Aunque el movimiento aleatorio es muy rápido, pueden haberse desplazado a velocidades de solo 10^{-3} m/s o menos hacia el extremo positivo del cable. Este modelo de movimiento de electrones en conductores se denomina modelo del gas de electrones. Si la temperatura del conductor aumenta, la velocidad de los electrones aumenta. Los electrones colisionan más frecuentemente con los núcleos de los átomos, y la conductividad se ve reducida.

Aislantes En un material aislante, la banda de valencia está llena ya que la banda de conducción está vacía. Como muestra la **Imagen 4,** un electrón debe obtener una gran cantidad de energía para pasar al siguiente nivel energético. En un aislante, el nivel energético más bajo de la banda de conducción es de 5 a 10 eV por encima del nivel energético más alto de la banda de valencia, como muestra la **Imagen 4.** Existe al menos una brecha de 5-eV de energías que no pueden ocupar los electrones.

¿Lo comprendes?

Explica por qué los aislantes no conducen cargas eléctricas.

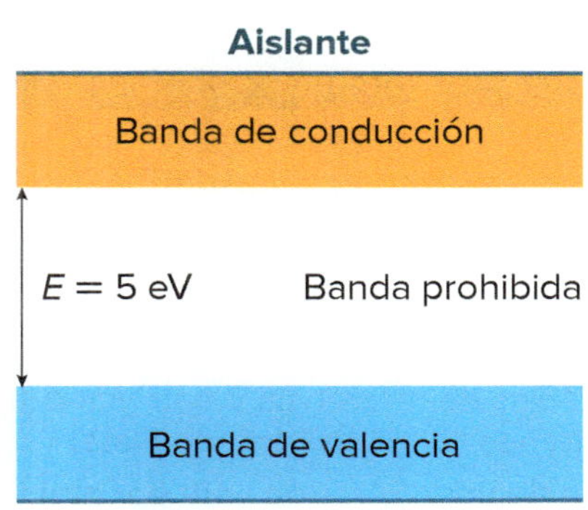

Imagen 4 La banda prohibida de un aislante es lo suficientemente grande como para que algunos electrones, si los hubiera, tengan suficiente energía térmica para llegar a la banda de conducción.

Los electrones de un aislante tienen energía cinética como consecuencia de su energía térmica. Sin embargo, la energía cinética promedio de dichos electrones a temperatura ambiente no es suficiente para que salten la banda prohibida. Si se coloca un pequeño campo eléctrico sobre un aislante, casi ningún electrón ganará suficiente energía como para llegar a la banda de conducción. Por lo tanto, no hay corriente. Los electrones de un aislante deben recibir una gran cantidad de energía para llegar a la banda de conducción. En consecuencia, los electrones de un aislante tienden a permanecer en su lugar, y el material no conduce electricidad. A menudo, los aislantes se utilizan para recubrir los cables conductores para que los circuitos no entren en cortocircuito.

EJEMPLO Problema 1

DENSIDAD DE LOS ELECTRONES LIBRES EN UN CONDUCTOR ¿Cuántos electrones libres existen en un centímetro cúbico de cobre? Cada átomo aporta un electrón. La densidad, la masa atómica y la cantidad de átomos por molar de cobre figuran en las tablas de referencia.

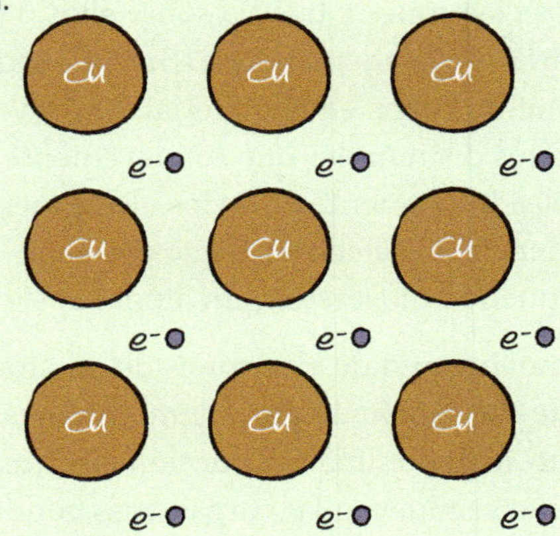

1 ANALIZAR EL PROBLEMA

Identifica los datos conocidos utilizando las tablas de referencia.

Datos conocidos

Para el cobre: 1 e^- libre por átomo

$\rho = 8.92\ \text{g/cm}^3$

$M = 63.55\ \text{g/mol}$

$N_A = 6.02{\times}10^{23}$ átomos/mol

Incógnita

e^- libre/cm^3 = ?

2 HALLAR LA INCÓGNITA

$$\frac{e^-\text{ libre}}{\text{cm}^3} = \frac{(e^-\text{ libre})}{\text{átomo}}(N_A)\left(\frac{1}{M}\right)(\rho)$$

$$= \left(\frac{1\ e^-\text{ libre}}{1\text{ átomo}}\right)\left(\frac{6.02{\times}10^{23}\text{ átomos}}{1\text{ mol}}\right)\left(\frac{1\text{ mol}}{63.55\text{ g}}\right)\left(\frac{8.92\text{ g}}{1\text{ cm}^3}\right)$$

Substituye e^- libre/átomo = 1 e^- libre/átomo, $N_A = 6.02{\times}10^{23}$ átomos/mol, $M = 63.55$ g/mol, $\rho = 8.92$ g/cm^3.

$$= 8.45{\times}10^{22}\ e^-\text{ libre/cm}^3 \text{ en el cobre}$$

3 EVALUAR LA RESPUESTA

- **¿Son correctas las unidades?** El análisis dimensional de las unidades confirma la cantidad de electrones libres por centímetro cúbico.
- **¿Es realista la magnitud?** Se espera una gran cantidad de electrones en un centímetro cúbico.

PRÁCTICA Problemas

PRÁCTICA ADICIONAL

1. El zinc, con una densidad de 7.14 g/cm^3 y una masa atómica de 65.38 g/mol, tiene dos electrones libres por átomo. ¿Cuántos electrones libres hay en cada centímetro cúbico de zinc?
2. La plata tiene un electrón libre por átomo. Utiliza las Tablas de referencia y determina la cantidad de electrones libres en 1 cm^3 de plata.
3. El oro tiene un electrón libre por átomo. Utiliza las Tablas de referencia y determina la cantidad de electrones libres en 1 cm^3 de oro.
4. El aluminio tiene tres electrones libres por átomo. Utiliza las Tablas de referencia y determina la cantidad de electrones libres en 1 cm^3 de aluminio.
5. **DESAFÍO** La punta del Monumento a Washington está hecha de aluminio porque era un metal raro y costoso en el siglo XIX. Utiliza el problema 4 y determina la cantidad de electrones libres de la punta del Monumento a Washington. La cantidad de aluminio es 2835 g.

Semiconductores

Hemos categorizado materiales como conductores o aislantes. Pero existen materiales denominados semiconductores que no caben estrictamente en ninguna de las dos categorías. Como ya se indicó, los electrones se mueven más libremente en los semiconductores que en los aislantes pero no tan fácilmente como en los conductores. La banda prohibida entre las bandas de valencia y de conducción de un semiconductor es de aproximadamente 1 eV, como muestra la **Imagen 5.** La estructura de un semiconductor explica sus características conductivas. Los átomos de los semiconductores más comunes, el silicio (Si) y el germanio (Ge), tienen cuatro electrones de valencia. Esos cuatro electrones unen los átomos en un cristal sólido. Los electrones de valencia forman una banda llena, como en un aislante, pero la banda prohibida es mucho más pequeña.

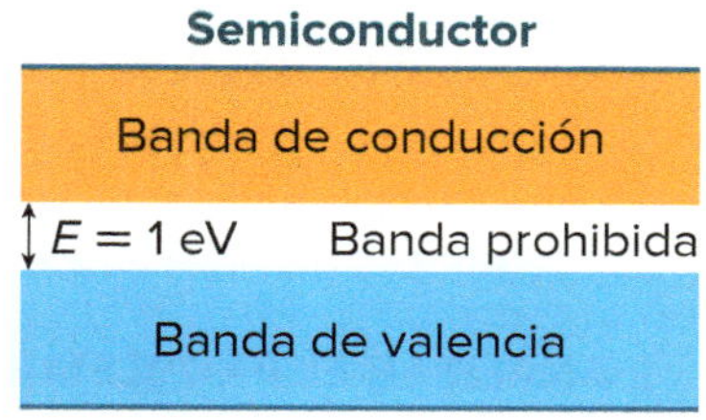

Imagen 5 En un semiconductor, la banda prohibida es lo suficientemente pequeña como para que algunos electrones tengan suficiente energía térmica como para entrar a la banda de conducción.

Hoyos y electrones libres No se necesita mucha energía para llevar un electrón de un átomo de silicio hacia la banda de conducción. La brecha es tan pequeña que algunos electrones llegan a la banda de conducción como consecuencia únicamente de su energía cinética térmica. Es decir que el movimiento aleatorio de los átomos y electrones brinda a algunos electrones suficiente energía cinética como para liberarse de sus átomos de origen y moverse por el cristal de silicio. Los semiconductores puros que conducen como consecuencia de los electrones liberados térmicamente se denominan **semiconductores intrínsecos.** Hay muy pocos electrones disponibles para conducir cargas, por lo que los semiconductores intrínsecos tienen muy baja conductividad.

Si se aplica un campo eléctrico a un semiconductor, los electrones de la banda de conducción reaccionan atravesando el sólido. En los metales, un aumento de la temperatura reduce la conductividad, pero para los semiconductores, un aumento de la temperatura significa que los electrones llegan más fácilmente a la banda de conducción, y la conductividad aumenta.

¿Lo comprendes?

Contraste ¿En qué difiere el efecto de la temperatura sobre a conductividad de los metales y de los semiconductores?

Un átomo del que se ha desprendido un electrón tiene una carga positiva neta y contiene un hoyo. Como muestra la **Imagen 6,** un hoyo es un nivel de energía vacío en la banda de valencia. Un electrón de la banda de conducción puede llenarlo y unirse al átomo. Cuando un hoyo y un electrón libre se combinan, sus cargas opuestas se neutralizan. Pero el electrón dejó un hoyo en su ubicación anterior, que puede llenarse con otro electrón. Por lo tanto, los electrones libres con carga negativa se mueven en una dirección, y los hoyos con carga positiva se mueven en la dirección opuesta.

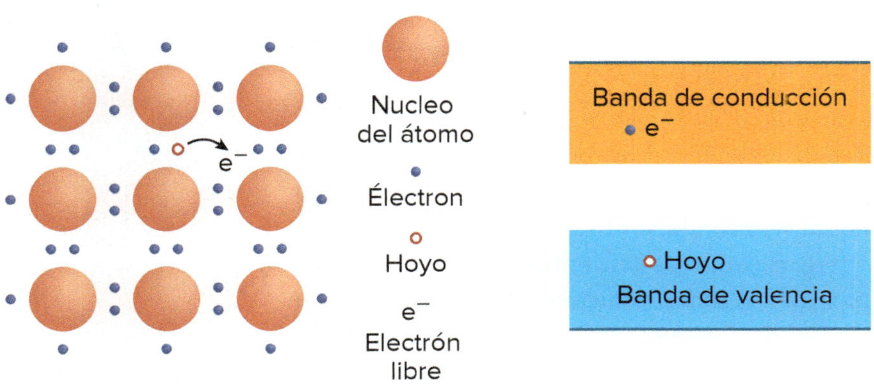

Imagen 6 En un semiconductor, algunos electrones tienen suficiente energía térmica como para liberarse y moverse por el cristal. Hay electrones en la banda de conducción y hoyos en la banda de valencia.

EJEMPLO Problema 2

DENSIDAD DE ELECTRONES LIBRES EN UN SEMICONDUCTOR INTRÍNSECO Por la energía cinética térmica del silicio sólido a temperatura ambiente, hay 1.45×10^{10} electrones libres/cm³. ¿Cuál es la cantidad de electrones libres por átomo de silicio a temperatura ambiente?

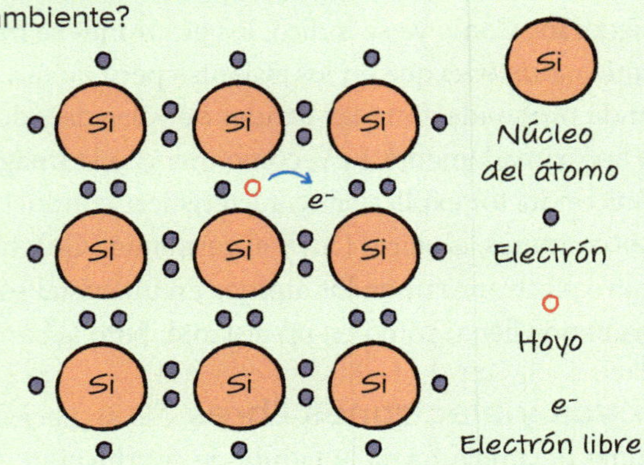

1 ANALIZAR EL PROBLEMA

Identifica los datos conocidos y la incónita.

Datos conocidos

$\rho = 2.33$ g/cm³

$M = 28.09$ g/mol

$N_A = 6.02\times10^{23}$ átomos/mol

Para Si: 1.45×10^{10} e⁻/cm³

Incógnita

e⁻ libre/átomo de Si = ?

2 HALLAR LA INCÓGNITA

$$\frac{e^-\text{ libre}}{\text{átomo}} = \left(\frac{1}{N_A}\right)(M)\left(\frac{1}{\rho}\right)(1.45\times10^{10}\ e^-\text{ libre/cm}^3\text{ para Si})$$

$$= \left(\frac{1\text{ mol}}{6.02\times10^{23}\text{ átomos}}\right)\left(\frac{28.09\text{ g}}{1\text{ mol}}\right)\left(\frac{1\text{ cm}^3}{2.33\text{ g}}\right)\left(\frac{1.45\times10^{10}\text{ free }e^-}{\text{cm}^3}\right)$$

Substituye $N_A = 6.02\times10^{23}$ átomos/mol, $M = 28.09$ g/mol, $\rho = 2.33$ g/cm³, e⁻libre/cm³ Si = 1.45×10^{10} e⁻libre/cm³.

$$= 2.90\times10^{-13}\ e^-\text{ libres/átomo de Si}$$

3 EVALUAR LA RESPUESTA

- **¿Son correctas las unidades?** El uso del análisis dimensional confirma las unidades correctas.
- **¿Es realista la magnitud?** En un semiconductor intrínseco, como el silicio a temperatura ambiente, muy pocos átomos tienen electrones libres.

PRÁCTICA Problemas

PRÁCTICA ADICIONAL

6. En el germanio puro, que tiene una densidad de 5.32 g/cm³ y una masa atómica de 72.6 g/mol, hay 2.25×10^{13} electrones libres/cm³ a temperatura ambiente. ¿Cuántos electrones libres hay por átomo?
7. A 200.0 K, el germanio tiene 1.16×10^{10} electrones libres/cm³. ¿Cuántos electrones libres/átomo hay a esta temperatura?
8. At 100.0 K, el germanio tiene 3.47 electrones libres/cm³. ¿Cuántos electrones libres hay por átomo a esta temperatura?
9. Una muestra de germanio tiene 4.81×10^{11} electrones libres/cm³. ¿Cuántos electrones libres por átomo tiene la muestra?
10. A 100.0 K, el silicio tiene 9.23×10^{-10} electrones libres/cm³. ¿Cuántos electrones libres hay por átomo a esta temperatura? ¿Qué representa esta temperatura en la escala Celsius?
11. A 200.0 K, el silicio tiene 1.89×10^{5} electrones libres/cm³. ¿Cuántos electrones libres hay por átomo a esta temperatura? ¿Qué representa esta temperatura en la escala Celsius?
12. **DESAFÍO** La densidad de los electrones libres de la muestra de silicio se duplica cuando la temperatura sube a 8.00°C. ¿Cuál es la densidad de los electrones libres en una muestra de silicio a 264 K? *(Pista: Utiliza tu respuesta de la pregunta anterior.)*

Semiconductores dopados

Para hacer dispositivos prácticos, la conductividad de los semiconductores intrínsecos debe aumentarse significativamente. Es decir, la cantidad de hoyos y electrones libres debe aumentar. Eso se hace agregando átomos de otros elementos al semiconductor intrínseco. Los átomos dadores y aceptores de electrones que pueden agregarse en bajas concentraciones a semiconductores intrínsecos se denominan **dopantes.** Los semiconductores dopados se conocen como **semiconductores extrínsecos.** Existen dos tipos de dopantes que se utilizan para aumentar la conductividad de los semiconductores, de tipo *n* y de tipo *p*.

Semiconductores de tipo *n* En algunos casos, un electrón dador con cinco electrones de valencia, como el arsénico (As), se utiliza como dopante para el silicio. El lado izquierdo de la **Imagen 7** muestra un cristal de silicio en el que el átomo dopante de arsénico ha reemplazado uno de los átomos de silicio. Cuatro de los cinco electrones de valencia del arsénico se unen al silicio adyacente. El quinto electrón se denomina electrón dador. La energía de dicho electrón dador está cerca de la banda de conducción, como muestra la **Imagen 7.** Por lo tanto, la energía térmica puede mover fácilmente el electrón del átomo dopante a la banda de conducción. La conducción en este tipo de semiconductor aumenta por la disponibilidad de dichos electrones dadores extra a la banda de conducción. Este tipo de semiconductor se conoce como el semiconductor de tipo *n,* dado que negativo empieza con *n*.

Semiconductores de tipo *p* Como alternativa, un electrón aceptor con tres electrones de valencia, como el galio (Ga), puede dopar el silicio. Cuando un átomo de galio reemplaza un átomo de silicio, falta un electrón de unión. Esto genera un hoyo en el cristal de silicio como muestra la parte derecha de la **Imagen 7.** Los electrones de la banda de conducción pueden caer fácilmente en dichos hoyos, creando así nuevos hoyos. La conducción de dichos semiconductores aumenta por la disponibilidad de los hoyos adicionales. Estos tipos de semiconductores se denominan de tipo *p* porque la *p* representa positivo. Los semiconductores de tipo *p* y tipo *n* tienen carga eléctrica neutra.

Agregar pocos átomos dopantes por millón de átomos de silicio aumenta la conductividad del semiconductor por un factor de 1000 o más.

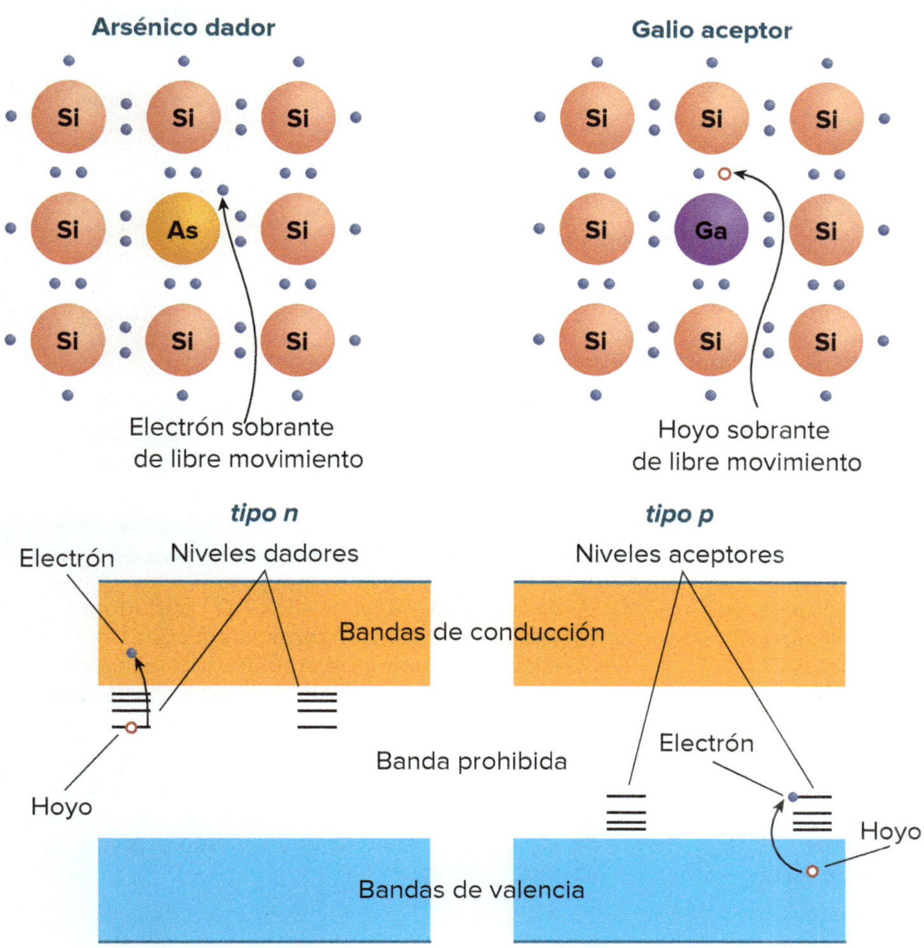

Imagen 7 El arsénico, con cinco electrones de valencia, puede reemplazar a un átomo de silicio para crear un semiconductor de tipo *n*. Dicho átomo dador proporciona un electrón suelto. Los niveles de energía dadora colocan a los electrones en la banda de conducción. El galio, con tres electrones de valencia, puede reemplazar a un átomo de silicio para crear un semiconductor de tipo *p*. Dicho átomo aceptor genera hoyos adicionales.

Infiere *El antimonio tiene cinco electrones de valencia. ¿Se utilizará para hacer un semiconductor de tipo* n *o de tipo* p*?*

EJEMPLO Problema 3

CONDUCTIVIDAD DEL SILICIO DOPADO Un científico dopa el silicio con arsénico de modo que un átomo en un millón de átomos de silicio se reemplaza con un átomo de arsénico. Cada átomo de arsénico dona un electrón a la banda de conducción.

a. ¿Cuál es la densidad de los electrones libres?

b. En qué proporción esta densidad es mayor que la del silicio intrínseco con 1.45×10^{10} e libres$^-$/cm^3?

c. ¿La conducción es de los electrones del silicio o del arsénico?

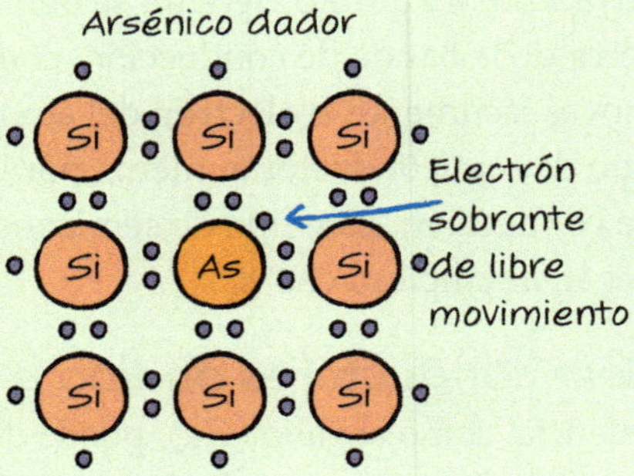

1 ANALIZAR EL PROBLEMA

Identifica los datos conocidos y las incógnitas.

Datos conocidos	**Incógnita**
1 Átomo de As/10^6 átomos de Si	e^- libres/cm^3 donados por As = ?
1 e^- libre/átomo de As	razón de e^- libres donados por As a
4.99×10^{22} átomos de Si/cm^3	e^- libres intrínsecos = ?
1.45×10^{10} e^- libres/cm^3 en Si intrínseco	

2 HALLAR LA INCÓGNITA

a. $$\left(\frac{e^- \text{ libre}}{\text{cm}^3}\text{ desde As}\right) = \left(\frac{e^- \text{ libre}}{\text{átomo de As}}\right)\left(\frac{\text{átomos de As}}{\text{átomos de Si}}\right)\left(\frac{\text{átomos de Si}}{\text{cm}^3}\right)$$

$$\left(\frac{e^- \text{ libre}}{\text{cm}^3}\right) = \left(\frac{1\ e^- \text{ libre}}{1 \text{ átomo de As}}\right)\left(\frac{1 \text{ átomo de As}}{1\times10^6 \text{ átomos de Si}}\right)\left(\frac{4.99\times10^{22} \text{ átomos de Si}}{\text{cm}^3}\right)$$

$$= 4.99\times10^{16}\ e^- \text{libres/cm}^3 \text{ del As dador del Si dopado}$$

Sustituye e^- libre/átomo de As = 1 e^- libre/1 átomo de As, átomos de As/átomos de Si = 1 átomo de As/1×10^6 átomos de Si, átomos de Si/cm^3 = 4.99×10^{22} átomos de Si/cm^3.

b. $$\text{Razón} = \left(\frac{e^- \text{ libre/cm}^3 \text{ en Si dopado}}{e^- \text{ libre/cm}^3 \text{ en Si intrínseco}}\right)$$

$$= \left(\frac{4.99\times10^{16}\ e^- \text{ libre/cm}^3 \text{ en Si dopado}}{1.45\times10^{10}\ e^- \text{ libre/cm}^3 \text{ en Si intrínseco}}\right)$$

$$= 3.44\times10^6 \text{ electrones donados por As por cada electrón de Si intrínseco}$$

Sustituye 4.99×10^{16} e^- libre/cm^3 en Si dopado, 1.45×10^{10} e^- libre/cm^3 en Si intrínseco.

c. Como hay más de 3 millones de electrones donados por el arsénico por cada electrón intrínseco, la conducción está dada principalmente por los electrones donados por el arsénico.

3 EVALUAR LA RESPUESTA

- **¿Son correctas las unidades?** El uso del análisis dimensional confirma las unidades correctas.
- **¿Es realista la magnitud?** La razón es lo suficientemente grande como para que los electrones intrínsecos no aporten a la conductividad.

PRÁCTICA Problemas

PRÁCTICA ADICIONAL

13. Si quisieras obtener 1×10^4 electrones del dopaje de arsénico como electrones térmicamente libres en el silicio a temperatura ambiente, ¿cuántos átomos de arsénico debería haber por átomo de silicio?

14. El germanio tiene 5.19×10^{-9} electrones libres por átomo. Si deseas obtener 5×10^3 electrones del dopaje de arsénico como electrones térmicamente libres en un semiconductor de germanio, ¿cuántos átomos de arsénico debería haber por átomo de germanio?

15. El silicio a 400.0 K tiene 4.54×10^{12} portadores liberados por agitación térmica/cm^3. Si está dopado con 1 átomo de arsénico por millón de átomos de silicio, ¿cuál es la razón de portadores dopados a portadores térmicos?

16. DESAFÍO Sobre la base del problema anterior, saca una conclusión sobre el comportamiento de los dispositivos de germanio comparados con los de silicio a temperaturas que superen el punto de ebullición del agua.

Imagen 8 Los fotómetros están hechos con semiconductores sensibles a longitudes de onda de luz específicas. Los fotógrafos utilizan fotómetros para evaluar los niveles de luz antes de tomar una fotografía.

Fabricar y utilizar semiconductores El silicio se dopa colocando un cristal del silicio puro en un vacío con una muestra del material dopante. El dopante se calienta hasta que se vaporiza, y los átomos se condensan sobre el silicio frío. El dopante se disipa en el silicio a medida que se calienta. Luego, se evapora una fina capa de aluminio u oro sobre el cristal dopado. Se suelda un alambre a dicha capa de metal que permite que el usuario aplique una diferencia de potencial al silicio dopado.

Termistores La conductividad eléctrica de los semiconductores intrínsecos y extrínsecos es sensible a la temperatura y la luz. En los metales, la conductividad se ve reducida cuando aumenta la temperatura. Sin embargo, el aumento de temperatura de un semiconductor permite que más electrones lleguen a la banda de conducción. Por lo tanto, la conductividad aumenta y la resistencia disminuye.

Un dispositivo semiconductor, el termistor, está diseñado de manera tal que su resistencia depende significativamente de la temperatura.

¿Lo comprendes?

Describe la relación entre la temperatura y la conductividad de un termistor.

Fotómetros Otras aplicaciones útiles de los semiconductores dependen de su sensibilidad a la luz. Cuando la luz cae sobre un semiconductor, la luz puede excitar los electrones de la banda de valencia a la banda de conducción del mismo modo que otras fuentes de energía excitan los átomos. Por lo tanto, la resistencia disminuye a medida que aumenta la intensidad de la luz.

Los semiconductores extrínsecos pueden adaptarse para responder a longitudes de onda de luz específicas, como regiones infrarrojas y visibles del espectro. Los materiales como el silicio y el sulfuro de cadmio actúan como resistores dependientes de la luz en los fotómetros que utilizan los ingenieros de iluminación para diseñar la iluminación de tiendas, oficinas y hogares. También los utilizan los fotógrafos para ajustar sus cámaras y captar las mejores imágenes, como se muestra en la **Imagen 8.**

Verifica tu progreso

17. **¿Semiconductor?** El óxido de magnesio tiene una banda prohibida de 8 eV. ¿Este material es un conductor, un aislante o un semiconductor?
18. **Movilidad de los portadores** ¿Los electrones se quedan en el mismo átomo de un conductor, de un semiconductor o de un aislante?
19. **¿Aislante o conductor?** El dióxido de silicio se utiliza mucho en la fabricación de dispositivos de estado sólido. Su diagrama de bandas de energía muestra una brecha de 9 eV entre la banda de valencia y la banda de conducción. ¿Es más útil como aislante o como conductor?
20. **Semiconductores** Diseñas un circuito integrado con un cristal de silicio y deseas una región con buenas propiedades aislantes. ¿Debes dopar esa región o dejarla como un semiconductor intrínseco?
21. **Pensamiento crítico** El silicio produce la duplicación de los portadores liberados por agitación térmica por cada aumento de 8°C, y el germanio produce una duplicación por cada aumento de 13°C. El germanio parece superior para aplicaciones a alta temperatura, pero lo opuesto es verdadero. Explica.

LEARNSMART® Conéctate para cumplir tu plan de aprendizaje personalizado para repasar, practicar y reforzar tu comprensión.

LECCIÓN 2

COMPONENTES ELECTRÓNICOS

PREGUNTA DE ENFOQUE

¿Cómo se manipulan los semiconductores para hacer componentes electrónicos?

El nacimiento de la electrónica de estado sólido

Todos los dispositivos electrónicos deben su origen a los tubos de vacío de inicios del siglo XX. En los tubos de vacío, los haces de electrones fluyen por el espacio para amplificar y controlar señales eléctricas débiles. Los tubos de vacío son grandes, tienen una alta potencia de entrada y generan una energía térmica considerable. Tienen filamentos calientes, que requieren el reemplazo de los tubos después de uno a cinco años.

A fines de la década de 1940, se inventaron los dispositivos de estado sólido a partir de materiales semiconductores que podían cumplir la función de los tubos de vacío. Estos dispositivos amplifican y controlan señales eléctricas muy débiles mediante el movimiento de electrones en un espacio cristalino diminuto. Muy pocos electrones fluyen en los dispositivos semiconductores, y esos dispositivos no tienen filamentos. Por lo tanto, funcionan con una baja potencia de entrada. Son muy pequeños, generan poco calor, y su fabricación es económica. Su vida útil estimada es de 20 años o más.

Una década más tarde, estos dispositivos se combinaron con otros componentes eléctricos para crear el primer circuito integrado, como el de la **Imagen 9.** Los instrumentos electrónicos actuales están basados en dispositivos semiconductores con chips de silicio de pocos milímetros de ancho. En estos dispositivos, la corriente y la diferencia de potencial varían de manera más compleja que la ley de Ohm. Pueden convertir la CA en CC y amplificar las diferencias de potencial.

Imagen 9 El primer circuito integrado se construyó en 1958. La tira de germanio del centro del circuito mide aproximadamente 1 cm.

Photo courtesy of Texas Instruments

PENSAMIENTO 3D DCI Ideas centrales disciplinarias CCC Conceptos interdisciplinarios SEP Prácticas de ciencia e ingeniería

REUNIR EVIDENCIA

Usa el Cuaderno de ciencias para registrar la evidencia que reúnas mientras completas las lecturas y las actividades de la lección.

INVESTIGAR

CONÉCTATE para hallar estas actividades y más recursos.

Laboratorio de física: Corriente y diferencia de potencial de un diodo
Analiza datos para determinar cómo la corriente que atraviesa un diodo o LED depende de la diferencia de potencial aplicada.

Repasar la pregunta de Encuentra el fenómeno
¿Qué información de la lección te ayuda a responder las preguntas de la unidad y del módulo?

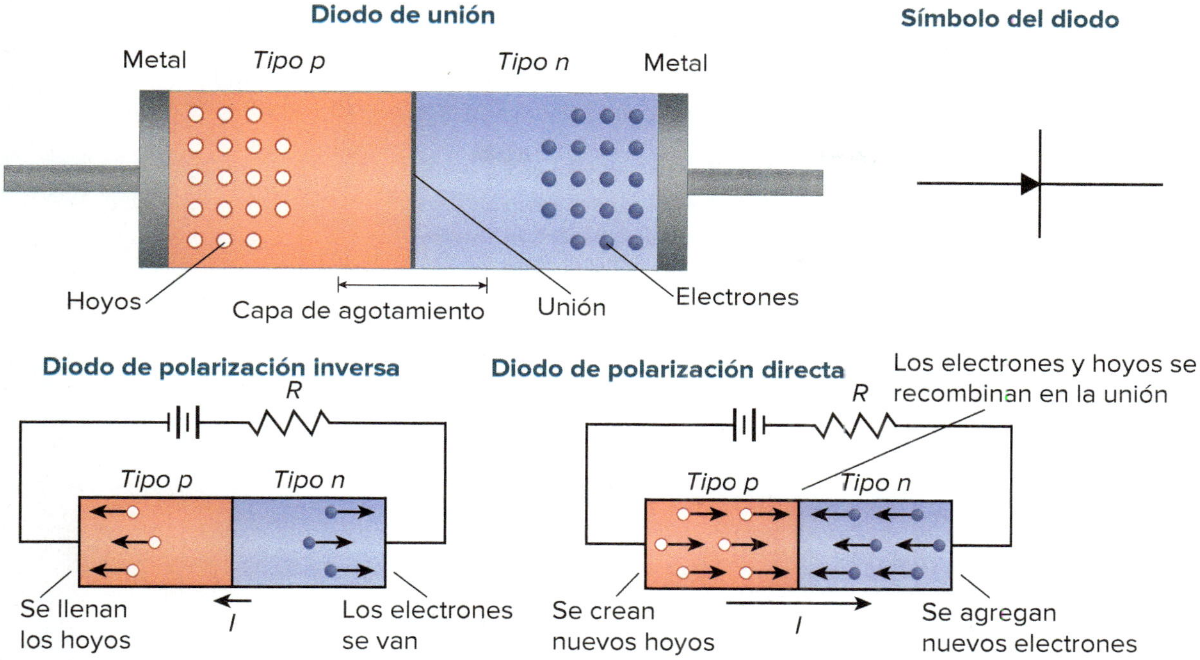

Imagen 10 Un diodo de unión *pn* contiene una capa de tipo *p* y una capa de tipo *n*. Un diodo de polarización inversa actúa como resistor de valor alto, y un diodo de polarización directa actúa como resistor de valor bajo.

Diodos

El dispositivo semiconductor más simple es el diodo. Un **diodo** es un sándwich de semiconductores de tipo *p* y *n*, como se muestra en la **Imagen 10.** Para fabricar un diodo, primero se trata una muestra de silicio con un dopante *p,* y luego con un dopante *n*. El límite entre el lado *p* y el lado *n* se denomina unión. Por lo tanto, se trata de un diodo de unión *pn*. Los contactos de metal en cada extremo permiten fijar los cables.

Los electrones libres del lado *n* de la unión están atraídos hacia los hoyos positivos del lado *p*. Los electrones se mueven fácilmente hacia el lado *p* y se recombinan con los hoyos. De manera similar, los hoyos del lado *p* pasan al lado *n* y se recombinan con los electrones. Como consecuencia de este flujo, el lado *n* tiene una carga positiva neta, y el lado *p* tiene una carga negativa neta.

Dichas cargas generan fuerzas en la dirección opuesta que evita más movimientos de los portadores de carga. La región que rodea la unión queda sin hoyos ni electrones libres y se denomina **capa de agotamiento.** No tiene portadores de carga, por lo que es un mal conductor de la electricidad. Por lo tanto, un diodo de unión consta de dos conductores relativamente buenos que rodean un mal conductor.

Polarización directa e inversa Cuando un diodo se conecta como muestra la parte inferior izquierda de la **Imagen 10,** los electrones libres del semiconductor de tipo *n* y los hoyos del semiconductor tipo *p* están atraídos hacia la batería. El ancho de la capa de agotamiento aumenta, y no se encuentran portadores de carga. Prácticamente no hay corriente a través del diodo. Actúa como un resistor de alto valor; es prácticamente un aislante. Un diodo orientado de esta manera se denomina diodo de polarización inversa.

Si la batería está conectada en la dirección opuesta, como muestra la parte inferior derecha de la **Imagen 10,** los portadores de carga se mueven hacia la unión. Si la diferencia de potencial de la batería es lo suficientemente grande, 0.6 V como para un diodo de silicio, los electrones llegan al extremo *p* y llenan los hoyos. La capa de agotamiento se elimina, y una corriente atraviesa el diodo. La batería sigue brindando electrones al extremo *n*. Elimina electrones del extremo *p* que es la misma que proporciona los hoyos. Un diodo en este tipo de circuito es de polarización directa.

La flecha del símbolo del diodo indica la dirección a la que mira el diodo. En otras palabras, la flecha indica la dirección en la que se permitirá que fluya la corriente convencional.

Corriente y diferencia de potencial En la **Imagen 11** se muestra la corriente a través de un diodo de silicio como una función de la diferencia de potencial que lo atraviesa. Si la diferencia es negativa, el diodo es de polarización inversa y funciona como un resistor de alto valor. Solo lo atraviesa una corriente diminuta, de aproximadamente 10^{-11} A.

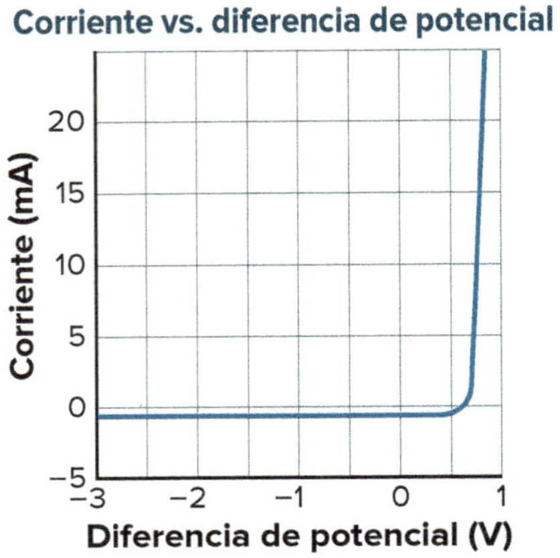

Imagen 11 Para diferencias de potencial por debajo de los 0.6 V, el diodo es de polarización inversa y no hay corriente. Por encima de ese umbral, el diodo es de polarización directa y hay una corriente.

Si la diferencia de potencial es positiva, el diodo es de polarización directa y actúa como un resistor de valor bajo. Si se incrementa la diferencia de potencial de la batería, aumenta la corriente del diodo. Pero el diodo no obedece a la ley de Ohm. La diferencia de potencial de un diodo típico es de 0.7 V. Los diodos convierten la CA en CC. Funcionan como una puerta unidireccional y se llaman rectificadores.

EJEMPLO Problema 4

UN DIODO EN UN CIRCUITO SIMPLE Un diodo de silicio de 0.70-V con características de $\frac{I}{\Delta V}$ como las que muestra la **Imagen 11,** está conectado a una fuente de alimentación a través de un resistor de 470 Ω. La fuente de alimentación convierte la polarización del diodo en directa y su diferencia de potencial se ajusta hasta que la corriente del diodo llegue a 12 mA. ¿Qué diferencia de potencial genera la fuente de alimentación?

1 ANALIZAR Y PLANTEAR EL PROBLEMA

Dibuja un diagrama de circuito que conecte un diodo, un resistor de 470 Ω y una fuente de alimentación. Indica la dirección de la corriente.

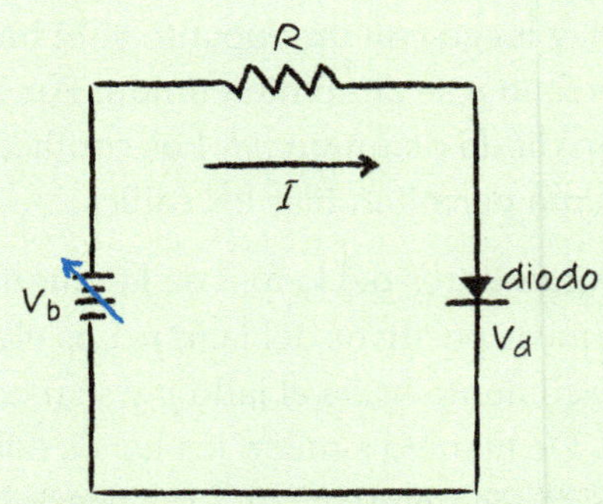

Datos conocidos

$I = 0.012$ A

$\Delta V_d = 0.70$ V

$R = 470\ \Omega$

Incógnita

$\Delta V_b = ?$

2 HALLAR LA INCÓGNITA

La diferencia de potencial a través del resistor se conoce a partir de $\Delta V = IR$. Según la ley de Kirchhoff, la diferencia de potencial de la fuente de alimentación es la suma de las diferencias de potencial del resistor y del diodo.

$$\Delta V_b = IR + \Delta V_d$$

$$= (0.012\ \text{A})(470\ \Omega) + 0.70\ \text{V} = 6.3\ \text{V}$$

Sustituye $I = 0.012$ A, $R = 470\ \Omega$, $\Delta V_d = 0.70$ V.

3 EVALUAR LA RESPUESTA

- **¿Son correctas las unidades?** La diferencia de potencial de la fuente de alimentación es en voltios.
- **¿Es realista la magnitud?** La magnitud está de acuerdo con la corriente y la resistencia.

PRÁCTICA Problemas

PRÁCTICA ADICIONAL

Salvo que se indique lo opuesto, $\Delta V_{diodo} = 0.70$ V.

22. ¿Qué diferencia de potencial de batería se necesitará para generar una corriente de 2.5 mA en el diodo del Ejemplo Problema 4?

23. Un diodo de germanio de 0.40 V se conecta en serie con un resistor de 470 Ω. ¿Qué diferencia potencial deberá tener una batería para generar una corriente de diodo de 12 mA?

24. ¿Qué diferencia de potencial de batería se necesita para generar una corriente de 2.5 mA si dos diodos idénticos se conectan en serie a un resistor de 470 Ω?

25. Describe cómo deben conectarse los diodos del problema anterior.

26. **DESAFÍO** Describe qué ocurriría en los dos problemas anteriores si los diodos se conectaran en serie, pero con la polaridad incorrecta.

FÍSICA Desafío

Características de un diodo A menudo, en los circuitos de diodos, utilizamos aproximaciones porque su resistencia no es constante. Para los circuitos de diodos, la primera aproximación ignora la diferencia de potencial directa del diodo. La segunda aproximación toma en cuenta el valor típico de la diferencia de potencial del diodo. Una tercera aproximación utiliza la información adicional sobre el diodo, a menudo, en forma de gráfica, como se ilustra a la derecha. Es la curva característica de diferencia de potencial-corriente. La línea recta ilustra las condiciones de diferencia de potencial-corriente para todas las posibles diferencias de potencial del diodo para un resistor de 180 Ω, una batería de 1.8 V y un diodo, desde una diferencia de potencial del diodo de cero y 10.0 mA en un extremo hasta una diferencia de potencial de 1.8 V y 0.0 mA en el otro extremo. Utiliza el circuito del diodo del Ejemplo Problema 4 con $\Delta V_b = 1.8$ V, pero con $R = 180$ Ω.

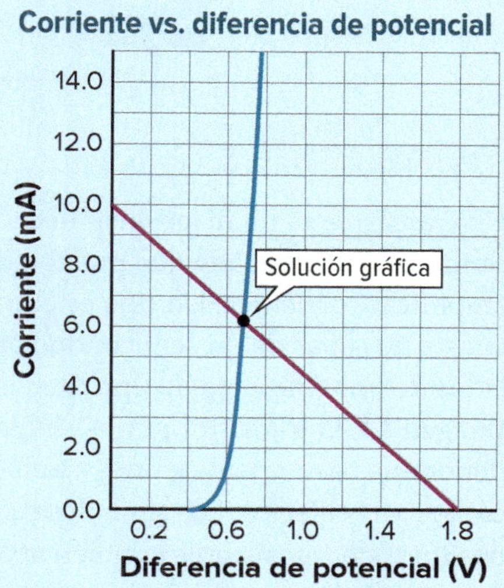

1. Determina la corriente del diodo utilizando la primera aproximación.
2. Determina la corriente del diodo utilizando la segunda aproximación y suponiendo una caída del diodo de 0.70 V.
3. Determina la corriente del diodo utilizando la tercera aproximación y la gráfica del diodo adjunta.
4. Calcula el error para las tres aproximaciones, ignorando la batería y el resistor.

Diodos emisores de luz

Los diodos fabricados a partir de ciertas combinaciones de elementos, como galio y aluminio con arsénico y fósforo, emiten luz cuando son de polarización directa. Cuando los electrones llegan a los hoyos de la unión, se vuelven a combinar y liberan la energía sobrante en forma de energía radiante. Se denominan diodos emisores de luz (LED). Los LED básicos se utilizan para hacer carteles, en semáforos y en algunas lámparas. Los LED son brillantes, no generan mucho calor y son sumamente eficientes.

fStop Images GmbH/Shutterstock

Imagen 12 El láser diodo de una lectora de códigos de barras emite luz y detecta la luz reflejada del código de barras.

Los diodos pueden detectar y emitir luz. La luz que cae sobre la unión de un diodo de unión *pn* de polarización inversa genera electrones y hoyos, lo que genera una corriente que depende de la intensidad de la luz.

Láser diodo

Algunos LED están configurados para emitir un haz de luz coherente y monocromática. Son fuentes de luz económicas, compactas y poderosas. Se utilizan en reproductores de discos ópticos, punteros láser y lectores de códigos de barras, como el de la **Imagen 12.** Un láser diodo típico emite luz a aproximadamente 800 nm, que es casi infrarroja. El haz sale de un punto pequeño en un chip de galio, aluminio y arsénico. Cuando se lo alimenta con 80 mA, el diodo tiene una diferencia de potencial directa de aproximadamente 2 V.

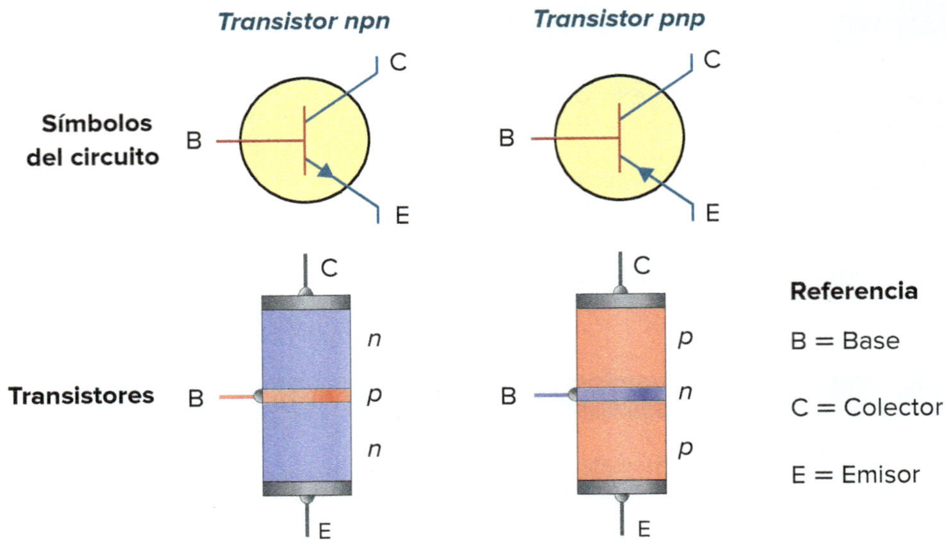

Imagen 13 Los transistores están hechos de tres capas de materiales semiconductores. Los transistores *npn* y *pnp* están equipados con un colector y un emisor que envuelven la capa de base.

Indica *qué significa la flecha del emisor.*

Transistores

Un **transistor** es un dispositivo hecho de un material semiconductor dopado que puede utilizarse para amplificar corrientes. Un tipo es el transistor *npn* que consta de capas de un semiconductor de tipo *n* a ambos lados de una fina capa de tipo *p*, como muestra la **Imagen 13.** El transistor *pnp* es similar. La capa central se denomina base, y las regiones a ambos lados son el emisor y el colector. Los símbolos esquemáticos de los dos tipos de transistores también aparecen en la **Imagen 13.** La flecha del emisor muestra la dirección de la corriente convencional.

Amplificación

Puede utilizarse un transistor *npn* para amplificar la corriente, como muestra la **Imagen 14.** Puedes pensar en las dos uniones *pn* del transistor como dos diodos paralelos. Si se conecta únicamente la batería de la derecha (V_C), mantiene el colector más positivo que el emisor. El diodo del colector de base es de polarización inversa, con una capa de agotamiento ancha, por lo que no hay corriente del colector a la base. Cuando se conecta la batería de la izquierda (V_B), la base es más positiva que el emisor. Eso hace que el diodo del emisor-base sea de polarización directa y deje pasar corriente (I_B) de la base al emisor.

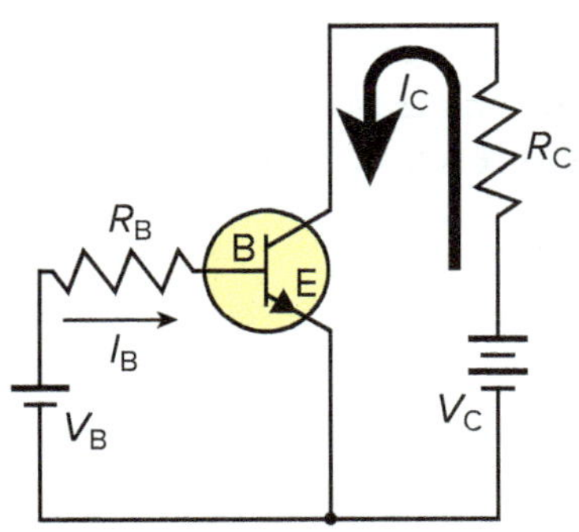

Imagen 14 Los transistores pueden utilizarse para amplificar corrientes. Este circuito utiliza un transistor *npn*.

Dibuja *un circuito utilizando un transistor pnp.*

La región de base muy delgada es parte de ambos diodos del transistor. Las cargas inyectadas por I_B reducen la polarización inversa del diodo base-colector y permiten que la carga fluya del colector al emisor. Por lo tanto, una pequeña carga en I_B genera una gran carga en I_C.

La corriente del colector provoca una diferencia de potencial en el resistor R_C. Si V_B aumenta, la corriente de base (I_B) aumenta. La corriente del colector (I_C) también aumentará, aunque en una proporción mucho mayor (quizás 100 veces o más). Los pequeños cambios en el potencial de base (V_B) generan grandes cambios en la corriente del colector. El transistor amplifica mucho las pequeñas diferencias de potencial.

La razón entre la corriente del colector-emisor y la corriente de base $\left(\frac{I_C}{I_B}\right)$ se denomina ganancia de corriente. La ganancia de corriente es un indicador útil del desempeño de un transistor. La ganancia de corriente va de 50 a 300 para los transistores de uso general. Un transistor *pnp* funciona del mismo modo, excepto que los potenciales de ambas baterías se invierten.

Transistores como interruptores En las computadoras, las pequeñas corrientes de los circuitos de base-emisor pueden activar o desactivar grandes corrientes en los circuitos de colector-emisor. Además, pueden conectarse varios transistores juntos para realizar operaciones lógicas o sumar números. En estos casos, actúan como interruptores rápidos en lugar de como amplificadores.

Circuitos integrados

Un circuito integrado, denominado **microchip,** consta de miles de transistores, diodos, resistores y conductores. Cada uno de los componentes tiene menos de un micrómetro de ancho y pueden fabricarse dopando silicio con átomos dadores o aceptores. Un microchip es, en primer lugar, un cristal extremadamente puro de silicio con un diámetro de 10 a 30 cm. El cristal, que puede medir de 1 a 2 m de largo, se corta con una sierra revestida en diamante en obleas de menos de 1 mm de espesor, como se muestra a la izquierda de la **Imagen 15.** Luego, el circuito se construye capa por capa sobre la superficie de la oblea.

Mediante un proceso fotográfico, la mayor parte de la superficie de la oblea se recubre con una capa protectora, que presenta un patrón de zonas seleccionadas que queda descubierto, de modo que pueda doparse según corresponda. La oblea se coloca en una cámara de vacío. Los vapores de un dopante como el arsénico ingresan a la máquina y dopan las áreas sin protección de la oblea. Al controlar la exposición, el ingeniero puede controlar la conductividad de las regiones expuestas del chip.

Este proceso genera resistores, como también una de las dos capas de un diodo o una de las tres capas de un transistor. La capa protectora se retira y se aplica otra capa con un patrón diferente de áreas expuestas. Luego, la oblea se expone a otro dopante, generalmente galio, para generar las uniones *pn*. Si se agrega una tercera capa, pueden fabricarse transistores *npn*. La oblea también puede exponerse al oxígeno para generar áreas de aislamiento de dióxido de silicio. Una capa expuesta a los vapores del aluminio puede generar un patrón de rutas delgadas y conductoras entre los resistores, los diodos y los transistores. La parte derecha de la **Imagen 15** muestra una oblea una vez finalizado el proceso.

¿Lo comprendes?

Explica ¿Por qué se usa el aluminio, en lugar del galio o el arsénico, para crear rutas de conducción en la oblea de silicio?

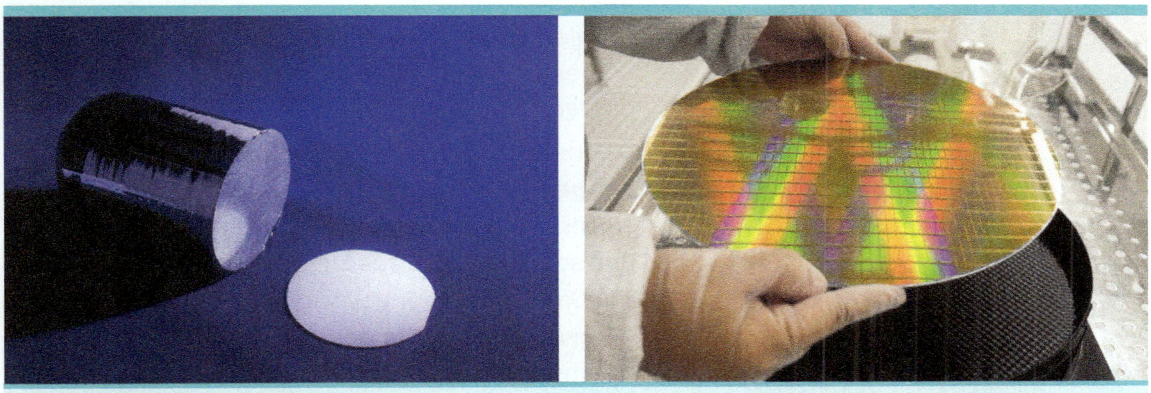

Corte de una oblea de silicio | **Oblea de silicio procesada**

Imagen 15 Los cristales grandes de silicio se cortan en obleas, que se utilizan como base para los microchips.

Conexión con carreras STEM

Ingeniero de materiales

Los ingenieros de materiales deben comprender las propiedades y las estructuras de diversos materiales, como metales, plásticos y nanomateriales, para fabricar cualquier material nuevo que pueda requerirse para un producto, como nuevos chips de computadora, materiales para el espacio aéreo y dispositivos biomédicos. Trabajan en universidades o en laboratorios de investigación y desarrollo.

CCC CONCEPTOS INTERDISCIPLINARIOS

Estructura y función Construye un circuito similar al que se muestra en la **Imagen 10,** con una batería, un resistor y una pequeña lámpara LED. Conecta el circuito. Invierte la polaridad de la batería y prueba el circuito nuevamente. ¿Qué evidencia tienes de que una conexión es de polarización directa? Resume tus resultados en términos de semiconductores, electrones y hoyos.

Computación y microchips En un momento dado, en una sola oblea se producen miles de circuitos idénticos, denominados chips. Los chips se prueban, cortan y montan en un portador. Los cables se conectan a los contactos, y el conjunto final se sella con una caja plástica protectora. Las señales electrónicas solo viajan distancias minúsculas, por lo que los microchips son minúsculos, lo que permite la colocación de circuitos complicados en un espacio reducido, como muestra la **Imagen 16.** Esta miniaturización ha incrementado la velocidad de procesamiento, la funcionalidad y la confiabilidad de las computadoras. Los chips se utilizan en electrodomésticos y automóviles al igual que en computadoras.

Imagen 16 La unidad de procesamiento central de una computadora es una serie de microchips.

La fabricación de componentes electrónicos para semiconductores requiere que físicos, químicos e ingenieros trabajen juntos. Los físicos aportan su comprensión del movimiento de los electrones y los hoyos de los semiconductores. Los físicos y los químicos aportan cantidades controladas de dopantes al silicio extremadamente puro para alterar su conductividad. Los ingenieros desarrollan los medios para fabricar de forma masiva chips que contengan miles de diodos y transistores miniaturizados.

Verifica tu progreso

27. **Componentes electrónicos** Tienes una señal de CA. Describe cómo puedes usar un diodo y un transistor para obtener una de CC mayor.
28. **Resistencia de un diodo** Compara la resistencia que proporciona un diodo de unión *pn* cuando es de polarización directa y cuando es de polarización inversa.
29. **Polaridad de un diodo** En un diodo emisor de luz, ¿qué terminal de batería debe conectarse al extremo *p* para que el diodo se encienda?
30. **Ganancia de corriente** La corriente de base del circuito de un transistor mide 55 μA, y la corriente del colector mide 6.6 mA. ¿Cuál es la ganancia de corriente de la base al colector?
31. **Circuito de transistor** La corriente del emisor de un circuito de transistor equivale a la suma de la corriente de base y la corriente del colector: $I_E = I_B + I_C$. Si la ganancia de corriente de la base al colector es 95, ¿cuál es la razón entre la corriente del emisor a la corriente de base?
32. **Circuito de diodos** Un diodo de silicio de 0.70 V se conecta a una fuente de alimentación mediante un resistor de 110 Ω. La fuente convierte la polarización del diodo en directa y la corriente ajustada es de 12 mA. ¿Cuál es la diferencia de potencial?
33. **Diferencia de potencial de un diodo** En la **Imagen 10**, se muestra un diodo. Su polarización se convierte en directa mediante una batería y una serie de resistores, de modo que hay más de 10 mA de corriente y la diferencia de potencial es siempre de 0.70 V. La diferencia de potencial de la batería se incrementa 1 V.
    a. ¿En cuánto aumenta la diferencia de potencial en el diodo? ¿Y en el resistor?
    b. ¿En cuánto aumenta la corriente que atraviesa el resistor?
34. **Pensamiento crítico** ¿Puedes reemplazar un transistor *npn* por dos diodos separados conectados por sus terminales *p*? Explica.

LEARNSMART® Conéctate para cumplir tu plan de aprendizaje personalizado para repasar, practicar y reforzar tu comprensión.

Kitch Bain/age fotostock

Transistores pequeños

Todos los años, las computadoras se tornan más rápidas y poderosas. Dicha mejora constante se debe a la evolución de los circuitos integrados: los microchips. Cuando los microchips pasan a contener más transistores y otros componentes, también se tornan más rápidos y poderosos. Los primeros microchips contaban con miles de transistores. Hoy, un microchip del mismo tamaño, del tamaño de una uña, cuenta con cientos de millones de transistores.

Los científicos pueden manipular los átomos individuales utilizando microscopios de efecto túnel como este.

¿Cuán pequeño puede ser un transistor?

En 1965, el científico y empresario Gordon Moore, destacado en la industria de los semiconductores, observó un patrón en la cantidad de transistores y de otros componentes de un circuito integrado: la cantidad de componentes por pulgada cuadrada de un circuito integrado se había duplicado prácticamente todos los años desde la invención de los circuitos integrados. Moore predijo que la tendencia continuaría, y luego reformuló la frecuencia a cada dos años.

Esta tendencia se conoce como la ley de Moore. No es una ley física, sino una observación sobre cómo ha evolucionado la tecnología de los circuitos integrados y una predicción sobre cómo avanzará en el futuro. Impulsados por la ley de Moore, los científicos e ingenieros continúan desarrollando nuevas tecnologías que permiten que los transistores se tornen cada vez más pequeños, a fin de permitir que puedan incorporarse más en un microchip.

Un equipo logró crear un transistor a partir de un único átomo. Mediante el uso de un microscopio de efecto túnel (STM), manipularon átomos de fósforo para formar un patrón en una oblea de silicio grabada. Cubrieron los átomos de fósforo con una capa no reactiva de hidrógeno. El STM se utilizó para extraer los átomos de hidrógeno en forma selectiva. Se realizó una reacción química que incorporó los átomos de fósforo expuestos a la superficie de silicio. Se agregó otra capa de silicio para proteger el dispositivo, que luego se conectó a una corriente eléctrica utilizando los marcadores grabados en la oblea. Los átomos individuales de fósforo actúan como transistores que conmutan y amplifican la corriente eléctrica.

Si bien fue un éxito, los transistores no son prácticos para la producción a gran escala y para el uso en dispositivos comerciales. Su fabricación requiere mucho trabajo y funcionan únicamente a temperaturas muy bajas. Para que un transistor ocupe un lugar en las computadoras del futuro, debe ser práctico y posible.

COMUNICAR INFORMACIÓN CIENTÍFICA Y TÉCNICA

Investiga cómo evolucionó la tecnología de los transistores. Crea una línea cronológica ilustrada para resumir tus descubrimientos.

MÓDULO 23
GUÍA DE ESTUDIO

CONÉCTATE para estudiar con el Libro de ciencias.

Lección 1 CONDUCCIÓN EN SÓLIDOS

- semiconductor
- teoría de bandas
- semiconductores intrínsecos
- dopantes
- semiconductores extrínsecos

- La teoría de bandas de los sólidos establece que, en los sólidos, los campos eléctricos de los átomos adyacentes dispersan los niveles energéticos permitidos para los electrones externos de un átomo en bandas anchas. Las bandas de valencia y conducción están separadas por las bandas prohibidas. Cuanto más pequeña la banda prohibida, mejor la conducción del material.
- En los conductores, los electrones pueden atravesar el sólido porque la banda de conducción está parcialmente llena. En los aislantes, se requiere más energía para mover los electrones hacia la banda de conducción disponible. En los semiconductores, la banda prohibida es lo suficientemente pequeña como para que algunos electrones puedan llegar a la banda de conducción.
- La conductividad de los semiconductores aumenta cuando se incrementa la temperatura o la iluminación. La conducción de los semiconductores mejora al dopar cristales puros con pequeñas cantidades de otros tipos de átomos denominados dopantes.
- Los semiconductores de tipo *n* están dopados con átomos dadores. Conducen mediante la respuesta de dichos electrones dadores a las diferencias de potencial aplicadas. Los semiconductores de tipo *p* están dopados con átomos aceptores de electrones. Conducen generando hoyos disponibles para los electrones de la banda de conducción.

Lección 2 COMPONENTES ELECTRÓNICOS

- diodo
- capa de agotamiento
- transistor
- microchip

- Un diodo de unión *pn* consiste en una capa de un semiconductor de tipo *p* unido con una capa de un semiconductor tipo *n*.
- Los diodos conducen cargas en una sola dirección. Si se aplica una diferencia de potencial al diodo en dirección a la polaridad, el diodo pasa a tener polarización directa, y la conducción cambia. Si se aplica una diferencia de potencial opuesta a su polaridad, el diodo pasa a tener polarización inversa y no conduce carga.
- Los diodos pueden utilizarse para convertir la CA en CC. Algunos diodos emiten luz cuando se aplica una diferencia de potencial; estos diodos también pueden detectar luz.
- Un transistor es un sándwich de tres capas de material semiconductor; las capas se ordenan como *npn* o *pnp*. La capa básica central es muy delgada en comparación con las otras capas que se denominan emisor y colector.
- Un transistor puede amplificar una señal débil y transformarla en una mucho más fuerte. La razón entre la corriente colector-emisor y la corriente de base se conoce como ganancia de corriente y es una medida útil para determinar la amplificación del transistor.
- Un microchip es un circuito integrado. Los microchips tienen miles de transistores, diodos, resistores y conductores que pueden fabricarse dopando silicio con átomos dadores y aceptores.

PENSAMIENTO TRIDIMENSIONAL

Conclusión del módulo

REPASA EL FENÓMENO

¿Por qué las computadoras ocupaban una habitación, pero ahora caben en un bolsillo?

CER Afirmación, evidencia, razonamiento

Explica tu razonamiento Repasa la afirmación que hiciste cuando hallaste el fenómeno. Resume la evidencia que reuniste de tus investigaciones y completa la tabla de resumen. ¿Respalda la evidencia tu afirmación? Si no lo hace, repasa tu afirmación. Explica por qué la evidencia respalda tu afirmación.

PROYECTO DE LA UNIDAD STEM

Ahora que completaste el módulo, repasa el proyecto de la unidad STEM. Resume la evidencia y aplícala al proyecto.

PROFUNDIZA

SEP Laboratorio de análisis de datos

¿Puedes analizar un transistor?

Has creado un circuito de un transistor, como el que se muestra a continuación. Al cerrar el interruptor, hay una caída de 0.70 V en la unión entre el emisor y la base, y una ganancia de corriente de la base al colector de 220.

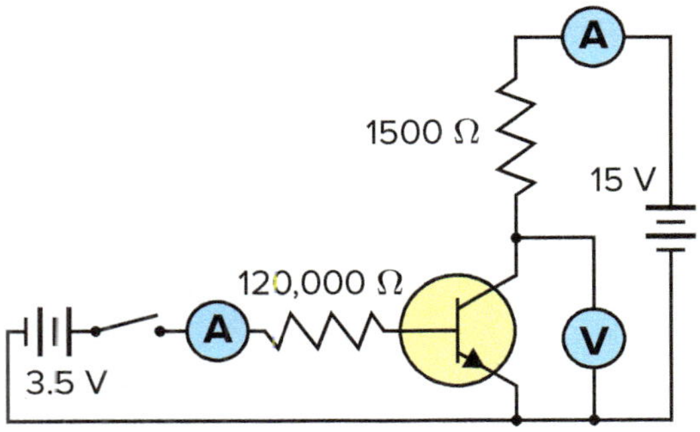

CER Analizar e interpretar datos

1. **Indica** ¿Cómo esperarías que cambie cada uno de los siguientes elementos al cerrar el interruptor?
   a. la corriente de base
   b. la corriente del colector
   c. la lectura del voltímetro
2. **Evidencia y razonamiento** Explica tu razonamiento y cualquier cálculo que hayas hecho para justificar tu afirmación.

Andrew Brookes/Corbis

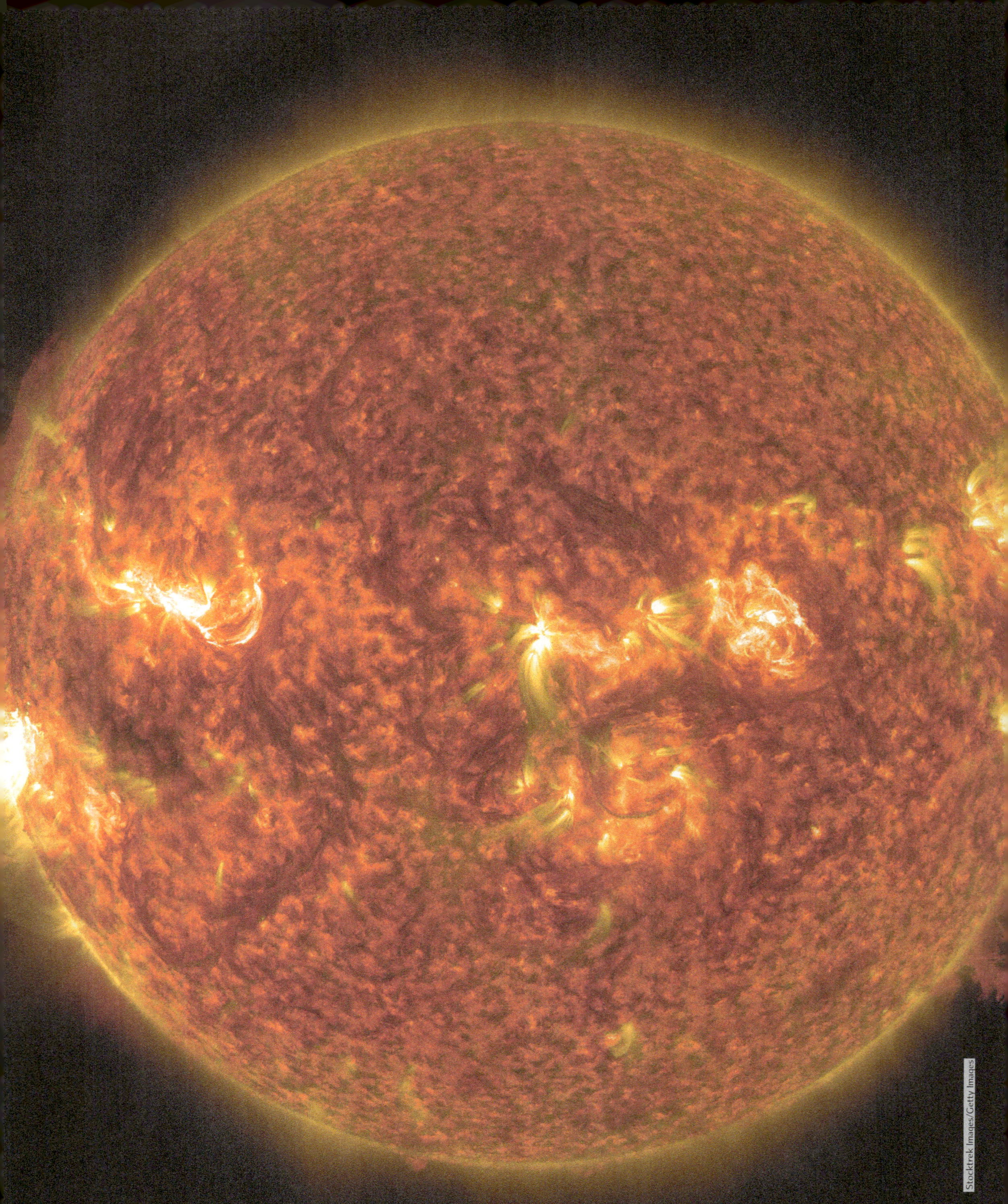

Stocktrek Images/Getty Images

FÍSICA NUCLEAR Y DE PARTÍCULAS

ENCUENTRA EL FENÓMENO

¿Cómo produce energía el Sol y cómo se puede reproducir?

CONÉCTATE para ver un video acerca de cómo los científicos estudian la fusión nuclear.

SEP Hacer preguntas

¿Tienes más preguntas acerca del fenómeno? Si es así, agrégalas al pizarrón de preguntas clave.

CER Afirmación, evidencia, razonamiento

Hacer una afirmación Usa la tabla CER para hacer una afirmación acerca de cómo el Sol produce energía y cómo se puede reproducir. Explica tu razonamiento.

Reunir evidencia Usa las lecciones del módulo para reunir evidencia que respalde tu afirmación. Registra la evidencia mientras trabajas en el módulo.

Explicar el razonamiento Repasarás tu afirmación y explicarás tu razonamiento al final del módulo.

CONÉCTATE para acceder a la tabla CER y explorar los recursos que te ayudarán a reunir evidencia.

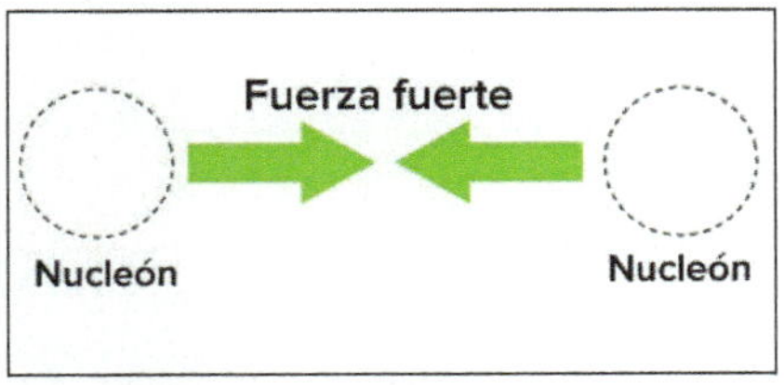

LECCIÓN 1 Explorar y explicar: La fuerza nuclear fuerte

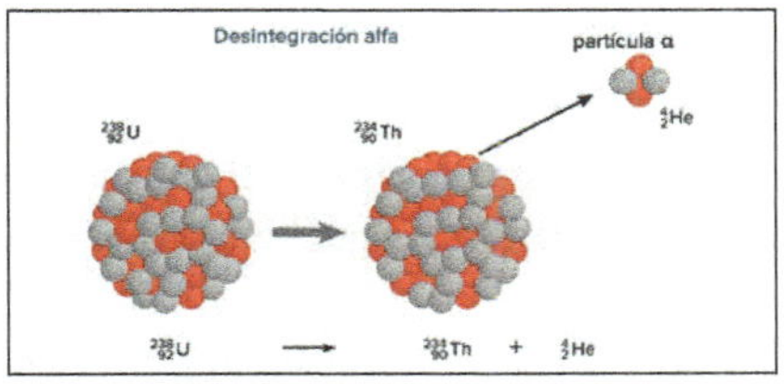

LECCIÓN 2: Explorar y explicar: Las reacciones y las ecuaciones nucleares

Smithsonian

Recursos adicionales

LECCIÓN 1

NÚCLEO

PREGUNTA DE ENFOQUE

¿Qué hay en el interior de un átomo?

Descripción del núcleo

Recuerda el estudio de los átomos que hiciste sobre Ernest Rutherford y su equipo, quienes midieron la deflexión de partículas alfa al chocar contra una lámina de oro. A partir de esta investigación, Rutherford concluyó que el átomo tiene un núcleo pequeño, denso y con carga positiva, que está rodeado por electrones prácticamente sin masa, como se ve en la **Imagen 1.** Sin embargo, la investigación no brindó información acerca de la estructura del núcleo. Henry Mosely, un miembro del equipo de Rutherford, halló la magnitud de la carga nuclear durante experimentos de dispersión de rayos X. Los resultados mostraron que los protones, de carga positiva, constituían aproximadamente la mitad de la masa del núcleo. ¿De qué estaba compuesta la otra mitad?

Núcleo

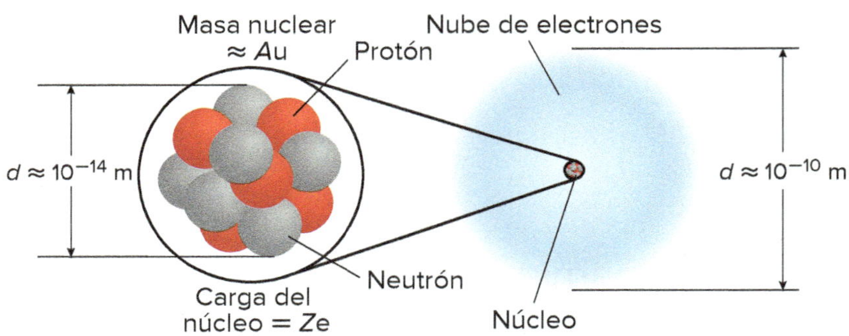

Imagen 1 El átomo está conformado por un núcleo muy denso que está rodeado por una nube de electrones. El núcleo está hecho de protones y neutrones.

PENSAMIENTO 3D DCI Ideas centrales disciplinarias CCC Conceptos interdisciplinarios SEP Prácticas de ciencia e ingeniería

REUNIR EVIDENCIA

Usa el Cuaderno de ciencias para registrar la evidencia que reúnas mientras completas las lecturas y las actividades de la lección.

INVESTIGAR

CONÉCTATE para hallar estas actividades y más recursos.

Laboratorio de introducción: Un modelo nuclear
Usa un modelo para investigar los efectos de las fuerzas entre los protones y neutrones en el núcleo.

CCC **Identificar conceptos interdisciplinarios**
Haz una tabla de los conceptos interdisciplinarios con ejemplos que encuentres en la lectura.

Protones y neutrones Una hipótesis sostenía que el núcleo contenía protones y suficientes electrones para reducir la carga al valor observado. Una segunda hipótesis afirmaba que el núcleo contenía partículas sin carga, como también protones. En 1932, el físico inglés James Chadwick descubrió el neutrón, una partícula neutra con una masa similar a la de un protón. Esta partícula daba cuenta de la masa faltante del núcleo y de su carga.

Para describir el núcleo de un átomo, es necesario conocer la cantidad de protones y neutrones que tiene. Los protones y los neutrones en conjunto se denominan **nucleones.** La cantidad de protones constituye el **número atómico** (Z). Para averiguar la carga del núcleo, se multiplica este número por la carga elemental (e). Por ejemplo, un núcleo con cinco protones tiene una carga de +5e. La cantidad de nucleones en un átomo constituye el **número másico** (A). Los protones y los neutrones tienen casi la misma masa: aproximadamente 1.66×10^{-27} kg, o 1 **unidad de masa atómica** (u). Esto es más que la masa de 1800 electrones. Para averiguar la masa nuclear aproximada, se multiplica el número másico por u.

$$\text{masa nuclear aproximada} \cong A \times \text{u}$$

Tamaño del núcleo Las investigaciones de Rutherford brindaron las primeras medidas del tamaño del núcleo. Los núcleos tienen diámetros de aproximadamente 10^{-14} m. Un átomo promedio puede tener un radio 10,000 veces mayor que el diámetro de su núcleo. Si bien el núcleo contiene casi toda la masa del átomo, proporcionalmente ocupa menos espacio en el átomo que el Sol en nuestro sistema solar. El núcleo es increíblemente denso: aproximadamente 1.4×10^{18} kg/m^3. Si un núcleo pudiera medir 1 cm^3, tendría una masa de aproximadamente mil millones de toneladas. Sería casi 90,000 veces más enorme que los transatlánticos más grandes.

Isótopos

Observa la tabla periódica al final del libro y examina las masas atómicas de los elementos. Las masas atómicas de los primeros cuatro elementos son unidades de masa atómica casi enteras. Como el núcleo contiene casi toda la masa y cada nucleón tiene una masa de alrededor de 1 u, esto parece tener sentido. El boro, sin embargo, tiene una masa de 10.8 u. ¿Cómo es posible?

Núcleos de isótopos El enigma de las masas atómicas que no son números enteros puede resolverse al aplicar el electromagnetismo. Los experimentos con espectrómetros de masa, como el de la **Imagen 2,** demuestran que un elemento puede tener átomos con masas diferentes. Por ejemplo, en un análisis de una muestra de helio puro, aparecieron dos manchas en el detector del espectrómetro. Eran un producto de átomos de helio con masas diferentes. Un tipo de átomo de helio tenía una masa de 3 u, mientras que el otro tenía una masa de 4 u. Todos los átomos de helio neutros tienen 2 protones y 2 electrones. Pero un tipo tiene 1 neutrón en su núcleo, mientras que el otro tiene 2 neutrones. Ambos reciben el nombre de isótopos de helio.

Imagen 2 Los espectrómetros de masa son utilizados para medir las diferencias de masa de los isótopos.

Isótopos de hidrógeno y de helio

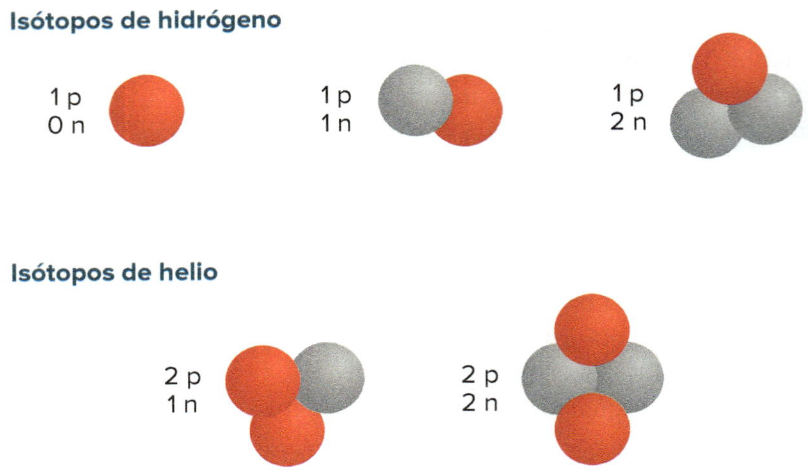

Imagen 3 Los isótopos tienen la misma cantidad de protones, pero diferentes cantidades de neutrones.
Identifica *el número másico y la carga eléctrica de cada núcleo.*

Todos los núcleos tienen un elemento con la misma cantidad de protones, pero con diferentes cantidades de neutrones, como se observa en los núcleos de hidrógeno y de helio en la **Imagen 3.** Todos los isótopos son elementos neutros con la misma cantidad de electrones y protones, y tienen el mismo comportamiento químico.

¿Lo comprendes?

Compara y contrasta los isótopos de carbono 12 y el carbono 14.

Se utiliza una notación especial para describir un isótopo.

$${}^{A}_{Z}X$$

X = símbolo del elemento
A = número másico
Z = número atómico

Por ejemplo, el hidrógeno 2 (deuterio) es ${}^{2}_{1}H$, y los tres isótopos de neón presentes en la naturaleza son ${}^{20}_{10}Ne$, ${}^{21}_{20}Ne$ y ${}^{22}_{10}Ne$.

Masa promedio La masa del cloro es 35.453 u. Esta cifra se entiende como la masa promedio de los isótopos de helio tal y como aparecen en la naturaleza. Por lo tanto, si bien la masa de un átomo individual se aproxima a un número entero de unidades de masa, puede ser que la masa atómica determinada a partir de una muestra promedio de átomos no lo haga. La masa atómica del cloro, 35.453 u, es la media ponderada de sus dos isótopos, el cloro 35 y el cloro 37. La mayoría de los elementos tienen varias formas isotópicas de origen natural. La masa del isótopo carbono 12 sirve para determinar la unidad de masa. Una u se define como $\frac{1}{12}$ de la masa del isótopo de carbono 12.

¿Lo comprendes?

Explica qué es una media ponderada y cómo se usa para determinar la masa atómica de un elemento.

PRÁCTICA Problemas

PRÁCTICA ADICIONAL

1. Hay tres isótopos de uranio cuyos números másicos son 234, 235 y 238. El número atómico del uranio es 92. ¿Cuántos neutrones hay en el núcleo de cada isótopo?
2. ¿Cuántos neutrones hay en un átomo del isótopo de mercurio $^{200}_{80}Hg$?
3. El número másico de un isótopo de oxígeno es 15. ¿Cuántos neutrones hay en un núcleo de este isótopo?
4. **DESAFÍO** Escribe los símbolos para los tres isótopos de hidrógeno con cero, uno y dos neutrones en el núcleo.

Fuerza nuclear fuerte

Los electrones, de carga negativa, que rodean el núcleo, de carga positiva, de un átomo se mantienen en su lugar gracias a la atracción de la fuerza electromagnética. Sin embargo, el núcleo está formado por protones, de carga positiva, y neutrones, de carga neutra. Los protones se repelen entre ellos. ¿Por qué los protones no logran desintegrar el núcleo? Debemos llegar a la conclusión de que existe una fuerza de atracción mucho más fuerte dentro del núcleo, que mantiene unidos a los protones y neutrones.

Cuando un par de nucleones está a un radio de un protón (1.4×10^{-15} m) de distancia, experimentan una atracción que es 100 veces más fuerte que la fuerza electromagnética. Esta **fuerza nuclear fuerte,** también llamada fuerza fuerte, es una fuerza de atracción entre los nucleones que están cerca, como lo están en un núcleo. La fuerza fuerte ejerce la misma fuerza entre todos los pares de nucleones (protón-protón, neutrón-neutrón o protón-neutrón), como se observa en la **Imagen 4.**

Defecto de masa y energía de enlace

Una observación, que al principio resultó sorprendente, es que la masa de un núcleo ensamblado es menor que la suma de las masas de los protones y neutrones que lo conforman. Por ejemplo, el núcleo del helio $^{4}_{2}He$ está conformado por dos protones y dos neutrones. La masa de un protón es 1.007276 u. La masa de un neutrón es 1.008665 u. Quizás esperes que la masa del núcleo sea 4.031882 u, pero no es así. Al medir con precisión, se descubrió que la masa de un núcleo del helio es solo 4.002603 u. La masa real del núcleo del helio es menor que la masa de las partes que lo componen por 0.029279 u. Esta diferencia entre la suma de las masas de los nucleones individuales y la masa real recibe el nombre de **defecto de masa.** ¿Por qué hay un defecto de masa?

¿Lo comprendes?

Explica qué es el *defecto de masa.*

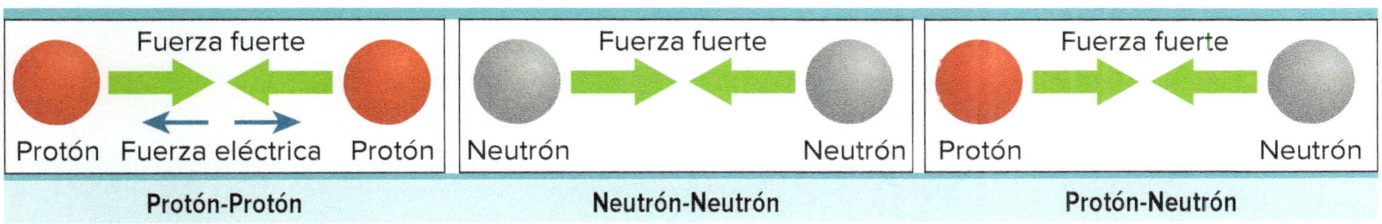

Imagen 4 La fuerza fuerte es igual en todos los pares de nucleones.

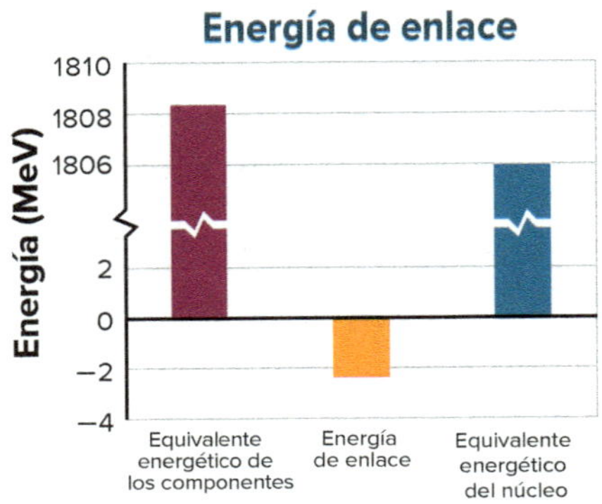

Imagen 5 El equivalente energético de la masa de nucleones individuales es igual al equivalente energético de la masa del núcleo enlazado más la energía de enlace.

La respuesta surge del trabajo de Einstein. Él demostró que la masa y la energía son lo mismo. Para extraer un nucleón de un núcleo, hay que hacer un esfuerzo para superar la fuerza nuclear fuerte. Este esfuerzo realizado agrega energía al sistema. Por lo tanto, el sistema de protones y neutrones separados tiene más energía que el del núcleo ensamblado. Esta diferencia de energía entre los nucleones considerados por separado y el núcleo ensamblado es la **energía de enlace** nuclear. Como el núcleo ensamblado tiene menos energía, todas las energías de enlace son negativas, como se ve en la **Imagen 5.** La energía de enlace puede expresarse en forma de una cantidad de masa equivalente, de acuerdo a la famosa ecuación de Einstein.

¿Lo comprendes?

Explica qué es la *energía de enlace*.

Equivalente energético de la masa

El equivalente energético de una masa es igual a la masa multiplicada por el cuadrado de la velocidad de la luz en un vacío.

$$E = mc^2$$

Determinar el defecto de masa Los espectrómetros de masa se usan generalmente para medir las masas de los isótopos; es decir, miden la masa del núcleo y de los electrones. Al calcular el defecto de masa de un núcleo, hay que asegurarse de que la masa de los electrones del átomo esté determinada correctamente. Por lo tanto, suele brindarse la masa del hidrógeno (un protón y un electrón) en los problemas de defecto de masa. Además, las masas se miden generalmente en unidades de masa atómica. Es útil, entonces, usar la ecuación de Einstein para determinar el equivalente energético de 1 u (1.6605×10^{-27} kg). En este cálculo, las cantidades deben expresarse en cinco dígitos significativos.

$$\begin{aligned} E &= mc^2 \\ &= (1.6605\times10^{-27}\ \text{kg})(2.9979\times10^{8}\ \text{m/s})^2 \\ &= 1.4924\times10^{-10}\ \text{J} \end{aligned}$$

En esta escala, la unidad de energía más conveniente es el electronvoltio ($1\ \text{eV} = 1.60218\times10^{-19}\ \text{J}$).

$$\begin{aligned} E &= (1.4924\times10^{-10}\ \text{J})\left(\frac{1\text{eV}}{1.60218\times10^{-19}\ \text{J}}\right) \\ &= 9.3149\times10^{8}\ \text{eV} = 931.49\ \text{MeV} \end{aligned}$$

Por lo tanto, cada unidad de masa atómica de masa es equivalente a 931.49 MeV de energía. Esta proporción simplifica los cálculos al momento de determinar la energía de enlace de un isótopo.

¿Lo comprendes?

Describe el significado de la ecuación $E = 931.49$ MeV/u y explica por qué es importante.

EJEMPLO Problema 1

DEFECTO DE MASA Y ENERGÍA DE ENLACE Halla el defecto de masa y la energía de enlace del tritio ($^{3}_{1}H$). La masa del isótopo de tritio es 3.016049 u, la masa de un átomo de hidrógeno es 1.007825 u y la masa de un neutrón es 1.008665 u.

1 ANALIZAR EL PROBLEMA

Datos conocidos

masa de 1 átomo de hidrógeno = 1.007825 u

masa de 1 neutrón = 1.008665 u

masa de 1 átomo de tritio = 3.016049 u

equivalente energético de 1 u = 931.49 MeV

Incógnita

masa total de las partes del tritio = ?

defecto de masa = ?

energía de enlace del tritio = ?

2 HALLAR LA INCÓGNITA

Determina la masa total de las partes del tritio.

masa de 1 átomo de hidrógeno:	1.007825 u
masa de 2 neutrones:	+ 2.017330 u
masa total de los nucleones y del electrón:	3.025155 u

Suma las masas de las partes del tritio: un átomo de hidrógeno (un protón y un electrón) y dos neutrones.

Determina el defecto de masa.

masa del tritio:	3.016049 u
masa de las partes del tritio:	− 3.025155 u
defecto de masa:	− 0.009106 u

El defecto de masa es igual a la masa del tritio ensamblado menos la suma de la masa de todas sus partes.

Determina la energía de enlace del tritio.

E = (defecto de masa en u)(equivalente energético de 1 u)

La energía de enlace es el equivalente energético del defecto de masa.

$E = (-0.009106 \text{ u})(931.49 \text{ MeV/u})$

$= -8.4821 \text{ MeV}$

Sustituye el defecto de masa = −0.009106 u y la energía de enlace por u = 931.49 MeV.

3 EVALUAR LA RESPUESTA

- **¿Las unidades son correctas?** La masa se mide en u, y la energía se mide en MeV.
- **¿El símbolo tiene sentido?** La energía de enlace debería ser negativa.
- **¿La magnitud es realista?** Según la **Imagen 6**, las energías de enlace por nucleón en este rango se encuentran entre −2 MeV y −3 MeV, por lo que la respuesta para tres nucleones es razonable.

PRÁCTICA Problemas

PRÁCTICA ADICIONAL

Usa estos valores para resolver los problemas:

masa del hidrógeno = 1.007825 u

masa del neutrón = 1.008665 u

1 u = 931.49 MeV

5. El isótopo de carbono $^{12}_{6}C$ con una masa de 12.000000 u.

a. Calcula su defecto de masa.

b. Calcula su energía de enlace.

6. El deuterio ($^{2}_{1}H$) tiene una masa de 2.014102 u.

a. Calcula su defecto de masa.

b. Calcula su energía de enlace.

7. El isótopo de nitrógeno $^{15}_{7}N$ tiene un defecto de masa de −0.113986 u.

a. Calcula la masa del isótopo.

b. Calcula la energía de enlace del núcleo.

8. DESAFÍO Un isótopo de oxígeno $^{16}_{8}O$ con una masa de 15.994915 u. Otro $^{18}_{8}O$, de 17.999160 u.

a. ¿Cuál es el defecto de masa de cada isótopo?

b. ¿Cuál es la energía de enlace de cada núcleo?

c. ¿Por qué las energías de enlace son diferentes?

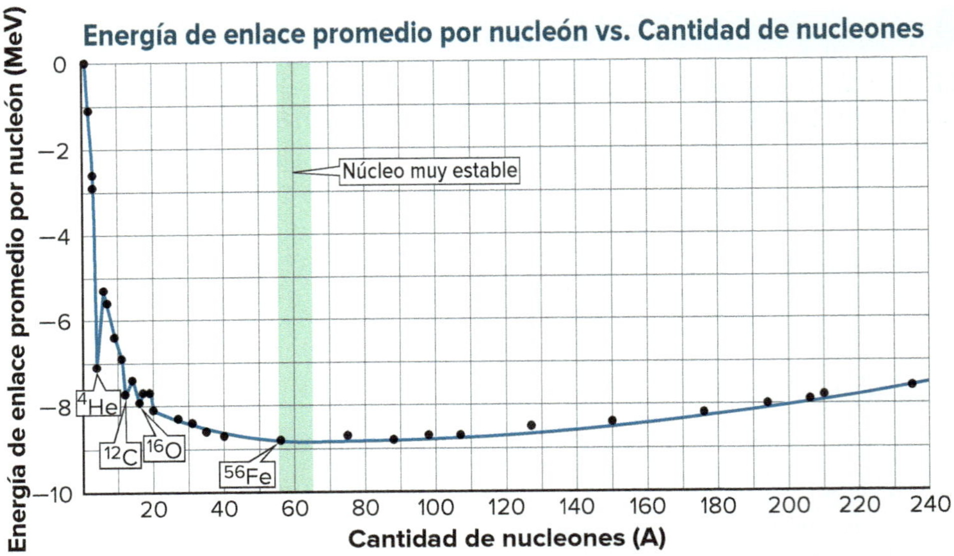

Imagen 6 La energía de enlace por nucleón cambia a medida que varía la cantidad de nucleones (*A*). El hierro-56 tiene el núcleo más fuertemente unido y es el isótopo más estable conocido.

Inferir *¿Qué núcleo,* $^{131}_{52}I$ o $^{236}_{94}Pu$, *esperarías que tenga la energía de enlace promedio de mayor magnitud por nucleón?*

Energía de enlace y masa nuclear

La **Imagen 6** muestra que la energía de enlace por nucleón depende de la masa del núcleo. Excepto por unos pocos núcleos, la energía de enlace por nucleón se vuelve más negativa a medida que la cantidad de nucleones (*A*) aumenta a 56, que es la del hierro (Fe). Una energía de enlace promedio más negativa es señal de nucleones fuertemente unidos y de un núcleo más estable. El núcleo más estable es $^{56}_{26}Fe$ porque tiene la mayor energía de enlace. Los núcleos más pequeños se vuelven más estables a medida que la cantidad de nucleones se acerca a 56. Los núcleos con más de 56 nucleones presentan una unión más débil y, por lo tanto, menos estable. Los núcleos grandes e inestables se desintegrarán fácilmente en núcleos más pequeños y estables. Todos los núcleos con números atómicos mayores a 92 se desintegran fácilmente. En ciertas condiciones, como temperaturas muy altas, los núcleos más pequeños que el $^{56}_{26}Fe$ pueden fusionarse en núcleos más grandes y estables.

Verifica tu progreso

9. **Carbono** El isótopo radiactivo del carbono $^{14}_{6}C$ tiene una masa de 14.003074 u. ¿Cuál es el defecto de masa del isótopo? ¿Cuál es la energía de enlace de su núcleo?
10. **Núcleos** Considera estos dos pares: $^{12}_{6}C$ y $^{13}_{6}C$ y $^{11}_{5}B$ y $^{11}_{6}C$. ¿En qué se parecen? ¿En qué se diferencian?
11. **Energía de enlace** Cuando un núcleo de tritio $(^{3}_{1}H)$ se desintegra, emite un electrón. El isótopo de tritio se convierte en el isótopo de helio $^{3}_{2}$ He. ¿Cuál de los dos núcleos esperarías que tenga un energía de enlace más negativa? Explícalo.
12. **Defecto de masa** ¿Cuál de los dos núcleos del problema anterior tiene mayor defecto de masa?
13. **Fuerza nuclear fuerte** El rango de la fuerza nuclear fuerte es tan corto que solo los nucleones adyacentes se ven afectados por ella. Explica por qué en los núcleos grandes la fuerza electromagnética de repulsión puede superar la potente fuerza de atracción y hacer que el núcleo sea inestable.
14. **Pensamiento crítico** En las estrellas, los núcleos pequeños se fusionan para formar núcleos con menor energía de enlace por nucleón. Las estrellas más viejas también producen oxígeno ($Z = 8$) y silicio ($Z = 14$). ¿Cuál es el número atómico del núcleo más pesado que se podría formar de esta manera?

LEARNSMART® Conéctate para cumplir tu plan de aprendizaje personalizado para repasar, practicar y reforzar tu comprensión.

LECCIÓN 2

DESINTEGRACIÓN Y REACCIONES NUCLEARES

PREGUNTA DE ENFOQUE

¿Cómo pueden resultar útiles las reacciones nucleares?

Desintegración nuclear

En 1896, Henri Becquerel trabajaba con compuestos que contenían uranio. Se sorprendió al hallar que unas placas fotográficas cercanas que habían sido cubiertas para resguardarlas de la luz se ennegrecían o se revelaban parcialmente. Este ennegrecimiento sugería que algún tipo de rayo del uranio había atravesado la cubierta de las placas. La **Imagen 7** muestra una placa fotográfica que Becquerel expuso a esta radiación. Se descubrió que muchos otros materiales además del uranio o sus compuestos también emitían estos rayos penetrantes.

En 1909, después de años de experimentos, Ernest Rutherford pudo identificar la radiación que Becquerel había descubierto. Esta radiación estaba compuesta por núcleos de helio-4. Los núcleos de uranio más grandes se desintegraban y emitían estos núcleos de helio. Se dice que los núcleos que emiten partículas y energía son **radiactivos.** También se dice que un material que emite partículas se desintegra. Los núcleos se desintegran para hacerse más estables. La desintegración nuclear es un proceso natural.

Nunca se ha aplicado el conocimiento básico en ninguna área de la física con tanta rapidez como en el campo de la física nuclear. El uso médico de este elemento radiactivo, el radio, comenzó durante los primeros 20 años de su descubrimiento. Los aceleradores de protones ya se utilizaban en la medicina antes de que se cumpliera un año de su invención. En el caso de la fisión nuclear (división de núcleos), la aplicación militar ya estaba en desarrollo cuando todavía ni se conocían los conceptos básicos de física. Los usos pacíficos, como las centrales eléctricas, aparecieron en los siguientes 10 años.

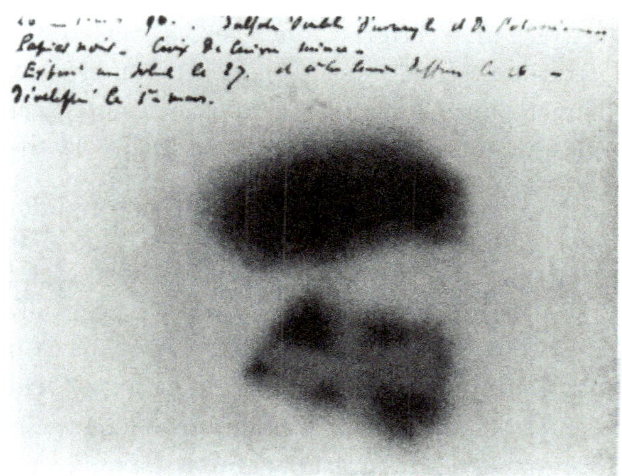

Imagen 7 Henri Becquerel descubrió que los compuestos de uranio cercanos podían revelar las placas fotográficas. Las manchas oscuras son las partes reveladas de las placas.

PENSAMIENTO 3D DCI Ideas centrales disciplinarias CCC Conceptos interdisciplinarios SEP Prácticas de ciencia e ingeniería

REUNIR EVIDENCIA

Usa el Cuaderno de ciencias para registrar la evidencia que reúnas mientras completas las lecturas y las actividades de la lección.

INVESTIGAR

CONÉCTATE para hallar estas actividades y más recursos.

Poner en práctica: Representar la fisión, la fusión y la desintegración nuclear

HS-PS1-8. Desarrolla modelos para ilustrar los cambios en la composición del núcleo del átomo y la energía liberada durante los procesos de fisión, fusión y desintegración nuclear.

Repasar la pregunta de Encuentra el fenómeno

¿Qué información de la lección te ayuda a responder las preguntas de la unidad y del módulo?

Tipos de radiación

Rutherford descubrió que los compuestos de uranio producen tres tipos de radiación. Clasificó las radiaciones en función de qué tan sencillo era detenerlas y las nombró alfa(α), beta (β) y gamma (γ). La radiación alfa no puede atravesar una hoja gruesa de papel, y gran parte de la radiación beta no puede atravesar 6 mm de aluminio. Los rayos gamma no pueden atravesar varios centímetros de plomo. Se sabe que cada tipo de radiación implica una partícula diferente.

Desintegración alfa Las partículas alfa son núcleos de helio ($^{4}_{2}\text{He}$). El número másico de una partícula α es 4, y el número atómico es 2. La emisión de una partícula α desde un núcleo constituye un proceso llamado **desintegración alfa.** Ocurre en núcleos con al menos 106 nucleones. Cuando un núcleo emite una partícula α, su número másico (A) se reduce por 4 y su número atómico (Z) se reduce por 2. El elemento se convierte, o se transmuta, en un elemento diferente. Por ejemplo, $^{238}_{92}\text{U}$ se transmuta en $^{234}_{90}$ Th a causa de la desintegración alfa.

Desintegración beta Las partículas beta son electrones o positrones (electrones con carga positiva) emitidos por el núcleo. El núcleo no contiene electrones ni positrones, entonces, ¿de dónde provienen estas partículas? La **desintegración beta** ocurre cuando un neutrón se convierte en un protón, o viceversa, dentro del núcleo. En todas las reacciones, se conserva la carga. Es decir, la carga total antes de la desintegración es igual a la carga total luego de ella. En la desintegración beta, cuando el neutrón (carga 0) se convierte en un protón (carga +1e), también aparece un electrón (carga −1e). Un núcleo con neutrones N y protones Z acaba con un núcleo de neutrones $N - 1$ y protones $Z + 1$. También se emite otra partícula neutra, casi sin masa, llamada antineutrino. Este tipo de desintegración beta se llama desintegración beta menos (desintegración β^{-}) porque se emite un electrón.

Cuando un protón se convierte en neutrón dentro del núcleo, se emiten un positrón y un neutrino. Este tipo de desintegración beta se llama emisión de positrones o desintegración beta más (desintegración β^{+}) porque se emite un positrón.

Desintegración gamma Los rayos gamma son fotones de alta energía emitidos por el núcleo durante la **desintegración gamma.** Ocurre cuando hay una redistribución de la energía dentro del núcleo y se emite un rayo gamma. Ni el número másico ni el atómico cambian durante la desintegración gamma. La radiación gamma suele acompañar las desintegraciones alfa y beta. En la **Tabla 1** hay un resumen de los tres tipos de radiación principales.

Los elementos radiactivos suelen experimentar una serie de desintegraciones sucesivas hasta que forman un núcleo estable. Por ejemplo, $^{238}_{92}\text{U}$ experimenta 14 desintegraciones independientes.

Tabla 1 Tres tipos de radiación

Radiación alfa	Radiación beta	Radiación gamma
partícula α ($^{4}_{2}\text{He}$)	partícula α ($^{0}_{-1}\text{e}$)	partícula γ (fotón)
carga +2	carga −1	sin carga
menor penetración	penetración media	mayor penetración
transmuta el núcleo: $A \rightarrow A-4$ $Z \rightarrow Z-2$ $N \rightarrow N-2$	transmuta el núcleo: $A \rightarrow A$ $Z \rightarrow Z+1$ $N \rightarrow N-1$	solo cambia la energía: $A \rightarrow A$ $Z \rightarrow Z$ $N \rightarrow N$

Ecuaciones y reacciones nucleares

Siempre que la energía o la cantidad de neutrones o protones en un núcleo cambia, el suceso resultante recibe el nombre de **reacción nuclear.** Al igual que en las reacciones químicas, algunas reacciones nucleares liberan energía, mientras que otras ocurren solo cuando se agrega energía al núcleo. Un tipo de reacción nuclear es la emisión de partículas por parte de núcleos radiactivos. La reacción libera la energía sobrante en forma de energía cinética de las partículas emitidas. Estas dos reacciones se observan en la **Imagen 8.**

Las reacciones nucleares pueden describirse con palabras, diagramas y ecuaciones. Los símbolos en las ecuaciones nucleares simplifican el cálculo de los números atómico y másico en las reacciones nucleares. Por ejemplo, la desintegración alfa en la **Imagen 8** puede expresarse mediante la siguiente ecuación:

$$^{238}_{92}\text{U} \rightarrow {}^{234}_{90}\text{Th} + {}^{4}_{2}\text{He}$$

Esta ecuación expresa que el uranio-238 se desintegra en torio-234 al emitir una partícula alfa.

El total de partículas nucleares (protones y neutrones) se mantiene igual durante la reacción, por lo que la suma de los superíndices en cada lado de la ecuación debe ser igual: $238 = 234 + 4$. La carga total también se conserva durante la reacción, por lo que la suma de los subíndices en cada lado debe ser igual: $92 = 90 + 2$.

Durante la desintegración beta, se producen un electrón ($^{0}_{-1}\text{e}$) y un antineutrino($^{0}_{0}\overline{\nu}$). La **Imagen 8** muestra la transmutación de un núcleo de torio-234 en uno de protactinio-234 por la emisión de una partícula β. La reacción se describe mediante la siguiente ecuación. Verifica que se conserve la carga en esta reacción.

$$^{234}_{90}\text{Th} \rightarrow {}^{234}_{91}\text{Pa} + {}^{0}_{-1}\text{e} + {}^{0}_{0}\overline{\nu}$$

¿Lo comprendes?

Citar evidencia ¿Qué cambios puede experimentar el núcleo de un átomo?

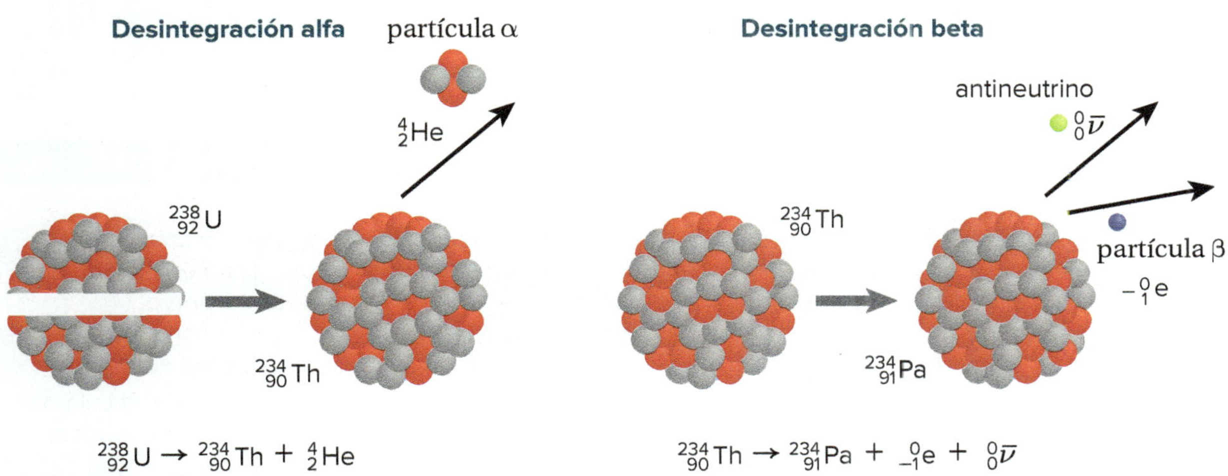

Imagen 8 Cuando el uranio-238 experimenta la desintegración alfa, se emite una partícula alfa y el núcleo resultante es el torio-234. El torio-234 puede experimentar la desintegración beta para producir protactinio-234 y una partícula beta.

Observa que el superíndice en el lado izquierdo de la ecuación es igual a la suma de los superíndices en el lado derecho. La igualdad también está presente en los subíndices de ambos lados. En las desintegraciones alfa y beta, un núcleo, que se muestra en el lado izquierdo de la ecuación, se desintegra en otro núcleo y una o más partículas radiactivas, que aparecen en el lado derecho. Otro ejemplo de transmutación ocurre cuando una partícula colisiona con el núcleo, lo que suele causar la emisión de otras partículas. Por ejemplo, ${}^{12}_{6}C + {}^{1}_{1}H \rightarrow {}^{13}_{7}N$. Estas reacciones aparecen en el Ejemplo Problema 3 y en la sección sobre fisión más adelante.

EJEMPLO Problema 2

DESINTEGRACIÓN ALFA Y BETA Escribe la ecuación nuclear para cada proceso radiactivo.

a. El isótopo radiactivo de radio ${}^{226}_{88}Ra$ emite una partícula α y se convierte en el isótopo de radón ${}^{222}_{86}Rn$.

b. El isótopo radiactivo de plomo ${}^{209}_{82}Pb$ se desintegra en el isótopo de bismuto ${}^{209}_{83}Bi$ por la emisión de una partícula β y de un antineutrino.

1 ANALIZAR EL PROBLEMA

Datos conocidos

a. Inicial: ${}^{226}_{88}Ra$

Final: partícula α (${}^{4}_{2}He$), ${}^{222}_{86}Rn$

a. Inicial: ${}^{209}_{82}Pb$

Final: ${}^{209}_{83}Bi$, partícula β (${}^{0}_{-1}e$), antineutrino (${}^{0}_{0}\bar{\nu}$)

Incógnita

¿Cuál es la ecuación nuclear?

¿Cuál es la ecuación nuclear?

2 HALLAR LA INCÓGNITA

a. ${}^{226}_{88}Ra \rightarrow {}^{4}_{2}He + {}^{222}_{86}Rn$ — Sustituye ${}^{4}_{2}He$ por una partícula α.

b. ${}^{209}_{82}Pb \rightarrow {}^{209}_{83}Bi + {}^{0}_{-1}e + {}^{0}_{0}\bar{\nu}$ — Sustituye ${}^{0}_{-1}e$ por una partícula β y ${}^{0}_{0}\bar{\nu}$ por un antineutrino.

3 EVALUAR LA RESPUESTA

- **¿Se conserva la cantidad de nucleones?**

  a. 226 = 4 + 222, por lo que se conserva el número másico.

  b. 209 = 209 + 0 + 0, por lo que se conserva el número másico.

- **¿Se conserva la carga?**

  a. 88 = 2 + 86, por lo que se conserva la carga.

  b. 82 = 83 − 1 + 0, por lo que se conserva la carga.

PRÁCTICA Problemas

PRÁCTICA ADICIONAL

15. Escribe la ecuación para la transmutación del isótopo de uranio radiactivo ${}^{234}_{92}U$ en el isótopo de torio ${}^{230}_{90}Th$ por la emisión de una partícula α.

16. Escribe la ecuación para la transmutación del isótopo de torio radiactivo ${}^{230}_{90}Th$ en el isótopo de radio radiactivo ${}^{226}_{88}Ra$ por la emisión de una partícula α.

17. Escribe la ecuación para la transmutación del americio-241 en el neptunio-237 por la emisión de una partícula α.

18. Escribe la ecuación para la transmutación del isótopo radiactivo de radio ${}^{226}_{88}Ra$ en isótopo de radón ${}^{222}_{86}Rn$ por una desintegración α.

19. El isótopo radiactivo de plomo ${}^{214}_{82}Pb$ puede convertirse en el isótopo radiactivo de bismuto ${}^{214}_{83}Bi$ por la emisión de una partícula β y de un antineutrino. Escribe la ecuación nuclear.

20. DESAFÍO El isótopo radiactivo de carbono ${}^{14}_{6}C$ experimenta una desintegración β. Determina el producto de la desintegración y escribe la ecuación nuclear.

EJEMPLO Problema 3

RESOLVER ECUACIONES NUCLEARES Cuando se bombardea gas de nitrógeno con partículas α, se emiten protones de alta energía. ¿Qué isótopo se crea? Usa la tabla periódica al final del libro.

1 ANALIZAR EL PROBLEMA

Datos conocidos

nitrógeno = ${}^{14}_{7}\text{N}$

$\alpha = {}^{4}_{2}\text{He}$

protón = ${}^{1}_{1}\text{H}$

Incógnita

¿Qué isótopo debe estar en el lado derecho de la ecuación?

2 HALLAR LA INCÓGNITA

Escribe la ecuación para la reacción nuclear.

$${}^{4}_{2}\text{He} + {}^{14}_{7}\text{N} \rightarrow {}^{1}_{1}\text{H} + {}^{A}_{Z}X$$

Halla Z y A.

$$Z = 2 + 7 - 1 = 8$$

$$A = 4 + 14 - 1 = 17$$

El elemento con $Z = 8$ es el oxígeno. El isótopo debe ser ${}^{17}_{8}\text{O}$.

3 EVALUAR LA RESPUESTA

- **¿La ecuación está equilibrada?** Se conserva la cantidad de nucleones: 4 + 14 = 1 + 17. Se conserva la carga: 2 + 7 = 1 + 8.

PRÁCTICA Problemas

PRÁCTICA ADICIONAL

21. Usa la tabla periódica al final del libro para completar lo siguiente:

a. ${}^{33}_{15}\text{P} \rightarrow ? + {}^{0}_{-1}\text{e} + {}^{0}_{0}\bar{\nu}$

b. ${}^{55}_{24}\text{Cr} \rightarrow ? + {}^{0}_{-1}\text{e} + {}^{0}_{0}\bar{\nu}$

22. Escribe la ecuación nuclear para la transmutación del isótopo de seaborgio ${}^{263}_{106}\text{Sg}$ en el isótopo de rutherfordio ${}^{259}_{104}\text{Rf}$ por la emisión de una partícula alfa.

23. Un protón colisiona con el isótopo de nitrógeno ${}^{15}_{7}\text{N}$ y se forma un nuevo isótopo y una partícula alfa. ¿Cuál es el isótopo? Escribe la ecuación nuclear.

24. DESAFÍO Escribe las ecuaciones nucleares para la desintegración beta de los siguientes isótopos:

a. ${}^{210}_{82}\text{Pb}$

b. ${}^{210}_{83}\text{Bi}$

c. ${}^{234}_{90}\text{Th}$

d. ${}^{239}_{93}\text{Np}$

El período de semidesintegración

Los isótopos radiactivos varían considerablemente en términos de estabilidad. Algunos existen por solo una fracción de un segundo antes de desintegrarse, mientras que otros pueden existir por millones de años. Esta propiedad se llama **período de semidesintegración** y es el tiempo que tarda en desintegrarse la mitad de los átomos en una cantidad determinada de isótopo radiactivo. Luego de cada período de semidesintegración, cerca de la mitad de los núcleos queda sin desintegrarse, como se ve en la **Imagen 9.** Este período es un promedio que se obtiene al observar una gran cantidad de desintegraciones. Cada isótopo tiene su propio período de semidesintegración.

Por ejemplo, el período de semidesintegración del isótopo de radio ${}^{226}_{88}\text{Ra}$ es 1600 años.

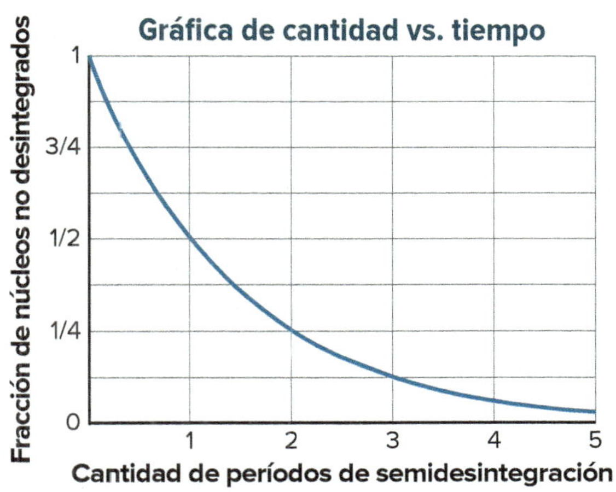

Imagen 9 La mitad de los núcleos radiactivos se desintegra en cada período de semidesintegración.

Tabla 2 **Períodos de semidesintegración de algunos isótopos**

Elemento	Isótopo	Período de semidesintegración	Radiación producida
Hidrógeno	$^{3}_{1}H$	12.3 años	β
Carbono	$^{14}_{6}C$	5730 años	β
Cobalto	$^{60}_{27}Co$	30 años	β, γ
Yodo	$^{131}_{53}I$	8.07 días	β, γ
Plomo	$^{212}_{82}Pb$	10.6 horas	β
Polonio	$^{194}_{84}Po$	0.7 segundos	α
Polonio	$^{210}_{84}Po$	138 días	α, γ
Uranio	$^{235}_{92}U$	7.1×10^{8} años	α, γ
Uranio	$^{238}_{92}U$	4.51×10^{9} años	α, γ
Plutonio	$^{236}_{94}Pu$	2.85 años	α
Plutonio	$^{242}_{94}Pu$	3.79×10^{8} años	α, γ

Los períodos de semidesintegración de algunos isótopos aparecen en la **Tabla 2.** Si conoces la cantidad original de una sustancia y su período de semidesintegración, puedes calcular la cantidad restante luego de un determinado número de períodos de semidesintegración.

Período de semidesintegración

La cantidad de isótopos radiactivos restantes en la muestra es igual a la cantidad original multiplicada por $\frac{1}{2}$ a la t, mientras que t es la cantidad de períodos de semidesintegración que han pasado.

$$\text{restantes} = \text{original}\left(\frac{1}{2}\right)^{t}$$

Los períodos de semidesintegración de los isótopos radiactivos sirven para fechar los objetos. Se puede averiguar la antigüedad de una muestra de material orgánico al medir la cantidad de carbono-14 restante. Se calculó la edad de la Tierra en función de la desintegración del uranio en plomo.

La cantidad de desintegraciones por segundo que experimenta una sustancia radiactiva recibe el nombre de **actividad.** La actividad es proporcional a la cantidad de átomos radiactivos presentes. Por lo tanto, la actividad de una muestra también se reduce a la mitad en un período de semidesintegración. Considera $^{131}_{53}I$, con un período de semidesintegración de 8.07 días. Si la actividad de una determinada muestra de yodo-131 es 8×10^{5} desintegraciones, entonces 8.07 días después, su actividad será 4×10^{5} desintegraciones. Luego de otros 8.07 días, su actividad será 2×10^{5} desintegraciones. La actividad de una muestra también se relaciona con su período de semidesintegración. Cuando más corto es este período, mayor es la actividad. Entonces, si conoces la actividad de una sustancia y su cantidad, puedes determinar su período de semidesintegración. La unidad del SI para las desintegraciones por segundo es un Becquerel (Bq).

¿Lo comprendes?

Compara el período de semidesintegración y la actividad de una sustancia radiactiva.

PRÁCTICA Problemas

PRÁCTICA ADICIONAL

Usa la **Imagen 9** *y la* **Tabla 2** *para resolver los siguientes problemas.*

25. Se produce una muestra de 1.0 g de tritio ($^{3}_{1}H$) Después de 24.6 años, ¿cuánto quedará de la masa total del tritio?

26. El isótopo $^{238}_{93}Np$ tiene un período de semidesintegración de 2.0 días. Si se producen 4.0 g de neptunio el lunes, ¿cuánto quedará de su masa total el jueves de la semana siguiente?

27. Se compra una muestra de $^{210}_{84}Po$ el 1 de septiembre. Su actividad es 2×10^{6} Bq. La muestra se usa en un experimento el 1 de junio. ¿Qué actividad puede esperarse?

28. DESAFÍO El tritio ($^{3}_{1}H$) se usó una vez para producir un resplandor fluorescente con un brillo proporcional a la actividad del tritio. Compara el brillo del reloj después de 6 años con su brillo original.

Radiactividad artificial

Los isótopos radiactivos pueden formarse a partir de isótopos estables al bombardearlos con protones, neutrones, electrones, fotones u otras partículas. Los núcleos inestables resultantes emiten radiación hasta que se convierten en isótopos estables. Los núcleos radiactivos pueden emitir radiación alfa, beta y gamma, pero también neutrinos, antineutrinos y positrones. Un positrón $\left(^{0}_{+1}e\right)$ es una partícula con carga positiva que tiene la masa de un electrón.

Los isótopos radiactivos producidos artificialmente a menudo se usan en el campo de la medicina. En algunos tratamientos médicos, los pacientes reciben isótopos radiactivos de elementos que son absorbidos por partes específicas del cuerpo. Un médico usa un contador de radiación para monitorear la actividad en la región en cuestión. Un isótopo radiactivo también puede estar unido a una molécula que será absorbida en el área de interés, como en la tomografía por emisión de positrones, o PET. Se puede observar una PET del cerebro en la **Imagen 10.**

También se usa la radiación para destruir las células cancerígenas. Estas células son más sensibles a los efectos dañinos de la radiación porque se dividen con más frecuencia que las células normales. Se usan los rayos gamma de los isótopos $^{60}_{27}Co$ para tratar a los pacientes con cáncer. Otro método es inyectar yodo para atacar el cáncer de tiroides. Un tercer método consiste en producir un haz de partículas en un acelerador de partículas y transmitirlo al tejido canceroso para que destruya las células.

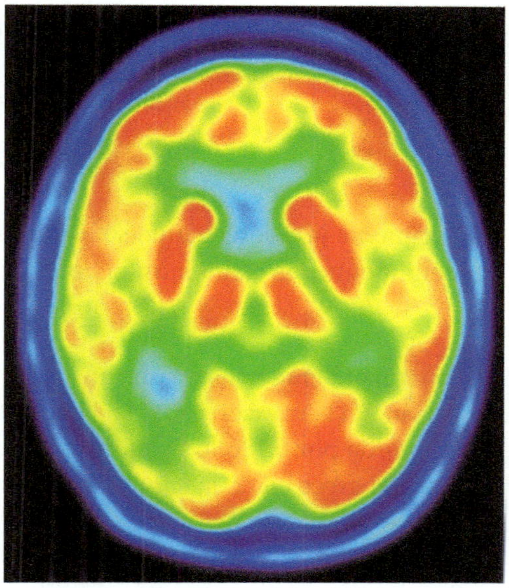

Imagen 10 Para realizar una PET, los médicos inyectan una solución al paciente. En la solución, un isótopo radiactivo se une a la molécula que se acumulará en el tejido objetivo. Cuando el isótopo se desintegra, produce positrones. Estos positrones aniquilan los electrones cercanos y producen rayos gamma. El escáner PET detecta los rayos gamma, y se usan los datos para hacer un mapa tridimensional de la distribución de los isótopos.

¿Lo comprendes?

Resume cómo se usa la radiación para destruir las células cancerígenas.

Conexión con carreras STEM

Ingeniero nuclear

¿Te interesan los procesos nucleares? Considera una carrera como ingeniero nuclear. Los ingenieros nucleares investigan y desarrollan procesos, instrumentos, sistemas y procedimientos con la energía nuclear y la radiación. Trabajan en instalaciones industriales y médicas.

CCC CONCEPTOS INTERDISCIPLINARIOS

Energía y materia En un proceso nuclear, si no se conservan los átomos, ¿qué se conserva?

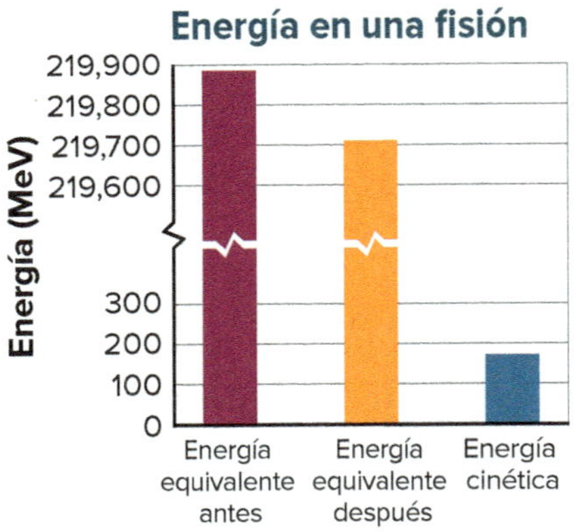

Imagen 11 Durante la fisión, la masa de los reactivos es igual a la suma de la masa de los productos y el equivalente de masa de la energía cinética de los productos.

Fisión nuclear

En los años 30, se habló de la posibilidad de obtener formas útiles de energía a partir de las reacciones nucleares. Los resultados más prometedores se obtuvieron al bombardear sustancias con neutrones. Enrico Fermi y Emilio Segrè produjeron muchos nuevos isótopos radiactivos al bombardear uranio con neutrones en Italia en 1934.

En 1939, los químicos alemanes Otto Hahn y Fritz Strassmann demostraron que los átomos resultantes tenían el mismo comportamiento químico que el bario. Una semana más tarde, Lise Meitner y Otto Frisch propusieron que los neutrones habían causado una división del uranio en dos núcleos más pequeños, lo que resultó en una gran liberación de energía.

La división de un núcleo en dos o más fragmentos recibe el nombre de **fisión.** Por ejemplo, el isótopo de uranio ${}^{235}_{92}\mathrm{U}$ experimenta la fisión cuando se lo bombardea con neutrones. A partir de esta fisión se obtienen generalmente dos elementos, el bario y el criptón, como se expresa en la siguiente ecuación:

$${}^{1}_{0}\mathrm{n} + {}^{235}_{92}\mathrm{U} \rightarrow {}^{92}_{36}\mathrm{Kr} + {}^{141}_{56}\mathrm{Ba} + 3({}^{1}_{0}\mathrm{n}) + 173\ \mathrm{MeV}$$

La energía liberada en cada fisión se halla al calcular las masas de los átomos en cada lado de la ecuación. En la reacción superior, la masa total a la derecha de la ecuación es más pequeña que la de la izquierda por 0.186 u. El equivalente energético de esta masa es 2.78×10^{-11} J, o 173 MeV. Esta energía aparece como la energía cinética de los productos de la fisión, como se ve en la **Imagen 11.**

¿Lo comprendes?

Confirma que la fisión anterior libera 173 MeV.

Reacciones en cadena La fisión nuclear libera tres neutrones, que pueden colisionar con otros núcleos ${}^{235}_{92}\mathrm{U}$, lo que produciría más fisiones. Este proceso continuo de fisiones repetidas causadas por la liberación de neutrones en reacciones anteriores se llama **reacción en cadena.** Este proceso se observa en la **Imagen 12** en la página siguiente.

¿Lo comprendes?

Explica por qué se liberan grandes cantidades de energía en la fisión.

Controlar las reacciones en cadena Para crear una reacción en cadena controlada y útil, los neutrones necesitan interactuar con el uranio fisionable a la velocidad correcta. La velocidad de reacción depende de la velocidad de los neutrones y de la cantidad de uranio fisionable. La mayoría de los neutrones liberados en la fisión de átomos ${}^{235}_{92}\mathrm{U}$ tienen velocidades altas y reciben el nombre de neutrones rápidos. El uranio de origen natural está compuesto por menos de 1 por ciento de ${}^{235}_{92}\mathrm{U}$ y más de 99 por ciento de ${}^{238}_{92}\mathrm{U}$. Cuando un núcleo ${}^{238}_{92}\mathrm{U}$ absorbe un neutrón rápido, no experimenta la fisión, sino que se convierte en un isótopo nuevo, ${}^{239}_{92}\mathrm{U}$. ${}^{238}_{92}\mathrm{U}$ absorbe la mayoría de los neutrones. La mayoría de los neutrones de la fisión original no causan otra fisión.

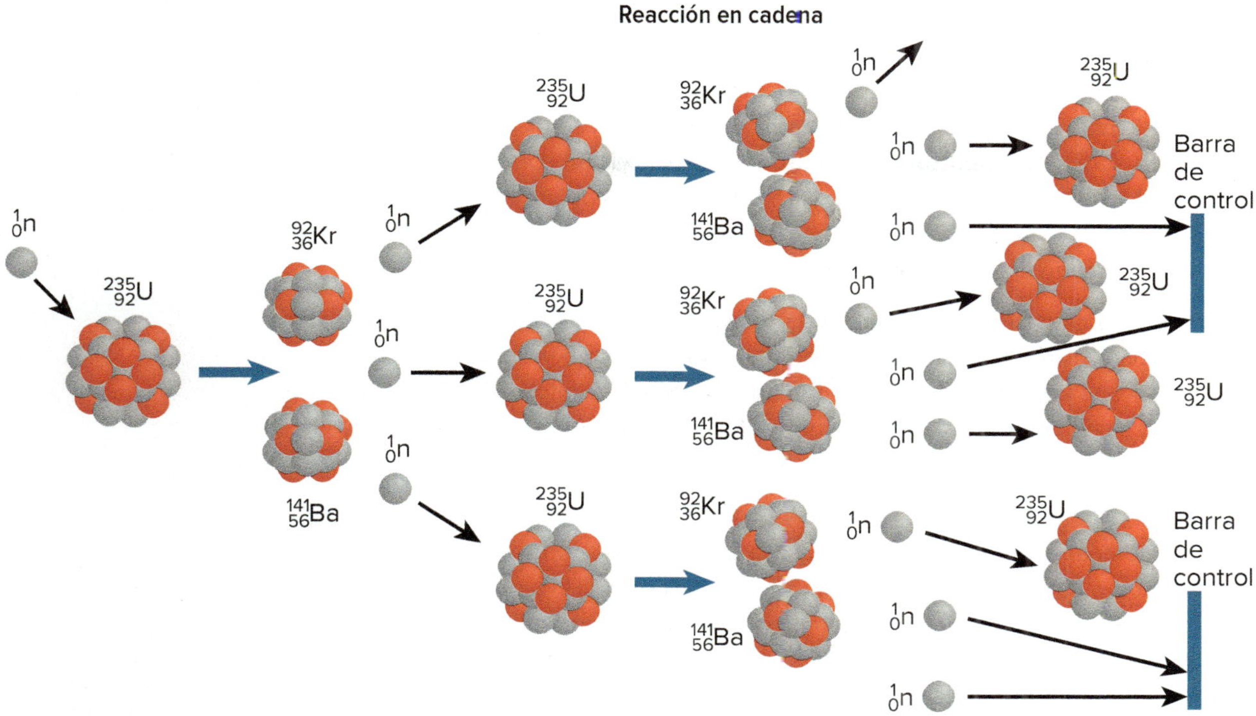

Imagen 12 Los neutrones producidos por la fisión de un núcleo de uranio-235 pueden provocar más fisiones. Esto puede generar una reacción en cadena. Las reacciones en cadena controladas son necesarias para operar centrales nucleares. **Infiere** *por qué podrían agregarse barras que absorben los neutrones a un reactor.*

Para compensar esto, el uranio se descompone en partes más pequeñas y se coloca en un moderador, un material que puede ralentizar, o moderar, los neutrones rápidos. Los neutrones colisionan con átomos relativamente livianos, transfieren impulso y energía, y pierden velocidad. El moderador ralentiza muchos neutrones rápidos a velocidades en las que son absorbidos más fácilmente por el $^{235}_{92}U$ que por el $^{238}_{92}U$. Esta gran cantidad de neutrones lentos aumenta considerablemente las posibilidades de que el núcleo de $^{235}_{92}U$ haga que otro núcleo $^{235}_{92}U$ experimente una fisión. Si hay suficiente $^{235}_{92}U$ en la muestra, se puede producir una reacción en cadena. Para aumentar la cantidad de uranio fisionable, se enriquecen las muestras con más $^{235}_{92}U$

Reactores nucleares El tipo de reactor nuclear que se usa en Estados Unidos es un reactor de agua a presión. Contiene aproximadamente 200 toneladas métricas de uranio selladas dentro de cientos de barras de metal. Estas barras están inmersas en agua, como se muestra en la **Imagen 13.** El agua que rodea las barras no solo actúa como moderador, sino que también absorbe energía térmica producto de la fisión del uranio.

Imagen 13 Las partículas a gran velocidad provenientes de las barras de combustible ingresan al agua más rápido que la velocidad de la luz. Se emiten fotones, que hacen que el agua brille. Esto recibe el nombre de efecto Cherenkov y no es producto de la radiactividad.

Se ubican barras de cadmio, un metal, entre las barras de uranio. El cadmio absorbe los neutrones con facilidad y también actúa como moderador. Las barras de cadmio se mueven hacia dentro y hacia fuera del reactor para controlar la velocidad de la reacción en cadena. Por eso reciben el nombre de barras de control. Cuando las barras de control se insertan completamente en el reactor, absorben suficientes neutrones liberados durante la fisión como para evitar que la reacción en cadena continúe. A medida que se quitan las barras de control del reactor, la velocidad a la que se libera la energía aumenta, ya que hay más neutrones disponibles libres para continuar la reacción en cadena.

La energía liberada en la fisión calienta el agua que rodea las barras de uranio. El agua no hierve porque está bajo mucha presión, por lo que su punto de ebullición aumenta. Como se observa en la **Imagen 14,** se bombea el agua hacia un intercambiador de calor, donde hace que otra agua hierva y que se produzca el vapor que gira las turbinas. Las turbinas están conectadas a los generadores que producen energía eléctrica.

La fisión de los núcleos ${}^{235}_{92}U$ produce criptón, bario y otros átomos en las barras de combustible. La mayoría de estos átomos son radiactivos. Algunas de las barras de combustible de uranio se deben reemplazar aproximadamente una vez por año. Las barras viejas ya no tienen suficiente uranio como para estar en el reactor, pero siguen siendo extremadamente radiactivas. Como la radiación es muy peligrosa para las personas y el medioambiente, las barras deben almacenarse en un lugar seguro. Actualmente, se están desarrollando mejores métodos para almacenar estos productos de desecho radiactivos de manera permanente.

Fusión nuclear

En la **fusión** nuclear, los núcleos con masas pequeñas se combinan para formar un núcleo con una masa más grande. En el proceso, se libera energía. Aprendiste que los núcleos más grandes están más fuertemente unidos, por lo que su masa es menor que la suma de las masas de los núcleos más pequeños. Esta pérdida de masa corresponde a una liberación de energía.

Central nuclear

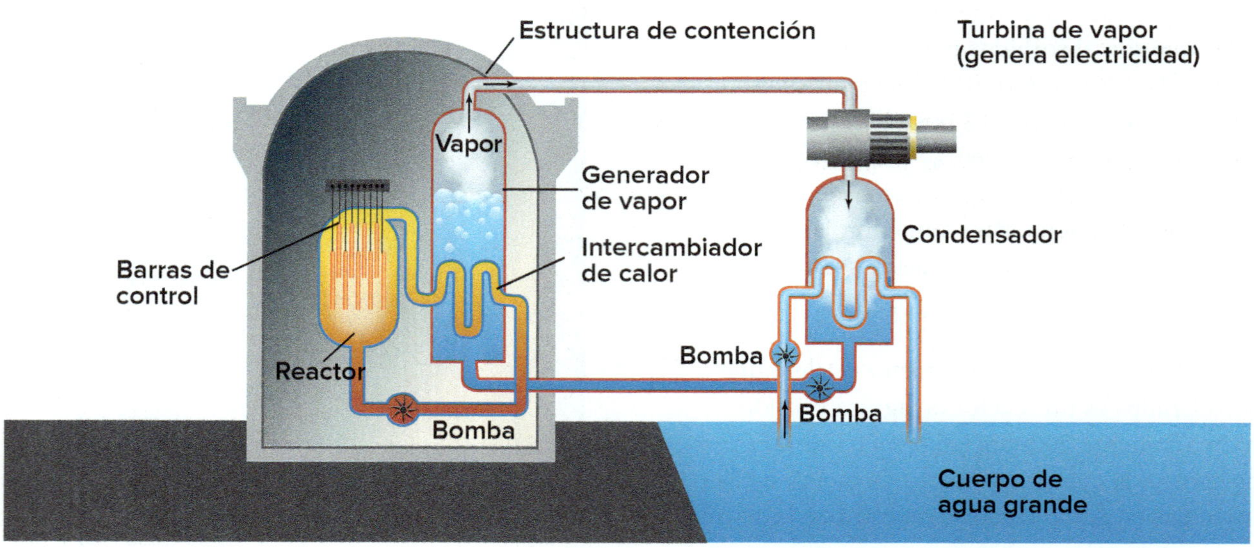

Imagen 14 Las reacciones que ocurren en las centrales nucleares liberan energía térmica. Esta energía se usa finalmente para girar una turbina, que convierte la energía mecánica en energía eléctrica.

Un ejemplo de fusión es el proceso que ocurre en el Sol. Este proceso, llamado cadena protón-protón, se puede observar en la **Imagen 15.** Cuatro núcleos (protones) de hidrógeno se fusionan en varias etapas para formar un núcleo de helio. La cadena protón-protón puede representarse en forma de ecuación:

$${}^{1}_{1}\text{H} + {}^{1}_{1}\text{H} \rightarrow {}^{2}_{1}\text{H} + {}^{0}_{+1}\text{e} + {}^{0}_{0}v \text{ y } {}^{1}_{1}\text{H} + {}^{1}_{1}\text{H} \rightarrow {}^{2}_{1}\text{H} + {}^{0}_{+1}\text{e} + {}^{0}_{0}v$$

$${}^{1}_{1}\text{H} + {}^{2}_{1}\text{H} \rightarrow {}^{3}_{2}\text{He} + \gamma \text{ y } {}^{1}_{1}\text{H} + {}^{2}_{1}\text{H} \rightarrow {}^{3}_{2}\text{He} + \gamma$$

$${}^{3}_{2}\text{He} + {}^{3}_{2}\text{He} \rightarrow {}^{4}_{2}\text{He} + 2({}^{1}_{1}\text{H})$$

El resultado neto (restando los dos protones producidos en el último paso) es que cuatro protones producen un ${}^{4}_{2}\text{He}$, dos positrones y dos neutrinos.

La masa de los cuatro protones es mayor que la masa del núcleo de helio producido. La diferencia de masa es equivalente a la suma de la energía cinética de las partículas resultantes y la energía radiante de los fotones. La energía liberada por la fusión que produce un núcleo de helio-4 es 25 MeV. En comparación, la energía liberada cuando una molécula de dinamita reacciona químicamente es alrededor de 20 eV, cerca de 1 millón de veces menor.

La fuerza de repulsión entre los núcleos cargados exige que los núcleos en fusión tengan energías altas. Por lo tanto, las fusiones solo ocurren cuando los núcleos tienen grandes cantidades de energía térmica. La cadena protón-protón exige una temperatura de aproximadamente 2×10^{7} K, como aquella en el centro del Sol. Las estrellas son lo suficientemente calientes para fusionar núcleos y formar elementos más grandes como el carbono, el nitrógeno y el oxígeno. Las estrellas más calientes tienen suficiente energía térmica para fusionar núcleos del tamaño del silicio y convertirlos en hierro.

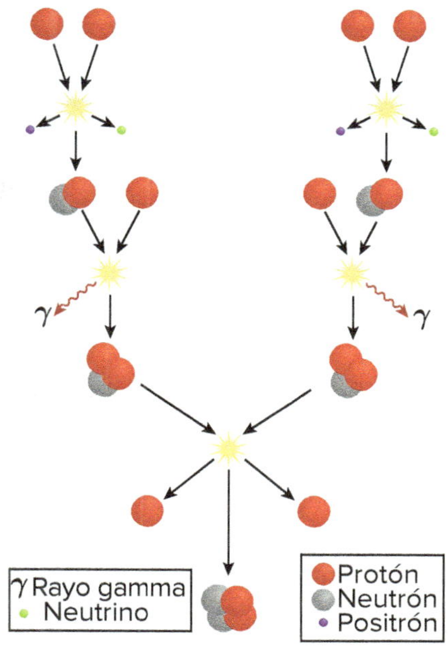

Imagen 15 En el Sol, ocurren una serie de fusiones para convertir el hidrógeno en helio.

Confirma *que se conserva la carga en esta reacción.*

La fusión ocurre en una bomba de hidrógeno, también llamada bomba termonuclear. En este dispositivo, la alta temperatura necesaria para generar la fusión se produce al explotar una bomba de fisión de uranio, que suele recibir el nombre de bomba nuclear.

Verifica tu progreso

29. **Desintegración beta** ¿Cómo se expulsa un electrón de un núcleo durante la desintegración beta si el núcleo no tiene electrones?
30. **Reacciones nucleares** El isótopo de polonio ${}^{210}_{84}\text{Po}$ experimenta la desintegración alfa. Escribe la ecuación para la reacción.
31. **Período de semidesintegración** Usa la **Imagen 9** y la **Tabla 2** para estimar cuántos días tardaría una muestra de ${}^{131}_{53}\text{I}$ en tener tres octavos de su actividad original.
32. **Reactor nuclear** Se suele usar plomo como un escudo para la radiación. ¿Por qué no se usa como moderador en un reactor nuclear?
33. **Fusión** ¿Por qué el helio en un globo no experimenta la fusión?
34. **Energía** Calcula la energía liberada en la primera fusión del Sol, ${}^{1}_{1}\text{H} + {}^{1}_{1}\text{H} \rightarrow {}^{2}_{1}\text{H} + {}^{0}_{+1}\text{e} + {}^{0}_{0}v$.
35. **Pensamiento crítico** Los isótopos que experimentan la desintegración alfa se usan en detectores de humo. Se monta un emisor en una de las placas y las partículas α golpean la otra. Hay una diferencia potencial entre las dos. ¿Cuál tiene el potencial más positivo?

LECCIÓN 3

BLOQUES DE LA MATERIA

PREGUNTA DE ENFOQUE

¿Cómo descubren los científicos las partículas que no vemos?

Aceleradores de partículas

Los primeros físicos que estudiaron el núcleo con partículas a alta velocidad tuvieron que usar partículas de fuentes radiactivas. Otras investigaciones utilizaron rayos cósmicos producidos por procesos en las estrellas que todavía no se comprendían. A principios de los años 30, los científicos desarrollaron dispositivos de laboratorio que podían acelerar los protones y las partículas α a energías suficientemente altas como para penetrar el núcleo. Hoy, el acelerador lineal, como el que se muestra en la **Imagen 16,** y el sincrotrón se suelen usar para acelerar las partículas a energías altas y ayudar a los científicos a descubrir más acerca de la estructura de la materia.

Imagen 16 Un acelerador lineal acelera las partículas cargadas.

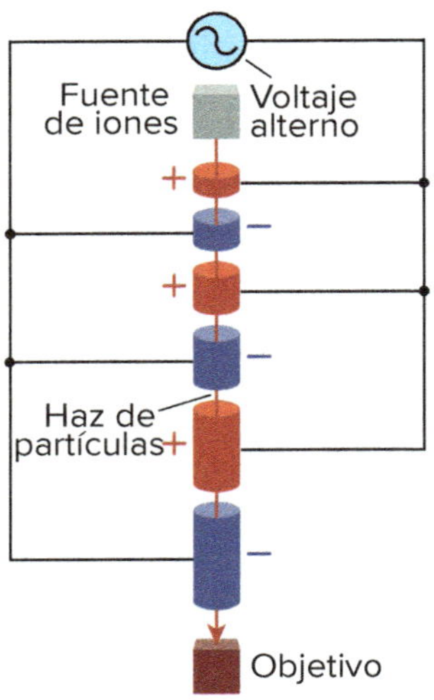

Para acelerar las partículas cargadas, la carga en los tubos se invierte a medida que las partículas se mueven. (El diagrama no es a escala).

El acelerador lineal de la Universidad de Stanford tiene 3.3 km de largo. Los electrones alcanzan energías de 50 GeV.

Aerial Archives/Alamy Stock Photo

PENSAMIENTO 3D DCI Ideas centrales disciplinarias CCC Conceptos interdisciplinarios SEP Prácticas de ciencia e ingeniería

REUNIR EVIDENCIA

Usa el Cuaderno de ciencias para registrar la evidencia que reúnas mientras completas las lecturas y las actividades de la lección.

INVESTIGAR

CONÉCTATE para hallar estas actividades y más recursos.

Investigación rápida: ¿Qué hay en el fondo?
Realiza una investigación para medir la tasa de radiación de fondo y determinar su tipo.

Repasar las noticias
Obtén información de una noticia actual acerca de investigaciones sobre la energía nuclear, la fusión o la física de partículas. Evalúa tu fuente y comunica tus descubrimientos a la clase.

Aceleradores lineales Un acelerador lineal sirve para acelerar protones, electrones o sus homólogos de antimateria (descritos más adelante). Está compuesto por una serie de tubos huecos que se encuentran dentro de una cámara evacuada y larga. Los tubos están conectados a una fuente de diferencia de potencial alterna de alta frecuencia, como se muestra en la **Imagen 16.** Los protones se producen en una fuente de iones similar a aquellas en los tubos de rayos catódicos. Cuando el primer tubo tiene un potencial negativo, los protones se aceleran hacia su interior. Se mueven a una velocidad constante porque no hay un campo eléctrico dentro del tubo.

La longitud del tubo y la frecuencia de la diferencia de potencial se ajustan de manera tal que el potencial cambia de polaridad cuando los protones llegan al otro extremo del tubo. Entonces, el segundo tubo tiene un potencial negativo respecto al del primero. El campo eléctrico resultante en el espacio entre los tubos hace que los protones se aceleren hacia el interior del segundo tubo.

Este proceso continúa a medida que los protones se aceleran entre cada par de tubos. Como las partículas se mueven más rápido a medida que emergen de los tubos y todas las diferencias de potencial cambian en un mismo momento, el tiempo que tardan en recorrer cada tubo es el mismo. Por lo tanto, cada tubo debe ser más largo que el anterior. Los protones se mueven a lo largo de la cresta de una onda de campo eléctrico, como una tabla surf en el océano. La energía del protón aumenta 1×10^5 eV con cada aceleración. Al final, el protón quizás tenga miles de millones de electronvoltios de energía. Se usa un método similar para acelerar electrones. Observa que solo se pueden acelerar de esta manera las partículas cargadas.

Como su masa es mayor, los protones no pueden acelerarse a las energías extremas necesarias para los experimentos modernos en los aceleradores lineales. En su lugar, estos aceleradores se usan en el proceso inicial para inyectar protones en los aceleradores circulares donde pueden alcanzar energías más altas.

Sincrotrones Usar un campo magnético para que las partículas se muevan en un círculo permite que el acelerador sea más compacto. En la **Imagen 17** se muestra un acelerador circular, llamado sincrotrón. Los imanes curvadores están separados por regiones rectas donde la diferencia de potencial de alta frecuencia acelera las partículas. La fuerza del campo magnético y la longitud del recorrido se eligen para que las partículas alcancen la región del campo eléctrico alterno justo cuando la polaridad del campo las acelere.

Imagen 17 En un sincrotrón, el recorrido y la aceleración de las partículas están controlados por imanes. El Gran Colisionador de Hadrones tiene una circunferencia de 27 km.

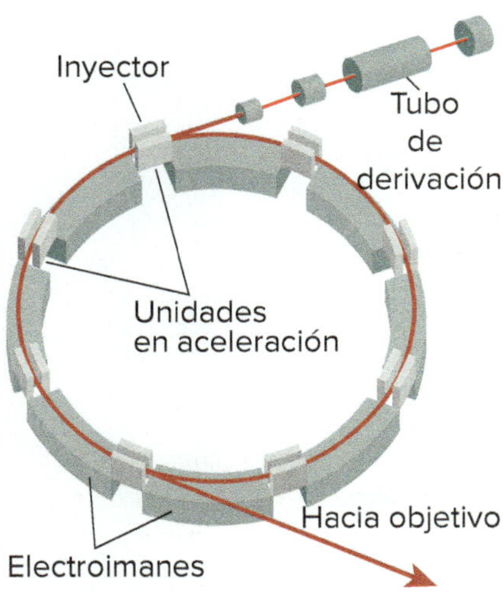

Frederic Pitchal/Sygma/Sygma/Getty Images

Uno de los sincrotrones más grandes es el Gran Colisionador de Hadrones (LHC) que se encuentra en el laboratorio de la Organización Europea para la Investigación Nuclear (CERN) en Ginebra, Suiza, que puede observarse en la **Imagen 17** en la página anterior. El LHC es muy grande porque se necesita una gran distancia para acelerar las partículas a los niveles de energía deseados. Cuenta con dos haces de protones que viajan en direcciones opuestas y colisionan en varias regiones de interacción, y se estudian los resultados. Está diseñado para acelerar núcleos más grandes también.

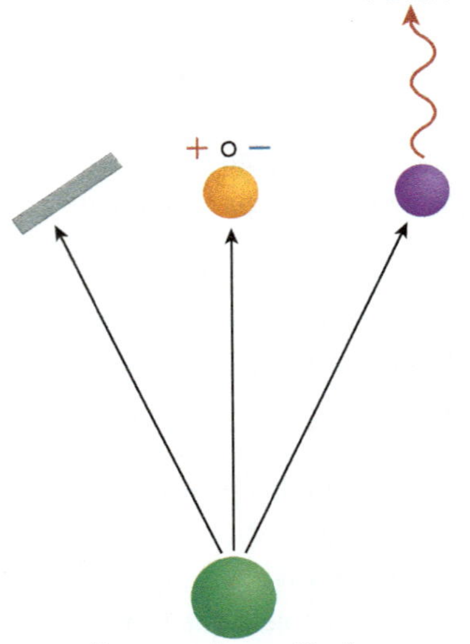

Imagen 18 Los humanos no pueden ver ni sentir las partículas subatómicas, pero estas pueden ser detectadas cuando interactúan con otros tipos de materia. Las partículas pueden revelar rollos, ionizar la materia o hacer que la materia emita fotones.

Detectores de partículas

Las partículas que se mueven a gran velocidad por medio de aceleradores colisionan entre ellas o contra objetivos, lo que produce una lluvia de partículas subatómicas. Los científicos intentan detectar estas partículas pequeñas para identificarlas y aprender sobre ellas. Para detectarlas, las partículas deben interactuar con la materia de manera tal que las personas puedan observar dichas interacciones. Tu mano podría detener una partícula α y, sin embargo, no sabrías que la partícula te golpeó. Mientras lees esta oración, miles de millones de neutrinos (muchos provienen del Sol) pasan por tu cuerpo sin ser detectados. En el siglo pasado, los científicos desarrollaron herramientas para detectar y distinguir los productos de las reacciones nucleares.

Recuerda que la radiación del uranio puede revelar rollos fotográficos. Como las partículas α, las partículas β y los rayos gamma revelan rollos fotográficos, es un detector de partículas útil. Otros detectores de partículas aprovechan el hecho de que una partícula a alta velocidad puede colisionar y eyectar uno de sus electrones. Es decir, estas partículas ionizan la materia mediante colisiones. Además, algunas sustancias emiten fotones al exponerse a ciertos tipos de radiación. Estas sustancias también pueden usarse para detectar la radiación. Estas tres maneras de detectar la radiación aparecen en la **Imagen 18.**

¿Lo comprendes?

Identifica tres maneras de detectar las partículas subatómicas.

Tubos Geiger-Müller Los tubos Geiger-Müller contienen un cilindro de cobre con carga negativa. Un cable rígido con carga positiva recorre el centro del cilindro. La diferencia de potencial en el cable y el cilindro se mantiene justo por debajo del punto en el que ocurre una descarga, o chispa, espontánea.

Cuando una partícula cargada o rayo gamma ingresa al tubo, ioniza un átomo de gas entre el cilindro de cobre y el cable. La diferencia de potencial acelera el ion positivo resultante hacia el cilindro de cobre, y el electrón se acelera hacia el cable positivo. A medida que estas partículas cargadas se acercan a los electrodos, crean una avalancha de partículas cargadas, y un pulso de corriente atraviesa el tubo. Los contadores Geiger son detectores útiles porque son lo suficientemente pequeños como para ser transportados.

Ensayos de condensación

Un dispositivo que se usó en un momento para detectar las partículas fue la cámara de niebla. La cámara contenía un área sobresaturada de vapor de agua o vapor de etanol. Las partículas cargadas viajaban por la cámara y dejaban un rastro de iones. El vapor se condensaba en pequeñas gotas sobre los iones y se formaban rastros visibles. En un detector similar, llamado cámara de burbujas, las partículas cargadas atraviesan un líquido que se mantiene justo por encima de su punto de ebullición. Los rastros de los iones producen pequeñas burbujas de vapor de agua, que marcan las trayectorias de las partículas, como se observa en la **Imagen 19.**

Imagen 19 En una cámara de burbujas, las partículas cargadas dejan rastros. Esta fotografía en falso color muestra los patrones de varias partículas.

Explica *por qué los rastros se curvan en diferentes direcciones.*

Las partículas neutras no dejan rastro porque no producen descargas. Se pueden usar las leyes de conservación de la energía y del momento en las colisiones para inferir si se produjo alguna partícula neutra.

Detectores modernos

La tecnología reciente ha producido detectores sofisticados para registrar los recorridos de las partículas y analizar propiedades como el momento, la masa y la energía. Un detector llamado cámara de hilos es como un tubo Geiger-Müller gigante. Las placas grandes están separadas por un pequeño espacio lleno de gas a baja presión. Se produce una descarga en el recorrido de la partícula que atraviesa la cámara. Una computadora registra la posición de descarga. Los detectores de estado sólido también usan la ionización de las partículas para rastrear sus posiciones. Otros emiten luz cuando las partículas los atraviesan y suelen usarse para medir la energía o el momento de una partícula.

Hay una gran variedad de detectores utilizados en experimentos sobre aceleradores de alta energía. Por ejemplo, el detector conocido como ATLAS en el Gran Colisionador de Hadrones (LHC) tiene 25 m de alto, como se muestra en la **Imagen 20.** En realidad, el ATLAS está compuesto por varios detectores que actúan juntos. Fue diseñado para monitorear miles de millones de colisiones de partículas por segundo y para seleccionar aproximadamente 100 de estos fenómenos que puedan resultar de interés para los científicos. La información registrada puede usarse para crear una imagen por computadora de las colisiones, como se observa en la **Imagen 20.**

Imagen 20 El ATLAS (**A** **T**oroidal **L**HC **A**pparatu**S**, en inglés) monitorea los rastros de miles de millones de colisiones y produce imágenes de algunos de los fenómenos más interesantes. El ATLAS registró esta colisión protón-protón en junio de 2012 durante la investigación sobre el bosón de Higgs. El rastro rojo indica la producción de dos pares de muones.

¿Lo comprendes?

Explica en qué se diferencia el detector ATLAS de la cámara de niebla.

Hallar partículas nuevas

En 1930, el modelo del átomo era bastante sencillo: protones y neutrones rodeados por electrones. Estudios más detallados sobre la desintegración nuclear alteraron esta imagen sencilla. La partículas α y los rayos gamma emitidos por los núcleos radiactivos tienen energías individuales que dependen de los núcleos en desintegración. Pero las partículas β se emiten con un gran rango de energías que no siempre son iguales al cambio de energía del núcleo.

Esta gran variedad energética de electrones emitidos durante la desintegración beta le sugirió a Niels Bohr que otra partícula portadora de energía podría estar involucrada en las reacciones nucleares. Wolfgang Pauli en 1931 y Enrico Fermi en 1934 sugirieron que se emitía una partícula neutra invisible junto con la partícula β. Fermi le dio el nombre de neutrino. Esta partícula, que en realidad es un antineutrino, no se observó directamente hasta 1956.

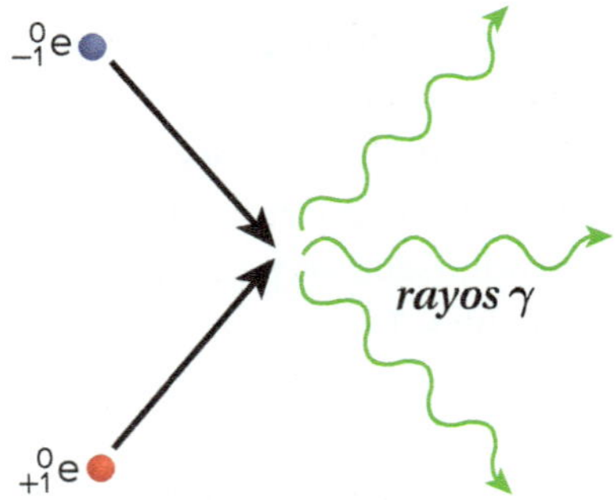

Imagen 21 Cuando una partícula y su antipartícula colisionan, se aniquilan la una a la otra. Aquí, un positrón y un electrón colisionan para producir rayos gamma.

¿Lo comprendes?
Explica por qué *neutrino* es un nombre adecuado.

Más y más partículas Se descubrieron más partículas por medio de otros estudios. El muon, que parecía ser un electrón pesado, fue descubierto en 1937. En 1947 se descubrió otra partícula, el pion. Los experimentos con aceleradores de partículas revelaron incluso más partículas, con un gran rango de masas. Algunas tenían masas mucho mayores que las del protón. Otras tenían carga, otras eran neutras. Algunas partículas tenían períodos de vida tan cortos como 1×10^{-23} s, mientras que otras no presentaban desintegraciones detectables. Seguir el rastro de las diferentes partículas podía resultar difícil. En un momento, se le pidió a Fermi que identificara el rastro de una partícula y él respondió: "¡Si pudiera recordar los nombres de todas estas partículas, sería botánico!".

Antimateria A fines de los años 20, Paul Dirac predijo la existencia de una antipartícula asociada con cada tipo de partícula. Tiene la misma masa y magnitud de carga que la partícula, pero presenta el signo opuesto. En conjunto, estas antipartículas se conocen como antimateria. En algunos casos, las partículas de antimateria se indican con una barra sobre el símbolo. En 1932, se descubrió la contraparte positiva del electrón, llamada positrón. Cuando un positrón y un electrón colisionan, se pueden aniquilar el uno al otro para producir rayos gamma, como se muestra en la **Imagen 21.**

Modelo estándar

A fines de los años 60, resultó evidente que los protones, los neutrones y los piones no eran partículas fundamentales o elementales. Los físicos dividieron las partículas elementales en tres familias, llamadas quarks, leptones y bosones, como se muestra en la **Imagen 22**. La teoría que explica las interacciones de las partículas elementales recibe el nombre de **modelo estándar.**

Los **quarks** son partículas elementales que tienen masa y carga, y que pueden combinarse en partículas más grandes, llamadas hadrones. Existen seis tipos de quarks, llamados sabores. Diferentes combinaciones de quarks dan como resultado diferentes hadrones. Por ejemplo, los protones y los neutrones están compuestos por tres quarks y se llaman bariones. Un mesón, como el pion, está compuesto por un quark y un antiquark. Los **leptones**, como los electrones y los neutrinos, también son partículas elementales que tienen masa y carga, pero pertenecen a una familia diferente a los quarks. Existen seis sabores de leptones.

¿Lo comprendes?
Distingue entre quarks y leptones.

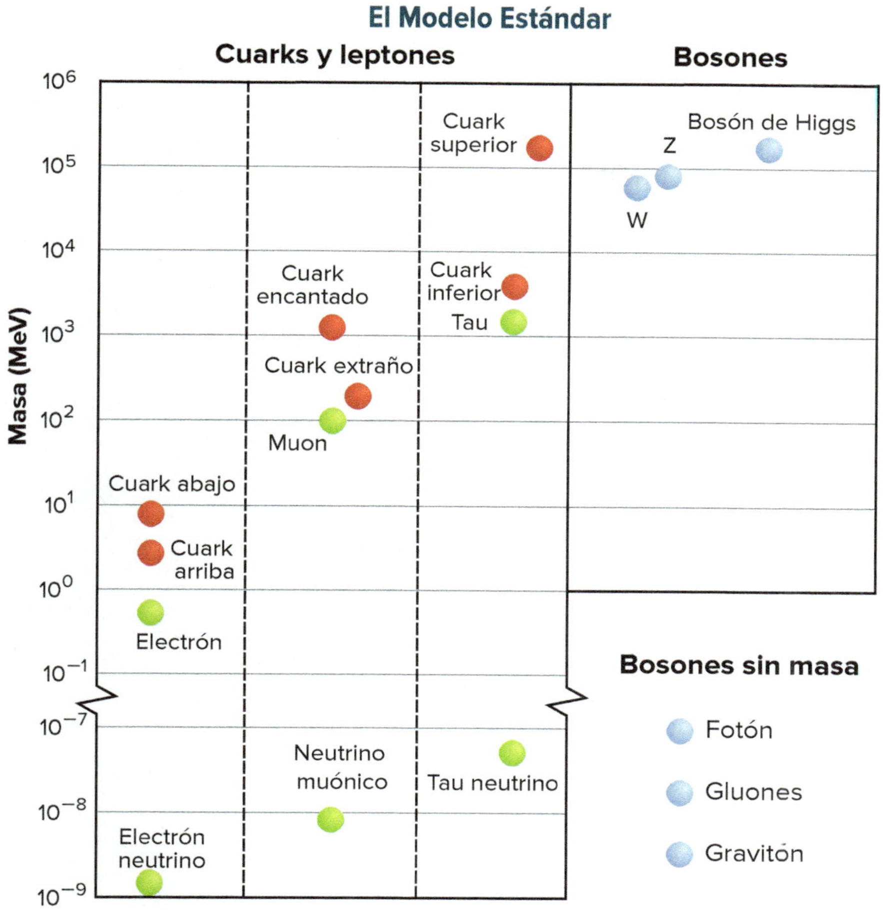

Imagen 22 El modelo estándar incluye tres familias de partículas: quarks, leptones y bosones. Los seis quarks conocidos y los seis leptones conocidos se dividen en tres generaciones, que se muestran como columnas en la imagen. El mundo cotidiano está compuesto por partículas de la columna izquierda (u, d, e). Las partículas de las columnas del medio (c, s, μ) se encuentra en los rayos cósmicos y los aceleradores de partículas las producen rutinariamente. Se cree que las de la columna derecha (b, t, τ) existieron por un corto período durante los primeros momentos del Big Bang y son producto de colisiones de alta energía. Los bosones gauge transportan las fuerzas fundamentales. Las masas de las partículas se determinan en función de sus interacciones con el campo de Higgs, que se confirmó con la observación del bosón de Higgs. Las masas se expresan como equivalentes energéticos, según la fórmula de Einstein $E = mc^2$.

Los **bosones** no obedecen el principio de exclusión de Pauli, lo que significa que más de un bosón puede ocupar un determinado estado cuántico en el mismo lugar y al mismo tiempo. Hay dos subclases de bosones elementales: los bosones gauges (que transportan fuerzas) y los bosones escalares. En 1935, el físico japonés Hideki Yukawa elaboró una hipótesis sobre la existencia de una partícula que podía transportar la fuerza nuclear fuerte por el espacio. Esta idea se transformó en un modelo de partículas portadoras, que son aquellas partículas que transmiten las fuerzas entre objetos que interactúan a cierta distancia. A cada fuerza le corresponde una partícula portadora. Los fotones transportan la fuerza electromagnética. Los gluones transportan la fuerza nuclear fuerte que une los quarks para formar hadrones. Las partículas portadoras débiles (W^+, W^- y Z^0) participan en la desintegración β. Gravitón es el nombre que recibe la partícula portadora de la fuerza gravitatoria, que todavía no ha sido detectada. Se están llevando a cabo experimentos para hallar esta partícula elusiva. El único bosón escalar elemental es el bosón de Higgs, que es producto de la excitación cuántica del campo de Higgs.

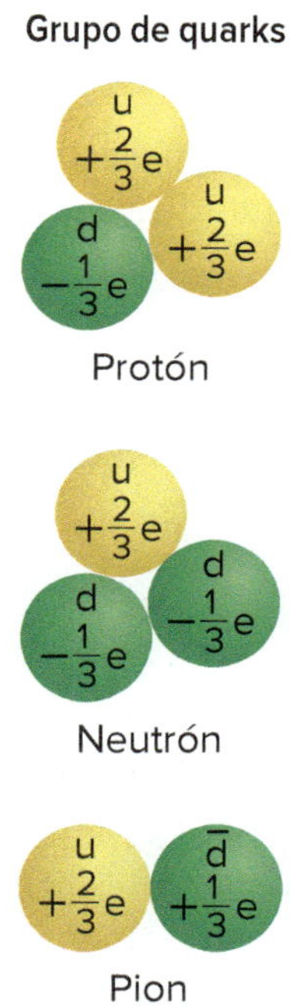

Imagen 23 Los quarks conforman partículas más grandes como los protones, los neutrones y los piones. Observa que los quarks tienen cargas fraccionales, pero las partículas que conforman tienen cargas de números enteros.

Protones y neutrones

Los nucleones (el protón y el neutrón) están compuestos por tres quarks, como muestra la **Imagen 23.** El protón tiene dos quarks arriba (u) cuya carga es $+\frac{2}{3}$e y un quark abajo (d) cuya carga es $-\frac{1}{3}$e . Se describe un protón como p = uud. La carga del protón es igual a la suma de las cargas de los tres quarks, $\left(\frac{2}{3} + \frac{2}{3} + -\frac{1}{3}\right)$e = +e. El neutrón está compuesto por un quark arriba y dos quarks abajo: n = udd. La carga del neutrón es cero, $\left(\frac{2}{3} + -\frac{1}{3} + -\frac{1}{3}\right)$e = 0.

Los quarks libres individuales no se pueden observar porque la fuerza fuerte que los mantiene unidos aumenta a medida que se separan. En este caso, la fuerza fuerte actúa como la fuerza de un resorte. Es diferente a la fuerza eléctrica, que se debilita a medida que las partículas se alejan.

Aniquilación y producción de partículas

Cada quark y cada leptón tiene su respectiva antipartícula. Una partícula y su antipartícula tienen masas idénticas. Una partícula cargada y su antipartícula tienen cargas opuestas. Por ejemplo, un quark arriba (u) tiene una carga de $+\frac{2}{3}$, mientras que un quark antiarriba ($\overline{u}$) tiene una carga de $-\frac{2}{3}$.

Como un barión es un conjunto de tres quarks, su antipartícula es un grupo de tres antiquarks. Por ejemplo, un protón (uud) tiene una carga de +1. El antiprotón ($\overline{uud}$) tiene una carga de $-\frac{2}{3}-\frac{2}{3}+\frac{1}{3}=-1$. Asimismo, el $\overline{u}\,\overline{u}\,\overline{d}$ es un antineutrón, cuya carga es 0. Como un mesón es un par quark-antiquark, su antipartícula también lo es.

Aniquilación de partículas

Cuando una partícula y su antipartícula se aniquilan la una a la otra, la energía resultante puede calcularse mediante $E = mc^2$. Un electrón y un positrón pueden colisionar y producir rayos gamma: $e^- + e^+ \rightarrow \gamma + \gamma$. Tienen una masa de 9.11×10^{-31} kg. El equivalente energético de un par electrón-positrón puede calcularse de la siguiente manera:

$$E = 2(9.11\times10^{-31}\text{ kg})(3.00\times10^{8}\text{ m/s})^2$$

$$= (1.64\times10^{-13}\text{ J})(1\text{eV}/1.60\times10^{-19}\text{ J})$$

$$= 1.02\times10^{6}\text{ eV o } 1.02\text{ MeV}$$

Cuando un electrón y un positrón en reposo se aniquilan el uno al otro, la suma del total de las energías de los rayos gamma emitidos es 1.02 MeV.

Imagen 24 Las partículas siempre se producen en pares. Si se produjera una partícula sin su antipartícula, la conservación de la carga se vería afectada. Una posibilidad es que un rayo gamma se desintegre en un par electrón-positrón. Aquí se pueden ver dos desintegraciones.

LBNL/Science Source

Producción de partículas

También puede ocurrir el proceso opuesto a la aniquilación. La energía puede convertirse directamente en materia. La conversión de energía en un par materia-antimateria de partículas recibe el nombre de **producción de pares.** Si un rayo gamma con al menos 1.02 MeV de energía pasa cerca de un núcleo, por ejemplo, se puede producir un par positrón-electrón: $\gamma \rightarrow e^- + e^+$. Este proceso se muestra en una cámara de burbujas en la **Imagen 24.** Un campo magnético alrededor de la cámara de burbujas hizo que los rastros de las partículas con cargas opuestas se curven en direcciones opuestas. Los rayos gamma sin carga, que ingresan al detector en la parte superior de la imagen, no produjeron rastros. Si la energía de los rayos gamma es mayor que 1.02 MeV, el exceso de energía pasa a la energía cinética del positrón y del electrón. El positrón colisiona inmediatamente con otro electrón y los dos se aniquilan, lo que resulta en dos o tres rayos gamma con una energía total de por lo menos 1.02 MeV.

También se pueden crear antiprotones y antineutrones. Recuerda que los protones y los neutrones tienen aproximadamente 1800 veces más masa que los electrones. Por lo tanto, la energía que se necesita para crear pares protón-antiprotón y neutrón-antineutrón es mayor. El primer par protón-antiprotón se produjo y se observó en Berkeley, California, en 1955.

Conservación de partículas La cantidad total de quarks y de leptones en el universo es constante. Es decir, los quarks y los leptones solo se crean y se destruyen en pares partícula-antipartícula. Por otra parte, las partículas portadoras como los gravitones, los fotones, los gluones y los bosones débiles pueden crearse o destruirse si hay suficiente energía.

Las reacciones individuales, como $\gamma \longrightarrow e^-$ y $\gamma \longrightarrow e^+$, sin embargo, no pueden ocurrir porque tales sucesos violarían la ley de la conservación de la carga. Las reacciones del estilo de $\gamma \longrightarrow e^- + p$ tampoco ocurren, el par debe estar conformado por una partícula y su respectiva antipartícula.

Desintegración beta e interacción débil

En un núcleo estable, los neutrones no pueden desintegrarse, pero los neutrones libres y los neutrones en un núcleo inestable pueden experimentar la desintegración beta. Recuerda que durante la desintegración beta, un neutrón se transforma en un protón mediante la emisión de una partícula β y de un antineutrino $\left({}^{0}_{0}\overline{v}\right)$. El antineutrino tiene una masa muy pequeña y no tiene carga, pero, al igual que el fotón, transporta momento y energía. La ecuación de desintegración del neutrón se expresa de la siguiente manera:

$$ {}^{1}_{0}\text{n} \longrightarrow {}^{1}_{1}\text{p} + {}^{0}_{-1}\text{e} + {}^{0}_{0}\overline{v} $$

Los protones pueden experimentar una desintegración similar. Nunca se ha observado, pero un protón en el núcleo puede desintegrarse mediante la emisión de un positrón $\left({}^{0}_{-1}\text{e}\right)$ y de un neutrino $\left({}^{0}_{0}v\right)$. Recuerda que esto recibe el nombre de emisión de positrones.

$$ {}^{1}_{1}\text{p} \longrightarrow {}^{1}_{0}\text{n} + {}^{0}_{+1}\text{e} + {}^{0}_{0}v $$

Estas desintegraciones no pueden explicarse mediante la fuerza fuerte. La existencia de la desintegración beta indica que otra interacción debe ocurrir en el núcleo. La interacción que actúa recibe el nombre de **fuerza nuclear débil.** Esta fuerza es mucho más débil que la fuerza nuclear fuerte.

PRÁCTICA Problemas PRÁCTICA ADICIONAL

36. Determina la pareja de producción de las partículas a continuación.
- **a.** positrón
- **b.** neutrón
- **c.** antiprotón
- **d.** muon

37. La masa de un protón es 1.67×10^{-27} kg.
- **a.** Halla el equivalente energético de la masa del protón en julios.
- **b.** Convierte este valor en electronvoltios.
- **c.** Halla la menor energía de rayos γ que permita culminar en un par protón-antiprotón.

38. Un positrón y un electrón pueden aniquilarse y formar tres rayos gamma. Se detectan dos rayos gamma. Uno tiene una energía de 225 keV, el otro, de 357 keV. ¿Cuál es la energía del tercer rayo gamma?

39. La masa de un neutrón es 1.008665 u.
- **a.** Halla el equivalente energético de la masa del neutrón en megaelectronvoltios.
- **b.** Halla la menor cantidad de energía total de rayos γ que pueda resultar en la producción de un par neutrón-antineutrón.

40. DESAFÍO La masa de un muon es 0.1135 u. Se desintegra en un electrón y dos neutrinos. ¿Qué energía se libera en esta desintegración?

FÍSICA Desafío

Desintegración nuclear El isótopo de uranio $^{238}_{92}U$ se desintegra de vuelta en uranio mediante la emisión α y dos emisiones β sucesivas.

1. Muestra las tres ecuaciones de desintegración nuclear.
2. Predice el número atómico del uranio que se formó.

El modelo de quarks de la desintegración beta Un protón (uud) y un neutrón (udd) se diferencian solamente por un quark. La desintegración beta sucede en dos etapas, como se muestra en la **Imagen 25.** Primero, un quark d cambia a un quark u por la emisión de un bosón W^- en el núcleo: $d \rightarrow u + W^-$. El bosón W^- es uno de los tres portadores de la fuerza nuclear débil. En la segunda etapa, el bosón W^- se desintegra en un electrón y en un antineutrino. Del mismo modo, un protón en un núcleo puede desintegrarse en un neutrón y en un bosón W^+. El bosón W^+ luego se desintegra en un positrón y en un neutrino.

La emisión del tercer portador de la fuerza nuclear débil, el bosón Z^0, no trae aparejado el cambio de un quark a otro. El bosón Z^0 produce una interacción entre los nucleones y los electrones en los átomos. La interacción es similar a la de la fuerza electromagnética que mantiene unido el átomo, aunque es mucho más débil y se detectó por primera vez en 1979. Los bosones W^+, W^- y Z^0 se observaron directamente por primera vez en 1983.

Se pensó por mucho tiempo que los neutrinos y los antineutrinos no tenían masa, pero los experimentos recientes detectan neutrinos del Sol que indican que los neutrinos tienen masa. Estas masas son mucho más pequeñas que las de cualquier otra partícula conocida y todavía no se tienen mediciones exacta de ellas.

Poner el modelo estándar a prueba

Puedes observar en la **Imagen 22** que los quarks y los leptones están separados en tres columnas. El mundo cotidiano está compuesto por partículas de la columna izquierda: los protones, los neutrones y los electrones. Las partículas del grupo del medio se encuentran en los rayos cósmicos, y los aceleradores de partículas las producen rutinariamente. Se cree que las de la columna derecha (b, t, τ) existieron por un corto período durante los primeros momentos del Big Bang y son producto de colisiones de alta energía.

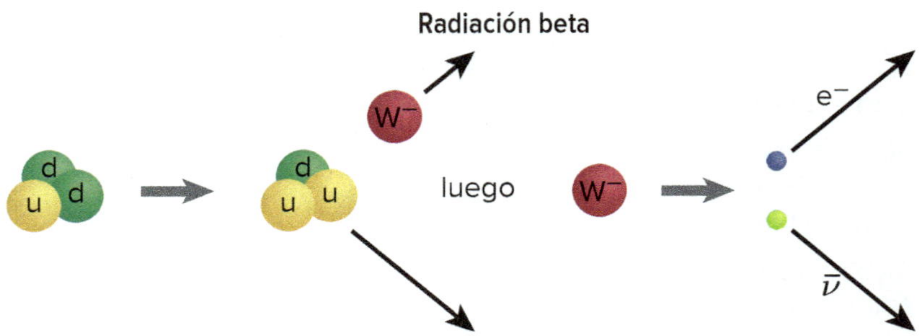

Imagen 25 Según el modelo de quarks, la desintegración beta de un neutrón en un protón sucede en dos etapas.

Inferir *Dado que la carga se conserva durante la desintegración beta, ¿qué carga debe tener un bosón W^-?*

¿Qué determina la masa de los quarks y de los leptones? En 2012, los físicos observaron el bosón de Higgs en el Gran Colisionador de Hadrones, que confirmó las hipótesis que se sostenían desde hacía mucho tiempo sobre la existencia del campo de Higgs. Las interacciones con el campo de Higgs determinan la masa de una partícula. El modelo estándar explica las interacciones de las partículas elementales, regidas por las cuatro fuerzas fundamentales; gracias a la confirmación del campo de Higgs, el modelo estándar ahora puede brindar una explicación acerca de qué hace que las partículas tengan masa.

¿Por qué existen cuatro fuerzas? Las diferencias entre las cuatro interacciones fundamentales son evidentes: las fuerzas actúan en diferentes cantidades como carga o masa, tienen diferentes grados de dependencia con respecto a la distancia, y los portadores tienen propiedades distintas, como se observa en la **Imagen 26.**

Sin embargo, existen algunas similitudes entre las interacciones. Por ejemplo, los fotones transportan la fuerza entre las partículas cargadas, la fuerza electromagnética, de manera similar a cómo los bosones débiles transportan la fuerza débil. La fuerza electromagnética actúa sobre un rango largo porque el fotón no tiene masa, mientras que la fuerza débil actúa en distancias cortas porque los bosones W y Z son relativamente enormes. Sin embargo, las estructuras matemáticas de las teorías de la interacción débil y de la interacción electromagnética son similares.

Evidencia del cosmos Observa la supernova de la **Imagen 27** en la página siguiente. La evidencia astrofísica indica que durante las enormes explosiones estelares, las fuerzas electromagnética y débil eran idénticas. Según las teorías actuales acerca del origen del universo, las dos fuerzas también eran idénticas en los primeros momentos de existencia del cosmos. Por esta razón, se dice que las fuerzas electromagnéticas y débiles se unifican en una sola fuerza, llamada fuerza electrodébil.

Al igual que los científicos en la década de los 70 desarrollaron una teoría sobre la unificación de las fuerzas electromagnética y débil, actualmente, los físicos están desarrollando teorías que también incluyan la fuerza fuerte. Todavía no se ha completado el trabajo. Se están revisando y mejorando las hipótesis y se están planeando experimentos para someterlas a prueba. Una teoría unificada que incluya la gravedad necesitará incluso más trabajo.

Las cuatro fuerzas fundamentales

Fuerza gravitatoria	Fuerza electromagnética	Fuerza débil	Fuerza fuerte
• afecta las partículas con masa • partículas portadoras: gravitones (aún no halladas) • rango infinito • fuerza relativa: 10^{-36} • siempre de atracción • mantiene unidas las estructuras a gran escala como los planetas y las galaxias 	• afecta las partículas cargadas con electricidad • partículas portadoras: fotones • rango infinito • fuerza relativa: 1 • puede ser de atracción o de repulsión • mantiene unidos a los átomos y las moléculas 	• afecta los Cuarks y los leptones • partículas portadoras: bosones W^+, W^- y Z^0 • rango ≈10^{-18} m • fuerza relativa: 10^{-7} • responsable de la desintegración beta 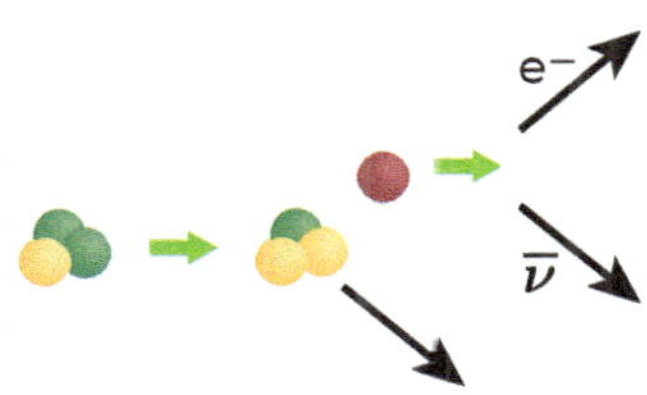	• afecta los Cuarks y los hadrones • partículas portadoras: gluones • rango ≈10^{-15} m • fuerza relativa: 20 • une los cuark con los hadrones y mantiene unido el núcleo 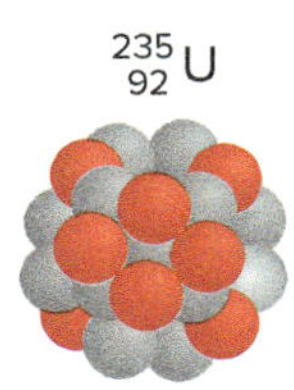

Imagen 26 Las cuatro fuerzas fundamentales son la fuerza gravitatoria, la fuerza electromagnética, la fuerza nuclear débil y la fuerza nuclear fuerte.

Imagen 27 Las fuerzas electromagnética y débil son imposibles de distinguir en una supernova, como la 1987A que se observa en la imagen a continuación. Cuando la supernova estalla, libera luz y neutrinos. La luz y los neutrinos alcanzan la Tierra al mismo tiempo, lo que muestra que los últimos pueden viajar casi a la velocidad de la luz y son producto de las supernovas.

Antes de la explosión | Luego de la explosión | Primer plano

Materia oscura Los resultados obtenidos a partir del estudio de las galaxias son incluso más confusos. Estos resultados sugieren que la materia descrita por el modelo estándar conforma solo una pequeña fracción de la masa en el universo. Una gran parte está conformada por materia oscura, cuyo nombre se debe a que no interactúa con los fotones o con la materia ordinaria excepto mediante la fuerza gravitatoria. Además, parece que hay energía oscura, que se cree que es la responsable de la aceleración en la expansión del universo.

Por lo tanto, los estudios de las partículas más pequeñas que conforman los núcleos están directamente relacionados con las investigaciones acerca de los sistemas más grandes, las galaxias que conforman el universo. Los físicos de partículas elementales y los cosmólogos solían encontrarse en extremos opuestos de la escala de longitud; ahora trabajan juntos para responder la misma pregunta: ¿De qué está hecho el universo en realidad?

Verifica tu progreso

41. **Modelos** Investiga acerca de las limitaciones del modelo estándar y posibles modelos alternativos.
42. **Bombardeo del núcleo** ¿Por qué se necesitaría más energía para bombardear un núcleo con un protón que con un neutrón?
43. **Acelerador de partículas** Los protones en el acelerador del Laboratorio Fermi se mueven en sentido contrario a las manecillas del reloj al mirarlos desde arriba. ¿En qué dirección está el campo magnético de los imanes curvadores?
44. **Producción de partículas** La **Imagen 24** muestra la producción de dos pares del tipo electrón-positrón. ¿Por qué el conjunto inferior de rastros se curva menos que el superior?
45. **Pensamiento crítico** Considera las siguientes ecuaciones:

$$u \rightarrow d + W^+ \text{ y } W^+ \rightarrow e^+ + \nu$$

¿Cómo se las podría usar para explicar la desintegración nuclear de un nucleón que resulta en la emisión de un positrón y un neutrino? Expresa la ecuación en términos de nucleones, en lugar de quarks.

LEARNSMART® Conéctate para cumplir tu plan de aprendizaje personalizado para repasar, practicar y reforzar tu comprensión.

(l, c) David Malin/Australian Astronomical Observatory; (r)Dr. Christopher Burrows, ESA/STScI and NASA

Fusión: ¿una fuente de energía en el futuro?

La fusión nuclear tiene el potencial de suministrar suficiente energía limpia y sustentable a la población de la Tierra, que está en crecimiento. Hay muchos desafíos por superar antes de que se la pueda usar para satisfacer las necesidades de la sociedad.

Esta foto muestra el interior de un reactor de fusión.

¿Qué es la fusión?

La fusión ocurre cuando núcleos con pequeñas masas se combinan y da como resultado la formación de un núcleo más grande y la liberación de una gran cantidad de energía. Las temperaturas dentro de las estrellas son lo suficientemente altas como para que ocurra la fusión.

La fusión es una fuente de energía ideal. El combustible que usa (el hidrógeno) se encuentra disponible en la Tierra en grandes cantidades. Es una fuente de energía "limpia" que no produce subproductos que contaminan el medioambiente. Además, es más segura que la fisión, que es la fuente de energía de las centrales nucleares en funcionamiento. Finalmente, la cantidad de energía que se libera en las fusiones es enorme.

Desafíos

Comenzar y mantener una fusión sustentable y controlada es un desafío en la actualidad. La fusión requiere que las partículas tengan una energía térmica alta para superar las fuerzas de repulsión. Con la tecnología actual, alcanzar esta temperatura generalmente requiere una cantidad de energía mayor que cualquier cantidad producida.

Para iniciar una fusión, se debe calentar el combustible de hidrógeno, lo que requiere una inversión energética. También se necesitan temperaturas mayores a 150 millones de grados C y contener el material sobrecalentado, llamado plasma. La tecnología actual usa electroimanes para evitar que el plasma sobrecalentado toque (y derrita) las superficies del reactor. Una vez que la fusión comienza, se produce una reacción en cadena, ya que la energía de una reacción alimenta más reacciones. En ese momento, el desafío consiste en mantener y controlar la reacción.

Otros desafíos son las limitaciones económicas, políticas y temporales.

PARTICIPAR EN UN DEBATE A PARTIR DE LA EVIDENCIA

Elabora un argumento por escrito acerca de la importancia de la fusión como una futura fuente de energía y el valor de la investigación en este campo. Usa evidencia para respaldar tu argumento. Luego, participa en un debate en clase en el que se compartan y se debatan diferentes argumentos.

MÓDULO 24
GUÍA DE ESTUDIO

CONÉCTATE para estudiar con el Libro de ciencias.

Lección 1 NÚCLEO

- La cantidad de protones en un núcleo se obtiene por el número atómico (*Z*). La suma del total de protones y neutrones en un núcleo es igual al número másico (*A*).
- Los átomos con la misma cantidad de protones, pero con diferente cantidad de neutrones, reciben el nombre de isótopos.
- La fuerza nuclear fuerte une el núcleo.
- El defecto de masa de un núcleo consiste en la diferencia entre la suma de las masas de sus partes y la masa del núcleo ensamblado. La diferencia de energía entre los nucleones considerados por separado y el núcleo ensamblado es la energía de enlace nuclear.
- El defecto de masa es el equivalente energético de la energía de enlace nuclear. $E = mc^2$

- nucleón
- número atómico
- número másico
- unidad de masa atómica
- fuerza nuclear fuerte
- defecto de masa
- energía de enlace nuclear

Lección 2 DESINTEGRACIÓN Y REACCIONES NUCLEARES

- Un núcleo inestable se desintegra y se puede transmutar en otro elemento. La desintegración nuclear produce tres tipos de partículas. Las partículas alfa (α) son núcleos de helio, las partículas beta (β) son electrones de alta velocidad y los rayos gamma (γ) son fotones de alta energía. En las reacciones nucleares, las cantidades de número másico (*A*) y las cargas nucleares (*Z*) no cambian.
- El período de semidesintegración de un isótopo radiactivo es el tiempo que necesita la mitad de los núcleos para desintegrarse. Luego de *t* períodos de semidesintegración:

$$\text{restantes} = \text{original}\left(\frac{1}{2}\right)^t$$

  La cantidad de desintegraciones que una muestra radiactiva experimenta por segundo constituye su actividad.
- En la fisión nuclear, un núcleo se divide en dos núcleos más pequeños y se liberan neutrones y energía. Los reactores nucleares usan la energía liberada por la fisión para generar energía eléctrica.
- En la fusión nuclear, los núcleos con masas pequeñas se combinan para formar un núcleo con más masa. La pérdida de masa que ocurre en este proceso corresponde a una liberación de energía.

- radiactivo
- desintegración alfa
- desintegración beta
- desintegración gamma
- reacción nuclear
- período de semidesintegración
- actividad
- fisión
- reacción en cadena
- fusión

Lección 3 BLOQUES DE LA MATERIA

- Las partículas son producto de la desintegración nuclear, durante las colisiones de alta energía en los aceleradores y en las estrellas. Pueden detectarse si revelan rollos, si ionizan la materia o si hacen que la materia emita fotones.
- El modelo estándar incluye cuarks, leptones y partículas portadoras. La materia ordinaria está compuesta por cuarks y leptones. La materia interactúa con otra mediante partículas llamadas portadoras.
- La fuerza nuclear débil es de corto alcance. Permite que los cuarks y los leptones cambien de sabor. Es responsable de la desintegración beta, que transforma un neutrón en un protón o viceversa.

- modelo estándar
- cuark
- leptón
- partícula portadora
- producción de pares
- fuerza nuclear débil

PENSAMIENTO TRIDIMENSIONAL

Conclusión del módulo

REPASA EL FENÓMENO

¿Cómo produce energía el Sol y cómo se puede reproducir?

CER Afirmación, evidencia, razonamiento

Explicar el razonamiento Repasa la afirmación que hiciste cuando hallaste el fenómeno. Resume la evidencia que reuniste en tus investigaciones y completa la tabla de resumen. ¿Respalda la evidencia tu afirmación? Si no lo hace, repasa tu afirmación. Explica por qué la evidencia respalda tu afirmación

PROYECTO DE LA UNIDAD STEM

Ahora que completaste el módulo, repasa el proyecto de la unidad STEM. Usa evidencia de este módulo y completa el proyecto.

PROFUNDIZA

SEP Laboratorio de análisis de datos

¿Puedes evaluar afirmaciones de un sitio web?

Un sitio web que parece dedicarse a informar descubrimientos científicos realiza las siguientes afirmaciones.

a. Los científicos lograron que los núcleos de hierro experimenten la fisión.
b. La datación por carbono revela que los documentos en papiro tienen más de 2000 años de antigüedad.
c. Los científicos usaron un acelerador lineal para acelerar neutrones a 0.9c.

CER Analizar e interpretar datos

1. **Afirmación** Determina si es posible que las afirmaciones en el sitio web sean ciertas.
2. **Evidencia** ¿Qué información y principios científicos respaldan tus afirmaciones?
3. **Razonamiento** Explica el razonamiento que usaste para justificar tus afirmaciones.

RECURSOS PARA EL ESTUDIANTE

Libro de destrezas matemáticas 705
Símbolos 705
Medidas y cifras significativas 705
Fracciones, razones, tasas y proporciones 709
Exponentes, potencias, raíces y valor absoluto 711
Notación científica 713
Ecuaciones 715
Gráficas de relaciones 720
Geometría y trigonometría 725
Logaritmos 729

Tablas de referencia 730
Convenciones de color 730
Símbolos del circuito eléctrico 730
Unidades base SI 731
Unidades derivadas SI 731
Conversiones útiles 731
Constantes físicas 732
Prefijos utilizados con unidades SI 732
Momentos de inercia de distintos objetos 732
Densidad de sustancias comunes 733
Punto de fusión y de ebullición de algunas sustancias 733
Calor específico 733
Calor de fusión y de vaporización de sustancias comunes 733
Coeficientes de expansión térmica a 20 °C 734
Velocidad del sonido en distintos medios 734
Longitudes de onda de la luz visible 734
Constantes dieléctricas, *k* (20 °C) 734
Datos del Sistema Solar 735
La Luna 735
El Sol 735
Tabla periódica de los elementos 736
Los elementos 737
Símbolos de seguridad 738

Glosario 739
Índice 761

I. Símbolos

Δ	cambio en la cantidad	$\equiv$	se define como
$\pm$	más o menos una cantidad	$a \times b$ ab $a(b)$	a multiplicado por b
$\propto$	es proporcional a		
$=$	es igual a	$a \div b$ a/b $\frac{a}{b}$	a dividido por b
$\approx$	es aproximadamente igual a		
$\leq$	es menor o igual que		
$\geq$	es mayor o igual que	$\sqrt{a}$	raíz cuadrada de a
$<<$	es mucho menor que	$\lvert a \rvert$	valor absoluto de a
$>>$	es mucho mayor que	$\log_b x$	logaritmo de x en base b

II. Mediciones y cifras significativas

Relacionar Matemáticas y Física La matemática es el lenguaje de la Física. Los físicos usan ecuaciones matemáticas para describir las relaciones entre las mediciones que hacen. Cada medición se asocia con un símbolo que se usa en ecuaciones físicas. Estos símbolos se llaman variables.

Cifras significativas

Todas las medidas son aproximadas y tienen cifras significativas. La cantidad de cifras significativas indica la precisión de la medición. La precisión es una medida de la exactitud. La cantidad de cifras significativas depende de la unidad más pequeña de la herramienta de medición. El dígito más alejado a la derecha es estimado.

Ejemplo: En la siguiente imagen, ¿cuál es el dígito estimado para cada una de las reglas usadas para medir la longitud de la varilla?

Con la herramienta de medición inferior, la longitud es entre 9 y 10 cm. La medición se estimaría a la decena más cercana de un centímetro. Si la longitud estuviera exactamente en la marca 9 cm o 10 cm, se registra como 9.0 cm o 10.0 cm.

Al usar la herramienta de medición superior, la longitud es entre 9.5 y 9.6 cm. La medición se estimaría a la centena más cercana. Si la longitud estuviera exactamente en la marca 9.5 cm o 9.6 cm, se registra como 9.50 cm o 9.60 cm.

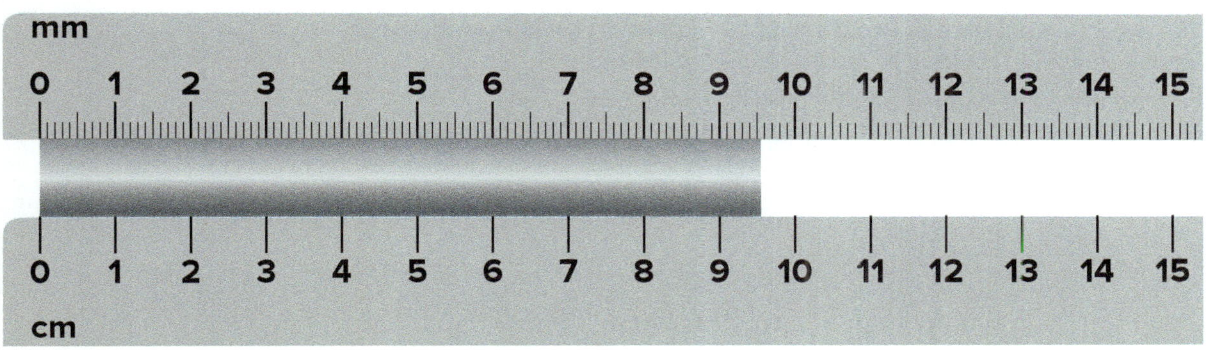

LIBRO DE DESTREZAS MATEMÁTICAS

Todos los dígitos distintos de cero en una medición son cifras significativas. Algunos ceros son significativos, y otros no. Todos los dígitos entre y que incluyen el primer dígito distinto de cero desde la izquierda hasta la cifra significativa de la derecha son significativos. Usa las siguientes reglas cuando determines la cantidad de cifras significativas.

1. Los dígitos distintos de cero son significativos.
2. Los ceros finales después de un punto decimal son significativos.
3. Los ceros entre dos cifras significativas son significativos.
4. Los ceros usados solo como marcadores de posición no son significativos.

Ejemplo: Indica la cantidad de cifras significativas en cada medición.

5.0 g tiene dos cifras significativas.	**Usa las reglas 1 y 2**
14.90 g tiene cuatro cifras significativas.	**Usa las reglas 1 y 2**
0.0 tiene una cifra significativa.	**Usa las reglas 2 y 4**
300.00 mm tiene cinco cifras significativas.	**Usa las reglas 1, 2, y 3**
5.06 s tiene tres cifras significativas.	**Usa las reglas 1 y 3**
304 s tiene tres cifras significativas.	**Usa las reglas 1 y 3**
0.0060 mm tiene dos cifras significativas (6 y el último 0).	**Usa las reglas 1, 2, y 4**
140 mm tiene dos cifras significativas (solo 1 y 4).	**Usa las reglas 1 y 4**

PRÁCTICA Problemas 1 — PRÁCTICA ADICIONAL

Indica la cantidad de cifras significativas en cada medición.

a. 1405 m
b. 2.50 km
c. 0.0034 m
d. 12.007 kg
e. 5.8×10^6 kg
f. 3.03×10^{25} mL

Hay dos casos en los que las cifras se consideran exactas y, de esta manera, tienen una cantidad infinita de cifras significativas.

1. Los números de conteo tienen una cantidad infinita de cifras significativas.
2. Los factores de conversión tienen una cantidad infinita de cifras significativas.

Ejemplos:

El factor "2" en 2*mg* tiene una cantidad infinita de cifras significativas.

El número 2 es un número de conteo. Es un número entero exacto.

El número "4" en 4 electrones tiene una cantidad infinita de cifras significativas.

Debido a que no puedes tener un electrón parcial, el número 4, un número de conteo, se considera que tiene una cantidad infinita de cifras significativas.

60 s/1 min tiene una cantidad infinita de cifras significativas.

Hay exactamente 60 segundos en 1 minuto, de esa manera existe un número infinito de cifras significativas en el factor de conversión.

Redondear

Puedes redondear un número a un valor posicional específico (como centenas o decenas) o a una cantidad específica de cifras significativas. Para hacer esto, determina el lugar al que quieres redondear, y luego usa las siguientes reglas.

1. Cuando el dígito más a la izquierda que debe omitirse es menor a 5, se omite el dígito y los que sigan. El último dígito en el número redondeado no se modifica.
2. Cuando el dígito que está más a la izquierda que debe omitirse es mayor a 5, dicho dígito y cualquier dígito que sigue se omite, y el último dígito en el número redondeado se aumenta en uno.
3. Cuando el dígito que está más a la izquierda que debe omitirse es 5 seguido por una cifra distinta de cero, dicho dígito y cualquier dígito que sigue se omite. El último dígito en el número redondeado aumenta en uno.
4. Si el dígito de la derecha del último dígito significativo es igual a 5 y 5 está seguido por un cero o sin otros dígitos, observa el último dígito significativo. Si es impar, auméntalo en uno; si es par, no redondees.

Ejemplos: Redondea los siguientes números al número indicado de cifras significativas.

8.7645 redondeado a 3 cifras significativas es 8.76.	**Usa la regla 1**
8.7676 redondeado a 3 cifras significativas es 8.77.	**Usa la regla 2**
8.7519 redondeado a 2 cifras significativas es 8.8.	**Usa la regla 3**
92.350 redondeado a 3 cifras significativas es 92.4.	**Usa la regla 4**
92.25 redondeado a 3 cifras significativas es 92.2.	**Usa la regla 4**

PRÁCTICA Problemas 2 **PRÁCTICA ADICIONAL**

Redondea cada número a la cantidad de cifras significativas entre paréntesis.

a. 1405 m (2)
b. 2.50 km (2)
c. 0.0034 m (1)
d. 12.007 kg (3)

Operaciones con cifras significativas

Si usas una calculadora, haz todas las operaciones con tanta precisión como la calculadora te lo permita, y luego redondea el resultado a la cantidad correcta de cifras significativas. La cantidad de cifras significativas en el resultado depende de las mediciones y de la operación.

Suma y resta Redondea el resultado al mínimo valor preciso entre las mediciones: la menor cantidad de dígitos a la derecha del punto decimal.

Ejemplo: Suma 1.456 m, 4.1 m y 20.3 m.

Los mínimos valores precisos son 4.1 m y 20.3 m porque solo tienen un dígito a la derecha del punto decimal.

1.456 m		**Suma los números.**
4.1 m		
+ 20.3 m		
25.856 m		

25.9 m — **Redondea el resultado al valor posicional del mínimo valor preciso.**

Multiplicación y división Observa la cantidad de cifras significativas en cada medición. Haz el cálculo. Redondea el resultado para que tenga la misma cantidad de cifras significativas que la medición con la mínima cantidad de cifras significativas.

Ejemplo: Multiplica 20.1 m por 3.6 m.

$$(20.1 \text{ m})(3.6 \text{ m}) = 72.36 \text{ m}^2$$

El mínimo valor preciso es 3.6 m, con dos cifras significativas. El producto solo puede tener tantos dígitos como el mínimo preciso de los números multiplicados.

72 m **Redondea el resultado a dos cifras significativas.**

PRÁCTICA Problemas 3 PRÁCTICA ADICIONAL

Simplifica las siguientes expresiones con la cantidad correcta de cifras significativas.

a. 5.012 km + 3.4 km + 2.33 km

b. 45 g − 8.3 g

c. 3.40 cm × 7.125 cm

d. 54 m ÷ 6.5 s

Combinación Cuando hagas un cálculo que requiere una combinación de suma/resta y multiplicación/división, usa la regla de la multiplicación/división.

Ejemplos:

$$x = 19 \text{ m} + (25.0 \text{ m/s})(2.50 \text{ s}) + \frac{1}{2}(-10.0 \text{ m/s}^2)(2.50 \text{ s})^2$$

$$= 5.0 \times 10^1 \text{ m}$$ **19 m tiene solo dos cifras significativas, de manera que la respuesta deberá tener solo dos cifras significativas.**

$$\text{pendiente} = \frac{70.0 \text{ m} - 10.0 \text{ m}}{29 \text{ s} - 11 \text{ s}}$$

$$= 3.3 \text{ m/s}$$ **29 s y 11 s tienen solo dos cifras significativas cada uno, de manera que la respuesta deberá tener solo dos cifras significativas.**

Cálculos con varios pasos No redondees a cifras significativas en la mitad de un cálculo con varios pasos. En su lugar, redondea a una cantidad razonable de lugares decimales que no provoque que tu respuesta pierda sentido. Cuando llegues al paso final de la resolución y tengas que responder, deberás hacerlo redondeando a la cantidad correcta de cifras significativas.

Ejemplo:

$$F = \sqrt{(24 \text{ N})^2 + (36 \text{ N})^2}$$

$$= \sqrt{576 \text{ N}^2 + 1296 \text{ N}^2}$$ **No redondees a 580 N² ni 1300 N².**

$$= \sqrt{1872 \text{ N}^2}$$ **No redondees a 1800 N².**

$$= 43 \text{ N}$$ **Es la respuesta final, entonces sí deberás redondear a dos cifras significativas.**

Si redondeaste en cada paso, obtendrías una respuesta de 44 N. Esto podría parecer una pequeña discrepancia, pero en cálculos más complejos los efectos pueden ser grandes. Por ejemplo, si calculas 5 x 5 x 5 x 5 x 5 sin redondear tu respuesta será 3125, que redondea a 3000. Sin embargo, si redondeas en cada paso, la respuesta será 2500, que redondea a 2000.

III. Fracciones, razones, tasas y proporciones

Fracciones

Una fracción nombra una parte de un entero o una parte de un grupo. También puede expresar un razón (ver página 710). Consta del numerador, una barra divisoria y el denominador.

$$\frac{\text{numerador}}{\text{denominador}} = \frac{\text{cantidad de partes elegidas}}{\text{cantidad total de partes}}$$

Simplificación A veces, resulta más fácil simplificar una expresión antes de sustituir los valores conocidos de las variables. Las variables a menudo cancelan la expresión.

Ejemplo: Simplifica $\frac{pn}{pw}$.

$\frac{pn}{pw} = \left(\frac{p}{p}\right)\left(\frac{n}{w}\right)$ — **Reduce la p en el numerador y el denominador, y descompone la fracción en el producto de dos fracciones.**

$= (1)\left(\frac{n}{w}\right)$ — **Sustituye (p/p) = 1.**

$= \frac{n}{w}$

Multiplicación y división Para multiplicar fracciones, multiplica los numeradores y los denominadores.

Ejemplo: Multiplica las fracciones $\frac{s}{a}$ y $\frac{t}{b}$.

$\left(\frac{s}{a}\right)\left(\frac{t}{b}\right) = \frac{st}{ab}$ — **Multiplica los numeradores y los denominadores.**

Para dividir fracciones, multiplica la primera por el recíproco de la segunda. Para hallar el recíproco de una fracción, inviértela: cambia el numerador y el denominador.

Ejemplo: Divide la fracción $\frac{s}{a}$ por $\frac{t}{b}$.

$\frac{s}{a} \div \frac{t}{b} = \left(\frac{s}{a}\right)\left(\frac{b}{t}\right)$ — **Multiplica la primera fracción por el recíproco de la segunda fracción.**

$= \frac{sb}{at}$ — **Multiplica los numeradores y los denominadores.**

Suma y resta Para sumar o restar dos fracciones, escríbelas como fracciones con un denominador común. Para hacer esto, multiplica cada fracción por el denominador de la otra en la forma de una fracción igual a uno. Luego suma o resta los numeradores.

Ejemplo: Suma las fracciones $\frac{1}{a}$ y $\frac{2}{b}$.

$\frac{1}{a} + \frac{2}{b} = \left(\frac{1}{a}\right)\left(\frac{b}{b}\right) + \left(\frac{2}{b}\right)\left(\frac{a}{a}\right)$ — **Multiplica cada fracción por una fracción igual a 1.**

$= \frac{b}{ab} + \frac{2a}{ab}$ — **Multiplica los numeradores y los denominadores.**

$= \frac{b + 2a}{ab}$ — **Escribe una única fracción con el denominador común.**

PRÁCTICA Problemas 4 — PRÁCTICA ADICIONAL

Realiza la operación indicada. Escribe la respuesta en la mínima expresión.

a. $\frac{1}{x} + \frac{y}{3}$

b. $\frac{a}{2b} - \frac{3}{b}$

c. $\left(\frac{3}{x}\right)\left(\frac{1}{y}\right)$

d. $\frac{2a}{5} \div \frac{1}{2}$

Razones

Una razón es una comparación entre dos números mediante la división. Las razones se pueden escribir de varias maneras. La razón de 2 y 3 se puede escribir de cuatro maneras diferentes:

2 a 3   2 de 3   2:3 $\frac{2}{3}$

Tasas

Una tasa es una razón que compara dos cantidades con diferentes unidades de medida. Una tasa por unidad es una tasa que se simplificó de manera que el denominador es 1.

Ejemplo: Escribe 98 km en 2.0 horas como una tasa por unidad.

98 km en 2.0 horas es una razón de $\frac{98 \text{ km}}{2.0 \text{ horas}}$

$$\frac{98 \text{ km}}{2.0 \text{ horas}} = \left(\frac{98}{2.0}\right)\left(\frac{\text{km}}{\text{hora}}\right)$$ **Divide la fracción en el producto de una fracción numérica y una fracción por unidad.**

$$= (49)\left(\frac{\text{km}}{\text{hora}}\right)$$ **Simplifica la fracción numérica.**

$$= 49 \text{ km por hora o } 49 \text{ km/h}$$

Ejemplo: Escribe 16 coronas suecas en 2 dólares estadounidenses como una tasa por unidad.

16 coronas suecas en una divisa norteamericana de \$2.00 es una razón de $\frac{16 \text{ coronas suecas}}{2 \text{ dólares estadounidenses}}$

$$\frac{16 \text{ coronas suecas}}{2 \text{ dólares estadounidenses}} = \left(\frac{16}{2}\right)\left(\frac{\text{coronas suecas}}{\text{dólares estadounidenses}}\right)$$

$$= (8)\left(\frac{\text{coronas suecas}}{\text{dólares estadounidenses}}\right)$$

$$= 8 \text{ coronas suecas por dólar u } 8 \text{ coronas suecas/dólar}$$

Proporciones

Una proporción es una ecuación que indica que dos razones son iguales:

$\frac{a}{b} = \frac{c}{d}$, donde b y d son distintos de cero.

Las proporciones usadas para resolver problemas de razones a menudo incluyen tres cifras y una variable. Puedes resolver la proporción para hallar el valor de la variable. Para resolver una proporción, usa la multiplicación cruzada.

Ejemplo: Resuelve la proporción $\frac{a}{b} = \frac{c}{d}$ para b.

Multiplica en forma cruzada: $\frac{a}{b} = \frac{c}{d}$

$$bc = ad$$ **Escribe la ecuación que resulta de la multiplicación cruzada.**

$$b = \frac{ad}{c}$$ **Resuelve para *b*.**

PRÁCTICA Problemas 5   PRÁCTICA ADICIONAL

Resuelve las siguientes proporciones.

a. $\frac{4}{x} + \frac{2}{3}$

b. $\frac{13}{15} = \frac{n}{75}$

c. $\frac{36}{12} = \frac{s}{16}$

d. $\frac{2.5}{5.0} = \frac{7.5}{w}$

IV. Exponentes, potencias, raíces y valor absoluto

Exponentes

Es la cantidad de veces que se usa un número (a) como factor. Es un superíndice. En a^n, a es la base y n el exponente. a^n es la potencia n de a o a elevado a la n potencia.

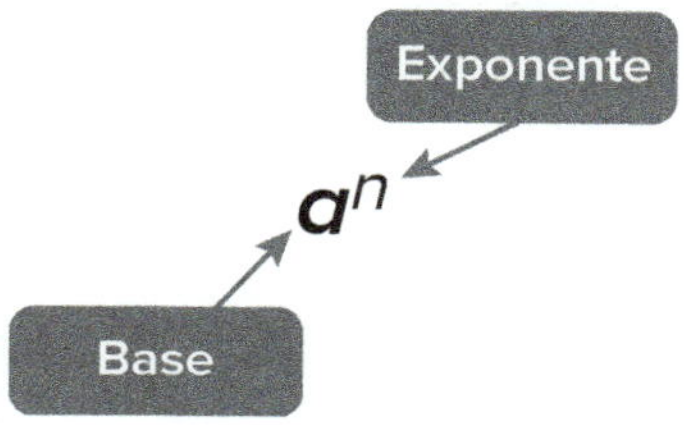

Relacionar Matemáticas y Física Un subíndice no es un exponente. En Física, un subíndice se usa para describir aún más la variable. Por ejemplo, V_0 se puede usar para representar la velocidad en un tiempo *0*. Un subíndice es una parte de la variable.

Exponente positivo Para cualquier número distinto de cero (a) y cualquier número entero (n)

$$a^n = (a)(a)(a)...(a) \quad n \text{ veces}$$

Ejemplos: Simplifica los siguientes términos con exponente.

$10^4 = (10)(10)(10)(10) = 10{,}000$

$2^3 = (2)(2)(2) = 8$

Exponente cero Para cualquier número distinto de cero (a)

$$a^0 = 1$$

Ejemplos: Simplifica los siguientes términos con exponente cero.

$2^0 = 1 \qquad 13^0 = 1$

Exponente negativo Para cualquier número distinto de cero (a) y cualquier entero (n)

$$a^{-n} = \frac{1}{a^n}$$

Ejemplos: Escribe los siguientes términos con exponente negativo como fracciones.

$2^{-1} = \frac{1}{2^1} = \frac{1}{2} \qquad 2^{-2} = \frac{1}{2^2} = \frac{1}{4}$

Raíces cuadradas y cúbicas

La raíz cuadrada de un número es uno de sus dos factores iguales. Este signo $\sqrt{\ }$ indica una raíz cuadrada. Se puede mostrar como exponente $\frac{1}{2}$, como en $\sqrt{b} = b^{\frac{1}{2}}$. Puedes usar una calculadora para hallar raíces cuadradas.

Ejemplos: Simplifica los siguientes términos de raíz cuadrada.

$\sqrt{a^2} = \sqrt{(a)(a)} = a$

$\sqrt{9} = \sqrt{(3)(3)} = 3$

$\sqrt{64} = \sqrt{(8.0)(8.0)} = 8.0$ — **Mantén dos cifras significativas.**

$\sqrt{38.44} = 6.200$ — **Pon dos ceros a la derecha para mantener cuatro cifras.**

$\sqrt{39} = 6.244997 \ldots = 6.2$ — **Redondea para mantener dos cifras significativas.**

La raíz cúbica de un número es uno de sus tres factores iguales. Un signo de raíz cuadrada con el número 3 ($\sqrt[3]{\ }$) indica una raíz cúbica. Una raíz cúbica también se puede mostrar como exponente $\frac{1}{3}$, como en $\sqrt[3]{b} = b^{\frac{1}{3}}$.

Ejemplo: Simplifica los siguientes términos de la raíz cúbica.

$$\sqrt[3]{125} = \sqrt[3]{(5.00)(5.00)(5.00)} = 5.00$$

$$\sqrt[3]{39.304} = 3.4000$$

PRÁCTICA Problemas — PRÁCTICA ADICIONAL

6. Encuentra cada raíz. Redondea la respuesta a la centena más cercana.

a. $\sqrt{22}$ **c.** $\sqrt{676}$

b. $\sqrt[3]{729}$ **d.** $\sqrt[3]{46.656}$

7. Simplifica escribiendo sin un signo de raíz cuadrada.

a. $\sqrt{16a^2b^4}$ **b.** $\sqrt{9t^6}$

8. Escribe usando exponentes.

a. $\sqrt{n^3}$ **b.** $\frac{1}{\sqrt{a}}$

Operación con exponentes

En las siguientes operaciones con exponentes, a, b, m y n pueden ser cifras o variables.

Producto de potencias Para multiplicar términos con la misma base, suma los exponentes, como en $(a^m)(a^n) = a^{m+n}$.

Cociente de potencias Para dividir términos con la misma base, resta el exponente de abajo del exponente de arriba, como en $a^m/a^n = a^{m-n}$.

Potencia de una potencia Para calcular la potencia de una potencia, usa la misma base y multiplica los exponentes, como en $(a^m)^n = a^{mn}$.

***n* raíz de una potencia** Para calcular la raíz de una potencia, usa la misma base y divide el exponente de la potencia por el exponente de la raíz, como en $\sqrt[n]{a^m} = a^{\frac{m}{n}}$.

Potencia de un producto Para calcular la potencia de un producto de a y b, eleva ambos a la potencia y halla su producto, como en $(ab)^n = a^nb^n$.

PRÁCTICA Problemas — PRÁCTICA ADICIONAL

9. Escribe una forma equivalente usando las propiedades de los exponentes.

a. $\frac{x^2t}{x^3}$ **b.** $\sqrt{t^3}$ **c.** $(d^2n)^2$ **d.** $x^2\sqrt{x}$

10. Simplifica $\frac{m}{q}\sqrt{\frac{2qv}{m}}$.

Valor absoluto

El valor absoluto de un número *(n)* es su magnitud, independientemente de su signo. El valor absoluto de n se escribe como $|n|$. Debido a que las magnitudes no pueden ser inferiores a cero, los valores absolutos siempre son mayores o iguales a cero.

Ejemplos:

$|3| = 3$

$|-3| = 3$

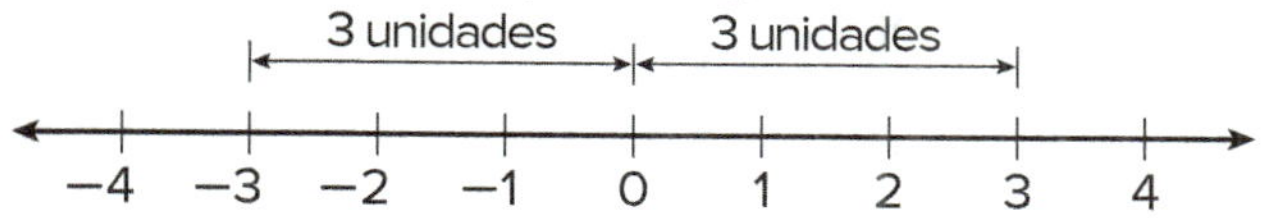

V. Notación científica

Un número de la expresión $a\times10^n$ se escribe en notación científica, donde $1 \leq a \leq 10$, y n es un número entero. La base (10) se eleva a una potencia (n).

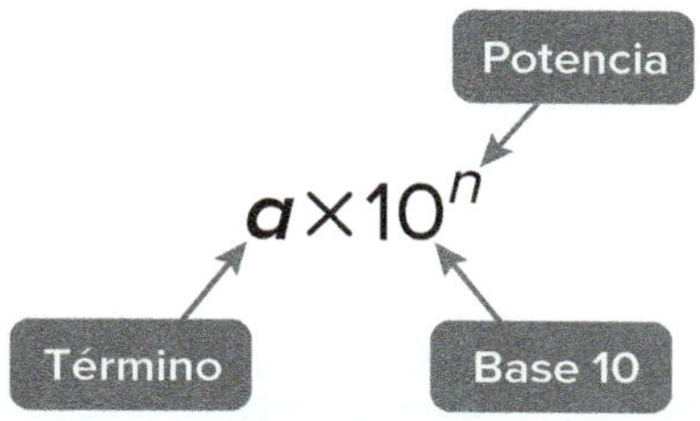

Relacionar Matemáticas y Física Los físicos suelen usar la notación científica para expresar mediciones que mayores a 10 o menores a 1. Por ejemplo, la masa de un protón se escribe como 6.73×10^{-28} kg. La densidad del agua como 1.000×10^3 kg/m^3. Esto muestra, usando las reglas de cifras significativas, que la medición es 1000 para cuatro cifras significativas. No obstante, escribir la densidad del agua como 1000 kg/m^3 implicaría que tiene solo un dígito significativo, que es incorrecto. La notación científica ayuda a los físicos a llevar una cuenta exacta de las cifras significativas.

Números grandes: usar exponentes positivos

Multiplicar por una potencia de 10 es como mover el punto decimal la misma cantidad de lugares a la derecha (si la potencia es positiva) o a la izquierda (si es negativa). Para expresar un número grande en notación científica, primero determina el valor para a, $1 \leq a \leq 10$. Cuenta la cantidad de lugares decimales desde el punto en a hasta el punto en el número. Usa el conteo como la potencia de 10. La calculadora muestra la notación científica con e para el exponente, como en $2.4\text{e}+11 = 2.4\times10^{11}$. Algunas usan una *E* para mostrar el exponente, o por lo general hay un lugar en el visor donde puede mostrar dígitos más pequeños que representan el exponente.

Ejemplo: Escribe 7.530.000 en notación científica.

El valor de a es 7.53. (El punto está a la derecha del primer dígito distinto de cero.) Entonces la forma será 7.53×10^n.

$7{,}530{,}000 = 7.53\times10^6$ **Hay seis lugares decimales, entonces la potencia es 6.**

Para escribir la forma estándar de un número expresado en notación científica, escribe el valor de a y coloca ceros extra a la derecha del número. Usa la potencia y mueve el punto decimal en a esa cantidad de lugares a la derecha.

Ejemplo: Escribe la forma estándar del siguiente número.

$2.389\times10^5 = 2.38900\times10^5 = 238{,}900$

Números pequeños: usar exponentes negativos

Para expresar un número pequeño en notación científica, primero determina el valor para a, $1 \leq a \leq 10$. Luego, cuenta la cantidad de lugares decimales desde el punto decimal en a hasta el punto decimal en el número. Usa ese número como la potencia de 10. Multiplicar por un número con una potencia negativa es lo mismo que dividir por ese número con la correspondiente potencia positiva.

Ejemplo: Escribe 0.000000285 en notación científica.

El valor para a es 2.85. (El punto decimal está a la derecha del primer dígito distinto de cero.)
Entonces la forma será 2.85×10^n.
$0.000000285 = 2.85\times10^{-7}$ **Hay siete lugares decimales, entonces la potencia es −7.**

Para expresar un número pequeño en forma estándar, escribe el valor para a y coloca ceros extra a la izquierda de a. Usa la potencia y mueve el punto decimal en a esa cantidad de lugares a la izquierda.

Ejemplo:
$1.6\times10^{-4} = 00001.6\times10^{-4} = 0.00016$

PRÁCTICA Problemas PRÁCTICA ADICIONAL

11. Expresa cada número en notación científica.

a. 456,000,000 **b.** 0.000020

12. Expresa cada número en notación estándar.

a. 3.03×10^{-7} **b.** 9.7×10^{10}

Operaciones con notación científica

Al hacer cálculos con números en notación científica usa las propiedades de los exponentes.

Multiplicación Multiplica los términos, y suma las potencias de 10.

Ejemplo: Simplifica.

$(4.0\times10^{-8})(1.2\times10^5) = (4.0 \times 1.2)(10^{-8} \times 10^5)$ **Agrupa los términos y las bases de 10.**
$= (4.8)(10^{-8+5})$ **Multiplica los términos.**
$= (4.8)(10^{-3})$ **Suma las potencias de 10.**
$= 4.8\times10^{-3}$ **Recombina en notación científica.**

División Divide los números de la base y resta los exponentes de 10.

Ejemplo: Simplifica.

$\frac{9.60\times10^7}{1.60\times10^3} = \left(\frac{9.60}{1.60}\right)\times\left(\frac{10^7}{10^3}\right)$ **Agrupa los términos y las bases de 10.**
$= 6.00\times10^{7-3}$ **Divide los términos y resta las potencias de 10.**
$= 6.00\times10^4$

Suma y resta Para sumar y restar en notación científica, las potencias de 10 deben ser las mismas. De esta manera, es posible que necesites reescribir uno de los números con una potencia diferente de 10. Con potencias iguales a 10, usa la propiedad distributiva.

Ejemplo: Simplifica.

$(3.2\times10^5) + (4.8\times10^5) = (3.2 + 4.8)\times10^5$	Agrupa los términos.
$= 8.0\times10^5$	Súmalos.

Ejemplo: Simplifica.

$(3.2\times10^5) + (4.8\times10^4) = (3.2\times10^5) + (0.48\times10^5)$	Escribe 4.8×10^4 como 0.48×10^5.
$= (3.2 + 0.48)\times10^5$	Agrupa los términos.
$= 3.68\times10^5$	Súmalos.
$= 3.7\times10^5$	Redondea usando la regla de suma de cifras significativas.

PRÁCTICA Problemas 13 PRÁCTICA ADICIONAL

Evalúa cada expresión; expresa el resultado en notación científica.

a. $(5.2\times10^{-4})(4.0\times10^8)$ **b.** $(2.4\times10^3) + (8.0\times10^4)$

VI. Ecuaciones

Orden de las operaciones

Los científicos y los matemáticos acordaron ciertos pasos o reglas, un orden de las operaciones, para que todos interpreten los símbolos matemáticos de la misma manera. Sigue estos pasos en orden cuando evalúes una expresión o uses una fórmula.

1. Simplifica las expresiones dentro de los símbolos de agrupación, como los paréntesis ( ), los corchetes [ ], las llaves { } y las barras de fracciones.
2. Evalúa todas las potencias y raíces.
3. Haz todas las multiplicaciones y divisiones de izquierda a derecha.
4. Haz todas las sumas y restas de izquierda a derecha.

Una manera útil de recordar esto es con la frase "Paula expresa muy dulcemente sus risas". La primera letra de cada palabra representa una operación: *paréntesis, exponentes, multiplicación, división, suma, resta.*

Ejemplo: Simplifica la siguiente expresión.

$4 + 3(4 - 1) - 2^3 = 4 + 3(3) - 2^3$	Ordena las operaciones del paso 1.
$= 4 + 3(3) - 8$	Ordena las operaciones del paso 2.
$= 4 + 9 - 8$	Ordena las operaciones del paso 3.
$= 5$	Ordena las operaciones del paso 4.

Relacionar Matemáticas y Física El ejemplo previo se presentó paso a paso para demostrar el orden de las operaciones. Cuando resuelves un problema de Física, no redondees a la cantidad correcta de cifras significativas hasta después del cálculo final.

En cálculos que involucran una expresión en un numerador y otra en un denominador, el numerador y el denominador son grupos separados y deberás calcularlos antes de dividir el numerador por el denominador. La regla de multiplicación/división para cifras significativas se usa para determinar su cantidad final.

LIBRO DE DESTREZAS MATEMÁTICAS

Resolver ecuaciones

Resolver una ecuación significa hallar el valor de la variable que hace que la ecuación sea un enunciado verdadero. Para resolver las ecuaciones, aplica la propiedad distributiva y las propiedades de la igualdad. Cualquier propiedad de la igualdad que apliques en un lado de una ecuación, debes aplicarlo también en el otro lado.

Propiedad distributiva Para cualquier número a, b, y c,

$$a(b + c) = ab + ac \qquad a(b - c) = ab - ac$$

Ejemplo: Usa la propiedad distributiva para desarrollar la siguiente expresión.

$3(x + 2) = 3x + (3)(2) = 3x + 6$

Propiedades de la igualdad de la suma y la resta Si dos cantidades son iguales, y se suma (o resta) el mismo número, entonces las cantidades resultantes también son iguales.

Si $a = b$, entonces

$$a + c = b + c \quad \text{y} \quad a - c = b - c$$

Ejemplo: Resuelve $x - 3 = 7$ con la propiedad de la suma.

$$x - 3 = 7$$
$$x - 3 + 3 = 7 + 3$$
$$x = 10$$

Ejemplo: Resuelve $t + 2 = -5$ con la propiedad de la resta.

$$t + 2 = -5$$
$$t + 2 - 2 = -5 - 2$$
$$t = -7$$

Propiedades de la igualdad de la multiplicación y la división Si dos cantidades iguales se multiplican (o dividen) por el mismo número, entonces las cantidades resultantes también son iguales.

Si $a = b$, entonces

$ac = bc$ y

$\frac{a}{c} = \frac{b}{c}$, para $c \neq 0$

Ejemplo: Resuelve $\frac{1}{4}a = 3$ con la propiedad de la multiplicación.

$$\frac{1}{4}a = 3$$
$$\left(\frac{a}{4}\right)(4) = 3(4)$$
$$a = 12$$

Ejemplo: Resuelve $6n = 18$ con la propiedad de la división.

$$6n = 18$$
$$\frac{6n}{6} = \frac{18}{6}$$
$$n = 3$$

Ejemplo: Resuelve $2t + 8 = 5t - 4$ para t.

$$2t + 8 = 5t - 4$$
$$8 + 4 = 5t - 2t$$
$$12 = 3t$$
$$4 = t$$

Aislar una variable

Supón una ecuación que tenga más de una variable. Para aislar una variable, es decir, para resolver la ecuación para una variable, escribe una ecuación equivalente de manera que un lado contenga solo dicha variable con un coeficiente de 1.

Relacionar Matemáticas y Física Aislar la variable P(presión) en la ecuación de la ley de los gases ideales.

$$PV = n\mathrm{R}T$$

$$\frac{PV}{V} = \frac{n\mathrm{R}T}{V} \quad \text{Divide los dos lados por } V.$$

$$P\left(\frac{V}{V}\right) = \frac{n\mathrm{R}T}{V} \quad \text{Agrupa } \frac{V}{V}.$$

$$P = \frac{n\mathrm{R}T}{V} \quad \text{Sustituye } \frac{V}{V} = 1.$$

PRÁCTICA Problemas 14 | **PRÁCTICA ADICIONAL**

Resuelve para x.

a. $2 + 3x = 17$

b. $x - 4 = 2 - 3x$

c. $t - 1 = \frac{x + 4}{3}$

d. $a = \frac{b + x}{c}$

e. $\frac{2x + 3}{x} = 6$

f. $ax + bx + c = d$

Propiedad de la raíz cuadrada

Si a y n son números reales, $n > 0$ y $a^2 = n$, entonces $a = \pm\sqrt{n}$.

Relacionar Matemáticas y Física Resolver v en la segunda ley de Newton para un satélite que orbita la Tierra.

$$\frac{mv^2}{r} = \frac{\mathrm{G}m_\mathrm{E}m}{r^2}$$

$$\frac{rmv^2}{r} = \frac{r\mathrm{G}m_\mathrm{E}m}{r^2} \quad \text{Multiplica los dos lados por } r.$$

$$mv^2 = \frac{\mathrm{G}m_\mathrm{E}m}{r} \quad \text{Sustituye } \frac{r}{r} = 1.$$

$$\frac{mv^2}{m} = \frac{\mathrm{G}m_\mathrm{E}m}{rm} \quad \text{Divide los dos lados por } m.$$

$$v^2 = \frac{\mathrm{G}m_\mathrm{E}}{r} \quad \text{Sustituye } \frac{m}{m} = 1.$$

$$\sqrt{v^2} = \pm\sqrt{\frac{\mathrm{G}m_\mathrm{E}}{r}} \quad \text{Calcula la raíz cuadrada.}$$

$$v = \frac{\mathrm{G}m_\mathrm{E}}{r} \quad \text{Usa el valor positivo para la velocidad.}$$

Cuando se usa la propiedad de la raíz cuadrada, es importante tener en cuenta qué se está resolviendo. Como en el ejemplo anterior resolvimos la velocidad, no tuvo sentido usar el valor negativo de la raíz cuadrada. También necesitas tener en cuenta si el valor negativo o positivo te ofrece una solución realista. Por ejemplo, cuando usas la propiedad de la raíz cuadrada para resolver el tiempo, un valor negativo podría darte un tiempo anterior al comienzo de la situación.

Ecuaciones cuadráticas

Una ecuación cuadrática tiene la forma $ax^2 + bx + c = 0$, donde $a \neq 0$. Una ecuación cuadrática tiene una variable con una potencia (exponente) de 2. También podría incluir esa misma variable a la primera potencia. Puedes estimar las soluciones con una calculadora gráfica. Si $b = 0$, entonces no hay término x en la ecuación cuadrática. En ese caso, puedes resolver la ecuación aislando la variable cuadrada y hallando la raíz cuadrada de cada lado de la ecuación con la propiedad de la raíz cuadrada.

Fórmula cuadrática

Puedes hallar las soluciones de cualquier ecuación cuadrática con la fórmula cuadrática. Las soluciones de $ax2 + bx + c = 0$, donde $a \neq 0$, están dadas por

$$x = \frac{-b \pm \sqrt{b2 - 4ac}}{2a}$$

Al igual que con la propiedad de la raíz cuadrada, es importante tener en cuenta si las soluciones para la fórmula cuadrática te dan una respuesta realista para el problema que estás resolviendo. Por lo general, puedes desechar una de las soluciones porque es poco realista. El movimiento de proyectiles a menudo requiere el uso de la fórmula cuadrática cuando se resuelven ecuaciones, de manera que ten en cuenta el realismo de la solución cuando la resuelvas.

PRÁCTICA Problemas 15 — PRÁCTICA ADICIONAL

Resuelve para x.

a. $4x^2 - 19 = 17$

b. $12 - 3x^2 = -9$

c. $x^2 - 2x - 24 = 0$

d. $24x^2 - 14x - 6 = 0$

Cálculos dimensionales

Cuando haces cálculos, debes incluir las unidades de cada medición que está escrita en el cálculo. Todas las operaciones que se realizan en el número también se hacen en sus unidades.

Relacionar Matemáticas y Física La aceleración debida a la gravedad (a) está dada por la ecuación $a = \frac{2\Delta x}{\Delta t^2}$. Un objeto en caída libre cerca de la Luna cae 20.5 m en 5.00 s. Halla la aceleración (a). La aceleración se mide en metros por segundo cuadrado.

$$a = \frac{2\Delta x}{\Delta t^2}$$

$$a = \frac{2(20.5\ \text{m})}{(5.00\ \text{s})^2}$$

El número 2 es un número exacto, de manera que no afecta la determinación de las cifras significativas.

$$a = \frac{1.64\ \text{m}}{\text{s}^2} \text{ or } 1.64\ \text{m/s}^2$$

Calcula y redondea a tres cifras significativas.

Conversión de unidades Usa un factor de conversión para convertir de una unidad de medida a otra del mismo tipo, como minutos a segundos. Esto es equivalente a multiplicar por uno.

Relacionar Matemáticas y Física Halla Δx cuando $v_i = 67$ m/s y $\Delta t = 5.0$ min. Usa la ecuación $\Delta x = v_i \Delta t$.

$$\frac{60 \text{ segundos}}{1 \text{ minuto}} = 1$$

$$\Delta x = v_i \Delta t$$

$$\Delta x = \frac{67 \text{ m}}{\text{s}}\left(\frac{5.0 \text{ min}}{1}\right)\left(\frac{60 \text{ s}}{1 \text{ min}}\right)$$

Multiplica por el factor de conversión $\frac{60 \text{ s}}{1 \text{ min}} = 1$

$$\Delta x = 20{,}100 \text{ m} = 2.0 \times 10^4 \text{ m}$$

Calcula y redondea a dos cifras significativas. Los números 60 s y 1 min son números exactos, de manera que no afectan la determinación de las cifras significativas.

PRÁCTICA Problemas PRÁCTICA ADICIONAL

16. Simplifica $\Delta t = \dfrac{4.0 \times 10^2 \text{ m}}{16 \text{ m/s}}$.

17. Halla la velocidad de un ladrillo después de 5.0 s con $v = a\Delta t$ y $a = -9.8$ m/s^2.

18. Calcula el producto: $\left(\dfrac{32 \text{ cm}}{1 \text{ s}}\right)\left(\dfrac{60 \text{ s}}{1 \text{ min}}\right)\left(\dfrac{60 \text{ min}}{1 \text{ h}}\right)\left(\dfrac{1 \text{ m}}{100 \text{ cm}}\right)$.

19. Un atleta corrió 100.0 m en 9.87 s. ¿Cuál fue la velocidad en kilómetros por hora?

Análisis dimensional

El análisis dimensional es un método de hacer álgebra con las unidades. A menudo se usa para verificar la validez de las unidades de un resultado final y la ecuación empleada, sin redondear por completo el cálculo.

Ejemplo de Física Verificar que la respuesta final de $x_f = x_i + v_i t + \frac{1}{2}at^2$ tendrá las unidades en metros (m).

x_i se mide en metros (m).

t se mide en segundos (s).

v_i se mide en metros por segundo (m/s).

a se mide en metros por segundo cuadrado (m/s^2).

$$x_f = \text{m} + \left(\frac{\text{m}}{\text{s}}\right)(\text{s}) + \frac{1}{2}\left(\frac{\text{m}}{\text{s}^2}\right)(\text{s})^2$$
Sustituye las unidades para cada variable.

$$= \text{m} + \text{m}\left(\frac{\text{s}}{\text{s}}\right) + \frac{1}{2}(\text{m})\left(\frac{\text{s}^2}{\text{s}^2}\right)$$
Simplifica las fracciones con la propiedad distributiva.

$$= \text{m} + (\text{m})(1) + \frac{1}{2}(\text{m})(1)$$
Sustituye s/s = 1, s^2/s^2 = 1.

$$= \text{m} + \text{m} + \frac{1}{2}\text{ m}$$
Todo se simplifica a m; de manera que x_f está en m.

El factor de $\frac{1}{2}$ anterior no se aplica a las unidades. Se aplica solo a cualquier valor numérico que se inserte en las variables de la ecuación. Resulta más fácil quitar los factores numéricos como $\frac{1}{2}$ cuando se aborda primero el análisis dimensional.

VII. Gráficas de relaciones

El plano de coordenadas

Puedes ubicar puntos en un plano en referencia a dos rectas numéricas perpendiculares, llamadas ejes. La recta numérica horizontal se llama eje de las *x*; representa la variable independiente. La recta numérica vertical se llama eje de las *y*; representa la variable dependiente. Un punto se representa con dos coordenadas (*x*, *y*), que también se llama par ordenado. El valor de la variable independiente (*x*) siempre se enumera primero en el par ordenado. El par ordenado (0, 0) representa el origen.

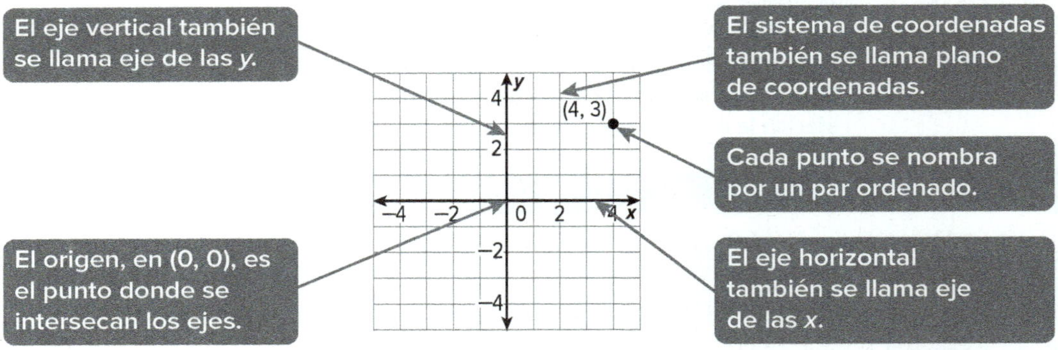

Ordenar los datos en una gráfica para determinar una relación

Usa los siguientes pasos para ordenar los datos en una gráfica.

1. Identifica las variables independientes y dependientes.
2. Traza dos ejes perpendiculares. Rotula cada eje con los nombres de las variables.
3. Determina el rango de datos para cada variable. Usa los rangos para decidir una escala conveniente para cada eje. Marca y numera las escalas.
4. Marca cada punto de datos.
5. Si los puntos parecen estar aproximadamente en una recta, traza una recta de mejor ajuste. La recta deberá estar cerca de la mayor cantidad de puntos posible. Si los puntos no están en una recta, traza una curva regular a lo largo de tantos puntos como sea posible. Si no parece ser una tendencia, no traces ninguna recta o curva.
6. Escribe un título que describa claramente qué representa la gráfica.

Fuerza aplicada (N)	Distancia estirada (cm)
10	0.8
20	2.1
30	2.8
40	4.2
50	4.7

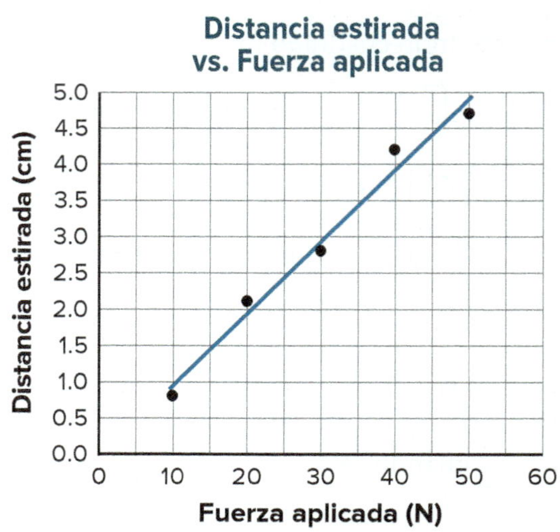

Interpolar y extrapolar

La interpolación es un proceso que se usa para estimar un valor para una relación que está entre dos valores conocidos. La extrapolación es un proceso que se usa para estimar un valor para una relación que está más allá de los valores conocidos. La ecuación de la recta de mejor ajuste ayuda a interpolar y extrapolar.

Ejemplo: Con el uso de los datos y la gráfica, estima cuánto se estirará el resorte si se aplica una fuerza de 25 N.
Usa la interpolación.

- Traza una recta de mejor ajuste.
- Traza un segmento de recta desde 25 N en el eje de las x hasta la recta de mejor ajuste.
- Traza un segmento de recta desde el punto de intersección hasta el eje de las y.
- Lee la escala en el eje de las y. Una fuerza de 25 N estirará el resorte 2.4 cm.

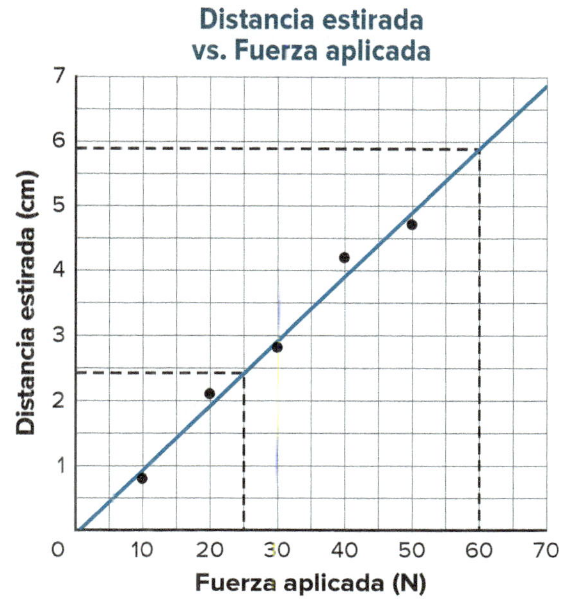

Ejemplo: Usa la extrapolación para estimar cuánto se estirará el resorte si se aplica una fuerza de 60 N.

- Traza un segmento de recta de 60 en el eje de las x hasta la recta de mejor ajuste. Extiende la recta de mejor ajuste si es necesario.
- Lee el valor correspondiente al eje de las y. Extiende la escala del eje si es necesario.
- Una fuerza de 60 N estirará el resorte 5.8 cm.

Interpretar gráficas lineales

Una gráfica lineal muestra la relación lineal entre dos variables. En Física, con frecuencia, se usan dos tipos de gráficas lineales que describen el movimiento.

Relacionar Matemáticas y Física

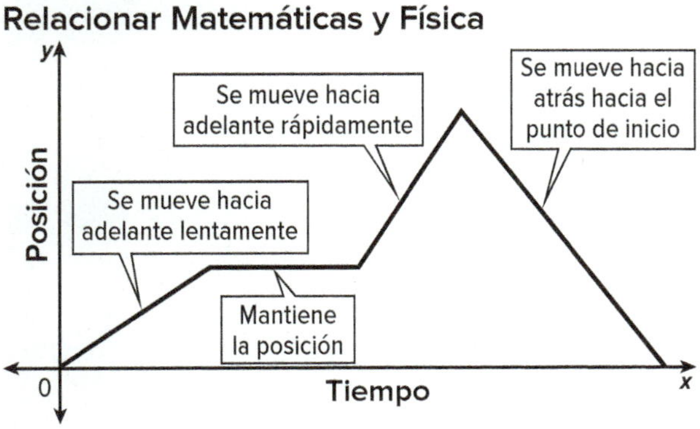

Esta gráfica lineal muestra una relación cambiante entre las dos variables.

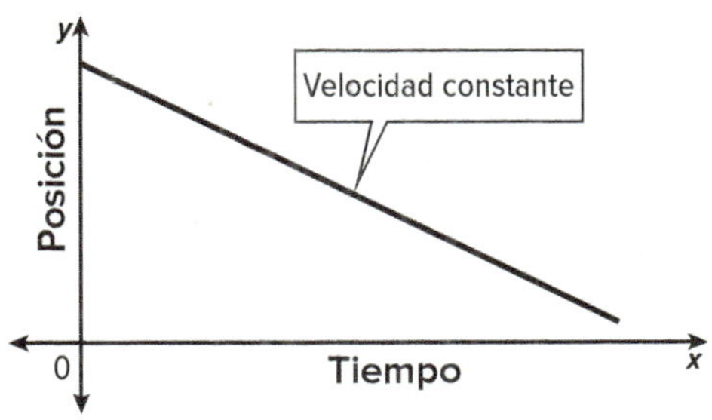

La gráfica lineal de arriba muestra una relación constante entre las dos variables.

LIBRO DE DESTREZAS MATEMÁTICAS

Ecuaciones lineales

Una ecuación lineal se puede expresar como una relación (o una función), $y = mx + b$, donde m y b son números reales, m representa la pendiente de la recta y b representa el intercepto, el punto en el que la recta cruza el eje de las y.

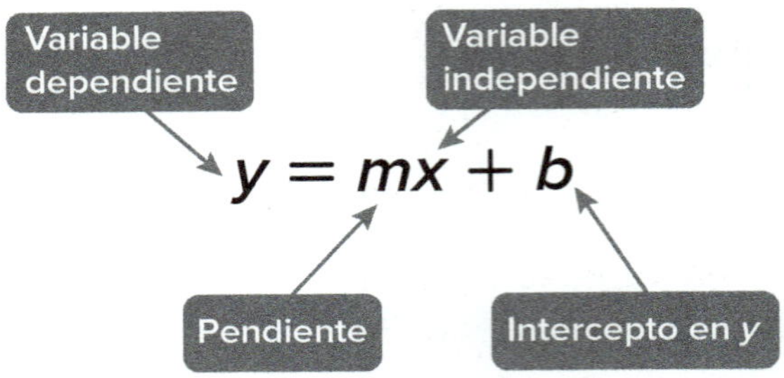

La gráfica de una ecuación lineal es una recta. La recta representa todas las soluciones de la ecuación lineal. Para representar en una gráfica una ecuación lineal, selecciona tres valores para la variable independiente. (Solo se necesitan dos puntos, pero el tercer punto sirve para comprobar.) Calcula los valores correspondientes para la variable dependiente. Marca cada par ordenado (x, y) como un punto. Traza una línea a través de los puntos.

Ejemplo: Representa en una gráfica $y = -\frac{1}{2}x + 3$
Calcula los tres pares ordenados para obtener los puntos para marcar.

Pares ordenados	
x	y
0	3
2	2
6	0

Diagrama de pares ordenados

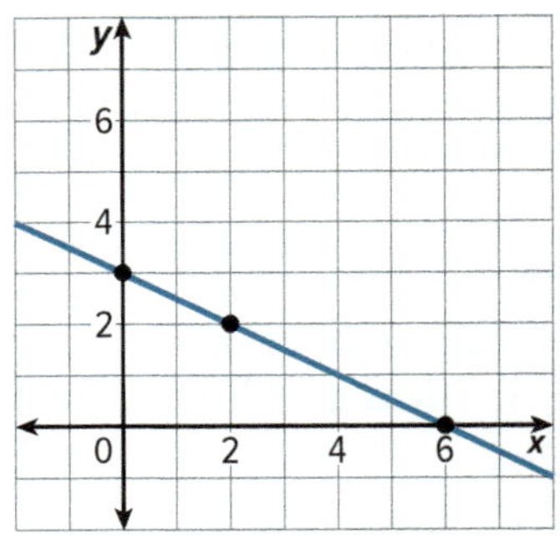

Pendiente

La pendiente de una recta es la razón del cambio en las coordenadas de las y (ordenadas) con respecto al cambio en las coordenadas de las x (abscisas). Es la razón del cambio vertical (elevación) con respecto al cambio horizontal (recorrido). Este número te dice cuán empinada está la recta. Puede ser un número positivo o un número negativo.

Para hallar la pendiente de una recta, selecciona dos puntos (x_1, y_1) y (x_2, y_2). Calcula el recorrido, que es la diferencia (cambio) entre las dos coordenadas $x_2 - x_1 = \Delta x$. Calcula la elevación, que es la diferencia (cambio) entre las dos coordenadas $y_2 - y_1 = \Delta y$. Expresa la razón.

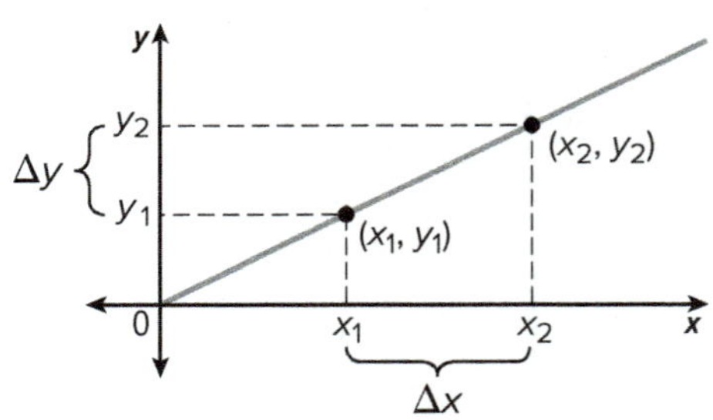

$$\text{pendiente } m = \frac{elevación}{recorrido} = \frac{y_2 - y_1}{x_2 - x_1} = \frac{\Delta y}{\Delta x}$$
donde $x_1 \neq x_2$

Variación directa

Si hay alguna constante (m) distinta de cero como $y = mx$, entonces y varía directamente con x. Esto significa que como la variable independiente x se duplica, la variable dependiente y también se duplica. Se dice que las variables x e y también son proporcionales. Esta es una ecuación lineal de la forma $y = mx + b$ en la que el valor de b es cero. La gráfica pasa a través del origen, (0, 0).

Relacionar Matemáticas y Física En la ecuación de fuerza para un resorte ideal, $F = -kx$, donde F es la fuerza que se ejerce sobre el resorte, $-k$ es la constante del resorte y x es el desplazamiento del resorte, la fuerza sobre el resorte varía directamente con (es proporcional a) el desplazamiento del resorte. Es decir, la fuerza que se ejerce sobre el resorte aumenta cuando aumenta el desplazamiento del resorte..

Variación inversa

Si hay alguna constante (m) distinta de cero como $y = \frac{m}{x}$, entonces y varia de manera inversa con x. Esto significa que como la variable independiente x aumenta, la variable dependiente y disminuye. Se dice también que las variables x e y son inversamente proporcionales. Esta no es una ecuación lineal porque contiene el producto de dos variables. La gráfica de una relación inversa es una hipérbola. Esta relación se puede escribir como

$$y = \frac{m}{x}$$
$$y = m\frac{1}{x}$$
$$xy = m$$

Ejemplo: Grafica la ecuación $y = \frac{90}{x}$.

Pares ordenados	
x	*y*
−10	−9
−6	−15
−3	−30
−2	−45
2	45
3	30
6	15
10	9

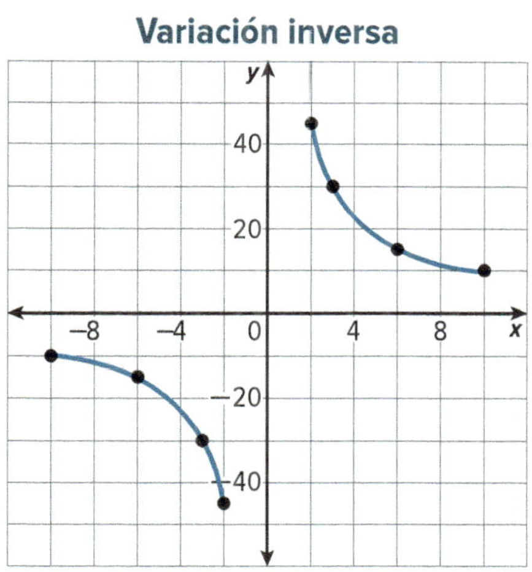

Relacionar Matemáticas y Física En la ecuación para la velocidad de una onda $\left(\lambda = \frac{v}{f}\right)$ donde λ es la longitud de onda, f es la frecuencia y v es la velocidad de la onda, la longitud de onda varía de manera inversa con la frecuencia (es inversamente proporcional). Es decir, cuando la frecuencia de la onda aumenta, la longitud de la onda disminuye. v es la constante.

Gráficas cuadráticas

Una relación cuadrática es una relación de la forma

$$y = ax^2 + bx + c, \text{ donde } a \neq 0.$$

Una relación cuadrática incluye el cuadrado de la variable independiente (x). La gráfica de una relación cuadrática es una parábola. Que la parábola se abra hacia arriba o hacia abajo depende de si el valor del coeficiente del término cuadrado (a) es positivo o negativo.

Ejemplo: Representa gráficamente la ecuación $y = -x^2 + 4x - 1$.

Pares ordenados	
x	y
−1	−6
0	−1
1	2
2	3
3	2
4	−1
5	−6

Gráfica de la ecuación cuadrática

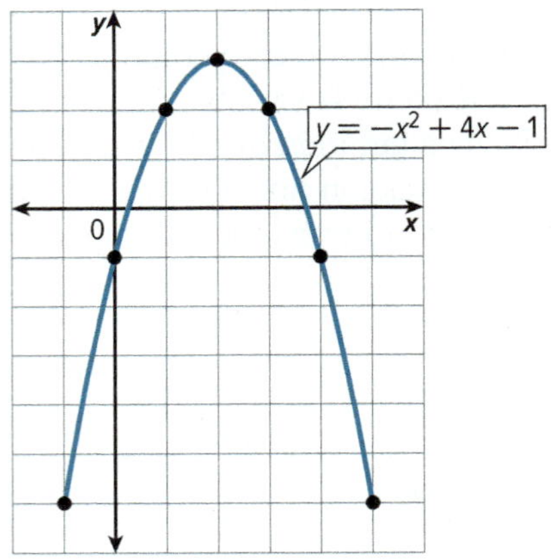

Relacionar Matemáticas y Física Una gráfica de posición-tiempo en la forma de una relación cuadrática significa que el objeto se mueve a una aceleración constante.

$$x_f = 2\text{ m} + (1\text{ m/s})t + \frac{1}{2}(2\text{ m/s}^2)t^2$$

Pares ordenados	
Tiempo (s)	Posición (m)
0	2
1	4
2	8
3	14
4	22

Posición vs. Tiempo

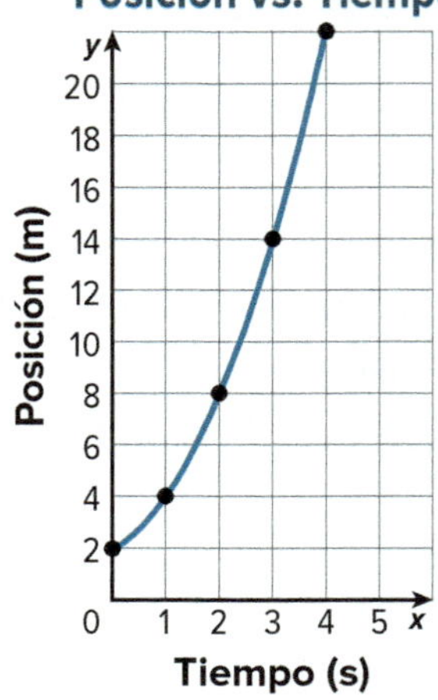

VIII. Geometría y trigonometría

Perímetro y Área

	Perímetro, Circunferencia Unidades lineales	**Área** Unidades cuadradas
Cuadrado lado a	$P = 4a$	$A = a^2$
Rectángulo longitud l ancho w	$P = 2l + 2w$	$A = lw$
Triángulo base b altura h	$P =$ lado 1 + lado 2 + lado 3	$A = \frac{1}{2}bh$
Círculo radio r	$C = 2\pi r$	$A = \pi r^2$

Área total y volumen

	Área total Unidades cuadradas	**Volumen** Unidades cúbicas
Cubo lado a	$SA = 6a^2$	$V = a^3$
Cilindro radio r altura h	$SA = 2\pi rh + 2\pi r^2$	$V = \pi r^2 h$
Esfera radio r	$SA = 4\pi r^2$	$V = \frac{4}{3}\pi r^3$

Relacionar Matemáticas y Física Busca formas geométricas en tus problemas de Física. Pueden tener la forma de objetos o de espacios. Por ejemplo, a veces los vectores tienen formas bidimensionales.

Área debajo de una gráfica

Para calcular el área aproximada bajo una gráfica, recorta el área en secciones más pequeñas y halla el área de cada sección con las fórmulas que se describen arriba. Para aproximar el área bajo una recta, recorta el área en un rectángulo y un triángulo, como se muestra abajo a la izquierda.

Para aproximar el área bajo una curva, dibuja varios rectángulos desde el eje de las x hasta la curva, como se muestra abajo a la derecha. Usar más rectángulos con una base más pequeña brindará una aproximación más cercana del área.

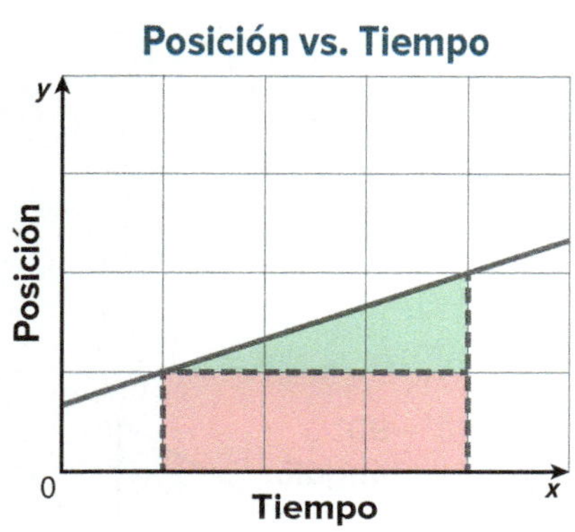

Área total = Área del rectángulo + Área del triángulo

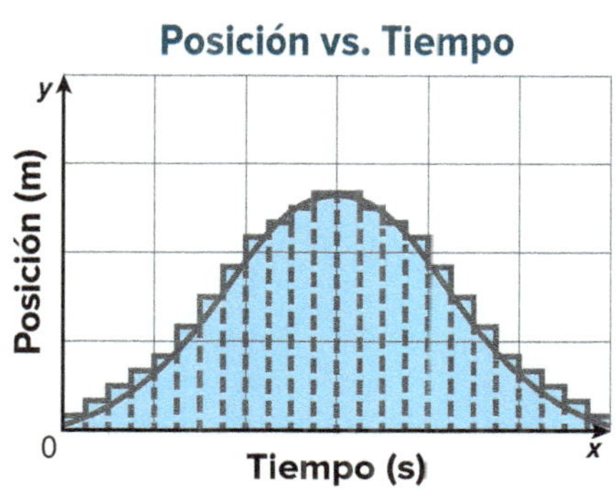

Área total = Área 1 + Área 2 + Área 3 + ...

Triángulos rectángulos

El teorema de Pitágoras dice que si a y b son las medidas de los catetos de un triángulo rectángulo y c es la medida de la hipotenusa, entonces

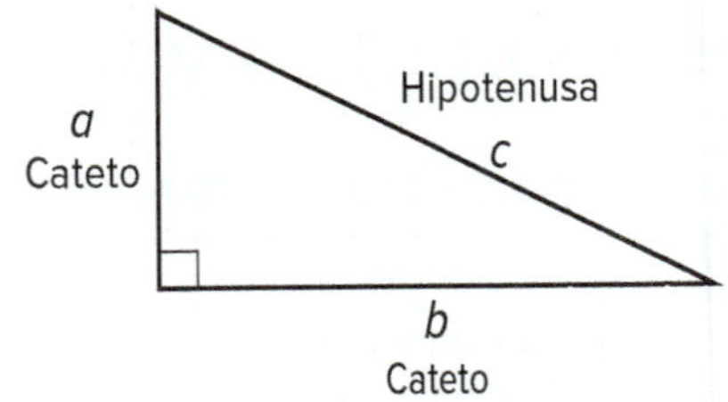

$$c^2 = a^2 + b^2.$$

Para determinar la longitud de la hipotenusa, usa la propiedad de la raíz cuadrada. Debido a que la distancia es positiva, el valor negativo no tiene sentido.

$$c = \sqrt{a^2 + b^2}$$

Ejemplo: En el triángulo, $a = 4$ cm y $b = 3$ cm. Halla c.

$$\begin{aligned} c &= \sqrt{a^2 + b^2} \\ &= \sqrt{(4 \text{ cm})^2 + (3 \text{ cm})^2} \\ &= \sqrt{16 \text{ cm}^2 + 9 \text{ cm}^2} \\ &= \sqrt{25 \text{ cm}^2} \\ &= 5 \text{ cm} \end{aligned}$$

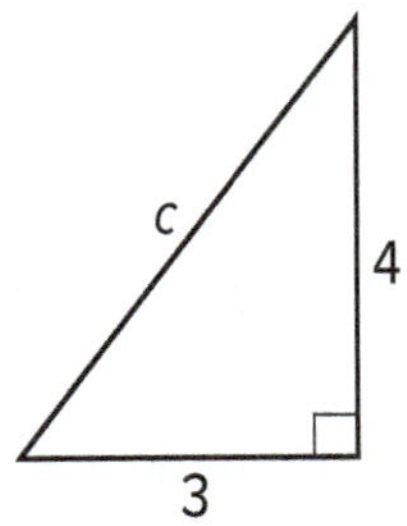

Triángulos de 45° 45° 90° La longitud de la hipotenusa es $\sqrt{2}$ multiplicada por la longitud de un cateto.

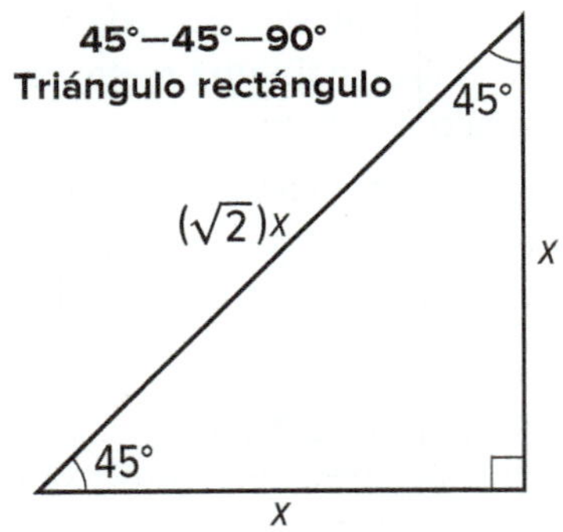

Triángulos 30° 60° 90° La longitud de la hipotenusa es el doble de la longitud del cateto menor. La longitud del cateto mayor es $\sqrt{3}$ veces la longitud del cateto menor.

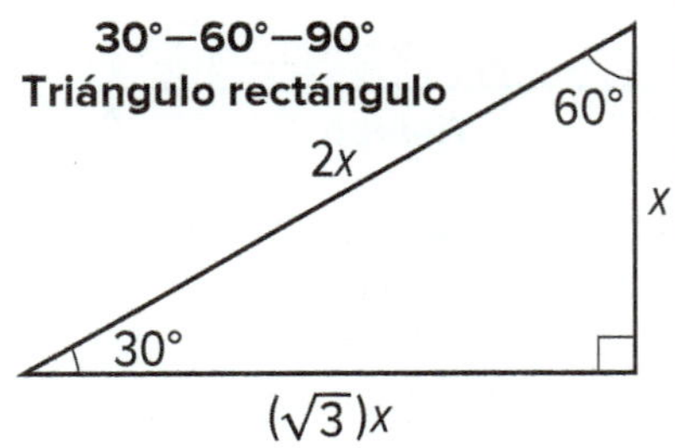

Razones trigonométricas

Una razón trigonométrica es una razón de las longitudes de los lados de un triángulo rectángulo. Las razones trigonométricas comunes son seno, coseno y tangente. Para memorizar estas razones, aprende el acrónimo SOH-CAH-TOA. SOH significa Seno es igual al Opuesto sobre la Hipotenusa. CAH significa Coseno es igual a lado Adyacente sobre la Hipotenusa. TOA significa Tangente es igual al lado Opuesto sobre el Adyacente.

Palabras	Ayuda memoria	Símbolos
El seno es la razón de la longitud del lado opuesto al ángulo sobre la longitud de la hipotenusa.	SOH sen $\theta = \frac{\text{opuesto}}{\text{hipotenusa}}$	sen $\theta = \frac{a}{c}$
El coseno es la razón de la longitud del lado adyacente al ángulo sobre la longitud de la hipotenusa.	CAH cos $\theta = \frac{\text{adyacente}}{\text{hipotenusa}}$	cos $\theta = \frac{b}{c}$
La tangente es la razón de la longitud de lado opuesto al ángulo sobre la longitud del lado adyacente al ángulo.	TOA tan $\theta = \frac{\text{opuesto}}{\text{adyacente}}$	tan $\theta = \frac{a}{b}$

Ejemplo: En el triángulo rectángulo *ABC*, si $a = 3$ cm, $b = 4$ cm, y $c = 5$ cm, halla el seno θ y el coseno θ.

$$\text{seno } \theta = \frac{3 \text{ cm}}{5 \text{ cm}} = 0.6$$

$$\text{coseno } \theta = \frac{4 \text{ cm}}{5 \text{ cm}} = 0.8$$

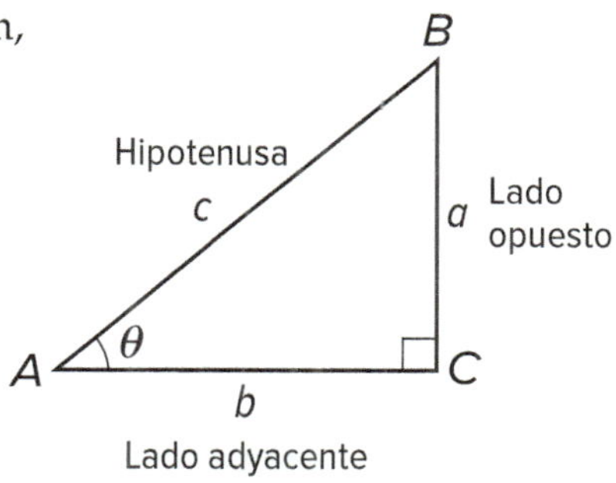

Ejemplo: En el triángulo *ABC*, si $\theta = 30.0°$ y $c = 20.0$ cm, halla *a* y *b*.

$$a = (20.0 \text{ cm})(\text{seno } 30.0°) = 10.0 \text{ cm}$$

$$b = (20.0 \text{ cm})(\text{coseno } 30.0°) = 17.3 \text{ cm}$$

Ley de cosenos y ley de senos

Las leyes de cosenos y senos te permiten calcular los lados y los ángulos de cualquier triángulo.

Ley de cosenos La ley de cosenos es la misma que el teorema de Pitágoras, excepto para el último término. θ es el ángulo opuesto al lado *c*. Si el ángulo θ es 90°, el coseno $\theta = 0$ y el último término es igual a cero. Si θ es mayor que 90°, su coseno es un número negativo.

$$c^2 = a^2 + b^2 - 2ab \text{ coseno } \theta$$

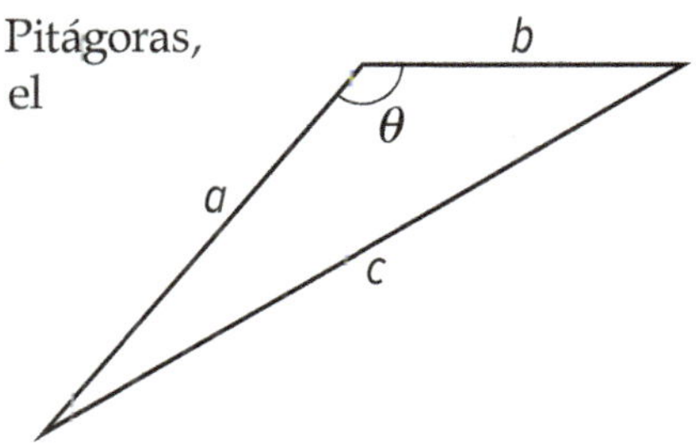

Ejemplo: Halla la longitud del tercer lado de un triángulo con $a = 10.0$ cm, $b = 12.0$ cm, $\theta = 110.0°$.

$$c^2 = a^2 + b^2 - 2ab \cos \theta$$

$$c = \sqrt{a^2 + b^2 - 2ab \cos \theta}$$

$$= \sqrt{(10.0 \text{ cm})^2 + (12.0 \text{ cm})^2 - 2(10.0 \text{ cm})(12.0 \text{ cm})(\cos 110.0°)}$$

$$= \sqrt{1.00\times10^2 \text{ cm}^2 + 144 \text{ cm}^2 - (240.0 \text{ cm}^2)(\cos 110.0°)}$$

$$= 18.1 \text{ cm}$$

Ley de senos La ley de senos es una ecuación de tres razones, en la que a, b y c son los lados opuestos a los ángulos A, B y C, respectivamente. Usas la ley de senos cuando conoces las medidas de dos ángulos y cualquier lado de un triángulo.

$$\frac{\textit{seno } A}{a} = \frac{\textit{seno } B}{b} = \frac{\textit{seno } C}{c}$$

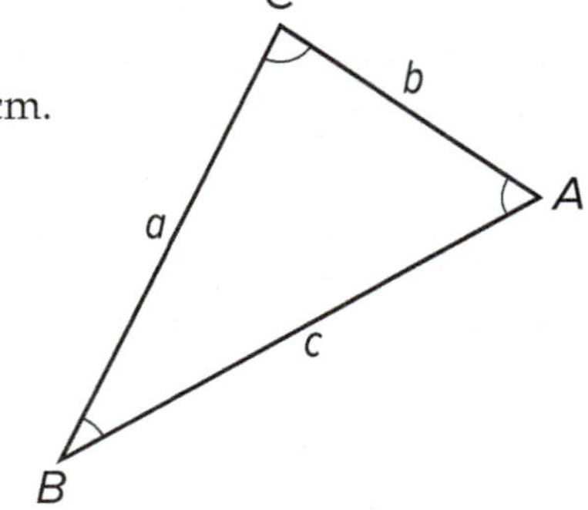

Ejemplo: En el triángulo, $C = 60.0°$, $a = 4.0$ cm, $c = 54.6$ cm. Halla la medida del ángulo A.

$$\frac{\textit{seno } A}{a} = \frac{\textit{seno } C}{c}$$

$$\text{seno } A = \frac{a \textit{ seno } C}{c}$$

$$\text{seno } A = \frac{(4.0 \text{ cm})(\text{seno } 60.0°)}{4.6 \text{ cm}}$$

$$A = 49°$$

Inversos de seno, coseno y tangente

Los inversos de seno, coseno y tangente te permiten hacer el intercambio de las funciones de seno, coseno y tangente y hallar el ángulo. Las funciones trigonométricas y sus inversos son los siguientes:

Función trigonométrica	Inverso
$y = \text{seno } x$	$x = \textit{seno}^{-1}\, y$ o $x = \textit{arco seno } y$
$y = \text{coseno } x$	$x = \textit{coseno}^{-1}\, y$ o $x = \textit{arco coseno } y$
$y = \text{tangente } x$	$x = \textit{tangente}^{-1}\, y$ o $x = \textit{arco tangente } y$

Ejemplo: Resuelve $0.62 = \textit{sen } \theta$ para θ.

$$\theta = \textit{sen}^{-1}\, 0.62 = 38°$$

PRÁCTICA Problemas 20 **PRÁCTICA ADICIONAL**

Resuelve cada una de las siguientes para θ.

a. $0.62 = \cos \theta$

b. $0.13 = \cos \theta$

c. $0.53 = \tan \theta$

d. $0.84 = \text{sen } \theta$

Gráficas de funciones trigonométricas

La función del seno ($y = \text{seno } x$) y la función del coseno ($y = \text{coseno } x$) son funciones periódicas. El período para cada función es 2π. x puede ser cualquier número real. y es un número real entre -1 y 1, inclusive.

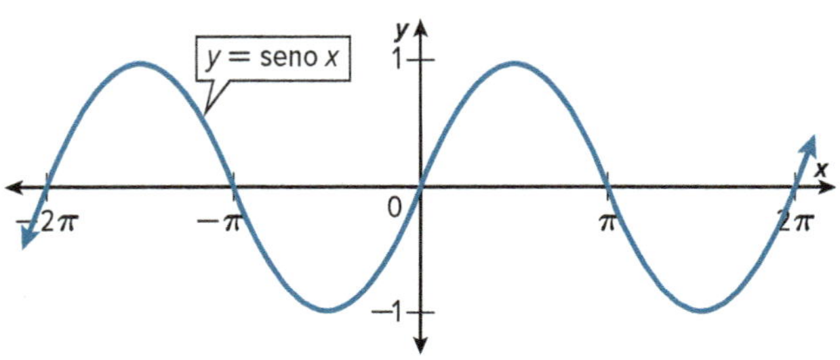

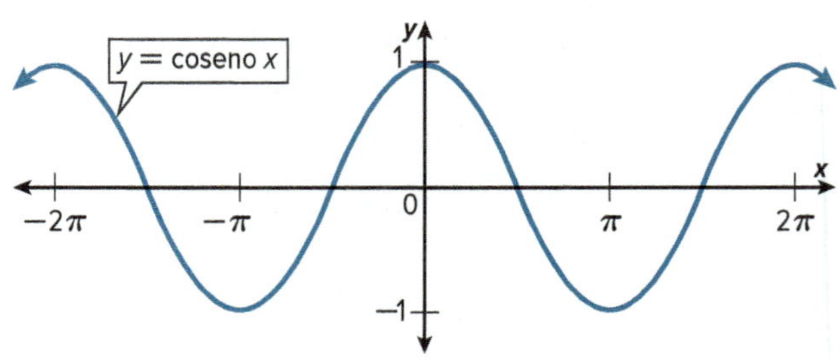

IX. Logaritmos

Logaritmos con Base *b*

Sean b y x números enteros positivos con $b \neq 1$. El logaritmo de x con base b, escrito $\log_b x$, es igual a y, donde y es el exponente que hace la ecuación $b^y = x$ verdadera. El logaritmo de x en base b es el número al que puedes elevar b para obtener x.

$\log_b x = y$ si y solo si $b^y = x$

Ayuda memoria: "el logaritmo es el exponente"

Ejemplos: Calcula los siguientes logaritmos.

$\log_2 \frac{1}{16} = -4$ **Porque $2^{-4} = \frac{1}{16}$**

$\log_{10} 1000 = 3$ **Porque $10^3 = 1000$**

Para hallar el logaritmo de un número, también puedes usar una computadora.

Relacionar Matemáticas y Física Los físicos usan logaritmos para trabajar con mediciones que amplían sobre varias órdenes de magnitud, o potencias de 10. Los geofísicos usan la escala de Richter, una escala logarítmica que les permite clasificar los terremotos de 0 a 7, o más, si bien la potencia de los terremotos difiere en 7 o más potencia de 10.

Logaritmos comunes

Los logaritmos de base 10 se llaman logaritmos comunes. A menudo se escriben sin el subíndice 10.

$$\log_{10} x = \log x \qquad x > 0$$

Antilogaritmos o logaritmos inversos

Un antilogaritmo es el inverso de un logaritmo. Un antilogaritmo es el número que tiene un logaritmo determinado.

Ejemplos: Resuelve $\log x = 4$ para x.

$\log x = 4$

$x = 10^4$ 10^4 es el antilogaritmo de 4.

Relacionar Matemáticas y Física Una ecuación para el ruido (L) en decibeles es $L = 10 \log_{10} R$, donde R es la intensidad relativa del sonido. Calcula R para un espectáculo con fuegos artificiales con un ruido de 130 decibeles.

$130 = 10 \log_{10} R$ **Divide por 10.**

$13 = \log_{10} R$ **Usa la regla de logaritmos.**

$R = 10^{13}$

Cuando conoces el logaritmo de un número y quieres saber el número mismo, usa una calculadora para hallar el antilogaritmo.

PRÁCTICA Problemas PRÁCTICA ADICIONAL

21. Escribe lo siguiente en forma exponencial: $\log_3 81 = 4$

22. Escribe lo siguiente en forma logarítmica: $10^{-3} = 0.001$

23. Halla x. $\log x = 3.125$

Convenciones de color

Vector de desplazamiento (***x***)	Carga negativa −
Vector de velocidad (***v***)	Carga positiva +
Vector de aceleración (***a***)	Dirección de la corriente
Vector de fuerza (***F***)	Electrón
Vector del momento (***p***)	Protón
Rayo de luz	Neutrón
Objeto	Ejes de coordenadas
Imagen	
Línea de campo eléctrico (***E***)	
Línea de campo magnético (***B***)	

Símbolos del circuito eléctrico

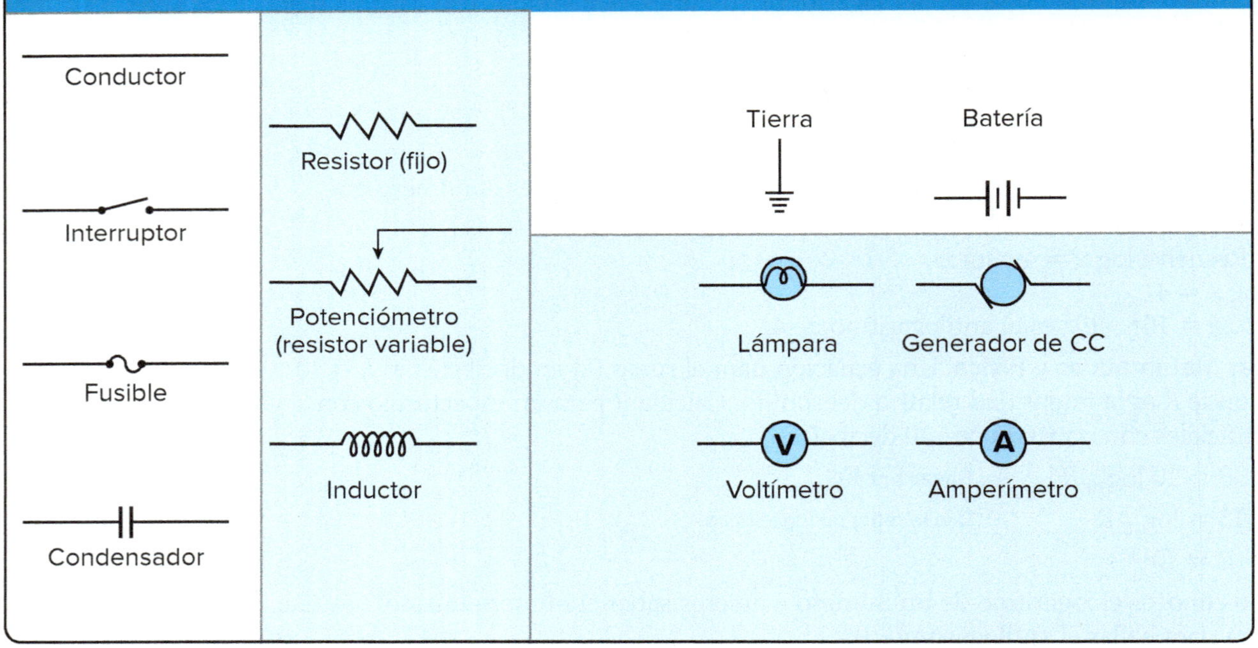

Unidades base SI		
Cantidad base	**Unidad**	**Símbolo**
Longitud	metro	m
Masa	kilogramo	kg
Tiempo	segundo	s
Temperatura	kelvin	K
Cantidad de una sustancia	mol	mol
Corriente eléctrica	amperio	A
Intensidad lumínica	candela	cd

Unidades derivadas SI				
Cantidad	**Unidad**	**Símbolo**	**Expresada en unidades base**	**Expresada en otras unidades SI**
Aceleración	metros por segundo al cuadrado	m/s^2	m/s^2	
Área	metros al cuadrado	m^2	m^2	
Capacitancia	faradio	F	$A^2 \cdot s^4/(kg \cdot m^2)$	
Densidad	kilo por metro cúbico	kg/m^3	kg/m^3	
Carga eléctrica	coulomb	C	A·s	
Campo eléctrico	newtons por coulomb	N/C	$kg \cdot m/(A \cdot s^3)$	V/m
Resistencia eléctrica	ohmio	Ω	$kg \cdot m^2/(A^2 \cdot s^3)$	V/A
Energía, trabajo	julio	J	$kg \cdot m^2/s^2$	N·m
Fuerza	newton	N	$kg \cdot m/s^2$	
Frecuencia	hertz	Hz	s^{-1}	
Iluminancia	lux	lx	cd/m^2	
Campo magnético	tesla	T	$kg/(A \cdot s^2)$	N·s/(C·m)
Diferencia de potencial, *FEM*	voltio	V	$kg \cdot m^2/(A \cdot s^3)$	W/A o J/C
Potencia	vatio	W	$kg \cdot m^2/s^3$	J/s
Presión	pascal	Pa	$(kg/m)s^2$	N/m^2
Velocidad	metros por segundo	m/s	m/s	
Volumen	metros al cubo	m^3	m^3	

Conversiones útiles			
1 pulg = 2.54 cm	1 kg = 6.02×10^{26} u	1 lb = 4.45 N	1 cal = 4.184 J
1 mi = 1.61 km	1 oz = 28.4 g	1 atm = 14.7 lb/in^2	1 eV = 1.60×10^{-19} J
1 mi^2 = 640 acres	1 kg = 2.21 lb	1 atm = 1.01×10^5 N/m^2	1 kWh = 3.60 MJ
1 gal = 3.79 L	1 m^3 = 264 gal	1 atm = 101 kPa	1 mol = 6.02×10^{23} partículas

TABLAS DE REFERENCIA

Constantes físicas			
Cantidad	**Símbolo**	**Valor**	**Valor aproximado**
Unidad de masa atómica	u	$1.660538782 \times 10^{-27}$ kg	1.66×10^{-27} kg
Número de Avogadro	N_A	$6.02214179 \times 10^{23}$ mol^{-1}	6.022×10^{23} mol^{-1}
Constante de Boltzmann	k	$1.3806504 \times 10^{-23}$ $Pa \cdot m^3/K$	1.38×10^{-23} $Pa \cdot m^3/K$
Constante de Coulomb	K	$8.987551788 \times 10^{9}$ $N \cdot m^2/C^2$	9.0×10^{9} $N \cdot m^2/C^2$
Carga elemental	e	$1.60217653 \times 10^{-19}$ C	1.602×10^{-19} C
Constante de los gases ideales	R	8.314472 $Pa \cdot m^3/mol \cdot K$	8.31 $Pa \cdot m^3/mol \cdot K$
Constante gravitatoria	G	6.67428×10^{-11} $N \cdot m^2/kg^2$	6.67×10^{-11} $N \cdot m^2/kg^2$
Masa de un electrón	m_e	$9.10938215 \times 10^{-31}$ kg	9.11×10^{-31} kg
Masa de un protón	m_p	$1.672621637 \times 10^{-27}$ kg	1.67×10^{-27} kg
Masa de un neutrón	m_n	$1.674927211 \times 10^{-27}$ kg	1.67×10^{-27} kg
Constante de Planck	h	$6.62606896 \times 10^{-34}$ $J \cdot s$	6.63×10^{-34} $J \cdot s$
Velocidad de la luz en el vacío	c	2.99792458×10^{8} m/s	3.00×10^{8} m/s

Prefijos utilizados con unidades SI		
Prefijo	**Símbolo**	**Notación científica**
femto	f	10^{-15}
pico	p	10^{-12}
nano	n	10^{-9}
micro	μ	10^{-6}
mili	m	10^{-3}
centi	c	10^{-2}
deci	d	10^{-1}
deca	da	10^{1}
hecto	h	10^{2}
kilo	k	10^{3}
mega	M	10^{6}
giga	G	10^{9}
tera	T	10^{12}
peta	P	10^{15}

Momentos de inercia de distintos objetos			
Objeto	**Ubicación del eje**	**Diagrama**	**Momento de inercia**
Aro delgado de radio *r*	a través de un diámetro central	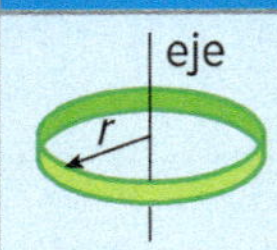	mr^2
Cilindro sólido y uniforme de radio *r*	a través del centro	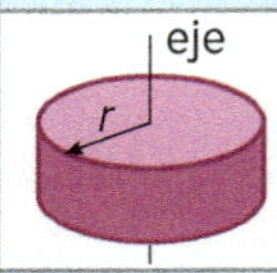	$\frac{1}{2}mr^2$
Esfera uniforme de radio *r*	a través del centro	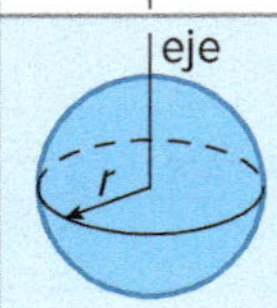	$\frac{2}{5}mr^2$
Vara larga y uniforme de longitud *l*	a través del centro	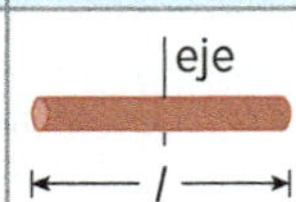	$\frac{1}{12}ml^2$
Vara larga y uniforme de longitud *l*	a través del extremo	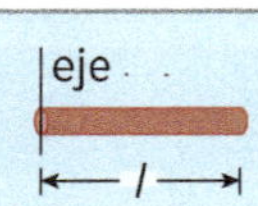	$\frac{1}{3}ml^2$
Placa rectangular y delgada de longitud *l* y ancho *w*	a través del centro	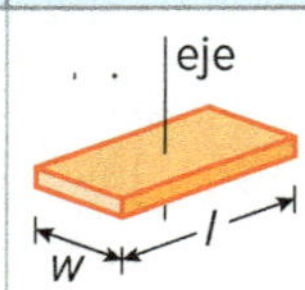	$\frac{1}{12}m(l^2 + w^2)$

Densidad de sustancias comunes	
Sustancia	Densidad (g/cm^3)
Aluminio	2.70
Cadmio	8.65
Cobre	8.92
Germanio	5.32
Oro	19.32
Hidrógeno	8.99×10^{-5}
Indio	7.31
Hierro	7.87
Plomo	11.34
Mercurio	13.534
Oxígeno	1.429×10^{-3}
Silicio	2.33
Plata	10.5
Agua (4 °C)	1.000
Zinc	7.14

Punto de fusión y de ebullición de algunas sustancias		
Sustancia	Punto de fusión (°C)	Punto de ebullición (°C)
Aluminio	660.32	2519
Cobre	1084.62	2562
Germanio	938.25	2833
Oro	1064.18	2856
Indio	156.60	2072
Hierro	1538	2861
Plomo	327.5	1749
Silicio	1414	3265
Plata	961.78	2162
Agua	0.000	100.000
Zinc	419.53	907

Calor específico			
Material	Calor específico, *C*[J/(kg·K)]	Material	Calor específico, *C*[J/(kg·K)]
Aluminio	897	Plomo	130
Latón	376	Metanol	2450
Carbón	710	Plata	235
Cobre	385	Agua	4180
Vidrio	840	Vapor de agua	2020
Hielo	2060	Zinc	388

Calor de fusión y de vaporización de sustancias comunes		
Material	Calor de fusión, H_f (J/kg)	Calor de vaporización, H_v (J/kg)
Cobre	2.05×10^5	5.07×10^6
Oro	6.30×10^4	1.64×10^6
Hierro	2.66×10^5	6.29×10^6
Plomo	2.04×10^4	8.64×10^5
Mercurio	1.15×10^4	2.72×10^5
Metanol	1.09×10^5	8.78×10^5
Plata	1.04×10^5	2.36×10^6
Agua (sólida)	3.34×10^5	2.26×10^6

Coeficientes de expansión térmica a 20 °C		
Material	**Coeficiente de expansión lineal α (°C^{-1})**	**Coeficiente de dilatación β (°C^{-1})**
Sólidos		
Aluminio	23×10^{-6}	69×10^{-6}
Latón	19×10^{-6}	57×10^{-6}
Concreto	12×10^{-6}	36×10^{-6}
Cobre	17×10^{-6}	51×10^{-6}
Vidrio	9×10^{-6}	27×10^{-6}
Vidrio para horno	3×10^{-6}	9×10^{-6}
Hierro, acero	12×10^{-6}	35×10^{-6}
Platino	9×10^{-6}	27×10^{-6}
Líquidos		
Gasolina		950×10^{-6}
Mercurio		180×10^{-6}
Metanol		1200×10^{-6}
Agua		210×10^{-6}
Gases		
Aire (y la mayoría de los gases)		3400×10^{-6}

Longitudes de onda de la luz visible	
Color	**Longitud de onda, λ (nm)**
Morado	380–430
Índigo	430–450
Azul	450–500
Cian	500–520
Verde	520–565
Amarillo	565–590
Naranja	590–625
Rojo	625–740

Velocidad del sonido en distintos medios	
Medio (0 °C)	**Velocidad (m/s)**
Aire (0 °C)	331
Aire (20 °C)	343
Helio (0 °C)	972
Hidrógeno (27 °C)	1310
Agua (25 °C)	1497
Agua de mar (25 °C)	1533
Goma	1600
Cobre (25 °C)	3560
Hierro (25 °C)	5130
Vidrio para horno	5640
Diamante	12,000

Constantes dieléctricas, *k* (20 °C)	
Vacío	1.0000
Aire (1 atm)	1.00059
Neón (1 atm)	1.00013
Vidrio	4–7
Cuarzo	4.3
Cuarzo fundido	3.75
Agua	80

Datos del Sistema Solar								
	Mercurio	Venus	Tierra	Marte	Júpiter	Saturno	Urano	Neptuno
Masa (kg $\times 10^{24}$)	0.330	4.87	5.97	0.642	1899	569	86.8	102
Radio medio (m $\times 10^{6}$)	2.44	6.05	6.38	3.40	71.5	60.3	25.6	24.8
Densidad (kg/m^3)	5427	5243	5515	3933	1326	687	1270	1638
Albedo	0.068	0.90	0.306	0.250	0.343	0.342	0.300	0.290
Distancia media del Sol (m $\times 10^{9}$)	57.91	108.2	149.6	227.9	778.4	1433.5	2872.5	4498.2
Período orbital (Días terrestres)	88.0	224.7	365.2	687.0	4332	10,759	30,685	60,189
Inclinación orbital (grados)	7.0	3.4	0.0	1.9	1.3	2.5	0.8	1.8
Excentricidad orbital	0.205	0.007	0.017	0.094	0.049	0.057	0.046	0.011
Período de rotación (h)	1407.6	5832.5^R	23.9	24.6	9.9	10.7	17.2^R	16.1
Oblicuidad de la eclíptica (grados)	0.03	177.4	23.4	25.2	3.1	26.7	97.8	28.3
Temperatura media de la superficie (K)	440	737	288	210	163	133	78	73
Fuerza del campo gravitatorio en la superficie (N/kg)	3.7	8.9	9.8	3.7	20.9	10.4	8.4	10.7

R indica movimiento retrógrado.

La Luna	
Masa	0.073×10^{24} kg
Radio	1738 km
Densidad media	3340 kg/m^3
Albedo	0.11
Distancia media a la Tierra	384×10^{3} km
Período orbital	27.3 días terrestres
Período sinódico (lunar)	29.53 días terrestres
Inclinación orbital	5.1°
Excentricidad orbital	0.055
Período de rotación	655.7 h
Fuerza del campo gravitatorio en la superficie	1.6 N/kg

El Sol	
Masa	1.99×10^{30} kg
Radio	6.96×10^{8} m
Densidad	1408 kg/m^3
Magnitud absoluta	+4.83
Luminosidad	3.846×10^{26} J/s
Tipo espectral	G2 V
Período de rotación (ecuatorial)	609.12 h
Producción energética	0.1937×10^{-3} J/kg
Temperatura media de la superficie	5778 K

TABLA PERIÓDICA DE LOS ELEMENTOS

Número atómico: 1 — Símbolo: H — Elemento: Hidrógeno — Masa atómica: 1.008

- Metal
- Metaloide
- No metal
- ⊙ Sintético

	1	2	3	4	5	6	7	8	9	10	11	12	13	14	15	16	17	18
1	1 H Hidrógeno 1.008																	2 He Helio 4.003
2	3 Li Litio 6.941	4 Be Berilio 9.012											5 B Boro 10.811	6 C Carbono 12.011	7 N Nitrógeno 14.007	8 O Oxígeno 15.999	9 F Flúor 18.998	10 Ne Neón 20.180
3	11 Na Sodio 22.990	12 Mg Magnesio 24.305											13 Al Aluminio 26.982	14 Si Silicio 28.086	15 P Fósforo 30.974	16 S Azufre 32.066	17 Cl Cloro 35.453	18 Ar Argón 39.948
4	19 K Potasio 39.098	20 Ca Calcio 40.078	21 Sc Escandio 44.956	22 Ti Titanio 47.867	23 V Vanadio 50.942	24 Cr Cromo 51.996	25 Mn Manganeso 54.938	26 Fe Hierro 55.847	27 Co Cobalto 58.933	28 Ni Níquel 58.693	29 Cu Cobre 63.546	30 Zn Zinc 65.39	31 Ga Galio 69.723	32 Ge Germanio 72.61	33 As Arsénico 74.922	34 Se Selenio 78.971	35 Br Bromo 79.904	36 Kr Kriptón 83.80
5	37 Rb Rubidio 85.468	38 Sr Estroncio 87.62	39 Y Itrio 88.906	40 Zr Zirconio 91.224	41 Nb Niobio 92.906	42 Mo Molibdeno 95.95	43 Tc Tecnecio (98) ⊙	44 Ru Rutenio 101.07	45 Rh Rodio 102.906	46 Pd Paladio 106.42	47 Ag Plata 107.868	48 Cd Cadmio 112.411	49 In Indio 114.82	50 Sn Estaño 118.710	51 Sb Antimonio 121.757	52 Te Telurio 127.60	53 I Yodo 126.904	54 Xe Xenón 131.290
6	55 Cs Cesio 132.905	56 Ba Bario 137.327	57 La Lantano 138.905	72 Hf Hafnio 178.49	73 Ta Tantalio 180.948	74 W Wolframio 183.84	75 Re Renio 186.207	76 Os Osmio 190.23	77 Ir Iridio 192.217	78 Pt Platino 195.08	79 Au Oro 196.967	80 Hg Mercurio 200.59	81 Tl Talio 204.383	82 Pb Plomo 207.2	83 Bi Bismuto 208.980	84 Po Polonio 208.982	85 At Astato 209.987	86 Rn Radón 222.018
7	87 Fr Francio (223)	88 Ra Radio (226)	89 Ac Actinio (227)	104 Rf Rutherfordio * (267) ⊙	105 Db Dubnio * (270) ⊙	106 Sg Seaborgio * (269) ⊙	107 Bh Bohrio * (270) ⊙	108 Hs Hassio * (277) ⊙	109 Mt Meitnerio * (278) ⊙	110 Ds Darmstatio * (281) ⊙	111 Rg Roentgenio * (281) ⊙	112 Cn Copernicio * (285) ⊙	113 Nh Nihonio * (286) ⊙	114 Fl Flerovio * (289) ⊙	115 Mc Moscovio * (289) ⊙	116 Lv Livermorio * (293) ⊙	117 Ts Teneso * (294) ⊙	118 Og Oganesón * (294) ⊙

El número en paréntesis es el número másico del isótopo más longevo de ese elemento.

*Las propiedades se predicen.

Lantánidos	58 Ce Cerio 140.115	59 Pr Praseodimio 140.908	60 Nd Neodimio 144.242	61 Pm Prometio (145) ⊙	62 Sm Samario 150.36	63 Eu Europio 151.965	64 Gd Gadolinio 157.25	65 Tb Terbio 158.925	66 Dy Disprosio 162.50	67 Ho Holmio 164.930	68 Er Erbio 167.259	69 Tm Tulio 168.934	70 Yb Iterbio 173.04	71 Lu Lutecio 174.967
Actínidos	90 Th Torio 232.038	91 Pa Protactinio 231.036	92 U Uranio 238.029	93 Np Neptuno (237) ⊙	94 Pu Plutonio (244) ⊙	95 Am Americio (243) ⊙	96 Cm Curio (247) ⊙	97 Bk Berkelio (247) ⊙	98 Cf Californio (251) ⊙	99 Es Einstenio * (252) ⊙	100 Fm Fermio * (257) ⊙	101 Md Mendelevio * (258) ⊙	102 No Nobelio * (259) ⊙	103 Lr Laurencio * (262) ⊙

Los elementos							
Elemento	**Símbolo**	**Número atómico**	**Masa atómica**	**Elemento**	**Símbolo**	**Número atómico**	**Masa atómica**
Actinio	Ac	89	(227)	Livermorio	Lv	116	(291)
Aluminio	Al	13	26.982	Lutecio	Lu	71	174.967
Americio	Am	95	(243)	Magnesio	Mg	12	24.305
Antimonio	Sb	51	121.760	Manganeso	Mn	25	54.938
Argón	Ar	18	39.948	Meitnerio	Mt	109	(276)
Arsénico	As	33	74.922	Mendelevio	Md	101	(258)
Astato	At	85	(210)	Mercurio	Hg	80	200.59
Azufre	S	16	32.065	Molibdeno	Mo	42	95.96
Bario	Ba	56	137.327	Moscovio	Mc	115	(288)
Berilio	Be	4	9.012	Neodimio	Nd	60	144.24
Berkelio	Bk	97	(247)	Neón	Ne	10	20.180
Bismuto	Bi	83	208.980	Neptunio	Np	93	(237)
Bohrio	Bh	107	(272)	Nihonio	Nh	113	(284)
Boro	B	5	10.811	Niobio	Nb	41	92.906
Bromo	Br	35	79.904	Níquel	Ni	28	58.693
Cadmio	Cd	48	112.411	Nitrógeno	N	7	14.007
Calcio	Ca	20	40.078	Nobelio	No	102	(259)
Californio	Cf	98	(251)	Oganesón	Og	118	(294)
Carbono	C	6	12.011	Oro	Au	79	196.967
Cerio	Ce	58	140.116	Osmio	Os	76	190.23
Cesio	Cs	55	132.905	Oxígeno	O	8	15.999
Circonio	Zr	40	91.224	Paladio	Pd	46	106.42
Cloro	Cl	17	35.453	Plata	Ag	47	107.868
Cobalto	Co	27	58.933	Platino	Pt	78	195.078
Cobre	Cu	29	63.546	Plomo	Pb	82	207.2
Copernicio	Cn	112	(285)	Plutonio	Pu	94	(244)
Criptón	Kr	36	83.798	Polonio	Po	84	(209)
Cromo	Cr	24	51.996	Potasio	K	19	39.098
Curio	Cm	96	(247)	Praseodimio	Pr	59	140.908
Darmstatio	Ds	110	(281)	Prometio	Pm	61	(145)
Disprosio	Dy	66	162.500	Protactinio	Pa	91	231.036
Dubnio	Db	105	(262)	Radio	Ra	88	(226)
Einstenio	Es	99	(252)	Radón	Rn	86	(222)
Erbio	Er	68	167.259	Renio	Re	75	186.207
Escandio	Sc	21	44.956	Rodio	Rh	45	102.906
Estaño	Sn	50	118.710	Roentgenio	Rg	111	(280)
Estroncio	Sr	38	87.62	Rubidio	Rb	37	85.468
Europio	Eu	63	151.964	Rutenio	Ru	44	101.07
Fermio	Fm	100	(257)	Rutherfordio	Rf	104	(265)
Flerovio	Fl	114	(289)	Samario	Sm	62	150.36
Flúor	F	9	18.998	Seaborgio	Sg	106	(271)
Fósforo	P	15	30.974	Selenio	Se	34	78.96
Francio	Fr	87	(223)	Silicio	Si	14	28.086
Gadolinio	Gd	64	157.25	Sodio	Na	11	22.990
Galio	Ga	31	69.723	Talio	Tl	81	204.383
Germanio	Ge	32	72.63	Tántalo	Ta	73	180.948
Hafnio	Hf	72	178.49	Tecnecio	Tc	43	(98)
Hasio	Hs	108	(270)	Telurio	Te	52	127.60
Helio	He	2	4.003	Teneso	Ts	117	(294)
Hidrógeno	H	1	1.008	Terbio	Tb	65	158.925
Hierro	Fe	26	55.847	Titanio	Ti	22	47.867
Holmio	Ho	67	164.930	Torio	Th	90	232.038
Indio	In	49	114.81	Tulio	Tm	69	168.934
Iridio	Ir	77	192.217	Tungsteno	W	74	183.84
Iterbio	Yb	70	173.04	Uranio	U	92	238.029
Itrio	Y	39	88.906	Vanadio	V	23	50.942
Lantano	La	57	138.906	Xenón	Xe	54	131.293
Laurencio	Lr	103	(262)	Yodo	I	53	126.904
Litio	Li	3	6.941	Zinc	Zn	30	65.38

TABLAS DE REFERENCIA

Símbolos	Peligro	Ejemplos	Precaución	Asistencia
Desechos	Debes seguir procedimientos especiales de eliminación de residuos.	ciertas sustancias químicas, seres vivos	No deseches estos materiales en el lavamanos ni en el cesto de la basura.	Desecha los residuos según lo que te indique tu maestro.
Biológico	Organismos u otros materiales biológicos perjudiciales para los seres humanos.	bacterias, hongos, sangre, tejidos no preservados, materiales vegetales	Evita que tu piel entre en contacto con estos materiales. Usa máscara o guantes.	Notifica a tu maestro si piensas que tocaste estos materiales. Lávate bien las manos.
Temperatura extrema	Objetos que queman la piel por estar muy calientes o muy fríos.	líquidos en ebullición, placas calientes, hielo seco, nitrógeno líquido	Usa protección adecuada cuando manipules estos objetos.	Pide a tu maestro que te brinde primeros auxilios.
Objeto cortante	Uso de herramientas u objetos de vidrio que pueden pinchar o cortar.	hojas de afeitar, alfileres, escalpelos, herramientas con filo, sondas de disección, vidrios rotos	Compórtate con sentido común y sigue las instrucciones para usar las herramientas.	Pide a tu maestro que te brinde primeros auxilios.
Gas	Posible peligro para el tracto respiratorio debido a gases.	amoníaco, acetona, quitaesmalte, azufre caliente, naftalina	Asegúrate de que la ventilación sea adecuada. No inhales gases. Usa una máscara.	Vete del lugar afectado y notifica a tu maestro de inmediato.
Electricidad	Peligro de electrocución o quemadura.	conexión a tierra inadecuada, derrames, cortocircuitos, cables expuestos	Verifica las instalaciones con tu maestro. Controlen el estado de cables y aparatos.	No intentes arreglar los problemas eléctricos. Notifica a tu maestro de inmediato.
Irritante	Sustancias que puedan irritar la piel o la membrana mucosa del sistema respiratorio.	polen, naftalina, lana de acero, fibra de vidrio, permanganato de potasio	Usa máscara para polvo y guantes. Ten mucho cuidado al manipular estos materiales.	Pide a tu maestro que te brinde primeros auxilios.
Químico	Las sustancias químicas pueden reaccionar con los tejidos y otros materiales y destruirlos.	lejías como peróxido de hidrógeno; ácidos: ácido sulfúrico o clorhídrico; bases como amoníaco, hidróxido de sodio.	Usa gafas de protección, guantes y delantal.	Enjuaga de inmediato la zona afectada con agua y notifica a tu maestro.
Tóxico	Sustancias que pueden ser tóxicas si se las toca, se las inhala o se las ingiere.	mercurio, muchos compuestos metálicos, yodo, partes de la poinsetia	Sigue las instrucciones de tu maestro.	Lávate bien las manos. Pide a tu maestro para que te brinde primeros auxilios.
Inflamable	Las sustancias inflamables arden por llama abierta, chispa o exposición al calor.	alcohol, queroseno, permanganato de potasio	Evita las llamas abiertas y el calor cuando manipules sustancias químicas inflamables.	Notifica a tu maestro de inmediato. Usa el equipo de seguridad contra incendios.
Llama abierta	Las llamas abiertas pueden provocar incendios.	cabello, tela, papel, materiales sintéticos	Ata el cabello y ropa suelta. Sigue las instrucciones al prender y apagar llamas.	Notifica a tu maestro de inmediato. Usa el equipo de seguridad contra incendios.

Seguridad ocular

Se debe usar protección ocular adecuada en todo momento al observar o realizar actividades científicas.

Protección de la ropa

Este símbolo aparece cuando las sustancias pueden manchar o quemar la ropa.

Radioactividad

Este símbolo aparece cuando se utilizan materiales radioactivos.

Lavado de manos

Después del laboratorio, lávate las manos con agua y jabón antes de quitarte las gafas.

GLOSARIO

GLOSARIO MULTILINGÜE

El glosario multilingüe de ciencias incluye los siguientes lenguajes: árabe, bengalí, chino, inglés, criollo haitiano, hmong, coreano, portugués, ruso, español, tagalo, urdu y vietnamita.

A

aberración cromática: Un defecto de una lente en el que la luz que la atraviesa se dispersa, causando que el objeto visto parezca rodeado de color.

aberración esférica: Defecto en la imagen de un espejo o lente esférico que no permite que los rayos paralelos de luz alejados del eje principal converjan en el punto focal, produciendo una imagen borrosa y poco nítida.

aceleración angular: Cambio que experimenta la velocidad angular necesaria para hacer un cambio por unidad de tiempo; se mide en rad/s^2.

aceleración centrípeta: La aceleración de un objeto que se mueve circularmente a una rapidez constante en búsqueda del centro del eje.

aceleración de caída libre: La aceleración de un objeto producida únicamente por el efecto de la gravedad.

aceleración instantánea: El cambio en la velocidad de un objeto en un instante específico.

aceleración promedio: El cambio en la velocidad de un objeto durante un intervalo de tiempo mensurable dividido entre el mismo intervalo de tiempo; se mide en m/s^2.

aceleración: La tasa que expresa la variación de la velocidad de un objeto.

actividad: El número de desintegraciones por segundo emitidas por una sustancia radiactiva.

agotamiento de la capa: La región alrededor de un diodo de unión *pn,* donde no hay portadores de carga y la electricidad es conducida débilmente.

aislante: Un material a través del cual una carga no se mueve con facilidad, por ejemplo, el vidrio.

amperios: Un flujo de carga o de corriente eléctrica, igual a un coulomb de carga por segundo (1 C/s).

amplitud: En un movimiento periódico, es la distancia máxima que se desplaza un objeto desde su posición de equilibrio.

análisis dimensional: Un método que trata las unidades como cantidades algebraicas que pueden ser canceladas; se puede utilizar para comprobar que la respuesta obtenida esté en las unidades correctas.

ángulo crítico: El ángulo de incidencia a partir del cual un rayo de luz refractado pasa a lo largo de la frontera entre dos medios.

antena: Una estructura que propaga ondas electromagnéticas a través del aire.

antinodo: El punto de máximo de desplazamiento en el encuentro de dos pulsos de onda.

armadura: La bobina de alambre de un motor eléctrico, compuesto de muchos circuitos montados sobre un eje, que rota en un campo magnético; el esfuerzo de torsión en una armadura, y la velocidad resultante del motor, es controlada mediante la variación de corriente a través del motor.

armónicos: Las frecuencias más altas, que son múltiplos de números enteros de la frecuencia fundamental; dota a ciertos instrumentos musicales con su propio y único timbre.

autoinducción: La propiedad de un alambre, recto o en forma de una bobina, de crear una fuerza electromotiva inducida opuesta al cambio en la diferencia potencial a lo largo del alambre.

B

batería: Dispositivo compuesto por varias células galvánicas conectadas entre sí, que convierte la energía química en energía eléctrica.

batimiento: La oscilación de amplitud que resulta de la superposición de dos ondas sonoras con frecuencias ligeramente distintas.

bosón: Una partícula, como un fotón, que no obedece el principio de exclusión de Pauli, así que más de un bosón puede ocupar un idéntico estado cuántico en el mismo lugar al mismo tiempo. Los dos tipos de bosones elementales son bosones de gauge (transportan fuerzas) y bosones escalares.

brazo de palanca: La distancia perpendicular desde el eje de rotación hasta el punto donde la fuerza se ejerce.

C

caída libre: El movimiento de un objeto para el cual la resistencia del aire es insignificante y su movimiento se debe únicamente a la fuerza de gravedad.

calor de fusión: Es la cantidad de energía térmica necesaria para hacer que un kilogramo de una sustancia pase del estado sólido al líquido en su punto de fusión.

calor de vaporización: La cantidad de energía térmica necesaria para hacer que 1 kg de una sustancia pase de estado líquido a gaseoso en su punto de ebullición.

calor específico: La cantidad de energía que debe añadirse a un material para elevar la temperatura de una unidad de masa por una unidad de temperatura; se mide en J/kg·K.

calor: Transferencia de energía térmica que ocurre espontáneamente de un objeto más caliente a un objeto más frío; representado por Q.

campo eléctrico: Una propiedad del espacio alrededor de un objeto cargado que ejerce fuerzas hacia otros objetos cargados.

campo gravitatorio: Magnitud vectorial que relaciona la masa de un objeto con la fuerza gravitatoria experimentada en un lugar determinado; representada por el símbolo g.

campo magnético: El área alrededor de un imán, o cerca de cualquier cable portador de corriente o rollo de alambre, donde existe una fuerza magnética.

capacitancia: La razón entre la magnitud de una carga en un condensador de placas y la diferencia en el potencial eléctrico entre las placas; la pendiente de la recta en la gráfica de una carga neta en relación con la diferencia potencial.

carga elemental: La magnitud de la carga de un electrón, 1.602×10^{-19} C aproximadamente.

carga por conducción: El proceso de cargar un objeto neutro al tocarlo con un objeto cargado.

carga por inducción: Es el proceso de cargar un objeto sin tocarlo, la carga se logra por acercar un objeto cargado al objeto neutro provocando una separación de cargas, posteriormente se separa el objeto que debía cargarse y este captura cargas iguales pero opuestas.

centro de masa: El punto en un objeto que se mueve en la misma forma en la que el punto de una partícula se movería.

choque elástico: Un tipo de colisión en la cual la energía cinética antes y después de la colisión se mantiene igual.

cifras significativas: Todos los dígitos válidos en la medición, indican la precisión de la medición.

circuito eléctrico: Un circuito o pasaje cerrado que permite que las cargas eléctricas fluyan.

circuito en serie: Un tipo de circuito eléctrico en el que solo hay una trayectoria y toda la corriente viaja a través de cada dispositivo; la corriente es la misma en todas partes y es igual a la diferencia de potencial dividida por el equivalente de resistencia.

circuito mixto en serie y paralelo: Un circuito eléctrico complejo que incluye series y ramas paralelas.

circuito paralelo: Un tipo de circuito eléctrico en el que hay varios trayectos de corrientes, y su corriente total es igual a la suma de las corrientes en las ramas individuales. Además, si cualquiera de las ramas se abre, la corriente en las otras ramas se mantiene sin cambios.

coeficiente de dilatación: El cambio del volumen dividido entre el volumen original y el cambio de temperatura; es aproximadamente tres veces el coeficiente de expansión lineal, debido a que los sólidos se amplían en tres direcciones.

coeficiente de expansión lineal: El cambio en la longitud dividida entre la longitud original y el cambio de temperatura.

coeficiente de fricción cinética: La pendiente de la recta en una gráfica de fuerza de fricción cinética-fuerza normal, μ_k. Relaciona la fuerza de fricción con la fuerza normal y es dependiente de las dos superficies en contacto.

coeficiente de fricción estática: Una constante sin dimensión que depende de las dos superficies en contacto. Se utiliza para calcular la fuerza de fricción estática máxima que hay que superar para que comience el movimiento.

GLOSARIO

colisión inelástica: Un tipo de choque en el que la energía cinética después del choque es menor que la energía cinética antes del mismo.

color secundario: Amarillo, cian y magenta, cada uno de los cuales es producido por la combinación de dos colores primarios.

colores complementarios: Dos colores de la luz, que cuando se combinan, producen luz blanca.

colores primarios: Rojo, verde y azul, pueden combinarse para formar luz blanca y mezclarse en parejas para producir los colores secundarios: amarillo, cian y magenta.

componentes: Las proyecciones de un vector paralelo al eje x y al eje y.

condensador: Un dispositivo eléctrico utilizado para almacenar energía eléctrica; se compone de dos conductores separados por un aislante eléctrico.

conducción térmica: La transferencia de energía térmica por la colisión de partículas.

conductor: Un material a través del cual una carga se mueve con facilidad, como el cobre.

conexión a tierra: El proceso de dispersar carga excesiva por tocar un objeto a la tierra u otro cuerpo conductor y grande.

conexión en paralelo: Un tipo de conexión en la que hay dos o más trayectos de corrientes para seguir.

conexión en serie: Tipo de conexión en la que solo existe un trayecto de corriente.

consonancia: Un conjunto de tonos armónicos.

convección: Un tipo de transferencia de energía térmica que se produce debido al movimiento de fluidos en estado líquido o gaseoso y que es causado por diferencias en la temperatura.

corriente convencional: La dirección en la cual se mueve una prueba de carga positiva.

corriente de Eddy (o de Foucault): La corriente generada por un pieza de metal que se mueve a lo largo de un campo magnético variable, produciendo un campo magnético que se opone al movimiento que formó la corriente.

corriente eléctrica: Un flujo de partículas cargadas.

cortocircuito: Un circuito accidental de muy baja resistencia que resulta en una corriente muy grande, sobrecarga los cables y puede arruinar los componentes eléctricos e iniciar incendios.

coulomb: El estándar de la unidad de SI de carga; un coulomb (C) es la magnitud de la carga de $6{,}24 \times 10^{18}$ electrones o protones.

cresta: El punto más alto de una onda transversal.

criterio de Rayleigh: Establece que, si el punto central brillante de una imagen está en el primer anillo de oscuridad de otra, las imágenes estarán en el límite de la resolución.

cuantizada: La propiedad de la energía que existe en paquetes con cantidades específicas.

D

decibelios: La unidad de medida del nivel de sonido más utilizado, también describe el poder y la intensidad de las ondas sonoras.

defecto de masa: La diferencia entre la suma de las masas de los nucleones individuales y la masa del núcleo montado.

depresión: El punto bajo de una onda transversal.

desintegración alfa: El proceso de desintegración radiactiva donde un núcleo emite una partícula alfa (α).

desintegración beta: El proceso de desintegración radiactiva en la que un neutrón se transforma en un protón o un protón se transforma en un neutrón en el núcleo; resulta en la emisión de una partícula beta (β) y un neutrino o un antineutrino.

desintegración gamma: El proceso de desintegración radiactiva en el cual hay una redistribución de energía dentro del núcleo, sin ocurrir ningún cambio de masa atómica o de carga eléctrica, y emite un rayo gamma.

desplazamiento angular: El cambio de ángulo hecho por un objeto en rotación.

desplazamiento: Un variación de magnitud y dirección en la posición de un objeto; es igual a la posición final menos la posición inicial.

diagrama de cuerpo libre: Un modelo físico que representa las fuerzas que actúan en un sistema.

diagrama de movimiento: Una serie de imágenes que muestran las posiciones de un objeto en movimiento tomadas en períodos iguales de tiempo.

dieléctrica: Un mal conductor de corriente eléctrica cuyas cargas eléctricas se alinean parcialmente con un campo eléctrico.

diferencia de potencial eléctrico: El trabajo realizado para mover una carga de prueba positiva de un punto a otro, dividido por la magnitud de la carga de prueba; también conocido como la diferencia potencial.

difracción: La curvatura de la luz alrededor de una barrera.

diodo: El dispositivo semiconductor más simple, que permite el paso de cargas en una única dirección y consiste en un sándwich de semiconductores tipo p y tipo n.

disonancia: Una serie de tonos desagradable y chocante.

dispersión: La separación de la luz blanca en un espectro de colores, por medio de un prisma de vidrio o de gotas de agua en la atmósfera.

distancia focal: La distancia entre el punto focal y el espejo o la lente.

distancia: La longitud total de la trayectoria de un objeto, aun si el objeto se moviera en muchas direcciones.

disyuntor: Un interruptor automático que se abre si la corriente a través de un circuito eléctrico excede el valor de umbral.

divisor de tensión: Un circuito en serie que se utiliza para producir una fuente de diferencia de una magnitud deseada por potencial de una batería con una diferencia potencial mayor; a menudo se usa con sensores como fotoresistores.

dominio: Un grupo muy pequeño, generalmente 10-1000 μm de un lado, que se forma cuando los campos magnéticos de los electrones en un grupo de átomos vecinos se alinean en una misma dirección.

dopantes: Material con átomos que son receptores o electrones donantes que se agregan en concentraciones bajas a semiconductores intrínsecos para aumentar su conductividad creando ya sea electrones adicionales o huecos.

E

ecuación de la lente delgada: Establece que la inversa de la distancia focal de una lente esférica es igual a la suma de las inversas de la posición de la imagen y la posición del objeto.

efecto Compton: El cambio en la energía de fotones dispersos.

efecto Doppler: El cambio en la frecuencia del sonido o de la lux causado ya sea por el movimiento de la fuente, por el detector, o bien por ambos el detector y la fuente.

efecto fotoeléctrico: Consiste en la emisión de electrones de ciertos metales que ocurre cuando están expuestos a la radiación electromagnética.

eficiencia: La relación entre la energía de salida y energía de entrada.

eje principal: Una línea recta perpendicular a la superficie de un espejo o una lente que divide el espejo o la lente por la mitad.

electroimán: Un imán cuyo campo magnético es producido por una corriente eléctrica.

electroscopio: Instrumento que permite determinar las cargas eléctricas, consiste en una perilla metálica conectada por una varilla metálica a dos laminillas de metal.

electrostática: El estudio de cargas eléctricas que pueden ser recogidas y almacenadas en un lugar.

emisión estimulada: Proceso que ocurre cuando un átomo excitado recibe un estímulo de un fotón que tiene energía igual a la diferencia de energía entre el estado excitado y el fundamental—el átomo baja al estado fundamental y emite un fotón con energía igual a la diferencia de energía entre los dos estados.

empuje hidrostático: La fuerza vertical ascendente ejercida sobre un objeto que está sumergido en un fluido, debido a un aumento de la presión con un aumento de la profundidad.

energía cinética de rotación: La energía cinética de un sistema debido a su movimiento de rotación es proporcional al momento de inercia del sistema y el cuadrado de su velocidad angular.

energía cinética de traslación: La energía de un sistema causada por un cambio de posición.

energía cinética: La energía de un sistema asociada con su movimiento.

energía de enlace nuclear: La diferencia de energía entre el núcleo ensamblado y los nucleones individuales; es el equivalente energético del defecto de masa y tiene siempre carga negativa.

energía mecánica: La suma de energía cinética y energía potencial de los objetos en un sistema.

energía potencial elástica: La energía almacenada de un objeto debido a un cambio de forma.

energía potencial gravitatoria: La energía almacenada en un sistema resultado de la fuerza gravitatoria entre objetos; se representa por el símbolo *EPG*.

energía térmica: La suma de las energías cinéticas y potenciales de las partículas en un sistema.

energía: La capacidad de un sistema para producir un cambio en sí mismo o en el mundo que le rodea; representado por el símbolo *E*.

entropía: Es la medición de la energía dispersa en un sistema.

equilibrante: La fuerza que coloca un objeto en equilibrio; tiene la misma magnitud que la fuerza resultante, pero en direcciones opuestas.

equilibrio térmico: El estado en el cual las tasas de la transferencia de energía térmica entre dos objetos son iguales y los objetos tienen la misma temperatura.

equilibrio: La condición en la cual la fuerza neta sobre un objeto es cero.

equipotencial: La diferencia del potencial eléctrico de cero entre dos o más posiciones en un campo eléctrico.

escalar: Una cantidad que es un número sin dirección, como la temperatura o la distancia.

espectro de absorción: El conjunto característico de longitudes de onda absorbidas por un gas, que puede ser usado para identificarlo.

espectro de emisión: La intensidad de la radiación emitida por un objeto sobre un conjunto de frecuencias.

espectro electromagnético: La gama entera de frecuencias y longitudes de onda que componen el continuum de ondas electromagnéticas; incluye a ondas de radio, microondas, luz visible y rayos X.

espectrómetro de masas: Instrumento que utiliza los campos eléctricos y magnéticos para medir la razón entre carga y masa de los iones en una material; puede ser usado para determinar las masas de los iones.

espejo cóncavo: Un espejo con una superficie curvada que refleja la luz hacia el interior, sus bordes se curvan hacia el observador; puede producir ya sea una imagen virtual en posición vertical o una imagen real invertida.

espejo convexo: Un espejo con bordes curvos alejados del observador que refleja la luz desde su superficie curvada exterior; produce una imagen virtual reducida y en posición vertical.

espejo plano: Superficie plana y pulida que refleja luz por reflexión especular, produciendo imágenes virtuales del mismo tamaño del objeto, tiene la misma orientación y está a la misma distancia del espejo que del objeto.

estado excitado: Cualquier nivel de energía de un átomo por encima de su estado fundamental.

estado fundamental: Estado en el que un átomo posee la cantidad más pequeña de energía permitida.

exactitud: La característica de un valor medido que describe cuánto concuerdan los resultados de una medición con el valor "real", el valor aceptado, medido por experimentadores competentes.

expansión térmica: Una propiedad de toda la materia que hace que al calentarse se expanda, volviéndose menos densa.

F

Física: La rama de la ciencia que estudia la materia y la energía, así como sus relaciones.

fisión: El proceso en el cual el núcleo se divide en dos o más fragmentos, liberándo neutrones y energía.

fluido: Un material (como un líquido o un gas) que puede fluir y no tiene forma propia definida.

flujo luminoso: La velocidad a la cual se emite la energía luminosa desde una fuente luminosa; se mide en lúmenes (lm).

flujo magnético: La cantidad de rectas de un campo magnético que pasan a través de una superficie perpendicular.

fotón: Paquete cuántico cuantificado de radiación que viaja a la velocidad de la luz, tiene cero masa, y tiene energía e impulso.

franjas de interferencia: Un patrón de bandas oscuras e iluminadas sobre una pantalla, resultado de la interferencia constructiva y destructiva de ondas de luz que pasan a través de dos rendijas estrechas y muy próximas entre sí en una barrera.

frecuencia: El número de oscilaciones completas que un punto en una onda realiza por segundo; se mide en hertz (Hz).

frente de onda: Una recta que representa la cresta de una onda en dos dimensiones mostrando la longitud de onda, pero no la amplitud, cuando es dibujada a escala.

fricción cinética: La fuerza ejercida sobre una superficie por una segunda superficie, cuando las dos superficies se rozan entre sí porque uno o ambas de las superficies están en movimiento.

fricción estática: La fuerza ejercida por una superficie sobre otra cuando no hay movimiento entre las dos superficies.

fuente luminosa: Un objeto, como el Sol o un bombillo incandescente, que emite luz.

fuerza aplicada: La fuerza que ejerce un usuario en una máquina simple.

fuerza centrífuga: La fuerza aparente que parece empujar a un objeto que se aleja del eje de rotación, pero no ejerce un empuje físico real hacia el exterior, y es observable solamente en sistemas de referencia en rotación.

fuerza centrípeta: La fuerza neta ejercida hacia el centro de un círculo y que produce la aceleración centrípeta.

"fuerza" de Coriolis: La supuesta fuerza que parece desviar a un objeto en movimiento de su trayectoria y es observable únicamente en marcos de referencia en rotación.

fuerza de gravedad: La fuerza de atracción entre dos objetos, es directamente proporcional a la masa de los objetos.

fuerza de resistencia: La fuerza ejercida por una máquina.

fuerza de rozamiento: La fuerza ejercida por un fluido sobre un objeto para oponerse al movimiento del objeto a través del líquido; depende del movimiento y las propiedades del objeto y de las propiedades del fluido.

fuerza electromotiva inducida: La diferencia potencial a lo largo de un alambre que resulta de la producción de un campo eléctrico.

fuerza neta: La suma vectorial de todas las fuerzas sobre un objeto.

fuerza normal: La fuerza de contacto perpendicular ejercida por una superficie sobre un objeto.

fuerza nuclear débil: La interacción que actúa en el núcleo durante la desintegración beta (β), es mucho más débil que la fuerza nuclear intensa.

fuerza nuclear fuerte: Una fuerza de atracción entre nucleones y que se enlaza el núcleo; es de la misma fuerza entre todos los pares de nucleones.

fuerza: Un empuje o jalón ejercido sobre un objeto; posee tanto dirección como magnitud y puede ser de contacto o de un campo de fuerza.

fuerzas de adhesión: Fuerzas de atracción que se producen cuando entran en contacto partículas de diferentes sustancias, responsables de la acción capilar.

fuerzas de cohesión: Las fuerzas de atracción ejercida entre partículas similares; son responsables por la tensión de superficies y la viscosidad.

función de trabajo: La energía mínima necesaria para liberar el enlace más débil entre los electrones en un metal; se mide por el umbral de frecuencia en el efecto fotoeléctrico.

fundamentales: En un instrumento musical, es la menor frecuencia de resonancia del sonido.

fusible: Un trozo de metal que actúa como un dispositivo de seguridad al derretirse y detener el fluyo de la corriente cuando un mayor flujo de corriente pasa.

fusión: El proceso en el que los núcleos de masa pequeña se combinan para formar un núcleo de mayor masa y para liberar energía.

G

galvanómetro: Un dispositivo que se utiliza para medir corrientes muy pequeñas; puede ser utilizado como un voltímetro o un amperímetro.

generador eléctrico: Un dispositivo que convierte la energía mecánica en energía eléctrica y consiste en una serie de circuitos de alambres colocados en un campo magnético fuerte.

grafica de posición-tiempo: Una gráfica que puede utilizarse para determinar la velocidad y posición de un objeto, así como dónde y cuándo dos objetos se encuentran, se hace trazando los datos del tiempo en el eje horizontal y los datos de posición en el eje vertical.

gráfica velocidad-tiempo: Una gráfica en la que la velocidad es trazada en el eje vertical y el tiempo en el eje horizontal; su pendiente describe la aceleración del objeto cuyo movimiento está descrito en la gráfica.

H

hipermetropía: Un defecto ocular en la que una persona no puede ver claramente los objetos cercanos porque las imágenes son enfocadas en un punto detrás de la retina; se corrige con una lente convexa.

hipótesis: Una posible explicación de un problema haciendo uso de lo que se sabe y lo que se observa.

I

iluminancia: La cantidad en que la luz incide sobre una superficie por unidad de área; se mide en lúmenes por metro cuadrado (lm/m^2) o lux (lx).

imagen real: Una imagen óptica que se forma por la convergencia de los rayos de luz.

imagen virtual: La imagen formada por rayos de luces divergentes.

imagen: Una reproducción óptica de un objeto, formado por la combinación de rayos de luz reflejados o refraccionados por un dispositivo óptico.

impulso: Resultado de la fuerza neta promedio en un objeto y el intervalo de tiempo durante el cual actúa la fuerza.

índice de refracción: Determina el ángulo de refracción de la luz cuando atraviesa el límite entre dos medios; para un medio específico, es el cociente de la velocidad de la luz en el vacío entre la velocidad de la luz en ese medio; representado por el símbolo n.

inducción electromagnética: El proceso de generar corriente a través de un circuito debido a un campo magnético variable o al movimiento relativo entre el alambre y el campo magnético.

inductancia mutua: Efecto en el que una corriente variable en una bobina crea un campo magnético cambiante, que induce una *FEM* variable en una segunda bobina.

inercia: La propiedad de un objeto a resistir los cambios en la velocidad.

ingravidez: El estado de un objeto en el que su peso aparente es igual a cero que sucede cuando no hay fuerzas de contacto apoyando al objeto.

interferencia en película delgada: Un fenómeno en el que las ondas de luz se reflejan en fronteras distintas de una película delgada y producen interferencia constructiva y destructiva.

interferencia: El resultado de la superposición de dos o más ondas; puede ser constructiva o destructiva.

interruptor de circuito por falla a tierra (ICFT): Un dispositivo que contiene un circuito electrónico capaz de detectar diferencias pequeñas de corrientes causadas por la adición de un trayecto de corriente; abre el circuito, previene la electrocución y usualmente es usado como medida de seguridad en los baños, cocinas y tomas de corriente exteriores.

intervalo de tiempo: La diferencia entre dos tiempos.

isótopo: Cada una de las diferentes formas de un mismo átomo con masas diferentes, pero con las mismas propiedades químicas; atomos con ela misma cantidad de protones, pero distinta cantidad de neutrones.

J

julio: La unidad de trabajo y energía del SI (J); 1 J de trabajo equivale al trabajo producido por una fuerza de 1 N cuyo punto de aplicación se desplaza 1 m en la dirección de la fuerza.

K

kilovatio-hora: Una unidad de energía utilizada por las empresas eléctricas para medir las ventas de energía; 1 kWh es igual a 1000 vatios (W) emitido continuamente durante 3600 s (1 h).

L

láser: Un dispositivo que produce luz monocromática poderosa, coherente y direccional que puede ser utilizada para excitar a otros átomos, su acrónimo indica las letras iniciales de su nombre en Inglés que significa *luz* amplificada por emisión de radiación estimulada

lente acromática: Una combinación de dos o más lentes con índices de refracción diferentes (una lente cóncava y una lente convexa) utilizada para minimizar una aberración cromática.

lente cóncava: Una lente divergente, más delgada en su parte media que en sus bordes, extiende los rayos de luz que le atraviesan cuando está rodeada por material de menor índice de refracción; produce una imagen más pequeña, virtual y en posición vertical.

lente convexa: Una lente convergente, más gruesa en su centro que en sus bordes, que refracta los rayos de luz paralelamente hacia un punto central cuando está en un medio con índice menor de refracción; puede producir imágenes reales, invertidas, grandes o pequeñas; o imágenes virtuales, verticales y grandes.

lente: Una pieza de material transparente, como el vidrio o plástico, que se utiliza para enfocar la luz y formar una imagen.

lepton: Una partícula elemental, como un electrón o neutrino, que tiene masa y carga pero no es afectada por la fuerza nuclear fuerte.

ley científica: Declaración sobre lo que sucede en la naturaleza y parece ser verdadero siempre.

ley de conservación del momento: Establece que el momento de un sistema cerrado y aislado no cambia.

ley de Coulomb: Establece que la fuerza entre las cargas de dos puntos es directamente proporcional al producto de sus cargas e inversamente proporcional al cuadrado de la distancia entre ellos.

ley de Hooke: Establece que la cantidad de estiramiento de un resorte es directamente proporcional a la fuerza que actúa sobre el resorte.

ley de la conservación de la energía: Establece que, en un sistema cerrado y aislado, la energía no se crea ni se destruye, sino que se conserva.

ley de la conservación del momento angular: Establece que, si no hay esfuerzo de torsión neta externa sobre un sistema cerrado, entonces su momento angular se conserva.

ley de la gravitación universal: Establece que la fuerza gravitacional entre dos objetos es directamente proporcional al producto de sus masas e inversamente proporcional al cuadrado de la distancia entre sus centros.

ley de la reflexión: Establece que el ángulo de incidencia es igual al ángulo de reflexión.

ley de Lenz: Establece que una corriente inducida siempre se produce en una dirección tal que se opone a la variación en el campo magnético que está causando la corriente inducida.

ley de los gases ideales: Para un gas ideal, es la ecuación de presión por volumen igual al número de moles, por la constante (R) y la temperatura Kelvin; predice aceptablemente la conducta de los gases a menos que estos se encuentren bajo condiciones de presión alta o temperatura baja.

Ley de Malus: Establece que la intensidad de la luz proveniente de un segundo filtro polarizador equivale a la intensidad de la luz polarizada que proviene del primer filtro polarizador por el coseno al cuadro del ángulo entre los ejes de polarización de los dos filtros.

ley general de los gases (ley combinada): Para una cantidad fija de un gas ideal, la presión multiplicada por el volumen, dividida entre la temperatura Kelvin es igual a una constante; se reduce a la ley de Boyle cuando la temperatura es constante o a la ley de Charles cuando la presión es constante.

línea de campo eléctrico: una línea que indica la dirección de la fuerza debida al campo eléctrico de una prueba de carga positiva; el espacio entre las líneas indica la fuerza del campo; un espaciamiento angosto indica un campo más fuerte; las líneas nunca se cruzan, y se dirigen hacia las cargas negativas y evadiendo las cargas positivas.

línea de mejor ajuste: Una línea trazada sobre una gráfica lo más cerca posible de todos los puntos de datos, se utiliza para describir los datos y predecir dónde aparecerán nuevos datos

líneas de corriente: Líneas que representan el flujo de fluidos alrededor de los objetos.

LL

longitud de onda de De Broglie: La longitud de onda asociada con el movimiento de una partícula.

longitud de onda: La distancia más corta entre dos puntos de una onda donde el patrón se repite, como el de cresta a cresta o de depresión a depresión.

luz coherente: Es la luz compuesta por ondas de la misma longitud y que guardan una relación de fase constante.

luz incoherente: Luz cuyas ondas no están en fase.

luz monocromática: La luz que tiene solo una onda longitudinal.

M

magnificación: La cantidad que una imagen es ampliada o reducida en tamaño, con relación a el objeto.

magnitud: Una medida de tamaño.

máquina compuesta: Una maquina formada por dos o más máquinas simples conectadas de manera que la fuerza de resistencia de una se convierte en la fuerza de apoyo de la otra.

máquina: Un dispositivo que facilita el trabajo (pero no cambia la cantidad), modificando la magnitud o la dirección de la fuerza ejercida para hacer el trabajo.

marco de referencia: Un sistema de coordenadas a través del cual se observa el movimiento.

masa gravitacional: Masa como se define en la ley de gravedad; cantidad que mide la respuesta de atracción de un objeto ante la fuerza gravitacional.

masa inercial: Es la medida de la resistencia de un objeto a cualquier tipo de fuerza.

mecánica cuántica: El estudio de las propiedades ondulatorias de la materia.

medición: Una comparación entre una cantidad desconocida y una establecida.

métodos científicos: Los patrones de los procedimientos de investigación.

microchip: Un circuito integrado que consta de miles de diodos, transistores, resistencias y conductores.

miopía: Un defecto ocular en el que una persona no puede ver claramente los objetos distantes, porque las imágenes se enfocan en un punto delante de la retina, se puede corregir con una lente cóncava.

modelo cuántico: Un modelo del atomo que solamente predice la probabilidad de que un electrón se encuentra en una región específica.

modelo de partículas: Una versión simplificada de un diagrama de movimiento en el que se sustituye el movimiento del objeto por una serie de puntos individuales.

modelo de rayos de luz: Un modelo que representa la luz como un rayo que recorre una trayectoria recta, cuya dirección solo puede cambiar al encontrar un límite.

Modelo Estándar: La teoría que explica las interacciones de las partículas elementales, agrupadas en tres familias: quarks, leptones, y bosones.

modelo: Representación de una idea, evento, estructura, u objeto para ayudar a la gente a entenderlo mejor.

momento angular: Es el producto del momento de inercia de un objeto en rotación por su velocidad angular, se mide en kg·m^2/s.

momento de inercia: La resistencia a la rotación.

momento: El producto de la masa del objeto por la velocidad del objeto; se mide en kg·m/s.

motor eléctrico: Un aparato que convierte la energía eléctrica en energía mecánica.

motor térmico: Dispositivo que continuamente convierte energía térmica en energía mecánica; requiere de una fuente de energía térmica a temperatura alta, de un recipiente de temperatura baja (sumidero), y de un mecanismo para convertir la energía térmica en trabajo.

movimiento armónico simple: Movimiento periódico que resulta cuando la fuerza restauradora que actúa sobre un objeto es directamente proporcional a su desplazamiento respecto a su posición de equilibrio.

movimiento circular uniforme: El movimiento de un objeto a una velocidad constante alrededor de un círculo de radio fijo.

movimiento periódico: Movimiento que se repite en intervalos regulares de tiempo.

N

neutro: Un objeto cuyas cargas positivas están balanceadas con exactitud por sus cargas negativas.

nivel de referencia: La posición donde la energía gravitatoria potencial es cero.

nivel de sonido: Una escala logarítmica que mide las intensidades de sonido; depende de la relación de la intensidad de una partícula de onda sonora con la intensidad del sonido más débil, su unidad de medida son los decibelios (dB).

nivel energético: La cantidad de energía cuántica permitida para los electrones de un átomo.

nodo: El punto estacionario en el que dos ondas con igual pulso se encuentran y están en la misma ubicación, teniendo un desplazamiento de cero.

normal: La línea en un diagrama de rayos que muestra la orientación de la barrera o el espejo y está dibujada en un ángulo recto, o perpendicular, a la barrera o al espejo.

nube de electrones: La región en la cual existe una alta probabilidad de encontrar un electrón.

núcleo: El centro pequeño y masivo con carga positiva de un átomo.

nucleón: Una partícula que se encuentra en el núcleo de un átomo; es decir, un protón o un neutrón.

número atómico: El número de protones en el núcleo de un átomo.

número cuántico principal: El número entero (n) que determina los valores cuánticos de r y E para el radio orbital de un electrón en el hidrógeno y la energía de un átomo de hidrógeno.

número másico: El número de nucleones en el núcleo de un átomo.

O

objeto: Una fuente luminosa o iluminada por los rayos de luz.

onda de superficie: Alteración en la que las partículas de un medio siguen un trayecto circular que a veces es paralelo al recorrido de la dirección de la onda y otras, perpendicular.

onda electromagnética: Un campo eléctrico y magnético conectado y variable que viaja a través del espacio y la materia.

onda estacionaria: Una onda que parece permanecer confinada en un espacio, resulta de la interferencia de dos ondas que se mueven en direcciones opuestas.

onda incidente: Un pulso de onda que incide un límite entre dos medios.

onda longitudinal: Una onda mecánica en la que la alteración está en la misma dirección, o en una dirección paralela a la dirección de la propagación de la onda.

onda periódica: Onda cuyas alteraciones ocurren a un ritmo constante.

onda portadora: Un parte específica de la porción del radio del espectro electromagnético asignado a una estación de radio o televisión por la Comisión Federal de Comunicaciones. Una estación transmite variando su onda portadora.

onda reflejada: Onda rebotada que proviene del reflejo del pulso de la energía en retroceso de la onda incidente.

onda sonora: Una variación de la presión transmitida a través de la materia como una onda longitudinal que refleja e interfere; tiene frecuencia, longitud de onda, velocidad y amplitud.

onda transversal: Una onda que vibra perpendicularmente a la dirección de su movimiento.

onda: Una perturbación que transporta energía a través de la materia o del espacio; transfiere energía sin transferir materia.

opaco: Una propiedad de un medio que le permite absorber la luz y reflejarla en vez de transmitirla, evita que los objetos se puedan ver a través de él.

origen: El punto en un sistema de coordenadas en que ambas variables tienen el valor cero.

P

par de interacción: Par de fuerzas iguales en intensidad, pero con sentidos opuestos y que actúan sobre objetos diferentes.

par de torsión: La combinación de la fuerza y el brazo de palanca que puede causar la rotación de un objeto; la magnitud es igual a la fuerza multiplicada por el brazo de palanca perpendicular.

partículas alfa: Partículas atómicas masivas de carga positiva que se mueven a alta velocidad; representadas por el símbolo α.

pascal: Unidad de presión en el SI; igual a 1 N/m^2

patrón de difracción: Un patrón de interferencia constructiva y destructiva de ondas primarias de Huygens en una pantalla.

péndulo simple: Una herramienta que demuestra el movimiento armónico simple, cuando una masa puntual (una bola de masa o peso), suspendida de un hilo o una cuerda sin peso, oscila de un lado a otro.

período: En cualquier movimiento periódico, la cantidad de tiempo necesaria para que un objeto repita un ciclo completo de movimiento.

peso aparente: La fuerza de apoyo que actúa sobre un objeto.

peso: La fuerza gravitatoria que experimenta un objeto.

piezoelectricidad: La propiedad del cristal que hace que se doble o deforme, y que produzca vibraciones eléctricas cuando se le aplica un voltaje.

pigmento primario: Cian, magenta y amarillo, cada uno de ellos absorbe un color primario de la luz blanca y refleja dos colores primarios; se pueden mezclar en parejas para producir los pigmentos secundarios: rojo, verde y azul.

pigmento secundario: Rojo, verde y azul, cada uno de los cuales absorbe dos colores primarios de la luz blanca y refleja un color primario, puede ser producido por la mezcla de pares de pigmentos de cian, magenta y amarillo.

plasma: Un estado de la materia fluido, similar a un gas compuesto electrones con carga negativa y de iones con carga positiva que pueden conducir carga eléctrica; forma la mayoría de la materia del universo, como las estrellas

poder: Tasa a la cual la energía se transforma.

polarización: La producción de la luz con un patrón específico de oscilación .

polarizado: La característica de los imanes de tener dos extremos llamados polos.

posición instantánea: La posición de un objeto en cualquier instante en particular.

posición: La distancia y dirección de un objeto con referencia a su origen.

potencial energético: Energía almacenada debido a las interacciones entre los objetos en un sistema.

precisión: Característica de la medida de un valor que describe el grado de exactitud de la medición.

presión: El componente perpendicular de una fuerza sobre una superficie, dividida por el área de la superficie.

primera ley de Kepler: Establece que los planetas se mueven en trayectorias elípticas, con el Sol situado en un foco.

primera ley de la termodinámica: Afirma que la variación de la energía térmica de un sistema es igual al calor agregado al sistema, menos el trabajo realizado por el sistema.

primera ley de Newton: Establece que un objeto en reposo permanecerá así y que un objeto en movimiento continuará moviéndose a una velocidad constante en línea recta, siempre que la fuerza neta que actúa sobre ese objeto sea igual a cero.

principio de Arquímedes: Afirma que un cuerpo sumergido en un fluido recibirá una fuerza vertical ascendente igual al peso del fluido desplazado por dicho cuerpo.

principio de Bernoulli: Afirma que a medida que incrementa la velocidad de un fluido, disminuye la presión que ejerce.

principio de incertidumbre de Heisenberg: Establece que hay un límite en la precisión con la que se puede medir simultáneamente la posición y el momento de una partícula.

principio de Pascal: Establece que la presión ejercida en cualquier lugar en un fluido encerrado se transfiere de la misma manera en todas las direcciones a través del fluido.

principio de superposición: Establece que el desplazamiento de un medio causado por dos o más ondas es la suma algebraica de los desplazamientos de las ondas individuales.

producción de pares: La conversión de energía en un par de materia-antimateria de partículas.

proyectil: Objeto lanzado al aire, como un balón de fútbol, que tiene movimientos verticales y horizontales independientes, que después de recibir un impulso inicial, viaja por el aire únicamente por la fuerza de la gravedad.

pulso de onda: Una sola perturbación o pulso que viaja a través de un medio.

punto focal: El punto donde los rayos de luz incidente que son paralelos al eje principal convergen después de reflejarse en un espejo o refractarse a tráves de una lente.

Q

quark: Partícula elemental que tiene masa y carga, tiene una fuerza nuclear fuerte y puede combinarse con otros quarks para formar una partícula mas grande como un protón, neutrón o pión.

R

radiación electromagnética: La energía portada o irradiada, en forma de ondas electromagnéticas.

radiación: La transferencia térmica de energía por ondas electromagnéticas.

radiactivo: Que exhibe la emisión espontánea de partículas y energía por la desintegración nuclear.

radián: $\frac{1}{2}\pi$ de una revolución; se abrevia *rad.*

rayo: Una recta trazada en ángulo recto al frente de una onda; representa el sentido del recorrido de la onda.

reacción en cadena: Secuencia de reacciones repetidas de fisión causada por la liberación de neutrones a partir de reacciones de fisión anteriores.

reacción nuclear: Se produce cuando cambia la energía o la cantidad de neutrones o protones en un núcleo.

receptor: Un dispositivo que convierte las diferencias potenciales oscilantes de una antena a sonido, imágenes o información.

red cristalina: Un patrón fijo y regular que se forma cuando se baja la temperatura de un líquido, disminuye el promedio de la energía cinética de sus partículas y, para muchos sólidos, las partículas se congelan pero no dejan de moverse, en cambio, vibran alrededor de sus posiciones fijas.

red de difracción: Un dispositivo con varias rendijas cercanas, que difracta la luz, y forma un patrón regular de difracción que es la superposición de los patrones de difracción de cada rendija; se utiliza para medir con precisión la longitud de onda de luz o para separar la luz de diferentes longitudes de onda.

reflexión difusa: Una reflexión esparcida y borrosa producida por una superficie rugosa.

reflexión especular: Una reflexión producida por una superficie lisa en la que los rayos paralelos de luz se reflejan paralelamente.

reflexión interna total: Fenómeno óptico que ocurre cuando la luz golpea a un límite entre dos medios en un ángulo mayor que el ángulo crítico, y toda la luz se refleja de nuevo hacia la región con el mayor índice de refracción.

refracción: El cambio de dirección que experimenta una onda al pasar de un medio a otro.

relación cuadrática: Una relación parabólica que se produce cuando una variable depende del cuadrado de otra variable.

relación inversa: Una relación hiperbólica que se da cuando una variable depende de la inversa de la otra variable.

relación lineal: Una relación en la que la variable dependiente varía linealmente con la variable independiente.

resistencia equivalente: El valor de una sola resistencia que, cuando se reemplaza a todas las resistencias en el circuito, resulta en la misma corriente.

resistencia: La medida de la intensidad de oposición de un objeto o material ante un flujo de carga eléctrica producida por una diferencia de potencial; es igual a la diferencia de potencial dividida por la corriente.

resistor: Un dispositivo con una resistencia específica, puede estar hecho de alambres largos y delgados, de grafito o de semiconductores y, a menudo, se utiliza para controlar la corriente en circuitos o partes de los circuitos.

resolución vectorial: El proceso de descomponer un vector en sus componentes.

resonador de tubo abierto: Un tubo de resonancia con ambos extremos abiertos, que también resonará con una fuente de sonido; sus frecuencias de resonancia son múltiplos de números enteros de la fundamental.

resonador de tubo cerrado: Un tubo resonador con una salida de aire cerrada; sus frecuencias de resonancia son de múltiplos impares de la frecuencia fundamental.

resonancia: Una forma especial de movimiento periódico que ocurre cuando se aplican fuerzas a un objeto oscilante o vibrante en intervalos regulares e iguales al período de oscilación, aumentando la amplitud de la vibración.

resultante: Un vector que representa la suma de dos vectores; siempre apunta desde la cola del primer vector a la cabeza del último vector.

S

segunda ley de Kepler: Establece que una línea imaginaria desde el Sol a un planeta barre áreas iguales en intervalos iguales de tiempo.

segunda ley de la termodinámica: Establece que cuando hay una oportunidad para la dispersión de energía, la energía siempre se esparcirá; establece que los procesos naturales van en una dirección que mantienen o aumentan la entropía total del universo.

segunda ley de Newton para el movimiento de rotación: Establece que la aceleración angular de un objeto es directamente proporcional a la torsión neta e inversamente proporcional a sul momento de inercia.

segunda ley de Newton: Establece que la aceleración de un objeto es directamente proporcional a la fuerza neta en él e inversamente proporcional a la masa del objeto que se acelera.

semiconductor extrínseco: Semiconductor con gran realce de conductividad producto de la adición de dopantes.

semiconductor intrínsico: Semiconductor puro que conduce carga como resultado de la liberación térmica de electrones.

semiconductor: Un material que en determinadas condiciones se comporta como conductor y en otras como aislante; puede usarse para fabricar componentes electrónicos sólidos.

sistema aislado: Un sistema cerrado en el que la fuerza externa neta es cero.

sistema cerrado: Un sistema que no gana ni pierde masa.

sistema de coordenadas: Un sistema utilizado para describir desde el lugar del punto cero el movimiento de una determinada variable y la dirección en la cual los valores de esa variable incrementan.

sistema: Objeto u objetos de interés que pueden interactuar uno con el otro y con el mundo exterior.

solenoide: Una bobina larga de cables enrollados en espiral que está conectada a un circuito; los campos de un espiral se añaden a los campos de otras espirales y crean una mayor intensidad de campo total

sólido amorfo: Una sustancia con forma y volumen definidos, pero que carece de una estructura cristalina regular.

sonoridad: La intensidad del sonido detectada por el oído e interpretada por el cerebro; depende principalmente de la presión de la amplitud de la onda.

superconductor: Un material con resistencia igual a cero que puede conducir electricidad sin transformaciones de energía térmica.

T

tensión: El nombre específico para la fuerza ejercida por una cuerda o una cadena.

teorema del impulso y momento: Establece que el impulso de un objeto es igual a la resta del impulso final del objeto menos el impulso inicial del mismo.

teorema del momento angular–impulso angular: Establece que el impulso angular sobre un objeto es igual a la variación del momento angular del objeto.

teorema trabajo-energía: Establece que, cuando se realiza trabajo sobre un sistema, se genera un cambio de energía.

teoría científica: Una explicación de las cosas o eventos basándose en conocimientos adquiridos por varias observaciones e investigaciones.

teoría de bandas: La teoría en la que la conducción eléctrica en los sólidos puede ser mejor entendida en términos de bandas de valencias y de conducción que están separadas entre sí por espacios sin energía.

tercera ley de Kepler: Establece que el cuadrado de la relación de los períodos de dos planetas cualesquiera es igual al cubo de la proporción de sus distancias medias desde el sol.

tercera ley de Newton: Establece que todas las fuerzas vienen en pares y que las dos fuerzas en un par actúan sobre objetos diferentes, son iguales en intensidad y son opuestas en sentido.

tono: Lo más alto o más bajo de un sonido, dependiendo de la frecuencia de vibración; puede dársele un nombre en la escala musical.

trabajo: La transferencia de energía que se produce cuando se aplica una fuerza por una distancia; es igual al producto del desplazamiento del sistema y de la fuerza aplicada al sistema en la dirección al desplazamiento.

transformador de elevación de voltaje: Un tipo de transformador en el que el voltaje saliente del transformador es mayor que el voltaje de entrada.

transformador de reducción de voltaje: Un tipo de transformador en el que el voltaje de salida es menor que el voltaje de entrada en el transformador.

transformador: Un dispositivo que puede aumentar o disminuir el voltaje en circuitos CA con una pérdida de energía relativamente pequeña.

translúcida: Una propiedad de un medio que permite transmitir la luz y reflejar una fracción, sin permitir que los objetos se vean claramente a través de él.

transmisor: Un circuito que convierte voz, música, fotografías o datos en señales electrónicas, las amplifica y luego las envía a una antena.

transmisor: Un dispositivo simple hecho de material semiconductor dopado que puede actuar como amplificador, convirtiendo una señal débil en una mucho más fuerte.

transparente: Una propiedad de un medio que permite que transmita la luz y refleje una fracción, dejando que los objetos sean claramente visibles a través de él.

trayectoria: El recorrido de un proyectil a través del espacio.

U

umbral de frecuencia: El valor mínimo determinado o superior a él, al cual la frecuencia de la radiación incidente provoca la expulsión de electrones de un metal.

unidad de masa atómica: Unidad de masa, u, donde u es igual a 1.66×10^{-27} kg, es la masa aproximada de un protón o un neutrón.

V

variable dependiente: El factor de una investigación que depende de la variable independiente.

variable independiente: El factor que cambia o se manipula durante una investigación.

vatio (W): Unidad de potencia; 1 J de energía transferida en 1 s.

vector: Una cantidad, como la posición, que tiene tanto magnitud como dirección.

velocidad angular: El desplazamiento angular de un objeto dividido entre el tiempo necesario para realizar tal desplazamiento.

velocidad instantánea: Una medida del movimiento que indica la velocidad y dirección de un objeto en un instante específico.

velocidad media: La distancia recorrida por un objeto dividida entre el tiempo que se toma para recorrer esa distancia; para un movimiento uniforme, es el valor absoluto de la pendiente trazada en la gráfica de posición-tiempo de un objeto.

velocidad promedio: La relación del cambio de posición de un objeto por un intervalo de tiempo durante el cual se produce el cambio; para un cuerpo en movimiento uniforme, es la pendiente de la recta en la gráfica de posición-tiempo de un objeto.

velocidad terminal: La velocidad constante que un objeto alcanza cuando la fuerza de arrastre iguala la fuerza de gravedad.

ventaja mecánica ideal: Para una maquina ideal, equivale al desplazamiento de la fuerza de esfuerzo dividido por la fuerza de resistencia.

ventaja mecánica: La razón entre la fuerza de resistencia y la fuerza de esfuerzo.

vida media: El tiempo requerido para que la mitad de los átomos se desintegren en una determinada cantidad de un isótopo radiactivo.

voltios: La unidad de la diferencia de potencial eléctrico; igual a un julio por coulomb, 1 J/C.

ÍNDICE

Clave del índice

Números de página en cursiva = ilustración/fotografía **Números de página en negrita= término de vocabulario**

A

Aberración: cromática, 437, *437*; esférica, 420, 437, *437*
Acción capilar, 315, 332
Aceite de motor, 315
Aceleración: angular, 187, 188, 197, 208; cálculo de la, 62; centrípeta, 148–149, 205; con velocidad constante, 65; constante, 68, 70, 78, 81; sentido de la, 59, *59*, 149, *149*; en caída libre, 74–78, *75–78*, 174–175; en un diagrama de movimiento, 58, *58*; explicación de la, 57, **58**, 81; instantánea, 62, *62*; magnitud de la, 148; masa y, 194; promedio, 61, *61*, 62, 67–68, 70, *70*; Tierra y, 79, *79*, 102
Aceleradores de partículas, *690*, 690–691, *691*, 694
Aceleradores de protones, 679
Aceleradores lineales, 690–691
Acomodación, 438
Acorde (musical), 378
Actividad, 684
Acústica de un teatro, 380
Acústica, 380
Administrador de Sistemas de Información Geográfica (SIG), 37
Agentes, 86
Agua: congelamiento del, 326, *326*; curva de temperatura del, *293*; densidad del, 326; evaporación y condensación del, 316–317, *317*; expansión térmica y, 312; presión y, 319–321, *319–321*; propiedades del, 306; temperatura específica del, 286, *286*; velocidad del, *323*, 323–324, *324*. *Ver también* Líquidos
Agujeros negros, 179
Aire: como conductor, 476; expansión térmica y, 312; fuerzas a causa del, 146, *146*; propiedades del, 306; rayos de luz que pasan por el, 425, *425*
Aislantes: banda prohibida en, 653, *653*; clasificación de los, 476; electrones en, 654; explicación de los, **475**, 653
Alambres: autoinducción en, 581, 582; fuerzas sobre alambres con corriente, 556–558, *556–558*, 560, *560*, 562, *562*
Aluminio, 680
Amortiguación por corrientes de Eddy, 580
Amperímetros: diagramas de circuito, *513–514*; en circuitos en serie, 526, *526*; explicación de los, 513, *516*, 519, 539, *539*, 543; galvanómetro conectado a, 560
Amperios, 511, 543, 557
Amplitud: de las ondas sonoras, 364, 377; explicación de la, **338**
Análisis de las bandas claras, 450, *450*
Análisis dimensional, 11–12, 719
Angular, aceleración: explicación de la, **187,** *187*, 188, 208; momento de inercia y, 197
Angular, desplazamiento, *185*, **185**–186, *186*, *187*, 188, 208
Ángulo de incidencia, 426, 428
Ángulo de refracción, 426, 428, 439
Ángulos: críticos, 429; fuerza aplicada en, 238, *238*, 239
Animales de sangre caliente, 290, *290*
Animales de sangre fría, 290, *290*
Animales, 290, *290*. *Ver también* Cuerpo humano
Ánodos, 586, 615, 619
Antenas alámbricas, 602, función de las, **598,** 602, 603, 606; parabólicas, 602, *602*
Anteojos, 439, 453. *Ver también* Lentes
Antilogaritmos, 729
Antimateria, 694, *694*
Antineutrinos, 694, 697
Antineutrones, 696, 697
Antinodos, 352, 371, 374
Antipartícula, 694, *694*, 696
Antiprotones, 696, 697
Aparente, peso, 97
Apertura, 463, *463*, 464, *464*
Arago, Jean, 451
Arcoíris: de segundo orden, 431, *431*; explicación del, 355, 430–431, *431*
Área total, 725
Área, 725
Armadura, 560, 579
Armónicos, 376
Arquímedes, 320
Arsénico, 657
Arseniuro de galio-aluminio, 644
Arseniuro de galio, 644
Astronomía: criterio de Rayleigh y, 463; desarrollos tempranos de la, 162; energía que irradia el Sol y, 613; espectros de emisión y, 632
Atmosférica, presión, 308
Átomo de hidrógeno: energía del, 636, *637*; isótopos del, 673, *674*; modelo atómico de Bohr y, 640
Átomos: cargas eléctricas y, 474, 482; descubrimientos relacionados con los, 586, 628, 632; energía cuantificada y, 614, 634; energía electromagnética y, 634; energía térmica y, 281; ; láser y, 644; modelo cuántico de los, *641–643*, 641–645, *645*; modelo de Bohr, 628, *632*, 633–637, *637*, 640; modelo nuclear de los, *628–632*, 628–633; modelo planetario de los, *632*, 632–633, *633*; neutrales, 474; niveles de energía de los, *651*, 651–652; potencial energético y, 255, 634. *Ver también* Electrones; Neutrones; Núcleo; Protones
Auriculares, *557*, 557–558
Autoinducción, 581, 582
Avogadro, Amedeo, 310

B

Balanzas: explicación de las, 97
Balanzas, 580, *580*
Bandas bimetálicas, 330
Barcos, 323
Bario, 688
Barión, 695
Base *b*, 729
Baterías, 510, 543, 571
Batimientos, 378, *378*
Becquerel, Henri, 679, *679*
Bernard de Gordon, 432
Bernoulli, Daniel, 323
Bicicletas: de engranaje múltiple, 273, *273*; explicación de las, 271; ventaja mecánica de las, 271, *271*
Biomimética, 134
Bobinas primarias, 582
Bobinas secundarias, 582
Bobinas, 582
Bohr, Niels, 633–635, 640, 694
Bomba de hidrógeno, 689
Bomba nuclear, 689
Bomba termonuclear, 689
Bombas térmicas, 297
Bosones gauge, 695
Boyle, Robert, 309
Brazo de palanca, 190, *190*
Brújulas, 547, 550, 552, *552*

ÍNDICE

C

Cables: campos magnéticos en cables con corriente, 553, 553–554, 554, 570; fuerza electromotriz inducida en, 571, 573, 573; resistencia de los, 516
Caída libre, 74, 75, 81
Caída libre, aceleración en: explicación de la, **74,** 75–77, 174; juegos mecánicos y, 78, *78*; variaciones en la, 79, *79*
Calamitas, 547
Calcular a ojo, 19
Calor específico: explicación del, **286,** 302; medición del, 287, 288, *288*; para sustancias comunes, 286, *286*
Calor residual, 296
Calores específicos, 733
Calorímetro, 288, *288,* 302
Cámara de hilos, 693
Cámara de niebla, 693
Cámara digital, 619, *619*
Cámaras, 440, *440*
Cambios de estado: calor de fusión y calor de vaporización y, 292, *292*; energía y, 293, *293*; explicación de los, 291, *291,* 302; punto de ebullición y, 292; punto de fusión, 292
Campo de fuerza: campo eléctrico como, 487; explicación del, 86, *86*
Campo gravitatorio: explicación del, 175, *175*; función del, 174–175
Campos eléctricos: cerca de conductores, 500, *500*; condensadores y, 501, *501,* 503; energía y potencial eléctrico y, 493–495, *493–495*; experimento de la gota de aceite de Millikan y, 497, *497*; explicación de los, **486,** 505; generadores de Van de Graaff y, 492, *492*; intensidad de los, 487, *487*; ley de Coulomb y, 487; medición de, 490, 494, 497, *497,* 505; modelos de, 490, *490, 491*; potencial eléctrico en campos uniformes, 496, *496*; razón carga-masa y, 587; relación entre campos magnéticos y, 594, *594,* 595 (*Ver también* Ondas electromagnéticas); uniformes, 496, *496*; vectores de campo y, 487
Campos magnéticos: corrientes de Eddy y, 580, *580*; creados por corrientes inducidas, 578–581, *578–581*; sentido de los, 553, *553*; en ondas portadoras de corriente, 553, *553,* 570; explicación de los, 547, **550,** 566; fuerzas sobre los objetos en, 552, *552,* 556; inducción electromagnética y cambio del, *570,* 570–571, *571,* 573, *573*; intensidad de los, 554, 557; interacción entre corrientes eléctricas y, 547, 553–554, 556, 570; ley de Lenz y, 578–581; razón carga-masa, 587; relación entre campos electrónicos y, 594, *594,* 595 (*Ver también* Ondas electromagnéticas); visualización de, 551
Campos. *Ver* Campos eléctricos; Campos magnéticos
Canal auditivo, 363, *363,* 373
Candelas, 389
Capa de agotamiento, 661, 668
Capacitancia, 501, 503
Carburadores, 324, *324*
Cargas eléctricas: conductores y aislantes y, 475–476, *475–476,* 500, *500*; distintas, 473, *473*; explicación de las, 472, 505; fuerza de la gravedad v., 472, *473*; iguales, 473, *473*; investigación de las, *473,* 473–474; ley de Coulomb y, *481,* 481–482, 484; ley de lazos y, 534, *534*; por conducción, 478, *478*; por inducción, 479, *479*; separación en objetos neutrales, 478–479, *479, 480*; tasa de flujo de las, 511; tipos de, 474; vista microscópica de las, 474–475
Carnot, Sadi, 299
Carrera de aceleración, 68
Carteles de neón, 313, *313,* 628, 630
Cátodos, 586, 615
Cavendish, Henry, 169–170, 477
CD, 460, *460,* 644
Celda galvánica, 510
Celda voltaica, 510
Células nerviosas, 363
Centrípeta, aceleración, 148, 149, 205
Centro de masa: del cuerpo humano, 201, *201*; estabilidad y, *201,* 201–202; explicación del, 200, *200*; método para ubicar el, 200
Cero *g*, 175. *Ver también* Ingravidez
Cero, diferencia de potencial eléctrico, 495, 509, *509*
Ceros, 706
Chadwick, James, 673
Charles, Jacques, 309
Ciencias, limitaciones de las, 9
Cifras significativas: aritmética con, 12; cálculos con, 708; explicación de las, **12**; operaciones con, 707–708; para la medición, 705–706; precisión en las, 705; redondeo a, 707
Circuito esquemático, 513, *513–514. Ver también* Circuitos eléctricos
Circuitos de bobina y condensador, *599–600,* 599–601
Circuitos eléctricos: amperímetros, 539, *539*; conexiones en serie en, 519, *519*; conexiones paralelas en, 519, *519*; conservación de las cargas y, 511; cortocircuito de, 536; del hogar, 537, *537*; diagramas de, 513, *513–514*; diferencia de potencial en, 527, 532; dispositivos de seguridad para, *536,* 536–538, *537,* 543; en serie, *526,* 526–527, 543; explicación de los, **510,** *510,* 526; leyes de Kirchhoff para, *534,* 534–535, *535*; medición de los, 539, *539*; mixtos en serie y paralelos, 538, *538,* 543; modelo de los, 525, *525*; paralelos, 537, 543; relación entre resistencia, corriente y voltaje, 515–516, *516*; voltímetros, 541, *541*
Circuitos eléctricos, símbolos de, 730
Circuitos en serie: circuitos paralelos mixtos con, 538, *538*; corriente eléctrica en, *526,* 526–527; divisores de tensión y, 528, *528*; explicación de los, **526,** 543; fotorresistores y, 528, *528*; resistencia equivalente de los, 527
Circuitos integrados: explicación de los, 660, *660,* 665; microchips y, 666
Circuitos mixtos en serie y paralelo, 538, *538*
Circuitos paralelos: cambios en, 532; circuitos en serie combinados con, 538, *538*; corriente eléctrica en, 531, *531,* 532; explicación de los, **531,** 538, 543; resistencia equivalente de, 532; resistores y, 532
Circuitos. *Ver* Circuitos eléctricos; Circuitos paralelos; Circuitos en serie
Círculo, circunferencia del, 185
Clorofila, 397, *397*
Cociente de potencias, 712
Cóclea, 363, *363*
Coeficiente de dilatación, 328
Coeficiente de expansión lineal, 328
Coeficiente de fricción cinética, 123, *123*
Coeficientes de expansión térmica a 20°C, 734
Colisión elástica, 263, *264*
Colisión inelástica, 263, *264*
Colisión superelástica, 263, *264*
Colisiones: bidimensional, 227, *227*; elástica, 263, *264*; entre dos partículas, *222,* 222–223, *223*; explicación de la, 263, 280, 313; inelástica, 263, *264*; superelástica, 263, *264*
Color: complementario, 396; del brillo de los focos, *612,* 612–613; experimentos de Newton sobre el, 395; interferencia en película delgada y, *452,* 452–453; longitud de onda y, 395, *395,* 396, 453; luz coherente y, 448, *448*; por adición de luz, *395,* 395–396; primario, *395,*

396; secundario, 396, 397;por sustracción de luz, 396–397
Colorantes, 396, *396*
Colores complementarios, 396
Colores primarios, *395,* 396
Columnas de aire: longitud de las, 370, *370*; resonancia en las, 370–373, *370–373*
Cometa Halley, 164
Cometa McNaught, 164, *164*
Cometas de período corto, 164
Cometas de período largo, 164
Cometas, 164
Componentes, 117
Compton, Arthur Holly, 623
Computadoras: disco duro de las, 188; microchips y, 665, *665,* 666
Condensación, 317, *317*
Condensadores, *501,* **501**–502, 503, 599
Conducción: carga por, **478,** *478*; en sólidos, *652, 653,* 668; explicación de la, 282, 285–286
Conductores: aire como, 476; campos eléctricos cerca de, 500, *500*; clasificación de los, 476; explicación de los, *475–476,* **475**–476, 653, *653,* 668; resistencia de los, 515–517
Conexión a tierra, 480, *480*
Conexión en paralelo, 519, *519*
Conexión en serie, 519, *519*
Congelamiento: presión y, 326; red cristalina y, 326, *326*
Conservación de la energía, 266; ley de la, **257**–260, *258–260,* 493, 535, 579; ley de lazos y, 534, *534*; ley de Lenz y, 579
Consonancia, 377
Constante de Boltzmann, 310
Constante de Planck, 614, 617, 625, 635
Constante, aceleración: ecuación de la velocidad con, 78; movimiento con, *66,* 66–73, *67,* 70, *70,* 81; posición con, *66,* 66–67, *67, 70*; velocidad con, 70
Constantes dieléctricas, 734
Constantes físicas, 732
Convección, 286
Convención de colores, 730
Convergencia, 178
Conversión de unidades, 719
Conversiones, 731
Copérnico, Nicolás, 162
Córnea, 438, *438*
Corriente alterna (CA): antenas y, 598, *598*; convertida a corriente directa, 662; explicación de la, 576; levitación y, 581, *581*; uso de la, 577. *Ver también* Fuerza electromotriz (FEM)
Corriente alterna (CA), generadores de, 576, *576*. *Ver también* Generadores eléctricos
Corriente convencional, 509, 543
Corriente directa (CD), generadores de, 576, 577. *Ver también* Generadores eléctricos
Corriente eficaz, 576
Corriente eléctrica: campos magnéticos cambiantes y, *570,* 570–571, *571,* 573, *573* (*Ver también* Inducción electromagnética); control de la, 516, *516*; sentido de la, *571*; en circuitos en serie, 526, *526*; en circuitos paralelos, 531, *531*; explicación de la, **509,** 511, 536, 543; flujo del agua y, 510, *510*; fuerza electromotriz inducida y, 571, *571* (*Ver también* Fuerza electromotriz (FEM)); Fuerzas magnéticas; generadores y, *574,* 574–575, *575*; Imanes); interacción entre campos magnéticos y, 547, 553–554, 556, 570 (*Ver también* Campos magnéticos; magnitud de la, 571; resistencia y ley de Ohm y, 515–517, *515–517*; tasas de flujo de cargas y transferencia de energía y, 511, *511*
Corriente, alambres con: campos magnéticos en, *553,* 553–554; fuerzas sobre, 556–558, *556–558, 560,* 560–562, *562,* 566; magnitud de la fuerza sobre, 557
Corrientes de convección, 312, *312*
Corrientes de Eddy, 580, *580*
Corrientes inducidas: campos magnéticos creados por, 578–581, *578–581*; ley de Lenz y, 578–581; transformadores y, *582,* 582–583, 585, *585*
Cortocircuito, 536
Coseno: inverso del, 728; ley del, 115
Coulomb, Charles, 481
Coulombs, 482, 511
Crestas, 346, 347, 353, 365, 428
Criptón, 688
Crisis energética, entropía y, 300
Cristales de cuarzo, 601
Criterio de Rayleigh, 463, 464
Crítico, ángulo, 429
Cuadráticas, ecuaciones, 718
Cuba de ondas, 354, *354*
Cuerpo humano: centro de masa y, 201, *201*; como resistor variable, 517; momento angular y, 219, *219*; movimiento del, 274, *274*
Curie, Marie, 4

D

De Broglie, Louis, 625
Decibeles, 365
Defecto de masa, 675
Delta (Ä), 37
Densidades de algunas sustancias comunes, 733
Deportes de remo, 218
Depresiones, 346, 347, 353
Desafío de física: ángulo de refracción, 439; circuitos de diodo, 663; colisiones, 230, 266; condensadores, 503, 524; desintegración nuclear, 698; entropía, 299; expansión térmica de los sólidos, 330; fuerza de rozamiento, 99; galvanómetros, 538; gráficas de posición-tiempo, 41; masa sobre un resorte, 341; modelo atómico de Bohr, 640; momentos de inercia, 197; movimiento planetario, 168; polarización de la luz, 400; potencia y eficiencia de las máquinas, 269; tensión de las cuerdas del violín y música, 377
Descartes, René, 426
Desintegración alfa: en ecuaciones, 681; explicación de la, **680,** *680, 681*
Desintegración beta: ecuación de la, 681; explicación de la, **680,** *680, 681, 694*; fuerza nuclear débil y, 697; modelo de quarks de la, 698
Desintegración gamma, 680, *680*
Desintegración nuclear: explicación de la, 679, 702; investigación sobre la, 693; vida media y, *683,* 683–684, *684*
Desplazamiento *versus* gráficas de tiempo, 347, *347*
Desplazamiento: angular, *185,* 185–186, *186,* 208; explicación del, 38, *38*; fuerza y, 238, *238,* 239; por ondas, 351; velocidad y, 67, *67*
Destrezas matemáticas: análisis dimensional, 719; cálculos dimensional es, 718–719; ecuaciones, 715–719; exponentes, 711, 712; fórmula cuadrática, 718; fracciones, 709; geometría, 725–726; gráficas de relaciones, 720–724; logaritmos, 729; medición, 705–708; notación científica, 713–715; orden de las operaciones, 715; propiedades de la raíz cuadrada, 717; proporciones, 710; raíces cuadradas, 711; raíces cúbicas, 712; razones, 710; símbolos, 705 (*Ver también* Símbolos/notación); tasas, 710; trigonometría, 727–728; valor absoluto, 713

ÍNDICE

Desvío: en campos eléctricos o magnéticos, 588, 606; función del, 586
Detector ATLAS, 693
Detectores de estado sólido, 693
Detectores de partículas, *692,* 692–693, *693*
Detectores de sonido: efecto Doppler y, 365, *365,* 366; función de los, 363, 381; oído humano como, *363,* 363–365
Diagrama de modelo de partículas, 58, *58*
Diagramas de cuerpo libre: de proyectiles, 139; pares de interacción y, *102*
Diagramas de movimiento, 85; aceleración en, 58, *58, 59;* explicación de los, *33–34,* 33–**34**; modelo de partículas de los, 34, *34,* 58, *58;* no uniforme, *57,* 57–58, *58;* para la trayectoria, 144; velocidad en los, *47,* 47–48, *140,* 140–141
Diagramas de vectores, 154, *154*
Dieléctricas, 598
Diferencia de potencial eléctrico: cero, 495, 509, *509;* condensadores y, 501, *501;* corriente alterna y, 576; diodos y, 662, *662;* ecuación de la, 577; eficaz, 577; en circuitos eléctricos, 527, 532; en un campo uniforme, 496, *496;* explicación de la, *493,* **494**–495, 505, 509, 510, 653; ley de lazos y, 534, *534,* 535; medición de la, 541, *541;* negativa, 494, *494;* positiva, 494, *494;* primaria, 582; secundaria, 582; tipos de, *494,* 494–495, *495;* transformadores y, 582, *582,* 583, 585
Difracción por rendija única: explicación de la, *456,* 456–457, 458; ondículas de Huygens y, 457, *457;* patrón de, 457–458, *458*
Difracción: en el ojo, 464, *464;* en luz coherente, 449; explicación de la, 394, 456–458, *456–458,* 466; lentes y, 463, *463*
Diodos: corriente y diferencia de potencial y, 662, *662;* emisores de luz, 663, *663;* explicación de los, 660, **661,** 668; polarización directa e inversa y, 661, *661*
Dirac, Paul, 694
Discos Blu-ray, 460
Dispersión: arcoíris y, *430,* 430–431, *431;* explicación de la, **430,** *430*
Dispositivo acoplado a la carga (CCD), 440
Distancia focal: ecuación de la lente delgada y, 435; explicación de la, **416,** 421, 433, *433*
Distancia, 36, 166, *166*
Disyuntores, 536, *536*
División: con cifras significativas, 708; con fracciones, 709; con notación científica, 714
Divisores de tensión, 528, *528*
Dominio magnético, 549, *549,* 550
Dopantes, 656, 657, 665, 666
DVD, 460, 644

E

Ecos, 355, 363
Ecuación de desintegración del neutrón, 697
Ecuación de frecuencia de la longitud de onda, 595
Ecuación de la lente delgada, 435
Ecuación del espejo, 421
Ecuación punto-pendiente de la recta, 49
Ecuaciones: cuadráticas, 718; fórmula cuadrática para resolver, 718; lineales, 722; método para resolver, 716–717; propiedad de la raíz cuadrada de las, 717
Edison, Thomas, 577
Efecto Compton, 623–624
Efecto Doppler: aplicaciones del, 368, 401; explicación del, **365**–366, 381, 405; murciélagos y, 368, *368;* para la luz, 400–402, *401*
Efecto fotoeléctrico: aplicación del, 619, *619;* energía cinética y, 618; explicación del, **615,** 623; fotocélula y, 615, *615;* fotones y energía cuantizada y, 616–617; radiación electromagnética y, 615, 618, 628; umbral de frecuencia y, 616
Eficaz, diferencia de potencial eléctrico, 577
Eficiencia, 269, 297
Einstein, Albert, 4; emisión estimulada, *643;* principio de equivalencia, 177; sobre la masa y la energía, 256; teoría de la gravedad, *178,* 178–179, *179;* teoría fotónica, 616, 623; teoría general de la relatividad, 178–179
Eje de rotación, momento de inercia y, 195, *195*
Eje principal, 415
Elasticidad de los sólidos, 327
Electricidad: estudios tempranos de la, 472, 594; superconductores y, 521
Electrodos, 615
Electroimanes: explicación de los, **554,** *554,* 564; solenoides como, 554, *554*
Electromagnética, átomos y energía, 634
Electromagnetismo, 553, *554,* 635
Electrones: aceleradores lineales para acelerar, 690–691; cargas eléctricas y, 474–475, 482; colisiones y, 313; descubrimiento de los, 586–587, 628; disposición de los, 630, 633, *633;* efecto fotoeléctrico y, 615, 616; en aislantes, 654; en campos eléctricos y magnéticos, 562; en conductores, 653, *653;* en semiconductores, 655, *655;* masa de los, 588; radiación y, 680; radio orbital de los, 636; rayos X y, 597, *597;* razón carga-masa de los, 587, 606
Electrónica. *Ver* Estado sólido, electrónica de
Electroscopios, *478,* **478,** 480
Electrostática: conductores y aislantes y, 475–476, *475–476;* estudios tempranos de la, 472, 474–475; explicación de la, *472–473,* **472**–474
Elementos, masas atómicas de los, 673
Elevación, 20
Elevador hidráulico, 319
Emisión de positrones, 680
Emisión espontánea, 643, *643*
Emisión estimulada, 643, *643*
Emisores de luz (LED), diodos, 663, *663*
Empuje hidrostático, 320, *320,* 321, *321*
Energía cinética: cambiante, 243; conservación de la, 263, *264;* conversiones entre energía eléctrica y, 510, *510,* 511; de traslación, 249, *249;* efecto fotoeléctrico y, 618; explicación de la, **243,** 252, 266, 280; temperatura y, 280, 281–282, *281–282,* 316, 326
Energía cuantizada: explicación de la, **614**; fotones y, 616–617; modelo de Bohr y, 633–636; modelo nuclear y, 633
Energía de enlace nuclear, 676, *676,* 678, *678*
Energía eléctrica: almacenamiento de la, 501–503; convertida en energía térmica, 520, *520;* energía mecánica convertida en, 574; luz de la, 386; ondas sonoras convertidas en, 363; producción de, 523, *523;* transformación de la, 520
Energía hidroeléctrica, 523
Energía mecánica: conservación de la, 259, *259,* 296; convertida en energía eléctrica, 574; explicación de la, 257–259, *258–259;* generadores y, 575
Energía potencial elástica, 254, *254,* 255, *255*
Energía potencial eléctrica, 256, *256;* explicación de, 493, *493;* multiplicador de tensión y, 510, *510*

Energía potencial gravitatoria: cálculo de la, 252; explicación de la, **251,** *251,* 493, *493;* niveles de referencia y, 252; transformaciones de energía y, 252, *252,* 510, *510*
Energía térmica: agua y, *291,* 291–293; animales y, 290, *290;* calor y, 281, *285,* 285–288, *286, 288;* cambios de estado y, 291–293, *291–293;* en resistores, 520–521; en sólidos, 281; energía eléctrica convertida en, 520, *520;* equilibrio térmico y, 282–283, *283;* explicación de la, **256,** *256,* 281, 302, 521; líneas de transmisión y, 523; potencia y, 521; primera ley de la termodinámica y, 295; producción de, 523; segunda ley de la termodinámica y, *298,* 298–300, *300;* temperatura y, 281–282, *281–282,* 283–286, *284, 285, 288;* termómetros y, 283, *283;* transferencia de, *285,* 285–286, 288, 291, 297
Energía: almacenamiento de, 254; cambio positivo y negativo de, 288; cambios de estado y, 293, *293;* cinética, 243, 252, **263,** *264,* 266, 280, 326, 510, *510,* 618; cuantizada, 614, 616–617, 633–634; de fotones, 616, 617, 634, *634,* 642–644; del sonido, 363; eléctrica, 363, 386, 501–503, 510, *520,* 520–521, 523, *523;* electromagnética, 634; en reposo, 256; explicación de la, **243,** 248, 276; formas de la, 248, *248;* ley de conservación de la, 257–260, *258–260,* 266; masa y, 256; mecánica, 257–259, *258–259,* 296; nuclear, 255; potencia y, 245, *245;* potencial, 250–252, *251, 252, 254,* 254–255, *255,* 266, 281, 339, *339, 340;* química, 255; radiante, 256; rotacional, 250, *250;* trabajo y, 237, 267; transformación de la, 248, 250, 252, 256, 259. *Ver también* Energía térmica; *tipos específicos de energía*
Energía, conservación de la, 288
Enésima potencia, 711
Enésima raíz, 712
Enfriamiento evaporativo, 316
Entropía: cambios de, 299; crisis energética y, 300, *300;* explicación de la, **299,** 302; motores térmicos y, 299
Equilibrio: "fuerza" de Coriolis y, *205,* 205–206, *206;* centro de masa y, *200,* 200–202, *201,* 202; estabilidad y, *201,* 201–202; explicación del, 103, 128–129, **129,** *129,* 208; fuerza centrífuga y, 205; marcos de referencia giratorios y, 205; de rotación, 202; térmico, **282,** 288
Equipotencial, 495
Escala Celsius, 285, 287
Escala Kelvin, 285, *285,* 287
Escalar, 36
Escalas de temperatura, 285, *285,* 287
Escarabajos tigre, 455, *455*
Escarabajos, 455, *455*
Espacio: curvado, 178, *178,* 179; efecto sobre el espacio, 178, *178,* 179; propulsión en el, 226
Espectro de absorción, 631, *631,* 632, *632*
Espectro de emisión: explicación del, **613,** *613;* predicho y observado, 614, *614;* usos del, 631
Espectrómetros, 402. *Ver también* Masas, espectrómetros de
Espectros: de absorción, 631, *631,* 633, *633;* de color, 395; de emisión, 613, *613,* 614, *614,* 631; electromagnético, **596,** *596;* estudio de los, 633
Espectroscopía, 632
Espectroscopio de red, 461, *461*
Espectroscopio, 461, *461,* 630
Espejismos, 430, *430*
Espejos cóncavos: defectos en los, 420, *420;* diagramas de semirrectas para los, 417, *417;* esféricos, 415, *415;* explicación de los, *415,* 415–**416,** *416;* imágenes virtuales con, 419, *419*
Espejos convexos: cálculo de la posición de la imagen para, 421; campo de visión en, 420, *420;* explicación de, **416**
Espejos curvos: cálculo de la posición de la imagen para, 421; comparación de, 424, *424;* cóncavos, *415,* 415–416, *416;* convexos, 416, 420, *420;* diagramas semirrectos para espejos curvos cóncavos, 417, *417;* explicación de los, 415; imágenes reales con espejos curvos cóncavos, 417–418, *418;* imágenes virtuales con espejos curvos cóncavos, 419, *419*
Espejos esféricos: cóncavos, 415, *415;* magnificación en, 435
Espejos parabólicos, 420, *420*
Espejos planos: explicación de los, **411,** *411;* ley de la reflexión y, *410,* 410–411, *411;* objetos e imágenes en, 411, *411;* propiedades de imagen de los, 413–414, *413–414;* propiedades de los, *413,* 413–414, *414*
Espejos: aplicaciones de los, 644; comparaciones, 424, *424;* curvos, *415–420,* 415–421, 424 (*Ver también* Espejos cóncavos; Espejos convexos); parabólicos, 420, *420;* planos, 410, *410,* 410–411, *410–411,* 413–414, *413–414* (*Ver también* Espejos planos); propiedades de los, *413,* 413–414, *413–414, 414, 424, 424*
Estabilidad, centro de masa y, 202, *202*
Estado excitado, 633
Estado fundamental, 633, 651
Estado sólido, electrónica de: circuitos integrados y, *665,* 665–666; conductores y aislantes y, *653,* 653–654; diodos y, 661–663, *661–663;* origen de la, 660, *660;* semiconductores y, 655, *655,* 656–657, *657,* 659, *659;* teoría de bandas de los sólidos y, *651,* 651–652, *652;* transmisores y, *664,* 664–665
Estática, electricidad: carga eléctrica y, 472–476, *472–476;* Electrostática; fuerzas electrostáticas y, 477–480, 484–485, *485. Ver también* Electricidad; Fuerzas electrostáticas
Estelas de condensación, 693, *693*
Estrellas, como plasma, 313
Estribo, *363*
Evaporación, 315
Exactitud, 15, *16*
Expansión térmica: aplicaciones de la, 330; coeficientes de, *328;* de sólidos, *327,* 327–328, *328,* 330; explicación de la, **312**
Experimento de la gota de aceite (Millikan), 497, *497*
Experimento de la lámina de oro (Rutherford), *628,* 628–629, *629,* 672, *672*
Experimentos con tubos de rayos catódicos (Thomson), *586,* 586–588, *588*
Exponentes: explicación de los, 711, 712; negativos, 714; positivos, 713
Extrapolación, 721

F

Factores de conversión, 706
Faraday, Michael, 175, 502, 556, 570, **594**
Faradio, 502
Faros delanteros, 390
FEM. *Ver* Fuerza electromotriz (FEM)
Fermi, Enrico, 694
Fibra óptica, 429
Filtro polarizador, 405
Física: carreras de, 4, *4;* matemáticas en la, 10; matemáticas y, *49;* música y, 369–374, *369–374,* 376–379, *376–379,* 381
Fisión nuclear: explicación de la, 679, **686,** *686,* 688, *688;* peligros relacionados con la, 688; reacciones en cadena y, 686–687, *687*

ÍNDICE

Flotación, 321, *321*
Fluidos: en reposo, *318,* 318–319, 332; explicación de los, **306**; flujo de, 325, *325*; plasma como, 313; presión en, 307, *319,* 319–320, *320*; presión y, 323, *323,* 332; propiedades de los, *306,* 306–310, *307, 309, 310, 312,* 312–313, *313,* 332; volumen de los, 319. *Ver también* Líquidos
Flujo luminoso, 387, *387,* 388, 390
Flujo magnético, 551
Flujo turbulento, 325
Fluorescentes, focos, 313, 386, 388
Focos: como fuente luminosa, 386, 388; disminución de la diferencia de potencial en los, 580; flujo luminoso de los, 390; fluorescentes, 313, 386, 388; incandescentes, 613, 630; intensidad lumínica de los, 389, *389*; luz incoherente y, 447; ondas electromagnéticas y, *612,* 612–613; resistencia de los, 513
Fórmula cuadrática, 718
Fotocélulas, 615, *615*
Fotoelectrones, 619
Fotones: energía cuantizada y, 616–617; energía de los, 616, 617, 634, *634,* 642–644; explicación de los, **616,** 695–696; fuerza electromagnética y, 698; momento de los, 623
Fotorresistores, 528, *528*
Fotosíntesis, 397
Foucault, Jean, 409
Fracciones, 421, 709
Franjas de interferencia, 448
Franklin, Benjamin, 472, 474
Fraunhofer, Joseph von, 632
Frecuencia angular, 188
Frecuencia: de la luz, 401; de ondas, *346,* 362–366, 371, 372, 376, 378, 597, 601; explicación de la, **347,** 369; oído humano y, 372; ondas de, 596, *596*
Frente de onda: explicación del, **353,** 394, *394,* 410, 456; luz coherente y, 447, *447,* 449; que pasa por un límite, 428, *428*
Fresnel, Jean, 451
Fricción cinética: coeficiente de, **122,** *122,* 123, *123*; explicación de la, **122,** *122,* 123, *123*
Fricción estática: coeficiente de, **124,** *124*; explicación de la, **122,** *122*
Fricción: cinética, 122, *122*; energía cinética y, 259; estática, 122, *122*; explicación de la, 135, 175
Frío, energía cinética y, 281
Frisch, Otto, 686
Fuente fija, iluminancia de una, 390
Fuentes luminosas: cantidad de luz que emiten las, 387, 388; explicación de las, **386**
Fuerza aplicada, 267, 268, 271
Fuerza centrífuga, 151, *151,* **205**
Fuerza centrípeta, 149, 205
Fuerza constante: impulso y, 215; trabajo y, 238–240, *238–240*
Fuerza de rozamiento, 99, 100, *100*
Fuerza de campo, 86, *86,* 1486
Fuerza de contacto, 86, *86,* 175
Fuerza de gravedad: explicación de la, 162, **166,** *166*; fuerza electrostática *vs.*, 472–474, *473*; medición de la, 168–170, *169,* 178; peso como, 175, *175*
Fuerza electrodébil, 699
Fuerza electromagnética, 698, *699, 700*
Fuerza electromotriz (FEM): autoinducción y, 581; campo magnético y, *578,* 578–581, *581*; corrientes de Eddy y, 580; en micrófonos, 573, *573*; función de la, 571, *571,* 578–579, 580, 581; generadores y, 574, 575; levitación y, 581; ley de Lenz y, 579–580; piezoelectricidad y, *601*; transformadores y, 582, *582*
Fuerza electromotriz inducida (FEM), 571, 573, *573. Ver también* Fuerza electromotriz (FEM)
Fuerza neta: centrípeta, 149; efecto de la, 128, 338; explicación de la, 314; peso y, 97, *97*
Fuerza normal, 106, *106*
Fuerza nuclear débil, 697, 702
Fuerza nuclear fuerte, *675,* **675**–676, 690, *699*
Fuerza resistente, 267, 268, 271
Fuerza resultante, 129
Fuerza: agente que ejerce una, 86; centrífuga, 151, *151*; centrípeta, 149; cinética, 122, 123, *123*; como pares de interacción, 101, *101,* 104; constante, 215, 238, *238*; de rozamiento, 99, *100*; de contacto, 86, 175; de esfuerzo, 267, 268, 271; de gravedad, 162, 166, *166,* 168–170, *169,* 175, *175,* 178, 698, *699*; del aire, 146, *146*; desbalanceada, 85; electromagnética, 698, *699, 700*; electromotriz inducida, 571; empuje hidrostático, *320,* 320–321, *321*; en dos dimensiones, 128–130, *128–130,* 135; explicación de la, **81,** 86, 477; fricción, 122, 123; impulsos y, 222; movimiento y, *85–91,* 85–94, 578; neta, 97, *97,* 149, 338; normal, 106, *106*; nuclear débil, 697, 702; nuclear fuerte, 675, 690, *699*; perpendicular, 238; que ejerce un elevador hidráulico, 319; resistente, 267–268, 271; resultante, 129; tensión, 104; trabajo y, 237–240, *237–240*; velocidad angular y, *189,* 189–190, *190*
Fuerzas de adhesión, 315, 316, 332
Fuerzas de cohesión, 314–315
"Fuerza" de Coriolis: explicación de la, **205**; rotación de la Tierra y, 206, *206*
Fuerzas de fricción: explicación de las, 122, 259; modelos matemáticos para las, 123–124
Fuerzas electrostáticas: aplicaciones de las, 484–485, *485*; ejemplos de, *491*; en cuerpos con carga, 477–480, *477–480*; explicación de las, 477, 505; fuerza de la gravedad v., 472–473; ley de Coulomb y, *481,* 481–482, 484; medición de las, 481
Fuerzas magnéticas: galvanómetros y, 558, *558*; motores eléctricos y, 560, 562; sobre alambres que transportan corrientes, 556–558, *556–558,* 566; sobre partículas de una carga, 562
Función de trabajo, 621
Función del coseno, 728
Función del seno, 728
Funciones periódicas, 728
Funciones trigonométricas, 728
Funda, 429
Fundamental, 376
Fusibles, 537
Fusión: nuclear, 688–689, *689*; temperatura de, **292,** *292*

G

G (constante), 168–170
Galilei, Galileo, 74, 75, 364, 432
Galio, 657, *657,* 663, 665
Galvanómetros, 538, **558,** *558,* 560
Gases: energía cinética y temperatura de los, 280–281; plasma *vs.*, 313; presión y, 307–309, *309*; volumen de los, 309
Geiger, Hans, 628
Generadores eléctricos: conversión de la energía mecánica por, 575; corriente de, *574,* 574–575, *575*; corrientes alternas y, *576,* 576–577; de Van de Graaff, 492, *492*; directos, 576; función de los, 510, *510,* 574; ley de Lenz y, 579; motores eléctricos v., 575, *576*
Germanio, 652
Giroscopios, 230–231, *231*
Globos llenos de helio, 281, *281*
Gluones, 695
Grados, 185
Gráficas cuadráticas, 724
Gráficas de fuerza-tiempo, 214, 215

Gráficas de posición-tiempo: aceleración de caída libre y, 76, *76*; explicación de las, **40,** *66*; múltiples objetos en, 43, *43*; pendiente en, *45, 46,* 46–47, *66, 67, 70*
Gráficas de velocidad-tiempo: explicación de las, 60, *60*; gráficas de posición-tiempo y, 67, *70*; para la aceleración de caída libre, 76, *76*
Gráficas lineales, 721
Gráficas: cálculo del área debajo de las, 725; cuadrática, 724; de funciones trigonométricas, 728; de ondas, 347, *347*; ; de relaciones, 720–724; función de las, 18, 19; predicciones a partir de, 23; relaciones lineales en las, 20; relaciones no lineales en las, *21,* 21–22, *22*; *Ver también* Gráficas de posición-tiempo; Gráficas de velocidad-tiempo
Gran Colisionador de Hadrones (LHC), 564, *691,* 692
Gravedad: caída libre y, *74,* 81; efecto de la gravedad sobre, 179; efecto sobre la luz, 179; efectos sobre los proyectiles, 139, *139,* 140; explicación de la, 175; malabarismo y, 251, 252; presión de fluidos y, 319; teoría de Einstein de la, *178,* 178–179, *179*
Gravitación: ley de la gravitación universal de Newton, 166, *166*; tercera ley de Kepler y, 166, *166*
Gravitacional, masa, 166, *166,* 170, **177,** 178
Gravitón, 695
Grimaldi, Francesco Maria, 394, 395

H

Heisenberg, Werner, 627, 642
Helio, 673, *674,* 680
Helmholtz, Hermann, 369
Henry, Joseph, 570, **594**
Hertz, 347
Hidrógeno: en la atmósfera, 313; espectro visible del, 632, *632*
Hielo, 307, 312
Hipermetropía, 439, *439*
Hipotenusa, 726
Hipótesis, 6
Hubble, Edward, 403
Huygens, Christiaan, 394, 395, 430, 456, 457

I

Igualdad, propiedad transitiva de la, 428
Iluminación: cantidad de, 388; explicación de la, 405; superficie de, 390
Iluminancia: explicación de la, **388,** *388*; fuente fija, 390; relación inversa del cuadrado e, 388
Imágenes reales, explicación de las, **417**
Imágenes reflejadas, 409, *409*
Imágenes virtuales: con espejos, 419, *419*; con lentes, 434, *434,* 435, *435,* 440; explicación de las, **411**; valores negativos de las, 421
Imágenes: ampliación de, 416; combinación de, 34, *34*; consecutivas, 33, *33*; en espejos convexos, 416, 420, *420*; explicación de las, **411**; orientación de las, 414; posición y altura de las, *413,* 413–414; reales, 417–418, *418*; virtuales, 411, 419, *419,* 434, *434. Ver también* Espejos
Imanes: campos magnéticos alrededor de, 550–552, *551–552*; contexto histórico de los, 547, 550; dominios de los, 549, *549,* 550; explicación de los, 547, *547*; fuerzas sobre, 552, *552*; permanentes, 549–552, *552*; polos de los, *547,* 547–548; temporales, 549, *549,* 552
Imantación por inducción, 549, *549,* 551
Impulso angular-teorema del momento angular, 218
Impulso: explicación del, **214,** 215, 233; fuerzas e, 222
Incandescencia, 613, 630
Índice de refracción: explicación del, **426,** *426,* 428, 438; interferencia e, 452; significado del, 427–428, *428*; velocidad de la luz e, 430
Inducción electromagnética: campos magnéticos cambiantes e, *570,* 570–571, *571,* 573, *573*; explicación de, **570**; generadores eléctricos e, *574–576,* 574–577; ley de Lenz e, 578–581, *578–581*; transformadores e, *582,* 582–583, 585, *585*
Inducción mutua, 582
Inducción: auto-, 581, 582; carga por, **479,** *479*; imantación por, 549, *549,* 551; mutua, 582
Inercia: leyes de Newton de la, 205; momento de la, 194–195, *195*
Inercial, masa, 176, **177**
Ingravidez, 97, 175
Instalaciones hidroeléctricas, 523, *523*
Instantánea, aceleración, 62, *62*
Instantánea, posición, 41
Instrumentos de caña, 369, 370. *Ver también* Instrumentos musicales
Instrumentos de cuerda: resonancia en, 374, *374*; tensión y, 374, 377. *Ver también* Instrumentos musicales
Instrumentos de viento-madera, 369, *369. Ver también* Instrumentos musicales
Instrumentos de viento-metal, 369, *369,* 370. *Ver también* Instrumentos musicales
Instrumentos musicales: de cuerda, 374, *374*; electrónicos, 369; producción del sonido en, *369,* 369–370; resonancia en las columnas de aire e, 370–373, *370–373*
Intensidad lumínica, 389, *389*
Interacciones débiles, 698, *698*
Intercepto en *y*, 20
Interferencia constructiva: explicación de la, 448, 449, *449,* 453; patrón de difracción y, 456
Interferencia de doble rendija: interferencia de rendija única v., 457; luz coherente e, *448,* 448–451, *450*
Interferencia destructiva: explicación de la, 448, 449, *449,* 452; patrón de difracción y, 456
Interferencia en película delgada: aplicaciones de la, 453, 455, *455*; explicación de la, *452,* **452**–453
Interferencia, 351, 447; constructiva, 448, 449, *449,* 453, 456; de doble rendija, 448, *450,* 450–451; de luz coherente, *447–450,* 447–451; de luz incoherente, 447, *447*; destructiva, 448, 449, *449,* 452, 456; en película delgada, *452,* 452–453, 455, *455*; explicación de la, 447, 466; natural, 455, *455*
Interpolación, 721
Interruptor de circuito por falla a tierra (ICFT), 537
Interruptores, 665
Intervalo de tiempo, 37, *37,* 186
Intervalos musicales, 378
Investigaciones. *Ver* Métodos científicos
Io, 392, *392,* 393, *393*
Iones: colisiones y iones positivos, 313; desvío y iones positivos, 588
Isótopos: espectrómetro de masas e, 590; explicación de los, **590,** 679; núcleos de los, *673,* 673–674, *674*; radioactivos, 683–685, *683–685*; vida media de los, *683,* 683–684, *684*

J

Joule, James Prescott, 243
Juegos mecánicos en parques de diversiones, aceleración de caída libre y, 78, *78*
Julios, 237, 243, 291, 523, 617
Juntas de expansión, 327, *327*

ÍNDICE

Júpiter, 392, *392,* 393

K

Kepler, Johannes, 163
Kilovatios-hora, 523
Kilovatios, 245
Kirchhoff, Gustav Robert, 534

L

Landsat 7, 174, *174*
Láseres y átomos, 644
Láseres: aplicaciones de los, 644, 645, *645;* diodo, 663, *663;* excitación atómica y, 643; explicación de los, **643,** 660; fotones y, 644
Lava, 315
Lazos: campo magnético alrededor de los, 554; fuerza electromotriz inducida y, 574, *574,* 575; intensidad del campo y, 554
Lentes acromáticas, 437, *437,* 440
Lentes antirreflejo, 453
Lentes cóncavas: ecuación de la lente delgada y, 435; explicación de las, **432,** *432,* 443; imágenes virtuales y, 434, *434,* 435, *435*
Lentes convexas: en telescopios, 440; explicación de las, **432,** *432,* 433–434, *433–434,* 443; imágenes virtuales y, 419, *419,* 434, *434, 435;* rayos de luz y, 433, *433*
Lentes de contacto, 439
Lentes esféricas: defectos en, 437, *437;* ecuaciones de, 435; explicación de las, 435
Lentes: acomodación y, 438; acromáticas, 437, *437,* 440, *440;* amplificación y, 435; aplicaciones de las, 432, 439, 443; cóncavas, 432, 434, *434,* 435, 443; convexas, 432–434, *432–434,* 435, 439, 440, 443; difracción y, 463, *463;* ecuaciones para las, 435, *435;* en cámaras, 440, *440;* en los ojos, 438–439, *438–439,* 439, *439;* en telescopios refractantes, 440, *440;* esféricos delgados, 435, *435;* esféricas, 437, *437;* explicación de las, **432**; tipos de, 432, *432. Ver también* Refracción
Lenz, H.F.E., 578
Leptones, 694, *695,* 696, 698, 702
Ley científica, 8
Ley de Boyle, 309, 310
Ley de Charles, 309, 310
Ley de conservación del momento: explicación de la, 225, 227, 233, 493; fotones y, 624, *624*
Ley de Coulomb: campos eléctricos y, 487; ecuación de la, 482, 484, 635; explicación de la, **481**–482, 629
Ley de Hooke, 339
Ley de la conservación de la energía: explicación de la, **257**–260, *258–260,* 535, 579; fotones y, 624, *624;* ley de lazos y, 534
Ley de la conservación del momento angular, 229, 230
Ley de la gravitación universal de Newton: aplicación de la, *171,* 171–172, 178, 181; explicación de la, **166,** *166,* 181; tercera ley de Kepler y, 166
Ley de la gravitación universal. *Ver* Ley de la gravitación universal de Newton
Ley de la reflexión: espejos y, 413; explicación de la, **354,** *410,* 410–411, *411*
Ley de la refracción de Snell: aplicaciones de la, 428, 432, 439; como razón de los senos de los ángulos de incidencia y de refracción, 428; explicación de la, 426, 427, 428
Ley de lazos (Kirchhoff), 534, *534,* 535
Ley de Lenz: efectos de la, 580, *580,* 581; explicación de la, **578**–579; generadores y motores y, 579–580
Ley de los cosenos, 115, 727
Ley de los gases ideales, 310
Ley de los senos, 115, 728
Ley de Malus, 399
Ley de nodos (Kirchhoff), 535
Ley de Ohm, 515–516, *516*
Leyes de Kirchhoff, *534,* 534–535, *535*
Leyes de los gases: combinadas, 309–310, *310;* explicación de las, 309; leyes ideales de los gases, 310
Línea de campo eléctrico, 490, *490*
Línea de mejor ajuste, 18, 19
Línea recta: trayectoria de la luz en, 385, *385, 386,* 388, *405*
Lineales, ecuaciones, 722
Líneas de corriente, 325
Líneas de Fraunhofer, 632, *632*
Líneas de transmisión de electricidad, 523
Líneas del campo magnético, 551, *551*
Líquidos: evaporación y condensación de los, 316–317, *317;* expansión térmica y, 312; fuerzas de adhesión en, *315,* 315–316, 332; fuerzas de cohesión en, *314,* 314–315, 332; presión y, 307; sólidos v., 326; viscosidad de los, 315. *Ver también* Fluidos
Logaritmos comunes, 729
Logaritmos inversos, 729
Logaritmos, 729
Longitud de onda de De Broglie, 625, 627, 641, *641*
Longitud de onda: cálculo de la, 347, *347;* color y, 395, *395,* 396, 453; de Broglie, 625, 627, 641, *641;* de la luz visible, 734; de la luz, 395–396, 400–402, 405, 410, 431, *448,* 448–451, *450, 452,* 452–453, 597; de la red de difracción, 461; de las ondas en dos dimensiones, 353; de onda sonoras, 364, 372, 374; de ondas de radio, 599; de ondas electromagnéticas, 596, 597, 606, 623; explicación de la, **346,** 363, 394, 595; medición de la, *450,* 450–451; refracción y, 428, *428;* velocidad y, 363
Lúmenes, 387
Luna: aceleración de caída libre y la, *74,* 79; datos sobre la, 735; investigación del Lunar Reconnaissance Orbiter en la, *645*
Lunar Reconnaissance Orbiter, *645*
Luz blanca, 395, *395*
Luz coherente: explicación de la, **447,** *447,* 642, *642;* generación de la, 449, *449;* interferencia de la, 448–449, *448–449*
Luz de la luna, 386
Luz incoherente, 447, *447*
Luz láser, *645*
Luz monocromática, 448, 449
Luz solar: arcoíris y, 431, *431;* explicación de la, 386
Luz ultravioleta, 615, *615*
Luz: absorción de la, 387, *387;* blanca, 395, *395;* cantidad de, 387–389, *387–389;* coherente, *447–450,* 447–451, 642, *642;* color y, 395–397, *395–397;* desviación de la, 179, *179;* difracción de la, 394, 449, 456–461, *456–461, 463,* 463–464, *464;* dispersión de la, *430,* 430–431, *431;* efecto Doppler para la, 400–402, *401,* 405; espejismos y, 430, *430;* explicación de la, 385; frecuencia de la, 400, *400,* 401; iluminación superficial y, 390, *390;* incoherente, 447, *447;* interferencia de la, 447–453, *447–453* (*Ver también* Interferencia); láser, *645;* longitud de onda de la, 395–396, 400–402, 405, 410, 430, *448,* 448–451, *450,* 452–453, 597, 642; materia y, 386, 387, *387;* modelo de ondas de la, 394, *394,* 405, 410, 428; modelo de rayos de la, *386,* 386–387; monocromática, 448, 449; neón, 313, *313,* 628, 630, *630;* ojo humano y, 438, *438;* polarización de la, *398,* 398–399, *399,* 405; propiedades de onda de la, 448, *448,* 451; que cruza fronteras entre medios, 425, *425,* 426; reflexión

de la, 386, *386,* 387, 410, 411, 425, 429; refracción de la, 425–431, *425–431,* 443 (*Ver también* Refracción); transmisión de la, 387; trayectoria de la, 385, *385, 386;* ultravioleta, 615, *615;* velocidad de la, *392,* 392–393, 400, 401, 405, 430, 443. *Ver también* Iluminación

M

MA (Modulación de amplitud), 603
Magnetismo: de la Tierra, 548, 550; en materiales ferromagnéticos, 549, *549;* estudios tempranos del, 594; explicación del, 547, 566
Magnificación, 416, 435
Magnitud, 36
Malabarismo, 251, 252
Máquinas compuestas: bicicleta como, 271, *271,* 273, *273;* cuerpo humano como, 274, *274;* explicación de las, **270**
Máquinas de vapor, 291, 295
Máquinas: compuestas, *270,* 270–271, *271,* 273, *273;* eficiencia de las, 269; explicación de las, **267,** 276; máquina de caminar humana, 274, *274;* simples, *270;* ventaja mecánica de las, *267,* 267–268, *268,* 271
Marco de referencia, 152, *152–155,* 153–155
Marsden, Ernest, 628
Marte, 593
Martillo, *363*
Masa puntual, momento de inercia de una, 194
Masa: centro de, *200,* 200–202, *201;* de los isótopos, 674; de un objeto en caída libre, 174; efecto sobre el espacio, 178, *178,* 179; energía y, 256; gravitacional, 166, *166,* 170, 177, 178; inercial, 176, 177; momento de la inercia, 194, 195; sobre un resorte, *338,* 338–339, 338–340, *338–340*
Masas, espectrómetros de: análisis isotópico y, 591, 593; aplicaciones de los, 593, 673, *673;* explicación de los, **591,** *591,* 606, 676; relación carga-masa de un ion en un, 591; tipos de, 591
Matemática: música y, 377; en la física, 10
Materia oscura, 700
Materia: aceleradores de partículas para estudiar la, *690,* 690–691; explicación de la, 690; luz y, 387, *387;* ondas electromagnéticas a través de la, 598
Materiales ferromagnéticos, 549, **549,** *549*
Maxwell, James, 594, 612
Medición: comparar los resultados de una, 14–15, *15;* de la velocidad de la luz, 392, 393; destrezas matemáticas relacionadas con la, 705–708; explicación de la, **14;** incertidumbre en la, 15, *15;* instrumentos tempranos de astronomía, 162, *162;* notación científica para expresar una, 713; precisión *vs.* exactitud en la, *15,* 15–16, *16;* técnicas de, 16, *16*
Medidores de luz, 659, *659*
Medios opacos, 387, **387,** *387*
Medios translúcidos: explicación de los, **387,** *387;* luz que pasa por los, 425, *425*
Medios transparentes: explicación de los, **387,** *387,* 432; luz que pasa por, 425, *425,* 426, 430
Meitner, Lise, 686
Membrana timpánica, 363, *363*
Mersenne, Martin, 364
Mesón, 695
Metales, amortiguación por corrientes de Eddy en, 580
Métodos científicos: pasos en los, *5,* 5–7, *6*
MF (Modulación de frecuencia), 603
Michelson, Albert A., 393
Microchips, 665, *665,* 666
Micrófonos, *573,* 363, 573
Microondas, 594, 597, 602
Microscopios electrónicos de transmisión (TEM), 625
Microscopios: apertura en, 463; electrónicos de transmisión, 625
Millikan, Robert A., 497, *497*
Miopía, 438–439, *439*
Miopía, 439, *439*
Modelo atómico cuántico: contexto del, 641–642; explicación del, **642,** *642,* 647; láseres y, **642,** *642–645, 643–645*
Modelo atómico de Bohr: desarrollo del, 635–636, *636,* 647; energía cuantizada y el, *633,* 633–634, *634;* fundamento del, 633; importancia del, 640, 641, 647; predicciones del, 635; transiciones de energía y electrones y el, 637
Modelo atómico nuclear: contexto del, 628; espectros de absorción y, 631, *631;* espectros de emisión y, *630,* 630–631; espectroscopía y, 632; explicación del, *629,* 629–632, *630;* fallas en el, 632, 633; pruebas del, *628,* 628–629
Modelo atómico planetario, *632,* 632–633, *633*
Modelo de lente delgada, 432
Modelo de ondas, 394, *394,* 405, 410, *410,* 428, *428*
Modelo de partículas de las ondas: efecto Compton y, *623,* 623–624, *624;* efecto fotoeléctrico y, 615–617, 619, 623; paquetes de energía y, 612–614, *612–614;* teoría fotónica y, 618, 619, *619,* 621, *621*
Modelo de partículas, 34, *34,* 451
Modelo de quarks de la desintegración beta, 697–698, *698*
Modelo de rayos de luz, 386–387
Modelo de río, 525, *525*
Modelo estándar: explicación del, **694–695,** *695,* 702; prueba del, 698–700
Modelos: contexto histórico de los, 7; de alta tecnología, 8; de campos eléctricos, 490, *490, 491,* 492; de circuitos eléctricos, 525, *525;* explicación de los, 7; usos de los, 22, *22,* 23
Módulo lunar, *307*
Moléculas, 281
Momento: angular, *218,* 218–219, *219,* 229, *229,* 635, 641; cambio del, 223; como vector, 215; conservación del, *222,* 222–223, *223,* 225, 227, 233; de fotones, 623, 624; en un sistema aislado, 223; explicación del, **215,** 223, *223,* 233, 625; ubicación e, 627, *627*
Momento angular: astronomía e, 218; conservación del, 229, 230; cuerpo humano e, 219; explicación del, **218,** 641; medición del, 218
Momento de inercia: de distintos objetos, *195,* 732; explicación del, 194–195, *195;* par de torsión e, 197
Monopolos, 548
Montañas rusas, conservación de la energía y, 259, *260*
Mosely, Henry, 672
Motores de combustión interna, 296, *296*
Motores eléctricos: función de los, **560,** *561;* generadores v., 575, *576;* interrupciones de corriente en, 579–580; ley de Lenz y, 579–580
Motores térmicos: eficiencia de los, 297; entropía y, 299; explicación de los, 296, *296*
Movimiento armónico simple: explicación del, **338;** péndulos y, 342, *342;* resortes y, 339, *340*
Movimiento circular uniforme: explicación del, **147,** *147,* 168; vector de velocidad de un objeto con, 148, *149*
Movimiento circular: aceleración centrípeta y, *148,* 148–149, *149;* explicación del, 147; fuerza centrífuga y, 151, *151;* segunda ley de Newton para el, 149; uniforme, 147, *147,* 167

ÍNDICE

Movimiento de rotación: aceleración angular y, 187, 188, 208; centro de masa y, *200,* 200–202, *201;* condiciones de equilibrio y, 202; desplazamiento angular y, *185,* 185–186, *186,* 208; estabilidad y, *201,* 201–202; fuerza y velocidad angular y, *189,* 189–190, *190;* momento de inercia y, 194–195, *195;* par de torsión y, 190, *192,* 208; segunda ley de Newton para el, 197, 218; velocidad angular y, 186–187, *187,* 208
Movimiento no uniforme, 57
Movimiento periódico: explicación del, 357; ley de Hooke y, 339, *339;* masa sobre un resorte y, 338, *338;* péndulos y, 342, *342;* potencial energético, 339, *340;* resonancia y, 342, *342*
Movimiento planetario: explicación del, *171,* 171–172, 181; Newton y el, 168; observaciones tempranas del, 162–164, *163*
Movimiento relativo: en dos dimensiones, 154–155, *154–155;* en una dimensión, *152,* 152–154
Movimiento uniforme, 57
Movimiento: circular, 147–149, *147–149,* 151, *151,* 167; con aceleración constante, *66,* 66–73, *67,* 70, *70;* ecuación del, 49–51; en dos dimensiones, *140,* 140–141; en línea recta, 33, *33;* en una dimensión, *152,* 152–153; fuerza y, *85–91,* 85–94, 578; gráfica de posición-tiempo para representar el, 40–44, *40–44;* horizontal, 141; independencia de, *140,* 140–141; métodos para describir el, 41, *41;* periódico, 338–339, *338–340,* 342, *342,* 357; proyectiles y, *139–141,* 139–142, 144, *144,* 146, *146,* 171, *171;* sistema de coordenadas y, 35–36; tipos de, *32,* 32–33; uniforme, 57; vectores y escalares y, 36–39, *37, 38;* velocidad relativa y, 152–155, *152–155;* velocidad y rapidez, *45,* 45–48; vertical, 142. *Ver también* Movimiento de rotación
Multiplicación: con cifras significativas, 708; con fracciones, 709; con notación científica, 714
Multiplicador de tensión, 510
Muon, 694
Murciélagos, 368, *368*
Música: acústica y, 380; batimientos y, 378, *378;* calidad del sonido en la, 376, *376;* consonancia y disonancia y, 377; explicación de la, 369; fundamentales y armónicos y, 376–377, *377;* matemática y, 377; pérdida de la audición por música fuerte, 365; reproducción del sonido y ruidos y, 379, *379;* resonancia en las columnas de aire y, 370–373, *370–373;* sonido como, 369–370
Musschenbroek, Pieter Van, 501

N

Nadar bajo presión, 319–321, *319–321*
Negativa, diferencia de potencial eléctrico, 494, *494*
Negativa, posición, 36
Neptuno, descubrimiento de, 171
Nervio óptico, 438, *438*
Neutrinos, 694, 697
Neutrones: desintegración beta y, 697; explicación de los, 673; quarks y, *695,* 695–696; radiación y, 680, 681; reacciones en cadena y, 686–687, *687. Ver también* Núcleo
Newton, Isaac, 166, 167, 170, 175; experimentos sobre el color de, 395; leyes de la inercia de, 205; masa y, 177; modelo de partículas de, 451
Newtons, 557
Nivel de referencia, 251–252, *252*
Nivel de sonido, 364
Niveles energéticos: de átomos, *651,* 651–652; explicación de los, **633**
No uniforme, Diagramas de movimiento, *57,* 57–58, *58*
Nodos, 352, 371–373
Normal, 354, 410
Notación científica, 713–715
Notación. *Ver* Símbolos/notación
Nube de electrones, 642
Nuclear, energía, 255
Núcleo: carga eléctrica y, 474; de isótopos, *673,* 673–674, *674;* defecto de masa y, 676; energía de enlace nuclear, 676, *676,* 678, *678;* experimento de la lámina de oro de Rutherford y, *628,* 628–629, *629,* 672, *672;* explicación del, **629,** 673, 699; fuerza nuclear fuerte y, 675, *675;* investigaciones del, 690; protones y neutrones en el, 672, *672;* radiación y, 680; tamaño del, 673
Nucleones: energía de enlace nuclear y, 678, *678;* explicación de los, **673;** Protones; quarks y, 695–696. *Ver también* Neutrones
Número atómico, 673
Número cuántico principal, 636, *636*
Número de Avogadro, 310
Números para contar, 706

O

Objetos neutrales: explicación de los, **474;** separación de la carga en, 478–479, *479, 480*
Objetos, 411
Octavas, 378
Oersted, Hans Christian, 552, 553, 594
Ohm, Georg, 515, 516
Ohms, 515, 516
Oído humano: como detector de sonido, 363, *363,* 364; frecuencia y, 372; pérdida de sensibilidad del, 365, *365*
Oído. *Ver* Oído humano; Sonido
Ojo humano: difracción y, 463, 464; explicación del, 438, *438;* hipermetropía en el, 439, *439;* lentes en el, 432, 438–439, *438–439;* miopía en el, 438–439, *439*
Ondas acuáticas, 344
Ondas bidimensionales: creación de, 354, *354;* explicación de las, 353, *353,* 357; reflexión de, 354, *354;* refracción de, 355, *355. Ver también* Ondas
Ondas de materia, 625, 627
Ondas de presión, 363, *363,* 371, *371*
Ondas de radio, 597, 598, 603
Ondas de ruido, 379, *379*
Ondas de superficie, 345, *345*
Ondas electromagnéticas: cristales de cuarzo para generar, 601; de alta frecuencia, 597; de baja frecuencia, 597; efecto Compton y, 623; explicación de las, **595,** 612; frecuencias de las, 596, *596;* función de las, 586; longitudes de onda de las, 596, 597, 606, 623; métodos para captar las, *602,* 602–603; producción de, *599–600,* 599–601; propagación de, 598; propiedades de las, 595
Ondas estacionarias: en tubos, 371, *371;* explicación de las, **353,** *353*
Ondas incidentes, 350, *350, 354*
Ondas infrarrojas, 597
Ondas longitudinales, 344, *344,* 346
Ondas mecánicas: explicación de las, *344,* 344–345, *345, 353;* período y frecuencia de las, *346;* velocidad de las, 346, 350
Ondas periódicas, 344
Ondas portadoras, 599
Ondas reflejadas: color y, 452, *452;* color y, 452, *452;* explicación de las, **350,** *350,* 352; sonido y, 363
Ondas sinusoidales, 371, 376
Ondas sonoras: amplitud de las, 364, 378; detección por el oído humano, 363, *363;* en micrófonos y, 573, *573;*

explicación de las, 344, **362**; frecuencia de las, 363–366, 370, 372, 376, 377, 378; intensidad de las, *364,* 364–365; longitud de onda y, 364, 372, 374; oscilaciones creadas por, 362, *362*; producción de, 371; reflejadas, 363; variaciones de presión y, *361,* 361–362
Ondas transversales: en gráficas, 347, *347*; explicación de las, **344,** *344*; interferencia y, 452; ondas electromagnéticas como, 595; velocidad de las, 346
Ondas: acuáticas, 344; ; bidimensionales, 353–355, *353–355,* 357; de materia, 625, 627; de presión, 363, *363,* 371, *371*; de radio, 597, 598, 603; de ruido, 379, *379*; electromagnéticas, 586, *594–602,* 594–603; en límites, 350–351, *350–351*; energía de, 346; estacionaria, 353, *353,* 371, *371*; explicación de las, **344,** 350, 361; fase de las, 346; frecuencia de, *346,* 347, *362,* 362–366, 370, 372, 376, 377, 378, 596, *596,* 597, 601; gráficas de, 347, *347*; incidentales, 350, *350,* 354, *354*; infrarrojas, 597; interferencia de, 351–353, *352,* 357, 447–451; longitudinales, 344, *344*; mecánicas, *344,* 344–345, *345,* 346, *346,* 350, 353; microondas, 597, 598, 602; periódicas, 344; período de las, 346, *346*; portadoras, 599; propiedades de las, 345–347, *345–347,* 357, 363; velocidad de las, 346, 350, 363, 377, 598; reflejadas, 350, *350,* 352; sinusoidales, 371, 376; superficiales, 345, *345*; superposición de, 351–353, *351–353*; transversales, 344, *344,* 347, *347,* 452, 595. *Ver también* Modelo de partículas de las ondas; Ondas sonoras
Ondículas: de la difracción por rendija única, 458; difracción y, 456, 457, *457,* 458, *458*; explicación de las, 394
Óptica de rayos, 386
Óptica geométrica, 386
Órbita geosíncrona, *174*
Orden de las operaciones, 715
Origen, 36

P

Palancas, función de las, *270*
Par de torsión: centro de masa y, 201, *201*; sentido de rotación y, 230; en galvanómetros, 558, *558*; en un sistema binario, 218; explicación del, **190**; método para hallar el par de torsión neto, *192,* 192; velocidad angular y, 190, *192,* 208
Parábolas, 724
Parabólicas, antenas, 602, *602*
Paracaídas, 99, 100
Pararrayos, 500
Pares de interacción, 101, *101,* 104
Partículas alfa (a), 629, *629,* 680, *680*
Partículas beta, 680
Partículas con carga: espectrómetro de masas y, *590,* 590–591; experimentos de Thomson y, *586,* 586–588, *588,* 606; fuerzas electrostáticas sobre las, 477–480, *477–480*; fuerzas magnéticas sobre las, 562
Partículas portadoras, 694, **695,** 702
Partículas: aniquilación de, 696; con carga, 477–480, *477–480,* 562, *586,* 586–588, *588,* 606; conservación de, 697; método para hallar nuevas, 694; producción de, 696–697
Pascal, 307
Pascal, Blaise, 318
Patrón de difracción del espectro, 460
Patrones de difracción: ecuación de los, 457–458; explicación de los, **456**; ondículas de Huygens y, 457, *457*; producidos por redes de difracción, 461, *461*
Pauli, Wolfgang, 694
Pelotas: conservación de la energía y, 259; proceso de atrapar y arrojar las, 243, *243*
Pendiente: en gráficas de posición-tiempo, *66, 67, 70*; en gráficas de velocidad-tiempo, 60, *60*; explicación de la, 20, 621, 722; gráficas de posición-tiempo, *45, 45,* 46–47
Péndulos: circuitos de bobina y condensador y, 600; conservación de la energía y, 259, *260*; período de los, 342; simples, 342
Pérdida de audición, 365, *365*
Pérdida por efecto Joule, 523
Perímetro, 725
Período: de revolución, 149; de un péndulo, 342; de un satélite que orbita la Tierra, 172; de una onda, 346, *346*; explicación del, **338,** 344, *382*
Permanentes, imanes, 549–552, *552*
"Pesar la Tierra", investigación, 170
Peso: aparente, 97, *97*; como fuerza de la gravedad, 175, *175*; fuerza normal y, 106, *106*
Piezoelectricidad, 601
Pigmentos primarios, 397, *397*
Pigmentos secundarios, 397, *397*
Pigmentos: primarios, 397, *397*; secundarios, 397, *397*
Pion, 694
Pistas de esquí, *260*
Pitágoras, 377
Planck, Max, 614, 618
Planetas: distancia con respecto al Sol, *164*; que orbitan el Sol, 168. *Ver también* Sistema solar
Plano de coordenadas, 720
Plano principal, 432
Planos inclinados, 130, *270*
Plantas, fuerzas de cohesión en el agua y las, 315
Plasma, 313, *313,* 475
Plomo, 653, 680
Poisson, Siméon Denis, 451
Polarización por filtro, 398, *398*
Polarización: explicación de la, **398,** 405; ley de Malus y, 400; por reflexión, 399, *399*
Polarizado, 547
Poleas, 270, 268, *268*
Polos, 547, *547,* 548, *548,* 549
Posición: con aceleración constante, *66,* 66–67, *67,* 70, *70*; con aceleración promedio, 70; en las gráficas, 40–41, *40–41, 42, 43*; explicación de la, **36**; instantánea, 41, *41*; negativa, 36
Positiva, diferencia de potencial eléctrico, 494, *494*
Positrón, 680, 694
Potencia de un producto, 712
Potencia de una potencia, 712
Potencia: ecuación de la, 511, 521; energía térmica y, 521; explicación de la, **245**; medición de la, 511; velocidad y, 247
Potencial eléctrico, 493, *493*
Potencial energético: de los átomos, 255, 634; **elástico,** 254, *254,* 255, *255*; eléctrico, 256, *256,* 493, *493*; en resortes, 339, *339, 340*; en sólidos, 281; explicación del, **250,** 252; gravitacional, *251,* 251–252, *252,* 493, *493,* 510, *510*; nuclear, 255
Potencial, diferencia de. *Ver* Diferencia de potencial eléctrico
Potenciómetros, 517, *517,* 619, *619*
Precipitadores electrostáticos, 485, *485*
Precisión, 15, *15,* 385
Predicciones, 23
Prefijo SI, 732
Presión: atmosférica, 308; de fluidos, 307, 318–320, *319, 320*; del agua, 319–321, *319–321,* 323, *323*; explicación de la, **307,** 318; gases y, 307–309, *309*; lista de presiones típicas, *307*; sólidos y líquidos y, 307; unidad de, 307
Primaria, diferencia de potencial eléctrico, 582

Índice

ÍNDICE

Primera ley de Kepler, 163, 181
Primera ley de la termodinámica: explicación de la, **295,** 302; bombas térmicas y la, 297; motores térmicos y la, *296,* 296–297, *297;* refrigeradores y la, 297, *297*
Primera ley de Newton, equilibrio y, 128
Principio de Arquímedes, 320, 322, 332
Principio de Bernoulli: aplicaciones del, 324, *324;* explicación del, *323,* **323**–324, *324,* 332
Principio de equivalencia, 177
Principio de incertidumbre de Heisenberg, 627
Principio de Pascal, 318–319, 332
Principio de superposición, 351
Proceso de cadena protón-protón, 689, *689*
Producción de pares, 696–697
Producto de potencias, 712
Promedio, aceleración: cálculo de la, 62; ecuación de la, 70; explicación de la, **61,** *61;* velocidad con, 67–68
Propiedad de división de la igualdad, 716
Propiedad de la raíz cuadrada, 717, 726
Propiedad de resta de la igualdad, 716
Propiedad de suma de la igualdad, 716
Propiedad distributiva, 716
Propiedad multiplicativa de la igualdad, 716
Propiedad transitiva de igualdad, 428
Proporciones, 710
Propulsión en el espacio, 226
Protones: desintegración de, 697; cargas eléctricas y, 482; explicación de los, 673; aceleradores lineales para acelerar, 690–691; masa de, 588; quarks y, *695,* 695–696; radiación y, 680, 681. *Ver también* Núcleo
Proyectiles: lanzamiento en ángulo de, 144, *144;* explicación de los, **139**; fuerzas del aire y, 146, *146;* lanzados horizontalmente, 141, *141;* movimiento de, *139–141,* 139–142, 144, *144,* 146, *146,* 171, *171;* recorrido de, 139, *139*
Pulso de onda: explicación del, **344,** 350; velocidad del, 346
Punto de ebullición, 292, 733
Punto de fusión, 292, 733
Punto de Poisson, 451
Punto focal, 415
Pupila (ojo), 438, *438*

Q

Quarks, 694, 695–696, 697, 698, 702
Química, energía, 255

R

Radiación electromagnética: explicación de la, **596,** 598; de los objetos, *612,* 612–613; efecto fotoeléctrico y, 615, 618, 628
Radiación: aplicaciones de la, 685, 686; descubrimiento de la, 679, *679;* electromagnética, 596, 597, *612,* 612–613, 615; explicación de la, **286**; infrarroja, 597; tipos de, 680, *680;* ultravioleta, 597, 612, 615
Radianes, 185
Radiante, energía, 256
Radio, 185, 679, 683
Radioactividad: artificial, 685, *685;* ecuaciones de la, 680–681; vida media y, *683,* 683–684, *684;* tipos de, 680, *680, 681*
Radioactivo, 679
Radioactivos, isótopos, 683–685, *683–685*
Raíces cuadradas, 711
Raíces cúbicas, 712
Velocidad promedio, 47
Rayleigh, Lord, 463
Rayos de luz: lente convexas y, 433, *433;* no polarizados, *398;* reflexión y, 411, *411,* 413, 417, *417;* refracción de los, 425, *425;* como línea recta, 385, *385, 386,* 388, 405; del Sol, 415
Rayos gamma: aplicaciones de los, 685, 686; explicación de los, 597, 680; producción de partículas y, 697
Rayos láser, 644
Rayos X, 597, 624
Rayos: diagramas de, 417, *417,* 419, *419, 420,* 433, 434; explicación de los, **353,** 415; paralelos, 410, *410. Ver también* Rayos de luz
Razón carga-masa: explicación de la, 587, 606
Razones trigonométricas, 727
Razones, 710, 727
Reacciones en cadena, 686–687, *687*
Reacciones nucleares, 681–682, *687,* 687–688
Receptores, 602
Recorrido parabólico, *141,* 142
Recorrido, 20
Recta: ecuación punto-pendiente de la, 49
Rectificador, 662
Red cristalina, 326
Red de reflexión, 460
Red de transmisión, 459
Redes de difracción holográfica, 459
Redes de difracción: aplicaciones de las, *459,* 459–460; CD y DVD y, 460, *460;* explicación de las, **459**; holográficas, 459; longitud de onda de las, 461, *461*
Redondeo, 707
Reflexión: difusa, **410,** *410,* 411; ley de, *410,* 410–411, *411;* ley de, 354; de la luz, 386, *386,* 387, 409–411, 410, 411, 425; entre medios, 429; polarización por, 399, *399;* sobre superficies rugosas, *410,* 410–411, *411;* sobre superficies lisas, 410, *411;* especular, 410, *411;* interna total, 429, *429;* de ondas bidimensionales, 354, *354,* 355, 410. *Ver también* Espejos
Refracción: en el límite, 425, *425;* dispersión de luz y, *430,* 430–431, *431;* explicación de la, 425, *425,* 443; índice de, 426, *426,* 427–428, *428,* 438, 452; lentes y, 432–435, *432–435,* 437, *437,* 438–440, *438–440* (*Ver también* Lentes); espejismos y, 430, *430;* ley de Snell de la, 426, *426,* 427, 428, 432; reflexión interna total y, 429, *429;* de ondas bidimensionales, 355, *355;* usos de la, 432
Refrigeradores, 297, *297*
Regla de la mano derecha, 553, *553,* 554, *554,* 557, 571, *571,* 578; explicación de la, 556, *556*
Relación cuadrática, 21, *21*
Relación inversa, 22, *22*
Relación parabólica. *Ver* Relación cuadrática
Relaciones lineales, 20, 309
Relaciones, 23, 720–724
Relojes atómicos en miniatura (CSAC), 52
Reposo, energía en, 256
Represa hidroeléctrica, *523*
Resistencia del aire, 172, 259
Resistencia equivalente: explicación de la, **527**; de un circuito paralelo, 532; de un circuito en serie, 527
Resistencia: cambio de, *515,* 515–517; equivalente, 527; explicación de la, **515,** 526, 543; ley de Ohm y, 515–516, *516*
Resistores, 665; efecto del calentamiento, 520–521; explicación de los, **516,** 543; cuerpo humano como, 517; medición de la corriente a

través de, 539, 541; en circuitos paralelos, 532; en circuitos en serie, 527; variables, 517, *517*
Resolución vectorial, 117
Resonadores de tubo abierto: explicación de los, **371,** *371,* 372, *372,* 373, *373;* flauta como, 374, *374*
Resonadores de tubo cerrado, 370, 371; clarinete como, 376; explicación de los, **371,** *371;* canal auditivo humano como, 373
Resonadores, 377; de tubo cerrado, 371, *371,* 372, *372,* 373, *373;* de tubo abierto, *373*
Resonancia: en las columnas de aire, 370–373, *370–373;* explicación de la, **342,** *342;* frecuencias de, 372, *372;* escuchar la, 373, *373;* longitudes de, 371–372, *371–372,* 373, *373;* de tubo abierto, 371–373, *371–373;* proceso de, 371; en cuerdas, 374, *374*
Resortes: elásticos, 339; fuerza ejercida por, 240, *240;* ley de Hooke y, 339, *339;* masa sobre, 338, *338, 339;* potencial energético en, 339, *339, 340*
Resta de vectores: ejemplo de, *39;* explicación de la, 38
Resta: con fracciones, 709; con notación científica, 715; con cifras significativas, 707
Retina, 438, *438,* 439, *439*
Retroceso, 225, *225*
Revolución: ángulo de, 185; frecuencia angular y, 188; de la Tierra, 186, *186;* medición de la, 185; período de, 149
Revoluciones por minuto (RPM), 188
RMS de la diferencia de potencial, 577 *Ver también* Diferencia de potencial eficaz
Roemer, Ole, 392, 393
Roentgen, William, 597
Rollo fotográfico, 692
Rotación, equilibrio de, 202
Ruedas hidráulicas, *510*
Rutherford, Ernest, 474, 628, 629, 672, 673, 679

S

Salto con garrocha, 254–255, *255*
Satélites: artificiales, 174, *174;* período de los, 172; velocidad de los, 172
Schröedinger, Erwin, 642
Scott, David, *74,* 79
Secundaria, diferencia de potencial eléctrico, 582
Segunda ley de Kepler, 163, 181
Segunda ley de la termodinámica: dispersión de energía y, 298, *298;* entropía y, 299–300, *300;* explicación de la, **298,** 302
Segunda ley de Newton para el movimiento de rotación, 197, 218
Segunda ley de Newton: aplicación de la, 106; modelo atómico de Bohr y, 635; para el movimiento circular, 149; ecuación de la, 214–215; explicación de la, 167, 214, 591; satélites y, 174
Segundo orden arcoíris de, 431, *431*
Seguridad, símbolos de, 738
Semiconductores dopados, 656–657, *657*
Semiconductores extrínsecos *Ver* Semiconductores dopados
Semiconductores intrínsecos, 655, 656
Semiconductores: dopados, 656–657, *657;* explicación de los, **651,** 655, *655,* 668; extrínsecos, 656–657; intrínsecos, 655, 656; fabricar y usar, 659, *659;* de tipo *n,* 656, 657, *657,* 661, *661;* de tipo *p,* 656, 657, *657,* 661, *661*
Seno: inverso del, 728; ley del, 115, 728
Señales digital, 603
Silicona, 652, 657, 659, 665
Símbolos/notación: ángulo de revolución, 185; momento angular, 218; velocidad angular, 186–187; aceleración centrípeta, 147; circuito eléctrico, 513, *514,* 730; energía, 243; isótopos, 674; lado izquierdo de la ecuación definido según el lado derecho de la ecuación, 46; lista de símbolos comunes, 705; momento de inercia, 194; movimiento, 49; ecuaciones nucleares, 681; seguridad, 738; intervalo de tiempo, 37; par de torsión, 190
Sincrotrones, 564, *691,* 691–692
Sistema de coordenadas: elección en un, 130, 225; explicación del, 35–36; ondas sonoras y definición del, 366; vectores y, 117, 118, *118*
Sistema de espejos simple, *424*
Sistema de Posicionamiento Global (GPS), 17, *17,* 52
Sistema de rueda y eje: bicicletas como, 271, *271;* función del, *270*
Sistema internacional de unidades (SI). *Ver* Unidades SI
Sistema métrico. *Ver* Unidades SI
Sistema solar: datos sobre el, *164;* información sobre el, 735; plasma en el, 313; estudios de la luz en el, 402; uso de espectrómetros de masas para analizar el, 593. *Ver también* Movimiento planetario; Planetas
Sistema: cerrado, 223; explicación del, **86,** *86;* aislado, 223, 288; energía mecánica del, 257, *258*
Sistemas de estrellas binarios, 218
Sistemas hidráulicos, 318, *318*
Snell, Willebrord, 426
Sol: espectro de absorción del, 632, *632;* velocidad angular y rotación del, 187; distancia de los planetas con respecto al, *164;* estudios tempranos del, 163, *163;* hechos sobre el, 735; como fuente luminosa, 386; masa del, 170; período de órbita planetaria, 168; energía que irradia el, 613; proceso en cadena protón-protón y el, 689, *689;* arcoíris y el, *431,* 431; reflexión y refracción y el, 355, 415
Solenoide, 554, *554*
Sólidos: teoría de bandas de los, *651,* 651–654, *652, 653,* 656–657, *657;* conducción en, *652, 653,* 668; elasticidad de, 327; congelamiento y, 327; líquidos v., 326; potencial energético en, 281; presión y, 307, 326–327; temperatura y, 332; energía térmica y, 281; expansión térmica de, 330
Sombras, 394
Sonido: acústica y, 380, *380;* batimientos y, 378, *378;* efecto Doppler y, 365–366, 368, *368;* explicación del, 361, 369; exposición a sonidos fuertes, 364, 365; oído humano y, 363, *363;* como música, 369–370, 381; ruido y, 379, *379;* percepción del, 364–365, *365,* 381; calidad de, 376, *376,* 376–378; resonancia en las columnas de aire y, 370–373, *370–373;* resonancia en las cuerdas y, 374, *374;* fuentes de sonido, *369,* 369–370; velocidad del, *362,* 362–363, 365, 376. *Ver también* Música; Instrumentos musicales
Sonido, energía del, 363
Sonoridad, 364, 378
Spencer, Percy, 5
Strassmann, Fritz, 686
Suma de vectores: ejemplo de, *39;* explicación de la, 38, 119, *119;* en dos dimensiones, 115
Suma: con fracciones, 709; con notación científica, 715; con cifras significativas, 707
Superconductores, 521, 543
Supernova, 699, *700*
Suspensiones, 397

ÍNDICE

T

Tabla periódica de los elementos, 736, *737*
Tablas de elementos, 736, *737*
Tablas de referencia: coeficientes de expansión térmica a 20°C, 734; conversiones de color, 730; densidades de algunas sustancias comunes, 733; constantes dieléctricas, 734; símbolos de circuitos eléctricos, 730; elementos, 736, 737; temperaturas de fusión y de vaporización, 733; puntos de fusión y de ebullición 733; momentos de inercia de distintos objetos, 732; Luna, 735; constantes físicas, 732; símbolos de seguridad, 738; unidades base del SI, 731; unidades derivadas del SI, 731; prefijo SI, 732; datos del sistema solar, 735; temperaturas específicas, 733; velocidad del sonido en diversos medios, 734; Sol, 735; conversiones útiles, 731; longitud de onda de la luz visible, 734
Tangencial, 149
Tangentes, inverso de las, 728
Tarea de clasificación, *51*
Tasas, 710
Técnica de salto Fosbury, 201
Teléfonos celulares, 601, 602
Telescopio de Kepler, 440, *440*
Telescopio espacial Hubble, 421
Telescopios: difracción y, 463, *463*, 464; refractantes, 440, *440*; aberración esférica en, 421
Temperatura del aire, 362
Temperatura: cantidad de calor para cambiar la, 287; corporal, 290; cambios de estado y, 291; dispersión y, 431; energía cinética y, 280, *280, 281*, 281–282, *282*, 316, 326; límites de, 284, *284*; medición de la, 285, *285*, 287, 288; energía térmica y, 280, *280*, 281–282, *281–282*, 283–286, *284, 285*; explicación de la, 280, **285,** 302; de fusión, 292, *292*; energía cinética y, 281; medición de la, 287; para fundir sólidos, 293; específica, *286*, 286–288, *288*; de vaporización, 292, *292*; residual, 296
Temperaturas de fusión y de vaporización, 733
Temporales, imanes, 549, *549*, 552
Tensión, 104, *104*, 350
Teorema de Pitágoras, 115, 726
Teorema del impulso e momento, 218; aplicación del, 215, 217, *217*; explicación del, **215**
Teorema trabajo-energía: explicación del, **243**; modelo de, 244, *244*
Teoría cinética molecular, 308
Teoría cuántica: función de la, 627, *627*; ondas de materia y, 625, 627, *627*; modelo de partículas de las ondas y, *612–616*, 612–619, *619*, 623, *623*, 623–624, *624*
Teoría de bandas de los sólidos: conductividad y, 652, *652*; conductores y aislantes y, *653*, 653–654; semiconductores dopados y, 656–657, *657*; explicación de la, **652**; semiconductores y, 655, *655*
Teoría fotónica: Einstein y la, 616, 618; prueba de la, 619
Teoría general de la relatividad, 178–179
Teorías científicas: y leyes, 8–9, *9*
Teorías de las ondas electromagnéticas, 612–616
Tercera ley de Kepler: explicación de la, **164,** 167, 181; primera ley de la gravitación universal de Newton y, 166, *166*
Tercera ley de Newton: aplicación de la, 102, 482; definición de la, 101; explicación de la, **101,** *102*, 104, 162, 223, 487
Térmico, equilibrio, 282, *283*, 288, 302
Termistores, 659
Termodinámica: primera ley de la, 295–297, *296–297*, 302; segunda ley de la, *298*, 298–300, *300*, 302
Termómetros, 283, *283*
Tesla, Nikola, 577
Teslas, 557
Thomson, J.J., *7*, 586–588, 628
Tiempo (gráficas), *40–41*, 40–41, *42, 43*
Tierra: aceleración de la, 102, *102*; velocidad angular, 187; separación de la carga de la, 479; "fuerza" de Coriolis y rotación de la, 206, *206*; difracción y atmósfera de la, 463; aceleración de caída libre y la, 79, *79*; campo gravitatorio sobre la superficie de la, 176; magnetismo de la, 548, 550; masa de la, 170; movimiento con respecto a Júpiter, 392, *392*, 393; revolución de la, 186, *186*; estudio de las velocidades de los objetos hacia o lejos de la, 402
Timbre, 376
Tímpano, *363*
Tomografía por emisión de positrones (PET), 685
Tono: disonancia y consonancia en el, 377; explicación del, **364**; variaciones de, 365
Tornillos, función de los, *270*
Tour de France, 247
Trabajo: de fuerza constante, 238, *238*; explicación del, **237,** *237*, 248, 267, 276; de muchas fuerzas, 239, *239*; transferencia de energía a través del, 267; cuando cambian las fuerzas, 240, *240*
Transformadores: características de los transformadores ideales, 583; ecuación de los, 583; explicación de los, **582**; para aislar circuitos, 583; operación de los, 582, *582*; diferencia de potencial y, 583; reales, 583; de reducción de voltaje, 582, *582*, 585, *585*; de elevación de voltaje, 582, *582*, 585, *585*; uso de, 585
Transistores *pnp*, 664, *664*
Transmisión automática, 273
Transmisores *npn*, 664, *664*, 665
Transmisores, 598, 601; amplificación y, 664, *664*; como interruptores, 665; explicación de los, 660, 664, 668; de tipo *npn*, 664, *664*, 665; de tipo *pnp*, 664, *664*
Traslación, energía cinética de, 249, *249*
Trayectorias: explicación de las, **139**; en diagramas de movimiento, 140, *140*; parabólicas, 144, *144*
Triángulos rectángulos, 726
Triángulos, 726
Trompos, *230*, 230–231
Truenos, 472, 479, *479*
Tubos Geiger-Müller, 692
Tycho Brahe, 162, 163

U

Umbral de frecuencia: Einstein y el, 618; explicación del, **616,** 621, *621*
Unidad de masa atómica, 673, 676
Unidades base del SI, 731
Unidades derivadas del SI, 731
Unidades SI: explicación de las, 10–11; prefijos usados con, *11*
Uniformes, campos eléctricos, 496, *496*
Uniones *pn*, 665
Upsilon Andromedae, 168
Uranio, 679, 686–688, 692
Urano, 171

V

Vacío, 595
Valor absoluto, 713
Valores negativos, 421
Van de Graaff, generadores de, 492, *492*
Van de Graaff, Robert, 492
Vapor de agua, 291, 332
Vaporización: temperatura de, **292,** *292*
Variables: dependientes, 18; independientes, 18; relación inversa entre, 22; aislamiento de, 717; relaciones lineales entre, 20; relación cuadrática entre, 21, *21*
Variación directa, 723
Variación inversa, 723
Vatio-segundo, 523
Vatios, 245, 511
Vector de desplazamiento, 38, *38,* 147, *147*
Vector de posición, 38, *38,* 147
Vector resultante, 38, 115
Vectores de velocidad: explicación de la, 147–148, *148;* de un objeto con movimiento circular uniforme, 148, *149;* movimiento relativo y, *152,* 152–153; para movimiento relativo en dos dimensiones, *154,* 154–155
Vectores: de aceleración, 57, 58, *58;* de los componentes, *117,* 117–118, *118;* de desplazamiento, 38, *38,* 147, *147;* explicación de los, **36,** 135; de campo, 487, *487;* de fuerza, 114, 482; de momento, 215; perpendiculares, 115; de posición, 147, *147;* de posición y desplazamiento, 37–38, *38;* resultantes, 38, 115, *141;* en dos dimensiones, *114,* 114–115, *115;* tipos de, 38–39; de velocidad, 147–148, *148*
Velocidad angular: explicación de la, **186**–187, *187,* 208, 218; par de torsión y, 190, *192,* 208
Velocidad relativa: ecuación de la, 155; movimiento en dos dimensiones y, 154–155, *154–155;* marcos de referencia y, *152,* 152–154
Velocidad: aceleración con velocidad constante, 65; media, **46,** 47, *47;* fuerza y, 238; de la luz, *392,* 392–393, 400, 401, 405, 430, 443; potencia y, 247; récords de, *47;* de un satélite que orbita la Tierra, 172; del sonido en distintos medios, 734; de ondas, 346, 350, 363, 376; angular, 186–187, *187, 189,* 189–190, *190,* 208, 214, 218; promedio, **46,** 47, *47;* con aceleración promedio, 67–68, 70; con aceleración constante, 70; sentido de la, 59, *59;* explicación de la, 46, 67; de fluidos, *323,* 323–324, *324;* con aceleración de caída libre, 76; horizontal, 141, *141;* instantánea, 47; segunda ley de Newton, 214; presión y, 323, *323;* relativa, 152–155, *152–155;* terminal, 100; del agua, 323; de ondas, 598
Ventaja mecánica ideal, 268
Ventaja mecánica: diseño y, 269; explicación de la, *267,* **267**–268, *268,* 276; ideal, 268
Vida media, *683,* 683–684, *684*
Viento: "fuerza" de Coriolis y, 206; fuerzas del, 146, *146*
Viscosidad, 315
Volante, *270*
Voltaje, 495, 515
Voltímetros: explicación de los, 513, *513,* 541, *541,* 543; galvanómetros conectados como, 560, *560;* como conexión en paralelo, 519, *519*
Voltios, 494, 495
Volumen, 725
Voz humana, 369, 376, 380. *Ver también* Instrumentos musicales

W

Wedge, función de, *270*
Westinghouse, George, 577

Y

Young, Thomas, 448, *448,* 457
Yukawa, Hideki, 695
Yunque, *363*